Photonik

Physikalisch-technische Grundlagen
der Lichtquellen, der Optik und des Lasers

von
Prof. Dr. Rainer Dohlus

Oldenbourg Verlag München

Prof. Dr. Rainer Dohlus promovierte an der Universität Bayreuth auf dem Gebiet der Laserkurzzeitspektroskopie und lehrt nach Industrietätigkeiten bei OSRAM und bei Baasel Lasertechnik seit 1992 an der Hochschule Coburg.

Bibliografische Information der Deutschen Nationalbibliothek

Die Deutsche Nationalbibliothek verzeichnet diese Publikation in der Deutschen Nationalbibliografie; detaillierte bibliografische Daten sind im Internet über <http://dnb.d-nb.de> abrufbar.

© 2010 Oldenbourg Wissenschaftsverlag GmbH
Rosenheimer Straße 145, D-81671 München
Telefon: (089) 45051-0
oldenbourg.de

Lektorat: Kathrin Mönch
Herstellung: Anna Grosser
Coverentwurf: Kochan & Partner, München
Gedruckt auf säure- und chlorfreiem Papier
Gesamtherstellung: Druckhaus „Thomas Müntzer" GmbH, Bad Langensalza

ISBN 978-3-486-58880-4

Für Brigitte

Vorwort

Der Titelbegriff dieses Buches – Photonik – hat in den letzten Jahren eine deutliche Bedeutungserweiterung erfahren: entstanden als Kunstwort aus Photon und Elektronik hat es seine Wurzel in der optischen Informations– und Nachrichtentechnik, wo es für die Verschmelzung der Bereiche Optik und Elektronik bei der Übertragung von Nachrichten steht. Inzwischen wird das Wort in einem weitaus breiteren Sinne verwendet, wie etwa bei den neu gegründeten Photonik–Studiengängen. Hier erstreckt sich die Wortbedeutung auch auf die Lasertechnik, die technische Optik, die optische Messtechnik und andere Disziplinen. In diesem erweiterten Sinn ist die Photonik im Rahmen des vorliegenden Buches zu verstehen: Photon–ik als Lehre vom Photon mit besonderem Augenmerk auf die Erzeugung von Strahlung in Lasern und klassischen Lichtquellen.

Das Buch richtet sich vor allem an Studierende naturwissenschaftlicher und technischer Studiengänge. Studierenden der (Aufbau–) Studiengänge Photonik kann es beim Einstieg erforderliches Grundlagenwissen für das weitere Studium vermitteln. Die mathematischen Voraussetzungen beschränken sich auf Grundkenntnisse, wie sie in Ingenieursstudiengängen an Fachhochschulen gewöhnlich in den ersten drei bis vier Studiensemestern vermittelt werden.

Einer elementaren, ausführlichen Einführung in die wichtigsten Grundlagen wurde der Vorzug vor thematischer Vollständigkeit und vor hoher Aktualität gegeben. Bereits beim oberflächlichen Durchblättern des Buches wird der Leser feststellen, dass der Ableitung von Formeln viel Raum gewidmet wurde. Dies trägt der Erfahrung Rechnung, dass der Studierende in der Regel weniger Angst vor langen Formelherleitungen hat, als vielmehr vor knappen Darstellungen, denen die Bemerkung „wie man leicht sieht ..." vorausgeht. Die Folge ist meist ein nervenzehrender Nachmittag, Dutzende Seiten Rechnung und am Ende ein Ergebnis, das mit dem des Buches bis auf einen Faktor zwei übereinstimmt, vom Vorzeichen ganz zu schweigen ... Ziel des Buches ist es, genau das zu vermeiden. Es wurde Wert darauf gelegt, dass die Themen mit vertretbarem Zeitaufwand verstanden werden können. Eine thematische Erweiterung kann dann mit weiterführenden Werken erfolgen, die zahlreich auf dem Markt sind.

Beschäftigt man sich mit Optik, tritt stets das Problem der Vorzeichenkonventionen unangenehm in Erscheinung. Für die Ableitungen rund um die Abbildungsgleichung ist es didaktisch von Vorteil, eingängige Bezeichnungen wie etwa g für die Gegenstandsweite und b für die Bildweite zu verwenden. Ihre Einführung als zunächst positive Abstände vereinfacht die Darstellung. Dringt man weiter in die technische Optik vor, wird man feststellen, dass dort weitestgehend die Konvention der DIN 1335 verwendet wird. Diese hat mehr Systematik, ist aber dafür etwas unanschaulicher. Da das Buch den Leser dort abholen will, wo er steht, werden zunächst die eingängigen Bezeichnungen der Physikbücher verwendet. Dann werden jedoch die Konventionen der technischen Optik eingeführt und zur Erleichterung des Umstiegs den Bezeichnungen der Physikbücher gegenübergestellt.

Die Angaben dieses Buches, insbesondere zur Lasersicherheit, wurden mit Sorgfalt zusammengetragen. Trotzdem kann keine Garantie für Richtigkeit gegeben werden, zumal Normen und Vorschriften häufigen Änderungen unterliegen.

Schließlich gilt den Studierenden der Physikalischen Technik der Hochschule Coburg mein Dank, die sich in den letzten Jahren für Fächer der Vertiefungsrichtung Photonik entschieden haben, so dass aus den Lehrveranstaltungen dieses Buch hervorgehen konnte. Für die ihnen nachfolgenden Jahrgänge wurde dieses Buch u.a. auch geschrieben.

Den Firmen Formlicht, Heraeus Noblelight, Jenoptik, Osram, Philips, Schott, Trumpf und Zeiss sowie dem Bayerischen Laserzentrum in Erlangen danke ich für die Bereitstellung von Bildern und für die Gewährung der Abdruckrechte.

Mein Dank gilt nicht zuletzt dem Oldenbourg Verlag, der mich dieses Buch ohne thematische Vorgaben oder Einschränkungen hat realisieren lassen, sowie meiner Lektorin Kathrin Mönch für die interessierte und engagierte Betreuung des Buchprojektes.

Schottenstein   Rainer Dohlus

Inhaltsverzeichnis

1 Grundlagen der Lichtentstehung

1.1 Einführung in die Quantenoptik

1.1.1 Die Beobachtung von Hallwachs und die Folgen

1887 führte Wilhelm Hallwachs ein Experiment aus, das der damaligen wissenschaftlichen Welt lange Zeit Rätsel aufgab. Er legte zwischen zwei in einen evakuierten Glaskolben eingeschmolzene Elektroden eine elektrische Spannung (Abb. 1.1). Unter bestimmten Voraussetzungen konnte ein elektrischer Strom beobachtet werden, wenn Licht auf die Kathode fiel. Offensichtlich löste das Licht Ladungsträger aus dem Metall, die dann im elektrischen Feld beschleunigt wurden. Heute weiß man, dass es sich bei diesen negativen Ladungsträgern um Elektronen handelt. Die damalige Erwartung, dass die Lichtintensität die Energie der Ladungsträger im Wesentlichen beeinflusst, wurde nicht erfüllt. Vielmehr wurde die Energie der abgelösten Elektronen durch die Frequenz des auftreffenden Lichtes bestimmt. Wurde eine vom Elektrodenmaterial abhängige Frequenz unterschritten, konnte auch eine noch so hohe Lichtintensität keine Elektronen mehr ablösen.

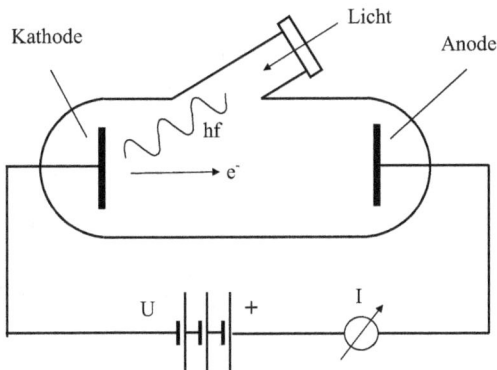

Abb. 1.1. Anordnung zur Demonstration des äußeren Photoeffekts. Licht wird in einer evakuierten Glasröhre auf eine Kathode fallen lassen. Ob ein Strom fließt oder nicht hängt von der Frequenz des Lichtes ab, nicht von seiner Intensität.

Dieses später als **äußerer Photoeffekt** bezeichnete Phänomen konnte erst 1905 durch Einstein erklärt werden. Die Beobachtungen sind nur zu verstehen, wenn Licht nicht als kontinuierliche elektromagnetische Welle aufgefasst wird, sondern als ein Strom kleiner Lichtquanten, der **Photonen**; sie besitzen die Energie $E = hf$. Die Energie ist also proportional zur Frequenz f. Die Proportionalitätskonstante h heißt **Plancksches Wirkungsquantum** und besitzt den Wert $6{,}626 \cdot 10^{-34}\,\mathrm{Js}$. Ein Lichtquant kann nur jeweils ein Elektron aus dem Metall herausschlagen. Hierfür ist eine für das Metall spezifische **Austrittsarbeit W_A** nötig, die das Photon bereitstellen muss. Die Energiebilanz sieht also folgendermaßen aus:

$$hf = W_A + E_{kin} \qquad\qquad 1.1$$

Ist $hf > W_A$, bekommt das Elektron die überschüssige Energie als kinetische Energie E_{kin} mit. In der praktischen Durchführung geht ein geringer Teil der Energie ans Gitter verloren. Ist $hf < W_A$, kann das Photon kein Elektron auslösen.

Die Ergebnisse des Experiments von Hallwachs haben selbstverständlich Auswirkungen auf das Verständnis der Prozesse der Lichtentstehung. Wenn Licht in Form von Lichtquanten auftritt, so muss diese Quantisierung schon bei der Erzeugung angelegt gewesen sein.

1.1.2   Das Bohrsche Atommodell

Das **Bohrsche Atommodell** erwies sich trotz erheblicher Schwächen, die erst in der Quantenmechanik beseitigt wurden, als geeignet, diese Quantisierung zu erklären. Niels Bohr forderte 1913, dass sich Elektronen auf Umlaufbahnen um den positiv geladenen Atomkern bewegen. Sie tun dies, so weiter sein Postulat, im Widerspruch zu den Gesetzen der Elektrodynamik trotz Radialbeschleunigung ohne Abgabe von Strahlung. Eine stabile Kreisbahn kommt zustande, wenn die dafür nötige Zentripetalkraft durch die Coulombanziehung zwischen Kern und Elektron bereitgestellt wird. Beim einfachen Wasserstoffatom, das nur ein Elektron der Ladung e besitzt und bei dem die Ergebnisse des Modells die Wirklichkeit richtig beschreiben, gilt:

$$m\frac{v^2}{r} = \frac{1}{4\pi\varepsilon_0}\frac{e^2}{r^2} \qquad\qquad 1.2$$

Dabei ist m die Elektronenmasse, r der Bahnradius und v die Bahngeschwindigkeit des Elektrons. ε_0 ist die allgemeine Dielektrizitätskonstante ($8{,}854 \cdot 10^{-12}\,\mathrm{F/m}$). Da der Kern etwa 1837-mal schwerer ist als das Elektron, kann bei der Bewegung der Kern als ruhend angesehen werden. In einem weiteren Postulat führte Bohr die eigentliche **Quantenbedingung** ein. Der Drehimpuls $L = mrv$ des Elektrons kann nur Werte annehmen, die ein ganzzahliges Vielfaches von $h/2\pi$ darstellen:

$$L = n\frac{h}{2\pi} \qquad\qquad 1.3$$

n ist die **Hauptquantenzahl**. Damit folgt aus Gl. 1.2:

$$\frac{1}{4\pi\varepsilon_0}\frac{e^2}{r^2} = \frac{L^2}{mr^3} = \frac{1}{mr^3}\frac{n^2h^2}{4\pi^2} \qquad\qquad 1.4$$

Es folgt für den Bahnradius des Elektrons die Bedingung:

$$r = \frac{\varepsilon_0 n^2 h^2}{m\pi e^2}$$ 1.5

Eine Folge der Quantisierung des Bahndrehimpulses ist es also, dass für den Bahnradius nur noch bestimmte Werte vorkommen können, für die $r \propto n^2$ gilt. Diese Tatsache hat Auswirkungen auf die Energie des Elektrons, die sich aus potentieller und kinetischer Energie zusammensetzt:

$$E = -\frac{1}{4\pi\varepsilon_0}\frac{e^2}{r} + \frac{1}{2}mv^2$$ 1.6

Der erste Summand stellt die potentielle Energie des Elektrons dar. Dabei wurde der Potentialnullpunkt ins Unendliche gelegt, bei endlicher Entfernung des Elektrons ist die potentielle Energie somit negativ. Mit $mv^2 = \frac{1}{4\pi\varepsilon_0}\frac{e^2}{r}$ aus Gl. 1.2 und r nach Gl. 1.5 taucht die Quantisierung auch bei der Energie auf:

$$E = -\frac{1}{8\pi\varepsilon_0}\frac{e^2}{r} \qquad \text{bzw.} \qquad E = -\frac{me^4}{8\varepsilon_0^2 n^2 h^2}$$ 1.7

Der niedrigste Zustand, der Grundzustand, hat mit n=1 die Energie $-2,180 \cdot 10^{-18}$J oder $-13,61$eV. Für $n \rightarrow \infty$ erhält man also die Energie Null. Der Bahnradius wäre dann unendlich, d.h. das Elektron wäre nicht mehr an den Kern gebunden und das Atom damit ionisiert. Die **Ionisierungsenergie** beträgt also somit 13,61 eV. Alle durch endliche n verursachten Bahnen haben eine geringere Energie. In Abb. 1.2 sind die Energieniveaus des Wasserstoffatoms graphisch dargestellt.

Um ein Elektron auf eine energiereichere, höhere Bahn zu bringen, muss Energie zugeführt werden. Das ist durch Stöße möglich oder durch „Einfangen" eines Photons. Die Energie hf des Photons muss dabei genau der Energiedifferenz der zwei Zustände entsprechen. Geht das Elektron also von einem niedrigeren Zustand n_1 in einen höheren Zustand n_2 über, gilt:

$$hf = E(n_2) - E(n_1) = -\frac{me^4}{8\varepsilon_0^2 h^2}\left(\frac{1}{n_2^2} - \frac{1}{n_1^2}\right)$$ 1.8

Das Wasserstoffatom kann also nicht jede beliebige Frequenz absorbieren, sondern nur diejenigen, für die die Bedingung 1.8 erfüllt ist. Befindet sich das Elektron auf einer höheren bzw. äußeren Bahn, d.h. ist das Atom in einem angeregten Zustand, so kann es die zugehörige Energie auch wieder in Form eines Photons abgeben. Im **Emissionsspektrum** tauchen also **Spektrallinien** auf, für die Gl. 1.8 analog erfüllt sein muss. Wegen des für die Lichtgeschwindigkeit c geltenden Zusammenhangs $c = \lambda f$ gilt für die auftretenden Wellenlängen mit $n_2 < n_1$:

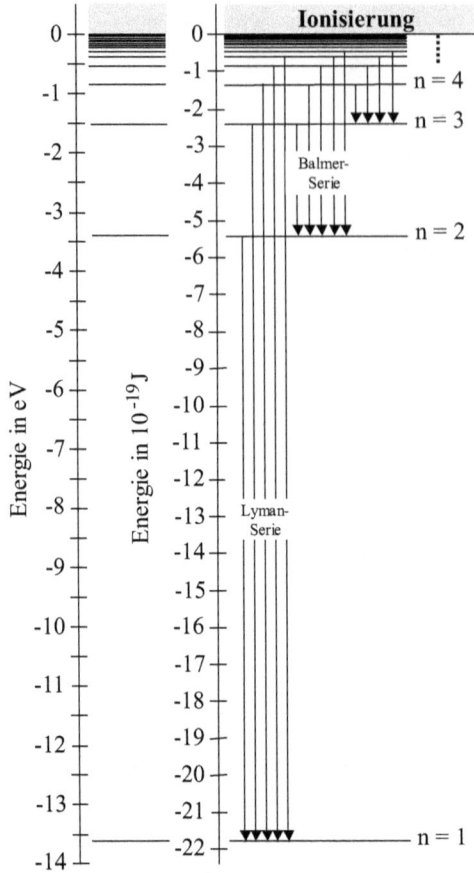

Abb. 1.2. Energieniveauschema des Wasserstoffatoms mit den Übergängen dreier Spektralserien. Die dritte, nicht benannte Serie ist die Paschen–Serie.

$$\lambda = \frac{8\varepsilon_0^2 h^3 c}{me^4} \frac{n_1^2 n_2^2}{n_2^2 - n_1^2}$$

1.9

Die energiereichsten Übergänge, die im Zustand mit der Hauptquantenzahl $n_1=1$ enden, werden zu der nach dem amerikanischen Physiker Theodore Lyman benannten **Lyman-Serie** zusammengefasst (Abb. 1.2). Alle Übergänge liegen im ultravioletten Spektralbereich. Analog hat man alle Übergänge, die im Niveau $n_1=2$ enden, zur **Balmer-Serie** zusammengefasst. Johann Jakob Balmer erkannte als Erster einen gesetzmäßigen Zusammenhang bei den Wasserstofflinien. Alle mit dem Auge sichtbaren Linien des Wasserstoffs gehören zur Balmer-Serie. Die weiteren, in Abb. 1.2 nicht benannten bzw. nicht gezeichneten Spektralserien werden als **Paschen-Serie** (endend auf $n_1=3$), **Bracket-Serie** (endend auf $n_1=4$) und **Pfund-Serie** (endend auf $n_1=5$) bezeichnet. In Abb. 1.3 sind die Wellenlängen der Lyman-, Balmer- und Paschen-Serie in der spektralen Darstellung gezeichnet.

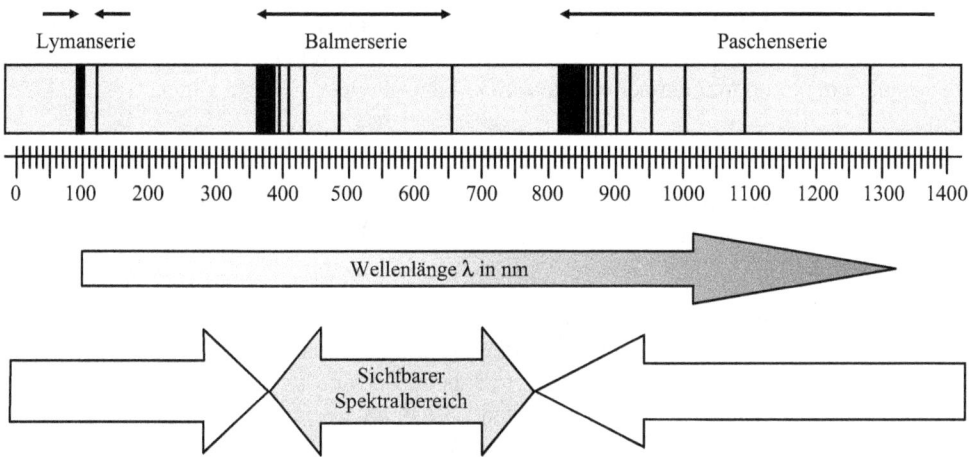

Abb. 1.3. Lage der Spektrallinien des Wasserstoffatoms im Spektrum. Gezeichnet sind die drei energiereichsten Spektralserien. Nicht gezeichnet ist der zur Paschenserie gehörige Übergang von $n_2=4$ auf $n_1=3$, er liegt bei 1875,6nm.

1.1.3 Das quantenmechanische Atommodell

Das Bohrsche Atommodell liefert für Wasserstoff und für Atome, die bis auf ein Elektron ionisiert sind, sehr gute Resultate. Es überwindet die Vorstellungen der klassischen Physik und erklärt die Grundlagen von Absorption und Emission von Strahlung auf neuer Basis. Grundsätzlich beschreibt es auch die Atome der ersten Spalte des Periodensystems, die Alkaliatome (Li, Na, K, Rb, Cs, Fr) richtig. Sie geben leicht ein Elektron ab und sind chemisch immer einwertig. Dies legt den Verdacht nahe, dass dieses eine Elektron sich auf einer weit außen liegenden Bahn befindet, während alle anderen tiefer liegende Bahnen einnehmen. Insofern ist es nicht verwunderlich, dass hier wasserstoffähnliche Spektren auftreten. Bei allen weiteren Atomen versagt das Bohrsche Atommodell.

Es gibt noch weitere Mängel. Das Wasserstoffmolekül zeigt Kugelsymmetrie, während sich nach Bohr ein flächiges Molekül ergeben müsste, denn das Elektron kreist um eine raumfeste Achse. Eine hohe Packungsdichte wäre die Folge, wenn man die Atome wie Papierscheiben aufeinanderlegen würde. Dergleichen wird jedoch nicht beobachtet. Desweiteren kann Bohr die Intensitätsverteilung zwischen den einzelnen Spektrallinien nicht erklären.

Diese Mängel wurden durch die Quantenmechanik behoben. Das Elektron wird hier als Materiewelle aufgefasst, die durch die **Schrödingergleichung** beschrieben wird. Die Lösung dieser Gleichung führt neben der Hauptquantenzahl n zu zwei weiteren Quantenzahlen. Die Energie der Zustände wird weiterhin ausschließlich von der Hauptquantenzahl n bestimmt. Eine weitere Quantenzahl, die **Drehimpulsquantenzahl** l, steht im Zusammenhang mit dem Drehimpuls des Teilchens. Sie ist nicht unabhängig von n, sondern es gilt vielmehr:

$$l = 0, 1, 2, 3, \ldots , n\text{-}1 \qquad\qquad 1.10$$

Im Falle n=0 ist stets l=0. Das bedeutet, dass der Drehimpuls im Grundzustand verschwindet. Wird das Atom in ein Magnetfeld gebracht, tritt eine weitere Quantenzahl in Erscheinung, die aus diesem Grund **magnetische Quantenzahl** genannt wird. Für sie gilt:

$$m = 0, \pm 1, \pm 2, ..., \pm l \qquad\qquad\qquad 1.11$$

Eine weitere Quantenzahl, die mit der Vorstellung einer Eigendrehung des Elektrons in Verbindung gebracht werden kann, ist die **Spinquantenzahl** s. Sie kann nur die Werte +1/2 und −1/2 annehmen.

Obwohl die Energie allein durch die Hauptquantenzahl n festgelegt wird, ergibt die Einbeziehung der Relativitätstheorie in die Überlegungen eine von der Quantenzahl l abhängige Aufspaltung der Energieniveaus. Dies führt z.B. beim Natrium zur bekannten Doppellinie im gelben Spektralbereich. In die quantenmechanische Betrachtung soll hier nicht eingestiegen werden, hier sei auf einschlägige Literatur verwiesen, z.B. [Gasiorowicz 2005].

Unter Berücksichtigung der Quantenzahlen ergeben sich für Atome zahlreiche Übergangsmöglichkeiten. Noch komplizierter werden die Verhältnisse bei mehratomigen Molekülen. Hier können zusätzlich zu den elektronischen Übergängen bedingt durch Schwingungen der Atome gegeneinander und durch Drehbewegungen weitere Energieniveaus auftreten.

1.1.4   Schwingungsübergänge

In Molekülen sind die Atome nicht starr aneinander gekoppelt, sondern werden durch elektrostatische Anziehungskräfte zusammengehalten, die so elastisch sind, dass die Moleküle gegeneinander schwingen können, wenn ihnen in geeigneter Weise Energie zugeführt wird. Aufnahme und Abgabe von Energie kann in Form von Absorption und Emission elektromagnetischer Wellen erfolgen, sofern das Molekül **polar gebaut** ist. Oder anders ausgedrückt: das Molekül muss asymmetrisch gebaut sein und damit ein **permanentes Dipolmoment** besitzen. Auch hier können die Verhältnisse wieder durch ein klassisches Modell [Barrow 1962] verdeutlicht und großenteils richtig beschrieben werden.

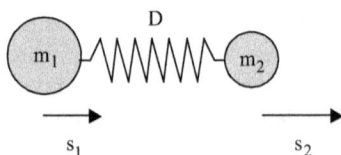

Abb. 1.4. Mechanisches Modell eines zweiatomigen Moleküls. Die Größen s_1 und s_2 stellen die Auslenkungen aus der Gleichgewichtslage dar. D ist die Federkonstante.

Zwei Atome der Massen m_1 und m_2 sind dabei über eine Feder gekoppelt. Die jeweilige Auslenkung der Massen aus ihrer Ruhelage ist s_1 bzw. s_2. Die Stauchung bzw. Dehnung der Feder ist somit $s_2 - s_1$, so dass die Rückstellkraft $+D(s_2 - s_1)$ für die erste Masse und $-D(s_2 - s_1)$ für die zweite Masse ist. Das zweite Newtonsche Axiom liefert gekoppelte Differentialgleichungen:

$$m_1 \frac{d^2 s_1}{dt^2} - D(s_2 - s_1) = 0 \qquad\qquad 1.12$$

$$m_2 \frac{d^2 s_2}{dt^2} + D(s_2 - s_1) = 0 \qquad\qquad 1.13$$

Als Lösungen kommen Sinus-Schwingungen mit der Frequenz ω in Frage:

$$s_1(t) = \hat{s}_1 \sin(\omega t) \qquad \frac{d^2 s_1}{dt^2} = -\omega^2 \hat{s}_1 \sin(\omega t) \qquad 1.14$$

$$s_2(t) = \hat{s}_2 \sin(\omega t) \qquad \frac{d^2 s_2}{dt^2} = -\omega^2 \hat{s}_2 \sin(\omega t) \qquad 1.15$$

Eingesetzt in die gekoppelten Differentialgleichungen erhält man:

$$-m_1 \omega^2 \hat{s}_1 \sin(\omega t) - D\big(\hat{s}_2 \sin(\omega t) - \hat{s}_1 \sin(\omega t)\big) = 0 \qquad 1.16$$

$$-m_1 \omega^2 \hat{s}_2 \sin(\omega t) + D\big(\hat{s}_2 \sin(\omega t) - \hat{s}_1 \sin(\omega t)\big) = 0 \qquad 1.17$$

Nach Kürzen von $\sin(\omega t)$ können diese Gleichungen zu einem linearen Gleichungssystem in $\hat{s}_1$ und $\hat{s}_2$ umgeformt werden:

$$\begin{array}{rcl}
(D - m_1 \omega^2)\hat{s}_1 \qquad - D\hat{s}_2 &=& 0 \\
-D\hat{s}_1 \qquad (D - m_2 \omega^2)\hat{s}_2 &=& 0
\end{array} \qquad 1.18$$

Ein solches Gleichungssystem hat genau dann eine eindeutige Lösung, wenn die Determinante der Koeffizientenmatrix Null ist. Die Determinantenbestimmung führt zu folgender Gleichung:

$$(D - m_1 \omega^2)(D - m_2 \omega^2) - D^2 = 0 \qquad 1.19$$

$$-Dm_2 \omega^2 - Dm_1 \omega^2 + m_1 m_2 \omega^4 = 0 \qquad 1.20$$

Neben der trivialen Lösung $\omega^2 = 0$ hat die Gleichung noch die weitere Lösung

$$\boxed{\omega = \sqrt{\frac{D(m_1 + m_2)}{m_1 m_2}}} \qquad 1.21$$

Die Einführung der **reduzierten Masse**

$$m_{red} = \frac{m_1 m_2}{m_1 + m_2} \qquad 1.22$$

erlaubt es schließlich, das Problem im Ergebnis formal auf eine einzelne schwingende Masse zurückzuführen:

$$f = \frac{1}{2\pi} \sqrt{\frac{D}{m_{red}}} \qquad\qquad 1.23$$

Würde f als Frequenz einer elektromagnetischen Welle aufgefasst, so könnte ihre Energie

$$E_v = hf = \frac{h}{2\pi} \sqrt{\frac{D}{m_{red}}} \qquad\qquad 1.24$$

jeden beliebigen Wert annehmen. Dies ist jedoch nicht so, denn auch hier bewirkt eine genauere, quantenmechanische Berechnung des Problems Einschränkungen. Wie bei den elektronischen Übergängen kommt es auch bei den Schwingungsübergängen, auch **vibronische Übergänge** genannt, zur Quantisierung. Legt man den harmonischen Oszillator zugrunde, sind nur die Energieniveaus erlaubt, die die Bedingung

$$\boxed{E_v = \left(n_{vib} + \frac{1}{2}\right)hf = \left(n_{vib} + \frac{1}{2}\right)\frac{h}{2\pi} \sqrt{\frac{D}{m_{red}}}} \qquad\qquad 1.25$$

erfüllen. Hier wurde für f die aus der klassischen Betrachtung gewonnene Frequenz (Gl. 1.23) verwendet. n_{vib} ist die **Schwingungsquantenzahl**. Man erkennt sofort, dass für den Wert $n_{vib}=0$ die zugehörige Energie E_0, die **Nullpunktsenergie**, nicht Null ist. Das ist eine Folge der Tatsache, dass in der quantenmechanischen Betrachtungsweise ein Teilchen, das auf einen endlichen Raum beschränkt ist, stets eine von Null verschiedene kinetische Energie haben muss. Die Nullpunktsenergie senkt die Dissoziationsenergie, d.h. die für das Zerreißen der Bindung nötige Energie, ab.

Der Abstand zweier benachbarter Energieniveaus mit den Schwingungsquantenzahlen n_{vib} und $n_{vib}+1$ ist:

$$\Delta E = \left((n_{vib}+1) + \frac{1}{2}\right)\frac{h}{2\pi} \sqrt{\frac{D}{m_{red}}} - \left(n_{vib} + \frac{1}{2}\right)\frac{h}{2\pi} \sqrt{\frac{D}{m_{red}}} = \frac{h}{2\pi} \sqrt{\frac{D}{m_{red}}} \qquad 1.26$$

Es ergeben sich also unabhängig von n_{vib} **äquidistante Energieniveaus**. Bei Übergängen zwischen benachbarten Zuständen kann also nur die eine Frequenz $f = \frac{1}{2\pi} \sqrt{\frac{D}{m_{red}}}$ auftreten.

Theoretisch ist das überhaupt die einzige Schwingungsfrequenz, die bei zweiatomigen Molekülen auftreten dürfte. Denn eine sogenannte Auswahlregel sorgt dafür, dass sich die Schwingungsquantenzahl bei Absorption und Emission von Licht lediglich um ±1 verändern darf:

$$\Delta n_{vib} = \pm 1 \qquad\qquad 1.27$$

Außerdem gibt es noch eine weitere, wesentliche Einschränkung. Eine Wechselwirkung schwingender Moleküle mit elektromagnetischer Strahlung ist nur möglich, wenn diese ein **permanentes Dipolmoment** besitzen. Das bedeutet, dass homonukleare zweiatomige Moleküle wie O_2, N_2 oder H_2 ihre Schwingungsenergie nicht in Form von elektromagnetischer Strahlung abgeben können und auch keine Energie in Form von Strahlung in diese vibronischen Niveaus aufnehmen können. Anders bei heteronuklearen Atomen wie HCl oder HBr. Diese besitzen ein permanentes Dipolmoment. Sie können im Rahmen der Auswahlregel Gl. 1.27 Energie aufnehmen oder abgeben.

Für ein reales zweiatomiges Molekül stellen die Gl. 1.12 und 1.13 eine Näherung dar. Im Falle einer Annäherung der beiden Atome wird die Feder gestaucht. Das kann natürlich nur solange erfolgen, bis sich die Atome sehr nahe kommen, im klassischen Bild von zwei Kugeln bis sie sich berühren. Darüber hinaus führt eine noch so hohe Kraft nicht mehr zu einer weiteren Annäherung. Werden die Atome auseinandergezogen, dann wird irgendwann die Feder brechen. Beim Molekül bedeutet das die **Dissoziation**, d.h. das Zerbrechen des Moleküls in seine atomaren Bestandteile. Beide Vorgänge sind in den Gl. 1.12 und 1.13 zugrunde liegenden Potentialverläufen nicht enthalten. Dort wird nämlich angenommen, dass die potentielle Energie des Systems mit $s = s_2 - s_1$ der des harmonischen Oszillators entspricht:

$$V(s) = \frac{1}{2} D s^2 \qquad\qquad 1.28$$

Ein besser geeigneter Potentialverlauf wurde von Philip McCord Morse (1903-1985) vorgeschlagen [Moore 1976]:

$$V(s) = D_{sp} \left(1 - e^{-as} \right)^2 \quad \text{mit} \quad a = \pi f \sqrt{\frac{2m_{red}}{D_{sp}}} \qquad\qquad 1.29$$

D_{sp} ist die **spektrale Dissoziationsenergie** und f die Frequenz des Übergangs. s ist dabei die Abweichung von der Ruhelage. In Abb. 1.5 ist der Verlauf der potentiellen Energie als Funktion des Abstandes von der Gleichgewichtslage für das $H^{35}Cl$ – Molekül dargestellt. Es wurde eine spektrale Dissoziationsenergie D_{sp} von 4,431 eV ($7,099 \cdot 10^{-19}$ J), ein Übergang von 2885,9 cm^{-1} ($f = 8,6517 \cdot 10^{13}$ Hz) und die Massen $m_H = 1,6738 \cdot 10^{-27}$ kg und $m_{Cl} = 5,8872 \cdot 10^{-26}$ kg zugrunde gelegt. Der Kurvenverlauf zeigt einen starken Anstieg der potentiellen Energie bei Annäherung der Moleküle (s<0) und ein asymptotisches Annähern der potentiellen Energie an den Wert D_{sp} bei großen Entfernungen der Moleküle $(s \gg 0)$. Das entspricht der Dissoziation, d.h. der Trennung der beiden Moleküle.

Das **Morse-Potential** hat – in die quantenmechanische Betrachtung eingeführt – Auswirkungen auf die Abstände der Energieniveaus. Bei der Verwendung des Potentials des harmonischen Oszillators ergeben sich äquidistante Energieniveaus. Bei Übergängen kann also, wie oben ausgeführt, nur eine einzige Frequenz auftreten. Dies ist für niedrige Werte der Schwingungsquantenzahl eine zutreffende Beschreibung der Wirklichkeit. Bei hohen Werten wird das Problem durch das realistischere Morsepotential besser beschrieben und dieses führt zu **Anharmonizitäten**. Die Energieniveaus sind dann nicht mehr äquidistant. Auch verschiebt sich der Gleichgewichtsabstand der Atome zu größeren Werten hin.

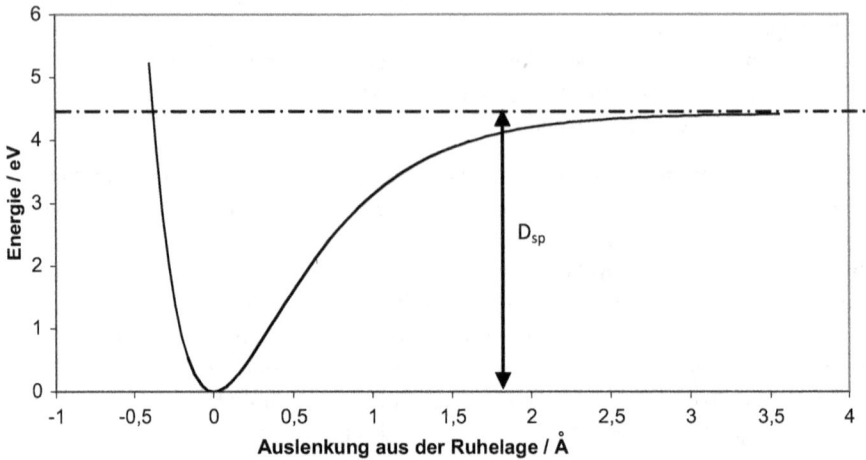

Abb. 1.5. Morsepotential für das $H^{35}Cl$–Molekül. Die spektrale Dissoziationsenergie beträgt 4,431 eV. Zufuhr einer höheren Energie führt zum Zerschlagen des Moleküls.

Die bisherigen Betrachtungen haben sich auf zweiatomige Moleküle beschränkt, die nur eine Möglichkeit der Schwingung besitzen. Schwieriger wird es bei Molekülen, die aus drei oder mehr Atomen bestehen. Solche Moleküle können sehr komplizierte Schwingbewegungen ausführen. Allerdings kann man diese Bewegungen auf eine bestimmte Anzahl sogenannter **Fundamentalschwingungen** zurückführen. Ein m-atomiges Molekül, dessen Atome auf einer Geraden liegen, hat 3m – 5 solcher **Eigenschwingungen**, ein räumliches Molekül mit m Atomen hat 3m – 6 Eigenschwingungen. Jede dieser Fundamentalschwingungen taucht im Spektrum mit einer bestimmten Frequenz auf und für die zugehörige Schwingungsquantenzahl gilt die Auswahlregel Gl. 1.27 in analoger Weise.

Beispielsweise lassen sich für das räumlich gebaute, dreiatomige Wassermolekül mit m=3 drei Eigenschwingungen finden. Sie sind in Abb. 1.6 dargestellt. Jede dieser drei Eigenschwingungen besitzt Energiewerte gemäß Gl. 1.25 und eine eigene Schwingungsquantenzahl n_{vib1}, n_{vib2} oder n_{vib3}. Die möglichen Energieniveaus sind in Abb. 1.7 in eV angegeben. Wegen der Auswahlregel $\Delta n_{vib}=\pm 1$, die für jede der drei Quantenzahlen gilt, tritt im Spektrum nur jeweils eine Linie pro Eigenschwingung auf. Streng gilt das nur für niedrige Niveaus, da bei höheren Werten der Schwingungsquantenzahlen die Niveaus wie oben ausgeführt nicht mehr äquidistant sind.

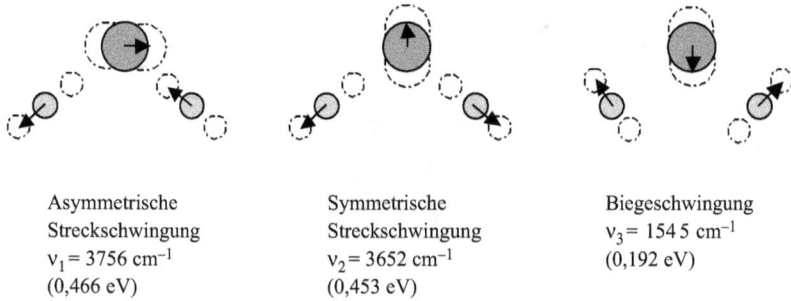

| Asymmetrische Streckschwingung $v_1 = 3756\ cm^{-1}$ (0,466 eV) | Symmetrische Streckschwingung $v_2 = 3652\ cm^{-1}$ (0,453 eV) | Biegeschwingung $v_3 = 1545\ cm^{-1}$ (0,192 eV) |

Abb. 1.6. Die Eigenschwingungen des H_2O-Moleküls mit den zugehörigen Energiewerten

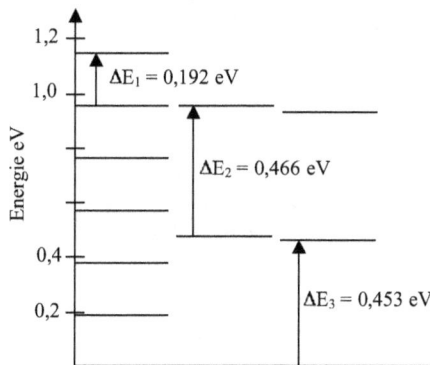

Abb. 1.7. Die Schwingungsniveaus der drei Eigenschwingungen des Wassermoleküls. Zu beachten ist, dass der Grundzustand nicht der eigentliche Energienullwert ist, da jeweils noch die Nullpunktsenergie dazukommt.

Wie kompliziert die Verhältnisse bei mehratomigen Molekülen sein können, zeigt das Ammoniakmolekül. NH_3 besitzt als vieratomiges, räumlich gebautes Molekül $3 \cdot 4 - 6 = 6$ Eigenschwingungen. Sie sind in Abb. 1.8. dargestellt. Die linke Spalte zeigt die Draufsicht, die rechte Spalte die Seitenansicht der Eigenschwingungen des tetraederförmigen Moleküls.

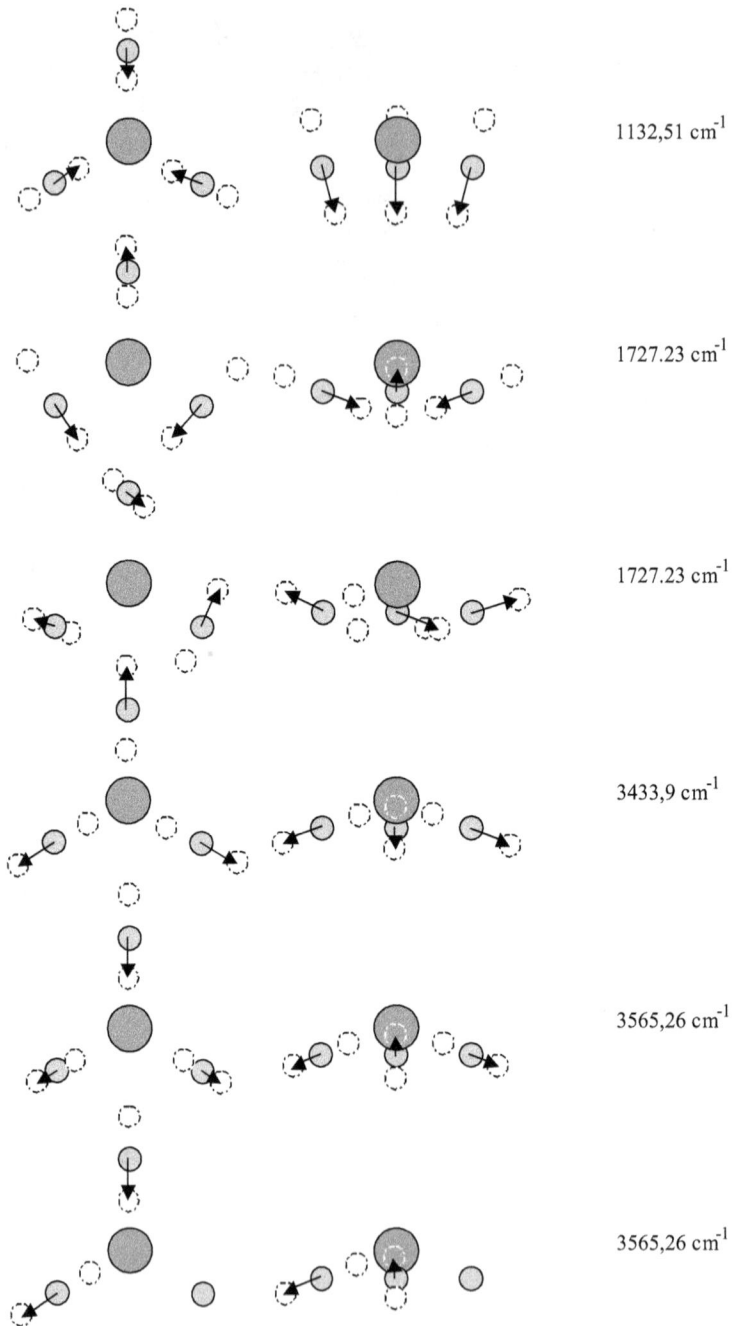

Abb. 1.8. Eigenschwingungen des Ammoniak-Moleküls (NH₃). Die linke Spalte zeigt das Molekül jeweils in Draufsicht, die rechte Spalte in Seitenansicht. Die Pfeillänge gibt die Amplitude nicht maßstäblich wieder. Die Amplituden sind übertrieben. Wegen der erheblich höheren Masse des Stickstoffatoms sind dessen Auslenkungen gering. Sie sind daher nicht eingezeichnet.

1.1.5 Rotationsübergänge

Bisher wurden elektronische Übergänge sowie Schwingungsübergänge als Ursache für die Emission oder Absorption von Licht betrachtet. Auch die **Rotation** eines Moleküls kann zur Wechselwirkung mit Strahlung führen. Es soll hier wiederum ein einfaches mechanisches Modell die Verhältnisse verdeutlichen, bevor die Quantisierung eingeführt wird. Der einfachste Rotator besteht aus zwei Atomen. Stellt man sich vereinfachend eine starre Verbindung zwischen den Atomen vor, ist die Behandlung besonders einfach (Abb. 1.9) [Tipler 2003]. Allerdings wurde im vorigen Kapitel eben eine elastische Verbindung angenommen. Das Modell ist also eine Näherung.

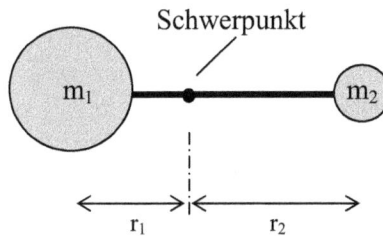

Abb. 1.9. Zweiatomiges Molekül als starrer Rotator. r_1 und r_2 sind die Abstände der Atomschwerpunkte vom Schwerpunkt des Moleküls.

Die Atome werden als massive Kugeln der Masse m_1 und m_2 angenommen. Der Schwerpunkt des Moküls hat von den Mittelpunkten der Einzelatome die Abstände r_1 und r_2. Es gilt:

$$\frac{m_1}{m_2} = \frac{r_2}{r_1} \qquad\qquad 1.30$$

oder

$$m_1 r_1 - m_2 r_2 = 0 \qquad\qquad 1.31$$

Fasst man die Massen m_1 und m_2 als Punktmassen auf, gilt für das Massenträgheitsmoment J des Moleküls:

$$J = m_1 r_1^2 + m_2 r_2^2 \qquad\qquad 1.32$$

Diese Beziehung lässt sich umformen in:

$$
\begin{aligned}
J &= \frac{(m_1 + m_2)m_1}{m_1 + m_2} r_1^2 + \frac{(m_1 + m_2)m_2}{m_1 + m_2} r_2^2 \\
&= \frac{m_1^2 r_1^2 + m_1 m_2 r_1^2 + m_1 m_2 r_2^2 + m_2^2 r_2^2}{m_1 + m_2}
\end{aligned}
\qquad\qquad 1.33
$$

Oder auch:

$$J = \frac{m_1^2 r_1^2 - 2m_1 m_2 r_1 r_2 + m_2^2 r_2^2 + m_1 m_2 r_1^2 + 2m_1 m_2 r_1 r_2 + m_1 m_2 r_2^2}{m_1 + m_2} \qquad 1.34$$

$$J = \frac{(m_1 r_1 - m_2 r_2)^2}{m_1 + m_2} + \frac{m_1 m_2}{m_1 + m_2}(r_1 + r_2)^2 \qquad 1.35$$

Wegen Gl. 1.31 ist der erste Summand Null. Im zweiten Summanden erkennt man die schon mit Gl. 1.22 eingeführte reduzierte Masse m_{red}. Mit $r = r_1 + r_2$ gilt:

$$J = m_{red} r^2 \qquad 1.36$$

Der Drehimpuls L des betrachteten Rotators ist einerseits $J\omega$, andererseits ist er wie oben schon ausgeführt (Gl. 1.3) gemäß

$$L = n_{rot} \frac{h}{2\pi} \qquad 1.37$$

quantisiert, so dass gilt:

$$J\omega = n_{rot} \frac{h}{2\pi} \qquad 1.38$$

Die Energie eines Rotators ließe sich damit wie folgt schreiben:

$$E_{rot} = \frac{1}{2} J\omega^2 = \frac{J^2 \omega^2}{2J} = \frac{n_{rot}^2 h^2}{8\pi^2 m_{red} r^2} \qquad 1.39$$

Soweit das durch eine mechanische Betrachtung gewonnene Resultat. Das quantenmechanische Resultat sieht allerdings etwas anders aus, der Faktor n_{rot}^2 wird bei quantenmechanischer Berechnung zu $n_{rot}(n_{rot} + 1)$, so dass sich die Energie des Rotators wie folgt darstellt:

$$\boxed{E_{rot} = \frac{h^2}{8\pi^2 m_{red} r^2} n_{rot}(n_{rot} + 1)} \qquad 1.40$$

Die sich ergebenden Energieniveaus seien am Beispiel des Kohlenmonoxids dargestellt. Mit der Masse $m_C = 1,99 \cdot 10^{-26}$ kg des Kohlenstoffatoms und der Masse $m_O = 2,66 \cdot 10^{-26}$ kg des Sauerstoffatoms ist die reduzierte Masse $m_{red} = 1,14 \cdot 10^{-26}$ kg. Bei einem Atomabstand von $r = 0,113$ nm erhält man mit $k = 3,82 \cdot 10^{-23}$ J $= 2,38 \cdot 10^{-4}$ eV für die Energieniveaus der Rotation:

$$E_{rot} = k \cdot n_{rot}(n_{rot} + 1) \qquad 1.41$$

Trägt man die Rotationsenergie für die verschiedenen Rotationsquantenzahlen n_{rot} graphisch auf, so erhält man die in Abb. 1.10 dargestellten Energieniveaus. Berücksichtigt man die **für diesen Fall gültige Auswahlregel** $\Delta n_{rot} = \pm 1$, so erhält man für einen Übergang vom Niveau n_{rot} zum nächsthöheren Niveau $n_{rot}+1$ die Energiedifferenz

$$\Delta E = k\left[(n_{rot}+1)\left((n_{rot}+1)+1\right)\right] - k\left[n_{rot}\left(n_{rot}+1\right)\right] = 2k\left(n_{rot}+1\right) \qquad 1.42$$

So beträgt der Energieabstand vom Niveau $n_{rot}=0$ zum nächsthöheren Niveau $2k = 4{,}76 \cdot 10^{-4}\,\text{eV}$; vom Niveau $n_{rot}=1$ zum nächsthöheren Niveau beträgt er $4k = 9{,}52 \cdot 10^{-4}\,\text{eV}$ usf. Im Spektrum treten also Rotationslinien auf, die gleiche Frequenzabstände haben.

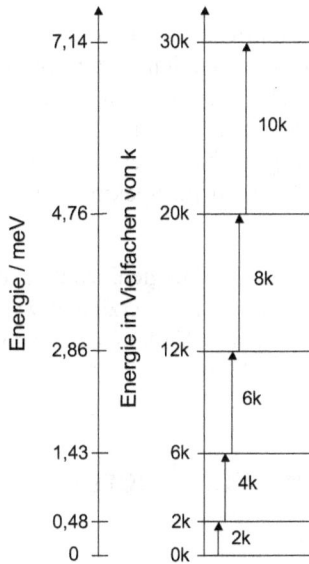

Abb. 1.10. Rotationsniveaus eines zweiatomigen Moleküls. Im Falle von Kohlenmonoxid gilt k=0,238 meV. Die Energieniveaus nehmen die Werte 0k, 2k, 6k, 12k, 20k, ... an. Bei den Übergängen ergeben sich unter Berücksichtigung der Auswahlregel Δn_{rot} = +1 für die verschiedenen Niveaus linear ansteigende Energiedifferenzen, was im Spektrum bzw. Frequenzbild zu äquidistanten Spektrallinien führt.

Wichtige Voraussetzung für das Auftreten von Rotationsbanden im Spektrum ist – wie schon bei den vibronischen Übergängen – ein permanentes Dipolmoment des rotierenden Moleküls. Die oben erwähnte Auswahlregel $\Delta n_{rot} = \pm 1$ gilt für linear gebaute Moleküle. **Für nichtlineare, mehratomige Moleküle sind die Verhältnisse komplizierter.**

Die Beschreibung durch den starren Rotator ist eine Näherung, denn bei einem schnell rotierenden Molekül wird der Abstand der Atome im Vergleich zum Ruhezustand infolge der Zentrifugalkraft größer. Das sich erhöhende Massenträgheitsmoment führt zu einer Verengung der Energieniveaus.

Bei schweren, drei- und mehratomigen Molekülen ist die reduzierte Masse und damit das Massenträgheitsmoment so groß, dass die Energie der Rotationsniveaus sehr gering ist. Die zugehörigen Übergänge liegen somit im **fernen Infrarot** bzw. im **Mikrowellenbereich**. Mikrowellen haben Wellenlängen im cm- bzw. mm-Bereich, die zugehörigen Energien entsprechen etwa $10^{-3} - 10^{-4}$ eV. Aus FIR- und Mikrowellenspektren lassen sich die Atomabstände in Molekülen sehr genau bestimmen.

Die Schwingung und Rotation eines Moleküls kommen häufig gemeinsam vor. Für ein einfaches zweiatomiges Molekül lautet der Ausdruck für die vorkommenden Energieniveaus nach Gl. 1.25 und 1.40

$$E = \left(n_{vib} + \frac{1}{2}\right)\frac{h}{2\pi}\sqrt{\frac{D}{m_{red}}} + \frac{h^2}{8\pi^2 m_{red} r^2} n_{rot}(n_{rot} + 1) \qquad 1.43$$

Das führt zu einem sogenannten **Rotationsschwingungsspektrum**. Hierbei kann es im Einklang mit den für die Vibration und Rotation geltenden Auswahlregeln zum Beispiel zu einem Übergang mit $\Delta n_{vib} = -1$ bei gleichzeitigem $\Delta n_{rot} = +1$ kommen. Die im Spektrum auftretende Frequenz ist niedriger als diejenige, die sich bei einem reinen Schwingungsübergang ergäbe. D.h. also, bei einem Übergang kann sich die vibronische Energie erniedrigen, die Rotationsenergie aber erhöhen. Das führt im Spektrum zu einer ganzen „Harfe" von Spektrallinien.

Auf eine umfassendere Betrachtung der Energieniveaus insbesondere mehratomiger Moleküle und der zugehörigen Übergänge soll hier verzichtet werden. Die Zusammenhänge sind in diesen Fällen komplexer. Im weiteren Verlauf des Buches werden einzelne Aspekte – soweit nötig – vertieft.

1.2 Eigenschaften von Energieniveaus und Übergängen

1.2.1 Die natürliche Linienbreite

Beim Bohrschen Atommodell wird angenommen, dass sowohl Bahngeschwindigkeit als auch Bahnradius exakt bekannt sind. Die Energien der einzelnen Niveaus sind also exakt bestimmt und somit sind die Frequenzen der emittierten Lichtquanten bei Übergängen beliebig genau festgelegt. Die Spektrallinien hätten also folglich die Breite null. In Wirklichkeit zeigen die Spektrallinien stets eine endliche Breite mit einer Intensitätsverteilung, die bestimmten Gesetzmäßigkeiten gehorcht. Die endliche Linienbreite ist eine Folge der Unschärferelation, die Werner Heisenberg (1901–1976) im Jahre 1927 erstmalig formulierte:

$$\Delta x \cdot \Delta p \approx h \qquad 1.44$$

Es kann also nur entweder der Ort x oder der Impuls p eines Teilchens in Richtung x exakt bekannt sein. Die Folge ist, dass in der Quantenmechanik keine diskreten Elektronenbahnen angenommen werden, sondern **Aufenthaltswahrscheinlichkeiten**. Der Ort des Teilchens bleibt also unbestimmt, es kann nicht vorhergesagt werden, wo sich das Elektron zu einem bestimmten Zeitpunkt aufhält. Übertragen auf das Bohrsche Atommodell würde das bedeuten, dass es zwar einen wahrscheinlichsten Radius gibt, dass dieser aber über- oder unterschritten werden kann. Damit ist auch die Energie eines Niveaus unscharf und somit auch die Energiedifferenz zwischen zwei Niveaus.

Würde die Energie E einer elektromagnetischen Welle bestimmt, könnte das wegen $E = hf$ über eine Frequenzmessung erfolgen. Dabei könnte man über einen Beobachtungszeitraum t_B hinweg die Wellenberge der Welle zählen. Ist T die Periodendauer der Welle, dann würden sich $t_B/T = f t_B$ Wellenberge ergeben, allerdings würde eine Unsicherheit von ca. 1 bleiben, da je nach Länge und zeitlicher Lage des Messintervalls ein weiterer Wellenberg gerade noch oder gerade nicht mehr ins Intervall passt. Folglich würde $\Delta(f t_B) \approx 1$ gelten. Ist die Länge des Beobachtungsintervalls exakt bekannt, gilt für die Frequenzunschärfe $\Delta f \approx 1/t_B$. Die Energie E der Welle, die es ja zu bestimmen galt, wäre wegen $E = hf$ auch nur ungenau bekannt: $\Delta E \approx h/t_B$. Es würde sich also mit $\Delta E \cdot t_B \approx h$ eine weitere Form der **Heisenbergschen Unschärferelation** ergeben:

$$\Delta E \Delta t \approx h \qquad\qquad\qquad 1.45$$

Wird der Zeitraum Δt der Beobachtung sehr groß gemacht, ist auch der eigentliche Zeitpunkt der Messung unscharf. Dann ist ΔE sehr klein, die Energie ist also exakt bestimmbar. Wird Δt sehr klein gemacht, ist der Messzeitpunkt exakter festgelegt. Dies wird aber durch eine große Energieunschärfe ΔE erkauft.

Die maximal mögliche Messdauer ist natürlich die Länge des Wellenzuges selbst. Diese maximale Länge bestimmt also die Energieunschärfe bzw. die Breite der Spektrallinie. Ein langer Wellenzug wird also eine schmale Spektrallinie verursachen, ein kurzer Wellenzug eine breite Linie.

Das genaue Profil der Spektrallinie liefert eine klassische Betrachtung, bei der das strahlende Atom als Dipol aufgefasst wird. Das Elektron führt dabei Schwingungen um einen ruhenden Atomkern aus. Da dem Atom durch die Strahlungsemission Energie entzogen wird, ist die Schwingung zwangsläufig gedämpft. Da die Beobachtung zeigt, dass die Spektrallinien in aller Regel sehr schmal sind, ist das abgegebene Licht fast monochromatisch, also einfarbig. Die Dämpfung ist also nur gering.

Eine gedämpfte Schwingung eines mechanischen Oszillators gehorcht der Differentialgleichung:

$$m \frac{d^2 s}{dt^2} + b \frac{ds}{dt} + Ds = 0 \qquad\qquad\qquad 1.46$$

m ist die Masse des Elektrons, b ist die Dämpfungskonstante und D die Federkonstante, hier also ein Maß für die Bindungsstärke des Elektrons. Als Lösungsansatz kommt ein Produkt aus einer Sinus-Funktion und einer Exponentialfunktion, die das Abklingen beschreibt, in Frage:

$$s(t) = \hat{s}e^{-t/2\tau}\sin(\omega_d t) \qquad\qquad 1.47$$

Der Faktor 2 im Nenner des Exponenten wurde eingeführt, um τ als Energierelaxationszeit interpretieren zu können. Da bei den betrachteten optischen Übergängen später die Energie-relaxation betrachtet wird, ist es sinnvoll, die Zeitkonstante τ gleich entsprechend zu definie-ren. Die potentielle Energie eines harmonischen Oszillators ist:

$$E_{pot} = \frac{Ds^2(t)}{2} = \frac{D}{2}\left(\hat{s}e^{-t/2\tau}\sin(\omega_d t)\right)^2 = \frac{D}{2}\hat{s}^2 e^{-t/\tau}\sin^2(\omega_d t) \qquad 1.48$$

Zeitlich über eine Periodendauer gemittelt, erhält man für $\sin^2(\omega_d t)$ den Wert ½. Die mittlere potentielle Energie klingt also mit dem Faktor $e^{-t/\tau}$ ab. Da ein harmonischer Oszillator im zeitlichen Mittel stets genauso viel kinetische Energie wie potentielle Energie hat, klingt auch die Gesamtenergie mit dem Faktor $e^{-t/\tau}$ ab. τ ist somit die Zeit, in der die Energie des Oszillators auf den e–ten Teil gefallen ist.

2τ gibt an, in welcher Zeit die Schwingungsamplitude auf den e-ten Teil abgeklungen ist. Durch Ableiten des Lösungsansatzes Gl. 1.47

$$\frac{ds}{dt} = -\frac{\hat{s}}{2\tau}e^{-t/2\tau}\sin(\omega_d t) + \hat{s}\omega_d e^{-t/2\tau}\cos(\omega_d t) \qquad 1.49$$

$$\frac{d^2s}{dt^2} = \frac{\hat{s}}{4\tau^2}e^{-t/2\tau}\sin(\omega_d t) - \frac{\hat{s}\omega_d}{\tau}e^{-t/2\tau}\cos(\omega_d t) - \hat{s}\omega_d^2 e^{-t/2\tau}\sin(\omega_d t) \qquad 1.50$$

und Einsetzen in die Differentialgleichung erhält man nach Kürzen von $\hat{s}e^{-t/2\tau}$:

$$\left(\frac{m}{4\tau^2} - \omega_d^2 m - \frac{b}{2\tau} + D\right)\sin(\omega_d t) + \left(-\frac{\omega_d}{\tau}m + b\omega_d\right)\cos(\omega_d t) = 0 \qquad 1.51$$

Die Gleichung kann für beliebige t nur dann erfüllt werden, wenn die runden Klammern unabhängig voneinander Null werden:

$$\frac{m}{4\tau^2} - \omega_d^2 m - \frac{b}{2\tau} + D = 0 \qquad\qquad 1.52$$

$$-\frac{\omega_d}{\tau}m + b\omega_d = 0 \qquad\qquad 1.53$$

Aus der zweiten Gl. folgt:

$$\tau = \frac{m}{b} \qquad\qquad 1.54$$

Mit der Kreisfrequenz $\omega_0 = \sqrt{\dfrac{D}{m}}$ des ungedämpften Systems folgt aus Gl. 1.52 unter Verwendung von Gl. 1.54:

$$\omega_d = \sqrt{\omega_0^2 - \frac{1}{4\tau^2}} \qquad\qquad 1.55$$

Unter den Bedingungen der Gln. 1.54 und 1.55 ist also der Ansatz Gl. 1.47 eine Lösung der Differentialgleichung. Die damit beschriebene Elektronenbewegung geht einher mit der Emission einer elektromagnetischen Welle. Betrachtet man ihr Spektrum, so erscheint nicht, wie vielleicht zu erwarten wäre, eine unendlich schmale Spektrallinie der Frequenz ω_d, sondern die Linie hat eine gewisse Breite. Dies kommt daher, dass durch die Überlagerung der Exponentialfunktion $e^{-t/\tau}$ die Wellenberge auf der Zeitskala leicht verschoben werden. Der Abstand der Wellenberge ist also nicht mehr $2\pi/\omega_d$. Die genaue spektrale Verteilung liefert eine Fourier-Transformation. Die Lösung s(t) lässt sich nämlich durch eine spektrale Funktion q(ω) im Frequenzbild darstellen:

$$s(t) = \frac{1}{\sqrt{2\pi}} \int\limits_{0}^{+\infty} q(\omega) e^{i\omega t} d\omega \qquad\qquad 1.56$$

Die Funktion q(ω) wiederum erhält man aus:

$$q(\omega) = \frac{1}{\sqrt{2\pi}} \int\limits_{-\infty}^{+\infty} s(t) e^{-i\omega t} dt = \frac{1}{\sqrt{2\pi}} \int\limits_{0}^{+\infty} \hat{s} e^{-t/2\tau} \sin(\omega_0 t) e^{-i\omega t} dt \qquad\qquad 1.57$$

Die Untergrenze bei der Integration ist Null, da für negative Zeiten die Funktion s(t) = 0 ist. Da bei geringen Dämpfungen τ sehr groß ist, wurde hier nach Gl. 1.55 $\omega_d \approx \omega_0$ verwendet. Die Integration

$$q(\omega) = \frac{1}{\sqrt{2\pi}} \int\limits_{0}^{+\infty} \hat{s} e^{(-1/2\tau - i\omega)t} \sin(\omega_0 t) dt \qquad\qquad 1.58$$

ist elementar ausführbar:

$$q(\omega) = \frac{\hat{s}}{\sqrt{2\pi}} \cdot \frac{e^{(-1/2\tau - i\omega)t}}{\left(-\dfrac{1}{2\tau} - i\omega\right)^2 + \omega_0^2} \left[\left(-\frac{1}{2\tau} - i\omega\right) \sin\omega_0 t - \omega_0 \cos\omega_0 t \right]_{0}^{+\infty} \qquad 1.59$$

$$q(\omega) = \frac{\hat{s}}{\sqrt{2\pi}} \cdot \frac{\omega_0}{\left(-\dfrac{1}{2\tau} - i\omega\right)^2 + \omega_0^2} = \frac{\hat{s}\omega_0}{\sqrt{2\pi}} \frac{1}{\left(\dfrac{1}{4\tau^2} - \omega^2 + \omega_0^2\right) + i\left(\dfrac{\omega}{\tau}\right)} \qquad 1.60$$

Durch Bildung von q(ω)q*(ω) gelangt man von der Amplitude zu einer energetischen Größe, wobei q*(ω) das konjugiert Komplexe zu q(ω) ist:

$$q(\omega)q*(\omega) = \frac{\hat{s}^2 \omega_0^2}{2\pi} \frac{1}{\left(\dfrac{1}{4\tau^2} - \omega^2 + \omega_0^2\right)^2 + \left(\dfrac{\omega}{\tau}\right)^2} \qquad\qquad 1.61$$

Bei einer Lichtwelle ist die Periodendauer T stets deutlich kleiner als die Relaxationszeit 2τ. Mit

$$\frac{1}{2\tau} \ll \frac{2\pi}{T} \qquad \text{bzw.} \qquad \frac{1}{2\tau} \ll \omega_0 \qquad\qquad 1.62$$

gilt also folgende Näherung:

$$q(\omega)q*(\omega) = \frac{\hat{s}^2 \omega_0^2}{2\pi} \frac{1}{\left(\omega_0^2 - \omega^2\right)^2 + \left(\dfrac{\omega}{\tau}\right)^2}$$

$$= \frac{\hat{s}^2 \omega_0^2}{2\pi} \frac{1}{\left((\omega_0 - \omega)(\omega_0 + \omega)\right)^2 + \left(\dfrac{\omega}{\tau}\right)^2} \qquad\qquad 1.63$$

Da das Spektrum nur in einem engen Bereich der Frequenz ω₀ interessiert, ist als weitere Näherung ω ≈ ω₀ gestattet, so dass folgt:

$$q(\omega)q*(\omega) = \frac{\hat{s}^2 \omega_0^2}{2\pi} \frac{1}{\left((\omega_0 - \omega)^2 4\omega_0^2\right) + \left(\dfrac{\omega_0}{\tau}\right)^2}$$

$$= \frac{\hat{s}^2}{8\pi} \frac{1}{(\omega_0 - \omega)^2 + \left(\dfrac{1}{2\tau}\right)^2} \qquad\qquad 1.64$$

Der Verlauf der Strahlungsflussdichte ψ(ω) ist proportional q(ω)q*(ω), es gilt also:

$$\psi(\omega) = K \frac{1}{(\omega_0 - \omega)^2 + \dfrac{1}{4\tau^2}} \qquad\qquad 1.65$$

Die graphische Darstellung dieser Funktion ist als **Lorentzprofil** bekannt. Bei einer Normierung der Fläche unter der Kurve auf Eins gemäß

$$\int_{-\infty}^{+\infty} K \frac{1}{(\omega_0 - \omega)^2 + \frac{1}{4\tau^2}} d\omega = -K \left[2\tau \arctan\left((\omega_0 - \omega)2\tau\right) \right]_{-\infty}^{+\infty} \qquad \text{1.66}$$

$$= 2K\tau\pi = 1$$

nimmt die Konstante K den Wert $K = \dfrac{1}{2\tau\pi}$ an. Man erhält also ein **normiertes Lorentz-profil** mit

$$\boxed{\psi_n(\omega) = \frac{1}{2\tau\pi \left[(\omega_0 - \omega)^2 + \dfrac{1}{4\tau^2}\right]}}$$

bzw.   1.67

$$\boxed{\psi_n(\omega) = \frac{1}{8\tau\pi^3 \left[(f_0 - f)^2 + \dfrac{1}{16\pi^2\tau^2}\right]}}$$

Das Maximum der Kurve liegt bei f_0 und hat den Wert

$$\psi_{n0} = \psi_n(f_0) = \frac{2\tau}{\pi} \qquad \text{1.68}$$

Von besonderer Bedeutung ist die sogenannte **volle Halbwertsbreite** (Full width at half maximum, **FWHM**). Zu ihrer Berechnung benötigt man die Frequenzen f_H, bei denen die Strahlungsflussdichte den halben Wert besitzt:

$$\frac{\psi_{n0}}{2} = \frac{\tau}{\pi} = \frac{1}{8\tau\pi^3 \left[(f_0 - f_H)^2 + \dfrac{1}{16\pi^2\tau^2}\right]} \qquad \text{1.69}$$

Eine kurze Rechnung zeigt:

$$f_H = f_0 \mp \frac{1}{4\pi\tau} \qquad \text{1.70}$$

Die Halbwertsbreite nimmt also den Wert

$$\boxed{\Delta f = 1/(2\pi\tau)} \qquad \text{1.71}$$

an und es ist leicht zu erkennen, dass ein schnelles Abklingen des Wellenzuges, also ein kleines τ zu einer großen Halbwertsbreite Δf führt. Wegen der Unschärferelation $\Delta E \Delta t \approx h$ und wegen $\Delta E = h\Delta f$ gilt mit Gl. 1.71 der Zusammenhang

$$h\Delta f\Delta t \approx h \quad \frac{h}{2\pi\tau}\Delta t \approx h \quad \text{bzw.} \quad \Delta t \approx 2\pi\tau \qquad\qquad 1.72$$

Bei der gegebenen Energiefestlegung $\Delta E = h\Delta f$ ist die Zeitunschärfe also $\Delta t \approx 2\pi\tau$.

Mit der Halbwertsbreite 1.71 lässt sich die Gleichung der Lorentzfunktion 1.67 in die Form

$$\psi_n(f) = \frac{\Delta f}{\pi^2 \left[4(f_0 - f)^2 + \Delta f^2 \right]} \qquad\qquad 1.73$$

bringen. Die Relaxationszeiten τ für elektronische Übergänge liegen in der Größenordnung von $10\,\text{ns} = 10^{-8}\,\text{s}$. Frequenzbreiten von etwa $16\,\text{MHz}$ sind die Folge. Sie sind verschwindend gering im Vergleich zu den Frequenzen des sichtbaren Lichtes, die in der Größenordnung von $10^{14}\,\text{Hz}$ liegen. Abb. 1.11 zeigt das Lorentzprofil für drei Relaxationszeiten.

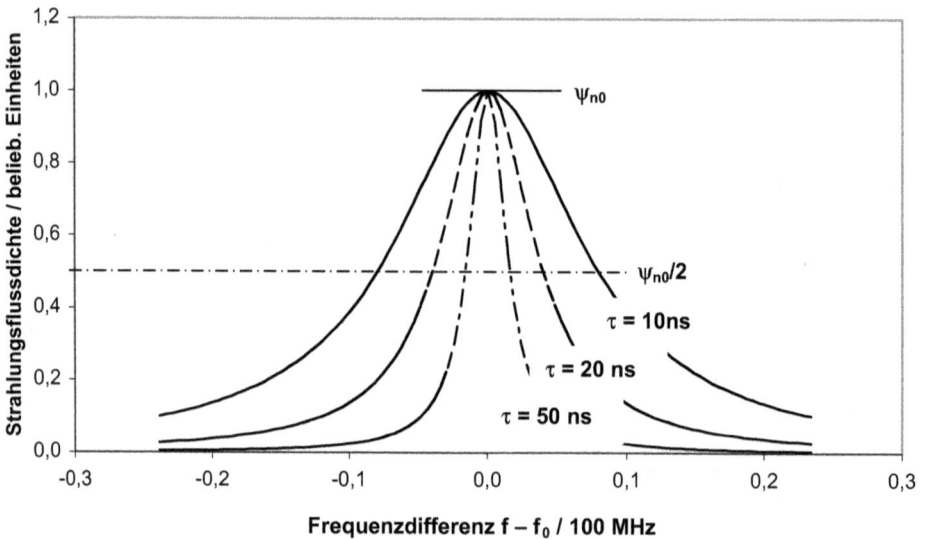

Abb. 1.11. Lorentzprofil für Relaxationszeiten τ von 10 ns, 20 ns und 50 ns. Die zugehörigen Linienbreiten sind 16,9 MHz, 7,96 MHz und 3,18 MHz.

Es sei noch einmal bemerkt, dass hier das Abklingen eines einzelnen, mechanischen Oszillators betrachtet wurde. Das Ergebnis einer Frequenzunschärfe lässt sich nun auf die Energieniveaus bei der Absorption und Emission von Strahlung übertragen. Angenommen, es wurden Teilchen durch Licht passender Frequenz in einen angeregten Zustand E_1 gebracht. Nachdem die Lichtquelle schlagartig abgeschaltet wurde, wird die Probe sich selbst überlassen. Die Teilchen können ihre Energie in Form eines Photons abgeben. Wann ein einzelnes Teilchen dies tut, ist nicht vorhersagbar. Allenfalls statistische Aussagen sind möglich. Wenn n die Teilchenzahldichte, also die Zahl der angeregten Teilchen pro Volumeneinheit ist, gilt für die spontane Relaxation:

$$dn = -A_{10}ndt \qquad\qquad 1.74$$

dn bezeichnet die Änderung der Besetzungsdichte, also die Änderung von n. Sie ist natürlich proportional zur Besetzungsdichte n, denn je mehr Teilchen angeregt sind, desto wahrscheinlicher ist die Abgabe eines Photons. dt ist das betrachtete Zeitintervall. Je größer es ist, desto wahrscheinlicher findet innerhalb von dt ein Emissionakt statt. Die Proportionalitätskonstante A_{10} wird Einsteinkoeffizient der spontanen Emission genannt. Es handelt sich dabei um eine Stoffkonstante, die angibt, wie wahrscheinlich ein Übergang bei einem bestimmten Molekül ist. Die Gl. 1.74 lässt sich durch Variablentrennung integrieren:

$$\int_{n_0}^{n} \frac{dn}{n} = -\int_{0}^{t} A_{10}dt \qquad \ln\frac{n}{n_0} = -A_{10}t \qquad n(t) = n_0 e^{-A_{10}t} \qquad 1.75$$

Das Ergebnis zeigt, dass die Besetzungsdichte exponentiell abklingt und dass das Abklingverhalten durch A_{10} bestimmt wird. Setzt man

$$A_{10} = \frac{1}{\tau}, \qquad\qquad 1.76$$

können die Resulate des mechanischen Modells direkt übernommen werden. Für die Linienbreite des Übergangs gilt also $\Delta f = 1/(2\pi\tau)$.

Δf stellt die Frequenzunschärfe eines Niveaus nur dann dar, wenn die Relaxation in den Grundzustand erfolgt. Kommt es zu einem Übergang von einem angeregten Zustand E_2 in einen anderen angeregten Zustand E_1, so addieren sich die Energieunschärfen $\Delta E = \Delta E_1 + \Delta E_2$, was zu einer Addition der Frequenzunschärfen führt:

$$\boxed{\Delta f = \frac{1}{2\pi}\left(\frac{1}{\tau_1} + \frac{1}{\tau_2}\right)} \qquad\qquad 1.77$$

1.2.2   Die Boltzmann-Verteilung

Da Systeme in der Natur stets den Zustand niedrigster Energie annehmen, könnte man meinen, alle Atome oder Moleküle müssten ohne Energiezufuhr im elektronischen, vibronischen oder Rotationsgrundzustand vorzufinden sein. Das ist jedoch nicht immer der Fall, denn die Wärmebewegung der Materie liefert ein Energiereservoir, aus dem insbesondere Schwingungs- und Rotationsniveaus besetzt werden können. Die Wärmebewegung der Atome oder Moleküle besteht aus einer Bewegung der Teilchen und durch diese können über Stöße Schwingungen oder Drehungen leicht angeregt werden. Bei hohen thermischen Energien, also hohen Temperaturen, können auch Elektronen auf höhere Bahnen gebracht werden, d.h. es können auch elektronische Niveaus besetzt werden. Nach welchen Gesetzmäßigkeiten dies geschieht, lässt sich anhand der **barometrischen Höhenformel** erläutern. Sie beschreibt, wie der atmosphärische Druck mit der Höhe abnimmt.

Ein kleiner Würfel mit der Masse dm und dem Volumen dV, der sich in der Höhe h befindet, erzeugt durch seine eigene Gewichtskraft auf seine Bodenfläche dA den Druck dp:

$$dp = -\frac{gdm}{dA} \qquad\qquad 1.78$$

g ist die Schwerebeschleunigung. Wegen dm=ρdV und dV=dAdh wird daraus

$$dp = -\frac{g\rho dV}{dA} = -\rho\frac{gdAdh}{dA} = -\rho gdh \qquad\qquad 1.79$$

Infolge der Proportionalität von Druck p und Dichte ρ lässt sich das wegen $\frac{dp}{p} = \frac{d\rho}{\rho}$ umformen in:

$$\frac{pd\rho}{\rho} = -\rho gdh \qquad\qquad 1.80$$

Die Dichte im betrachteten Würfel ist $\rho = \frac{dm}{dV}$, somit gilt:

$$\frac{pdVd\rho}{dm} = -\frac{dm}{dV}gdh \qquad\qquad 1.81$$

Nach der Zustandsgleichung des idealen Gases gilt für das betrachtete Volumen, in dem sich N Teilchen befinden sollen, pdV=NkT. k ist die Boltzmannkonstante und T die absolute Temperatur:

$$\frac{NkTd\rho}{dm} = -\frac{dm}{dV}gdh \qquad\qquad 1.82$$

Es soll nun statt der Dichte eine Teilchenzahldichte n eingeführt werden, eine Größe, die angibt, wie viele Teilchen sich in einer Volumeneinheit befinden. Für den betrachteten Würfel erhält man $n = \frac{N}{dV} = \rho\frac{N}{dm}$. Für die Dichteänderung zwischen Boden- und Deckfläche dρ folgt damit $d\rho = \frac{dmdn}{N}$:

$$\frac{NkTdmdn}{dmN} = kTdn = -\frac{dm}{dV}gdh \qquad\qquad 1.83$$

Da N die Zahl der Teilchen in dV und dm die Masse des Volumens ist, gilt für die Masse m_T eines einzelnen Teilchens $m_T = \frac{dm}{N} = \frac{dm}{ndV}$. Damit wird aus Gl. 1.83:

$$dn = -\frac{nm_T g dh}{kT} \qquad\qquad 1.84$$

Da die potentielle Energie eines Teilchens $E = m_T g h$ ist, stellt $dE = m_T g dh$ den Unterschied an potentieller Energie zwischen unterer und oberer Fläche dar. Die Gleichung lässt sich einfach durch Variablentrennung integrieren:

$$\int_{n_0}^{n_1} \frac{dn}{n} = -\int_{E_0}^{E_1} \frac{dE}{kT} \qquad \ln n_1 - \ln n_0 = -\frac{E_1 - E_0}{kT} \qquad \boxed{n_1 = n_0 e^{-\frac{E_1 - E_0}{kT}}} \qquad 1.85$$

n_0 ist damit die Teilchenzahldichte am Boden, also auf der Höhe $h_0 = 0$. Die potentielle Energie ist hier natürlich $E_0 = m_T g h_0 = 0$. Es soll aber in der Gleichung E_0 aus später einzusehenden Gründen beibehalten werden. n_1 ist die Teilchenzahldichte in der Höhe h_1, die potentielle Energie eines Teilchens in dieser Höhe ist $E_1 = m_T g h_1$.

Damit wurde eine etwas eigenwillige Form der barometrischen Höhenformel gewonnen. Sie gibt an, wie groß die Teilchenzahldichte n_1 bei einer gegebenen potentiellen Energie E_1 ist. Die Teilchenzahldichte sinkt exponentiell mit wachsender Energie E_1. Gleichzeitig kommt die Temperatur ins Spiel. Je niedriger die Temperatur ist, desto schneller klingt die Teilchenzahldichte mit wachsender Höhe bzw. potentieller Energie ab. Der Exponentialfaktor $e^{-\frac{E_1 - E_0}{kT}}$ heißt **Boltzmannfaktor**.

Dieses Ergebnis hat in der Physik fundamentale Bedeutung und lässt sich auf die im vorigen Abschnitt eingeführten Energieniveaus übertragen. Die Teilchenzahldichte n wird dabei zur Besetzungsdichte. Sie gibt an, wie viele Teilchen pro Volumeneinheit einen energetischen Zustand einnehmen. Man sagt, der Zustand ist mit einer gewissen Anzahl von Teilchen pro Volumen „besetzt". Die potentielle Energie in der Herleitung entspricht im Falle der Energieniveaus der elektronischen, vibronischen oder Rotationsenergie des entsprechenden Zustandes. Es sei hervorgehoben, dass Gl. 1.85 das Verhältnis der Besetzungen n_1/n_0 angibt, ohne dass E_0 der energetische Nullpunkt sein muss. E_1 und E_0 sind vielmehr zwei beliebige Energiezustände ($E_1 > E_0$) und n_1 und n_0 ihre zugehörigen Besetzungsdichten.

Nimmt man zur Verdeutlichung zunächst nur zwei existierende Energieniveaus mit $E_0 = 0$ als Grundzustand an, so ist die entscheidende Folge von Gl. 1.85, dass sich niemals alle Teilchen im Grundzustand E_0 befinden können, es sei denn, die Temperatur wäre Null. Dann wäre der gesamte Boltzmannfaktor Null und man würde $n_1 = 0$ erhalten. Bei anderen, realistischeren Temperaturen ist stets $n_1 \neq 0$. Das bedeutet, dass auch ohne Einstrahlung von frequenzmäßig passender Strahlung der Zustand mit der Energie E_1 besetzt ist. Wie stark, hängt von der Temperatur ab.

In Abb. 1.12 sind die Verhältnisse für vier verschiedene Temperaturen dargestellt. Für den Grundzustand ist hier die Energie $E_0 = 0$ angenommen. In Ordinatenrichtung ist die Energie des zweiten Niveaus aufgetragen. Bei Raumtemperatur ist also das Besetzungsverhältnis bei einer Energie von 0,15eV bereits näherungsweise Null. Bei einem niedrigliegenden Energieniveau mit E_1=0,05 eV beispielsweise beträgt das Besetzungsverhältnis n_1/n_0 bei den Temperaturen 293K, 400K, 600K und 800K jeweils 0,138, 0,234, 0,380 und 0,484. Niedrigliegende Energieniveaus sind also stark „thermisch besetzt", d.h. eine Vielzahl von Teilchen nimmt ohne Lichteinstrahlung diese Niveaus ein.

Da elektronische Niveaus in der Regel sehr hoch liegen (etwa 1 – 20 eV), können sie bei den in der Technik auftretenden Temperaturen kaum merklich besetzt werden. Anders verhält es sich bei den vibronischen Niveaus, diese liegen bei etwa 0,01 bis 0,5eV. Wie Abb. 1.12 verdeutlicht, können sie schon bei mäßigen Temperaturen merklich besetzt werden. Erst recht gilt dies bei Rotationsniveaus, die energetisch noch tiefer liegen.

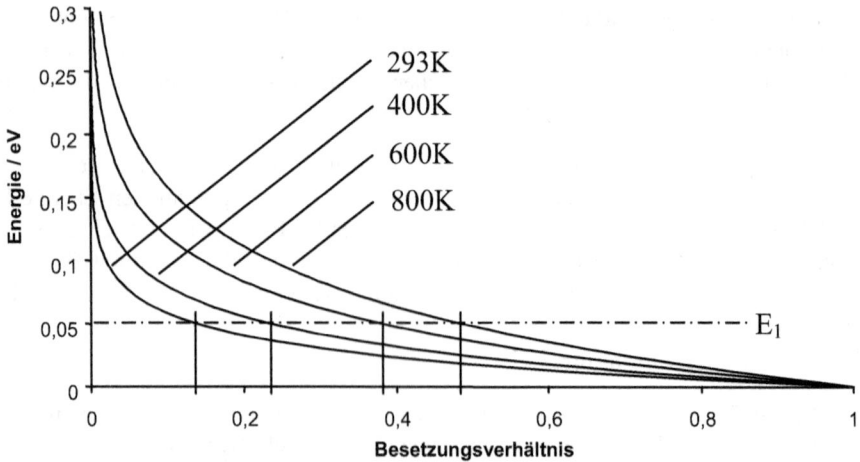

Abb. 1.12. Abklingen des Besetzungsverhältnisses n_1/n_0 zu höheren Energien hin für verschiedene Temperaturen bei einem System mit nur zwei Niveaus. Zu höher liegenden Energieniveaus klingt das Besetzungsverhältnis gemäß dem Boltzmannfaktor ab. Wegen der im fraglichen Bereich liegenden Energieniveaus spielt die thermische Besetzung besonders bei Schwingungs- und Rotationsniveaus eine Rolle.

Existieren, wie in der Regel auch der Fall, mehrere Energieniveaus, so wird die Besetzungsdichte für das i-te Niveau wie folgt angegeben:

$$n_i = \left(\frac{ng_i}{S}\right) e^{-\frac{E_i}{kT}} \qquad\qquad 1.86$$

g_i stellt einen Gewichtsfaktor dar, der das statistische Gewicht des Zustandes angibt. Nicht jeder Zustand wird mit der gleichen Wahrscheinlichkeit angenommen. Es wurde ferner zugrunde gelegt, dass E_0=0 gilt. Die Summe

$$S = \sum_i g_i e^{-\frac{E_i}{kT}} \qquad\qquad 1.87$$

sorgt wegen

$$\sum_i n_i = \frac{n}{S} \sum_i g_i e^{-\frac{E_i}{kT}} = n \qquad\qquad 1.88$$

für die Normierung. Die Verhältnisse seien an einer Modellsubstanz mit den in Tab. 1.1 wiedergegebenen Energieniveaus verdeutlicht. Die Temperatur ist 600K. Nimmt man modellhaft die Zahl der Teilchen pro Volumeneinheit als 100 an, erhält man die in der Tabelle angegebenen Besetzungsdichten n_i.

Tab. 1.1. Boltzmannfaktor und Besetzungsdichte für eine Modellsubstanz mit vier Energieniveaus, einer gesamten Teilchendichte von 100 und Gewichtsfaktoren $g_i=1$.

i	E_i/eV	$e^{-\frac{E_i}{kT}}$	n_i
0	0	1	66
1	0,05	0,380	25
2	0,12	0,098	6
3	0,16	0,045	3

Die Besetzungsdichten sind in Abb. 1.13 symbolhaft durch Kugeln visualisiert. Wichtig ist, dass niedere Niveaus stets stärker besetzt sind wie höhere. Erhöht man die Temperatur, wird der Grundzustand entleert und höhere Niveaus werden stärker besetzt. Es bleibt aber grundsätzlich bei der exponentiell zu höheren Energien abnehmenden Besetzung.

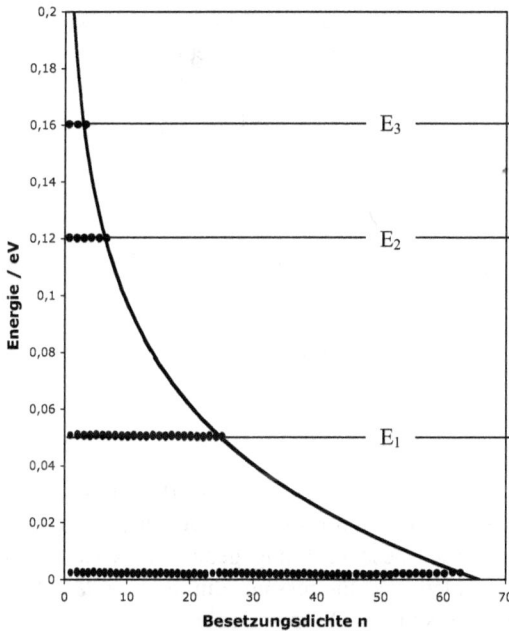

Abb. 1.13. Die Besetzungsdichte für die in Tab. 1.1. angegebene Modellsubstanz.

1.2.3   Die Dopplerverbreiterung

Die in Abschnitt 1.2.1 besprochene natürliche Linienbreite ist meist nicht beobachtbar, sondern wird durch andere, linienverbreiternde Mechanismen überlagert. Ein solcher Mechanismus ist die **Dopplerverbreiterung**. Der besonders aus der Akustik bekannte **Dopplereffekt** spielt auch bei der Emission von Strahlung eine Rolle. Speziell Gasmoleküle sind temperaturbedingt ständig in Bewegung und ändern durch Stöße mit anderen Molekülen permanent ihre Geschwindigkeit nach Betrag und Richtung. Über die Verteilung dieser Geschwindigkeiten lassen sich statistische Aussagen treffen. Betrachtet man das ideale Gas, so erfahren die Teilchen untereinander keine Anziehung oder Abstoßung und haben somit auch keine potentielle Energie. Auf die kinetische Energie der Teilchen lässt sich der in Gl. 1.86 gewonnene Boltzmannfaktor $e^{-\frac{E_i}{kT}}$ anwenden, wobei die Energie E_i hier durch die kinetische Energie $\frac{m}{2}v^2$ der Teilchen zu ersetzen ist. Die Wahrscheinlichkeit, ein Teilchen bei einer Temperatur T mit einer im Intervall v bis v+dv liegenden Geschwindigkeit anzutreffen, ist

$$f(v)dv = C4\pi v^2 e^{-\frac{mv^2}{2kT}} dv \qquad\qquad 1.89$$

Der Faktor $4\pi v^2$ trägt dem statistischen Gewicht der einzelnen v-Intervalle Rechnung. Man kann sich $4\pi v^2 dv$ als Kugelschale vorstellen, in der alle Vektoren der Länge v enden. Je größer v ist, desto größer wird bei konstantem dv das Volumen der Kugelschale. Dieses wiederum ist ein Maß für die Anzahl der möglichen v-Vektoren. Mit anderen Worten: bei höheren Geschwindigkeiten gibt es mehr v-Vektoren und daher erhalten sie ein höheres statistisches Gewicht. Die Konstante C lässt sich über die Normierung bestimmen:

$$\int\limits_0^\infty f(v)dv = \int\limits_0^\infty C4\pi v^2 e^{-\frac{mv^2}{2kT}} dv = C\left(\frac{2\pi kT}{m}\right)^{3/2} = 1 \qquad\qquad 1.90$$

Man erhält also $C = \left(\frac{m}{2\pi kT}\right)^{3/2}$ und damit wird aus Gl. 1.89 die **Maxwellsche Geschwindigkeitsverteilung**:

$$\boxed{f(v)dv = 4\pi v^2 \left(\frac{m}{2\pi kT}\right)^{3/2} e^{-\frac{mv^2}{2kT}} dv} \qquad\qquad 1.91$$

Für den Dopplereffekt sind nur diejenigen Geschwindigkeitskomponenten von Bedeutung, die parallel zur Verbindungslinie von Molekül und Beobachtungspunkt sind. Wird ein Koordinatensystem so gelegt, dass diese Richtung genau die x-Achse ist, so sind nur die v_x-Komponenten für den Dopplereffekt interessant. Ein die Frequenz f_0 emittierendes Teilchen, das sich mit der Geschwindigkeit v_x auf einen Beobachtungspunkt zubewegt, verursacht dort die Frequenz f:

$$f = f_0(1 + \frac{v_x}{c})$$ 1.92

Die Frequenz ist also gegenüber f_0 erhöht. Entfernt sich die Quelle vom Beobachter, erniedrigt sich f gegen f_0. Nach v_x aufgelöst, ergibt Gl. 1.92:

$$v_x = \frac{f - f_0}{f_0} c$$ 1.93

Die Wahrscheinlichkeit, ein Teilchen mit einer Geschwindigkeit zwischen v_x und $v_x + dv_x$ anzutreffen, sei $g(v)dv_x$. Durch die Beschränkung auf die x-Richtung entfällt der Vorfaktor $4\pi v^2$ in Gl. 1.91. Allerdings tragen die Projektionen aller Geschwindigkeitsvektoren auf die x-Achse zum Dopplereffekt bei. Daher ist über die y- bzw. z-Komponente zu integrieren:

$$g(v)dv_x = \left(\frac{m}{2\pi kT}\right)^{3/2} \left(\int\limits_{-\infty}^{\infty} \int\limits_{-\infty}^{\infty} e^{-\frac{m(v_x^2+v_y^2+v_z^2)}{2kT}} dv_y dv_z \right) dv_x$$

$$g(v)dv_x = \left(\frac{m}{2\pi kT}\right)^{3/2} e^{-\frac{mv_x^2}{2kT}} \left(\int\limits_{-\infty}^{+\infty} \int\limits_{-\infty}^{+\infty} e^{-\frac{mv_y^2}{2kT}} dv_y e^{-\frac{mv_z^2}{2kT}} dv_z \right) dv_x$$

$$g(v)dv_x = \left(\left(\frac{m}{2\pi kT}\right)^{3/2} e^{-\frac{mv_x^2}{2kT}} \right)\left(\frac{2\pi kT}{m}\right) dv_x$$ 1.94

Schließlich erhält man

$$g(v)dv_x = \sqrt{\frac{m}{2\pi kT}} e^{-\frac{mv_x^2}{2kT}} dv_x$$ 1.95

Diese Gleichung stellt die **Maxwellsche Verteilung** *einer* **Geschwindigkeitskomponente** dar. Sie ist symmetrisch bezüglich der Geschwindigkeit Null, d.h. dies ist die wahrscheinlichste Geschwindigkeit. Das mag auf den ersten Blick verwundern, auf den zweiten Blick ist es jedoch verständlich: es gibt viele Moleküle, die eine Geschwindigkeit senkrecht zur gewählten x-Richtung besitzen. Ihre Projektion auf die x-Achse ergibt Null.

Setzt man in Gl. 1.95 die Geschwindigkeit nach Gl. 1.93 ein und berücksichtigt

$$\frac{dv_x}{df} = \frac{c}{f_0} \quad \text{bzw.} \quad dv_x = \frac{c}{f_0} df,$$ 1.96

so erhält man

$$g^*(f)df = \frac{c}{f_0}\sqrt{\frac{m}{2\pi kT}}e^{-\frac{mc^2(f-f_0)^2}{2kTf_0^2}}\,df \qquad\qquad 1.97$$

Die spektrale Verteilung der Emission stellt im Falle der Dopplerverbreiterung eine **Gauß-Kurve** dar. Für die Halbwertspunkte f_H von $g^*(f)$ gilt unter Berücksichtigung des Maximalwertes $\dfrac{c}{f_0}\sqrt{\dfrac{m}{2\pi kT}}$ der Gauß-Kurve:

$$\frac{g^*(f_0)}{2} = \frac{c}{2f_0}\sqrt{\frac{m}{2\pi kT}} = \frac{c}{f_0}\sqrt{\frac{m}{2\pi kT}}e^{-\frac{mc^2(f_H-f_0)^2}{2kTf_0^2}} \qquad\qquad 1.98$$

Wegen $f_H-f_0=\Delta f/2$ gilt für die Halbwertsbreite Δf:

$$\ln\frac{1}{2} = -\frac{mc^2(f_H-f_0)^2}{2kTf_0^2} = -\frac{mc^2\Delta f^2}{8kTf_0^2} \qquad\qquad 1.99$$

bzw.:

$$\Delta f = \sqrt{\frac{8\ln(2)kTf_0^2}{mc^2}} \qquad\qquad 1.100$$

Dies ist die **Linienbreite der Dopplerverbreiterung**. Eine Erhöhung der Temperatur führt zu einer Vergrößerung der Linienbreite. Wird die Wurzel

$$\sqrt{\frac{mc^2}{2kT}} = \frac{\sqrt{4\ln(2)f_0^2}}{\Delta f} \qquad\qquad 1.101$$

in Gl. 1.97 eliminiert, gelangt man zu einer allgemeineren Form des Gauß-Profils:

$$g^*(f-f_0) = \frac{1}{f_0\sqrt{\pi}}\frac{\sqrt{4\ln(2)f_0^2}}{\Delta f}e^{-\frac{4\ln(2)f_0^2(f-f_0)^2}{\Delta f^2 f_0^2}} \qquad\qquad 1.102$$

bzw.:

$$g^*(f-f_0) = \left(\frac{2}{\Delta f}\right)\sqrt{\frac{\ln(2)}{\pi}}e^{-\ln(2)\frac{(f-f_0)^2}{(\Delta f/2)^2}} \qquad\qquad 1.103$$

Zusammenfassend lauten die auf den Spitzenwert Eins normierten Lorentz- und Gaußprofile schließlich:

$$L(f - f_0) = \frac{1}{\left[\left(\dfrac{2(f - f_0)}{\Delta f}\right)^2 + 1\right]} \qquad G(f - f_0) = e^{-\ln(2)\dfrac{(f-f_0)^2}{(\Delta f/2)^2}} \qquad 1.104$$

Sie sind in Abb. 1.14 dargestellt. Es ist leicht zu erkennen, dass das Lorentzprofil in den Flanken langsamer gegen Null geht wie das Gaußprofil. Auch läuft das Lorentzprofil im Maximum spitzer zu.

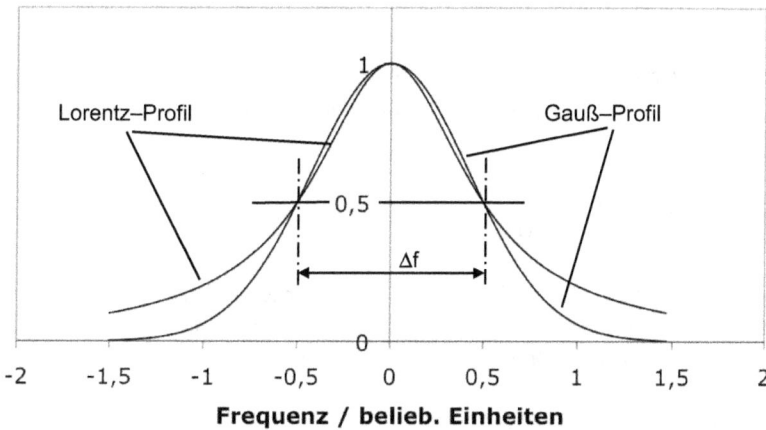

Abb. 1.14. Das Lorentz- und das Gauß-Profil im Vergleich. Das Gauß-Profil nähert sich in den Flanken der Null schneller an und hat um die Mittenfrequenz f_0 ein etwas breiteres Maximum.

Das durch die natürliche Linienbreite vorgegebene Lorentz-Profil ist ein Beispiel für eine **homogen verbreiterte Spektrallinie**. Die Abklingzeitkonstante τ ist eine Eigenschaft jedes einzelnen Atoms in der betrachteten Probe. Die Emission jedes einzelnen Atoms in der Probe ist in gleicher Weise verbreitert. Kommt es zur Wechselwirkung mit Strahlung einer exakt festgelegten Frequenz f, so ist die Wahrscheinlichkeit für die Absorption und Emission für alle Teilchen in der Probe gleich groß. Es gibt im Gegensatz dazu auch noch die **inhomogen verbreiterten Spektrallinien**, hierzu gehört die Dopplerverbreiterung. Hier haben die Teilchen in der Probe verschiedene Resonanzfrequenzen mit einer entsprechenden Linienbreite. Bei der Dopplerverbreiterung hängen diese von ihrer Geschwindigkeit in Beobachtungsrichtung ab. Die Resonanzfrequenzen selbst sind statistisch um einen wahrscheinlichsten Wert verteilt. Wird hier Strahlung einer geeigneten, exakt festgelegten Frequenz f in die Probe geschickt, so wird nur eine ausgewählte Anzahl an Teilchen mit der passenden Frequenz (und damit Geschwindigkeit) absorbieren.

1.2.4   Stoßverbreiterung

In einem Gas ist bei hohem Druck die mittlere Geschwindigkeit der Teilchen und damit die Stoßwahrscheinlichkeit erhöht. Stöße führen im Falle einer Lichtemission zur Störung des Emissionsvorgangs. Durch den Stoß werden Energieniveaus verschoben und so die Frequenz des emittierten Lichtes verändert. Ist der Stoß elastisch, wird die Emission nach Beendigung der Wechselwirkung mit der alten Frequenz fortgeführt, allerdings phasenverschoben. Durch diese Phasenverschiebung wird der Wellenzug quasi in kürzere Abschnitte ungestörter Schwingung zerstückelt. Da im Modell der natürlichen Linienbreite die Zeitkonstante τ ein Maß für die Dauer des Wellenzuges war, so kann auch im Falle der **Stoßverbreiterung** die Dauer der ungestörten Wellenteile durch eine Zeitkonstante τ_{St} beschrieben werden. Sie kann als Stoßzeit aufgefasst werden, also die mittlere Zeitspanne zwischen zwei Stößen. Der Kehrwert $1/\tau_{St}$ entspricht der Stoßrate A_{St}, der Wahrscheinlichkeit für einen Stoß pro Zeiteinheit.

Zur theoretischen Beschreibung kann also an das mit Gl. 1.73 eingeführte Lorentzprofil mit seiner Linienbreite $\Delta f = 1/(2\pi\tau) = A_{10}/(2\pi)$ angeknüpft werden. Im Falle der Stoßverbreiterung gilt

$$\Delta f_{St} = \frac{2A_{St}}{2\pi} = \frac{A_{St}}{\pi} = \frac{1}{\pi\tau_{St}} \qquad\qquad 1.105$$

Der Faktor 2 vor dem A_{St} im Zähler, der bei der natürlichen Linienbreite fehlt, kommt dadurch zustande, dass an einem Stoß zwei Teilchen beteiligt sind. Pro Stoß werden also zwei Emissionsakte gestört. Die Stoßrate A_{St} kann angesetzt werden als

$$A_{St} = n\sigma\overline{v} \qquad\qquad 1.106$$

Dabei ist n die Zahl der Teilchen pro Volumen und σ ein „**Wirkungsquerschnitt**", der angibt, wie wahrscheinlich ein Stoß ist. In der klassischen Betrachtung entspricht er dem Stoßquerschnitt. Bei zwei Kugeln gleichen Durchmessers d=2r erfolgt eine Berührung, wenn sich die Kugelschwerpunkte, also die Mittelpunkte, näher als 2r kommen wollen (Abb. 1.15). Die erste Kugel belegt also eine Fläche von πd^2, die auch dem Wirkungsquerschnitt entspricht:

$$\sigma = \pi d^2 \qquad\qquad 1.107$$

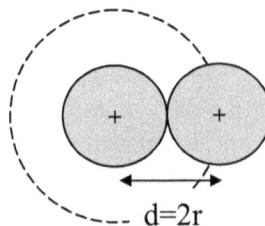

Abb. 1.15. Beim Stoß zweier identischer Kugeln kommt es zur Berührung, wenn der Schwerpunkt der zweiten Kugel in die Fläche πd^2 eintreten will.

$\overline{v}$ in Gl. 1.106 ist die mittlere Geschwindigkeit der Teilchen. Sie lässt sich mit f(v)dv aus Gl. 1.91 aus

$$\overline{v} = \int_{0}^{\infty} f(v) \cdot v dv \qquad\qquad 1.108$$

ermitteln:

$$\overline{v} = \int_{0}^{\infty} 4\pi v^2 \left(\frac{m}{2\pi kT}\right)^{3/2} e^{-\frac{mv^2}{2kT}} \cdot v dv \qquad\qquad 1.109$$

Die Integration führt schließlich zu:

$$\overline{v} = 4\pi \left(\frac{m}{2\pi kT}\right)^{3/2} \int_{0}^{\infty} v^3 e^{-\frac{mv^2}{2kT}} dv$$

$$= 4\pi \left(\frac{m}{2\pi kT}\right)^{3/2} \frac{\Gamma(2)}{2\left(\frac{m}{2kT}\right)^2} = \sqrt{\frac{8kT}{\pi m}} \qquad\qquad 1.110$$

Γ bezeichnet dabei die Gammafunktion, es ist $\Gamma(2) = 1$. Die letzten Ergebnisse in Gl. 1.106 eingesetzt, ergeben:

$$A_{St} = n\pi d^2 \sqrt{\frac{8kT}{\pi m}} = n d^2 \sqrt{\frac{8\pi kT}{m}} \qquad\qquad 1.111$$

Die Zustandsgleichung des idealen Gases pV = NkT kann wegen n = N/V als p = nkT geschrieben werden. Löst man nach n auf und setzt in letzte Gleichung ein, erhält man:

$$A_{St} = \frac{p}{kT} d^2 \sqrt{\frac{8\pi kT}{m}} = p d^2 \sqrt{\frac{8\pi}{mkT}} \qquad\qquad 1.112$$

Mit Gl. 1.105 wird damit die **Linienbreite bei Stoßverbreiterung**

$$\boxed{\Delta f_{St} = p d^2 \sqrt{\frac{8}{\pi m kT}}} \qquad\qquad 1.113$$

bzw. die Relaxationszeit τ_{St}:

$$\boxed{\tau_{St} = \frac{1}{p d^2} \sqrt{\frac{mkT}{8\pi}}} \qquad\qquad 1.114$$

Die Linienform bleibt ein Lorentzprofil, allerdings mit erhöhter Linienbreite Δf_{St}. Diese ist gemäß Gl. 1.113 linear vom Druck abhängig. Bei steigendem Druck kommt es also zu einer Linienverbreiterung. Sie ist wie die natürliche Linienbreite homogen. Sie wirkt grundsätzlich verbreiternd, so dass die natürliche Linienbreite ungestört kaum beobachtet werden kann.

1.2.5   Kohärenzlänge und ihre Auswirkung auf Interferenzen

Das Fazit der letzten Kapitel lautet: jede Art von Endlichkeit eines Lichtwellenzuges führt unweigerlich weg von einer Spektrallinie exakt festgelegter Frequenz mit der Breite Null und hin zu einer spektralen Verteilung mit einer endlichen Linienbreite. Eine Spektrallinie, deren Frequenz beliebig genau angegeben werden kann, würde einen unendlich langen Sinuswellenzug erfordern. Sobald der Wellenzug eine endliche Dauer hat, kann durch Fouriertransformation gezeigt werden, dass im Frequenzbild eine Frequenzverteilung mit einer gewissen Linienbreite entsteht.

Diese Tatsache hat Auswirkungen auf die Interferenzfähigkeit elektromagnetischer Wellen. Bekanntermaßen lassen sich Interferenzexperimente mit konventionellen Lichtquellen wie Glühlampen oder Gasentladungslampen kaum beobachten. Das liegt daran, dass ihre sogenannte **Kohärenzlänge** sehr klein ist und Interferenzen nur unter ganz speziellen Bedingungen möglich sind. Zum Beispiel können Interferenzen mit Sonnenlicht beobachtet werden, wenn ein dünner Ölfilm auf einer Wasserpfütze schwimmt. Die regenbogenartigen Farbmuster kommen durch Interferenzen zustande. Dies ist nur möglich, weil der Ölfilm sehr dünn ist und somit die geringe Kohärenzlänge des Sonnenlichtes hinreichend ist.

Doch was bedeutet nun Kohärenzlänge? Die einfachste Art, Kohärenzlänge zu veranschaulichen, führt über einen monochromatischen, aber endlichen Sinuswellenzug. Ein solcher Wellenzug soll von einer Lichtquelle emittiert (Abb. 1.16) und in ein **Michelson–Interferometer** geschickt werden. Eine Linse erzeugt ein paralleles Lichtbündel, bevor die Welle an einem halbdurchlässigen Spiegel geteilt wird. An zwei Spiegeln S_1 und S_2 werden diese Wellen exakt in sich zurückreflektiert und passieren den halbdurchlässigen Spiegel erneut in umgekehrter Richtung. Natürlich behält der Spiegel seine Eigenschaft der Halbdurchlässigkeit, so dass insgesamt 50% der Strahlung in die Lichtquelle zurückgeworfen werden. Die anderen 50% gelangen auf einen Schirm, auf dem die Interferenzen beobachtet werden können. Da der Wellenzug endliche Länge hat, müssen die Abstände der beiden Spiegel S_1 und S_2 zum halbdurchlässigen Spiegel etwa gleich groß sein. Nur dann gelangen die beiden Wellenzüge, wie in Abb. 1.16a dargestellt, etwa zeitgleich auf den Schirm und können interferieren. Wird der eine Arm des Interferometers aber um eine deutliche Strecke Δl verlängert (Abb. 1.16b), trifft die Welle des längeren Arms so verspätet auf dem Schirm ein, dass keine Überlagerung mehr möglich ist. In der Praxis ist es so, dass die Interferenzen auf dem Schirm bei Vergrößerung von Δl nicht schlagartig verschwinden. Vielmehr geht der Hell-Dunkel-Unterschied immer mehr in eine mittlere Intensität über.

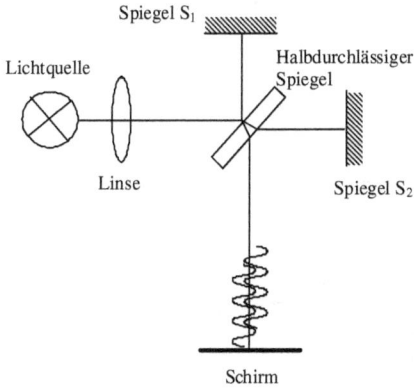

Abb. 1.16a. *Michelson–Interferometer, bei dem die Wegdifferenz zwischen den Armen etwa Null ist und innerhalb der Kohärenzlänge des Lichtes liegt.*

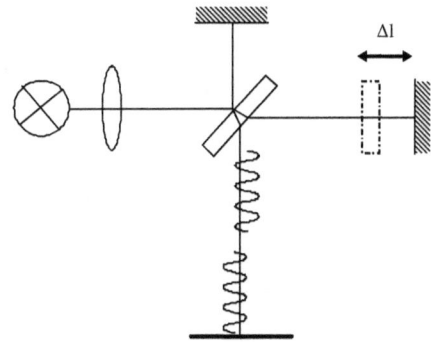

Abb. 1.16b. *Michelson–Interferometer, bei dem die Wegdifferenz zwischen den Armen länger ist als die Kohärenzlänge. Auf dem Schirm ist kein Interferenzmuster erkennbar.*

Eine einfache Festlegung der Kohärenzlänge könnte also sein, dass sie etwa der mittleren Länge des Sinuswellenzuges entspricht. Diese Definition ist zwar dem Grundsatz nach richtig, greift aber zu kurz. In dem eben beschriebenen Experiment kommt es durch die Wegdifferenz zwischen den beiden Interferometerästen zu einer **Phasenverschiebung** zwischen den beiden Teilwellen. Die Phasendifferenz zwischen den Teilwellen ist aber konstant. Wellensysteme, bei denen das der Fall ist, werden als kohärent bezeichnet. Nun ist aber der Übergang zwischen kohärent und inkohärent gleitend. Bei sich langsam verändernder Phasenbeziehung zwischen den Teilwellen kann die Phasenbeziehung für einige Wellenlängen bzw. Periodendauern als konstant angesehen werden. Es sind dann – in begrenztem Umfang – Interferenzen möglich, wie folgende Überlegung verdeutlicht.

Es sei eine homogen verbreiterte Spektrallinie angenommen. Das zugehörige Lorentzprofil ist symmetrisch um die zentrale Frequenz f_0 (Abb. 1.17). Die Frequenz an den Punkten halber Intensität ist f_- und f_+. Wegen

$$c = f_0\lambda_0 \qquad\qquad 1.115$$

gilt für die zugehörigen Wellenlängen:

$$\lambda_- = \frac{c}{f_-} \quad \text{und} \quad \lambda_+ = \frac{c}{f_+} \qquad\qquad 1.116$$

Die der Frequenzbreite Δf entsprechende Wellenlängendifferenz ist also:

$$\Delta\lambda = \frac{c}{f_-} - \frac{c}{f_+} = c\,\frac{f_+ - f_-}{f_- f_+} = c\,\frac{\Delta f}{f_- f_+} \qquad\qquad 1.117$$

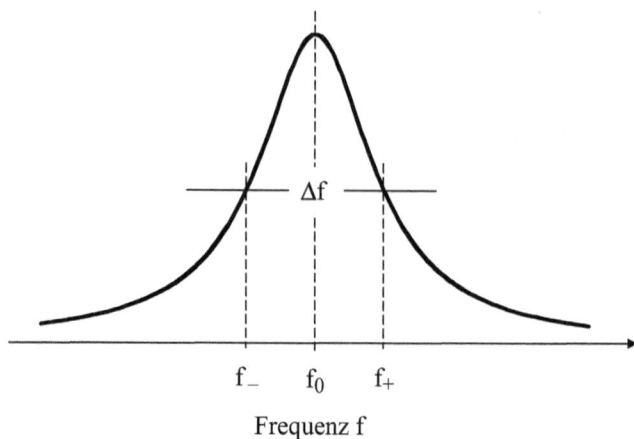

Abb. 1.17. Lorentzprofil mit der Halbwertsbreite $\Delta f = f_+ - f_-$.

Innerhalb der gleichen Spektrallinie treten Wellenanteile mit der Wellenlänge λ_- und λ_+ auf. In Abb. 1.18 sind drei Wellenzüge mit den Wellenlängen λ_-, λ_0 und λ_+ aufgetragen. Sie beginnen mit gleicher Phasenlage. Nachdem sie den Weg $L=6\,\lambda_0$ zurückgelegt haben, eilt die Teilwelle mit der Wellenlänge λ_+ eine halbe Wellenlänge voraus, während die Teilwelle mit der Wellenlänge λ_- eine halbe Wellenlänge hinterherhinkt. Die am Anfang konstruktive Überlagerung der drei Wellen wurde zu einer destruktiven.

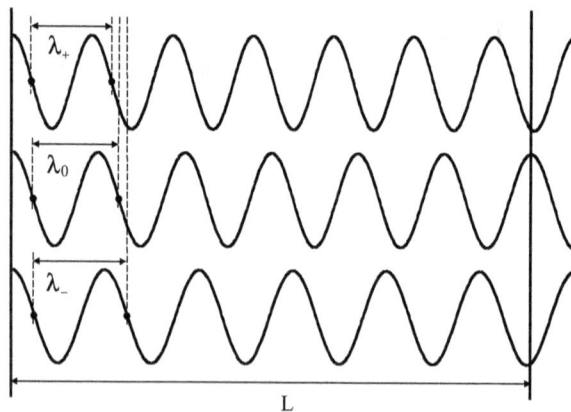

Abb. 1.18. Zwei Teilwellen der Wellenlänge λ_+ und λ_-, die nach einem Weg von $L = 6\lambda_0$ eine Phasenverschiebung von π zur zentralen Wellenlänge λ_0 haben. Die anfänglich mögliche konstruktive Überlagerung wurde zu einer destruktiven.

Es gilt also der Zusammenhang:

$$i(\lambda_0 - \lambda_+) = i\frac{\Delta\lambda}{2} \approx \frac{\lambda_0}{2} \quad \text{bzw.} \quad i(\lambda_- - \lambda_0) = i\frac{\Delta\lambda}{2} \approx \frac{\lambda_0}{2} \qquad\qquad 1.118$$

Dabei ist i eine natürliche Zahl. Man beachte, dass $\lambda_+ < \lambda_0$ und $\lambda_0 < \lambda_-$ gilt. Unter Benutzung von 1.117 folgt für die erste der Gl. 1.118:

$$i(\lambda_0 - \lambda_+) = ic\frac{\Delta f}{2f_- f_+} \approx \frac{\lambda_0}{2} \qquad\qquad 1.119$$

Mit $f_- f_+ \approx f_0^2$ und Gl. 1.115 folgt:

$$i\lambda_0 \frac{\Delta f}{2c} = \frac{1}{2} \qquad\qquad 1.120$$

Da $L = i\lambda_0$ gilt, folgt daraus:

$$\frac{\Delta f L}{c} = 1 \quad \text{oder} \quad \boxed{\Delta f = \frac{c}{L}} \qquad\qquad 1.121$$

Diese Formel zeigt, dass die Länge L, die man definitionsgemäß als **Kohärenzlänge** bezeichnet, umgekehrt proportional zur Frequenzbreite Δf ist. Eine enge Spektrallinie führt also zu einer hohen Kohärenzlänge. So hat eine Neon-Niederdruck-Spektrallampe eine Frequenzbreite von 1,6GHz. Daraus resultiert eine Kohärenzlänge von 19cm. Die natürliche Linienbreite des Übergangs wäre ca. 20MHz, was einer Kohärenzlänge von etwa 15m entspräche. Diese ist jedoch aufgrund der Stoß- und Dopplerverbreiterung nicht direkt beobachtbar. Die viel breiteren Linien haben dann eine entsprechend kürzere Kohärenzlänge. Im Grenzfall hätte eine etwa das sichtbare Spektrum abdeckende Linienbreite von $\Delta f \approx 3 \cdot 10^{14} \text{Hz}$, die den Farbeindruck weiß ergäbe, eine Kohärenzlänge von ca. 1μm.

1.3 Lichterzeugung in Laserlichtquellen

Obwohl die Entwicklung der technischen Lichtquellen von Kerzen- und Gasflammen über Glüh- und Gasentladungslampen hin zu Halbleiter- und Laserlichtquellen geführt hat, soll hier aus Gründen der Didaktik zuerst die Lichtentstehung im Laser behandelt werden; sie knüpft nämlich gleich an die im Kap. 1.1 eingeführten Energieniveaus an, während die theoretische Behandlung der thermischen Lichtquellen andere Ansätze erfordert.

1.3.1 Absorption im Zwei-Niveau-System

Es soll zunächst ein bis auf die zwei am Absorptionsprozess beteiligten Energieniveaus reduziertes Energieniveauschema benutzt werden. Ob die zwei Niveaus Elektronen-, Schwingungs- oder Rotationsniveaus sind, ist unerheblich. Es sei in einer Probe die Teilchendichte n gegeben. n ist also die Zahl der Teilchen pro Volumeneinheit. Die Probe sei im thermischen Gleichgewicht, so dass sich, wie in Abb. 1.19 dargestellt, der größere Teil der Atome oder Moleküle im Grundzustand befindet und gemäß Boltzmann-Verteilung nur ein kleiner Teil den oberen Zustand „bevölkert". Nun soll Licht auf die Probe fallen, für dessen Frequenz f der Zusammenhang $E_1-E_0=hf$ erfüllt ist. Es kann also zur Absorption der Strahlung kommen. Die Änderung dn_0 der Besetzungsdichte n_0 im unteren Zustand ist dann gegeben durch:

$$dn_0 = -n_0 \frac{\psi}{hf}\sigma_{01}dt \qquad\qquad 1.122$$

ψ ist dabei die Strahlungsflussdichte, also die Strahlungsenergie, die pro Zeit- und Flächeneinheit auf die Probe fällt. Da hf die Energie eines Photons ist, stellt der Quotient $\psi/(hf)$ die pro Zeit- und Flächeneinheit einfallende Photonenzahl dar. σ_{01} ist der **Wirkungsquerschnitt der stimulierten Absorption**. Eine hohe Photonenzahl bzw. ein großer Wirkungsquerschnitt σ_{01} erhöhen die Wahrscheinlichkeit einer Absorption. Der Begriff des Wirkungsquerschnitts wurde im Zusammenhang mit der Stoßverbreiterung in Gl. 1.106 bereits verwendet. Er hat die Einheit einer Fläche und ist ein Maß für die Wahrscheinlichkeit, dass ein Teilchen ein Photon „einfängt". Man könnte stark vereinfachend sagen, es ist die Fläche der Zielscheibe. Ein Treffer, also eine Absorption, ist umso wahrscheinlicher, je größer diese Zielscheibe ist. Nach Gl. 1.122 ist die Änderung der Besetzungsdichte dn_0 des Grundzustandes proportional zur insgesamt vorhandenen Besetzung n_0. Schließlich hängt dn_0 auch noch von der Zeitspanne dt ab.

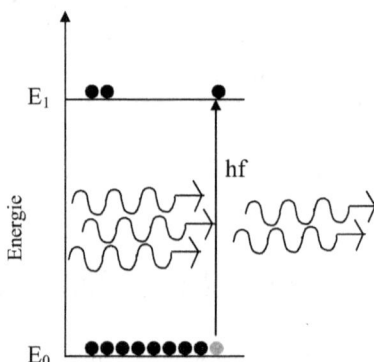

Abb. 1.19. Schematische Darstellung der stimulierten Lichtabsorption im Zwei-Niveau-System. Die Zahl der Teilchen mit der Energie E_0 bzw. E_1, also die Besetzung der Energieniveaus, ist symbolhaft durch Kugeln dargestellt. Nach der Boltzmann-Verteilung sind einige Atome oder Moleküle im angeregten Zustand. Von der einfallenden Welle wird ein Photon absorbiert und dafür ein Teilchen angeregt, also in den Zustand E_1 befördert.

Schreibt man Gl. 1.122 gemäß

$$\frac{dn_0}{dt} = -n_0 \frac{\psi}{hf}\sigma_{01} \qquad\qquad 1.123$$

um, so lautet eine äquivalente Formulierung dieser Gleichung:

$$\frac{dn_0}{dt} = -n_0\rho(f)B_{01} \qquad\qquad 1.124$$

Sie beinhaltet statt der Strahlungsflussdichte ψ die spektrale Energiedichte $\rho(f)$, die Strahlungsenergie pro Volumen- und Frequenzeinheit. B_{01} ist der Einsteinkoeffizient der induzierten Absorption mit der Einheit $m^3/(Js^2)$ und ein Maß für die Wahrscheinlichkeit einer Absorption.

Fällt nun eine Lichtwelle senkrecht auf eine Probe der Dicke dx, so werden von der Gesamtzahl $\psi/(hf)$ der Photonen pro Zeit- und Flächeneinheit $d\psi/(hf)$ absorbiert:

$$\frac{dn_0}{dt} = \frac{d\psi}{hf \cdot dx} \qquad\qquad 1.125$$

Die Größe $\dfrac{d\psi}{hf \cdot dx}$ stellt somit die Zahl der in der Probenschicht absorbierten Photonen pro Zeit- und Volumeneinheit dar. Sie entspricht der Änderung der Besetzungsdichte des unteren Zustandes pro Zeiteinheit $\dfrac{dn_0}{dt}$. Da sich diese Größe auch aus Gl. 1.123 gewinnen lässt, folgt:

$$\frac{1}{hf}\frac{d\psi}{dx} = -n_0\sigma_{01}\frac{\psi}{hf} \qquad\qquad 1.126$$

Diese Gleichung für ψ lässt sich leicht durch Variablentrennung lösen:

$$\int_{\psi_0}^{\psi(x)} \frac{d\psi}{\psi} = -\int_0^x n_0\sigma_{01}dx \qquad\qquad 1.127$$

Man erhält das bekannte **Beersche Gesetz**:

$$\boxed{\psi(x) = \psi_0 e^{-n_0\sigma_{01}x}} \qquad\qquad 1.128$$

Dieses Gesetz lässt sich auch durch eine nicht–quantenoptische Betrachtung gewinnen: die Strahlungsflussdichte ψ der Welle wird in einer Schicht der Dicke dx um $d\psi$ geschwächt:

$$d\psi = -\alpha\psi dx \qquad\qquad 1.129$$

Die Schwächung ist umso stärker, je dicker die Schicht dx ist, je höher der Eingangswert ψ ist und je größer der sogenannte **Absorptionskoeffizient** α, eine Stoffkonstante, ist. Auch diese Gleichung lässt sich leicht integrieren, so dass man erhält:

$$\int_{\psi_0}^{\psi(x)} \frac{d\psi}{\psi} = -\int_0^x \alpha dx \qquad \text{bzw.} \qquad \boxed{\psi(x) = \psi_0 e^{-\alpha x}} \qquad\qquad 1.130$$

Aus einem Vergleich von Gl. 1.128 und Gl. 1.130 folgt für den Absorptionskoeffizienten $\alpha = n_0\sigma_{01}$. Da n_0, die Teilchenzahldichte im Grundzustand, leicht aus der Temperatur und aus der gesamten Teilchenzahldichte der Substanz errechnet werden kann, ermöglicht diese Beziehung die Bestimmung des Wirkungsquerschnittes σ_{01} aus dem Messtechnisch leicht zugänglichen Absorptionskoeffizienten α. Die Absorptionskoeffizienten decken einen sehr weiten Bereich ab. Gute Glasfasern haben einen Absorptionskoeffizenten von ca. 1km^{-1}, während er bei stark absorbierenden Metallen bei 10nm^{-1} liegt.

1.3.2   Spontane und stimulierte Emission

Im Rahmen der Behandlung der natürlichen Linienbreite wurde mit Gl. 1.74 bereits die spontane Relaxation behandelt. Auf das Zwei-Niveau-System des vorigen Abschnitts angewandt, erhält man für die Relaxation aus dem Zustand E_1:

$$\frac{dn_1}{dt} = -A_{10}n_1 = -\frac{n_1}{\tau} \qquad\qquad 1.131$$

Ein Atom oder Molekül kann ohne Beeinflussung durch Strahlung von außen vom Zustand mit der Energie E_1 in den Zustand mit der Energie E_0 übergehen. Es wird dabei ein Photon der Energie hf frei. Der Übergang erfolgt zu einem nicht vorhersagbaren Zeitpunkt. Der Vorgang wird daher als **spontane Emission** bezeichnet. Nur statistische Aussagen sind möglich. Der Übergang ist umso wahrscheinlicher, je größer der Einstein-Koeffizient A_{10} der spontanen Emission ist bzw. je kleiner die Relaxationszeit τ ist.

Einstein [Einstein 1917] forderte aufgrund von theoretischen Betrachtungen eine weitere Möglichkeit der Lichtemission, die sogenannte **stimulierte oder induzierte Emission**. Ein Teilchen im angeregten Zustand E_1 kann durch ein Photon der Energie $hf = E_1 - E_0$ veranlasst werden, in den Grundzustand überzugehen und dabei, wie in Abb. 1.20 dargestellt, ein Photon der Energie hf abzugeben. Dieses ausgelöste Photon gleicht dem auslösenden in Richtung, Frequenz und Polarisation und hat die exakt gleiche Phasenlage.

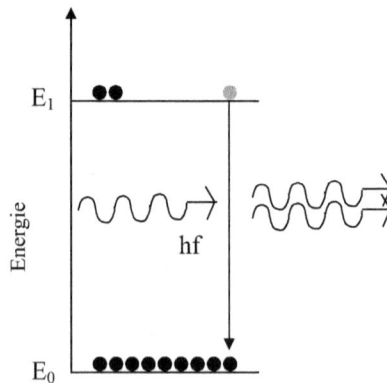

Abb. 1.20. Bei der stimulierten Emission veranlasst ein Photon passender Energie hf einen Übergang eines angeregten Atoms oder Moleküls in einen niedriger liegenden Zustand. Dabei wird ein weiteres Photon freigesetzt, das dem ersten in Frequenz, Phase und Polarisation exakt gleicht.

Der Prozess der stimulierten Emission gehorcht der Gleichung:

$$dn_1 = -n_1 \frac{\psi}{hf} \sigma_{10} dt \qquad\qquad 1.132$$

Die Änderung dn_1 der Besetzungsdichte im oberen Niveau ist proportional zu $\psi/(hf)$, der Anzahl der pro Zeit- und Flächeneinheit auf die Probe einfallenden Photonen. Sie ist weiterhin proportional zur überhaupt vorhandenen Besetzungsdichte n_1 im oberen Niveau und sie ist schließlich proportional zum Wirkungsquerschnitt σ_{01}. Gl. 1.132 in der Form

$$\frac{dn_1}{dt} = -n_1 \frac{\psi}{hf} \sigma_{10} \qquad\qquad 1.133$$

ist wieder gleichwertig zu:

$$\frac{dn_1}{dt} = -\rho(f) n_1 B_{10} \qquad\qquad 1.134$$

B_{10} ist der **Einsteinkoeffizient der stimulierten Emission**. Er ist ein Maß für die Wahrscheinlichkeit einer stimulierten Emission.

Die Einsteinkoeffizienten sind nicht unabhängig voneinander. Im thermodynamischen Gleichgewicht müssen sich die Änderungen der Besetzungsdichten für Absorption einerseits und für die spontane und stimulierte Emission andererseits die Waage halten:

$$\left.\frac{dn_0}{dt}\right|_{Abs.} = \left.\frac{dn_1}{dt}\right|_{spont.Em.} + \left.\frac{dn_1}{dt}\right|_{stim.Em.} \qquad\qquad 1.135$$

Mit Gl. 1.124, 1.131 und 1.134 wird daraus

$$-n_0 \rho(f) B_{01} = -A_{10} n_1 - n_1 \rho(f) B_{10} \qquad\qquad 1.136$$

bzw.

$$\frac{n_1}{n_0} = \frac{\rho(f) B_{01}}{A_{10} + \rho(f) B_{10}} \qquad\qquad 1.137$$

Dieser Quotient lässt sich im thermodynamischen Gleichgewicht auch durch die Boltzmann-Verteilung darstellen. Nach Gl. 1.86 gilt nämlich für die beiden einzigen Energieniveaus E_0 und E_1:

$$n_0 = \left(\frac{ng_0}{S}\right) e^{-\frac{E_0}{kT}} \quad \text{und} \quad n_1 = \left(\frac{ng_1}{S}\right) e^{-\frac{E_1}{kT}}, \qquad\qquad 1.138$$

so dass der Quotient n_1/n_0 auch als

$$\frac{n_1}{n_0} = \frac{g_1}{g_0} e^{-\frac{E_1 - E_0}{kT}} = \frac{g_1}{g_0} e^{-\frac{hf}{kT}} \qquad\qquad 1.139$$

geschrieben werden kann. Durch Vergleich mit Gl. 1.137 erhält man einen Ausdruck für die spektrale Energiedichte $\rho(f)$:

$$\frac{\rho(f)B_{01}}{A_{10} + \rho(f)B_{10}} = \frac{g_1}{g_0} e^{-\frac{hf}{kT}} \qquad\qquad 1.140$$

$$\rho(f) = A_{10}\left(B_{01}\frac{g_0}{g_1} e^{+\frac{hf}{kT}} - B_{10}\right)^{-1} \qquad\qquad 1.141$$

Auf diese Gleichung wird im Rahmen der Temperaturstrahler noch zurück zu kommen sein. Da für $T \to \infty$ die spektrale Strahldichte der Probe ebenfalls gegen unendlich gehen muss, folgt wegen $\lim\limits_{T \to \infty} e^{\frac{hf}{kT}} = 1$ für die Einsteinkoeffizienten B_{01} und B_{10}:

$$B_{01}\frac{g_0}{g_1} - B_{10} = 0 \qquad \text{bzw.} \qquad B_{10} = B_{01}\frac{g_0}{g_1} \qquad\qquad 1.142$$

Bei gleichem statistischen Gewicht der zwei Zustände würde also $B_{01} = B_{10}$ gelten. Die Einsteinkoeffizienten der spontanen und der stimulierten Emission wären gleich.

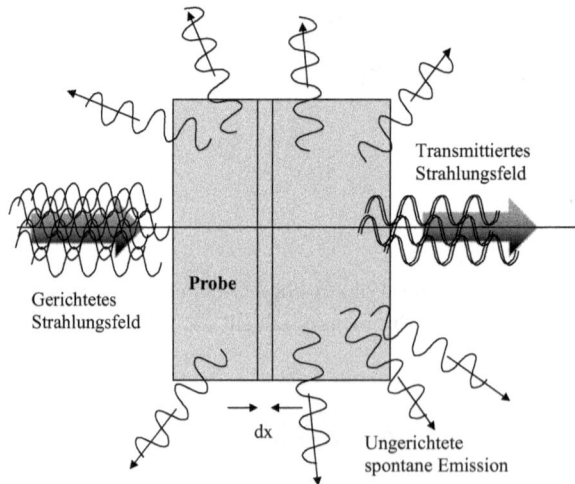

Abb. 1.21. Wenn ein gerichtetes Strahlungsfeld der für einen Übergang passenden Frequenz auf eine Probe fällt, wird ein Teil der Strahlung absorbiert. Die Substanz gibt die aufgenommene Energie durch spontane Emission von Photonen in alle Raumrichtungen mit einer Zeitverzögerung wieder ab. Möglicherweise kommt es in der Probe zu stimulierter Emission; die erzeugten Photonen haben dann die gleiche Richtung wie die auslösenden.

Es soll nun, wie schon bei Gl. 1.125, eine gerichtete Lichtwelle auf die Probe geschickt werden (Abb. 1.21). In einer Schicht der Dicke dx wird die Gesamtzahl $\psi/(hf)$ der Photonen pro Zeit- und Flächeneinheit um $d\psi/(hf)$ geschwächt. In Gl. 1.125 wurde dabei jedoch die stimulierte Emission nicht berücksichtigt. Sie führt dazu, dass im Grundzustand gegenläufig zum Besetzungsverlust durch Absorption auch ein Zugewinn an Besetzung stattfindet:

$$\frac{dn_0}{dt} - \frac{dn_1}{dt} = \frac{d\psi}{hf \cdot dx} \qquad\qquad 1.143$$

Da sowohl $\dfrac{dn_0}{dt}$ als auch $\dfrac{dn_1}{dt}$ nach Gl. 1.123 und 1.133 negativ sind, wird die linke Gleichungshälfte „weniger negativ" wie bei Gl. 1.125, d.h. das einfallende Strahlungsfeld wird weniger stark geschwächt. Man beachte, dass die Gleichung die spontane Emission nicht beinhaltet. Natürlich kann man jetzt die beiden Ableitungen nach Gl. 1.123 und 1.133 einfügen:

$$-n_0 \frac{\psi}{hf}\sigma_{01} + n_1 \frac{\psi}{hf}\sigma_{10} = \frac{d\psi}{hf \cdot dx} \qquad\qquad 1.144$$

Da die Wirkungsquerschnitte σ_{01} und σ_{10} den Einsteinkoeffizienten entsprechen, gilt für sie analog zu Gl. 1.142:

$$\sigma_{10} = \sigma_{01}\frac{g_0}{g_1} \qquad \text{bzw.} \qquad \sigma_{10}g_1 = \sigma_{01}g_0 \qquad\qquad 1.145$$

Werden gleiche statistische Gewichte angenommen, so gilt $\sigma_{10} = \sigma_{01} = \sigma$ und Gl. 1.144 kann integriert werden:

$$\frac{\psi\sigma}{hf}(n_1 - n_0) = \frac{d\psi}{hf \cdot dx} \qquad \text{bzw.} \qquad \frac{d\psi}{\psi} = \sigma(n_1 - n_0)dx \qquad\qquad 1.146$$

$$\int_{\psi_0}^{\psi}\frac{d\psi}{\psi} = \int_0^x \sigma(n_1 - n_0)dx \qquad \text{bzw.} \qquad \boxed{\psi(x) = \psi_0 e^{(n_1 - n_0)\sigma x}} \qquad\qquad 1.147$$

War nun das Beersche Gesetz in Gl. 1.128 falsch? Natürlich nicht, die hier abgeleitete Form ist nur allgemeiner gültig. Schließlich hatte sich das Beersche Gesetz schon lange vor dem Bau des ersten Lasers bewährt. Im Normalfall, d.h. bei mäßigen Temperaturen, gilt $n_1 \ll n_0$. Setzt man also in Gl. 1.147 $n_1 \approx 0$, erhält man das Beersche Gesetz in seiner bekannten Form. Im thermischen Gleichgewicht gilt die Boltzmann-Verteilung nach Gl. 1.85, die Besetzung n_1 des oberen Niveaus ist stets kleiner als die Grundzustandsbesetzung n_0. Das bedeutet, dass der Exponent stets kleiner als Null ist und somit der Exponentialfaktor stets kleiner als Eins. Damit ist in diesem Fall grundsätzlich $\psi(x) < \psi_0$, d.h. das Strahlungsfeld kommt geschwächt aus der Probe. Lediglich bei sehr hohen Temperaturen wäre wegen

$$\lim_{T\to\infty} \frac{n_1}{n_0} = \lim_{T\to\infty} e^{-\frac{hf}{kT}} = 1 \qquad\qquad 1.148$$

eine Gleichbesetzung $n_0 = n_1$ möglich. In diesem Fall würde Strahlung ungeschwächt durch die Probe gehen.

1.3.3   Besetzungsinversion und Lichtverstärkung

Eine Lichtverstärkung wird also in der Natur nicht realisiert, obwohl sie laut Gl. 1.147 möglich wäre. Um sie zu realisieren, müsste $n_1 > n_0$ sein, der Exponent würde positiv und die Exponentialfunktion damit größer Eins. Der Fall $n_1 > n_0$ würde allerdings die natürlichen Verhältnisse im thermischen Gleichgewicht quasi auf den Kopf stellen, invertieren. Deshalb nennt man diese Situation auch **Besetzungsinversion** oder kurz **Inversion**. In diesem Falle wäre eine Lichtverstärkung möglich.

Man kann diesen Zustand tatsächlich künstlich herbeiführen. **Bei einem Zwei-Niveau-System ist er aber prinzipiell unmöglich**. Man benötigt also wenigstens drei Energieniveaus, wie sie in Abb. 1.22 dargestellt sind. Das neue, dritte Niveau ist das **Pump-Niveau**. Dies kann ein verbreitertes Energieniveau sein oder auch eine ganze Gruppe von Niveaus. Man spricht dann von den „**Pumpbanden**". Durch Energiezufuhr werden möglichst viele Atome oder Moleküle so angeregt, dass das Niveau E_2 stark besetzt ist. Dieses Pumpen muss nicht unbedingt durch Einstrahlen von Photonen der geeigneten Energie $E_2 - E_0$ erfolgen. Das Anregen kann auch auf elektrischem Wege durch eine Gasentladung oder auch durch chemische Prozesse erfolgen. Damit das Pumpen wirkungsvoll möglich ist, muss die spontane Relaxation von E_2 nach E_0 eine möglichst lange Relaxationszeit τ_{20} haben. Der Übergang muss also sehr unwahrscheinlich sein, sonst wäre die Pumpenergie verschwendet: die Atome oder Moleküle würden wieder in den Grundzustand relaxieren. Dagegen muss ein Übergang von E_2 nach E_1 sehr wahrscheinlich sein, die Relaxationszeit τ_{21} muss also möglichst kurz sein. Die Energieabgabe hierbei kann, muss aber nicht durch Strahlung erfolgen. Auch Stöße an benachbarte Atome oder ans Gitter sind denkbar. Ist im System die Relaxationszeit τ_{10} wiederum sehr lang, ist also ein spontaner Übergang von E_1 nach E_0 sehr unwahrscheinlich, dann sammelt sich Besetzung im Zustand E_1 an. Da durch das Pumpen der Grundzustand entleert wird, ist es möglich, Besetzungsinversion wie in Abb. 1.22 gezeichnet zu erzeugen. In einem derartigen System kann ein Photon der Energie hf ein weiteres Photon auslösen. Das einfallende Licht wird dadurch verstärkt. Damit kann ein optischer Resonator entdämpft und zur dauerhaften Schwingung angeregt werden. Ja, es ist bei großer Pumpenergie sogar möglich, dem Resonator Nutzstrahlung zu entziehen.

Dies gelang erstmalig Mitte vorigen Jahrhunderts. Wer den ersten Laser realisiert hat, war lange strittig. Die Ehre gebührt wohl – aufgrund von notariell beglaubigten Aufzeichnungen aus dem Jahr 1957 – G. Gould. Bekannter ist aber wohl der **Rubinlaser** aus dem Jahr 1960, der von T.H. Maiman gebaut wurde. Er wird als Festkörperlaser optisch gepumpt. Die hohen Pumpenleistungen können nur kurzzeitig aufrechterhalten werden, so dass nur ein Pumpen mit Blitzlampen, also Impulsbetrieb, in Frage kommt.

Es soll für das Drei-Niveau-System der Abb. 1.22 das **Ratengleichungssystem** aufgestellt werden. Hierfür sind einige Näherungen nötig. Die Besetzungsdichte n_2 des Pumpzustandes soll wegen der sehr kurzen Relaxationszeit τ_{21} verschwindend gering sein. Das bedeutet, das sich alle Atome oder Moleküle des Systems im oberen oder unteren Laserniveau befinden, es gilt also $n = n_0 + n_1$. Desweiteren muss gelten

$$\frac{\tau_{21}}{\tau_{10}} \approx 0 \qquad\qquad 1.149$$

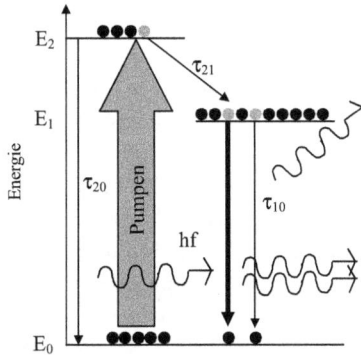

Abb. 1.22. Lichtverstärkung im Drei-Niveau-System. Unter Zuhilfenahme eines Pumpniveaus gelingt es bei bestimmten Konstellationen der Relaxationszeiten, Besetzungsinversion im Zustand E_1 herzustellen.

Nimmt man wieder gleiches statistisches Gewicht der beiden Laserzustände an, so gilt unter der weiteren, vereinfachenden Annahme $\tau_{20} \to \infty$ für die zeitliche Veränderung der Besetzungsdichte n_0:

$$\boxed{\frac{dn_0}{dt} = \frac{\sigma\psi}{hf}n_1 - \frac{\sigma\psi}{hf}n_0 + \frac{n_1}{\tau_{10}} - n_0 W} \qquad\qquad 1.150$$

Der erste Summand auf der rechten Seite steht für die stimulierte Emission (Gl. 1.133). Jedes auf diese Art emittierte Photon bewirkt, dass ein Teilchen vom Zustand mit der Energie E_1 in den Zustand mit der Energie E_0 zurückfällt. Die Besetzung des Grundzustandes wird dadurch also erhöht. Der zweite Summand berücksichtigt die stimulierte Absorption (Gl. 1.123), sie führt zu einer Entleerung des Grundzustandes, daher das negative Vorzeichen. Der Grundzustand erhält auch Besetzung durch spontane Emission aus dem Zustand mit der Energie E_1. Jedes spontan emittierte Photon bewirkt, dass ein Teilchen in den Grundzustand zurückkehrt. Dies wird mit dem dritten Summanden berücksichtigt. Der letzte Term schließlich ist sehr wichtig, er beschreibt die Entleerung des Grundzustandes durch den Pumpvorgang. Die Pumprate W gibt an, wie viele Teilchen pro Zeiteinheit in den Zustand E_2 angeregt werden und hat damit die Einheit 1/s.

Da der Zustand mit der Energie E_2 als nicht besetzt betrachtet wird, gilt für die zeitliche Änderung der Besetzungsdichte n_1 des oberen Laserniveaus im stationären Betrieb

$\dfrac{dn_0}{dt} = -\dfrac{dn_1}{dt}$. Jedes Teilchen, das den Grundzustand verlässt, muss automatisch im oberen Laserniveau erscheinen:

$$\boxed{\dfrac{dn_1}{dt} = -\dfrac{\sigma\psi}{hf}\,n_1 + \dfrac{\sigma\psi}{hf}\,n_0 - \dfrac{n_1}{\tau_{10}} + n_0 W}$$ 1.151

Zu diesen beiden Ratengleichungen kommt noch eine **Strahlungsfeldgleichung**:

$$\dfrac{d\psi}{dx} = \psi\sigma(n_1 - n_0) + \dfrac{n_1}{\tau_{10}}\,hf\gamma - \dfrac{\psi}{c\tau_{Res}}$$ 1.152

Das ist die um zwei Summanden erweiterte Gl. 1.144. Der vorletzte Summand beschreibt den Anteil γ der spontanen Emission, der in Richtung des durch induzierte Emission verstärkten Strahlungsfeldes abgegeben wird. Nach Gl. 1.131 ist n_1/τ die Änderung der Besetzungsdichte im oberen Laserzustand pro Zeiteinheit. Multipliziert man mit hf, erhält man eine Energiedichte pro Zeiteinheit. Der Term führt zu einer Erhöhung des Feldes, ist jedoch in den meisten Fällen vernachlässigbar. Der letzte Summand $\psi/(c\tau_{Res})$ steht für die Verluste im Resonator. Das schließt die unvermeidbaren Absorptions– und Streuverluste ein, der Großteil der Verluste wird aber durch Auskopplung von Nutzstrahlung verursacht. Die Konstante τ_{Res} beschreibt die Verluste in Form einer Relaxationszeit. Würde also die Lichtverstärkung durch induzierte Emission schlagartig abgeschaltet und das System sich selbst überlassen, dann würde die Strahlung in der Zeit τ_{Res} auf den e–ten Teil geschwächt. $\psi/(c\tau_{Res})$ ist der Energieverlust pro Zeit– und Volumeneinheit.

Da die Ortskoordinate x von der Zeit t abhängt, gilt nach der Kettenregel der Differentialrechung

$$\dfrac{d\psi}{dt} = \dfrac{d\psi}{dx}\cdot\dfrac{dx}{dt} = \dfrac{d\psi}{dx}\cdot c \quad \text{bzw.} \quad \dfrac{d\psi}{dx} = \dfrac{d\psi}{dt}\cdot\dfrac{1}{c}$$ 1.153

mit der Lichtgeschwindigkeit $c = \dfrac{dx}{dt}$. Gl. 1.152 lässt sich damit umschreiben:

$$\boxed{\dfrac{d\psi}{dt}\cdot\dfrac{1}{c} = \psi\sigma(n_1 - n_0) + \dfrac{n_1}{\tau_{10}}\,\gamma hf - \dfrac{\psi}{c\tau_{Res}}}$$ 1.154

Die Gl. 1.150, 1.151 und 1.154 bilden ein gekoppeltes Differentialgleichungssystem und beschreiben näherungsweise das Drei–Niveau–System. Es gibt dafür keine einfache, allgemeine Lösung.

Solange in der Strahlungsfeldgleichung $\dfrac{d\psi}{dt} < 0$ gilt, solange also die Änderung $d\psi$ von ψ im Zeitintervall dt negativ ist, wird das Feld geschwächt. Verstärkung erkennt man daran, dass $\dfrac{d\psi}{dt} > 0$ ist. Es gilt also für die einsetzende Verstärkung $\dfrac{d\psi}{dt} = 0$:

$$\frac{d\psi}{dt} \cdot \frac{1}{c} = \psi\sigma(n_1 - n_0) + \frac{n_1}{\tau_{10}}\gamma hf - \frac{\psi}{c\tau_{Res}} = 0 \qquad\qquad 1.155$$

Wie oben schon erwähnt, ist die spontane Emission in Achsrichtung meist vernachlässigbar gering, so dass gilt:

$$\psi\sigma(n_1 - n_0) - \frac{\psi}{c\tau_{Res}} = 0 \qquad\qquad 1.156$$

oder

$$n_1 - n_0 = \frac{1}{\sigma c\tau_{Res}} \qquad\qquad 1.157$$

Diese Gleichung wird **erste Laserbedingung** genannt. Der Betrag der rechten Seite bestimmt die Höhe der nötigen Besetzungsinversion $n_1 - n_0$. Sind die Resonatorverluste sehr hoch, ist also τ_{Res} sehr klein, ist eine hohe Besetzungsinversion nötig.

Lässt man übrigens in Gl. 1.154 die Resonatorverluste und die spontane Emission in Achsrichtung außer Acht, so folgt durch Integration, wie oben schon gezeigt, das **verallgemeinerte Beersche Gesetz** (Gl. 1.147). Der Exponentialfaktor

$$\boxed{\frac{\psi}{\psi_0} = e^{\sigma(n_1 - n_0)x} = G} \qquad\qquad 1.158$$

wird **Verstärkung**, die Größe $g = \sigma(n_1 - n_0)$ **differentielle Verstärkung** genannt.

Der **Rubinlaser**, den Maiman 1960 realisierte, war ein Drei–Niveau–Laser. Die eigentliche Lasersubstanz sind **Chromionen**, die in Aluminiumoxid (α–Al_2O_3, Korund) mit einem Anteil von etwa 0,05 Gewichtsprozent eingebettet sind. Der Rubinlaser hat heute keine praktische Bedeutung mehr. Er besitzt – wie alle Drei–Niveau–Laser – einen entscheidenden Nachteil: da das untere Laserniveau der Grundzustand selbst ist, müssen mindestens 50% der Atome oder Moleküle in die Pumpbanden gebracht werden, damit überhaupt Besetzungsinversion erreicht werden kann. Dies hat sehr hohe Pumpleistungen zur Folge.

1.3.4   Das Vier-Niveau-System

Der Vier-Niveau-Laser beseitigt diesen Nachteil. Wie in Abb. 1.23 zu erkennen ist, ist das untere Laserniveau nicht der Grundzustand. Liegt das untere Laserniveau soweit über dem Grundzustand, dass die thermische Besetzung vernachlässigbar ist, genügt bereits eine geringe Besetzung des Zustandes mit der Energie E_2, um Besetzungsinversion zu erzeugen.

Wie beim Drei–Niveau–Laser müssen auch hier bestimmte Bedingungen erfüllt sein, damit Lasertätigkeit möglich wird. Das Pumpen erfolgt auch hier vom Grundzustand in ein angeregtes Niveau bzw. eine breite Pumpbande der Energie E_3. Von dort gehen die Atome oder Moleküle idealerweise sehr schnell mit einer Relaxationszeit τ_{32} in den Zustand der Energie

E_2, dem oberen Laserniveau, über. Die spontane Emission vom oberen zum unteren Laserniveau muss sehr unwahrscheinlich sein, Voraussetzung wäre also ein sehr langes τ_{21}. Die
Entleerung des unteren Laserniveaus muss für einen effizient arbeitenden Laser sehr schnell
geschehen, damit der Inversionszustand mit $n_2 > n_1$ leicht aufrecht erhalten werden kann.
Zwischen den beiden letztgenannten Relaxationszeiten muss also die Ungleichung $\tau_{21} \gg \tau_{10}$
erfüllt sein. Von Vorteil ist es weiterhin, wenn in einem Vier–Niveau–System die Übergänge
$3 \to 1$ und $2 \to 0$ unwahrscheinlich sind. Sie sind in Abb. 1.23 nicht eingezeichnet. Der erste
dieser Übergänge würde das Pumpniveau entleeren und gleichzeitig das untere Laserniveau
besetzen. Beides wäre schädlich für ein effizient wirkendes Lasersystem. Der Übergang
$2 \to 0$ würde zu einer Entleerung des oberen Laserniveaus führen, was natürlich die Besetzungsinversion schmälern würde.

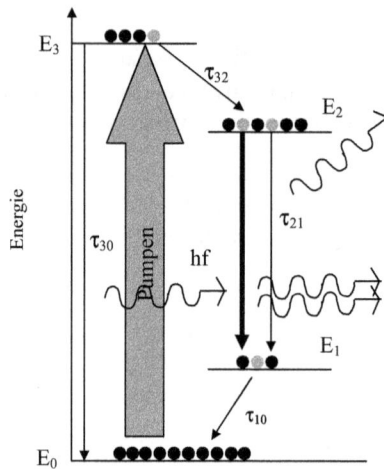

*Abb. 1.23. Der Vier–Niveau–Laser mit dem Niveau E_2 als oberem und E_1 als unterem Laserniveau. Nicht einge-
zeichnet sind die Relaxationskanäle $3 \to 1$ und $2 \to 0$ mit den Relaxationszeiten τ_{31} und τ_{20}.*

Die Ratengleichung für das untere Laserniveau lautet unter der Annahme gleichen statistischen Gewichts der Niveaus sowie unter der Annahme, dass der Pumpzustand so kurzlebig
ist, dass die Pumpenergie praktisch direkt ins obere Laserniveau übergeht (also $\dfrac{n_3}{\tau_{32}} \approx 0$):

$$\frac{dn_1}{dt} = \frac{\sigma\psi}{hf} n_2 - \frac{\sigma\psi}{hf} n_1 + \frac{n_2}{\tau_{21}} - \frac{n_1}{\tau_{10}} \qquad\qquad 1.159$$

Der erste Summand rechts beschreibt Zunahme der Besetzung des unteren Laserniveaus
durch die stimulierte Emission. Entleert wird das untere Laserniveau durch die stimulierte
Absorption, dargestellt durch den zweiten Summanden. Der Ausdruck n_2/τ_{21} steht für die
spontane Emission zwischen oberem und unterem Laserniveau. Entleert wird der Energiezustand E_1 schließlich durch (schnelle) Relaxation in den Grundzustand, beschrieben durch
n_1/τ_{10}.

Für das obere Laserniveau gilt folgende Ratengleichung:

$$\frac{dn_2}{dt} = -\frac{\sigma\psi}{hf}n_2 + \frac{\sigma\psi}{hf}n_1 - \frac{n_2}{\tau_{21}} - \frac{n_2}{\tau_{20}} + n_0 W \qquad 1.160$$

Hier bedeuten die Summanden rechts bezogen auf das obere Laserniveau der Reihe nach: Entleerung durch stimulierte Emission, Bevölkerung durch die stimulierte Absorption, spontane Emission ins Niveau der Energie E_1, spontane Emission in den Grundzustand und Bevölkerung durch das Pumpen. W ist wie schon in Gl. 1.150 die Pumprate und beschreibt, wie viele Teilchen pro Zeiteinheit ins obere Laserniveau kommen. Für die Besetzungsdichten gilt der Zusammenhang $n = n_0 + n_1 + n_2$.

Die beiden Ratengleichungen können mit einigen Näherungen noch vereinfacht werden. Zunächst wurde oben die Annahme gemacht, dass der Übergang $2 \to 0$ unwahrscheinlich ist. Das führt dazu, dass der Summand $-n_2/\tau_{20}$ verschwindet. Für den idealen Vier–Niveau–Laser ist schließlich die Entleerung des unteren Laserniveaus so schnell, dass – im Grenzfall – überhaupt keine Besetzung mehr im unteren Laserniveau vorhanden ist.

Zu den Ratengleichungen kommt schließlich noch die **Strahlungsfeldgleichung**:

$$\frac{d\psi}{dx} = \psi\sigma(n_2 - n_1) + \frac{n_2}{\tau_{21}}hf\gamma - \frac{\psi}{c\tau_{Res}} \qquad 1.161$$

Diese Gleichung entspricht formal der Gl. 1.152 für das Drei–Niveau–System, so dass die Betrachtungen zur differentiellen Verstärkung hier analog gelten.

Fast alle praktisch relevanten Lasermaterialien verhalten sich wie Vier–Niveau–Systeme, wenn auch manchmal unter Zuhilfenahme anderer Stoffe. Insbesondere arbeiten Festkörperlaser, bei denen typischerweise seltene Erden in ein Glas oder einen Kristall eingebettet sind, wie Vier–Niveau–Systeme.

Bei der Lichtverstärkung im Laser spielen noch eine ganze Reihe weiterer Aspekte wie Nichtlinearitäten, spektrale Einflüsse etc. eine Rolle, die in dieser Einführung übergangen wurden. Hier sei auf einschlägige Literatur verwiesen, z.B. [Siegman 1986].

1.4   Lichterzeugung mittels Plasmen

Laser liefern in der Regel monochromatische Strahlung. Historisch gelang die Erzeugung von monochromatischem Licht zunächst mit Spektrallampen. Eine solche Lampe würde, wäre sie mit Wasserstoff befüllt, das in Abb. 1.3 gezeigte Spektrum liefern. Doch über welche Mechanismen wird nun die Energie für die Anregung geeigneter Niveaus zugeführt? Die Antwort darauf liefert sofort auch Einblicke in die Lichterzeugung in Entladungslampen im Allgemeinen.

1.4.1   Das Plasma und seine Erzeugung

Wie im letzten Abschnitt ausgeführt, muss für die Emission von Strahlung zunächst Energie
zugeführt werden. Die einfachste, für den Bau einer Lichtquelle allerdings ziemlich sinnlose
Möglichkeit wäre, Licht der passenden Frequenz einzustrahlen, so dass ein angeregter Zustand besetzt wird. Mit einer bestimmten Relaxationszeit gibt das System die Energie dann
wieder in Form von Strahlung der gleichen Wellenlänge ab. Da es aber bei der Lichterzeugung darum geht, Licht durch Umwandlung aus einer anderen Energieform zu gewinnen,
muss die Anregung der Teilchen auf andere Weise erfolgen. Die im Bereich der Gasentladungslampen benutzte Möglichkeit ist die Zufuhr von Energie durch elektrischen Strom. Das
setzt einen leitfähigen Zustand der Materie voraus, den man **Plasma** nennt.

Häufig wird dieser Zustand als vierter Aggregatzustand bezeichnet. Das ist jedenfalls insofern richtig, als dass der spezifische Energieinhalt der Materie in der Reihenfolge Festkörper,
Flüssigkeit, Gas und Plasma kontinuierlich ansteigt. Ein Plasma ist trotz seiner Leitfähigkeit
elektrisch neutral, man spricht auch von **Quasineutralität**. Das Plasma besteht aus ionisierten Atomen oder Molekülen, aus freien Elektronen, aus neutralen Atomen oder Molekülen
sowie aus neutralen, aber angeregten Teilchen. Letztere sind es, die durch ihre Relaxation
schließlich Strahlung abgeben. Quasineutralität bedeutet, dass sich die Ladungen der positiven Ionen und der negativen Elektronen kompensieren.

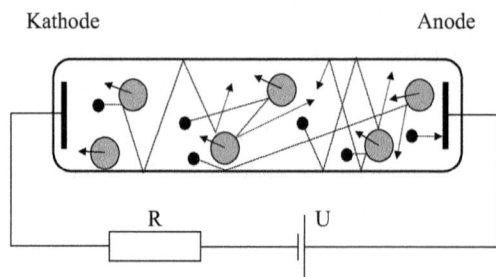

*Abb. 1.24. Beispiel einer Niederdruckgasentladung. Die leichten Elektronen erreichen hohe Geschwindigkeiten,
während sich die ungleich schwereren Ionen nur langsam in Feldrichtung bewegen. Sie stoßen häufig mit Ionen und
Wänden, driften dabei aber zur Anode.*

Bei niedrigen Drücken kann eine Gasentladung in einfacher Weise erzeugt werden, indem
man ein Gas in einen Glaskolben einschmilzt. Wird, wie in Abb. 1.24 dargestellt, an zwei
mit eingeschmolzene Elektroden eine Spannung U gelegt, so kommt es zu dem in Abb. 1.25
gezeigten Verlauf von U(I). Im Bereich I wird die elektrische Leitfähigkeit durch Höhen-
strahlung oder durch die γ–Strahlung der natürlichen Radioaktivität ausgelöst. Es kommt zur
Ionisierung einzelner Atome oder Moleküle. Durch Einstrahlung von UV–Licht ist das Ablösen von Elektronen von der Kathode bedingt durch den in Abschnitt 1.1.1 beschriebenen
Photoeffekt möglich. Da die Entladung in diesem Gebiet von außen verursacht wird, wird sie
als **unselbstständig** bezeichnet. Unterbindet man die Bestrahlung von außen, fließt auch kein
Strom mehr. Der elektrische Strom wird im Wesentlichen durch die Elektronen getragen. Ein
Anstieg der Spannung bewirkt auch einen Anstieg des Stroms.

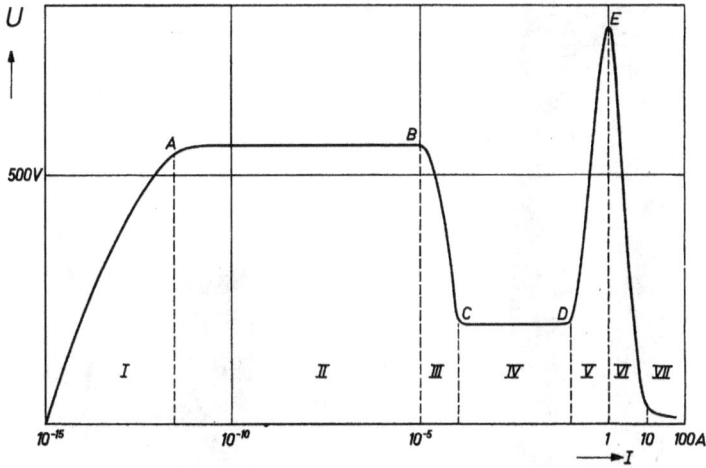

Abb. 1.25. Typische Strom-Spannungs-Charakteristik einer Entladung in einem Edelgas. Aus: [Elenbaas 1972]

Ist das elektrische Feld zwischen den Elektroden stark genug, werden durch die beschleunigten Elektronen soviele neue Ladungsträger durch Stöße erzeugt, dass eine Ionisierung von außen durch Strahlung nicht mehr nötig ist. Die Zahl der Ionisierungsvorgänge gleicht die Zahl der Rekombinationen aus oder übersteigt sie gar. Deshalb bezeichnet man diese Entladung auch als **selbständige Entladung** (Bereich II). Andere Bezeichnungen sind **Townsend–Entladung** oder **Dunkelentladung**. Wird der Strom weiter erhöht, steigt auch die Ionisierung an. Die Elektronen sind beweglicher und werden verstärkt von der Anode abgesaugt. Es kommt zur Ausbildung einer positiven Raumladung.

Dadurch beginnen viele elektrische Feldlinien auf den positiven Ionen, so dass die Feldliniendichte zur Kathode hin ansteigt (Abb. 1.26). Ein hohes elektrisches Feld bewirkt einen hohen Spannungsabfall in der Nähe der Kathode; er wird **Kathodenfall** genannt. In diesem Kathodenfall können Ionen stark beschleunigt werden und auf die Kathode prallen. Dort setzt damit ein Mechanismus ein, der γ–Effekt genannt wird. Der Aufprall der Ionen löst Elektronen aus. Wie viele Elektronen im Mittel pro Stoß ausgelöst werden, hängt von der Art des Ions, von seiner Geschwindigkeit sowie von der Oberflächenbeschaffenheit der Elektrode ab. Als Folge dieser Freisetzung von Elektronen werden Ionisierungen wahrscheinlicher, die Spannung über die Entladung sinkt im Bereich III. Die Ladung beginnt, sich auf der

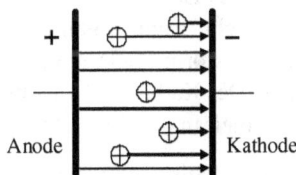

Abb. 1.26. Ausbildung des Kathodenfalls. Durch die positiven Raumladungen beginnen viele Feldlinien auf Ionen, so dass sich unmittelbar vor der Kathode das höchste Feld ausbildet.

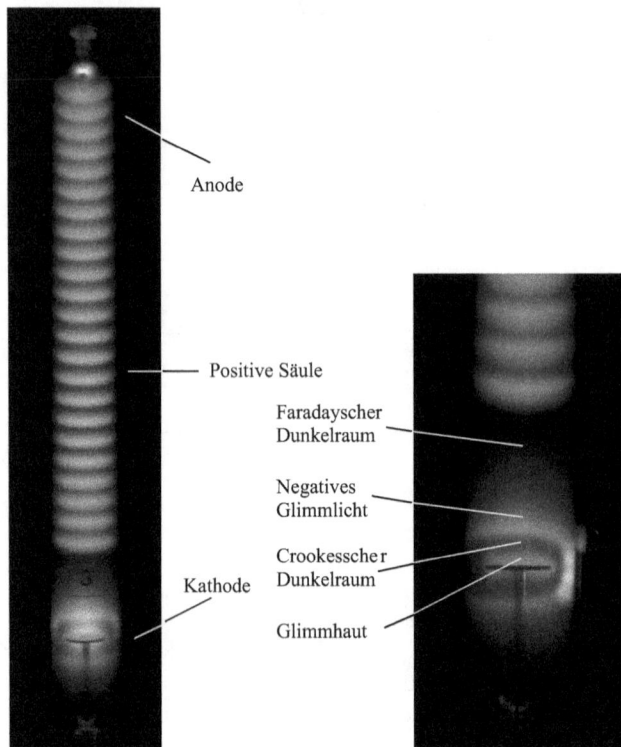

Anode

Positive Säule

Faradayscher
Dunkelraum

Negatives
Glimmlicht

Crookesscher
Dunkelraum

Kathode

Glimmhaut

Abb. 1.27. Niederdruckgasentladung in Luft bei einem Druck von 80Pa. Die Schichtungen in der positiven Säule sind nur in Ausnahmefällen erkennbar. Rechts ist der Bereich der kathodischen Leuchterscheinungen noch einmal vergrößert dargestellt. Gut zu erkennen ist die klare Grenze zwischen dem Crookesschen oder Hittorfschen Dunkelraum und dem negativen Glimmlicht. Dagegen geht das negative Glimmlicht kontinuierlich in den Faradayschen Dunkelraum über.

Kathode einzuschnüren, wobei die Stromdichte ansteigt. Im Gebiet IV beginnt sich die Entladung bei steigendem Entladestrom, aber konstant bleibender Stromdichte wieder über die gesamte Kathode auszubreiten. Der Spannungsabfall in der Nähe der Kathode, also der Kathodenfall, bleibt dabei erhalten; die Spannung bleibt somit in diesem als **normale Glimmentladung** bezeichneten Bereich etwa konstant.

Ist die gesamte Kathode mit Glimmlicht belegt, muss die Stromdichte erhöht werden, wenn der Gesamtstrom weiter steigen soll. Dies kann nur über eine höhere Feldstärke bzw. eine höhere Spannung erreicht werden. Dieses Gebiet V wird **anomale Glimmentladung** genannt. Der Scheitel der Spannung wird erreicht, wenn **thermische Emission** an der Kathode einsetzt. Die damit beginnende Entladungsform (Gebiet VI) zeichnet sich durch eine sinkende Spannung bei steigendem Strom aus. Der Kathodenfall ist hier nur noch einige 10V groß. Sie wird **Bogenentladung** genannt und spielt in der Beleuchtungstechnik eine wichtige Rolle.

Die optischen Erscheinungen bei einer Glimmentladung in Luft bei 80Pa zeigt Abb. 1.27. Die hierbei auftretenden Leuchterscheinungen sind – zumindest qualitativ – typisch für die Niederdruckgasentladungen. Die Kathode (unten) ist mit einer Glimmhaut belegt, die ihre

Ursache im Aufprall und in der Rekombination positiver Ionen hat. Die Elektronen, die die Kathode verlassen, werden im Feld beschleunigt und können erst nach einer gewissen Beschleunigungsstrecke durch Stöße ionisieren. Das erklärt zum einen den **Kathodendunkelraum (Crookesscher oder Hittorfscher Dunkelraum)**, zum anderen das zur Kathode hin räumlich scharf begrenzte negative Glimmlicht. Dort werden permanent weitere Ionen und Elektronen erzeugt, wobei letztere aufgrund ihrer geringeren Masse die Zone schneller verlassen können. Es kommt damit zu einer Anhäufung positiver Ionen bzw. zu einer positiven Raumladung. Ein starkes elektrisches Feld zwischen diesem Bereich und der Kathode bildet sich und damit ein hoher Spannungsabfall, der sogenannte **Kathodenfall**. In ihm werden Elektronen von der Kathode weg und Ionen zur Kathode hin beschleunigt. Von der Zone des **negativen Glimmlichtes** weg in Richtung Anode ist die Feldstärke aufgrund der o.g. positiven Raumladungen gering. Die Elektronen werden daher nach der Stoßionisation nur langsam wieder beschleunigt und können erst nach einer gewissen Wegstrecke, dem **Faradayschen Dunkelraum**, wieder ionisieren.

In der **positiven Säule** – dem räumlich am weitesten ausgedehnten Bereich der Entladung – kommt es in gleichem Maß zur Ionisierung wie zur Rekombination. Abgesehen von zahlreichen Strößen bewegen sich die Ionen in Richtung Kathode und die Elektronen in Richtung Anode. In der positiven Säule herrscht Quasineutralität. Sie ist der für die Lichterzeugung in Leuchtstofflampen wesentlichste Teil der Entladung. Allerdings können die leicht beweglichen Elektronen leichter zur Wand hin diffundieren als die Ionen. Sie haften an der Wand, ziehen positive Ionen an und neutralisieren diese. Ein Mangel an Ladungsträgern ist die Folge, sie können erst durch Beschleunigung von Elektronen wieder zurückgewonnen werden. Das hat unter Umständen eine Dunkelzone zur Folge, die sich in der positiven Säule periodisch wiederholt. In Abb. 1.27 ist sie deutlich sichtbar.

1.4.2   Gleichgewichts- und Nichtgleichgewichtsplasmen

Ist der Druck nicht allzu hoch, womit ein Druck von einigen hundert Pa gemeint ist, so kommt es nur zu einer geringen Anzahl von elastischen Stößen zwischen Elektronen und Atomen, Ionen oder Molekülen. Wie in Abb. 1.24 angedeutet, legen die Elektronen folglich einen relativ langen Weg bis zum nächstfolgenden Stoß zurück. Gleichzeitig driften sie im elektrischen Feld zur Anode. Sie werden dabei im elektrischen Feld stark beschleunigt. Wegen der extremen Massenverhältnisse kommt es beim Stoß nur zu einem geringen Energieübertrag. Die Elektronen haben hohe Geschwindigkeiten, die Ionen bewegen sich dagegen nur langsam im Feld. Plasmen, bei denen dies gilt, nennt man **„kalte" Plasmen**.

Der Begriff „kaltes Plasma" kommt daher, dass die gemessene Temperatur des Gases in der Regel bei der hier beschriebenen Niederdruckentladung bei etwa 40–60°C liegt, in extremen Fällen bis 250°C. Im Vergleich zu den Temperaturen einer Hochdruckentladung ist das kalt. Die nach außen hin gemessene Temperatur setzt sich natürlich zusammen aus der Bewegungsenergie der Atome oder Moleküle, der Ionen und der Elektronen. Die Ionen haben zwar eine höhere Masse wie die Elektronen, haben aber sehr geringe Geschwindigkeiten. Bei den Elektronen ist es umgekehrt: sie haben eine deutlich kleinere Masse, besitzen aber wesentlich höhere Geschwindigkeiten. Mit $E_{kin} = \frac{m}{2} v^2$ geht die Geschwindigkeit quadratisch in die kinetische Energie ein, so dass die Elektronenenergien deutlich höher sind als die Energien der Ionen. Es herrscht diesbezüglich also kein Gleichgewicht, weswegen man die kalten Plasmen auch als **Nichtgleichgewichtsplasmen** bezeichnet.

Die Geschwindigkeiten der Elektronen sind natürlich im Plasma nicht alle gleich groß, sondern es herrscht eine breite Geschwindigkeitsverteilung. Diese entspricht in den meisten Fällen der **Maxwellschen Geschwindigkeitsverteilung**, die bereits im Zusammenhang mit der Dopplerverbreiterung für Atome und Moleküle abgeleitet wurde (Gl. 1.91):

$$f(v)dv = 4\pi v^2 \left(\frac{m}{2\pi kT} \right)^{3/2} e^{-\frac{mv^2}{2kT}} dv \qquad\qquad 1.162$$

f(v)dv ist die Wahrscheinlichkeit, ein Teilchen im Geschwindigkeitsintervall [v;v+dv] anzutreffen. Um die **mittlere kinetische Energie**

$$\overline{E}_{kin} = \frac{m}{2} \overline{v^2} \qquad\qquad 1.163$$

eines Teilchens zu berechnen, benötigt man das mittlere Geschwindigkeitsquadrat $\overline{v^2}$. Es kann durch Integration gewonnen werden:

$$\overline{v^2} = \int\limits_0^\infty v^2 f(v)dv = \int\limits_0^\infty 4\pi v^4 \left(\frac{m}{2\pi kT} \right)^{3/2} e^{-\frac{mv^2}{2kT}} dv \qquad\qquad 1.164$$

Führt man eine Konstante $a = \dfrac{m}{2kT}$ ein, so gilt für das Integral:

$$\overline{v^2} = 4\pi \left(\frac{a}{\pi} \right)^{3/2} \int\limits_0^\infty v^4 e^{-av^2} dv = -4\pi \left(\frac{a}{\pi} \right)^{3/2} \frac{\partial}{\partial a} \int\limits_0^\infty v^2 e^{-av^2} dv \qquad\qquad 1.165$$

Abermalige Anwendung des gleichen Tricks liefert:

$$\overline{v^2} = 4\pi \left(\frac{a}{\pi} \right)^{3/2} \frac{\partial^2}{\partial a^2} \int\limits_0^\infty e^{-av^2} dv \qquad\qquad 1.166$$

Das verbliebene uneigentliche Integral lässt sich in unbestimmter Form nicht in elementaren Funktionen angeben, allerdings findet sich sein Wert in mathematischen Formelsammlungen, so dass man erhält:

$$\overline{v^2} = 4\pi \left(\frac{a}{\pi} \right)^{3/2} \frac{\partial^2}{\partial a^2} \left(\frac{1}{2} \sqrt{\frac{\pi}{a}} \right) \qquad\qquad 1.167$$

Damit ist der Wert des mittleren Geschwindigkeitsquadrats:

$$\overline{v^2} = 4\pi \left(\frac{a}{\pi}\right)^{3/2} \frac{1}{2}\sqrt{\pi} \frac{\partial}{\partial a}\left(-\frac{1}{2}a^{-3/2}\right) = \frac{3}{2a} \quad \text{bzw.} \quad \boxed{\overline{v^2} = \frac{3kT}{m}} \qquad 1.168$$

Die mittlere kinetische Energie ist also nach Gl. 1.163:

$$\overline{E}_{kin} = \frac{m}{2}\overline{v^2} = \frac{m}{2}\frac{3kT}{m} \quad \text{bzw.} \quad \boxed{\overline{E}_{kin} = \frac{3}{2}kT} \qquad 1.169$$

Die mittlere kinetische Energie eines Teilchens hängt also im Falle einer Maxwellschen Geschwindigkeitsverteilung ausschließlich von der Temperatur ab. Da sich ein Teilchen im 3-dimensionalen Raum in drei Richtungen bewegen kann, also drei Freiheitsgrade besitzt, ist die **mittlere kinetische Energie pro Freiheitsgrad kT/2**. In einer Gasentladung kann man jeder Spezies, also Ionen, Atomen, Molekülen und Elektronen, eine eigene Temperatur zuordnen. Im Falle eines Elektrons spricht man von einer Elektronentemperatur. Im Nichtgleichgewichtsplasma einer Leuchtstofflampe etwa beträgt diese typisch 11.000K, was einer Energie von etwa 1,4eV entspricht. Dagegen beträgt die Gesamttemperatur des Gases nur etwa 40–60°C. Sie wird hauptsächlich durch die niedrige Energie der Ionen und neutralen Atome bestimmt. Die Temperaturen sind homogen über das gesamte Entladevolumen.

Wird der Druck in einer Niederdruckgasentladung erhöht, steigt die Anzahl der elastischen Stöße der Elektronen mit den Ionen und neutralen Atomen. Trotz des ungleichen Massenverhältnisses steigt damit der Energieübertrag. Das führt zu einem Ausgleich der Temperaturen. Bei einem Druck von etwa 1 bar liegt die Temperatur der Atome nur noch wenig unter der der Elektronen, die im Gegenzug gefallen ist: sie beträgt etwa 4000–6000 K. Wegen dieses Temperaturausgleichs spricht man von einem **Gleichgewichtsplasma**. Eine exakte Gleichheit der Temperaturen kann bei einer elektrisch betriebenen Hochdruckentladung nicht auftreten, denn die leichteren Elektronen werden im elektrischen Feld auf höhere Geschwindigkeiten beschleunigt wie die schwereren Ionen. Sie haben damit die höhere Temperatur bzw. Energie und geben die aufgenommene Energie erst durch Stöße an die schwereren Teilchen weiter. Insofern wird stets eine kleine Temperaturdifferenz bestehen.

Völliges thermisches Gleichgewicht würde weiterhin bedeuten, dass die aus der Maxwellschen Verteilung gewonnene Temperatur mit der Temperatur übereinstimmt, die sich aus der beobachteten Besetzungsverteilung angeregter Zustände gemäß der Boltzmann-Verteilung errechnet. Ist nämlich die Energiedifferenz $E_1 - E_0$ und das Besetzungsverhältnis n_1/n_0 zweier Energieniveaus bekannt, ist nach Gl. 1.85 eindeutig eine Temperatur festgelegt.

Zwei weitere Temperaturen lassen sich definieren: im Falle von chemischen Reaktionen im Plasma kann temperaturabhängig ein bestimmtes Verhältnis von Ausgangsstoffen zu Reaktionsprodukten angegeben werden. Umgekehrt kann daraus auch eine Temperatur definiert werden, die im Falle des Gleichgewichtsplasmas mit den bisher angegebenen Temperaturen übereinstimmen muss. Schließlich kann man aus der Frequenzverteilung der vom Plasma emittierten Strahlung auf eine Temperatur schließen. Hierbei nimmt man an, dass das Plasma ein schwarzer Strahler (Kap. 1.5.2) ist. Die sich hieraus ergebende Temperatur stimmt beim Gleichgewichtsplasma mit den übrigen Temperaturen überein.

Dies alles zeigt, dass ein wahres thermisches Gleichgewicht bei Entladungslampen eine Illusion ist, zumal es stets Temperaturgradienten zum Lampenkolben gibt. Diese stehen einem Gleichgewicht entgegen. Außerdem entspricht das Spektrum der Entladung nicht dem des schwarzen Strahlers.

Trotzdem befindet sich das Plasma bei einer Hochdruckentladung wenigstens in einem infinitesimal kleinen Volumen in einem Gleichgewichtszustand, dem **lokalen thermischen Gleichgewicht** (LTG). Die Elektronendichte n_e, die Ionendichte n_i und die Atomdichte n_0 sind in diesem Fall durch die **Saha-Gleichung** [Saha 1920; 1921] verknüpft:

$$\frac{n_e n_i}{n_0} = \frac{2g_i}{g_0} \frac{(2\pi m_e kT)^{3/2}}{h^3} e^{-\frac{E_i}{kT}}$$

1.170

m_e ist die Elektronenmasse, g_i und g_0 sind Gewichtsfaktoren für die Ionen und Atome. E_i ist die Ionisierungsenergie des Gases bzw. Dampfes. In Abb. 1.28 sind die Ionisierungsenergien für einfache und zweifache Ionisierung für die Edelgase, die Halogene sowie die Alkali- und Erdalkalimetalle als Funktion der Ordnungszahl dargestellt. Man erkennt deutlich die abnehmende Ionisierungsenergie mit wachsender Ordnungszahl. Wegen des größeren Kernabstandes lassen sich die Elektronen mit weniger Energie aus der Bindung lösen.

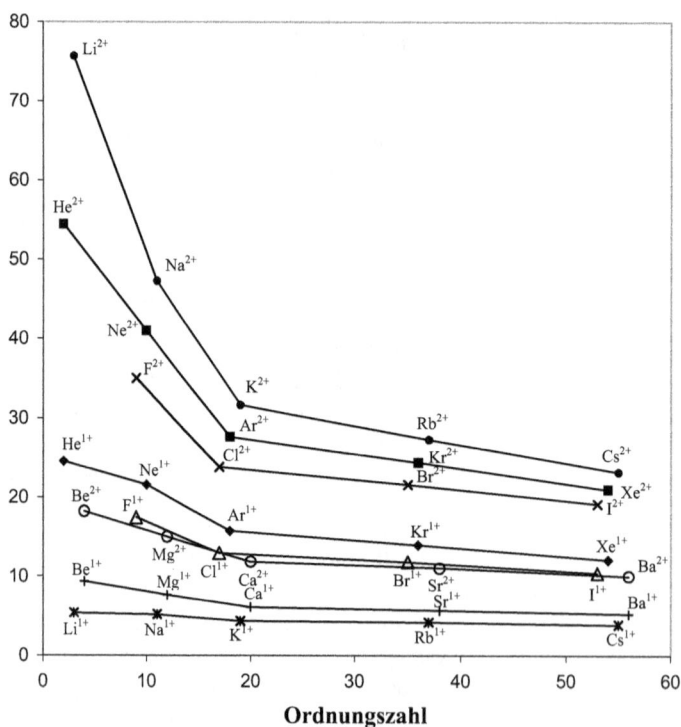

Abb. 1.28. Ionisierungsenergie der Edelgase, der Halogene sowie der Alkali- und Erdalkalimetalle als Funktion der Ordnungszahl. Zahlenwerte aus: [CRC 2006]

Berücksichtigt man die Quasineutralität des Plasmas, die ja mit Ausnahme elektrodennaher Bereiche näherungsweise gegeben ist, so gilt $n_e = n_i$. Mit der Zustandsgleichung des idealen Gases $p = n_0kT$, die für kleine Ionisierungsgrade (<1%) Gültigkeit hat, lässt sich die Saha-Gleichung wie folgt schreiben:

$$n_e n_i = n_i^2 = \frac{2g_i}{g_0} \frac{p}{kT} \frac{(2\pi m_e kT)^{3/2}}{h^3} e^{-\frac{E_i}{kT}} \qquad\qquad 1.171$$

Damit ist die Ionendichte:

$$n_i = \sqrt{\frac{2g_i}{g_0}} \sqrt{p} \frac{(2\pi m_e)^{3/4}}{h^{3/2}} (kT)^{1/4} e^{-\frac{E_i}{2kT}} \qquad\qquad 1.172$$

Der Ionisierungsgrad n_i/n_0 ist dann mit $n_0 = p/kT$:

$$\boxed{\frac{n_i}{n_0} = \sqrt{\frac{2g_i}{g_0}} \frac{1}{\sqrt{p}} \frac{(2\pi m_e)^{3/4}}{h^{3/2}} (kT)^{5/4} e^{-\frac{E_i}{2kT}}} \qquad\qquad 1.173$$

Wichtig ist, dass diese Gleichung **nur für den Fall geringer Ionisierung** gilt.

Der Ionisierungsgrad ist für Wasserstoff in Abb. 1.29 als Funktion der Temperatur für vier verschiedene Drücke dargestellt. 10eV entspricht etwa größenordnungsmäßig den Ionisierungsenergien vieler Elemente. Es wurde ferner $g_i/g_0=2$ angenommen, was für die meisten Ionen erfüllt ist. Abb. 1.29 zeigt, dass bei den in Lampenplasmen realisierbaren Temperaturen und bei Drücken zwischen 2 bis 8bar lediglich Ionisierungsgrade von ca. 10^{-4} vorliegen.

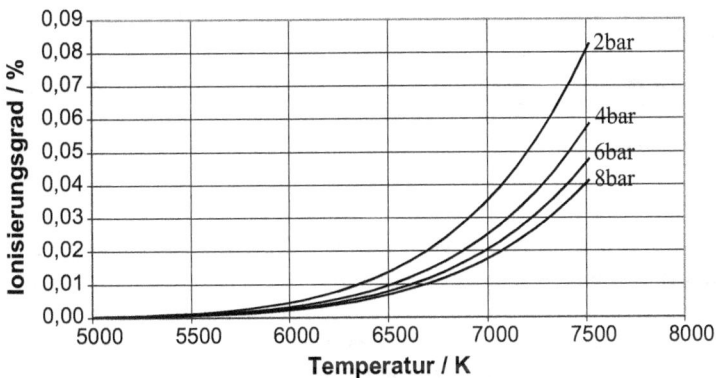

Abb. 1.29. Ionisierungsgrad als Funktion der Temperatur, gerechnet für die Ionisierungsenergie des Wasserstoffs. Dargestellt sind die Drücke 2bar, 4bar, 6bar sowie 8bar. Selbst bei Temperaturen von 7.500K wird unter diesen Bedingungen nur ein Ionsierungsgrad von weniger als 1 Promille erreicht.

1.4.3   Spektrale Eigenschaften von Nieder- und Hochdruckentladungen

Wegen der in Plasmen auftretenden Ionisierungen und der durch Stöße erfolgten Anregung von Atomen kommt es stark zur Besetzung höherer Energieniveaus. Durch Relaxation kann die Energie u.a. in Form von Strahlung wieder abgegeben. Die durch die Atom- oder Molekülart festgelegten Energieniveaus führen damit zu einem für diesen Typ spezifischen Spektrum. Dies sollte zunächst ein Linienspektrum sein, wobei die einzelnen Spektrallinien möglicherweise druck- oder dopplerverbreitert sind. Abb. 1.30 zeigt als Beispiel das Spektrum einer Zinn–Natrium–Halogenid–Entladung. Neben den diskreten Spektrallinien ist ein starkes Strahlungskontinuum erkennbar. Es ist typisch für die hohen Temperaturen (5500–6000K) im Zentrum der Entladung.

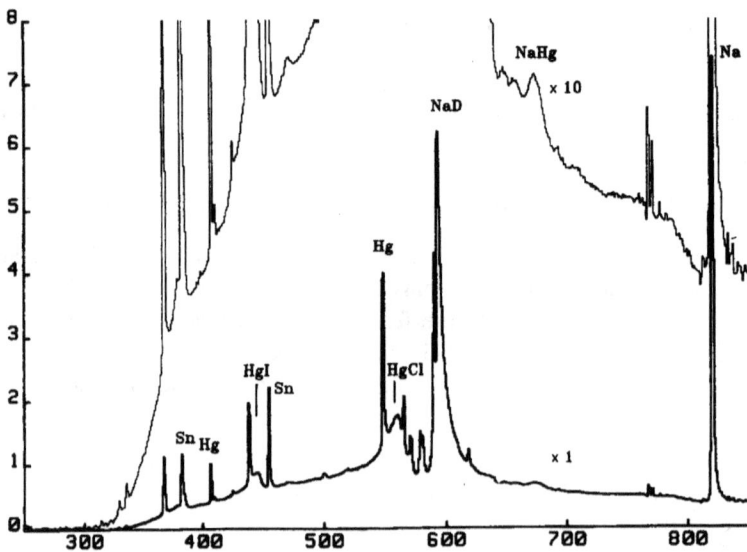

Abb. 1.30. Spektrum eines Zinn–Natrium–Halogenid–Plasmas mit einem heißen Zentrum von ca. 5500–6000K. Aus: [Wharmby 1986]

Besonders bei Hochdruckgasentladungen treten neben der Linienstrahlung noch zwei weitere Mechanismen der Lichterzeugung in Erscheinung. Die eine ist die sogenannte **Bremsstrahlung**, die im Extremfall als Röntgenstrahlung bekannt ist. Sie entsteht immer dann, wenn Ladungsträger extrem stark abgebremst werden. Eine nichtperiodische Beschleunigung führt nach Fourier stets zu einem **kontinuierlichen Spektrum**, das bei klassischer Betrachtung zu unbegrenzt hohen Frequenzen führt. Das Spektrum verschiebt sich zu kürzeren Wellenlängen und wird intensiver, wenn die gebremsten Elektronen energiereicher waren.

Der zweite Mechanismus der Lichterzeugung ist die **Rekombinationsstrahlung**. Bei der Rekombination der Elektronen mit den positiven Ionen, den Kationen, können die Elektronen nach Rekombination in jedem der möglichen energetischen Niveaus des wieder neutral gewordenen Atoms enden. Bezüglich des atomaren Grundzustands besitzt das Elektron eine Energie, die der Ionisierungsenergie des Atoms zuzüglich seiner kinetischen Energie entspricht. Da die Elektronen in der Entladung beliebige kinetische Energien annehmen können, werden auch die bei der Rekombination frei werdenden Energien kontinuierlich verteilt sein. Damit werden auch bei der Emission von Strahlung alle möglichen Frequenzen auftreten, zum langwelligen hin begrenzt von der der Ionisierungsenergie entsprechenden Wellenlänge. Eine Untergrenze für die Wellenlänge führt die Quantentheorie ein. Die Rekombinationsstrahlung liefert also über weite spektrale Bereiche ein kontinuierliches Spektrum.

In Abb. 1.31 sind die Spektren des Natriumdampfes dargestellt. Beim Natrium dominiert in dem dargestellten Spektralbereich die bekannte Natrium-D-Linie. Bei der Niederdruckentladung (Abb. 1.31a) ist sie als nadelfeine Linie ohne Untergrund vorhanden. Bei der Hochdruckentladung (Abb. 1.31b) fällt auf, dass merklich Untergrundstrahlung vorhanden ist. Die Linie zeigt eine starke Verbreiterung, die durch die natürliche Linienbreite oder durch Doppler-

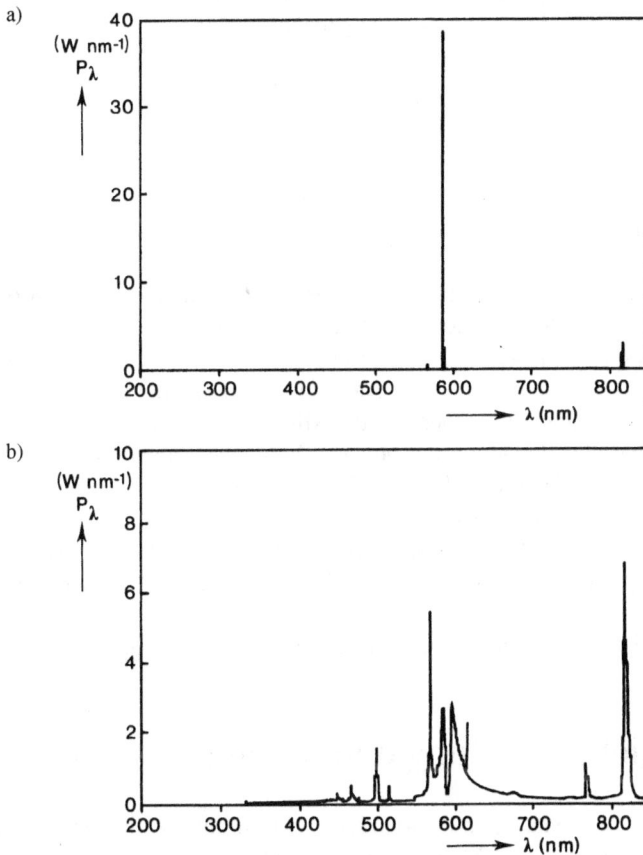

Abb. 1.31. Vergleich der Spektren einer Natrium-Niederdruck-Dampflampe (oben) und einer Natrium-Hochdruck-Dampflampe (unten). Neben einer schwächeren Linie im nahen Infraroten ist bei der Niederdruck-Dampflampe nur noch die intensive Natrium-D-Linie im Sichtbaren erkennbar. Bei der Hochdruck-Dampflampe erkennt man die beim Natrium besonders ausgeprägte Selbstabsorption. Aus: [Groot 1986].

verbreiterung allein nicht erklärbar ist. Vielmehr zeigt Natrium eine ausgesprochen starke Resonanzverbreiterung der Linien. Dies ist eine Form der Stoßverbreiterung, bei der die Wechselwirkung der Teilchen zu einer Verschiebung der Energieniveaus führt. Diese ist besonders groß, wenn die Teilchen identischer Natur sind. Für die **Resonanzverbreiterung** gilt nach [Groot 1986] näherungsweise:

$$\Delta f_{res} \approx \frac{1}{4\pi\varepsilon_0} \frac{e^2}{2\pi m_e f_0} fn_0 \qquad\qquad 1.174$$

Die Linienbreite wächst also linear mit der Besetzung n_0 des Grundzustandes und dadurch mit der Teilchendichte bzw. dem Druck allgemein und linear mit der sogenannten **Oszillatorenstärke** f des Übergangs an. m_e ist die Elektronenmasse, f_0 die Frequenz des Übergangs. Ein Teilchen kann von einem energetischen Zustand E_i ausgehend Licht absorbieren. Ein Elektron kann dabei in eine ganze Reihe höherer Energiezustände wechseln. Von der Gesamtabsorption entfällt also nur ein Bruchteil f_{ij} auf einen speziellen Übergang von E_i nach E_j. Dieser Bruchteil wird Oszillatorenstärke genannt. Es gilt

$$\sum_j f_{ij} = 1 \qquad\qquad 1.175$$

Die Resonanzverbreiterung führt als Form der Druckverbreiterung zu einem **Lorentz-Profil**.

Wie in Abb. 1.31b deutlich erkennbar, zeigt die **Natrium-D-Linie** (Doppellinie bei 589,0nm und 589,6nm) im Zentrum einen deutlichen Einbruch, der fast bis zur Nullinie reicht. Er wird **Selbstabsorption** genannt. Das ist ein Phänomen, das auch bei anderen Atomen beobachtet wird, das aber beim Natrium besonders stark ausgeprägt ist. Es kommt dadurch zustande, dass bei der Hochdruckentladung das Zentrum der Entladung heißer ist als wandnahe Bereiche. Man beachte, dass sich die meisten Atome im Grundzustand befinden. Die im Zentrum der Entladung entstandenen Photonen mit der Mittenfrequenz der Linie werden in den äußeren, kälteren Zonen der Entladung mit höherer Wahrscheinlichkeit absorbiert als die Photonen, die eine in der Linienflanke liegende Frequenz haben (Abb. 1.32). Absorbierte Strahlung wird zwar wieder emittiert und die Photonen werden so nach außen „durchgereicht", aber wegen der hohen Dichte sind Stöße der beteiligten Atome wahrscheinlich und damit eine Verschiebung der Energieniveaus. Die dann emittierten Photonen haben eine von der ursprünglichen abweichende Frequenz. Da mehr Photonen mit der Zentralfrequenz vorhanden waren als solche mit „Randfrequenzen", ist eine Schwächung der Linienmitte die Folge.

1.5   Lichterzeugung durch Temperaturstrahler

Die bisherige, an der Quantenoptik orientierte Einführung in die Lichterzeugung mag den Anschein erweckt haben, es gäbe nur monochromatische, also einfarbige Lichtquellen oder doch solche, die einige wenige dieser Spektrallinien liefern. Auch wenn die Energieniveaus und damit auch die emittierten Linien eine gewisse Breite haben, so ist diese doch gemessen

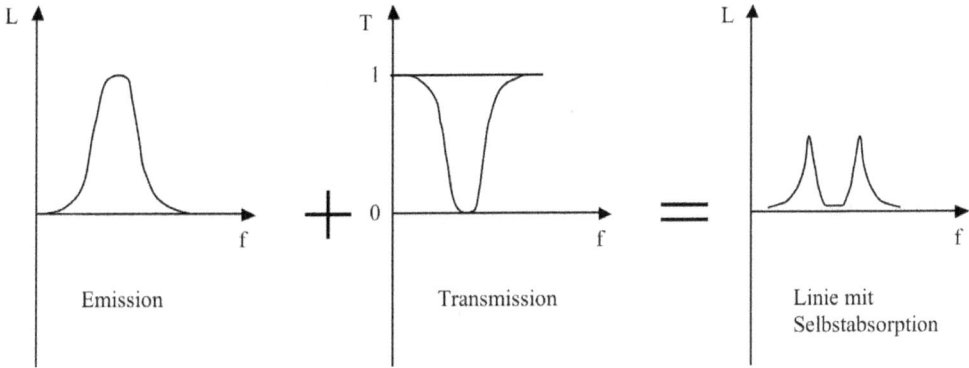

Abb. 1.32. *Eine im Zentrum einer Hochdruckentladung emittierte Linie wird in den kälteren Randzonen der Entladung teilweise absorbiert. Frequenzen, die im Randbereich emittiert werden, werden weniger geschwächt und können die Entladung verlassen. Das Zentrum der Linie kann bei der Selbstabsorption tatsächlich „schwarz" sein, meist wird jedoch auch in den Randbereichen einer Entladung etwas Strahlung der zentralen Wellenlänge emittiert.*

an der Bandbreite des menschlichen Sehens sehr gering. Laser und Spektrallampen haben in Technik und Wissenschaft eine große Bedeutung, doch für Beleuchtungszwecke scheiden sie aus. Dieses Kapitel soll sich daher mit der Erzeugung von „breitbandigem" Licht beschäftigen. Dabei soll der Ausgangspunkt der leuchtende, oder besser der glühende Festkörper sein.

1.5.1 Licht als elektromagnetische Welle

Wenn über Photonen geredet wird, kommt schnell der Eindruck des Lichtteilchens auf. Das soll aber nicht vergessen machen, dass es sich beim Licht trotz des Quantencharakters um eine **transversale elektromagnetische Welle** handelt, ähnlich den bekannten Radiowellen. Es soll hier deshalb von Strahlung die Rede sein, womit man in der Regel einen kontinuierlichen Fluss von Energie verbindet. Bei Radiowellen besteht die Welle aus zwei Feldern, dem elektrischen und dem magnetischen Feld.

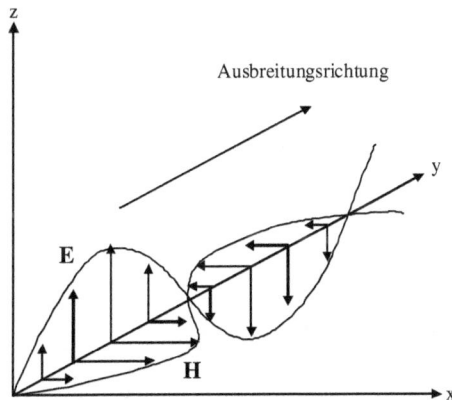

Abb. 1.33. *Ausbreitung einer elektromagnetischen Welle.*

In Abb. 1.33 sind die Verhältnisse bei einer ebenen Welle skizziert, die sich in y-Richtung ausbreitet. In diesem Fall stehen $\vec{E}$- und $\vec{H}$-Vektor senkrecht aufeinander und sind ihrerseits senkrecht zur Ausbreitungsrichtung. Diejenige Ebene, die durch die Schwingungsrichtung der elektrischen Feldstärke und durch die Ausbreitungsrichtung festgelegt ist, wird **Schwingungsebene** genannt. Durch die Schwingungsrichtung der magnetischen Feldstärke und durch die Ausbreitungsrichtung wird die **Polarisationsebene** festgelegt. Licht, das sich wie in Abb. 1.33 ausbreitet, wird **linear polarisiert** genannt, weil der Vektor der elektrischen Feldstärke in eine feste Richtung, hier die z-Richtung, zeigt. Eine andere Möglichkeit wäre, dass $\vec{E}$ in x-Richtung zeigt und $\vec{H}$ in negative z-Richtung. Alle weiteren Richtungen des $\vec{E}$-Feldes bei Ausbreitung in y-Richtung lassen sich durch Komponenten E_x und E_z gemäß

$$\vec{E} = \begin{pmatrix} E_x \\ 0 \\ E_z \end{pmatrix} \text{ ausdrücken.}$$

Das Licht thermischer Lichtquellen stammt von einer Vielzahl von Emissionsakten, die alle unabhängig voneinander stattfanden. Jedes Photon hat für sich eine eigene Schwingungsrichtung. Die einzelnen Richtungen der elektrischen Feldstärke sind also statistisch verteilt, so dass das Licht im Ganzen unpolarisiert erscheint. Mit Hilfe eines **Polarisators** – seine genauere Funktion wird in Kapitel 5.1.6 beschrieben – kann trotzdem linear polarisiertes Licht erzeugt werden. Würde in eine solche polarisierte Lichtwelle ein zweiter Polarisator gestellt, der wie in Abb. 1.34 gezeigt gegen den ersten um den Winkel α verdreht ist, so würde die Welle nicht vollständig ausgelöscht, sondern vom Feldstärkevektor $\vec{E}$ würde nur die Projektion auf die neue Polarisationsrichtung, also $E\cos(\alpha)$, durchgelassen. Mit einem Messgerät würde im Falle der Lichtwelle nicht die Feldstärke selbst, sondern die Intensität ψ gemessen.

Da diese proportional zu $\left|\vec{E}\right|^2$ ist, gilt:

$$\boxed{\psi = \psi_0 \cos^2 \alpha} \qquad\qquad\qquad 1.176$$

Dieser Zusammenhang ist als **Gesetz von Malus** bekannt.

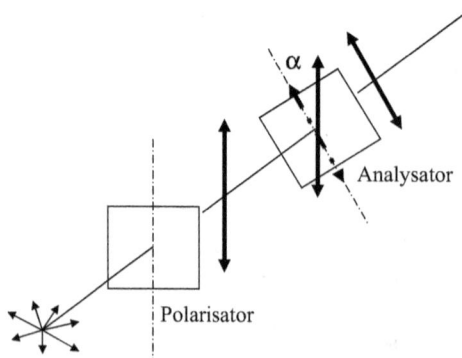

Abb. 1.34. Das durch einen Polarisator linear polarisierte Licht wird durch einen weiteren, um den Winkel α verdrehten Polarisator geschickt. Durchgelassen wird nur der auf die gestrichelte Achse projizierte Anteil.

1.5.2   Plancksches Strahlungsgesetz

Zurück zum Temperaturstrahler. Der stärkste Gegensatz zu einem Laser, der nur eine Wellenlänge emittieren kann, wäre ein Strahler, der über einen weiten Spektralbereich gleichmäßig Strahlung abgibt. Ein solcher wäre, wenn er über das gesamte sichtbare Spektrum von ca. 380 nm bis ca. 780 nm strahlen würde, eine ideale Lichtquelle. Leider lässt sich so einfach keine Lichtquelle, wie immer sie auch angeregt werden mag, bauen, die diese Forderung erfüllt. Die entsprechende Substanz dürfte keine diskreten Energieniveaus haben, sondern es müssten ganze Energiebanden zu Verfügung stehen, wie sie beim Pumpen von Lasern schon erwähnt wurden und die noch um ein Vielfaches breiter sind. Sie würde folglich auch über diesen ganzen Spektralbereich absorbieren.

Eine idealisierte Substanz, die über den gesamten Frequenzbereich der elektromagnetischen Strahlung vollständig absorbiert, wird **schwarzer Körper** genannt. Er lässt sich im Labor nur angenähert in Form eines Hohlraumes realisieren, in dem sich ein kleines Loch befindet. Licht, dass von außen durch dieses Loch in den Hohlraum tritt, kann an den Wänden durchaus teilweise reflektiert werden. Sind die Raumabmessungen im Vergleich zum Loch groß, wird die Strahlung kaum wieder den Weg nach außen finden, sondern nach mehreren Reflexionen schließlich absorbiert.

Die Innenwände des Strahlers absorbieren natürlich nicht nur Strahlung, sie geben sie auch wieder ab. Um die Abstrahlung eines solchen Hohlraums – er sei quaderförmig und habe die Kantenlänge L – zu berechnen, soll angenommen werden, er sei im thermischen Gleichgewicht. Das bedeutet, dass **ein zeitlich konstantes Strahlungsfeld** im Innern des Körpers besteht und dass sich Absorption und Emission an den Wänden die Waage halten. In einem so gearteten Hohlraum können sich nun Eigenschwingungen aufbauen. Um das zu verstehen, sei zunächst der in Abb. 1.35 gezeichnete „eindimensionale" Hohlraum betrachtet.

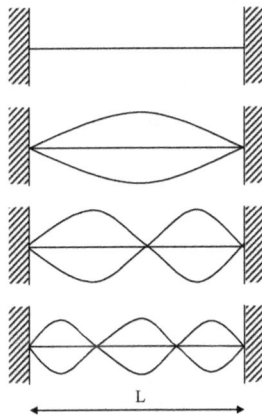

Abb. 1.35. Eigenschwingungen in einem eindimensionalen „Hohlraum".

Zu vergleichen ist er mit einem zwischen zwei Mauern eingespannten Seil. In diesem eindimensionalen Hohlraum muss für die Eigenschwingungen folgender Zusammenhang gelten:

$$L = i\frac{\lambda}{2} \qquad\qquad 1.177$$

Die Länge L des Hohlraumes muss ein ganzzahliges Vielfaches i der halben Wellenlänge λ sein. Dabei werden an den Wänden Knotenstellen angenommen. Dies wäre bei spiegelnden Wänden sehr anschaulich erfüllt, denn bei metallischen Spiegeln sind die Elektronen im Metall frei beweglich. Würde an der Oberfläche eine endliche elektrische Feldstärke entstehen, würden die Elektronen sofort in Feldrichtung beschleunigt und würden das Feld wieder kompensieren.

Führt man den **Wellenvektor** $\vec{k}$, der stets in Ausbreitungsrichtung zeigt, mit

$$\left|\vec{k}\right| = k = \frac{2\pi}{\lambda} = \frac{2\pi f}{c} \qquad\qquad 1.178$$

ein, so gilt:

$$L = \frac{i\pi}{k} \qquad \text{oder} \qquad k = \frac{i\pi}{L} \qquad\qquad 1.179$$

Das bedeutet, dass der Wellenvektor in dem eindimensionalen Hohlraum nur diskrete Werte annehmen kann. In einem auf zwei Dimensionen erweiterten Hohlraum bleibt die **Diskretisierungsbedingung** Gl. 1.179 für die zwei Komponenten k_x und k_y des Wellenvektors bestehen und muss einzeln erfüllt werden. Dadurch erhält man einen zweiten Modenindex i_y.

Es gilt also:

$$k_x = \frac{i_x \pi}{L} \qquad \text{und} \qquad k_y = \frac{i_y \pi}{L} \qquad\qquad 1.180$$

Der $\vec{k}$-Vektor würde dem Betrage nach somit lauten:

$$k = \sqrt{\left(\frac{i_x \pi}{L}\right)^2 + \left(\frac{i_y \pi}{L}\right)^2} \qquad\qquad 1.181$$

Oder, wenn man den dreidimensionalen Fall eines Hohlraumes betrachtet:

$$k = \sqrt{\left(\frac{i_x \pi}{L}\right)^2 + \left(\frac{i_y \pi}{L}\right)^2 + \left(\frac{i_z \pi}{L}\right)^2} = \frac{\pi}{L}\sqrt{i_x^2 + i_y^2 + i_z^2} \qquad\qquad 1.182$$

Um die Energiedichte im Innern des Hohlraumes zu berechnen, muss man bei Kenntnis der Energie einer **Eigenschwingung** ihre Anzahl kennen. Diese lässt sich durch Überlegung wie folgt bestimmen: für die Eigenfrequenzen aller Moden, die unterhalb einer Frequenz f liegen, gilt unter Benutzung von Gl. 1.178:

$$c^2 \left| \vec{k} \right|^2 \leq 4\pi^2 f^2 \qquad\qquad 1.183$$

Setzt man das Ergebnis aus 1.182 ein, erhält man:

$$c^2 \frac{\pi^2}{L^2} \left(i_x^2 + i_y^2 + i_z^2 \right) \leq 4\pi^2 f^2 \qquad\qquad 1.184$$

Oder

$$i_x^2 + i_y^2 + i_z^2 \leq \frac{4L^2 f^2}{c^2} \qquad\qquad 1.185$$

Betrachtet man nur das Gleichheitszeichen, stellt dies eine Kugelgleichung mit den ganzzahligen Variablen i_x, i_y und i_z und dem Radius $r = \frac{2Lf}{c}$ dar. Für sehr große Radien entspricht die Zahl N der möglichen Kombinationen der i dem Kugelvolumen. Da oben nur positive Werte von i zugelassen wurden, beschränkt sich das Volumen allerdings auf einen Oktanten, d.h. das ermittelte Volumen ist durch acht zu teilen. Andererseits gibt es für die Feldstärke $\vec{E}$, wie im vorigen Abschnitt ausgeführt, für eine gegebene Ausbreitungsrichtung stets zwei Polarisationen. Somit multipliziert sich die Zahl der Möglichkeiten polarisationsbedingt mit zwei:

$$N = \frac{2}{8} \cdot \frac{4}{3} \pi r^3 = \frac{2}{8} \cdot \frac{4}{3} \pi \cdot \left(\frac{2Lf}{c} \right)^3 = \frac{8\pi L^3 f^3}{3c^3} \qquad\qquad 1.186$$

Die Zahl dN der Moden in einem Frequenzintervall df bekommt man, indem man diese Gleichung differenziert:

$$\frac{dN}{df} = \frac{8\pi L^3 f^2}{c^3} \qquad oder \qquad dN = \frac{8\pi L^3 f^2}{c^3} df \qquad\qquad 1.187$$

Die Anzahldichte, also die Anzahl der Eigenfrequenzen pro Volumeneinheit, wird erhalten, wenn man dN durch das Volumen L^3 teilt:

$$\frac{dN}{L^3} = \frac{8\pi f^2}{c^3} df \qquad\qquad 1.188$$

Aus Gl. 1.169 im Abschnitt 1.4.2 ist nun bekannt, dass die mittlere kinetische Energie pro Freiheitsgrad kT/2 ist. Das gilt auch für die der Welle zugrunde liegenden Oszillationen. Da bei einem Oszillator die mittlere kinetische gleich der mittleren potentiellen Energie ist, ist die Energie pro Schwingung kT. Man erhält somit für die auf die Frequenzbreite df entfallende spektrale Energiedichte ρ das **Gesetz von Rayleigh und Jeans**:

$$\boxed{\rho(f) = \frac{dN \cdot kT}{L^3 df} = \frac{8\pi f^2}{c^3} kT} \qquad\qquad 1.189$$

Es soll nun ein Zusammenhang dieser Energiedichte mit der **Strahldichte** der Oberfläche hergestellt werden. Die Strahldichte L_e ist die Strahlleistung, die pro Einheit der aus der Strahlrichtung gesehenen Fläche und pro Raumwinkeleinheit abgegeben wird. Genauere Ausführungen hierzu werden in Kapitel 2.1.3 gegeben. Die Strahldichte hat die Einheit $W/(m^2 sr)$. Betrachtet man die Strahlleistung, die von einer Fläche A unter einem Winkel α zur Flächennormale abgegeben wird, so erscheint die Fläche auf den Betrag von $A\cos(\alpha)$, also auf die **effektive Senderfläche**, reduziert (Abb. 1.36). Grundsätzlich geht man davon aus, dass die Abstrahlung ansonsten nicht vom Winkel α abhängt. Damit ist die Leistung, die unter einem Winkel α zur Flächennormale von A in den kleinen Raumwinkel $d\Omega$ abgestrahlt wird, gleich $L_e A \cos(\alpha) d\Omega$. Ist c die Lichtgeschwindigkeit, legt die emittierte Strahlung in der Zeit dt den Weg cdt zurück. Die von der Fläche A in dt ausgesandte Strahlungsenergie befindet sich also gemäß Abb. 1.36 in einem Zylinder mit dem Volumen $cdt A\cos(\alpha)$.

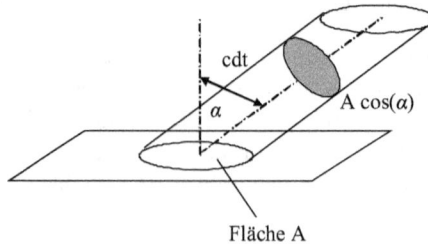

Abb. 1.36. Die Fläche A erscheint unter einem Winkel α zur Flächennormale um den Faktor cos(α) verkleinert.

Für die Energiedichte du_a der Abstrahlung im Zylinder, also die Energie pro Volumeneinheit, folgt:

$$du_a = \frac{L_e A \cos(\alpha) dt d\Omega}{cdt A \cos(\alpha)} = \frac{L_e}{c} d\Omega \qquad\qquad 1.190$$

Die Energiedichte im gesamten Raum erhält man durch Integration über den über der Fläche liegenden Halbraum:

$$u_a = \int \frac{L_e}{c} d\Omega \qquad\qquad 1.191$$

Das Integral ist – da L_e nicht vom Winkel α abhängt – einfach ausführbar und liefert:

$$u_a = \frac{2\pi L_e}{c} \qquad\qquad 1.192$$

Da innerhalb des Hohlraumes thermisches Gleichgewicht angenommen wurde, kann die Wand nicht nur abstrahlen, denn sie würde sonst auskühlen. Sie muss also genauso viel Strahlung von der Umgebung aufnehmen. Die Energiedichte im Raum verdoppelt sich also:

$$u = \frac{4\pi L_e}{c} \qquad\qquad 1.193$$

Betrachtet man die auf ein kleines Frequenzintervall df entfallende Strahldichte dL_e, kann zur spektralen Energiedichte von Gl. 1.189 der folgende Zusammenhang hergestellt werden:

$$\rho df = \frac{4\pi \cdot dL_e}{c} \qquad bzw. \qquad \frac{8\pi f^2 kT}{c^3} df = \frac{4\pi \cdot dL_e}{c} \qquad\qquad 1.194$$

Es folgt für die Strahldichte:

$$dL_e = \frac{2f^2}{c^2} kT df \qquad\qquad 1.195$$

Wegen

$$f = \frac{c}{\lambda} \qquad bzw. \qquad \frac{df}{d\lambda} = -\frac{c}{\lambda^2} \qquad bzw. \qquad df = -\frac{c}{\lambda^2} d\lambda \qquad\qquad 1.196$$

folgt aus Gl. 1.195 eine weitere Form des **Gesetzes von Rayleigh-Jeans**:

$$dL_e = -\frac{2f^2}{\lambda^2 f^2} kT \frac{c}{\lambda^2} d\lambda \qquad bzw. \qquad \boxed{dL_e = -\frac{2c}{\lambda^4} kT d\lambda} \qquad\qquad 1.197$$

Das Minuszeichen kommt dadurch zustande, dass ein positives df wegen der Reziprozität $\lambda \propto 1/f$ ein **negatives dλ** zur Folge hat. Dieses Gesetz würde – über den ganzen Wellenlängenbereich gemessen – eine unendlich hohe Strahlung liefern, wie eine Integration über λ von 0 bis unendlich zeigt:

$$L_e = -2ckT \int_{\infty}^{0} \frac{d\lambda}{\lambda^4} = 2ckT \frac{1}{3\lambda^3} \Big|_{\infty}^{0} \rightarrow \infty \qquad\qquad 1.198$$

Das Gesetz ist insbesondere für geringe Wellenlängen unbrauchbar, es wird sich im Folgenden aber zeigen, dass es insbesondere für große λT korrekte Ergebnisse liefert.

Um zu einer besseren Gleichung für die Strahldichte des schwarzen Strahlers zu gelangen, sei noch einmal Gl. 1.141 betrachtet, wobei bei gleichem statistischen Gewicht der Zustände $g_0 = g_1$ und damit $B_{01} = B_{10}$ gelten muss:

$$\rho(f) = \frac{A_{10}}{\left(B_{01}\dfrac{g_0}{g_1}e^{+\frac{hf}{kT}} - B_{10}\right)} = \frac{A_{10}}{B_{01}\left(e^{+\frac{hf}{kT}} - 1\right)} \qquad 1.199$$

Diese spektrale Energiedichte, also die Energie pro Volumen- und Frequenzeinheit, soll in Relation gesetzt werden mit den in diesem Abschnitt gewonnenen Erkenntnissen. Hierzu wird der Exponentialfaktor $e^{+\frac{hf}{kT}}$ für den Fall $hf \ll kT$ in eine Potenzreihe entwickelt:

$$e^{+\frac{hf}{kT}} \approx 1 + \frac{hf}{kT} + \dots \qquad 1.200$$

Eingesetzt in Gl. 1.199 liefert das:

$$\rho(f) \approx \frac{A_{10}}{B_{01}\left(1 + \dfrac{hf}{kT} - 1\right)} = \frac{A_{10}kT}{B_{01}hf} \qquad 1.201$$

Ein Vergleich mit Gl. 1.189 ergibt für den Quotienten der Einstein-Koeffizienten:

$$\frac{A_{10}kT}{B_{01}hf} = \frac{8\pi f^2}{c^3}kT \qquad \text{oder} \qquad \frac{A_{10}}{B_{01}} = \frac{8\pi hf^3}{c^3} \qquad 1.202$$

Eingesetzt in Gl. 1.199 wird daraus für die **spektrale Energiedichte**:

$$\rho(f) = \frac{8\pi hf^3}{c^3}\frac{1}{\left(e^{+\frac{hf}{kT}} - 1\right)} \qquad 1.203$$

Mit Gl. 1.194 lässt sich nun ein Zusammenhang mit der Strahldichte herstellen:

$$dL_e = \frac{2hf^3}{c^2}\frac{1}{e^{+\frac{hf}{kT}} - 1}df \qquad 1.204$$

Diese Gleichung lässt sich auch über die Wellenlänge formulieren, wenn man Gl. 1.196 zu Hilfe nimmt, so dass man folgende Formulierungen für die Strahldichte gewinnt:

$$\boxed{dL_e = \frac{2hc^2}{\lambda^5}\frac{1}{e^{\frac{hc}{\lambda kT}} - 1}d\lambda} \qquad 1.205$$

$$dL_e = \frac{2hf^3}{c^2} \frac{1}{e^{+\frac{hf}{kT}} - 1} df$$

1.206

Dieses **Plancksche Strahlungsgesetz** wurde 1900 erstmals von Max Planck (1858–1947) formuliert. Bei der ersten Gleichung wurde auf das sich eigentlich ergebende Minuszeichen verzichtet. Dies ist gerechtfertigt, wenn man berücksichtigt, dass im Falle des Minuszeichens $d\lambda$ negativ wäre. Hier ist also $d\lambda > 0$. dL_e ist die Leistung, die der schwarze Körper in Richtung der Flächennormalen pro Flächen- und Raumwinkeleinheit in das Wellenlängenintervall $d\lambda$ bzw. in das Frequenzintervall df abgibt. Die Einheit von L_e ist also W/(m²sr).

Will man die gesamte, in den Halbraum abgestrahlte Leistung pro Flächeneinheit angeben, muss über den halben Raumwinkel integriert werden. Da für die Abstrahlung in anderen als der senkrechten Richtung der $\cos(\alpha)$–Zusammenhang gilt und die Integration über den Halbraum erfolgen muss, gilt:

$$dM_e = \int\limits_{\text{Halbraum}} \frac{2hc^2}{\lambda^5} \frac{\cos(\alpha)d\lambda}{e^{\frac{hc}{\lambda kT}} - 1} d\Omega$$

1.207

Der Faktor $d\Omega = \sin\alpha d\varphi d\alpha$ stellt, wie in Abb. 1.37 gezeigt, ein Flächenelement der Einheitskugel dar. Um den Halbraum zu erfassen, ist die α–Integration von 0 bis $\pi/2$ und die φ–Integration von 0 bis 2π zu führen:

$$dM_e = \int\limits_0^{\pi/2} \int\limits_0^{2\pi} \frac{2hc^2}{\lambda^5} \frac{\cos(\alpha)d\lambda}{e^{\frac{hc}{\lambda kT}} - 1} \sin\alpha d\varphi d\alpha$$

1.208

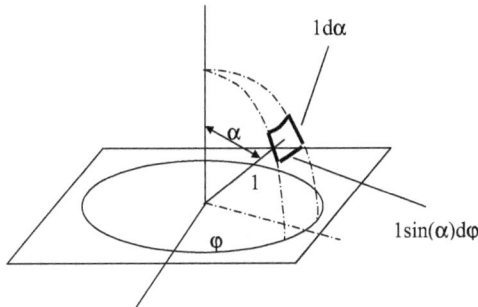

Abb. 1.37. Zur Integration über den Halbraum über eine leuchtende Fläche.

Die Integration liefert:

$$dM_e = \frac{4\pi hc^2}{\lambda^5} \frac{1}{e^{\frac{hc}{\lambda kT}} - 1} \int_0^{\pi/2} \sin(\alpha)\cos(\alpha)\,d\alpha\,d\lambda$$

$$= \frac{4\pi hc^2}{\lambda^5} \frac{1}{e^{\frac{hc}{\lambda kT}} - 1} \left[\frac{1}{2}\sin^2\alpha\right]_0^{\pi/2} d\lambda$$

1.209

$$\boxed{dM_e = \frac{2\pi hc^2}{\lambda^5} \frac{1}{e^{\frac{hc}{\lambda kT}} - 1}\,d\lambda}$$

1.210

dM_e stellt die Leistung dar, die ein schwarzer Strahler pro Flächeneinheit der ebenen Oberfläche in den Halbraum und in das Frequenzintervall df bzw. Wellenlängenintervall $d\lambda$ abstrahlt. In Abb. 1.38 ist die Größe $dM_e/d\lambda$, also die Leistung pro Flächeneinheit und pro Wellenlängenintervall $d\lambda$, dargestellt.

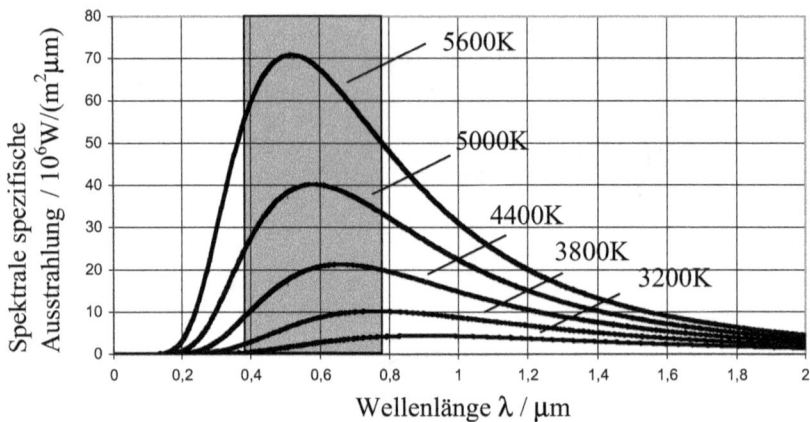

Abb. 1.38. Leistung, die ein schwarzer Körper pro Flächeneinheit und pro Wellenlängeneinheit $d\lambda$ in den Halbraum abstrahlt. Grau unterlegt gezeichnet ist der sichtbare Spektralbereich.

Man erkennt, dass ein schwarzer Körper der Temperatur 3200 K ein Strahlungsmaximum hat, das im infraroten Spektralbereich liegt. Abgesehen davon, dass es einen solchen Körper real nicht gibt, existieren wenig Stoffe, die bei 3200 K fest bleiben. Äußerstenfalls wäre hier an Wolfram zu denken (Schmelzpunkt 3380K). Damit ein schwarzer Körper sein Strahlungsmaximum etwa in der Mitte des sichtbaren Spektralbereichs hat, müsste er auf die Temperatur von ca. 5000 K gebracht werden.

Die Maximalstellen λ_{max} der Kurven als Funktion der Temperatur erhält man, in dem man die Ableitung der Gl. 1.210 bildet und Null setzt:

$$\frac{d}{d\lambda}\left(\frac{2\pi hc^2}{\lambda^5}\frac{1}{e^{\frac{hc}{\lambda kT}}-1}\right) = -\frac{10\pi hc^2}{\lambda^6}\frac{1}{e^{\frac{hc}{\lambda kT}}-1} + \frac{2\pi hc^2}{\lambda^5}\frac{\frac{hc}{\lambda^2 kT}e^{\frac{hc}{\lambda kT}}}{\left(e^{\frac{hc}{\lambda kT}}-1\right)^2}$$ 1.211

$$-5\left(e^{\frac{hc}{\lambda_{max}kT}}-1\right) + \frac{hc}{\lambda_{max}kT}e^{\frac{hc}{\lambda_{max}kT}} = 0$$ 1.212

$$\frac{hc}{\lambda_{max}kT}-5 = 5e^{-\frac{hc}{\lambda_{max}kT}}$$ 1.213

Diese Gleichung ist nur numerisch lösbar. Man erhält $\frac{hc}{\lambda_{max}kT} \approx 5,03260887$, so dass man auch schreiben kann:

$$\boxed{\lambda_{max}T = \frac{hc}{5,03260887k} = K = 2,8589 \cdot 10^{-3}\,\text{m}\cdot\text{K}}$$ 1.214

Dieser Zusammenhang wird **Wiensches Verschiebungsgesetz** genannt. Die Konstante K heißt **Wien-Konstante**. Ihr experimenteller Wert liegt bei 2898μmK.

Die bisherigen Betrachtungen waren stets auf ein Frequenzintervall df oder ein Wellenlängenintervall dλ bezogen. Die Gesamtstrahlung wird erhalten, wenn über den gesamten Frequenzbereich integriert wird. Hierzu benötigt man eine auf die Frequenz f bezogene Gleichung. Sie lässt sich aus Gl. 1.206 gewinnen, indem man den in den Gln. 1.207 bis 1.210 vollzogenen Rechengang in analoger Weise durchführt. So wie sich Gl. 1.205 und Gl. 1.210 nur um den Faktor π unterscheiden, so erhält man hier auch einen zu Gl. 1.206 um π unterschiedlichen Ausdruck. Er lässt sich wie folgt schreiben:

$$M_e = \int_0^\infty \frac{2\pi hf^3}{c^2}\frac{1}{e^{+\frac{hf}{kT}}-1}df$$ 1.215

Führt man die Variable $\xi = \frac{hf}{kT}$ ein, so erhält man wegen $\frac{d\xi}{df} = \frac{h}{kT}$ bzw. $df = \frac{kT}{h}d\xi$:

$$M_e = \int_0^\infty \frac{2\pi\xi^3}{h^2c^2}\frac{1}{e^\xi-1}\frac{k^4T^4}{h}d\xi$$ 1.216

Oder

$$M_e = \frac{2\pi k^4 T^4}{h^3 c^2} \int_0^\infty \frac{\xi^3}{e^\xi - 1} d\xi \qquad\qquad 1.217$$

Die Auswertung dieses uneigentlichen Integrals ist möglich, aber aufwendig [Reif 1976]. Sie führt nach Umformung des Integranden über die Entwicklung des Integranden in eine Potenzreihe zu einer konvergierenden Reihe. Das einfache Ergebnis lautet $\pi^4/15$:

$$\boxed{M_e = \frac{2\pi^5 k^4 T^4}{15 h^3 c^2}} \qquad\qquad 1.218$$

Dieses Gesetz wird **Stefan-Boltzmann-Gesetz** genannt. M_e ist die **spezifische Ausstrahlung** des schwarzen Strahlers, also die Gesamtleistung, die er pro Flächeneinheit über das gesamte Spektrum abgibt. Sie ist proportional zu T^4 und zeigt damit eine extrem starke Temperaturabhängigkeit. Der Vorfaktor $\dfrac{2\pi^5 k^4}{15 h^3 c^2}$ wird **Strahlungskonstante σ** genannt. Ihr theoretischer Wert ist $5,671 \cdot 10^{-8} \dfrac{W}{m^2 K^2}$.

1.5.3   Der nicht-schwarze Körper

Der schwarze Körper ist eine Idealisierung, er kommt in der Natur nicht vor. Keine der bekannten Substanzen absorbiert sämtliche elektromagnetische Strahlung beliebiger Frequenzen. Es ist daher auch nicht verwunderlich, dass real existierende Körper beim Erwärmen eine andere Strahldichte zeigen, als der schwarze Körper. Die Abweichung lässt sich durch eine Funktion ε darstellen. Da die Strahldichte in manchen Wellenlängenbereichen dem schwarzen Körper näher kommt als in anderen, hängt ε von der Wellenlänge ab. Außerdem ist auch eine Temperaturabhängigkeit zu beobachten. Die spezifische Ausstrahlung des realen Körpers ist also

$$\boxed{M_e^{real}(\lambda, T) = \varepsilon(\lambda, T) \cdot M_e(\lambda, T)} \qquad\qquad 1.219$$

ε wird **spektraler Emissionsgrad** genannt. Für den schwarzen Körper ist also ε=1 für alle Wellenlängen und Temperaturen.

Reale Körper zeigen einen **spektralen Absorptionsgrad α**, der von der Wellenlänge und auch von der Temperatur abhängt. Die Erfahrung zeigt nun, dass der spektrale Emissionsgrad und und der spektrale Absorptionsgrad nicht unabhängig voneinander sind, sondern dass vielmehr gilt:

$$\boxed{\varepsilon(\lambda, T) = \alpha(\lambda, T)} \qquad\qquad 1.220$$

Dieses Gesetz wurde erstmals von Kirchhoff formuliert und wird daher **Kirchhoffsches Gesetz** genannt. Seine Gültigkeit in der allgemeinen Form ist nicht leicht zu zeigen, jedoch die vereinfachte Form $\varepsilon(T) = \alpha(T)$ ist unter Zuhilfenahme der Hauptsätze der Thermodynamik leicht einzusehen: man bringt zwei Metallplatten, eine geschwärzte und eine blank polierte, in einen Hohlraum, der ideal verspiegelte Wände besitzt, also keinerlei Strahlung absorbiert. Der Hohlraum werde dann evakuiert, um jegliche Wärmeleitung zu verhindern. Die Temperaturen seien am Anfang des Experimentes ausgeglichen, d.h. alle Komponenten haben die gleiche Temeratur T. Würde nun die geschwärzte Platte die Absorption $\alpha=1$ haben, aber einen spektralen Emissionsgrad $\varepsilon<1$ oder würde die blanke Platte zwar den spektralen Absorptionsgrad $\alpha=0$ haben, aber einen spektralen Emissionsgrad $\varepsilon>0$, dann würde sich die geschwärzte Platte unweigerlich von selbst erhitzen und die blanke Platte von selbst abkühlen. Eine solche Beobachtung wird aber nicht gemacht und stünde zudem im Widerspruch zu den thermodynamischen Hauptsätzen.

Bei dieser Überlegung wurde nicht wellenlängenselektiv gedacht. Es könnte immer noch sein, dass Strahlung im einen Spektralbereich vermehrt absorbiert wird, wohingegen sie dafür in einem anderen verstärkt emittiert wird. Dies ist jedoch nicht der Fall, spektraler Absorptions– und Emissionsgrad sind bei jeder Wellenlänge exakt gleich.

Der Verlauf von M_e^{real} wird durch $\varepsilon(\lambda,T)$ bestimmt. Im einfachsten Fall könnte ε eine Konstante sein. Das hieße, dass die spezifische Ausstrahlung sich bei jeder Wellenlänge um einen konstanten Faktor von der des schwarzen Körpers unterscheidet. Ein solcher Strahler wird **grauer Strahler** genannt. Auch ihn gibt es in der Natur nicht. Beschränkt man sich jedoch auf einen kleinen Bereich des Spektrums, so kann man einen grauen Strahler realisieren. Im Sichtbaren kann etwa der Wolframfaden einer Glühlampe als grauer Strahler aufgefasst werden.

Wolfram hat sich als das Metall für Glühlampenwendeln schlechthin etabliert. Wegen seiner außerordentlichen Bedeutung soll Wolfram hier – ohne den theoretischen Charakter dieses Kapitels außer Acht zu lassen – genauer behandelt werden. In Abb. 1.39 ist der gemessene Emissionsgrad [Vos 1953] von Wolfram graphisch dargestellt. Im sichtbaren Spektralbereich liegt der Emissionsgrad für 3200K, was etwa der Wendeltemperatur einer Halogenlampe entspricht, zwischen 0,38 und 0,45 und ist damit näherungsweise konstant. Im Sichtbaren verhält sich Wolfram also als grauer Strahler. Betrachtet man jedoch den gemessenen Bereich von 230nm bis 2700nm, so erkennt man eine deutliche Wellenlängenabhängigkeit von ε. Ein Strahler, bei dem dies der Fall ist, wird **selektiver Strahler** genannt. Das relativ große ε im sichtbaren Teil des Spektrums wirkt sich günstig bei der Verwendung von Wolfram als Wendelmaterial bei Glühlampen aus. Weiterhin erkennt man deutlich einen Punkt, bei dem der Emissionsgrad unabhängig von der Temperatur ist. Dieser Punkt, der **x-Punkt**, ist nur quantenmechanisch erklärbar und kann auch bei anderen Metallen beobachtet werden.

Die gemessene spektrale Strahldichte von Wolfram für verschiedene Temperaturen zeigt Abb. 1.40. Sie ist auf den ersten Blick nicht von der des schwarzen Körpers zu unterscheiden. Erst ein Vergleich beider spektraler Strahldichten schafft Klarheit: in Abb. 1.41. sind die Strahldichten für eine Temperatur von 3200K auf Eins normiert dargestellt. Die Verschiebung der Strahldichte ins Sichtbare für Wolfram ist deutlich erkennbar.

Selektive Strahler wurden schon zur Zeit der Gasbeleuchtung verwendet. So besitzt der **Auer-strumpf**, ein mit etwas Ceroxid versetzter Glühkörper aus Thoriumoxid, eine ausgesprochen gute Emission im Sichtbaren (und im fernen Infrarot). Er wurde in der Gasflamme erhitzt und steigerte somit den sichtbaren Anteil der emittierten Strahlung.

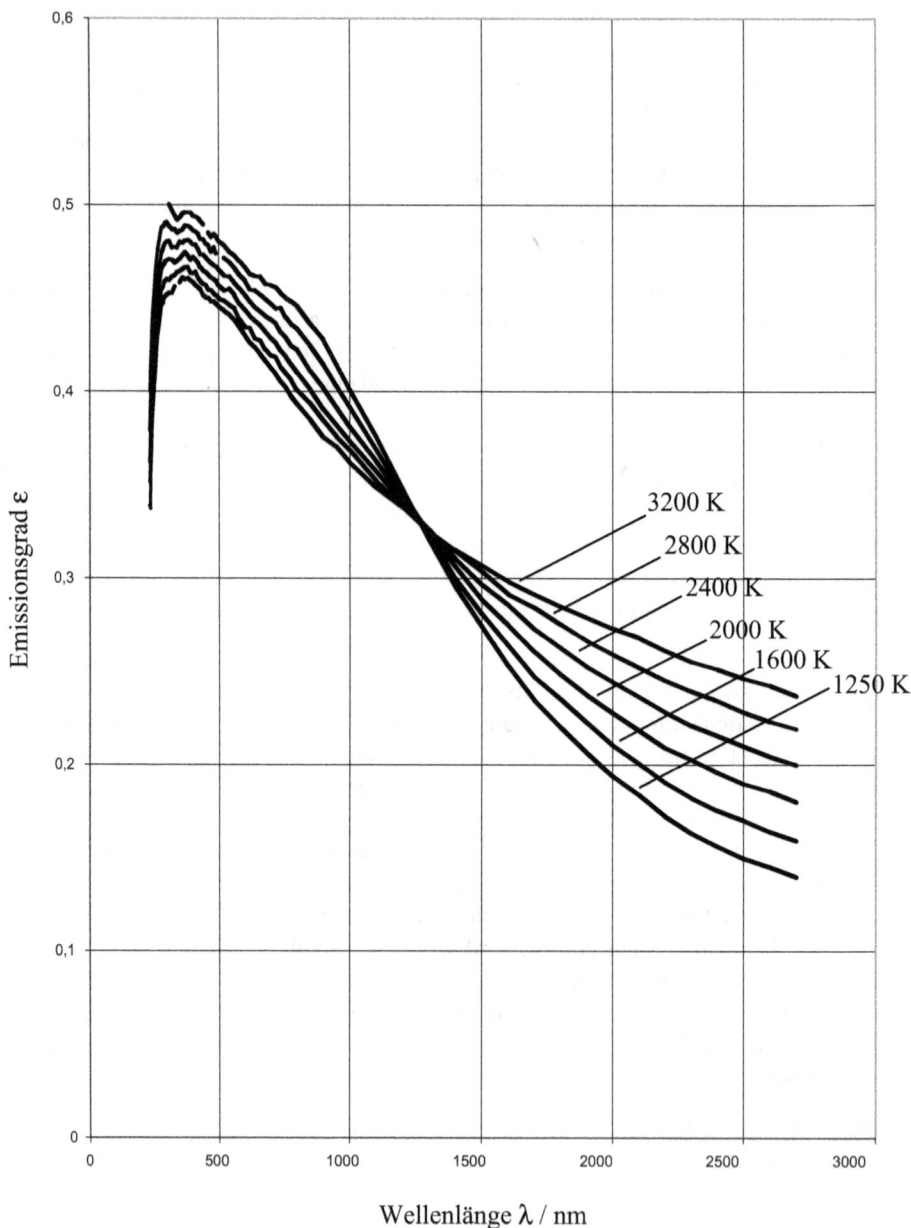

Abb. 1.39. Gemessener Emissiongrad von Wolfram bei verschiedenen Temperaturen nach [Vos 1953].

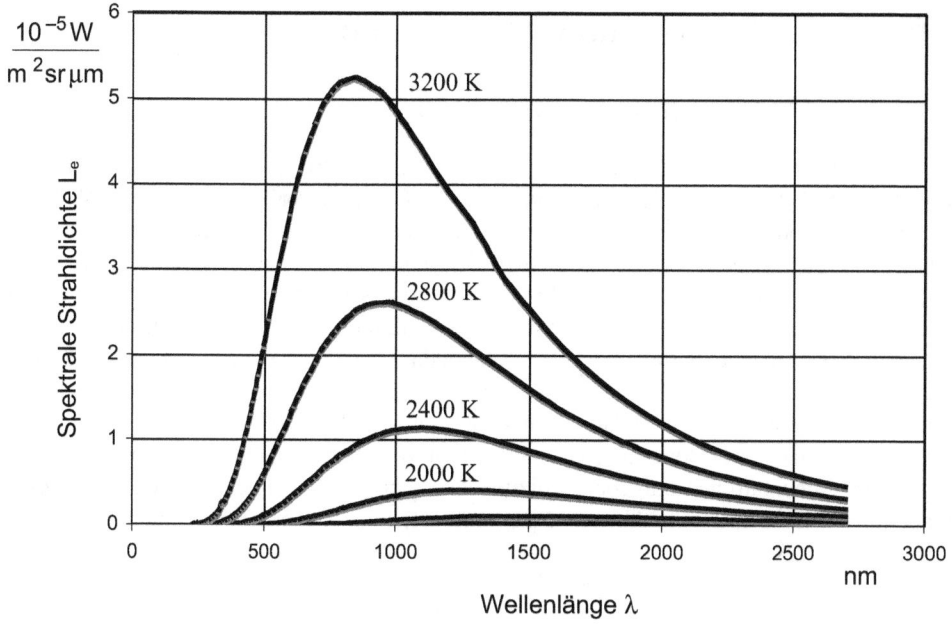

Abb. 1.40. Spektrale Strahldichte von Wolfram nach [Vos 1953] für verschiedene Temperaturen.

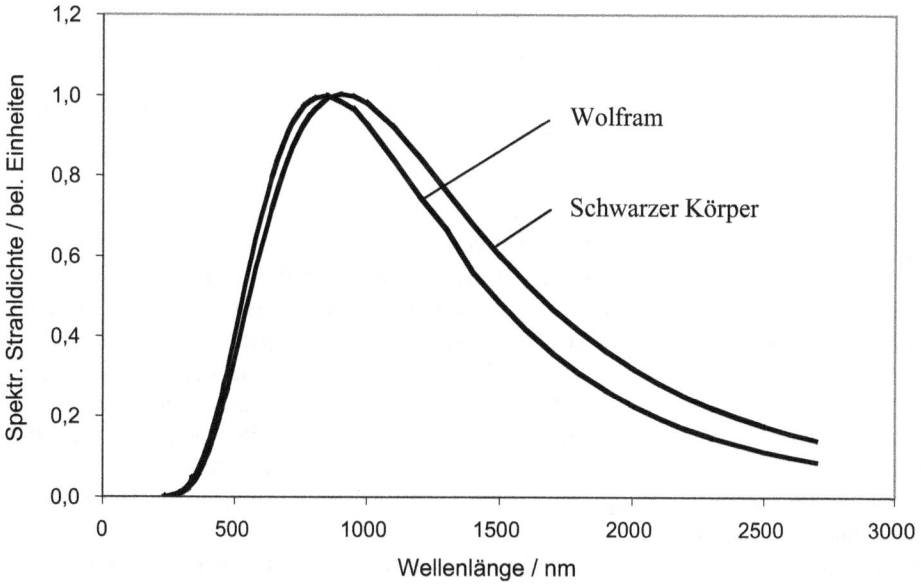

Abb. 1.41. Vergleich der spektralen Strahldichten von Wolfram [Vos 1953] mit den theoretischen Werten des schwarzen Körpers. Man erkennt deutlich die Verschiebung der Wolframkurve in Richtung auf den sichtbaren Spektralbereich.

1.6   Lichtentstehung in Halbleitern

1.6.1   Donatoren und Akzeptoren

Die Grundlagen der Lichterzeugung in Halbleitern seien am Beispiel der klassischen Halbleitermaterialien **Silizium** und **Germanium** erläutert. Gemäß ihrer Position in der IV. Hauptgruppe des Periodensystems besitzen beide Atome neben den Elektronen in den zwei bzw. drei
gesättigten Innenschalen vier Elektronen in der ungesättigten äußeren Schale. Die Atome
gehen kovalente Bindungen ein. Jedes Atom ist bestrebt, seine äußere Schale mit vier weiteren
Elektronen zu ergänzen, um eine stabilere Edelgaskonfiguration zu erzielen. Das kann geschehen, indem sich benachbarte Atome die fehlenden Elektronen gegenseitig zur Verfügung
stellen und so eine voll aufgefüllte äußere Schale bekommen. Die gebildeten Elektronen-
paare gehören, wie in Abb. 1.42 dargestellt, quasi den benachbarten Atomen gleichzeitig. Da es
jeweils vier Paare pro Atom sind, ist jedes Atom von vier, in den Ecken eines Tetraeders
liegenden Nachbaratomen umgeben. Silizium und Germanium bilden ein **kubisch-flächen-
zentriertes Kristallgitter**. In Abb. 1.42 ist die Darstellung schematisch und daher flächig.

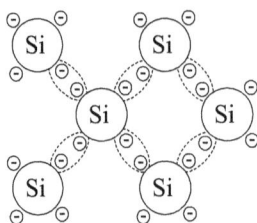

*Abb. 1.42. Kovalente Bindung des Siliziums. Benachbarte Siliziumatome teilen sich jeweils ein Elektronenpaar und
vervollständigen damit ihre äußere Elektronenschale.*

Die beim Bohrschen Atommodell eingeführten Energieniveaus erfahren beim Halbleiter
erhebliche Veränderungen. Das Auftreten von Energiebändern anstelle der scharfen Energieniveaus ist nur quantenmechanisch zu erklären. Nach dem **Pauli-Prinzip** können in einem
Kristall Energiezustände nicht mehrmals vorkommen. Die ursprünglichen Energieniveaus
müssen in genau so viele eng benachbarte Energieniveaus aufspalten, wie der Kristall Atome
enthält. Die Folge ist, dass die Energieniveaus in kontinuierliche Bänder übergehen. Abb.
1.43 zeigt die Verhältnisse für Isolatoren und Halbleiter. Isolatoren zeichnen sich dadurch
aus, dass zwischen dem **Valenzband**, dem Energieband des gebundenen Elektrons, und dem
Leitungsband, also dem Energiezustand, in dem das Elektron im Gitter frei beweglich ist und
somit zur Leitfähigkeit beiträgt, ein großer Energieabstand ist. Dieser als **verbotene Zone**
bezeichnete Abstand kann bei Isolatoren 5eV und mehr betragen. Er ist für Elektronen allein
aus der thermischen Energie nicht überwindbar, die Leitfähigkeit der Substanz ist somit
gering. Anders bei Halbleitern: hier beträgt der Bandabstand einige Zehntel Elektronenvolt
bis etwa 2eV. Bei Germanium sind es 0,74eV. Diese Energie kann der thermischen Energie
des Gitters entnommen werden. Die Leitfähigkeit der Halbleiter steigt also folglich mit der
Temperatur an, da bei steigender Temperatur immer mehr Elektronen ins **Leitungsband**
befördert werden.

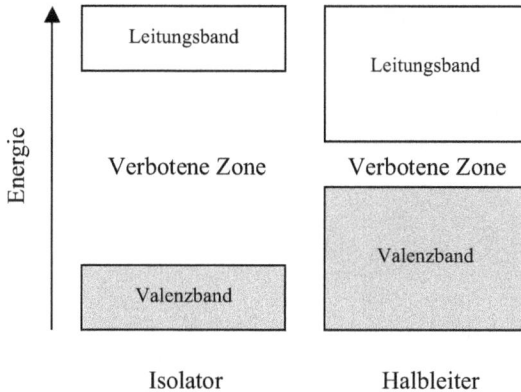

Abb. 1.43. Bändermodell des Halbleiters. Die verbotene Zone ist bei Halbleitern schmal, so dass sie Elektronen durch Energieaufnahme aus der thermischen Energie des Festkörpers überwinden können.

Für die Besetzungswahrscheinlichkeit in den erlaubten Zuständen gilt im Falle des thermodynamischen Gleichgewichtes die **Fermi-Dirac-Funktion**:

$$w(E, T) = \frac{1}{1 + e^{(E - E_F)/kT}} \qquad\qquad 1.221$$

Dabei ist E die Energie des Zustandes, E_F die **Fermienergie** und T die Temperatur. Abb. 1.44 zeigt den Verlauf der Wahrscheinlichkeit für drei Temperaturen am Beispiel des Germaniums. Die Funktion nimmt unabhängig von der Temperatur für die Fermienergie E_F den Wert 0,5 an.

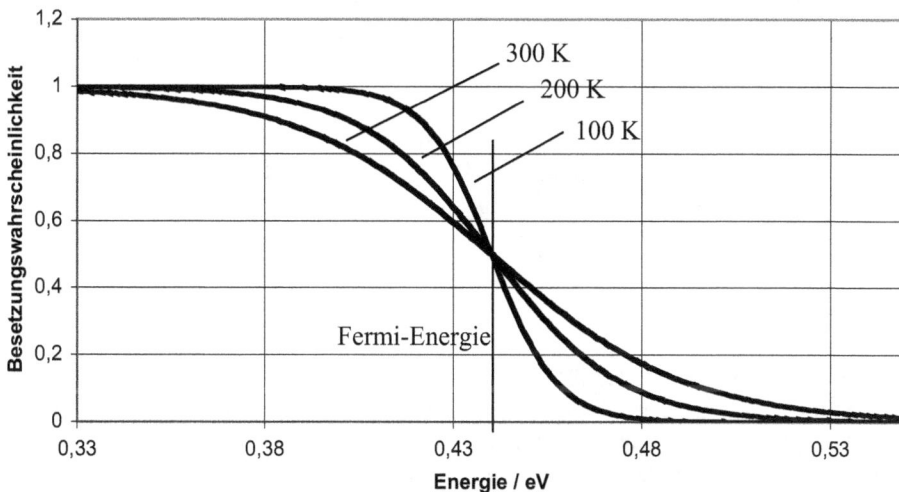

Abb. 1.44. Verlauf der Besetzungswahrscheinlichkeit als Funktion der Energie im Falle des Germaniums. Unabhängig von der Temperatur ist die Besetzungswahrscheinlichkeit bei der Fermi-Energie stets ½.

Im Grenzfall sehr niedriger Temperaturen erhält man:

$$\lim_{T \to 0} \frac{1}{1+e^{(E-E_F)/kT}} = \lim_{\frac{E-E_F}{kT} \to \infty} \frac{1}{1+e^{(E-E_F)/kT}} = 1 \quad \text{für} \quad E<E_F \qquad 1.222$$

$$\lim_{T \to 0} \frac{1}{1+e^{(E-E_F)/kT}} = \lim_{\frac{E-E_F}{kT} \to \infty} \frac{1}{1+e^{(E-E_F)/kT}} = 0 \quad \text{für} \quad E>E_F \qquad 1.223$$

Die Funktion geht dann in eine Sprungfunktion über. Unterhalb der Fermienergie ist die Besetzungswahrscheinlichkeit eins, oberhalb nimmt sie den Wert Null an.

Im Falle der Eigenleitung liegt das Fermi–Niveau genau in der Mitte der verbotenen Zone. Die in Abb. 1.45 eingezeichnete Besetzungswahrscheinlichkeit w(E,T) sagt noch nichts über die tatsächliche Besetzung der Energieniveaus aus. Schließlich dürfen die Elektronen keine Energien im Bereich der verbotenen Zone annehmen. Abb. 1.45 zeigt, dass die Besetzungs-wahrscheinlichkeit nahe der Oberkante des Valenzbandes wenig unter eins liegt. Es ist also sehr wahrscheinlich, dass ein Elektron eine solche Energie annimmt. Die tatsächliche Beset-zungsdichte wäre also sehr hoch. Im Bereich der verbotenen Zone liegt – ungeachtet der Wahrscheinlichkeiten – die Besetzungsdichte bei Null. Oberhalb der Unterkante des Lei-tungsbandes ist die Besetzungswahrscheinlichkeit klein, aber noch deutlich über Null. Damit ist eine gewisse tatsächliche Besetzung vorhanden, es gibt also eine gewisse Leitfähigkeit.

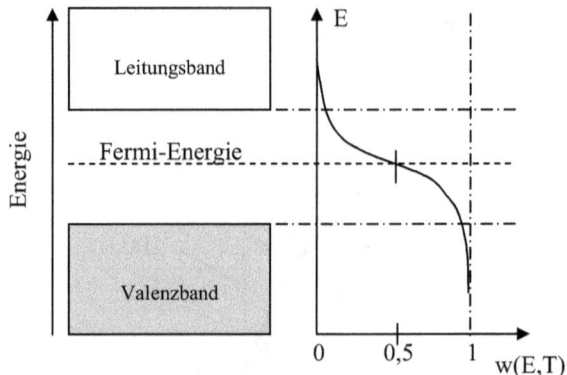

Abb. 1.45. Im Falle der Eigenleitung liegt das Fermi-Niveau genau in der Mitte der verbotenen Zone.

Die Leitfähigkeit der Halbleiter lässt sich in weiten Grenzen beeinflussen, indem man in geringen Mengen Fremdatome in das Gitter des Kristalls einbaut. So werden beim Arsen, das der V. Hauptgruppe des Periodensystems zuzuordnen ist, nur vier seiner fünf Außenelektro-nen für die Bindung benötigt (Abb. 1.46). Das verbleibende fünfte Elektron ist nur noch schwach an das Arsenatom gebunden: es genügen etwa 0,05eV für seine Freisetzung. Diese Energie ist aus der thermischen Energie des Gitters jederzeit verfügbar. Zurück bleibt ein

positives Arsen-Ion, das an seinen Platz gebunden ist und somit nicht zur Leitfähigkeit beitragen kann. Das bewusste Einbringen von Fremdatomen in das Gitter bezeichnet man als
Dotieren und die eingebrachten (fünfwertigen) Atome als **Donatoren**. Es entsteht dadurch
n-Material, es wird **als n-leitend** bezeichnet.

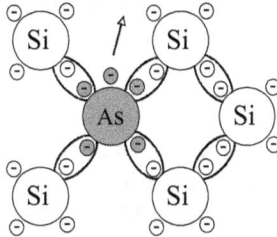

Abb. 1.46. Arsen, ein Element der V. Hauptgruppe, wirkt als Donator: das für den Gitteraufbau „unnötige" fünfte
Elektron kann leicht seinen Platz verlassen und zur Leitfähigkeit des Kristalls beitragen.

Im Gegensatz dazu ist es auch möglich, dreiwertige Atome wie Indium in das Siliziumgitter
einzubringen (Abb. 1.47). Hier fehlt im Gitter ein Elektron. Dieses Elektron kann aus einer
benachbarten Verbindung freigesetzt werden und in die Lücke springen. Es entsteht damit
ein Loch, das im Kristallgitter von einem Atom zum anderen wandert. Die dreiwertigen
Atome, die ein Elektron aus dem Gitter aufnehmen können, werden **Akzeptoren** genannt. Es
entsteht **p-leitendes** Material. Mit den Dotierungen können die elektrischen Eigenschaften
des Siliziums deutlich beeinflusst werden, obwohl die zugesetzten Mengen gering sind, realistisch sind Dotierungen im Verhältnis $1 : 10^7$.

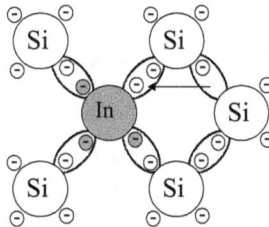

Abb. 1.47. Indium, ein Element der III. Hauptgruppe, wirkt als Akzeptor: das beim Gitteraufbau fehlende Elektron
wird durch ein benachbartes ersetzt. Es wandert ein Loch im Material.

Für die Besetzungswahrscheinlichkeit eines n-dotierten Halbleiters gilt in Analogie zu Gl.
1.221 in den erlaubten Zuständen, thermodynamisches Gleichgewicht vorausgesetzt, wiederum
die Fermi-Dirac-Funktion:

$$w_n(E, T) = \frac{1}{1 + e^{(E - E_{Fn})/kT}} \qquad\qquad 1.224$$

Ebenso für den p-dotierten Halbleiter:

$$w_p(E, T) = \frac{1}{1 + e^{(E - E_{Fp})/kT}}$$ 1.225

E_{Fn} und E_{Fp} sind die Fermi-Energien des n- bzw. p-dotierten Halbleiters. Das Fermi-Niveau des n-leitenden Materials ist in Richtung Leitungsband verschoben, das des p-leitenden Materials in Richtung Valenzband.

Abb. 1.48 zeigt die Situation für n-leitendes Material. Die Kurve $w_n(E, T)$ ist nach oben verschoben, so dass sich gegenüber der Eigenleitung des reinen Halbleitermaterials ab der Unterkante des Leitungsbandes eine deutlich erhöhte Besetzungswahrscheinlichkeit zeigt. Die Leitfähigkeit ist erhöht. Beim p-leitenden Material dagegen (Abb. 1.49) ist die Kurve der Besetzungswahrscheinlichkeit nach unten verschoben und mit ihr auch das Fermi-Niveau.

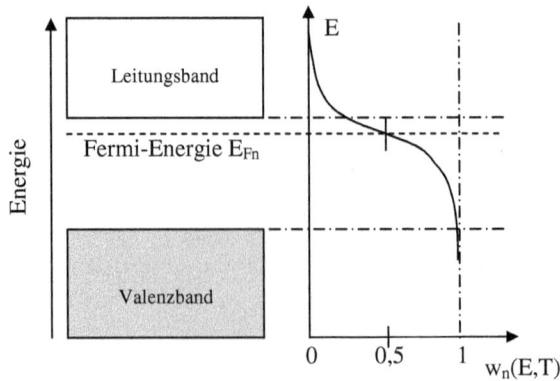

Abb. 1.48. Die Kurve der Besetzungswahrscheinlichkeit ist beim n-leitenden Material in Richtung Leitungsband verschoben.

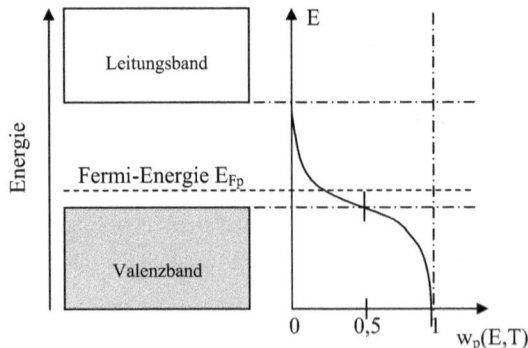

Abb. 1.49. Die Kurve der Besetzungswahrscheinlichkeit ist beim p-leitenden Material in Richtung Valenzband verschoben.

Wie Abb. 1.50 zeigt, liegt das Energieniveau eines Donators nur wenig unterhalb des Leitungsbandes in der verbotenen Zone. Elektronen können leicht ins Leitungsband gelangen. In Abb. 1.51 ist ein Akzeptorniveau eingezeichnet, es liegt nur wenig über dem Valenzband. Die Fermi-Niveaus sind theoretisch die höchsten, beim absoluten Nullpunkt besetzten Energieniveaus. Beim Donator rückt es zwischen Donatorniveaus und Leitungsband, beim Akzeptor zwischen Valenzband und Akzeptorniveaus.

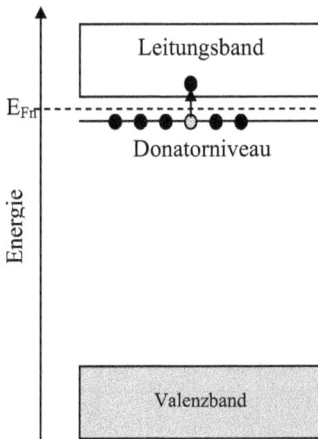

Abb. 1.50. Das Donatorniveau liegt knapp unterhalb des Leitungsbandes.

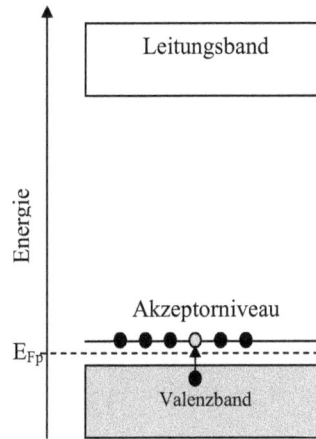

Abb. 1.51. Das Akzeptorniveau liegt knapp oberhalb des Valenzbandes.

1.6.2   Die lichtemittierende Diode

Bringt man ein p-leitendes und ein n-leitendes Stück Silizium in Kontakt, so diffundieren Elektronen aus dem n-leitenden Bereich in den p-leitenden und umgekehrt Löcher aus dem p-leitenden Bereich in den n-leitenden. Es findet dann jeweils **Rekombination** statt. Das Inkontaktbringen ist übrigens nicht ganz so leicht, wie es hier formuliert wird, denn der Kontakt muss auf der atomaren Ebene hergestellt werden. Das gelingt nur durch Aufdampfen eines Materials auf das andere. Durch die Diffusionsvorgänge bleiben im n-leitenden Bereich **positive, ortsfeste Störstellenionen** zurück, während im p-leitenden Bereich **negative, ortsfeste Störstellenionen** vorhanden sind. Das führt in den jeweiligen Bereichen zu einer positiven bzw. negativen Raumladung, obwohl die Materialien vormals neutral waren. Dazwischen liegt eine **Verarmungsschicht**, in der nur noch wenige Elektronen oder Löcher anzutreffen sind. Es entsteht ein elektrisches Feld, das schließlich den Diffusionsvorgang stoppt, weil die Ladungsträger nicht mehr gegen das Feld anlaufen können. Die zugehörige Spannung heißt **Diffusionsspannung** U_D.

Legt man nun den n-Bereich an den Minuspol und den p-Bereich an den Pluspol einer Spannungsquelle, dann werden Elektronen aus dem n-leitenden Material und Löcher aus dem p-leitenden Material in die Verarmungszone gedrückt. Dort können sie jeweils rekombinieren.

Der pn-Übergang wird damit in Vorwärtsrichtung gepolt, es fließt im äußeren Kreis ein Strom. Man könnte es auch so interpretieren, dass man durch die äußere Spannung ein Gegenfeld zum Feld in der Verarmungszone generiert.

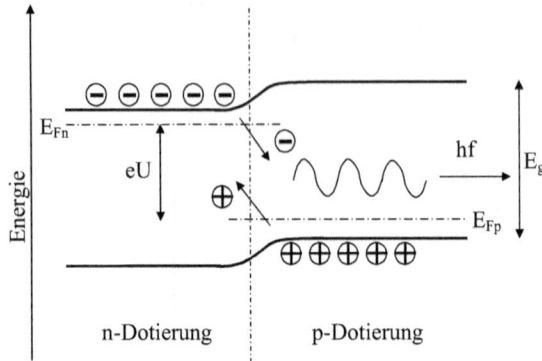

Abb. 1.52. Bändermodell des in Vorwärtsrichtung vorgespannten pn–Übergangs.

Als Bezugsniveaus für die Energien dienen die Fermi-Niveaus (Abb. 1.52). Legt man die Spannung U an den pn–Übergang, gilt:

$$eU = E_{Fn} - E_{Fp} \hspace{4cm} 1.226$$

Beim Rekombinationsvorgang wird in etwa ein der Breite der verbotenen Zone entsprechender Energiebetrag E_g freigesetzt, der in Form von Photonen abgestrahlt werden kann.

Die klassischen Halbleitermaterialien sind für die Lichterzeugung gänzlich ungeeignet, denn ihre Bandlücke liefert Strahlung außerhalb des sichtbaren Spektrums. Erst durch die Verwendung von Mischkristallen aus Elementen der II., III., V. und VI. Hauptgruppe ist es möglich geworden, Wellenlängen vom ultravioletten bis zum infraroten Spektralbereich mit LED's (light emitting diodes) abzudecken. Abb. 1.53 zeigt die Emissionsspektren einer Reihe handelsüblicher LEDs. Es fällt auf, dass die Linienbreite stark schwankt. Sie gehorcht der Gesetzmäßigkeit

$$\Delta\lambda = 1{,}8\,\frac{kT\lambda^2}{hc}, \hspace{4cm} 1.227$$

d.h. sie wächst linear mit der Temperatur und quadratisch mit der Emissionswellenlänge. Die Linienbreiten in Abb. 1.53 sind trotzdem z.T. deutlich höher. Dies liegt an hohen Injektionsströmen, die ein Abweichen von Gl. 1.227 bewirken, bzw. an komplexeren Schichtfolgen bzw. Dotierungen, auf die hier nicht eingegangen werden soll.

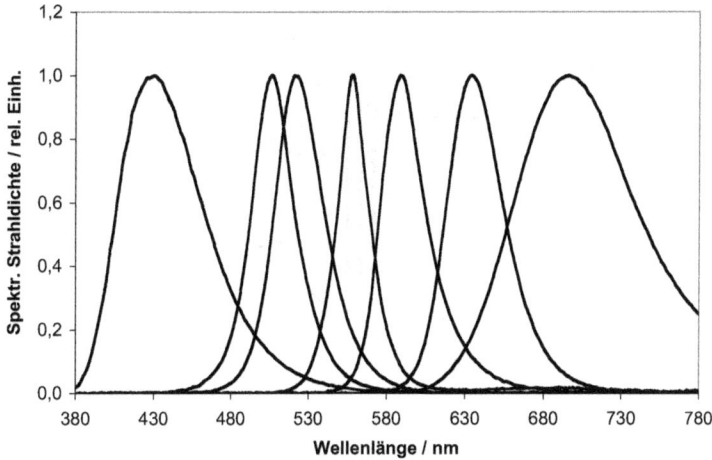

Abb. 1.53. Mit LED's ist es inzwischen möglich, das gesamte sichtbare Spektrum abzudecken. Besondere Bedeutung haben in den letzten Jahren AlInGaN–Mischkristalle erlangt, mit denen blaues Licht einer Wellenlänge von ca. 430nm möglich wurde.

1.6.3 Laserdioden

Voraussetzung für stimulierte Emission und damit Lasertätigkeit ist die Erzeugung einer Besetzungsinversion. Sie lässt sich im Falle einer Diode durch eine stärkere, über das thermische Gleichgewicht hinausgehende Besetzung des Leitungsbandes mit Elektronen realisieren. Konkret bedeutet das einen in Vorwärtsrichtung fließenden Strom wie bei der LED. Da die maximal am pn–Übergang abfallende Spannung durch die oben schon erwähnte Diffusionsspannung festgelegt ist, müsste für die Erzeugung von Besetzungsinversion gelten:

$$eU_D > E_g \qquad\qquad 1.228$$

Mit Gl. 1.226 folgt:

$$E_{Fn} - E_{Fp} > E_g \qquad\qquad 1.229$$

Mit einem Modell wie in Abb. 1.52 ist das nicht erzielbar. Vielmehr müssten die Fermi-Niveaus E_{Fn} bzw. E_{Fp} im Leitungs- bzw. Valenzband liegen. Solche Halbleiter lassen sich durch hohe Dotierungen herstellen. Abb. 1.54 zeigt das Bändermodell eines solchen „entarteten" Halbleiters, dessen pn–Übergang in Vorwärtsrichtung vorgespannt ist.

Man erkennt, dass aufgrund des großen Abstandes zwischen E_{Fn} und E_{Fp} innerhalb des pn–Übergangs ein Bereich entsteht, in dem besetzte Zustände des Leitungsbandes unbesetzten Zuständen des Valenzbandes gegenüber stehen. Damit ist Besetzungsinversion erreicht und stimulierte Emission ist möglich. Für die Wellenlänge der emittierten Strahlung gilt wieder $U_g=hf$. Je höher die angelegte Spannung ist, desto breiter wird die aktive Zone. Bei niedrigen Strömen verhält sich die Laserdiode wie eine einfache LED und liefert eine relativ breitbandige Strahlung. Erst oberhalb der sogenannten Schwellspannung wird Besetzungsinversion erreicht. Dem Prinzip nach ist der Halbleiterlaser ein Vier-Niveau-Laser.

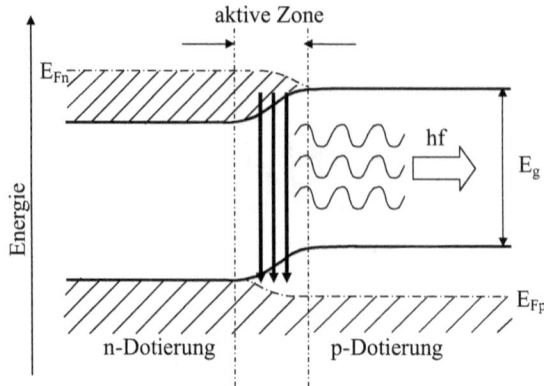

Abb. 1.54. Bändermodell für eine Laserdiode. In der aktiven Zone wird Besetzungsinversion erzielt.

Fragen

1. Welche Mechanismen führen bei Atomen bzw. Molekülen zur Emission von Lichtquanten? Ordnen Sie diese Mechanismen nach der Energie der Lichtquanten!

2. Zeichnen Sie die drei Eigenschwingungen des CO_2–Moleküls!

3. Was versteht man bei Spektrallinien unter natürlicher Linienbreite, Stoßverbreiterung und Dopplerverbreiterung? Zu welcher Linienform führen sie?

4. Welche zwei grundlegenden Linienformen gibt es und welches ist der auffallendste Unterschied zwischen beiden?

5. Welcher Zusammenhang besteht zwischen Linienbreite und Kohärenzlänge?

6. Was versteht man unter thermischer Besetzung?

7. Was ist ein Wirkungsquerschnitt und wie kann er anschaulich erklärt werden?

8. Was versteht man unter Besetzungsinversion?

9. Welchen Vorteil hat ein Vier–Niveau–Laser gegenüber einem Drei–Niveau–System?

10. Bei einem Vier–Niveau–Laser liege das untere Laser–Niveau bei $1087 \, cm^{-1}$. Geben Sie das Verhältnis der Besetzungsdichte dieses Niveaus relativ zur Grundzustandsbesetzung an, wenn die Temperatur 400K beträgt!

11. Wie hoch ist der ideale, quantenoptische Wirkungsgrad in nachstehendem 4–Niveau–Laser?

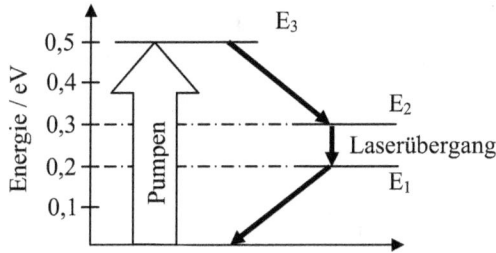

12. Welche der in nachstehendem Vier–Niveau–System eingezeichneten Relaxationszeiten müssen kurz, welche lang sein, um einen guten Wirkungsgrad zu erzielen?

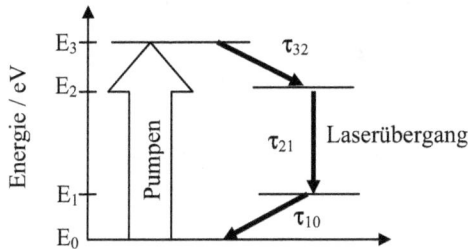

13. In welche zwei Kategorien lassen sich Plasmen einteilen?

14. Wie ist die Schwingungsebene definiert, wie die Polarisationsebene?

15. Was versteht man unter einem grauen Strahler?

Aufgaben

1. Bei einem Vier-Niveau-Laser liege das untere Laser-Niveau bei 1087 cm^{-1}. Geben Sie das Verhältnis der Besetzungsdichte dieses Niveaus relativ zur Grundzustandsbesetzung an, wenn die Temperatur 400 K beträgt!

2. Eine 100 μm dicke Schicht einer Modellsubstanz mit dem Wirkungsquerschnitt $\sigma = 3,11 \cdot 10^{-21} \text{cm}^2$ und der Teilchenzahldichte $n = 3,35 \cdot 10^{28} \text{m}^{-3}$ habe neben dem Grundzustand nur noch ein Energieniveau $E_1 = 0,291\,\text{eV}$.

a) Wie groß ist die relative Besetzung dieses Energieniveaus im Vergleich zum Grundzustand $E_o = 0\,\text{eV}$ bei Raumtemperatur $\vartheta = 20^\circ\text{C}$?

b) Die Substanz werde auf 1825°C erwärmt. Wie viel Prozent der für den Übergang $E_o \rightarrow E_1$ passenden Strahlung werden jetzt absorbiert?

3. Bei einer spektroskopischen Laseranwendung tritt das Problem auf, einen Laserstrahl (geringer Leistung) noch weiter zu schwächen. Die vorhandene Intensität soll mittels einer absorbierenden Platte (Absorptionskoeffizient $\alpha = 1350\,\text{m}^{-1}$) auf 20% reduziert werden. Welche Dicke d muss die Platte haben?

4. Eine Substanz der Schichtdicke x schwäche Licht auf 20%. Der Wirkungsquerschnitt betrage $\sigma = 2,5 \cdot 10^{-20} \text{cm}^2$. Die Teilchendichte sei $4,61 \cdot 10^{18} \text{cm}^{-3}$. Wie groß ist x?

5. Bei einem Drei-Niveau-System soll durch eine Absorptionsmessung der Wirkungsquerschnitt σ_{10} für die stimulierte Emission bestimmt werden. Eine 100mm dicke Schicht des Materials (Teilchendichte: $n_0 = 1,7 \cdot 10^{19} \text{cm}^{-3}$) schwächt Licht passender Frequenz mit der Intensität $\psi_0 = 119 \text{mW}/\text{m}^2$ auf $1,7 \text{mW}/\text{m}^2$. Wie groß ist σ_{10}? (Wirkungsquerschnitt für Absorption und stimulierte Emission sollen identisch sein, $\sigma_{10} = \sigma_{01}$)

6. Wie hoch ist bei einem Drei-Niveau-System die Teilchendichte n_0, wenn bei einem Wirkungsquerschnitt $\sigma_{10} = 2,5 \cdot 10^{-20} \text{cm}^2$ für die stimulierte Emission in einer 100mm dicken Schicht des Materials Licht passender Frequenz von $\psi_0 = 80 \text{mW}/\text{m}^2$ auf $3 \text{mW}/\text{m}^2$ geschwächt wird (Wirkungsquerschnitt für Absorption und stimulierte Emission sollen identisch sein, $\sigma_{01} = \sigma_{10}$)?

7. Bei einem Vier-Niveau-Laser liege das untere Laserniveau bei 986cm^{-1}. Das Verhältnis der Besetzungsdichte dieses Niveaus relativ zur Grundzustandsbesetzung ist 0,10.

a) Wie hoch ist die Temperatur?

b) Wie groß ist die Grundzustandsbesetzung n_0, wenn bei einer 5mm dicken Schicht des Materials unter den oben genannten Bedingungen ($\sigma = 2,5 \cdot 10^{-20} \text{cm}^2$) 15% der Strahlungsintensität absorbiert wird?

2 Messung und Bewertung von Strahlung

2.1 Strahlungsmessung

Nachdem die Grundlagen der Strahlungsentstehung behandelt sind, soll nun die Strahlungsmessung betrachtet werden. Einige der dort verwendeten Größen, die Strahldichte oder die spezifische Ausstrahlung, wurden in den vergangenen Kapiteln schon eingeführt. In der Photometrie sind grundsätzlich zwei Bereiche zu unterscheiden: der eine betrifft das Licht, das der Mensch wahrnehmen kann und der andere beschäftigt sich mit dem Nachweis jeglicher Strahlung bzw. der Strahlungsenergie im physikalischen Sinne ohne die Einschränkung durch den Filter der menschlichen Wahrnehmung. Im letzteren Falle ist es gleichgültig, ob die Frequenz des Lichts im fernen infraroten Spektralbereich oder im Ultravioletten liegt. Bei der Strahlungsmessung sind also lichttechnische Größen von strahlungsphysikalischen Größen zu unterscheiden. Dabei handelt es sich um die gleiche physikalische Größe, nur dass im Falle der Lichttechnik der Filter der menschlichen Wahrnehmung vorgeschaltet wird.

Da für die Messung lichttechnischer Größen das menschliche Sehen im Mittelpunkt steht, soll hier eingehend auf das Auge und seine Lichtwahrnehmung eingegangen werden.

2.1.1 Das Auge

Der Mensch ist in der Lage, Licht im Wellenlängenbereich von 380nm bis 780nm wahrzunehmen. Das Empfindlichkeitsmaximum liegt bei ca. 555nm. Das in Abb. 2.1 dargestellte optische System des Auges ist sehr einfach. Der gesamte Augapfel hat einen Durchmesser von etwa 25mm. Die **Hornhaut** bildet den äußeren Abschluss des Auges und dient mit ihrer sphärischen Oberfläche, die etwa 40dpt. Brechkraft hat, auch der Abbildung. Nach Passieren der vorderen Augenkammer tritt das Licht durch die **Iris**. Dies ist eine variable Blendenöffnung, die wegen ihrer Farbmusterung auch **Regenbogenhaut** genannt wird und die die einfallende Lichtmenge mit einem Dynamikumfang von ca. einem Faktor 100 steuern kann. Sie trägt somit zu einem kleinen Teil zur **Adaption**, also zur **Hell-Dunkel-Anpassung** bei. Bei großer Helligkeit verengt sich die Öffnung der Iris, die **Pupille**, auf einen Durchmesser von ca. 1,5mm. Bei Dunkelheit kann er sich beim jungen Menschen auf etwa 8mm weiten. Die **Augenlinse**, die etwa 20dpt zur Gesamtbrechkraft beisteuert, kann ihre Krümmung durch einen ringförmig sie umgebenden Muskel, den **Ziliarmuskel**, verändern. Damit kann das Auge seine Brennweite den unterschiedlichen Gegenstandsweiten anpassen. Diese Fähigkeit

wird **Akkomodation** genannt. Hornhaut und Linse erzeugen auf der **Netzhaut** ein kopfste-
hendes, seitenverkehrtes Bild.

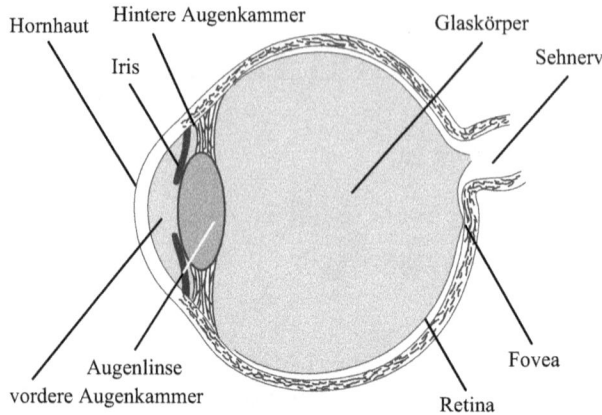

Abb. 2.1. Das menschliche Auge in schematischer Darstellung. Das optische System bildet den Gegenstand auf die Netzhaut (Retina) ab. Die empfindlichste Stelle der Netzhaut, an der die Sinneszellen am dichtesten sitzen, wird Fovea genannt. An der Eintrittstelle des Sehnervs ist die Netzhaut lichtunempfindlich (blinder Fleck).

Die Netzhaut oder Retina ist für die Umwandlung des auf ihr entworfenen Bildes in elektrische Signale verantwortlich. Ihr Aufbau ist in Abb. 2.2 dargestellt. Das Licht muss zunächst
die Nervenzellschicht passieren, bevor es die **Photorezeptoren** erreicht. Von diesen gibt es
zwei Arten: die **Zapfenzellen** und die **Stäbchenzellen**. Die S̲täbchenzellen sind für das
Nachtsehen, das „s̲kotopische Sehen" zuständig. Sie können hell und dunkel unterscheiden,

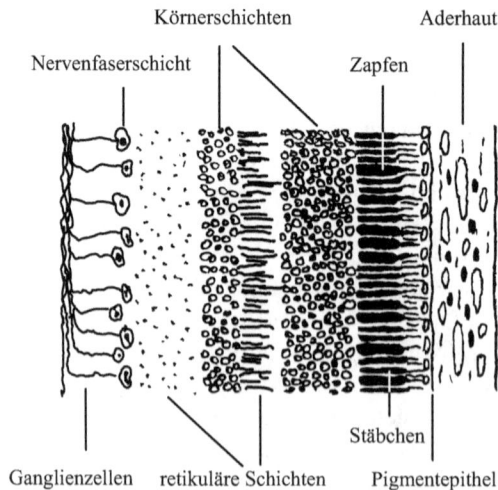

Abb. 2.2. Die menschliche Netzhaut. Der Lichteinfall erfolgt von links kommend durch die Nervenzellschichten. Man spricht von einem „inversen Auge".

es ist also nur Schwarz-Weiß-Sehen möglich. Die Zapfenzellen dienen dem Tagsehen, dem „photopischen Sehen", und sie ermöglichen das Farbsehen. Die Stäbchenzellen sind mit 120.000.000 gegenüber den Zapfenzellen mit 6.000.000 bei weitem in der Überzahl. Auf einen Quadratmillimeter kommen etwa 400.000 Zellen. Innerhalb des **gelben Fleckes** sitzt die **Fovea**, die **Netzhautgrube**, in der sich nur Zapfenzellen in hoher Dichte befinden. Dies ist die Stelle des schärfsten Sehens. Gänzlich unempfindlich ist die Netzhaut an der Eintrittsstelle des Sehnervs, dem **blinden Fleck**.

In den Photorezeptoren findet die Umsetzung von Licht in elektrische Impulse durch das Zersetzen lichtempfindlicher Farbstoffe statt. Der Farbstoff der Stäbchenzellen wird **Sehpurpur** genannt. Für einen Lichtreiz reichen fünf Lichtquanten aus, die innerhalb einer Millisekunde die selbe Stelle der Netzhaut erreichen. Da bei Bestrahlung des Auges der Sehpurpur zersetzt wird, muss er ständig regeneriert werden. Da aufgrund des hohen Lichteinfalls am Tage der Sehpurpur nicht mehr nachgeliefert werden kann, liefern die Stäbchenzellen keinen Sinnesreiz mehr. Es sind nur noch die Zapfenzellen aktiv.

Diese besitzen ebenfalls Sehstoffe. Bei genauerer Untersuchung stellt man fest, dass es drei Typen von Sehstoffen gibt, die alle unterschiedliche Absorptionswellenlängen haben. Das führt dazu, dass die zugehörigen Zapfen in unterschiedlichen Spektralbereichen empfindlich sind. Der Farbeindruck im Gehirn wird erzeugt durch das Verhältnis der drei Signale von den unterschiedlichen Zapfenzellen. Der Mensch sieht **trichomatisch**. Damit hat der Mensch zusammen mit anderen Primaten eine Sonderstellung, denn die meisten Säugetiere sind **Dichromaten**, haben also nur noch zwei Zapfenfarbstoffe. Ein geringeres Farbsehvermögen ist die Folge. Die Wirbeltiere besitzen dagegen vier Farbpigmente. Ihr spektrale Wahrnehmung ist breiter. So können Vögel UV-A-Licht wahrnehmen. Auch Fledermäuse können UV-Licht sehen, allerdings fehlen ihnen die Zapfenpigmente völlig, sie sehen lediglich über Stäbchenzellen.

Beim Menschen kann das Farbsehen erblich bedingt auf vielfältige Art gestört sein [Bouma 1951]. Personen, bei denen die Menge der Farbempfindungen zweidimensional ist, nennt man **Dichromaten**. Fehlt jegliche Fähigkeit, Farben unterscheiden zu können, ist die Menge aller Farbempfindungen also eindimensional, spricht man von **Monochromaten** oder – umgangssprachlich – von Farbenblinden.

2.1.2 Die $V(\lambda)$-Kurven des Auges

Das Auge ist nicht für alle Wellenlängen gleich empfindlich. Im grünen Spektralbereich ist es am empfindlichsten, zum roten und violetten Bereich hin wird es unempfindlicher. Außerdem hängt die Empfindlichkeit davon ab, ob die Stäbchen- oder die Zapfenzellen aktiv sind. Um die Hellempfindlichkeit genauer zu untersuchen, wurde folgendes Experiment durchgeführt: auf einer Hälfte des Gesichtsfeldes wurde einer Anzahl normalsichtiger Personen Licht einer bestimmten Wellenlänge und Energie pro Zeit–, Flächen– und Raumwinkeleinheit als Referenz angeboten. Auf der anderen Hälfte wurde Licht einer Testwellenlänge gezeigt und ermittelt, wie groß die Energie dieser Strahlung sein muss, damit beide Gesichtshälften gleich hell erscheinen. Dabei wurde die Gesamthelligkeit so groß gewählt, dass die Zapfenzellen im Auge aktiv waren und die Stäbchenzellen aufgrund des verbrauchten

Sehpurpurs keinen Beitrag mehr leisteten. Das Experiment wurde für die verschiedenen Testwellenlängen des sichtbaren Spektralbereiches durchgeführt und die gewonnene Funktion im Maximum auf Eins normiert, so dass man die in Abb. 2.3 dargestellte **Tageswertkurve V(λ)** erhält. Sie hat ihren Maximalwert bei 555nm. Das gleiche Experiment kann nun auch für eine so geringe Helligkeit durchgeführt werden, dass nur noch die Stäbchenzellen aktiv sind. Es zeigt sich, dass die ermittelte und wiederum auf Eins normierte Kurve – die sogenannte **Nachtwertkurve V'(λ)** – eine geringfügig andere Form hat und vor allem zu kürzeren Wellenlängen hin verschoben ist.

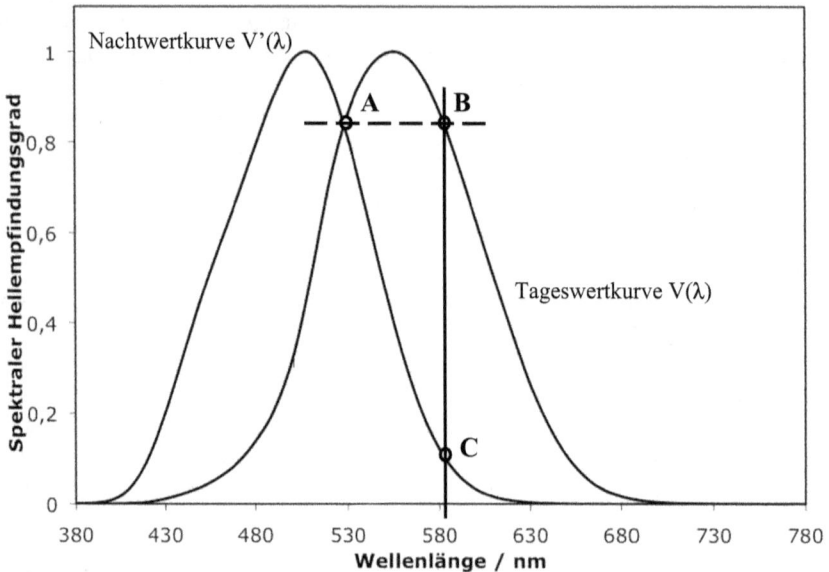

Abb. 2.3. Tag- und Nachtwertkurven V(λ) und V'(λ) nach [DIN 5031]. Die bei Tag gleich hell eingestellten Wellenlängen von 530nm und 581nm (Punkte A und B) erscheinen bei Dunkelheit unterschiedlich hell (Punkte A und C).

Der Verlauf der Kurven führt zu folgendem Phänomen: Licht der Wellenlängen 530nm und 581nm, das dem Auge beim photopischen Sehen gleich hell angeboten wird (Punkte A und B auf der Tagwertkurve von Abb. 2.3) erscheint dem Auge extrem unterschiedlich hell (Punkte A und C auf der Nachtwertkurve), wenn die Leistung der Lichtquelle für beide Wellenlängen im gleichen Verhältnis bis in den Bereich des skotopischen Sehens zurückgenommen wird.

Im täglichen Leben zeigt sich dieser Effekt bei der Betrachtung eines Feldes, auf dem Korn- und Mohnblumen vorkommen. Vor Einbruch der Dämmerung, wenn das Auge noch im Bereich des photopischen Sehens arbeitet, erscheinen die roten Mohnblumen heller, während mit wachsender Dunkelheit die blauen Kornblumen leuchtender zu sein scheinen. Bei Dunkelheit sieht das Auge skotopisch, es gilt die V'(λ)–Kurve mit ihrem Maximum bei etwa 505nm, also im blauen Spektralbereich, so dass hier die blaue Farbe besser wahrgenommen wird als die rote. Dieser Effekt wurde erstmalig phänomenologisch von dem tschechischen Physiologen mit dem klangvollen Namen Johannes Evangelista Ritter von Purkinje (1787–1869) beschrieben und wird seither **Purkinje–Effekt** genannt.

2.1.3   Strahlungsphysikalische Grundgrößen

Im Folgenden wird zwischen **strahlungsphysikalischen Größen** und **lichttechnischen Größen** unterschieden. Während sich die lichttechnischen Größen auf den sichtbaren Teil des Spektrums beziehen, schließen die strahlungsphysikalischen Größen den gesamten Bereich der elektromagnetischen Strahlung ein. Letztere sollen daher künftig den Index e tragen, da sie sich auf die gesamte Strahlungsenergie als Grundgröße beziehen.

Angenommen, eine Strahlungsquelle gibt die **Strahlungsenergie Q_e (Einheit: 1J)** ab. Dann wird die pro Zeiteinheit abgegebene Strahlungsenergie **Strahlungsleistung oder auch Strahlungsfluss Φ_e (Einheit: 1W)** genannt. Gemeint ist damit die gesamte in Form von elektromagnetischer Strahlung abgegebene Leistung ohne Rücksicht darauf, in welche Richtung oder bei welcher Frequenz die Strahlung emittiert wird. Konzentriert man sich auf die speziell in den kleinen Raumwinkel $d\Omega$ abgegebene Strahlungsleistung $d\Phi_\varepsilon$, so gilt $d\Phi_e = I_e d\Omega$. Der Proportionalitätsfaktor wird **Strahlstärke I_e (Einheit: W/sr)** genannt und es gilt, falls sich die Leistung nicht gleichmäßig auf alle Raumrichtungen verteilt:

$$\boxed{I_e = \frac{d\Phi_e}{d\Omega}} \qquad\qquad\qquad 2.1$$

Die Strahlstärke gibt an, welche Strahlungsenergie pro Zeiteinheit in einen kleinen Raumwinkel $d\Omega$ abgestrahlt wird. Die Strahldichte I_e hängt also im Allgemeinen von der Blickrichtung ab, aus der man auf den strahlenden Gegenstand sieht.

Umgekehrt würde man die gesamte Strahlleistung Φ_e erhalten, wenn man die Strahlstärke I_e über den gesamten erfassten Raumwinkel integriert:

$$\Phi_e = \int\limits_{\text{bestrahlter Raum}} I_e d\Omega \qquad\qquad\qquad 2.2$$

Eine in der Physik häufig verwandte Idealisierung einer Strahlungsquelle ist die isotrop in den Raum strahlende Punktquelle. Es wird angenommen, dass alle Strahlung von einem beliebig kleinen Punkt ausgeht und dass I_e nicht von der Richtung abhängt. Die Strahlleistung ist dann einfach $P = I_e \Omega$, wobei Ω der betrachtete Raumwinkel ist. Die in den ganzen Raum abgestrahlte Leistung wäre folglich das Produkt aus der Strahlstärke I_e und dem vollen Raumwinkel 4π, also $4\pi I_e$.

In der Praxis sind Strahlungsquellen allenfalls näherungsweise Punktstrahler. Praktisch alle klassischen technischen Lichtquellen bestehen aus einem leuchtenden Volumen mit einer gewissen räumlichen Ausdehnung, d.h. auch einer entsprechenden Oberfläche. Es liegt also nahe, eine flächenbezogene Größe einzuführen. So ist die **spezifische Ausstrahlung M_e (Einheit: W/m^2)** die pro Flächeneinheit eines Strahlers und pro Zeiteinheit in den Halbraum abgegebene Strahlungsenergie, also die pro Flächeneinheit abgegebene Strahlungsleistung. Auch hier ist nur die Gesamtleistung von Interesse, unterschiedliche Ausstrahlungen in verschiedene Richtungen sind irrelevant.

Eine weitere strahlungsphysikalische Größe ist die **Strahldichte L_e (Einheit: W/(m^{2}sr))**. Sie gibt an, welche Strahlungsleistung eine strahlende Fläche pro Raumwinkel $d\Omega$ und pro Fläche dA abgibt (Abb. 2.4). Wichtig ist, dass hierbei nur die effektive Senderfläche zählt; das ist die Fläche, die ein Beobachter sieht, wenn er wie in Abb. 2.5 unter einem Winkel ϑ auf die strahlende Fläche blickt. Nähert sich ϑ den $90°$, so geht die effektive Senderfläche gegen Null. Die vom Beobachter gesehene Fläche ist proportional $\cos(\vartheta)$.

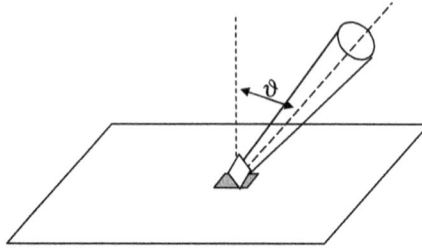

Abb. 2.4. Zur Definition der Strahldichte: sie ist die pro effektiver Senderfläche und pro Raumwinkeleinheit abgegebene Leistung

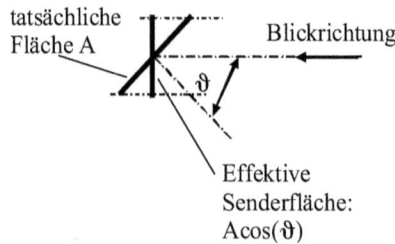

Abb. 2.5. Die effektive Senderfläche ist die Fläche, die einem Beobachter unter einem bestimmten Winkel ϑ erscheint.

Das Experiment zeigt, dass für rauhe, diffus reflektierende Oberflächen wie z.B. Papier oder eine weiß gestrichene Wand die Strahldichte L_e praktisch nicht von der Blickrichtung auf die Fläche abhängt. Das kommt dadurch zustande, dass für eine solche Fläche die Strahlstärke dem **Lambertschen Gesetz** folgt:

$$\boxed{I_e = I_{e0} \cos(\vartheta)} \qquad\qquad 2.3$$

Die Strahlstärke nimmt also mit $\cos(\vartheta)$ ab. I_{e0} ist ihr Wert senkrecht zur Fläche. Würde also, wie in Abb. 2.6. dargestellt, eine kleine leuchtende Fläche A unter einem Winkel ϑ betrachtet, ergäbe sich die im Polardiagramm der Abb. 2.7. gezeichnete Winkelabhängigkeit der Strahlstärke I_e.

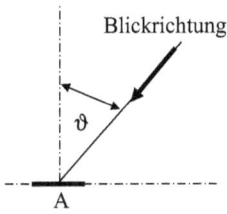

Abb. 2.6. Betrachtung einer kleinen leuchtenden Fläche unter dem Winkel ϑ.

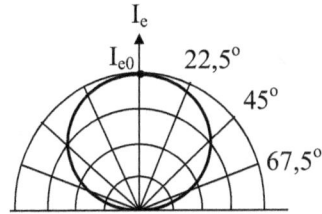

Abb. 2.7. Polardiagramm der Strahlstärke I_e als Funktion des Winkels ϑ.

Doch warum erscheint nun eine weiße Fläche, wie etwa ein Blatt Papier, genauso hell, wenn man es schräg betrachtet, wie wenn man senkrecht darauf blickt? Dies liegt daran, dass für den Helligkeitseindruck des Auges die Strahldichte verantwortlich ist. In diese Größe geht aber die effektive Senderfläche ein, so dass der Zusammenhang

$$\boxed{I_e = L_e A \cos(\vartheta)}$$ 2.4

gilt. Mit Gl. 2.3 erhält man also:

$$\boxed{I_e = I_{e0} \cos(\vartheta) = L_e A \cos(\vartheta)} \quad \text{bzw.} \quad \boxed{L_e = \frac{I_{e0}}{A}}$$ 2.5

Die Strahldichte ist also winkelunabhängig. Die Strahlstärke I_e nimmt zwar mit dem Cosinus des Winkels ϑ ab, andererseits ist aber wegen des Winkels ϑ zwischen der Blickrichtung und der Flächennormalen die tatsächlich leuchtende Fläche entsprechend größer, als sie erscheint. Beide Effekte heben sich gegenseitig auf.

Ein Strahler, für den das Lambertsche Gesetz gilt und der folglich das geschilderte Verhalten zeigt, wird **Lambertscher Strahler** genannt. Näherungsweise kann der Mond als Lambertscher Strahler gelten. Er erscheint, obwohl er kugelförmig ist, als leuchtende Scheibe. Wie Abb. 2.8 verdeutlicht, liegen natürlich hinter den Flächenelementen des Randes der „Scheibe" sehr große, schräg stehende Flächenelemente, die zur beobachteten Strahlung beitragen. Die nachlassende Lichtstärke bei schräger Betrachtung wird so durch eine vergrößerte Fläche wett gemacht.

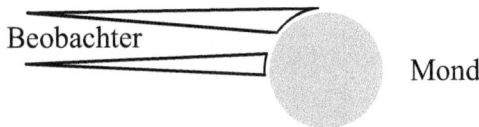

Abb. 2.8. Die beiden fett gezeichneten Flächen erscheinen einem irdischen Beobachter gleich groß. Obwohl nun die Strahlstärke I_e mit dem Winkel ϑ abnimmt, erscheinen die Flächen gleich hell, da im oberen Fall eine wesentlich größere leuchtende Fläche beiträgt.

Die bisher eingeführten strahlungsphysikalischen Größen waren auf die Strahlungsquelle bezogen. Es gibt noch weitere Größen, die sich auf die Strahlausbreitung und Detektion beziehen. Eine davon ist die **Strahlungsflussdichte oder auch Intensität ψ (Einheit:**

$1W/m^2$). Sie gibt an, welche Energie pro Zeiteinheit durch eine **senkrecht** zur Strahlungs-richtung orientierte Fläche tritt. Oder anders ausgedrückt: die Strahlungsflussdichte ist eine Leistung pro Flächeneinheit. Möchte man wiederum die Leistung wissen, die auf eine unter dem Winkel ϑ_e zur Strahlrichtung stehende Fläche A trifft, so gilt:

$$\phi_e = \psi A \cos(\vartheta_e) \qquad\qquad 2.6$$

Für $\vartheta_e=90^\circ$ fällt die Strahlung streifend an der Fläche vorbei und die aufgenommene Leistung wäre Null. Die Größe

$$E_e = \psi \cos(\vartheta_e) \qquad\qquad 2.7$$

unterscheidet sich von ψ nur durch den Cosinusfaktor und heißt **Bestrahlungsstärke E_e (Einheit: $1W/m^2$)**. Da sie die gleiche Einheit wie die Strahlungsflussdichte hat, stellt sie ebenfalls eine Leistung pro Flächeneinheit dar, allerdings ist die Fläche, auf die sie sich be-zieht, die tatsächliche, i.a. schräg im Strahl stehende Fläche A. Somit gilt also $\Phi_e = E_e A$.

Integriert man die Bestrahlungsstärke E_e über eine bestimmte Beobachtungszeit, erhält man die **Bestrahlung H_e (Einheit: $1J/m^2$)**:

$$H_e = \int E_e dt \qquad\qquad 2.8$$

Es ist die auf eine Fläche während einer bestimmten Beobachtungsdauer auftreffende Ener-gie pro Flächeneinheit. Würde die Fläche alle auftreffende Strahlung absorbieren, wäre die aufgenommene Energie $Q = H_e A$. Es spielt dabei keine Rolle, ob die Fläche schräg in der Strahlrichtung steht oder nicht.

2.1.4   Zusammenhänge zwischen den strahlungsphysikalischen Größen

Zwischen der spezifischen Ausstrahlung M_e einer homogen strahlenden Fläche A und der Strahlstärke I_e besteht der Zusammenhang:

$$M_e = \int \frac{I_e}{A} d\Omega \qquad\qquad 2.9$$

Für den Lambertschen Strahler gilt nach Gl. 2.4:

$$M_e = \int L_e \cos(\vartheta) d\Omega \qquad\qquad 2.10$$

wobei L_e wie oben ausgeführt konstant ist. Für das Raumwinkelelement gilt analog zu Abb. 1.37 $d\Omega=\sin(\vartheta)d\vartheta d\varphi$. Das sieht man wie folgt: ein Kugelflächenelement hätte die Größe $rd\varphi$ mal $rd\vartheta$. Allerdings verengt sich der Radius nach oben, was durch $\sin(\vartheta)$ ausgedrückt wird.

Bezogen auf die Kugeloberfläche $4\pi r^2$ bleibt also $d\Omega = \dfrac{\sin\vartheta \cdot r^2 d\varphi d\vartheta}{4\pi r^2} 4\pi = \sin\vartheta d\varphi d\vartheta$. Es gilt:

$$M_e = L_e \int_0^{2\pi} \int_0^{\pi/2} \cos(\vartheta)\sin(\vartheta)d\vartheta d\varphi \qquad\qquad 2.11$$

Wegen $\dfrac{d}{d\vartheta}\sin^2(\vartheta) = 2\sin(\vartheta)\cos(\vartheta)$ folgt für das Integral über ϑ:

$$M_e = L_e \int_0^{2\pi} \left[\frac{1}{2}\sin^2(\vartheta)\right]_0^{\pi/2} d\varphi = \frac{L_e}{2} \int_0^{2\pi} d\varphi = \pi L_e \qquad\qquad 2.12$$

Die **spezifische Ausstrahlung M_e des Lambertschen Strahlers ist also** πL_e.

Nach Gl. 2.2 gilt für einen isotrop in den Raum abstrahlenden Punktstrahler, bei dem I_e konstant ist:

$$\Phi_e = I_e \int_0^{2\pi} \int_0^{\pi} \sin(\vartheta)d\vartheta d\varphi \qquad\qquad 2.13$$

Das Integral ist elementar ausführbar und ergibt:

$$\boxed{\Phi_e = 4\pi I_e} \qquad\qquad 2.14$$

Stehen sich die Senderfläche A_s eines Lambertschen Strahlers und eine Empfängerfläche A_e im Abstand r gegenüber (Abb. 2.9) und sind die Flächennormalen zur Verbindungslinie um die Winkel ϑ_s bzw. ϑ_e geneigt, dann ist die auf A_e eintreffende Strahlungsleistung gegeben durch:

$$\Phi_e = (L_e A_s \cos(\vartheta_s)) \cdot \left[\left(\frac{A_e \cos(\vartheta_e)}{4\pi r^2}\right) 4\pi\right] \qquad\qquad 2.15$$

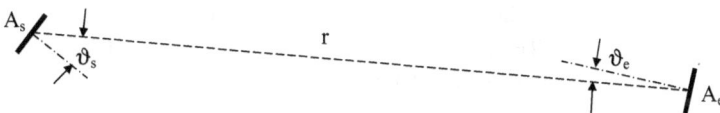

Abb. 2.9. Eine Senderfläche A_s gibt als Lambertscher Strahler Strahlung ab, die von einer Fläche A_e teilweise aufgefangen wird.

Die erste runde Klammer auf der rechten Seite stellt die vom Sender emittierte Leistung pro Raumwinkeleinheit dar. Für den Lambertschen Strahler ist L_e nicht vom Winkel ϑ_s abhängig. Die zweite runde Klammer rechts stellt den Anteil am vollen Raumwinkel dar, den die Empfängerfläche bezogen auf den Strahler erfasst. Multipliziert mit dem vollen Raumwinkel 4π erhält man also den vom Empfänger erfaßten Raumwinkel (eckige Klammer). Gl. 2.15. heißt **photometrisches Grundgesetz** und lässt sich wie folgt schreiben:

$$\Phi_e = \frac{L_e A_s A_e \cos(\vartheta_s)\cos(\vartheta_e)}{r^2} \qquad\qquad 2.16$$

Zu beachten ist, dass in dieser Gleichung eine Näherung steckt: in Gl. 2.15 ist $A_e\cos(\vartheta_e)$ eine ebene Fläche, die ins Verhältnis zur Kugeloberfläche $4\pi r^2$ gesetzt wird. Wird daraus der Raumwinkel ermittelt, resultiert eine Ungenauigkeit, die nur akzeptiert werden kann, wenn r groß genug ist. In der Praxis sollte die **photometrische Grenzentfernung** eingehalten werden; das ist das Zehnfache der größten Sender- oder Empfängerabmessung.

2.1.5   Lichttechnische Grundgrößen

Bei den lichttechnischen Grundgrößen kommt die menschliche Wahrnehmung ins Spiel. Da es bei der Erzeugung oder dem Nachweis von Strahlung häufig ausschließlich um die vom Menschen wahrnehmbaren Anteile der Strahlung geht, ist es sinnvoll, geeignete Größen zu definieren. Es gibt zu jeder der oben eingeführten strahlungsphysikalischen Grundgrößen eine entsprechende lichttechnische Größe. Der Unterschied besteht darin, dass für die lichttechnischen Größen nur der Anteil der Strahlung zählt, den der Mensch wahrnehmen kann. Die Größen erhalten daher den Index v (von „visuell"). Gewichtet wird nach der $V(\lambda)$-Kurve aus Kapitel 2.1.2. So gilt für eine lichttechnische Größe G_v als Zusammenhang mit der strahlungsphysikalischen Größe G_e:

$$G_v = K_m \int\limits_{380nm}^{780nm} G_e(\lambda)V(\lambda)d\lambda \qquad\qquad 2.17$$

Das bedeutet, dass eine Strahlung mit einer Wellenlänge außerhalb des menschlichen Sehvermögens (380nm bis 780nm) zu $G_v=0$ führt. Was vom Menschen nicht gesehen wird, zählt nicht. Die Konstante K_m wird unten festgelegt.

Eine Größe, auf die sich alle lichttechnischen Grundgrößen zurückführen lassen, ist die **Candela** (cd). Sie ist die Einheit der **Lichtstärke**, diese wiederum entspricht der strahlungsphysikalischen Größe der Strahlstärke mit der Einheit W/sr. Von 1967 bis ins Jahr 1979 galt folgende Definition: Ein Candela ist die Lichtstärke, mit der $1/60$ cm^2 der Oberfläche eines schwarzen Strahlers bei der Temperatur des bei einem Druck von 101.325Pa erstarrenden Platins senkrecht zu seiner Oberfläche leuchtet.

Bei dieser Definition ist ein Zusammenhang zwischen der strahlungsphysikalischen Größe und der lichttechnischen Größe schwer herstellbar. Eine andere, seit 1979 benutzte Definition löst dieses Problem:

Die Candela ist die Lichtstärke in einer bestimmten Richtung einer Strahlungsquelle, die monochromatische Strahlung der Frequenz $5,40 \cdot 10^{14}$ Hz aussendet und deren Strahlstärke in dieser Richtung $(1/683)$ W/sr beträgt.

Die Integration der Gl. 2.17 ist damit sehr einfach möglich, da nur noch *eine* Wellenlänge vorliegt. Man erhält im Falle der Lichtstärke:

$$\boxed{I_v = K_m I_e} \quad \text{bzw.} \quad 1\,\text{cd} = K_m \cdot \frac{1}{683} \frac{W}{sr} \qquad 2.18$$

Für die Konstante K_m folgt also 683(cd sr)/W. Die lichttechnischen Größen können also somit von den strahlungsphysikalischen Größen abgeleitet werden. Tab. 2.1 zeigt die Zusammenhänge.

Tab. 2.1. Strahlungsphysikalische und lichttechnische Größen

Strahlungsphysikalische Größe	Einheit	Bedeutung	Einheit	Lichttechnische Größe
Strahlungsenergie Q_e	1 J	Energie der Strahlung	1 lm · s = 1 cd · sr · s	Lichtmenge Q_v
Leistung Φ_e	1 W	Energie pro Zeitintervall dt	1 lm = 1 cd · sr	Lichtstrom Φ_v
Strahlstärke I_e	1 W/sr	Energie, die pro Zeiteinheit dt und pro Raumwinkelelement dΩ abgegeben wird.	1 cd	Lichtstärke I_v
Spezifische Ausstrahlung M_e	1 W/m²	Pro Flächenelement dA des Strahlers und pro Zeitintervall dt abgegebene Energie.	$1\,\text{lm/m}^2 =$ $1\,\dfrac{cd \cdot sr}{m^2}$	Spezifische Lichtausstrahlung M_v
Strahldichte L_e	1 W/(m²sr)	Vom Strahler abgegebene Energie pro Zeitintervall dt, pro Flächeneinheit (der in Strahlrichtung projizierten Fläche) und pro Raumwinkelelement dΩ.	1 cd/m²	Leuchtdichte L_v
Strahlungsflussdichte oder Intensität ψ	1 W/m²	Energie, die pro Zeitintervall dt durch ein **senkrecht** zur Strahlrichtung ausgerichtetes Flächenelement dA strömt.	$1\,\text{lx} =$ $1\,\dfrac{lm}{m^2} =$ $1\,\dfrac{cd \cdot sr}{m^2}$	Lichtstromdichte
Bestrahlungsstärke E_e	1 W/m²	Energie, die pro Zeitintervall dt und pro Flächenelement dA auf ein beliebig zur Strahlrichtung orientiertes Flächenelement trifft.	$1\,\text{lx} =$ $1\,\dfrac{lm}{m^2} =$ $1\,\dfrac{cd \cdot sr}{m^2}$	Beleuchtungsstärke E_v
Bestrahlung H_e	1 J/m²	Energie, die pro Flächeneinheit auf ein beliebig zur Strahlrichtung orientiertes Flächenelement trifft.	$1\,\text{lx} \cdot \text{s} =$ $1\,\dfrac{cd \cdot sr}{m^2}$	Belichtung H_v

2.2 Einführung in die Farbmetrik

2.2.1 Farbe und Farbmischung

Strahlung löst beim Menschen über das Auge einen Sinneseindruck aus. Die Welt, die wir über unsere Augen wahrnehmen, erscheint bunt. Diese Farbigkeit wird hervorgerufen von Strahlung unterschiedlichster Frequenzen. Nur dieses Spektrum ist eine physikalische Realität. Die wahrgenommene Farbe hingegen ist das Ergebnis sinnesphysiologischer Vorgänge. Trotzdem erweist es sich bei der Entwicklung von Lichtquellen als notwendig, Farbe in irgendeiner Weise messtechnisch erfassen zu können, also **Farbmetrik** zu betreiben.

Es soll zunächst „verschiedenfarbiges" Licht für Experimente verwendet werden. Dabei ist es zunächst unerheblich, ob die Farbigkeit durch eine einzelne schmale Spektrallinie oder durch eine breite spektrale Verteilung verursacht wird. Beleuchtet man eine weiße Fläche (also eine Fläche, die selbst keine „Farbigkeit" zum Sinneseindruck besteuert und sich selbst neutral verhält) etwa gleichzeitig mit rotem und grünem Licht, so entsteht der Farbeindruck gelb. Gelbes Licht ließe sich aber auch allein durch Verwendung geeigneter Filter erzeugen. Eine solche Farbmischung wird als **additive Farbmischung** bezeichnet. Im Gegensatz dazu entsteht eine **subtraktive Farbmischung**, wenn man weißes Licht, also Licht, das alle Wellenlängen enthält, auf eine farbige Fläche fallen lässt. Der Eindruck der Farbigkeit der Fläche entsteht durch Absorption einzelner Wellenlängen oder größerer Wellenlängenbereiche. Diese Wellenlängen fehlen im Spektrum des von der Fläche gestreuten Lichts. Die verbliebenen Wellenlängen ergeben im Gehirn den Farbeindruck der Fläche. Sie sind die Komplementärfarbe zur sogenannten **Körperfarbe**. Diese lässt sich nur im Zusammenhang mit dem beleuchtenden Licht beurteilen. Hat dieses die **Strahlungsfunktion** S_λ, so ist die **Farbreizfunktion** φ_λ gegeben durch:

$$\varphi_\lambda = S_\lambda \cdot R(\lambda) \qquad\qquad 2.19$$

$R(\lambda)$ ist der **spektrale Reflexionsfaktor** der Oberfläche. Die Farbreizfunktion beschreibt die spektrale Zusammensetzung des ins Auge fallenden Lichtes.

Doch zurück zur additiven Farbmischung. Das oben beschriebene Experiment mit rotem und grünem Licht lässt sich noch weiterführen. Verändert man die Helligkeit der roten und grünen Lichtquelle beim Mischvorgang einzeln, so erhält man – neben der veränderten Helligkeit der Mischfarbe – eine kontinuierliche Veränderung des Farbeindrucks. Er wechselt von rot über orange, gelb bis ins Grüngelbe und schließlich ins Grüne. Dieser Farbeindruck, der aus dem Zusammenspiel der drei Farbstoffe in den Zapfenzellen des Auges entsteht (vgl. Kap. 2.1.1), wird **Farbvalenz** genannt. Neben den Farbvalenzen bestimmen noch zwei weitere Größen die Farbempfindung: eine Farbe kann bei gleichem Farbton blasser oder kräftiger ausfallen. Wird die Farbe blasser, kann sie im Grenzfall in weiß übergehen. Ein Maß dafür ist die **Sättigung**. Nähert sich die Farbe dem Weiß an, hat sie eine geringe Sättigung. Eine weitere Größe ist die **Helligkeit**. Sie ist ein Maß für die Stärke der Lichtempfindung. Bei Lichtquellen wird sie bestimmt durch die Leuchtdichte L_v.

Licht verschiedener spektraler Zusammensetzungen kann die gleiche Farbvalenz besitzen. Es ist sogar so, dass die Menge der möglichen Farbempfindungen wesentlich kleiner ist als die Menge der zu ihrer Erzeugung nötigen spektralen Verteilungen. Oder anders ausgedrückt: eine Farbvalenz kann durch beliebig viele Farbreizfunktionen φ_λ ausgedrückt werden.

2.2.2   Die Graßmannschen Gesetze

Oben wurden aus rot und grün diverse Orange–, Gelb– und Grüngelbtöne gemischt. H.G. Graßmann (1809–1877) beschäftigte sich mit der Frage, wie viele Farben man wohl mindestens benötigen würde, um alle überhaupt auftretenden Farbvalenzen durch additive Farbmischung zu mischen. Die Ergebnisse seiner weitreichenden Überlegungen publizierte er 1853 in fünf Gesetzen, von denen zwei (die Kontinuität der Farbreize und die Additivität von Leuchtdichten) aus heutiger Sicht als selbstverständlich erscheinen. Drei seiner Gesetze sind so fundamental, dass sie hier angeführt werden sollen. Dabei werden die Gesetze sinngemäß wiedergegeben, der Wortlaut der Orginalveröffentlichung ist anders.

Erstes Graßmannsches Gesetz:

Es sind drei linear unabhängige Größen nötig und ausreichend, um eine Farbvalenz zu kennzeichnen.

Jede beliebige Farbvalenz F kann also durch drei andere Farbvalenzen F_{P1}, F_{P2} und F_{P3}, sogenannte **Primärvalenzen**, dargestellt werden:

$$\boxed{F = f_1 F_{P1} + f_2 F_{P2} + f_3 F_{P3}} \qquad\qquad 2.20$$

Sie müssen linear unabhängig sein, was bedeutet, dass sich die eine Primärvalenz nicht durch die beiden anderen mischen lassen darf. Bezogen auf obiges Beispiel wären also grün, gelb und rot keine geeigneten Primärvalenzen, da gelb sich aus grün und rot mischen ließe und damit nicht linear unabhängig wäre. Obwohl die obige Formulierung den Eindruck erweckt, man müsse Anteile der drei Primärvalenzen *zu*mischen, sind auch negative Mengen einer Primärvalenz zulässig und beim Mischen einiger real existierender Farben auch notwendig. Anders ließen sich diese Farben nicht mischen. Einzelne der f_i in Gl. 2.20 wären also negativ. Die praktische Realisierung dieses Falles soll weiter unten beschrieben werden.

Die mit dem ersten Graßmannschen Gesetz festgestellte Dreidimensionalität des Farbenraumes ermöglicht die in Abb. 2.10 gezeigte Darstellung in einem kartesischen Koordinatensystem.

Zweites Graßmannsches Gesetz:

Liefern zwei Testfarben dieselbe Farbempfindung, so bleibt diese erhalten, wenn man die Leuchtdichte beider um den gleichen Faktor verändert.

Dies bedeutet nichts anderes, als dass man Gl. 2.20 mit einem konstanten Faktor k multiplizieren kann:

$$\boxed{kF = kf_1 F_{P1} + kf_2 F_{P2} + kf_3 F_{P3}} \qquad\qquad 2.21$$

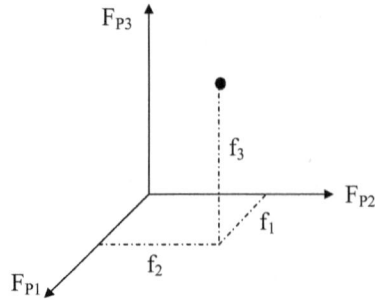

Abb. 2.10. Darstellung einer Farbe in einem kartesischen Koordinatensystem.

Wird die Leuchtdichte einer Testfarbe um den Faktor k geändert, so müssen die Leuchtdichten der zu ihrer Mischung nötigen Primärvalenzen um den gleichen Faktor k geändert werden. Bei Darstellung in einem kartesischen Koordinatensystem liegen somit alle Farben mit gleicher Farbvalenz auf einer Geraden durch den Ursprung (Abb. 2.11). Ursprungsnahe Punkte haben eine geringe Leuchtdichte, während fernere Punkte höhere Leuchtdichten besitzen.

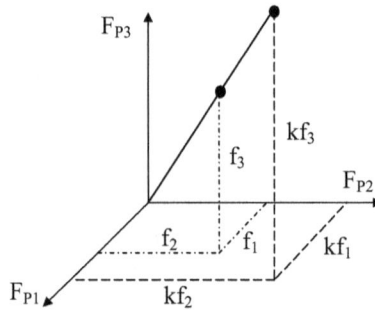

Abb. 2.11. Nach dem zweiten Graßmannschen Gesetz liegen alle Farben der gleichen Farbvalenz auf einer Geraden durch den Ursprung des Koordinatensystems.

Liegt ein Punkt auf einer Koordinatenachse, so sind zwei seiner Koordinaten f_i Null. Bei einem Punkt auf der F_{P1}–Achse z.B. sind die Koordinaten f_2 und f_3 Null. Die Koordinatenachsen entsprechen also den gewählten Primärvalenzen.

Drittes Graßmannsches Gesetz

Zwei gleiche Farbvalenzen (mit möglicherweise unterschiedlicher spektraler Zusammensetzung) ergeben bei Mischung mit einer dritten Farbvalenz stets wieder zwei gleiche Farbvalenzen.

Bei additiver Farbmischung ist ausschließlich die Farbvalenz maßgeblich, nicht die spektrale Zusammensetzung. Das ermöglicht eine einfache Darstellung der additiven Farbmischung durch eine Vektoraddition im oben festgelegten kartesischen Koordinatensystem. Aus

$$F = f_1 F_{P1} + f_2 F_{P2} + f_3 F_{P4}$$

$$F^* = f_1^* F_{P1} + f_2^* F_{P2} + f_3^* F_{P4}$$

2.22

folgt:

$$\boxed{F + F^* = (f_1 + f_1^*)F_{P1} + (f_1 + f_2^*)F_{P2} + (f_3 + f_3^*)F_{P4}}$$

2.23

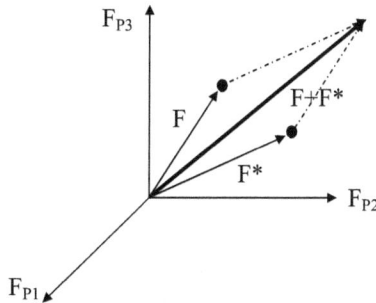

Abb. 2.12. Zur additiven Farbmischung. Die Koordinaten der Farben F und F* addieren sich wie bei der Vektoraddition.

Mathematisch liegt hier das Monotoniegesetz der Vektoraddition zugrunde. Die Vektoren F, F* und F + F* bilden eine Ebene, in der auch der Koordinatenursprung liegt.

Für die Betrachtungen in diesem Abschnitt wäre es übrigens auch möglich gewesen, ein beliebiges, schiefwinkliges Koordinatensystem zu verwenden.

2.2.3   CIE Farbmaßsystem 1931

Die Graßmannschen Gesetze sind der Ausgangspunkt für das von der **Commission Internationale d'Éclairage** (**CIE**, Internationale Beleuchtungskommission) 1931 eingeführte **Farbsystem** [CIE 1931]. Für DIN 5033 [DIN 5033–2] wurde dieses Farbsystem zugrunde gelegt. Als Primärvalenzen findet monochromatische Strahlung der Wellenlängen 435,8nm (blau), 546,1nm (grün) und 700nm (rot) Verwendung. Damit wurde folgendes Experiment durchgeführt: einer großen Anzahl normalsichtiger Beobachter wurde eine kreisförmige, beleuchtete Fläche einer solchen Größe dargeboten, dass der Öffnungswinkel, unter dem die Beobachter die Fläche sahen, etwa 2° entsprach. Das ist in etwa der Öffnungswinkel der Fovea, ein grubenartig vertiefter Bereich im Zentrum des gelben Flecks des Auges (siehe Kap. 2.1.1). Hier ist die Dichte der Farbsinnzellen am höchsten. Die Aufgabe bestand darin, auf einer Hälfte der Fläche aus den drei Primärfarben jeweils eine Testfarbe zu mischen, die auf der anderen Hälfte der Fläche angeboten wurde. Bei der Durchführung des Experimentes stellte sich heraus, dass sich viele Farbvalenzen durch additive Farbmischung aus den drei Primärfarben mischen ließen, jedoch nicht alle. Bei einigen gelang ein Abgleich der beiden Hälften der Fläche nur, wenn eine der drei Primärfarben zur Musterfarbe addiert wurde. Der benötigte Anteil dieser Primärfarbe war dann negativ.

Das Ergebnis des Versuchs sind die sogenannten **Spektralwertkurven** $\overline{b}(\lambda)$, $\overline{g}(\lambda)$ und $\overline{r}(\lambda)$, die in Abb. 2.13 gezeigt sind. Daraus lässt sich zum Beispiel ablesen, dass zur Mischung einer monochromatischen Strahlung von $\lambda = 580$nm etwa 0,14 Anteile grün, 0,25 Anteile rot und 0 Anteile blau nötig sind. Um eine Wellenlänge von 480 nm zu mischen, müsste man 0,05 Anteile rot zu dieser Testfarbe zumischen ($\overline{r}(\lambda)$ ist für diese Wellenlänge negativ!), um dann mit einem Gemisch aus 0,04 Anteilen grün und 0,14 Anteilen blau den gleichen Farbeindruck zu erzielen. Selbstverständlich sind die Funktionen $\overline{r}(\lambda)$ und $\overline{g}(\lambda)$ bei der Wellenlänge 435,8nm Null, weiterhin $\overline{b}(\lambda)$ und $\overline{r}(\lambda)$ bei 546,1nm sowie $\overline{b}(\lambda)$ und $\overline{g}(\lambda)$ bei 700nm.

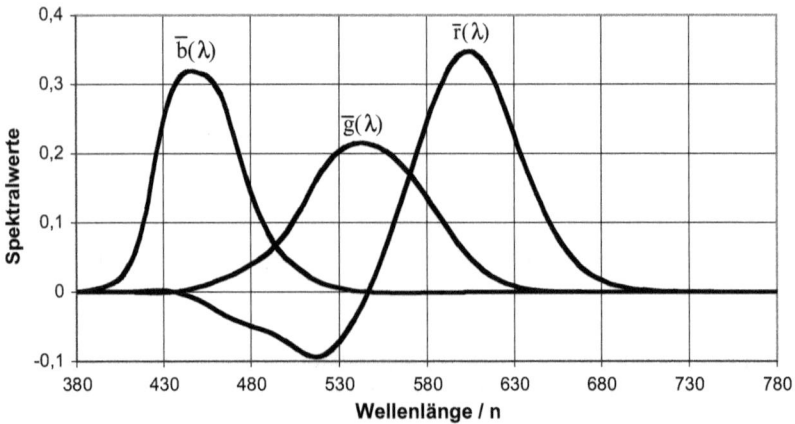

Abb. 2.13. Spektralwertkurven $\overline{b}(\lambda)$, $\overline{g}(\lambda)$ und $\overline{r}(\lambda)$ für die monochromatischen Primärfarben mit den Wellenlängen 435,8nm (blau), 546,1nm (grün) und 700nm (rot) nach [CIE 1931].

Da jede Wellenlänge durch drei Spektralwerte eindeutig festgelegt wird, kann man diese Wellenlänge – wie oben bereits ausgeführt – als Punkt im dreidimensionalen Raum auffassen:

$$f(\lambda) = \overline{r}(\lambda)R + \overline{g}(\lambda)G + \overline{b}(\lambda)B \qquad\qquad 2.24$$

Es lassen sich damit aber nicht nur monochromatische Testfarben darstellen, sondern auch spektrale Verteilungen φ_λ. Die entsprechenden Spektralwerte werden erhalten, indem man sich das Spektrum in kleine Intervalle $\Delta\lambda$ zerlegt denkt und die zugehörigen spektralen Strahldichten $\varphi_\lambda\Delta\lambda$ mit der Farbvalenz $f(\lambda)$ (Gl. 2.24) multipliziert und über alle λ summiert:

$$F = \sum f(\lambda)\cdot\varphi_\lambda\Delta\lambda \qquad\qquad 2.25$$

Die Komponenten von F – seine Koordinaten – erhält man durch die Summen:

$$r_F = \sum \varphi_\lambda\overline{r}(\lambda)\Delta\lambda \qquad g_F = \sum \varphi_\lambda\overline{g}(\lambda)\Delta\lambda \qquad b_F = \sum \varphi_\lambda\overline{b}(\lambda)\Delta\lambda \qquad 2.26$$

Oder, wenn man zu einer kontinuierlichen Verteilung übergeht, durch die Integrale:

$$r_F = \int \varphi_\lambda \overline{r}(\lambda)d\lambda \qquad g_F = \int \varphi_\lambda \overline{g}(\lambda)d\lambda \qquad b_F = \int \varphi_\lambda \overline{b}(\lambda)d\lambda \qquad 2.27$$

Damit lässt sich jede in der Natur auftretende Farbe in drei Koordinaten, den **Farbwerten** r_F, g_F und b_F, ausdrücken und in einem kartesischen Koordinatensystem einzeichnen.

Wie oben bereits erwähnt, kann man für die Darstellung auch ein schiefwinkliges Koordinatensystem verwenden. Das hat die CIE getan. Es gibt dafür einige Gründe: zum einen kann man eine solche Koordinatentransformation so wählen, dass mögliche negative Farbwerte vermieden werden. Außerdem kann man die Lage des **Weißpunktes** frei wählen. Und schließlich kann man dafür sorgen, dass die $\overline{g}(\lambda)$–Kurve in die V(λ)–Kurve des Auges überführt wird und damit die Leuchtdichte allein bestimmt. Die Transformation, die dieses u.a. leistet, wurde von der CIE wie folgt festgelegt:

$$\begin{array}{llll}
X & = & +2,36460R & -0,51515G & +0,00520B \\
Y & = & -0,89653R & +1,42640G & -0,01441B \\
Z & = & -0,46807R & +0,08875G & +1,00921B
\end{array} \qquad 2.28$$

Damit hat man ein neues Koordinatensystem, in dem nur noch positive Farbwerte auftreten. Die nötige Transformation der Spektralwertkurven (Abb. 2.13) erfolgt durch:

$$\begin{pmatrix} \overline{x}(\lambda) \\ \overline{y}(\lambda) \\ \overline{z}(\lambda) \end{pmatrix} = 5,6508 \cdot \begin{pmatrix} 0,49000 & 0,31000 & 0,20000 \\ 0,17697 & 0,81240 & 0,01063 \\ 0,00000 & 0,01000 & 0,99000 \end{pmatrix} \cdot \begin{pmatrix} \overline{r}(\lambda) \\ \overline{g}(\lambda) \\ \overline{b}(\lambda) \end{pmatrix} \qquad 2.29$$

Da die Determinante der Transformationsmatrix aus Gl. 2.28 nicht Null ist, kann eine inverse Matrix angegeben und damit eine Rücktransformation vorgenommen werden. Die Rücktransformation lautet:

$$\begin{pmatrix} \overline{r}(\lambda) \\ \overline{g}(\lambda) \\ \overline{b}(\lambda) \end{pmatrix} = \frac{1}{5,6508} \begin{pmatrix} 2,36460 & -0,89653 & -0,46807 \\ -0,51515 & 1,42640 & 0,08875 \\ 0,00520 & -0,01441 & 1,00921 \end{pmatrix} \cdot \begin{pmatrix} \overline{x}(\lambda) \\ \overline{y}(\lambda) \\ \overline{z}(\lambda) \end{pmatrix} \qquad 2.30$$

Die Transformation ist dergestalt, dass Geraden im Ursprungsraum wieder in Geraden übergehen. Die Farbmischung kann damit weiterhin durch Vektoraddition wiedergeben werden. Dem „neuen" Farbenraum liegen natürlich ebenfalls drei Primärvalenzen zugrunde, die jedoch nur noch virtuellen Charakter haben und nicht nicht mehr reell darstellbar sind. Die resultierenden **Normspektralwertfunktionen** sind in Abb. 2.14 dargestellt. Man erkennt deutlich, dass die $\overline{y}(\lambda)$–Funktion der V(λ)–Kurve des Auges entspricht.

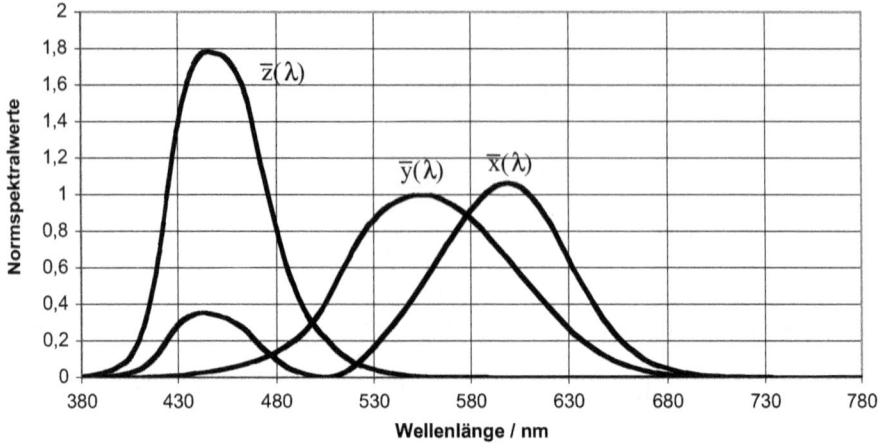

Abb. 2.14. Normspektralwertkurven $\bar{x}(\lambda)$, $\bar{y}(\lambda)$ und $\bar{z}(\lambda)$, die durch Koordinatentransformation aus den Primär-farben mit den Wellenlängen 435,8nm (blau), 546,1nm (grün) und 700nm (rot) hervorgegangen sind.

Das oben begonnene Beispiel einer monochromatischen Strahlung der Wellenlänge 580 nm lässt sich hier fortsetzen. Mit den 0,14 Grünanteilen und den 0,25 Rotanteilen ergibt die Transformation nach Gl. 2.29:

$$\begin{pmatrix} 0,94 \\ 0,89 \\ 0,0079 \end{pmatrix} = 5,6508 \cdot \begin{pmatrix} 0,49000 & 0,31000 & 0,20000 \\ 0,17697 & 0,81240 & 0,01063 \\ 0,00000 & 0,01000 & 0,99000 \end{pmatrix} \cdot \begin{pmatrix} 0,25 \\ 0,14 \\ 0 \end{pmatrix} \qquad 2.31$$

Grob lässt sich also die Wellenlänge 580nm darstellen durch $x^*=0,94$, $y^*=0,89$ und $z^*=0,0079$.

Um eine graphische Darstellung aller Farborte in der Ebene zu ermöglichen, bedient man sich der Normierung:

$$\boxed{x = \frac{x^*}{x^*+y^*+z^*} \qquad y = \frac{y^*}{x^*+y^*+z^*} \qquad z = \frac{z^*}{x^*+y^*+z^*}} \qquad 2.32$$

Damit gilt

$$\boxed{x + y + z = 1} \qquad 2.33$$

und man kann auf eine der Koordinaten verzichten. Üblich ist hier, die z–Koordinate auszu-schließen und nur x und y anzugeben. Jede reell darstellbare Farbvalenz (und darüber hinaus noch virtuelle Valenzen) lässt sich durch zwei Zahlen x und y darstellen. Dass die Darstel-lung in einem rechtwinkligen Koordinatensystem erfolgt, hat sich eingebürgert, ist aber grundsätzlich willkürlich.

Die reinen Spektralfarben ergeben in dieser Darstellung (Abb. 2.15) die Umrisse der „**Farb-zunge**", den **Spektralfarbenzug**. Nach unten hin ist die Farbzunge durch eine Gerade begrenzt, die **Purpurlinie** genannt wird. Alle darstellbaren Farben liegen in einem Dreieck mit den Eckpunkten $P_1(0;1)$, $P_2(1;0)$ und $O(0;0)$ (Ursprung) (Abb. 2.16). Oder anders ausgedrückt: sie liegen innerhalb eines Dreiecks, das durch die x– und y–Achse sowie die Gerade x+y=1 gebildet wird. Die Koordinaten x^*, y^* und z^* einer spektralen Verteilung φ_λ können analog zu Gl. 2.27 nach

$$x^* = \int \varphi_\lambda \overline{x}(\lambda)d\lambda \qquad y^* = \int \varphi_\lambda \overline{y}(\lambda)d\lambda \qquad z^* = \int \varphi_\lambda \overline{z}(\lambda)d\lambda \qquad\qquad 2.34$$

berechnet werden. Besonders einfach ist die Berechnung für den Fall des sogenannten **energiegleichen Spektrums**. Hier ist φ_λ konstant über den ganzen sichtbaren Spektralbereich. Für die Normspektralwertkurven gilt nach der Transformation 2.29 der Zusammenhang

$$\int \overline{x}(\lambda)d\lambda = \int \overline{y}(\lambda)d\lambda = \int \overline{z}(\lambda)d\lambda\,, \qquad\qquad 2.35$$

so dass für konstantes $\varphi_\lambda = \varphi$ gilt:

$$x = \frac{\varphi \int \overline{x}(\lambda)d\lambda}{\varphi \int \overline{x}(\lambda)d\lambda + \varphi \int \overline{y}(\lambda)d\lambda + \varphi \int \overline{z}(\lambda)d\lambda} = \frac{\int \overline{x}(\lambda)d\lambda}{3 \int \overline{x}(\lambda)d\lambda} = \frac{1}{3} \qquad\qquad 2.36$$

Analog kann die Rechnung mit gleichem Ergebnis auch für y und z durchgeführt werden, so dass die Koordinaten des energiegleichen Spektrums x=y=1/3 lauten. Das energiegleiche Spektrum ist dem Tageslicht sehr ähnlich und erscheint dem Auge als weiß. Der entsprechende Punkt in den Farbtafeln der Abb. 2.15 und 2.16 wird **Weißpunkt** genannt.

Ebenso eingezeichnet ist in Abb. 2.15 die Linie des schwarzen Strahlers. Dieser liefert, wie man der Abb. 1.38 in Kap. 1.5.2 entnehmen kann, kein energiegleiches Spektrum. Allerdings ist die spektrale spezifische Ausstrahlung für die Temperatur von 5600K in grober Näherung konstant, was folglich einen Punkt in der Nähe des Weißpunktes ergibt. Die Punkte für niedrigere Temperaturen liegen im gelben bzw. roten Farbbereich.

Verbindet man den Weißpunkt mit einem Punkt des Spektralfarbenzuges oder der Purpurlinie, so bekommt man eine Strecke (strichpunktierte Linie in Abb. 2.16), auf der sich der Farbton nicht ändert, wohl aber die Sättigung der Farbe. Ausgehend von den satten Spektralfarben „verdünnen" die Farben immer mehr, je näher man dem Weißpunkt kommt. Verlängert man die Strecke über den Weißpunkt hinaus, erhält man die **Komplementärfarben**. Aus der ursprünglichen Farbe und der Komplementärfarbe lässt sich weiß mischen. Verbindet man beliebige Punkte innerhalb der Farbzunge mit einer Strecke, so können alle auf der Strecke liegenden Farben mit den zwei durch die beiden Punkte repräsentierten Farben gemischt werden.

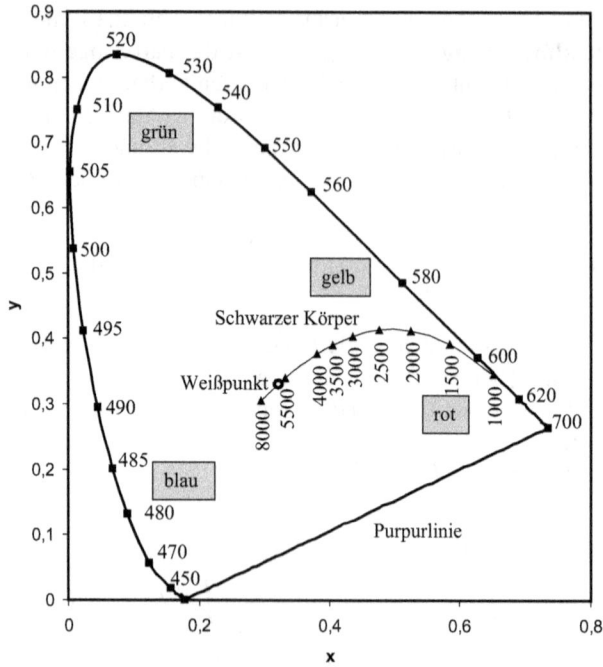

Abb. 2.15. Normfarbtafel mit dem Spektralfarbenzug. Die gestrichelte Linie ist die Linie des schwarzen Körpers bei verschiedenen Temperaturen.

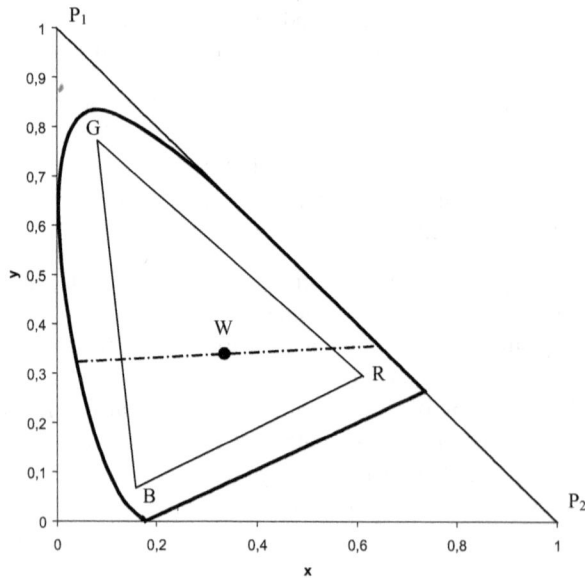

Abb. 2.16. Normfarbtafel mit „Farbzunge". Alle reell darstellbaren Farben liegen in dem durch den Ursprung und P_1 und P_2 aufgespannten Dreieck. Alle durch drei Farbvalenzen R, G und B darstellbaren Farben liegen in dem durch sie aufgespannten Dreieck.

Als weiteres Beispiel sind in Abb. 2.16 die drei durch einen Farbmonitor darstellbaren Farbvalenzen R, G und B eingezeichnet. Der Monitor kann alle innerhalb des Dreiecks RGB dargestellten Farben anzeigen. Man erkennt sofort, dass eine komplette Darstellung aller möglichen Farben durch additive Farbmischung von drei Farben nicht möglich ist, egal wo die Punkte R, G und B auch liegen mögen. Hinzu kommt, dass die Lage der Punkte nicht frei wählbar ist, sondern durch die Verfügbarkeit der Leuchtstoffe eingeschränkt ist.

Abschließend sei noch darauf hingewiesen, dass die Farbvalenzen durch integrale Zusammenhänge (Gl. 2.34) gewonnen werden. Dabei ist es grundsätzlich möglich, dass zwei Farbvalenzen gleich sind, obwohl die zugrundeliegenden Farbreizfunktionen φ_λ verschieden sind. Theoretisch gibt es unendlich viele solcher Funktionen, die jeweils zum gleichen Integralwert führen. Im Falle von Körperfarben bedeutet das: zwei mit Licht derselben Strahlungsfunktion S_λ beleuchtete Körper haben wegen $\varphi_\lambda = S_\lambda \cdot R(\lambda)$ (Gl. 2.19) bei unterschiedlichem spektralen Reflexionsfaktor $R(\lambda)$ unterschiedliche Farbreizfunktionen φ_λ, können aber trotzdem die gleiche Farbvalenz haben. Die Farben der Körper wären dann nicht zu unterscheiden.

Würde man allerdings die Körper mit einer anderen Lichtquelle und damit einer anderen Strahlungsfunktion S_λ beleuchten, würden sich die Farbreizfunktionen φ_λ für die beiden Körper in unterschiedlicher Weise verändern und somit im Allgemeinen auch die Integralwerte. Die zugehörigen Farbvalenzen wären dann nicht mehr gleich. Farben, die wie in diesem Fall nur bei einer bestimmten Lichtart, also bei einer bestimmten Strahlungsfunktion S_λ gleich aussehen, heißen **bedingt-gleiche Farben**. Im Gegensatz dazu sind die Farben von Körpern mit gleichem spektralem Reflexionsfaktor $R(\lambda)$ grundsätzlich gleich und sehen bei jeder Lichtart gleich aus. Die Farbvalenzen sind bei allen möglichen Strahlungsfunktionen S_λ gleich. Die Farben heißen dann **unbedingt-gleich**.

2.2.4   CIE-UCS-Farbtafel 1976

Die Farbtafel CIE 1931 (Abb. 2.15) hat viele Vorteile und hat sich daher durchgesetzt und bis heute gehalten. Allerdings hat sie einen Nachteil, der in der schwarz-weißen Darstellung nicht ersichtlich ist. Der Bereich der grünen Farben ist sehr viel weiter ausgedehnt als der Bereich der roten oder blauen Farben. Das bedeutet, dass eine bestimmte Strecke im Bereich der grünen Farbe in Abb. 2.15 einen geringeren Farbunterschied ausmacht als im blauen oder roten Gebiet. Der Wunsch nach einer gleichabständigen Farbtafel hat seitens der CIE im Jahr 1976 zur **UCS-Farbtafel** geführt (UCS bedeutet „Uniform Chromaticity Scale"). Die relativ einfache Umrechnung in die neuen Koordinaten u' und v' lautet:

$$\boxed{u' = \frac{4x}{3-2x+12y}} \qquad \boxed{v' = \frac{9y}{3-2x+12y}} \qquad\qquad 2.37$$

Für die Rücktransformation dienen die Formeln:

$$\boxed{x = \frac{9u'}{6u'-16v'+12}} \qquad \boxed{y = \frac{3v'}{3u'-8v'+6}} \qquad\qquad 2.38$$

Das Gebiet der grünen Farben ist nach dieser Transformation wesentlich gestaucht, wohingegen der Bereich der roten Farben deutlich gestreckt ist. Allerdings vermag auch diese Transformation das Missverhältnis zwischen empfundenem Farbunterschied und geometrischer Streckenlänge nicht völlig zu beseitigen. Das Missverhältnis wird von 1:20 auf etwa 1:2 verkleinert. Eine weitere Verbesserung ließe sich nur durch sehr unbequeme nicht-lineare Transformationen erreichen. Für viele Zwecke ist die hier angeführte CIE-UCS-Farbtafel 1976 schon hinreichend (Abb. 2.17). Der **Weißpunkt**, der die Koordinaten x=1/3 und y=1/3 hatte, liegt hier bei u'=0,211 und v'=0,316.

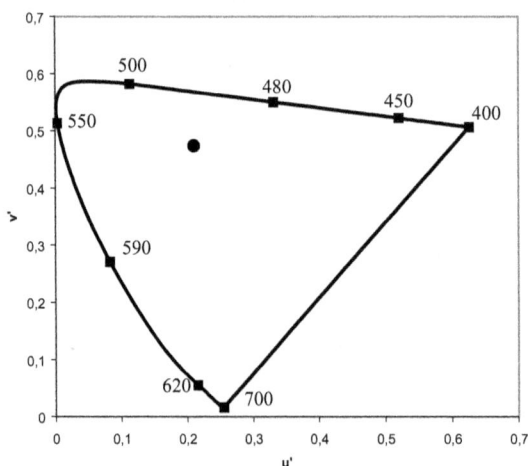

Abb. 2.17. CIE-UCS-Farbtafel 1976.

2.2.5   Farbwiedergabeindex

Im vorletzten Kap. 2.2.3 wurde ausgeführt, dass zwei Körperfarben mit unterschiedlichen Reflexionsfaktoren $R(\lambda)$ bei Beleuchtung mit derselben Lichtquelle mit der Strahlungsfunktion S_λ trotz unterschiedlicher Farbreizfunktion $\varphi_\lambda = S_\lambda \cdot R(\lambda)$ zum gleichen Farbeindruck führen können. Umgekehrt ist es nun so, dass ein und derselbe Körper mit Reflexionsfaktor $R(\lambda)$ bei Beleuchtung mit verschiedenen Lichtquellen und damit verschiedenen Strahlungsfunktionen S_λ in der Regel zu einem unterschiedlichen Farbeindruck führt. Dies kann sogar dann der Fall sein, wenn die beiden Quellen gleiche Farbvalenzen haben. Lichtquellen mit unterschiedlichen Strahlungsfunktionen S_λ, aber gleichen Farbkoordinaten werden **metamer** genannt.

Beleuchtet man einen Körper, etwa einen textilen Stoff, mit metameren Lichtquellen, treten scheinbare Farbunterschiede auf. Beim Bau von Lichtquellen spielen also ihre Farbwiedergabeeigenschaften eine entscheidende Rolle. Mit der Einführung der Leuchtstofflampe trat das Problem verstärkt ins Bewusstsein. Bei Beleuchtung mit Glühlampenlicht tritt im Vergleich zum Tageslicht zwar eine leichte Veränderung des Farbeindrucks auf, aber die Farbwiedergabe ist aufgrund des kontinuierlichen Spektrums der beiden Lichtarten vergleichbar und somit bei der Glühlampe sehr gut. Beleuchtet man allerdings mit Leuchtstofflampen, so treten wegen des Vorhandenseins einzelner Spektrallinien starke Verschiebungen in der Farbvalenz auf. Die Farbreizfunktion verändert sich und die Integrale von Gl. 2.34 bekommen andere Werte, was wiederum zu anderen Koordinaten x und y führt. Da konsequent an der Verbesserung der Farbwiedergabe von Leuchtstofflampen gearbeitet wurde, empfahl die CIE 1965 ein Testfarbenverfahren, mit dem ein sogenannter **Farbwiedergabeindex R_a** errechnet wurde [CIE 1965]. Dieser ist ein Maß dafür, wie gut eine Lichtquelle Farben im Vergleich zu einer **Bezugslichtart** wiederzugeben vermag. Dabei ist zu bemerken, dass die Bewertung der Farbwiedergabe sehr schwierig ist, zumal das menschliche Auge die Fähigkeit der **chromatischen Adaption** hat, d.h. sich in gewissem Umfang an Farbveränderungen anpassen kann. Das Verfahren ist anwendbar auf Leuchtstofflampen und andere Gasentladungslampen. Nicht anwendbar ist es bei Lichtquellen mit vorwiegend monochromatischer Strahlung. Diese sind aber für die Allgemeinbeleuchtung ohnehin wenig interessant.

Das grundsätzliche Vorgehen nach CIE 1965 soll hier kurz skizziert werden, da es sehr anschaulich ist und einen Eindruck vom Zustandekommen des Farbewiedergabeindexes vermittelt. Inzwischen gibt es ein abgewandeltes Verfahren, bei dem einige Umrechnungen zusätzlich erfolgen. Hierzu sei auf die Literatur verwiesen [CIE 1995].

Als Testfarben für die Bestimmung des allgemeinen Farbwiedergabeindex R_a wurden acht Testfarben (1–8) festgelegt; dazu kommen noch sechs weitere Farben für die Bestimmung spezieller Farbwiedergabeindizes (9–14):

1	Altrosa	5	Hellblau	9	Rot/gesättigt	13	Rosa/Hautf.
2	Senfgelb	6	Himmelblau	10	Gelb/gesättigt	14	Blattgrün
3	Gelbgrün	7	Asterviolett	11	Grün/gesättigt		
4	Grün	8	Fliederviolett	12	Blau/gesättigt		

Diese Farben, die hier nur namentlich wiedergegeben werden können, haben genau festgelegte Reflexionsfaktoren $R(\lambda)$. Die Farborte der 14 Testfarben sind in das CIE 1931 Diagramm der Abb. 2.18 eingetragen. Die ersten acht Testfarben sind um den Weißpunkt herum angeordnet, während die sechs weiteren Farben z.T. weiter entfernt streuen. Das um den Weißpunkt herum aufgespannte „Spinnennetz" besteht aus Linien gleichen Farbtons (Speichen) und aus Linien gleicher Farbsättigung (die z.T. in sich geschlossenen Kurven).

Eine wesentliche Bedeutung kommt bei dem Verfahren der **Bezugslichtart** zu, mit der die Testfarben vergleichsweise beleuchtet werden. Für die Beurteilung von Lichtquellen mit einer ähnlichsten Farbtemperatur bis 5000K soll der schwarze Körper entsprechender Temperatur als Bezugslichtart verwendet werden. Über 5000K soll die spektrale Strahlungsverteilung des Tageslichts zur Anwendung kommen. Auch eine rein theoretisch festgelegte Lichtart ist denkbar, sie muss also gar nicht realisierbar sein. Der schwarze Körper ist ja auch nur angenähert real darstellbar.

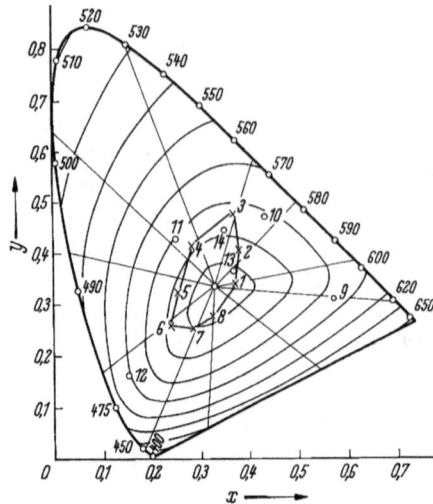

Abb. 2.18. Farborte der CIE-Testfarben im Normvalenzsystem der CIE 1931 bei Beleuchtung mit Tageslicht RD 6500. Mit eingezeichnet sind die vom Weißpunkt radial nach außen verlaufenden Geraden gleichen Farbtons sowie die Kurven gleicher Farbsättigung. Quelle: OSRAM [Münch 1967]

Das Verfahren beruht nun darauf, die Farbkoordinaten der Testfarben bei Beleuchtung mit der Bezugslichtart sowie mit der zu testenden Lichtquelle zu bestimmen. Ist die Farbwiedergabe optimal, so ergeben sich keine Unterschiede bei den Koordinaten für die zwei Lichtarten. In der Regel aber wird es zu farbmetrischen Abweichungen kommen. Um diese rechnerisch auswerten zu können, benötigt man ein Farbvalenzsystem, das etwa gleichabständig ist, d.h. bei dem gleiche geometrische Abstände auch etwa gleiche Farbunterschiede darstellen. Die CIE hat hierfür das **CIE-UCS-System 1960** verwendet, einen Vorläufer des in Kap. 2.2.4. behandelten Systems von 1976. Die Gleichungen lauten:

$$u = \frac{4x}{3 - 2x + 12y} \qquad v = \frac{6y}{3 - 2x + 12y} \qquad\qquad 2.39$$

Für die Rücktransformation dienen die Formeln:

$$x = \frac{3u}{2u - 8v + 4} \qquad y = \frac{2v}{2u - 8v + 4} \qquad\qquad 2.40$$

Für das Verfahren ist es notwendig, dass auch die Farbkoordinaten der Bezugslichtart selbst sowie die der zu indizierenden Lichtart bekannt sind bzw. gemessen werden. Nach Transformation aller gemessenen Werte in uv–Koordinaten erfolgt die Berechnung des Farbunterschiedes ΔE_a gemäß

$$\Delta E_{a,i} = 800 \sqrt{\left[\left(u_{T,i} - u_T\right) - \left(u_{B,i} - u_B\right)\right]^2 + \left[\left(v_{T,i} - v_T\right) - \left(v_{B,i} - v_B\right)\right]^2} \quad 2.41$$

Dabei bedeuten:

Index i	i–te Testfarbe
Index T	zu testende Lichtquelle
Index B	Bezugslichtart
$u_{T,i}$, $v_{T,i}$	Koordinaten der Testfarbe i bei Beleuchtung mit der zu testenden Lichtquelle
$u_{B,i}$, $v_{B,i}$	Koordinaten der Testfarbe i bei Beleuchtung mit der Bezugslichtart
u_T, v_T	Koordinaten der zu testenden Lichtquelle
u_B, v_B	Koordinaten der Bezugslichtart

Aus den Farbunterschieden $\Delta E_{a,i}$ wird nach

$$\overline{\Delta E}_a = \frac{1}{8} \sum_{i=1}^{8} \Delta E_{a,i} \qquad\qquad 2.42$$

der Mittelwert $\overline{\Delta E}_a$ bestimmt, aus dem wiederum der **allgemeine Farbwiedergabeindex**

$$\boxed{R_a = 100 - 4{,}625\overline{\Delta E}_a} \qquad\qquad 2.43$$

errechnet wird. Der Faktor 4,625 ist so gewählt, dass eine warmweiße Standardleuchtstofflampe ungefähr den Wert 50 bekommt. Der Farbwiedergabeindex hat nichts mit einer %–Angabe zu tun, obwohl der maximal mögliche Wert, wie man an den Gl. 2.41 bis 2.43 leicht erkennt, genau 100 ist. Er entspricht einer Lichtquelle, die praktisch die gleichen Farbwiedergabeeigenschaften wie die Bezugslichtart hat. Am unteren Ende der Skala gibt es dagegen keinen klar definierten, niedrigsten Wert, da grundsätzlich auch extreme Abweichungen auftreten können. Es ist sogar möglich, dass R_a negativ wird. Zwei Lichtquellen können außerdem gleich gute R_a–Werte aufweisen, obwohl sie in einzelnen Farbtönen unterschiedliche Farbwiedergabeeigenschaften haben. Die einzelnen $\Delta E_{a,i}$–Werte nach Gl. 2.41 sind dann unterschiedlich, ergeben aber in der Summe von Gl. 2.42 den gleichen Mittelwert.

Zur Bewertung von Lichtquellen wurden Farbwiedergabestufen wie folgt festgelegt:

Farbwiedergabeindex	Farbwiedergabestufe
$90 \leq R_a < 100$	1A
$80 \leq R_a < 90$	1B
$70 \leq R_a < 80$	2A
$60 \leq R_a < 70$	2B
$40 \leq R_a < 60$	3
$20 \leq R_a < 40$	4

Es sei noch einmal wiederholt, dass aus Gründen der Anschaulichkeit hier das alte Verfahren zur Bestimmung des Farbwiedergabeindexes gezeigt wurde. Die CIE hat 1995 ein modifiziertes Verfahren angegeben, bei dem insbesondere ab der Berechnung der Farbunterschiede $\Delta E_{a,i}$ ein komplizierterer Algorithmus verwendet wird.

Zur weiteren Vertiefung der Farbmetrik sei abschließend noch auf die Bücher [Richter 1976] und [Schanda 2007] verwiesen. In letzterem wird speziell die Farbmetrik nach dem CIE–System sehr detailliert behandelt.

Fragen

1. Was ist der Unterschied zwischen Adaption und Akkomodation beim Auge?

2. Warum tragen die Stäbchenzellen nichts zum Tagsehen bei?

3. Was versteht man unter skotopischem und was unter photopischem Sehen?

4. Erläutern Sie den Purkinje-Effekt!

5. Was versteht man unter dem Lichtstrom Φ_v? Welche strahlungsphysikalische Größe entspricht ihm?

6. Warum wurde bei der Festlegung der Normfarbtafel nach CIE 1931 den Beobachtern nur eine kleine leuchtende Fläche dargeboten, die einem Blickwinkel von 2° entsprach?

7. Ist es möglich, in einem Farbsystem mit drei reellen Farbvalenzen alle vorkommenden Farben durch additive Farbmischung darzustellen? Begründung!

8. Welchen Farbwiedergabeindex haben Glühlampen?

Aufgaben

1. Das menschliche Auge kann fünf Photonen als Lichtempfindung wahrnehmen, wenn sie innerhalb von einer Millisekunde die Netzhaut treffen. Wie weit dürfte eine Kerze höchstens vom Betrachter entfernt sein, damit sie vom Auge bei völliger Dunkelheit wahrgenommen wird? Nehmen Sie vereinfachend an, dass die Lichtquanten die Wellenlänge des Empfindlichkeitsmaximums des Auges haben!

2. a) Eine Lichtquelle hänge 2,5m senkrecht über einer Schreibtischfläche. Welche Lichtstärke muss sie haben, damit die Beleuchtungsstärke auf dem Schreibtisch den Wert von 250lx erreicht?

b) Wie stark müsste eine Schreibtischlampe sein, wenn sie, 40cm über der Oberfläche angebracht, die gleiche Beleuchtungsstärke liefern soll?

3. Vom Hersteller wird für eine Lampe mit der elektrischen Leistungsaufnahme von 125W eine Lichtausbeute von 40lm/W angegeben. Sie soll als Parkplatzleuchte Verwendung finden, wobei ein Reflektor 68% der Lichtausbeute mit konstanter Lichtstärke auf den Halbraum unter der Leuchte verteilt.

a) Wie groß ist diese Lichtstärke?

b) Senkrecht unter der Leuchte soll die Beleuchtungsstärke 30lx betragen. In welcher Höhe muss die Leuchte installiert werden?

c) In welcher Entfernung vom Leuchtenmast fällt jetzt die Beleuchtungsstärke am Boden unter 3 lx?

4. Eine Peitschenleuchte, die in der Höhe h = 5m über dem Boden hängt, leuchte eine kreisförmige ebene Fläche mit Radius r = 1,99m aus. In dem betrachteten Kreiskegel sei die Lichtstärke konstant.

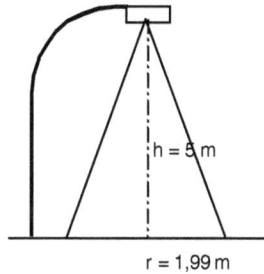

h = 5 m

r = 1,99 m

a) Welcher Raumwinkel wird (genähert) ausgeleuchtet?

b) Welchen Lichtstrom muss die Lampe abgeben, damit die Beleuchtungsstärke am Rand des Kreises 3,205 lx beträgt?

c) Welche Lichtstärke muss die Lampe abgeben?

5. In einem Museum soll ein altes Ölgemälde der Höhe h=3m und der Breite b=2m (siehe Skizze) mit einer mittig über dem Bild an einem Schwanenhals befestigten Leuchte ins rechte Licht gerückt werden. Die Leuchte habe von der Bildoberfläche einen senkrechten Abstand von d = 1m. In dem Lichtkegel, der das Bild beleuchtet, soll die Lichtstärke konstant sein.

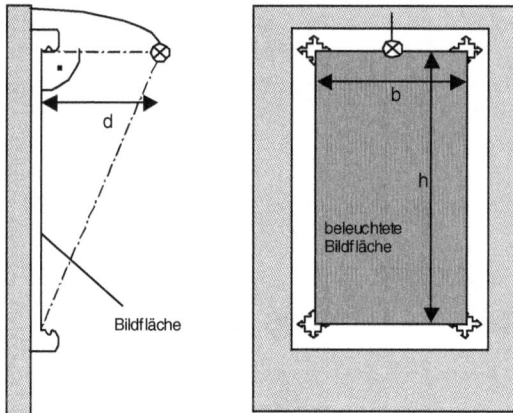

d

b

h

beleuchtete
Bildfläche

Bildfläche

a) Wie groß müsste die Lichtstärke sein, wenn im Bereich der unteren Bildecken das Gemälde mit der Beleuchtungsstärke von E_u = 1,371 lx beleuchtet werden soll?

b) Wie hoch ist dann die Beleuchtungsstärke auf dem Gemälde im Bereich der oberen Bildecken?

c) Die benutzte Leuchte gebe einen kreisrunden Lichtkegel ab, der im Abstand von a=2,43m einen Kreis mit Radius R=1,5m ausleuchtet. Wie groß ist der von der Leuchte abgegebene Lichtstrom?

6. Eine Punktquelle, die in 2,5m Höhe an einer mattschwarzen Zimmerdecke befestigt ist, strahle in den halben Raumwinkel eine konstante Lichtstärke ab.

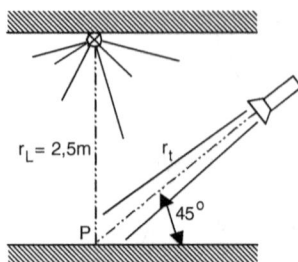

a) Wie hoch muss der Lichtstrom Φ_v der Lampe sein, damit am Boden senkrecht unter der Lampe die Beleuchtungsstärke E_v=80lx erreicht wird?

b) Die Lampe werde nun ausgeschaltet und mit einer Taschenlampe im Abstand r_t unter einem Winkel von 45° gegen die Horizontale auf den Punkt P geleuchtet (siehe Skizze). Die Taschenlampe habe in ihrem begrenzten Lichtkegel eine Lichtstärke von 2047cd. Wie groß müsste r_t sein, damit die Beleuchtungsstärke im Punkt P wiederum 80 lx ist?

c) Welchen Lichtstrom Φ_v gibt die Taschenlampe ab, wenn sie in der Entfernung r_t eine kreisrunde Fläche (senkrecht zum Strahl) mit Radius R = 0,205 m ausleuchtet?

7. Eine Leuchte ist vom Hersteller so spezifiziert, dass sie das Licht einer kugelförmig abstrahlenden Glühlampe zu 57% in einen kreisrunden Lichtkegel bündelt, mit dem im Abstand von a=2m ein runder Fleck mit Radius R=1m homogen ausgeleuchtet (konstante Lichtstärke) werden kann (siehe Skizze a). Die Leuchte werde nun dazu verwendet, als Unterflurstrahler eine quadratische Reklametafel mit der Höhe H=0,9m zu beleuchten (siehe Skizze b). Der waagrechte Abstand der Leuchte von der Tafel sei d=2,3m.

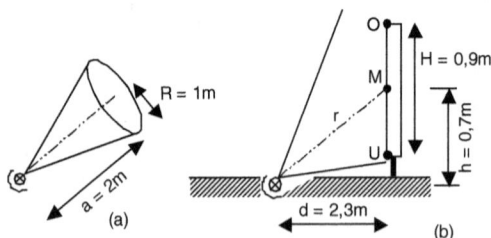

a) Welchen Lichtstrom Φ_v muss die Glühbirne abgeben, wenn in der Mitte des Schildes (Punkt M) die Beleuchtungsstärke E_v=30 lx sein soll?

b) Wie groß wären dann die Beleuchtungsstärken an der oberen und unteren Kante (Punkt U und O)?

Hinweis: Verwenden Sie geeignete Näherungen!

3 Konventionelle Lichtquellen

3.1 Glühlampen

3.1.1 Allgebrauchsglühlampen

Die wohl erste Glühlampe bestand aus einem evakuierten Parfümfläschchen, in das ein Mann namens Goebel 1854 eine verkohlte Bambusfaser als Glühwendel einbrachte. Kommerzielle Bedeutung erlangte diese Erfindung allerdings noch nicht, u.a. auch weil es noch an geeigneten Stromquellen fehlte. 1879 baute Thomas Alva Edison (1847–1931) Kohlefadenlampen, die etwas erfolgreicher waren, da mittlerweile auch Generatoren verfügbar waren. Die Verwendung von Metallwendeln gelang erst um 1900. So war 1899 eine Glühlampe im Handel, die eine Osmiumglühwendel hatte. Auch Tantal wurde als Material verwendet.

Die bis heute üblichen Wolframwendeln kommen seit 1906 zum Einsatz. 1913 wurde erstmals das heute noch verbreitete Argon-Stickstoffgemisch als Füllgas verwendet. Mit diesen Verbesserungen stiegen auch die verfügbaren Leistungen. Heute sind Halogen-Netzspannungslampen mit einer Leistung von 20.000W im Handel. Normale Allgebrauchslampen (Abb. 3.1) für den Haushalt haben Leistungen bis 200W. Sie sollen hier zuerst behandelt werden, obwohl ihre Herstellung in den nächsten Jahren eingeschränkt werden soll. Vieles des hier Behandelten hat auch für andere Glühlampentypen Relevanz.

Die Glühwendel

Neben den bereits in Kapitel 1.5.3 diskutierten strahlungsphysikalischen Vorzügen des **Wolframs**, nämlich seiner gegenüber dem schwarzen Körper gegen das Sichtbare verschobenen Abstrahlung, hat Wolfram noch den Vorzug des **hohen Schmelzpunktes** (Tab. 3.1). Außerdem hat Wolfram von allen leitfähigen Materialien **den niedrigsten Dampfdruck**. Das Abdampfen von Wendelmaterial bei hohen Temperaturen ist also minimal. Wolfram ist ein weißglänzendes, als Pulver mattgraues Schwermetall und kommt in Form von fünf natürlichen Isotopen vor. Sein elektrischer Widerstand steigt, wie bei allen Metallen, mit der Temperatur an. Das hängt damit zusammen, dass die starke Gitterbewegung bei hohen Temperaturen die Bewegung der Elektronen stark stört. Für die Glühlampe bedeutet das, dass beim Einschalten ein hoher Strom fließt, der sich beim Erhitzen des Glühfadens selbst begrenzt.

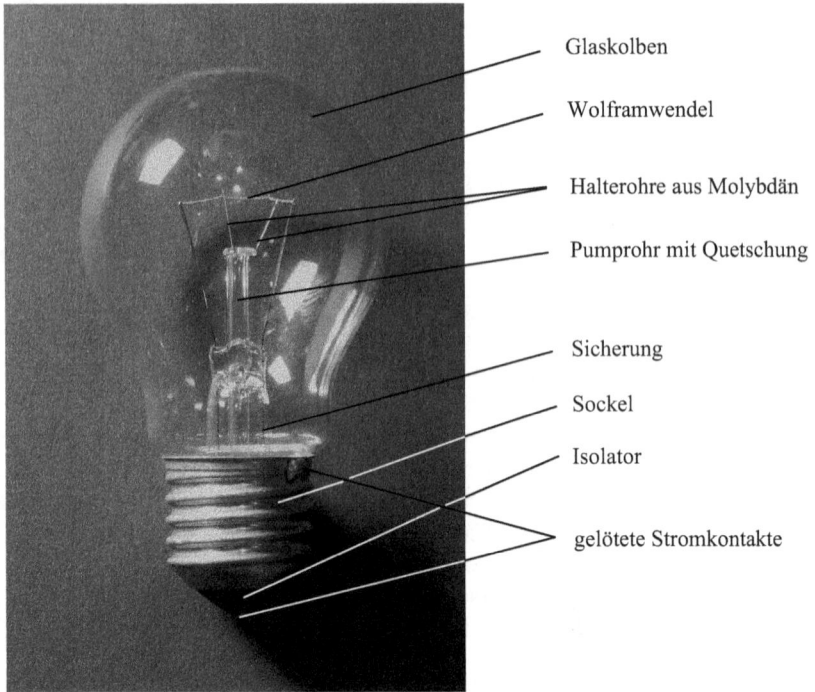

Glaskolben

Wolframwendel

Halterohre aus Molybdän

Pumprohr mit Quetschung

Sicherung

Sockel

Isolator

gelötete Stromkontakte

Abb. 3.1. Standard–Allgebrauchslampe mit Klarglaskolben und einer Leistung von 40W.

Tab. 3.1. Physikalische Eigenschaften von Wolfram [CRC 2006]

Rel. Atommasse	183,84
Natürliche Isotope	^{180}W (0,12%)
	^{182}W (26,50%)
	^{183}W (14,31%)
	^{184}W (30,64%)
	^{186}W (28,43%)
Dichte	19,3 g/cm^{-3}
Schmelzpunkt	3422°C
Siedepunkt	5555°C
Spez. Wärme (25°C, konst. Druck)	0,132 J/(gK)
Wärmeleitfähigkeit (27°C)	1,74 W/(cmK)
Spez. el. Widerstand	$5,28 \cdot 10^{-8} \Omega$m (293 K)
	$10,3 \cdot 10^{-8} \Omega$m (500 K)
	$21,5 \cdot 10^{-8} \Omega$m (900 K)

Die Verfahrensschritte bei der Gewinnung von Wolfram sind in Abb. 3.2. dargestellt. Ausgangsmaterialien sind hauptsächlich die Erze **Wolframit** ((Fe,Mn)WO$_4$) und **Scheelit** (CaWO$_4$). Die Anreicherung erfolgt durch Flotation oder durch Magnetscheidung. Bei der **Flotation** wird das Erz in pulverisierter Form in Wasser gegeben. Die Trennung der Erzsorten erfolgt durch Ausnutzung der unterschiedlichen Benetzbarkeit der Bestandteile. Das reine Wolframerz wird zunächst in wasserlösliches **Natriumwolframat** (Na_2WO_4) überführt, daraus wird **Ammoniumparawolframat** ($5(NH_4)_2O \cdot 12WO_3 \cdot 6H_2O$) gewonnen, aus dem schließlich durch Abspaltung von Ammoniak und Wasser reines **Wolframtrioxid** (WO_3) hervorgeht. Die Zugabe der Legierungsstoffe SiO_2, Al_2O_3 und K_2O an dieser Stelle erhöht die **Rekristallisationstemperatur** des Wolframs. Bei der reinen Substanz liegt sie bei ca. $1000°C$, und zwar erfolgt die Rekristallisation in eine für die Lampenlebensdauer schädliche Form. Aus dem Gemisch wird schließlich durch Reduktion mit Wasserstoff das reine Metall in Form eines grauen Pulvers gewonnen.

Wolframgewinnung

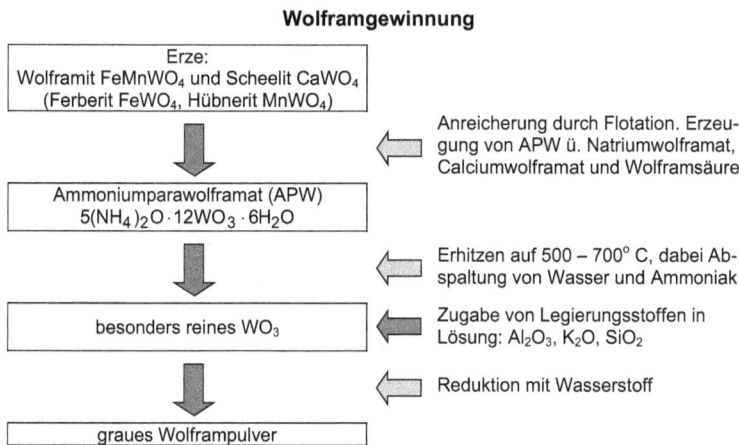

Abb. 3.2. Die Verfahrensschritte bei der Gewinnung von reinem Wolfram.

Das Pulver wird einem zweistufigen Sinterverfahren unterworfen und das Wolfram schließlich zu einem etwa 3mm dicken Draht gewalzt. Das Ziehen von Wolframdrähten erfolgt, indem der erwärmte Wolframdraht durch einen Diamantziehstein gezogen wird, dessen Bohrung etwas kleiner ist als der Drahtdurchmesser. Nach einer ganzen Anzahl von Stufen hat der Draht schließlich eine geeignete Dicke zur Verwendung als Glühdraht. Verwendet werden je nach Lampentyp Drähte mit einer Dicke von 20 bis 100µm.

Beim Betrieb der Lampe tritt in reinem Wolfram, also ohne die Zugabe der oben erwähnten Legierungsstoffe SiO_2, Al_2O_3 und K_2O, bei Erhitzung ein Prozess ein, der in Abb. 3.3 dargestellt ist. Nach dem Ziehvorgang hat Wolfram eine faserartige Mikrostruktur [Coaton 2001]. Bei Erwärmung tritt bei ca. 1000K **Rekristallisation** ein. Das Material ist bestrebt, die Grenzflächenenergie durch Minimierung der Oberfläche herabzusetzen. Die sich einstellende neue Kornstruktur erweist sich für Glühfäden als sehr ungünstig, führt sie doch im fortgeschrittenen Stadium zur Ausbildung einer sogenannten „Bambusstruktur". Ein Glühfaden würde sich an diesen Korngrenzen vorzeitig einschnüren und schließlich durchbrennen.

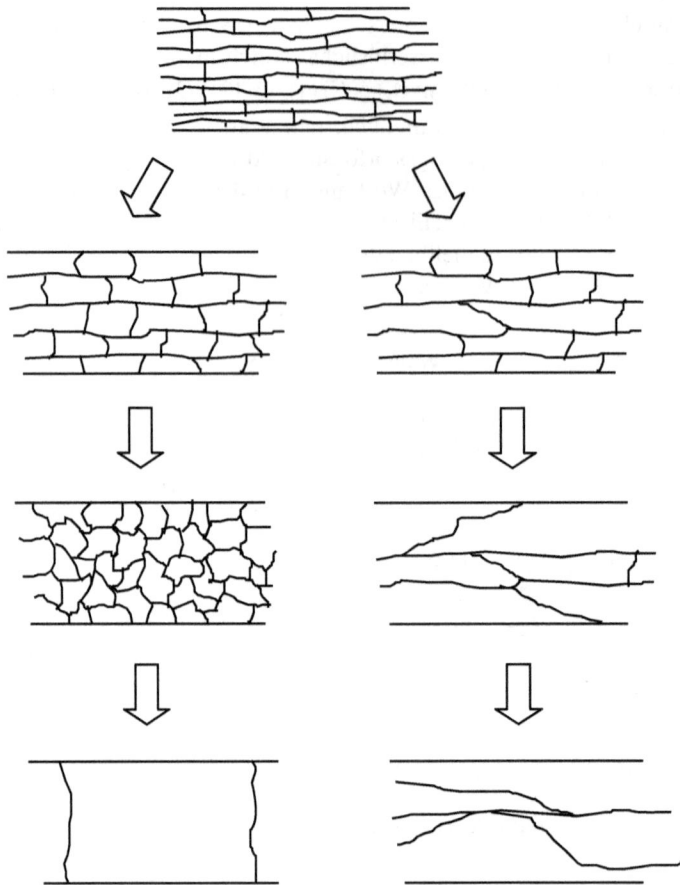

Abb. 3.3. Ablauf der Rekristallisationsvorgänge in Glühwendeln. Links ist der Prozess in reinem Wolfram darge-
stellt, es bildet sich eine Struktur aus, die Korngrenzen senkrecht zur Ziehrichtung hat. Rechts ist das Ergebnis der
Rekristallisation für eine Wolframlegierung dargestellt. Es bilden sich längliche Strukturen aus, die zur verlänger-
ten Lebensdauer der Glühwendel führen.

Durch die Legierungsstoffe wird die Rekristallisationstemperatur auf etwa 2000K angeho-
ben, bei dünnsten Drahtdurchmessern sogar auf ca. 2700K. Außerdem entsteht in diesem Fall
eine für Glühwendeln viel günstigere Mikrostruktur (Abb. 3.3). Sie hat eine höhere mechanische Festigkeit. Da diese Rekristallisationstemperatur im Lampenbetrieb in jedem Fall überschritten wird, läuft dieser als **Ostwald-Reifung** bezeichnete Prozess stets beim Einbrennen
der Lampe ab.

Beim Betrieb einer Glühlampe kommt es darauf an, den Leistungsverlust an der Glühwendel
gering zu halten und die zugeführte Leistung möglichst in Strahlungsleistung im sichtbaren
Spektralbereich umzuwandeln. Leider gibt es einige Verlustmechanismen. So wird natürlich
nicht alle Strahlung in Form von sichtbarem Licht abgegeben. Der weitaus größte Teil der
Strahlung liegt im Infraroten und ist damit für Beleuchtungszwecke verloren. Ein weiterer
Verlustmechanismus ist die Kühlung des Glühfadens durch die Zuleitungsdrähte.

Gasfüllung und Langmuir-Schicht

Obwohl Wolfram chemisch sehr beständig ist, wird es bei ca. $400\,^{\circ}$C oberflächlich oxidiert und unter Sauerstoffzufuhr verbrennt es bei $800\,^{\circ}$C zu WO_3. Daher darf in Glühlampen möglichst wenig Sauerstoff vorhanden sein. Um Oxidation zu vermeiden, liegt es nahe, die Glühwendel im Vakuum zu betreiben. Das hat aber den Nachteil, dass Wolfram ungehindert verdampfen kann. Daher verlängert eine Inertgasfüllung die Lebensdauer deutlich, denn in einem als **Langmuir–Schicht** bezeichneten Bereich um die Glühwendel, in dem keine Konvektion stattfindet, stoßen die Wolframatome mit den Gasatomen zusammen. Das führt dazu, dass viele Wolframatome zur Wendel zurückgestoßen werden. Irving Langmuir (1881–1957) fand 1912 heraus [Langmuir 1912], dass der Wärmeverlust am Glühfaden direkt proportional zu seiner Länge ist, aber nur wenig ansteigt, wenn sein Durchmesser vergrößert wird. Das gilt insbesondere sogar dann, wenn der Glühfaden die Form einer Spirale aufweist. Relevant für den Wärmeverlust sind dann der Durchmesser der Wendel sowie deren Länge. Die Wendel kann also offensichtlich diesbezüglich als kompakter Zylinder aufgefasst werden. Es können große Fadenlängen realisiert werden, ohne den damit verbundenen hohen Wärmeverlust in Kauf nehmen zu müssen. Glühwendeln anstatt von einfachen Glühfäden sind heute Standard. Gebräuchlich sind sogar zweifach gewendelte Drähte.

Nach [Elenbaas 1972] beträgt der Leistungsverlust durch Wärmeleitung pro Zentimeter Wendellänge etwa 4W. Da bei einer 220V-Lampe die Länge der Glühwendel wenigstens 2cm betragen muss, da ansonsten die Gefahr der Ausbildung eines Lichtbogens besteht, ist hier mit einem Verlust von ca. 8W zu rechnen. Das ist unabhängig von der insgesamt eingekoppelten Leistung, da die Glühfadentemperatur bei starken wie schwachen Lampen etwa gleich ist. Bei einer leistungsschwachen 15W-Lampe geht also die halbe eingekoppelte Leistung durch Wärmeleitung über die Gasfüllung verloren. Daher werden Lampen geringer Leistung oft evakuiert gefertigt.

Die Gefahr der Ausbildung eines Lichtbogens, die insbesondere im Moment des Zerreißens des Glühfadens am Ende der Lebensdauer besteht, wird merklich verringert, wenn dem Füllgas Stickstoff beigefügt wird. Eine reine Stickstofffüllung – die preiswerteste Lösung – wirkt sich allerdings wegen der vergleichsweise hohen Wärmeleitfähigkeit nachteilig in Sachen Leistungsverlust aus. Außerdem ist die Abdampfrate des Wolframs bei Verwendung von Stickstoff hoch. Daher wird der Stickstoffanteil auf etwa 5 – 10% begrenzt.

Das Abdampfen von Wolfram von der Glühwendel soll hier etwas genauer untersucht werden. Einen entscheidenden Einfluss hat hier die oben schon erwähnte Langmuir-Schicht. Ein genügend heißes Metall ionisiert auftreffende Atome, wenn die nötige Ionisierungsenergie geringer ist als die Austrittsarbeit der Elektronen aus dem Metall. Dieses als **Langmuir-Effekt** bekannte Phänomen bewirkt eine Schicht ionisierter Atome um das Metall. Innerhalb dieser bei Glühlampen etwa 2mm dicken Schicht (Abb. 3.4) findet der Wärmeübergang nach außen nur durch Wärmeleitung statt. Da für die Wärmeleitfähigkeit eines verdünnten Gases

$$\kappa \propto \sqrt{\frac{kT}{m}} \qquad\qquad\qquad 3.1$$

gilt [Reif 1976], wäre ein Füllgas mit Atomen großer Masse günstig, um die Wärmeableitung von der Wendel durch die Langmuir-Schicht zu verringern. Allerdings findet **außerhalb** dieser Schicht der Wärmetransport zur Glaswand durch **Konvektion** statt und hierfür ist ein schweres Atom nachteilig, da es der Konvektion und damit der Wärmeabfuhr von der Wendel förderlich ist.

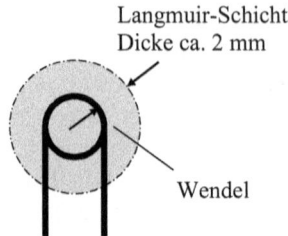

Abb. 3.4. Die Langmuir-Schicht hat bei Glühlampen etwa eine Dicke von 2 mm.

Zusammenhang zwischen Dampfdruck und Verdampfungsrate

Die Abdampfrate des Wolfram ist ein entscheidender Parameter beim Bau einer Glühlampe. Sie bestimmt letztlich die erzielbare Wendeltemperatur und die Lebensdauer der Lampe. Ziel dieses Abschnitts ist es, einen Ausdruck für den Verlust an Wolframmasse pro Zeiteinheit zu gewinnen [Langmuir 1913, Elenbaas 1972]. Ausgangspunkt hierfür ist die durchschnittliche Geschwindigkeit der Wolframatome im Vakuum. Nach Gl. 1.91 gilt die **Maxwellsche Geschwindigkeitsverteilung**:

$$f(v)dv = 4\pi v^2 \left(\frac{m}{2\pi kT}\right)^{3/2} e^{-\frac{mv^2}{2kT}} dv \qquad\qquad 3.2$$

$f(v)dv$ ist einheitenfrei und repräsentiert den relativen Anteil von Teilchen, deren Geschwindigkeit im kleinen Intervall v und $v + dv$ liegt. Die durchschnittliche Geschwindigkeit eines Teilchens erhält man daraus, indem man v mit der Maxwellschen Geschwindigkeitsverteilung gewichtet, d.h. multipliziert und schließlich über alle vorkommenden Geschwindigkeiten integriert:

$$\overline{v} = \int_0^\infty vf(v)dv = \int_0^\infty 4\pi v^3 \left(\frac{m}{2\pi kT}\right)^{3/2} e^{-\frac{mv^2}{2kT}} dv \qquad\qquad 3.3$$

Zur Berechnung dieses Integrals dient der bereits in Gl. 1.164 angewandte Trick: man führt eine Konstante $a = \dfrac{m}{2kT}$ ein und erhält:

$$\overline{v} = 4\pi \int_0^\infty v^3 \left(\frac{a}{\pi}\right)^{3/2} e^{-av^2} dv \qquad\qquad 3.4$$

Daraus gewinnt man

$$\overline{v} = -4\pi \left(\frac{a}{\pi}\right)^{3/2} \frac{\partial}{\partial a} \int_0^\infty v e^{-av^2} dv \qquad\qquad 3.5$$

und löst das entstandene Integral durch die Substitution $z = v^2$:

$$\overline{v} = -4\pi \left(\frac{a}{\pi}\right)^{3/2} \frac{\partial}{\partial a} \int_0^\infty \frac{1}{2} e^{-az} dz = -4\pi \left(\frac{a}{\pi}\right)^{3/2} \frac{\partial}{\partial a}\left[-\frac{1}{2a}e^{-az}\right]_0^\infty \qquad 3.6$$

$$\overline{v} = -4\pi \left(\frac{a}{\pi}\right)^{3/2} \frac{\partial}{\partial a}\left(\frac{1}{2a}\right) \qquad\qquad 3.7$$

Bildung der Ableitung und Rücksubstitution führt zu

$$\overline{v} = 4\pi \left(\frac{a}{\pi}\right)^{3/2}\left(\frac{1}{2a^2}\right) = 2\sqrt{\frac{1}{a\pi}} = 2\sqrt{\frac{2kT}{\pi m}} \quad \text{bzw.} \quad \boxed{\overline{v} = \sqrt{\frac{8kT}{\pi m}}} \qquad 3.8$$

Dies ist der **mittlere Geschwindigkeitsbetrag**, den ein Teilchen annimmt. Würde man andererseits annehmen, dass sich Teilchen nur in x–Richtung ausbreiten können, so gilt mit dem Boltzmannfaktor für den relativen Anteil von Teilchen, die Geschwindigkeiten zwischen v_x und $v_x + dv_x$ annehmen:

$$f(v_x)dv_x = K e^{-\frac{mv_x^2}{2kT}} dv_x \qquad\qquad 3.9$$

Eine Normierung führt zu dem Integral:

$$K \int_{-\infty}^{+\infty} e^{-\frac{mv_x^2}{2kT}} dv_x = 1 \qquad\qquad 3.10$$

Der Wert kann einer mathematischen Formelsammlung entnommen werden und ist $\sqrt{\frac{2\pi kT}{m}}$, so dass für K folgt:

$$K = \sqrt{\frac{m}{2\pi kT}} \qquad\qquad 3.11$$

Damit lässt sich der folgende Ausdruck formulieren:

$$f(v_x)dv_x = \sqrt{\frac{m}{2\pi kT}} e^{-\frac{mv_x^2}{2kT}} dv_x = \frac{dn}{n} \qquad\qquad 3.12$$

Der relative Anteil von Teilchen mit einer Geschwindigkeit zwischen v_x und v_x+dv_x ist gleich der Teilchenzahldichte (Teilchenzahl pro Volumen) dn in dem Intervall, dividiert durch die gesamte Teilchenzahldichte n.

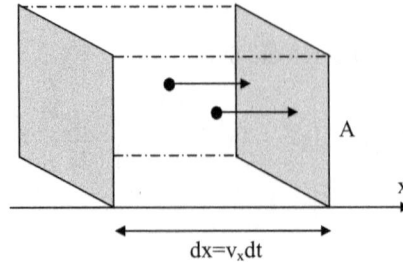

Abb. 3.5. Teilchen mit einer Geschwindigkeit v_x erreichen die Fläche A innerhalb einer Zeitspanne dt dann, wenn sie sich innerhalb eines Abstandes $dx=v_x dt$ befinden.

Teilchen, die eine Geschwindigkeit v_x innerhalb des besagten Intervalls besitzen, legen in einer kleinen Zeitspanne dt den Weg $dx=v_x dt$ zurück. Bewegen sie sich, wie in Abb. 3.5 dargestellt, auf eine Wand der Fläche A zu, so erreichen diejenigen Teilchen die Wand, deren Entfernung nicht größer als dx war. Für die Zahl dN der pro Zeit- und Flächeneinheit auftreffenden Teilchen gilt also:

$$dN = \frac{dn \cdot dV}{dt \cdot A} \qquad\qquad 3.13$$

Dabei stellt der Zähler $dn \cdot dV$ die Gesamtzahl der Teilchen dar, die sich in dem Volumen $dV=Adx$ befinden und die eine Geschwindigkeit im Intervall v_x bis dv_x besitzen. Man beachte, dass dn eine Teilchenzahldichte ist, also die Einheit Teilchen pro Volumen besitzt. Gl. 3.13 kann wie folgt umgeschrieben werden:

$$dN = \frac{dn \cdot A \cdot dx}{dt \cdot A} = dn \frac{dx}{dt} = dn \cdot v_x \qquad\qquad 3.14$$

Die Gesamtzahl N aller Teilchen, die pro Zeit- und Flächeneinheit auf die Wand treffen, ist damit unter Benutzung von Gl. 3.12:

$$N = \int_0^\infty v_x dn = \int_0^\infty nv_x \sqrt{\frac{m}{2\pi kT}} e^{-\frac{mv_x^2}{2kT}} dv_x \qquad\qquad 3.15$$

N hat die Einheit $1/(m^2 s)$. Das Integral lässt sich mit der Substitution $z = v_x^2$ lösen:

$$N = n\sqrt{\frac{m}{2\pi kT}} \int_0^\infty \frac{1}{2} e^{-\frac{mz}{2kT}} dz \qquad\qquad 3.16$$

$$N = n\sqrt{\frac{m}{2\pi kT}}\left[-\frac{1}{2}\frac{2kT}{m}e^{-\frac{mz}{2kT}}\right]_0^\infty = n\sqrt{\frac{m}{2\pi kT}}\frac{kT}{m} = n\sqrt{\frac{kT}{2\pi m}} \qquad 3.17$$

Unter Verwendung des Resultats für die **Durchschnittsgeschwindigkeit** aus Gl. 3.8 folgt das einfache Resultat:

$$N = \frac{n}{4}\sqrt{\frac{16kT}{2\pi m}} \quad \text{bzw.} \quad \boxed{N = \frac{n\overline{v}}{4}} \qquad 3.18$$

Nach diesen Vorüberlegungen lässt sich nun die Abdampfrate von Wolfram ermitteln. Es soll vorerst vereinfachend angenommen werden, dass sich keine Gasfüllung, sondern nur der Wolframdampf in der Lampe befindet. Die Berücksichtigung des Füllgases ist, wie sich später zeigen wird, auf einfache Weise möglich. Angenommen, N_1 Wolframatome pro Zeit- und Flächeneinheit treffen die Oberfläche. Dann wird ein gewisser Teil, nämlich αN_1 Teilchen pro Zeit und Fläche dort verharren, während ein anderer Teil, nämlich $(1-\alpha)N_1$ reflektiert wird. Mit N_1 ist die pro Zeit- und Flächeneinheit kondensierende Menge M (Einheit: $kg/(m^2 s)$) an Wolfram:

$$M = \alpha N_1 m = \alpha m \frac{n\overline{v}}{4} = \alpha m n\sqrt{\frac{kT}{2\pi m}} = \alpha n\sqrt{\frac{mkT}{2\pi}} \qquad 3.19$$

m ist dabei die Masse eines einzelnen Wolframatoms. Fasst man den Wolframdampf als ideales Gas auf, so erhält man mit der Zustandsgleichung p=nkT:

$$M = \alpha\frac{p}{kT}\sqrt{\frac{mkT}{2\pi}} = \alpha p\sqrt{\frac{m}{2\pi kT}} \qquad 3.20$$

Wolframatome, die sich bei einem bestimmten Partialdruck bewegen, stoßen früher oder später mit anderen Wolframatomen zusammen, wobei sie die Geschwindigkeit nach Betrag und Richtung ändern. Für die Weglänge, die die Atome zwischen zwei Stößen zurücklegen, können nur statistische Aussagen gemacht werden. Es kann eine **mittlere freie Weglänge** gefunden werden, für die gilt:

$$\overline{v} = \frac{\overline{l}}{t_m} \qquad 3.21$$

Dabei ist t_m die mittlere, zwischen zwei Stößen vergehende Zeit. Betrachtet man eine **Teilchenstromdichte j**, also die Zahl der Teilchen, die sich pro Flächen- und Zeiteinheit in eine bestimmte Richtung bewegen, so kann man mit einer zu Gl. 3.13 analogen Betrachtung (t_m ersetzt dt und $\overline{l}\cdot A$ ersetzt dV) schreiben:

$$j = \frac{1}{6}\frac{n\cdot\overline{l}\cdot A}{t_m\cdot A} = \frac{n\overline{l}}{6t_m} \qquad 3.22$$

n ist die Teilchenzahldichte. Der Faktor 1/6 rührt daher, dass nur 1/6 aller Teilchen im statistischen Mittel in Richtung senkrecht zur Wand fliegen. Wegen $\bar{v} = \dfrac{\bar{l}}{t_m}$ gilt schließlich:

$$\boxed{j = \frac{1}{6} n \bar{v}} \qquad\qquad\qquad 3.23$$

Stellt die Fläche A keine reale Wand dar, sondern würde sich auf der anderen Seite von A das gleiche Gas mit gleicher Temperatur und Dichte befinden, so würde im stationären Betrieb der gleiche Teilchenstrom in die Gegenrichtung fließen. Bisher wurde angenommen, in der Lampe befindet sich nur das verdampfte Wolfram. Berücksichtigt man eine eventuell vorhandene Gasfüllung, so führt das nur zu einer **Veränderung der mittleren freien Weglänge** $\bar{l}$.

Um das beobachtete Abdampfen von Wolfram von der Glühwendel zu beschreiben, muss zwangsläufig ein Konzentrationsunterschied innerhalb der Langmuir-Schicht bestehen. Er soll durch eine Größe $\dfrac{dn}{dx}$ beschrieben werden, d.h. durch die Änderung der Teilchenzahldichte pro Längeneinheit. Unter der **Annahme einer linearen Veränderung der Teilchenzahldichte**, also $\dfrac{dn}{dx} = \text{konst.}$, beträgt am Ort $x - \bar{l}$ die Zahl der Teilchen pro Volumen $n - \bar{l}\dfrac{dn}{dx}$ (Abb. 3.6). Man beachte, dass $\dfrac{dn}{dx} < 0$ gilt, d.h. die Teilchenzahldichte ist, wie in Abb. 3.6 durch Graustufen angedeutet, höher als n. Am Ort $x + \bar{l}$ beträgt sie $n + \bar{l}\dfrac{dn}{dx}$.

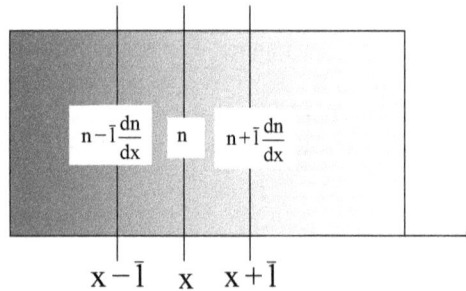

$$n - \bar{l}\frac{dn}{dx} \qquad n \qquad n + \bar{l}\frac{dn}{dx}$$

$$x - \bar{l} \qquad x \qquad x + \bar{l}$$

Abb. 3.6. Verlauf der Teilchenzahldichte bei einem Konzentrationsgradienten.

Der Gradient in der Teilchenzahldichte führt dazu, dass die Teilchenstromdichten in positive und negative x–Richtung nicht mehr identisch sind und sich daher nicht mehr zu Null addieren. Es muss unterschieden werden:

$$j_+ = \frac{1}{6}\left(n - \bar{l}\frac{dn}{dx}\right)\bar{v} \quad \text{und} \quad j_- = \frac{1}{6}\left(n + \bar{l}\frac{dn}{dx}\right)\bar{v} \qquad\qquad 3.24$$

Die gesamte Teilchenstromdichte wird aus der Differenz erhalten:

$$j = j_+ - j_- = \frac{1}{6}\left(n - \overline{l}\frac{dn}{dx}\right)\overline{v} - \frac{1}{6}\left(n + \overline{l}\frac{dn}{dx}\right)\overline{v} = -\frac{1}{3}\overline{lv}\frac{dn}{dx} \qquad 3.25$$

Ein Vergleich mit dem **ersten Fickschen Gesetz**

$$j = -D\frac{dn}{dx} \qquad 3.26$$

ergibt für die **Diffusionskonstante D**:

$$D = \frac{1}{3}\overline{lv} \qquad 3.27$$

Nun zum eigentlichen Problem, der Langmuir-Schicht, und dem Abdampfen von Wolfram-atomen von der Glühwendel. Es soll nun unter Verwendung der bisherigen Resultate die Anzahl der Wolframatome ermittelt werden, die durch die Langmuir-Schicht wandert. Die Schicht bestehe aus einem Zylinder um die Wendel mit der Länge L und mit Radius r. Die Zahl N_t der Wolframatome, die pro Zeiteinheit durch die Mantelfläche des Zylinders strö-men, ist $N_t = j2\pi rL$. Unter Verwendung des Resultats von Gl. 3.25 wird daraus:

$$N_t = j2\pi rL = -\frac{1}{3}\overline{lv}2\pi rL\frac{dn}{dr} \qquad 3.28$$

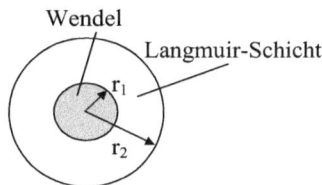

Abb. 3.7. Wendel und Langmuir-Schicht.

N_t kann durch Variablentrennung und Integration gewonnen werden. Bei der Integration ist bei der Variablen r von der Wendeloberfläche, also von r_1 ab (Abb. 3.7), bis zum äußeren Rand der Langmuir-Schicht, also bis r_2, zu integrieren. Bei der Integration über n ist zu be-denken, dass die Konzentration von Wolframatomen unmittelbar über der Wendeloberfläche am höchsten ist. Der Wert sei n_1 und er wird später aus dem Dampfdruck des Wolframs zu bestimmen sein. Am äußersten Rand der Langmuir-Schicht wird die Konzentration ver-schwindend gering, da hier durch Konvektion die Wolframatome sehr schnell wegtranspor-tiert werden. Es gilt damit:

$$\int_{r_1}^{r_2}\frac{N_t}{r}dr = -\int_{n_1}^{0}\frac{1}{3}\overline{lv}2\pi Ldn \quad \text{bzw.} \quad N_t\left(\ln(r_2) - \ln(r_1)\right) = -\frac{2}{3}\overline{lv}\pi L(0 - n_1) \qquad 3.29$$

Nach N_t aufgelöst, erhält man:

$$N_t \ln(r_2/r_1) = \frac{2}{3}\overline{l}v\pi L n_1 \quad \text{oder} \quad N_t = \frac{2}{3}\frac{L\overline{l}v\pi n_1}{\ln(r_2/r_1)} \qquad 3.30$$

Mit der mittleren Geschwindigkeit $\overline{v}$ der Teilchen aus Gl. 3.8 gilt:

$$\boxed{N_t = \frac{2L\overline{l}n_1\sqrt{8kT\pi/m}}{3\ln(r_2/r_1)}} \qquad 3.31$$

Dabei ist m die Masse der Wolframatome, L die Länge der Wendel und r_2 der Radius des betrachteten, die Wendel einhüllenden Zylinders der Langmuir-Schicht. Die mittlere freie Weglänge $\overline{l}$ der Wolframatome ist umgekehrt proportional zum Druck bzw. zur Dichte im Gas. Die Zahl N_t der pro Zeiteinheit diffundierenden Wolframatome ist also umgekehrt proportional zur Gasdichte. N_t steigt außerdem mit der Temperatur sehr stark an. Zum einen ist in obiger Gleichung direkt die Proportionalität zu $\sqrt{T}$ erkennbar, andererseits ist die Wolfram-Teilchenzahldichte n_1 proportional zum Wolframdampfdruck unmittelbar auf der Wendeloberfläche, und der ist nach [Alcock 1984] gegeben durch

$$\lg\left(\frac{p}{[\text{atm}]}\right) = A + \frac{B}{T} + C\cdot\lg(T) + D\cdot T\cdot 10^{-3} \qquad 3.32$$

oder, in der Einheit Pascal:

$$\boxed{\lg\left(\frac{p}{[\text{Pa}]}\right) = 5,0056 + A + \frac{B}{T} + C\cdot\lg(T) + D\cdot T\cdot 10^{-3}} \qquad 3.33$$

mit

$A = 2,945$	$B = -44094$	$C = 1,3677$	$D = 0$	$298K \leq T \leq 2350K$
$A = 54,527$	$B = -57.687$	$C = -12,2231$	$D = 0$	für $2200K \leq T \leq 2500$

Die Formel gilt für den Temperaturbereich 2200 bis 2500 K mit einer Genauigkeit von ca. 5% oder besser. In Abb. 3.8 ist der Dampfdruck als Funktion der Temperatur für Wolfram und zum Vergleich für die Metalle Osmium und Tantal dargestellt. Die Kurven zeigen den sehr steilen Anstieg des Dampfdrucks mit der Temperatur. Das bedeutet, dass auch n_1 äußerst steil mit der Temperatur ansteigt.

Ein realistisches Zahlenbeispiel für eine Glühlampe soll zeigen, dass die Überlegungen den Sachverhalt richtig beschreiben. Eine Glühwendel soll den Radius r_1=0,25mm haben. Theoretische Betrachtungen, die hier nicht wiedergegeben werden sollen, zeigen, dass dabei eine Langmuir-Schicht mit Radius von ca. r_2=2mm auftritt. Eine mittlere Temperatur des Gases von 1600 K soll angenommen werden und die Länge des Glühfadens sei 2,5cm. Die mittlere freie Weglänge für ein Wolframatom, das sich im Füllgas Argon bewegt, erhält man nach [Elenbaas 1972] durch:

$$\bar{l} = \frac{1}{\pi(r_W + r_{Ar})^2 \, n_{Ar}\sqrt{2}} \qquad\qquad 3.34$$

Dabei ist r_W=0,14nm der Atomradius des Wolframs, r_{Ar}=0,19nm der Atomradius des Füllgases Argon und n_{Ar} die Anzahl der Füllgasatome pro Volumeneinheit. Wegen $p_{Ar}=n_{Ar}kT$ gilt mit $n_{Ar}=p_{Ar}/kT$:

$$\boxed{\bar{l} = \frac{kT}{\pi(r_W + r_{Ar})^2 \, p_{Ar}\sqrt{2}}} \qquad\qquad 3.35$$

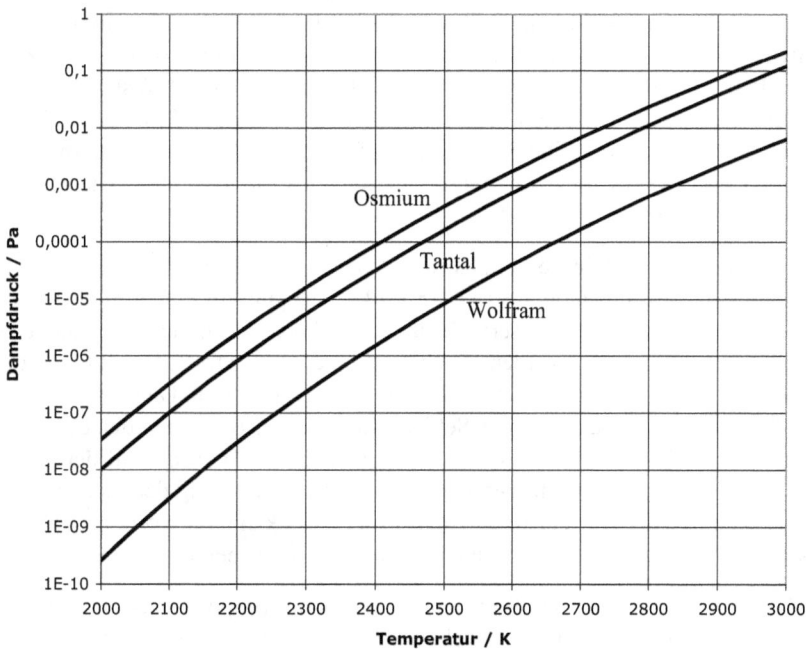

Abb. 3.8. Verlauf des Dampfdrucks als Funktion der Temperatur für die drei Metalle Wolfram, Osmium und Tantal nach [Alcock 1984]. Im gezeigten Temperaturbereich steigt er ca. 7 Größenordnungen an.

Bei einem Druck von ca. 125.000Pa und der oben angenommenen Temperatur von 1600K erhält man eine Argonteilchenzahldichte von n_{Ar}=5,66 10^{24} m^3. Die mittlere freie Weglänge für Wolfram ist also $\bar{l} = 3,65 \cdot 10^{-7}$ m. Zur Berechnung der Anzahl der von der Wendel wegdiffundierenden Wolframatome pro Zeiteinheit N_t nach Gl. 3.31 benötigt man noch die Teilchenzahldichte n_1 des Wolframs. Diese lässt sich wiederum nach $n_1=p/kT$ gewinnen. p ist der Dampfdruck des Wolframs an der Wendel. Hierbei ist die Temperatur der Glühwendel ausschlaggebend, die zu 2770K angenommen werden soll, so dass sich nach Gl. 3.33 ein Wert von $4,3 \cdot 10^{-4}$ Pa für den Dampfdruck ergibt. [Elenbaas 1972] gibt einen Wert von $5,0 \cdot 10^{-4}$ Pa an. Die Teilchenzahldichte des Wolframs (Atommasse $m = 3,053 \cdot 10^{-25}$ kg) ist unter Verwendung des ersten Wertes $n_1 = 1,12 \cdot 10^{16} \, m^{-3}$. Mit Gl. 3.31 hat die Zahl der Wolframatome, die pro Zeiteinheit die Oberfläche verlassen den Wert $4,4 \cdot 10^{10} \frac{1}{s}$. Übrigens ergibt sich in diesem Zusammenhang die durchschnittliche Geschwindigkeit zu $\bar{v} = \sqrt{\frac{8kT}{\pi m}} = 429 \frac{m}{s}$. Die Abdampfrate des Wolframs liegt etwa bei $1,35 \cdot 10^{-14} \, kg/s$. Bei einer Lebensdauer von 1000h bedeutet das einen Verlust von $1,6 \cdot 10^{17}$ Atomen oder einen Masseverlust von $4,9 \cdot 10^{-8} kg$ bzw. 49µg.

Die wahren Werte liegen deutlich über dieser als Abschätzung zu betrachtenden Kalkulation, jedoch wird die Tendenz und Größenordnung richtig wiedergegeben. Es gibt noch zwei weitere Diffusionsmechanismen, die sich jedoch als so schwach erweisen, dass sie kaum ins Gewicht fallen: die thermische Diffusion und die thermische Diffusion von Wolfram-Clustern. Die thermische Diffusion beruht darauf, dass schwerere Teilchen sich von heißen Bereichen in kältere bewegen. Die thermische Diffusion von Wolfram-Clustern kann erst bei Temperaturen über 3000K wirksam werden, darunter ist die Wolframkonzentration für die Clusterbildung zu gering.

Ein Mechanismus, der das in der Praxis beobachtete schnellere Abdampfen von Wolfram erklären könnte, betrifft das möglicherweise bei der Fertigung in Spuren in den Lampenkolben eingebrachte Wasser. Die Wassermoleküle dissoziieren aufgrund der hohen Temperaturen in Wendelnähe. Der frei gewordene Sauerstoff oxidiert Wolfram. Die auftretenden Oxide haben einen viel höheren Dampfdruck als das elementare Wolfram. Dies führt zu einer höheren Diffusionsrate durch die Langmuir-Schicht. In kühleren Bereichen der Lampe reduziert der Wasserstoff die Wolframoxide, so dass sich elementares Wolfram auf dem Lampenkolben niederschlägt und zur Schwärzung und damit zur Verringerung der Lichtausbeute führt. Das Wasser steht wieder zur Verfügung und der Prozess kann von vorne beginnen. Wasser wirkt also wie eine Pumpe, die das Abdampfen des Wolframs begünstigt und beschleunigt.

Da nach Gl. 3.35 die mittlere freie Weglänge $\bar{l}$ umgekehrt proportional zum Druck des Füllgases ist, ist nach Gl. 3.31 auch N_t umgekehrt proportional zum Füllgasdruck. Je höher der Druck, desto weniger Wolframatome diffundieren durch die Langmuir-Schicht [Covington 1968, Coaton 1969]. Die Verdampfungsrate des Wolframs sinkt mit steigendem Druck.

Ein Füllgas mit großer Atommasse verhindert nicht nur die Wärmeableitung, sondern verringert auch noch die Verdampfung von Wolfram. Daher wird in Glühlampen ein schweres Edelgas verwendet, meist Argon. In manchen Fällen kommt auch Krypton zum Einsatz. Der Gesamtfülldruck der Lampen liegt bei etwas unter $10^5 Pa$. Um Verunreinigungen, die vom Fertigungsprozess her stammen wie z.B. Sauerstoff oder Wasserdampf unschädlich zu machen, werden schließlich Getter zugefügt. Das sind Feststoffe wie z.B. Barium, Tantal oder Titan, die durch Sorption oder direkte chemische Reaktion diese schädlichen Stoffe binden.

Glas für den Lampenkolben

Der wichtigste **Glasbildner** ist das in der Natur als Quarzsand vorkommende **Siliziumdioxid** (SiO_2). Sein hoher Schmelzpunkt ($1700°C$) und seine Unempfindlichkeit gegen Thermoschocks machen es zum Spezialglas und damit zum Werkstoff der Wahl beim Bau von leistungsstarken Lampen wie z.B. Bogenlampen. Bei Allgebrauchslampen genügen niedrigschmelzende Gläser. Wird dem Quarzsand **Soda** (Natriumcarbonat, Na_2CO_3), **Pottasche** (Kaliumcarbonat, K_2CO_3) oder **Glaubersalz** (Mirabilit, $Na_2SO_4 \cdot 10H_2O$) zugefügt, so schmilzt das Gemenge schon bei ca. $850°C$. Diese Stoffe heißen daher Flussmittel. Das erschmolzene Glas wäre wasserlöslich, würden nicht Stabilisatoren wie Erdalkalimetalle, Blei und Zink zugegeben.

Das für Kolben von Lampen niederer Leistung meistverwendete Glas ist das **Kalknatronglas**: für seine Herstellung wird Quarzsand, Soda (als Flussmittel) und Kalk (liefert Calcium als Stabilisator) verwendet. Für die inneren Bauteile einer Glühlampe wird in der Regel **Bleiglas** verwendet.

Stromzuführungen

Besonders wichtig ist die Haltbarkeit der Einschmelzungen der Stromzuführungen. Hier wird bevorzugt ein Verbundwerkstoff verwendet, der den Namen **Dumet** trägt. Es ist ein Drahtmaterial aus 42% Nickel und 58% Eisen, das mit einem Kupfermantel umgeben ist. Die Stromzuführungen leiten Wärme von der Glühwendel ab. Diese Wärmeableitung kann durch die empirische Formel [Coaton 1978]

$$W = T_W^{1,3} I \sqrt{1,29 - 2,49 \left(\frac{T_A}{T_W}\right)^{2,6} + 1,2 \left(\frac{T_A}{T_W}\right)^{5,4}} \cdot 10^{-5} \, W \qquad\qquad 3.36$$

beschrieben werden, die auf Langmuir zurückgeht. T_W ist dabei die absolute Temperatur der Wendel zwischen den Aufhängungen, T_A die absolute Temperatur am Befestigungspunkt der Wendel an der Aufhängung. I ist der in der Wendel fließende Strom in Ampere. Wegen des Wärmeverlustes wäre eine Reduzierung der Aufhängepunkte auf zwei ideal, allerdings erfordert die mechanische Stabilität oft mehr Aufhängepunkte.

Das Phänomen der Wendelkühlung durch die Aufhängungen ist in Abb. 3.9 am Beispiel der Wendel einer 300W–Hochvolthalogenlampe deutlich erkennbar. Die Lampe wurde in gedimmtem Zustand aufgenommen. Im Bereich der vier Aufhängepunkte ist die Wendel jeweils dunkel.

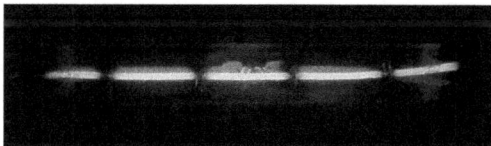

Abb. 3.9. Abkühlung der Glühwendel an den Aufhängepunkten bei einer 300W-Hochvolthalogenlampe im gedimmten Betrieb.

Betriebsparameter und Lebensdauer

Zwischen den Betriebsparametern Lampenspannung U, Lampenstrom I, Leistung P, Lichtstrom Φ_v, Lichtausbeute η sowie Lebensdauer L können, sofern nur wenig von den Nennwerten abgewichen wird, nach [Horn 1965] die folgenden Proportionalitäten hergestellt werden:

Tab. 3.2. Zwischen Lampenparametern bestehende Proportionalitäten nach [Horn 1965].

Zusammenhang	Parameterwert für **evakuierte** Lampe bei der Temperatur T=2400 K	Parameterwert für **gasbefüllte** Lampe bei der Temperatur T=2800 K
$L \propto U^{-d}$	d=13,7 ... 15,3	d=12,9 ... 14,3
$\Phi_v \propto U^k$	k=3,58	k=3,4
$I \propto U^t$	t=0,554	t=0,585
	Parametergleichung	
$\eta \propto U^g$	g=k–t–1	
$\Phi_v \propto P^s$	$s = \dfrac{k}{t+1}$	

Die Parameter d, k und t sind fundamental und beschreiben noch weitere, in der Tabelle nicht aufgeführte Proportionalitäten zwischen den genannten Betriebsparametern. Sie werden maßgeblich durch die Wendeltemperatur, aber auch durch den Spannungsbereich und die Gasfüllung bestimmt. Beim Wert von t differieren die Werte von [Horn 1965] benutzter unterschiedlicher Quellen.

Abb. 3.10 zeigt Lichtstrom, Lichtausbeute und Lampenstrom für eine typische Allgebrauchslampe. In dem engen Gültigkeitsbereich der Zusammenhänge in obiger Tabelle erscheinen die Kurven fast als Geraden. Eine starke Abhängigkeit von der Lampenspannung zeigt der Lichtstrom Φ_v, der bei Reduzierung der Lampenspannung auf 95% auf etwa 84% einbricht.

Ebenfalls eine deutliche Abhängigkeit von der Lampenspannung zeigt die **Lebensdauer** der Lampe, die in Abb. 3.11 für Wendeltemperaturen von 1800K bis 3000K dargestellt ist. Ausgehend von einer Wendeltemperatur von ca. 2800K, einem für Allgebrauchslampen typischen Wert, sinkt die Lebensdauer etwa auf die Hälfte, wenn die Lampe mit 5% Überspannung betrieben wird. Andererseits lebt die Lampe fast doppelt so lange, wenn man nur 95% der Nennspannung anlegt. Bei einer Veränderung der Spannung von mehr als 10% ist die Proportionalität $L \propto U^{-d}$ nicht mehr anwendbar.

Die drei Parameter d, k und t sind nicht für alle Lampentypen und Leistungen gleich, sondern müssten für genauere Berechnungen speziell bestimmt werden. Auch sind die Parameter streng genommen selbst eine Funktion der Spannung U.

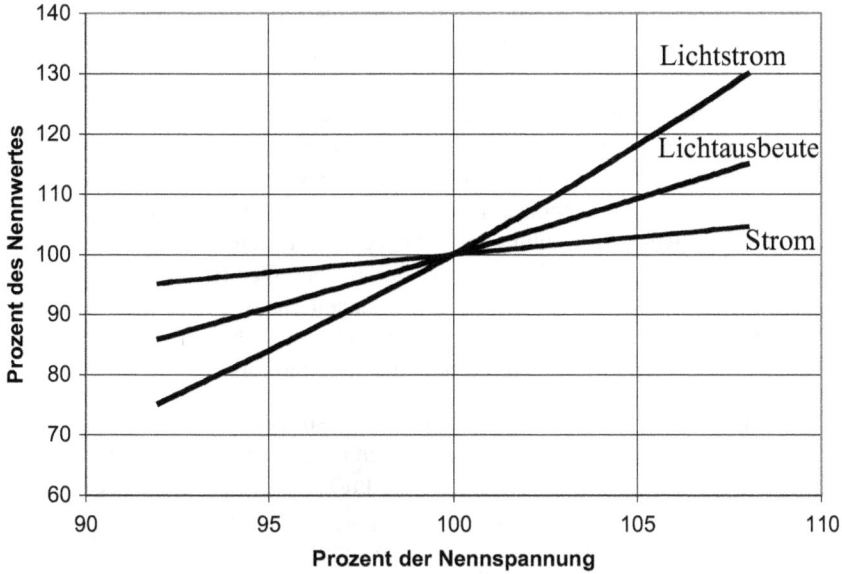

Abb. 3.10. Veränderung von Lichtstrom, Lichtausbeute und Lampenstrom bei Änderung der Nennspannung. Die Werte gelten für eine Wendeltemperatur von 2800K bei gasgefüllten Lampen. Die Lampenparameter sind nach [Horn 1965] k=3,4; t=0,585 und g=1,815.

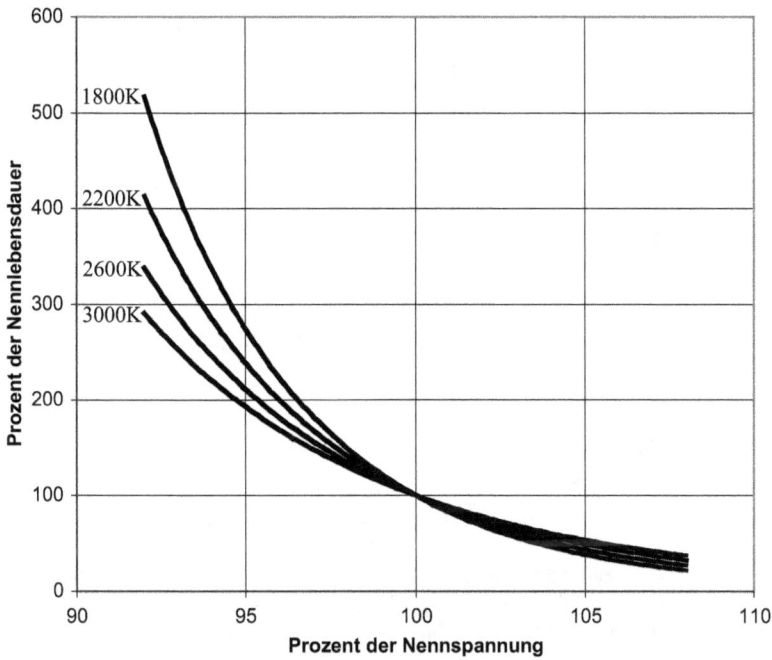

Abb. 3.11. Verhalten der Lampenlebensdauer in Abhängigkeit von der Nennspannung. Die Werte für den Parameter d waren 19,7 für 1800K, 17 für 2200K, 14,6 für 2600K und 12,8 für 3000K.

Eine Standardhaushaltsglühlampe hat eine mittlere Lebensdauer von 1000 Stunden. In aller Regel tritt das Ende ein, wenn die Glühwendel bricht. Der Keim für das spätere Versagen der Lampe am Ende der Lebensdauer wird meist schon bei der Herstellung gelegt. Kein Draht hat über seine gesamte Länge überall exakt den gleichen Durchmesser. Es gibt immer minimale Verengungen. An diesen Stellen wird der Draht aufgrund seines höheren Widerstandes etwas heißer („hot spot"). Das bewirkt ein verstärktes Abdampfen von Material und damit eine weitere Schwächung des Drahtes. Ein dünner Draht hat eine geringere Oberfläche und damit auch eine geringere Abstrahlung, was die Temperatur an der Engstelle weiter erhöht. Schließlich brennt der Draht an dieser Stelle durch. Die Wendel selbst hat nicht an allen Stellen exakt die gleiche Steigung. An Stellen, an denen die Windungen etwas enger liegen, wird mehr Strahlung durch die benachbarten Wendelgänge absorbiert und daher steigt an diesen Stellen die Temperatur. Auch das erhöht die Abdampfrate.

In Abb. 3.12 ist der Lichtstrom für handelsübliche Allgebrauchslampen in Tropfen- und Kerzenform für verschiedene elektrische Leistungen dargestellt. Die erreichten Lichtausbeuten liegen bei höheren Leistungen bei etwa 15–18 lm/W, während sie bei niedrigen Leistungen deutlich unter 10 lm/W liegen. Eine Erhöhung der Lichtausbeute kann durch Erhöhung der Wendeltemperatur erreicht werden. Da die Abdampfrate aber exponentiell mit der Temperatur wächst, sinkt damit zwangsläufig die Lebensdauer. Die Lampen in Abb. 3.12 mit einer geringeren Lebensdauer (750h) haben einen erhöhten Lichtstrom.

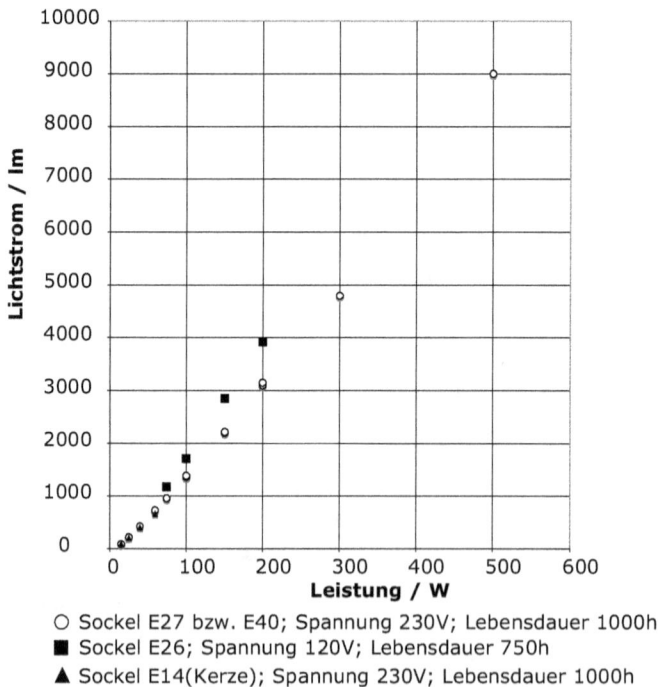

○ Sockel E27 bzw. E40; Spannung 230V; Lebensdauer 1000h
■ Sockel E26; Spannung 120V; Lebensdauer 750h
▲ Sockel E14(Kerze); Spannung 230V; Lebensdauer 1000h

Abb. 3.12. Lichtstrom als Funktion der elektrischen Leistung für am Markt befindliche Allgebrauchslampen verschiedener Hersteller. Die Lampen mit Sockel E26 (120V–Type) haben merklich höhere Lichtströme, was durch eine kürzere Lebensdauer erkauft wird.

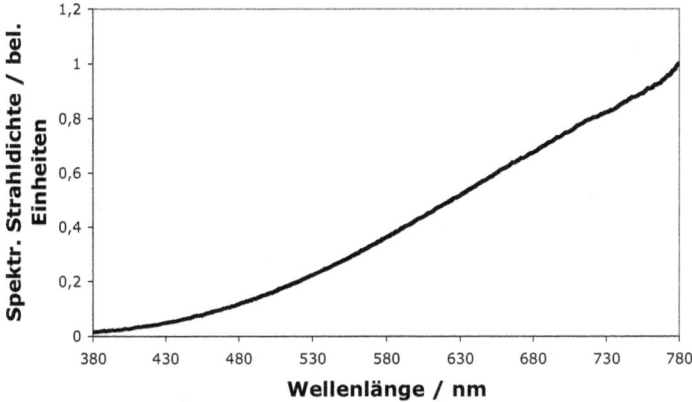

Abb. 3.13. Spektrale Strahldichte einer 60W-Allgebrauchslampe (tropfenform, innen matt). Man erkennt, dass die Lampe bevorzugt langwelliges Licht im Gelben und Roten abgibt. Die Blauanteile hingegen sind gering.

Glühwendeln geben den größten Teil der Strahlung im infraroten Spektralbereich ab. Ein Teil davon kann im Rahmen der spektralen Durchlässigkeit des Lampenkolbens die Glühlampe verlassen. Abb. 3.13 zeigt die spektrale Strahldichte als Funktion der Wellenlänge für eine innenmatte Standard-60W-Glühlampe. Der größte Teil des sichtbaren Lichtes wird im gelben und roten Spektralbereich abgegeben. Die Farbtemperatur liegt bei 2530K. Das Licht erscheint im Vergleich zum Tageslicht gelblich. Die Farbkoordinaten sind x=0,48 und y=0,42 bzw. u'=0,27 bzw. v'=0,53. Trotzdem liegt der Farbwiedergabeindex bei R_a=100.

3.1.2   Halogenlampen

Die Entwicklung der ersten kommerziell erhältlichen **Halogenglühlampe** geht auf das Ende der Fünfziger Jahre des vorigen Jahrhunderts zurück, obgleich die Idee, die **Kolbenschwärzung** durch **Halogene** zu verringern, schon sehr viel älter war. Die ersten Versuche wurden mit Jod unternommen, heute verwendet man Brom für den **Halogenkreisprozess**. Die grundsätzliche Idee ist, dass man das von der Wendel abdampfende Wolfram chemisch bindet, bevor es an der kälteren Innenwand des Glaskolbens kondensiert. Dafür sind die Halogene gut geeignet, da sie folgende Reaktionsgleichgewichte bilden:

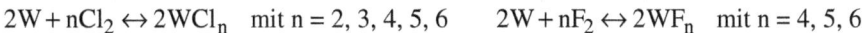

$$2W + nJ_2 \leftrightarrow 2WJ_n \quad \text{mit} \quad n = 2, 3, 4 \qquad 2W + nBr_2 \leftrightarrow 2WBr_n \quad \text{mit} \quad n = 2, 3, 4, 5, 6$$

$$2W + nCl_2 \leftrightarrow 2WCl_n \quad \text{mit } n = 2, 3, 4, 5, 6 \qquad 2W + nF_2 \leftrightarrow 2WF_n \quad \text{mit } n = 4, 5, 6$$

Der **Dissoziationsgrad** wird durch die Temperatur bestimmt. Bei hohen Temperaturen liegen Wolfram und Halogene getrennt vor, der Schwerpunkt liegt also auf der linken Seite. Bei niedrigeren Temperaturen bilden sich die **Wolframhalogenide** auf der rechten Seite der Reaktionsgleichungen. Die Temperatur, bei der 50% der Moleküle dissoziiert sind, heißt **Umwandlungstemperatur T_u**. Die Umwandlungstemperatur (Tab. 3.3) steigt von schweren Halogenen zu leichten hin an.

Tab. 3.3. Umwandlungstemperaturen von Metallhalogenverbindungen nach [Heinz 2006].

Verbindung	WF_6	WCl_4	WBr_4	WJ_4
Umwandlungstemperatur T_u	2650K	2300K	1600K	950K

Die Wolframatome, die sich der Kolbenwand nähern, werden also durch das Halogen gebunden (Abb. 3.14). Ein Kondensieren von Wolfram wird dadurch verhindert, allerdings muss die Temperatur in Wandnähe höher sein als bei einer normalen Glühlampe, damit das Wolframhalogenid dampfförmig bleibt. Die Wolframkonzentration in Wandnähe ist praktisch Null. Dagegen ist sie in der Nähe der heißen Wendel erhöht. Da die Umwandlungstemperaturen deutlich niedriger sind als die Wendeltemperatur, findet ein Kondensieren auf der Wendel nicht statt, sondern das Wolfram wird an kühlen Stellen wie den Stromzuführungen abgeschieden. Lediglich dem **Wolframfluorid** wird die Fähigkeit zur echten „Reparatur" von überhitzten Stellen der Wendel (hot spots) nachgesagt, denn seine Umwandlungstemperatur kommt in die Nähe der Wendeltemperatur.

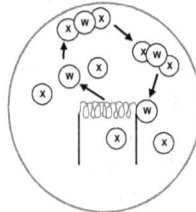

Abb. 3.14. Beim Halogenkreisprozess wird abdampfendes Wolfram in Kolbennähe durch ein Halogen gebunden, das auch bei der kühleren Wandtemperatur gasförmig bleibt. Erst wenn die Verbindung sich der Wendel nähert, wird durch die hohen Temperaturen wieder elementares Wolfram freigesetzt.

Der grundsätzliche Vorteil des Halogens besteht darin, dass eine Kolbenschwärzung durch kondensiertes Wolfram unterbleibt und dadurch die Lampe keine Einbuße an Lichtstärke über die Lebensdauer hat. Eine Verlängerung der Lebensdauer ist dadurch noch nicht erreicht. Allerdings können durch die Reduzierung der Kolbenschwärzung deutlich **kleinere Lampenkolben** realisiert werden, die wiederum einen höheren Fülldruck des Inertgases ermöglichen. Wie in Gl. 3.31 ausgeführt, reduziert ein hoher Druck infolge einer geringeren freien Weglänge $\bar{l}$ das Abdampfen von Wolfram. Außerdem ist wegen des geringeren Volumens eine Nutzung des teuren Kryptons als Inertgas wirtschaftlich möglich. Da die Wärmeleitung in der Langmuir-Schicht gemäß $\kappa \propto \sqrt{\dfrac{kT}{m}}$ proportional $m^{-1/2}$ ist, verringert sich die Abfuhr von Wärme durch die Gasfüllung. Das ermöglicht einen besseren Wirkungsgrad der Lampe.

Durch die geringere Abdampfrate stehen dem Lampenbauer nun zwei Optionen offen: entweder er nutzt dies zur Erhöhung der Wendeltemperatur, was einen höheren Wirkungsgrad der Lampe bei gleichbleibender Lebensdauer zur Folge hat, oder er bleibt bei der alten Temperatur und gewinnt dadurch Lebensdauer.

Der kleinere Lampenkolben ist übrigens eine Notwendigkeit für das Aufrechterhalten des Halogenkreisprozesses. Denn nur dadurch lassen sich die hohen Wandtemperaturen erreichen, die nötig sind, um das Wolframhalogenid am Kondensieren zu hindern. Der Halogenkreisprozess ist weitaus komplexer, als hier dargestellt und auch nicht vollständig verstanden. Als sicher gilt, dass in Spuren vorhandener Sauerstoff den Prozess unterstützt bzw. gar erst möglich macht. Beim **Wolframjodid** etwa geht man von folgender Reaktion aus:

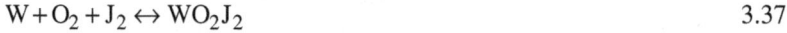

$$W + O_2 + J_2 \leftrightarrow WO_2J_2 \qquad\qquad 3.37$$

In der Praxis wird häufig Brom als Halogen verwendet. Jod scheidet aus fertigungstechnischen Gründen aus, denn es hat einen zu geringen Dampfdruck, um es als Gas dem Inertgas zuzusetzen. Brom wird in Form von **Brommethan (CH_3Br)**, **Dibrommethan (CH_2Br_2)** oder **Bromwasserstoff (HBr)** zugegeben. Die Größenordnung der Zugabe liegt bei etwa 1%. An der heißen Wendel wird Brom freigesetzt und der Kreisprozess kann beginnen. Abb. 3.15 zeigt in etwa den Ablauf. In den vier Zonen wandelt sich Wolfram zunächst in die Wolframoxide WO und WO_2 um, bevor es über Wolfram(VI)Dioxidbromid in Wolfram(IV)Bromid umgewandelt wird.

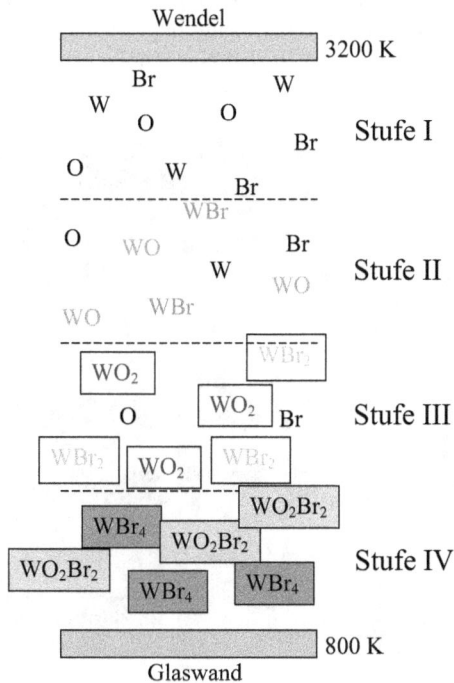

Abb. 3.15. In dem Halogenkreisprozess spielt neben dem Halogen auch Sauerstoff eine wichtige Rolle.

Die Verwendung von Fluor erweist sich in der Praxis wegen der Korrosion an den durch die Stromzuführungen gekühlten Wendelenden als schwierig. Eine dem Halogenkreisprozess entgegenlaufende Reaktion ist

$$3H_2O + 2W \leftrightarrow 3H_2 + W_2O_3 \qquad\qquad\qquad 3.38$$

Dieser Prozess führt dazu, dass Wolfram zur kälteren Kolbenwand transportiert wird, wo es schädlicherweise kondensiert. Das Wasser kann durch Unvorsichtigkeiten beim Produktionsprozess in die Lampe gelangen. Überhaupt stellen Halogenlampen höchste Anforderungen an die Reinheit der Materialien. Das für die Wendel verwendete Wolfram muss von höchster Qualität sein, Verunreinigungen durch andere Metalle wirken sich nachteilig aus, da das Halogen durch Reaktion mit dem Fremdmetall gebunden wird und für den eigentlichen Kreisprozess nicht mehr zur Verfügung steht.

Die Gasbefüllung von Lampen, die im kalten Zustand bereits Überdruck haben, erfolgt, indem die Lampe in flüssigen Stickstoff getaucht wird. In einem angeschlossenen Vorratsgefäß befindet sich das fertig gemischte Füllgas, das im Lampenkolben kondensiert. Das System hat aufgrund der niedrigen Temperaturen Unterdruck, so dass beim Schmelzen des Pumpstengels die Außenluft das zähflüssige Glas in die Öffnung drückt und diese verschließt.

Da wegen der hohen Temperatur fast ausschließlich Quarzkolben Verwendung finden, ergibt sich bei Halogenlampen das Problem der Einschmelzung von Stromdurchführungen. Quarz hat einen so niedrigen Längenausdehnungkoeffizienten, dass dazu kein Metall mit ähnlichem Koeffizienten gefunden werden kann. Die Lösung liegt in einer ca. 25 µm dünnen Molybdänfolie mit elliptischem Querschnitt, die in das geschmolzene Quarzglas eingequetscht wird (Abb. 3.16).

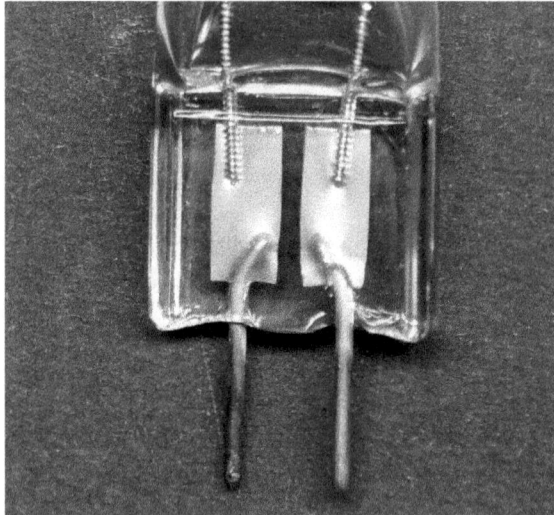

Abb. 3.16. Einschmelzung einer Molybdän-Folie als Stromdurchführung bei einer Halogenlampe mit Quarzkolben.

Die Lichtausbeute von **Niedervolt-Halogenlampen** ist merklich höher als die von **Hochvolt-Halogenlampen** (230V–Lampen). Die Abb. 3.17 und 3.18. zeigen die Resultate für handelsübliche Halogenlampen für spezielle Anwendungen wie Scheinwerfer, Beleuchtungs-

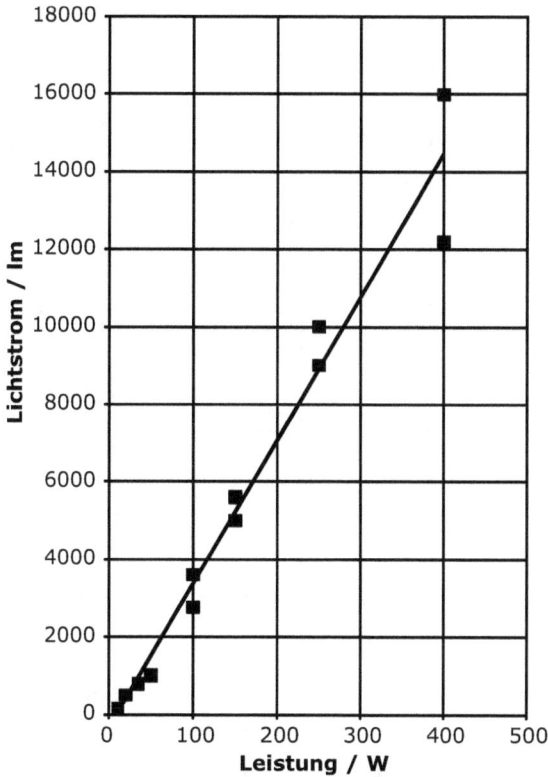

Abb. 3.17. Lichtstrom als Funktion der Leistung für handelsübliche Niedervolt-Halogenlampen. Die Lichtausbeute ergibt sich als Steigung der Geraden zu etwa 37 lm/W.

systeme in der Optik etc. Abb. 3.17 zeigt die Lichtausbeute einer Auswahl von Niedervolt-Halogenlampen als Funktion der elektrischen Leistung für Lampen bis 36V Brennspannung. Aus der Geradensteigung lässt sich eine Lichtausbeute von ca. 37 lm/W ablesen. Der gleiche Wert für Hochvolthalogenlampen liegt lediglich bei 26 lm/W (Abb. 3.18). Begründet ist dies durch die elementaren Zusammenhänge

$$U = RI \quad \text{(Ohmsches Gesetz)} \quad \text{und} \quad P = UI \qquad\qquad 3.39$$

woraus folgt:

$$P = RI^2 \qquad\qquad 3.40$$

Bei konstanter Leistung P der Lampe kann also ein niedriger Strom I und ein entsprechend hoher Widerstand R gewählt werden oder ein hoher Strom I und ein niedriger Widerstand R. Wegen P = UI erhält man im ersten Fall eine Hochvolt-Lampe, im zweiten Fall eine Niedervolt-Lampe. Bei letzterer muss also die Glühwendel niederohmiger ausgelegt werden. Das ermöglicht die Verwendung kürzerer und dickerer Wendeln, die aufgrund ihrer kompakteren Form geringere Wärmeverluste haben.

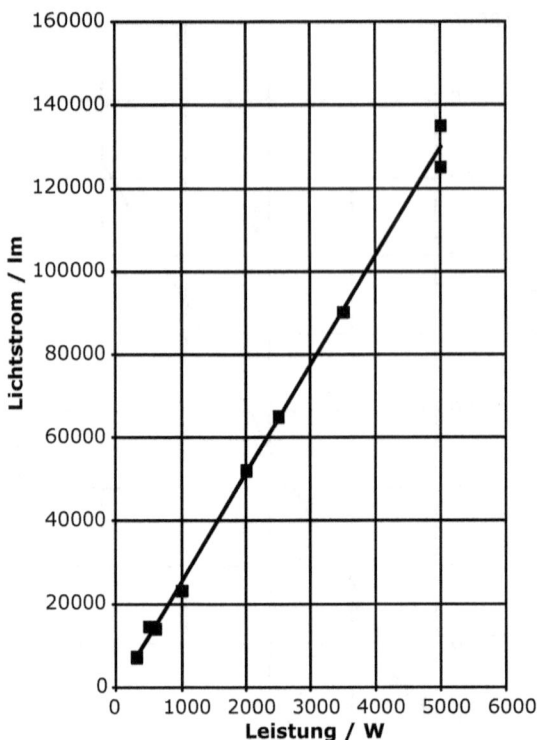

Abb. 3.18. Lichtstrom als Funktion der Leistung für Hochvolt-Halogenlampen. Die Lichtausbeute erhält man aus der Steigung der Geraden zu etwa 26 lm/W.

Warum gibt es dann überhaupt Hochvolt–Halogenlampen? Das liegt u.a. daran, dass man für Niedervolt–Halogenlampen einen Trafo oder ein Schaltnetzteil benötigt, um sie am Netz betreiben zu können. Das verursacht Kosten, stellt eine Quelle möglicher Defekte dar und reduziert den Gesamtwirkungsgrad der Anordnung. Bei sehr leistungsstarken Lampen wären außerdem nach Gl. 3.40 extreme Lampenströme nötig. Die dafür nötigen Netzteile wären groß und teuer.

Insbesondere Niedervolt–Halogenglühlampen niedriger Leistung haben sich trotzdem bei der Allgemeinbeleuchtung längst einen festen Platz erobert. **Reflektorlampen** mit **Kaltlicht-spiegel** erfreuen sich dabei besonderer Bliebtheit. Für Leuchten, die gerichtetes Licht abgeben sollen, hat man Lampen entwickelt, die den dafür benötigten Reflektor bereits enthalten. Diese haben einen zumeist parabolischen Reflektor (Abb. 3.19), der eine dielektrische Beschichtung (Kap. 5.1.5) trägt, die sichtbares Licht zu 100% reflektiert. Infrarotes Licht und in manchen Fällen auch UV-Licht wird jedoch durchgelassen. Das bedeutet, dass sich **Wärme-strahlung** fast ungehindert in alle Raumrichtungen ausbreiten kann und nicht, wie bei einem metallischen Reflektor, auf das zu beleuchtende Objekt gebündelt wird. Abb. 3.20 zeigt eine Reihe handelsüblicher Halogenlampen. Neben zwei Kaltlichtspiegellampen ist auch eine zweiseitig gesockelte, stabförmige Lampe zu sehen, wie sie bei der flächigen Anstrahlung im Innen– (Verkaufsflächen) und Außenbereich Verwendung finden.

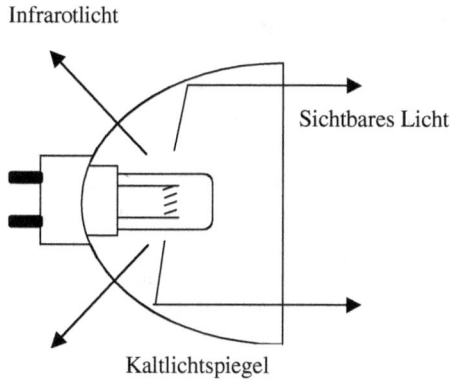

Abb. 3.19. Lampe mit Kaltlichtspiegel.

Abb. 3.20. Halogenlampen unterschiedlicher Bauart. Die Reflektoren der beiden Kaltlichtspiegellampen reflektieren selektiv vor allem sichtbares Licht, aber wenig Wärmestrahlung. Die Wärmebelastung im Lichtbündel sinkt dadurch erheblich. Foto: OSRAM

3.1.3   Glühlampen für Sonderanwendungen

Die Lichtausbeute einer Glühlampe steigt mit wachsender Wendeltemperatur. Es steigt damit aber leider auch die Abdampfrate des Wolframs. Ein Sinken der Lebensdauer der Lampe ist die Folge. Es muss für die verschiedensten Anwendungen jeweils entschieden werden, was wichtiger ist: Lebensdauer oder Lichtausbeute. Bei **Signallampen** in **Lichtzeichenanlagen** etwa wird die Entscheidung in Richtung Lebensdauer getroffen. Hier ist etwa eine mittlere Lebensdauer von 8000h üblich, d.h. innerhalb der ersten 8000h Brennstunden dürfen weniger als 50% der Lampen ausgefallen sein. Ein Ausnutzen dieser mittleren Lebensdauer ist meist nicht ratsam, da Signallampen bei Ausfall sofort getauscht werden müssen. Die Einzelauswechselkosten stehen in keinem Verhältnis zu den Kosten eines Gesamtaustauschs aller Lampen im Rahmen der Regelwartungen.

Bei **Hochvolt–Signallampen** ist etwa ein Ausfall von weniger als 2% aller Lampen innerhalb der ersten 3000 Betriebsstunden üblich. Dies wird erreicht durch Kryptonbefüllung, durch Reduzierung der Wendeltemperatur unter Inkaufnahme verringerter Lichtausbeute oder durch Überdruckbefüllung. In besonderen Fällen, etwa beim Rotsignal, sind auch **Glühlampen mit doppelter Glühwendel** gebräuchlich.

Der umgekehrte Weg wird beschritten, wenn hohe Lichtausbeute und damit verbunden eine hohe Farbtemperatur verlangt werden. So erreicht eine 1000W–Halogen–Netzspannungslampe für **Film- und Fernsehaufnahmen** bei einer Farbtemperatur von 3400K zwar eine Lichtausbeute von 33lm/W, die Lebensdauer ist aber auf 15h begrenzt. Kurze Lebensdauern zugungsten höherer Farbtemperatur werden auch bei **Projektionslampen** in Kauf genommen. Hier kommt es vor allem darauf an, möglichst eine Punktlichtquelle zu realisieren. Die Glühwendel soll also möglichst kompakt sein. Abb. 3.21 zeigt eine Niedervolt–Halogenlampe für Lichtwurfzwecke, die einen Lichtstrom von 6000lm bei einer Nennleistung von 150W liefert. Die Hochvolt–Halogenglühlampe in Abb. 3.22 liefert einen Lichtstrom von 8100lm bei einer Farbtemperatur von 3200K. Dieser hohe Wert bedeutet natürlich Einbußen bei der Lebensdauer: es wird eine solche von 75 Stunden angegeben, die bei dem Verwendungszweck, nämlich professionelle Film– und Videoaufnahmen, aus Gründen der Farbwiedergabe in Kauf genommen wird.

Ein hoher Lichtstrom bedeutet letzlich eine längere Glühwendel. Bei Scheinwerferlampen hoher und höchster Leistung kommt der Lage und Faltung der Glühwendel eine entscheidende Bedeutung zu. Die Wendel muss möglichst eng geführt werden, die Wendelschenkel dürfen sich bei Hochvolt–Lampen aber nicht zu nahe kommen, damit es nicht zu elektrischen Überschlägen kommt. Auch dürfen sich die Schenkel in der Hauptstrahlrichtung nicht gegeneinander abschatten. In Abb. 3.23 sind zwei Ausführungsformen angegeben. Bei der Monoplantechnik wird die Wendel in einer Ebene geführt, entsprechende Zwischenräume verhindern Überschläge. Bei der Biplanwendel wird die Leuchtdichte dadurch gesteigert, dass die Wendel in Zick–Zack–Form angeordnet wird, wobei sich die Gesamtbreite der Anordnung senkrecht zur Projektionsrichtung verringern und damit die Leuchtdichte steigern lässt.

In Abb. 3.24 ist eine Scheinwerferlampe mit Biplanwendel abgebildet. Bei einer Lichtausbeute von 18,5 lm/W und einer Farbtemperatur von 3000K erreicht die Lampe eine Lebensdauer von 750 Stunden.

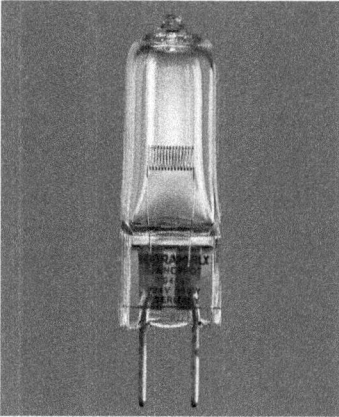

Abb. 3.21. Niedervolt–Halogenglühlampe OSRAM HLX XENOPHOT 150W 24V mit Sockelung G6,35 für die Projektion. Die Xenonfüllung dieser Lampen erlaubt einen höheren Lichtstrom gegenüber der Kryptonfüllung. Photo: OSRAM

Abb. 3.22. Halogen 120V–Netzspannungslampe mit einer Leistung von 300W. Einsatzgebiet ist die Beleuchtung bei Film– und Videoaufnahmen. Photo: OSRAM

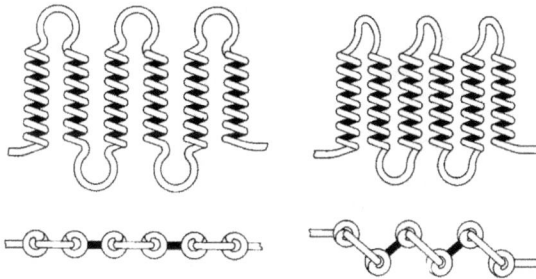

Abb. 3.23. Anordnung von Glühwendeln in Scheinwerferlampen, links die Monoplanwendel, rechts die Biplanwendel. Aus: [Keller 1991]

Abb. 3.24. Halogenlampe OSRAM T/12 650W für eine Brennspannung von 230V. Sie besitzt eine Biplanwendel und liefert einen Lichtstrom von 12.000lm bei einer Farbtemperatur von 3000K. Photo: OSRAM

Eine hohe Bedeutung haben Niedervolt-Halogenlampen als Leuchtmittel in Autoscheinwerfern erlangt. Hier sind inzwischen auch Lampen mit Interferenzbeschichtungen im Handel, die dem Licht leichte Färbungen in gelbliche oder bläuliche Richtung geben. Für Schwerlastfahrzeuge gibt es besonders robuste und langlebige Varianten.

Eine Kombination von Lampe und Reflektor wird auch bei der **PAR®–Lampenserie** verwendet. Dies sind Lampen, die bei preisgünstigen Scheinwerfern zum Einsatz kommen. Bei ihnen sitzt die Halogenlampe in einem hermetisch dichten **Pressglaskolben**, der gleichzeitig als Reflektor geformt ist. Vorteil dieser Anordnung ist die präzisestmögliche Justierung der Glühwendel relativ zum Reflektor. Außerdem ist der Reflektor durch die Schutzgasfüllung des Kolbens vor Korrosion und Beschädigung geschützt. Nachteilig sind allerdings der höhere Preis sowie die Tatsache, dass das abgegebene Lichtbündel eine fest eingestellte Divergenz besitzt. Eine Veränderung derselben, wie sie bei hochwertigen Scheinwerfern möglich ist, scheidet hier aus. Die in Abb. 3.25 gezeigte PAR®64 Classic erreicht eine Farbtemperatur von 3200K bei einer Lebensdauer von ca. 300 Stunden. Lampen dieses Typs gibt es mit verschieden Abstrahlwinkeln.

Abb. 3.25. Reflektorlampe PAR® 64 mit einer Leistung von 1000W bei einer Brennspannung von 230V. Photo: OSRAM

3.2   Niederdruck–Entladungslampen

3.2.1   Leuchtstofflampen

Die Entwicklung einer brauchbaren **Leuchtstofflampe** geht vor allem auf Pirani und Rüttenauer [Pirani 1935] ins Jahr 1935 zurück. Um 1940 begann dann der Siegeszug dieses Lampentyps, so dass er heute in den Industrienationen den größten Teil des künstlichen Lichtes liefert.

Eine Leuchtstofflampe besteht aus einer Röhre aus Kalknatronglas (Abb. 3.26), in der eine Niederdruckgasentladung zwischen zwei Elektroden mittels Wechselspannung betrieben wird. Die Wendeln werden nur zum Starten der Lampe vorgeglüht, im späteren Betrieb behalten sie durch Elektronen– bzw. Ionenbeschuß ihre Betriebstemperatur. Die Füllung besteht größtenteils aus Argon mit einer kleinen Menge Quecksilber. Letzeres ist für die Lichterzeugung verantwortlich. Allerdings liefert es den größten Teil der Strahlung im ultravioletten Spektralbereich, so dass das Licht über einen Leuchtstoff auf der Innenseite der Glasröhre erst in sichtbares Licht umgewandelt werden muss.

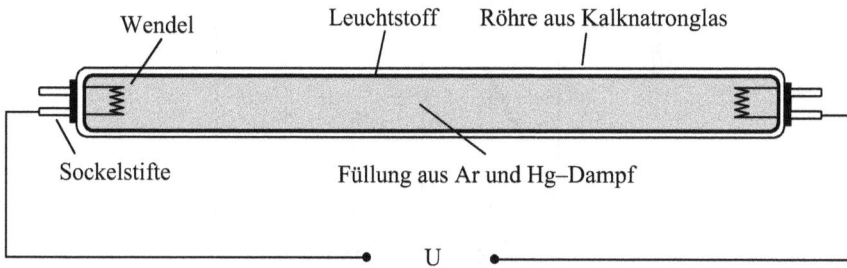

Abb. 3.26. Eine Leuchtstofflampe im Schnitt. Die Elektroden werden nur vor dem Zünden elektrisch zum Glühen gebracht, im Betrieb werden die Wendeln als einseitig kontaktierte Elektroden verwendet. Die Lampe wird in der Regel mit Wechselspannung betrieben.

Die Gasfüllung

Für eine wirkungsvolle Konversion der emittierten UV-Strahlung in sichtbares Licht bedarf es eines Gases oder Dampfes mit Emissionslinien, die nicht zu weit vom sichtbaren Spektralbereich entfernt sind und außerdem Strahlung mit genügend hoher Ausbeute liefern. Die Edelgase haben ungeeignete Linien im fernen UV. Die Auswahl ist sehr begrenzt und die Wahl fällt auf Quecksilber, entwickelt es doch schon bei Zimmertemperatur den erheblichen Dampfdruck von 0,17Pa (Abb. 3.27). Beim Betrieb einer Leuchtstofflampe darf der Quecksilberdampfdruck allerdings auch nicht zu hoch werden. Es gibt nämlich einen optimalen Druck: einerseits muss er hoch genug sein, damit die Zahl der für die Anregung geeigneter Energieniveaus notwendigen Stöße groß genug ist, andererseits darf er nicht so hoch sein, dass Selbstabsorption (siehe hierzu die Erläuterungen zu Abb. 1.31 und 1.32) eintritt. Außerdem ist es so, dass einmal von Quecksilber emittierte Strahlung nicht sofort die Entladung verlässt, sondern sie wird von einem anderen Quecksilberatom absorbiert und auch wieder emittiert [Coaton 2001]. Dieser Vorgang wiederholt sich ca. 100-mal, bevor die Strahlung die Rohrwand erreicht und wäre im Großen und Ganzen verlustfrei, wenn es nicht gelegentlich Stöße mit Elektronen gäbe, die einen Verlust der Anregungsenergie zur Folge haben. Bei hohen Drücken steigt die Zahl der Stöße und damit der Verlust der Anregungsenergie. Der optimale Quecksilberpartialdruck liegt etwa bei 0,65Pa. Nach Abb. 3.27 entspricht das einer Temperatur von etwa 36°C, was bedeutet, dass die kälteste Stelle der Lampe diese Temperatur haben muss, denn der Quecksilberdampf ist gesättigt.

Als **Zünd- und Puffergas** wird bei Leuchtstofflampen noch ein Edelgas zugesetzt. In vielen Fällen ist es Argon mit einem Partialdruck von 500Pa, manchmal kommt auch ein Gemisch aus Argon und Krypton zum Einsatz. Argon liefert eine geringere Zündspannung als Krypton. Das Edelgas hat außerdem als Puffergas die Funktion, die Elektroden vor zu heftigen Ioneneinschlägen zu schützen und damit die Lebensdauer der Lampe beträchtlich zu steigern.

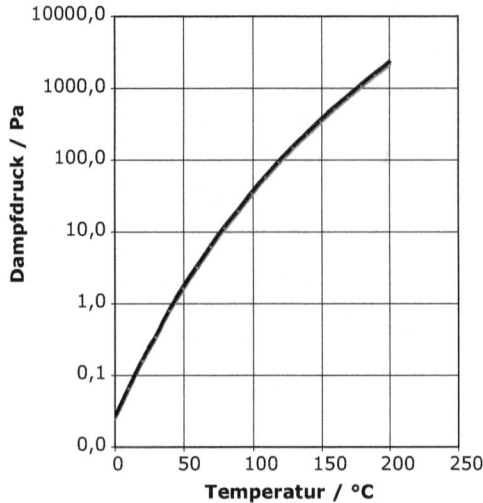

Abb. 3.27. Dampfdruckkurve des Quecksilbers.

Anregung der Quecksilberatome

Die physikalischen Eigenschaften einer Niederdruckgasentladung wurden bereits in Kap. 1.4 besprochen. Zur Lichtemission kommt es, wenn geeignete Energieniveaus des Quecksilbers durch Elektronenstöße besetzt werden und anschließend das Elektron wieder in den Grundzustand relaxiert. Das Energieniveauschema ist in Abb. 3.28 vereinfacht dargestellt. Die fett gezeichneten Linien sind für die Lichterzeugung in Leuchtstofflampen relevant. Welche der Niveaus besetzt werden, hängt von der **Elektronenenergie** ab. Diese wiederum wird durch die elektrische Feldstärke maßgeblich bestimmt. Solange die Elektronenenergie niedriger ist als die Energie des niedrigsten Quecksilberniveaus, stoßen die Elektronen elastisch mit den Atomen. Sie geben also keine Energie ab. Erst wenn die Energie gleich oder höher wird als das niedrigstliegende Quecksilberniveau, kann durch den Stoß ein Elektron in diesen Zustand gehoben werden. Das stoßende Elektron setzt seinen Weg mit entsprechend geringerer kinetischer Energie fort und wird im elektrischen Feld wieder beschleunigt. Hat das Elektron hohe kinetische Energie, können auch höhere Niveaus besetzt werden, wobei gleichzeitig die Wahrscheinlichkeit der Besetzung niedriger Niveaus wieder sinkt. Für eine optimale Emission auf den Linien 435,8nm, 546,1nm und 404,7nm ist eine Elektronenenergie von ca. 9eV günstig [Elenbaas 1972].

Sind die Elektronen hinreichend energiereich, so ist eine Ionisierung des Quecksilbers möglich. Die hierfür nötige Ionisierungsenergie liegt bei 10,43eV. Die Ionisierung ist ein durchaus gewünschter Effekt, denn sie erzeugt freie Elektronen und Ionen, die für die **Leitfähigkeit des Plasmas** wichtig sind. Die Erzeugung freier Ladungsträger spielt insbesondere beim Kaltstart der Lampe eine wichtige Rolle. Hier müssen die wenigen vorhandenen freien Elektronen beschleunigt werden, um zu ionisieren. Es ist klar, dass in einem Vakuum keine Atome vorhanden sind, die ionisierbar wären. Bei sehr hohen Drücken dagegen sind zwar ausreichend Atome für die Ionisierung vorhanden, dafür ist aber die mittlere freie Weglänge, die ein Elektron zwischen zwei Stößen zurücklegen kann, sehr gering. Das Elektron kann auf den kurzen Strecken nicht genügend kinetische Energie gewinnen, um ionisieren zu können.

Das lässt sich nur durch sehr hohe Spannungen ausgleichen. Die **Paschen-Kurve**, die die Abhängigkeit der Zündspannung vom Druck beschreibt, hat also bei dem Druck ein Minimum, bei dem einerseits genügend Atome für die Ionisierung zur Verfügung stehen, aber andererseits die mittlere freie Weglänge noch lang genug ist.

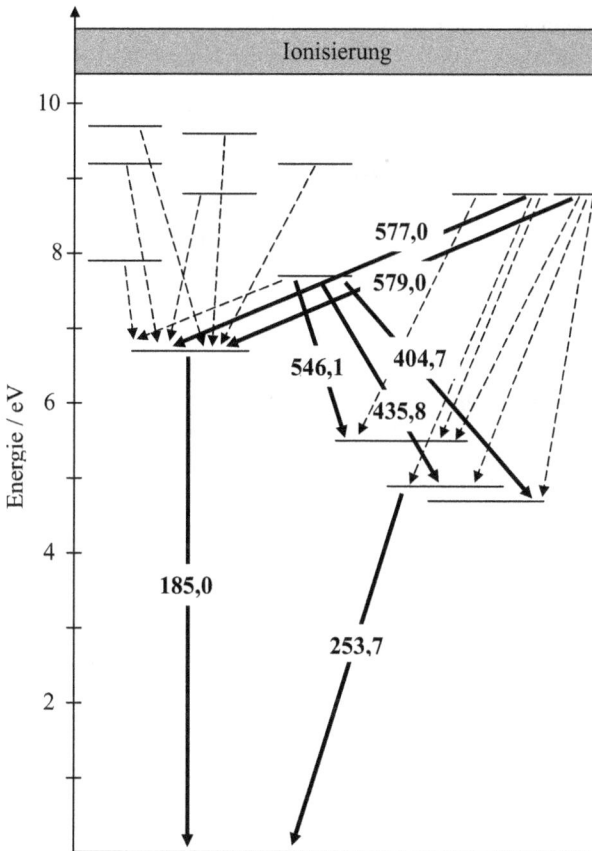

Abb. 3.28. Vereinfachtes Energieniveauschema des Quecksilbers. Die wichtigsten Übergänge sind fett gezeichnet. Die Zahlen geben die bei der Relaxation auftretenden Wellenlängen in nm an. Der Anteil des bei der Leuchtstofflampe im Sichtbaren emittierten Lichtes ist gering. Die stärksten Linien sind die beiden UV–Linien bei 185nm und 253,7nm.

Bei einem Gasgemisch liegen die Dinge noch einmal komplizierter. Das für die Leuchtstofflampe günstige Gemisch aus Argon und wenig Quecksilber erweist sich hier als sehr hilfreich, denn die Zündspannungen sind wesentlich niedriger als bei Verwendung von reinem Argon. Das liegt am sogenannten Penning-Effekt [Penning 1927, 1928], der Tatsache nämlich, dass Argon im metastabilen Zustand in der Lage ist, Quecksilber zu ionisieren. Der Penning-Effekt tritt immer dann ein, wenn das metastabile Niveau des mengenmäßig überlegenen Gases über der Ionisierungsenergie des beigemischten Gases liegt. Eine Ionisierung von Argon selbst ist wegen der hohen nötigen Energie von 15,76eV unwahrscheinlich.

Erzeugung sichtbaren Lichtes durch Leuchtstoffe

Nur ca. 3% der der Entladung zugeführten Energie werden direkt in sichtbares Licht umgewandelt, ca. 63% werden in Form von Strahlung der Wellenlängen 185,0nm und 253,7nm abgegeben. So gesehen wäre die Lichterzeugung mit einer Leuchtstofflampe eine unerfreuliche Angelegenheit, gäbe es nicht geeignete Leuchtstoffe, die die UV-Strahlung in sichtbares Licht umwandeln können. Dieser physikalische Effekt wird **Fluoreszenz** genannt, und zwar weil er u.a. in dem natürlich vorkommenden Mineral **Fluorit** (CaF_2) beobachtet wurde.

Es gibt Leuchtstoffe, die am besten fluoreszieren, wenn sie möglichst rein sind. Andere wiederum zeigen erst dann Fluoreszenz, wenn sie mit kleinen Mengen anderer Elemente versetzt werden. Die Fremdsubstanz wird **Aktivator** genannt. Um den physikalischen Ablauf zu verstehen, sei an das in Abschnitt 1.1.4 besprochene **Morse-Potential** erinnert. Eine direkte Übertragung auf das hier vorliegende Phänomen ist nicht möglich, da das Morse-Potential nach Gl. 1.29 für ein isoliertes, zweiatomiges Molekül gilt, das in Gasform vorliegt. Hier dagegen sind Feststoffe zu betrachten, deren Atome untereinander mannigfache Bindungen eingehen. Die Verhältnisse sind also wesentlich komplexer. Trotzdem kann ein Potential der Form von Gl. 1.29 verwendet werden. In Abb. 3.29 ist der Verlauf der potentiellen Energie E eines Aktivatoratoms als Funktion des Abstandes s für den elektronischen Grundzustand sowie für einen elektronisch angeregten Zustand dargestellt. Der Abstand s ist als eine Art effektiver Abstand des Aktivators zu den umgebenden Atomen zu verstehen. Der Verlauf der

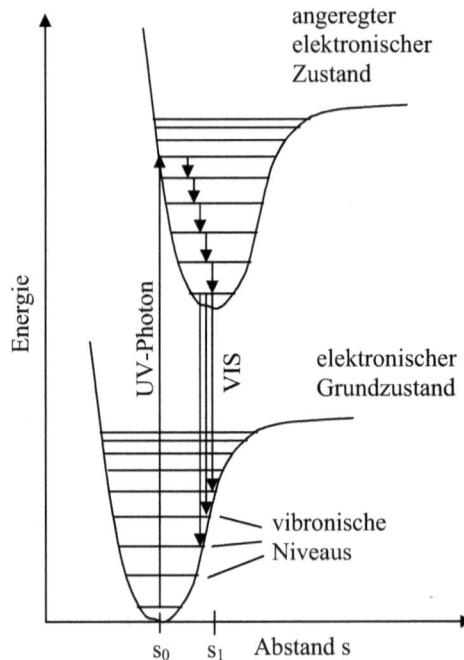

Abb. 3.29. Umwandlung eines UV–Photons in ein Photon des sichtbaren Lichtes (VIS). Die Anregung erfolgt in ein höheres vibronisches Niveau des angeregten elektronischen Zustandes. Die Emission erfolgt aus dem vibronischen Grundzustand des angeregten Niveaus in höhere vibronische Niveaus des Grundzustandes.

Energie für die beiden elektronischen Zustände entspricht jeweils dem Morsepotential. Allerdings sind die Gleichgewichtsabstände für die beiden elektronischen Zustände unterschiedlich. In Abb. 3.29 sind außerdem die vibronischen Niveaus der elektronischen Zustände eingezeichnet.

Bei Temperaturen wenig über 20°C befindet sich das Aktivatoratom im vibronischen Grundzustand des unteren elektronischen Niveaus. Absorbiert es nun ein UV–Photon, geschieht das so schnell, dass die umgebenden Ionen des Gitters sich an die neuen Abstände nicht so schnell anpassen können. Im angeregten elektronischen Zustand wird also ein höheres, vibronisches Niveau eingenommen. Man kann sich das im klassischen Bild wie folgt vorstellen: durch die Anregung wird ein äußeres Elektron auf eine weiter außen liegende Bahn gehoben. Dadurch vergrößert sich das Molekül und es verändert sich natürlich der effektive Gleichgewichtsabstand der Atomschwerpunkte (Abb. 3.30a und 3.30b). Der Übergang erfolgt nach dem **Franck-Condon-Prinzip** so schnell, dass der Gleichgewichtsabstand nicht so schnell wieder hergestellt werden kann.

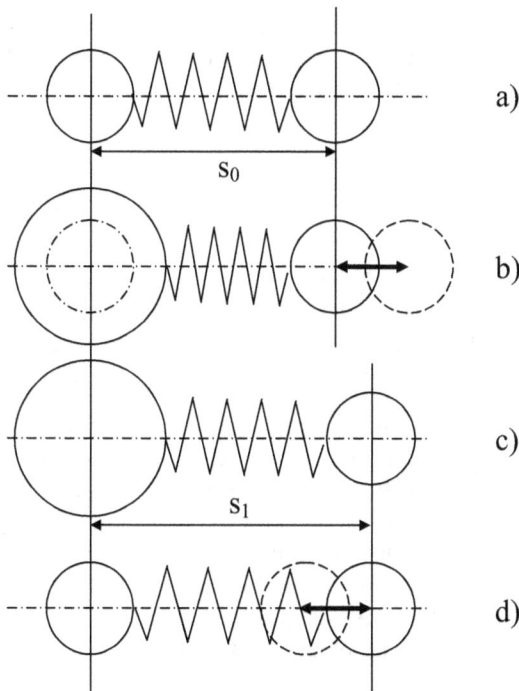

Abb. 3.30. Einfaches mechanisches Modell der Anregung elektronischer und vibronischer Niveaus in einem Leuchtstoff.

Im klassischen Bild würde das der Stauchung einer Feder entsprechen. Das System wird solange schwingen, bis die Energie ans Gitter abgegeben worden ist, was weniger als eine Pikosekunde dauert. Der neue Gleichgewichtsabstand ist jetzt s_1 (Abb. 3.30c). Mit einer Relaxationszeit, die je nach Aktivatoratom im Nano– bis Millisekundenbereich liegen kann, geht das System schließlich in den elektronischen Grundzustand zurück. Die Relaxation erfolgt unter Emission eines sichtbaren Lichtquants nach Abb. 3.29 in ein vibronisch angeregtes Niveau des elektronischen Grundzustandes. Im einfachen mechanischen Modell heißt das wiederum, dass die verbindende Feder gedehnt wird (Abb. 3.30d). Eine Schwingung ist die Folge, die vibronische Energie wird nach und nach ans Gitter abgegeben. Wie man aus Abb. 3.29 leicht erkennt, hat das emittierte Photon eine deutlich geringere Energie als das aufgenommene. Bei der Emission gibt es außerdem mehrere Möglichkeiten der Relaxation in höhere oder weniger hohe vibronische Niveaus. Die Emissionslinie ist daher sehr breit und hat etwa Gauß–Form.

Es sei noch einmal betont, dass dieses vereinfachte mechanische Modell nur der Veranschaulichung dient und den schwierigen, quantenmechanisch zu beschreibenden Gegebenheiten nicht voll gerecht wird.

In der Praxis wurden anfangs **Halophosphate** als Leuchtstoffe verwendet. Die Leuchtstoffe werden innen auf die Glasröhre aufgetragen und kommen mit dem Plasma in Kontakt. Wichtig ist, dass möglichst das ganze UV–Licht von der Leuchtschicht absorbiert wird. Andererseits darf die Schicht auch nicht unnötig dick sein, denn sonst wird das entstandene sichtbare Licht möglicherweise in der Schicht wieder absorbiert. Für Halophosphate wird ein **Absorptionskoeffizient** α von etwa 1500cm^{-1} angegeben [Elenbaas 1962], was nach dem Beerschen Gesetz (Gl. 1.130) eine Schichtdicke von

$$ x = -\frac{1}{\alpha} \ln\left(\frac{\psi}{\psi_0}\right) \quad \text{bzw.} \quad x = -\frac{1}{1500 \text{cm}^{-1}} \ln(0,01) = 31 \mu\text{m} \qquad 3.41 $$

bedeuten würde. Dies kann nur ein Anhaltswert sein, denn bei Leuchtstoffen spielt die Korngröße der Schicht eine wichtige Rolle. Ein Teil der UV–Strahlung wird nämlich in die Lampe zurückreflektiert. Günstig ist es bei Halophosphaten, eine Korngröße von mehr als $6 \mu\text{m}$ zu verwenden. Die Rückreflexion ist damit auf etwa 10% begrenzt.

Das bei Einführung der Leuchtstofflampen häufig verwendete Kalzium-Halophosphat $Ca_5(PO_4)_3(Cl,F){:}(Sb^{3+},Mn^{2+})$ lieferte halbwegs weißes Licht. Antimon emittiert breitbandig bei 480nm, Mangan bei 580nm. Betrachtet man die Positionen der beiden monochromatischen Strahlungen in der Normfarbtafel Abb. 2.15, so erkennt man leicht, dass die Verbindungslinie der beiden Farborte nahe am Weißpunkt vorbei geht. Das bedeutet, dass man bei geeigneter Wichtung der beiden Emissionen weißes Licht erzeugen kann. Dies geschieht durch Veränderung der Verhältnisse $Sb^{3+}{:}Mn^{2+}$ und Cl:F. Abb. 3.31 zeigt das Rohr einer Leuchtstofflampe im Betrieb, links ohne Beschichtung, rechts mit einem Halophosphat-Leuchtstoff.

Abb. 3.32 zeigt den sichtbaren Teil des Spektrum einer Leuchtstofflampe mit und ohne Leuchtstoff. Ohne Leuchtstoff sind nur die Quecksilberlinien bei 404,7nm, 435,8nm, 546,1nm und 577,0nm/579,0nm erkennbar. Mit Halophosphat-Leuchtstoff sind ein schwach ausgeprägtes, breites Maximum bei 480nm und ein stärker ausgeprägtes bei 580nm zu erkennen.

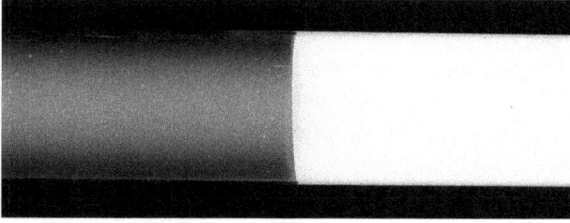

Abb. 3.31. Leuchtstofflampe ohne Leuchtstoff (links) und mit einem Halophosphat-Leuchtstoff (rechts). Die zugehörigen Spektren zeigt Abb. 3.32.

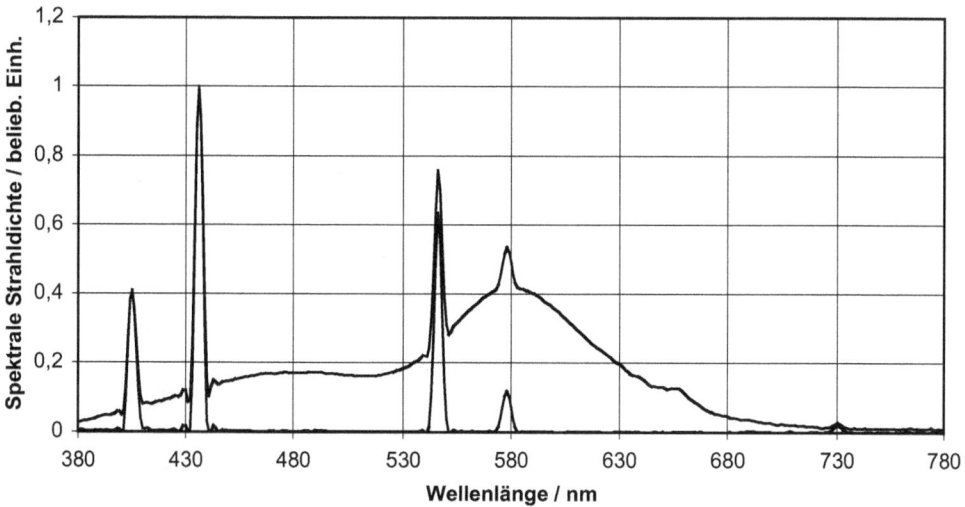

Abb. 3.32. Spektrale Leistungsverteilung einer Leuchtstofflampe mit und ohne Halophosphat–Leuchtstoff. Die Lampe wurde im warmen Zustand gemessen. Der Farbwiedergabeindex liegt mit Leuchtstoff bei $R_a=67$. Ohne Leuchtstoff liegt er bei 5. Man beachte, dass die Breite der Quecksilberlinien durch die Auflösung des Messgerätes bedingt ist und nicht die tatsächliche Breite darstellt.

Der **Farbwiedergabeindex** von Halophosphaten mit ihren zwei komplementären spektralen Emissionen ist unbefriedigend. In Abb. 3.32 wurde er zu $R_a=67$ gemessen. Als sehr gut gelten Wiedergabeindizes ab 80, was einer Farbwiedergabestufe von 1A oder 1B entspricht. Dies lässt sich nur mit drei Banden im Spektrum realisieren, wie zum Beispiel mit einem **Deluxe-Leuchtstoff**, der aus einem Gemisch aus **Strontium-Halophosphat** $Sr_5(PO_4)_3(F,Cl):(Sb^{3+}, Mn^{2+})$ und **Strontium-Orthophosphat** $Sr_3(PO_4)_2:Sn^{2+}$ besteht. Das Strontium-Halophosphat liefert dabei Banden um 480nm und 560nm, während Strontium-Orthophosphat eine Bande bei 630nm beisteuert.

Für die **Farbwiedergabestufe 1A** ($100 > R_a \geq 90$) werden **bis zu fünf Leuchtstoffe** gemischt. Die Leuchtstoffe werden in der Regel durch **Beschlämmen** der Rohre mit einer Leuchtstoff-Suspension in einem organischen Binder bzw. in Wasser mit einem Eindickungsmittel aufgebracht. Danach wird die Schicht vorsichtig getrocknet und der Binder oder das Eindickungsmittel durch Ausheizen bei ca. $500\,^\circ$C entfernt.

Die Elektroden

An die Elektroden werden im Falle einer Leuchtstofflampe grundsätzlich andere Anforderungen gestellt als an die Glühwendel bei einer Glühlampe. Es kommt darauf an, viele Elektronen aus der Elektrodenoberfläche abzulösen und im elektrischen Feld zu beschleunigen. Grundsätzlich gibt es für die Freisetzung von Elektronen die folgenden Mechanismen:

- Nach dem in Kap. 1.1.1 behandelten **Photoeffekt** können Photonen der geeigneten Energie Elektronen aus dem Metallverbund ablösen.
- Bei der **Glühemission** bekommen die Elektronen die für das Verlassen der Metalloberfläche nötigen Energien aus der thermischen Energie des Metalls. Hierfür sind also hohe Temperaturen nötig.
- Bei der **Feldemission** können Elektronen durch hohe Potentialdifferenzen aus der Oberfläche gerissen werden. Die zur Überwindung der Austrittsarbeit nötigen Feldstärken liegen in der Größenordnung von 1GV/m.
- Durch **Aufprall von Ionen** auf die Metalloberfläche. Wie viele Elektronen herausgeschlagen werden, hängt von der Art des Ions, seiner Geschwindigkeit sowie der Beschaffenheit der Oberfläche ab. Meist ist es im Mittel weniger als ein Elektron.
- Durch Aufprall freier Elektronen hoher Energie können aus einer Elektrode weitere Elektronen herausgeschlagen werden. Bei diesem als **Sekundärelektronenemission** bezeichneten Effekt kann bei bestimmten Halbleitermaterialien das Sekundärelektronenemissionsvermögen, das ist das Verhältnis aus der Anzahl der ausgelösten Elektronen zur Anzahl der auftreffenden Teilchen, bis zu 15 betragen.
- Mitunter können **angeregte Atome Elektronen freisetzen**, wenn ihre Anregungsenergie gleich oder höher ist als die Austrittsarbeit. Die Energie, die frei wird, wenn das Atom bei Kollision mit der Elektrode in seinen Grundzustand übergeht, wird zur Ablösung eines Elektrons aus dem Metall verwendet.

Bei Leuchtstofflampen spielen die **Glühemission** sowie der **Aufprall von Ionen** auf die Kathode eine große Rolle. Die Elektroden werden beim Kaltstart der Lampe vorgeheizt, so dass durch thermische Emission freie Elektronen bereitgestellt werden. Der Heizstrom endet mit dem Start der Entladung. Von da an werden die Elektroden durch den Beschuss mit Ionen beheizt.

Für die Emission von Elektronen spielt die **Austrittsarbeit** eine entscheidende Rolle. Sie liegt bei reinem Wolfram bei etwa 4,5eV und damit sehr hoch. Gesenkt werden kann sie durch **Beschichtung der Elektroden** mit Oxiden der Erdalkalimetalle **Calcium**, **Strontium** und **Barium**. Verwendung finden zwei– und dreifach gewendelte Elektroden. Die Erdalkalimetalle werden in Form von **Karbonaten** aufgetragen und im Laufe der Pumpvorgänge an der Lampe durch Abspaltung von CO_2 oxidiert. Die aufgebrachte Emittermenge bestimmt innerhalb gewisser Grenzen die **Lebensdauer der Lampe**. Ist der Emitter verbraucht, wird das Zünden der Lampe schwierig und schließlich unmöglich. Eine beliebige Menge kann nicht aufgebracht werden, da es zu **Ablösungen der Schicht** und zu **Kolbenschwärzungen** kommt. Abb. 3.33 zeigt eine der Elektroden einer Leuchtstofflampe, im Bereich der oberen Stromzuführung leicht rötlich glühend.

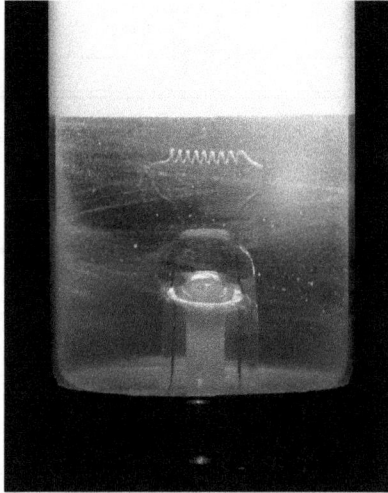

Abb. 3.33. Wolframwendel einer Leuchtstofflampe während des Betriebs. Die Entladung setzt hier im Wesentlichen im oberen Bereich der Wendel an.

Das Zünden der Lampe

Der Betrieb einer Leuchtstofflampe setzt eine **Glühemission** voraus. Das ist bei einer brennenden Lampe kein Problem, da die Glimmentladung die Elektroden auf Temperatur hält. Problematisch wird die Sache nur beim **Kaltstart** der Lampe. Hier ist es nötig, die Elektroden vorzuheizen, bevor die Glimmentladung in Gang kommen kann. Hierzu dient die in Abb. 3.34 dargestellte Schaltung. Nach dem Schließen des Schalters fließt über die beiden Lampenelektroden ein geringer Strom, der im Starter zu einer **Glimmentladung** (Abb. 3.34a) zwischen den beiden **Bimetall-Elektroden** führt. Die Elektroden verbiegen sich infolge der Erwärmung und verursachen schließlich einen Kurzschluss. Ein relativ hoher Strom fließt über die beiden Leuchtstofflampen-Elektroden und bringt diese zum Glühen (Abb. 3.34b). Da die Glimmentladung im Starter erloschen ist, hat er sich während des Stromflusses wieder abgekühlt und daher öffnen die Bimetall-Elektroden den Kontakt wieder. Das abrupte Abreißen des Stroms führt in der Spule durch **Selbstinduktion** zu einem **Spannungsstoß** (Abb. 3.34c). Die hohe Spannung führt bei den noch heißen Elektroden der Leuchtstofflampe zum Start der Glimmentladung und zum kontinuierlichen Betrieb (Abb. 3.34d).

Beim Betrieb der Lampe kommt der Drossel die Aufgabe der Strombegrenzung zu. Eine solche Begrenzung wäre auch mit einem einfachen Ohmschen Widerstand möglich, allerdings würde in diesem Fall ein hoher Spannungsabfall zu einem beträchtlichen Leistungsverlust im Widerstand führen. Außerdem führen ohmsche Widerstände, wie in Abb. 3.35a gezeigt, nach dem Nulldurchgang der Versorgungsspannung zu einer kurzen, beinahe stromlosen Phase [Coaton 2001, Elenbaas 1962]. Dies führt zu einer etwas höheren Wiederzündspannung und Instabilitäten im Lampenbetrieb. Dagegen hat eine Drossel keine stromlosen Phasen (Abb. 3.35b). Der Verlauf des Lampenstroms ist gegenüber dem Eingangsspannungsverlauf leicht verformt.

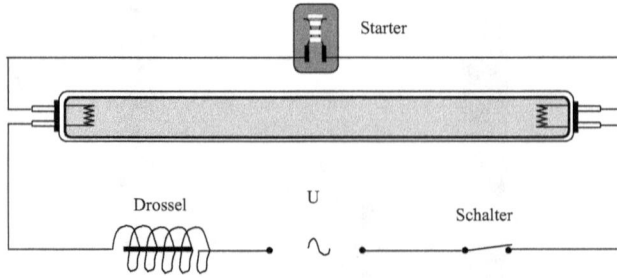

Abb. 3.34a. Nach dem Schließen des Schalters kommt es im Starter zu einer Glimmentladung, die die Bimetall-Elektroden des Starters so erhitzt, dass sie sich bis zum Kurzschluss verbiegen.

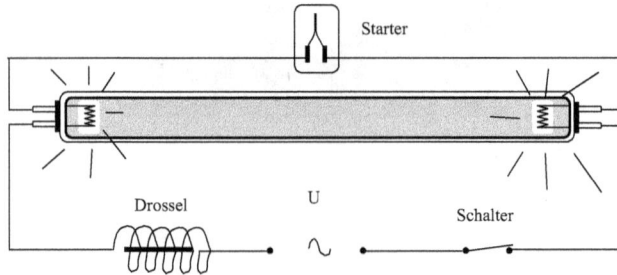

Abb. 3.34b. Der Kurzschluss im Starter lässt im Stromkreis einen relativ hohen Strom fließen, der die Elektroden der Leuchtstofflampe erhitzt.

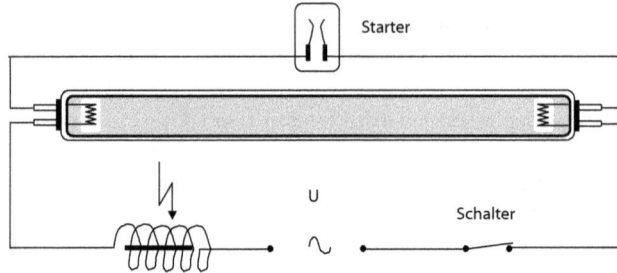

Abb 3.34c. Das Öffnen des Schalters führt in der Drossel zu einem Spannungsstoß.

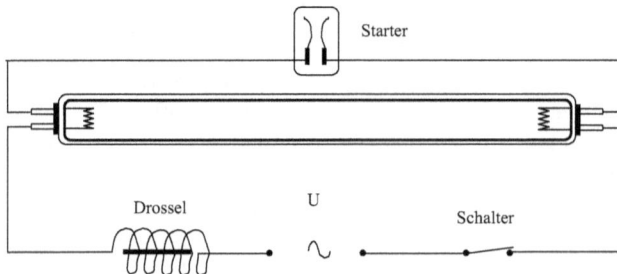

Abb. 3.34d. Die Glimmentladung ist stabil, die Elektroden behalten ihre hohe Temperatur durch den Ionen- und Elektronenbeschuss.

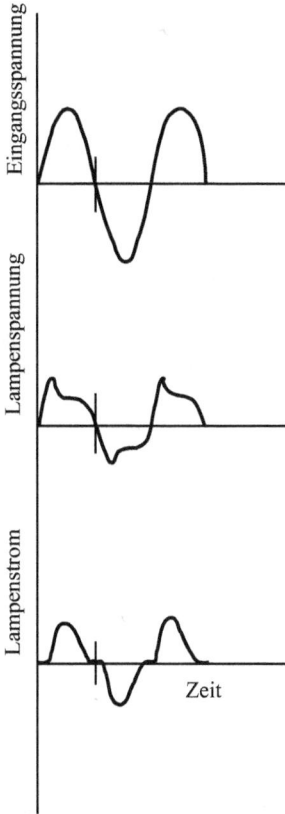

Abb. 3.35a. Eingangsspannung, Lampenstrom und Lampenspannung für einen Widerstand.

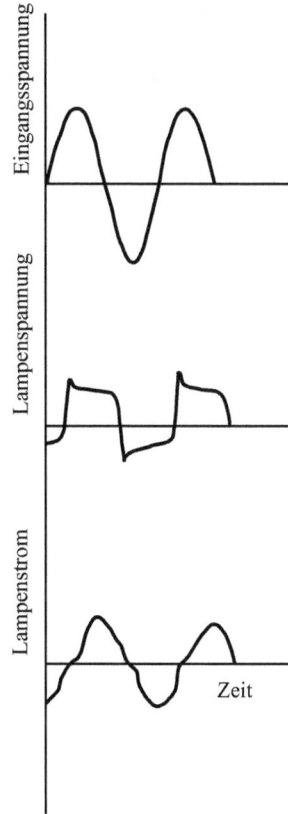

Abb. 3.35b. Eingangsspannung, Lampenstrom und Lampenspannung für eine Drossel.

Die Drossel ist dem Ohmschen Widerstand überlegen, da sie als Induktivität selbst keine Energieverluste verursacht. In der Praxis treten natürlich doch einige Verluste auf, z.B. bedingt durch den ohmschen **Widerstand des Kupferdrahtes**, aus dem die Spule gewickelt ist, oder durch die **Hysterese des Eisenkerns**. Alles in allem ist der Verlust dieser als **konventionelles Vorschaltgerät (KVG)** bezeichneten Anordnung 10 bis 20%.

Da ein KVG im Grunde nur aus einer Spule und einem Starter besteht, ist es sehr robust und langlebig. Es gibt jedoch auch Nachteile: bei einem Betrieb an der 50Hz-Wechselspannung erlischt die Entladung 100mal pro Sekunde. Das Kathodenglimmlicht wechselt im 50Hz-Takt zwischen den Elektroden. Obwohl eine 100Hz-Modulation des Lichtes nicht bewusst wahrgenommen werden kann, soll sie Studien zufolge zu schnellerer Ermüdung und Unkonzentriertheit führen und damit zu dem mit dem englischen Begriff „**sick building syndrome**" belegten Phänomen beitragen.

Unabhängig davon ist bereits seit den 60er Jahren des vorigen Jahrhunderts bekannt, dass der Betrieb einer Leuchtstofflampe mit einer höheren Frequenz einen höheren Wirkungsgrad der Lampe zur Folge hat. Leider waren damals die elektronischen Möglichkeiten sehr begrenzt und die Vorteile bei der Lichtausbeute wurden durch Leistungsverluste in der Elektronik mehr als aufgezehrt. Inzwischen sind durch die Fortschritte auf dem Gebiet der Halbleitertechnik sogenannte **EVGs** (**elektronische Vorschaltgeräte**) möglich, mit denen nicht nur die höhere Lichtausbeute der höheren Frequenzen realisiert werden kann, sondern die noch einige weitere Vorteile bieten: da bei Frequenzen in der Größenordnung von 10^4Hz die Dauer des Nachleuchtens der Entladung deutlich länger ist als eine Periodendauer, besitzt das emittierte Licht nur noch eine **geringe Welligkeit**. Ein weiterer Vorteil sind deutlich kleinere Vorschaltgeräte, da Drosseln für hohe Frequenzen bei gleicher Wirkung deutlich kleiner gebaut werden können. Abb. 3.36 zeigt die grundlegende Funktion eines EVGs.

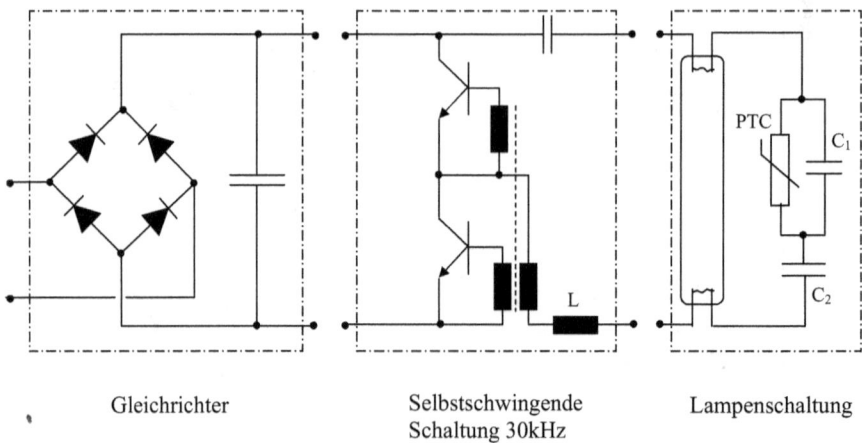

Gleichrichter   Selbstschwingende   Lampenschaltung
                                 Schaltung 30kHz

Abb. 3.36. Vereinfachte Funktionsgruppen eines elektronischen Vorschaltgerätes für Leuchtstofflampen.

Die Netzspannung wird zunächst gleichgerichtet und geglättet. In einer Zerhackerschaltung wird die Gleichspannung wieder in eine Rechteckspannung von etwa 30kHz umgewandelt, die am Ausgang vermittels eines Kondensators als symmetrische Rechteckspannung zur Verfügung steht. Nach dem Einschalten der Netzspannung, aber noch vor dem Zünden der Lampe, bilden die Induktivität L, die Kondensatoren C_1 und C_2 sowie die Wendelwiderstände zusammen mit dem PTC–Widerstand einen resonant schwingenden LRC–Kreis.

Die Lampenwendeln und der PTC–Widerstand erwärmen sich, durch den hohen Widerstandswert des PTC–Widerstandes wird der Schwingkreis zunehmend entdämpft. Dadurch steigt die Spannung, bis schließlich die Zündspannung der Lampe erreicht ist. Mit der Zündung bricht die Spannung zwischen den Kondensatoren C_1 und C_2 auf die normale Brennspannung zusammen. Von da an liegt nur noch ein hochfrequent betriebener LR–Kreis vor, bestehend aus dem Widerstand der Lampe und der Induktivität L. In Abb. 3.36 nicht dargestellt ist die in jedem Fall notwendige Funkentstörschaltung. Auch kann eine **Sicherheitsabschaltung** bei defekter Lampe integriert sein.

Das EVG verursacht dadurch, dass die Entladung während der gesamten Periodendauer in Gang bleibt, geringere Elektrodenverluste und erhöht damit die Lichtausbeute. Die Restwelligkeit des Lichtes ist minimal. Ein weiterer Vorteil besteht darin, dass das bei Drosseln mitunter hörbare 50Hz-Brummen („Netzbrumm") verschwindet bzw. durch ein 30kHz–Brummen ersetzt wird, das weit außerhalb des menschlichen Hörvermögens liegt. Die Lebensdauer von Lampen, die mit EVGs betrieben werden, kann gegenüber der Verwendung von KVGs deutlich höher sein. KVGs belasten die Lampe beim Einschalten stark, da der Spannungsimpuls der Drossel so groß sein muss, dass er die Lampe auch im ungünstigsten Fall zünden kann. In günstigen Fällen werden die Elektroden damit aber unnötig belastet. Bei EVGs steigt die Spannung durch die langsame Entdämpfung des LRC–Kreises nur so lange kontinuierlich an, bis der für das Zünden nötige Wert erreicht ist. Das schont die Elektroden.

Die Lichtausbeute und spektrale Eigenschaften

In der Nähe der Elektroden kommt es zu den in Kap. 1.4.1 besprochenen Spannungsabfällen, dem Kathoden- und Anodenfall. Da Licht im Wesentlichen nur in der positiven Säule erzeugt wird, ist die im Kathoden- und Anodenfall verbrauchte Leistung verloren. Da der Spannungsabfall an der positiven Säule zu ihrer Länge proportional ist, sind lange Röhren hinsichtlich der Lichtausbeute günstiger als kurze. Das Verhältnis des Spannungsabfalls an der positiven Säule zum Spannungsabfall an der gesamten Lampe ist umso höher, je länger die Lampe ist. Die Kathoden- und Anodenfälle liegen zusammen bei ca. 15–25V bei thermischer Emission [Elenbaas 1962].

Bei den Rohrdurchmessern haben sich 16mm, 26mm und 38mm als Standard etabliert, wobei die Tendenz zu dünneren Lampen geht. Lampen mit 38mm Durchmesser sind kaum noch erhältlich. Legt man die durch die Lampe fließende Stromstärke und den Quecksilberdampfdruck fest, ist der optimale Rohrdurchmesser ebenfalls festgelegt. Wird er unterschritten, wird die Stromdichte und damit die mittlere Elektronenenergie zu hoch, was zu einer Anregung höherer Quecksilberniveaus führt. Wird er überschritten, kommt es wegen des verlängerten Weges der UV–Lichtquanten des Quecksilbers zur Selbstabsorption. In Abb. 3.37 ist die Lichtausbeute einer Reihe im Handel befindlicher Leuchtstofflampen und ihre Entladerohrlänge graphisch dargestellt. Es sind Lampen mit Rohrdurchmesser 16mm und 26mm unterschieden. Man erkennt, dass die Lichtausbeute zu geringen Rohrlängen hin merklich abfällt; außerdem erweist sich der Rohrdurchmesser von 16mm als günstiger als ein solcher von 26mm. Man beachte aber, dass eine Veränderung des Rohrdurchmessers stets auch eine Änderung anderer Parameter nach sich zieht, da man ja die Brennspannung von 230V beibehalten will.

Abb. 3.38 zeigt die spektrale Strahldichte als Funktion der Wellenlänge für eine einfach gefaltete Leuchtstofflampe mit einem **Dreibanden–Leuchtstoff**. Die graue Kurve wurde unmittelbar nach dem Kaltstart gemessen, die schwarze Kurve acht Minuten nach dem Einschalten. Man erkennt deutlich, dass die Lampe nach dem Einschalten noch nicht die volle Strahldichte liefert. Dies liegt daran, dass es einige Zeit dauert bis die Lampe Betriebstemperatur hat, so dass der erforderliche Quecksilberpartialdruck erst nach einigen Minuten erreicht ist. Bei der gemessenen Lampe ist das nach etwa drei bis vier Minuten der Fall. Der Farbwiedergabeindex der warmen Lampe war R_a=82, ihre **ähnlichste Farbtemperatur** betrug 2757K. Bei Leuchtstofflampen wie bei allen Entladungslampen kann eigentlich keine Farbtemperatur angegeben werden, da es sich nicht um einen schwarzen Strahler handelt. Man gibt daher diejenige Temperatur des schwarzen Strahlers als „ähnlichste Farbtemperatur" an, die dem Farbeindruck der Lampenstrahlung am ehesten entspricht.

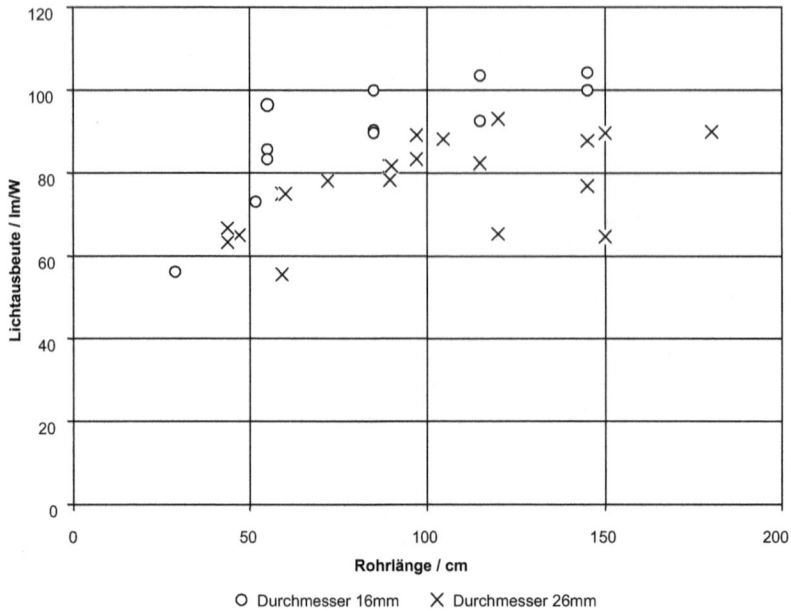

Abb. 3.37. Lichtausbeute als Funktion der Rohrlänge für einige im Handel befindliche Leuchtstoffröhren für 230V Netzspannung. Nach verwendetem Leuchtstoff, nach Lebensdauer sowie nach Farbwiedergabeindex wurde nicht unterschieden.

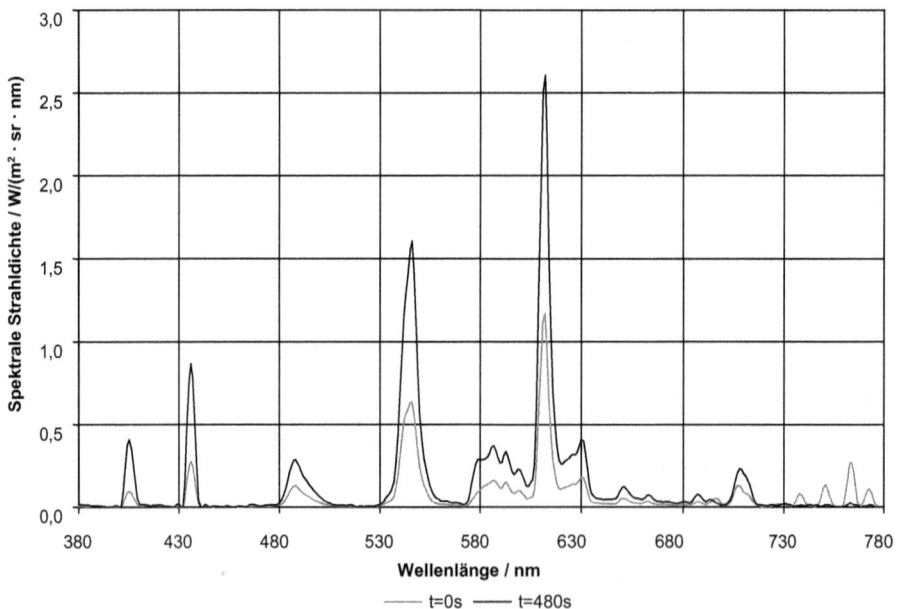

Abb. 3.38. Spektrale Strahldichte einer einfach gefalteten Leuchtstofflampe mit einem Dreibanden–Leuchtstoff unmittelbar nach dem Einschalten (graue Kurve) und im warmen Zustand (480s nach dem Einschalten, schwarze Kurve). Die spektrale Auflösung beträgt 5nm.

Die Abb. 3.39 bis 3.41 zeigen die spektrale Strahldichte gefalteter Leuchtstofflampen gleichen Typs, aber mit verschiedenen Farbtemperaturen. Bei der Lampe in Abb. 3.39 handelt es
sich um eine Lampe mit der ähnlichsten Farbtemperatur von 2700K. Der Farbton ist dem der
Glühlampe ähnlich. Bei der zweiten Lampe (Abb. 3.40) handelt es sich um eine hellweiße
Lampe der Farbtemperatur 4000K, die im Vergleich zur vorigen Lampe eine niedrigere
Strahldichte bei der 610nm–Linie, also im Roten, besitzt, dafür aber ein gewisses Kontinuum
um 445nm hat. Das sowie die höhere Linie bei 545nm verschiebt die Farbkoordinaten etwas
ins Blaue. Die Lampe bei Abb. 3.41 schließlich ist eine Tageslicht–Lampe mit der Farbtemperatur 6000K. Bei ihr ist die 610nm–Linie noch niedriger, dafür das Kontinuum bei 445nm
sowie die 545nm-Linie noch stärker ausgeprägt, was das Licht noch „kälter" macht. Die
Lampen sind mit einem Farbwiedergabeindex 1B (R_a=80 bis 90) spezifiziert.

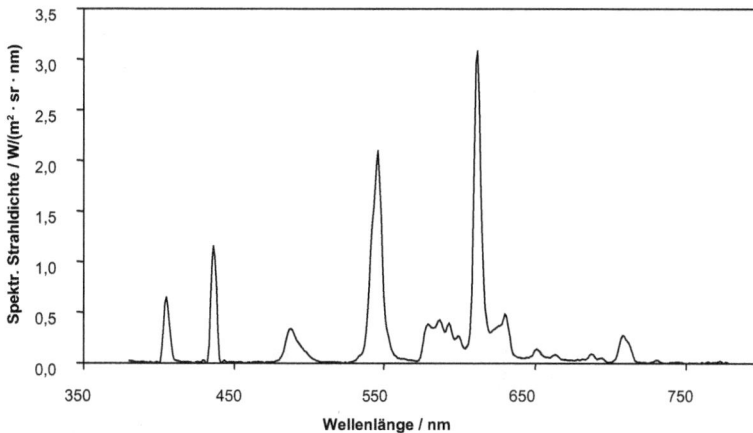

*Abb. 3.39. Spektrale Strahldichte als Funktion der Wellenlänge für eine gefaltete Leuchtstofflampe mit der Farb-
temperatur 2700K (spektrale Auflösung 5nm).*

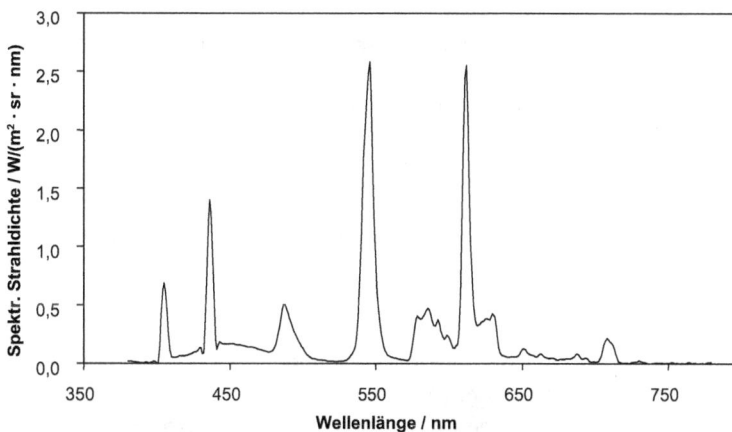

*Abb. 3.40. Spektrale Strahldichte als Funktion der Wellenlänge für eine gefaltete Leuchtstofflampe mit der Farb-
temperatur 4000K (spektrale Auflösung 5nm).*

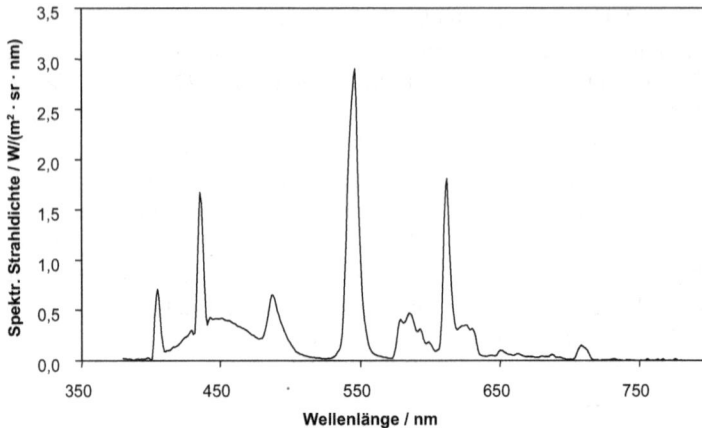

Abb. 3.41. Spektrale Strahldichte als Funktion der Wellenlänge für eine gefaltete Leuchtstofflampe mit der Farbtemperatur 6000K (spektrale Auflösung 5nm).

Kompakt-Leuchtstofflampen

Leuchtstoffröhren eignen sich im industriellen Umfeld und im Großraumbüro hervorragend für eine wirtschaftliche Beleuchtung. Im privaten Bereich gestattet die große Baulänge kaum ein ansprechendes Leuchtendesign, so dass man schon früh bestrebt war, kompaktere Bauformen der Leuchtstofflampe zu entwickeln. Heute ist ein Verbot der uneffizienten Allgebrauchsglühlampe bereits eingeleitet, da man inzwischen Kompakt–Leuchtstofflampen zur Verfügung hat, die etwa die vier– bis fünffache Lichtausbeute besitzen.

Die einfach gefalteten Leuchtstofflampen sind häufig sowohl im Drossel/Starterbetrieb (KVG) als auch im Betrieb mit EVGs verwendbar. Das Vorschaltgerät ist dabei Teil der Leuchte, in der die Lampe betrieben wird. Die Leuchte ist also sowohl von der Technik her als auch bezüglich der Lichtführung speziell für diese Lampe ausgelegt. Anders bei den **Kompaktleuchtstofflampen** (CFL, Compact Fluorescent Lamp), die Glühlampen ersetzen sollen und daher allgemein als „**Energiesparlampen**" bekannt sind. Hier wird das Entladerohr mehrfach gefaltet und grundsätzlich mit einem EVG betrieben, das in den Sockel der Lampe eingebaut ist. Sie erreichen nicht ganz die Lichtausbeute der Leuchtstoffröhren.

3.2.2   Kaltkathodenlampen

Die im allgemeinen Sprachgebrauch als „**Neonröhre**" bezeichnete Lampe ist durch ihre Anwendung bei Leuchtreklamen bekannt geworden. Es handelt sich um eine **Kaltkathodenlampe**, deren Licht im Wesentlichen in der positiven Säule der Entladung erzeugt wird. Der Name deutet schon darauf hin, dass die Elektroden „kalt" sind, also nicht beheizt werden. Die Elektronen werden von der Kathode abgelöst, indem positive Ionen im Bereich des Kathodenfalls, der im Vergleich zur Leuchtstofflampe mit etwa 100V sehr hoch ist, beschleunigt werden und dann mit hoher kinetischer Energie auf die Elektrode prallen. In der Strom–Spannungs–Charakteristik (siehe Abb. 1.25) fällt die Entladung in den Bereich der normalen Glimmentladung.

Kaltkathodenlampen erreichen eine sehr hohe Lebensdauer, solange man den Strom nicht so hoch wählt, dass die Lampe in den Bereich der anomalen Glimmentladung kommt. Die Entladerohrquerschnitte sind mit 1–2cm im Vergleich zur Leuchtstofflampe eher eng. Bei **Reklameleuchten** werden in der Regel keine geraden Rohre verwendet, sondern es werden Schriftzüge aus gekrümmten Rohren geformt (Abb. 3.42). Wegen der hohen Anoden– und Kathodenfälle ist die Lichterzeugung eher uneffizient. Da Rohrlängen von mehreren Metern Verwendung finden, kann die Brennspannung einige kV betragen. In der Regel werden die Lampen mit Wechselstrom betrieben.

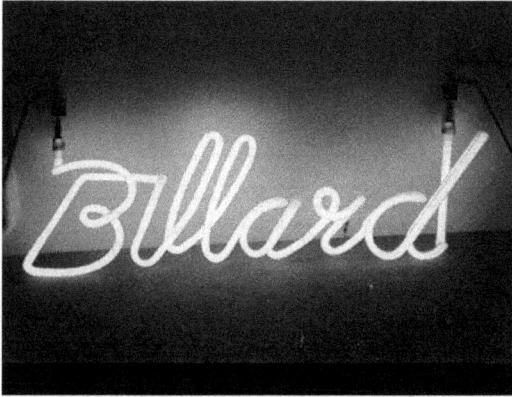

Abb. 3.42. Kaltkathodenröhre als Schriftzug. Foto: Formlicht

Neben der klassischen Neonfüllung, die ein intensiv gelbes Licht abgibt, kommen auch die anderen Edelgase in Frage: Helium ergibt ein blasses pinkfarbenes Licht, Argon leuchtet hellblau, Krypton unspektakulär weißlich und Xenon blauviolett. In den letzten Jahren hat die Kaltkathodenlampe als Hintergrundbeleuchtung bei LCD–Bildschirmen eine neue Anwendung gefunden. LCD, also Flüssigkristallanzeigen (liquid crystall display), sind im Grunde farbige Filter, die auf eine Beleuchtung von hinten angewiesen sind. Diese Hintergrundbeleuchtung geschieht in der Regel durch sogenannte **Kaltkathodenfluoreszenzlampen** (CCFL, Cold Cathode Fluorescent Lamp). Diese Lampen haben häufig eine Quecksilber–Argonfüllung, ähnlich den Leuchtstofflampen, und wie diese auch eine **Fluoreszenzschicht**, um weißes Licht mit einer guten Farbwiedergabe zu erzeugen. Die Röhre wird mit einem EVG betrieben, das die hohe Betriebsspannung von ca. 1200V zur Verfügung stellen kann.

Auch Lampen mit Kaltkathodenröhren für die Allgemeinbeleuchtung werden hergestellt. Sie ähneln den Kompaktleuchtstofflampen, haben aber eine dünnere und längere Entladeröhre und ein EVG, dass eine Hochspannung liefern muss. Wegen des oben schon erwähnten hohen Kathodenfalls ist eine hohe Lichtausbeute nur möglich, wenn das Verhältnis der am Kathodenfall abfallenden Leistung zur Gesamtleistung gering ist. Das erfordert eine hohe Betriebsspannung bzw. eine große Rohrlänge. Die Lichtausbeuten erreichen aus diesen Gründen auch nicht ganz die Werte der Kompaktleuchtstofflampen. Überlegen sind sie aber in der Lebensdauer. Es werden Werte bis zu 50.000 Betriebsstunden erreicht.

3.2.3   Natriumdampf–Niederdrucklampen

Aufgrund der spektralen Lage der sogenannten **Natrium–D–Linie** (Natrium–Doppellinie) bei ca. 589nm ist Natriumdampf schon frühzeitig in den Fokus des Interesses der Lampenbauer geraten. Die Nähe dieser Wellenlänge zum **Empfindlichkeitsmaximum des Auges**, dem Maximum der $V(\lambda)$–Kurve bei 555nm, lässt eine hohe Lichtausbeute erwarten. Von der in Abb. 3.43. dargestellten Linienvielfalt des Natriumatoms ist die Doppellinie bei 589,0nm und 589,6nm bei weitem die stärkste Linie. Deutlich schwächer schon, aber immer noch deutlich stärker als alle anderen Linien, ist die Doppellinie bei 818,3nm und 819,5nm. Dies belegt auch das bereits in Abb. 1.31 dargestellte Spektrum. Die **Oszillatorenstärken** sind 0,655 (589,0nm) und 0,327 (589,6nm) bzw. 0,830 (818,3nm) und 0,750 (819,5nm) [Wiese 1969].

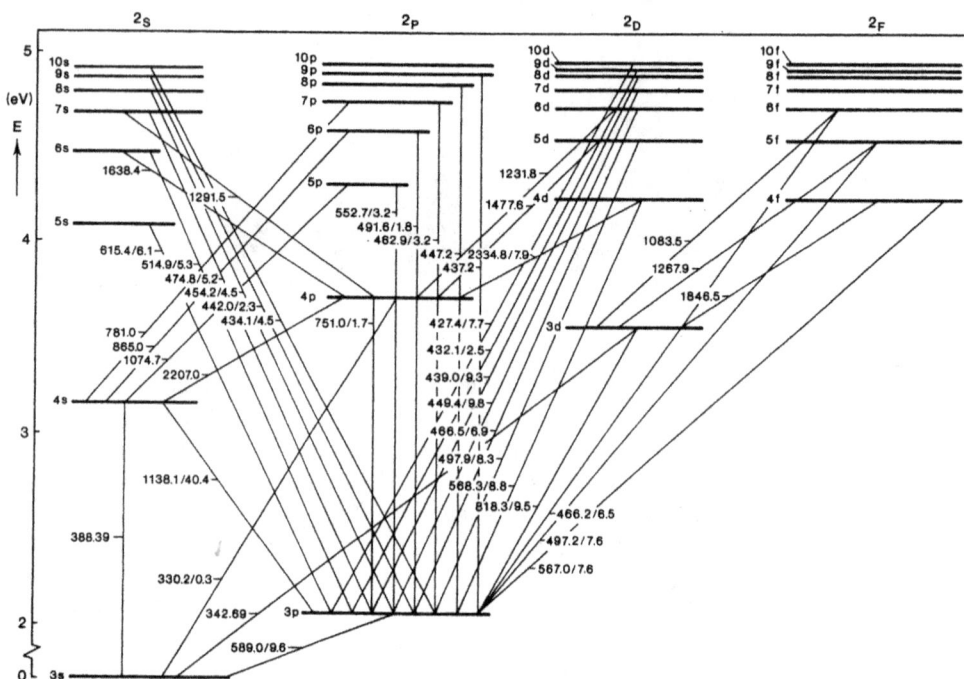

Abb. 3.43. Energieniveauschema des Natriumatoms. Die Zahlen bei den Übergängen sind die Wellenlängen der beim Übergang absorbierten bzw. emittierten Strahlung. Aus: [Groot 1986]

Der Bau einer brauchbaren Lampe erwies sich dennoch als nicht ganz einfach, denn normales Glas wird vom Natrium angegriffen, verfärbt sich braun und absorbiert schließlich. In Frage kämen Boratgläser, die allerdings schwer zu verarbeiten und außerdem empfindlich gegen Luftfeuchtigkeit sind. Die Lösung wurde schließlich darin gefunden, dass man einen Kolben aus normalem **Kalknatronglas** formt, der innen eine 50–100μm starke **Boratglasschicht** trägt.

Die optimale Lichtausbeute wird bei einer Natriumdampf–Niederdrucklampe bei einem Natriumdampfdruck von etwa 0,4Pa erreicht. Da bei diesem Lampentyp wie auch bei der Leuchtstofflampe der Dampf gesättigt ist, bestimmt der kälteste Punkt der Lampe den Dampfdruck. Dieser lässt sich bis zu einer Temperatur von ca. 2500K gemäß Gl. 3.33 [Alcock 1984] in der Form

$$\lg\left(\frac{p}{[Pa]}\right) = 5,0056 + A + \frac{B}{T} + C \cdot \lg(T) + D \cdot T \cdot 10^{-3} \qquad\qquad 3.42$$

mit A = 4,704; B = –5377; C =0; D = 0 errechnen. Die Dampfdruckkurve ist für den Temperaturbereich von 400K bis 2400K in Abb. 3.44. dargestellt. Durch Einsetzen in Gl. 3.42 kann man sich leicht davon überzeugen, dass sich der gewünschte Dampfdruck von 0,4Pa für eine Temperatur von 532K bzw. 259°C einstellt.

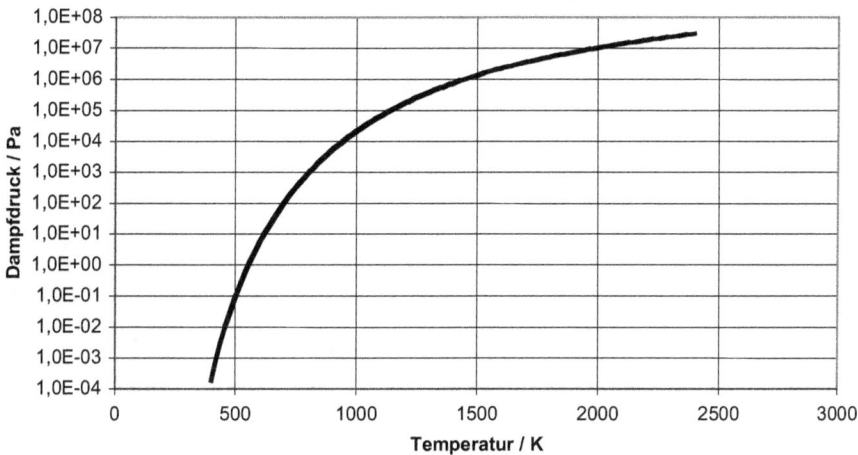

Abb. 3.44. Dampfdruckkurve für flüssiges Natrium nach Gl. 3.42.

Da der kälteste Punkt in der Regel am Lampenkolben erreicht wird, muss die Lampe also im Vergleich zur Leuchtstofflampe sehr viel heißer werden, damit sich der richtige **Natriumdampfdruck** einstellt. Der damit verbundene hohe Temperaturgradient zur Umgebung hätte einen starken Leistungsverlust zur Folge. Abhilfe schafft man, indem man den Lampenkolben in einen **Hüllkolben** einschließt. Der Zwischenraum wird evakuiert, um Wärmeleitung nach außen zu verhindern. Zudem wird auf der Innenseite des Hüllkolbens eine dünne Indium–Zinnoxid–Schicht aufgebracht, die Infrarotstrahlung in den Lampenkolben zurückreflektiert und damit den Leistungsverlust gering hält.

Der Hüllkolben hat noch eine weitere Funktion. Ohne ihn würden Schwankungen in der Umgebungstemperatur stark auf die Temperatur im Lampenkolben zurückwirken. Da die Dampfdruckkurve im Bereich des optimalen Dampfdrucks sehr steil verläuft (Abb. 3.44.), wirken sich geringe Schwankungen der Gastemperatur sehr stark auf den Dampfdruck und damit auf die Lichtausbeute aus. Man kann sich mittels Gl. 3.42 leicht davon überzeugen, dass bereits ein Absinken der Temperatur um 15K eine Halbierung des Dampfdrucks auf 0,2Pa bewirkt.

Unter den beschriebenen Bedingungen wird mit Neon als weiterem Gas die beste Lichtausbeute erzielt. Es wird ein **Penning–Gemisch** aus Neon mit 1% Argon mit einem Fülldruck von 400 bis 2000Pa verwendet. Das Natrium wird überdosiert, in der Regel 100.000– bis 1.000.000-fach [Meyer 1988]. Im Entladungsrohr stets vorhandene Temperaturgradienten führen dazu, dass der Natriumdampf an den kälteren Stellen kondensiert. In den heißeren Stellen der Entladung kommt es damit zu einem Mangel an Natrium, so dass die Entladung vorwiegend durch das Neon getragen wird. Eine verringerte Lichtausbeute ist die Folge. Dem kann entgegengewirkt werden, indem man eine Reihe von **Vertiefungen**, also kontrollierte „**Cold Spots**" entlang des Entladungsrohres anbringt. Sie führen zu einer homogeren Verteilung des Natriums in der Entladung und verhindern zudem die Ausbildung einer dünnen Natriumschicht auf der Innenwand beim Abschalten der Lampe. Diese Schicht würde den Lichtaustritt behindern. Nach dem Abschalten der Lampe muss gewährleistet werden, dass das Natrium auch wirklich in den Vertiefungen kondensiert. Es dürfen daher keine weiteren kalten Stellen auftreten. Dies wird oft verhindert, indem man den Innenkolben im Bereich der Elektroden und der Biegestelle mit **Indiumoxid** beschichtet. Abb. 3.45 zeigt das Beispiel einer Natriumdampf–Niederdrucklampe.

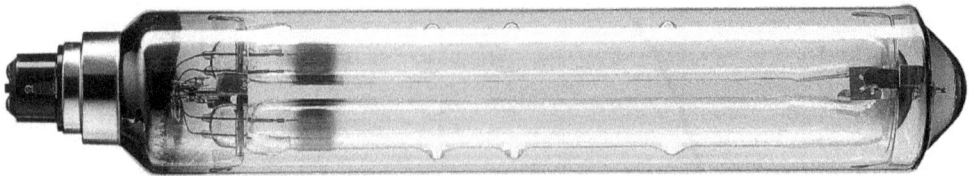

Abb. 3.45. Niederdruck-Natriumdampf-Lampe MASTER SOX–E 131W BY 22d 1SL der Firma Philips. Das Entladungsrohr ist U-förmig gefaltet und befindet sich in einem röhrenförmigen Außenkolben. Photo: Philips

Die **Natriumdampf–Niederdrucklampe ist die effizienteste künstliche Lichtquelle**, die hergestellt wird. Etwa 40% der elektrischen Leistung werden in sichtbares Licht umgewandelt [Flesch 2006]. Der theoretische Wert der Lichtausbeute der Natrium–D–Linien liegt bei 525lm/W [Coaton 2001]. Praktisch erreicht wurden mit einer von außen beheizten Lampe über 300lm/W [Elenbaas 1972], während die im Handel befindlichen Serienlampen etwa 200lm/W erreichen. Das ist etwa das 23-fache von dem, was eine 25W–Standardglühlampe mit E27–Sockel erreicht. Der Nachteil, der dieser hohen Lichtausbeute gegenübersteht, ist die sehr schlechte Farbwiedergabe, genaugenommen kann man gar nicht von Farbwiedergabe sprechen, denn das Licht ist fast „einfarbig". Für die Lampe spricht aber ihre Wellenlänge, die auch bei Nebel und Dunst ein kontrastreiches Sehen ermöglicht, was sie zur idealen Lichtquelle der Straßenbeleuchtung macht. Außerdem ist ihre Lebensdauer beeindruckend: für die Lampe in Abb. 3.45 werden 18.000 Stunden (50%–Ausfallrate) angegeben.

3.2.4   Spektrallampen

Wenngleich der Laser der **Spektrallampe** den Rang abgelaufen hat, so werden Spektrallampen nach wie vor benötigt. Sie kommen überall dort zum Einsatz, wo monochromatische Strahlung verwendet wird, etwa für Kalibrierzwecke oder in der Spektroskopie. Es werden Spektrallampen mit Edelgasfüllung angeboten, aber auch solche, die Spektrallinien eines Metalls liefern. Letztere enthalten neben dem Metall noch ein geeignetes Grundgas, um überhaupt eine Gasentladung starten und den Metalldampf erzeugen zu können. Die Entladung brennt in einem Glas– oder Quarzglasbrenner, der sich in einem Außenkolben befindet. Dieser dient als Wärmeschutz und auch als mechanischer Schutz.

Angeboten werden neben Edelgasen vor allem die Metalle Cadmium, Cäsium, Quecksilber, Kalium, Natrium, Rubidium, Thallium und Zink. Für Eichzwecke eignet sich besonders eine Mischung aus Quecksilber und Cadmium. Bei den Metalldampflampen wird die volle Strahlungsleistung erst nach einigen Minuten erreicht. Diese Lampen sind dann nicht heißzündfähig. Der Betrieb der Lampen kann nur über spezielle Vorschaltgeräte erfolgen. Abb. 3.46 zeigt eine **Quecksilberspektrallampe**.

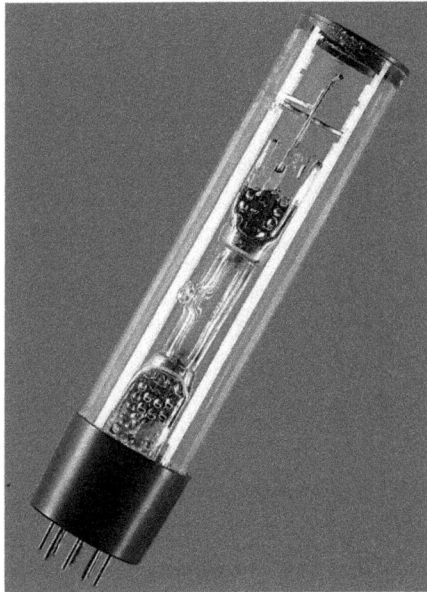

Abb. 3.46. Beispiel einer Hg–Spektrallampe. In der Regel haben Spektrallampen einen Außenkolben, in dem sich der eigentliche Brenner befindet. Foto: OSRAM

3.2.5   Elektrodenlose Lampen

Ein Nachteil aller Entladungslampen ist die Tatsache, dass die elektrische Energie mittels Elektroden ins Plasma eingekoppelt wird. Das schafft Probleme, da Stromdurchführungen ins Glas eingeschmolzen werden müssen. Dazu kommt die Alterung der Elektroden mit entsprechender **Verdampfung des Elektrodenmaterials** und damit **Verunreinigung der Gasfüllung**. Diesen Problemen kann man begegnen, indem man die elektrische Energie **elektromagnetisch einkoppelt**. Die Idee ist schon alt, jedoch erst die Fortschritte in der Halbleitertechnik und Elektronik ermöglichten zuverlässige und serientaugliche Lampen.

Da die Alterung der Elektroden entfällt, haben elektrodenlose Lampen eine sehr hohe Lebensdauer. Die große Entladerohrlänge ist aufgrund geänderter physikalischer Anforderungen nicht mehr nötig, es lässt sich eine kompakte Leuchtenform realisieren. Die meisten kommerziell hergestellten elektrodenlosen Lampen sind **Induktionslampen**, d.h. die Einkopplung der Energie in das Gas erfolgt magnetisch. Wie in Abb. 3.47 dargestellt, wird eine Magnetspule in einen Hohlraum eines hermetisch abgeschmolzenen, gasbefüllten Lampenkolbens geschoben. Sie wird von einem Wechselstrom mit der Frequenz einiger MHz durchflossen. Das so erzeugte, schnell veränderliche Magnetfeld erzeugt gemäß den Maxwell–Gleichungen ein elektrisches Wirbelfeld. Dieses beschleunigt die Elektronen in der Gasfüllung.

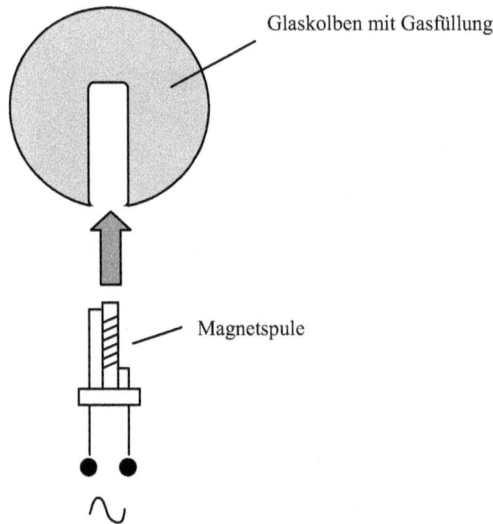

Abb. 3.47. Prinzipieller Aufbau einer Induktionslampe

Die Lampen enthalten **Quecksilber** bzw. **Amalgam**. Da keine Elektrodenkorrosion stattfinden kann, sind aber auch Metalle möglich, die sonst die Elektroden angreifen würden. In der Regel werden **Leuchtstoffe** verwendet, um entstehendes UV–Licht in sichtbares Licht zu verwandeln. Elektrodenlose Induktionslampen erreichen Lebensdauern von 40.000 bis 80.000 Stunden. Die Lampe zeigt im Laufe ihrer Lebensdauer einen nachlassenden Lichtstrom, bis schließlich die Versorgungselektronik versagt. Induktionslampen finden ihre Anwendung dort, wo ein Lampenaustausch nur schwer möglich und damit sehr teuer ist. Hier wären vor allem Außenbeleuchtungen an Hochhäusern, auf Türmen oder Innenbeleuchtungen in hohen Hallen zu nennen. Abb. 3.48 zeigt eine elektrodenlose Lampe der Firma Philips. Sie stellt eine Kombination aus Induktions– und Leuchtstofflampentechnologie dar.

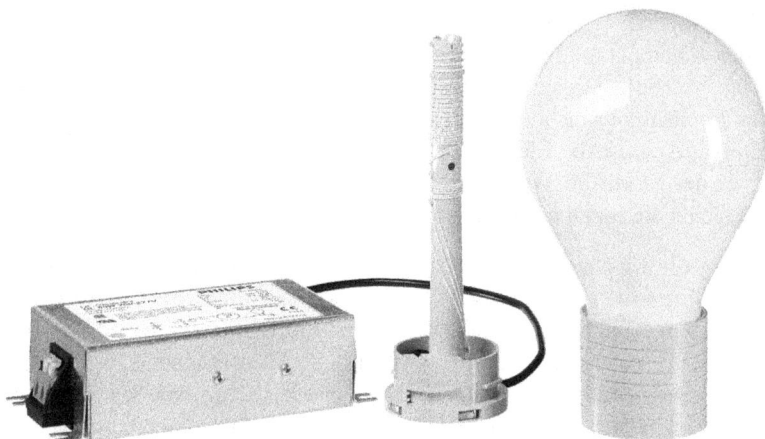

Abb. 3.48. Induktionslampe MASTER QL 85W/840 Twist Base SLV der Firma Philips. Photo: Philips

3.3   Quecksilberhochdrucklampen

3.3.1   Die Bogenentladung

Bei den Leuchtstofflampen werden Nichtgleichgewichtsplasmen zur Lichterzeugung verwendet. Wie in Kap. 1.4.2 ausgeführt, liegt dabei die Elektronentemperatur bei etwa 11.000K, während die Temperatur der Ionen sowie der neutralen Atome bei etwa $40-60^{\circ}$C liegt. Eine Steigerung des Drucks führt, wie in Abb. 3.49 am Beispiel einer Quecksilberentladung gezeigt, zu einem Anstieg der Ionen– bzw. Atomtemperatur im Bereich von 0,1Torr

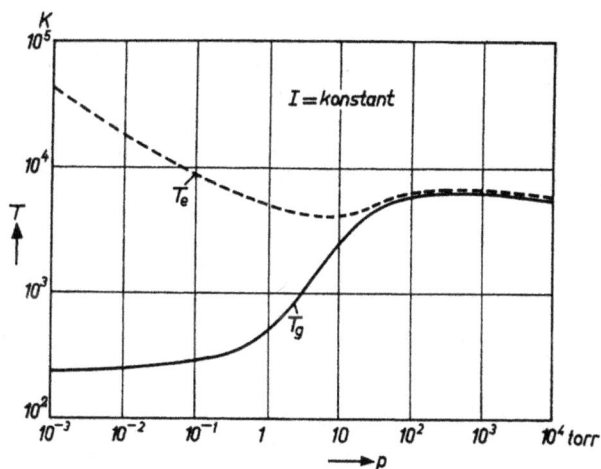

Abb. 3.49. Elektronen– und Gastemperatur als Funktion des Dampfdrucks in einer Quecksilber–Hochdruckentladung bei konstantem Strom. Aus [Elenbaas 1935]

(13,33Pa) bis 100Torr (13.330Pa). Gleichzeitig sinkt die Elektronentemperatur, so dass schließlich beide Temperaturen etwa gleich sind. Dies hat seinen Grund darin, dass die Elektronen bei wachsendem Druck und damit wachsender Atomdichte immer häufiger Stöße erleiden und damit immer mehr Energie an die Atome und Ionen abgeben. In elektrisch betriebenen Entladungen ist die Elektronentemperatur immer geringfügig höher als die Ionentemperatur, da der Strom im Wesentlichen durch die Elektronen getragen und die Energie erst durch Stöße an die Ionen weitergegeben wird.

In Abb. 3.50 ist die Lichtausbeute für eine Entladung in Quecksilberdampf für eine Röhre mit 2,7cm Durchmesser bei konstantem Strom in Höhe von 4A als Funktion des Quecksilberdampfdrucks angegeben. Bei etwa 10^{-2} Torr ist die Lichtausbeute mit 10lm/W sehr gering, denn hier wird – wie bei Leuchtstofflampen – im Wesentlichen UV–Strahlung abgegeben, da die Elektronenenergie für eine Anregung der entsprechenden Niveaus günstig ist. Mit wachsendem Druck werden zunehmend höhere Energieniveaus besetzt, aus denen eine Relaxation unter Abgabe von sichtbarem Licht erfolgen kann (siehe hierzu Abb. 3.28 im vorigen Kapitel). Die Lichtausbeute steigt demzufolge an. Bei etwa 10^{-1} Torr sinkt die Lichtausbeute als Folge des angestiegenen Drucks und des damit einhergehenden Anstiegs der Anzahl der Stöße. Der hohe Energieübertrag äußert sich in einem Anstieg der Temperatur in der Röhre, wobei sich durch Wärmeleitung ein Temperaturgradient zur Wandung einstellt.

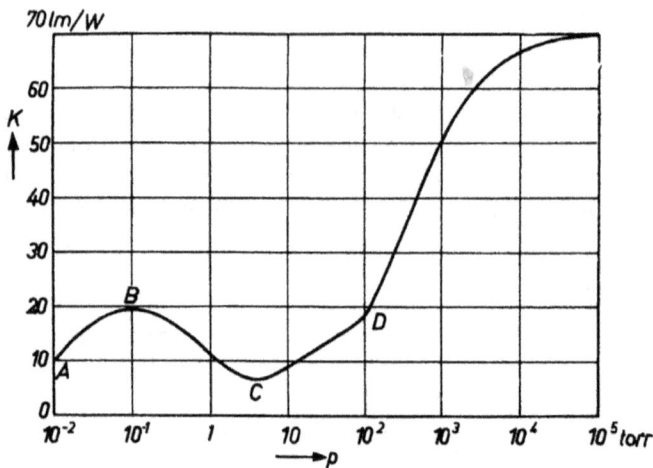

Abb. 3.50. Abhängigkeit der Lichtausbeute einer mit einem konstanten Strom von 4A in einer Röhre mit Durchmesser 2,7cm gebrannten Quecksilberentladung vom Quecksilberdampfdruck. Aus [Krefft 1938]

Schließlich, zwischen 1 und 10 Torr beginnt sich die Entladung, die vorher den gesamten Rohrquerschnitt ausgefüllt hat, einzuschnüren. Hier liegt der Übergangsbereich von der Niederdruck– zur Hochdruckentladung. Im Bereich der Hochdruckentladung steigt die Lichtausbeute mit wachsendem Druck schnell an und geht schließlich gegen einen Sättigungswert von ca. 70lm/W. Praktisch werden bei Quecksilber–Hochdruckentladungen auf der Achse der Entladung Temperaturen von etwa 5500K erreicht, wobei sich theoretische Abschätzungen mit experimentellen Beobachtungen decken. Der Temperaturverlauf ist nur in vertikaler

Brennstellung der Lampe achsensymmetrisch, bei horizontaler Lage steigt das warme Gas in der Lampe nach oben und führt – wie in Abb. 3.51 gezeigt – bei der Entladung zu einer bogenförmigen Wölbung nach oben, die dem **Lichtbogen** seinen Namen gab.

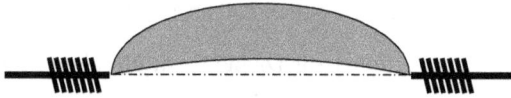

Abb. 3.51. In waagrechter Brennstellung steigt das heiße Gas des Lichtbogens nach oben, so dass sich dieser nach oben wölbt. Dies hat der Bogenentladung ihren Namen gegeben.

In vertikaler Brennstellung bildet sich, wie in Abb. 3.52 gezeigt, eine Gasströmung aus, die in unmittelbarer Nachbarschaft zur Mittel– bzw. Bogenachse aufgrund der hohen Temperatur nach oben gerichtet ist. In der Nähe des Glaskolbens, wo die Temperatur des Gases etwa 1000K beträgt, strömt das Gas wieder nach unten. Mit dieser Konvektion ist kein großer Energieverlust verbunden, da das radiale Temperaturprofil über die gesamte Höhe der Entladung etwa gleich bleibt. Gas, das an der Entladung nach oben strömt, behält praktisch auf dem ganzen Weg nach oben die gleiche Temperatur. Lediglich am unteren Umkehrpunkt muss das von der Wandung kommende Gas wieder auf die Temperatur in Bogennähe gebracht werden. Elektronen und Ionen verlassen den Bogen nicht in Richtung Kolben, so dass hierdurch keine Energie an die Wandung abgegeben wird. Die Entladung verliert Energie also nur durch Strahlung und durch Wärmeleitung.

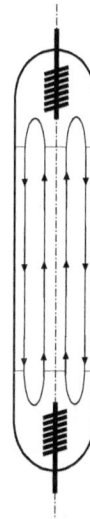

Abb. 3.52. Gasströmung in einer Quecksilber–Hochdrucklampe. Heißes Gas in Bogennähe strömt nach oben, das kalte Gas in Wandnähe sinkt nach unten.

Die Einschnürung des Bogens beim Übergang zur Hochdruckentladung ist eine Folge des sich ausbildenden Temperaturgradienten. Nach [Elenbaas 1972] gilt für die Stromdichte folgende Proportionalität:

$$j \propto \frac{n_e E}{nA\sqrt{T}} \qquad\qquad 3.43$$

n_e ist die Anzahldichte der Elektronen, E das elektrische Feld, n die Teilchendichte und T die absolute Temperatur. A ist der Wirkungsquerschnitt für die Kollision eines Elektrons mit einem Quecksilberatom.

Die Zustandsgleichung pV=NkT für das ideale Gas kann mit $N = m/m_a$ und $\rho = m/V$ in die Form

$$p = \rho \frac{kT}{m_a} \quad \text{bzw.} \quad \frac{pm_a}{k} = \rho T \qquad\qquad 3.44$$

gebracht werden. ρ ist dabei die Dichte des Quecksilberdampfes, p sein Druck und m_a die atomare Masse des Quecksilbers. Im Lampenkolben ist also ρT konstant. Da die Teilchendichte n des Quecksilbers proportional zur Dichte ρ ist, gilt also $\rho \propto n \propto \frac{1}{T}$, so dass für die Stromdichte nach Gl. 3.43 wiederum gilt:

$$j \propto \frac{n_e E T}{A\sqrt{T}} \quad \text{bzw.} \quad \boxed{j \propto \frac{n_e E \sqrt{T}}{A}} \qquad\qquad 3.45$$

Die Stromdichte j ist also proportional $\sqrt{T}$. Wegen des hohen Temperaturgradienten von der Bogenachse zur Wandung ist also die Stromdichte auf der Bogenachse am höchsten. Das führt wiederum zu einer Erhöhung der Temperatur usf. Es bildet sich zwischen dem Lichtbogen und der Wandung schließlich ein Dunkelraum aus, in dem keine Strahlung erzeugt wird.

Die bisherigen Betrachtungen bezogen sich auf eine reine Quecksilberfüllung der Lampe. In der Praxis werden 2400–4800Pa Argon [Coaton 2001] zugegeben, denn beim Zünden der Lampe entsteht zunächst eine Quecksilber–Niederdruckentladung. Hier ist Argon nötig, um die Zahl der Stöße zwischen Elektronen und Quecksilberatomen zu erhöhen. Nach Ausbildung einer Hochdruckentladung wäre das Argon entbehrlich. Es hilft aber, die Lichtausbeute über die Lebensdauer zu erhalten, reduziert letztere aber auch etwas. Der Einfluss von Argon auf die Lichtausbeute im Hochdruck–Betrieb ist gering. Zuviel Argon erschwert das Zünden der Lampe. Außerdem erhöht die Beimischung von Argon die Wärmeleitfähigkeit des Gases und damit den Wärmeverlust an die Rohrwand. Hier wären die nächst schwereren Edelgase Krypton und Xenon zwar geringfügig besser, scheiden aber aus Kostengründen aus. Außerdem zeigen sie nicht den unter 3.2.1 schon beschriebenen **Penning–Effekt**, das Phänomen nämlich, dass Argon im metastabilen Zustand Quecksilber ionisieren und damit das Zünden der Entladung erleichtern kann. Das Gemisch wird daher **Penning–Gemisch** genannt. Die leichteren Edelgase scheiden wegen ihrer zu guten Wärmeleitfähigkeit aus.

Der Durchmesser des Entladerohres beeinflusst die Lichtausbeute nur wenig. Ebenso schwach ist die Abhängigkeit der Lichtausbeute von der pro Längeneinheit des Bogens eingebrachten Quecksilbermasse. Eine starke Abhängigkeit existiert aber von der Leistung, die pro Längeneinheit des Bogens in die Entladung eingekoppelt wird.

Die Brennspannung der Lampe wird durch den herrschenden Quecksilberpartialdruck festgelegt. Steigt nach dem Einschalten der Lampe der Druck, steigt auch die Betriebsspannung der Lampe. Die Quecksilberdosierung muss also so bemessen werden, dass beim Erreichen der gewünschten Betriebsspannung alles Quecksilber verdampft ist. Eine typische Dosis ist 36mg für eine 250W–Lampe [Coaton 2001]. Da der Anoden– und Kathodenfall zusammen etwa 15V Spannungsabfall bewirken, aber kaum Strahlung liefern, ist eine hohe Betriebsspannung wirkungsvoll.

3.3.2 Elektroden

Von den in Kap. 3.2.1 aufgeführten Mechanismen der Ablösung von Elektronen aus metallischen Elektroden ist bei Hochdruckentladungslampen eine Kombination aus **Glühemission** und **Feldemission** von Bedeutung. Die Sättigungsstromdichte j_e, also der abgegebene Strom pro Flächeneinheit der Elektrode, wird durch die **Richardson–Dushman–Gleichung** beschrieben:

$$\boxed{j_e = KT^2 e^{-\frac{W_A}{kT}}} \qquad\qquad 3.46$$

mit dem theoretischen Wert von $K = 120,17\,\dfrac{A}{cm^2 K^2}$ [Flesch 2006]. Benannt ist die Gleichung nach dem britischen Physiker Owen Williams Richardson (1879–1959) und dem amerikanischen Physikochemiker Saul Dushman (1883–1954). K ist eine universelle Konstante. Man beachte, dass es sich bei j_e um eine **Sättigungsstromstärke** handelt, d.h. der Strom aus einer gegebenen Elektrode kann auch bei Erhöhung der Anodenspannung nicht mehr größer werden. Berücksichtigt man die Austrittsarbeit W_A=4,5eV von Wolfram, so bekäme man bei Raumtemperatur eine Sättigungsstromstärke von etwa $4 \cdot 10^{-71} A / cm^2$, also einen verschwindend geringen Wert. Selbst eine Wolframfläche von einem Quadratmeter würde nur einen Strom von $4 \cdot 10^{-67} A$ liefern. Im statistischen Mittel würde es $4 \cdot 10^{47} s$ dauern, bis ein Elektron emittiert würde. Bei Raumtemperatur ist die Elektronenemission ohne weitere Maßnahmen also eine ziemlich aussichtslose Angelegenheit. Besser sieht es da schon bei Temperaturen aus, die in die Nähe der Arbeitstemperatur von Glühwendeln kommen. Für eine Sättigungsstromdichte von 1A/cm² bräuchte man eine Temperatur von ca. 2550K. Brächte man Wolfram an seinen Schmelzpunkt von T=3653K, so ergäbe sich bei reiner Glühemission dann immerhin schon eine Stromdichte von 1000A/cm². Dieser starke Anstieg mit der Temperatur kommt durch den Exponentialfaktor zustande.

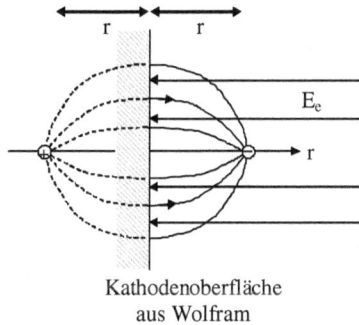

Abb. 3.53. Abgelöstes Elektron vor einer Wolframoberfläche.

Zu der eben beschriebenen reinen Glühemission kommt bei Entladungslampen stets noch eine gewisse Feldemission, da ja zur Aufrechterhaltung eines Stroms zwischen den Elektroden eine Potentialdifferenz und demzufolge ein elektrisches Feld bestehen muss. Neben der

Kraft, mit der das Elektron ans Metall gebunden ist, wirkt also noch eine zusätzliche, durch das Feld verursachte Kraft. Die erste Kraft lässt sich, wie in Abb. 3.53 skizziert, durch eine **Spiegelladung** berechnen. Ein abgelöstes Elektron im Abstand r von der Wolframoberfläche erzeugt dasselbe Feldlinienbild wie zwei gegensätzliche Ladungen e im Abstand von 2r. Das bedeutet wiederum, dass die Coulombkraft zwischen Elektron und Oberfläche gegeben ist durch:

$$F_C(r) = -\frac{1}{4\pi\varepsilon_0}\frac{e^2}{(2r)^2} \qquad\qquad 3.47$$

Die Kraft zeigt, wie aus Abb. 3.53 ersichtlich wird, in negative r–Richtung. Das zugehörige elektrische Feld wäre also

$$E_C(r) = \frac{1}{4\pi\varepsilon_0}\frac{e}{(2r)^2} \qquad\qquad 3.48$$

und somit auf der Kathodenoberfläche in Richtung r orientiert. Zusammen mit dem durch die Anodenspannung verursachten externen Feld E_e erhält man also:

$$E(r) = \frac{1}{4\pi\varepsilon_0}\frac{e}{(2r)^2} - E_e \qquad\qquad 3.49$$

Man beachte, dass das externe elektrische Feld E_e dem Feld E_C entgegengerichtet ist. Während das durch die Spiegelladung scheinbar positiv aufgeladene Metall das Elektron anzieht, versucht die externe Spannung das Elektron von der Metalloberfläche zu entfernen. Aus dem Feld E(r) lässt sich nun ein Potential Φ ableiten:

$$\Phi(r) = -\int\left(\frac{1}{16\pi\varepsilon_0}\frac{e}{r^2} - E_e\right)dr = \frac{1}{16\pi\varepsilon_0}\frac{e}{r} + E_e r \qquad\qquad 3.50$$

Bei der Ausführung des unbestimmten Integrals ist die Integrationskonstante so gewählt, dass bei gedachter Abwesenheit des externen elektrischen Feldes ein Elektron in dem Potential die Energie Null hätte, wenn es unendlich weit von der Oberfläche entfernt wäre. Ein Elektron der Ladung –e besitzt also in diesem Feld die potentielle Energie

$$E_{pot}(r) = -e\Phi(r) = -\frac{1}{16\pi\varepsilon_0}\frac{e^2}{r} - eE_e r \qquad\qquad 3.51$$

Wie im Diagramm der Abb. 3.54 dargestellt, besitzt der Verlauf dieser Energie ein Maximum, das das Elektron überwinden muss, wenn es sich vom Metall entfernen will. Es wird aber aus dem Diagramm auch ersichtlich, dass ein Ablösen nicht mehr die Ablösearbeit W_A erforderlich, sondern einen um ΔE geringeren Energiebetrag. Zur Berechnung von ΔE muss lediglich die Lage des Maximums von Gl. 3.51 ermittelt werden:

$$\frac{dE_{pot}}{dr} = \frac{1}{16\pi\varepsilon_0} \frac{e^2}{r^2} - eE_e \qquad\qquad 3.52$$

Ist r_m die Lage des Maximums, gilt:

$$\frac{1}{16\pi\varepsilon_0} \frac{e^2}{r_m^2} - eE_e = 0 \qquad\qquad 3.53$$

Man erhält:

$$r_m = \sqrt{\frac{e}{16\pi\varepsilon_0 E_e}} \qquad\qquad 3.54$$

Die potentielle Energie bei r_m beträgt also:

$$E_{pot}(r_m) = -\frac{1}{16\pi\varepsilon_0} e^2 \sqrt{\frac{16\pi\varepsilon_0 E_e}{e}} - eE_e\sqrt{\frac{e}{16\pi\varepsilon_0 E_e}} = -2e\sqrt{\frac{E_e e}{16\pi\varepsilon_0}} \qquad 3.55$$

Damit ist nach Abb. 3.54 die Energieabsenkung ΔE gegeben durch

$$\boxed{\Delta E = e\sqrt{\frac{E_e e}{4\pi\varepsilon_0}}} \qquad\qquad 3.56$$

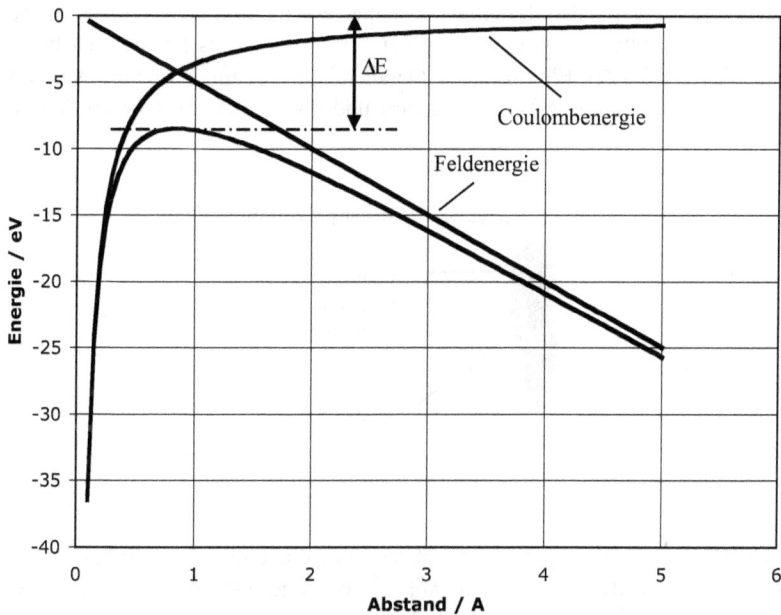

Abb. 3.54. Verlauf der potentiellen Energie eines Elektrons als Funktion des Abstandes vom Kern.

Eine Abschätzung zeigt, dass bei Feldern von 10^6V/m ein ΔE von ca. 0,12eV resultiert. Dieser Feldstärkewert entspricht einer Abschätzung, die für Natriumdampf–Hochdrucklampen für eine Schicht in unmittelbarer Kathodennähe gemacht wurde [Waymouth 1982]. Die Absenkung der Austrittsarbeit durch ein externes Feld wird **Schottky–Effekt** genannt und die zugehörige Gleichung für die Sättigungsstromdichte demzufolge **Richardson–Schottky–Gleichung**:

$$\boxed{j_e = KT^2 e^{-\left(W_A - e\sqrt{eE_e/(4\pi\varepsilon_0)}\right)/kT}} \quad \text{mit} \quad K = 120,17 \frac{A}{cm^2 K^2} \qquad 3.57$$

3.3.3   Aufbau der Lampe, Betrieb und spektrale Eigenschaften

Da die Entladung – wie oben bereits ausgeführt – mit einer Niederdruckentladung startet, kommt es nach dem Kaltstart der Lampe durch den hohen Kathodenfall zu einem starken Bombardement der Kathode mit Ionen. Ein Herausschlagen von Atomen ist die Folge. Die Zeit bis zum Einsetzen der thermischen Emission sollte also möglichst kurz sein. Bei Gleichstrombetrieb ist das der Fall. Problematischer ist Wechselstrombetrieb, da es aufgrund periodischen Wiederzündens der Lampe deutlich länger dauert, bis die Phase der Bogenentladung erreicht ist [Elenbaas 1965]. Günstig wirken sich hohe Ströme und eine geringe Elektrodenmasse aus. Die Elektroden werden meist aus Wolfram gefertigt. Um die Austrittsarbeit W_A zu erniedrigen, werden **Emitter** verwendet. Meist bestehen die Emitter aus einem Gemisch aus BaO, SrO, CaO und ThO$_2$. Der Emitter darf nicht in die Nähe der Ansatzstelle des Bogens gelangen, um ein schnelles Verdampfen zu verhindern. Er wird deshalb in kühleren Stellen der Elektrode „versteckt". Häufig wird die in Abb. 3.55 gezeigte Version verwendet, bei der der Emitter in den Hohlräumen zwischen einer einlagigen Wolframwicklung und einem stärkeren Wolframstift sitzt. Wichtig bei der Wirkung des Emitters ist besonders das Bariumoxid, das bei heißer Elektrode zu metallischem Barium reduziert wird und an der Oberfläche entlang in Richtung Bogen wandert und dort die Austrittsarbeit deutlich verringert.

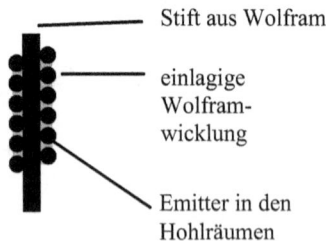

Stift aus Wolfram

einlagige Wolfram- wicklung

Emitter in den Hohlräumen

Abb. 3.55. Prinzipieller Aufbau der Elektrode einer Quecksilberhochdrucklampe.

Die normale Betriebsspannung reicht nicht aus, um die Lampe zu zünden. Als Zündhilfe dient eine **Hilfselektrode**, die, wie in Abb. 3.56 dargestellt, mit ins Entladerohr eingeschmolzen ist. Nach dem Einschalten der Spannung liegt zwischen der rechten Hauptelektrode und der darunter liegenden Hilfselektrode die volle Betriebsspannung, so dass eine

Glimmentladung einsetzt. Ein Widerstand R verhindert den Übergang zur Bogenentladung. Die entstandenen Ladungsträger ermöglichen jetzt ein Zünden der Hauptentladung. Der Widerstand R muss so bemessen sein, dass der Widerstand des Lichtbogens dagegen klein ist. Wie bei der Leuchtstofflampe muss auch bei den Bogenlampen der Strom extern begrenzt werden. In der Regel werden hierfür Induktivitäten eingesetzt. Die Einschmelzung der Elektroden ins Quarzglas wird wie schon bei den Halogenlampen über **Molybdänfolien** (Kap. 3.1.2) realisiert. Die Quecksilberhochdrucklampen sind in der Regel nicht heißzündfähig. Nach dem Abschalten benötigt die Lampe einige Minuten zum Abkühlen, bis sie wieder gezündet werden kann.

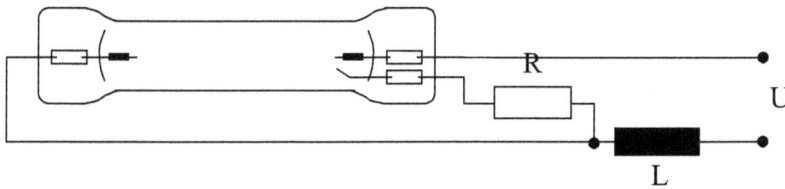

Abb. 3.56. Entladerohr einer Quecksilberhochdrucklampe. Unter der rechten Hauptelektrode ist eine Hilfselektrode, so dass vor dem Zünden der Lampe zwischen diesen beiden Elektroden eine Entladung in Gang kommt, die freie Ladungsträger für das Zünden der Hauptentladung liefert.

Von der Lichtausbeute her muss eine möglichst hohe elektrische Leistung pro Längeneinheit des Bogens eingekoppelt werden. Die obere Grenze hierfür wird durch die Temperaturbeständigkeit des Lampenkolbens gesetzt. Das Material der Wahl ist daher Quarzglas. Wie schon bei der Leuchtstofflampe entsteht viel Strahlung im UV–Bereich des Spektrums. Bei den Hochdrucklampen ist es jedoch so, dass wegen der höheren Elektronenenergie auch Übergänge zwischen angeregten Zuständen erfolgen können. Nach Abb. 3.28 sind das Übergänge mit den Wellenlängen 404,7nm, 435,8nm, 546,1nm, 577,0nm und 579,0nm. Es treten im Spektrum also mit wachsendem Druck Linien im sichtbaren Spektralbereich auf. Hinzu kommt ein anwachsendes **Kontinuum**, verursacht durch **Bremsstrahlung** und **Rekombinationsstrahlung**. Grundsätzlich kann eine Quecksilberhochdruckentladung für Beleuchtungszwecke verwendet werden, allerdings erscheint das Licht bläulich-grün, da Linien im roten Spektralbereich fehlen. Die Farbwiedergabe ist schlecht, rote Gegenstände erscheinen dunkel. Abhilfe ist auf zweierlei Weise möglich: entweder man steigert den Druck so lange, bis das Kontinuum so stark ist, dass sich das Spektrum „füllt", oder man hilft wie bei der Leuchtstofflampe durch **Leuchtstoffe** nach.

Die gängigere Variante ist die zweite. Die Leuchtstoffe können aus Temperaturgründen nicht innerhalb des Entladerohres aufgebracht werden. Insofern muss das Entladerohrmaterial für die UV–Strahlung transparent sein. Dies bedingt den Einbau des Brennerrohres in einen **Hüllkolben** (Abb. 3.57), der auf der Innenseite den Leuchtstoff trägt und der verhindert, dass die restliche UV–Strahlung nach außen gelangt. Gleichzeitig ist der Hüllkolben auch ein Berührschutz für die Stromzuführungen zum Brennerrohr.

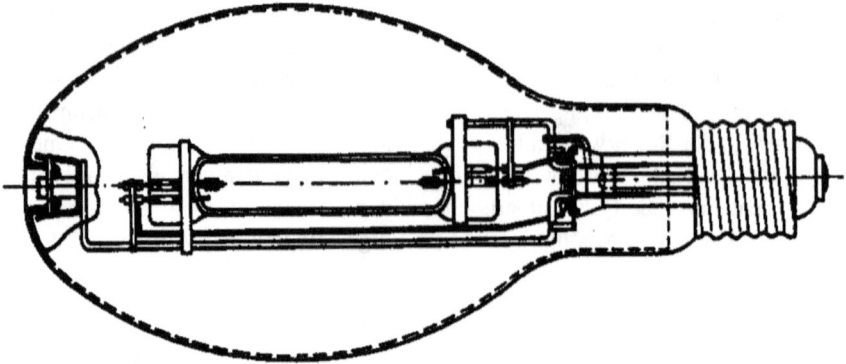

Abb. 3.57. Aufbau einer Quecksilberdampf–Hochdrucklampe. Aus: [Elenbaas 1965]

Die **Wandtemperatur** des Quarzkolben sollte für eine lange Lebensdauer nicht höher als $800\,^{\circ}$C sein. Der Außenkolben erreicht auf der Innenseite eine Temperatur von $150-250\,^{\circ}$C, eine Temperatur, bei der der aufgebrachte Leuchtstoff noch eine hinreichende Quanteneffizienz besitzt. In jedem Fall muss er UV–beständig sein. Häufig verwendet wird hier **europiumdotiertes Yttriumphosphorvanadat** $(Y(P,V)O_4{:}Eu)$.

Grundsätzlich ist es möglich, die Quecksilberhochdrucklampe mit einem ohmschen Vorwiderstand zu betreiben. Diese Möglichkeit wird aber normalerweise nicht realisiert, da der Spannungsabfall am Widerstand zu einem hohen Leistungsverlust und damit zu einem geringen Gesamtwirkungsgrad führt. Eine Ausnahme gibt es aber doch: man bildet den **Vorwiderstand als Glühwendel** aus und bringt diese in den Raum zwischen Entladerohr und Hüllkolben. Diese zusätzliche „Glühlampe" mit ihrem bekanntermaßen starken Rotanteil verbessert das Spektrum und die Farbwiedergabeeigenschaften beträchtlich.

Die andere Möglichkeit, die spektralen Eigenschaften zu verbessern, ist die Steigerung des Betriebsdrucks der Lampe. Dieser Weg ist bei der Entwicklung von Lampen für **Fernsehbildprojektoren** („Beamer") realisiert worden. Hier sind Serienlampen entwickelt worden, die einen Betriebsdruck von 20MPa erreichen und die die Hochdruck–Metallhalogendampflampen weitgehend von dieser Anwendung verdrängt haben. In Fernsehbildprojektoren ist bei Verwendung von Quecksilberhöchstdrucklampen eine Filterung des Lichtes nötig, um eine gute Farbwiedergabe zu erreichen, obwohl die Lampe aufgrund des hohen Druckes schon selbst eine gute Farbwiedergabe erreicht. In Abb. 3.58 sind die Spektren für sehr hohe Quecksilberdrücke für eine Lampe mit einer Bogenlänge von 1mm bei einer Leistung von 120W gezeichnet. Der **Lichtleitwert** des Systems – ein Maß für die geometrische Fähigkeit eines optischen Systems, Licht durchzulassen – betrug 10mm^2sr [Derra 2005]. Man erkennt das mit dem Druck anwachsende Kontinuum, während die Höhe der Spektrallinien mit wachsendem Druck abnimmt. Der Rotanteil über 600nm hängt sehr empfindlich vom Quecksilberdruck ab.

Nutzt man einen Halogenkreisprozess, wie er in ähnlicher Form schon bei Halogenglühlampen erläutert wurde, so können bei Quecksilber–Höchstdrucklampen Lebensdauern von 10.000 Stunden erreicht werden.

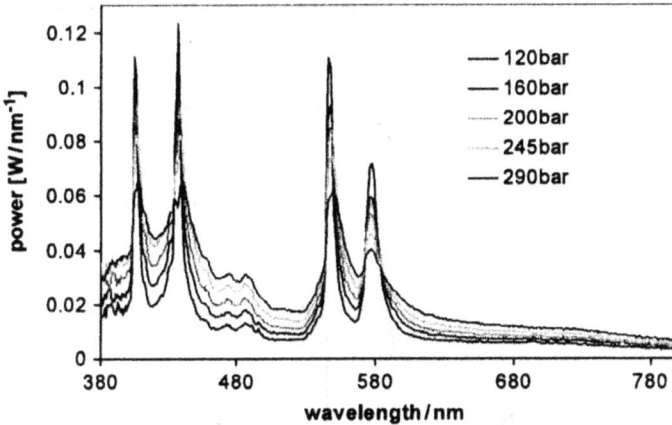

Abb. 3.58. Spektren einer Quecksilber–Höchstdrucklampe mit 120W Leistung und einer Bogenlänge von 1mm. Aus: [Derra 2005].

3.4   Natriumdampf-Hochdrucklampen

3.4.1   Spektrale Eigenschaften

Bei der Behandlung von Natrium–Niederdrucklampen lag der Betriebsdruck für eine optimale Lichtausbeute bei 0,4Pa. Es mutet daher seltsam an, mit dem gleichen Element eine Hochdrucklampe bauen zu wollen. In der Tat ist es so, dass bei Steigerung des Natriumpartialdrucks über 0,4Pa die Lichtausbeute erst einmal sinkt. Bei höheren Drücken aber, etwa bei 70–80Pa [Meyer 1988], steigt sie wieder an, erreicht aber nicht mehr den Wert einer Niederdrucklampe. Wozu also überhaupt über eine Natriumdampf–Hochdrucklampe nachdenken? Der Grund liegt darin, dass die Niederdrucklampe zwar eine hohe Lichtausbeute, aufgrund ihrer fast monochromatischen Strahlung aber eine sehr schlechte Farbwiedergabe hat. Wie in Kap. 1.4.3 ausgeführt, bewirkt ein höherer Arbeitsdruck eine Linienverbreiterung mit Selbstabsorption im Zentrum der Linie. Das führt zu dem in Abb. 1.31b dargestellten Spektrum. Da die spektrale Verteilung der Strahlung breiter wird, steigt auch der Farbwiedergabeindex.

Eine beliebige Steigerung des Drucks ist indes nicht sinnvoll, denn bei etwa 10^4Pa wird ein Maximum der Lichtausbeute erreicht, darüber sinkt sie wieder. Das liegt daran, dass durch das immer breiter werdende Spektrum auf der langwelligen Seite immer größere Bereiche in die niedrigen Flanken der $V(\lambda)$–Kurve fallen und somit für die menschliche Wahrnehmung nur noch eine geringe Rolle spielen.

Betreibt man eine Bogenentladung in Natrium, ist die Feldstärke in der Entladung, also der **Spannungsgradient**, im Vergleich zu einer Quecksilberhochdruckentladung **gering**. Bei einem Natriumdampfdruck von 15kPa beträgt sie etwa 0,75V/mm. Will man den Bogen nicht merklich verlängern, sind **Puffergase** nötig. Hier gibt es zwei Möglichkeiten: Quecksilberdampf oder Xenon. Letzteres wird als **Startergas** ohnehin benötigt, allerdings nur mit

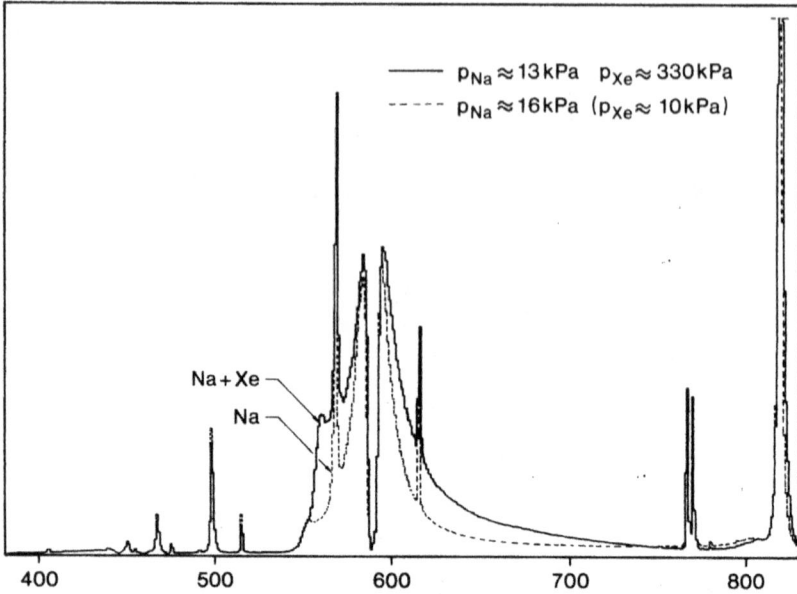

Abb. 3.59. Vergleich der Spektren einer „reinen" Natriumdampfbogenentladung (mit 10kPa Xenon als Startergas) mit der Entladung mit Xenon als Puffergas. Der Abstand der Doppelspitze bei der Natrium–D–Linie bleibt etwa unverändert, die Linie verbreitert merklich. Aus: [Groot 1986, Meyer 1988]

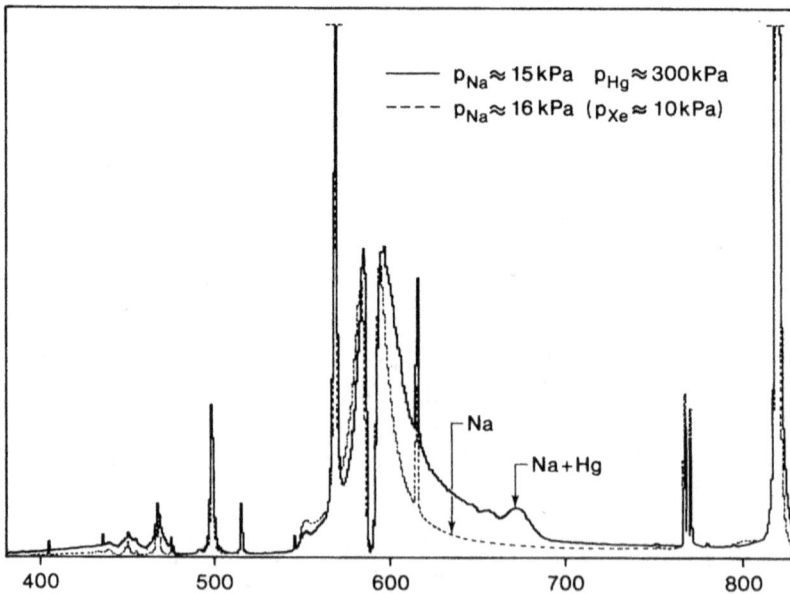

Abb. 3.60. Vergleich der Spektren einer „reinen" Natriumdampfbogenentladung (mit 10kPa Xenon als Startergas) mit der Entladung mit Quecksilber als Puffergas. Der Abstand der Doppelspitze bei der Natrium–D–Linie bleibt wieder etwa unverändert, die Linie verbreitert merklich in Richtung rotem Spektralbereich. Aus: [Groot 1986, Meyer 1988]

geringem Partialdruck. Der niedrige Natrium– bzw. Quecksilber–Partialdruck bei Raumtemperatur würde ein Zünden unmöglich machen. Es liegt also nahe, einfach den Partialdruck des Xenon zu erhöhen. Tut man dies, hat das auch Auswirkungen auf das Spektrum der Lampe. In Abb. 3.59 ist die spektrale Leistungsverteilung für Lampen der Leistung 150W vergleichend für eine reine Natriumdampflampe (mit 10kPa Xenon–Partialdruck als Startergas) und eine Lampe mit erhöhtem Xenon–Partialdruck (330kPa) dargestellt. Man erkennt, dass die Doppelspitzen bei der selbstabsorbierenden Linie in beiden Fällen etwa den gleichen Abstand von 10–11nm haben. Allerdings führt ein hoher Xenon–Partialdruck zu einer Linienverbreiterung, mit einer leichten Asymmetrie zugunsten des roten Spektralbereiches.

Die Zugabe von Quecksilber statt Xenon (Abb. 3.60) führt ebenfalls zu einer Verbreiterung der Natrium–D–Linie, hier aber vorwiegend im roten Spektralbereich. Zusätzlich ist im Roten noch die Linie eines **NaHg–Quasi–Moleküls** bei ca. 670nm zu beobachten.

3.4.2 Technische Realisierung

Beide Varianten sind am Markt erhältlich. Bei den quecksilberhaltigen Natriumdampf–Hochdrucklampen wird bei der Herstellung ein **Natrium–Quecksilber–Amalgam** in die Lampe gebracht, das großzügig überdosiert wird. Die eingebrachte Zusammensetzung bleibt allerdings während der Lebensdauer der Lampe nicht konstant, sondern verschiebt sich zugunsten des Quecksilbers. Natrium geht nämlich durch **chemische Reaktionen** mit dem Elektrodenmaterial, mit der Wandung sowie mit dem Glaslot verloren. Die Brennspannung steigt daher an, weiter begünstigt durch Erhöhung der Amalgamtemperatur durch **Kolbenschwärzung** und **Elektrodenverluste**. Schließlich kann die Spannungsversorgung die hohe Betriebsspannung nicht mehr liefern und die Lampe erlischt. Hat die Lampe keine entsprechende Schutzschaltung, wird die Lampe nach dem Abkühlen wieder zünden und wieder auf Betriebstemperatur kommen, bis die Spannung wieder einen Wert erreicht hat, den die Spannungsversorgung nicht mehr liefern kann. Die Lampe erschlischt und das Spiel beginnt von vorne. Dieses „**Blinken**“, das mit einer Periodendauer von einigen Minuten erfolgt, bedeutet das Ende der Lampe. Trotzdem ist die Lebensdauer der Lampen vergleichsweise sehr lang, typisch 15.000 Stunden. Allerdings lässt sich bei diesem Lampentyp, wie übrigens bei allen Entladungslampen, der Wert nicht so exakt angeben, da die Lebensdauer sehr **stark von den Betriebsbedingungen abhängt**.

Die Probleme bei der Entsorgung quecksilberhaltiger Lampen haben reine Natrium–Xenon–Lampen verstärkt ins Gespräch gebracht. Wegen des hohen Xenon–Partialdrucks im kalten Zustand benötigen Lampen mit reiner Natrum–Xenon–Füllung eine **Zündhilfe** in Form eines Drahtes oder aufgesinterten Metallstreifens.

Zur besseren thermischen Isolation wird der Außenkolben in der Regel evakuiert. Die Realisierung von Natriumdampf–Hochdrucklampen war erst in den Siebziger Jahren des vorigen Jahrhunderts möglich, nachdem **Keramikmaterialien** sowie spezielle **Glaslote** entwickelt waren, die resistent gegen die bei den gegebenen Druck– und Temperaturverhältnissen sehr aggressiven Natriumdämpfe waren. Wegen des im Vergleich zu Quecksilber viel geringeren Dampfdrucks des Natriums dürfen keine „kalten“ Stellen in der Lampe vorhanden sein, was wiederum hohe Wandtemperaturen von etwa 1.500K zur Folge hat. Die Lösung hierfür stellt eine lichtdurchlässige, polykristalline **Aluminiumoxidkeramik** dar. Mit einem scharfen Schmelzpunkt von 2050K und mehr als 90% Transmission im sichtbaren Teil des Spektrums ist es das Material der Wahl. Die hohe Lichtdurchlässigkeit wird nur erzielt, wenn man eine **hohe Dichte** bzw. **Porenfreiheit** erreicht. Dies ist möglich, wenn man vor dem Sintern etwas **Magnesiumoxid** zuführt. Bei richtiger Dosierung lassen sich Dichten über 99,5% des theoretischen Grenzwertes erreichen, d.h. das Volumen der Poren macht weniger als 0,5% aus. Für den Bau von Natriumdampf–Hochdrucklampen sind aber auch andere Materialien, wie **Yttriumoxid** oder **Saphir** geeignet. Bei letzterem spielt der hohe Preis eine Rolle, außerdem ist das Einschmelzen der Elektroden schwieriger.

Für die Stromdurchführungen wird heute meist **Niob** mit etwa 1% **Zirkon** verwendet, denn sein Längenausdehnungskoeffizient kommt dem der Aluminiumoxidkeramik am nächsten. Außerdem hält es dem Natriumdampf stand. Ein besonderes Problem stellt die Herstellung der gasdichten Verbindung zwischen Niob und Keramik dar. Hier sind zwei Techniken gebräuchlich. Die eine verwendet dünne Schichten aus **Zirkon**, **Titan** und **Vanadium**, die unter Erhitzung auf ca. 1700K unter Vakuum und durch Anpressen der zu verbindenden Teile das Aluminiumoxid unter Bildung von **Zirkonoxid** und **Vanadiumoxid** reduzieren und damit eine stabile Verbindung herstellen. Die zweite Möglichkeit sind Keramiklote, z.B. bestehend aus Al_2O_3 oder CaO unter Beigabe von MgO, BaO, B_2O_3, SiO_2, SrO oder Y_2O_3 [Groot 1986] oder aus Sc_2O_3, Y_2O_3, Ln_2O_3, Al_2O_3. Das Keramiklot wird in Ringform auf die zu schließenden Spalte aufgelegt und läuft bei Temperaturen von 1500 bis 1700K in den Spalt (Abb. 3.61).

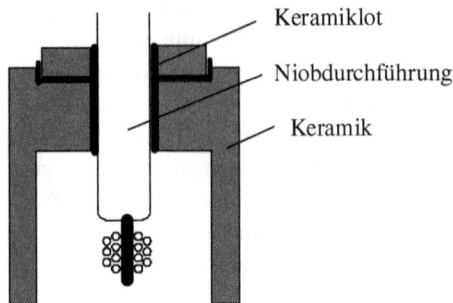

Keramiklot

Niobdurchführung

Keramik

Abb. 3.61. Einschmelzung des Niobstabes.

Wie die Spektren in Abb. 3.59 und 3.60 vermuten lassen, ist die **Farbwiedergabe** von Natriumdampf–Hochdrucklampen gegenüber den Niederdrucklampen zwar besser, aber immer noch mäßig: es wird eine Farbwiedergabestufe von 4 ($40 > R_a \geq 20$) bei einer Farbtemperatur von etwa 2000K erreicht. Die Lichtausbeute liegt bei diesem Lampentyp bei ca. 60 bis 150lm/W. Die Hauptanwendungsgebiete liegen im Bereich der **Außenbeleuchtung** mit geringen Ansprüchen an die Farbwiedergabe, also zum Beispiel bei der Straßen– und Gebäudebeleuchtung.

In Abb. 3.62 ist eine Natriumdampf–Hochdrucklampe abgebildet. Sie erreicht bei einer Leistungsaufnahme von 250W (Leistungsaufnahme der Lampe) einen Lichtstrom von 28.000lm, was einer Lichtausbeute von 112lm/W entspricht (Vergleich: 60W–Standardglühlampe E27: 12lm/W). Dieser hohe Wert und die lange Lebensdauer von 24.000 Stunden (Mittelwert der Brennstunden, nach denen 50% der Lampen ausgefallen sind) werden erkauft durch einen sehr schlechten Farbwiedergabeindex von ≤ 25 bzw. eine Farbwiedergabestufe von 4. Lampen dieses Typs eignen sich gut für Anwendungen bei tiefen Temperaturen, da der Lichtstrom unabhängig von der Temperatur ist. Je nach Leistung erreichen Natriumdampf–Hochdrucklampen ihren vollen Lichtstrom erst 5 bis 10 Minuten nach dem Einschalten. Nicht alle Natriumdampf–Hochdrucklampen sind heißzündfähig. Falls ja, können erhebliche Spannungsstöße (25kV) nötig sein.

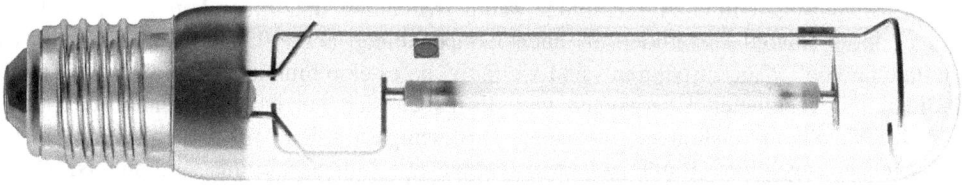

Abb. 3.62. OSRAM VIALOX® NAV®–T 250W Natriumdampf–Hochdrucklampe. Photo: OSRAM

3.5 Halogenmetalldampflampen

3.5.1 Das Funktionsprinzip

Die bisher betrachteten Entladungslampen haben trotz einiger trickreicher Verbesserungen keine besonders guten Farbwiedergabeeigenschaften. Die emittierten Linienspektren haben stets große Bereiche, in denen keine Emissionslinien liegen. Nun läge es nahe, diese Lücken dadurch zu füllen, dass man neben z.B. Quecksilber noch **weitere Metalle** in die Entladung einbringt, die dafür geeignete Linien besitzen. Leider ist es so, dass die meisten Metalle unter den Bedingungen einer Lampenentladung einen **zu geringen Dampfdruck** entwickeln. Außerdem würden sie den Glaskolben angreifen.

Die Lösung dieses Problems führt wiederum über einen dem Halogenkreisprozess bei den Glühlampen ähnlichen Zyklus. Der Dampfdruck vieler **Metallhalogenide** ist deutlich niedriger als der der zugehörigen Metalle. Nach dem Einschalten der Lampe wird das Metallhalogenid flüssig, verdampft und gerät schließlich in den Bereich des Lichtbogens. Dort dissoziiert es infolge der hohen Temperaturen. Im freigesetzten Metall werden **Resonanzlinien** angeregt, d.h. es erfolgt Emission aus dem niedrigstmöglichen Energieniveau. Dieses ist leicht anzuregen. Entscheidend ist, dass der Dampfdruck des Halogenids hoch genug ist, bevor die kritische Wandtemperatur des Quarzkolbens erreicht ist. Andererseits darf die Dissoziation der Verbindung erst bei einer deutlich höheren als der Wandtemperatur erfolgen; ist das nicht der Fall, greift das elementare Metall möglicherweise den Kolben an.

Bei den üblicherweise verwendeten Metalljodiden beträgt die Anregungsenergie der Metalle etwa 4eV, während die des Quecksilbers bei 7,8eV liegt. Daher übertrifft in den Halogenmetalldampflampen die Leistung der Metallübergänge diejenige des Quecksilbers bei weitem.

Dem Quecksilber kommt hier vielmehr die Funktion des **Puffergases** zu. Die Einführung von Metallhalogeniden in die Entladung hat gleichzeitig auch noch die Lichtausbeute erhöht. Bei der Farbwiedergabe hat sich herausgestellt, dass nicht unbedingt ein kontinuierliches Spektrum für eine gute Farbwiedergabe nötig ist. Es genügt, wenn die Lichtquelle hinreichend viele Spektrallinien im Bereich der Maximas (450nm, 540nm und 610nm) der Spektralwertkurven (Abb. 2.13) liefert. Das ist mit Halogenmetalldampflampen realisierbar.

3.5.2   Ausführungsformen

Von den möglichen **Halogenen** kommt fast ausschließlich **Jod** zur Anwendung. Chlor und Brom haben wegen ihrer Aggressivität wenig Bedeutung und Fluor kommt gar nicht in Frage, da es sowohl Elektroden als auch Lampenkolben angreift. Die Möglichkeiten der Gestaltung von „Wunschspektren" sind vielfältig, da es eine hinreichende Zahl von **Metalljodiden** mit geeigneten Übergängen gibt. Es haben sich bei den Lampenherstellern bestimmte Metallkombinationen, sogenannte **Dosierungsfamilien**, mit brauchbarer Farbwiedergabe herausgebildet. Ein **Dreifarbenstrahler** mit Linienspektrum wird mit **Natrium**, **Thallium** und **Indium** realisiert. Er liefert starke Linien bei 589nm (Na), 535 (Tl) und 451nm bzw. 410nm (In) [Ishler 1966, Waymouth 1971, Meyer 1988]. Farbwiedergabe und Lichtausbeute sind weniger gut. Eine wesentlich bessere Lichtausbeute kann mit der Kombination **Scandium**, **Natrium** und **Thorium** erzielt werden. Abb. 3.63 zeigt die Spektren einer solchen mit 60Hz–Wechselstrom betriebenen Lampe. Der Lichtstrom moduliert hierbei mit

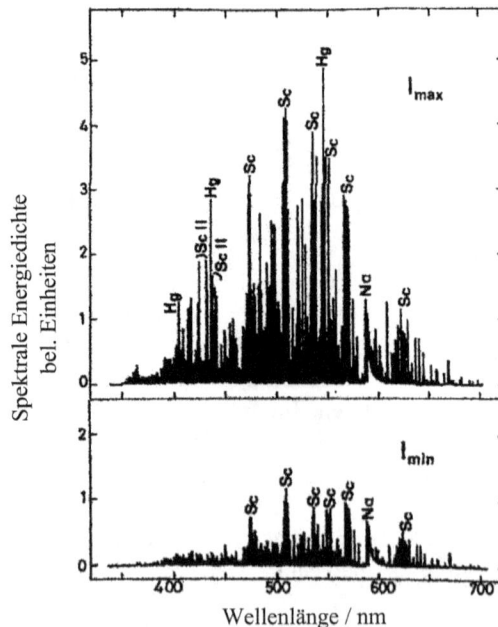

Abb. 3.63. Bei minimaler und maximaler Lichtabgabe aufgenomme Spektren einer Sc–Na–Th–Metalljodid–Lampe. Aus: [Keeffe 1980]

120Hz, die Spektren wurden jeweils bei minimaler und maximaler Lichtabgabe aufgenommen. Durch die höheren Temperaturen im Plasma bei den Phasen hohen Stromflusses werden höhere Energieniveaus besetzt. Dies führt neben intensiveren Linien zu einer größeren Anzahl von Übergängen.

Ein Linienspektrum mit kontinuierlichem Untergrund liefert die Dosierungsfamilie mit **Dysprosium** und weiteren seltenen Erden. Abb. 3.64 zeigt das Spektrum einer In–Tl–Dy–Lampe. Die Dosierungsgruppen Na–Tl–In und Na–Sc–Th liefern ein Linienspektrum weitgehend ohne kontinuierlichem Strahlungsanteil. Die Gruppen Dy–Na–Tl und Sn–Na haben neben Spektrallinien einen hohen Anteil eines kontinuierlichen Spektrums. In der letzten Gruppe [Chalmers 1975] wird die Strahlung nicht von metallischem **Zinn** geliefert, sondern von einem **Zinnhalogenid**, das so stabil ist, dass es selbst bei den hohen Bogentemperaturen nicht zerfällt. Es kommen bei dieser Gruppe auch Clor und Brom zum Einsatz.

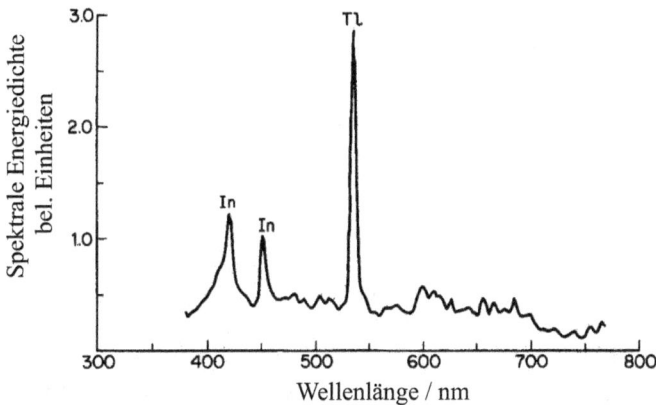

Abb. 3.64. Spektrum einer In–Tl–Dy–Lampe. Die Auflösung des Spektrometers reicht hier nicht, um eng benachbarte Linien aufzulösen. Das Kontinuum erscheint daher zerklüftet. Aus: [Waymouth 1971]

Die Vielzahl von Gestaltungsmöglichkeiten lässt mit der Metallhalogenidlampe eine beinahe ideale Lichtquelle erwarten. Allerdings ist die Mischung von mehreren Metallen auch nicht ohne Probleme. So kommt es im Bogen mitunter zu einer **Entmischung** der Dampfbestandteile, was zu einer Ortsabhängigkeit der spektralen Zusammensetzung des Lichtes im Bogen führt. Farberscheinungen im Bild von Projektionsgeräten können die Folge sein. Da die Dampfzusammensetzung empfindlich von der Temperatur der kältesten Stelle der Lampe abhängt, ist auch die spektrale Zusammensetzung des emittierten Lichtes stark von dieser Temperatur abhängig. Das bedeutet, dass sich fertigungsbedingte Exemplarstreuungen bei der Geometrie der Lampe empfindlich auf das emittierte Spektrum auswirken. Abb. 3.65 zeigt den Dampfdruck als Funktion der Temperatur für einige verwendete Metalle. Die Dampfdruckkurven liegen deutlich unter der des Quecksilbers. Das Diagramm zeigt, in welchen Mengenverhältnissen – bei Abwesenheit von Halogenen – die Substanzen vorliegen: die Reihenfolge lautet: Hg – Na – Tl – Tm – Dy – Ho. In Lampen werden stets einige der Metalle ungesättigt in der Lampe betrieben, einige aber auch in Sättigung. Die **Dampfdruckkurven** der Jodide liegen zwischen denen von Hg und Tm.

Ein weiterer, bei Halogenmetalldampflampen auftretender Effekt ist die **Einengung** bzw. **Aufweitung** des **Bogens** bei Vorhandensein bestimmter Elemente. So führen seltene Erden zu einer Verengung des Entladekanals, während die Alkalimetalle aufweitend wirken. Letztere haben geringe Ionisierungsenergien und können daher schon in kälteren Randbereichen des Bogens ionisiert werden.

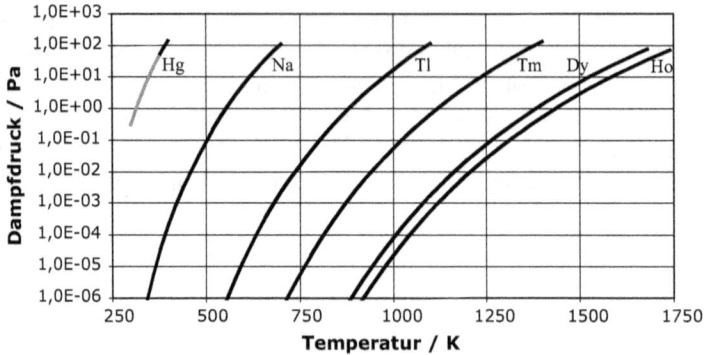

Abb. 3.65. Dampfdrücke einiger Metalle nach [Alcock 1984].

Der grundsätzliche Aufbau einer Halogenmetalldampflampe ist ähnlich der einer Quecksilberhochdrucklampe. Um höhere Wandtemperaturen erreichen zu können, kommen für das Entladerohr zunehmend die für die Natriumhochdrucklampen entwickelten **Keramikbrenner** zum Einsatz. Bei der Quarztechnologie ist die Wandtemperatur an der kältesten Stelle etwa $750°C$, nach oben ist sie auf etwa $950°C$ begrenzt. Wird diese Temperatur überschritten, kann es zur **Erweichung** und **Verformung** infolge des hohen Innendrucks kommen. Außerdem kann **Rekristallisation** des Quarzes einsetzen, gefördert durch die Jodide.

Ein Beispiel einer Halogen–Metalldampflampe in Keramiktechnologie zeigt Abb. 3.66. Der verwendete Keramikbrenner erlaubt höhere Betriebstemperaturen und damit wird eine höhere Lichtausbeute bei gleichzeitig **verbesserter Farbwiedergabe** erzielt. Die Lampe erreicht bei 20W Leistung eine Lichtausbeute von 85lm/W bei einer mittleren Lebensdauer von 12.000 Stunden. Der Außenkolben verhindert dabei den Austritt von schädlicher UV–Strahlung. Der Farbwiedergabeindex der Lampe liegt bei 81 (Stufe 1B).

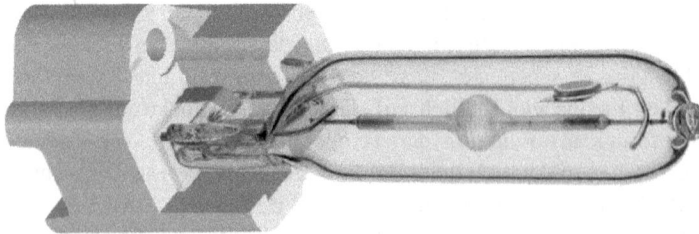

Abb. 3.66. Halogen–Metalldampflampe OSRAM HCI-TC 20W / 830 WDL PB G8,5 FS1. Der hier verwendete Keramikbrenner erlaubt höhere Betriebstemperaturen als ein Quarzbrenner. Photo: OSRAM

3.5.3 Betriebsparameter

Das Zünden einer Halogenmetalldampflampe ist viel schwieriger als das Zünden einer Queck-silberhochdrucklampe. Das liegt am Jod, das dazu neigt, negative Ionen zu bilden und damit freie Elektronen einfängt, die in der Startphase fehlen. Störend für das Zünden wirkt sich auch Wasserstoff aus. Dieser wird über die vielfach **hygroskopischen Jodide** beim Lampenbau eingeschleppt. Beim Betrieb dissoziiert das Wasser zu Sauerstoff und Wasserstoff. Der Sauerstoff oxidiert vorhandene Metalle und der Wasserstoff bleibt zunächst im Entladerohr, bis er schließlich bei Betriebstemperatur durch den Quarzkolben in den Außenkolben diffun-diert. Dort wird er durch einen **Getter** – zumeist aus einer **Aluminium–Zirkon–Legierung** bestehend – gebunden.

Zum Zünden einer Halogenmetalldampflampe sind Spannungen von einigen Kilovolt nötig. Ein Heißzünden ist nicht bei allen Lampen möglich. Ist die Lampe heißzündfähig, müssen alle spannungsführenden Komponenten der Lampe, besonders auch der Sockel, gut isoliert sein, denn es können je nach Lampenfüllung Spannungen bis zu 60kV nötig sein.

Wegen der hohen auftretenden Betriebsdrücke von ca. 10 bis 15 bar sind Halogenmetalldampf-lampen in der Regel nur in geschlossenen Gehäusen zu betreiben, die einen Schutz vor **Explo-sionssplittern** bieten. Außerdem entsteht beim Betrieb der Lampen auch ein gewisser Anteil an **UV–Strahlung**, der nicht nach außen gelangen soll. Speziell bei Quarzkolben oder bei Kera-mikbrennern wird die UV–Strahlung nicht im Glas absorbiert. Je nach Lampentyp muss also ein Schutzglas oder eine Linse aus entsprechendem Material in der Leuchte verwendet werden.

Die im Handel befindlichen elektrischen Leistungen von Halogen-Metalldampflampen rei-chen von 35W für die Schaufensterbeleuchtung bis 18.000W für **tageslichtähnliche Be-leuchtung** bei Filmaufnahmen. Entsprechend ist die Typenvielfalt. Am oberen Ende der Leistungsskala erreicht man eine Farbwiedergabe von $R_a > 90$ bei einer Lichtausbeute von ca. 95lm/W. Zu niederen Leistungen hin verringert sich die Lichtausbeute. Bei schlechter Farb-wiedergabe (R_a zwischen 60 und 70) lassen sich auch 115lm/W erzielen. Abb. 3.67 zeigt das Spektrum zweier leistungsstarker Halogen–Metalldampflampen. Sie liefern eine Lichtaus-beute von ca. 89 lm/W bzw. 96 lm/W.

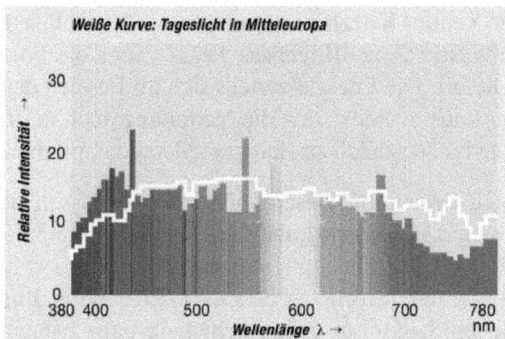

Abb. 3.67. Spektren der Halogen–Metalldampflampen HMI® 18.000W/SE/GX51 und HMI® 12.000W/SE/GX51. Die Ähnlichkeit zum Tageslichtspektrum (weiße Kurve) ergibt einen hohen Farbwiedergabeindex von >90. Aus: OSRAM Datenblatt „High Noon".

3.6 Weitere Hochdruckentladungslampen

3.6.1 Xenonlicht für den Pkw

Die Halogenmetalldampflampen haben fürs Zünden eine zusätzliche Edelgasfüllung, z.B. Argon oder Xenon. Man kann den Xenonanteil erhöhen und schließlich – wie im nächsten Kapitel gezeigt wird – ausschließlich Xenon zur Lichterzeugung verwenden. Im Übergangs-bereich sind die neuerdings entwickelten Xenonentladungslampen für Pkws anzusiedeln. Diese Lampen sind grundsätzlich Halogen-Metalldampflampen, die allerdings auch mit **Xenon** allein ein brauchbares Licht liefern würden. Das ist bei Autos in der Phase nach dem Einschalten der Lampe wichtig, um sofort einen gewissen Lichtstrom zur Verfügung zu haben. Die **Endhelligkeit wird erst nach einiger Zeit erreicht**, wenn die Lampe auf Be-triebstemperatur ist und die Metalle bzw. Metalljodide hinreichend verdampft sind. Die Be-triebspartialdrücke einer D2–Lampe sind in Tab. 3.4 angegeben. Es handelt sich dabei um eine gesockelte Lampe ohne integriertem Zündgerät.

Tab. 3.4. Partialdrücke einer D2–Xenonentladungslampe für Pkw im Betrieb. Aus: [Flesch 2006]

Xenon	5.000.000Pa
Hg	2.000.000Pa
NaI	3.000Pa
ScI$_3$	5.000Pa

Xenonlampen wurden bereits Anfang der Neunzigerjahre eingeführt und stellten einen ge-waltigen Fortschritt in der Lichtausbeute dar. Der Lichtstrom konnte gegenüber Halogen-lampen von ca. 1500 lm auf etwa 3200 lm mehr als verdoppelt werden. Abb. 3.68 zeigt ein komplettes System einschließlich elektronischem Vorschaltgerät.

3.6.2 Xenon-Kurzbogenlampen

Bei hohen und höchsten Drücken erhält man ein beträchtliches kontinuierliches Spektrum. Das nutzt man bei den **Xenon–Kurzbogenlampen** aus. Von allen Edelgasen kommt hier lediglich Xenon als Füllgas in Frage [Elenbaas 1972], da es die höchste Lichtausbeute bei bester Farbwiedergabe liefert. Die Energie verteilt sich im Bereich des sichtbaren Spektrums ziemlich homogen, allerdings erstreckt sich die Verteilung auch auf UV– und IR–Bereiche, so dass die Lichtausbeute im Vergleich zu Halogen–Metalldampflampen gering ausfällt.

Trotzdem sprechen einige Gründe für diesen Lampentyp: es lassen sich hohe Leuchtdichten realisieren, so dass man eine **Punktlichtquelle** gut simulieren kann. Bei einer Farbtempera-tur von ca. 5000–6000K wird Tageslicht gut angenähert, der Farbort liegt in der Normfarbta-fel praktisch auf der Linie des schwarzen Strahlers. Eine **hohe Bogenstabilität** und eine wegen des kontinuierlichen Spektrums **gute Farbwiedergabe** haben dazu geführt, dass die Xenon–Kurzbogenlampe zur Lichtquelle der Wahl bei der professionellen Filmprojektion wurde. Da kein Metall verdampft werden muss, liefern die Lampen unmittelbar nach dem Einschalten die volle Lichtausbeute.

Abb. 3.68. Entladungslampe für Pkw einschließlich elektronischem Vorschaltgerät. Photo: OSRAM

Wegen des ausschließlich verwendeten Quarzkolbens emittieren die Lampen UV–Licht und erzeugen **Ozon** in ihrer Umgebung. Sie haben bereits im kalten Zustand einen Überdruck und dürfen daher nur mit Schutzausrüstung (geeignete Handschuhe, Splitterschutz, Schutzbrille etc.) gehandhabt werden. Wegen des hohen Betriebsdrucks und einer möglichen Explosion der Lampe darf dieser Typ nur in speziellen Gehäusen betrieben werden.

Xenon–Kurzbogenlampen werden inzwischen im Leistungsbereich von 50W bis 12.000W angeboten. Neben der Filmprojektion hat sich dieser Typ noch weitere Anwendungsfelder erschlossen: in der Mikroprojektion, als Suchscheinwerfer oder in Leuchttürmen. Betrieben werden die Lampen mit Gleichstrom, Anode und Kathode unterscheiden sich erheblich: während die Kathode spitz zuläuft, um eine hohe Temperatur und Feldstärke für die Elektronenemission zu erzielen, ist die Anode groß, um eine hohe Wärmekapazität bzw. Wärmeabstrahlung zu gewährleisten.

Abb. 3.69 zeigt eine Kurzbogenlampe der Firma OSRAM mit der Leistung 3000W, die einen Lichtstrom von 130.000lm liefert. Die Lichtausbeute ist mit 43lm/W vergleichsweise gering, dafür ist der Farbwiedergabeindex mit >95 sehr gut und die Farbtemperatur von 6000K macht sie zur idealen Lichtquelle für die Filmprojektion.

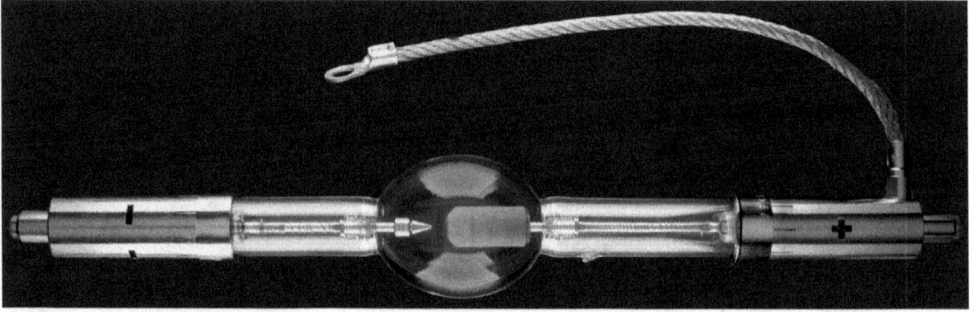

Abb. 3.69. Xenon–Kurzbogenlampe OSRAM XBO® 3000W. Der Farbwiedergabeindex dieser Lampen liegt über 95. Sie sind für horizontale Brennposition ausgelegt. Photo: OSRAM

3.6.3 Langbogenlampen

Ein spezieller Lampentyp, nämlich die Langbogenlampe, sei hier noch behandelt, da er beim **Pumpen von Festkörperlasern** eine Rolle spielt. Zwar werden besonders Lasersysteme mit niederer Leistung zumeist mit Laserdioden gepumpt, doch bei stärkeren Systemen und Systemen im Bestand ist das Pumpen mit **Langbogenlampen** noch durchaus weitverbreitet. Die Qualität der Pumplampe ist bei Festkörperlasern bei einem Preis von einigen hundert Euro und einer Lebensdauer von weniger als tausend Stunden ein wichtiger Kostenfaktor beim Betrieb eines Lasers. Zudem können bei Lampenbruch kostspielige Schäden an der Pumpkammer oder am Laserstab entstehen.

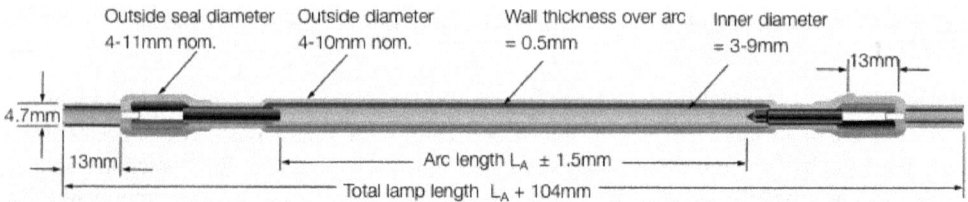

Abb. 3.70. Typische Krypton–Langbogenlampe. Aus: „The Lamp Book" von Heraeus Noblelight

Abb. 3.70 zeigt eine **Pumplampe** für den Gleichstrom(dauer)betrieb. Dieser spezielle Lampentyp für die Anwendung im Nd–YAG–Laser wird mit reinem **Krypton** befüllt, denn die emittierten Linien des Krypton liegen bezüglich der Pumpbanden des Nd–YAG–Kristalls sehr günstig. Lediglich bei Blitzlampen erweisen sich bei sehr hohen Stromdichten Xenonfüllungen als günstiger. Hier überwiegt eine Kontinuumsstrahlung gegenüber der Linienstrahlung. Die wirksamsten Pumpwellenlängen liegen beim Nd–YAG–Laser (siehe Kap. 6.3.3) bei $0{,}75\,\mu m$ und bei $0{,}81\,\mu m$ [Koechner 1976]. Dazu passt die Emission einer Kryptonlampe (Abb. 3.71) sehr gut, sie besitzt nämlich bei 810nm eine Liniengruppe, mit der wirksames Pumpen möglich ist. Die meisten Krypton–Langbogenlampen haben – bezogen auf den Spektralbereich von 0,3 bis $1{,}2\,\mu m$ – einen Wirkungsgrad von etwa 40%, das heißt, 40% der zugeführten elektrischen Leistung wird in Strahlung dieses Spektralbereichs umgewandelt. Der Kaltfülldruck liegt gewöhnlich bei ca. 4 bis 8bar. Bei der Handhabung der Lampen ist also Schutzausrüstung erforderlich. Während des Betriebs kann die Lampe einen Druck von 40bar und mehr entwickeln.

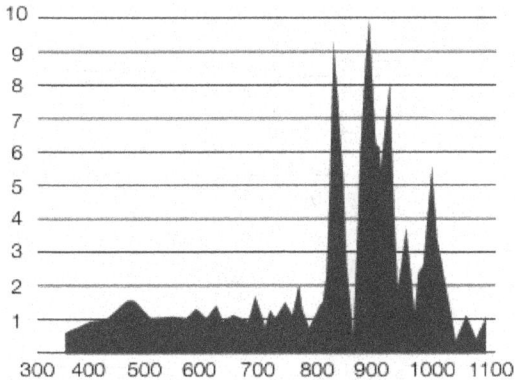

Abb. 3.71. *Emissionsspektrum einer typischen Krypton–Langbogenlampe. Aus: „The Lamp Book" von Heraeus Noblelight*

Die Lampe wird an Gleichspannung betrieben, Anode und Kathode sind unterschiedlich ausgebildet. Die **Kathode** ist im vorderen Bereich schlanker und läuft spitz zu. Beim Betrieb der Lampe erhöht das die Kathodentemperatur und führt damit zu einem leichteren Austritt der Elektronen aus der Kathode. Die Kathode ist außerdem mit Stoffen dotiert, die die Austrittsarbeit erniedrigen. Die **Anode** dagegen ist halbrund ausgebildet. Einerseits soll sie nämlich eine große Fläche besitzen, da sie wegen des Ionenbeschusses eine hohe Leistung aufnehmen muss. Andererseits muss sie den Bogen zentrieren, damit der Ansatzpunkt nicht in Richtung Quarzkolben wandert und diesen überhitzt. Wegen des asymmetrischen Elektrodenaufbaus führt ein Verpolen der Lampe zu schneller Zerstörung.

Die Lampen sind im Elektrodenbereich so gebaut, dass bei Betriebstemperatur die **Elektrode praktisch an der Glasinnenwand anliegt**. Das sichert eine gute Ableitung der Wärme von den Elektroden. Zur Einleitung der Gasentladung in den Lampen ist eine Zündspannung von 20 bis 30kV nötig, die einige Mikrosekunden an der Lampe liegen muss. Bei Lampen höherer Leistung werden häufig **Boosterschaltungen** verwendet (Abb. 3.72). Sie sorgen durch erhöhte Leerlaufspannung dafür, dass die Lampe nach dem Zündfunken richtig durchzündet und sich ein **Plasmakanal** geringer Leitfähigkeit in der Lampe aufbaut. Mitunter werden auch Boosterkondensatoren verwendet, die nach dem Zünden den Innenwiderstand der Stromversorgung kurzzeitig erniedrigen.

Bei der in Abb. 3.72 angewandten Zündmethode wird ein **Zündtrafo** in Reihe mit der Lampe geschaltet. Ein primärseitig auf den Trafo gegebener Stromimpuls wird hochtransformiert und zündet die Lampe. Nachteil der Methode ist, dass die Sekundärseite des Trafos für den Lampendauerstrom ausgelegt sein muss. Bei der Parallelzündung (Abb. 3.73a) wird

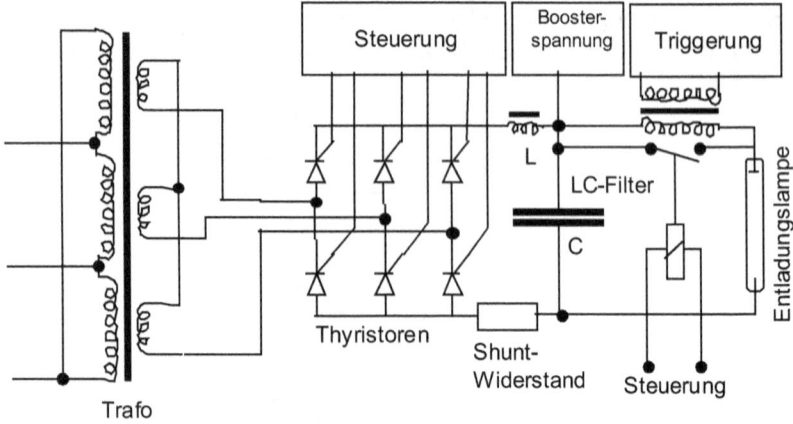

Abb. 3.72. Schematische Darstellung einer typischen Spannungsversorgung für Laserpumplampen.

der Zündimpuls durch einen Transformator erzeugt, dessen Sekundärseite parallel zur Spannungsquelle liegt. Der Nachteil dieses Verfahrens ist, dass die Spannungsquelle durch eine
aufwändige Schaltung vor dem Zündimpuls geschützt werden muss. Die dritte Möglichkeit,
die externe Zündung, bedient sich einer zusätzlichen Elektrode: mittels eines um die Lampe
gewickelten Nickeldrahts bewirkt ein Hochspannungsimpuls die Vorionisierung der Lampenfüllung (Abb. 3.73b).

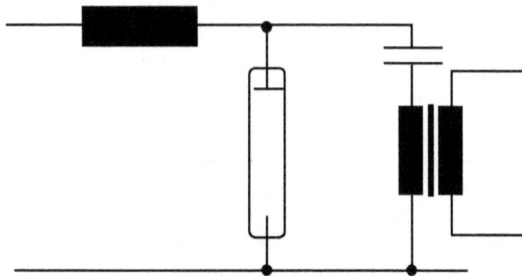

Abb. 3.73a. Zündung der Lampe durch einen von einem Zündtrafo erzeugten Hochspannungsimpuls.

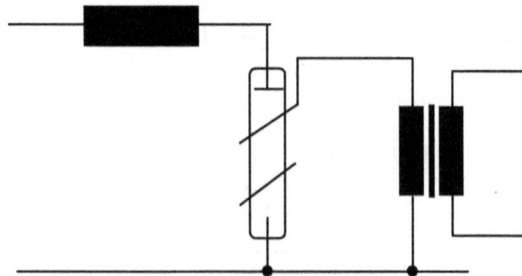

Abb. 3.73b. Zündung durch einen Zündtrafo und einen um die Lampe gewickelten Draht.

Ist die Zündung erfolgt, füllt das Plasma den gesamten Lampenquerschnitt aus. Der Bogen kann somit nicht seitlich ausweichen und ist damit räumlich stabil. Man bezeichnet solche Lampen als **wandstabilisiert**. Im Laufe der Lebensdauer nimmt die Strahlungsintensität ab. Um diesen Rückgang zu kompensieren und die Nutzungslebensdauer zu erhöhen, kann man neue Lampen am Anfang mit etwa 70% des Nennstroms betreiben und diesen nach und nach steigern. Am Ende der Lebensdauer einer Lampe kommt es zur **Schwärzung des Kolbens**. Die Lichtausbeute nimmt daher stark ab. Bei weiterem Betrieb der Lampe kommt es meist zur **Kristallisation** des Quarzglases des Lampenkolbens in Elektrodennähe. Das führt häufig zum Bruch der Lampe. Es ist daher sehr schwierig zu beurteilen, wann eine Lampe gewechselt werden soll. Wenn man sich den durch Lampenschwärzung verursachten Leistungsverlust des Lasers erlauben kann, ist eine längere Nutzung der Lampe möglich. Jedoch können die Schäden, die eine explodierende Lampe in der Pumpkammer anrichtet, je nach Konstruktion erheblich sein. Beim Einbau der Lampen sollte auf Sauberkeit geachtet werden. **Fingerabdrücke** und **Schmutzrückstände** brennen ein und führen zur vorzeitigen Zerstörung.

Die Quarzwandungen der Lampen haben eine Stärke von lediglich 0,5 bis 1 mm. Die Lampen sind grundsätzlich **wassergekühlt** und werden in **Strömungsrohren** gebrannt. Es ist jeweils ein gewisser Mindestdurchfluss an Wasser nötig, damit sich keine Dampfblasen bilden können. Um Kalkniederschläge auf dem Brenner zu vermeiden, sollten die Lampen mit entionsisiertem Wasser in einem geschlossenen Kreislauf (mit Wärmetauscher) gekühlt werden. Abb. 3.74 zeigt eine typische Krypton–Langbogenlampe.

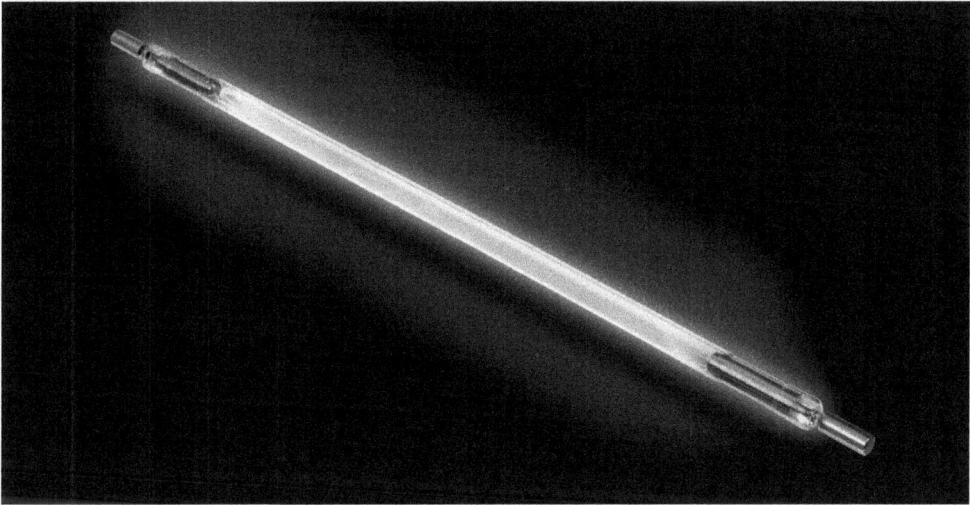

Abb. 3.74. Krypton–Langbogenlampe. Photo: Heraeus–Noblelight.

3.7 Leuchtdioden (LEDs)

3.7.1 Materialien und Wellenlängen

LEDs sind seit den Sechziger Jahren des vorigen Jahrhunderts kommerziell erhältlich. Die ersten Dioden leuchteten rot und es dauerte etwa 30 Jahre, bis man sich im Spektrum in den blauen Spektralbereich vorgearbeitet hatte. Sie waren wegen ihrer **Einfarbigkeit** und **Langlebigkeit** bestens geeignet, die Kleinstglühlampen oder Glimmlampen als Signallampen zu ersetzen. Hierbei kam es nicht auf den Wirkungsgrad an, denn der war miserabel. Aber das war der von Kleinstglühlampen auch, denn von dem emittierten Spektrum wurde ja über ein Filterglas auch nur das rote oder grüne Licht ausgefiltert. Heute hat sich der Wirkungsgrad so verbessert, dass LEDs auch für die **Allgemeinbeleuchtung** interessant geworden sind. Auch stehen inzwischen so viele Wellenlängen zur Verfügung, dass Lampen mit halbwegs guter Farbwiedergabe gebaut werden können.

Die emittierte Wellenlänge einer LED wird durch die **Bandlücke** gemäß

$$\boxed{E_g = hf = \frac{hc}{\lambda}}$$

3.58

bestimmt. Bei den klassischen Halbleitern der IV. Hauptgruppe liegen die Wellenlängen, wie der Tab. 3.5 zu entnehmen ist, außerhalb des sichtbaren Spektralbereichs. Dazu kommt noch, dass nicht jedes Halbleitermaterial auch tatsächlich Licht emittiert. Das ist nur bei sogenannten **direkten Halbleitern** der Fall. Bei **indirekten Halbleitern** wird dagegen die bei der Rekombination frei werdende Energie in Form von Gitterschwingungen und damit als Wärme abgeführt. Die klassischen Materialien **Germanium** und **Silizium** sind indirekte Halbleiter [Zukauskas 2002], ebenso Kohlenstoff. Erst die Bildung von **binären III–V–Halbleitern** schafft die Möglichkeit der Erzeugung sichtbaren Lichtes. Diese Halbleiter werden zu je gleichen Teilen aus einem Element der III. und der V. Hauptgruppe gebildet (Abb. 3.75), es sind dies die **Nitride, Phosphide, Arsenide** und **Antimonide** der Elemente **Alminium, Gallium** und **Indium**. Diese **Verbindungshalbleiter** ermöglichen durch Kombinationen eine Vielzahl von Wellenlängen. Die p–Dotierung kann durch ein Element der II. Hauptgruppe realisiert werden, z.B. durch Zink, das den Platz des Elementes aus der III. Hauptgruppe einnimmt. Es fehlt dabei ein Elektron, so dass eine p–Dotierung resultiert. Ersetzt dagegen ein Element der VI. Hauptgruppe, z.B. Selen, ein Element der V. Hauptgruppe, bleibt ein Elektron bei der Bindung unberücksichtigt und kann leicht ins Leitungsband abgegeben werden. Das Material wird n–leitend. Es können aber auch Elemente der IV. Hauptgruppe, also Kohlenstoff, Silizium oder Germanium für die Dotierung verwendet werden. Ersetzt beispielsweise ein Siliziumatom ein Galliumatom, wird das Material n–leitend. Ersetzt es ein Arsenatom, wird es p–leitend. Wie die Tabelle zeigt, ergeben sich einige realisierbare Wellenlängen im Sichtbaren. Allerdings ist auch hier bei einem Teil der Materialien der Übergang indirekt.

Tab. 3.5. Bandlücken [CRC 2006] und Wellenlängen verschiedener Halbleiter bei Raumtemperatur. Die in eckige Klammern gesetzten Werte sind theoretisch, da die Übergänge indirekt sind. Man beachte, dass einige Halbleiter in verschiedenen Kristallstrukturen vorkommen können und daher auch von der Tabelle abweichende Werte auftreten können.

Substanz	E_g / eV	λ / μm
Elementare Halbleiter		
C	5,4	[0,23]
Si	1,12	[1,11]
Ge	0,67	[1,85]
III–V–Verbindungen		
AlN	6,02	0,206
AlP	2,45	[0,506]
AlAs	2,16	[0,574]
AlSb	1,60	[0,775]
GaN	3,34	0,371
GaP	2,24	[0,554]
GaAs	1,35	0,918
GaSb	0,67	0,185
InN	2,0	0,62
InP	1,27	0,976
InAs	0,36	3,4
InSb	0,163	7,61
II–VI–Verbindungen		
ZnS	3,54	0,350
ZnSe	2,58	0,481
ZnTe	2,26	0,549
CdS	2,42	0,512
CdSe	1,74	0,713
CdTe	1,50	0,83

	II.	III.	**IV.**	V.	VI.	...
		B	**C**	N	O	...
		Al	**Si**	P	S	...
...	Zn	Ga	**Ge**	As	Se	...
...	Cd	In	**Sn**	Sb	Te	...
...	Hg	Tl	**Pb**	Bi	Po	...

Abb. 3.75. Elemente der II. bis VI. Hauptgruppe im Periodensystem.

Ein weiterer Schritt in Richtung Erzeugung sichtbaren Lichts sind die **II–VI–Verbindungen**, also die Verbindungen der Elemente der II. Hauptgruppe (Zink und Cadmium) mit den Elementen der VI. Hauptgruppe (Schwefel, Selen, Tellur). Diese Verbindungen haben zwar direkte Übergänge, jedoch ist ihre Verwendung aus Gründen der Stabilität bisher wenig erfolgreich gewesen.

Innerhalb der binären Verbindungen ist es möglich, z.B. die Substanz der III. Hauptgruppe aus zwei verschiedenen Elementen der gleichen Hauptgruppe zu ersetzen, wobei mit dem Mischungsverhältnis ein weiterer Parameter entsteht, mit dem die Bandlücke beeinflusst werden kann. Bei der Verbindung $Al_xGa_{1-x}As$ ($0 \leq x \leq 1$) etwa beträgt die Bandlücke [Zukauskas 2002]:

$$E_g[eV] = 1{,}424 + 1{,}247x \qquad 0<x<0{,}45 \qquad\qquad 3.59$$

Für x>0,45 ist der Übergang indirekt. Es lässt sich also Strahlung im Wellenlängenbereich 625–871nm darstellen. Weitere Möglichkeiten eröffnen **quaternäre Verbindungen** wie $(Al_xGa_{1-x})_yIn_{1-y}P$ oder $Al_xIn_yGa_{1-x-y}N$. Mit solchen Systemen ist es möglich, den gesamten sichtbaren Spektralbereich und das nahe UV abzudecken.

Die Bildung eines pn–Übergangs kann nicht einfach durch Berührung zweier Halbleitermaterialien geschehen, sondern muss durch „**Aufwachsen**" des einen Materials auf das andere erfolgen. Bei dem **Epitaxie** genannten Verfahren wird ein kristallines Trägermaterial verwendet, auf das ein anderer Kristall in der vorgegebenen kristallographischen Orientierung aufwächst. Entspricht das aufwachsende Material dem Trägermaterial, spricht man von Homoepitaxie, sind die Materialien unterschiedlich, von Heteroepitaxie. Das Aufwachsen des Materials kann dabei aus der flüssigen Phase oder der Gasphase erfolgen. Auch ein Auftrag mittels **Molekularstrahl** ist möglich.

3.7.2   Aufbau und Lichtführung

In der tatsächlichen Ausführung haben LEDs einen weitaus komplizierteren Schichtaufbau und bestehen aus mehr als nur einer p– und einer n–leitenden Schicht. Es werden **Pufferschichten**, also Schichten, die als **Potentialbarrieren** wirken und **Kontaktierungsschichten** aufgebracht. Abb. 3.76 zeigt verschiedene Möglichkeiten des Schichtaufbaus am Beispiel einer InGaN-LED [Höfling 2002]. Ein typischer LED-Chip hat etwa eine Fläche von 500µm x 500µm sowie eine Dicke von 250µm. Es gibt grundsätzlich zwei Möglichkeiten des Aufbaus: auf eine Montageunterlage oder Basis wird ein Substratmaterial aufgebracht, das seinerseits wieder die Ausgangsbasis für die Epitaxie darstellt (Abb. 3.76a und b). Die Schichten wachsen also nach oben der Reihe nach. Die andere Möglichkeit besteht darin, die Substratseite mitsamt der Schichtenfolge umzudrehen und „kopfüber" auf eine Basis zu montieren (Abb. 3.76c und d).

Neben den physikalischen und elektrischen Erfordernissen des pn–Übergangs spielen natürlich auch die optischen Eigenschaften eine Rolle, schließlich soll das entstandene Licht den Übergang auch nach außen verlassen können. Beim **Saphirsubstrat** (Abb. 3.76a) müssten also die elektrischen Kontakte der p– und der n–Schicht transparent sein. Realisierbar ist dies

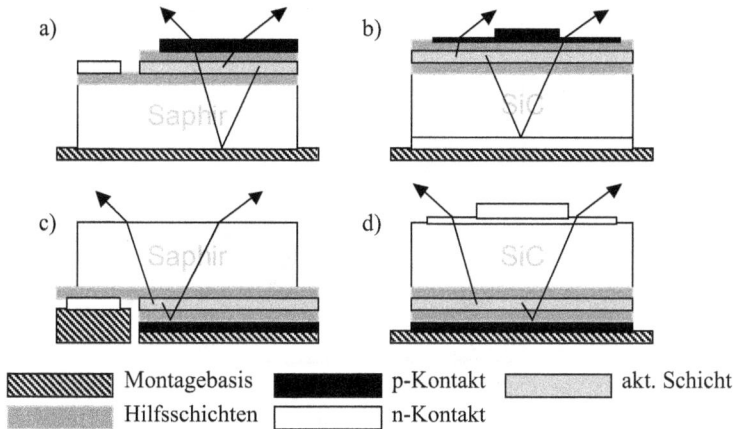

Abb. 3.76. Schichtaufbau einer LED bei InGaN–Leuchtdioden auf Saphir– und SiC–Substrat.

durch metallische Kontakte (z.B. NiAu), die so dünn aufgedampft werden, dass sie nur wenig Licht absorbieren, oder durch eine Schicht von **Indium–Zinn–Oxid** mit einem geringen Absorptionskoeffizienten. In Abb. 3.76b wird das nach unten emittierte Licht am n–Kontakt reflektiert. Anders liegen die Verhältnisse bei der nach oben liegenden Substratseite. Hier muss das Licht in jedem Fall das Substrat durchqueren. Beim Saphir (Abb. 3.76c) bedeutet das, dass sowohl p– als auch n–Kontakte reflektierend ausgeführt werden müssen. Beim SiC schließlich muss der p–Kontakt reflektierend sein, der n–Kontakt muss möglichst transparent sein.

Der Aufbau mit der Substratseite nach oben bietet insbesondere bei leistungsstarken LEDs für Beleuchtungszwecke thermische Vorteile, da die im Übergang entstandene Verlustwärme leicht über die als Wärmesenke wirkende Basis abgeführt werden kann. Ist das Saphirsubstrat zwischen dem Übergang und der Basis, verhindert dieses wegen seiner geringen Wärmeleitfähigkeit eine wirksame Wärmeableitung.

Mit **InGaN–Leuchtdioden** ist es möglich geworden, leistungsstarke LEDs für den blauen Spektralbereich zu realisieren. Damit ist auch der Weg offen gewesen, **Weißlicht–LEDs** durch Lumineszenzkonversion herzustellen. Die verwendeten Leuchtstoffe funktionieren dabei wie diejenigen bei den Leuchtstofflampen. Aus Photonen hoher Frequenz werden solche niederer Frequenz. Damit lässt sich das blaue Licht der Diode teilweise z.B. in gelbes Licht umwandeln. Liegen die beiden Farborte in der Normfarbtafel (Abb. 2.15) so, dass der Weißpunkt auf ihrer Verbindungslinie liegt, lässt sich damit weiß erscheinendes Licht erzeugen. Solche LEDs werden **LUCOLEDs** genannt. Als Leuchtstoff hat sich cerdotiertes **Yttrium–Aluminium–Granat** bewährt: der Leuchtstoff $Y_3Al_5O_{12}:Ce^{3+}$, dessen Entwicklung im Zusammenhang mit Leuchtstofflampen vorangetrieben wurde, hat eine Quantenausbeute von fast 100% und ist thermisch und chemisch stabil. Die Emission im gelben Spektralbereich ist dabei wesentlich breitbandiger als die blaue Linie, dafür aber weniger intensiv (Abb. 3.77).

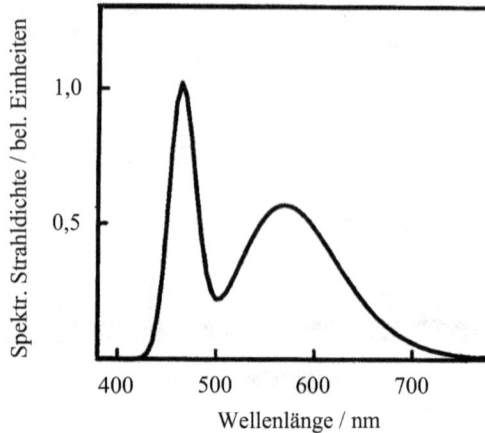

Abb. 3.77. Modellhafte Darstellung der Emission einer LUCOLED. Die hohe Spitze links stellt die Emission der Diode dar, die breitere spektrale Verteilung rechts stammt vom Konverter.

Abb. 3.78 zeigt den Aufbau einer sogenannten Radial–LED, einer Bauform, wie sie schon lange als Anzeigelampe auf dem Markt ist. Sie kann durch Einbringen eines Leuchtstoffes auch als LUCOLED gebaut werden. Der Leitrahmen trägt das Substrat, das über dünne Drähte elektrisch kontaktet wird. Über dem Substrat befindet sich eine **Epoxyd–Harz–Schicht**, in die der Leuchtstoff eingebettet ist. Das Ganze ist in eine **Epoxyd–Harz–Kuppel** eingegossen, die mechanische Stabilität und Schutz vor chemischen Angriffen aus der Umwelt bietet. Die gewählte Halbkugelform hat noch eine weitere Funktion: sie soll die **Auskoppeleffizienz** verbessern. Diese gibt an, welcher Bruchteil der im Übergang erzeugten Photonen die LED verlässt. Hierbei werden Verluste wie **Reabsorption** eingeschlossen. Das Problem ist, dass die in Halbleitern verwendeten Materialien häufig einen hohen Brechungsindex haben. Das hat zur Folge, dass nach den Fresnelschen Formeln (siehe Kap. 4.7) beim Übergang in ein Material geringerer Brechzahl ein **hoher Reflexionskoeffizient** vorliegt. Außerdem tritt schon bei relativ mäßigen Winkeln Totalreflexion auf (siehe Kap. 4.7.3), d.h. die Strahlung verlässt den Halbleiterchip gar nicht mehr.

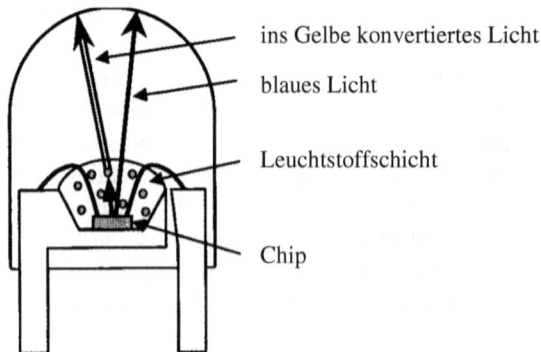

ins Gelbe konvertiertes Licht

blaues Licht

Leuchtstoffschicht

Chip

Abb. 3.78. Radial–LED mit Leuchtstoff. Aus: [Zukauskas 2002]

Abb. 3.79 verdeutlicht die Verhältnisse. Ausgehend von der aktiven Schicht gibt es einen maximalen Winkel α, bis zu dem Licht in der Lage ist, das Material zu verlassen. Der durch den Winkel α gebildete Kreiskegel wird **Fluchtkegel** genannt. Die Auskoppeleffizienz lässt sich verbessern, indem man die Zahl der Fluchtkegel erhöht. Dies wurde bereits in Abb. 3.76d realisiert, denn der reflektierende p–Kontakt simuliert praktisch einen zweiten Fluchtkegel.

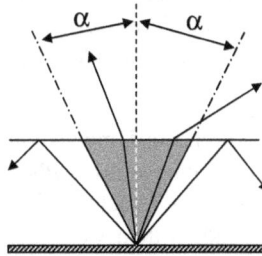

Abb. 3.79. Zum Fluchtkegel: nur Licht, das unter einem Winkel kleiner als α auf die Oberfläche trifft, kann die Oberfläche verlassen.

Diskutiert werden auch Fluchtkegel in seitliche Richtung. Ein anderes Konzept [Zukauskas 2002] sieht einen **halbkugelförmigen Chip** vor, der aus Abb. 3.76c hervorgeht, indem man das Substrat halbkugelförmig ausbildet, mit dem lichtemittierenden Übergang im Mittelpunkt. Alle emittierten Strahlen würden dann senkrecht auf die Grenzfläche treffen, was die Reflexion minimiert und die Totalreflexion ganz verhindert. Bildet man die untere Fläche des Saphirsubstrates in Abb. 3.76a in Form eines **Rotationsparaboloiden** aus und bringt eine **Goldschicht** auf, werden nach unten emittierte Strahlen bei geeignet gewählten Parametern nach der Reflexion zu einem Parallelbündel, das wiederum senkrecht auf die obere Grenzfläche trifft und somit beim Durchtritt geringstmögliche Verluste erleidet.

Eine andere Möglichkeit, die Auskoppeleffizienz zu erhöhen, besteht darin, von rechtwinkligen auf schiefwinklige Geometrien überzugehen. Abb. 3.80 zeigt eine Schichtfolge in Form eines **umgedrehten Pyramidenstumpfs**. Im Übergang erzeugte Strahlung verlässt den Chip in der Regel nach höchstens einer Totalreflexion.

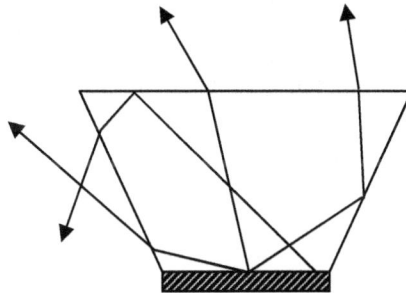

Abb. 3.80. Umgedrehter Pyramidenstumpf zur Verbesserung der Auskoppeleffizienz.

Die Auskoppeleffizienz bestimmt nur zum Teil den Wirkungsgrad der Lichterzeugung in einer LED. Die entscheidende Größe ist die **interne Quanteneffizienz**, d.h. die Wahrscheinlichkeit, mit der ein injiziertes Elektron unter Abgabe eines Photons mit einem Loch rekombiniert. Die **externe Quanteneffizienz** ist schließlich die Wahrscheinlichkeit, mit der ein injiziertes Elektron zu einem den Chip verlassenden Photon wird. Nicht wenige Materialsysteme erreichen heute beinahe 100% interne Quanteneffizienz.

Die oben erwähnten **dichromatischen** (blau/gelb) **LUCOLEDs** erreichen nur einen Farbwiedegabeindex von weniger als 80. Eine Verbesserung des Farbwiedergabeindexes ist möglich, indem man komplexere Leuchtstoffe verwendet, die nicht nur in eine, sondern in mehrere Farben konvertieren.

Mit dem Leuchtstoff ist – bedingt durch die Umwandlung eines höherenergetischen, kurzwelligen Photons in ein energieärmeres langwelliges Photon – zwangsläufig ein Energieverlust verbunden. Außerdem kann es beim Leuchtstoff zu **Alterungsproblemen** kommen. Diese Probleme werden vermieden, indem man weißes Licht durch mehrere **Einzelemitter** unterschiedlicher Frequenzen erzeugt. Bei zwei Emittern sind die Farbwiedergabeeigenschaften jenseits der Brauchbarkeit. Das liegt daran, dass die einzelnen Emissionslinien mit ca. 30nm sehr schmal sind und das Spektrum damit nur unzureichend „abgedeckt" wird. Es ist daher nötig, mehrere Einzelemitter (mindestens drei) zu verwenden. Trotzdem bleibt der Farbwiedergabeindex deutlich hinter dem der LUCOLEDs zurück. Der **Weißpunkt** ist bei diesen Dioden **nicht stabil einstellbar**, er verändert sich mit der Temperatur und mit der Betriebsdauer.

3.7.3 Praktische Ausführung

LEDs haben sich in den vergangenen 40 Jahren von der reinen Anzeigenlampe bis in den Bereich der Allgemeinbeleuchtung vorgearbeitet. Unübertroffen sind LEDs in Bereichen, in denen monochromatisches Licht zuverlässig zur Verfügung stehen muss und in denen ein Ausfall der Lampe hohe Kosten oder eine hohe Gefährdung bedeuten würde. So haben sich LEDs in den letzten Jahren im Bereich der **Signaltechnik** am Pkw und bei **Lichtzeichenanlagen** etabliert. Auch im Bereich der **Reklamebeleuchtungen** finden LEDs ein weites Anwendungsfeld. Die Chip–Lebensdauer, die durchaus 100.000 Stunden betragen kann, spielt dabei schon fast eine untergeordnete Rolle, da der Chip meist die Treiberelektronik überlebt. Außerdem erlebt die LED durch den langsamen Lichtstromrückgang meist einen „schleichenden Tod". In Abb. 3.81 ist die verfügbare relative sichtbare Strahlung als Funktion der Betriebsstunden für eine rote Philips Luxeon 1W-LED für drei verschiedene Temperaturen angegeben. Das Nachlassen der Strahlung ist durch Diffusionsvorgänge in den dünnen Halbleiterschichten bedingt, wobei sich im Bereich des pn–Übergangs die Schichten bei höheren Temperaturen schneller „mischen".

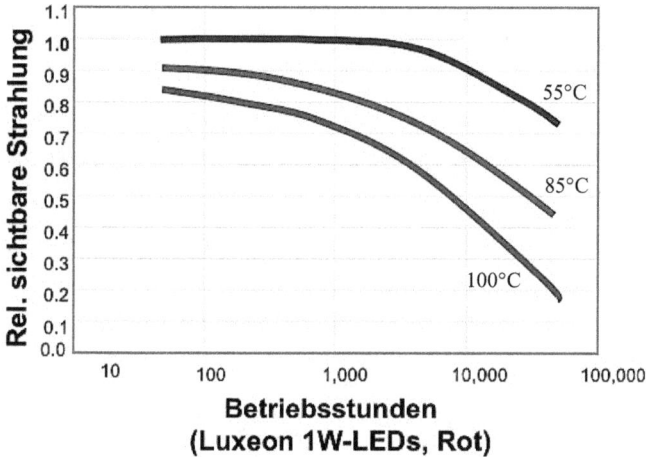

Abb. 3.81. Relative sichtbare Strahlung als Funktion der Betriebsstunden für verschiedene Platinentemperaturen für eine rote Philips Luxeon 1W–LED. Aus: Philips Licht - eLearning, Heinz, R., Schulung über LED&OLED, 2009

Der Lichtstrom der Diode **fällt exponentiell mit der Temperatur** ab. Abb. 3.82 zeigt den Lichtstrom als Funktion der Temperatur für verschiedenfarbige LEDs. Bei Weißlicht–LEDs ist inzwischen eine Lichtausbeute von 50 lm/W Standard, von bis zu 100 lm/W ist bereits die Rede. Der Farbwiedergabeindex kommerziell erhältlicher LEDs erreicht bei guten LEDs bereits 95. Die Lichtemission einer Diode steigt etwa linear mit dem Strom, da (bei einer internen Quanteneffizienz von 100%) jedes Elektron ein Photon liefert. LEDs werden in Vorwärtsrichtung betrieben, die entsprechende Strom–Spannungs–Kennlinie verläuft sehr steil. Kleine Schwankungen in der Durchlassspannung führen also zu sehr hohen Schwankungen beim Strom und damit zu hohen Schwankungen bei der Lichtemission. Eine Konstantstromquelle ist also zum Betrieb angebracht.

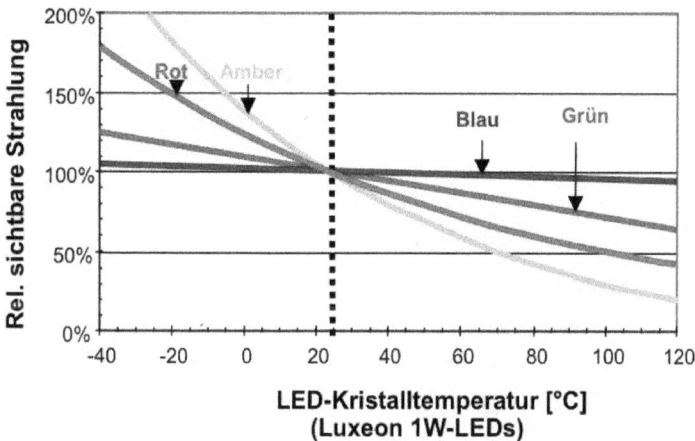

Abb. 3.82. Relative sichtbare Strahlung als Funktion der Kristalltemperatur für verschieden farbige LEDs Philips Luxeon 1W. Aus: Philips Licht - eLearning, Heinz, R., Schulung über LED&OLED, 2009

Weißlicht–LEDs sind in verschiedenen Bauformen auf dem Markt. So werden ganze **LED–
Leisten** als Hintergrundbeleuchtung angeboten, aber auch einzelne Module, die zu Lichtsys-
temen verbunden werden können. Abb. 3.83 zeigt ein **LED–Modul**, das aus vier Einzeldio-
den besteht und zu einem ganzen System ausgebaut werden kann. Die Module enthalten
bereits die gesamte Treiberelektronik sowie geeignet geformte Kühlkörper, um die LEDs vor
Überhitzung zu schützen. Module wie diese kommen heute bereits als Beleuchtung in Auf-
zügen, Korridoren oder Toiletten zum Einsatz. Auch im Bereich der Hintergrund(wand)-
beleuchtung und in Schaufenstern werden sie – auch in farbiger Variante – verwendet.

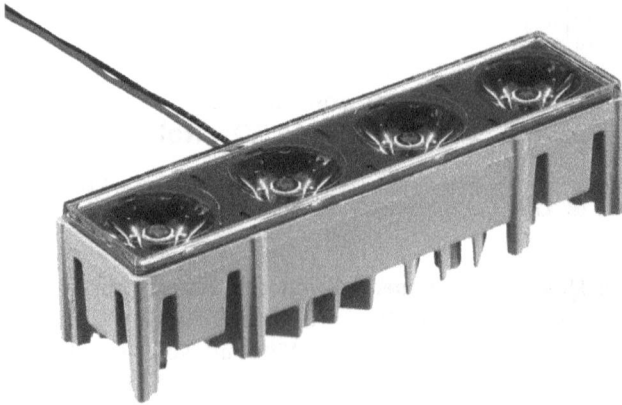

*Abb. 3.83. LED–Modul Intuos LMS 1x4 4W 20–24VDC/932 8D UNP, das Treiberelektronik, optisches System zur
Lichtbündelung sowie Kühlkörper zur Wärmeabfuhr beinhaltet. Photo: Philips*

In Abb. 3.84 ist ein Ministrahler (Durchmesser 23mm) abgebildet, der mit einer Highflux–
LED ausgestattet ist. Strahler dieses Typs erreichen (mit einer Weißlicht–LED) bei einer
Leistung von nur 1,2W und einem Abstrahlwinkel von $15°$ eine Lichtstärke von 650cd. Der
Abstrahlwinkel ist der Winkel, innerhalb dessen die Lichtstärke mindestens 50% ihres Ma-
ximalwertes annimmt. Genutzt wird der Strahler als Orientierungs– und Akzentlicht bzw. zur
Objektbeleuchtung in Museen oder als Möbelinnenbeleuchtung.

Abb. 3.84. OSRAM DE1–A2 DRAGONeye® (0,8W 0,35A) Ministrahler mit Highflux LED (rot). Photo: OSRAM

Inzwischen ist es auch möglich, mit der LED in gewissem Umfang die klassische Glühlampe zu ersetzen. Dies ist deshalb schwierig, weil die bereits geschilderten Bemühungen, trotz hoher Brechzahl des Halbleitermaterials möglichst viel Licht aus dem Halbleitermaterial zu bekommen, zu einem mehr oder weniger stark gebündelten Licht führen. Die Rundumabstrahlung der klassischen Glühlampe kann also mit einer einzelnen LED kaum realisiert werden. Abb. 3.85 zeigt eine Lampe, die etwa eine 15W–Glühlampe in Kerzenform ersetzen kann, dabei aber nur 1,6W benötigt und eine Lebensdauer von 25.000 Stunden besitzt. Lampen dieses Typs sind auch mit mattem Außenkolben erhältlich, der zu einer weiteren Homogenisierung des abgegebenen Lichtes führt.

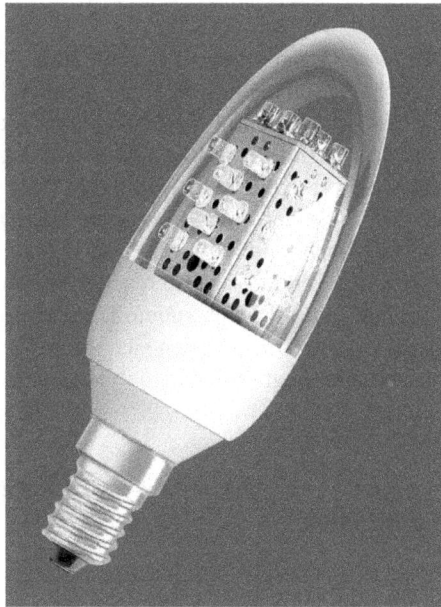

Abb. 3.85. OSRAM CLB WW E14 FS1 (1,6W 100-240V). Mit einem matten Außenkolben ist die Lampe kaum von einer in ähnlicher Bauform erhältlichen Kompaktleuchtstofflampe zu unterscheiden. Photo: OSRAM

3.8   Organische LEDs

Bereits im Jahr 1963 gelang es im Labor, eine LED zu fertigen, die auf organischen Halbleitern basierte. Lange Jahre der Forschung haben dazu geführt, dass heute bereits Halbleiterdisplays auf organischer Basis weit verbreitet sind, z.B. in Pkws oder in Mobiltelefonen. Materialien, die als Grundlage organischer Halbleiter dienen können, kann man in zwei Klassen unterteilen (Abb. 3.86): die kleineren organischen Moleküle wie Benzol oder Antracen und die Polymere. Die auf kleineren Molekülen basierenden organischen LEDs tragen die klassische Bezeichnung **„OLED" (Organic Light–Emitting Device)**. Die auf **Polymeren** basierenden LEDs dagegen werden auch „PLEDs" (**Polymere Organic Light–Emitting Device**) genannt.

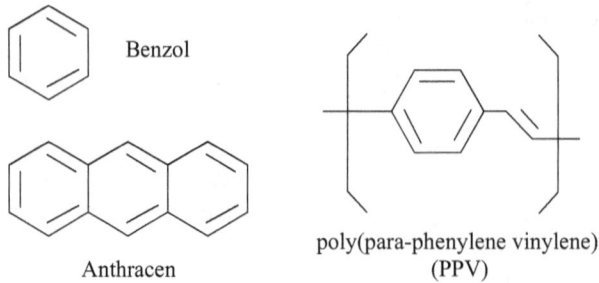

Abb. 3.86. Beispiele für „kleine Moleküle" und Polymere für die Herstellung von organischen LEDs.

Den grundsätzlichen Aufbau einer Organischen LED zeigt Abb. 3.87. Auf ein transparentes Material, häufig Glas, aber auch biegsame Kunstoffe sind möglich, wird eine dünne, leitende Schicht aufgebracht, die ebenfalls durchsichtig für das erzeugte Licht sein muss. Das Material der Wahl ist hier in der Regel **Indium–Zinn–Oxid**, eine nicht–stöchiometrische Mischung aus In, In_2O, InO, In_2O_3, Sn, SnO und SnO_2 [Shinar 2004]. Die metallische Kathode führt im Beispiel der Abb. 3.87 zu einer **reflektierenden OLED**, verwendet wird häufig **Aluminium**. In Zukunft soll es jedoch möglich sein, die Kathodenschicht ebenfalls transparent auszuführen. Dann lassen sich Module realisieren, die im nichtemittierenden Zustand weitgehend durchsichtig sind und die im leuchtenden Zustand nach beiden Seiten hin abstrahlen. Zwischen den leitenden Schichten befinden sich die beiden **Löcher–** bzw. **Elektronentransportschichten**. Dazwischen liegt die eigentlich leuchtende Schicht, in der Elektronen und Löcher rekombinieren.

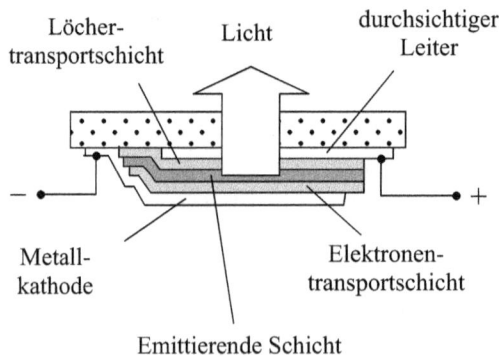

Abb. 3.87. Aufbau einer organischen LED.

Die Effizienz bei der Umwandlung von Elektronen und Löchern in Photonen liegt heute bereits bei fast 100%, lediglich im blauen Spektralbereich wird deutlich weniger erreicht. Wie bei der LED treten bei der Auskopplung des emittierten Lichtes hohe Verluste auf, so dass die **Auskoppeleffizienz bei 20 bis 30%** liegt. In diesem Fall treten die Verluste aber nicht durch hohe Brechzahlen auf, sondern vielmehr durch **Absorption in den Materialien**. Trotzdem wurden unter Laborbedingungen bereits Lichtausbeuten von 60lm/W realisiert.

Grundsätzlich sind mit OLEDs alle Wellenlängen darstellbar. Die Erzeugung von weißem Licht ist ebenfalls möglich. Hier sind allerdings komplexere Schichtfolgen nötig, wie die in Abb. 3.87 dargestellten. Da der Weißpunkt durch das Zusammenwirken dreier Emitter zustande kommt, ist der Farbwiedergabeindex mit ca. 80 nicht allzu gut. Dafür warten die OLEDs mit sehr guten Lebensdauern auf: für eine rote OLED wird eine solche von über 1 Million Stunden geschätzt. Blaue OLEDs haben noch deutlich schlechtere Werte.

Neben den oben schon erwähnten Displays gibt es inzwischen auch **Fernseher mit OLED–Bildschirm**. Die Tatsache, dass OLEDs selbstleuchtend sind, wirkt sich positiv auf den Kontrast aus. Bei LCD–Bildschirmen wird eine Hintergrundbeleuchtung benötigt, die LCDs selbst dienen nur als farbige Filter. OLEDs bieten noch weitere Vorteile: großer nutzbarer Blickwinkel, geringer Energiebedarf und im Vergleich zu den LCDs eine etwa tausendmal höhere Schaltgeschwindigkeit. Während OLEDs auf Glassubstraten Standard sind, lässt das biegsame Kunststoffsubstrat noch auf sich warten. Es gibt auch noch eine ganze Reihe von Problemen: so geht eine erhöhte Effizienz in der Regel zu Lasten der Lebensdauer. Außerdem bereiten **Alterungsphänomene** Sorgen, denn die organischen Schichten werden durch Wasser oder Sauerstoff zerstört. Probleme bereitet auch die Ausbildung von dunklen, nichtleuchtenden Bereichen im Innenbereich der OLED. Schließlich führt die stärkere Alterung der blauen Übergänge im Vergleich zu den roten zu einer **Farbverschiebung** bei den Weißlicht–OLEDs, die durch eine aufwändige Nachregelung ausgeglichen werden muss.

Trotz der Probleme werden OLEDs ganz sicher einen beachtlichen Stellenwert in der Lichttechnik des 21. Jahrhunderts bekommen. Sie ermöglichen Lichtführungen und Beleuchtungskonzepte, wie sie mit den klassischen Lichtquellen nicht darstellbar sind. Abb. 3.88 zeigt den Prototypen einer OLED, mit dem schon eine Leuchte gestaltet wurde.

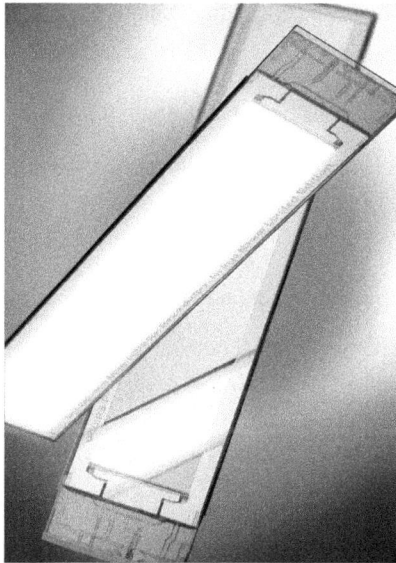

Abb. 3.88. Erste OLEDs für die Beleuchtung werden bereits als Prototypen gefertigt, eine erste Leuchte wurde vorgestellt. Quelle: Ingo Maurer / OSRAM

Fragen

1. Warum hat sich Wolfram als Glühwendelmaterial durchgesetzt?

2. Vergleichen Sie die spektrale Strahldichte von Wolfram mit der des schwarzen Körpers!

3. Erläutern Sie das Langmuir-Modell!

4. Welche Mechanismen können zum Ausfall einer Glühbirne führen?

5. Warum können Halogenlampen eine längere Lebensdauer haben als normale Glühlampen?

6. Warum kann ein gedimmter Betrieb eventuell die Lebensdauer einer Halogenlampe verkürzen?

7. Warum ist reines Wolfram für den Glühwendelbau nicht geeignet?

8. Welche Füllung hat eine klassische Leuchtstofflampe?

9. Welche Funktion hat die Edelgasfüllung einer Leuchtstofflampe?

10. Wie funktioniert das Zünden einer Leuchtstofflampe mittels KVG und Starter?

11. Erklären Sie die Umwandlung von UV–Licht in sichtbares Licht durch Leuchtstoffe!

12. Welche Vorteile haben EVG's?

13. Erklären Sie die starke Umgebungstemperaturabhängigkeit der Lichtemission von Leuchtstofflampen!

14. Wie verläuft die Elektronen– bzw. die Ionen–(Gas–)temperatur im Übergangsbereich zwischen Niederdruck und Hochdruckgasentladung?

15. Woher kommt der Begriff „Bogenentladung"?

16. Erklären Sie das Phänomen der Selbstabsorption bei Natriumdampf–Hochdrucklampen!

17. Welche Funktion hat das Halogen bei den Halogenmetalldampflampen?

18. Welche fünf Effekte bestimmen die Elektronemission an Elektroden? Welche zwei Effekte sind bei Hochdruckgasentladungen dominant?

19. Warum tritt bei Quecksilberhochdrucklampen im Sichtbaren keine Selbstabsorption auf?

20. Welche zwei Arten der Elektrodeneinschmelzung werden bei Hochdrucklampen verwendet?

21. Erklären Sie die starke Temperaturabhängigkeit der Zündspannung bei Quecksilberhochdrucklampen!

22. Welche Füllgase haben Natriumdampf–Hochdrucklampen? Welche Partialdrücke liegen im Betrieb vor?

23. Warum können Natriumdampf–Hochdrucklampen am Ende ihrer Lebendauer „blinken"?

24. Welche Vorteile haben Hochdruck-Metalldampflampen gegenüber Natriumdampf–Hochdrucklampen hinsichtlich der Farbwiedergabe?

25. Wie kann das Startverhalten von Hochdruck-Metalldampflampen verbessert werden?

26. Warum ändert sich die Farbwiedergabe bei Hochdruck-Metalldampflampen von Lampe zu Lampe und über deren Lebensdauer?

27. Welche Dosierungsfamilien werden bei Hochdruck-Metalldampflampen hauptsächlich verwendet?

28. Welche konstruktiven Besonderheiten besitzen Pumplampen für Nd–YAG–Laser?

29. Wodurch ist die Lebensdauer von Nd–YAG–Laser–Pumplampen begrenzt?

30. Welche Vorteile bieten magnetische Induktionslampen?

32. Welche vier Verbindungsgruppen von Materialien der Hauptgruppe III mit den Materialien der Hauptgruppe V kommen für LEDs in Frage?

32. Was sind ternäre, was quaternäre Verbindungen?

33. Welche Probleme treten bei der Lichtauskopplung in LEDs auf und welche Abhilfemöglichkeiten gibt es?

34. Welche zwei Grundkonzepte werden bei LEDs zur Erzeugung weißen Lichts verfolgt?

35. Wie funktionieren LUCOLEDs und welcher Halbleiter wird dabei in der Regel verwendet?

36. Welcher Gelbkonverter wird bei LUCOLEDs meist verwendet und was sind seine Vorteile?

37. Welche Vor– und welche Nachteile haben Multichip–LEDs?

38. Wie ist eine OLED aufgebaut?

39. Welche Vorteile hätten OLED–Bildschirme im Vergleich zu LCD–Schirmen?

40. Was begrenzt die Lebensdauer von OLEDs derzeit?

41. Welche Probleme gibt es derzeit noch bei der Herstellung von OLEDs?

4 Licht und seine Manipulation

Im vorigen Kapitel wurde eingehend die Lichterzeugung in konventionellen Lichtquellen besprochen. Es wäre von der Systematik her naheliegend, nun die Betrachtung der Laserlichtquellen anzuschließen. Diese sind in ihrem Aufbau aber sehr komplex und grundlegende Kenntnisse in geometischer Optik und Wellenoptik sind unabdingbar. Es gilt also, sich zunächst mit den Gesetzmäßigkeiten der Lichtausbreitung im Vakuum, in Medien und an der Grenzschicht zwischen Medien sowie mit Phänomenen wie Beugung und Interferenz zu beschäftigen.

4.1 Strahlenoptik

Im Bereich des alltäglichen Umgangs mit Licht geht man von seiner geradlinigen Ausbreitung aus und nutzt diese Eigenschaft auch intensiv, z.B. in der Geodäsie, der Vermessungskunde. Sie gilt nur für die Ausbreitung in homogenen Medien, d.h. in Medien, in denen die Ausbreitungsgeschwindigkeit weder von der Richtung noch vom Ort abhängt. Insbesondere an Grenzschichten zwischen zwei Medien mit unterschiedlicher Phasengeschwindigkeit kommt es im Allgemeinen zu Richtungsablenkungen. Diese als **Lichtbrechung** bezeichnete Ablenkung bildet das Fundament der meisten heute verwendeten abbildenden optischen Systeme.

4.1.1 Lichtstrahlen

Eine Lichtquelle, etwa eine Glühlampe, wird Licht zunächst in alle Raumrichtungen emittieren. Eine Quelle, deren Glühfaden idealisiert so klein angenommen wird, dass man ihn als unendlich kleinen Punkt auffassen kann, wird **Punktquelle** genannt. Sie strahlt Licht homogen in alle Raumrichtungen aus. Wird, wie in Abb. 4.1 angedeutet, durch eine Wand mit einem Loch des Durchmessers d ein Teil des Lichtes ausgeblendet, wird man auf einem Schirm in einer gewissen Entfernung einen kreisrunden Fleck beobachten. Der Lichtkegel bildet einen geraden Kreiskegel. Man erhält im Grenzfall eines unendlich kleinen Loches (d $\to$ 0) einen **Lichtstrahl**. Dies ist in mehrfacher Hinsicht eine **Idealisierung**, denn praktisch durchführbar ist dieses Experiment nicht. Nach den Gesetzen der Photometrie würde ein solcher Lichtstrahl keine Leistung transportieren, denn die Bestrahlungsstärke wäre wegen der unendlich kleinen Fläche sonst unendlich hoch. Dazu würde noch ein weiteres Problem auftreten: die Unschärfe der Ränder, die grundsätzlich auftritt, verhindert ab einer gewissen Größe der Blende einen klaren Lichtfleck. Dieser Effekt wird **Beugung** genannt und lässt sich nur wellenoptisch erklären.

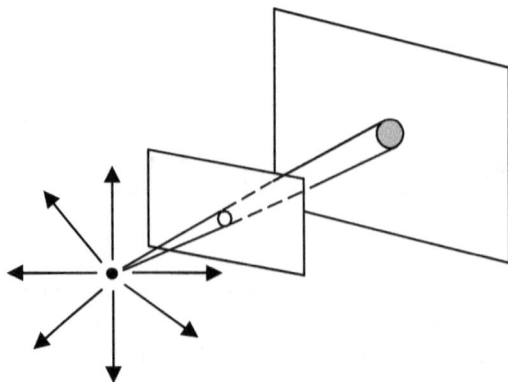

Abb. 4.1. Durch eine Lochblende ausgeblendetes Lichtbündel.

Der Lichtstrahl ist also eine Idealisierung; sie genügt aber, um die Abbildung durch Spiegel, Linsen und Linsensysteme richtig zu beschreiben. Lediglich wenn es um Grenzen des Auflösungsvermögens kleinster Strukturen geht, ist eine Beschreibung durch die Wellenoptik nötig. Grundsätzlich ist, wie Abb. 4.2 zeigt, eine Abbildung bereits durch die in Abb. 4.1 gezeigte Blende möglich. Jeder Punkt der Zahl „1" kann als kleine Lichtquelle aufgefasst werden, die auf dem Schirm einen entsprechenden Kreis ergibt. Die Kreise der unendlich vielen Punkte, aus denen die „1" aufgebaut ist, überschneiden sich und ergeben ein unscharfes Bild.

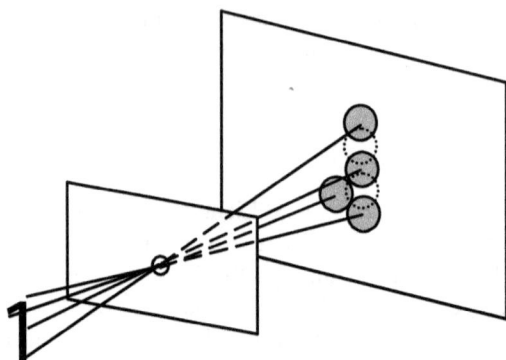

Abb. 4.2. Abbildung durch eine Lochkamera.

Die Schärfe wird umso besser, je kleiner die Blendenöffnung ist. Allerdings wird das Bild auch immer lichtschwächer. Selbst bei sehr heller Beleuchtung wird bei kleinster Blende das Bild – beugungsbedingt – immer unscharf bleiben. Trotzdem zeigt diese **Lochkamera**, dass auf die geradlinige Ausbreitung des Lichtes Verlass ist. Das Konzept der Lichtstrahlen soll also verwendet werden, um die **Reflexion** und **Brechung** des Lichtes zu untersuchen und zu verstehen.

4.1.2   Fermatsches Prinzip und Snelliussches Brechungsgesetz

Die geradlinige Ausbreitung des Lichtes bedingt, dass das Licht zwischen zwei Punkten im Raum zugleich auch den **schnellsten Weg** nimmt, denn die Gerade ist die kürzeste Verbindung zwischen zwei Punkten. Das setzt aber voraus, dass das Medium, in dem die Ausbreitung erfolgt, homogen ist. Was aber, wenn das Licht auf seinem Weg eine **Grenzfläche** durchläuft, die zwei Raumgebiete voneinander trennt, in denen das Licht unterschiedliche Ausbreitungsgeschwindigkeiten besitzt. Hier gilt das vom französischen Mathematiker Pierre de Fermat (1601–1665) aufgestellte und nach ihm benannte **Fermatsche Prinzip**:

Das Licht wählt zwischen zwei Punkten den schnellsten Weg.

Breitet sich ein Lichtstrahl, wie in Abb. 4.3 angegeben, von einem Punkt A zu einem Punkt B aus und durchläuft dabei eine Mediumsgrenze, so kann man den Weg in zwei Teilstrecken der Länge w_1 und w_2 zerlegen. Die Ausbreitungsgeschwindigkeit des Lichtes in einem Medium kann man durch eine Zahl n spezifizieren, die **Brechzahl** oder auch **Brechungsindex** genannt wird. Die Brechzahl gibt an, um welchen Faktor sich das Licht in dem betreffenden Medium langsamer ausbreitet wie im Vakuum. Die **Vakuumlichtgeschwindigkeit** (c_o=299792458m/s) ist somit die maximal mögliche Geschwindigkeit, die das Licht erreichen kann. Die angegebene Zahl ist übrigens exakt, denn die Vakuumlichtgeschwindigkeit wird verwendet, um Einheiten des SI-Systems zu definieren.

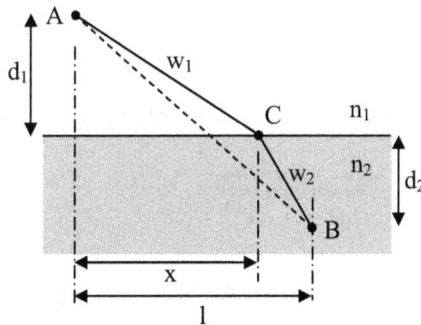

Abb. 4.3. Lichtbrechung an einer Grenzschicht

Bei der Ausbreitung des Lichtes von Punkt A nach Punkt B soll für die Brechzahlen $n_1 < n_2$ angenommen werden; das bedeutet, dass sich das Licht in der oberen Hälfte des Raumes schneller ausbreitet als in der unteren. Für das Licht wird es also hinsichtlich der benötigten Zeit günstiger sein, einen etwas längeren Weg w_1 in der oberen Raumhälfte zurückzulegen und dafür einen etwas kürzeren in der unteren, in der die Ausbreitung langsamer erfolgt. Doch wo liegt der günstigste Punkt C, für den das Licht am schnellsten ist?

Die Variable x beschreibt die Lage des Punktes C auf der Oberfläche. Anstelle der Laufzeit kann man stellvertretend auch die **optische Weglänge** optimieren, das Produkt aus geometrischem Weg und Brechzahl. Licht, das in einem Medium mit der Brechzahl n in einer gegebenen Zeit den Weg w zurücklegt, würde im Vakuum in der gleichen Zeit den Weg nw schaffen. Anstatt in einem Medium die Zeit ins Spiel zu bringen, verlängert man einfach den Weg. Das Fermatsche Prinzip lässt sich also auch folgendermaßen formulieren:

Die Lichtausbreitung zwischen zwei Punkten erfolgt so, dass die optische Weglänge minimal ist.

Somit wäre also die optische Weglänge zwischen den Punkten A und B in Abb. 4.3 gegeben durch:

$$w_{opt} = n_1 w_1 + n_2 w_2 \qquad\qquad 4.1$$

Man beachte, dass w_{opt} keinerlei geometrische Entsprechung in Abb. 4.3 hat. Nach dem Fermatschen Prinzip wird der Weg so verlaufen, dass w_{opt} minimal ist. Gl. 4.1 kann unter Benutzung der Zusammenhänge

$$w_1^2 = d_1^2 + x^2 \qquad bzw. \qquad w_1 = \sqrt{d_1^2 + x^2} \qquad\qquad 4.2$$

bzw.

$$w_2^2 = (1-x)^2 + d_2^2 \qquad bzw. \qquad w_2 = \sqrt{d_2^2 + (1-x)^2} \qquad\qquad 4.3$$

umgeschrieben werden in:

$$w_{opt}(x) = n_1 \sqrt{d_1^2 + x^2} + n_2 \sqrt{d_2^2 + (1-x)^2} \qquad\qquad 4.4$$

Zur Bestimmung des Minimums von w_{opt} wird die Ableitung gebildet:

$$\frac{dw_{opt}}{dx} = \frac{2xn_1}{2\sqrt{d_1^2 + x^2}} + \frac{2(1-x)(-1)n_2}{2\sqrt{d_2^2 + (1-x)^2}} \qquad\qquad 4.5$$

Es wäre nun möglich, durch Nullsetzen dieser Gleichung denjenigen x-Wert zu bestimmen, bei dem die vom Licht benötigte Zeit minimal wird. Es ist jedoch üblich, die in Abb. 4.4 eingezeichneten Winkel einzuführen. α wird **Einfallswinkel** genannt. Die Ebene, die vom einfallenden Strahl und der Flächennormale gebildet wird, wird **Einfallsebene** genannt. Im Falle der Abb. 4.4 ist dies die Zeichenebene. Für die Winkel α und β gilt:

$$\sin(\alpha) = \frac{x}{w_1} = \frac{x}{\sqrt{d_1^2 + x^2}} \qquad und \qquad \sin(\beta) = \frac{1-x}{w_2} = \frac{1-x}{\sqrt{d_2^2 + (1-x)^2}} \qquad\qquad 4.6$$

Führt man diese Zusammenhänge in Gl. 4.5 ein und setzt Null, erhält man über

$$\frac{dw_{opt}}{dx} = n_1 \sin(\alpha) - n_2 \sin(\beta) = 0 \qquad\qquad 4.7$$

direkt das **Snelliussche Brechungsgesetz**:

$$\boxed{\frac{\sin(\alpha)}{\sin(\beta)} = \frac{n_2}{n_1}}$$

4.8

Dieses Gesetz wurde vom niederländischen Mathematiker und Physiker Willebrord Snel van Rojen (Snellius, 1580–1626) ca. 1620 entdeckt.

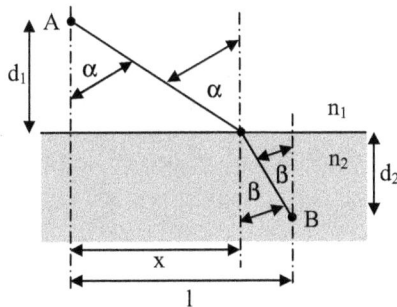

Abb. 4.4. Der Winkel α, den der einfallende Strahl mit der Flächennormale bildet, wird Einfallswinkel genannt. Die Einfallsebene ist hier die Papierebene, sie beinhaltet die Flächennormale und den einfallenden Strahl.

Dass sich bei der Winkelkombination α und β tatsächlich ein **Minimum** und nicht etwa ein Maximum der optischen Weglänge einstellt, soll hier nicht gezeigt werden. Obwohl oben $n_1 < n_2$ angenommen wurde, gilt das Gesetz auch für den Fall $n_2 < n_1$. Der Winkel β ist dann größer als α und es kann, wie in Abb. 4.5 skizziert, der Fall eintreten, dass der Winkel β genau 90° wird. Der zugehörige Einfallswinkel α_g wird **Grenzwinkel der Totalreflexion** genannt, denn wird α noch weiter erhöht, dringt der Strahl nicht mehr in die zweite Raumhälfte ein, sondern wird an der Grenzfläche gespiegelt.

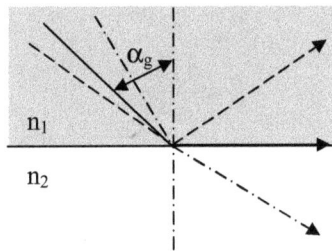

Abb. 4.5. Totalreflexion tritt beim Übergang vom optisch dichteren ins optisch dünnere Medium ein.

Es gilt

$$\frac{\sin(\alpha_g)}{\sin(90^\circ)} = \frac{n_2}{n_1}$$

4.9

bzw.

$$\boxed{\sin(\alpha_g) = \frac{n_2}{n_1}}$$ 4.10

Der Sinus des Grenzwinkels der Totalreflexion ergibt sich also aus dem Quotienten der Brechzahlen außerhalb und innerhalb des Mediums.

4.1.3   Das Reflexionsgesetz und der sphärische Hohlspiegel

Das Snelliussche Brechungsgesetz lässt sich mit einem Trick auch auf die Reflexion an spiegelnden, ebenen Flächen anwenden. Hierzu muss man sich nur vorstellen, dass die in Abb. 4.4 gezeichnete Grenzfläche nicht zwei Medien mit unterschiedlichen Brechzahlen trennt, sondern dass auf beiden Seiten die gleiche Brechzahl vorliegt. Dann würde sich das Brechungsgesetz 4.8 vereinfachen zu:

$$\frac{\sin(\alpha)}{\sin(\beta)} = 1 \quad \text{bzw.} \quad \sin(\alpha) = \sin(\beta) \quad \text{bzw.} \quad \boxed{\alpha = \beta}$$ 4.11

Der Lichtweg würde also nicht mehr abknicken, sondern würde geradewegs von A nach B führen. Nun könnte man sich den Punkt B, wie in Abb. 4.6 gezeichnet, an der Grenzfläche nach oben gespiegelt denken. Die beiden Winkel α und β blieben dabei gleich, so dass man das **Reflexionsgesetz** wie folgt formulieren kann:

Der Reflexionswinkel β und und der Einfallswinkel α sind gleich. Einfallender Strahl und reflektierter Strahl liegen in einer Ebene, der Einfallsebene.

Das Reflexionsgesetz gilt für **alle Wellenlängen** und für **alle reflektierenden Materialien** und für **alle Einbettungsmedien**. Das Reflexionsgesetz geht auf Euklid (365–ca. 300 v. Chr.) zurück.

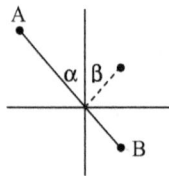

Abb. 4.6. Zum Reflexionsgesetz.

Ein anderer griechischer Mathematiker, nämlich Archimedes (285–212 v. Chr.), soll angeblich mit großen Brennspiegeln das Sonnenlicht gebündelt und damit die angreifende römische Flotte in Brand gesetzt haben. Ob das praktisch möglich ist oder nicht, sei dahingestellt. Um paralleles Licht, wie es aufgrund der großen Entfernung von der Sonne zu uns kommt, auf einen Punkt zu fokussieren, bedarf es eines **Parabolspiegels**. Eine solche Spiegeloberfläche entsteht, wenn man etwa die Parabel $y=ax^2$, wie sie in Abb. 4.7. gezeigt ist, um die y–Achse rotieren lässt.

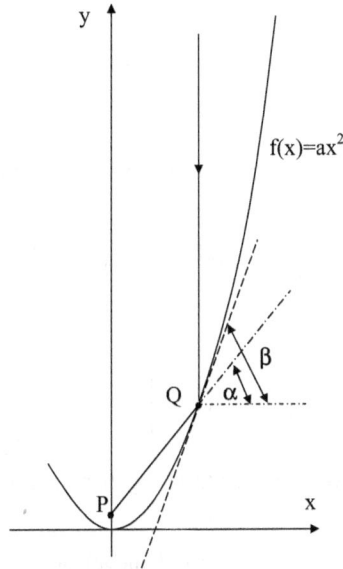

Abb. 4.7. Reflexion am Parabolspiegel.

Alles Licht, welches parallel zur y–Achse auf den Rotationsparaboloiden fällt, wird so reflektiert, dass es durch den Punkt $P(0;p)$ geht. Ein beliebiger Strahl treffe die Parabel im Punkt $Q(x;ax^2)$. Die Steigung der Strecke $\overline{PQ}$ ist:

$$m_{PQ} = \frac{\Delta y}{\Delta x} = \frac{ax^2 - p}{x - 0} \qquad\qquad 4.12$$

Die Tangentensteigung im Punkt Q ist dagegen:

$$m_{tan} = y' = 2ax \qquad\qquad 4.13$$

Die Strecke $\overline{PQ}$ schließt mit der x–Richtung den Winkel α ein, die Tangente den Winkel β. Für diese Winkel gilt:

$$\tan(\alpha) = \frac{ax^2 - p}{x} \quad \text{bzw.} \quad \tan(\beta) = m_{tan} = 2ax \qquad\qquad 4.14$$

Nach dem Reflexionsgesetz gilt, wie man aus der Zeichnung ablesen kann:

$$\beta - \alpha = 90^\circ - \beta \qquad\qquad 4.15$$

Oder auch:

$$\tan(\beta - \alpha) = \tan(90^\circ - \beta) = \cot(\beta) = \frac{1}{\tan(\beta)} \qquad\qquad 4.16$$

Das lässt sich umformen in:

$$\frac{\tan(\beta) - \tan(\alpha)}{1 + \tan(\beta)\tan(\alpha)} = \frac{1}{\tan(\beta)} \qquad\qquad 4.17$$

Setzt man 4.14 ein, erhält man für p einen Wert, der von x unabhängig ist:

$$\frac{2ax - \dfrac{ax^2 - p}{x}}{1 + 2ax\dfrac{ax^2 - p}{x}} = \frac{1}{2ax} \quad \text{bzw.} \quad \frac{2ax^2 - ax^2 + p}{1 + 2a^2x^2 - 2ap} = \frac{1}{2a} \qquad\qquad 4.18$$

$$2a^2x^2 + 2ap = 1 + 2a^2x^2 - 2ap \quad \text{bzw.} \quad \boxed{p = \frac{1}{4a}} \qquad\qquad 4.19$$

Alle Strahlen, die parallel zur y–Achse einfallen, gehen also durch P(0;1/4a), den sogenannten **Brennpunkt**, und zwar unabhängig von x.

Würde also Archimedes einen solchen Parabolspiegel gehabt haben, könnte er tatsächlich das parallele Sonnenlicht auf einen Punkt fokussieren und damit sehr hohe Bestrahlungsstärken erreichen. Theoretisch würde diese sogar unendlich groß. Das kann in der Praxis natürlich nicht der Fall sein, es muss also einen Denkfehler geben. Er liegt darin, dass nur jeweils ein leuchtender Punkt der Sonne in den besagten Brennpunkt des Paraboloiden abgebildet wird. Da die Sonne eine gewisse Ausdehnung senkrecht zur Verbindungslinie Sonne–Erde hat, werden verschiedene Punkte auf der Sonne auch an verschiedene Orte im Paraboloiden abgebildet. Es entsteht also ein Bild der Sonne mit einer gewissen Querausdehnung.

Die Sonne wurde dabei als unendlich weit entfernt betrachtet. Es wäre nun die Frage, ob man mit einem Spiegel auch Gegenstände abbilden kann, die in endlicher Entfernung vom Spiegel liegen. Dies soll nun näher untersucht werden. Zunächst sei darauf hingewiesen, dass Parabolspiegel zwar verwendet werden, bei vielen Anwendungen jedoch wird der Rotationsparaboloid durch einen **kugelförmig gekrümmten Spiegel** ersetzt. Dies ist nicht unproblematisch, denn der sphärische Spiegel besitzt nicht die Eigenschaft, parallel zur optischen Achse einfallende Strahlen in einem Punkt zu vereinen. In Abb. 4.8 ist ein Bündel achsparalleler Strahlen gezeichnet, das auf einen **sphärischen Hohlspiegel** fällt. Wie man unschwer erkennen kann, werden nur achsnahe Strahlen so reflektiert, dass sie sich etwa in einem Punkt treffen. Je achsferner die Strahlen sind, desto weiter entfernt von diesem Punkt treffen sie die Achse. Der äußerste Strahl wird sogar so abgelenkt, dass er vorher ein weiteres Mal reflektiert werden würde (diese Reflexion ist in Abb. 4.8 nicht gezeichnet). Die am rechten oberen Spiegelrand beginnende, von den reflektierten Strahlen gebildete einhüllende Linie, die im Brennpunkt endet, wird **Katakaustik** genannt.

Dass viele in der Optik und Lasertechnik verwendete Spiegel trotz dieser verheerend schlechten Abbildungseigenschaften sphärische Spiegel sind, liegt an der leichteren Herstellbarkeit. In der Tat werden die Abbildungsfehler gering, wenn man nur den zentralen Teil des Spiegels benutzt. Lässt man unter diesen Bedingungen einen **achsparallelen Lichtstrahl** auf den Spiegel fallen, so gilt nach Abb. 4.9. näherungsweise:

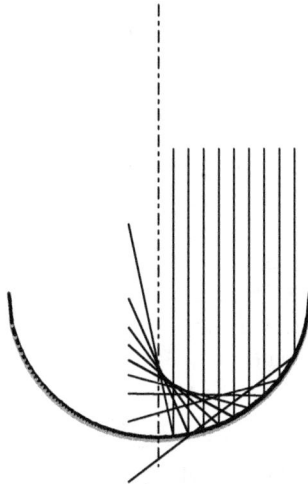

Abb. 4.8. Katakaustik eines sphärischen Hohlspiegels.

$$x \approx r \sin(\alpha) \quad \text{und} \quad x \approx f \tan(2\alpha) \qquad\qquad 4.20$$

Die Bedingung „achsnahe Strahlen" sowie eine geringe Spiegelkrümmung führen dazu, dass die auftretenden Winkel klein sind, so dass man sowohl die Sinus– als auch die Tangens–Funktion in eine Potenzreihe entwickeln kann:

$$\sin(\alpha) = \alpha - \frac{x^3}{3!} + \frac{x^5}{5!} - \ldots \qquad\qquad 4.21$$

$$\tan(\alpha) = \alpha + \frac{1}{3}\alpha^3 + \frac{2}{15}\alpha^5 + \ldots \qquad\qquad 4.22$$

Bricht man die Reihenentwicklung bereits nach der **ersten Ordnung** ab, so erhält man $\sin(\alpha) \approx \alpha$ bzw. $\tan(\alpha) \approx \alpha$ und damit aus Gl. 4.20 die **paraxialen Näherungen**:

$$x \approx r\alpha \quad \text{und} \quad x \approx 2f\alpha \qquad\qquad 4.23$$

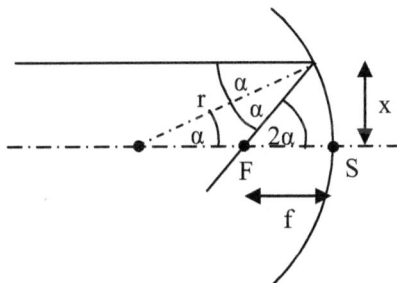

Abb. 4.9. Reflexion am sphärischen Hohlspiegel.

Durch Gleichsetzen erhält man:

$$r = 2f \qquad \text{bzw.} \qquad \boxed{f = \frac{r}{2}} \qquad\qquad\qquad 4.24$$

Dieses Resultat ist bemerkenswert, enthält es doch weder x noch den Winkel α. Das bedeutet, dass alle Strahlen, die achsparallel einfallen, unabhängig von ihrem Abstand x zur Mittelachse, der **optischen Achse**, sich im Punkt F im Abstand f vom Scheitel S des Spiegels treffen. Der Punkt F wird **Brennpunkt** genannt, die Länge f **Brennweite**. Es sei betont, dass dieses Verhalten des sphärischen Spiegels nur durch die paraxiale Näherung zustande kommt. Streng genommen bündelt er paralleles Licht nicht in einem Punkt. Wie gut der Spiegel in der Praxis abbildet, hängt vom Abstand x der Strahlen von der optischen Achse und vom Krümmungsradius r des Spiegels ab.

Bisher wurde nur paralleles Licht fokussiert. Das entspricht Licht, das von einem **im Unendlichen** gelegenen Gegenstandspunkt ausgeht. Es soll nun das Verhalten des Spiegels betrachtet werden, wenn sich ein Gegenstandspunkt im endlichen Abstand g vor dem Spiegel befindet (Abb. 4.10).

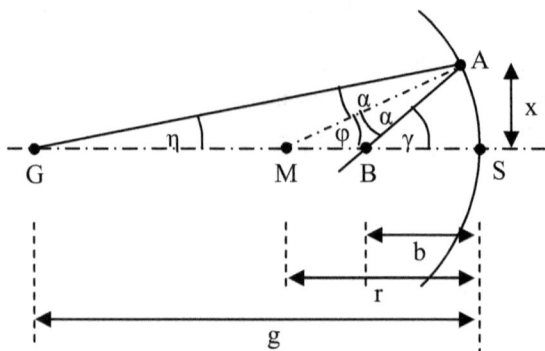

Abb. 4.10. Abbildung durch den sphärischen Hohlspiegel.

Für die Dreiecke GMA und MBA lassen sich wegen der Winkelsumme im Dreieck die folgenden Gleichungen formulieren:

$$\eta + \alpha + (180^\circ - \varphi) = 180^\circ \qquad \varphi + \alpha + (180^\circ - \gamma) = 180^\circ \qquad\qquad 4.25$$

Löst man nach α auf und setzt die beiden Beziehungen gleich, so erhält man:

$$\varphi - \eta = \gamma - \varphi \qquad \text{bzw.} \qquad \gamma + \eta = 2\varphi \qquad\qquad\qquad 4.26$$

Gleichzeitig gilt wieder in paraxialer Näherung:

$$\frac{x}{b} = \tan(\gamma) \approx \gamma \qquad \frac{x}{r} = \tan(\varphi) \approx \varphi \qquad \frac{x}{g} = \tan(\eta) \approx \eta \qquad\qquad 4.27$$

Damit wird Gl. 4.26 zu:

$$\frac{x}{b} + \frac{x}{g} = \frac{2x}{r} \qquad\qquad 4.28$$

Hier lässt sich x kürzen, was heißt, dass das Resultat unabhängig davon ist, auf welcher Höhe der vom Gegenstand ausgehende Strahl den Spiegel trifft. Die Größe 2/r entspricht nach Gl. 4.24 dem Reziproken der Brennweite, so dass sich für den **sphärischen Hohlspiegel** in paraxialer Näherung die folgende **Abbildungsgleichung** formulieren lässt:

$$\boxed{\frac{1}{b} + \frac{1}{g} = \frac{2}{r} = \frac{1}{f}} \qquad\qquad 4.29$$

Da weder x noch α in dieser Gleichung auftauchen, heißt das, dass alle vom Gegenstandspunkt G ausgehenden Lichtstrahlen auch durch den Bildpunkt B gehen. Da dieses Resultat auch für den Fall gilt, dass G nicht auf der optischen Achse liegt, ist es grundsätzlich möglich, alle Gegenstandspunkte, die in einer Ebene senkrecht zur optischen Achse mit Abstand g vom Scheitel des Spiegels liegen, in eine **Bildebene** im Abstand b vom Scheitel des Spiegels abzubilden. Wegen der grundsätzlich gemachten Annahme kleiner Winkel gilt das natürlich nur für Gegenstandspunkte, die nicht allzuweit von der optischen Achse entfernt sind.

Ein Rechenbeispiel soll die Sache verdeutlichen. Angenommen, ein Spiegel habe den Radius r=10cm und ein Gegenstand befinde sich g=8cm vor dem Spiegel. Dann hätte der Spiegel nach Gl. 4.24 eine Brennweite von f=r/2=5cm. Damit würde der Gegenstand mit einer Bildweite von

$$\frac{1}{b} = \frac{1}{f} - \frac{1}{g} = \frac{g-f}{fg} \qquad \text{bzw.} \qquad b = \frac{fg}{g-f} = 13,3\text{cm} \qquad\qquad 4.30$$

abgebildet. Das Ergebnis lässt sich durch die in Abb. 4.11 dargestellte Konstruktion geometrisch überprüfen. Ein von der Spitze des Pfeils ausgehender, zur optischen Achse paralleler Lichtstrahl verläuft nach der Reflexion durch den Brennpunkt: **Ein Parallelstrahl wird zum Brennstrahl.** Da der Lichtweg umkehrbar ist, würde ein von der Spitze des Bildes ausgehender, Richtung Spiegel laufender Lichtstrahl, der parallel zur optischen Achse ist, nach der Reflexion zum Brennstrahl werden und den Gegenstandspunkt treffen. Kehrt man wiederum diesen Lichtweg um, so wird ein „**Brennstrahl zum Parallelstrahl**". Damit liegt der Bildpunkt bereits fest. Zur Überprüfung lässt sich noch ein dritter Strahl leicht konstruieren: der im Scheitel S auftreffende Strahl wird nach dem Reflexionsgesetz reflektiert, wobei die optische Achse die Flächennormale darstellt. Auch dieser reflektierte Strahl muss den Bildpunkt treffen. Übrigens wurden in Abb. 4.11 die Strahlen nicht bis zur sphärischen Oberfläche, an der sie tatsächlich reflektiert werden, gezeichnet, sondern bis zur Tangentialebene an die Kugeloberfläche durch den Scheitel. Das ist insofern gerechtfertigt, als in den Gln. 4.27 dieselbe Näherung rechnerisch gemacht wurde. In der Abbildung wurde aus Gründen der zeichnerischen Deutlichkeit eine sehr große Bild- und Gegenstandsgröße gewählt; die paraxiale Näherung ist hierbei schon überstrapaziert.

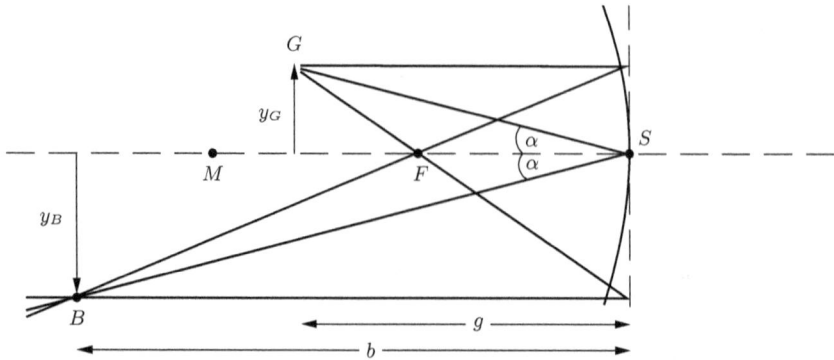

Abb. 4.11. Zur Bildkonstruktion am sphärischen Hohlspiegel: es lassen sich auf einfache Weise drei Strahlen kons-
truieren: ein Parallelstrahl wird zum Brennstrahl, ein Brennstrahl wird zum Parallelstrahl und für den im Scheitel
auftreffenden Strahl gilt das Reflexionsgesetz.

Je näher der Gegenstand von links kommend an den Brennpunkt rückt, desto kleiner wird die
Differenz g–f im Nenner von Gl. 4.30 und umso größer wird folglich die Bildweite b. Im
Grenzfall gilt:

$$\lim_{g \to f} b = \lim_{g \to f} \frac{fg}{g-f} \to \infty \qquad\qquad 4.31$$

Wird g kleiner als f, erhält man rechnerisch eine negative Bildweite. Beispielsweise ergibt
g=3cm eine Bildweite von b=–7,5cm. Wie man in Abb. 4.12 erkennt, treffen sich bei konse-
quenter Anwendung der obigen Konstruktionsregeln die Strahlen (durchgezogene Linien)
nicht, sie verlaufen divergent. Erst die Verlängerung der Strahlen nach hinten, auf die Rückseite des Spiegels (gestrichelte Linien) ergibt einen Bildpunkt. Ein solches Bild, das nicht
real existiert, wird **virtuelles Bild** genannt. Ein reelles Bild, wie es oben entstanden ist, kann
projiziert werden, ein virtuelles nicht.

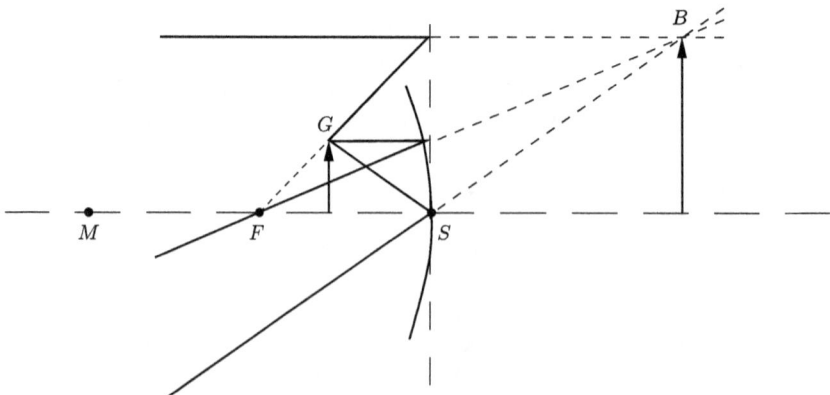

Abb. 4.12. Ist beim Konkavspiegel die Gegenstandsweite kleiner als die Brennweite, entsteht ein virtuelles Bild
(„hinter" dem Spiegel).

Ein weiterer Fall ist denkbar: der bisher benutzte sphärische Spiegel war **konkav** gekrümmt. Eine andere Möglichkeit wäre ein **konvex** gekrümmter Spiegel. Zur Unterscheidung der beiden Begriffe kann der alberne, aber einprägsame Spruch „Konvex ist der Bauch vom Rex" dienen. Eine konvex gekrümmte Oberfläche kann durch die besprochenen Formeln beschrieben werden, indem man einfach den Krümmungsradius r negativ ansetzt. Nach Gl. 4.24 resultiert daraus eine negative Brennweite f. In dem oben angeführten Beispiel hätte der Radius r=−10cm eine Brennweite von f=−5cm zur Folge. Damit würde ein Gegenstand, der sich g=8cm vor dem Spiegel befindet, mit der Bildweite b=−3,08cm abgebildet. Das Bild ist also wieder virtuell. Wie man sich anhand von Gl. 4.30 leicht überlegen kann, kann ein Konvexspiegel grundsätzlich nur virtuelle Bilder liefern. Da die Gegenstandsweite g immer positiv ist, die Brennweite f aber negativ, ist im Bruch von Gl. 4.30 der Zähler stets positiv, der Nenner aber stets negativ. Das liefert immer eine negative Bildweite b. In Abb. 4.13 ist die Bildkonstruktion für diesen Fall angegeben. Der Brennpunkt liegt in diesem Fall hinter dem Spiegel, das Bild ergibt sich wieder durch die Rückverlängerung der reflektierten Strahlen.

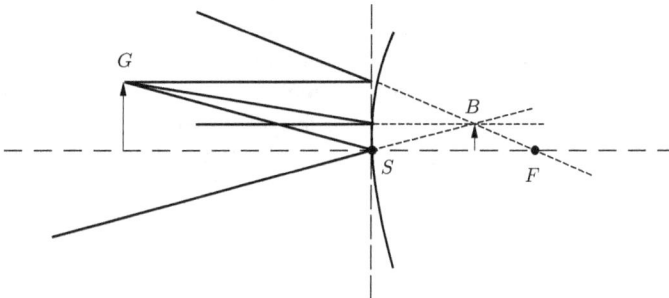

Abb. 4.13. Bildkonstruktion am Konvexspiegel.

Betrachtet man die Bilder der Pfeile in Abb. 4.11 bis 4.13, so erkennt man, dass alle unterschiedlich groß sind. Das Verhältnis aus Bildgröße zu Gegenstandsgröße wird **Abbildungsmaßstab v** oder auch **Lateralvergrößerung** genannt. Betrachtet man Abb. 4.11, so erkennt man unschwer, dass das aus der Gegenstandshöhe y_G und der Gegenstandweite g als Katheden gebildete Dreieck ähnlich ist dem Dreieck, welches aus der Bildhöhe y_B und der Bildweite b als Kathede gebildet wird. Es gilt also der Zusammenhang

$$\frac{y_G}{g} = \frac{y_B}{b}$$

Die Lateralvergrößerung ist damit gegeben durch:

$$\boxed{v = \frac{y_B}{y_G} = \frac{b}{g}} \qquad\qquad 4.32$$

Ein Abbildungsmaßstab v>1 bedeutet, dass das Bild größer ist als der Gegenstand. Es ist in diesem Fall auch weiter weg vom Spiegel als der Gegenstand. Wie man am Beispiel der Abb. 4.11 erkennen kann, steht der Gegenstand in diesem Beispiel auf dem Kopf. Das ist immer der Fall, wenn die Lateralvergrößerung v>0 ist. Die Vergrößerung ist im Falle des Beispiels von Gl. 4.30 gegeben durch v=13,33cm/8cm=1,67.

Die Formel 4.32 gilt auch für den Fall virtueller Bilder. Im Beispiel der Abb. 4.12 erhält man eine Lateralvergrößerung von v=−7,5cm/3cm=−2,5. v ist hier negativ, in diesem Fall steht das Bild aufrecht. Genauso im Beispiel von Abb. 4.13. Hier gilt v=−3,08cm/8cm=−0,39. Auch hier ist das Bild aufrechtstehend.

Spiegel sind in der Optik weit verbreitet. Sie haben einige entscheidende Vorteile gegenüber Linsen. Sie zeigen **keine Wellenlängenabhängigkeit der Brennweite** und damit keine Farbfehler, denn das Reflexionsgesetz gilt gleichermaßen für alle Wellenlängen. Außerdem lassen sich Spiegel in viel größeren Abmessungen fertigen als Linsen, die sich bei großen Durchmessern unter ihrem eigenen Gewicht verformen.

Zum Abschluss dieses Kapitels seien noch einige Bemerkungen zu den gewählten Bezeichnungen und Definitionen gemacht. Die bisher verwendete Vorzeichenkonvention ergab sich ganz zwanglos aus der Entwicklung der Formeln und entspricht der in den meisten Physiklehrbüchern verwendeten. Sie ist anschaulich und einfach in der Anwendung. Allerdings werden bei der Behandlung komplexerer Systeme in der technischen Optik andere Konventionen verwendet. Sie sind in [DIN 1335] niedergelegt. Hier werden neben den Bezeichnungen auch Koordinatensysteme und Richtungen festgelegt. Auf das hier zur Diskussion stehende Beispiel des sphärischen Spiegels angewandt heißt das, dass der Koordinatenursprung im Scheitel des Spiegels liegt. Die ursprüngliche Lichtrichtung, also die Richtung des Lichtes vor der Reflexion, legt die positive z–Richtung fest. Die Gegenstands– und die Bildweite sind über die Abbildungsgleichung miteinander verknüpft. Sie werden daher **konjugierte Größen** genannt und mit dem gleichen Buchstaben a bezeichnet. Zur Unterscheidung erhält die Bildweite einen Strich: a'. Auf den in [DIN 1335] vorgesehenen Kursivdruck der Buchstaben, die Strecken bezeichnen, wird hier der Einfachheit halber verzichtet. Die Vorzeichen werden wie folgt festgelegt: wird eine Strecke nach links, also **vom Bezugspunkt aus ins Negative**, gemessen, hat sie einen **negativen Wert**. Die Gegenstandsweite a in Abb. 4.14a wäre also negativ. Die Strecke a' in Abb. 4.14b zählt dagegen positiv.

Mit den Winkeln verhält es sich folgendermaßen: von einem Bezugsschenkel aus, meist dem Lichtstrahl, **im Uhrzeigersinn gezählte Winkel sind negativ** (Abb. 4.14c), **entgegen dem Uhrzeigersinn gezählte sind positiv** (Abb. 4.14d). Bei den Krümmungsradien der Oberflächen führt ein links neben dem Bezugspunkt liegender Krümmungsmittelpunkt zu einem negativen Radius (Abb. 4.14e), ein rechts neben dem Bezugspunkt liegender zu einem positiven Radius (Abb. 4.15f). Die bisher gewonnenen Formeln für den sphärischen Hohlspiegel lassen sich nun auf die neue Vorzeichenkonvention umschreiben. Dabei tritt allerdings ein Problem auf: die Reflexion an der Oberfläche führt zu einer **Richtungsumkehr** bei den Lichtstrahlen. Bei der Aneinanderreihung von optischen Komponenten ist es daher günstiger, den Strahlengang zu **entfalten**, d.h. die reflektierte Hälfte nach rechts „aufzuklappen" (Abb. 4.15).

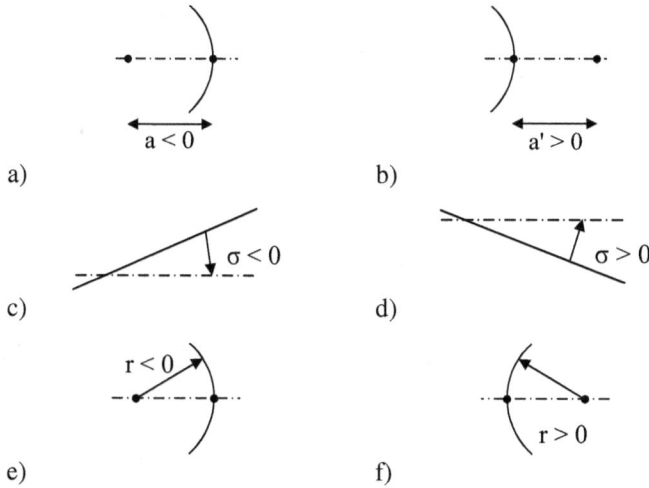

Abb. 4.14. Zur Vorzeichenfestlegung in der technischen Optik.

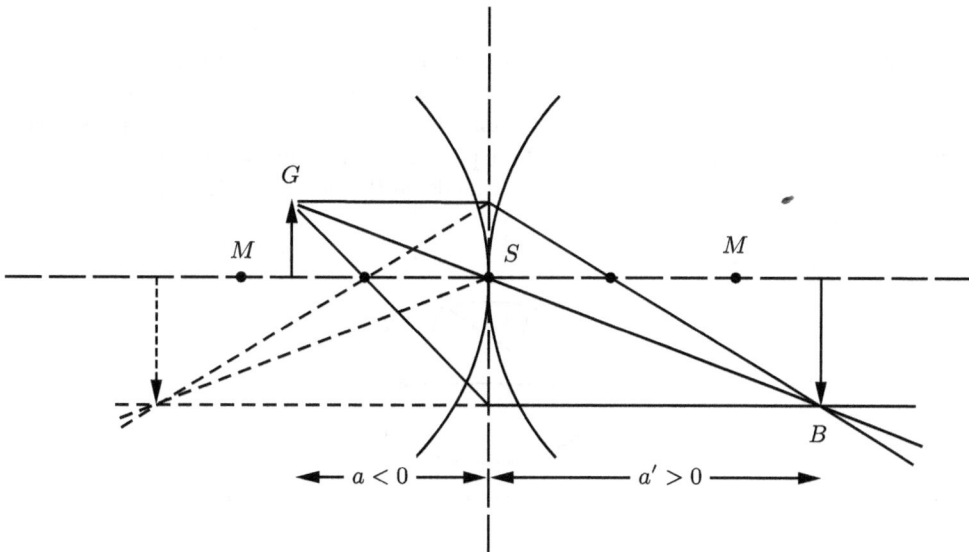

Abb. 4.15. In vielen Fällen ist die hier gezeigte „Entfaltung" des Strahls bei Reflexion an einem Spiegel von Vorteil. Die Wirkung des Spiegels wird berücksichtigt, die Richtung des Strahls wird aber beibehalten.

In der Tabelle 4.1 sind die zwei Vorzeichenkonventionen gegenübergestellt. Auch bei der Behandlung der dünnen Linsen im nächsten Kapitel werden noch die Formeln für beide Konventionen angegeben, um den Anschluss an die in Physikbüchern übliche Darstellungsform herzustellen, gleichzeitig aber in die Methoden der technischen Optik einzuführen.

Tab. 4.1. Vergleich der bisher verwendeten Vorzeichen und Bezeichnungen mit DIN 1335

Abbildungsgleichung	$\dfrac{1}{g} + \dfrac{1}{b} = \dfrac{1}{f}$	$\dfrac{1}{a'} - \dfrac{1}{a} = \dfrac{1}{f}$ a Gegenstandsweite a' Bildweite
Lateralvergrößerung	$v = \dfrac{b}{g}$	$\beta' = \dfrac{a'}{a}$
Bild kopfstehend	$v > 0$	$\beta' < 0$
Bild aufrecht	$v < 0$	$\beta' > 0$
Konkav–Spiegel	aus $r > 0$ folgt: $f > 0$	aus $r < 0$ folgt zunächst $f < 0$, **durch Entfaltung Vorzeichenumkehr**: $f > 0$
Konvex–Spiegel	aus $r < 0$ folgt: $f < 0$	aus $r > 0$ folgt zunächst $f > 0$, **durch Entfaltung Vorzeichenumkehr**: $f < 0$
Gegenstandsweite	immer: $g > 0$	immer: $a < 0$
Bildweite / reelles Bild	$b > 0$, Bild **links** vom Spiegel	$a' > 0$, Bild durch Entfaltung **rechts** vom Spiegel
Bildweite / virtuelles Bild	$b < 0$, Bild **rechts** vom Spiegel	$a' < 0$, Bild durch Entfaltung **links** vom Spiegel

Abschließend sei noch kurz auf eine weitere gebräuchliche Spiegelform eingegangen, den **Ellipsoidspiegel**. Er entsteht, wenn man eine Ellipse um die Verbindungslinie ihrer **Brennpunkte** rotieren lässt. Der Plural bei Brennpunkt weist hier schon auf die besondere Eigenschaft der Ellipse hin: sie besitzt zwei Brennpunkte, die die Eigenschaft haben, dass von ihnen ausgehende Lichtstrahlen in den jeweils anderen Brennpunkt reflektiert werden (Abb. 4.16).

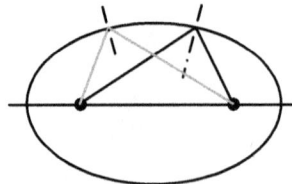

Abb. 4.16. Von einem Brennpunkt ausgehendes Licht wird vom Ellipsoidspiegel in den anderen Brennpunkt reflektiert.

4.1.4   Brechung an einer Kugeloberfläche

Obwohl Spiegelteleskope, sogenannte **katoptrische Fernrohre**, heute in der Astronomie Standard sind, begann die Beobachtung des Sternenhimmels im 17. Jahrhundert mit **dioptrischen Fernrohren**. Grundlage dieser Linsenfernrohre ist die Lichtbrechung an sphärischen Oberflächen. Nutzt man die paraxiale Näherung, ist damit wie im Fall der sphärischen Spiegel eine Abbildung möglich. Voraussetzung sind wieder kleine Winkel und ein großer Krümmungsradius der brechenden Oberfläche. Eine exakte Abbildung ist nur mit ganz speziellen asphärischen Oberflächenformen und unter ganz bestimmten Bedingungen möglich. Da diese Bedigungen oft nicht einhaltbar sind und wegen der leichteren Herstellbarkeit wird häufig auf Kugeloberflächen zurückgegriffen.

In Abb. 4.17 trennt eine Kugeloberfläche mit Radius r zwei Medien mit den Brechzahlen n_1 und n_2, wobei hier $n_1 < n_2$ gelten soll. Ein Gegenstand der Höhe G befindet sich im Abstand g (Gegenstandsweite) von der Oberfläche. Man beachte, dass $\overline{SD} \ll g$ ist, so dass es egal ist, ob man g bis zum Scheitel S oder bis D misst. Üblich ist allerdings der Scheitelabstand. Das gleiche gilt auch für die Bildweite b. Übrigens würden die Größe der Winkel und die Abstände in Abb. 4.17 nicht mehr der paraxialen Näherung entsprechen. Sie sind nur wegen der Deutlichkeit der Darstellung so gewählt. Was es nun zu zeigen gilt, ist, dass der Pfeil der Größe G in ein Bild der Größe B abgebildet wird. Dazu muss bewiesen werden, dass alle paraxialen Strahlen, die zum Beispiel vom Punkt an der Spitze des Pfeils ausgehen, durch ein und denselben Punkt im Bildraum gehen. Der in Abb. 4.17 gezeichnete Strahl tritt im Punkt A in das zweite Medium ein und wird entsprechend gebrochen. Im Ergebnis muss ein solcher Strahl **unabhängig von der Auftreffhöhe x** durch die Spitze des „Bildpfeiles" gehen. Der Schnittpunkt C mit der optischen Achse verändert sich hierbei natürlich.

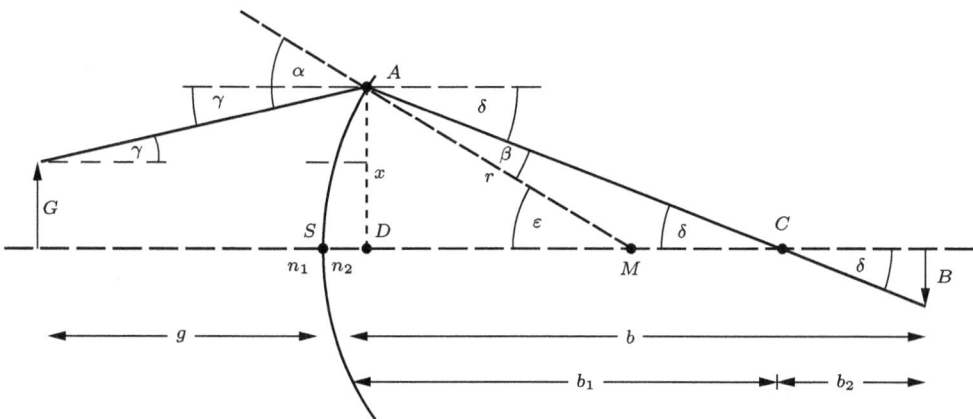

Abb. 4.17. Von einem Gegenstand G wird unter Nutzung der paraxialen Näherung durch eine brechende Kugelfläche ein Bild B erzeugt.

Nach dem Snelliusschen Brechungsgesetz gilt:

$$\frac{\sin(\alpha)}{\sin(\beta)} = \frac{n_2}{n_1} \approx \frac{\alpha}{\beta} \qquad \rightarrow \qquad \beta = \frac{n_1}{n_2}\alpha \qquad\qquad 4.33$$

Außerdem kann man der Abb. 4.17 die folgenden Winkelbeziehungen entnehmen:

$$\frac{x-G}{g} = \tan(\gamma) \approx \gamma \qquad \frac{x}{r} = \sin(\varepsilon) \approx \varepsilon \qquad \frac{x}{b_1} = \tan(\delta) \approx \delta \qquad\qquad 4.34$$

Aufgrund der Ähnlichkeit der durch das Bild B und den Punkt C sowie durch x und den Punkt C gebildeten Dreiecke gilt $B/b_2 = x/b_1$, woraus man mit $b = b_1 + b_2$ bzw. $b_2 = b - b_1$ die Beziehung

$$\frac{B}{b - b_1} = \frac{x}{b_1} \quad \rightarrow \quad Bb_1 = xb - xb_1 \quad \rightarrow \quad b_1 = \frac{xb}{B + x} \qquad\qquad 4.35$$

erhält. Die Winkelsumme im Dreieck ACM liefert:

$$\beta + \delta + (180° - \epsilon) = 180° \quad \rightarrow \quad \epsilon = \beta + \delta \qquad\qquad 4.36$$

Schließlich gilt noch die Winkelbeziehung:

$$\alpha - \gamma = \epsilon \quad \rightarrow \quad \alpha = \epsilon + \gamma \qquad\qquad 4.37$$

Aus Gl. 4.36 folgt mit den Gl. 4.33 und 4.37:

$$\epsilon = \frac{n_1}{n_2}\alpha + \delta = \frac{n_1}{n_2}(\epsilon + \gamma) + \delta \qquad \epsilon\left(1 - \frac{n_1}{n_2}\right) = \frac{n_1}{n_2}\gamma + \delta \qquad\qquad 4.38$$

Jetzt können die Winkelbeziehung 4.34 eingesetzt werden:

$$\frac{x}{r}\left(1 - \frac{n_1}{n_2}\right) = \frac{n_1}{n_2}\frac{x - G}{g} + \frac{x}{b_1} \qquad\qquad 4.39$$

b_1 aus Gl. 4.35 eingesetzt, liefert:

$$\frac{x}{r}\left(1 - \frac{n_1}{n_2}\right) = \frac{n_1}{n_2}\frac{x - G}{g} + \frac{(B + x)}{b} \qquad\qquad 4.40$$

Multipliziert mit n_2/x erhält man:

$$\frac{n_2 - n_1}{r} = \frac{n_1}{g} + \frac{n_2}{b} + \frac{1}{x}\left(\frac{Bn_2}{b} - \frac{n_1 G}{g}\right) \qquad\qquad 4.41$$

Diese Gleichung verknüpft die bekannten Größen n_1, n_2, r, g und G mit den unbekannten b, B und x. Wie man leicht einsieht, reicht diese eine Gleichung ohne weitere Randbedingungen nicht aus, die Lage des Bildes b und seine Größe B zu bestimmen. Das kann man auch an Abb. 4.17 erkennen, denn man könnte den Bildpfeil ohne Auswirkung auf die bekannten Größen oder Winkel nach rechts oder links verschieben, sofern die Spitze weiterhin auf dem gebrochenen Strahl (Verlängerung der Strecke $\overline{AC}$) liegt. Es würde sich dabei die Bildweite b und die Bildhöhe B vergrößern oder verkleinern.

Damit ein Bild des Pfeiles entsteht, müssen sich alle z.B. von der Spitze des Gegenstandes ausgehenden Strahlen in einem Punkt treffen. Das muss unabhängig von der Auftreffhöhe x auf der Kugeloberfläche gelten. Für Gl. 4.41 bedeutet das wiederum, dass die Gleichung für beliebige x gelten muss. Das ist nur dann der Fall, wenn die runde Klammer auf der rechten Seite Null ergibt:

$$\frac{Bn_2}{b} - \frac{Gn_1}{g} = 0 \quad \text{bzw.} \quad \frac{B}{G} = \frac{bn_1}{gn_2} \qquad\qquad 4.42$$

Die Größe B/G entspricht der **Lateralvergrößerung v**, so dass abschließend das Ergebnis

$$\boxed{\frac{n_2 - n_1}{r} = \frac{n_1}{g} + \frac{n_2}{b}} \qquad \boxed{v = \frac{B}{G} = \frac{bn_1}{gn_2}} \qquad\qquad 4.43$$

gilt. Von einem im Abstand g vor dem Scheitel der Kugelfläche gelegenen Gegenstand der Größe G wird also im Abstand b vom Scheitel ein Bild der Größe B entworfen.

4.1.5   Helmholtz–Lagrange–Invariante

Neben der **Lateralvergrößerung** in Gl. 4.43 werden in der Regel noch zwei weitere Vergrößerungen angegeben. Der **Tiefenmaßstab** oder die **Tiefenvergrößerung** sagt etwas darüber aus, welche Verschiebung Δb der Bildebene durch eine minimale Verschiebung der Gegenstandsebene um Δg bewirkt wird (Abb. 4.18). Oder anders ausgedrückt: der Tiefenmaßstab v_t entspricht dem Quotienten $\Delta b/\Delta g$, der sich wiederum als **Differentialquotient** der Funktion b=f(g) berechnen lässt. Dazu löst man die erste der Gl. 4.43 nach b auf:

$$b = f(g) = \frac{n_2}{\dfrac{n_2 - n_1}{r} - \dfrac{n_1}{g}} = \frac{rgn_2}{g(n_2 - n_1) - rn_1} \qquad\qquad 4.44$$

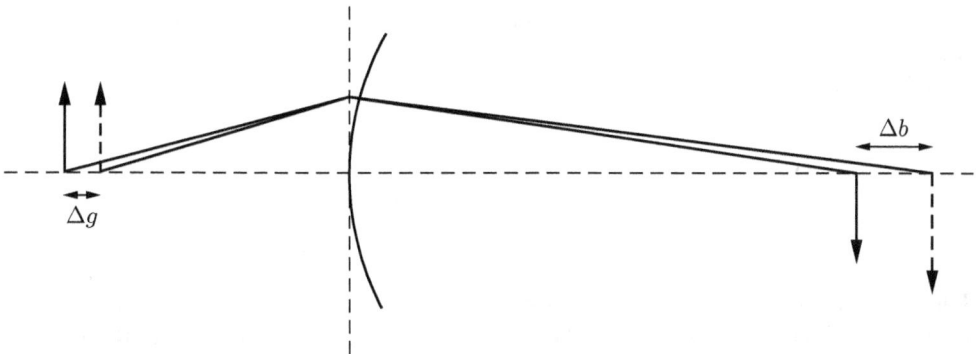

Abb. 4.18. Der Tiefenmaßstab setzt die Verschiebung Δg eines Objektpunktes in longitudinaler Richtung zur Verschiebung Δb des Bildpunktes im Bildraum ins Verhältnis.

Es gilt dann:

$$v_t = \lim_{\Delta g \to 0} b(g) = \frac{d}{dg} \frac{rgn_2}{g(n_2 - n_1) - rn_1} \qquad\qquad 4.45$$

$$v_t = \frac{rn_2(g(n_2 - n_1) - rn_1) - rgn_2(n_2 - n_1)}{(g(n_2 - n_1) - rn_1)^2} = \frac{-n_1 n_2 r^2}{(g(n_2 - n_1) - rn_1)^2} \qquad 4.46$$

Dividiert man im Zähler und Nenner durch r^2, so kann man den Bruch $\frac{n_2 - n_1}{r}$ durch die Abbildungsgleichung 4.43 ausdrücken und man erhält:

$$v_t = \frac{-n_1 n_2}{(\frac{(n_2 - n_1)}{r}g - n_1)^2} = \frac{-n_1 n_2}{\left(\left(\frac{n_1}{g} + \frac{n_2}{b}\right)g - n_1\right)^2} = \frac{-n_1 n_2}{\left(\frac{bn_1 + gn_2 - bn_1}{b}\right)^2} \qquad 4.47$$

Oder einfacher:

$$v_t = \frac{-b^2 n_1 n_2}{g^2 n_2^2} = -\frac{n_1 b^2}{n_2 g^2} \qquad\qquad 4.48$$

Die **Tiefenvergrößerung** lässt sich mit der Lateralvergrößerung aus Gl. 4.53 umschreiben in:

$$v_t = -v\frac{b}{g} = -v^2 \frac{n_2}{n_1} \qquad\qquad 4.49$$

Die dritte Vergrößerung ist das sogenannte **Winkelverhältnis** v_w. Zunächst kann man ein Verhältnis der beiden Winkel δ und γ (Abb. 4.17) angeben. Es können zu seiner Berechnung die Gl. 4.34 und 4.35 herangezogen werden:

$$\frac{\delta}{\gamma} = \frac{\frac{x(B + x)}{xb}}{\frac{x - G}{g}} \qquad\qquad 4.50$$

Für die Definition des Winkelverhältnisses v_w soll jedoch, abweichend von Abb. 4.17, der eigentliche Objektpunkt auf der optischen Achse liegen. Es ergeben sich daher die speziellen Winkel δ_0 und γ_0 (Abb. 4.19) und mit G=0 und B=0 folgt für das Winkelverhältnis:

$$v_w = \frac{\tan(\delta_0)}{\tan(\gamma_0)} \approx \frac{\delta_0}{\gamma_0} = \frac{x/b}{x/g} = \frac{g}{b} \qquad\qquad 4.51$$

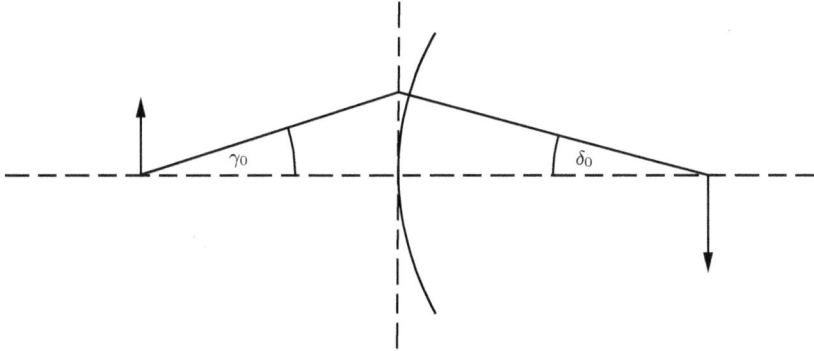

Abb. 4.19. Der Winkelmaßstab v_w ist das Verhältnis aus δ_0 und γ_0.

Setzt man dieses Resultat in Gl. 4.43 ein, erhält man

$$v = \frac{B}{G} = \frac{bn_1}{gn_2} = \frac{n_1}{n_2 v_w} = \frac{n_1 \gamma_0}{n_2 \delta_0},$$

4.52

woraus wiederum folgt:

$$\boxed{Gn_1\gamma_0 = Bn_2\delta_0}$$

4.53

Erzeugt also ein flächiger Gegenstand der Höhe G, der sich in einem Medium mit Brechzahl n_1 befindet, durch eine Kugelfläche ein Bild der Höhe B, so ist das Produkt aus der Strahlneigung, der Höhe und der Brechzahl im jeweiligen Halbraum eine Unveränderliche. Man nennt sie **Helmholtz-Lagrange-Invariante**.

4.1.6 Brennweiten

Die Abbildungsgleichung

$$\frac{n_2 - n_1}{r} = \frac{n_1}{g} + \frac{n_2}{b}$$

4.54

beinhaltet den Krümmungsradius r und die Brennweiten n_1 und n_2 der an der Abbildung beteiligten Medien. Diese drei Größen lassen sich auf zwei reduzieren, ohne den Informationsgehalt der Gleichung zu reduzieren. Entfernt man den Gegenstand immer weiter von der brechenden Kugelfläche, sind bei sehr großen Gegenstandsweiten g die von den Objektpunkten ausgehenden Strahlen quasi parallel (Abb. 4.20). Für $g \to \infty$ entfällt in Gl. 4.54 der erste Summand auf der rechten Seite. In diesem speziellen Fall bezeichnet man die resultierende Bildweite als **hintere Brennweite** oder **bildseitige Brennweite f_b** und den zugehörigen Bildpunkt auf der optischen Achse als **hinteren Brennpunkt** oder **bildseitigen Brennpunkt F_b**:

$$\frac{n_2 - n_1}{r} = \frac{n_2}{f_b} \qquad \boxed{f_b = \frac{n_2 r}{n_2 - n_1}}$$

4.55

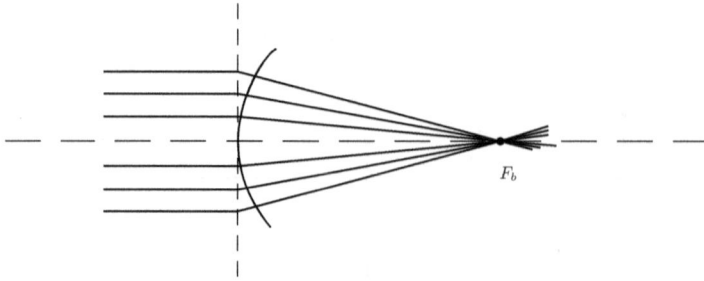

Abb. 4.20. Die Bildweite eines unendlich weit von der brechenden Oberfläche entfernten Objektpunkts heißt hintere Brennweite, der zugehörige Bildpunkt ist der bildseitige Brennpunkt.

Man kann umgekehrt ausgehend von der Position in Abb. 4.17 den Gegenstand auch näher an die brechende Fläche heranrücken. Dabei wird man feststellen, dass sich das Bild immer weiter von der brechenden Fläche entfernt, bis schließlich bei einer bestimmten Gegenstandsweite – sie wird **vordere Brennweite** oder **gegenstandsseitige Brennweite** genannt – das Bild ins Unendliche rückt (Abb. 4.21). Das ist der Fall, wenn die von einem Gegenstandspunkt ausgehenden Lichtstrahlen nach Durchtritt durch die brechende Fläche parallel verlaufen. Der zugehörige Gegenstandspunkt wird **vorderer Brennpunkt** oder **gegenstandsseitiger Brennpunkt F_g** genannt. Schiebt man den Gegenstand noch weiter an die Fläche, werden die von einem Gegenstandspunkt ausgehenden Strahlen divergent. Der Bildpunkt kann durch die Rückverlängerung der Strahlen in den Gegenstandsraum ermittelt werden. Das Bild ist in diesem Fall **virtuell**, ein Phänomen, was schon bei sphärischen Spiegeln beobachtet wurde. Die Gl. 4.54 würde in diesem Fall eine negative Bildweite liefern. Für $b \to \infty$ entfällt in Gl. 4.54 der zweite Summand auf der rechten Seite und man erhält für die vordere Brennweite:

$$\frac{n_2 - n_1}{r} = \frac{n_1}{f_g} \qquad \boxed{f_g = \frac{n_1 r}{n_2 - n_1}} \qquad\qquad 4.56$$

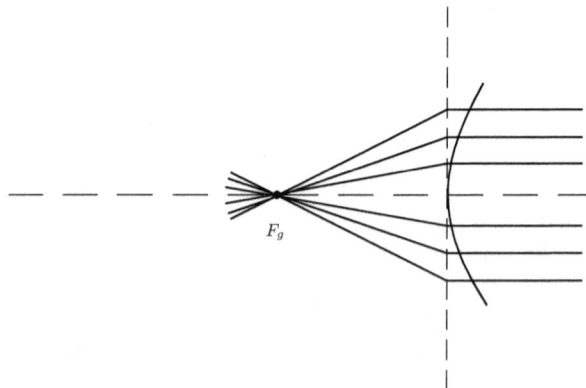

Abb. 4.21. Ein im vorderen Brennpunkt gelegener Gegenstand wird ins Unendliche abgebildet. Die Lichtstrahlen verlassen die brechende Fläche parallel.

Die Gl. 4.55 und 4.56 können verwendet werden, um die Abbildungsgleichung 4.54 zu vereinfachen. Man bringt die Gleichungen dazu in die Form:

$$n_2 = f_b \frac{n_2 - n_1}{r} \qquad\qquad n_1 = f_g \frac{n_2 - n_1}{r} \qquad\qquad\qquad 4.57$$

Damit wird Gl. 4.54 zu:

$$\frac{n_2 - n_1}{r} = f_g \frac{n_2 - n_1}{gr} + f_b \frac{n_2 - n_1}{br} \qquad\qquad\qquad 4.58$$

Durch Kürzen des Faktors $\dfrac{n_2 - n_1}{r}$ erhält man die einfache Gleichung

$$\boxed{\frac{f_g}{g} + \frac{f_b}{b} = 1} \qquad\qquad\qquad 4.59$$

Dies ist eine andere Form der **Abbildungsgleichung** für eine **sphärische Grenzfläche** zwischen Medien unterschiedlicher Brechzahl. Die beiden Brennweiten genügen, um das Verhalten der Fläche zu charakterisieren.

Mit diesen Brennweiten ist es leicht möglich, das Bild eines Gegenstandes zu konstruieren. Dazu ist zu sagen, dass die brechende Fläche nicht notwendigerweise konvex gekrümmt sein muss wie in Abb. 4.17 und in der gesamten Herleitung. Eine konkave Fläche hätte nur einfach einen negativen Krümmungsradius der Fläche zur Folge. Auch muss nicht unbedingt $n_1 < n_2$ gelten. Die Abbildungsgleichung 4.43 gilt mit den entsprechenden Vorzeichen. Ein Beispiel: ein häufiger Fall ist der Übergang von Luft in Glas. Der Brechungsindex der Luft ist nicht exakt 1, kann aber für viele Fälle etwa als 1 angenommen werden. Als Glas soll hier im Beispiel das hochbrechende Glas LaSF9 verwendet werden. Es hat die Brechzahl $n_2 = 1{,}85003$ bei einer Wellenlänge von $\lambda = 589{,}3$nm. Die Brechzahl ist wellenlängenabhängig und bei Verwendung von weißem Licht treten infolgedessen Probleme auf, die noch zu behandeln sein werden. Fürs Erste soll also angenommen werden, das vom Objekt ausgehende Licht sei monochromatisch und habe die Wellenlänge 589,3nm. Die Angabe der Brechzahl auf 5 Nachkommastellen ist in der Optik üblich und gerechtfertigt.

Rechnerisch würde man mit einem Krümmungsradius von r=5cm eine vordere Brennweite von $f_g = 5{,}882$cm und eine hintere Brennweite von $f_b = 10{,}882$cm erhalten. Damit würde also nach Gl. 4.59 das Bild eines g=14cm vor der Oberfläche liegenden Gegenstandes bei einer Bildweite von

$$\frac{f_b}{b} = 1 - \frac{f_g}{g} = \frac{g - f_g}{g} \qquad\qquad b = \frac{g f_b}{g - f_g} = 18{,}767\text{cm} \qquad\qquad 4.60$$

liegen. Das ergibt auch die **Bildkonstruktion** in Abb. 4.22. Ein vom Gegenstand ausgehender **Brennstrahl**, also ein durch den vorderen Brennpunkt gehender Strahl, **wird zum Parallelstrahl im Bildraum**. Ein im Gegenstandsraum **parallel** zur optischen Achse verlaufender

Strahl **wird im Bildraum zum Brennstrahl**, geht also durch den hinteren Brennpunkt. Der bei der Bildkonstruktion beim Spiegel verwendete Strahl durch den Scheitel ist hier nicht verwendbar, er würde gebrochen werden und ist damit konstruktiv nicht einfach einzuzeichnen.

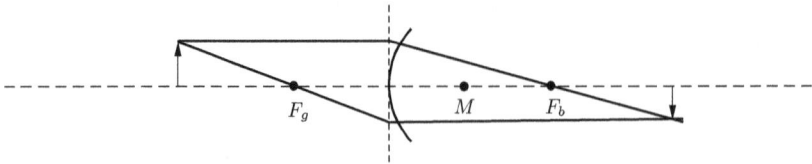

Abb. 4.22. Zur Bildkonstruktion an der sphärischen brechenden Fläche.

Nun sei statt der konvexen Oberfläche in Abb. 4.22 eine konkave Oberfläche (Abb. 4.23) betrachtet. Das Zahlenbeispiel fortführend, wäre der Radius also in diesem Fall r=−5cm. Bei gleichbleibenden Brechungsindizes ergäbe sich eine vordere Brennweite von f_g=−5,882cm und eine hintere Brennweite von f_b=−10,882cm. Die Vorzeichen sind also nun negativ, was heißt, dass die entsprechenden Brennpunkte im Vergleich zur konvexen Fläche vertauscht sind. Der **Parallelstrahl** wird auch hier **zum Brennstrahl**, allerdings liegt der Brennpunkt F_b im Gegenstandsraum, denn die zugehörige Brennweite ist negativ. Die Bildkonstruktion erfordert also, dass der entsprechende Strahl zu F_b „zurückverlängert" wird. Der **Brennstrahl**, der im Bildraum **zum Parallelstrahl** wird, ist auf F_g zu beziehen, welches im Bildraum liegt, da die zugehörige Brennweite negativ ist. Ab der brechenden Oberfläche verläuft der Strahl parallel zur optischen Achse. Der Schnittpunkt der Rückverlängerung beider Strahlen ergibt den Bildpunkt. Er liegt im Gegenstandsraum. Die Rechnung nach Gl. 4.60 ergibt b=−7,663cm.

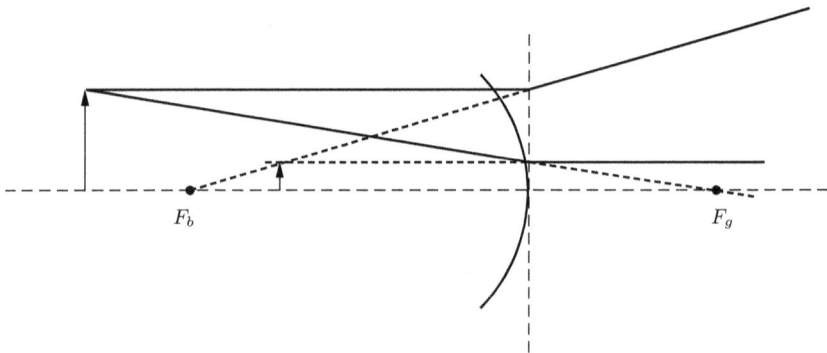

Abb. 4.23. An einer konkaven, brechenden, sphärischen Fläche entsteht ein virtuelles Bild. Wegen der negativen Vorzeichen der Brennweiten ist der bildseitige Brennpunkt im Gegenstandsraum, während der gegenstandsseitige Brennpunkt im Bildraum liegt.

Wie schon beim sphärischen Hohlspiegel soll auch hier der Übergang zu den in der technischen Optik üblichen und in [DIN 1335] angegebenen Definitionen und Bezeichnungen vorbereitet werden. Wegen der Umkehrbarkeit des Lichtweges würde ein an der Stelle des

Bildes gelegener Gegenstand bei Umkehrung der Lichtrichtung an den Ort des Gegenstandes abgebildet. Jeder Punkt der Gegenstandsebene hat einen Bildpunkt in der Bildebene. Ebenen, für die das der Fall ist, werden als zueinander **konjugierte Ebenen** bezeichnet. Die bisher verwendeten, eingängigen Buchstaben b und g für Bild– und Gegenstandsweite bezeichnen also **zueinander konjugierte Größen**. Hierfür wird nur noch ein Buchstabe, nämlich a, verwendet und die Größe im Bildraum (also die bisherige Bildweite b) erhält einen Apostroph, d.h. es wird a' verwendet. Im Falle eines reellen Bildes, wie es in Abb. 4.22 dargestellt ist, ist a<0, da der Gegenstand sich links vom Bezugspunkt – dem Scheitel der brechenden Fläche – befindet. a' ist dagegen positiv, denn das Bild ist rechts vom Bezugspunkt. Auch bei den Brechungsindizes setzt man entsprechend $n_1=n$ und $n_2=n'$. Hinsichtlich der Brennweiten gilt Folgendes: die vordere und die hintere Brennweite sind **nicht** zueinander konjugiert. Größen, für die das der Fall ist, können, wenn sie im Objektraum liegen, einen Querstrich über dem Buchstaben bekommen. Die entsprechende Größe im Bildraum bekommt wieder einen Apostroph. Die in Abb. 4.19 angegebenen Winkel γ_0 und δ_0 werden ersetzt durch den Winkel σ und σ', wobei gemäß Vorzeichenkonvention $\sigma<0$ und $\sigma'>0$ gilt. In Tab. 4.2 sind noch einmal die Formeln für die beiden Konventionen gegenübergestellt.

Tab. 4.2. Vergleich der bisher verwendeten Vorzeichen und Bezeichnungen mit [DIN 1335].

Abbildungsgleichung	$\dfrac{n_1}{g}+\dfrac{n_2}{b}=\dfrac{n_2-n_1}{r}$	$\dfrac{n'}{a'}-\dfrac{n}{a}=\dfrac{n'-n}{r}$	4.61
Hintere Brennweite	$f_b=\dfrac{n_2 r}{n_2-n_1}$	$f'=\dfrac{n' r}{n'-n}$	4.62
Vordere Brennweite	$f_g=\dfrac{n_1 r}{n_2-n_1}$	$f=-\dfrac{nr}{n'-n}$	4.63
Abbildungsgleichung	$\dfrac{f_g}{g}+\dfrac{f_b}{b}=1$	$\dfrac{f'}{a'}+\dfrac{f}{a}=1$	4.64
Lateralvergrößerung	$v=\dfrac{B}{G}=\dfrac{bn_1}{gn_2}$	$\beta'=\dfrac{n_1 a'}{n_2 a}$	4.65
Tiefenvergrößerung	$v_t=-\dfrac{n_1 b^2}{n_2 g^2}$	$\alpha'=-\dfrac{n_1(a')^2}{n_2 a^2}$	4.66
Winkelverhältnis	$v_w=\dfrac{\delta_0}{\gamma_0}=\dfrac{g}{b}$	$\gamma'=\dfrac{\sigma'}{\sigma}=\dfrac{a}{a'}$	4.67

Die vordere Brennweite (Gl. 4.63) ist für den in Abb. 4.22 betrachteten Standardfall ($n_1<n_2$, r>0) negativ. Das ist sinngemäß richtig, denn der vordere Brennpunkt liegt links vom Bezugspunkt. Die Lateralvergrößerung β' wäre in diesem Fall negativ, da a'>0 und a<0 ist. Der Winkelmaßstab γ' ist wegen $\sigma<0$ und $\sigma'>0$ bzw. a<0 und a'>0 negativ.

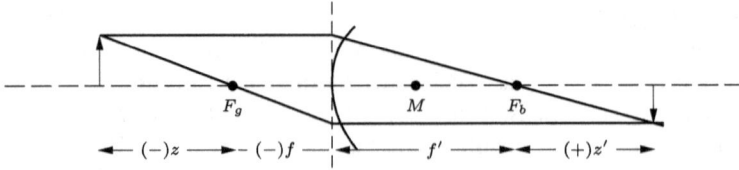

Abb. 4.24. Bei der Newtonschen Abbildungsgleichung werden Bild– und Gegenstandsweite auf die entsprechenden Brennpunkte bezogen.

Abschließend sei noch eine weitere Form der Abbildungsgleichung angegeben, die sogenannte **brennpunktsbezogene Abbildungsgleichung** oder auch **Newtonsche Abbildungsgleichung**. Der Name „brennpunktsbezogene" Abbildungsgleichung sagt es schon: die Gegenstands– und Bildweiten werden nicht auf den Scheitel der brechenden Fläche, sondern auf die Brennpunkte bezogen. Aus Abb. 4.24 erkennt man:

$$\frac{f}{z+f}+\frac{f'}{f'+z'}=1 \qquad\qquad 4.68$$

Daraus wird:

$$\frac{f(f'+z')+f'(f+z)}{(z+f)(f'+z')}=1 \quad \text{bzw.} \quad ff'+fz'+ff'+f'z=zf'+zz'+ff'+fz' \qquad 4.69$$

$$\boxed{ff'=zz'} \qquad\qquad 4.70$$

Das Beispiel zu Abb. 4.22 (r=5cm, n_1=n=1, n_2=n'=1,85003) sei hier noch einmal mit der Newtonschen Abbildungsgleichung gerechnet. Die Brennweiten wären dann f=–5,882cm und f '=10,882cm. Bei einer Gegenstandsweite von z=–14cm–(–5,882cm)=–8,118cm erhält man aus Gl. 4.70:

$$z'=\frac{ff'}{z}=7,885\text{cm} \qquad\qquad 4.71$$

Wegen a'=z'+f'=7,885cm+10,882cm=18,767cm entspricht dieses Resultat dem in Gl. 4.60.

4.1.7   Die dünne Linse

Brechende Oberflächen lassen sich aneinanderreihen, so dass das Licht von links nach rechts eine Fläche nach der anderen durchläuft. Die abbildenden Eigenschaften einer solchen Folge von Flächen sind sehr schwer zu beschreiben und führen zu sehr aufwendigen Rechnungen. Ein noch einfach zu behandelnder Fall ist die dünne Linse. Dünn deshalb, weil der **Scheitelabstand** zwischen den beiden Flächen klein sein soll im Vergleich zu den sonst auftretenden Gegenstands– und Bildweiten, so dass er vernachlässigt werden kann. Es ist dann die folgende Betrachtung zulässig, die wiederum zunächst mit den anschaulicheren Größen b und g durchgeführt werden soll: Abb. 4.25 zeigt zwei brechende, sphärische Oberflächen, die Medien mit den Brechzahlen n_1, n_2 und n_3 trennen. Man beachte, dass die in der Abbildung

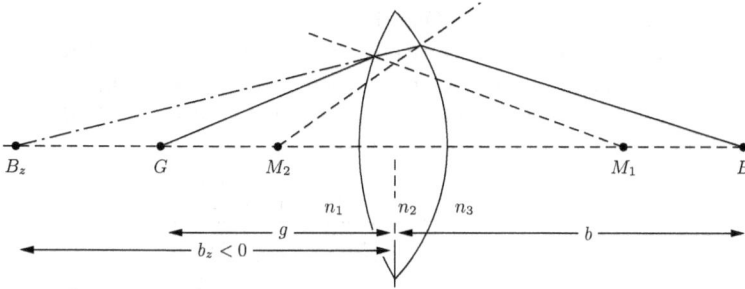

Abb. 4.25. Strahlengang in einer dünnen Linse. Die Brechung an der ersten Fläche reicht nicht aus, ein konvergentes Strahlenbündel zu erzeugen. Der Bildpunkt B_z ist virtuell, erst die Brechung an der zweiten Fläche erzeugt einen reellen Bildpunkt. Man beachte, dass zum Zweck der besseren Darstellung die Winkel groß und die Krümmungsradien sehr klein gewählt wurden, was aber in dieser Form nicht mehr durch die paraxiale Näherung gedeckt würde.

gezeichneten Oberflächen eigentlich keine dünne Linse mehr bilden, die Scheiteldicke wäre viel zu groß. Außerdem verlaufen die eingezeichneten Strahlen nicht mehr paraxial. Dies alles ist einer deutlicheren Darstellung geschuldet. Die erste Oberfläche, sie hat den Krümmungsradius r_1, bildet einen Gegenstandspunkt G mit der Gegenstandsweite g mit einer Bildweite b_z ab. Diese ist im Beispiel der Abb. 4.25 negativ, d.h. das Bild B_z liegt im Gegenstandsraum. Dieses natürlich nicht reell vorhandene Bild ist nun für die zweite Oberfläche der Gegenstand, der wiederum mit einer Bildweite b abgebildet wird. Es gilt also $g_z = -b_z$. Die Gegenstands– und Bildweiten sind übrigens in der Abbildung auf die Ebene des Schnittkreises der beiden Kugeloberflächen bezogen. Das erscheint zunächst willkürlich, ist angesichts der Tatsache, dass die Linsendicke ja vernachlässigt wurde, aber erlaubt.

Da zwei Brechungen an Kugeloberflächen durchgeführt wurden, kann man die Abbildung durch zwei Schnittweitengleichungen gemäß Gl. 4.43 beschreiben:

$$\frac{n_2 - n_1}{r_1} = \frac{n_1}{g} + \frac{n_2}{b_z} \qquad \frac{n_3 - n_2}{r_2} = \frac{n_2}{-b_z} + \frac{n_3}{b} \qquad\qquad 4.72$$

Addiert man die beiden Gleichungen, erhält man als Gleichung für die Linse:

$$\boxed{\frac{n_1}{g} + \frac{n_3}{b} = \frac{n_2 - n_1}{r_1} + \frac{n_3 - n_2}{r_2}} \qquad\qquad 4.73$$

Die Größen $\dfrac{n_2 - n_1}{r_1}$ bzw. $\dfrac{n_3 - n_2}{r_2}$ werden **Brechkraft D** der jeweiligen Fläche genannt. Die

Brechkraft $D = \dfrac{\Delta n}{r}$ hat die Einheit „**Dioptrie**":

$$1 \text{ Dioptrie} = 1 \text{ dpt.} = \frac{1}{m} \qquad\qquad 4.74$$

Für den Fall, dass die Flächen sehr nahe beieinander liegen, addieren sich die Brechkräfte einfach.

Wie im Falle der einfachen brechenden Oberfläche kann man auch bei der dünnen Linse eine **bild–** und eine **gegenstandsseitige Brennweite** angeben. Im bildseitigen Brennpunkt werden alle Lichtstrahlen gebündelt, die parallel zur optischen Achse auf die Linse fallen; oder anders ausgedrückt, ein Gegenstandspunkt im Unendlichen wird in den **bildseitigen Brennpunkt** abgebildet. Gl. 4.73 wird mit $g \to \infty$ und $b = f_b$ zu:

$$\frac{n_3}{f_b} = \frac{n_2 - n_1}{r_1} + \frac{n_3 - n_2}{r_2} \qquad \boxed{f_b = \frac{r_1 r_2 n_3}{r_2(n_2 - n_1) + r_1(n_3 - n_2)}} \qquad 4.75$$

Analog dazu wird ein Gegenstandspunkt, der sich am Ort des gegenstandsseitigen Brennpunkts befindet, ins Unendliche abgebildet. Das bedeutet, das Lichtstrahlen, die vom **gegenstandsseitigen Brennpunkt** ausgehen, nach der Linse parallel verlaufen. Mit $b \to \infty$ und $g = f_g$ gilt:

$$\frac{n_1}{f_g} = \frac{n_2 - n_1}{r_1} + \frac{n_3 - n_2}{r_2} \qquad \boxed{f_g = \frac{n_1 r_1 r_2}{r_2(n_2 - n_1) + r_1(n_3 - n_2)}} \qquad 4.76$$

Zerstreuungslinse
$r_1 = -10\,\mathrm{cm}$
$r_2 = 10\,\mathrm{cm}$
$n_1 = 1{,}33299$ (Wasser) $20\,°\mathrm{C}$
$n_2 = 1{,}75496$ (Flintglas SF4)
$n_3 = 1$

Rechnerisch:
$f_b = -8{,}4967\,\mathrm{cm}$
$f_g = -11{,}3260\,\mathrm{cm}$
$g = 20\,\mathrm{cm}$
$b = -5{,}4247\,\mathrm{cm}$

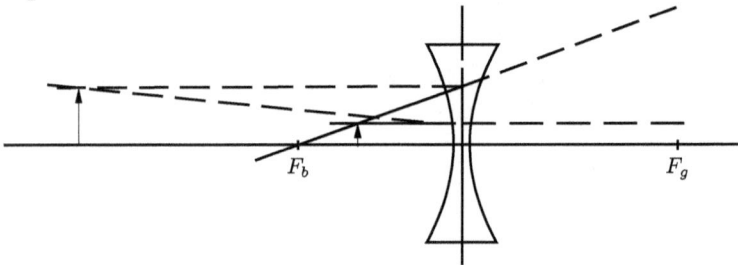

Abb. 4.26. *Beispielrechnung einer Zerstreuungslinse mit Brechzahl n_2, die auf der linken Seite von Wasser, auf der rechten Seite von Luft umgeben ist. Durch die unterschiedlichen Brechzahlen sind die bild– und gegenstandsseitige Brennweite unterschiedlich.*

Als Beispiel ist in Abb. 4.26 die Abbildung eines Gegenstandes durch eine Zerstreuungslinse gezeigt, der sich $g = 20\,\mathrm{cm}$ vor der Linse befindet. Im Gegenstandsraum soll sich Wasser mit einem Brechungsindex von $n_1 = 1{,}33299$ befinden, die Linse selbst soll aus Flintglas (SF4) gefertigt sein (Brechzahl $n_2 = 1{,}75496$) und im Bildraum soll sich Luft befinden, also $n_3 \approx 1$. Nach Gl. 4.75 errechnet man eine bildseitige Brennweite von $f_b = -8{,}4967\,\mathrm{cm}$ und nach Gl. 4.76 eine gegenstandsseitige Brennweite von $f_g = -11{,}3260\,\mathrm{cm}$. Die Brechkräfte D_1 und D_2 der beiden Oberflächen sind $D_1 = \dfrac{n_2 - n_1}{r_1} = -4{,}220\,\mathrm{dpt}$ und $D_2 = \dfrac{n_3 - n_2}{r_2} = -7{,}550\,\mathrm{dpt}$.

Wegen

$$\frac{n_1}{g} + \frac{n_3}{b} = D_1 + D_2 \qquad b = \frac{gn_3}{(D_1 + D_2)g - n_1} \qquad\qquad 4.77$$

ist die Bildweite also b=−5,4247cm. Das Bild ist virtuell. Die Konstruktion des Bildes erfolgt praktisch identisch zu der Konstruktion eines Strahlenverlaufs bei der einfachen brechenden Kugelfläche. Es ist zu beachten, dass der bildseitige Brennpunkt wegen des negativen Vorzeichens der bildseitigen Brennweite im Gegenstandsraum und der gegenstandsseitige Brennpunkt im Bildraum liegt.

Ein Spezialfall ist die Einbettung der Linse in ein vorne und hinten einheitliches Einbettungsmedium, so dass mit $n_1 = n_3 = n_0$ und $n_2 = n$ gilt:

$$\boxed{\frac{n_0}{g} + \frac{n_0}{b} = (n - n_0)\left(\frac{1}{r_1} - \frac{1}{r_2}\right)} \qquad\qquad 4.78$$

Besonders einfach ist natürlich der Fall der Einbettung in Luft, so dass mit $n_0 \approx 1$ gilt:

$$\boxed{\frac{1}{g} + \frac{1}{b} = (n - 1)\left(\frac{1}{r_1} - \frac{1}{r_2}\right)} \qquad\qquad 4.79$$

Setzt man in Gl. 4.75 und 4.76 die entsprechenden Brechungsindizes ein, so folgt für die dünne Linse an Luft:

$$\frac{1}{f_b} = \frac{n-1}{r_1} + \frac{1-n}{r_2} = (n-1)\left(\frac{1}{r_1} - \frac{1}{r_2}\right) \qquad\qquad 4.80$$

$$\frac{1}{f_g} = \frac{n-1}{r_1} + \frac{1-n}{r_2} = (n-1)\left(\frac{1}{r_1} - \frac{1}{r_2}\right) \qquad\qquad 4.81$$

Man erkennt, dass $f_b = f_g$ folgt und erhält durch Vergleich mit Gl. 4.79 die Abbildungsgleichung der dünnen Linse:

$$\boxed{\frac{1}{g} + \frac{1}{b} = \frac{1}{f}} \qquad \text{mit } f = f_b = f_g \qquad\qquad 4.82$$

Die oben eingeführte Brechkraft D kann auch auf die dünne Linse angewandt werden; es gilt hier einfach D=1/f. So hat eine Linse der Brennweite f=0,4m eine Brechkraft von D=2,5dpt.

Für die weiteren Betrachtungen soll von der Einbettung der Linse in Luft ausgegangen werden, ist dieser Fall doch der in der Praxis weitaus häufigste. Für diesen Fall sollen die Formeln hier noch mit den Definitionen und Bezeichnungen nach [DIN 1335] umgeschrieben werden (Tab. 4.3).

Tab. 4.3. Vergleich der bisher verwendeten Vorzeichen und Bezeichnungen mit DIN 1335.

Abbildungsgleichung	$\dfrac{1}{g}+\dfrac{1}{b}=(n-1)\left(\dfrac{1}{r_1}-\dfrac{1}{r_2}\right)$	$\dfrac{1}{a'}-\dfrac{1}{a}=(n-1)\left(\dfrac{1}{r_1}-\dfrac{1}{r_2}\right)$	4.83
Bildseitige Brennweite		$\dfrac{1}{f'}=(n-1)\left(\dfrac{1}{r_1}-\dfrac{1}{r_2}\right)$	4.84
Gegenstandsseitige Brennweite	$\dfrac{1}{f}=(n-1)\left(\dfrac{1}{r_1}-\dfrac{1}{r_2}\right)$	$\dfrac{1}{f}=-(n-1)\left(\dfrac{1}{r_1}-\dfrac{1}{r_2}\right)$	4.85
Lateralvergrößerung	$v=\dfrac{B}{G}=\dfrac{b}{g}$	$\beta'=\dfrac{a'}{a}$	4.86

In der bisher verwendeten Notation muss nicht zwischen der bild– und gegenstandsseitigen Brennweite unterschieden werden. Im neuen System unterscheiden sich die beiden Brennweiten, dann f' und f genannt, durch ihr Vorzeichen. Wie bei den sphärischen Oberflächen ist auch bei der Linse v positiv, wenn das Bild kopfsteht. β' ist in diesem Falle negativ, da $a<0$ und $a'>0$ ist.

Um Linsen eindeutig benennen zu können, gelten die in Tab. 4.4 dargestellten Bezeichnungen und Ungleichungen für die Krümmungsradien.

Tab. 4.4. Bezeichnungen und Ungleichungen für die Krümmungsradien von Linsen.

Sammellinsen		
$r_1>0\wedge r_2<0$	$r_1>0\wedge r_2\to\infty$	$r_1>0\wedge r_2>0\wedge r_1<r_2$
bikonvex	plankonvex	konkavkonvex
Zerstreuungslinsen		
$r_1<0\wedge r_2>0$	$r_1<0\wedge r_2\to\infty$	$r_1<0\wedge r_2<0\wedge r_1>r_2$
bikonkav	plankonkav	konvexkonkav

Aufgaben

1. In einem am Boden verspiegelten Trog mit einer Flüssigkeit wird ein Lichtstrahl reflektiert, der unter einem Winkel von $45°$ auf die Flüssigkeitsoberfläche fällt (siehe Skizze!). Bei einer Flüssigkeitstiefe t misst man zwischen Ein- und Austrittsstelle einen Abstand d. Wie groß ist der Brechungsindex n der Flüssigkeit?

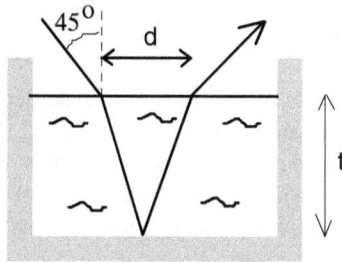

2. Das skizzierte Dove–Prisma bewirkt eine Bildumkehr durch Totalreflexion an der Bodenfläche. Die Ein– und Austrittsflächen sind unter dem Winkel $\alpha=46°$ geschliffen. Das Prismenmaterial (Flintglas SF4) habe den Brechungsindex $n=1,75496$. Der Ein– und Ausfall des Strahles erfolgt auf der Höhe $h=1$cm. Wie groß muss die Länge a sein, damit sich der gezeichnete, zur Mittelachse symmetrische Strahlverlauf ergibt?

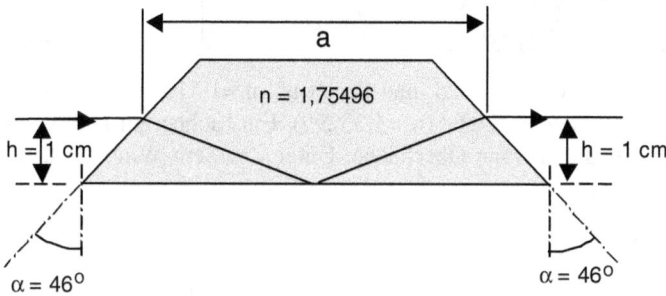

3. Man berechne den seitlichen Strahlversatz y durch eine planparallele Platte!

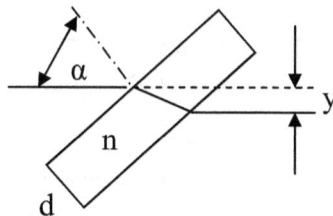

4. Auf eine massive Glashalbkugel mit der Brechzahl $n_{gl}=1,51625$ falle auf die ebene Seite (siehe Bild a) paralleles Licht senkrecht ein. Dabei wird beobachtet, dass Strahlen bis zu einem Abstand r_1 von der optischen Achse unten gebrochen wieder austreten. Ist der Abstand größer als r_1, tritt Totalreflexion ein. Wird die Glashalbkugel in Wasser ($n_w=1,33299$) getaucht (siehe Bild b), verschiebt sich der Abstand, bei dem Totalreflexion eintritt, auf r_2. Wie groß ist der Radius R der Kugel, wenn $r_2-r_1=1,0981$ cm ist?

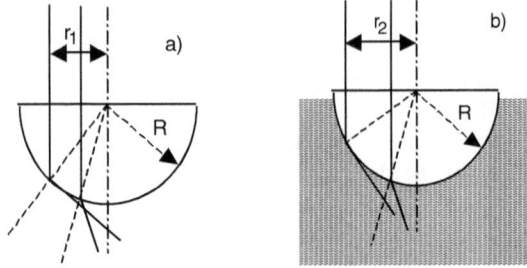

5. Ein Beobachter ermittelt für die Totalreflexion über heißem Asphalt einen Grenzwinkel von $\alpha_{tot}=89,606°$ bei einer Umgebungstemperatur von $30°C$. Wie heiß ist die Luftschicht unmittelbar über dem Asphalt? Nehmen Sie hierzu (in grober Näherung) an, dass die Temperatur sich mit dem Abstand vom Asphalt stufenförmig ändert! Der Brechungsindex von Luft ist $n=1,000292$ bei $0°C$ und Atmosphärendruck. Die Größe $n-1$ ändert sich proportional zur Dichte der Luft!

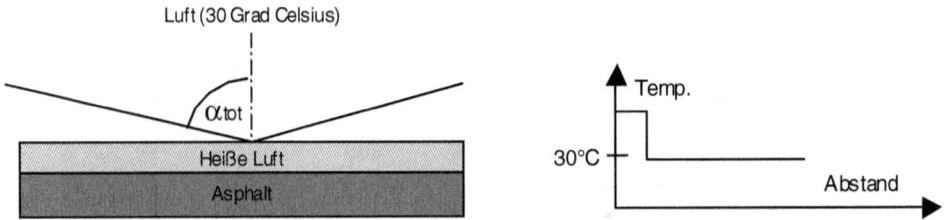

6. Ein Glaskeil mit Keilwinkel $\varphi=25°$ und Brechzahl $n_g=1,51625$ sei in skizzierter Weise in Kontakt mit einer Wasseroberfläche ($n_w=1,33299$). Ein Lichtstrahl falle unter dem Einfallswinkel $\alpha=26,86°$ auf die schräge Oberfläche. Unter welchem Winkel δ trifft der Strahl am Grund des Beckens auf?

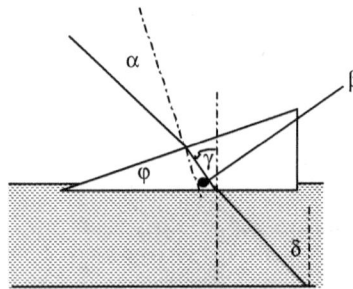

7. Welchen Krümmungsradius r muss ein Konkavspiegel haben, damit er einen im Abstand $g=120$ cm vor dem Spiegel liegenden Gegenstand an den Ort des Gegenstandes abbildet?

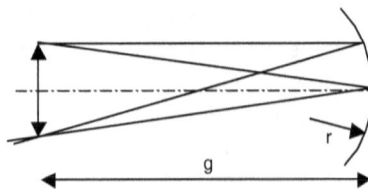

8. Eine Fliege fliegt im Abstand d=0,5m parallel zu einem Schirm bzw. zu einer Leinwand. Eine dünne Linse mit der Brennweite f bildet die Fliege scharf auf dem Schirm ab. Wie groß sind Brennweite f, Bildweite b und Gegenstandsweite g, wenn das Bild der Fliege auf der Leinwand die 4–fache Geschwindigkeit hat als die Fliege selbst?

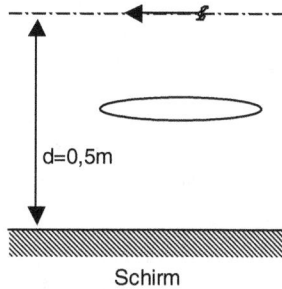

d=0,5m

Schirm

9. Die Wendel einer Glühlampe soll auf einem l=1m entfernten Schirm scharf abgebildet werden.

a) Wie kurz muss die Brennweite der Linse mindestens sein, damit dies noch möglich ist?

b) Angenommen, diese Linse sei durch zwei Kugelflächen gleicher Radien begrenzt und aus Glas mit Brechzahl n=1,52 gefertigt. Wie groß sind die Radien im Fall a) ?

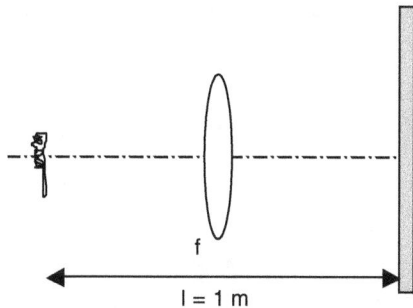

f

l = 1 m

10. Mit einer Lupe der Brennweite f=10 cm und mit Durchmesser 8cm werde die Sonne auf ein Blatt Papier abgebildet.

a) Wie groß ist das Bild der Sonne (bevor das Blatt abbrennt)?

b) Wie groß wäre die Lichtintensität im Bild der Sonne, wenn das Experiment ohne die Erdatmosphäre ausgeführt werden würde?

11. Gegeben sei eine aus einer einzigen, bikonvexen Linse bestehende Kamera. Ein Gegenstand, der sich in der Entfernung g=1m vor der Linse befindet, wird auf einen Film im Abstand b=0,05263m von der Linse abgebildet.

a) Wie groß ist die Brennweite f der Linse?

b) Wie groß sind die Radien der Oberflächen unter der Annahme $|r_1| = |r_2|$ bei einem Linsenmaterial mit n=1.5?

c) Angenommen, die Kamera wird unter Wasser (n=1.33299) verwendet, wobei im Innern Luft bleibt. Welche Krümmungsradien $|r_1| = |r_2|$ und welche Brennweite f_b muss die Linse (n=1.5) haben, wenn bei unverändertem b und g eine scharfe Abbildung auf dem Film entstehen soll?

d) Wie groß wäre b für eine scharfe Abbildung, wenn die Kamera mit der unter c) beschriebenen Linse an Luft verwendet würde?

12. Eine bikonvexe, symmetrische (betragsmäßig gleiche Krümmungsradien der Oberflächen) Sammellinse liefere an Luft im Abstand von 10,0cm ein Bild von der Sonne (Brennglaseffekt!). Wird die Linse derart auf einer Wasseroberfläche fixiert, dass die eine Oberfläche mit Wasser in Berührung kommt, die andere mit Luft, so verschiebt sich das Bild der Sonne auf einen Abstand von 20,0cm.

a) Berechnen Sie den Brechungsindex des Linsenmaterials!

b) Wie groß ist der Krümmungsradius der Oberflächen?

13. Eine plankonvexe Linse aus Flintglas SF4 (Brechungsindex n=1,75496) mit den Krümmungsradien r_1=7,8907cm und $r_2 \to \infty$ bilde einen Gegenstand auf einen Schirm scharf ab. Nun werde die Anordnung unverändert in ein Becken mit klarem Wasser getaucht (siehe Skizze). Welchen Krümmungsradius r_3 muss die plane Fläche nun annehmen, wenn ohne weitere Änderung der Anordnung wieder ein scharfes Bild auf dem Schirm entstehen soll?

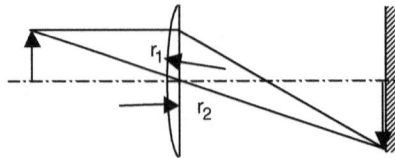

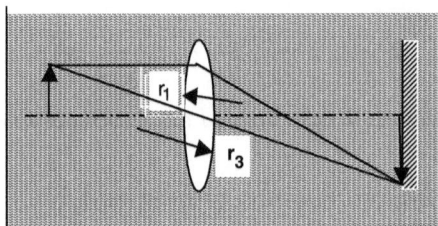

14. Gegeben sei eine Meniskuslinse mit dem Brechungsindex n=1,51625. Die Krümmungsradien der Oberflächen sind r_1 und r_2=–6,810 cm. (siehe Abb. a). Die Fläche mit Radius r_1 sei teilverspiegelt, so dass ein Teil des Lichtes daran reflektiert wird. Paralleles Licht wird wie bei einem Hohlspiegel fokussiert. Der Brennpunkt liege im Abstand f_1 vor der Linse (Abb. b). Der Anteil des parallel einfallenden Lichtes, das durch die Linse tritt, wird im Abstand f_2=20 cm von der Linse entfernt fokussiert (Abb. c). Wie groß sind Brennweite f_1 und Radius r_1?

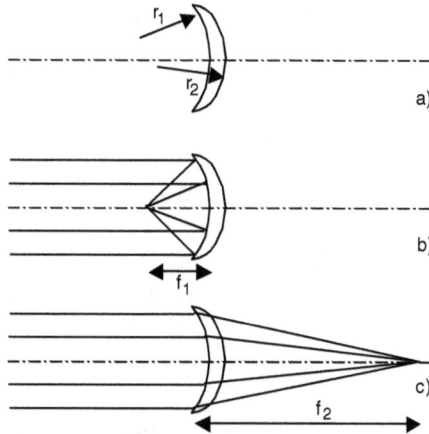

a)

b)

c)

15. Ein selbstleuchtender Pfeil werde durch eine Linse an den Punkt A abgebildet (siehe Skizze). Dort befindet sich ein Plexiglasstück mit einer eingravierten mm-Skala im Strahlengang. Das von Linse 1 entworfene Bild und die Skala werden durch Linse 2 auf einen Schirm scharf abgebildet. Das entstandene Bild ist unten rechts dargestellt. Berechnen Sie

a) die Brennweite f_1,

b) die tatsächliche Höhe des Pfeils,

c) die Bildweite b_2,

d) die Brennweite f_2!

e) Konstruieren Sie den Strahlengang im Maßstab 1:1 (DIN A4 quer, ganz links beginnen!)

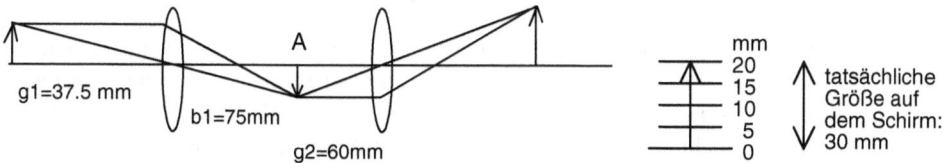

16. Zwei dünne Zerstreuungslinsen der Brennweite $f_1=-4$cm und $f_2=-10$ cm haben einen Abstand von $d=5$cm voneinander (siehe Skizze).

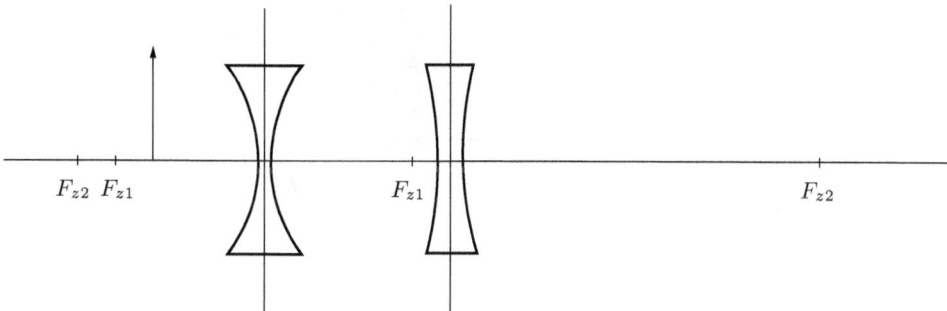

a) Konstruieren Sie das Bild des in der Skizze eingezeichneten Pfeils, der sich $g_1=3$cm vor der ersten Linse befindet!

b) Bestätigen Sie Ihr Ergebnis, indem Sie die Lage des Bildes berechnen!

c) Wie groß ist das Bild des 3 cm hohen Pfeils?

17. Das menschliche Auge (siehe Kap. 2.1.1., Abb. 2.1) besteht aus der kugelförmig gekrümmten Hornhaut, der vorderen Augenkammer, der Iris, der Augenlinse, dem Glaskörper und der Netzhaut. Der Brechungsindex der vorderen Augenkammer und des Glaskörpers beträgt $n_G=1,3365$, der der Linse $n_L=1,358$. Der Krümmungsradius der Hornhaut beträgt $r_H=7,829$ mm.

a) Wie groß ist die Brechkraft der Hornhaut?

b) Im entspannten Zustand hat die Augenlinse an der vorderen Linsenfläche den Radius $r_1=10$mm und an der hinteren Linsenfläche den Radius $r_2=-6$mm. Welche Brennweite hätte die Linse in diesem Zustand, wenn sie von Luft umgeben wäre?

c) Angenommen, im Auge befände sich keine Augenlinse. Wie weit wäre das Bild eines 50 cm vor dem Auge befindlichen Gegenstandes von der Hornhaut entfernt (Annahme eines unendlich ausgedehnten Glaskörpers)?

d) Welche Brechkraft müsste ein Brillenglas haben, um im Falle einer fehlenden Linse auf einer 28 mm von der Hornhaut entfernten Netzhaut ein scharfes Bild von dem 50 cm vor der Hornhaut befindlichen Gegenstand zu erhalten (Brillenglas 20 mm vor dem Auge)?

e) Die Linse kann durch Muskelkraft ihren Radius r_1 verändern. r_2 behält dabei (näherungsweise) den unter b) gegebenen Wert. Wie muss sich r_1 einstellen, damit ein im Abstand 0,5 m befindlicher Gegenstand ohne Brille auf der Netzhaut scharf abgebildet wird (Annahme Abstand Hornhaut – Linse: 10 mm, Linse – Netzhaut: 20 mm?

18. Ein Gegenstand G befinde sich $g_1=10$cm vor einer Linse der Brennweite $f_1=3$cm. Im Abstand b hinter der Linse befindet sich ein Schirm. Der Gegenstand wird nicht scharf abgebildet. Um eine um den Faktor 0,368 verkleinerte Abbildung des Gegenstandes zu erreichen, soll eine weitere Sammellinse mit der Brennweite f_2 im Abstand $a=1,178$cm hinter die erste Linse eingefügt werden. Wie groß müssen b und f_2 sein, damit G scharf abgebildet wird?

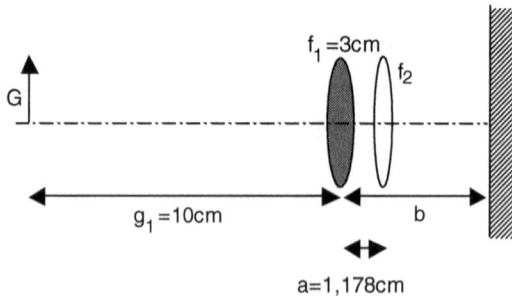

19. Ein Gegenstand G befinde sich im Abstand $g_1=25$cm vor einer Sammellinse der Brennweite $f=10$cm. Nachdem das Licht des Gegenstandes die Linse passiert hat, wird es von einem ebenen Spiegel reflektiert und durchläuft die Linse ein zweites Mal in umgekehrter Richtung. Das reelle Bild B, das nach diesem zweiten Durchlauf entsteht, soll doppelt so groß sein wie der Gegenstand.

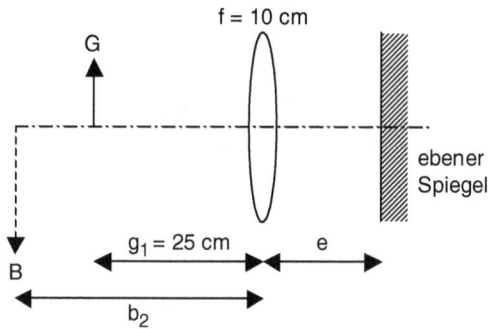

a) Wie groß muss dann die Entfernung e zwischen Linse und Spiegel sein?

b) In welcher Entfernung b_2 von der Linse entsteht das Bild?

4.2   Matrixformalismus der Strahlenoptik

Die im vorigen Abschnitt eingeführte Abbildungsgleichung für die dünne Linse hat in der geometrischen Optik fundamentale Bedeutung. Allerdings sind die meisten abbildenden optischen Systeme mehrlinsig und zudem können ihre Einzellinsen meist nicht mehr als dünne Linsen angesehen werden. Mehrlinsige Systeme sind erforderlich, um Linsenfehler wie chromatische Aberration oder sphärische Aberration zu minimieren. Darüber mehr in einem späteren Kapitel. In diesem Abschnitt soll gezeigt werden, dass sich komplizierte optische Systeme letztlich auf die Wirkung einer dünnen Linse zurückführen lassen. Die geometrischen Betrachtungen in den letzten Kapiteln haben gezeigt, dass eine „Verfolgung" eines Lichtstrahls durch mehr als zwei eng benachbarte brechende Flächen äußerst kompliziert und rechenintensiv werden würde. Es wurde daher ein **Matrixformalismus** eingeführt, der auf verhältnismäßig einfache Art die optische Wirkung komplizierter Systeme beschreibt.

Es wird bei der Einführung von folgenden Voraussetzungen ausgegangen: die optischen Komponenten – es sollen Linsen und Spiegel zur Anwendung kommen – befinden sich im **Einbettungsmedium Luft**. Alle Oberflächen sollen **sphärisch** sein und hinsichtlich der Krümmungen und Strahlwinkel soll die **paraxiale Näherung** gelten. Außerdem wird immer davon ausgegangen, dass alle Krümmungsmittelpunkte auf der optischen Achse liegen. Ein solches System wird **zentriertes optisches System** genannt.

4.2.1   Einführung der Transformationsmatrix

Viele optische Systeme lassen sich durch drei elementare Phänomene beschreiben: durch eine einfache **geradlinige Ausbreitung** eines Lichtstrahls in Luft oder in einem Medium mit einer Brechzahl n>1, durch eine **Reflexion** oder durch eine **Brechung an einer Grenzschicht** zwischen zwei Medien. Für jedes dieser drei Phänomene lässt sich eine sogenannte **Transformationsmatrix** angeben, die die Wirkung der Komponente vollständig beschreibt. Zunächst soll die einfache **Translation** beschrieben werden.

Ein Lichtstrahl breitet sich in einem homogenen Medium geradlinig aus und kann damit durch eine Geradengleichung beschrieben werden. Da das System nach den oben genannten Voraussetzungen rotationssymmetrisch um die optische Achse aufgebaut ist, genügt nach Abb. 4.27 die Angabe des Abstandes y_1 des Punktes P von der optischen Achse sowie die Angabe des Winkels σ, den der Strahl mit der optischen Achse einschließt, um den Strahl eindeutig festzulegen. Die beiden Größen sind vorzeichenbehaftet, es gelten die oben eingeführten Konventionen. In Abb. 4.27 wäre also $y>0$ und $\sigma<0$. Nach Zurücklegen einer Strecke d erreicht der Strahl den Punkt Q. Dieser hat von der optischen Achse den Abstand y_2. Aus Abb. 4.27 liest man leicht die Zusammenhänge

$$\frac{y_2 - y_1}{d} = \tan(-\sigma_1) \approx -\sigma_1 \quad \text{und} \quad \sigma_1 = \sigma_2. \quad\quad 4.87$$

ab. Die zweite Beziehung ist natürlich trivial, wird aber im Gesamtformalismus benötigt, da sich bei Reflexion und Brechung dieser Winkel verändert. Da der Winkel σ_1 negativ ist, y_2-y_1 und d aber positiv, muss σ_1 ein Minuszeichen erhalten. Man kann aus Gl. 4.87 die Beziehungen

$$\begin{array}{l} y_2 = y_1 - d\sigma_1 \\ \sigma_2 = 0 \cdot y_1 + \sigma_1 \end{array} \quad \text{oder in Matrixschreibweise:} \quad \begin{pmatrix} y_2 \\ \sigma_2 \end{pmatrix} = \begin{pmatrix} 1 & -d \\ 0 & 1 \end{pmatrix} \cdot \begin{pmatrix} y_1 \\ \sigma_2 \end{pmatrix} \quad\quad 4.88$$

ableiten. Die Matrix

$$M_T = \begin{pmatrix} 1 & -d \\ 0 & 1 \end{pmatrix} \quad\quad 4.89$$

heißt **Translationsmatrix**. Sie beschreibt die Veränderung des y–Wertes beim Durchlaufen einer Wegstrecke d. Es ist dabei übrigens unerheblich, ob der Strahl sich in Luft ausbreitet oder in einem Material mit der Brechzahl n, solange das Medium **homogen** ist, d.h., solange der Brechungsindex nicht ortsabhängig ist.

Eine Transformationsmatrix wie die in 4.89 lässt sich für viele Veränderungen hinsichtlich Position und Richtung angeben, die ein Lichtstrahl auf seinem Weg erfahren kann. Komplexe Systeme lassen sich schließlich als Produkt von Transformationsmatrizen beschreiben.

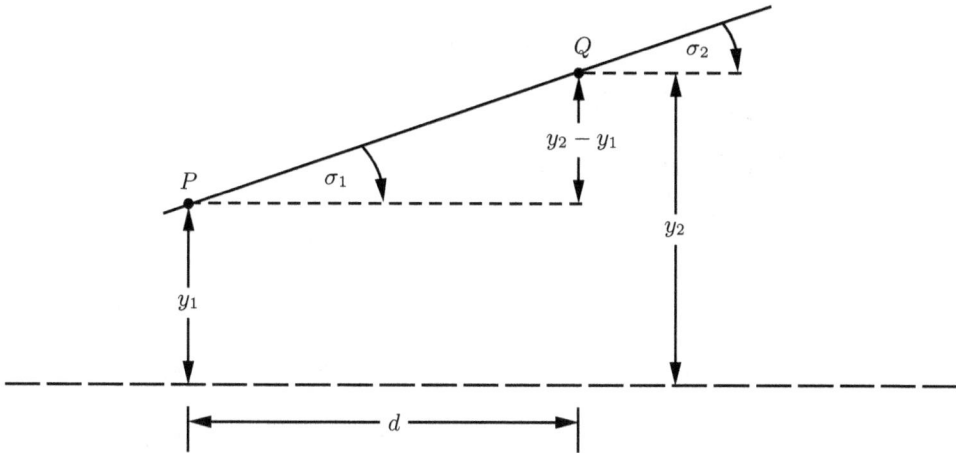

Abb. 4.27. Die Ausbreitung eines Strahls lässt sich in einem optischen System durch zwei Größen y und σ beschreiben. Der Winkel σ ist negativ, wenn der betrachtete Lichtstrahl im Uhrzeigersinn gedreht werden müsste, um mit der optischen Achse zur Deckung gebracht zu werden. Er wäre positiv, wenn die Drehung gegen den Uhrzeigersinn erfolgen müsste.

4.2.2   Die Reflexionsmatrix

Als Nächstes soll die Reflexion am sphärischen Hohlspiegel über eine Transformationsmatrix beschrieben werden. Es soll dabei auf die Resultate in Kap. 4.1.3 und die Abbildungsgleichung

$$\frac{1}{a'} - \frac{1}{a} = \frac{1}{f} \qquad\qquad 4.90$$

zurückgegriffen werden, wobei die Vorzeichenkonvention für den entfalteten Strahlengang Verwendung finden soll. In Abb. 4.28 ist ein Hohlspiegel gezeigt, dessen Krümmungsradius r negativ anzusetzen ist. Es gilt somit für die Brennweite

$$f = -\frac{r}{2} \qquad\qquad 4.91$$

Aus der Zeichnung liest man die geometrischen Zusammenhänge

$$\frac{y_1}{a} = \tan\sigma_1 \approx \sigma_1 \quad \text{mit} \quad a < 0 \ , \ \sigma_1 < 0 \ , \ y_1 > 0 \qquad\qquad 4.92$$

$$\frac{y_1}{a'} = \tan\sigma_2 \approx \sigma_2 \quad \text{mit} \quad a' > 0 \ , \ \sigma_2 > 0 \ , \ y_1 > 0 \qquad\qquad 4.93$$

ab. Löst man nach a bzw. a' auf und setzt das Ergebnis zusammen mit Gl. 4.91 in die Gl. 4.90 ein, so erhält man

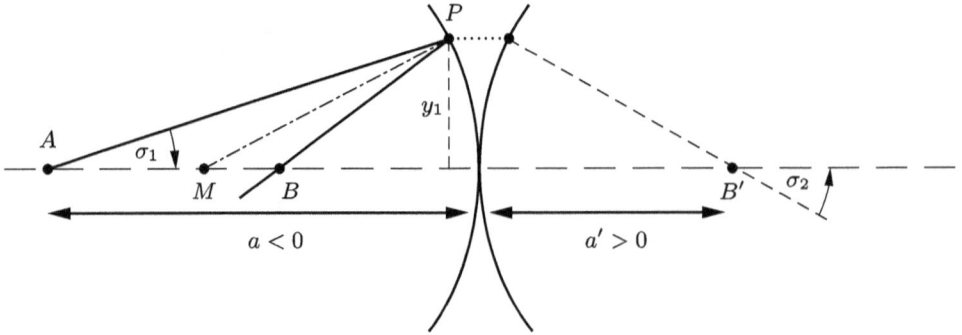

Abb. 4.28. Um die Wirkung des sphärischen Hohlspiegels zu beschreiben, wird der Strahlengang entfaltet.

$$\frac{\sigma_2}{y_1} - \frac{\sigma_1}{y_1} = -\frac{2}{r} \qquad\qquad 4.94$$

Da sich die Strahlhöhe y_1 bei der Reflexion nicht verändert, erhält man schließlich mit $y_2 = y_1$ die beiden Gleichungen

$$\begin{aligned} y_2 &= y_1 + 0 \cdot \sigma_1 \\ \sigma_2 &= -\frac{2}{r} y_1 + \sigma_1 \end{aligned} \quad \text{oder in Matrixschreibweise:} \quad \begin{pmatrix} y_2 \\ \sigma_2 \end{pmatrix} = \begin{pmatrix} 1 & 0 \\ -\dfrac{2}{r} & 1 \end{pmatrix} \cdot \begin{pmatrix} y_1 \\ \sigma_1 \end{pmatrix} \quad 4.95$$

Die Matrix

$$M_R = \begin{pmatrix} 1 & 0 \\ -\dfrac{2}{r} & 1 \end{pmatrix} \qquad\qquad 4.96$$

ist die **Reflexionsmatrix für den sphärischen Hohlspiegel** im Falle des entfalteten Strahlengangs. r ist dabei negativ, wenn der Krümmungsmittelpunkt links vom Spiegel liegt.

4.2.3   Die Brechungsmatrix

Schließlich lässt sich auch für die **Brechung** eines Lichtstrahls an einer sphärischen Grenzfläche zwischen Medien mit unterschiedlicher Brechzahl eine Transformationsmatrix angeben. Ausgangspunkt ist – ähnlich wie beim Spiegel – die Abbildungsgleichung 4.61:

$$\frac{n'}{a'} - \frac{n}{a} = \frac{n' - n}{r} \qquad\qquad 4.97$$

Nach Abb. 4.29 gelten die folgenden trigonometrischen Zusammenhänge:

$$\frac{y_1}{a} = \tan\sigma_1 \approx \sigma_1 \quad \text{mit} \quad a < 0 \; , \quad \sigma_1 < 0 \; , \quad y_1 > 0 \qquad\qquad 4.98$$

$$\frac{y_1}{a'} = \tan\sigma_2 \approx \sigma_2 \quad \text{mit} \quad a' > 0, \ \sigma_2 > 0, \ y_1 > 0 \qquad\qquad 4.99$$

Mit Gl. 4.97 erhält man wieder:

$$\frac{\sigma_2 n'}{y_1} - \frac{\sigma_1 n}{y_1} = \frac{n' - n}{r} \qquad \sigma_2 n' = \frac{n' - n}{r} y_1 + \sigma_1 n \qquad\qquad 4.100$$

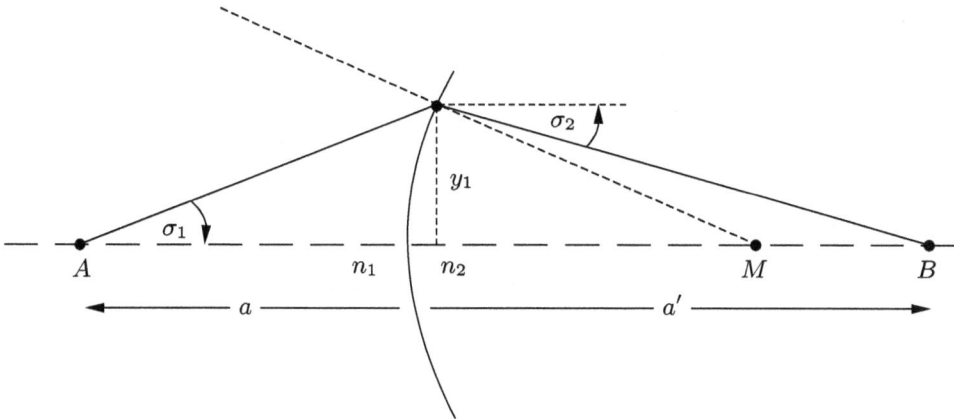

Abb. 4.29. Auch die Brechung von Licht an einer Kugeloberfläche lässt sich durch die zwei Größen y und σ be-beschreiben.

Auch beim Vorgang der Brechung ändert sich die Strahlhöhe y_1 nicht, so dass man wieder zwei Gleichungen formulieren kann:

$$y_2 = y_1 + 0 \cdot \sigma_1$$
$$\sigma_2 = (1 - \frac{n}{n'})\frac{1}{r} y_1 + \frac{n}{n'}\sigma_1 \qquad\qquad 4.101$$

Oder in Matrixform:

$$\begin{pmatrix} y_2 \\ \sigma_2 \end{pmatrix} = \begin{pmatrix} 1 & 0 \\ \left(1 - \dfrac{n}{n'}\right)\dfrac{1}{r} & \dfrac{n}{n'} \end{pmatrix} \cdot \begin{pmatrix} y_1 \\ \sigma_1 \end{pmatrix} \qquad\qquad 4.102$$

Die **Brechungsmatrix M_B** lautet also:

$$\boxed{M_B = \begin{pmatrix} 1 & 0 \\ \left(1 - \dfrac{n}{n'}\right)\dfrac{1}{r} & \dfrac{n}{n'} \end{pmatrix}} \qquad\qquad 4.103$$

4.2.4   Materialien mit Brechungsindexgradienten

Materialien, deren Brechzahl vom senkrechten Abstand r zur optischen Achse abhängt und sich dabei stetig verändert, werden **GRIN–(Gradientenindex–)Linsen** genannt. Sie „verbiegen" einen Strahl, der sich paraxial im Material ausbreitet. Häufig verwendet wird ein **parabelförmig veränderliches Brechungsindexprofil**:

$$n(r) = n_0(1 - \frac{a}{2}r^2) \qquad\qquad 4.104$$

n_0 ist der Brechungsindexwert bei r=0, also auf der optischen Achse, a ist eine Konstante. Es soll hier angenommen werden, dass $ar^2/2$ klein ist gegen 1. Lässt man ein Lichtbündel, also einen Lichtstrahl mit gewisser seitlicher Ausdehnung, auf das Material fallen (siehe Abb. 4.30) so wird der im Abstand r+dr auftreffende Teil des Bündels das Medium schneller durchlaufen wie der im Abstand r auftreffende Anteil, denn letzterer findet nach Gl. 4.104 einen höheren Brechungsindex vor. Die Phasenfront wird sich also zur optischen Achse hin neigen und das Bündel wird nach Eintritt ins Medium von der geradlinigen Ausbreitung abweichen. Die optischen Wege der beiden gekrümmten Bahnen im Abstand r und r+dr sind gleich, weswegen gilt:

$$(s + ds)n_0\left[1 - \frac{a}{2}(r + dr)^2\right] = sn_0\left(1 - \frac{a}{2}r^2\right) \qquad\qquad 4.105$$

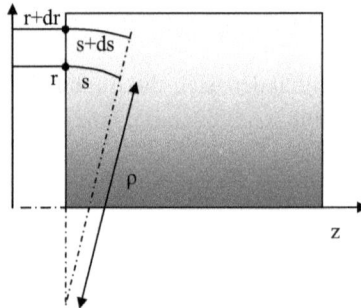

Abb. 4.30. Bei einer GRIN–Linse hängt die Brechzahl vom Abstand von der optischen Achse ab. Eine ebene Phasenfront, die in Richtung der optischen Achse auf die GRIN–Linse trifft, wird zur optischen Achse hin abgelenkt.

Ausmultipliziert ergibt das:

$$(s + ds)n_0\left[1 - \frac{a}{2}(r^2 + 2rdr + dr^2)\right] = sn_0\left(1 - \frac{a}{2}r^2\right) \qquad\qquad 4.106$$

dr^2 kann gegen r^2 vernachlässigt werden. Somit bleibt:

$$-sn_0ardr + n_0ds\left[1 - \frac{ar}{2}(r + 2dr)\right] = 0 \qquad\qquad 4.107$$

Hier kann schließlich noch 2dr gegen r vernachlässigt werden. Es bleibt also:

$$-sn_0 ardr + n_0 ds\left(1 - \frac{ar^2}{2}\right) = 0 \qquad 4.108$$

Hieraus gewinnt man:

$$\frac{ds}{dr} = \frac{2ars}{\left(2 - ar^2\right)} \qquad 4.109$$

Wie man aus Abb. 4.30 ablesen kann, gilt für den Krümmungsradius ρ des gebogenen Strahls:

$$\frac{s}{\rho} = \frac{ds}{dr} \qquad 4.110$$

Damit lässt sich Gl. 4.109 schreiben als:

$$\rho = \frac{\left(2 - ar^2\right)}{2ar} \qquad 4.111$$

Der Strahlverlauf wird durch eine Funktion r(z) dargestellt, die einen Krümmungsradius ρ besitzt. Der Krümmungsradius einer solchen Funktion lässt sich ausdrücken durch

$$\rho = -\frac{\left[1 + \left(r'\right)^2\right]^{3/2}}{r''} \qquad 4.112$$

Das Minuszeichen trägt der Tatsache Rechnung, dass die Kurve in Abb. 4.30 nach unten gekrümmt (bzw. rechtsgekrümmt) ist, die zweite Ableitung von r(z) somit negativ ist. Der Radius muss aber positiv sein. Gleichsetzen mit Abb. 4.111 ergibt:

$$\frac{\left(2 - ar^2\right)}{2ar} = -\frac{\left[1 + \left(r'\right)^2\right]^{3/2}}{r''} \qquad 4.113$$

Da hier nur paraxiale Strahlen behandelt werden sollen, ist der Winkel zwischen Strahl und z–Achse gering, die Steigung r' somit also klein und damit $(r')^2 \ll 1$. Es gilt also vereinfacht:

$$r'' + \frac{ar}{1 - ar^2/2} = 0 \qquad 4.114$$

Da $ar^2/2$ klein ist gegen 1, gilt näherungsweise:

$$r'' + ar = 0 \qquad 4.115$$

Diese Differentialgleichung entspricht der Differentialgleichung eines ungedämpften, harmonischen Oszillators. Der allgemeine Lösungsansatz lautet hierfür:

$$r(z) = C_1 \sin kz + C_2 \cos kz \qquad\qquad 4.116$$

Setzt man diese Lösung einschließlich ihrer zweiten Ableitung

$$r''(z) = -C_1 k^2 \sin kz - C_2 k^2 \cos kz \qquad\qquad 4.117$$

in die Differentialgleichung ein, erhält man:

$$-C_1 k^2 \sin kz - C_2 k^2 \cos kz + aC_1 \sin kz + aC_2 \cos kz = 0 \qquad\qquad 4.118$$

Oder:

$$(-C_1 k^2 + aC_1)\sin kz + (-C_2 k^2 + aC_2)\cos kz = 0 \qquad\qquad 4.119$$

Der Ansatz ist nur dann für alle z eine Lösung der Differentialgleichung, wenn die Klammern vor der Sinus– bzw. Cosinusfunktion Null sind, woraus folgt:

$$k^2 = a \quad \text{bzw.} \quad k = \sqrt{a} \qquad\qquad 4.120$$

Die beiden Konstanten folgen aus den Randbedingungen: y_1 ist der Abstand des Eintrittspunktes des Strahls von der optischen Achse und entspricht daher $r(0)$; σ_1 ist der Neigungswinkel des Strahls und damit gleich $r'(0)$:

$$r(0) = C_1 \sin(0) + C_2 \cos(0) = y_1 \qquad\qquad 4.121$$

$$r'(0) = C_1 \sqrt{a} \cos(0) - C_2 \sqrt{a} \sin(0) = \sigma_1 \qquad\qquad 4.122$$

Es folgt:

$$C_2 = y_1 \quad \text{und} \quad C_1 = \frac{\sigma_1}{\sqrt{a}} \qquad\qquad 4.123$$

Damit folgt für $r(z)$:

$$\boxed{r(z) = \frac{\sigma_1}{\sqrt{a}} \sin\left(z\sqrt{a}\right) + y_1 \cos\left(z\sqrt{a}\right)} \qquad\qquad 4.124$$

Diese Funktion lässt sich in die Form $r(z) = C\sin\left(z\sqrt{a} + \varphi\right)$ bringen, wie man leicht zeigen kann: durch Vergleich von

$$r(z) = C\sin\left(z\sqrt{a} + \varphi\right) = C\sin\left(z\sqrt{a}\right)\cos(\varphi) + C\cos\left(z\sqrt{a}\right)\sin(\varphi) \qquad\qquad 4.125$$

mit Gl. 4.124 erhält man

$$C\cos(\varphi) = \frac{\sigma_1}{\sqrt{a}} \quad \text{und} \quad C\sin(\varphi) = y_1 \qquad\qquad 4.126$$

Damit lassen sich φ und C ermitteln:

$$\frac{C\sin(\varphi)}{C\cos(\varphi)} = \frac{y_1\sqrt{a}}{\sigma_1} \qquad \boxed{\tan(\varphi) = \frac{y_1\sqrt{a}}{\sigma_1}} \qquad 4.127$$

$$C^2\cos^2(\varphi) + C^2\sin^2(\varphi) = \frac{\sigma_1^2}{a} + y_1^2 \qquad \boxed{C^2 = \frac{\sigma_1^2}{a} + y_1^2} \qquad 4.128$$

Somit ist also eine Darstellung in der Form

$$\boxed{r(z) = C\sin\left(z\sqrt{a} + \varphi\right)} \qquad\qquad 4.129$$

möglich. Hier erkennt man eine **Periodizität** im Verlauf des Lichtstrahles. Dieser „**moduliert**" mit einer Periodenlänge von:

$$L = \frac{2\pi}{\sqrt{a}} \qquad\qquad 4.130$$

Diese Länge wird **Pitch-Länge** genannt. Die theoretische Beschreibung von GRIN–Linsen spielt bei den Lichtleitern eine große Rolle.

Doch nun wieder zurück zu Gl. 4.124. Sie gibt den Abstand r des Strahls von der optischen Achse als Funktion der Position z an. Den jeweiligen Winkel des Strahls bezogen auf die optische Achse kann man angeben, indem man Gl. 4.124 differenziert:

$$r'(z) = \sigma_1\cos\left(z\sqrt{a}\right) - y_1\sqrt{a}\sin\left(z\sqrt{a}\right) \qquad\qquad 4.131$$

r'(z) entspricht dem Tangens des jeweiligen Neigungswinkels, wegen der paraxialen Näherung gilt also $\tan(\sigma) \approx \sigma \approx r'(z)$ und damit:

$$\sigma(z) = \sigma_1\cos\left(z\sqrt{a}\right) - y_1\sqrt{a}\sin\left(z\sqrt{a}\right) \qquad\qquad 4.132$$

Betrachtet man nun eine GRIN–Optik der Länge L, dann ist die Position y_2 des Lichtstrahls am Ausgang nach Gl. 4.124 gegeben durch

$$y_2 = r(L) = \frac{\sigma_1}{\sqrt{a}}\sin\left(L\sqrt{a}\right) + y_1\cos\left(L\sqrt{a}\right) \qquad\qquad 4.133$$

und der Strahlwinkel $\sigma_2 = \sigma(L)$ wird nach Gl. 4.132 berechnet:

$$\sigma_2 = \sigma(L) = \sigma_1\cos\left(L\sqrt{a}\right) - y_1\sqrt{a}\sin\left(L\sqrt{a}\right) \qquad\qquad 4.134$$

Die beiden letzten Gleichungen lassen sich wieder in Matrixform darstellen:

$$\begin{pmatrix} y_2 \\ \sigma_2 \end{pmatrix} = \begin{pmatrix} \cos\left(L\sqrt{a}\right) & \dfrac{1}{\sqrt{a}}\sin\left(L\sqrt{a}\right) \\ -\sqrt{a}\sin\left(L\sqrt{a}\right) & \cos\left(L\sqrt{a}\right) \end{pmatrix} \cdot \begin{pmatrix} y_1 \\ \sigma_1 \end{pmatrix} \qquad\qquad 4.135$$

Die **Transformationsmatrix** für eine **GRIN–Optik** ist also

$$M_G = \begin{pmatrix} \cos\left(L\sqrt{a}\right) & \dfrac{1}{\sqrt{a}}\sin\left(L\sqrt{a}\right) \\ -\sqrt{a}\sin\left(L\sqrt{a}\right) & \cos\left(L\sqrt{a}\right) \end{pmatrix} \qquad\qquad 4.136$$

Hier ist zu beachten, dass lediglich der Verlauf **innerhalb** der Optik beschrieben wird. Die **Brechung bei Ein– und Austritt ist hier noch nicht berücksichtigt**. Dies soll im nächsten Abschnitt beschrieben werden.

4.2.5   Beschreibung einer Kombination mehrerer Oberflächen

Der Matrixformalismus entwickelt seine ganze Leistungsfähigkeit bei der Beschreibung des Strahlverlaufs in einem optischen System, das sich aus mehreren Brechungen, Reflexionen und Translationen zusammensetzt. Da jede einzelne Transformationsmatrix die Auswirkungen auf Achsabstand y und Strahlwinkel σ beschreibt, kann das Gesamtsystem durch Aneinanderreihung der einzelnen Transformationen beschrieben werden. Wird etwa die erste Transformation durch eine Matrix M_1 beschrieben, so ändern sich Achsabstand und Strahlneigung gemäß

$$\begin{pmatrix} y_2 \\ \sigma_2 \end{pmatrix} = M_1 \cdot \begin{pmatrix} y_1 \\ \sigma_1 \end{pmatrix} \qquad\qquad 4.137$$

Würde eine weitere Transformation durchgeführt, könnte ausgehend von y_2 und σ_2 eine weitere Transformationsmatrix M_2 zur Anwendung kommen:

$$\begin{pmatrix} y_3 \\ \sigma_3 \end{pmatrix} = M_2 \cdot \begin{pmatrix} y_2 \\ \sigma_2 \end{pmatrix} \qquad\qquad 4.138$$

Die beiden Transformationen zusammen würden also beschrieben durch

$$\begin{pmatrix} y_3 \\ \sigma_3 \end{pmatrix} = M_2 \cdot M_1 \cdot \begin{pmatrix} y_1 \\ \sigma_1 \end{pmatrix} \qquad\qquad 4.139$$

Allgemein kann die Veränderung von y_1 und σ_1 nach n Transformationen mit den Transformationsmatrizen M_1, M_2, M_3, ... , M_n dargestellt werden als:

$$\boxed{\begin{pmatrix} y_n \\ \sigma_n \end{pmatrix} = M_{n-1} \cdot M_{n-2} \cdot \ldots \ldots \cdot M_2 \cdot M_1 \cdot \begin{pmatrix} y_1 \\ \sigma_1 \end{pmatrix}} \qquad 4.140$$

Die Gesamttransformation wird also beschrieben durch das Produkt **der einzelnen Transformationsmatrizen**, wobei die Matrizen in **umgekehrter Reihenfolge** multipliziert werden müssen, in der sie durchlaufen werden.

Als Beispiel soll die **GRIN–Optik** weiterbehandelt werden. Es wurde im letzten Abschnitt auf die **Brechung bei Ein– und Austritt** verzichtet. Das soll nun nachgeholt werden. Die Brechung an einer Kugeloberfläche wird durch die Brechungsmatrix Gl. 4.103 beschrieben. Will man die Brechung an einer ebenen Fläche beschreiben, lässt man einfach den Radius gegen Unendlich gehen und erhält:

$$M_1 = \begin{pmatrix} 1 & 0 \\ 0 & \dfrac{n}{n'} \end{pmatrix} \qquad 4.141$$

Die Optik soll sich an Luft befinden, so dass der Brechungsindex 1 ist. Die Veränderung der Brechzahl der Optik radial nach außen ist nach den obigen Ausführungen gering, so dass die Optik was die Brechung betrifft näherungsweise mit dem einheitlichen Brechungsindex n_0 der optischen Achse beschrieben werden kann. Damit lauten die Transformationsmatrizen der Brechungen bei Ein– und Austritt:

$$M_1 = \begin{pmatrix} 1 & 0 \\ 0 & \dfrac{1}{n_0} \end{pmatrix} \quad \text{und} \quad M_3 = \begin{pmatrix} 1 & 0 \\ 0 & n_0 \end{pmatrix} \qquad 4.142$$

Dazwischen erfährt der Strahl eine Änderung, die durch die Matrix Gl. 4.136 beschrieben wird, so dass die gesamte GRIN–Optik mitsamt Ein– und Austritt des Strahls dargestellt wird durch:

$$\begin{pmatrix} y_3 \\ \sigma_3 \end{pmatrix} = \begin{pmatrix} 1 & 0 \\ 0 & n_0 \end{pmatrix} \cdot \begin{pmatrix} \cos\left(L\sqrt{a}\right) & \dfrac{1}{\sqrt{a}}\sin\left(L\sqrt{a}\right) \\ -\sqrt{a}\sin\left(L\sqrt{a}\right) & \cos\left(L\sqrt{a}\right) \end{pmatrix} \begin{pmatrix} 1 & 0 \\ 0 & \dfrac{1}{n_0} \end{pmatrix} \cdot \begin{pmatrix} y_1 \\ \sigma_1 \end{pmatrix} \qquad 4.143$$

Das etwas mühsame Ausmultiplizieren der Matrizen liefert:

$$\begin{pmatrix} y_3 \\ \sigma_3 \end{pmatrix} = \begin{pmatrix} \cos\left(L\sqrt{a}\right) & \dfrac{1}{n_0\sqrt{a}}\sin\left(L\sqrt{a}\right) \\ -n_0\sqrt{a}\sin\left(L\sqrt{a}\right) & \cos\left(L\sqrt{a}\right) \end{pmatrix} \cdot \begin{pmatrix} y_1 \\ \sigma_1 \end{pmatrix} \qquad 4.144$$

Die **Transformationsmatrix der GRIN–Optik einschließlich der Brechung am Ein– und Austritt** lautet also:

$$M_{GB} = \begin{pmatrix} \cos\left(L\sqrt{a}\right) & \dfrac{1}{n_0\sqrt{a}}\sin\left(L\sqrt{a}\right) \\ -n_0\sqrt{a}\sin\left(L\sqrt{a}\right) & \cos\left(L\sqrt{a}\right) \end{pmatrix} \qquad\qquad 4.145$$

4.2.6   Dicke und dünne Linsen

Eine weitere, einfach zu berechnende Kombination ist die **dicke Linse** im Einbettungsmedium Luft. Sie besteht lediglich aus **zwei Brechungen** an Kugeloberflächen, dazwischen liegt **eine Translation** um die Scheiteldicke d der Linse:

$$\begin{pmatrix} y_2 \\ \sigma_2 \end{pmatrix} = \begin{pmatrix} 1 & 0 \\ (1-n)\dfrac{1}{r_2} & n \end{pmatrix} \cdot \begin{pmatrix} 1 & -d \\ 0 & 1 \end{pmatrix} \cdot \left[\begin{pmatrix} 1 & 0 \\ \left(1-\dfrac{1}{n}\right)\dfrac{1}{r_1} & \dfrac{1}{n} \end{pmatrix} \right] \begin{pmatrix} y_1 \\ \sigma_1 \end{pmatrix} \qquad 4.146$$

r_1 und r_2 sind die Krümmungsradien der beiden Kugelflächen. Es gilt wieder r>0, falls der Krümmungsmittelpunkt rechts von der Fläche liegt und r<0, falls er links von der Fläche liegt. n ist die Brechzahl des Linsenmaterials. Ausmultiplizieren von Gl. 4.146 liefert:

$$\begin{pmatrix} y_2 \\ \sigma_2 \end{pmatrix} = \begin{pmatrix} 1 & -d \\ (1-n)\dfrac{1}{r_2} & -d(1-n)\dfrac{1}{r_2}+n \end{pmatrix} \cdot \left[\begin{pmatrix} 1 & 0 \\ \left(1-\dfrac{1}{n}\right)\dfrac{1}{r_1} & \dfrac{1}{n} \end{pmatrix} \right] \begin{pmatrix} y_1 \\ \sigma_1 \end{pmatrix} \qquad 4.147$$

Die **Transformationsmatrix für die dicke Linse in Luft** ist also:

$$M_{Ld} = \begin{pmatrix} 1-\left(1-\dfrac{1}{n}\right)\dfrac{d}{r_1} & -\dfrac{d}{n} \\ (n-1)\left(\dfrac{1}{r_1}-\dfrac{1}{r_2}+\dfrac{d}{nr_1r_2}(n-1)\right) & (n-1)\dfrac{d}{nr_2}+1 \end{pmatrix} \qquad 4.148$$

Die Transformationsmatrix für ein ganzes optisches System wird **ABCD–Matrix** oder auch **Systemmatrix** genannt, wobei gilt:

$$M = \begin{pmatrix} A & B \\ C & D \end{pmatrix} \qquad\qquad 4.149$$

Die Elemente A und B bestimmen die Austrittshöhe des Strahls aus dem System. Ist A=1 und B=0, verändert sich die Austrittshöhe im Vergleich zur Eintrittshöhe nicht. In Gl. 4.148 erkennt man, dass A von 1 und B von 0 abweicht. Durch die Linsendicke kommt es im Allgemeinen zu einem Strahlversatz. Vernachlässigt man die Linsendicke (Scheiteldicke) d im Vergleich zu den sonst auftretenden Entfernungen, so erkennt man sofort, dass in Gl. 4.148 A=1 und B=0 wird. Die gesamte Matrix vereinfacht sich zur **Transformationsmatrix für die dünne Linse an Luft**:

$$M_L = \begin{pmatrix} 1 & 0 \\ (n-1)\left(\dfrac{1}{r_1} - \dfrac{1}{r_2}\right) & 1 \end{pmatrix} \qquad \text{4.150}$$

Die Elemente A, B, C und D haben eine spezielle Bedeutung. Betrachtet man die Abbildung eines Gegenstandes durch eine dünne Linse, so weiß man aus dem oben Gesagten, dass ein **Parallelstrahl im Gegenstandsraum zum Brennstrahl im Bildraum** wird, also durch den bildseitigen Brennpunkt F' geht. Der Eintrittswinkel ist in diesem Fall $\sigma_1 = 0$, während der Austrittswinkel nach Abb. 4.31 durch $\tan(\sigma_2) = y_1 / f' \approx \sigma_2$ gegeben ist. Folglich gilt für die Transformation:

$$\begin{pmatrix} y_2 \\ y_1/f' \end{pmatrix} = \begin{pmatrix} 1 & 0 \\ (n-1)\left(\dfrac{1}{r_1} - \dfrac{1}{r_2}\right) & 1 \end{pmatrix} \cdot \begin{pmatrix} y_1 \\ 0 \end{pmatrix} \qquad \text{4.151}$$

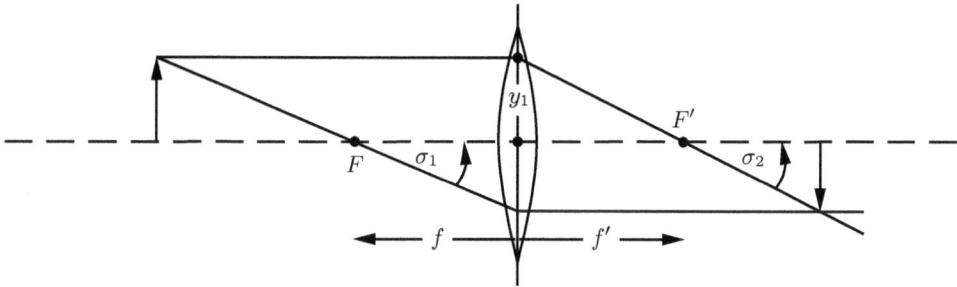

Abb. 4.31. Aus der Transformationsmatrix der dünnen Linse lassen sich bild– und gegenstandsseitige Brennweite errechnen.

Durch Ausmultiplizieren erhält man neben der trivialen Gleichung $y_2 = y_1$ die Gleichung der bildseitigen Brennweite, wie sie in Kap. 4.1.7 (Gl. 4.84) schon abgeleitet wurde:

$$\frac{1}{f'} = (n-1)\left(\frac{1}{r_1} - \frac{1}{r_2}\right) \qquad \text{4.152}$$

Bei der Bildkonstruktion wurde weiterhin verwendet, dass ein **Brennstrahl im Gegen-standsraum zum Parallelstrahl im Bildraum** wird. In diesem Fall gilt $\tan(\sigma_1) = \dfrac{y_1}{f} \approx \sigma_1$ und $\sigma_2 = 0$, wobei $\sigma_1 > 0$, $y_1 < 0$ und $f < 0$ ist (Abb. 4.31). Für die Transformation folgt:

$$\begin{pmatrix} y_2 \\ 0 \end{pmatrix} = \begin{pmatrix} 1 & 0 \\ (n-1)\left(\dfrac{1}{r_1} - \dfrac{1}{r_2}\right) & 1 \end{pmatrix} \cdot \begin{pmatrix} y_1 \\ y_1/f \end{pmatrix} \qquad \text{4.153}$$

Man erhält durch Ausmultiplizieren neben der trivialen Beziehung $y_2 = y_1$ die gegenstandsseitige Brennweite wie in Kap. 4.1.7 (Gl. 4.85) zu:

$$\boxed{\frac{1}{f} = -(n-1)\left(\frac{1}{r_1} - \frac{1}{r_2}\right)}$$

4.154

4.2.7 Abbildung durch ein optisches System

Damit ein durch eine ABCD–Matrix beschriebenes optisches System einen Gegenstand
abbildet, müssen alle von einem Gegenstandspunkt ausgehenden Lichtstrahlen sich im Bildraum wieder an einem Punkt treffen. Ein einzelner, von einem Gegenstandspunkt G ausgehender Strahl legt nach Abb. 4.32 die Strecke s (s<0) zurück, wird am optischen System mit
der Transformationsmatrix M abgelenkt, und trifft nach Zurücklegen der Strecke s' (s'>0) am
Bildpunkt B ein. Bei optischen Systemen wird s bis zum Scheitelpunkt der ersten bzw. letzten Linse des Systems gerechnet und **Objekt–** bzw. **Bildschnittweite** genannt. Der Verlauf
des Lichtstrahls innerhalb des optischen Systems ist schon durch die Matrix M beschrieben,
es müssen also nur noch die Translationen berücksichtigt werden:

$$\begin{pmatrix} y_2 \\ \sigma_2 \end{pmatrix} = \begin{pmatrix} 1 & -s' \\ 0 & 1 \end{pmatrix} \cdot \begin{pmatrix} A & B \\ C & D \end{pmatrix} \cdot \begin{pmatrix} 1 & s \\ 0 & 1 \end{pmatrix} \cdot \begin{pmatrix} y_1 \\ \sigma_1 \end{pmatrix}$$

4.155

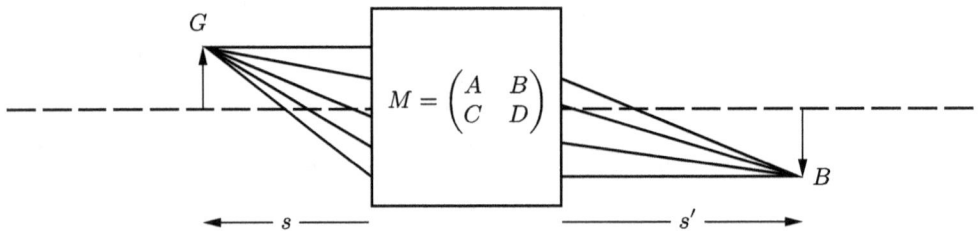

Abb. 4.32. Ein abbildendes optisches System muss ein von einem Punkt ausgehendes Lichtbündel wieder in einem
Punkt vereinen.

s in der dritten Matrix ist negativ, daher entfällt das Minuszeichen in der Translationsmatrix.
Ausmultiplizieren liefert:

$$\begin{pmatrix} y_2 \\ \sigma_2 \end{pmatrix} = \begin{pmatrix} A - s'C & As - ss'C + B - s'D \\ C & sC + D \end{pmatrix} \cdot \begin{pmatrix} y_1 \\ \sigma_1 \end{pmatrix}$$

4.156

Damit eine Abbildung im obigen Sinne überhaupt möglich ist, müssen alle Strahlen im Bildpunkt auf der Höhe y_2 eintreffen, und zwar unabhängig vom Winkel σ_1, unter dem sie den
Gegenstandspunkt verlassen haben. Es muss folglich für die erste Gleichung

$$y_2 = (A - s'C)y_1 + (As - ss'C + B - s'D)\sigma_1$$

4.157

gelten:

$$As - ss'C + B - s'D = 0 \qquad\qquad 4.158$$

Dies ist die **Abbildungsgleichung für das System mit der Matrix M**. Handelt es sich bei dem optischen System im einfachsten Fall um eine **dünne Linse**, setzt man die Matrix Gl. 4.150 ein und erhält:

$$s - ss'(n-1)\left(\frac{1}{r_1} - \frac{1}{r_2}\right) + 0 - s' = 0 \qquad\qquad 4.159$$

oder

$$\frac{1}{s'} - \frac{1}{s} = (n-1)\left(\frac{1}{r_1} - \frac{1}{r_2}\right) \qquad\qquad 4.160$$

was der bekannten Abbildungsgleichung der dünnen Linse entspricht, wenn man a=s und a'=s' annimmt. Dies ist für die dünne Linse erfüllt, denn hier fallen die Scheitel mit der Mittelebene der Linse zusammen. Mit Gl. 4.158 wird aus Gl. 4.157 sofort:

$$y_2 = (A - s'C)y_1 \qquad\qquad 4.161$$

Das Verhältnis y_2/y_1 entspricht der Lateralvergrößerung β', sie ist also:

$$\beta' = \frac{y_2}{y_1} = A - s'C \qquad\qquad 4.162$$

Im einfachen Fall der dünnen Linse bestätigt man mit s=a und s'=a' das Ergebnis von Gl. 4.86:

$$\beta' = 1 - s'(n-1)\left(\frac{1}{r_1} - \frac{1}{r_2}\right) = 1 - s'\left(\frac{1}{s'} - \frac{1}{s}\right) = \frac{s'}{s} \qquad\qquad 4.163$$

Hier wurde Gl. 4.160 genutzt. Für eine dünne Linse kann das Winkelverhältnis $\gamma = \dfrac{\sigma_2}{\sigma_1}$ aus der σ–Gleichung der Matrixbeziehung 4.156 abgeleitet werden:

$$\sigma_2 = y_1 C + (sC + D)\sigma_1 \qquad\qquad 4.164$$

Nimmt man an, dass der Gegenstandspunkt auf der optischen Achse liegt, dann ist $y_1 = 0$ und man erhält mit Gl. 4.150:

$$\sigma_2 = \left(s(n-1)\left(\frac{1}{r_1} - \frac{1}{r_2}\right) + 1\right)\sigma_1 \qquad\qquad 4.165$$

Damit erhält man unter Benutzung von 4.160:

$$\gamma' = \frac{\sigma_2}{\sigma_1} = \left(s\left(\frac{1}{s'} - \frac{1}{s}\right) + 1 \right) \qquad \boxed{\gamma = \frac{s}{s'}} \qquad\qquad 4.166$$

Man beachte, dass hier die Einschränkung a=s und a'=s' gemacht wurde; die Formel ist also nur für dünne Linsen gültig. Für sie gilt wegen Gl. 4.86 auch:

$$\boxed{\gamma = \frac{1}{\beta'}} \qquad\qquad 4.167$$

4.2.8   Hauptebenen

Im Grunde ist mit der Abbildungsgleichung 4.158 die Berechnung der Bildweite eines komplizierten optischen Systems bei gegebener Gegenstandsweite möglich. Allerdings gestaltet sich die Berechnung bestimmter Größen, z.B. der Vergrößerungen umständlich. Es stellt sich die Frage, inwieweit sich die Berechnung der Abbildung durch ein solches System nicht vereinfachen lässt. Am besten wäre es, wenn man das System auf die abbildenden Eigenschaften einer dünnen Linse reduzieren könnte. Das ist auch möglich, aber leider nicht so, dass man das optische System durch eine dünne Linse mit völlig identischer Wirkung einfach ersetzen könnte. Wäre das möglich, könnte man auf all die komplizierten und teuren Linsensysteme in der Optik gänzlich verzichten. Diese ermöglichen erst die Korrektur diverser Linsenfehler (Kap. 4.3 und 4.4), insbesondere auch des Fehlers, der durch die Verwendung kugelförmiger Oberflächen entsteht und der durch die hier verwendete paraxiale Näherung ignoriert wird.

Zur Reduzierung der abbildenden Eigenschaften führt man zwei Bezugsebenen, die **Hauptebenen**, für das optische System ein (Abb. 4.33). Bezieht man die Gegenstands- und Bildweite auf diese Ebenen, so gilt einfach die **Abbildungsgleichung der dünnen Linse**. Oder anders ausgedrückt: würde man in Abb. 4.33 den Raum zwischen den beiden Hauptebenen mit der Schere herausschneiden und die zwei Schnittkanten zusammenschieben, dann wäre die entstandene neue Ebene die dünne Ersatzlinse. In Matrixdarstellung muss also gelten:

$$\begin{pmatrix} A & B \\ C & D \end{pmatrix} = \begin{pmatrix} 1 & s'_{H'} \\ 0 & 1 \end{pmatrix} \cdot \begin{pmatrix} 1 & 0 \\ 1/f' & 1 \end{pmatrix} \cdot \begin{pmatrix} 1 & -s_H \\ 0 & 1 \end{pmatrix} \qquad\qquad 4.168$$

Der Abstand s_H zwischen dem Eintrittsscheitelpunkt S und dem ersten Hauptpunkt H ist im Beispiel der Abb. 4.33 positiv, H liegt rechts von S. Dagegen ist der Abstand $s'_{H'}$ zwischen dem Austrittsscheitelpunkt S' und dem zweiten Hauptpunkt H' negativ.

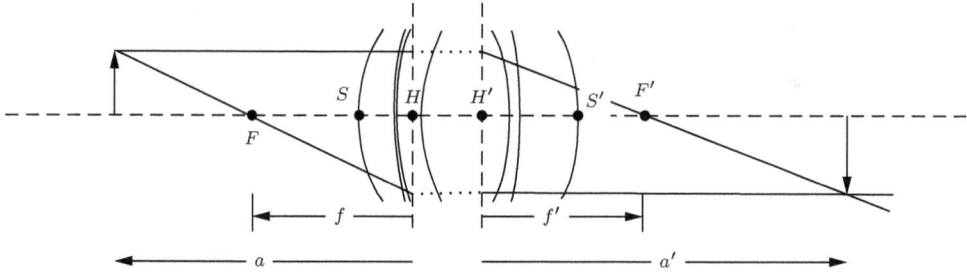

Abb. 4.33. Ein beliebiges optisches System soll in seiner abbildenden Wirkung durch eine dünne Linse dargestellt werden. Hierzu werden zwei Hauptebenen (gestrichelte Linien) dergestalt eingeführt, dass unter Vernachlässigung des Zwischenraumes eine Bildkonstruktion wie bei der dünnen Linse möglich ist.

Ausmultipliziert erhält man für Gl. 4.168:

$$\begin{pmatrix} A & B \\ C & D \end{pmatrix} = \begin{pmatrix} 1+\dfrac{s'_{H'}}{f'} & s'_{H'} \\ 1/f' & 1 \end{pmatrix} \cdot \begin{pmatrix} 1 & -s_H \\ 0 & 1 \end{pmatrix} = \begin{pmatrix} 1+\dfrac{s'_{H'}}{f'} & -s_H - \dfrac{s_H s'_{H'}}{f'} + s'_{H'} \\ 1/f' & -\dfrac{s_H}{f'}+1 \end{pmatrix} \qquad 4.169$$

Man erkennt also, dass wegen

$$\boxed{C = \frac{1}{f'}} \qquad\qquad 4.170$$

die dünne Ersatzlinse die gleiche Brennweite hat, wie das optische System. C ist ja nach dem oben Gesagten die reziproke Brennweite des Systems. Mit Gl. 4.170 lässt sich A und D wie folgt ausdrücken:

$$A = 1 + C s'_{H'} \quad \text{und} \quad D = -s_H C + 1 \qquad\qquad 4.171$$

Nach s_H und $s'_{H'}$ aufgelöst, erhält man:

$$\boxed{s_H = \frac{1-D}{C}} \quad \text{und} \quad \boxed{s'_{H'} = \frac{A-1}{C}} \qquad\qquad 4.172$$

s_H und $s'_{H'}$ werden **Schnittweite des objekt– bzw. bildseitigen Hauptpunktes** genannt. Die Abstände der Hauptebenen von den Scheiteln lassen sich also aus der ABCD–Matrix des optischen Systemes berechnen. Für das Element B gilt nach Gl. 4.169:

$$B = -s_H - \frac{s_H s'_{H'}}{f'} + s'_{H'} \qquad\qquad 4.173$$

Addiert und subtrahiert man $\dfrac{s_H s'_{H'}}{f'}$, kann man diese Gleichung in die Form

$$B = -s_H \left(1 + \frac{s'_{H'}}{f'}\right) + s'_{H'}\left(1 - \frac{s_H}{f'}\right) + \frac{s_H s'_{H'}}{f'} \qquad\qquad 4.174$$

bringen. Setzt man die Elemente A und D aus Gl. 4.169 sowie Gl. 4.170 ein, erhält man

$$As_H - Cs_H s'_{H'} + B - Ds'_{H'} = 0 \qquad\qquad 4.175$$

Vergleicht man mit der Abbildungsgleichung 4.158, bemerkt man, dass s_H und $s'_{H'}$ einer Gegenstands– und Bildweite entsprechen. Das System, das durch die ABCD–Matrix beschrieben wird, **bildet also Punkte der ersten Hauptebene in die zweite Hauptebene ab.** Die Hauptebenen sind also **zueinander konjugiert.**

Als Beispiel eines einfachen optischen Systems soll hier eine dicke Zerstreuungslinse mit der Brechzahl n=1,8 betrachtet werden. Die Krümmungsradien seien r_1=–40mm und r_2=30mm. Der Scheitelabstand sei d=20mm. Man beachte, dass die große Linsendicke nicht ganz realistisch ist; außerdem sind die gewählten Krümmungsradien bedenklich hinsichtlich der paraxialen Näherung. Strahlen, wie sie in Abb. 4.34 verwendet wurden, wären nicht achsnah oder hätten einen zu großen Einfallswinkel. Die Parameter wurden so gewählt, um die Ergebnisse graphisch klar und trotzdem maßstäblich darstellen zu können .

$$M_{Ld} = \begin{pmatrix} 1 - \left(1 - \dfrac{1}{1,8}\right)\dfrac{20}{-40} & -\dfrac{20}{1,8} \\[3mm] (1,8-1)\left(\dfrac{1}{-40} - \dfrac{1}{30} + \dfrac{20}{1,8\cdot(-40)\cdot30}(1,8-1)\right) & (1,8-1)\dfrac{20}{1,8\cdot30} + 1 \end{pmatrix} \quad 4.176$$

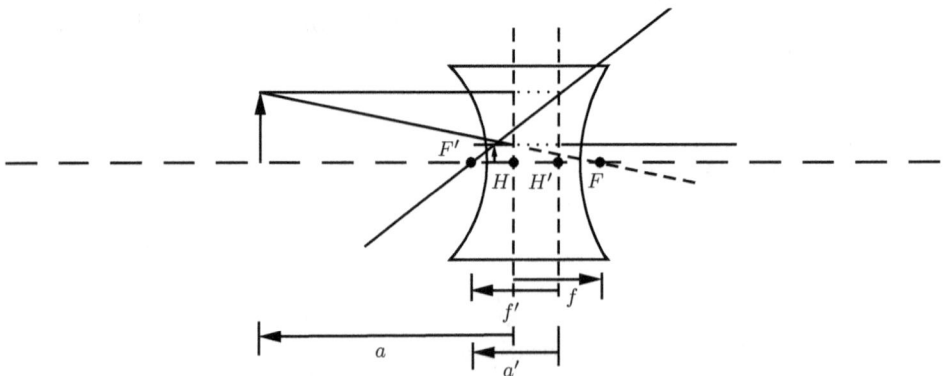

Abb. 4.34. Beispiel einer dicken Zerstreuungslinse mit der Scheiteldicke d=20mm und mit Krümmungsradien r_1=–40mm und r_2=30mm.

Die Zahlen sind – wie in der technischen Optik üblich – einheitenfrei. Es ist aber darauf zu achten, dass alle eingesetzten Größen der Dimension Länge die gleiche Einheit haben. Bei der ABCD–Matrix sind **A und D einheitenfrei**, während **B die Einheit einer Länge** und **C die Einheit einer reziproken Länge** haben. Es ist dann:

$$M_{Ld} = \begin{pmatrix} 1,2222 & -11,1111 \\ -0,05259 & 1,2963 \end{pmatrix} \qquad\qquad 4.177$$

Daraus liest man mit Gl. 4.170 ab, dass die bildseitige Brennweite f'=–19,0141mm ist. Die Hauptpunkte liegen bei s_H=5,6338mm und $s'_{H'}$=–4,2254mm. Besonders zu beachten ist bei Zerstreuungslinsen, dass die **bildseitige Brennweite f' negativ** ist, d.h. im Gegenstandsraum liegt. Die **gegenstandsseitige Brennweite f=–f'** dagegen liegt im Bildraum, sie ist **positiv**. Ein Gegenstand (der Pfeil in Abb. 4.34), der a=–55,5mm von der ersten Hauptebene bzw. vom Hauptpunkt H entfernt ist, wird gemäß Abbildungsgleichung (siehe Gl. 4.83) für die dünne Linse

$$\frac{1}{a'} - \frac{1}{a} = \frac{1}{f'} \qquad\qquad 4.178$$

mit einer Bildweite von

$$a' = \frac{f'a}{a+f'} = -14,1622\text{mm} \qquad\qquad 4.179$$

abgebildet. Die Bildweite a' ist von der zweiten Hauptebene bzw. vom zweiten Hauptpunkt H' aus zu zeichnen. Man erkennt, dass das Bild innerhalb der Linse liegt und virtuell ist.

Hier sei noch einmal auf die Bezeichnungen a und s eingegangen. a und a' sind **Gegen-stands– und Bildweite** von den jeweiligen zugehörigen Hauptpunkten aus gemessen, s und s', die **Objekt– und Bildschnittweite**, beziehen sich auf die jeweiligen Scheitel. Es ist klar, dass im Falle einer dünnen Linse, die ja keine Dicke besitzt und somit auch keine zwei Hauptebenen, a und s bzw. a' und s' gleich sind. Bei der dicken Linse unterscheiden sich die beiden Größen. Im Falle des obigen Beispiels der dünnen Linse beträgt die Objektschnitt-weite s=–55,5mm+5,6338mm=–49,8662mm und die Bildschnittweite s'=–14,1622mm–4,2254mm=–18,3876mm.

Nun noch ein Wort zur Bildkonstruktion. Mit Hilfe der Hauptebenen lässt sich das Bild eines Gegenstandes, der sich in gegebenem Abstand zum Linsensystem befindet, konstruieren. Dies erfolgt nach dem gleichen Prinzip wie bei der dünnen Linse, schließlich wurde das Linsensystem ja mittels der Hauptebenen auf eine dünne Linse zurückgeführt. Man kann bei der Konstruktion so verfahren, dass man sich einfach den Zwischenraum zwischen den Hauptebenen herausgeschnitten und die beiden Hauptebenen zu einer zusammengezogen denkt. Am Beispiel der dicken Linse von Abb. 4.34 kann man dies erkennen, allerdings tritt hierbei die Komplikation auf, dass der bildseitige Brennpunkt auf der Gegenstandsseite liegt. f' ist also negativ. Die Brennweiten werden jeweils ab der zugehörigen Hauptebene gerech-net. Der Parallelstrahl wird also bis zur ersten Hauptebene gezeichnet, der Raum zwischen den Hauptebenen ist quasi nicht vorhanden, und dann wird er ab der zweiten Hauptebene nach rückwärts durch F' gezeichnet. Natürlich gibt es diesen nach hinten verlängerten Strahl in Wirklichkeit nicht, der reale Strahl verlässt die Linse nach rechts (wenn nicht, wie in Abb. 4.34 die Linse in radialer Richtung zu klein ist …). Der Brennstrahl ist in Richtung auf den gegenstandsseitigen Brennpunkt gerichtet, welcher allerdings im Bildraum liegt, denn f ist positiv. Beim Auftreffen auf der ersten Hauptebene wird er zum Parallelstrahl. Auch dieser Strahl muss in den Gegenstandsraum verlängert werden, um einen Schnittpunkt mit dem ersten konstruierten Strahl zu erhalten. Dieser Punkt ist also der konstruierte Bildpunkt. Das Bild ist also virtuell.

Als zweites Beispiel soll eine GRIN–Optik gerechnet werden. Es soll eine Optik der Länge L=50mm betrachtet werden, deren Brechungindex nach Gl. 4.104 gemäß

$$n(r) = n_0 \left(1 - \frac{a}{2} r^2 \right) \qquad\qquad 4.180$$

gegeben ist, wobei die Brechzahl n_0 auf der optischen Achse 1,474 und $a = 67,2 \cdot 10^{-6}\,\text{mm}^{-2}$ ist. Eine solche Optik hat auf der optischen Achse einen höheren Brechungsindex als in den Randbereichen, die von der optischen Achse einen gewissen Abstand haben. Ein Lichtstrahl würde sich also im Zentrum der Optik langsamer ausbreiten als am Rand. Bei einer Sammellinse ist das genauso: sie ist in der Mitte dicker als am Rand und daher braucht das Licht auf der optischen Achse länger als am Rand. Die Wirkung ist in beiden Fällen dieselbe: die Phasenfronten werden zur optischen Achse hin verbogen, parallel einfallendes Licht wird fokussiert. Man kann für die oben spezifizierte GRIN–Optik, deren ABCD–Matrix mit Gl. 4.145 schon fertig angegeben ist, Brennweiten und Hauptebenen berechnen. Die Matrix lautet für die oben angegebenen Zahlen:

$$M_{GB} = \begin{pmatrix} 0,9172 & 32,9795 \\ 0,004815 & 0,9172 \end{pmatrix} \qquad\qquad 4.181$$

Damit ist die Brennweite f gegeben durch 207,68mm. Die Hauptebenen liegen bei s_H=17,20mm und bei s'_H=−17,20mm. Man erkennt übrigens aus den Gln. 4.172 und aus der Gleichheit der Matrixelemente A und D in Gl. 4.181, dass die Beträge von s_H und s'_H jeweils gleich sein müssen.

Als weiteres Beispiel soll hier noch ein Photoobjektiv, ein sogenanntes Spiegelobjektiv, berechnet werden. Diese Objektive ermöglichen eine sehr große Brennweite bei kurzer Baulänge. Eine große Brennweite wird benötigt, wenn man entfernte Gegenstände sehr groß abbilden will. Die Lateralvergrößerung für die dünne Linse ist nach Gl. 4.86 gegeben durch β'=a'/a. Wird also ein Objekt in der Gegenstandsweite a vergleichsweise durch zwei dünne Linsen abgebildet, so sind die Lateralvergrößerungen durch

$$\beta'_1 = \frac{a'_1}{a} \quad \text{und} \quad \beta'_2 = \frac{a'_2}{a} \qquad\qquad 4.182$$

gegeben. Löst man nach der Gegenstandsweite a auf und setzt gleich, erhält man

$$\frac{a'_1}{\beta'_1} = \frac{a'_2}{\beta'_2} \qquad\qquad 4.183$$

Da mit Teleobjektiven in der Regel weit entfernte Gegenstände abgebildet werden, gilt hier wegen a → ∞

$$\frac{1}{f'} \approx \frac{1}{a'} \quad \text{also} \quad a' \approx f',$$ 4.184

so dass gilt:

$$\frac{f'_1}{\beta'_1} = \frac{f'_2}{\beta'_2} \quad \text{oder} \quad \boxed{\frac{\beta'_2}{\beta'_1} = \frac{f'_2}{f'_1}}$$ 4.185

Das bedeutet: die Vergrößerungen verhalten sich wie die Brennweiten. Eine große Vergrößerung wird mit einer großen Brennweite erzielt. Ein Teleobjektiv sollte also eine möglichst lange Brennweite besitzen. 1000mm wären schon extrem. Im Falle einer Einzellinse als Objektiv würde das heißen, dass die Linse wegen Gl. 4.184 auch ca. 1000mm, also 1m von der Bildebene entfernt sein müsste. Das ist natürlich nicht praktikabel.

Ein Spiegelobjektiv löst das Problem. Es besteht in vereinfachtester Form aus zwei Spiegeln, einem Konvex– und einem Konkav–Spiegel (Abb. 4.35). Der Konvexspiegel habe den Radius r_1=–500mm und der Konkavspiegel den Radius r_2=+200mm. Der Abstand t der Spiegel betrage 175mm. Die ABCD–Matrix des Systems ist dann – unter Benutzung der Transformationsgleichung 4.96 für den sphärischen Spiegel – gegeben durch

$$M = \begin{pmatrix} A & B \\ C & D \end{pmatrix} = \begin{pmatrix} 1 & 0 \\ -2/200 & 1 \end{pmatrix} \cdot \begin{pmatrix} 1 & -175 \\ 0 & 1 \end{pmatrix} \cdot \begin{pmatrix} 1 & 0 \\ -2/(-500) & 1 \end{pmatrix}$$ 4.186

Hier steckt die Vorzeichenkonvention für einen entfalteten Strahlengang drin. Man erhält:

$$\begin{pmatrix} A & B \\ C & D \end{pmatrix} = \begin{pmatrix} 1 & -175 \\ -0,01 & 2,75 \end{pmatrix} \cdot \begin{pmatrix} 1 & 0 \\ 1/250 & 1 \end{pmatrix} = \begin{pmatrix} 0,3 & -175 \\ 0,001 & 2,75 \end{pmatrix}$$ 4.187

Damit ist die resultierende bildseitige Brennweite des Systems f'=1/C=1000mm. Die Hauptebenen liegen nach Gl. 4.172 bei s_H=–1750mm und s'_H=–700mm. Zur Verdeutlichung der Verhältnisse wurde das System in der mittleren der Abb. 4.36 entfaltet und die zugehörigen Hauptebenen eingezeichnet. An die Spiegelpositionen wurden in diesem entfalteten Strahlengang dünne Linsen der Brennweiten f_1=250mm und f_2=–100mm gesetzt. Man erhält damit ein Teleobjektiv mit identischen Eigenschaften. Darunter ist im gleichen Maßstab das Spiegelobjektiv gezeichnet. Darüber die Einzellinse mit gleicher Wirkung. Man erkennt deutlich den Baulängenvorteil, den ein Teleobjektiv mit Linsen hätte, und die noch kompaktere Bauweise eines Spiegelobjektivs.

In der Praxis ist dieses Objektiv viel komplizierter aufgebaut. In der Regel werden auch Linsen in den Strahlengang gebracht. Überhaupt werden auch bei kürzeren Brennweiten mehrlinsige Systeme verwendet. Der Grund hierfür ist u.a. die sogenannte sphärische Aberration. Dies ist ein Linsenfehler, der durch die paraxiale Näherung unterdrückt wird, der in

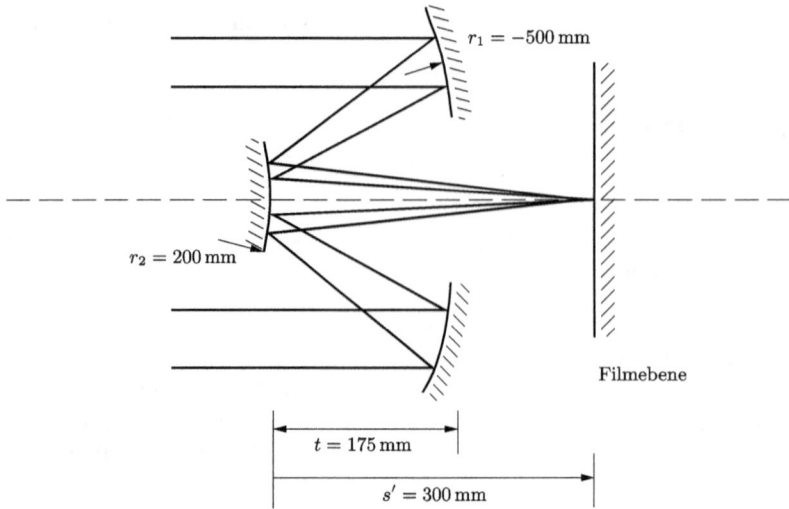

Abb. 4.35. Das Spiegelobjektiv bietet die Möglichkeit, bei kompakter Bauform lange Brennweiten zu realisieren.

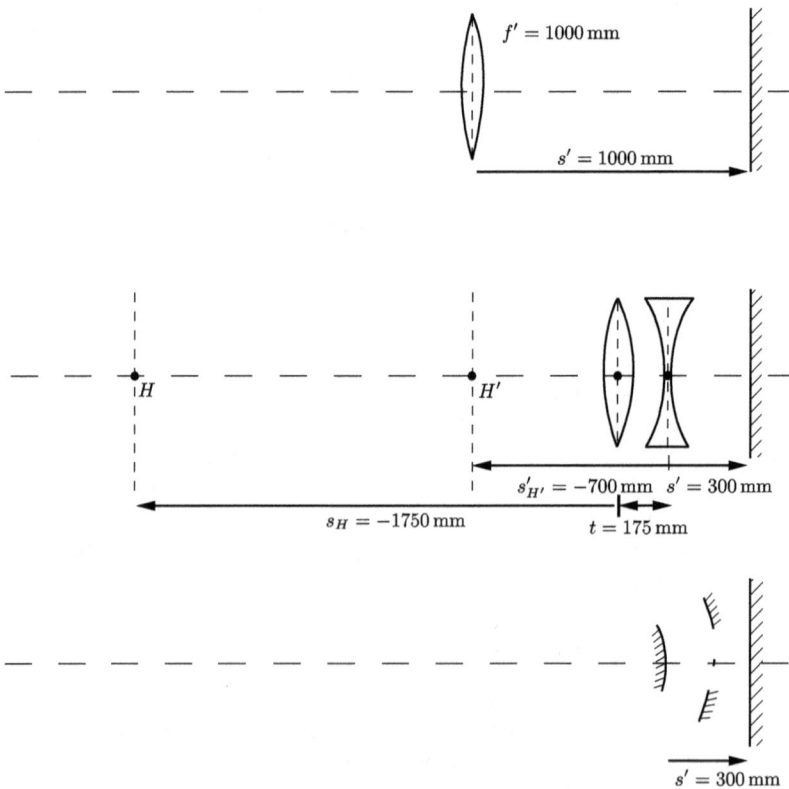

Abb. 4.36. Drei Möglichkeiten der Realisierung eines Teleobjektivs der Brennweite 1000mm: oben die Einzellinse, in der Mitte die verkürzte Bauform mit zwei Linsen und unten die kompakteste Form, das Spiegelobjektiv.

der Praxis aber immer auftritt, wenn man sphärische Oberflächen verwendet. Es zeigt sich, dass Linsen für achsferne Strahlen eine andere Brennweite besitzen wie für achsnahe. Durch mehrere Linsen erreicht man eine Besserung dieses Linsenfehlers. Ein weiterer Fehler beruht auf der Tatsache, dass der Brechungsindex wellenlängenabhängig ist. Das führt zu unterschiedlichen Brennweiten für Licht unterschiedlicher Wellenlängen. Auch dieser Fehler lässt sich mit mehrlinsigen Systemen minimieren.

Bevor das letzte Phänomen, die Dispersion, näher betrachtet werden soll, soll noch eine klassische Objektivkonstruktion, ein sogenanntes **Triplet**, berechnet werden (Abb. 4.37). Es ist dies ein Objektiv, das 1894 vom britischen Optiker Harold Denis Taylor entwickelt wurde. Es ist auch als „**Cook lens**" bekannt und zeichnet sich durch gute Korrektur von Koma und Astigmatismus aus. Auf diese Linsenfehler wird später noch eingegangen (Kap. 4.4). Hier soll die Systemmatrix berechnet werden. In der Tabelle 4.5 sind die Systemparameter sowie die Koeffizienten der jeweiligen Matrizen angegeben. Abb. 4.37 zeigt das Triplet mit den zugehörigen Hauptebenen.

Tab. 4.5. Matrixelemente der Transformationsmatrizen für ein Triplet [Smith 1992].

	Radius	Dicke	Brechzahl	Elemente der Transformationsmatrizen			
				m_{11}	m_{12}	m_{21}	m_{22}
Linse 1	44,550		1,613	1	0	0,0085305	0,6199628
		5,000		1	−5,000	0	1
	−436,600			1	0	0,0014040	1,613
		10,310		1	−10,310	0	1
Linse 2	−38,610		1,606	1	0	−0,0097729	0,62266
		1,600		1	−1,600	0	1
	42,620			1	0	−0,014218	1,606
		8,040		1	−8,040	0	1
Linse 3	250,970		1,613	1	0	0,0015142	0,6199628
		5,000		1	−5,000	0	1
	−32,670			1	0	0,018763	1,613

Die ABCD–Matrix für das Triplet lautet:

$$M = \begin{pmatrix} 0,89100 & -30,1048 \\ 0,0100035 & 0,78434 \end{pmatrix}$$
(4.188)

Die Hauptebenen liegen bei s_H=21,5587mm und s'_H=−10,896mm, die Brennweite beträgt f'=99,9652mm.

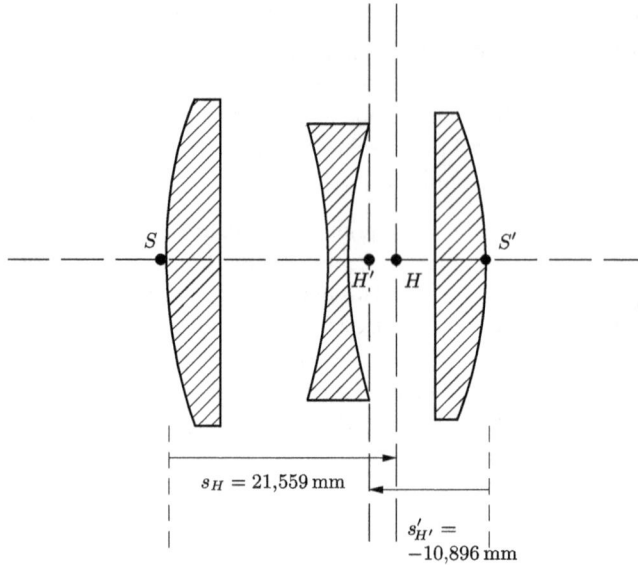

Abb. 4.37. Triplet nach Tab. 4.5 einschließlich der beiden Hauptebenen.

Aufgaben

1. a) **Berechnen** Sie die Strahlmatrix einer dicken Glasplatte der Stärke d (siehe Skizze). Machen Sie dabei die übliche Näherung kleiner Einfallswinkel α_1!

b) Überprüfen Sie Ihr Resultat, indem Sie die Strahlmatrix einer dicken Linse auf das Problem anwenden!

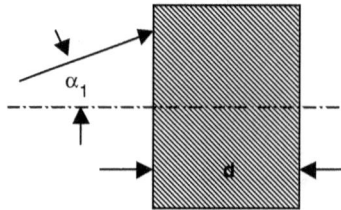

2. Eine dicke Linse habe die Scheiteldicke d=8,96 mm und die Systemmatrix

$$M = \begin{pmatrix} 0,961866 & -5,909316\,\text{mm} \\ C & 0,978209 \end{pmatrix}$$

a) Welchen Brechungsindex hat das Linsenmaterial?

b) Wie groß ist der Krümmungsradius r_1 der Eintrittsoberfläche?

c) Berechnen Sie den Krümmungsradius r_2 der Austrittsoberfläche!

d) Wie groß ist die Brennweite der Linse?

3. Das menschliche Auge besitzt näherungsweise die in der Skizze eingetragenen Radien und Brechzahlwerte.

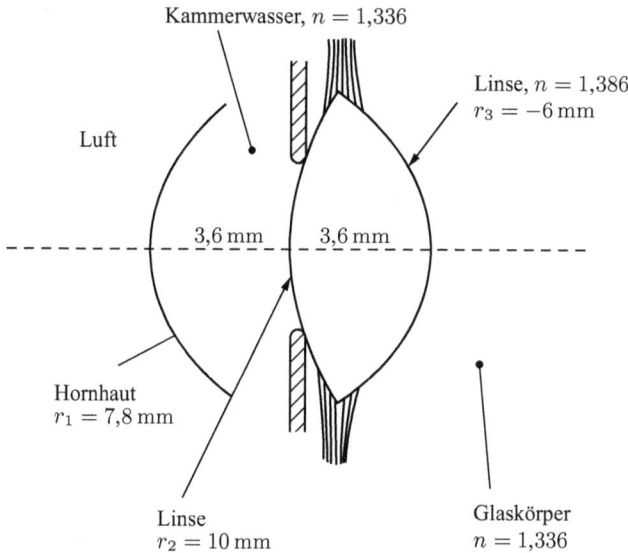

a) Berechnen Sie mit Hilfe der Strahlmatrizen die Lage der Hauptebenen!

b) In welchem Abstand von der Hornhaut müsste sich die Netzhaut befinden, um einen im Unendlichen gelegenen Gegenstand scharf abbilden zu können?

4. Gegeben sei eine symmetrische, bikonvexe Sammellinse mit den Krümmungsradien $r_1 = 10$ cm und $r_2 = -10$ cm, der Brechzahl $n = 1,5$ und der Scheiteldicke $d = 0,4$ cm. Sie soll durch eine plankonvexe Linse (also $r_{1n} \to \infty$) gleicher Scheiteldicke und gleicher Brechzahl ersetzt werden.

a) Wie groß muss die Krümmung r_{2n} dann gewählt werden, damit die Linse die gleiche hauptebenenbezogene Brennweite besitzt?

b) Wo liegen die Hauptebenen der neuen Linse?

c) Ein 25 cm vor der planen (Eintritts-)Oberfläche liegender Gegenstand wird durch die Linse abgebildet. In welcher Entfernung, bezogen auf die Austrittsoberfläche, liegt sein Bild?

5. Eine Glasplatte mit Brechzahl $n_g = 1,51508$ habe, wie skizziert, eine sphärische Hohlung mit Radius $R = 8$ cm. Die Scheiteldicke der Platte sei $d = 0,3$ cm. In die Hohlung wird eine Flüssigkeit mit der Brechzahl n_f gegossen, so dass auf der optischen Achse die Tiefe $t = 1$ cm erreicht wird.

a) Welche Brechzahl n_f muss die Flüssigkeit haben, damit die Anordnung eine Brennweite von $f = -43,937$ cm bekommt?

b) Berechnen Sie die Lage der beiden Hauptebenen bezüglich der Ein- bzw. Austrittsebenen!

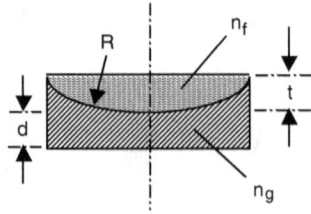

6. Gegeben sei der skizzierte Kondensor aus BK7 (n=1.51680). Die Krümmungsradien der Oberflächen seien $r = |r| = 30mm$, die Dicke der Einzellinsen sei im Scheitel je 5 mm.

a) Berechnen Sie in allgemeiner Form die Lage der Hauptebenen und die Brennweite!

b) Wo läge, bezogen auf die (ebene) Austrittsfläche des Kondensors, das Bild einer Lichtquelle, die sich 32 mm vor der (ebenen) Eintrittsfläche befindet?

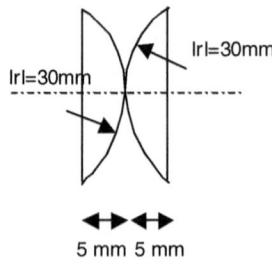

7. Eine dicke Linse habe die Brennweite f=5,807cm und die Hauptebenen liegen bei h_1=0,319 cm und bei h_2=–0,255 cm. Der Brechungsindex des Linsenmaterials ist n=1,78446. Berechnen Sie die Krümmungsradien r_1 und r_2 sowie die Dicke d der Linse!

8. Gegeben sei eine dicke Linse an Luft mit den Krümmungsradien r_1 und r_2 sowie der Scheiteldicke d. Die Brechzahl des Linsenmaterials sei n.

a) Berechnen Sie die Lage der Hauptebenen für den Fall einer plan-konvexen Linse mit $r_1 \rightarrow \infty$!

b) In welchem Verhältnis müssen r_1 und r_2 im Fall einer bikonvexen Linse stehen, damit das Verhältnis h_1/h_2 der Hauptebenen k beträgt?

9. Ein Ausschnitt aus einer Glaskugel mit der Brechzahl n und konstanter Wandstärke hat keine unendliche Brennweite. Soll die Brennweite unendlich werden, muss also $r_2 \neq r_1 + d$ sein. Dabei ist d die Dicke am Scheitel. Berechnen Sie die Größe von r_2 in Abhängigkeit der bekannten Größen r_1, d und n!

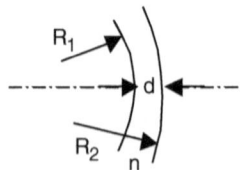

10. Ein Zimmerbrand soll durch eine mit Wasser befüllte, dickwandige und kugelförmige Blumenvase entstanden sein. Sie soll das Sonnenlicht auf einen Stapel Zeitungen fokussiert haben (Brennglaseffekt, siehe Skizze). Ist das möglich? Berechnen Sie hierzu die Brennweite und die Lage der Hauptebenen des optischen Systems unter den folgenden Annahmen:

Brechungsindex des Glases: $n_g = 1,5 = 3/2$
Brechungsindex des Wassers: $n_w = 1,333 = 4/3$
Innenradius der Vase: $r_i = 5$ cm
Außenradius der Vase: $r_a = 10$ cm

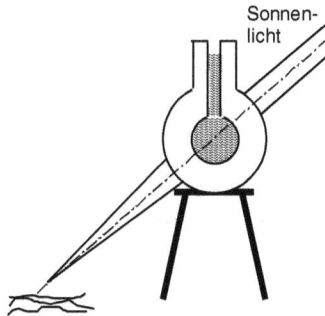

11. Gegeben sei die nachstehend skizzierte Linse mit der Brechzahl n, deren Austrittsoberfläche verspiegelt ist. Sie befinde sich an Luft und habe die folgenden Parameter:

$$|R_1| = 10\text{cm} \qquad |R_2| = 20\text{cm} \qquad d = 0,4\text{cm} \qquad n = 1,51680$$

a) Berechnen Sie die Lage der Hauptebenen!

b) Wie groß ist die Brennweite der Anordnung?

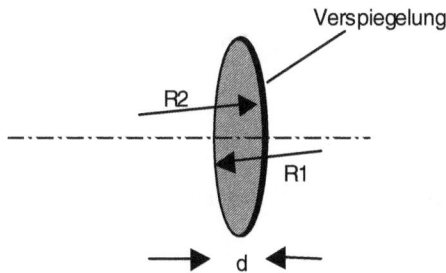

12. Zwei Einzellinsen seien in skizzierter Weise zusammengekittet. Die gemeinsame Oberfläche habe den Krümmungsradius r. Die Einzellinsen haben die Brechungsindizes n_1 bzw. n_2 sowie die Scheiteldicken $3d/4$ bzw. $d/4$.

a) Wie groß ist die Brennweite des Systems?

b) Berechnen Sie die Lage der Hauptebenen!

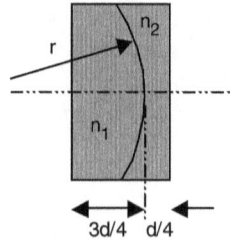

13. Eine bikonvexe dicke Sammellinse mit $r_1 = -r_2 = r$ und mit dem Brechungsindex n=1,5 habe die folgende Transformationsmatrix:

$$M = \begin{pmatrix} 29/30 & -2/3\,\text{cm} \\ 59/600\,\frac{1}{\text{cm}} & 29/30 \end{pmatrix}$$

Berechnen Sie die Scheiteldicke d der Linse sowie den Radius r!

14. Gegeben ist die nachstehende Linsenkombination in Luft mit den folgenden Parametern:

R_1 plan $R_2 = +1,920\,\text{cm}$ $R_3 = -2,400\,\text{cm}$ $d_1 = 0,217\,\text{cm}$ $d_2 = 0,396\,\text{cm}$

$n_1 = 1,5123$ $n_2 = 1,6116$

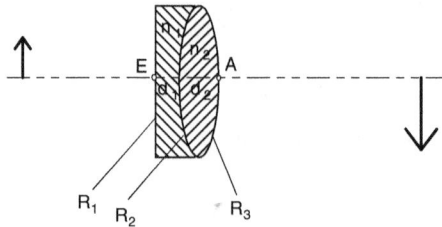

a) Berechnen Sie die Brennweite!

b) Wo liegen die beiden Hauptebenen?

c) Wohin wird ein 5 cm vor dem Punkt E liegender Gegenstand abgebildet? Geben Sie den Abstand des Bildes vom Punkt A an!

Nunmehr werde der Halbraum links von der Linse mit Wasser (n = 1,3329) ausgefüllt.

d) Wie groß ist nun die Brennweite? (Begründen Sie Ihr Resultat!)

e) Wohin würde in diesem Fall ein 5 cm vor dem Punkt E liegender Gegenstand abgebildet? Geben Sie den Abstand des Bildes vom Punkt A an!

15. Die nachstehend skizzierte Anordnung bestehe aus einer dünnen Linse mit Brennweite f und einem sphärischen Konkavspiegel mit unbekanntem Krümmungsradius R. Der Abstand d des Konkavspiegels von der dünnen Linse ist stets gleich R. Die Brennweite des Gesamtsystems sei f_{ges}.

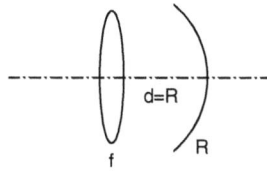

a) Wie groß ist R=d?

b) Zeigen Sie, dass aufgrund der Symmetrie der Anordnung für die Hauptebenen $|h_1| = |h_2|$ gilt!

16. Gegeben sei die skizzierte bikonvexe Linse. Sie besteht aus zwei plankonvexen Einzellinsen mit Krümmungsradius r und mit der Scheiteldicke d=3mm, die an der planen Seite zusammengekittet sind. Die beiden Linsen haben unterschiedliche Brechungsindizes $n_1=1,51509$ und $n_2=1,77862$.

a) Wie muss r gewählt werden, damit die Brennweite des Systems f=100mm beträgt?

b) Wo liegen dann die Hauptebenen des Systems?

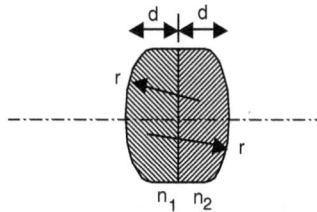

17. Gegeben sei eine dicke Linse aus einem Material mit der Brechzahl $n_1=1,78446$, der Scheiteldicke $d_1=1,1$cm und den Krümmungsradien der Oberflächen von $R_1=15$cm und $R_2=-12$cm (siehe Skizze).

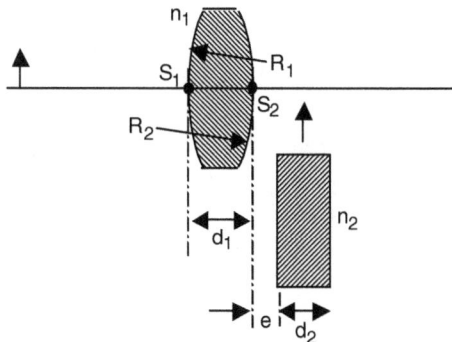

a) Berechnen Sie die Lage der Hauptebenen der Linse!

b) Wie groß ist die Brennweite?

c) Wohin – bezogen auf den Scheitel S_2 der Linse – wird ein 15,0705cm vor dem Scheitel S_1 der Linse befindlicher Gegenstand abgebildet?

d) Im Abstand e=0,5cm von der Linse (siehe Skizze) werde eine planparallele Glasplatte mit der Dicke d_2=1cm und mit dem Brechungsindex n_2=1, 51673 eingeschoben. Wohin, bezogen auf S_2, wird jetzt der 15,0705cm vor dem Scheitel S_1 gelegene Gegenstand abgebildet?

18. Ein sphärischer Hohlspiegel mit gegebenem Radius R stehe wie skizziert vor einem Planspiegel. Wie müsste die Entfernung e gewählt werden, damit Licht, das von einem beliebigen Punkt A auf dem Planspiegel ausgeht, nach Durchlaufen des Weges ABCDCBA wieder bei A eintrifft?

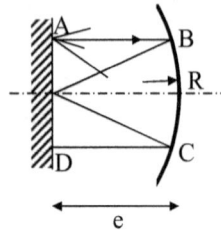

4.3   Dispersion

Lässt man monochromatisches Licht auf eine Linse fallen, so stellt man fest, dass die Brennweiten für Licht unterschiedlicher Wellenlängen verschieden sind. Das liegt an der Wellenlängenabhängigkeit des Brechungsindexes. Für BK7, ein optisches Standardglas, beträgt die Brechzahl für λ=480nm n_{480}=1,52283 und für λ=656,3nm n_{656}=1,51432. Das Glas ist also für kurze Wellenlängen höherbrechend als für lange Wellenlängen. Nach Gl. 4.84 betragen somit die bildseitigen Brennweiten für die beiden Wellenlängen bei einer Linse mit r_1=10cm und r_2=−10cm f'_{480}=9,563cm und f'_{656}=9,722cm. Der kleine Unterschied von 1,6mm mag gering erscheinen, führt in der Praxis aber zu Unschärfen in Abbildungen, die ja grundsätzlich aus Licht verschiedenster Wellenlängen bestehen. Es ist daher sinnvoll, dem Phänomen der **Dispersion** ein eigenes Kapitel zu widmen und zunächst die Ursachen zu verstehen.

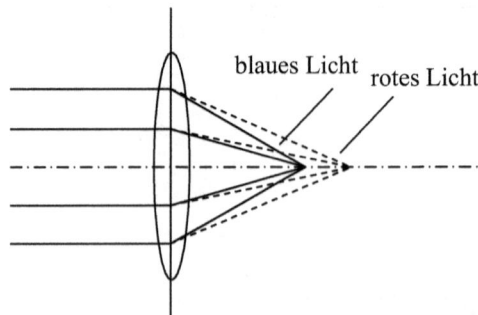

Abb. 4.38. Aufgrund der höheren Brechzahl für blaues Licht liegt der entsprechende Brennpunkt näher bei der Linse als derjenige für rotes Licht.

4.3.1   Ursache der Dispersion

Für den Augenblick soll der Bereich der Strahlenoptik verlassen werden und Licht als elektromagnetische Welle betrachtet werden. Wenn Licht ein Dielektrikum wie Glas durchläuft, kommt es aufgrund des elektrischen Feldes zur Polarisation. Positiv geladene Atomkerne und negativ geladene Elektronenhülle werden geringfügig gegeneinander verschoben (Abb. 4.39). Da sich das elektrische Feld mit sinusförmiger Zeitabhängigkeit verändert, wird auch die entsprechende Ladungsverschiebung ständig „umgepolt". Ein Maß für die Verschiebung der Ladungen ist die **Polarisation P** [Haferkorn 1980]. Betrachtet man einen festen Punkt innerhalb des Dielektrikums, dann ist sie mit dem verursachenden Feld

$$E(t) = E_0 e^{i\omega t} \qquad\qquad 4.189$$

wie folgt verknüpft:

$$P(t) = \varepsilon_0 (\varepsilon_r - 1)E = \varepsilon_0 (\varepsilon_r - 1)E_0 e^{i\omega t} \qquad\qquad 4.190$$

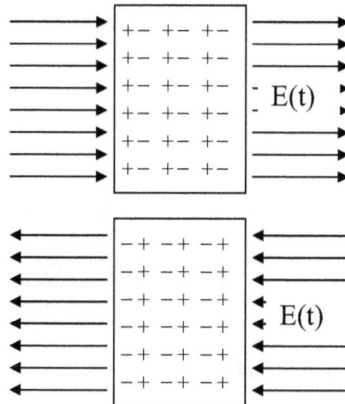

Abb. 4.39. Die Ladungsschwerpunkte von Elektronenhüllen und Atomkernen werden durch das zeitabhängige äußere elektrische Feld gegeneinander verschoben.

Dabei ist ε_0 die allgemeine Dielektrizitätskonstante ($\varepsilon_0 = 8,854 \cdot 10^{-12} F / m$) und ε_r eine Stoffkonstante, die **relative Dielektrizitätszahl**. Da die meisten optischen Materialien nur geringen Magnetismus zeigen, bestimmt sie wegen $\mu_r \approx 1$ ausschließlich die Brechzahl:

$$n = \sqrt{\varepsilon_r \mu_r} \approx \sqrt{\varepsilon_r} \qquad\qquad 4.191$$

Man kann das Dielektrikum nun als eigenen „Oszillator" auffassen, der – einmal ausgelenkt repetive polarisiert – zunächst weiterschwingt und schließlich aufgrund einer gewissen Dämpfung wieder in seiner Ruhestellung verharrt. Die Frequenz, mit der dies geschieht, ist die Frequenz des **gedämpften harmonischen Oszillators**. Diese muss nicht notwendigerweise mit der Frequenz des äußeren Feldes, also der Frequenz des Lichtes, übereinstimmen.

Angenommen, die Elektronen der Masse m werden durch das Feld um eine kleine Wegstrecke s ausgelenkt. Dann gilt hierfür die Differentialgleichung des fremdangeregten harmonischen Oszillators:

$$m\frac{d^2s}{dt^2} + b\frac{ds}{dt} + Ds = -eE_0e^{i\omega t} \qquad\qquad 4.192$$

Die Kraft auf das Elektron mit der Ladung e ist $-eE(t)$. Es wird hier eine geschwindigkeitsproportionale Dämpfung mit dem Dämpfungskoeffizienten b angenommen. D ist die Federkonstante, hier wird sie durch die Stärke der Bindung des Elektrons bestimmt. Die Frequenz des ungedämpften Systems ist nach dem klassischen Modell $\omega_0 = \sqrt{\dfrac{D}{m}}$, so dass man Gl. 4.192 auch in die Form

$$\frac{d^2s}{dt^2} + \frac{b}{m}\frac{ds}{dt} + \omega_0^2 s = -\frac{eE_0}{m}e^{i\omega t} \qquad\qquad 4.193$$

bringen kann. Als Lösungsansatz für diese Differentialgleichung zweiter Ordnung hat sich bewährt:

$$s(t) = s_0e^{i(\omega t+\varphi)} \qquad \frac{ds}{dt} = s_0i\omega e^{i(\omega t+\varphi)} \qquad \frac{d^2s}{dt^2} = -\omega^2 s_0e^{i(\omega t+\varphi)} \qquad 4.194$$

φ ist eine Phasenverschiebung. Eingesetzt in die Differentialgleichung erhält man:

$$-\omega^2 s_0e^{i(\omega t+\varphi)} + i\frac{b\omega}{m}s_0e^{i(\omega t+\varphi)} + \omega_0^2 s_0e^{i(\omega t+\varphi)} = -\frac{eE_0}{m}e^{i\omega t} \qquad 4.195$$

Der Exponentialfaktor $e^{i\omega t}$ kann gekürzt werden:

$$-\omega^2 s_0e^{i\varphi} + i\frac{b\omega}{m}s_0e^{i\varphi} + \omega_0^2 s_0e^{i\varphi} = -\frac{eE_0}{m} \qquad\qquad 4.196$$

Damit erhält man für $s_0e^{i\varphi}$ den Ausdruck:

$$s_0e^{i\varphi} = -\frac{eE_0}{m}\frac{1}{\omega_0^2 - \omega^2 + ib\omega/m} \qquad\qquad 4.197$$

Für die **Polarisation P** der Substanz gilt einerseits der aus der Elektrodynamik bekannte Zusammenhang

$$P(t) = (\varepsilon_r - 1)\varepsilon_0 E_0 e^{i\omega t}, \qquad\qquad 4.198$$

andererseits ergibt sich die Polarisation auch, wenn man das **Dipolmoment** $-es(t)$ des einzelnen Atoms mit der Teilchenzahldichte n_e der Elektronen multipliziert. Mit Gl. 4.194 gilt dann:

$$(\varepsilon_r - 1)\varepsilon_0 E_0 e^{i\omega t} = -n_e es(t) = -n_e es_0 e^{i(\omega t + \varphi)} \qquad 4.199$$

Unter Anwendung von Gl. 4.197 wird daraus

$$(\varepsilon_r - 1)\varepsilon_0 E_0 = n_e e \frac{eE_0}{m} \frac{1}{\omega_0^2 - \omega^2 + ib\omega/m} \qquad 4.200$$

und man gewinnt für die **relative Dielektrizitätszahl** ε_r denAusdruck:

$$\varepsilon_r = \frac{n_e e^2}{m\varepsilon_0\left(\omega_0^2 - \omega^2 + i\omega b/m\right)} + 1 \qquad 4.201$$

Mit Gl. 4.191 erhält man einen Ausdruck für n^2, den man zur Trennung von Real– und Imaginärteil schreiben kann als:

$$n^2 = \frac{n_e e^2\left(\omega_0^2 - \omega^2 - i\omega b/m\right)}{m\varepsilon_0\left(\omega_0^2 - \omega^2 + i\omega b/m\right)\cdot\left(\omega_0^2 - \omega^2 - i\omega b/m\right)} + 1 \qquad 4.202$$

Man erhält weiterhin:

$$\boxed{n^2 = \frac{n_e e^2\left(\omega_0^2 - \omega^2\right)}{m\varepsilon_0\left((\omega_0^2 - \omega^2)^2 + \omega^2 b^2/m^2\right)} + 1 - i\frac{\omega b n_e e^2}{m^2\varepsilon_0\left((\omega_0^2 - \omega^2)^2 + \omega^2 b^2/m^2\right)}} \qquad 4.203$$

Offensichtlich entsteht im vorliegenden Fall ein **komplexer Brechungsindex**. Bisher war die Brechzahl eine reelle Größe. Welche Bedeutung hat nun der Imaginärteil von Gl. 4.203? Hierzu sei zunächst die Abkürzung

$$n = n_0 - i n_0 \kappa \quad \text{bzw.} \quad n^2 = n_0^2 - 2 i n_0^2 \kappa - n_0^2 \kappa^2 \qquad 4.204$$

eingeführt. Die Bedeutung der Größen n_0 und κ ist die folgende: in Gl. 4.189 wurde das elektrische Feld für einen bestimmten Punkt im Raum mit $E(t) = E_0 e^{i\omega t}$ angegeben. Betrachtet man eine in x–Richtung fortschreitende Welle, so gilt wegen $k = \dfrac{2\pi}{\lambda} = \dfrac{2\pi f}{c} = \dfrac{\omega n}{c_0}$:

$$E(t) = E_0 e^{i(\omega t - kx)} = E_0 e^{i\omega\left(t - \frac{n}{c_0}x\right)} \qquad 4.205$$

Setzt man die komplexe Brechzahl von Gl. 4.204 ein, erhält man:

$$E(t) = E_0 e^{i\omega\left(t - \frac{n_0}{c_0}x + \frac{in_0\kappa x}{c_0}\right)} = E_0 e^{i\omega\left(t - \frac{n_0}{c_0}x\right)} e^{-\frac{\omega n_0 \kappa x}{c_0}} = E_0 e^{i\omega\left(t - \frac{n_0}{c_0}x\right)} e^{-\frac{2\pi n_0 \kappa x}{\lambda_0}} \qquad 4.206$$

Es liegt also ein schnell oszillierender Teil der Welle vor, während der zweite Exponential-
ausdruck lediglich vom Ort x abhängt und ein Abklingen der Amplitude des elektrischen
Feldes verursacht. Die Intensität hängt quadratisch vom elektrischen Feld ab, so dass mit

$$\psi(t) \propto e^{2i\omega\left(t-\frac{n_0}{c_0}x\right)} e^{-\frac{4\pi n_0 \kappa x}{\lambda_0}} \qquad\qquad 4.207$$

ein Vergleich mit dem **Beerschen Gesetz** $\psi(x) = \psi_0 e^{-\alpha x}$ aus Gl. 1.130 möglich wird:

$$\boxed{\alpha = \frac{4\pi n_0 \kappa}{\lambda_0}} \qquad\qquad 4.208$$

Damit ist klar, dass der Koeffizient κ in Gl. 4.204 ein Maß für die **Absorption** bzw. **Dämpfung** der Welle darstellt. Der Imaginärteil $n_0\kappa$ steht also für die Absorption der Welle, während der Realteil dem normalen Brechungsindex entspricht.

Ein Vergleich von Gl. 4.203 und Gl. 4.204 zeigt:

$$n_0^2 - n_0^2\kappa^2 = \frac{n_e e^2 \left(\omega_0^2 - \omega^2\right)}{m\varepsilon_0 \left((\omega_0^2 - \omega^2)^2 + \omega^2 b^2/m^2\right)} + 1 \qquad\qquad 4.209$$

und

$$n_0^2\kappa = \frac{\omega b n_e e^2}{2m^2\varepsilon_0 \left((\omega_0^2 - \omega^2)^2 + \omega^2 b^2/m^2\right)} \qquad\qquad 4.210$$

In Abb. 4.40 und 4.41 sind Real– und Imaginärteil des Brechungsindex graphisch dargestellt.
Wie man in Abb. 4.41 erkennt, nimmt die mit $n_0^2\kappa$ beschriebene Absorption in der Nähe der
Resonanzstelle ω_0 ein Maximum an. Wegen der Dämpfung liegt es geringfügig unterhalb
von ω_0. Vergleicht man Gl. 4.210 mit Gl. 1.73, so erkennt man, dass es sich bei der Absorp-
tionskurve Abb. 4.41 um ein **Lorentzprofil** handelt.

Für optische Substanzen sind weniger die Absorptionsstellen interessant, als vielmehr die
Frequenzbereiche, in denen die Substanz transparent ist. In diesen Bereichen ist

$$\left(\omega_0^2 - \omega^2\right)^2 \gg \frac{\omega^2 b^2}{m^2} \qquad\qquad 4.211$$

und damit ist nach Gl. 4.210 $n_0^2\kappa \approx 0$, das heißt, es findet keine Absorption statt. In diesen
Bereichen besitzt der Brechungsindex der Substanz nur einen Realteil und es gilt nach Gl.
4.204 $n = n_0^2(1-\kappa^2)$, was wegen $\kappa^2 \ll 1$ zu $n=n_0$ wird. In diesem Bereich spricht man von
normaler Dispersion. Die Brechzahl steigt in diesem Bereich mit wachsender Frequenz an.
Dies entspricht der Beobachtung von oben, dass blaues Licht durch eine Linse stärker gebrochen wird. Im Bereich der Absorption dagegen – hier ist die Steigung der Kurve $n_0^2(1-\kappa^2)$
negativ – ist die **Dispersion anomal**.

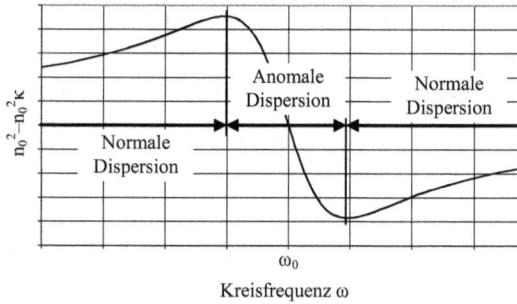

Abb. 4.40. Realteil der komplexen Brechzahl als Funktion der Kreisfrequenz nach Gl. 4.209.

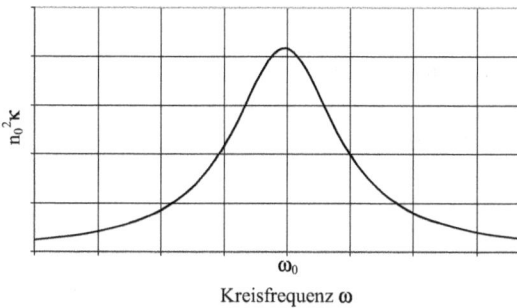

Abb. 4.41. Imaginärteil des komplexen Brechungsindex als Funktion der Frequenz. Die Kurvenform entspricht dem in Gl. 1.73 eingeführten Lorentzprofil.

4.3.2   Dispersionsformeln

Die Betrachtungen des letzten Kapitels zeigen die Ursachen der Dispersion und erklären die Frequenzabhängigkeit der Brechzahl richtig. In der Praxis werden allerdings die Brechzahlen nicht aus theoretischen Betrachtungen abgeleitet, da keine noch so ausgefeilte Theorie alle Effekte berücksichtigen könnte, um die nötige Präzision zu erreichen. Daher werden **Dispersionsformeln** verwendet, die neben der Wellenlänge noch empirisch bestimmte Konstanten enthalten. Letztere sind dann in den Katalogen der Glashersteller tabelliert.

Dispersionsformel nach Sellmeier

Die bei uns meistverwendete Formel ist die **Dispersionsformel nach Sellmeier**:

$$n(\lambda) = \sqrt{1 + \frac{B_1 \lambda^2}{\lambda^2 - C_1} + \frac{B_2 \lambda^2}{\lambda^2 - C_2} + \frac{B_3 \lambda^2}{\lambda^2 - C_3}} \qquad\qquad 4.212$$

Die Wellenlänge muss bei dieser Gleichung in der Einheit µm eingesetzt werden. Die **Sellmeier–Koeffizienten** werden bei bestimmten Standardwellenlängen sehr genau aus verschiedenen Schmelzproben der Gläser bestimmt. Die Formel liefert Brechzahlen im Wellenlängenbereich von 365nm bis 2325nm mit einer Genauigkeit von ca. $\pm 5 \cdot 10^{-6}$ [Ohara 2008].

Ein Beispiel: die Firma Schott gibt in ihrem Datenblatt [Schott 2009] für das Glas N–BK7, eine optische Standardglassorte, für die Sellmeier–Koeffizienten die Werte $B_1 = 1{,}03961212$, $B_2 = 0{,}231792344$, $B_3 = 1{,}01046945$, $C_1 = 6{,}00069867 \cdot 10^{-3} \mu m^2$, $C_2 = 2{,}00179144 \cdot 10^{-2} \mu m^2$ und $C_3 = 1{,}03560653 \cdot 10^{+2} \mu m^2$ an. Für eine Wellenlänge von $0{,}6328 \mu m$ erhält man also einen Brechungsindex von n=1,51509.

In Abb. 4.42 ist die Brechzahl für einige optische Gläser angegeben. Berechnet wurde er jeweils mit Hilfe der Sellmeier–Formel und den Werten des Schott–Glaskatalogs [Schott 2009]. Man erkennt leicht, dass die Gläser einen zu niedrigen Wellenlängen hin ansteigenden Brechungsindex besitzen.

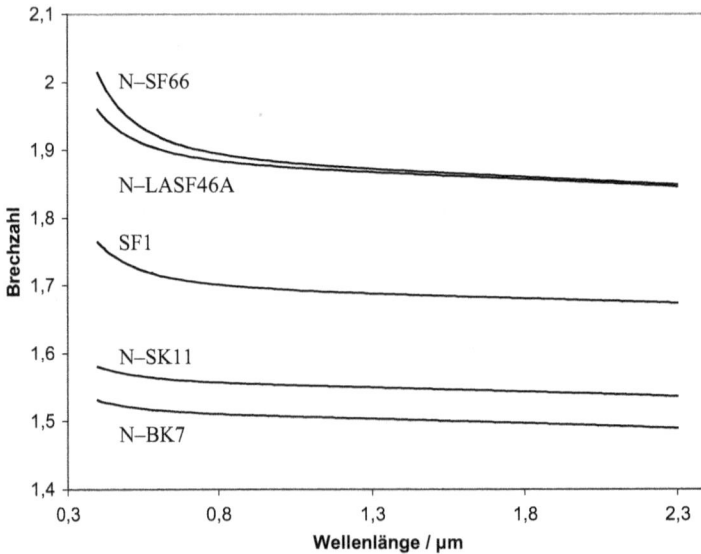

Abb. 4.42. Mit Hilfe der Sellmeier–Formel berechnete Brechungsindizes einiger Gläser. Daten nach [Schott 2009].

Dispersionsformel

Ein Vorgänger zur Sellmeier–Gleichung ist die folgende Dispersionsformel:

$$n = \sqrt{A_0 + A_1 \lambda^2 + A_2 \lambda^{-2} + A_3 \lambda^{-4} + A_4 \lambda^{-6} + A_5 \lambda^{-8}} \qquad 4.213$$

Die Genauigkeit wird mit $\pm 3 \cdot 10^{-6}$ im Wellenlängenbereich von 400nm bis 750nm und mit $\pm 5 \cdot 10^{-6}$ in den Bereichen von 355nm bis 400nm und 750nm bis 1014nm angegeben [Haferkorn 1980]. Übrigens geht die Formel auf eine ähnliche Formel zurück, die Cauchy 1876 bereits angegeben hat. Hier war aber noch $A_1 = 0$, was dazu führt, dass Gl. 4.213 für $\lambda \rightarrow \infty$ die Form $n = \sqrt{A_0}$ annimmt, wobei wegen Gl. 4.191 $A_0 = \varepsilon_r$ gelten müsste, was für viele Substanzen unzutreffend ist. A_1 ist in der Regel negativ.

Herzbergsche Dispersionsformel

Diese Formel lautet

$$n = A_0 + A_1\lambda^2 + \frac{A_2}{\lambda^2 - \lambda_0^2} + \frac{A_3}{(\lambda^2 - \lambda_0^2)^2} \quad \text{mit} \quad \lambda_0 = 168\text{nm} \qquad 4.214$$

Dispersionsformel nach Hartmann

Diese Formel kann schließlich bei geringen Genauigkeitsanforderungen im sichtbaren Spektralbereich Verwendung finden:

$$n = n_0 + \frac{A}{(\lambda - \lambda_0)^B} \qquad 4.215$$

Neben diesen Dispersiongleichungen ist es in der Optik üblich, Brechzahlen bei bestimmten Wellenlängen anzugeben, die sich dadurch auszeichnen, dass für die Messung bei diesen Wellenlängen das monochromatische Licht von **Spektrallampen** bzw. neuerdings **Laserlicht** zur Verfügung steht. Für die Wellenlängen wurden **Buchstabencodes** eingeführt, wobei der entsprechende Buchstabe als Index am n erscheint. Tab. 4.6. zeigt die wichtigsten Wellenlängen. Die Angabe von $n_d=1{,}51680$ bedeutet also, dass bei einer Wellenlänge von 587,6nm die Brechzahl 1,51680 beträgt.

4.3.3 Achromate

Wie man den Ausführungen des vorigen Kapitels entnehmen kann, hat der **Farbfehler**, die sogenannte **chromatische Aberration**, fundamentale physikalische Ursachen und es ist nicht möglich, im optischen Bereich Gläser zu finden, die frei davon sind. Um den chromatischen Fehler in den Griff zu bekommen, muss man also einen anderen Ansatz wählen, wobei aber völlige Farbfehlerfreiheit nicht zu erreichen ist. Zumindest für zwei Wellenlängen exakt kompensieren lässt sich der Farbfehler mit einem **Achromaten**. Er setzt sich zusammen aus einer Sammellinse, bestehend aus einem niedrigbrechenden Glas, und einer Zerstreuungslinse, bestehend aus einem hochbrechenden Glas, die eine gemeinsame Oberfläche haben, an der sie zusammengekittet sind (siehe hierzu Abb. 5.16). Es wird gefordert, dass dieser Achromat für Licht zweier spezieller Wellenlängen exakt die gleiche Brennweite f' besitzt. Zur mathematischen Behandlung des Problems soll angenommen werden, dass es sich um dünne Linsen handelt. Die Brechkräfte der Sammel– bzw. der Zerstreuungslinse bei einer Wellenlänge von beispielsweise 486,1nm (Index F nach Tab. 4.6, Brechzahl n_F) sind

$$D_{1,F} = \frac{1}{f'_{1,F}} = (n_{F,1} - 1)\left(\frac{1}{r_1} - \frac{1}{r_2}\right) \qquad 4.216$$

Tab. 4.6. Für die Brechzahlbestimmung verwendete Wellenlängen mit den üblichen Abkürzungen [Schott 2009, Litfin 1997]

	Brechzahl-Index	Wellenlänge/nm	Quelle
IR	2325,4	2325,4	Hg–Linie
	1970,1	1970,1	Hg–Linie
	1529,6	1529,6	Hg–Linie
	1060,0	1060,0	Nd–Glas–Laser
	t	1014,0	Hg–Linie
	s	852,1	Cs–Linie
VIS	r	706,5	He–Linie
	C	656,3	H–Linie
	C'	643,8	Cd–Linie
	632,8	632,8	He–Ne–Laser
	D	589,3	Na–D–Linie
	d	587,6	He–Linie
	e	546,1	Hg–Linie
	F	486,1	H–Linie
	F'	480,0	Cd–Linie
	g	435,8	Hg–Linie
	h	404,7	Hg–Linie
UV	i	365,0	Hg–Linie
	334,1	334,1	Hg–Linie
	312,6	312,6	Hg–Linie
	296,7	296,7	Hg–Linie
	280,4	280,4	Hg–Linie
	248,3	248,3	Hg–Linie

$$D_{2,F} = \frac{1}{f'_{2,F}} = (n_{F,2} - 1)\left(\frac{1}{r_2} - \frac{1}{r_3}\right) \qquad\qquad 4.217$$

Die Brechkräfte der Linsen bei einer Wellenlänge von 656,3nm (Index C nach Tab. 4.6, Brechzahl n_C) sind:

$$D_{1,C} = \frac{1}{f'_{1,C}} = (n_{C,1} - 1)\left(\frac{1}{r_1} - \frac{1}{r_2}\right) \qquad\qquad 4.218$$

$$D_{2,C} = \frac{1}{f'_{2,C}} = (n_{C,2} - 1)\left(\frac{1}{r_2} - \frac{1}{r_3}\right) \qquad\qquad 4.219$$

Bildet man die Differenzen $\Delta D_1 = D_{1,F} - D_{1,C}$ bzw. $\Delta D_2 = D_{2,F} - D_{2,C}$ der Brechkräfte für die betrachteten Wellenlängen für jede der beiden Linsen, erhält man:

$$\Delta D_1 = (n_{F,1} - 1)\left(\frac{1}{r_1} - \frac{1}{r_2}\right) - (n_{C,1} - 1)\left(\frac{1}{r_1} - \frac{1}{r_2}\right)$$

$$= (n_{F,1} - n_{C,1})\left(\frac{1}{r_1} - \frac{1}{r_2}\right) \qquad\qquad 4.220$$

$$\Delta D_2 = (n_{F,2} - 1)\left(\frac{1}{r_2} - \frac{1}{r_3}\right) - (n_{C,2} - 1)\left(\frac{1}{r_2} - \frac{1}{r_3}\right)$$

$$= (n_{F,2} - n_{C,2})\left(\frac{1}{r_2} - \frac{1}{r_3}\right) \qquad\qquad 4.221$$

Soll der Achromat für die beiden betrachteten Wellenlängen die gleiche Brennweite, also die gleiche Brechkraft haben, muss die Veränderung ΔD_1 bei der ersten Linse durch die Veränderung ΔD_2 bei der zweiten Linse ausgeglichen werden, d.h. es muss gelten

$$\Delta D_1 + \Delta D_2 = 0 \qquad\qquad 4.222$$

Mit Gl. 4.220 und 4.221 wird daraus:

$$(n_{F,1} - n_{C,1})\left(\frac{1}{r_1} - \frac{1}{r_2}\right) + (n_{F,2} - n_{C,2})\left(\frac{1}{r_2} - \frac{1}{r_3}\right) = 0 \qquad\qquad 4.223$$

Führt man nun – zunächst willkürlich – die Brechzahlen $n_{d,1}$ und $n_{d,2}$ (bei der Wellenlänge 587,6nm) ein, kann man diese Gleichung wie folgt schreiben:

$$\frac{n_{F,1} - n_{C,1}}{n_{d,1} - 1}(n_{d,1} - 1)\left(\frac{1}{r_1} - \frac{1}{r_2}\right) + \frac{n_{F,2} - n_{C,2}}{n_{d,2} - 1}(n_{d,2} - 1)\left(\frac{1}{r_2} - \frac{1}{r_3}\right) = 0 \qquad 4.224$$

Die Größe

$$\boxed{v_d = \frac{n_d - 1}{n_F - n_C}} \qquad\qquad 4.225$$

wird **Abbesche Zahl** genannt. v_1 und v_2 sind somit die Abbeschen Zahlen für die beiden Linsen des Achromaten. Die Ausdrücke

$$D_1^* = (n_{d,1} - 1)\left(\frac{1}{r_1} - \frac{1}{r_2}\right) \quad \text{und} \quad D_2^* = (n_{d,2} - 1)\left(\frac{1}{r_1} - \frac{1}{r_2}\right) \qquad\qquad 4.226$$

sind somit die Brechkräfte der beiden Linsen bei der Wellenlänge 587,6nm. Es lässt sich somit die folgende **Achromasiebedingung** formulieren:

$$\frac{D_1^*}{v_{d1}} + \frac{D_2^*}{v_{d2}} = 0 \qquad\qquad 4.227$$

Ist diese Bedingung erfüllt, zeigt der Achromat für die beiden oben genannten Wellenlängen die gleiche Brennweite. Bemerkenswert, dass in die Gl. 4.227 nur die Brechkräfte eingehen; aus welchen **Radien** diese Brechkräfte gebildet werden, ist **irrelevant**. Damit stehen für die Verbesserung weiterer Linsenfehler noch Freiheitsgrade zur Verfügung.

Bei der Spezifikation von optischen Bauelementen wird neuerlich auch eine auf die e–Linie (λ=546,1nm) bezogene Abbesche Zahl verwendet:

$$v_e = \frac{n_e - 1}{n_{F'} - n_{C'}} \qquad\qquad 4.228$$

Man beachte, dass sich auch die Bezugswellenlängen im Nenner verändert haben (Apostroph!). Statt auf die Wasserstofflinien (656,3nm und 486,1nm) bezieht man sich hier auf die Cadmiumlinien (643,8nm und 480,0nm).

Aufgabe

1. Ein Achromat bestehe aus zwei Linsen: die erste habe die Krümmungsradien r_1 und r_2 und bestehe aus Kronglas, die zweite habe die Krümmungsradien r_2 und r_3 und bestehe aus Flintglas. Von einem 1m vom Achromaten entfernten leuchtenden Punkt soll in 1 m Entfernung ein reelles Bild entworfen werden. Dabei soll der Achromat bezüglich der Wellenlängen 546,1 nm und 589,3 nm farbkorrigiert sein, d.h. für diese beiden Wellenlängen exakt gleiche Brennweite haben.

Brechungsindizes: Kronglas: n_{e2}=1,51872 (546,1 nm, Hg–Linie) und
                                    n_{D2}=1,51673 (589,3 nm, Na–Linie)
                      Flintglas: n_{e3}=1,62408 (546,1 nm, Hg–Linie) und
                                    n_{D3}=1,61989 (589,3 nm, Na–Linie)
                      Radius: r_2 =–0,1 m

Wie groß ist die bildseitige Brennweite des Systems? Berechnen Sie die Radien r_1 und r_3 der äußeren Begrenzungsflächen, so dass die o.g. Bedingung erfüllt ist!

4.4   Linsenfehler

Bei der Ableitung der bisherigen Abbildungsgleichungen wurde die **paraxiale Näherung** verwendet. Sie bedient sich der Vereinfachungen $\sin\alpha \approx \alpha$, $\tan\alpha \approx \alpha$ etc. und führt zu verhältnismäßig einfachen Sachverhalten. So wird ein ebener Gegenstand bei diesen Näherungen erster Ordnung durch eine einfache, von sphärischen Oberflächen begrenzte Linse exakt in eine Ebene abgebildet. Bei exakter Rechnung wäre das nicht der Fall. Es treten in Wirklichkeit eine ganze Reihe von Abbildungsfehlern auf, die im Folgenden behandelt werden sollen.

4.4.1   Sphärische Aberration

Von einem auf der optischen Achse liegenden Gegenstandspunkt G ausgehende Strahlen werden von einer einfachen Linse mit sphärischen Oberflächen nicht in einem Punkt vereinigt. Es ist vielmehr so, dass die gebrochenen Strahlen die optische Achse umso näher an der Linse treffen, je weiter entfernt von der optischen Achse sie die Linse durchlaufen haben (Abb. 4.43). Dieser Abbildungsfehler wird **sphärische Aberration** oder **Öffnungsfehler** genannt. Randstrahlen haben also eine kürzer Brennweite als achsnahe Strahlen. Fällt ein Parallelbündel auf die Linse, wird die Entfernung zwischen dem Schnittpunkt achsnaher Strahlen mit der optischen Achse und dem Schnittpunkt achsferner Strahlen mit eben derselben **longitudinale sphärische Aberration** (**sphärische Längsabweichung**) genannt (Abb. 4.44). Der Abstand des Auftreffpunktes eines achsfernen Strahls auf die Fokalebene zur optischen Achse wird **transversale sphärische Aberration** (**sphärische Querabweichung**) genannt. Um ein Parallelbündel exakt in einem Punkt zu vereinigen bedarf es einer **asphärischen Oberfläche**. Trotz der Unvollkommenheit der Kugelform wird diese weithin in der Optik verwendet, denn das Fertigen aphärischer Oberflächen ist schwierig und teuer und es ist sehr schwer, entsprechende Oberflächen mit einer solchen Genauigkeit zu fertigen, dass sie tatsächlich besser als die sphärischen Flächen sind.

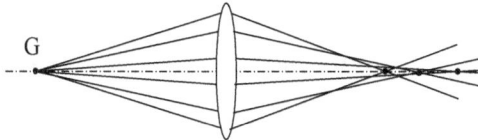

Abb. 4.43. Randstrahlen schneiden die optische Achse näher an der Linse.

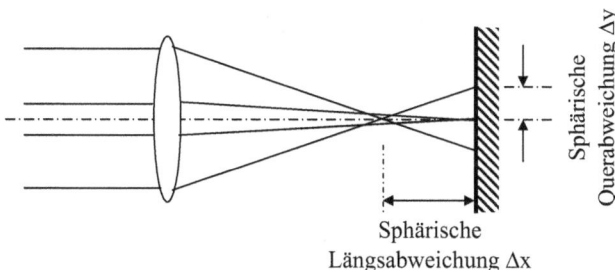

Abb. 4.44. Sphärische Längs- und Querabweichungen.

Bei einer Sammellinse liegt der Fokus für achsferne Strahlen in der Regel näher an der Linse wie der paraxiale Fokus. Man spricht von einer **sphärischen Überkorrektion**. Zerstreuungslinsen haben dagegen eine **sphärische Unterkorrektion**. Die Größe der sphärischen Längs–

bzw. Querabweichung hängt von den Krümmungsradien der Linsenoberflächen, vom Abbildungsmaßstab, bei dem die Linse verwendet wird, sowie von der Orientierung der Linse ab. Bei gegebenem Öffnungsverhältnis, also bei gegebenem Verhältnis von Durchmesser der Linse zu ihrer Brennweite, sowie bei festliegender Brennweite ist die sphärische Aberration für ein Verhältnis der Krümmungsradien

$$\boxed{\frac{r_1}{r_2} = -\frac{4+n-2n^2}{2n^2+n}}$$ 4.229

minimal [Bergmann–Schaefer 1978]; hierbei wird eine große Gegenstandsweite vorausgesetzt. Für n=1,5 erhält man ein Verhältnis von −1/6, was unter Verwendung der bisherigen Vorzeichenkonvention eine bikonvexe oder bikonkave Linse ergibt. Für n=1,8 ergibt Gl. 4.229 ein Verhältnis von +1/12,2, was einer konkav–konvexen Linse entspricht. Bei Sammellinsen werden häufig plankonvexe Linsen verwendet, sie kommen der Idealform für diesen Fall sehr nahe.

Die Linsen müssen dabei so im Strahl orientiert sein, dass die **stärker gekrümmte Fläche dem nahezu parallel einfallenden Strahl zugewandt** ist. Wie die Positionierung der Linse in Abb. 4.45a verdeutlicht, tritt zwar auf der planen Eintrittsoberfläche der Linse zunächst keine Brechung und damit auch kein Öffnungsfehler auf, jedoch führen auf der Austrittsseite im Randbereich **extreme Winkel zu großer sphärischer Aberration**. Es erweist sich als günstiger, die Brechung quasi auf beide Oberflächen zu „verteilen" (Abb. 4.45b). Dies gilt auch allgemein: je gleichmäßiger die Brechung auf beide Oberflächen verteilt wird, desto geringer ist der Öffnungsfehler. Starke Krümmungen verursachen große sphärische Aberration. Sollen kurze Brennweiten realisiert werden, ist es von Vorteil, hochbrechendes Glas zu verwenden; denn bei einer symmetrischen, bikonvexen Sammellinse mit $r_1 = r$ und $r_2 = -r$ gilt:

$$\frac{1}{f} = (n-1)\left(\frac{1}{r} - \frac{1}{-r}\right) = (n-1)\frac{2}{r}$$ 4.230

Eine kurze Brennweite f lässt sich also durch einen kleinen Radius r oder durch einen hohen Brechungsindex n erreichen.

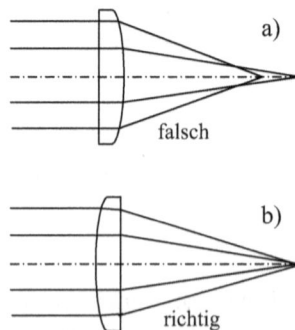

Abb. 4.45. Die Orientierung der Linse beeinflusst dramatisch die auftretende sphärische Aberration.

Am Ende des Kapitels 4.3.3 (Achromate) wurde ausgeführt, dass bei der Korrektur der chromatischen Aberration unter Einhaltung der Achromasiebedingung die Radien offen bleiben. Diese Freiheitsgrade lassen sich nutzen, um die sphärische Aberration zu korrigieren. Während eine plan–konvexe Linse in der Orientierung von Abb. 4.45b. bei achsparallel einfallenden Randstrahlen immer noch Abweichungen im Millimeterbereich verursacht, können **Achromate** bis zu Abweichungen im Mikrometerbereich korrigieren. Auch bei nichtparallel einfallendem Licht lässt sich durch Verwendung von Achromaten eine Verbesserung des Öffnungsfehlers erreichen. Im Falle einer Lateralvergrößerung von eins, also bei Gleichheit von Bild– und Gegenstandsweite, ist aus Symmetriegründen eine bikonvexe Sammellinse mit zwei betragsmäßig gleichen Radien die beste Form (Abb. 4.46a). Trotzdem ist die auftretende sphärische Aberration erheblich. Es ist bereits eine deutliche Verbesserung, wenn man die **bikonvexe Linse in ihrer Mittelebene teilt** und die beiden entstandenen Hälften mit ihren gekrümmten Seiten zueinanderkehrt (Abb. 4.46b) [Melles Griot 1990]. Noch besser ist es, **zwei gleiche Achromaten** zu verwenden, die mit den Sammellinsen zueinander gewandt sind (Abb. 4.46c).

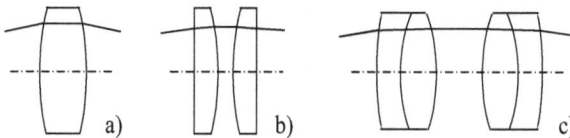

Abb. 4.46. Bei den gezeigten Linsen verbessert sich die sphärische Aberration von a) nach c).

Abschließend sei noch erwähnt, dass es grundsätzlich möglich ist, **öffnungsfehlerfreie Linsen** zu fertigen. Allerdings können diese als **Aplanate** bezeichneten Linsen dann nur unter einer ganz speziellen Bedingung verwendet werden und – was schwerer wiegt – sie können keine reellen, sondern **nur virtuelle Bilder** liefern. Die Bedingung lautet:

$$s' = sn \quad \text{bzw.} \quad \frac{s'}{s} = n \qquad\qquad 4.231$$

Man beachte, dass sowohl s als auch s' negativ sind. Außerdem muss $s=r_1$ gelten, der auf der optischen Achse liegende Gegenstandspunkt entspricht dem Krümmungsmittelpunkt der Eintrittsfläche. Für eine dünne Linse würde gelten:

$$\frac{1}{s'} - \frac{1}{s} = (n-1)\left(\frac{1}{r_1} - \frac{1}{r_2}\right) \qquad\qquad 4.232$$

Mit $s=r_1$ und Gl. 4.231 folgt daraus:

$$\frac{1}{r_1 n} - \frac{1}{r_1} = (n-1)\left(\frac{1}{r_1} - \frac{1}{r_2}\right) \quad \text{bzw.} \quad \frac{1}{n} - 1 = (n-1)\left(1 - \frac{r_1}{r_2}\right) \qquad\qquad 4.233$$

Als Bedingung für die **Krümmungsradien der aplanatischen Linse** gilt:

$$\boxed{r_2 = \frac{n}{n+1} r_1}$$ 4.234

Abb. 4.47 zeigt die sich unter diesen Bedingungen ergebende **Meniskuslinse**. Die Gegenstandsweite a entspricht dem Radius r_1, so dass alle von G ausgehenden Strahlen senkrecht in
die Glasoberfläche eintreten. Eine Brechung erfolgt bei Austritt. Der entstehende Bildpunkt
B ist virtuell. Übrigens entspricht die Vergrößerung (Gl. 4.231) der Brechzahl der Linse.

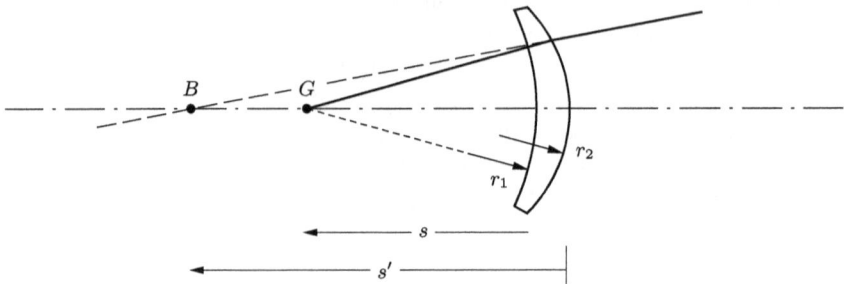

Abb. 4.47. Aplanatische Linse. Die Eintrittsfläche ist konzentrisch zum Gegenstandspunkt.

4.4.2   Astigmatismus

Der **Astigmatismus** tritt immer dann in Erscheinung, wenn ein nicht auf der optischen Achse
liegender Gegenstandspunkt abgebildet wird. Das vom Gegenstandspunkt ausgehende Lichtbündel tritt unsymmetrisch durch die Linse. Zur Erläuterung des Linsenfehlers werden üblicherweise zwei Ebenen eingeführt (Abb. 4.48): die **Meridionalebene** und die **Sagittalebene**.

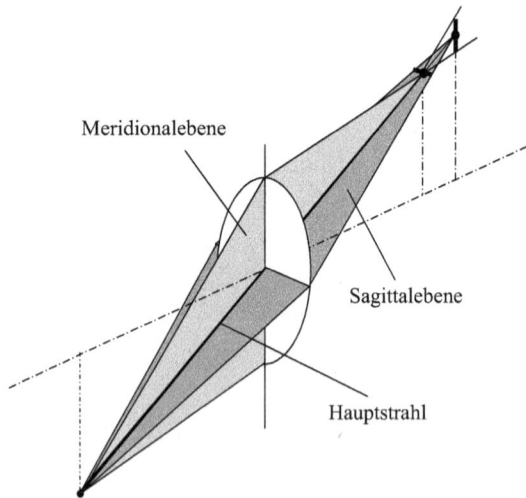

*Abb. 4.48. Die Meridionalebene wird durch den Gegenstandspunkt und die optische Achse aufgespannt. Die Sagit-
talebene steht senkrecht zur Meridionalebene und enthält den Hauptstrahl.*

Die Meridionalebene, auch Tangentialebene genannt, wird durch die optische Achse des Systems und den Gegenstandspunkt gebildet. Bei mehrlinsigen Systemen geht die Meridionalebene „ungebrochen" durch das optische System. Die Sagittalebene steht senkrecht auf der Meridionalebene und enthält gleichzeitig den **Hauptstrahl**. Bei mehrlinsigen Systemen wird die Sagittalebene an jeder Linse „gebrochen". Es ist nun so, dass die in der Meridionalebene verlaufenden Strahlen (Meridionalstrahlen) an der Linse in den Randbereichen wegen der großen auftretenden Winkel stärker gebrochen werden als die in der Sagittalebene verlaufenden Strahlen (Sagittalstrahlen). Hätte man also nur Meridional- und Sagittalstrahlen, so würde sich die Situation wie folgt darstellen: die Meridionalstrahlen wären schon fokussiert, während die Sagittalstrahlen noch konvergieren. Würde man eine Leinwand an diese Stelle bringen, würde man eine von den Sagittalstrahlen herrührende horizontale Linie beobachten. Würde man die Leinwand etwas von der Linse entfernen und in den Brennpunkt der Sagittalstrahlen bringen, würde man eine von den Meridionalstrahlen herrührende vertikale Linie erhalten. Der Abstand zwischen dem meridionalen und dem sagittalen Brennpunkt wird **astigmatische Differenz** genannt. Im Bereich dieser Differenz geht die horizontale Linie in eine Ellipse mit waagrechter großer Halbachse über, diese wiederum wird zum Kreis, dem **Kreis der kleinsten Konfusion**, und dieser wird bei weiterer Entfernung von der Linse zur Ellipse mit vertikaler großer Halbachse, bis schließlich im sagittalen Brennpunkt eine vertikale Linie entsteht. Natürlich ist die reale Abbildung nicht auf die Meridional– und Sagittalstrahlen begrenzt und die Verhältnisse sind noch etwas komplizierter. Dennoch zeigt dieses Modell qualitativ das sich ergebende Problem.

Würde das in Abb. 4.49 dargestellte Rad mit Speichen abgebildet, so würden Punkte auf der vertikal verlaufenden Speiche wie oben beschrieben horizontale Linien in der meridionalen Brennebene liefern. Punkte auf der waagrechten Speiche würden sinngemäß dann vertikale Linien in der meridionalen Brennebene ergeben. Es würde dementsprechend alle Speichen des Rades „in Drehrichtung" verschmieren. Anders in der sagittalen Brennebene: hier wäre die Unschärfe grundsätzlich durch eine Ausschmierung in radialer Richtung gegeben, so dass die Speichen demzufolge scharf abgebildet werden würden.

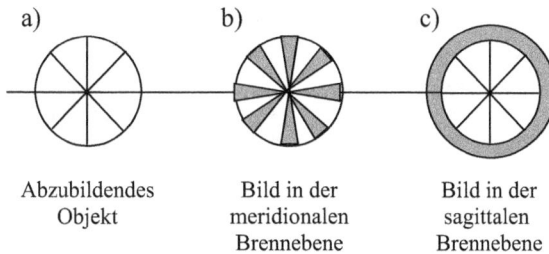

Abb. 4.49 Der Astigmatismus führt in der meridionalen Bildebene zur „Verschmierung" der Speichen, in der sagittalen Bildebene zur „Verschmierung" des Kreises.

Da der Astigmatismus umso stärker wird, je weiter der Objektpunkt von der optischen Achse entfernt ist, lässt sich das Problem minimieren, indem man keine allzu großen Abstände zur Achse zulässt.

4.4.3   Weitere Linsenfehler

Ein zusätzlich zur sphärischen Aberration auftretender Linsenfehler ist *die* **Koma**. Koma ist grammatikalisch weiblichen Geschlechts, im Gegensatz zu *dem* Koma, einer tiefen, langandauernden Bewusstlosigkeit. Die Koma also macht sich stark bemerkbar, wenn weit von der optischen Achse entfernte Gegenstandspunkte durch ein weit geöffnetes Lichtbündel abgebildet werden. Zum tieferen Verständnis sei ein von einem Punkt fern der optischen Achse ausgehendes Lichtbündel betrachtet, welches in Abb. 4.50 in der schattierten Kreiszone auf der Linse gebrochen wird. Strahlen, die oben und unten durch den Kreisring gehen, Meridionalstrahlen also, werden in der Bildebene weit entfernt von der optischen Achse abgebildet (weiße Punkte). Dagegen werden die in Abb. 4.50 rechts und links durch den Ring tretenden Strahlen, die Sagittalstrahlen, achsnahe abgebildet (schwarze Punkte). Zwei den Kreisring gegenüberliegend passierende Strahlen ergeben jeweils einen Bildpunkt. Da sich eine Abbildung aus dem Licht vieler solcher Kreisringe auf der Linse zusammensetzt, entstehen in der Bildebene auch viele solche Kreisringe. Da der Abbildungsfehler bei am Rande durch die Linse tretenden Strahlen stärker ist als bei solchen, die die Linse zentral treffen, entsteht in der Bildebene die in Abb. 4.51 gezeigte Überlagerung von Ringen, die in der Summe einen **kometenschweifähnlichen Fleck** ergibt.

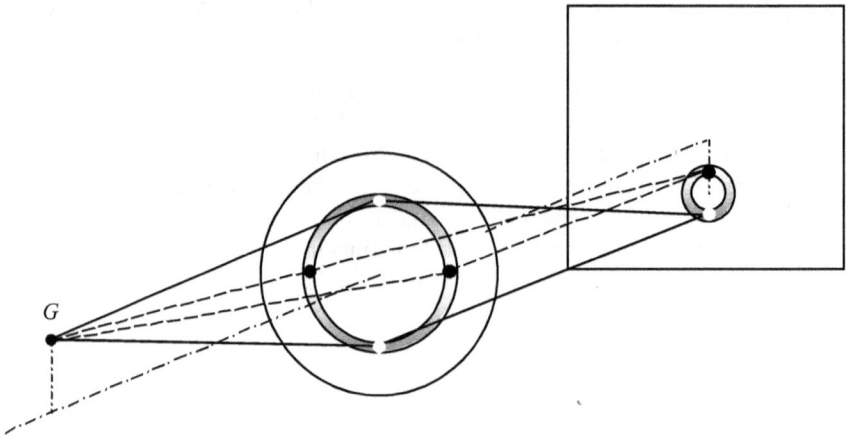

Abb. 4.50. Bei der Koma bilden von G ausgehende Strahlen, die durch den schattierten Ring gehen, in der Bildebene einen Ring. Dabei liefern gegenüberliegende Strahlen jeweils einen Bildpunkt.

Abb. 4.51. Die in Abb. 4.50 gezeigten Kreisringe ergeben in der Summe eine kometenschweifähnliche Ausschmierung des Bildpunktes.

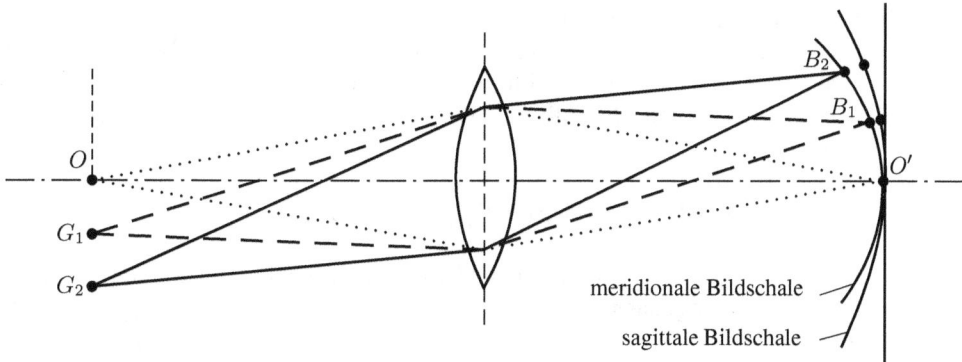

Abb. 4.52. Punkte G_1 und G_2, die achsfern sind, werden durch eine Sammellinse nicht in der Bildebene scharf abgebildet, sondern davor. Damit wird ein flächiger Gegenstand in eine gekrümmte Fläche abgebildet. Dabei muss noch zwischen Meridionalstrahlen und Sagittalstrahlen unterschieden werden. Die Zeichenebene ist hier die Meridionalebene, so dass nur die Meridionalstrahlen eingezeichnet sind. Die zugehörige Bildebene wird meridionale Bildschale genannt. Die nicht gezeichneten Sagittalstrahlen ergeben die sagittale Bildschale.

Ein weiterer Linsenfehler ist die **Bildfeldwölbung**. Es sei hier an den Astimatismus erinnert, der darin bestand, dass Meridionalstrahlen eine andere Brennweite lieferten als Sagittalstrahlen. Lässt man, wie in Abb. 4.52 dargestellt, einen Gegenstandspunkt von der optischen Achse weg nach außen wandern, so stellt man fest, dass sich im Falle einer Sammellinse sowohl die meridionale wie auch die sagittale Brennweite verkürzt. Das bedeutet, dass man genaugenommen eine gewölbte Bildebene bräuchte, um jeweils die oben erwähnten Kreise geringster Konfusion in der Abbildung zu erhalten. Selbst bei korrigiertem Astigmatismus, also im Falle des Zusammenfallens von meridionaler und sagittaler Bildebene, bleibt die Bildfläche in der Regel gewölbt.

Angenommen, alle bisher erwähnten Linsenfehler könnten kompensiert werden, dann bliebe immer noch ein Fehler übrig: die **Verzeichnung**. Sie besteht darin, dass weit von der optischen Achse entfernte Gegenstände eine andere Vergrößerung erfahren wie achsnahe Gegenstände. Ein quadratisches Gitternetz (Abb. 4.53) würde im Falle einer achsfern anwachsenden Vergrößerung **kissenförmig verzerrt**. Sinkt die Vergrößerung bei wachsendem Abstand des Gegenstandes von der Achse, wird das Netz **tonnenförmig verzerrt**. Man beachte, dass

Abb. 4.53. Verzeichnung entsteht, wenn der Vergrößerungsfaktor achsferner Objekte anders ist als bei achsnahen Objekten. Erkennbar ist das am besten an einem quadratischen Gitternetz. Bei einer exakt korrekten Abbildung sind die Diagonalen aller kleinen Quadrate stets gleich. Wächst – wie im mittleren Bild – der Vergrößerungsfaktor nach außen hin an, entsteht eine kissenförmige Verzeichnung: die Diagonalen außen sind länger als die innen. Sinkt – wie im rechten Bild - die Vergrößerung nach außen hin, wird das Bild tonnenförmig verzerrt. Die außen liegenden Diagonalen sind dann kleiner als die in der Mitte.

die Abbildung in dem betrachteten Fall fehlender weiterer Fehler scharf ist, d.h. ein Punkt wird exakt in einen Punkt abgebildet. Der Fehler besteht darin, dass das Bild geometrisch nicht exakt der Vorlage entspricht. Es sei noch erwähnt, dass bei Projektion eines verzeichneten Bildes **mit dem selben Objektiv** in „Rückwärtsrichtung" die Verzeichnung **exakt aufgehoben wird**.

4.4.4   Der Coddington-Formfaktor

Für eine quantitative Betrachtung der Linsenfehler hat man einen Formfaktor eingeführt, der **Coddington–Formfaktor** genannt wird. Er ist wie folgt definiert:

$$\gamma = \frac{r_2 + r_1}{r_2 - r_1} \qquad\qquad 4.235$$

Man erkennt, dass γ im Falle einer **symmetrischen Linse**, also im Falle $r_1 = -r_2$, **Null** ist (Abb. 4.54). Bei plankonvexen Linsen gilt entweder $r_1 \to \infty$ bzw. $r_2 \to \infty$, was zu

$$\gamma = \lim_{r_1 \to \infty} \frac{r_2/r_1 + 1}{r_2/r_1 - 1} = -1 \quad \text{bzw.} \quad \gamma = \lim_{r_1 \to \infty} \frac{1 + r_1/r_2}{1 - r_1/r_2} = +1 \qquad\qquad 4.236$$

führt. Bei einer Linse mit Coddington–Formfaktor 2 beträgt das Verhältnis $r_1/r_2 = 1/3$. Mit Hilfe dieses Faktors lassen sich für verschiedene Aberrationen Formeln zur Optimierung von Linsen angeben. So gilt z.B. für **minimale sphärische Aberration** einer dünnen Linse [Pedrotti 2002]:

$$\gamma_s = -\frac{2(n^2 - 1)}{n + 2} \cdot \frac{a' + a}{a' - a} \qquad\qquad 4.237$$

n ist dabei der Brechungsindex und a bzw. a' die Gegenstands– bzw. Bildweite. Keine Koma existiert für [Pedrotti 2002]:

$$\gamma_k = -\frac{2n^2 - n - 1}{n + 1} \cdot \frac{a' + a}{a' - a} \qquad\qquad 4.238$$

4.5   Strahlbegrenzungen

4.5.1   Blenden

Kein optisches System kann sämtliche von einem Objekt ausgehenden Lichtstrahlen in die Bildebene korrekt abbilden; ja, es ist nicht einmal möglich, alle Lichtstrahlen in irgendeiner Weise auf die Bildebene zu bringen. Jede Linse, jedes optische System hat nur einen begrenzten Durchmesser und kann somit stets nur einen Teil des vom Objekt ausgehenden Lichtes zur Abbildung heranziehen. Befinden sich im Strahlengang keine weiteren Strahlbegrenzungen, wirkt der Rand der Linse als solche. Meist jedoch werden Blenden gezielt eingesetzt. Diejenige Öffnung, die die vom Objektpunkt ausgehenden Strahlenbüschel begrenzt, wird **Aperturblende** genannt. Die Aperturblende kann einen festen Durchmesser besitzen, man spricht dann von einer **Lochblende**. Bei einer **Irisblende** ist der Durchmesser variabel. Sie wird in Fotoapparaten oder beim Auge zur Beeinflussung der Bildhelligkeit verwendet.

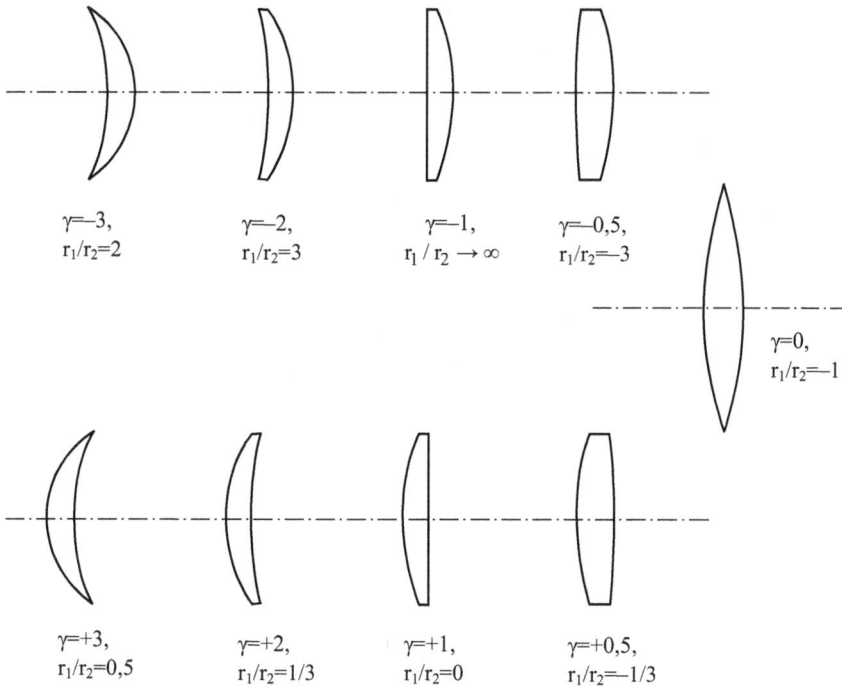

Abb. 4.54. Coddington-Faktoren von Linsen mit der Brennweite f=10cm.

Die Aperturblende wird im optischen System selbst abgebildet. Die beiden Bilder der Aperturblende werden **Pupillen** genannt. Ein aus einer einzigen Linse bestehendes System besitzt nur eine Pupille, die zweite Pupille wird durch die Aperturblende selbst dargestellt (Abb. 4.55). Liegt die Aperturblende bei mehrlinsigen Systemen zwischen den Linsen, gibt es zwei Bilder: die zwischen Gegenstand und Aperturblende liegenden Linsen entwerfen als Bild die **Eintrittspupille**, die zwischen Aperturblende und Bild liegenden Linsen entwerfen als Bild die **Austrittspupille**. Dies ist am Beispiel eines Teleskops in Abb. 4.56 verdeutlicht.

Der **Öffnungswinkel**, auch **Aperturwinkel** genannt, ist der Winkel zwischen der optischen Achse und dem äußersten Randstrahl. **Hauptstrahlen** werden diejenigen Strahlen genannt, die von achsfernen Objektpunkten ausgehen und in der Eintrittspupillenebene die optische Achse schneiden. Da die Austrittspupillenebene und die Eintrittspupillenebene **einander konjugierte Ebenen** sind, trifft dieser Strahl die optische Achse auch in der Austrittspupillenebene.

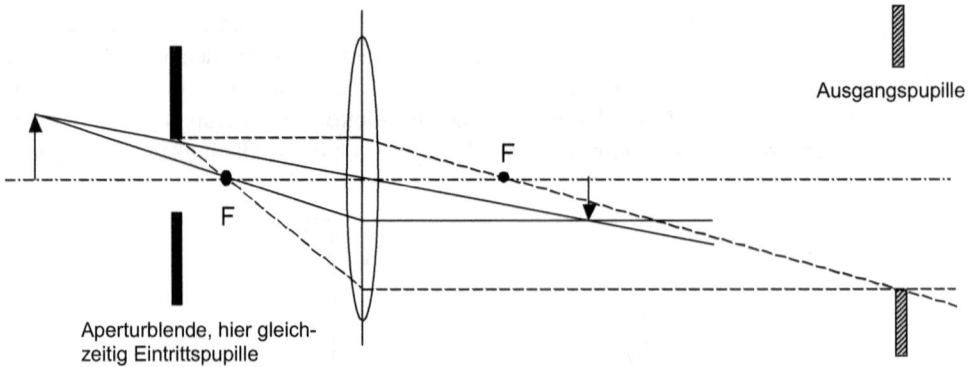

Abb. 4.55. Lage der Pupillen bei einer Abbildung durch eine dünne Sammellinse.

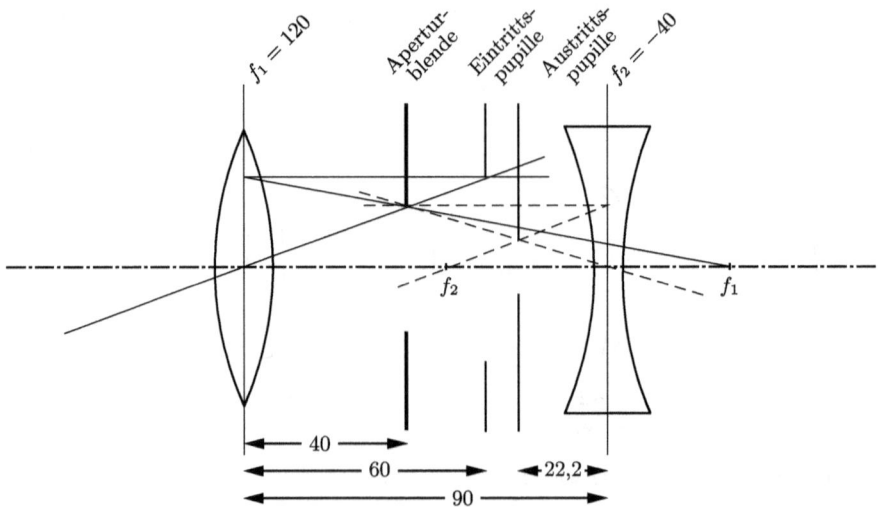

*Abb. 4.56. In ein Teleskop wurde eine Aperturblende eingefügt. Die Abbildung zeigt die beiden sich aus der gewähl-
ten Lage der Aperturblende ergebenden Pupillen. Sie lassen sich einfach durch Berechnung der Abbildung dünner
Linsen errechnen. Bezieht man die Lage der Pupillenebenen auf die Hauptebenen, kann man durch einfache Rechnung zeigen, dass sie zueinander konjugiert sind.*

Während die Aperturblende die Bildhelligkeit beeinflusst, gibt die **Feldblende** vor, welcher
Bildausschnitt freigegeben wird. Beim Fotoapparat ist dies durch die Ränder des Films bzw.
durch die Formatmaske vor dem Film vorgegeben. Die Feldblende ist diejenige Öffnung, die
den Öffnungswinkel der Hauptstrahlen begrenzt. Die **Eintrittsluke** ist die Blende (Feldblende oder ihr Bild), die auf der Eintrittsseite das Gegenstandsfeld begrenzt. Die **Austritts-
luke** ist die Blende (Feldblende oder ihr Bild), die auf der Austrittsseite das Bildfeld begrenzt.

4.5.2 Blendenzahl

Besonders in der Photographie ist es wichtig, dass die **Beleuchtungsstärke**, mit der Gegenstände auf dem Film bzw. neuerdings auf dem Halbleiterchip abgebildet werden, für eine gute Wiedergabequalität innerhalb enger Grenzen liegt. Da die vorhandene Lichtmenge nicht immer beeinflusst werden kann, werden variable Blenden eingesetzt, um das in die Bildebene gelangende Licht zu begrenzen. Für diese Blenden hat man eine Maßzahl eingeführt, die **Blendenzahl**.

Es sei die in Abb. 4.57 gezeigte Abbildungssituation gegeben: ein Gegenstand werde durch eine einfache Sammellinse abgebildet. Sieht man von Nahaufnahmen ab, gilt in der Photographie meist $g \gg f'$, so dass das Bild des Gegenstandes etwa in der Brennebene liegt. Bei einer Brennweite f'_1 der Linse habe das entstehende Bild die Höhe B_1. Würde die Brennweite auf f'_2 verlängert, wäre die Höhe des Bildes B_2 und damit größer als B_1. Eine lange Brennweite vergrößert also bei gegebener Gegenstandsweite die Bildgröße. Für die beiden Situationen liest man aus der Abbildung leicht ab, dass sich B_1 zu f'_1 verhält wie B_2 zu f'_2:

$$\frac{B_1}{B_2} \approx \frac{f'_1}{f'_2} \qquad\qquad 4.239$$

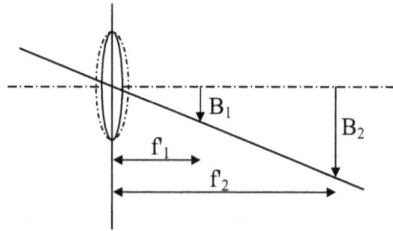

Abb. 4.57. Vergrößerung der Brennweite führt zur Bildvergrößerung und unter sonst gleichen Bedingungen zur Verringerung der Beleuchtungsstärke in der Bildebene.

Angenommen, der abgebildete Gegenstand sei kreisrund und G sei sein Durchmesser. Dann wäre im Idealfall auch das Bild kreisförmig und hätte den Durchmesser B_1 bzw. B_2. Im Falle der längeren Brennweite wäre das Bild größer und bei gleicher Aperturblende und gleicher Gegenstandsbeleuchtung damit lichtschwächer, denn die vorhandene Lichtmenge würde auf eine größere Fläche verteilt. Wird Gl. 4.239 quadriert und im Zähler und Nenner mit π erweitert, sieht man, dass sich die Kreisflächen der Bilder wie die Quadrate der Brennweiten verhalten:

$$\frac{\pi B_1^2}{\pi B_2^2} = \frac{f'^2_1}{f'^2_2} \qquad\qquad 4.240$$

Das bedeutet, dass die Beleuchtungsstärke bei – es sei immer wieder betont – gleicher Aperturblende und gleicher Gegenstandsweite, **proportional zum Quadrat der reziproken Brennweite** ist. Nun wird die Helligkeit des Bildes aber auch noch durch die Lichtmenge bestimmt, die durch das Objektiv treten kann. Sie ist proportional zur Fläche der Eintrittspupille. Bei der einfachen Betrachtung der dünnen Linse fällt sie mit der Aperturblende zusammen. Ist D der Durchmesser der kreisrunden Eintrittspupille, ist die Bildhelligkeit proportional zur Fläche πD^2 der Eintrittspupille. Die Bildhelligkeit ist also insgesamt proportional zu D^2/f'^2. Die Wurzel daraus, also die Größe D/f', nennt man **relative Öffnung**. Man gibt sie meist in Bruchform an, z.B. 1:4 oder f':4. In diesem Fall beträgt der Durchmesser der Eintrittspupille den vierten Teil der Brennweite.

Zur Vereinfachung schreibt man oft den Reziprokwert der relativen Öffnung und nennt diesen **Blendenzahl**. Statt 1:4 sagt man häufig 'Blende 4'. Da die Lichtstärke mit dem Quadrat der relativen Öffnung wächst, ist die für eine Belichtung erforderliche Zeit dem Quadrat der relativen Öffnung umgekehrt proportional. Dem Quadrat der Blendenzahl ist sie proportional. Bei Objektiven ist es üblich, die Zahlen der Blendeneinstellung so zu wählen, dass ein **Übergang zur nächsthöheren einer Verdopplung der Belichtungszeit** entspricht:

Tab. 4.7. Eine Verdopplung der Belichtungszeit bedeutet eine Vergrößerung der Blendenzahl um den Faktor $\sqrt{2}$.

Theoretischer Wert	1	$\sqrt{2}$	2	$\sqrt{8}$	4	$\sqrt{32}$	8	$\sqrt{128}$	16
Blendenzahl auf dem Objektiv	1	1,4	2	2,8	4	5,6	8	11	16
Verhältnis der Belichtungszeiten	1	2	4	8	16	32	64	128	256

Problematisch wird es bei wachsender Brennweite des Objektives. Hier müsste für gleiche Bildhelligkeit der Durchmesser der Aperturblende in gleicher Weise wachsen. Da damit auch größere Linsendurchmesser verbunden sind, werden bei geforderter gleichbleibender Abbildungsqualität sehr schnell Grenzen erreicht. Die geringsten vertretbaren Blendenzahlen sind daher für Teleobjektive wesentlich höher wie für kürzerbrennweitige Standardobjektive.

4.6   Wellenoptik

Bei der Abbildung durch Linsen und Spiegel hat sich der Ansatz der Strahlenoptik bestens bewährt, insbesondere sind damit die meisten auftretenden Abbildungsschwächen erklärbar und – wenn man den mathematischen Aufwand nicht scheut – auch beschreibbar. Insbesondere das **Nachzeichnen des Strahlverlaufs** mittels Computer ist heute ein sehr mächtiges Werkzeug bei der Entwicklung moderner Optiken. Die Strahlenoptik hat aber doch Grenzen. Sie werden erreicht, wenn man mittels eines Spiegelteleskopes, wie es in Kap. 4.2.8 beschrieben wurde, versucht, ferne Objekte abzubilden. Wie weit können entfernt liegende Objekte vergrößert werden? Ist die Lateralvergrößerung beliebig steigerbar? Man kann zum Beispiel mit guten Augen und bei idealen Wetterverhältnissen im Sternbild Leier zwei Sterne unterscheiden: ε1 und ε2. Benutzt man ein Teleskop mit einer freien Öffnung von mehr als 8–10cm, sieht man, dass die beiden Sterne wiederum doppelt sind, insgesamt sieht man also vier Sterne. Dass dies nicht mit allen Teleskopen möglicht ist, zeigt, dass es eine Grenze der Auflösung gibt und dass die freie Öffnung etwas mit dieser Auflösung zu tun hat. Aber selbst bei den besten realisierbaren Teleskopen bleibt die Auflösung begrenzt. Es soll in diesem Abschnitt auf diese Grenze optischer Systeme eingegangen werden.

4.6.1 Huygens–Fresnelsches Prinzip

Wie auch das begrenzte Auflösungsvermögen sind viele Phänomene der Optik nur zu verstehen, wenn man Licht als elektromagnetische Welle auffasst. Der niederländische Mathematiker, Physiker, Astronom und Uhrenbauer Christiaan Huygens (1629–1695) versuchte erfolgreich, Brechung, Reflexion und sogar die Doppelbrechung des Lichtes mit dem nach ihm benannten Prinzip (1678) zu erklären:

Jeder von einer Phasenfront erfasste Punkt sendet eine Kugelwelle gleicher Wellenlänge und Polarisation aus. Die äußere Einhüllende dieser Wellen ergibt zusammen die neue Phasenfront.

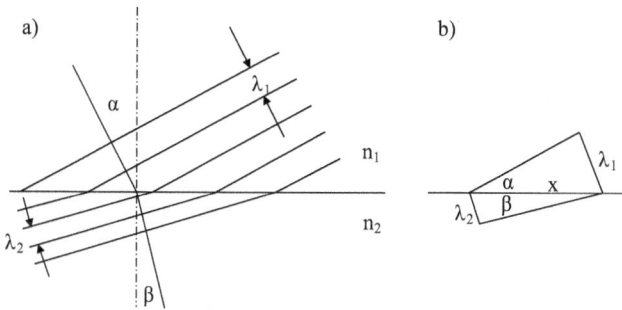

Abb. 4.58. Erklärung der Brechung durch Verkürzung der Wellenlänge in optisch dichteren Medien.

Die Brechung – oben mit dem Fermatschen Prinzip abgeleitet – lässt sich damit wie folgt erklären: da der Brechungsindex ein Maß dafür ist, wie schnell sich das Licht in dem Medium ausbreitet, bestimmt er auch dessen Wellenlänge in dem Material. Nach dem **Huygenschen Prinzip** verkürzt sich also nach Abb. 4.58a die Wellenlänge, wenn eine Welle von einem Medium mit Brechzahl n_1 in ein Medium mit der Brechzahl n_2 eintritt. Die Phasenfronten verdichten sich also bei $\mathbf{n_2 > n_1}$ mit dem Eintritt ins zweite Material. Die Wellenlänge **verkürzt sich damit** von λ_1 auf λ_2. Wie aus Abb. 4.58b abzulesen ist, folgt:

$$\frac{\lambda_1}{x} = \sin\alpha \quad \text{und} \quad \frac{\lambda_2}{x} = \sin\beta \quad \text{bzw.} \quad \frac{\lambda_1}{\sin\alpha} = \frac{\lambda_2}{\sin\beta} \qquad 4.241$$

Ist c_o die Vakuumlichtgeschwindigkeit, $c_1 = c_o/n_1$ die Lichtgeschwindigkeit im ersten Medium, und $c_2 = c_o/n_2$ die Lichtgeschwindigkeit im zweiten Medium, so gilt wegen $\lambda = c/f$

$$\frac{\sin\alpha}{\sin\beta} = \frac{\lambda_1}{\lambda_2} = \frac{c_1 f}{c_2 f} = \frac{n_2 c_o}{n_1 c_o} \qquad \boxed{\frac{\sin\alpha}{\sin\beta} = \frac{n_2}{n_1}}, \qquad 4.242$$

womit das **Snelliussche Brechungsgesetz** bestätigt wäre. Im Jahre 1819 erweiterte Augustin Jean Fresnel (1788–1827) das Huygenssche Prinzip in der Weise, dass er den Schwingungszustand eines Punktes als Überlagerung der Elementarwellen aller anderen Punkte betrachtete. Mit der Einführung dieser Interferenz gelang es ihm, das Phänomen der Beugung zu beschreiben, dass für die begrenzte Auflösung optischer Geräte verantwortlich ist.

4.6.2   Beugung

Nach der Strahlenoptik müsste ein Lichtbündel, das eine scharfe Kante beleuchtet, in beliebig großer Entfernung ein scharfes Bild dieser Kante liefern. Es müsste also einen klar abgegrenzten geometrischen Schattenraum geben. Dies ist jedoch bei genauerer Betrachtung nicht der Fall, denn es dringt stets etwas Licht in den Dunkelraum ein. Dieses Phänomen wird Beugung genannt und ist mit dem Huygens–Fresnelschen Prinzip einfach erklärbar: eine ebene Welle erzeugt auf einer Geraden parallel zu den Phasenfronten stets wieder **Elementarwellen**, die wieder zu ebenen Wellen interferieren. Wird diese Interferenz wie in Abb. 4.59 dargestellt durch eine scharfe Kante gestört, d.h., fehlen auf der linken Seite Interferenzpartner für die Elementarwellen, bleiben Kugelwellen übrig, die in den geometrischen Schattenraum hinter der Kante eindringen. Der Welle wird also im Randbereich zwischen den gestrichelten Linien Energie entzogen, die dafür im Schattenraum auftaucht. Von der Kante entsteht dadurch kein scharfes Bild, sondern nur ein unscharfer, ausgefranster Hell–Dunkel–Übergang.

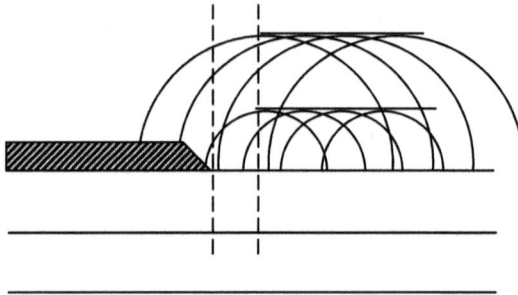

Abb. 4.59. Zur Beugung an einer Kante.

Leider wirkt sich diese Unschärfe auch bei der Abbildung durch Linsen aus, denn auch sie sind in irgendeiner Form begrenzt, sei es durch ihre Größe oder – wie in den meisten Fällen – durch eine Aperturblende. Bei der mathematischen Behandlung der **Beugung** werden zwei Fälle unterschieden: die **Fresnel–Beugung** und die **Fraunhofer–Beugung**. Bei der Fresnel–Beugung (Abb. 4.60a) liegt die Quelle so nahe an der beugenden Öffnung, dass die Phasenfrontkrümmung berücksichtigt werden muss. Ihre mathematische Beschreibung ist kompliziert, so dass hier darauf verzichtet werden soll. Bei der **Fraunhofer–Beugung** wird angenommen, dass ein Parallelbündel auf die Öffnung trifft, so dass man ebene Phasenfronten annehmen kann (Abb. 4.60b). Das Beugungsmuster wird weit entfernt beobachtet. Die Situation kann unter Zuhilfenahme von Linsen stets herbeigeführt werden.

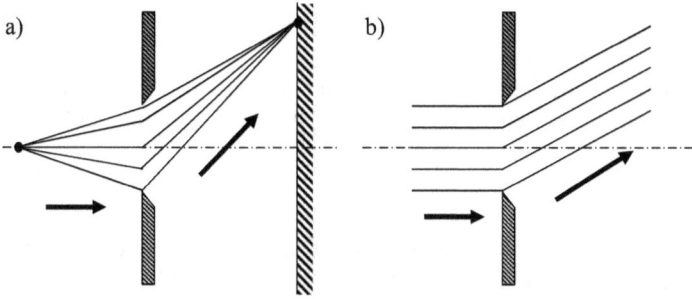

Abb. 4.60. Bei der Fresnel–Beugung (a) liegt die Quelle so nahe an der beugenden Öffnung, dass die Phasenfront-
krümmung in der Öffnung nicht vernachlässigt werden kann. Die Fraunhofer–Beugung nimmt ebene Wellen an.

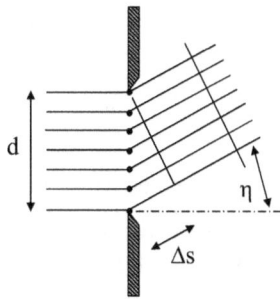

Abb. 4.61. Fraunhofer–Beugung am Spalt: es wird zunächst angenommen, dass der Spalt eine endliche Zahl von
Elementarwellen aussendet.

Der Lichtdurchgang durch einen Spalt der Breite d kann über das **Huygens–Fresnelsche**
Prinzip beschrieben werden (Abb. 4.61): jeder Punkt des Spaltes, der von der einfallenden
Welle erfasst wird, wird wiederum **Ausgangspunkt einer Elementarwelle**. Die entstandene
Phasenfront ist die Überlagerung aller in der Öffnung entstandenen Elementarwellen. Es
seien zunächst n Punkte betrachtet, an denen Elementarwellen emittiert werden. In der gegebenen Beobachtungsrichtung unter dem Winkel η zur optischen Achse treten zwischen den
einzelnen Wellen **Phasenverschiebungen** ein. Zwischen dem obersten und untersten Randstrahl beträgt der **Wegunterschied Δs**. Da n Wellen betrachtet werden, ist der Wegunterschied zwischen benachbarten Wellen Δs/(n – 1). Die damit verbundene Phasenverschiebung
zwischen benachbarten Elementarwellen ist damit gegeben durch

$$\varphi = \frac{\Delta s}{(n-1)\lambda} 2\pi \qquad\qquad 4.243$$

Wegen sin(η)=Δs/d folgt daraus für große n:

$$\varphi = \frac{2\pi d \sin(\eta)}{(n-1)\lambda} \approx \frac{2\pi d \sin(\eta)}{n\lambda} \qquad\qquad 4.244$$

Wäre also die oberste Elementarwelle durch

$$E_o(t) = \hat{E}e^{i\omega t} \qquad\qquad 4.245$$

gegeben, würden die nachfolgenden Elementarwellen bei Beobachtung in großer Entfernung entsprechend phasenverschoben sein. Die m-te Welle hätte damit die Feldstärke

$$E_i(t) = \hat{E}e^{i\omega t + im\varphi} \qquad\qquad 4.246$$

Man beachte, dass es nicht selbstverständlich ist, dass die Amplitude $\hat{E}$ in Gl. 4.245 und 4.246 unverändert ist. Die Feldstärke sinkt bei Kugelwellen mit wachsendem Abstand. Da die untere Welle einen um Δs längeren Weg zum Beobachtungspunkt hat, ist sie auch etwas schwächer als die weiter oben liegenden. Bei kleinen Winkeln η und großen Entfernungen kann $\hat{E}$ aber als konstant angenommen werden.

Die Feldstärken aller Elementarwellen addieren sich wie folgt:

$$E_\eta(t) = \frac{\hat{E}_\eta}{n}e^{i\omega t}\left(e^{0i\varphi} + e^{1i\varphi} + e^{2i\varphi} + e^{3i\varphi} + ... + e^{(n-1)i\varphi}\right) \qquad 4.247$$

Der konstante Amplitudenfaktor $\hat{E}_\eta$ ist nicht näher bestimmbar, denn er hängt von der Spaltbreite d, der einfallenden Feldstärke und insbesondere von der Fokussierung ab. Eine Division durch bzw. Normierung auf n ist nötig, damit die Feldstärke $E_\eta(t)$ nicht mit n anwächst.

Die Summe in der Klammer stellt eine **endliche geometrische Reihe** dar, die wie folgt ausgewertet werden kann: man multipliziert Gl. 4.247 mit dem Faktor $e^{i\varphi}$ und subtrahiert das Ergebnis von Gl. 4.247:

$$\begin{aligned} E_\eta(t) - e^{i\varphi}E_\eta &= \frac{\hat{E}_\eta}{n}e^{i\omega t}\left(1 + e^{i\varphi} + e^{2i\varphi}... + e^{(n-1)i\varphi}\right) \\ &\quad - \frac{\hat{E}_\eta}{n}e^{i\omega t}e^{i\varphi}\left(1 + e^{i\varphi} + e^{2i\varphi} + ... + e^{(n-1)i\varphi}\right) \end{aligned} \qquad 4.248$$

Multipliziert man die Klammern aus und subtrahiert, heben sich die meisten Summanden weg und es bleibt lediglich

$$E_\eta\left(1 - e^{i\varphi}\right) = \frac{\hat{E}_\eta}{n}e^{i\omega t}\left(1 - e^{ni\varphi}\right) \qquad\qquad 4.249$$

oder

$$E_\eta = \frac{\hat{E}_\eta}{n}e^{i\omega t}\frac{1 - e^{ni\varphi}}{1 - e^{i\varphi}} \qquad\qquad 4.250$$

Für elektromagnetische Wellen hängt die Intensität mit der Feldstärke in der Form

$$\psi_\eta = \sqrt{\frac{\varepsilon_0 \varepsilon_r}{\mu_0 \mu_r}} E_\eta^2 \qquad\qquad 4.251$$

zusammen, so dass mit

$$\psi_0 = \sqrt{\frac{\varepsilon_0 \varepsilon_r}{\mu_0 \mu_r}} \hat{E}_\eta^2 \qquad\qquad 4.252$$

gilt:

$$\psi_\eta = \frac{\psi_0}{n^2} \left(e^{i\omega t} \frac{1-e^{ni\varphi}}{1-e^{i\varphi}} \right) \left(e^{-i\omega t} \frac{1-e^{-ni\varphi}}{1-e^{-i\varphi}} \right) \qquad\qquad 4.253$$

Ausmultipliziert erhält man:

$$\psi_\eta = \frac{\psi_0}{n^2} \left(\frac{2 - e^{-ni\varphi} - e^{ni\varphi}}{2 - e^{-i\varphi} - e^{i\varphi}} \right) \qquad\qquad 4.254$$

Unter Anwendung der Eulerschen Formel kann man das umformen in:

$$\psi_\eta = \frac{\psi_0}{n^2} \left(\frac{2 - \cos n\varphi + i\sin n\varphi - \cos n\varphi - i\sin n\varphi}{2 - \cos \varphi + i\sin \varphi - \cos \varphi - i\sin \varphi} \right) \qquad\qquad 4.255$$

$$\psi_\eta = \frac{\psi_0}{n^2} \left(\frac{1 - \cos n\varphi}{1 - \cos \varphi} \right) = \frac{\psi_0}{n^2} \frac{\sin^2\left(\frac{n\varphi}{2}\right)}{\sin^2\left(\frac{\varphi}{2}\right)} \qquad\qquad 4.256$$

Wählt man n, die Zahl der Elementarwellen, sehr groß, so wird wegen Gl. 4.243 die Phasenverschiebung φ zwischen den Elementarwellen sehr klein. Ebenso verkleinert ein kleiner Beobachtungswinkel η diese Phasenverschiebung. Es gilt daher die Näherung $\sin(\varphi/2) \approx \varphi/2$, weshalb Gl. 4.256 die folgende Form annimmt:

$$\psi_\eta = \frac{\psi_0}{n^2} \frac{\sin^2\left(\frac{n\varphi}{2}\right)}{(\varphi/2)^2} \qquad\qquad 4.257$$

Wegen Gl. 4.244 folgt:

$$\boxed{\psi_\eta = \psi_0 \left(\frac{\sin\left(\frac{\pi d \sin(\eta)}{\lambda}\right)}{\frac{\pi d \sin(\eta)}{\lambda}} \right)^2} \qquad\qquad 4.258$$

Die Funktion in den großen Klammern ist vom Typ f(x)=sin(x)/x und wird trefflicherweise „**Spaltfunktion**" genannt und mit sin(x)/x=sinc(x) bezeichnet. Sie besitzt eine Definitionslücke bei x=0 und es lässt sich zeigen, dass gilt:

$$\lim_{x \to 0} \frac{\sin x}{x} = 1 \qquad\qquad 4.259$$

Die Intensität in Geradeausrichtung ist also ψ_0. Da für den betrachteten Fall stets $0 \le \eta \le 90^{\circ}$ gilt, ist für alle Winkel außer für $\eta=0$ der Nenner ungleich Null. Für die Nullstellen der Funktion gilt also:

$$\frac{\pi d}{\lambda} \sin(\eta_k) = \pm k\pi \quad \text{mit } k=1;2;3;\dots \quad \text{oder} \quad \sin(\eta_k) = \pm k \frac{\lambda}{d} \qquad 4.260$$

Wegen sin(η)=Δs/d bzw. Δs=dsin(η) folgt daraus:

$$\boxed{\Delta s = \pm k\lambda} \qquad\qquad 4.261$$

Dunkelheit tritt also stets dann auf, wenn der Gangunterschied Δs der Randstrahlen ein **ganzzahliges Vielfaches der Wellenlänge λ** ist. Eine graphische Darstellung der Intensitätsverteilung der Beugung für einen Spalt der Breite d=88µm und eine Wellenlänge von λ=632,8nm (Helium–Neon–Laser) zeigt Abb. 4.62. Es sei betont, dass diese Ableitung für ein bestimmtes λ gilt, d.h. für monochromatisches Licht. Die Lage der Minima ist von der Wellenlänge abhängig, so dass für weißes Licht nur eine verschmierte Verteilung ohne klare Minima entsteht.

Bei einer **kreisrunden Blende** tritt ein ähnliches Beugungsbild auf, es muss jedoch aus Symmetriegründen **rotationssymmetrisch** sein. So entsteht ein helles, kreisrundes, zu den Rändern hin schwächer werdendes **Beugungsscheibchen**, das von hellen und dunklen Zonen umgeben ist: das **Airysche Beugungsscheibchen**, benannt nach dem britischen Mathematiker und Astronom Sir George Bidell Airy (1801–1892).

Der genaue Verlauf der Intensitätsverteilung wird in diesem Fall durch **Besselfunktionen 1. Ordnung** beschrieben; die Ableitung soll hier nicht wiedergegeben werden. Interessant für das Weitere ist die **Lage der Dunkelzonen**. Sie sind durch die Nullstellen der Besselfunktionen 1. Ordnung gegeben [Bergmann–Schaefer 1978]. Es gilt:

$$\sin(\eta_1) = 1,220 \frac{\lambda}{D}; \quad \sin(\eta_2) = 2,232 \frac{\lambda}{D}; \quad \sin(\eta_3) = 3,238 \frac{\lambda}{D}; \dots \qquad 4.262$$

D ist der Durchmesser der Blende. Vergleicht man den Wert für sin(η_1) mit dem Wert für den Spalt aus Gl. 4.260 für k=1, so sieht man, dass der Unterschied lediglich der **Faktor 1,220** ist. Bildet man das durch die Blende tretende Lichtbündel mittels einer Linse ab (Abb. 4.63), so gilt bei kleinen Winkeln η_1 für den Radius des ersten dunklen Ringes r_1 wegen $r_1 / f \approx \eta_1$ und Gl. 4.262:

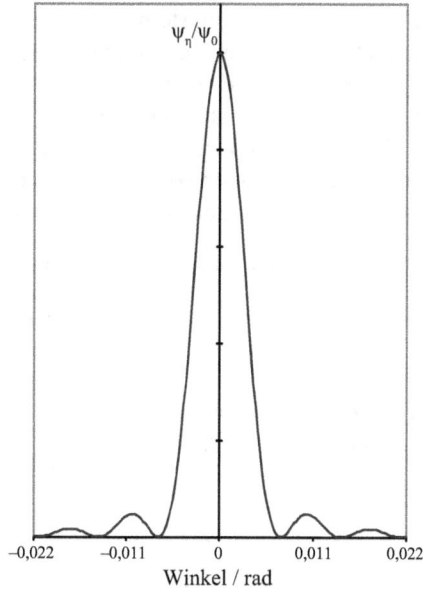

Abb. 4.62. Intensität als Funktion des Beobachtungswinkels bei der Beugung an einem Spalt.

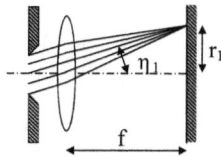

Abb. 4.63. Bildet man das durch eine Blende begrenzte Lichtbündel eines im unendlichen gelegenen Gegenstandes auf einen Schirm ab, entsteht je nach Durchmesser der Blende ein mehr oder weniger großes, unscharfes Scheibchen.

$$\sin(\eta_1) \approx \eta_1 \approx 1,220\frac{\lambda}{D} \approx \frac{r_1}{f} \qquad\qquad 4.263$$

Der Radius r_1 des kleinsten dunklen Ringes ist also:

$$\boxed{r_1 = 1,220\frac{\lambda f}{D}} \qquad\qquad 4.264$$

Der Radius der ersten Dunkelzone – man könnte auch sagen: der Radius, bei dem die Intensität des Airyschen Beugungsscheibchens auf Null gesunken ist – ist proportional zur Wellenlänge und zur Brennweite und sie ist umgekehrt proportional zum Durchmesser der beugenden Blende.

Wird ein sehr weit entfernter, leuchtender Punkt, etwa ein Fixstern, mit einer Linse der Brennweite f wie in Abb. 4.63 abgebildet, entsteht also kein scharf begrenztes Bild, sondern ein Beugungsscheibchen. Es ist also nur bis zu einem gewissen Winkelabstand möglich, eng benachbarte Punkte, z.B. zwei benachbarte Fixsterne, zu unterscheiden. Liegen sie enger beieinander, gehen ihre Bildflecke ineinander über und die Objekte sind im Bild nicht mehr zu unterscheiden. Der Winkelabstand, bei dem dies eintritt, kann nicht ganz präzise und eindeutig angegeben werden. Es hat sich aber eingebürgert, das sogenannte **Rayleigh–Kriterium** zu verwenden. Hiernach sind zwei leuchtende Punktquellen gerade noch zu unterscheiden, wenn das **zentrale Intensitätsmaximum des Bildes der einen Quelle in die erste Dunkelzone des Bildes der zweiten Quelle** fällt (Abb. 4.64).

Der **minimal auflösbare Winkelabstand** ist also nach Gl. 4.262

$$\sin(\eta_{min}) = 1,220\frac{\lambda}{D} \approx \eta_{min} \qquad\qquad 4.265$$

Je größer also die Aperturblende, desto kleiner ist der minimal auflösbare Winkelabstand. Bei Linsen, die im Infraroten arbeiten, ist die Auflösung wegen der größeren Wellenlängen λ geringer als im Sichtbaren.

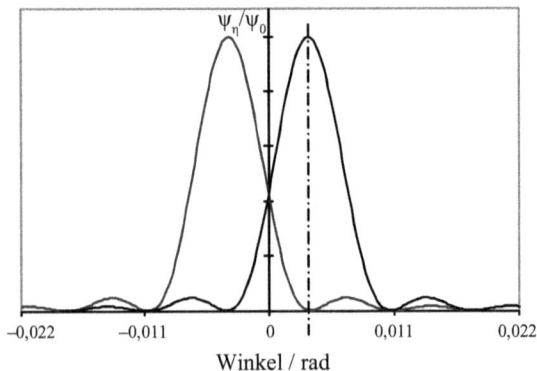

Abb. 4.64. Nach dem Rayleigh–Kriterium gelten zwei Punkte als gerade noch auflösbar, wenn das zentrale Maximum des einen Bildes ins Minimum des anderen Bildes fällt.

4.6.3   Beugung am Gitter

Ein besonders in der Spektroskopie wichtiges Instrument ist das **Beugungsgitter**. Bei ihm wird die Tatsache ausgenutzt, dass in die Beugungsformeln Gl. 4.258 und 4.260 die Wellenlänge eingeht. Mit einem Beugungsgitter lässt sich ein zentrales Anliegen der Spektroskopie, die **Zerlegung des Lichtes in seine spektralen Bestandteile**, bewerkstelligen. Das Gitter ist eine periodische Aneinanderreihung einzelner Spalte. Demzufolge lässt sich die Intensitätsverteilung hinter einem Beugungsgitter auch als Summe der Intensitäten der einzelnen Spalte schreiben. Nun treten aber unter einem gegebenen Beobachtungswinkel η wiederum Phasenverschiebungen zwischen den einzelnen, von den Spalten abgegebenen Wellen auf. Betrachtet man ein Gitter mit ingesamt m Spalten, dann ist nach Abb. 4.65 der Wegunterschied zwischen der Welle des obersten Spaltes und der des untersten Spaltes $\Delta s_g = (m-1)g\sin(\eta)$. Die daraus resultierende Phasenverschiebung ist dann:

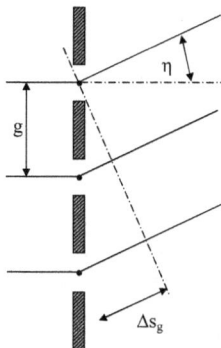

Abb. 4.65. Beugung am Gitter

$$\Phi = \frac{\Delta s_g}{(m-1)\lambda} 2\pi = \frac{g\sin(\eta)}{\lambda} 2\pi \qquad\qquad 4.266$$

Analog zu Gl. 4.247 erhält man für die Feldstärke in Beobachtungsrichtung

$$E_{g,\eta}(t) = E_\eta(t)\left(e^{0i\Phi} + e^{1i\Phi} + e^{2i\Phi} + e^{3i\Phi} + \dots + e^{(m-1)i\Phi}\right) \qquad\qquad 4.267$$

Hier wird nicht – wie oben – durch m g dividiert; somit steigt die Intensität mit wachsender Spaltzahl m an. $E_\eta(t)$ ist die Feldstärke für den einzelnen Spalt gemäß Gl. 4.250. Analog zu den Gl. 4.247 bis 4.250 lässt sich wieder die **Partialsumme der geometrischen Reihe** angeben, so dass man erhält:

$$E_{g,\eta}(t) = E_\eta(t)\frac{1-e^{im\Phi}}{1-e^{i\Phi}} \qquad\qquad 4.268$$

Der Übergang zur Intensität gelingt in gleicher Weise wie bei Gl. 4.250 bis 4.258, wobei daraus das Ergebnis für den Anteil von E_η aus diesen Gleichungen übernommen werden kann, so dass gilt:

$$\psi_{g,\eta} = \psi_0 \left(\frac{\sin\left(\frac{\pi d \sin(\eta)}{\lambda}\right)}{\frac{\pi d \sin(\eta)}{\lambda}}\right)^2 \frac{1-e^{im\Phi}}{1-e^{i\Phi}} \cdot \frac{1-e^{-im\Phi}}{1-e^{-i\Phi}} \qquad\qquad 4.269$$

Vereinfacht wie oben erhält man:

$$\boxed{\psi_{g,\eta} = \psi_0 \sin c^2\left(\frac{\pi d \sin(\eta)}{\lambda}\right) \cdot \left(\frac{\sin\left(\frac{m\Phi}{2}\right)}{\sin\left(\frac{\Phi}{2}\right)}\right)^2} \qquad\qquad 4.270$$

bzw.

$$\psi_{g,\eta} = \psi_0 \left(\frac{\sin\left(\frac{\pi d \sin(\eta)}{\lambda}\right)}{\frac{\pi d \sin(\eta)}{\lambda}} \right)^2 \cdot \left(\frac{\sin\left(\frac{\pi m g \sin(\eta)}{\lambda}\right)}{\sin\left(\frac{\pi g \sin(\eta)}{\lambda}\right)} \right)^2 \qquad\qquad 4.271$$

Man beachte, dass die Phasenverschiebung Φ in diesem Fall nicht unbedingt klein ist, so dass die oben gemachte Näherung $\sin(\Phi/2) \approx \Phi/2$ hier **nicht** anwendbar ist. Die zweite Klammer beinhaltet neben dem Beobachtungswinkel η lediglich gitterspezifische Größen und soll hier näher untersucht werden. Der einfachste Fall ist – abgesehen vom Trivialfall m=1 (Einzelspalt), für den der zweite Faktor erwartungsgemäß eins ist – der Doppelspalt, also m=2. Hier gilt

$$\frac{\sin(2\Phi)}{\sin(\Phi)} = \frac{2\sin(\Phi)\cos(\Phi)}{\sin(\Phi)} = 2\cos(\Phi) \qquad\qquad 4.272$$

Für $\eta=0$ erhält man wegen $\Phi=0$ den Faktor $2^2=4$. Die Intensität vervierfacht sich also gegenüber dem Einzelspalt. Geht man zum Dreifachspalt über, also m=3, so gilt:

$$\frac{\sin(3\Phi)}{\sin(\Phi)} = \frac{3\sin(\Phi) - 4\sin^3(\Phi)}{\sin(\Phi)} = 3 - 4\sin^2(\Phi) \qquad\qquad 4.273$$

Für $\eta=0$ erhält man (wieder mit $\Phi=0$) den Faktor $3^2=9$. Allgemein liefert der Gitterfaktor für ein Gitter mit m Spalten die m^2–fache Intensität gegenüber dem Einzelspalt. Maximale Intensität ist außerdem zu beobachten, wenn die Phase Φ nach Gl. 4.266 ein ganzzahliges Vielfaches k von 2π ist:

$$\Phi = \frac{g \sin(\eta_{max})}{\lambda} 2\pi = \pm k 2\pi \qquad\qquad 4.274$$

k wird **Beugungsordnung** genannt. Es folgt:

$$\sin(\eta_{max}) = \pm \frac{k\lambda}{g} \qquad\qquad 4.275$$

Der Faktor $\sin(m\Phi/2)/\sin(\Phi/2)$ in Gl. 4.270 moduliert im Zähler mit der m–fachen Frequenz wie im Nenner, so dass Nebenmaxima und Nebenminima entstehen. Wie in Abb. 4.66 für den Fall eines Dreifachspaltes verdeutlicht (m=3), entstehen zwischen zwei Hauptmaxima m–2 Nebenmaxima (im Falle der Abb. 4.66 also nur eines). Die Minima entstehen bei den Nullstellen des Zählers, es existieren zwischen den Hauptmaximas derer m–1, für m=3 also zwei.

Die Nebenminima treten auf, wenn der Zähler, also $\sin(m\Phi/2)$, Null wird. Allerdings darf nicht gleichzeitig ein Hauptmaximum auftreten, was für $\Phi = \pm k 2\pi$ (Gl. 4.274) der Fall ist. Für die zwischen k und k+1 liegenden Nebenminima muss also die Bedingung

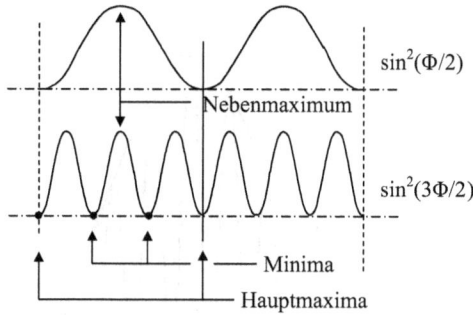

Abb. 4.66. Der Nenner der Gitterfunktion (oben) moduliert langsamer als der Zähler (unten), so dass Nebenmaxima und Nebenminima entstehen.

$$\sin\left(\frac{m\Phi}{2}\right) = 0 \quad \text{mit} \quad k \cdot 2\pi < \Phi < (k+1) \cdot 2\pi \qquad 4.276$$

gelten. Hieraus folgt:

$$\frac{k \cdot 2\pi \cdot m}{2} < \frac{m\Phi}{2} < \frac{(k+1) \cdot 2\pi \cdot m}{2} \qquad 4.277$$

Gleichzeitig muss zur Erfüllung der Gl. 4.276 das Argument der Sinusfunktion ein ganzzahliges Vielfaches von π sein:

$$\frac{m\Phi}{2} = i \cdot \pi \qquad 4.278$$

Mit Gl. 4.277 folgt:

$$k \cdot \pi \cdot m < i \cdot \pi < (k+1) \cdot \pi \cdot m \quad \text{bzw.} \quad \boxed{k \cdot m < i < (k+1) \cdot m} \qquad 4.279$$

i muss also immer zwischen km und (k+1)m liegen. Die Bandbreite **innerhalb** der i liegt, ist also – unabhängig von der Beugungsordnung – stets gleich m, also gleich der Zahl der Spalte: (k+1)m−km=m. Der untere Wert ist Null, der oberste Wert ist m. Da die Grenzen selbst ausgeschlossen sind, liegen dazwischen stets m−1 Minima. Hierauf wird bei der Behandlung des Auflösungsvermögens zurückzukommen sein.

$\psi_{g,\eta}$ ist für den Doppelspalt in Abb. 4.67 in Abhängigkeit von η für eine Wellenlänge von 400nm, eine Spaltbreite von 2µm und eine Gitterkonstante von 10µm dargestellt. Die Einhüllende stellt die Spaltfunktion, also die erste runde Klammer in Gl. 4.271 dar. Die Winkelwerte der „schnellen" Modulation lassen sich nach Gl. 4.275 für die verschiedenen Beugungsordnungen berechnen: 1. Ordnung: $2,29°$; 2. Ordnung: $4,59°$; 3. Ordnung: $6,89°$; 4. Ordnung: $9,21°$; 5. Ordnung: $11,54°$; etc. Der Maximalwert für $0°$ entspricht gemäß Gl. 4.272 dem Wert $4\psi_0$.

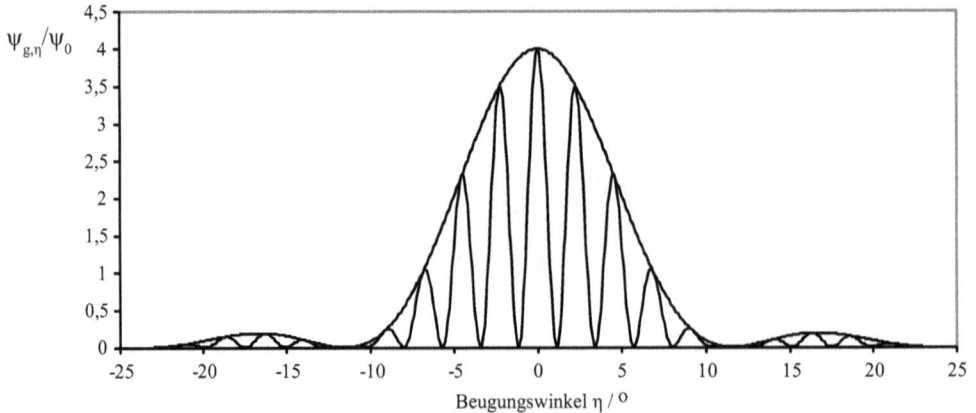

Abb. 4.67. Intensitätsverteilung bei Beugung am Doppelspalt (Wellenlänge $\lambda=400nm$, Spaltbreite $d=2\mu m$, Gitterkonstante $g=10\mu m$). Die Einhüllende stellt die Spaltfunktion dar.

Erhöht man die Spaltzahl unter sonst gleichen Bedingungen auf fünf, beobachtet man eine Verengung der einzelnen Intensitätsspitzen, wobei aber die Lage der Hauptmaxima nach Gl. 4.275 erhalten bleibt (Abb. 4.68). Zwischen diesen Hauptmaxima treten zusätzliche, kleine Nebenmaxima auf. Der Maximalwert ist nach $m^2=5^2=25$ das 25–fache des Wertes ψ_0.

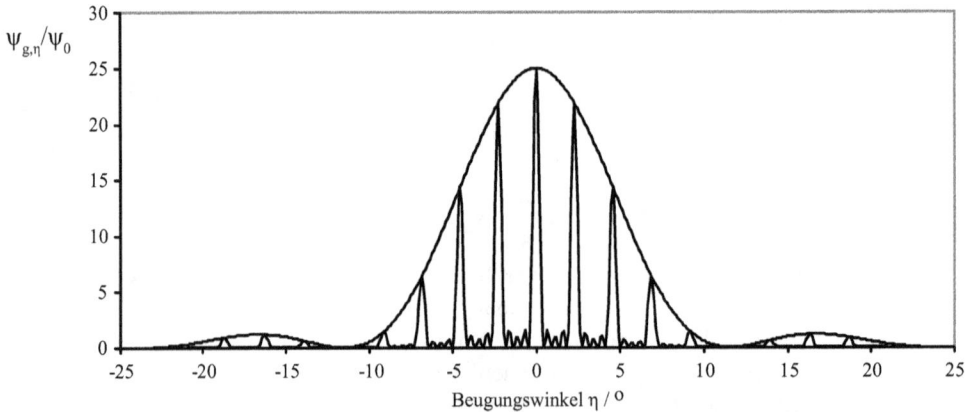

Abb. 4.68. Intensitätsverteilung bei Beugung am fünfspaltigen Gitter (Wellenlänge $\lambda=400nm$, Spaltbreite $d=2\mu m$, Gitterkonstante $g=10\mu m$).

Bei weiterer Erhöhung der Spaltzahl auf zehn (Abb. 4.69) verengen sich die Intensitätsspitzen der Hauptmaxima weiter, während die Nebenmaxima kleiner werden. Die Winkelpositionen der Beugungsordnungen bleiben aber nach wie vor erhalten. Wegen $m^2=10^2=100$ ist der Maximalwert $100\psi_0$.

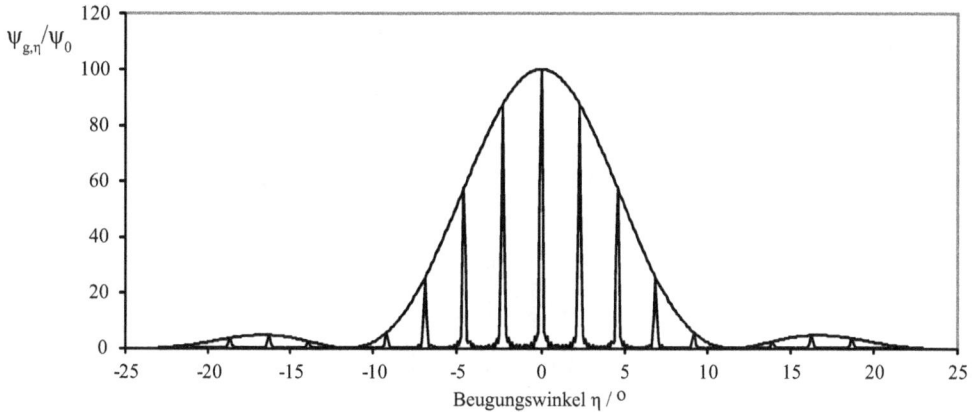

Abb. 4.69. Intensitätsverteilung bei Beugung am zehnspaltigen Gitter (Wellenlänge $\lambda=400nm$, Spaltbreite $d=2\mu m$, Gitterkonstante $g=10\mu m$). Die Einhüllende stellt die Spaltfunktion dar.

Für spektroskopische Zwecke ist die Frage wichtig, inwieweit eng benachbarte Spektrallinien getrennt werden können. Wie klein darf der Wellenlängenunterschied zwischen zwei Linien sein, damit man sie mit dem Gitter noch trennen kann? Bereits die Winkelwerte in obigem Beispiel für die ersten fünf Beugungsordnungen zeigen, dass sie nichtlinear ansteigen. Dies liegt an der Sinusfunktion in Gl. 4.275. Das bedeutet aber, dass benachbarte höhere Beugungsordnungen einen größeren Winkelabstand haben wie niedere Ordnungen. Ebenso verhält es sich mit den Wellenlängen. Bei gleicher Beugungsordnung steigt der Winkel der Hauptmaxima mit wachsender Wellenlänge an. Lässt man Licht zweier verschiedener Wellenlängen auf das Gitter fallen, steigt der Winkelabstand gleicher Beugungsordnungen mit wachsender Beugungsordnung an, wie man der Abb. 4.70 leicht entnehmen kann. Es ist wieder ein Gitter mit zehn Spalten gerechnet, die Spaltbreite beträgt $d=2\mu m$, die Gitterkonstante $g=10\mu m$. Gezeichnet ist das Beugungsbild für die beiden Wellenlängen $\lambda_1=400nm$ und $\lambda_2=700nm$. Man erkennt von der ersten bis zur dritten Ordnung ein deutliches Ansteigen des Winkelabstandes. Rechnerisch ergeben sich mit $m=10$ die Abstände $\Delta\eta_1=1{,}72°$, $\Delta\eta_2=3{,}46°$ und $\Delta\eta_3=5{,}23°$. Will man also mit einem Beugungsgitter eng benachbarte Spektrallinien trennen, müsste man eine möglichst hohe Beugungsordnung wählen, damit die Linien klar getrennt werden können. Ein Maß für die Dispersion, also die Wellenlängenauflösung, ist der Quotient $\Delta\eta_{max}/\Delta\lambda$. Der Grenzwert

$$D_w = \lim_{\Delta\lambda\to0} \frac{\Delta\eta_{max}}{\Delta\lambda} = \frac{d\eta_{max}}{d\lambda} \qquad\qquad 4.280$$

wird **Winkeldispersion** genannt. Sie errechnet sich wie folgt:

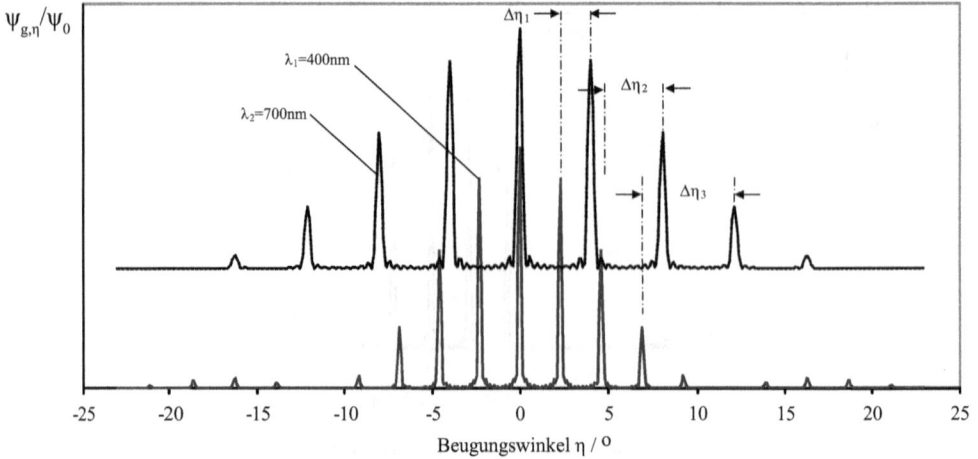

Abb. 4.70. Vergleich der Beugungsintensität als Funktion des Winkels für die beiden Wellenlängen 400nm und 700nm. Die eingezeichneten Winkelabstände der ersten drei Beugungsordnungen steigen stark an.

$$D_w = \frac{d\eta_{max}}{d\lambda} = \frac{1}{\dfrac{d\lambda}{d\eta_{max}}} = \frac{1}{\dfrac{d}{d\eta_{max}}\left(\pm\dfrac{g}{k}\sin(\eta_{max})\right)} \qquad\qquad 4.281$$

Hierbei wurde davon Gebrauch gemacht, dass sich die Ableitung von η_{max} nach λ als Reziprokwert der Ableitung von λ nach η_{max} darstellen lässt. Für die **Winkeldispersion** erhält man folglich:

$$\boxed{D_w = \frac{k}{g\cos(\eta_{max})}} \qquad\qquad 4.282$$

Die Winkeldispersion ist allein noch kein Kriterium für die **Auflösbarkeit** einer Wellenlängendifferenz $\Delta\lambda$. Hierfür wird das **Auflösungsvermögen** eines Gitters gemäß

$$\boxed{A = \frac{\lambda}{\Delta\lambda}} \qquad\qquad 4.283$$

sowie das schon bei der räumlichen Auflösbarkeit zweier Punkte verwendete **Rayleigh–Kriterium** herangezogen. Das bedeutet, dass das Intensitätsmaximum der k–ten Ordnung für die Wellenlänge $\lambda+\Delta\lambda$ mit dem ersten Minimum der k–ten Ordnung für die Wellenlänge λ zusammenfallen muss. Für das Maximum k–ter Ordnung gilt nach Gl. 4.275:

$$\sin(\eta_{max}) = \pm\frac{k}{g}(\lambda + \Delta\lambda) \qquad\qquad 4.284$$

Für das nächstgelegene Minimum gilt nach Gl. 4.279 i=km+1, woraus mit Gl. 4.278 folgt:

$$\frac{m\Phi}{2} = (km+1)\cdot\pi \quad \text{bzw.} \quad \Phi = 2\pi\left(k+\frac{1}{m}\right) \qquad 4.285$$

Gleichgesetzt mit der Phasenverschiebung nach Gl. 4.266 folgt:

$$\frac{g\sin(\eta_{min})}{\lambda}2\pi = 2\pi\left(k+\frac{1}{m}\right) \quad \text{bzw.} \quad \sin(\eta_{min}) = \frac{1}{g}\left(k+\frac{1}{m}\right)\lambda \qquad 4.286$$

Fallen Maximum und Minimum zusammen, gilt $\eta_{max}=\eta_{min}$ bzw. $\sin(\eta_{max})=\sin(\eta_{min})$ und damit nach Gl. 4.284 und 4.286, wenn man sich auf positive Ordnungen beschränkt:

$$\frac{k}{g}(\lambda+\Delta\lambda) = \frac{1}{g}\left(k+\frac{1}{m}\right)\lambda \quad \text{bzw.} \quad k\Delta\lambda = \frac{\lambda}{m} \qquad 4.287$$

Für das Auflösungsvermögen nach Gl. 4.283 erhält man also den einfachen Zusammenhang:

$$\boxed{A = km} \qquad 4.288$$

Das **Auflösungsvermögen eines Gitters** wird also durch die Beugungsordnung k sowie durch die Anzahl der **ausgeleuchteten** Spalte bestimmt.

Ein Beispiel soll die Sache verdeutlichen: eine der bekanntesten Spektrallinien ist die **Natrium–D–Linie**, eine Doppellinie bei 588,9950nm und 589,5924nm mit Linienabstand $\Delta\lambda$=0,5974nm. Um die beiden Linien mit einem Gitter aufzulösen, bedarf es nach Gl. 4.283 eines Auflösungsvermögens von $A = 589,2937\,nm/0,5974\,nm \approx 986$. Beobachtet man realistischerweise in der dritten Ordnung, also k=3, würde man somit eine Linienanzahl von m=A/k=329 benötigen, um die Linien trennen zu können. Gute Gitter erreichen heute ein Auflösungsvermögen von bis zu 10^6.

4.6.4   Interferenz

Aufbauend auf Kap. 1.2.5 sollen hier Interferenzerscheinungen näher betrachtet werden. Im vorigen Abschnitt wurde die Beugung besprochen, die in gewisser Weise **Interferenz** bereits einschließt. Es soll hier die Überlagerung zweier elektromagnetischer Wellen gleicher Frequenz ω und **beliebig hoher Kohärenzlänge** an einem bestimmten Punkt P im Raum betrachtet werden. Die Überlagerung erfolgt derart, dass die beiden Feldstärken im Punkt P in die gleiche Richtung zeigen (Abb. 4. 71). Die Wellen seien im Punkt P gegeben durch

$$E_1(x_1,t) = \hat{E}_1\sin(\omega t - kx_1) \qquad 4.289$$

und

$$E_2(x_2,t) = \hat{E}_2\sin(\omega t - kx_2 - \varphi) \qquad 4.290$$

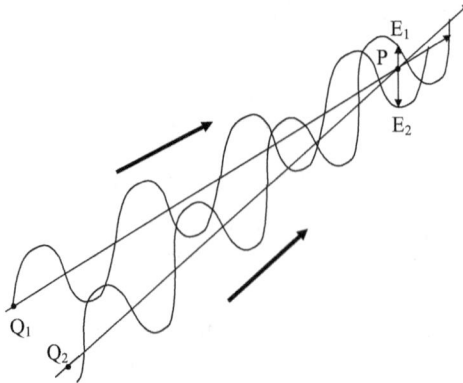

Abb. 4.71. Zwei elektromagnetische Wellen überlagern im Punkt P. Gezeichnet ist lediglich das elektrische Feld.

Dabei sind x_1 und x_2 die Abstände der Quellen Q_1 und Q_2 vom Punkt P. Die Quelle Q_2 schwingt mit der Phasenverschiebung φ zur ersten Quelle. Im Punkt P kommt es zur additiven Überlagerung der beiden Feldstärken, so dass die resultierende Feldstärke geschrieben werden kann als

$$E(P,t) = \hat{E}_1 \sin(\omega t - kx_1) + \hat{E}_2 \sin(\omega t - kx_2 - \varphi) \qquad 4.291$$

Die **Strahlungsflussdichte** ist wie folgt gegeben:

$$\psi(P,t) = \sqrt{\frac{\varepsilon_o \varepsilon_r}{\mu_o \mu_r}} \left(\hat{E}_1 \sin(\omega t - kx_1) + \hat{E}_2 \sin(\omega t - kx_2 - \varphi) \right)^2 \qquad 4.292$$

Ausmultipliziert erhält man:

$$\psi(P,t) = \sqrt{\frac{\varepsilon_o \varepsilon_r}{\mu_o \mu_r}} \Big(\hat{E}_1^2 \sin^2(\omega t - kx_1) +$$
$$+ 2\hat{E}_1 \hat{E}_2 \sin(\omega t - kx_1)\sin(\omega t - kx_2 - \varphi) + \hat{E}_2^2 \sin^2(\omega t - kx_2 - \varphi) \Big) \qquad 4.293$$

Die beiden Summanden $\sqrt{\dfrac{\varepsilon_o \varepsilon_r}{\mu_o \mu_r}} \left(\hat{E}_1^2 \sin^2(\omega t - kx_1) \right)$ und $\sqrt{\dfrac{\varepsilon_o \varepsilon_r}{\mu_o \mu_r}} \left(\hat{E}_2^2 \sin^2(\omega t - kx_2 - \varphi) \right)$ entsprechen den Strahlungsflussdichten, die die Wellen einzeln hervorrufen würden. Offensichtlich tritt aber noch ein weiterer Summand auf, der beide beteiligten Feldstärken enthält:

$$\psi(P,t) = \psi_1(P,t) + \psi_2(P,t) +$$
$$+ 2\sqrt{\frac{\varepsilon_o \varepsilon_r}{\mu_o \mu_r}} \hat{E}_1 \hat{E}_2 \sin(\omega t - kx_1)\sin(\omega t - kx_2 - \varphi) \qquad 4.294$$

Unerwarteterweise kann zusätzlich zu der Addition der beiden Intensitäten im Punkt P ein Beitrag zustande kommen, der – wegen der beteiligten Sinusfunktionen – positiv oder negativ sein kann. Klarheit schafft die folgende trigonometrische Umformung des Produktes der Sinusfunktionen in eine Differenz zweier Cosinusfunktionen:

$$\psi(P,t) = \psi_1(P,t) + \psi_2(P,t) +$$

$$+ \sqrt{\frac{\varepsilon_o \varepsilon_r}{\mu_o \mu_r}} \hat{E}_1 \hat{E}_2 \left(\cos(k(x_2 - x_1) + \varphi) - \cos(2\omega t - k(x_1 + x_2) - \varphi) \right) \qquad 4.295$$

Kein Detektor kann die hohen Frequenzen des Lichtes zeitlich auflösen, man beobachtet immer die **zeitlichen Mittelwerte**. Die Mittelung der Einzelintensitäten $\psi_1(P,t)$ und $\psi_2(P,t)$ erfolgt gemäß:

$$\overline{\psi}_1(P) = \frac{1}{T} \int_0^T \sqrt{\frac{\varepsilon_o \varepsilon_r}{\mu_o \mu_r}} \left(\hat{E}_1^2 \sin^2(\omega t - kx_1) \right) dt \qquad 4.296$$

Die Integration liefert:

$$\overline{\psi}_1(P) = \frac{1}{T} \hat{E}_1^2 \sqrt{\frac{\varepsilon_o \varepsilon_r}{\mu_o \mu_r}} \left[\frac{t}{2} - \frac{1}{4\omega} \sin\left(2(\omega t - kx_1)\right) \right]_0^T \qquad 4.297$$

Bzw.:

$$\overline{\psi}_1(P) = \frac{1}{T} \hat{E}_1^2 \sqrt{\frac{\varepsilon_o \varepsilon_r}{\mu_o \mu_r}} \times$$

$$\times \left[\left(\frac{T}{2} - \frac{1}{4\omega} \sin\left(2(\omega T - kx_1)\right) \right) - \left(\frac{0}{2} - \frac{1}{4\omega} \sin\left(2(0 - kx_1)\right) \right) \right] \qquad 4.298$$

Wegen $\omega T = (2\pi/T)T = 2\pi$ gilt für den ersten Sinus in der Klammer $\sin(2(2\pi - kx_1)) = \sin(-2kx_1)$, so dass Gl. 4.298 die Form

$$\overline{\psi}_1(P) = \frac{1}{T} \hat{E}_1^2 \sqrt{\frac{\varepsilon_o \varepsilon_r}{\mu_o \mu_r}} \left(\frac{T}{2} \right) = \frac{1}{2} \hat{E}_1^2 \sqrt{\frac{\varepsilon_o \varepsilon_r}{\mu_o \mu_r}} \qquad 4.299$$

gewinnt. Der analoge Ausdruck lässt sich auch für $\psi_2(P,t)$ errechnen. Der dritte Summand in Gl. 4.295 besteht aus den zwei Cosinus–Funktionen. Davon ist nur eine, die zweite, zeitabhängig. Das Integral über eine Periode T ist hier trivial ausführbar und hat den Wert Null. Das ist auch anschaulich leicht einsehbar, denn über eine volle Periode sind die Flächen über und unter der Zeitachse gleich groß und heben sich gegenseitig auf. Damit ist die zeitliche Mittelung von Gl. 4.295:

$$\overline{\psi}(P) = \frac{1}{2} \hat{E}_1^2 \sqrt{\frac{\varepsilon_o \varepsilon_r}{\mu_o \mu_r}} + \frac{1}{2} \hat{E}_2^2 \sqrt{\frac{\varepsilon_o \varepsilon_r}{\mu_o \mu_r}} + \sqrt{\frac{\varepsilon_o \varepsilon_r}{\mu_o \mu_r}} \hat{E}_1 \hat{E}_2 \cos(k(x_2 - x_1) + \varphi) \qquad 4.300$$

Bei einer zeitlich unveränderlichen Phasenbeziehung φ zwischen den zwei Wellen kommt es also zu einer **Abweichung von der reinen Addition der Einzelintensitäten**. Dabei kann der Cosinus positive wie negative Werte annehmen, d.h. es kann im Punkt P eine **höhere oder eine geringere Gesamtintensität** im Vergleich zur reinen Addition der Intensitäten auftreten. Was von beidem auftritt, hängt von der Differenz x_2-x_1, also vom Wegunterschied der beiden Wellen, und von der Größe der Phasenverschiebung φ ab. Sind die beiden Amplituden $\hat{E}_1$ und $\hat{E}_2$ gleich groß, könnte es nach Gl. 4.300 zu einer vollständigen Auslöschung der Wellen im Punkt P kommen. Das ist sehr verstörend, da es – zumindest mit den im Alltag auftretenden natürlichen und künstlichen Lichtquellen – nicht beobachtet wird.

Der Grund hierfür ist die in Kap. 1.2.5 beschriebene geringe Kohärenzlänge konventioneller Lichtquellen. Die Phasenverschiebung φ zwischen den Quellen ist dabei zeitlich nicht konstant, sondern es kommt durch immer neue, sehr kurze Emissionsakte zu Phasensprüngen, so dass der letzte Summand bei der zeitlichen Mittelung entfällt: beobachtet wird lediglich die **Summe der beiden Einzelintensitäten**. Interferenzexperimente sind mit klassischen Lichtquellen – wenn überhaupt – nur in sehr eingeschränktem Umfang möglich. Selbst mit guten Spektrallampen sind sie schwierig. Erst die Erfindung des Lasers ermöglichte auf einfache Weise in großem Stil die Beobachtung von Interferenzen, da die Kohärenzlänge hier deutlich höher liegt. Doch zurück zu Gl. 4.300. Ist die Phasenverschiebung φ konstant, wird eine über der Summe der Einzelintensitäten liegende Gesamtintensität beobachtet, wenn der Cosinus im letzten Summanden den Wert +1 annimmt. Das ist der Fall für

$$k(x_2 - x_1) + \varphi = \pm i2\pi \quad \text{mit} \quad i=1;2;3;\dots \qquad\qquad 4.301$$

im Falle **gleichphasiger Quellen** ($\varphi=0$) wird daraus:

$$\frac{2\pi}{\lambda}(x_2 - x_1) = \pm i2\pi \quad \text{bzw.} \quad \boxed{x_2 - x_1 = \pm i\lambda} \qquad\qquad 4.302$$

Hohe Intensität wird also beobachtet, **wenn die Wegdifferenz $x_2 - x_1$ ein ganzzahliges Vielfaches der Wellenlänge λ ist**. Man spricht in diesem Falle von **konstruktiver Interferenz**. Bei gleichen Feldstärken kann dabei die Intensität doppelt so hoch sein wie im Falle von inkohärenten Quellen.

Unter der Summenintensität liegende Gesamtintensität wird beobachtet, wenn

$$k\left(x_2 - x_1\right) + \varphi = \pi \pm i2\pi \quad \text{mit} \quad i = 1;2;3;\dots \qquad\qquad 4.303$$

gilt. Sind die **Quellen gleichphasig** ($\varphi=0$), so gilt:

$$\frac{2\pi}{\lambda}(x_2 - x_1) = \pi \pm i2\pi \quad \text{bzw.} \quad \boxed{x_2 - x_1 = \frac{\lambda}{2}(1 \pm 2i)} \qquad\qquad 4.304$$

Minimale Intensität, also **destruktive Interferenz**, tritt auf, **wenn die Wegdifferenz ein ungeradzahliges Vielfaches der halben Wellenlänge ist**. Bei gleichen Feldstärken der einzelnen Wellen wird die Gesamtintensität Null. Das mag den Anschein erwecken, dass hier

Energie verschwindet. Das ist jedoch nicht der Fall, sie taucht vielmehr in anderen Raumbereichen als konstruktive Interferenz wieder auf.

4.6.5 Interferenz an dünnen Schichten

Eine wichtige Rolle spielen Interferenzen in der Optik bei dünnen Schichten konstanter Dicke. So können dünne, aufgedampfte Schichten aus geeignetem Material benutzt werden, **Oberflächenreflexionen zu mindern,** wenn sie stören, oder zu erhöhen, wenn es gewünscht wird. Mehr hierzu in Kap. 5.1.5. Hier soll zunächst eine dünne Platte der Dicke d mit Brechzahl n betrachtet werden, die sich an Luft befinde (Abb. 4.72). Ein Lichtstrahl falle unter dem Winkel α auf die Platte. Ein Teil davon wird an der Oberfläche reflektiert (wie viel genau wird in Kap. 4.7 gezeigt), ein anderer Teil dringt in die Platte ein und wird dabei nach dem Snelliusschen Gesetz gebrochen. Der gebrochene Strahl erreicht die untere Oberfläche. Hier tritt ein Teil des Strahles aus, ein gewisser Anteil wird in die Platte zurückreflektiert. An der oberen Oberfläche tritt ein Teil aus, ein anderer wird reflektiert usf. Die zwei reflektierten Strahlen 1 und 2 können über eine Sammellinse gebündelt werden, so dass zwischen ihnen konstruktive oder destruktive Interferenz eintreten kann, wenn der Gangunterschied entsprechende Werte annimmt. Während Strahl 1 den Weg e in Luft zurücklegt, muss Strahl 2 die Strecke 2a in der Platte durchlaufen. Die **optische Wegdifferenz** ist

$$\Delta x = 2an - e \qquad\qquad 4.305$$

Man beachte, dass hierbei die **optische Weglänge** von Bedeutung ist, das ist die geometrische Entfernung multipliziert mit der Brechzahl. Nach Abb. 4.72 gilt:

$$\frac{f/2}{a} = \sin\beta \quad \text{und} \quad \frac{e}{f} = \sin\alpha \qquad\qquad 4.306$$

Ferner gilt der Satz des Pythagoras

$$\left(\frac{f}{2}\right)^2 + d^2 = a^2 \qquad\qquad 4.307$$

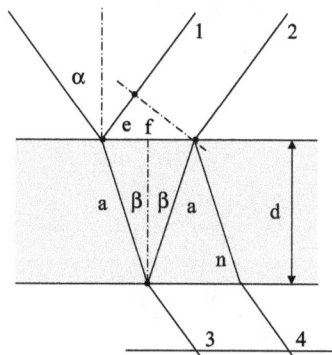

Abb. 4.72. Zur Interferenz an dünnen Schichten.

und das Snelliussche Brechungsgesetz

$$\frac{\sin\alpha}{\sin\beta} = n \quad \text{bzw.} \quad \sin\beta = \frac{\sin\alpha}{n} \qquad\qquad 4.308$$

Die erste der Gln. 4.306 nach f/2 aufgelöst und mit dem Snelliusschen Brechungsgesetz Gl. 4.308 in Gl. 4.307 eingesetzt, ergibt:

$$\left(a\frac{\sin\alpha}{n}\right)^2 + d^2 = a^2 \quad \text{bzw.} \quad a^2 = d^2\left(1 - \frac{\sin^2\alpha}{n^2}\right)^{-1} \qquad\qquad 4.309$$

Die erste der Gl. 4.306 nach a aufgelöst und mit dem Snelliusschen Brechungsgesetz Gl. 4.308 in Gl. 4.307 eingesetzt, ergibt:

$$\left(\frac{f}{2}\right)^2 + d^2 = \left(\frac{fn}{2\sin\alpha}\right)^2 \quad \text{bzw.} \quad f^2 = 4d^2\left(\frac{n^2}{\sin^2\alpha} - 1\right)^{-1} \qquad\qquad 4.310$$

Für die optische Wegdifferenz (Gl. 4.305) erhält man aus Gl. 4.309 und 4.310 unter Benutzung der zweiten der Gl. 4.306:

$$\Delta x = 2dn\sqrt{\frac{n^2}{n^2 - \sin^2\alpha}} - 2d\sin\alpha\sqrt{\frac{\sin^2\alpha}{n^2 - \sin^2\alpha}} \qquad\qquad 4.311$$

Durch einige Umformungen wird daraus:

$$\Delta x = 2d\,\frac{n^2 - \sin^2\alpha}{\sqrt{n^2 - \sin^2\alpha}} = 2d\sqrt{n^2 - \sin^2\alpha} \qquad\qquad 4.312$$

Zur Berechnung der Intensität im Beobachtungspunkt wäre jetzt noch zu bedenken, dass bei der Reflexion am optisch dichteren Medium ein **Phasensprung um λ/2** auftritt. Dies ist in Analogie zur Reflexion einer Seilwelle am fest eingespannten Ende. Für **konstruktive Überlagerung** muss also analog zur Gl. 4.302 gelten:

$$2d\sqrt{n^2 - \sin^2\alpha} - \frac{\lambda}{2} = i\lambda$$

bzw.

$$\boxed{2d\sqrt{n^2 - \sin^2\alpha} = \left(i + \frac{1}{2}\right)\lambda} \quad i = 0;1;2;.. \qquad\qquad 4.313$$

Destruktive Interferenz tritt ein, wenn die Wegdifferenz ein **ungeradzahliges Vielfaches der halben Wellenlänge** ist. Das kann ausgedrückt werden durch

$$2d\sqrt{n^2 - \sin^2\alpha} - \frac{\lambda}{2} = (2i+1)\frac{\lambda}{2} \quad \text{bzw.} \quad \boxed{2d\sqrt{n^2 - \sin^2\alpha} = (i+1)\lambda} \qquad 4.314$$

Es hängt also neben der Plattendicke und der Brechzahl vom Einfallswinkel α ab, ob konstruktive oder destruktive Interferenz eintritt. Verdopplung oder Auslöschung sind hier nicht möglich, da die Feldstärken in den Teilstrahlen nicht exakt gleich sind. Betrachtet man senkrechten Einfall, also $\alpha=0$, dann erhält man

$$2dn = \left(i + \frac{1}{2}\right)\lambda \quad \text{und} \quad 2dn = (i+1)\lambda \qquad 4.315$$

für die konstruktive bzw. destruktive Interferenz. Man kann auch die Strahlen 3 und 4 in Transmission betrachten. Hier ist der Wegunterschied, wie man aus Abb. 4.72 ablesen kann:

$$\Delta x = 3an - (a + e) = 2an - e \qquad 4.316$$

Das entspricht genau der optischen Wegdifferenz in Gl. 4.305. Das obige Ergebnis lässt sich also mit dem einen Unterschied übertragen, dass hier **keine Phasenverschiebung** auftritt, da kein Strahl am optisch dichteren Material reflektiert wird. Es gilt also analog zu Gl. 4.313 für **konstruktive Interferenz**:

$$\boxed{2d\sqrt{n^2 - \sin^2\alpha} = i\lambda} \qquad 4.317$$

Destruktive Interferenz tritt analog zu Gl. 4.314 ein, wenn die Wegdifferenz ein ungeradzahliges Vielfaches der halben Wellenlänge ist:

$$\boxed{2d\sqrt{n^2 - \sin^2\alpha} = (2i+1)\frac{\lambda}{2}} \qquad 4.318$$

Man bekommt also in Reflexion nach Gl. 4.313 Helligkeit, wenn $2d\sqrt{n^2 - \sin^2\alpha}$ die Werte $\lambda/2$; $3\lambda/2$; $5\lambda/2$;… annimmt. In Transmission bedeutet das aber nach Gl. 4.318 genau destruktive Interferenz. Dunkelheit tritt in Reflexion nach Gl. 4.314 auf, wenn $2d\sqrt{n^2 - \sin^2\alpha}$ gleich λ; 2λ; 3λ;… ist. Für die Transmission gilt in diesem Fall aber nach Gl. 4.317 konstruktive Überlagerung. Transmission und Reflexion verhalten sich also gegensätzlich zueinander, man kann also hinsichtlich des Energiesatzes beruhigt sein. Wenn die Energie oben fehlt, tritt sie unten auf oder umgekehrt.

Die planparallele Platte ist die einfachste Form eines **Fabry–Perot–Interferometers**. Es dient dazu, bei geeigneter Reflektivität der Oberfläche, die durch Beschichtungen erreicht wird, für bestimmte Wellenlängen Transmission, für andere dagegen Reflexion zu erzeugen.

4.6.6 Bragg–Reflexion

Eine weitere Anwendung der Interferenz ist eine vereinfachte Beschreibung **der Beugung an einem Kristallgitter**. Dabei wird davon ausgegangen, dass die Atome in einem Kristall in sogenannten **Netzebenen** angeordnet sind. Fällt Licht unter einem Einfallswinkel α auf diese

Netzebenen, wird es zunächst in alle möglichen Richtungen gestreut. Durch **konstruktive oder destruktive Interferenz** kommt es jedoch zur Verstärkung oder zur Auslöschung von Licht in bestimmten Richtungen. In Abb. 4.73 sind zwei Netzebenen und ein einfallender Lichtstrahl gezeichnet, der an den beiden Ebenen reflektiert wird (Strahl 1 und 2). Konstruktive Überlagerung wird auftreten, wenn der Gangunterschied zwischen den beiden Strahlen einem ganzzahligen Vielfachen der Wellenlänge λ entspricht:

$$2a - b = i\lambda \quad \text{mit } i=1;2;3; \dots \qquad\qquad\qquad 4.319$$

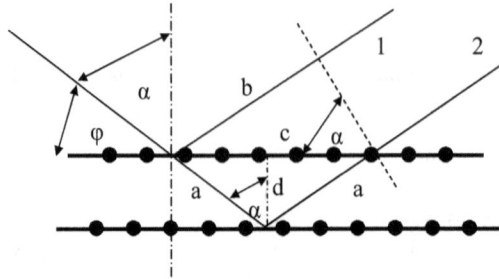

Abb. 4.73. Bragg–Reflexion an Netzebenen im Kristallgitter.

Aus der Abbildung liest man ab:

$$d = a \cos\alpha \qquad \frac{c}{2} = a \sin\alpha \qquad \frac{b}{c} = \sin\alpha \qquad\qquad 4.320$$

Durch Auflösen der ersten beiden Gleichungen nach a und c und anschließendes Einsetzen in die dritte Gleichung folgt:

$$b = 2\frac{d}{\cos\alpha}\sin^2\alpha \qquad\qquad\qquad\qquad 4.321$$

Aus Gl. 4.319 wird damit:

$$\frac{2d}{\cos\alpha} - \frac{2d\sin^2\alpha}{\cos\alpha} = 2d\left(\frac{1-\sin^2\alpha}{\cos\alpha}\right) = 2d\cos\alpha = i\lambda \qquad 4.322$$

Führt man den bei der Bragg–Reflexion gebräuchlicheren Winkel φ ein, so gilt wegen $\alpha = 90^0 - \varphi$:

$$\boxed{2d\sin\varphi = i\lambda} \qquad\qquad\qquad\qquad 4.323$$

Die Bragg–Reflexion spielt bei **akusto–optischen Modulatoren** zur Güteschaltung von Lasern eine wichtige Rolle (Kap. 6.1.3). Sie wird auch bei **Röntgenstrahlen** verwendet, um aus breitbandiger Röntgenstrahlung bestimmte Wellenlängen herauszufiltern bzw. um die Wellenlänge der Röntgenstrahlung zu bestimmen.

4.6.7   Polarisation

Licht als elektromagnetische Welle wurde bereits in Kap. 1.5.1 diskutiert. Dort wurde die **lineare Polarisation** von Licht besprochen. Es gibt neben linear polarisiertem Licht auch noch **elliptisch und zirkular polarisiertes**, auf das in diesem Kapitel ausführlich eingegangen werden soll. Es soll hier angeknüpft werden an Abb. 1.33. Dort wurde u.a. eine linear polarisierte Welle behandelt, die sich in y–Richtung ausbreitet und deren Feldstärkevektor $\vec{E}$ eine x– und eine y–Komponente besitzt. Das ebenfalls vorhandene $\vec{H}$–Feld wurde und wird außer Acht gelassen. Angenommen, das elektrische Feld habe gleiche Amplituden $\hat{E}$ in x– wie in y–Richtung. Wenn die Welle durch den Vektor

$$\hat{E}(t) = \begin{pmatrix} \hat{E}\cos(\omega t - ky) \\ 0 \\ \hat{E}\cos(\omega t - ky + \varphi) \end{pmatrix} \qquad 4.324$$

gegeben ist, wären im Falle eines verschwindenden Phasenwinkels φ die x– und die z–Komponenten des elektrischen Feldes in Phase. Die Folge wäre ein $\vec{E}$–Vektor, der im $45°$–Winkel zur x– bzw. zur z–Achse schwingt. Er behält seine Schwingungsrichtung während der Ausbreitung der Welle bei, er schwingt also stets in einer Ebene, der **Schwingungsebene**. Ist der Phasenwinkel φ aber ungleich Null, entsteht eine komplizierte Bewegungsform des Feldstärkevektors. Zur Erläuterung seien hierzu die x– und die z–Komponente in ihrer Zeitabhängigkeit dargestellt. Betrachtet werden soll das Ganze am Ort y=0, so dass die Feldstärke gegeben ist durch

$$\hat{E}(t) = \begin{pmatrix} E_x(t) \\ E_y(t) \\ E_z(t) \end{pmatrix} = \begin{pmatrix} \hat{E}\cos(\omega t) \\ 0 \\ \hat{E}\cos(\omega t + \varphi) \end{pmatrix} \qquad 4.325$$

In Abb. 4.74a ist zunächst die **Phasenverschiebung φ gleich Null**. E_x und E_y sind damit stets gleich und die Darstellung des Feldes zeigt eine $45°$–Gerade. Bei einer Phasenverschiebung $\varphi=\pi/4$ eilt die z–Komponente E_z der x–Komponente E_x voraus. Wie Abb. 4.74b verdeutlicht, läuft die Spitze des aus E_x und E_z zusammengesetzten Feldstärkevektors auf einer Ellipse um, während sich die Welle in y–Richtung bewegt. Wie die drei verschiedene Zeiten markierenden Punkte zeigen, dreht sich der Feldstärkevektor im Uhrzeigersinn, wobei sich auch seine Länge verändert. Es handelt sich um **rechtselliptisch polarisiertes Licht**.

Für eine Phasenverschiebung von $\pi/2$ stellt sich als Spezialfall elliptisch polarisierten Lichtes die **zirkulare Polarisation** ein. Im Falle der Abb. 4.74c ist das Licht **rechtszirkular polarisiert**, die Spitze des Feldstärkevektors läuft auf einer Kreisbahn im Uhrzeigersinn um. Schließlich ist in Abb. 4.74d eine Phasenverschiebung von $3\pi/4$ dargestellt, die Spitze des zugehörigen Feldstärkevektors läuft wiederum im Uhrzeigersinn auf einer Ellipse um. Die große Halbachse der Ellipse verläuft hier jedoch vom zweiten zum vierten Quadranten. Wäre die Phasenverschiebung φ negativ, würde jeweils **linkszirkular polarisiertes Licht** entstehen.

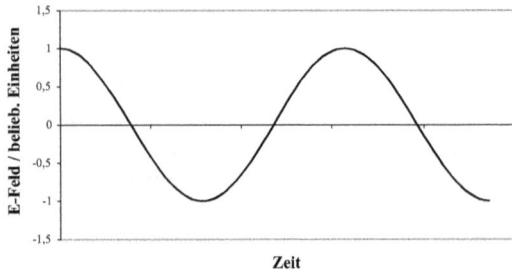

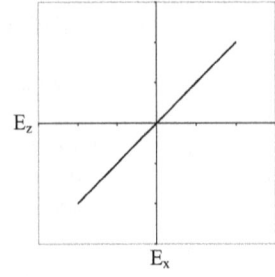

Abb. 4.74a. E_x und E_z schwingen phasengleich.

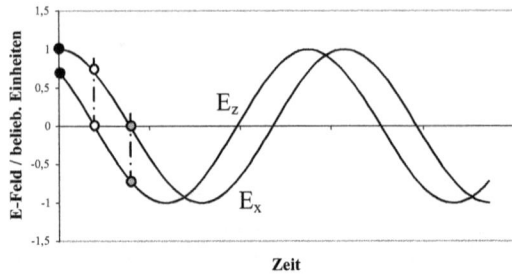

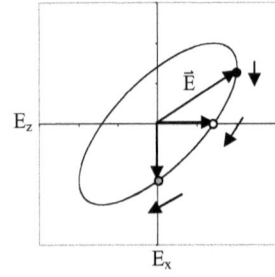

Abb. 4.74b. E_z eilt E_x um $\pi/4$ voraus.

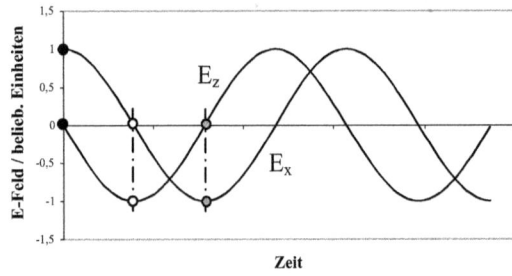

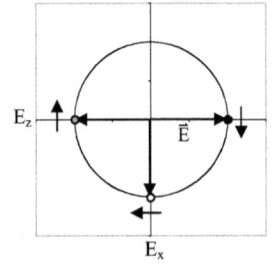

Abb. 4.74c. E_z eilt E_x um $\pi/2$ voraus. Das Licht ist zirkular polarisiert.

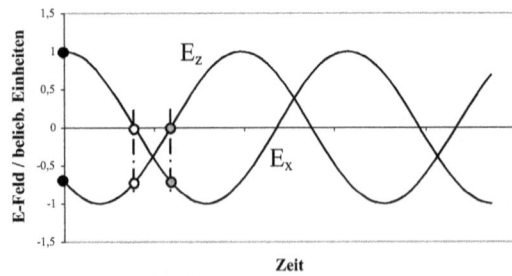

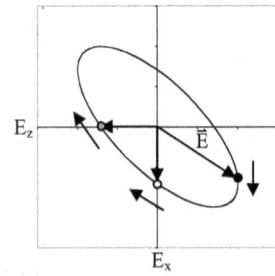

Abb. 4.74d. E_z eilt E_x um $3\pi/4$ voraus. Das Licht ist elliptisch polarisiert.

4.6.8   Doppelbrechung

Eine Erscheinung, die auf den ersten Blick nichts mit der Polarisation des Lichtes zu tun hat, ist die **Doppelbrechung**. Untersuchungen hierzu gehen zurück auf Erasmus Bartholinus (1625–1698), der die Erscheinung 1669 erstmals an **isländischem Kalkspat** beschrieb. Er beobachtete ein durch das Snelliussche Brechungsgesetz nicht erklärbares Auftreten von **Doppelbildern**, wenn man Gegenstände durch einen Kalkspatkristall betrachtete. Doppelbrechung tritt bei Stoffen auf, die anisotrop sind. Bisher wurden nur optisch isotrope Materialien behandelt; das sind Stoffe, deren optische Eigenschaften nicht von der Richtung abhängen, in der das Licht sie passiert. Gas und Flüssigkeiten gehören naheliegenderweise dazu, aber auch amorphe Festkörper wie Gläser. Allerdings können durch Druck, elektrische Felder, Temperaturgradienten etc. auch Flüssigkeiten bzw. amorphe Festkörper doppelbrechend werden. Dies kann sich unter Umständen sehr störend bemerkbar machen, wie z.B. in Laserstäben. An dieser Stelle soll jedoch nur die Doppelbrechung an optisch anistropen Materialien behandelt werden. Die Ursache der Anisotropie, d.h. der Richtungsabhängigkeit physikalischer Eigenschaften, ist der kristalline und damit periodische Aufbau des Stoffes.

Als Beispiel für die Doppelbrechung soll hier das klassische Material Bartholinus', der Kalkspat ($CaCO_3$), auch **Calcit** genannt, dienen. Abb. 4.75 zeigt einen Kalkspatrhomboeder in seiner üblichen Spaltform. Entscheidend sind hierbei die auftretenden Winkel, nicht die Kantenlängen. Abb. 4.75 lässt sich als längs der Linie AG gestauchter Würfel auffassen, der Winkel DAB, der beim Würfel 90° wäre, ist größer, nämlich 102°. Ebenso die Winkel BAE und DAE, sie sind auch 102°. Dafür werden die Winkel ADC, CBA, etc. entsprechend kleiner, nämlich 78°. Wird ein Calcitkristall gebrochen, müssen die Bruchkanten nicht notwendigerweise so lang sein wie in Abb. 4.75. Hier ist vielmehr der Spezialfall gezeichnet, dass die **kristallographische Hauptachse** Diagonale im Spaltstück ist. Das muss nicht so sein, die Kantenlängen könnten sich auch so ergeben, dass die kristallographische Hauptachse nur durch A oder nur durch G geht. Sie stellt überhaupt nur eine Richtung dar, die durch das Raumgitter der Atome vorgegeben wird. Im Calcit liegt bezüglich der Hauptachse eine dreizählige Symmetrie vor, d.h. man kann den Kristall um die Linie AG um jeweils 120° drehen,

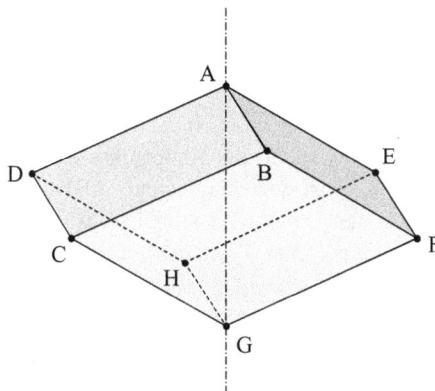

Abb. 4.75. Rhomboeder des Kalkspat.

ohne die Zusammensetzung des Kristalls oder seine physikalischen Eigenchaften zu verändern. Dreht man gegen den Uhrzeigersinn, käme Punkt D bei B zu liegen, B bei E und E
bei D.

Die Vorzugsrichtungen im Kristall haben Auswirkungen auf die optischen Eigenschaften des
Kristalls. Zunächst breitet sich jegliches Licht, dessen Feldstärkevektor $\bar{E}$ senkrecht zur
kristallographischen Hauptachse, auch **optische Achse** genannt, schwingt, ohne bemerkens-
werte Besonderheiten im Kristall mit der Geschwindigkeit c_0 aus. Bei Ausbreitung eines
Lichtstrahls in Richtung der optischen Achse ist also die Geschwindigkeit unabhängig von
der Polarisation. Der Feldstärkevektor $\bar{E}$ schwingt immer senkrecht zur Ausbreitungsrichtung der Welle und damit ist er stets senkrecht zur optischen Achse. Für Licht, das senkrecht
zur optischen Achsrichtung durch den Kristall läuft, kommt es auf die Polarisation an:
schwingt der Feldstärkevektor $\bar{E}$ **senkrecht zur optischen Achsrichtung**, breitet sich die
Welle gleichermaßen mit der **Geschwindigkeit c_0** aus. Solches Licht wird, weil es sich ordentlich verhält, **ordentliches Licht** genannt. Der Index „o" ist also keine Null, sondern ein
„o" wie „ordentlich". Licht, bei dem der Feldstärkevektor $\bar{E}$ parallel zur optischen Achse
schwingt, verhält sich „**außerordentlich**", denn es breitet sich mit einer anderen – im Falle
des Calcits höheren – Geschwindigkeit c_{ao} aus. Für Licht mit Feldstärkevektoren $\bar{E}$, die
einen beliebigen Winkel zur optischen Achse bilden, liegt die Ausbreitungsgeschwindigkeit
zwischen c_0 und c_{ao}.

Welche Auswirkungen hat dieses außergewöhnliche Verhalten nun auf das Huygens–
Fresnelsche Prinzip? Beim ordentlichen Strahl sind keine Veränderungen gegenüber der
normalen Lichtausbreitung zu beobachten, die Elementarwellen sind Kugelwellen (Abb.
4.76). Anders verhält es sich beim außerordentlichen Strahl: hier haben die Elementarwellen
die Form von Rotationsellipsoiden mit der optischen Achse als Symmetrieachse. Bei einer
Ausbreitungsrichtung senkrecht zur optischen Achse schwingt der Vektor der elektrischen
Feldstärke in Richtung der optischen Achse. Da die Ausbreitungsgeschwindigkeit beim Calcit hier höher ist als beim ordentlichen Strahl, bauchen sich die Elementarwellen aus.

Doch wie kann man nun die eingangs beschriebenen **Doppelbilder** damit erklären? Nun, die
unterschiedlichen Ausbreitungsgeschwindigkeiten bedeuten natürlich auch unterschiedliche
Brechzahlen für den ordentlichen und den außerordentlichen Strahl. Beim Kalkspat liegen
sie bei $n_o=1,6584$ und $n_{ao}=1,4864$ [Hecht 1998]. Daraus ergibt sich, dass sich das außerordentliche Licht um einen Faktor 1,12 schneller ausbreitet als das ordentliche.

Zur Erklärung der Doppelbilder soll nun ein Schnitt durch einen Kalkspatkristall dergestalt
geführt werden, dass er die kristallographische Hauptachse enthält. Ein solcher Schnitt wird
Hauptschnitt genannt. In Abb. 4.77 ist der Hauptschnitt ABHG des Kristalls aus Abb. 4.75
gezeichnet. Die Werte der auftretenden Winkel sind $109^°$ für BAH und BGH sowie $71^°$ für
ABG und AHG. Angenommen, Licht falle senkrecht auf die Fläche AB. Es sollen zwei mögliche Polarisationsrichtungen betrachtet werden: bei der ersten kann der Feldstärkevektor $\bar{E}$
senkrecht zur Zeichenebene schwingen (in Abb. 4.77 durch die drei Punkte angedeutet). Da
die optische Achse in der Zeichenebene liegt, schwingt er auch automatisch senkrecht zu ihr.
Damit gehört diese Polarisationsrichtung zum **ordentlichen Strahl**; die zugehörigen

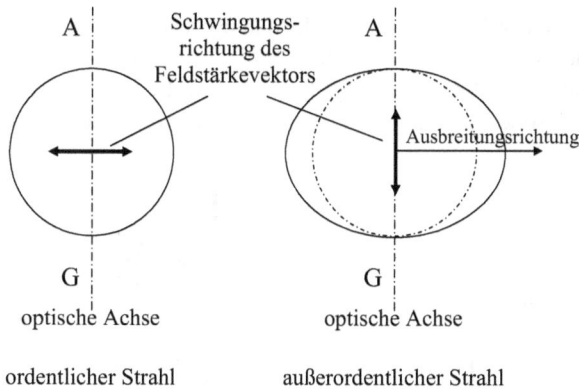

Abb. 4.76. Elementarwellen des ordentlichen und des außerordentlichen Strahls beim Kalkspat.

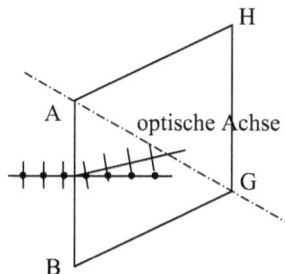

Abb. 4.77. Hauptschnitt durch den Kristall von Abb. 4.75.

Elementarwellen sind Kugelwellen und der Strahl tritt ohne Brechung in den Kristall ein (Abb. 4.78a). Komplizierter sind die Verhältnisse für den Fall, dass der Feldstärkevektor $\bar{E}$ in der Zeichenebene schwingt (Striche in Abb. 4.77). Die Elementarwellen für die Ausbreitung sind die oben eingeführten Rotationsellipsoide (Abb. 4.78b). Die kleinen Halbachsen der Schnitt–Ellipsen zeigen in Richtung der optischen Achse (strich–punktierte Linien). Die Phasenfront der Welle ergibt sich nach dem Huygens–Fresnelschen Prinzip als Überlagerung aller Elementarwellen. Nach Abb. 4.78b ist das räumlich eine Ebene parallel zur Eintrittsfläche des Kristalls. Man beachte aber, dass sich die Welle in Richtung der Pfeile ausbreitet. Obwohl also die entstandenen Phasenfronten zu denen der einfallenden Welle parallel sind, erfolgt eine **Richtungsablenkung des außerordentlichen Strahls**. Es findet erstaunlicherweise eine **Brechung** des Strahls statt, obwohl dieser senkrecht auf die Eintrittsfläche trifft. Dies widerspricht dem Snelliusschen Brechungsgesetz. So kommt es nach Abb. 4.77 zu einer Trennung des ordentlichen vom außerordentlichen Strahl. Die Strahlen sind senkrecht zueinander polarisiert.

Kalkspat ist ein Beispiel für einen **einachsigen Kristall**. Es gibt auch **zweiachsige Kristalle**, sie haben zwei optische Achsen und drei Brechungsindizes. Neben den **einachsig–negativen Kristallen**, zu denen Kalkspat zählt, gibt es noch **einachsig–positive Kristalle**. Bei ihnen ist die Ausbreitungsgeschwindigkeit beim außerordentlichen Strahl geringer als beim ordentlichen. Bei den Elementarwellen äußert sich das dadurch, dass der Rotationsellipsoid (zweite der Abb. 4.76) nicht breiter, sondern schlanker wird. Grundsätzlich zeigen nicht alle Kristalle Doppelbrechung. **Kubische Kristalle** verhalten sich zum Beispiel **optisch isotrop**. Die Doppelbrechung hat eine große Bedeutung bei der Erzeugung von polarisiertem Licht.

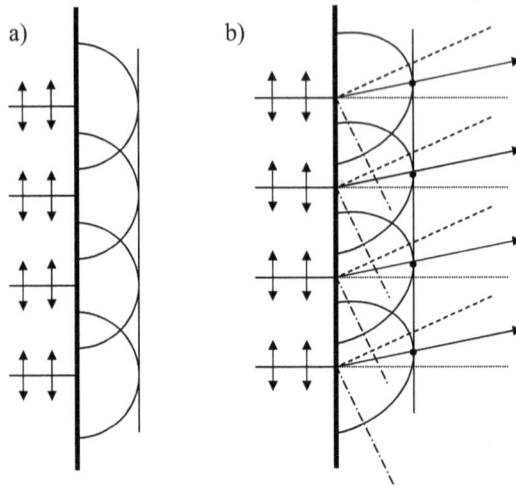

Abb. 4.78. Entstehung der Phasenfronten bei Doppelbrechung im ordentlichen (a) und außerordentlichen Strahl (b).

Eine wichtige Anwendung ist die **Veränderung** der Polarisation einer Lichtwelle. Schneidet man einen einachsig negativen Kristall so, dass die optische Achse parallel zur Ein– bzw. Austrittsfläche von Licht ist, wie es in Abb. 4.79 dargestellt ist, dann kommt es bei einer Welle, die senkrecht auftrifft, nicht zu einem räumlichen Auseinanderlaufen von ordentlichem und außerordentlichem Strahl. Es ist aber sehr wohl so, dass das außerordentliche Licht den Kristall schneller durchläuft als das ordentliche. Schickt man folglich linear polarisiertes Licht, dessen Feldstärkevektor $\bar{E}$ zur Richtung der optischen Achse einen $45°$–Winkel bildet, wie skizziert durch den Kristall, wird die Feldstärke $\bar{E}_o$ gegen die Feldstärke $\bar{E}_{ao}$ verzögert. Es kommt also zu einer **Phasenverschiebung zwischen dem ordentlichen und dem außerordentlichen Strahl.** Wie groß sie ist, hängt von der durchlaufenen Strecke ab. Man hat also die Möglichkeit, durch Wahl der Kristalldicke die Phasenverschiebung einzustellen. In Abb. 4.79 kommt es zu einer Phasenverschiebung um $\lambda/4$ bzw. $90°$, das entstandene Licht ist **rechtszirkular polarisiert** (Abb. 4.80). Ein Kristall mit dieser Wirkung wird als $\lambda/4$**–Platte** bezeichnet und hat somit die Funktion, **linear polarisiertes Licht in zirkular polarisiertes** umzuwandeln.

Würde die Dicke der Platte in Abb. 4.79 so gewählt, dass sich eine Phasenverschiebung von $\lambda/2$ bzw. $180°$ einstellt, entstünde wieder linear polarisiertes Licht, dessen Feldstärkevektor um $90°$ gegen seine ursprüngliche Richtung verdreht wurde. Wichtig ist, dass die Wirkung von $\lambda/4$– und $\lambda/2$–Platten natürlich nur auf eine definierte Wellenlänge beschränkt ist. Veränderungen der Wellenlänge führen in der Regel zu elliptisch polarisiertem Licht.

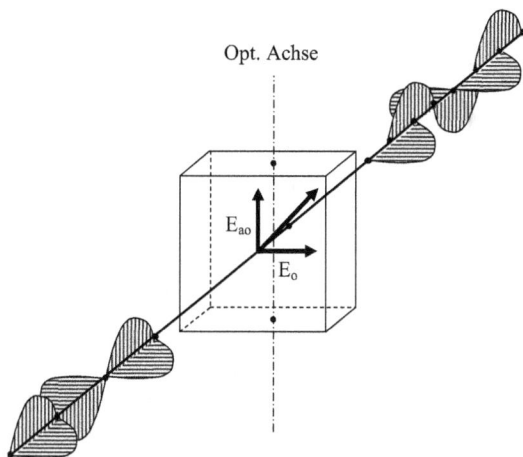

Abb. 4.79. Ein λ/4–Plättchen macht aus linear polarisiertem Licht zirkular polarisiertes. Der Feldstärkevektor des einfallenden Lichtes bildet zur Richtung der optischen Achse des Kristalls einen 45°–Winkel.

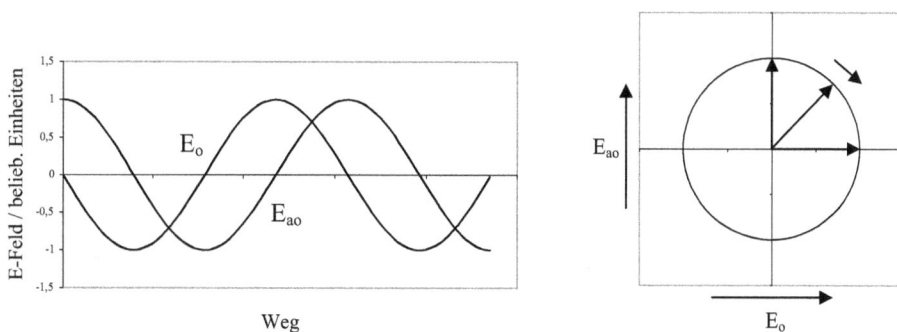

Abb. 4.80. Nach Durchlaufen der λ/4–Platte eilt die außerordentliche Welle der ordentlichen um 90° voraus.

4.6.9 Optische Aktivität

Unter **optischer Aktivität** versteht man die Eigenschaft bestimmter Stoffe, die Polarisationsebene linear polarisierten Lichtes zu drehen. Für den **Drehwinkel α** von Lösungen gilt der verhältnismäßig einfache Zusammenhang

$$\boxed{\alpha = \gamma c d}$$

4.326

Es zeigt sich nämlich, dass der Drehwinkel proportional ist zur durchlaufenen Strecke d und zur Konzentration der Substanz, sofern es sich um eine wässrige Lösung handelt. γ ist eine Stoffkonstante und wird **spezifisches Drehvermögen** genannt. Verstehen lässt sich der Effekt, wenn man sich linear polarisiertes Licht als Überlagerung zweier zirkular polarisierter Wellen, einer linkszirkularen und einer rechtszirkularen, vorstellt. Der Summenvektor $\bar{E}$ der beiden Feldstärken schwingt in einer Ebene, wenn sich die beiden zirkular polarisierten Wel-

len mit gleicher Frequenz und ohne Phasenverschiebung mit gleicher Phasengeschwindigkeit
ausbreiten. Es gibt aber einige Substanzen, für die das nicht gilt: die Phasengeschwindigkeit
ist für die linkszirkulare Welle eine andere als für die rechtszirkulare. In Abb. 4.81 ist der
Fall dargestellt, bei dem die rechtszirkulare Welle schneller durch das optisch aktive Material
läuft wie die linkszirkulare und damit eine größere Wellenlänge besitzt. Da die Frequenz der
Wellen und damit die Winkelgeschwindigkeit, mit der sich die Feldstärkevektoren $\bar{E}_r$ und
$\bar{E}_l$ im bzw. gegen den Uhrzeigersinn drehen, konstant bleiben, hat sich an einem gegebenen
Ort der Feldstärkevektor $\bar{E}_l$ der langsameren Welle schon weiter gedreht als der Vektor $\bar{E}_r$
der schnelleren Welle. Das klingt paradox, ist aber so, denn durch die schnellere Ausbreitung
ist die Drehung bei der Welle mit Feldstärke $\bar{E}_r$ erst an einem entfernteren Ort „vollendet".
Wenn sich die beiden Feldstärkevektoren nach der halben mittleren Wellenlänge begegnen
(mittlerer Kreis in Abb. 4.81), hat sich der aus der Überlagerung der beiden zirkularen Wellen ergebende Feldstärkevektor um den Winkel $\alpha/2$ verdreht, nach der vollen mittleren Wellenlänge (hinterster Kreis in Abb. 4.81) um den Winkel α. Die Feldstärke $\bar{E}$ ergibt sich an
jedem Ort als Summe aus $\bar{E}_r$ und $\bar{E}_l$. Die Fläche, in der $\bar{E}$ schwingt, ist eine um die Ausbreitungsrichtung verdrillte Ebene. Die Substanz der Abb. 4.81 wird als **rechtsdrehend**
bezeichnet, denn sie dreht im Uhrzeigersinn, wenn man in die Richtung blickt, aus der der
Strahl kommt.

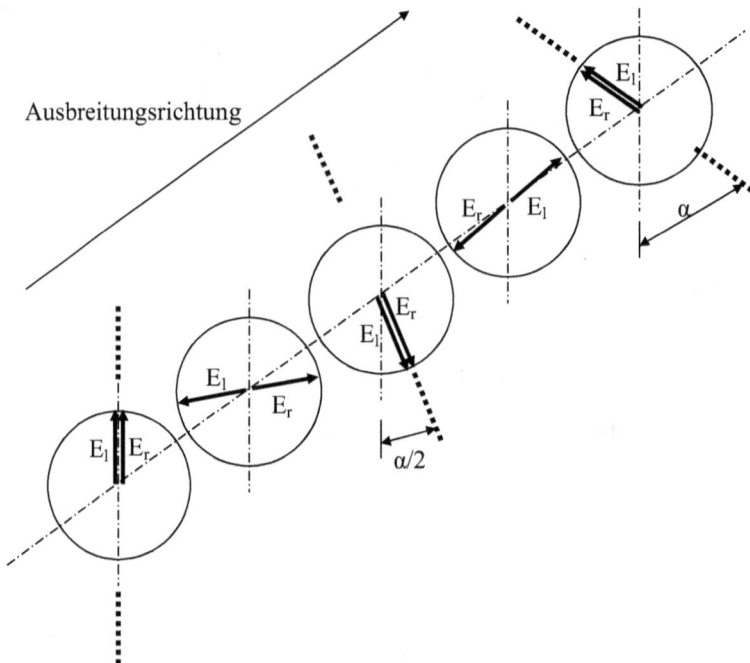

*Abb. 4.81. Beispiel einer rechtsdrehenden optisch aktiven Substanz. Die rechtszirkulare Welle breitet sich in diesem
Fall schneller aus als die linkszirkulare. Das führt zu einer Drehung der Schwingungsebene des einfallenden Lichtes.*

Es gibt sowohl rechts– wie auch linksdrehende Substanzen. So ist zum Beispiel eine wässrige Lösung von **Rohrzucker** mit einem spezifischen Drehvermögen von $\gamma = +66,5 \dfrac{^{o}cm^3}{dm \cdot g}$ rechtsdrehend, während eine andere Zuckersorte, nämlich **Fruchtzucker**, mit einem spezifischen Drehvermögen von $\gamma = -91,90 \dfrac{^{o}cm^3}{dm \cdot g}$ linksdrehend ist. Beide Werte beziehen sich auf eine Wellenlänge von 589,3nm [Zinth 2009].

Eine Lösung der Konzentration $10^{-2}g/cm^3$ würde bei einer Schichtdicke von 30cm im Falle des Rohrzuckers zu einem Drehwinkel von

$$\alpha = +66,5 \frac{^{o}cm^3}{dm \cdot g} \cdot 10^{-2} \frac{g}{cm^3} \cdot 3dm = +2,0^{o} \qquad\qquad 4.327$$

und im Falle des Fruchtzuckers zu einem Drehwinkel von

$$\alpha = -91,90 \frac{^{o}cm^3}{dm \cdot g} \cdot 10^{-2} \frac{g}{cm^3} \cdot 3dm = -2,76^{o} \qquad\qquad 4.328$$

führen.

Voraussetzung für das Auftreten von optischer Aktivität sind **asymmetrisch gebaute Moleküle ohne Inversionszentrum**. Hierzu gehören insbesondere schraubenförmige Moleküle, die je nach Schraubensinn links– bzw. rechtsdrehend sind. Die optische Aktivität bietet damit auch die Möglichkeit, beim Auftreten verschiedener Drehsinne bei ein und derselben Substanz zwischen den beiden Händigkeiten zu unterscheiden. Hier liegt das Drehvermögen bereits im Aufbau des einzelnen Moleküls begründet. Es gibt aber auch Substanzen, bei denen der Aufbau des Kristallgitters Ursache der optischen Aktivität ist; sie verlieren diese Eigenschaft, wenn sie geschmolzen werden [Bergmann–Schaefer 1978]. Rohrzucker zeigt zum Beispiel beide Arten von optischer Aktivität. Ein ungewöhnlich hohes spezifisches Drehvermögen mit $\gamma = 325^{o}/mm$ (bei einer Wellenlänge von 670,8nm) zeigt **Zinnober** (HgS). Man beachte, dass es sich hierbei um einen Kristall, also einen Festkörper, handelt. Hier reduziert sich Gl. 4.326 auf

$$\boxed{\alpha = \gamma d} \qquad\qquad 4.329$$

Das spezifische Drehvermögen wird also in $^{o}/mm$ angegeben. Ein besonders interessantes und in der Optik viel verwendetes Material ist **Quarz**. Es kommt sowohl in der links– als auch in der rechtsdrehenden Version vor. Das spezifische Drehvermögen ist sehr stark von der Wellenlänge abhängig. Bei einer Wellenlänge von 275nm liegt es bei $121,1^{o}/mm$, während es bei 1040nm nur noch $6,69^{o}/mm$ beträgt [Gerthsen 2006]. Die Wellenlängenabhängigkeit der optischen Aktivität wird **Rotationsdispersion** genannt.

4.6.10   Dichroismus

Die am häufigsten verwendeten, wenn auch nicht die besten Polarisatoren sind **dichroitische Folien**. Unter **Dichroismus** versteht man die bevorzugte Absorption einer bestimmten Schwingungsrichtung des elektrischen Feldstärkevektors $\bar{E}$ im Vergleich zu der dazu senkrechten Richtung. Im Bereich der Mikrowellen lässt sich dies einfach durch ein Drahtgitter realisieren, das nur diejenige Schwingungsrichtung des Feldstärkevektors passieren lässt, die senkrecht zu den Gitterstäben liegt (Abb. 4.82). Der Grund liegt einfach darin, dass die parallel zur Gitterrichtung schwingende Feldstärke die Elektronen im Metall zu Schwingungen anregt, so dass diese selbst wieder ein elektrisches Feld abstrahlen. Da dieses gegenphasig zur einfallenden Welle ist, wird die Welle gelöscht. Im Falle des senkrecht zur Gitterrichtung schwingenden Feldstärkevektors ist ein Mitschwingen der Elektronen nicht möglich, die Welle kann also das Gitter passieren.

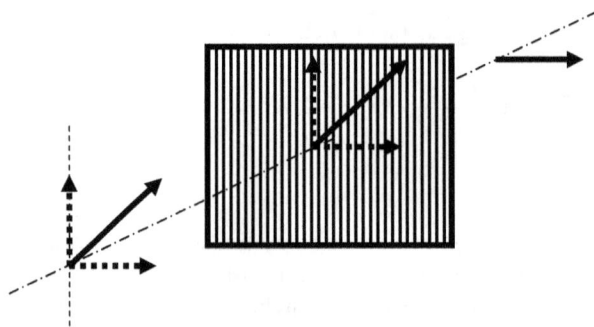

Abb. 4.82. Mikrowellen lassen sich mit Hilfe eines einfachen Metallgitters polarisieren.

Ein Übertragen dieser einfachen polarisierenden Wirkung auf den sichtbaren Spektralbereich ist nicht ohne weiteres möglich, da mit der sinkenden Wellenlänge gleichzeitig der erforderliche Gitterabstand sinkt, so dass bereits im mittleren Infrarot die Grenze der praktischen Realisierbarkeit erreicht wird. Im Sichtbaren ist man darauf angewiesen, das Gitter auf molekularer Ebene sinngemäß zu realisieren. Hier gelang E.H. Land (1909–1991), einem amerikanischen Physiker, die Herstellung der ersten **dichroitischen Folie**, nebenbei bemerkt im Alter von 19 Jahren. Die länglichen Kohlenwasserstoffmoleküle in **Polyvinylalkohol** wurden durch Erhitzung und Dehnung des Materials ausgerichtet und ihre Leitfähigkeit durch eine geeignete Dotierung erhöht. Damit ist ein gitterähnliches Gebilde geschaffen, mit dem sich sichtbares Licht polarisieren lässt.

Die „ausgelöschte" Polarisation wird bei dichroitischen Folien weitgehend im Material absorbiert, was zur Erwärmung führt. Auch führt die wellenlängenabhängige Absorption dazu, dass bei Verwendung mit weißem Licht das transmittierte, polarisierte Licht einen mehr oder weniger starken **Farbstich** besitzt.

Aufgaben

1. Ein Beugungsgitter liefere für monochromatisches Licht der Wellenlänge λ die 1. Ordnung bei $\eta = 36{,}39°$. Wird das Gitter in eine unbekannte Flüssigkeit getaucht, halbiere sich der Winkel. Wie groß ist die Brechzahl der Flüssigkeit?

2. Ein paralleles Lichtbündel bestehend aus den beiden Wellenlängen $\lambda_1 = 655$ nm und $\lambda_2 = 455$ nm fällt unter dem Winkel $\alpha = 8{,}77°$ (siehe Skizze) auf ein Beugungsgitter mit der Gitterkonstanten $g = 2\mu m$. Welche Winkeldifferenz $\Delta\beta$ besteht zwischen den Beugungsmaxima erster Ordnung?

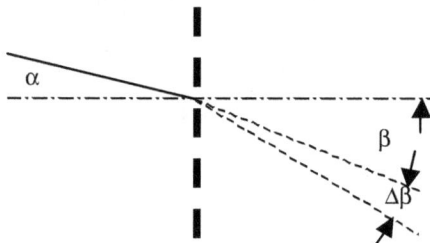

3. Ein paralleles Lichtbündel der Wellenlänge λ falle unter dem Einfallswinkel α_1 auf ein Beugungsgitter mit der Gitterkonstanten g. Die n–te Beugungsordnung verlässt das Gitter unter dem Winkel α_2.

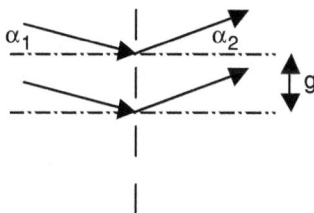

a) Welcher Zusammenhang besteht zwischen α_1, α_2, λ, g und n?

b) Für welche α_1 nimmt die durch $\alpha = \alpha_1 + \alpha_2$ gegebene Gesamtablenkung einen Extremwert an?

4. Licht der Wellenlänge 546,074 nm (Hg–Linie) falle unter dem Einfallswinkel $\alpha = 21{,}6°$ auf ein Beugungsgitter mit der Gitterkonstanten $g = 5\mu m$.

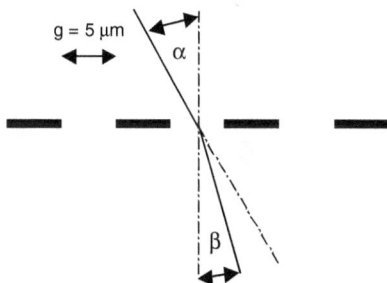

a) Unter welchem Winkel β (siehe Skizze) wird das Licht der ersten Beugungsordnung beobachtet?

b) Welchen Wert würde β annehmen, wenn die ganze Anordnung in eine Flüssigkeit mit der Brechzahl n=1,333 (Wasser) getaucht würde?

5. Ein punktförmiger Sender S emittiere eine elektromagnetische Welle. An einem Punkt P trifft sowohl die direkte Welle von S als auch die an einem Spiegel reflektierte Welle ein. Es kommt zur Interferenz.

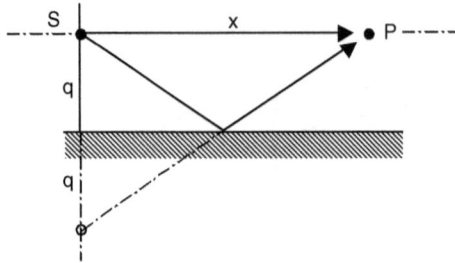

a) Für welche Abstände x von der Quelle tritt konstruktive Interferenz ein?

b) Welche spezielle Bedingung resultiert aus a) für den Fall x=0 ?

6. Eine (einfache) Art der Entspiegelung optischer Oberflächen ist das Aufdampfen dünner, dieelektrischer Schichten. Sie sollen durch destruktive Interferenz Reflexionen an der Oberfläche vermeiden. Wie dick muss eine dielektrische Schicht (n_d=1,33) sein, um bei senkrechtem Lichteinfall auf einer Glasplatte (n_G=1,52) Reflexionen bei einer Wellenlänge von λ=632,8nm zu mindern?

7. Mit einem Michelson-Interferometer soll der Brechungsindex von Luft, der geringfügig über 1 liegt, bestimmt werden. Dazu werde ein Laserstrahl der Wellenlänge λ=632,8nm mittels halbdurchlässigem Spiegel R50 in zwei senkrecht zueinander verlaufende Strahlen zerlegt. Der eine Strahl wird an einem Spiegel Sp1 reflektiert. Der andere Strahl durchläuft eine evakuierbare Glasröhre der Länge L=0,1m, wird an einem Spiegel Sp2 reflektiert und durchläuft die Röhre abermals. Durch den Spiegel R50 gelangen die beiden Strahlen auf einen Schirm und interferieren miteinander. Im Anfangszustand befindet sich in der Röhre Luft und auf dem Schirm wird Helligkeit beobachtet. Wird die Röhre langsam evakuiert, verkürzt sich die Laufzeit und es kommt auf dem Schirm im Wechsel zu destruktiver und konstruktiver Interferenz. Wie groß ist die Brechzahl von Luft, wenn bis zur vollständigen Evakuierung 93 Hell–Dunkel–Übergänge gezählt werden?

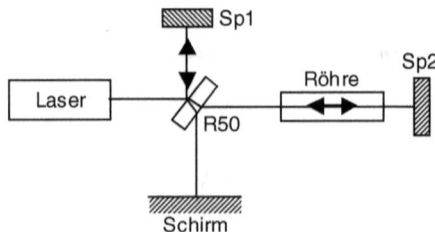

4.7 Lichtreflexion an Grenzschichten

In Kap. 4.1.2. wurde mit dem Snelliusschen Brechungsgesetz die Lichtbrechung an Grenzschichten behandelt. Dabei wurde aber keine Rücksicht darauf genommen, ob alle Strahlungsenergie durch die Grenzschicht dringt oder ob vielleicht ein Anteil im Herkunftsmedium bleibt. In der Tat ist es so, dass je nach Einfallswinkel ein gewisser Anteil von Strahlungsenergie an der Oberfläche reflektiert wird und nicht ins Medium eindringt. Es soll daher das Verhalten von Grenzschichten genauer untersucht werden. Insbesondere lässt sich mit der folgenden Theorie auch die Reflexion an Metalloberflächen beschreiben.

4.7.1 Die Fresnelschen Formeln

Ausgangspunkt der Überlegung ist ein Lichtbündel mit der Querschnittsfläche A und der **Strahlungsleistung** Φ_e, das nach Abb. 4.83 unter einem Einfallswinkel α auf eine Grenzschicht trifft. Diese trennt ein Medium mit der Brechzahl n_1 von einem mit der Brechzahl n_2. Ein Teil der Leistung, nämlich Φ_r, wird an der Oberfläche nach dem Reflexionsgesetz reflektiert, der andere Teil Φ_b wird unter dem Winkel β gebrochen und dringt in das Medium ein. Das reflektierte Bündel hat die gleiche Querschnittsfläche A wie das einfallende Bündel, das gebrochene dagegen hat die vergrößerte Fläche A^*. Die Projektionen der Flächen A und A^* in Strahlrichtung auf die Grenzfläche müssen gleich sein:

$$\frac{A}{\cos\alpha} = \frac{A^*}{\cos\beta} \quad \text{bzw.} \quad \frac{A^*}{A} = \frac{\cos\beta}{\cos\alpha} \qquad 4.330$$

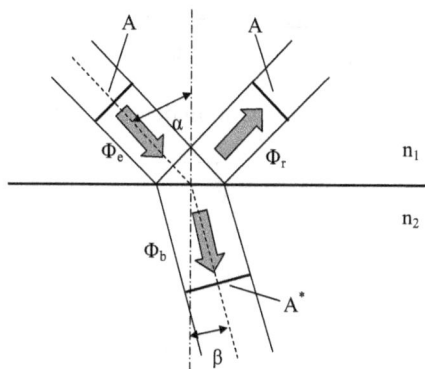

Abb. 4.83. Ein Lichtbündel mit der Leistung Φ_e fällt auf eine Grenzschicht, die zwei Medien mit Brechzahl n_1 und n_2 voneinander trennt.

Nimmt man an, dass keine Energie durch Streuung oder Absorption verlorengeht, muss für alle Lichtbündel zusammen der **Energiesatz** gelten. Die einfallende Strahlungsleistung muss also gleich der reflektierten und gebrochenen sein:

$$\Phi_e = \Phi_r + \Phi_b \qquad 4.331$$

Die Leistung Φ lässt sich ausdrücken durch die Strahlungsflussdichte ψ multipliziert mit der jeweiligen Fläche:

$$\psi_e A = \psi_r A + \psi_b A^*$$ 4.332

Unter Benutzung von 4.330 gewinnt man daraus:

$$\psi_e = \psi_r + \psi_b \frac{\cos\beta}{\cos\alpha}$$ 4.333

Um die Vorgänge an der Grenzschicht untersuchen zu können, muss man mit

$$\psi = \sqrt{\frac{\varepsilon_0\varepsilon_r}{\mu_0\mu_r}} E^2$$ 4.334

die **Feldstärke E** einführen. ε_r ist die Permittivitätszahl, μ_r die Permeabilitätszahl. Für letztere gilt bei den weitaus meisten optischen Substanzen $\mu_r \approx 1$. Gl. 4.333 lässt sich damit wie folgt schreiben:

$$\sqrt{\frac{\varepsilon_0\varepsilon_{r1}}{\mu_0}} E_e^2 = \sqrt{\frac{\varepsilon_0\varepsilon_{r1}}{\mu_0}} E_r^2 + \sqrt{\frac{\varepsilon_0\varepsilon_{r2}}{\mu_0}} E_b^2 \frac{\cos\beta}{\cos\alpha}$$ 4.335

Für die Phasengeschwindigkeiten der elektromagnetischen Wellen in Vakuum bzw. optischen Medien mit der Permittivitätszahl ε_1 und ε_2 gilt:

$$c_0 = \frac{1}{\sqrt{\varepsilon_0\mu_0}} \qquad c_1 = \frac{1}{\sqrt{\varepsilon_0\mu_0\varepsilon_{r1}\mu_{r1}}} \qquad c_2 = \frac{1}{\sqrt{\varepsilon_0\mu_0\varepsilon_{r2}\mu_{r2}}}$$ 4.336

Damit erhält man für die Brechzahlen n_1 und n_2 in den Medien:

$$n_1 = \frac{c_0}{c_1} = \sqrt{\varepsilon_{r1}\mu_{r1}} \approx \sqrt{\varepsilon_{r1}} \qquad n_2 \approx \sqrt{\varepsilon_{r2}}$$ 4.337

Damit schreibt man Gl. 4.335 in folgender Weise:

$$n_1 E_e^2 = n_1 E_r^2 + n_2 E_b^2 \frac{\cos\beta}{\cos\alpha}$$ 4.338

bzw.

$$(E_e - E_r)(E_e + E_r) = E_b^2 \frac{n_2 \cos\beta}{n_1 \cos\alpha}$$ 4.339

Zur weiteren Behandlung des Problems muss nun zwischen den verschiedenen Polarisationsrichtungen unterschieden werden. Man unterscheidet zwischen **senkrechter** und **paralleler** Polarisation. Ein Strahl ist senkrecht zur Einfallsebene polarisiert, wenn sein Feldstärkevektor $\bar{E}$ senkrecht zur Einfallsebene schwingt. Parallele Polarisation heißt, dass er in der Einfallsebene schwingt. Es sei zunächst die **senkrechte Polarisation** behandelt. Hier trifft der Feldstärkevektor $\bar{E}$ stets tangential auf die Oberfläche, unabhängig vom Einfallswinkel α. An der Grenzfläche muss die Feldstärke stetig sein, so dass gilt

$$E_{es} + E_{rs} = E_{bs} \qquad\qquad 4.340$$

Dividiert man die für senkrechte Polarisation unverändert gültige Gl. 4.339

$$(E_{es} - E_{rs})(E_{es} + E_{rs}) = E_{bs}^2 \frac{n_2 \cos\beta}{n_1 \cos\alpha} \qquad\qquad 4.341$$

durch Gl. 4.340, erhält man den einfachen Zusammenhang:

$$E_{es} - E_{rs} = E_{bs} \frac{n_2 \cos\beta}{n_1 \cos\alpha} \qquad\qquad 4.342$$

Eliminiert man mit Gl. 4.340 E_{bs}, erhält man eine Gleichung, in der nur noch E_{es} und E_{rs} vorkommten:

$$E_{es} - E_{rs} = (E_{es} + E_{rs}) \frac{n_2 \cos\beta}{n_1 \cos\alpha}$$

bzw.

$$E_{es}\left(1 - \frac{n_2 \cos\beta}{n_1 \cos\alpha}\right) = E_{rs}\left(\frac{n_2 \cos\beta}{n_1 \cos\alpha} + 1\right) \qquad\qquad 4.343$$

Damit erhält man für das **Reflexionsverhältnis für senkrechte Polsarisation**:

$$\boxed{r_s = \frac{E_{rs}}{E_{es}} = \frac{n_1 \cos\alpha - n_2 \cos\beta}{n_1 \cos\alpha + n_2 \cos\beta}} \qquad\qquad 4.344$$

Das **Transmissionsverhältnis für senkrechte Polarisation** gewinnt man, indem man mit Gl. 4.340 nicht E_{bs}, sondern E_{rs} in Gl. 4.342 eliminiert:

$$E_{es} + E_{es} - E_{bs} = E_{bs} \frac{n_2 \cos\beta}{n_1 \cos\alpha} \quad \text{bzw.} \quad 2E_{es} = E_{bs}\left(1 + \frac{n_2 \cos\beta}{n_1 \cos\alpha}\right) \qquad 4.345$$

Damit erhält man:

$$\boxed{t_s = \frac{E_{bs}}{E_{es}} = \frac{2}{1 + \dfrac{n_2 \cos\beta}{n_1 \cos\alpha}} = \frac{2n_1 \cos\alpha}{n_1 \cos\alpha + n_2 \cos\beta}} \qquad\qquad 4.346$$

Die Brechzahlen lassen sich mit Hilfe des Brechungsgesetzes

$$\frac{\sin\alpha}{\sin\beta} = \frac{n_2}{n_1} \qquad\qquad\qquad 4.347$$

eliminieren, so dass man für r_s und t_s folgende Ausdrücke gewinnt:

$$r_s = \frac{\sin\beta\cos\alpha - \sin\alpha\cos\beta}{\sin\beta\cos\alpha + \sin\alpha\cos\beta} \quad \text{bzw.} \quad \boxed{r_s = -\frac{\sin(\alpha-\beta)}{\sin(\alpha+\beta)}} \qquad 4.348$$

$$t_s = \frac{2\cos\alpha}{\cos\alpha + \dfrac{\sin\alpha}{\sin\beta}\cos\beta} \quad \text{bzw.} \quad \boxed{t_s = \frac{2\sin\beta\cos\alpha}{\sin(\alpha+\beta)}} \qquad 4.349$$

Man beachte, dass es sich hierbei um ein **Verhältnis von Feldstärken** handelt. Würde zum Beispiel Strahlung von einem optisch dünneren Medium auf ein optisch dichteres Medium treffen, würde der Strahl zum Lot hin gebrochen, so dass $\alpha > \beta$ ist. Da α maximal den Wert $90°$ annehmen kann, wird also $\alpha - \beta$ stets größer Null sein, gleichzeitig bleibt $\alpha + \beta < 180°$, so dass die beiden Sinusfunktionen in Gl. 4.348 positiv sind. Wegen des Minuszeichens vor dem Bruch ist damit r_s stets negativ. Als Quotient der Feldstärken E_{rs} und E_{es} müssen diese also stets unterschiedliche Vorzeichen haben. Oder anders ausgedrückt: **bei der Reflexion am optisch dichteren Medium wechselt die Feldstärke das Vorzeichen**, was einem Phasensprung um $180°$ entspricht. Für die Transmission ist t_s für die in Frage kommenden Winkel stets positiv, so dass der Feldstärkevektor beim gebrochenen Strahl seine Richtung beibehält.

Eliminiert man in den Gl. 4.344 und 4.346 mit Gl. 4.347 nicht die Brechzahlen, sondern den Winkel β, erhält man eine andere Form des Reflexions- bzw. Transmissionsverhältnisses für senkrechte Polarisation:

$$r_s = \frac{n_1\cos\alpha - n_2\sqrt{1-\sin^2\beta}}{n_1\cos\alpha + n_2\sqrt{1-\sin^2\beta}} = \frac{n_1\cos\alpha - n_2\sqrt{1-\left(\dfrac{n_1}{n_2}\sin\alpha\right)^2}}{n_1\cos\alpha + n_2\sqrt{1-\left(\dfrac{n_1}{n_2}\sin\alpha\right)^2}} \qquad 4.350$$

$$t_s = \frac{2n_1\cos\alpha}{n_1\cos\alpha + n_2\sqrt{1-\sin^2\beta}} = \frac{2n_1\cos\alpha}{n_1\cos\alpha + n_2\sqrt{1-\left(\dfrac{n_1}{n_2}\sin\alpha\right)^2}} \qquad 4.351$$

Oder anders geschrieben:

$$\boxed{r_s = \frac{\cos\alpha - \sqrt{\left(n_2/n_1\right)^2 - \sin^2\alpha}}{\cos\alpha + \sqrt{\left(n_2/n_1\right)^2 - \sin^2\alpha}}} \quad \boxed{t_s = \frac{2\cos\alpha}{\cos\alpha + \sqrt{\left(n_2/n_1\right)^2 - \sin^2\alpha}}} \qquad 4.352$$

Das ist das **Reflexions– bzw. Transmissionsverhältnis für senkrechte Polarisation.** Bei r_s und t_s handelt es sich um das Verhältnis zweier Feldstärken. Bei Messungen werden aber stets energetische Größen gemessen, z.B. die Strahlungsflussdichte ψ, die quadratisch von der Feldstärke abhängt. Es ist daher für die Praxis zweckmäßiger, den sich auf die energetischen Größen beziehenden Reflexionsgrad ρ_s und Transmissiongrad τ_s anzugeben. Nach Gl. 4.338 gilt:

$$\frac{E_r^2}{E_e^2} + \frac{E_b^2}{E_e^2}\frac{n_2\cos\beta}{n_1\cos\alpha} = 1 \qquad\qquad 4.353$$

Mit

$$\rho_s = r_s^2 = \frac{E_{rs}^2}{E_{es}^2} \qquad \text{bzw.} \qquad \tau_s = t_s^2\frac{n_2\cos\beta}{n_1\cos\alpha} = \frac{E_{bs}^2}{E_{es}^2}\frac{n_2\cos\beta}{n_1\cos\alpha} \qquad\qquad 4.354$$

nimmt der Energiesatz für die senkrechte Polarisation die folgende Form an:

$$\boxed{\rho_s + \tau_s = 1} \qquad\qquad 4.355$$

ρ_s gewinnt man also einfach durch Quadrieren, bei τ_s geht man von Gl. 4.346 aus:

$$\tau_s = \left(\frac{2n_1\cos\alpha}{n_1\cos\alpha + n_2\cos\beta}\right)^2\frac{n_2\cos\beta}{n_1\cos\alpha} = \frac{4n_1 n_2\cos\alpha\cos\beta}{\left(n_1\cos\alpha + n_2\cos\beta\right)^2} \qquad\qquad 4.356$$

Eliminieren von n_2 mittels Brechungsgesetz (Gl. 4.347) liefert:

$$\tau_s = \frac{4n_1^2\dfrac{\sin\alpha}{\sin\beta}\cos\alpha\cos\beta}{\left(n_1\cos\alpha + n_1\dfrac{\sin\alpha}{\sin\beta}\cos\beta\right)^2} = \frac{4\sin\alpha\sin\beta\cos\alpha\cos\beta}{\left(\sin\beta\cos\alpha + \sin\alpha\cos\beta\right)^2} \qquad\qquad 4.357$$

Anwendung der Beziehung $\sin(2\alpha)=2\sin\alpha\cos\alpha$ sowie oben bereits angewandter Additionstheoreme liefert schließlich:

$$\tau_s = \frac{\sin(2\alpha)\sin(2\beta)}{\sin^2(\alpha+\beta)} \qquad\qquad 4.358$$

Natürlich lässt sich auch hier – ausgehend von Gl. 4.356 – statt n_2 der Winkel β eliminieren:

$$\tau_s = \frac{4n_1\cos\alpha\sqrt{n_2^2 - \left(n_1\sin\alpha\right)^2}}{\left(n_1\cos\alpha + \sqrt{n_2^2 - \left(n_1\sin\alpha\right)^2}\right)^2} \qquad\qquad 4.359$$

Zusammenfassend gilt für den **Reflexionsgrad ρ_s und den Transmissionsgrad τ_s für die senkrechte Polarisation**:

$$\rho_s = \left(-\frac{\sin(\alpha-\beta)}{\sin(\alpha+\beta)}\right)^2 \qquad \rho_s = \left(\frac{\cos\alpha - \sqrt{(n_2/n_1)^2 - \sin^2\alpha}}{\cos\alpha + \sqrt{(n_2/n_1)^2 - \sin^2\alpha}}\right)^2 \qquad 4.360$$

$$\tau_s = \frac{\sin(2\alpha)\sin(2\beta)}{\sin^2(\alpha+\beta)} \qquad \tau_s = \frac{4n_1\cos\alpha\sqrt{n_2^2 - (n_1\sin\alpha)^2}}{\left(n_1\cos\alpha + \sqrt{n_2^2 - (n_1\sin\alpha)^2}\right)^2} \qquad 4.361$$

Der Leser mag die Gültigkeit von Gl. 4.355 mit den beiden Versionen von ρ_s und τ_s überprüfen.

Etwas schwieriger sind die Verhältnisse bei der Polarisation des Feldstärkevektors **parallel zur Einfallsebene**. Obwohl in der Optik der magnetische Anteil der Welle selten betrachtet wird, ist es hier zweckmäßig, darauf zurückzugreifen. Betrachtet man die elektromagnetische Welle wie sie in Kap. 1.5.1. (Abb. 1.33) eingeführt wurde, so erkennt man, dass elektrisches und magnetisches Feld senkrecht aufeinander stehen und beide wiederum senkrecht zur Ausbreitungsrichtung sind. Überträgt man dies auf die hier betrachtete Situation, so erkennt man mit Hilfe der Abb. 4.84, dass für den Fall paralleler Polarisation stets das magnetische Feld $\bar{H}$ tangential zur Grenzfläche ist. Die bei senkrechter Polarisation benutzte Stetigkeitsbedingung für das elektrische Feld gilt hier analog für das magnetische. Ausgehend von Gl. 4.332 lässt sich die Strahlungsflussdichte unter Benutzung der zu Gl. 4.334 analogen Gleichung für das Magnetfeld

$$\psi = \sqrt{\frac{\mu_0\mu_r}{\varepsilon_0\varepsilon_r}}H^2 \qquad 4.362$$

in der Form

$$\sqrt{\frac{\mu_0\mu_{r1}}{\varepsilon_0\varepsilon_{r1}}}H_e^2 = \sqrt{\frac{\mu_0\mu_{r1}}{\varepsilon_0\varepsilon_{r1}}}H_r^2 + \sqrt{\frac{\mu_0\mu_{r2}}{\varepsilon_0\varepsilon_{r2}}}H_b^2\frac{\cos\beta}{\cos\alpha} \qquad 4.363$$

Diese Gleichung lässt sich mittels der in Gln. 4.336 bis 4.339 gemachten Näherungen und Umformungen in analoger Weise bearbeiten, so dass man schließlich – für die parallele Polarisation – erhält:

$$(H_{ep} - H_{rp})(H_{ep} + H_{rp}) = \frac{n_1}{n_2}H_{bp}^2\frac{\cos\beta}{\cos\alpha} \qquad 4.364$$

Analog zu Gl. 4.340 lässt sich nun die Stetigkeitsbedingung für das Magnetfeld formulieren:

$$H_{ep} + H_{rp} = H_{bp} \qquad 4.365$$

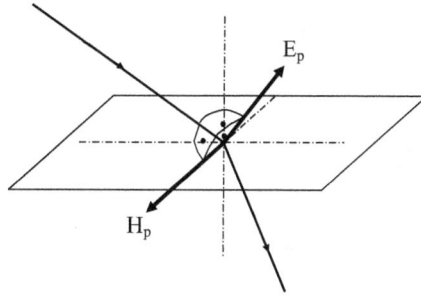

Abb. 4.84. Bei parallel zur Einfallsebene polarisiertem Licht trifft der Vektor der magnetischen Feldstärke tangential auf die Grenzfläche. Man beachte, dass H_p zwar den Index „p" trägt, aber eigentlich senkrecht zur Einfallsebene gerichtet ist.

Formal stimmen diese beiden Gleichungen mit Gl. 4.341 und Gl. 4.340 überein; tauscht man jeweils E_s gegen H_p sowie n_1 gegen n_2 und n_2 gegen n_1, erhält man analog zu Gl. 5.344 und 5.346 folgende Quotienten:

$$\frac{H_{rp}}{H_{ep}} = \frac{n_2 \cos\alpha - n_1 \cos\beta}{n_2 \cos\alpha + n_1 \cos\beta} \qquad 4.366$$

und

$$\frac{H_{bp}}{H_{ep}} = \frac{2n_2 \cos\alpha}{n_2 \cos\alpha + n_1 \cos\beta} \qquad 4.367$$

Leider stimmen diese Quotienten noch nicht mit den gesuchten Verhältnissen der Feldstärken überein. Um das **Reflexionsverhältnis r_p sowie das Transmissionsverhältnis t_p für parallele Polarisation** zu erhalten, muss man mit dem aus Gl. 4.334 und 4.362 folgenden Zusammenhang

$$\psi = \sqrt{\frac{\varepsilon_0 \varepsilon_r}{\mu_0 \mu_r}} E^2 = \sqrt{\frac{\mu_0 \mu_r}{\varepsilon_0 \varepsilon_r}} H^2 \quad \text{bzw.} \quad H = \sqrt{\frac{\varepsilon_0 \varepsilon_r}{\mu_0 \mu_r}} E \qquad 4.368$$

die entsprechenden Feldstärkequotienten bilden. Für das Reflexionsverhältnis ist dies einfach, denn mit

$$r_p = \frac{E_{rp}}{E_{ep}} = \frac{\sqrt{\dfrac{\mu_0 \mu_{r1}}{\varepsilon_0 \varepsilon_{r1}}} H_{rp}}{\sqrt{\dfrac{\mu_0 \mu_{r1}}{\varepsilon_0 \varepsilon_{r1}}} H_{ep}} = \frac{H_{rp}}{H_{ep}} \qquad 4.369$$

sind die Verhältnisse der elektrischen und magnetischen Feldstärken gleich. Dies ist deshalb der Fall, weil für den einfallenden und den reflektierten Strahl die Brechzahlen gleich sind.

Die Wurzeln in Gl. 4.369 lassen sich folglich kürzen. Es folgt somit zusammen mit Gl. 4.366:

$$r_p = \frac{n_2 \cos\alpha - n_1 \cos\beta}{n_2 \cos\alpha + n_1 \cos\beta} \qquad\qquad 4.370$$

Schwieriger liegen die Verhältnisse für das Transmissionsverhältnis, denn die Brechzahlen für den einfallenden und gebrochenen Strahl sind unterschiedlich:

$$t_p = \frac{E_{bp}}{E_{ep}} = \frac{\sqrt{\frac{\mu_0 \mu_{r2}}{\varepsilon_0 \varepsilon_{r2}}} H_{bp}}{\sqrt{\frac{\mu_0 \mu_{r1}}{\varepsilon_0 \varepsilon_{r1}}} H_{ep}} = \frac{\sqrt{\varepsilon_{r1}}}{\sqrt{\varepsilon_{r2}}} \cdot \frac{H_{bp}}{H_{ep}} = \frac{n_1}{n_2} \cdot \frac{H_{bp}}{H_{ep}} \qquad\qquad 4.371$$

Mit Gl. 4.367 folgt für t_p:

$$t_p = \frac{2 n_1 \cos\alpha}{n_2 \cos\alpha + n_1 \cos\beta} \qquad\qquad 4.372$$

Auch hier lässt sich mit dem Brechungsgesetz 4.347 n_2 eliminieren:

$$r_p = \frac{\sin\alpha\cos\alpha - \sin\beta\cos\beta}{\sin\alpha\cos\alpha + \sin\beta\cos\beta} \qquad\qquad 4.373$$

Wegen $\sin\alpha\cos\alpha = \frac{1}{2}\sin(2\alpha)$ und $\sin\alpha + \sin\beta = 2\sin\frac{\alpha+\beta}{2}\cos\frac{\alpha-\beta}{2}$ sowie $\sin\alpha - \sin\beta = 2\cos\frac{\alpha+\beta}{2}\sin\frac{\alpha-\beta}{2}$ wird daraus:

$$r_p = \frac{\sin(2\alpha) - \sin(2\beta)}{\sin(2\alpha) + \sin(2\beta)} = \frac{\cos(\alpha+\beta)}{\sin(\alpha+\beta)} \cdot \frac{\sin(\alpha-\beta)}{\cos(\alpha-\beta)} \qquad\qquad 4.374$$

Es folgt damit für das **Reflexionsverhältnis für parallele Polarisation**:

$$r_p = \frac{\tan(\alpha-\beta)}{\tan(\alpha+\beta)} \qquad\qquad 4.375$$

Für das **Transmissionsverhältnis t_p für parallele Polarisation** erhält man entsprechend:

$$t_p = \frac{2\sin\beta\cos\alpha}{\sin\alpha\cos\alpha + \sin\beta\cos\beta} \qquad\qquad 4.376$$

Mit den schon verwendeten Additionstheoremen für trigonometrische Funktionen wird daraus:

$$t_p = \frac{2\sin\beta\cos\alpha}{\sin(\alpha+\beta)\cos(\alpha-\beta)} \qquad \text{4.377}$$

Auch bei r_p und t_p lässt sich anstelle der Brechzahlen n_1 und n_2 auch β eliminieren:

$$r_p = \frac{n_2^2\cos\alpha - n_1\sqrt{n_2^2 - n_1^2\sin^2\alpha}}{n_2^2\cos\alpha + n_1\sqrt{n_2^2 - n_1^2\sin^2\alpha}} \qquad \text{4.378}$$

$$t_p = \frac{2n_1 n_2\cos\alpha}{n_2^2\cos\alpha + n_1\sqrt{n_2^2 - n_1^2\sin^2\alpha}} \qquad \text{4.379}$$

Auch hier gelten für den Reflexions- und Transmissionsgrad – analog zu Gl. 4.354 – die Zusammenhänge:

$$\rho_p = r_p^2 = \frac{E_{rp}^2}{E_{ep}^2} \qquad \text{bzw.} \qquad \tau_p = t_p^2\frac{n_2\cos\beta}{n_1\cos\alpha} = \frac{E_{bp}^2}{E_{ep}^2}\frac{n_2\cos\beta}{n_1\cos\alpha} \qquad \text{4.380}$$

Unter Benutzung von Gl. 4.372 erhält man:

$$\tau_p = \left(\frac{2n_1\cos\alpha}{n_2\cos\alpha + n_1\cos\beta}\right)^2\frac{n_2\cos\beta}{n_1\cos\alpha} = \frac{4n_1 n_2\cos\alpha\cos\beta}{\left(n_2\cos\alpha + n_1\cos\beta\right)^2} \qquad \text{4.381}$$

Eliminiert man wieder n_2, so erhält man:

$$\tau_p = \frac{4\sin\alpha\sin\beta\cos\alpha\cos\beta}{\left(\sin\alpha\cos\alpha + \sin\beta\cos\beta\right)^2} = \frac{4\sin(2\alpha)\sin(2\beta)}{\left(\sin 2\alpha + \sin 2\beta\right)^2} \qquad \text{4.382}$$

Auch hier lässt sich wieder statt des Brechungsindex n_2 der Winkel β eliminieren:

$$\tau_p = \frac{4n_1 n_2^2\cos\alpha\sqrt{n_2^2 - n_1^2\sin^2\alpha}}{\left(n_2^2\cos\alpha + n_1\sqrt{n_2^2 - n_1^2\sin^2\alpha}\right)^2} \qquad \text{4.383}$$

Damit gilt für den **Reflexionsgrad ρ_p und den Transmissionsgrad τ_p:**

$$\rho_p = \left(\frac{\tan(\alpha-\beta)}{\tan(\alpha+\beta)}\right)^2 \qquad \rho_p = \left(\frac{n_2^2\cos\alpha - n_1\sqrt{n_2^2 - n_1^2\sin^2\alpha}}{n_2^2\cos\alpha + n_1\sqrt{n_2^2 - n_1^2\sin^2\alpha}}\right)^2 \qquad \text{4.384}$$

$$\tau_p = \frac{4\sin(2\alpha)\sin(2\beta)}{(\sin 2\alpha + \sin 2\beta)^2} \qquad \tau_p = \frac{4n_1 n_2^2 \cos\alpha \sqrt{n_2^2 - n_1^2 \sin^2\alpha}}{\left(n_2^2 \cos\alpha + n_1\sqrt{n_2^2 - n_1^2 \sin^2\alpha}\right)^2} \qquad 4.385$$

Die die Reflexions– und Transmissionsverhältnisse beinhaltenden Gleichungen (Gl. 4.348, 349, 375 und 377) werden Fresnelsche Gleichungen genannt, nach dem französischen Ingenieur und Physiker Augustin Jean Fresnel (1788–1827). Sie bedürfen einiger Diskussion.

Ein interessanter Spezialfall ist die **senkrechte Inzidenz**, also $\alpha=0^\circ$. Da keine Einfallsebene mehr definiert ist, ist zwischen senkrechter und paralleler Polarisation nicht mehr zu unterscheiden. Oder anders ausgedrückt: aus Symmetriegründen müssen die Ergebnisse für senkrechte und parallele Polarisation identisch sein. Aus der Brechungindexversion der Reflexionsgrade (Gl. 4.360 und 4.384) erhält man mit $\alpha=0^\circ$:

$$\rho_s = \left(\frac{n_1 - n_2}{n_1 + n_2}\right)^2 \qquad\qquad \rho_p = \left(\frac{n_2 - n_1}{n_2 + n_1}\right)^2 \qquad\qquad 4.386$$

Für den nämlichen Fall liefern die Gl. 4.361 und Gl. 4.385:

$$\tau_s = \frac{4n_1 n_2}{\left(n_1 + n_2\right)^2} \qquad\qquad \tau_p = \frac{4n_1 n_2}{\left(n_1 + n_2\right)^2} \qquad\qquad 4.387$$

Wie man sieht, gehen die Gleichungen für senkrechten Einfall tatsächlich ineinander über. Für den Fall senkrechten Einfalls beträgt der Reflexionsgrad bei Verwendung der Glassorte BK7, die bei einer Wellenlänge von 589,3nm eine Brechzahl von 1,51673 aufweist, 0,0422 bzw. 4,22% beim Übergang von Luft in Glas. Umgekehrt, also beim Übergang von Glas in Luft, beträgt der Reflexionsgrad ebenfalls 4,22%, was durch Vertauschung der Werte von n_1 und n_2 leicht gezeigt werden kann.

4.7.2   Übergang vom optisch dünneren ins dichtere Medium

Die Fresnelschen Gleichungen wurden ohne Einschränkungen bezüglich der Brechungsindizes abgeleitet, d.h. es ist egal, ob n_1 oder n_2 den höheren Wert annimmt. In diesem Kapitel soll die Einschränkung $n_1 < n_2$ gelten, d.h. das Licht soll vom optisch dünneren ins optisch dichtere Medium eindringen. Hier fällt an der ersten der Gl. 4.384 für den Reflexionsgrad ρ_p auf, dass der Nenner $\tan(\alpha+\beta)$ für $\alpha+\beta=90^\circ$ gegen unendlich geht. Da der Zähler gleichzeitig endlich ist, bedeutet das eine Nullstelle von ρ_p. Es gibt also einen speziellen Winkel, bei dem parallel polarisiertes Licht nicht reflektiert wird. Dieser Winkel kann aus der zweiten Gl. 4.384 bestimmt werden, indem man den Zähler Null setzt:

$$n_2^2 \cos\alpha - n_1\sqrt{n_2^2 - n_1^2 \sin^2\alpha} = 0$$

bzw.

$$n_2^4 \cos^2 \alpha = n_1^2 \left(n_2^2 - n_1^2 \sin^2 \alpha \right)$$ 4.388

Drückt man $\sin\alpha$ und $\sin\beta$ durch Tangensfunktionen aus, erhält man:

$$\frac{n_2^4}{1 + \tan^2 \alpha} = n_1^2 \left(n_2^2 - \frac{n_1^2 \tan^2 \alpha}{1 + \tan^2 \alpha} \right)$$

bzw.

$$n_2^4 = n_1^2 \left(n_2^2 (1 + \tan^2 \alpha) - n_1^2 \tan^2 \alpha \right)$$ 4.389

Nach $\tan^2\alpha$ aufgelöst, erhält man:

$$\frac{n_2^4}{n_1^2} = n_2^2 + (n_2^2 - n_1^2) \tan^2 \alpha \quad \text{bzw.} \quad n_2^2 \left(\frac{n_2^2 - n_1^2}{n_1^2} \right) = (n_2^2 - n_1^2) \tan^2 \alpha$$ 4.390

Für den Winkel, unter dem kein parallel polarisiertes Licht reflektiert wird, gilt also:

$$\boxed{\tan \alpha_p = \frac{n_2}{n_1}}$$ 4.391

Der Winkel wird **Polarisationswinkel oder auch Brewsterwinkel** genannt.

Die Diagramme in den Abb. 4.85 bis 4.88 zeigen den Verlauf von Reflexions– und Transmissionsgrad als Funktion des Einfallswinkels α für den Übergang von Luft in die drei optischen Materialien **BK7** (Brechzahl 1,51673 bei einer Wellenlänge von 589,3nm), ein optisches Standardglas, **Zinkselenid** (Brechzahl 2,44 bei 2,75µm), ein bei CO_2–Lasern gebräuchliches Material, sowie **Germanium** (Brechzahl 4,1 bei 2,06µm). Die Fresnelschen Gleichungen gelten im gesamten Bereich elektromagnetischer Strahlung, also auch im IR.

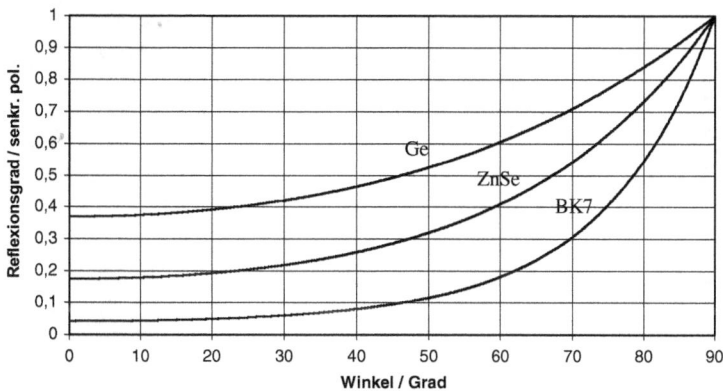

Abb. 4.85. Reflexionsgrad ρ_s als Funktion des Einfallswinkels α für BK7 (n=1,51673 bei λ=589,3nm), Zinkselenid (n=2,44 bei λ=2,75µm) und Germanium (n=4,1 bei λ=2,06µm) beim Eintritt aus Luft in das Material.

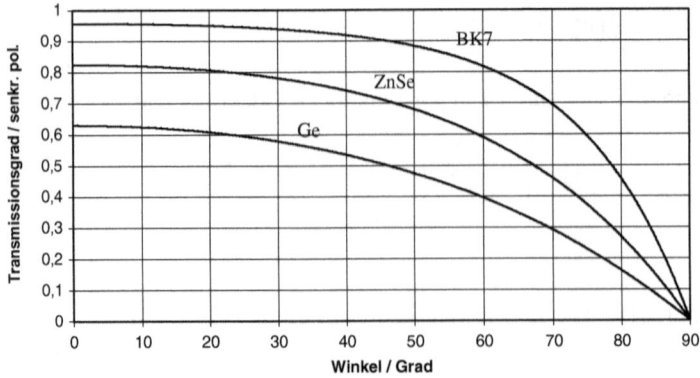

Abb. 4.86. Transmissionsgrad τ_s als Funktion des Einfallswinkels α für BK7 (n=1,51673 bei λ=589,3nm), Zinkselenid (n=2,44 bei λ=2,75μm) und Germanium (n=4,1 bei λ=2,06μm) beim Eintritt aus Luft in das Material.

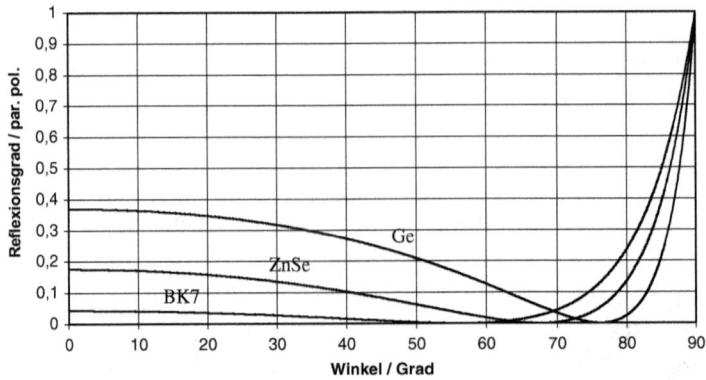

Abb. 4.87. Reflexionsgrad ρ_p als Funktion des Einfallswinkels α für BK7 (n=1,51673 bei λ=589,3nm), Zinkselenid (n=2,44 bei λ=2,75μm) und Germanium (n=4,1 bei λ=2,06μm) beim Eintritt aus Luft in das Material.

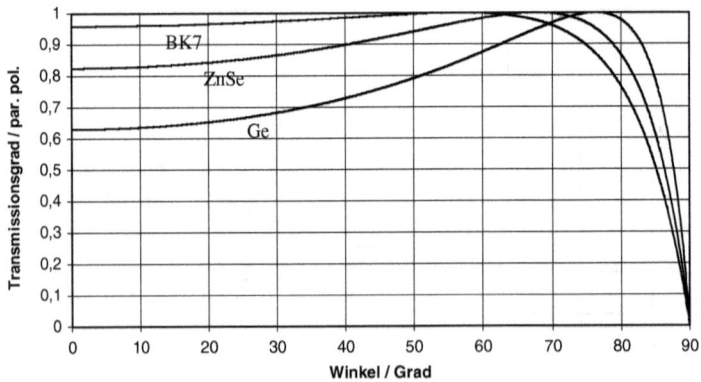

Abb. 4.88. Transmissionsgrad τ_p als Funktion des Einfallswinkels α für BK7 (n=1,51673 bei λ=589,3nm), Zinkselenid (n=2,44 bei λ=2,75μm) und Germanium (n=4,1 bei λ=2,06μm) beim Eintritt aus Luft in das Material.

Man erkennt in Abb. 4.85 die etwa 4%ige Reflexion bei senkrechtem Einfall für ein Glas mit Brechzahl $n \approx 1,5$. Bei wachsendem Brechungsindex steigen die Reflexionsverluste. Beim ungewöhnlich hohen Brechungsindex von Germanium ergeben sich Reflexionsverluste von ca. 37% an der Eintrittsfläche. Für alle drei Materialien steigen die Verluste mit wachsendem Einfallswinkel, bis schließlich der Wert 1 erreicht wird. Das entspricht auch dem Ergebnis, wenn man in die zweite der Gl. 4.360 den Wert $\alpha=90°$ einsetzt. In Abb. 4.86 erkennt man, dass der Transmissionsgrad für senkrechte Polarisation mit wachsendem Brechungsindex geringer wird. Er sinkt außerdem mit wachsendem Winkel ab. Besonders interessant ist das Verhalten des Reflexionsgrades ρ_p für parallele Polarisation (Abb. 4.87). Wie mit Gl. 4.388 ff. abgeleitet wurde, gilt im Brewsterwinkel $\rho_p=0$. Für die betrachteten Materialien sind das die Winkel 56,6° (BK7), 67,7° (ZnSe) und 76,3° (Ge). Die Reflexionsgrade bei 0° decken sich gemäß Gl. 4.386 mit den entsprechenden Werten bei senkrechter Polarisation. Bei 90° ist der Reflexionsgrad 1.

Der Verlauf des Transmissionsgrades τ_p für parallele Polarisation (Abb. 4.88) ist zwar ähnlich dem von Abb. 4.86 für senkrechte Polarisation, aber nicht identisch, wie ein Vergleich der Gln. 4.361 und 4.385 zeigt.

4.7.3   Übergang vom optisch dichteren ins dünnere Medium

Grundsätzlich gelten die Fresnelschen Gleichungen uneingeschränkt auch für den Übergang vom optisch dichteren ins optisch dünnere Medium, also etwa beim Austritt eines Strahls aus einem Glas. Bei genauerer Betrachtung der Gleichungen erkennt man, dass das Argument der Wurzel $\sqrt{n_2^2 - n_1^2 \sin^2 \alpha}$ in den Formeln für die Reflexions– und Transmissionsgrade für den Fall $n_1 > n_2$ möglicherweise negativ wird:

$$n_2^2 - n_1^2 \sin^2 \alpha < 0 \quad \text{bzw.} \quad n_2^2 < n_1^2 \sin^2 \alpha \quad \text{bzw.} \quad \frac{n_2^2}{n_1^2} < \sin^2 \alpha \qquad 4.392$$

Der Grenzfall

$$\sin \alpha_g = \frac{n_2}{n_1} \qquad\qquad 4.393$$

entspricht dem in Kap. 4.1.2. schon betrachteten **Grenzwinkel der Totalreflexion**. Wird der Winkel α größer als α_g, wird die Wurzel negativ und damit der Reflexionsgrad **komplex**. Das ist nicht etwa falsch, sondern nur mathematisch unangenehm. Zur Behandlung des Problems wird r_s aus Gl. 4.352 für den Bereich $\alpha > \alpha_g$ wie folgt komplex geschrieben:

$$r_s = \frac{n_1 \cos \alpha + i\sqrt{n_1^2 \sin^2 \alpha - n_2^2}}{n_1 \cos \alpha - i\sqrt{n_1^2 \sin^2 \alpha - n_2^2}} \qquad 4.394$$

Der aufmerksame Leser mag sich über die Vorzeichen vor der Wurzel in Zähler und Nenner wundern, sie sind umgekehrt wie erwartet. Bei der Ableitung der Gl. 4.352 wurde stillschweigend das positive Vorzeichen vor der Wurzel verwendet, obwohl natürlich auch ein negatives hätte verwendet werden können. Hier ist es nun so, dass physikalisch sinnvolle Ergebnisse nur für das negative Vorzeichen der Wurzel erhalten werden.

Beim Reflexionsgrad für parallele Polarisation verhält es sich ebenso. Wird r_p aus Gl. 4.378 für den Winkel $\alpha > \alpha_g$ wie folgt komplex geschrieben, erhält man analog:

$$r_p = \frac{n_2^2 \cos\alpha + i n_1 \sqrt{n_1^2 \sin^2\alpha - n_2^2}}{n_2^2 \cos\alpha - i n_1 \sqrt{n_1^2 \sin^2\alpha - n_2^2}} \qquad 4.395$$

r_s und r_p sind nun komplexe Größen, die in der komplexen Zahlenebene dargestellt werden können. Allein diese Tatsache zeigt, dass sowohl die parallel als auch die senkrecht zur Einfallsebene polarisierte Welle gegenüber der einfallenden Welle für den Bereich $\alpha > \alpha_g$ phasenverschoben sind. Für $\alpha < \alpha_g$ sind r_s und r_p reell und würden durch Zeiger längs der rellen Achse der komplexen Zahlenebene dargestellt. In Abb. 4.89 erkennt man, dass die Phasenwinkel φ_s und φ_p der beiden Wellen für Winkel **über dem Grenzwinkel der Totalreflexion positiv** sind, sie eilen also der einfallenden Welle voraus. Außerdem sieht man, dass die Phasenverschiebungen nicht gleich sind, sondern die parallel polarisierte Welle eilt der senkrecht polarisierten um den Winkel $\Delta\varphi$ voraus. Eine Betrachtung der Beträge von r_p und r_s zeigt, dass sie beide den Wert 1 annehmen, was man auch leicht rechnerisch zeigen kann:

$$r_s r_s^* = \left(\frac{n_1 \cos\alpha + i\sqrt{n_1^2 \sin^2\alpha - n_2^2}}{n_1 \cos\alpha - i\sqrt{n_1^2 \sin^2\alpha - n_2^2}} \right) \cdot \left(\frac{n_1 \cos\alpha - i\sqrt{n_1^2 \sin^2\alpha - n_2^2}}{n_1 \cos\alpha + i\sqrt{n_1^2 \sin^2\alpha - n_2^2}} \right) \qquad 4.396$$

$$r_p r_p^* = \left(\frac{n_2^2 \cos\alpha + i n_1\sqrt{n_1^2 \sin^2\alpha - n_2^2}}{n_2^2 \cos\alpha - i n_1\sqrt{n_1^2 \sin^2\alpha - n_2^2}} \right) \left(\frac{n_2^2 \cos\alpha - i n_1\sqrt{n_1^2 \sin^2\alpha - n_2^2}}{n_2^2 \cos\alpha + i n_1\sqrt{n_1^2 \sin^2\alpha - n_2^2}} \right) \quad 4.397$$

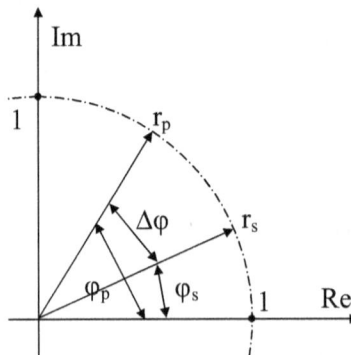

Abb. 4.89. Darstellung der Reflexionsverhältnisse in der komplexen Zahlenebene.

Da Zähler und Nenner der Gesamtausdrücke gleich sind, gilt $|r_s| = |r_p| = 1$ für alle Winkel oberhalb des Grenzwinkels α_g. Daraus lässt sich nun einfach ermitteln, in welcher Weise die Phasenverschiebungen von n_1, n_2 und α abhängen. Da die Zeiger stets die Länge 1 haben, kann man sie in der Form

$$r_s = 1 \cdot e^{i\varphi_s} \quad \text{und} \quad r_p = 1 \cdot e^{i\varphi_p} \qquad\qquad 4.398$$

schreiben, was für r_s unter Anwendung der Eulerschen Formel gleichwertig ist zu

$$r_s = \frac{e^{i\varphi_s/2}}{e^{-i\varphi_s/2}} = \frac{\cos(\varphi_s/2) + i\sin(\varphi_s/2)}{\cos(\varphi_s/2) - i\sin(\varphi_s/2)} \qquad\qquad 4.399$$

Gleichsetzen dieser Gleichung mit Gl. 4.394 liefert:

$$\frac{n_1\cos\alpha + i\sqrt{n_1^2\sin^2\alpha - n_2^2}}{n_1\cos\alpha - i\sqrt{n_1^2\sin^2\alpha - n_2^2}} = \frac{\cos(\varphi_s/2) + i\sin(\varphi_s/2)}{\cos(\varphi_s/2) - i\sin(\varphi_s/2)} \qquad\qquad 4.400$$

Daraus erkennt man die folgenden Entsprechungen:

$$\cos(\varphi_s/2) = n_1\cos\alpha \quad \text{und} \quad \sin(\varphi_s/2) = \sqrt{n_1^2\sin^2\alpha - n_2^2} \qquad\qquad 4.401$$

Somit gilt für φ_s:

$$\boxed{\tan\left(\frac{\varphi_s}{2}\right) = \frac{\sin(\varphi_s/2)}{\cos(\varphi_s/2)} = \frac{\sqrt{n_1^2\sin^2\alpha - n_2^2}}{n_1\cos\alpha}} \qquad\qquad 4.402$$

Aus Gl. 4.395 und 4.398 lässt sich für r_p bzw. φ_p ein ähnlicher Ausdruck ermitteln:

$$\boxed{\tan\left(\frac{\varphi_p}{2}\right) = \frac{\sin(\varphi_s/2)}{\cos(\varphi_s/2)} = \frac{n_1\sqrt{n_1^2\sin^2\alpha - n_2^2}}{n_2^2\cos\alpha}} \qquad\qquad 4.403$$

Mit dem Additionstheorem

$$\tan\left(\frac{\Delta\varphi}{2}\right) = \tan\left(\frac{\varphi_p - \varphi_s}{2}\right) = \frac{\tan(\varphi_p/2) - \tan(\varphi_s/2)}{1 + \tan(\varphi_p/2)\tan(\varphi_s/2)} \qquad\qquad 4.404$$

für die Tangensfunktion lässt sich auch $\Delta\varphi$ darstellen, indem man Gl. 4.402 und 403 einsetzt und vereinfacht:

$$\boxed{\tan\left(\frac{\Delta\varphi}{2}\right) = \frac{\cos\alpha\left(\sqrt{n_1^2\sin^2\alpha - n_2^2}\right)}{n_1\sin^2\alpha}} \qquad\qquad 4.405$$

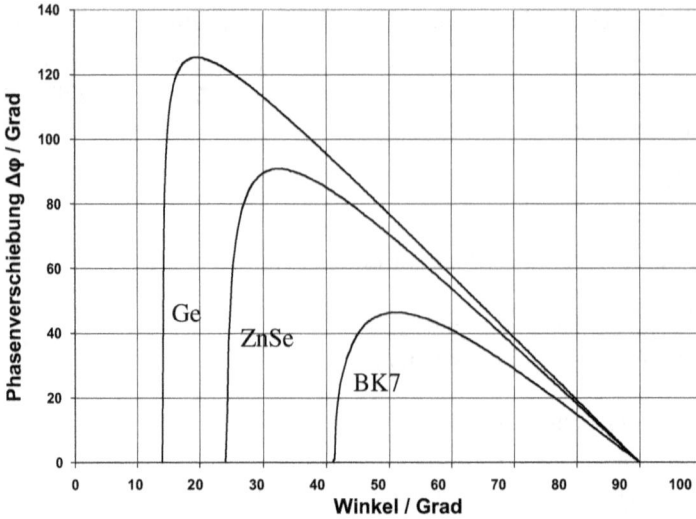

Abb. 4.90. Phasenverschiebung zwischen parallel und senkrecht polarisiertem, totalreflektiertem Licht für BK7, Zinkselenid und Germanium. Man beachte, dass Δφ nur für Winkel oberhalb des Grenzwinkels der Totalreflexion ungleich Null ist.

In Abb. 4.90 ist die Phasenverschiebung $\Delta\varphi$ für die drei schon oben behandelten Werkstoffe **BK7, Zinkselenid** und **Germanium** graphisch dargestellt. Man erkennt, dass im Falle von BK7 die maximale Phasenverschiebung ca. $46{,}4°$ beträgt. Das Licht ist also elliptisch polarisiert. Mit Hilfe von Zinkselenid könnte man bei einem Einfallswinkel von $\alpha=30{,}4°$ oder $\alpha=34{,}9°$ aus linear polarisiertem Licht **zirkular polarisiertes Licht** erzeugen. Mit dem Glas BK7 lässt sich zirkular polarisiertes Licht nur durch zwei Reflexionen erzeugen. Hierzu sind jeweils die Winkel $\alpha=48°$ oder $\alpha=55°$ nötig.

Die **Reflexions– und Transmissionsgrade** für den Übergang **vom optisch dichteren zum optisch dünneren Medium** sind in Abb. 4.91 bis 4.94 dargestellt. Die Darstellung der Reflexionsgrade ρ_s und ρ_p zeigt, dass bei senkrechtem Einfall die gleichen Werte erhalten werden, wie in Abb. 4.85 und 4.87 für den Übergang vom optisch dünneren ins optisch dichtere Medium. In den Gl. 4.386 und 4.387 können n_1 und n_2 vertauscht werden, ohne dass sich der Wert ändert. ρ_s steigt für wachsende Einfallswinkel an, bis beim Grenzwinkel der Totalreflexion der Wert Eins erreicht wird (für BK7: $41{,}25°$; für ZnSe: $24{,}19°$; für Ge: $14{,}12°$). Im gleichen Maße sinkt τ_s ab, bis bei α_g der Wert Null erreicht ist (Abb. 4.92). Wie Abb. 4.92 zeigt, existiert auch beim Übergang vom optisch dichteren zum optisch dünneren Material ein Brewsterwinkel. Er ist nach wie vor gemäß Gl. 4.391 durch $\tan\alpha_p = n_2 / n_1$ gegeben. Da aber n_1 nun höher ist wie n_2, nimmt α_p einen niedrigeren Wert an: $33{,}4°$ für BK7 $(56{,}6°)$, $22{,}3°$ für ZnSe $(67{,}7°)$ und $13{,}7°$ für Germanium $(76{,}3°)$. Im Brewsterwinkel ist – wie oben schon – $\rho_p=0$, d.h. unter diesem Winkel wird kein parallel polarisiertes Licht reflektiert. Da im Intervall $]0;\pi/2[$ $\arcsin(x)>\arctan(x)$ ist, folgt $\alpha_g>\alpha_p$. Der Grenzwinkel der Totalreflexion liegt also immer höher als der Brewsterwinkel. In Abb. 4.94 ist schließlich τ_p dargestellt, es ist wegen $\rho_p+\tau_p=1$ komplementär zu ρ_p, genauso wie τ_s komplementär zu ρ_s ist.

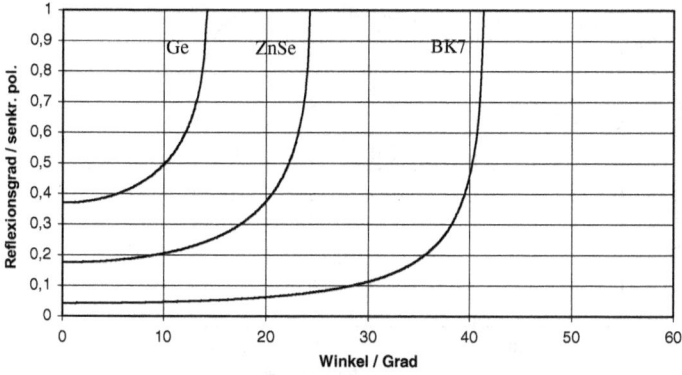

Abb. 4.91. Reflexionsgrad ρ_s als Funktion des Einfallswinkels α für den Übergang von BK7 (n=1,51673 bei λ=589,3nm), Zinkselenid (n=2,44 bei λ=2,75µm) und Germanium (n=4,1 bei λ=2,06µm) an Luft.

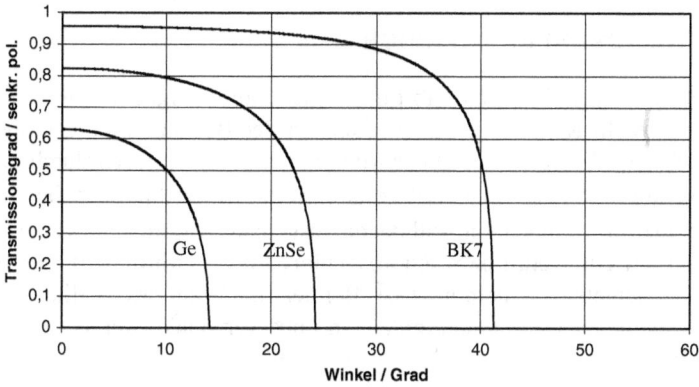

Abb. 4.92. Transmissionsgrad τ_s als Funktion des Einfallswinkels α für den Übergang von BK7 (n=1,51673 bei λ=589,3nm), Zinkselenid (n=2,44 bei λ=2,75µm) und Germanium (n=4,1 bei λ=2,06µm) an Luft.

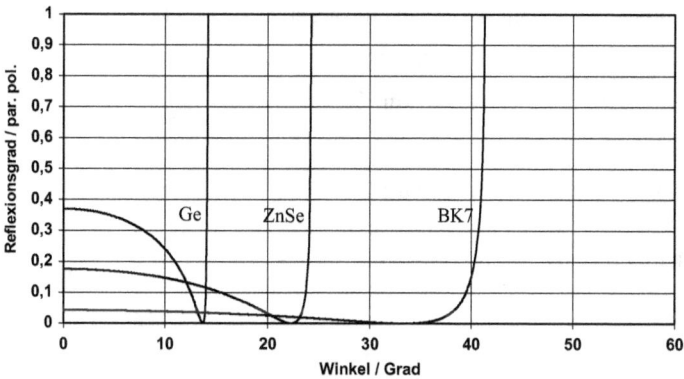

Abb. 4.93. Reflexionsgrad ρ_p als Funktion des Einfallswinkels α für den Übergang von BK7 (n=1,51673 bei λ=589,3nm), Zinkselenid (n=2,44 bei λ=2,75µm) und Germanium (n=4,1 bei λ=2,06µm) an Luft.

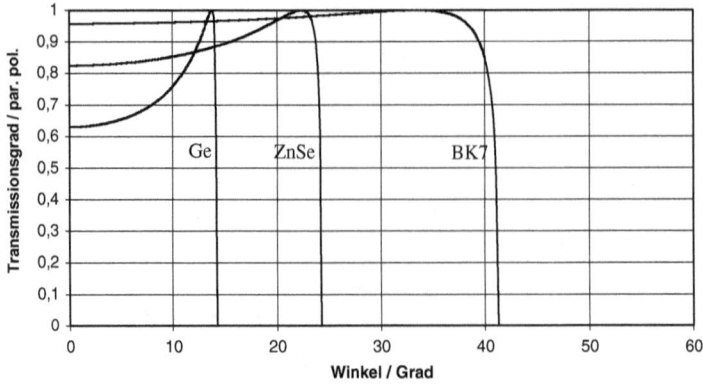

Abb. 4.94. Transmissionsgrad τ_p als Funktion des Einfallswinkels α für den Übergang von BK7 (n=1,51673 bei λ=589,3nm), Zinkselenid (n=2,44 bei λ=2,75µm) und Germanium (n=4,1 bei λ=2,06µm) an Luft.

4.7.4   Reflexion an Metallen

Die Fresnelschen Formeln behalten selbst dann noch ihre Gültigkeit, wenn das durchlaufene Medium absorbiert. In Kap. 4.3.1. trat im Rahmen der Behandlung der Dispersion bereits Absorption auf. Das Verhalten des Dielektrikums wurde beschrieben durch einen **komplexen Brechungsindex** $n = n_0 - in_0\kappa$ (Gl. 4.204), wobei κ ein Maß für die Absorption des Materials war. Im vorliegenden Fall soll davon ausgegangen werden, dass die Strahlung **von Luft kommend auf ein Metall bzw. ein absorbierendes Medium** trifft. Das bedeutet, dass in den bisher betrachteten Formeln n_1=1 ist. Bei der Brechzahl des Mediums n_2 soll künftig auf den Index verzichtet werden und einfach $n - i\kappa$ verwendet werden. Damit erhält man nach Gl. 4.344:

$$r_s = \frac{n_1\cos\alpha - n_2\cos\beta}{n_1\cos\alpha + n_2\cos\beta} = \frac{\cos\alpha - (n-in\kappa)\cos\beta}{\cos\alpha + (n-in\kappa)\cos\beta} \qquad 4.406$$

Für $\cos(\beta)$ gilt unter Benutzung des Brechungsgesetzes Gl. 4.347:

$$\cos\beta = \sqrt{1 - \sin^2\beta} = \sqrt{1 - \left(\frac{n_1}{n_2}\right)^2 \sin^2\alpha} \qquad 4.407$$

Mit der komplexen Brechzahl wird daraus:

$$(n-in\kappa)\cos\beta = \sqrt{(n-in\kappa)^2 - \sin^2\alpha} \qquad 4.408$$

bzw.

$$(n-in\kappa)\cos\beta = \sqrt{n^2 - 2in^2\kappa - n^2\kappa^2 - \sin^2\alpha} \qquad 4.409$$

Für die meisten Metalle ist $n\kappa$ sehr hoch, da sie stark absorbieren. Daher gilt $n^2\kappa^2 \gg \sin^2\alpha$, denn $\sin(\alpha)$ kann maximal Eins werden. Damit gilt

$$(n - in\kappa)\cos\beta \approx \sqrt{n^2 - 2in^2\kappa - n^2\kappa^2} = \sqrt{(n - in\kappa)^2} = (n - in\kappa), \qquad 4.410$$

woraus für Gl. 4.406 unschwer $\cos\beta \approx 1$ folgt:

$$r_s = \frac{\cos\alpha - n + in\kappa}{\cos\alpha + n - in\kappa} \qquad 4.411$$

was man durch Multiplikation von Zähler und Nenner mit $\cos\alpha + n + in\kappa$ auch in der folgenden Weise schreiben kann:

$$\boxed{r_s = \frac{\cos^2\alpha - n^2 - n^2\kappa^2 + 2in\kappa\cos\alpha}{(\cos\alpha + n)^2 + n^2\kappa^2}} \qquad 4.412$$

Der **Reflexionsgrad für die senkrechte Polarisation** ist damit

$$\rho_s = r_s r_s^* = \left(\frac{\cos\alpha - n + in\kappa}{\cos\alpha + n - in\kappa}\right)\left(\frac{\cos\alpha - n - in\kappa}{\cos\alpha + n + in\kappa}\right) \qquad 4.413$$

oder

$$\boxed{\rho_s = \frac{(\cos\alpha - n)^2 + n^2\kappa^2}{(\cos\alpha + n)^2 + n^2\kappa^2}} \qquad 4.414$$

Ausgehend von Gl. 4.370 kann man die gleiche Betrachtung auch für Strahlung durchführen, die **parallel zur Einfallsebene polarisiert** ist:

$$r_p = \frac{n_2\cos\alpha - n_1\cos\beta}{n_2\cos\alpha + n_1\cos\beta} = \frac{(n - in\kappa)\cos\alpha - \cos\beta}{(n - in\kappa)\cos\alpha + \cos\beta} \approx \frac{(n - in\kappa)\cos\alpha - 1}{(n - in\kappa)\cos\alpha + 1} \qquad 4.415$$

Multiplikation mit $(n + in\kappa)\cos\alpha + 1$ im Zähler und Nenner ergibt:

$$r_p = \frac{(n^2 + n^2\kappa^2)\cos^2\alpha - (n + in\kappa)\cos\alpha + (n - in\kappa)\cos\alpha - 1}{(n^2 + n^2\kappa^2)\cos^2\alpha + (n + in\kappa)\cos\alpha + (n - in\kappa)\cos\alpha + 1} \qquad 4.416$$

Daraus erhält man das **Reflexionsverhältnis für parallele Polarisation**:

$$\boxed{r_p = \frac{(n^2 + n^2\kappa^2)\cos^2\alpha - 2in\kappa\cos\alpha - 1}{(n^2 + n^2\kappa^2)\cos^2\alpha + 2n\cos\alpha + 1}} \qquad 4.417$$

Der **Reflexionsgrad für parallele Polarisation** lässt sich aus Gl. 4.415 wie folgt berechnen:

$$\rho_p = r_p r_p^* = \left(\frac{n\cos\alpha - 1 - in\kappa\cos\alpha}{n\cos\alpha + 1 - in\kappa\cos\alpha} \right) \cdot \left(\frac{n\cos\alpha - 1 + in\kappa\cos\alpha}{n\cos\alpha + 1 + in\kappa\cos\alpha} \right) \qquad 4.418$$

$$\boxed{\rho_p = \frac{(n\cos\alpha - 1)^2 + n^2\kappa^2\cos^2\alpha}{(n\cos\alpha + 1)^2 + n^2\kappa^2\cos^2\alpha}} \qquad 4.419$$

In Abb. 4.95 und 4.96 ist der Verlauf der Reflexionsgrade ρ_s und ρ_p für senkrechte und parallele Polarisation in Abhängigkeit des Einfallswinkels α für die drei Metalle **Molybdän, Silber** und **Aluminium** dargestellt. Die zugehörigen Zahlenwerte der komplexen Brechzahl gibt Tab. 4.8. wieder. Es zeigt sich, dass Aluminium und Silber für die senkrechte Polarisation einen Reflexionsgrad von über 90% zeigen, der zudem zu höheren Winkeln hin ansteigt. Molybdän, das übrigens auch als Spiegelsubstrat möglich ist, zeigt einen geringeren Reflexionsgrad. Bei der parallelen Polarisation zeigt sich ein mehr oder weniger ausgeprägtes Minimum des Reflexionsgrades zwischen $75°$ und $85°$. Bei senkrechtem Einfall müssen die beiden Reflexionsgrade ineinander übergehen, da keine Einfallsebene mehr definiert ist. Das ist auch der Fall, wie man mittels Gl. 4.414 und 4.419 durch Einsetzen von $\alpha=0°$ zeigen kann:

$$\boxed{\rho_s = \rho_p = \frac{(1-n)^2 + n^2\kappa^2}{(1+n)^2 + n^2\kappa^2}} \qquad \text{für } \alpha=0° \qquad 4.420$$

Tab. 4.8. Real– und Imaginärteil der komplexen Brechzahl für einige Metalle [CRC 2006].

Metalle bei 620nm			**Gold (elektropoliert)**		
Metall	n	nκ	Wellenlänge / nm	n	nκ
Molybdän	3,68	3,52	310	1,55	1,81
Silber	0,27	4,18	516	0,5	1,86
Aluminium	1,304	7,479	620	0,13	3,16

Ein in der Optik als Reflektormaterial häufig verwendetes Element ist **Gold**. Die Brechzahl ist für drei Wellenlängen in Tab. 4.8. angegeben. Die starke Wellenlängenabhängigkeit im sichtbaren Spektralbereich führt zur gold–gelben Farbe, die daher resultiert, dass blaues und ultra–violettes Licht weniger stark reflektiert werden als rotes Licht. Fällt weißes Licht auf eine goldene Oberfläche, werden die blauen Anteile stärker absorbiert und fehlen daher im reflektierten Licht. Die damit dominanten Gelb– und Rottöne führen zur gold–gelben Farbe. Dementsprechend steigen die Reflexionsgrade für beide Polarisationen (Abb. 4.97 und 4.98) mit der Wellenlänge.

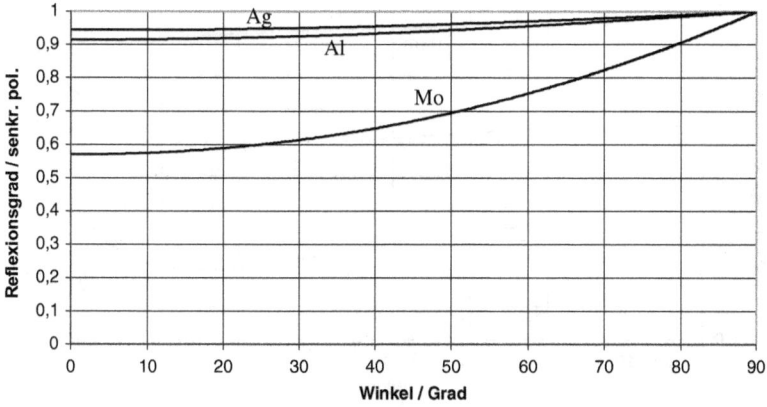

Abb. 4.95. Reflexionsgrad ρ_s für Molybdän, Silber und Aluminium für eine Wellenlänge von 620nm.

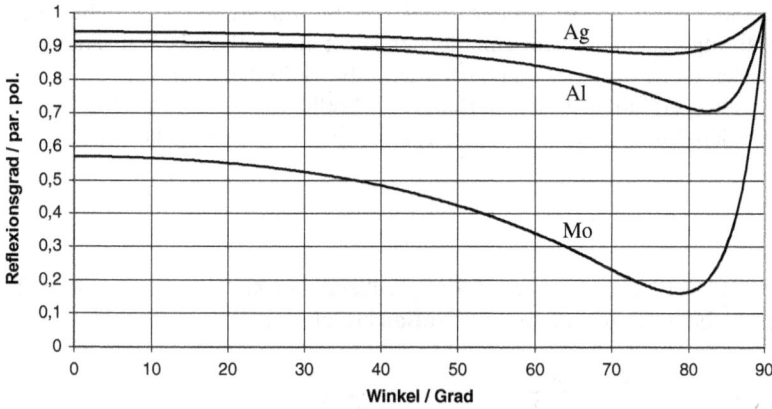

Abb. 4.96. Reflexionsgrad ρ_p für Molybdän, Silber und Aluminium für eine Wellenlänge von 620nm.

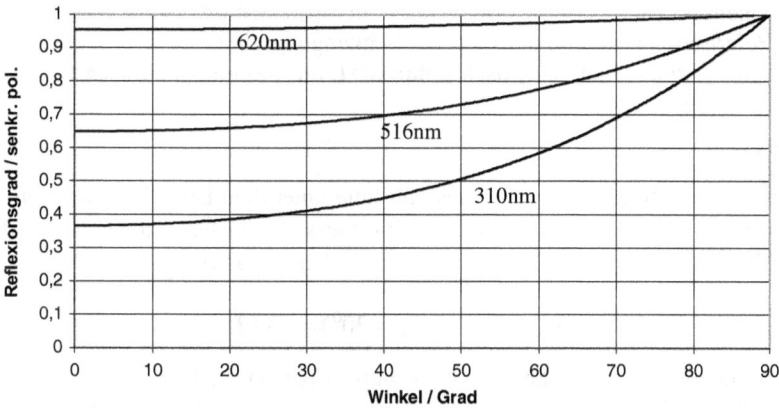

Abb. 4.97. Reflexionsgrad ρ_s für Gold bei den Wellenlängen von 310nm, 516nm und 620nm.

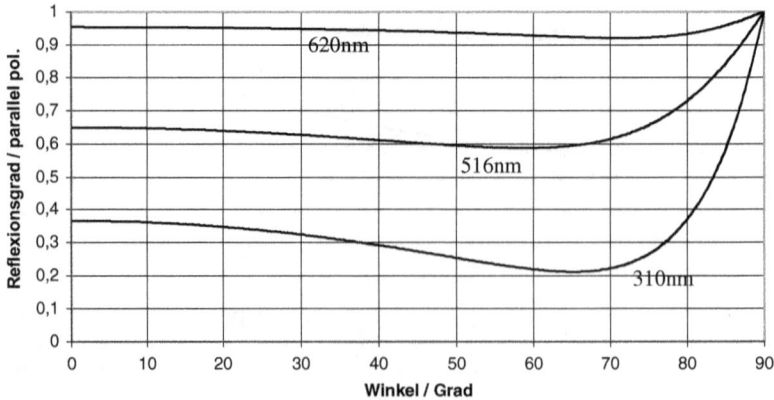

Abb. 4.98. Reflexionsgrad ρ_p für Gold bei den Wellenlängen von 310nm, 516nm und 620nm.

Da die Reflexionsverhältnisse komplex sind, tritt im reflektierten Licht ebenfalls eine **Phasenverschiebung** gegenüber dem einfallenden Licht und auch zwischen senkrecht und parallel polarisierter Welle auf. Bezugnehmend auf Abb. 4.89 kann der Tangens des Phasenwinkels φ_s zwischen einfallender und reflektierter Welle für die **senkrechte Polarisation** als Quotient aus dem Imaginärteil von r_s und dem Realteil von r_s berechnet werden:

$$\tan\varphi_s = \frac{2n\kappa\cos\alpha}{\cos^2\alpha - n^2 - n^2\kappa^2} \qquad\qquad 4.421$$

Hier wurde Gl. 4.412 zugrunde gelegt. Entsprechend lässt sich aus Gl. 4.417 der Tangens der Phasenverschiebung für **parallele Polarisation** errechnen:

$$\tan\varphi_p = \frac{-2n\kappa\cos\alpha}{(n^2 + n^2\kappa^2)\cos^2\alpha - 1} \qquad\qquad 4.422$$

Die Bestimmung des Polarisationszustandes des reflektierten Lichtes ist äußerst komplex, denn im Gegensatz zur Totalreflexion haben ρ_s und ρ_p einen unterschiedlichen Wert. Damit hängt die Polarisation auch von der Lage der Schwingungsebene des einfallenden Lichtes ab. Im Allgemeinen ist das Licht **elliptisch polarisiert**, im speziellen Fall auch **zirkular**.

Aufgaben

1. Ein Lichtbündel breite sich in Luft aus und falle unter dem Einfallswinkel von $\alpha=30°$ auf eine Glasoberfläche. Welchen Brechungsindex muss das Glas besitzen, wenn das Reflexionsverhältnis für senkrechte Polarisation $r_s = -1/4$ betragen soll?

Hinweise: $\sin(30°) = 1/2$ $\cos(30°) = \sqrt{3}/2$

2. Unter welchem Einfallswinkel muss ein unpolarisierter Lichtstrahl auf eine Platte aus SF11 (n=1,78446) fallen, damit kein p-polarisiertes Licht reflektiert wird? Wie teilt sich die

Leistung des unpolarisierten Lichtstrahls prozentual zwischen den gebrochenen und reflektierten Strahlen auf?

3. Ein unpolarisierter Lichtstrahl fällt unter dem Winkel von $\alpha=30°$ auf eine glatte Wasseroberfläche ($n_w=1,33299$). Der gebrochene Anteil tritt durch den planparallelen, gläseren Boden ($n_g=1,51625$) aus. Welcher Anteil der gesamten, auftreffenden Energie tritt unten wieder aus und wie teilt sich die Energie auf die Polarisationen auf?

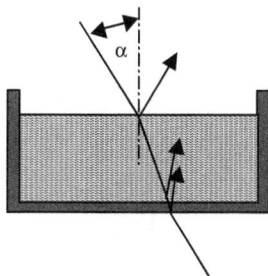

4. Ein Lichtstrahl fällt unter einem Winkel α auf eine ebene, polierte Platte, die sich an Luft befindet. Der Strahl wird an der Oberfläche gebrochen und der Brechungswinkel sei β. Für die Winkel gilt $\alpha:\beta=3:1$ oder $\alpha=3\eta/2$ und $\beta=\eta/2$, wobei η ein unbekannter Winkel sei. Das Reflexionsverhältnis für parallele Polarisation ist $r_p=0,3$.

a) Wie groß ist η? (Hinweis: $\tan(2\eta)=\dfrac{2\tan(\eta)}{1-\tan^2(\eta)}$)

b) Wie groß ist die Brechzahl des Plattenmaterials?

5. Ein Lichtstrahl werde an einer Glas-Luft-Grenzfläche totalreflektiert. Der Einfallswinkel betrage $\alpha_1=60°$, die Brechzahl des Glases ist $n=1,5$.

a) Welche Phasenverschiebung zwischen parallel und senkrecht polarisiertem Licht tritt auf?

b) Bei welchem weiteren Winkel α_2 tritt die gleiche Phasenverschiebung noch auf?

6. Bei einmaliger Totalreflexion von linear polarisiertem Licht an einer Grenzschicht von Glas SF11($n_D=1,78446$) zu Luft kann kein zirkular polarisiertes Licht erzeugt werden, da die Phasenverschiebung von $90°$ nicht erreicht wird. Man kann es mit gleichem Material aber trotzdem erreichen, indem man zwei Totalreflexionen mit jeweils $45°$ Phasenverschiebung verwendet. Ein Glaskörper, der dies leistet ist das nachstehend skizzierte Fresnelsche Parallelepiped. Mit welchen Winkeln müsste dieses geschliffen werden, damit es aus Licht der Wellenlänge 589,3 nm zirkular polarisiertes Licht erzeugt?

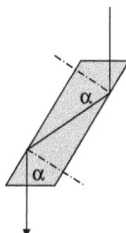

7. Eine metallische Modellsubstanz habe gemäß $n = n_0 + i n_0 \kappa$ den Brechungsindex $n_0 = 1,4142 = 2/\sqrt{2}$ und bei einem Einfallswinkel von $45°$ den Reflexionsgrad für parallele Polarisation ρ_p=90%. Berechnen Sie κ!

5 Optische Komponenten und Geräte

5.1 Einzelkomponenten

5.1.1 Werkstoffe für optische Komponenten

Das klassische und bis heute weitaus meistverwendete Material für transmissive optische Komponenten ist **anorganisches Glas**. Gläser sind amorph, d.h. es ist keine kristalline Ordnung im Aufbau und somit auch keine Richtungsabhängigkeit optischer Eigenschaften erkennbar. Wie in Kap. 3.1.1. bereits kurz erwähnt, ist **Quarzsand** (SiO_2) der wichtigste Glasbildner. Für Spezialanwendungen kommen noch **Bortrioxid** (B_2O_3) oder **Phosphorpentoxid** (P_2O_3) zum Einsatz. Neben den **Flußmitteln** und **Stabilisatoren** werden bei optischen Gläsern im Gegensatz zu den Lampengläsern noch Zusätze verwendet, die die optischen Eigenschaften des Glases wesentlich beeinflussen. So „funkeln" Gläser, bei denen **Bleioxid** zugegeben wurde, stärker. Natürlich ist das ein subjektiver Eindruck, der auf die Erhöhung des Brechungsindexes zurückzuführen ist. Die Zusätze von **Titan– und Lanthanoxid** erhöhen gleichermaßen die Brechzahl. Bessere, d.h. niedrigere Dispersionswerte, erhält man durch Zugabe von **Bariumoxid** und **Fluorid**. Andere Zugaben beeinflussen wiederum die Farbe des Glases, was für die Verwendung als Filterglas nötig sein kann. So färbt einwertiges **Kupfer** das Glas rot, zweiwertiges dagegen blau. Eine gelbe oder grüne Farbe lässt sich durch **Uranoxid** erzielen. **Kobaltoxid** führt zu einem sehr intensiven Blau. Sonnenschutzgläser lassen sich mit Vanadium, Mangan, Kobalt oder Eisen realisieren.

Glas ist eine **unterkühlte Schmelze**. Der Abkühlvorgang der Schmelze geht dabei so schnell, dass sich keine Kristallstruktur ausbilden kann. „Schnell" ist dabei ein relativer Begriff, denn das Abkühlen bestimmt neben der Zusammensetzung maßgeblich die optischen Eigenschaften des Glases. Es erfolgt nach exakt festgelegten Kühlkurven, wobei durch leichte Veränderungen eine Feinkorrektur der Brechzahl bis in die 5. Nachkommastelle möglich ist [Bliedtner 2008]. Gläser besitzen keinen exakt festgelegten Schmelzpunkt, sondern einen breiten **Transformationsbereich**. In diesem Temperaturbereich kommt es zum Erweichen des Glases, zur Schmelze. Das Volumen ändert sich sowohl bei der Schmelze als auch beim Glas linear mit der Temperatur. Allerdings ist die Volumenänderung beim festen Glas deutlich geringer als bei der Schmelze. Verlängert man im Diagramm Volumen als Funktion der Temperatur jeweils die Gerade des festen Glases und der Schmelze bis in den Erweichungsbereich, erhält man als Schnittpunkt den **Transformationspunkt**. Die dadurch festgelegte Temperatur nennt man **Transformationstemperatur**. Sie liegt z.B. beim Glas SF10 bei 454°C und bei N–BK7 bei 557°C [Schott 2009].

Die zwei wichtigsten Eigenschaften der optischen Gläser sind der **Brechungsindex** und die **Abbe–Zahl** (siehe Gl. 4.225 und 4.228 in Kap. 4.3.2). Je nach Zusatzstoffen ergeben sich Glasgruppen mit ähnlichen Eigenschaften. In Tab. 5.1. sind die Abkürzungen der wichtigsten Gruppen angegeben. Die Einteilung erfolgt im Wesentlichen in zwei Hauptgruppen: die **Krongläser** und die **Flintgläser**. Die Gläser mit Abbe–Zahlen über 50 werden traditionell als Krongläser bezeichnet, während die Flintgläser darunter liegen. Man beachte, dass eine **hohe Abbe–Zahl** eine **niedrige Dispersion** bedeutet.

Tab. 5.1. Abkürzungen und Bezeichnungen von Kron– und Flintgläsern

Kronglas		Flintglas	
Abk.	Bezeichnung	Abk.	Bezeichnung
BaK	Barytkron	BaF	Barytflint
BaLK	Barytleichtkron	BaLF	Barytleichtflint
BK	Borkron	BaSF	Barytschwerflint
FK	Fluorkron	F	Flint
K	Kron	KF	Kronflint
LK	Lanthankron	KzF	Kurzflint
LaSK	Lanthanschwerkron	LaF	Lanthanflint
PK	Phosphatkron	LaSF	Lanthanschwerflint
PSK	Phosphatschwerkron	LF	Leichtflint
SK	Schwerkron	LLF	Doppelleichtflint
SSK	Schwerstkron	SF	Schwerflint
ZK	Zinkkron	TF	Tiefflint

Einen schnellen Überblick über die optischen Eigenschaften der optischen Gläser gibt das Abbe–Diagramm (Abb. 5.1). Jedes Glas ist als Punkt im Abbe–Diagramm eingezeichnet. Man erkennt, dass innerhalb der in Tab. 5.1 angegebenen Glasgruppen wiederum verschiedene, durchnummerierte Gläser mit leicht variierenden Brechzahlen und Abbe–Zahlen existieren. Im Diagramm wird die Abbe–Zahl als Abszissenwert (fallende Abbe–Zahl!) aufgetragen, während als Ordinate die Brechzahl dargestellt wird. In Abb. 5.1 sind die auf die e-Linie (Wellenlänge 546,1nm, eine Hg–Spektrallinie) bezogenen Größen n_e und ν_e dargestellt (vgl. Gl. 4.228). Wie man dem Diagramm entnehmen kann, zeigen Gläser mit niedriger Brechzahl in der Regel auch niedrige Dispersion, d.h. also hohe Abbe–Zahlen. Umgekehrt haben hochbrechende Gläser meist auch eine hohe Dispersion, also eine niedrige Abbe–Zahl.

Exakte Werte der Brechzahl und der Abbe–Zahl geben die Datenblätter der Hersteller an. In Abb. 5.2 ist das Datenblatt des niedrigbrechenden Glases N–BK7 und in Abb. 5.3 das Datenblatt des hochbrechenden Glases SF6 dargestellt. Die Brechzahlen werden für ausgewählte Wellenlängen angegeben, zu den Bezeichnungen siehe Tab. 4.6. Zusätzlich können

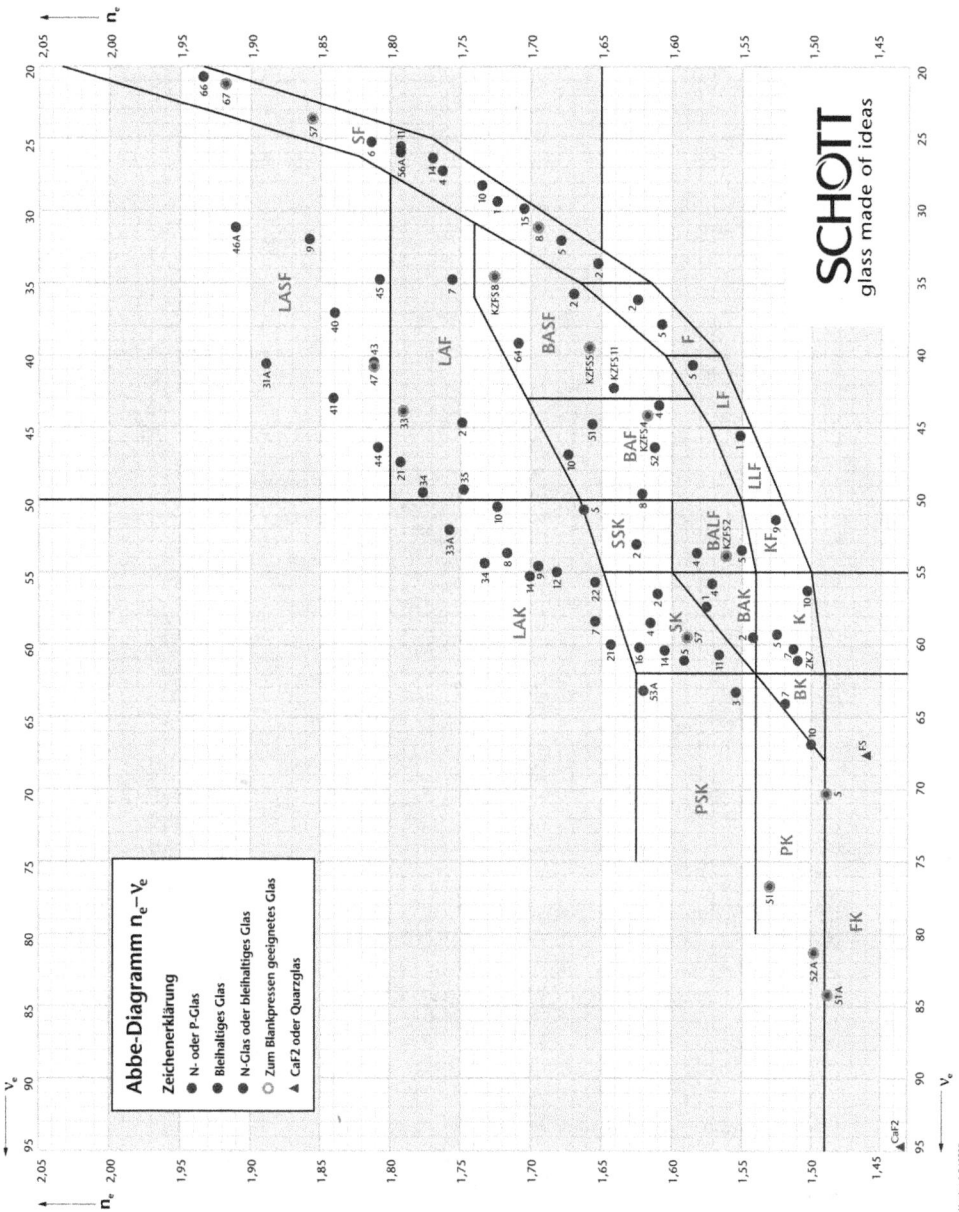

Abb. 5.1. Abbe–Diagramm n_e als Funktion von v_e.
Quelle: SCHOTT Advanced Optics (www.schott.com/advanced_optics)

Datenblatt   SCHOTT

N-BK7	n_d = 1,51680	v_d = 64,17	n_F - n_C = 0,008054
517642.251	n_e = 1,51872	v_e = 63,96	$n_{F'}$ - $n_{C'}$ = 0,008110

Brechzahlen

	λ [nm]	
$n_{2325,4}$	2325,4	1,48921
$n_{1970,1}$	1970,1	1,49495
$n_{1529,6}$	1529,6	1,50091
$n_{1060,0}$	1060,0	1,50669
n_t	1014,0	1,50731
n_s	852,1	1,50980
n_r	706,5	1,51289
n_C	656,3	1,51432
$n_{C'}$	643,8	1,51472
$n_{632,8}$	632,8	1,51509
n_D	589,3	1,51673
n_d	587,6	1,51680
n_e	546,1	1,51872
n_F	486,1	1,52238
$n_{F'}$	480,0	1,52283
n_g	435,8	1,52668
n_h	404,7	1,53024
n_i	365,0	1,53627
$n_{334,1}$	334,1	1,54272
$n_{312,6}$	312,6	1,54862
$n_{296,7}$	296,7	
$n_{280,4}$	280,4	
$n_{248,3}$	248,3	

Konstanten der Dispersionsformel

B_1	1,03961212
B_2	0,231792344
B_3	1,01046945
C_1	0,00600069867
C_2	0,0200179144
C_3	103,560653

Konstanten der Formel für dn/dT

D_0	1,86 · 10^{-6}
D_1	1,31 · 10^{-8}
D_2	-1,37 · 10^{-11}
E_0	4,34 · 10^{-7}
E_1	6,27 · 10^{-10}
$λ_{TK}$ [µm]	0,170

Reintransmissionsgrad $τ_i$

λ [nm]	$τ_i$ (10mm)	$τ_i$ (25mm)
2500	0,665	0,360
2325	0,793	0,560
1970	0,933	0,840
1530	0,992	0,980
1060	0,999	0,997
700	0,998	0,996
660	0,998	0,994
620	0,998	0,994
580	0,998	0,995
546	0,998	0,996
500	0,998	0,994
460	0,997	0,993
436	0,997	0,992
420	0,997	0,993
405	0,997	0,993
400	0,997	0,992
390	0,996	0,989
380	0,993	0,983
370	0,991	0,977
365	0,988	0,971
350	0,967	0,920
334	0,905	0,780
320	0,770	0,520
310	0,574	0,250
300	0,292	0,050
290	0,063	
280		
270		
260		
250		

Farbcode

$λ_{80}/λ_5$	33/29
("= $λ_{70}/λ_5$)	

Bemerkungen

Relative Teildispersionen

$P_{s,t}$	0,3098
$P_{C,s}$	0,5612
$P_{d,C}$	0,3076
$P_{e,d}$	0,2386
$P_{g,F}$	0,5349
$P_{i,h}$	0,7483
$P'_{s,t}$	0,3076
$P'_{C,s}$	0,6062
$P'_{d,C'}$	0,2566
$P'_{e,d}$	0,237
$P'_{g,F'}$	0,4754
$P'_{i,h}$	0,7432

Abweichungen rel. Teildispersionen ΔP von der "Normalgeraden"

$ΔP_{C,t}$	0,0216
$ΔP_{C,s}$	0,0087
$ΔP_{F,e}$	-0,0009
$ΔP_{g,F}$	-0,0009
$ΔP_{i,g}$	0,0035

Sonstige Eigenschaften

$α_{-30/+70°C}$ [10^{-6}/K]	7,1
$α_{+20/+300°C}$ [10^{-6}/K]	8,3
T_g [°C]	557
$T_{10}^{13,0}$ [°C]	557
$T_{10}^{7,6}$ [°C]	719
c_p [J/(g·K)]	0,858
λ [W/(m·K)]	1,114
ρ [g/cm³]	2,51
E [10^3 N/mm²]	82
µ	0,206
K [10^{-6} mm²/N]	2,77
$HK_{0,1/20}$	610
HG	3
B	0,00
CR	1
FR	0
SR	1
AR	2.3
PR	2.3

Temperaturkoeffizienten der Lichtbrechung

	$Δn_{rel}/ΔT$ [10^{-6}/K]			$Δn_{abs}/ΔT$ [10^{-6}/K]		
[°C]	1060,0	e	g	1060,0	e	g
-40/ -20	2,4	2,9	3,3	0,3	0,8	1,2
+20/ +40	2,4	3,0	3,5	1,1	1,6	2,1
+60/ +80	2,5	3,1	3,7	1,5	2,1	2,7

Abb. 5.2. Datenblatt für Glas N–BK7.
Quelle: SCHOTT Advanced Optics, Optical Glass – Data Sheets (www.schott.com/advanced_optics)

Datenblatt   SCHOTT

SF6
805254.518

n_d = 1,80518	v_d = 25,43	n_F - n_C = 0,031660
n_e = 1,81265	v_e = 25,24	$n_{F'}$ - $n_{C'}$ = 0,032201

Brechzahlen

	λ [nm]	
$n_{2325,4}$	2325,4	1,75302
$n_{1970,1}$	1970,1	1,75813
$n_{1529,6}$	1529,6	1,76444
$n_{1060,0}$	1060,0	1,77380
n_t	1014,0	1,77517
n_s	852,1	1,78157
n_r	706,5	1,79117
n_C	656,3	1,79609
$n_{C'}$	643,8	1,79750
$n_{632,8}$	632,8	1,79884
n_D	589,3	1,80491
n_d	587,6	1,80518
n_e	546,1	1,81265
n_F	486,1	1,82775
$n_{F'}$	480,0	1,82970
n_g	435,8	1,84707
n_h	404,7	1,86436
n_i	365,0	1,89703
$n_{334,1}$	334,1	
$n_{312,6}$	312,6	
$n_{296,7}$	296,7	
$n_{280,4}$	280,4	
$n_{248,3}$	248,3	

Konstanten der Dispersionsformel

B_1	1,72448482
B_2	0,390104889
B_3	1,04572858
C_1	0,0134871947
C_2	0,0569318095
C_3	118,557185

Konstanten der Formel für dn/dT

D_0	6,69 · 10⁻⁶
D_1	1,78 · 10⁻⁸
D_2	-3,36 · 10⁻¹¹
E_0	1,77 · 10⁻⁶
E_1	1,70 · 10⁻⁹
$λ_{TK}$ [µm]	0,269

Temperaturkoeffizienten der Lichtbrechung

	$Δn_{rel}/ΔT$ [10⁻⁶/K]			$Δn_{abs}/ΔT$ [10⁻⁶/K]		
[°C]	1060,0	e	g	1060,0	e	g
-40/ -20	6,1	9,9	14,5	3,7	7,4	11,9
+20/ +40	6,8	11,1	16,2	5,3	9,5	14,6
+60/ +80	7,3	11,8	17,4	6,1	10,6	16,1

Reintransmissionsgrad $τ_i$

λ [nm]	$τ_i$ (10mm)	$τ_i$ (25mm)
2500	0,887	0,740
2325	0,910	0,790
1970	0,971	0,930
1530	0,996	0,991
1060	0,999	0,999
700	0,999	0,996
660	0,998	0,996
620	0,998	0,995
580	0,999	0,996
546	0,998	0,996
500	0,996	0,991
460	0,991	0,978
436	0,982	0,955
420	0,967	0,920
405	0,933	0,840
400	0,915	0,800
390	0,847	0,660
380	0,720	0,440
370	0,442	0,130
365	0,246	0,030
350		
334		
320		
310		
300		
290		
280		
270		
260		
250		

Farbcode

$λ_{80}/λ_5$	42/36
(*= $λ_{70}/λ_5$)	

Bemerkungen

bleihaltiges Glas

Relative Teildispersionen

$P_{s,t}$	0,202
$P_{C,s}$	0,4588
$P_{d,C}$	0,2871
$P_{e,d}$	0,2359
$P_{g,F}$	0,6102
$P_{i,h}$	1,0316
$P'_{s,t}$	0,1986
$P'_{C',s}$	0,495
$P'_{d,C'}$	0,2384
$P'_{e,d}$	0,2319
$P'_{g,F'}$	0,5393
$P'_{i,h}$	1,0143

Abweichungen rel. Teildispersionen ΔP von der "Normalgeraden"

$ΔP_{C,t}$	-0,0048
$ΔP_{C,s}$	-0,0033
$ΔP_{F,e}$	0,002
$ΔP_{g,F}$	0,0092
$ΔP_{i,g}$	0,0669

Sonstige Eigenschaften

$α_{-30/+70°C}$ [10⁻⁶/K]	8,1
$α_{+20/+300°C}$ [10⁻⁶/K]	9,0
T_g [°C]	423
$T_{10}^{13,0}$ [°C]	410
$T_{10}^{7,6}$ [°C]	538
c_p [J/(g·K)]	0,389
λ [W/(m·K)]	0,673
ρ [g/cm³]	5,18
E [10³N/mm²]	55
µ	0,244
K [10⁻⁶ mm²/N]	0,65
$HK_{0,1/20}$	370
HG	1
B	0,00
CR	2
FR	3
SR	51.3
AR	2.3
PR	3.3

Stand 18.10.2006, Änderungen vorbehalten   91 | Übersicht

Abb. 5.3. Datenblatt für Glas SF6.
Quelle: SCHOTT Advanced Optics, Optical Glass – Data Sheets (www.schott.com/advanced_optics)

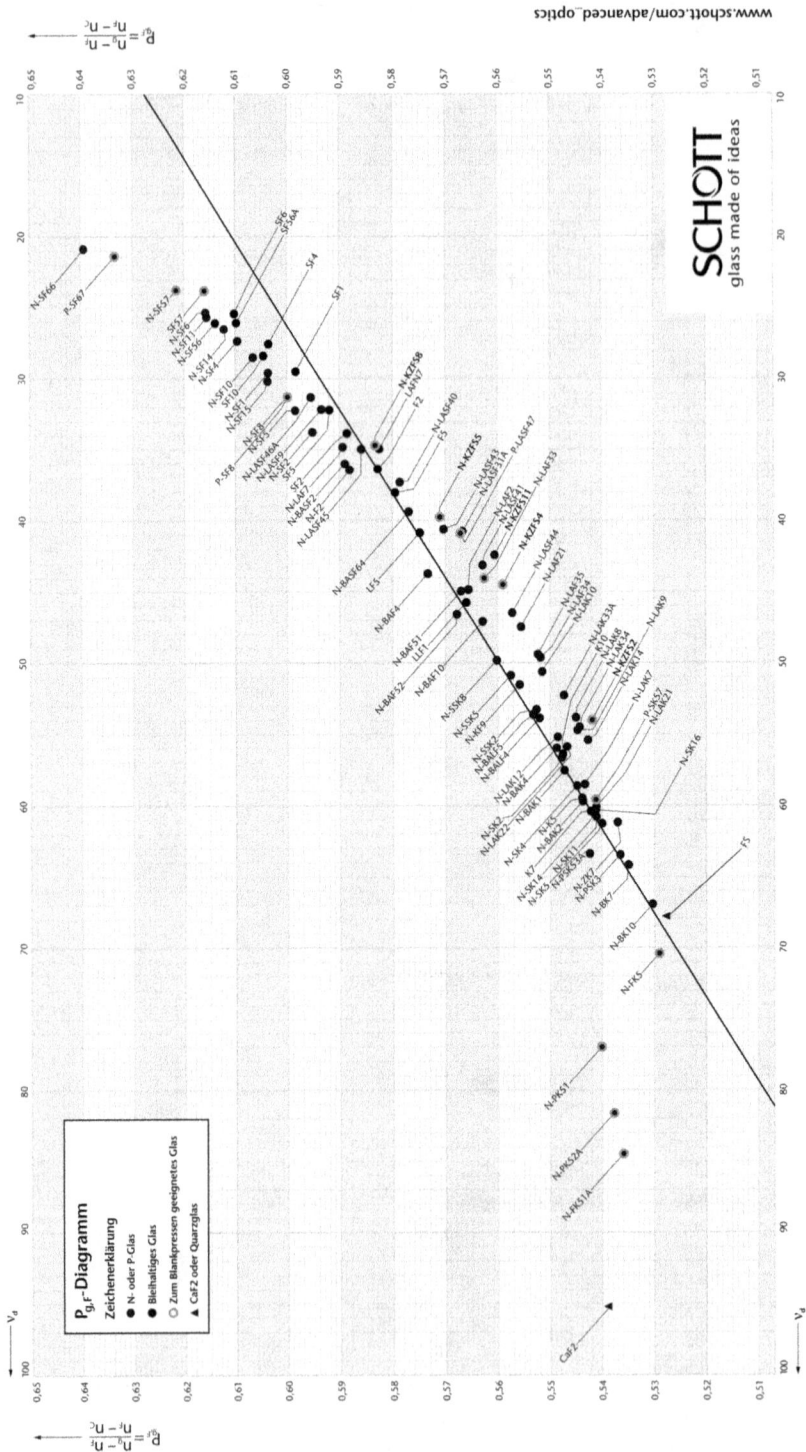

Abb. 5.4. Relative Teildispersion als Funktion von v_d.
Quelle: SCHOTT Advanced Optics (www.schott.com/advanced_optics)

Brechzahlen für beliebige Wellenlängen durch Verwendung der Sellmeier–Gleichung 4.212 (Kap. 4.3.2) berechnet werden. Die Interpolation ist innerhalb der spektralen Grenzen zulässig, die durch die diskreten Brechzahlwerte festgelegt werden. Die Genauigkeit im sichtbaren Spektralbereich ist i.a. besser als 10^{-5}. Wichtig für den Anwender ist der **Reintransmissionsgrad** τ_i. Hier wird die Transmission des Glaskörpers selbst (in Abb. 5.2 und 5.3 für die Dicken 10mm und 25mm) angegeben, ohne die unvermeidlichen, durch die Fresnelschen Gleichungen angegebenen Oberflächenreflexionen.

Neben der Abbe–Zahl ist – zur exakten Beschreibung der optischen Eigenschaften eines Glases – die Angabe einer weiteren, die Dispersion beschreibenden Größe, erforderlich. Die **relative Teildispersion** für zwei Wellenlängen λ_1 und λ_2 mit den Brechzahlen n_1 und n_2 wird, bezogen auf die blaue F- und die rote C-Linie des Wasserstoffs, angegeben als

$$P_{1,2} = \frac{n_1 - n_2}{n_F - n_C} \qquad\qquad 5.1$$

In der Regel hängt die relative Teildispersion $P_{1,2}$ linear von ν_d ab:

$$P_{1,2} = a_{12}\nu_d + b_{12} \qquad\qquad 5.2$$

a_{12} und b_{12} sind wellenlängenspezifische Konstanten. Glücklicherweise gibt es Abweichungen von dieser Regel, denn sie ermöglichen erst hochwertige Farbkorrekturen. Die Abweichung wird gemäß

$$P_{1,2} = a_{12}\nu_d + b_{12} + \Delta P_{1,2} \qquad\qquad 5.3$$

definiert. Demgemäß werden im Glaskatalog neben den relativen Teildispersionen die Abweichungen $\Delta P_{1,2}$ von der Normalgeraden angegeben. In Abb. 5.3. ist die Teildispersion

$$P_{g,F} = \frac{n_g - n_F}{n_F - n_C} \qquad\qquad 5.4$$

für die Wellenlängen λ_1=435,8nm und λ_2=486,1nm für verschiedene Glassorten als Funktion der Abbe–Zahl ν_d dargestellt. Eingezeichnet ist auch die **Normalgerade**.

Auch **Quarzglas** kommt in der Optik zum Einsatz. Die beim Lampenbau schon angesprochenen Vorteile einer geringen thermischen Ausdehnung sowie einer hohen **Thermoschockverträglichkeit** treten dabei in den Hintergrund. Interessanter sind hier schon die große **Härte und Kratzunempfindlichkeit**. Aber besonders interessant ist die **weite spektrale Durchlässigkeit**. Während beim Glas BK7 die (externe) Transmission in Richtung UV–Licht schon bei ca. 318nm auf 50% abgesunken ist, ist spezielles UV–Quarzglas hier bis etwa 172nm durchlässig. Im Infraroten besteht der Vorteil in einem offenen spektralen Fenster im Bereich von 3,0 bis 3,6μm.

Neben Glas gibt es noch eine ganze Reihe weiterer Werkstoffe, die in der Optik von Bedeutung sind. Insbesondere die Lasertechnik hat zur Verbreitung einer ganzen Reihe von exotischen Materialien geführt. Die kristallinen Materialien eröffnen große spektrale Bereiche oder schaffen durch spezielle Eigenschaften neue Möglichkeiten. Bei der Behandlung der Doppelbrechung wurde schon **Kalkspat (Calcit, CaCO₃)** erwähnt. Neben der für den Bau von Polarisatoren wichtigen Eigenschaft der Doppelbrechung besitzt es einen weiten nutzbaren Spektralbereich von etwa 210nm bis 2,5μm.

Ein Kristall mit außerordentlichen Fähigkeiten ist **Saphir**, monokristallines Aluminiumoxid (Al_2O_3). Obwohl der Kristall in vielen optischen und physikalischen Eigenschaften anisotrop ist, zeigt er leichte Doppelbrechung. Der Unterschied in der Brechzahl zwischen n_o und n_{ao} ist 0,008. Der nutzbare Spektralbereich von Saphir liegt zwischen 150nm bis etwa 6μm. Wegen seiner **hohen Härte** ist es sehr kratzfest und außerdem **chemisch sehr resistent**.

Zwei Elemente werden in kristalliner Form ebenfalls als optische Materialien verwendet: die Halbleiter Germanium und Silizium. **Silizium** wird sowohl als Kristall als auch in polykristalliner Form besonders in der Lasertechnik verwendet. Polykristallines Silizium hat höhere Streuverluste, was besonders bei Hochleistungslasern von Nachteil ist. Das nutzbare spektrale Fenster von Silizium reicht von etwa 1,1μm bis 7μm. Ein weiteres spektrales Fenster eröffnet sich im Bereich von 50μm bis 300μm. Der Brechungsindex ist ausgesprochen hoch: 3,49 bei 1,4μm und 3,42 bei 6μm. Das bedeutet, dass gemäß den Fresnelschen Formeln sehr hohe Reflexionsverluste an den Oberflächen auftreten, wenn keine Antireflexbeschichtungen aufgebracht werden. Silizium wird meist als Fenstermaterial oder auch als Substratmaterial für Spiegel verwendet. Einen noch höheren Brechungsindex als Silizium besitzt **Germanium**: 4,1 bei 2,06μm und 4 bei 13,2μm. Die Verluste durch Reflexion sind im unbeschichteten Fall also noch höher als beim Silizium. Sein nutzbarer Spektralbereich von 2μm bis 15μm macht es zum geeigneten Material für CO_2–Laser, wenngleich auch hier Vorsicht geboten ist: der **Absorptionskoeffizient** ist stark **temperaturabhängig**: je wärmer das Material wird, desto höher ist die Absorption. Beginnt das Material sich also erst einmal aufzuheizen, wird es bei leistungsstarken Lasern sehr schnell so heiß, dass es zerstört wird.

Ein Material, das unter dem Einfluss eines elektrischen Feldes doppelbrechend wird, ist **Lithiumniobat**. Es wird daher für den Bau elektrooptischer Güteschalter in der Lasertechnik verwendet. Sein nutzbarer Spektralbereich liegt zwischen 480nm und 1,8μm. Andere, ebenfalls für elektrooptische Güteschalter geeignete Materialien sind **Kaliumdihydrogenphosphat** (KDP) und **Ammoniumdihydrogenphosphat** (ADP).

Metalle finden bei optischen Komponenten als **Substratmaterial** für Laserspiegel, also als Basis, auf die die eigentlich reflektierende Schicht aufgedampft wird, oder aber als **Spiegelbeschichtung** Verwendung. Spiegel, die aus massivem, poliertem Metall bestehen, werden in der Regel nicht verwendet. Auch sind reine Metallbeschichtungen selten, denn Metalle haben – wie man mittels Fresnelscher Gleichungen leicht bestätigen kann – eine z.T. deutlich unter 100% liegende Reflektivität. Außerdem oxidieren Metalle mehr oder weniger, so dass sie ohne **Schutzschicht** kaum verwendbar sind. In der Regel werden Schichten aufgebracht, die gleichzeitig das Metall schützen und die Reflektivität erhöhen.

Als metallische Beschichtungen kommen vor allem die Metalle **Aluminium**, **Silber** und **Gold** in Frage. Als Substratmaterial für Hochleistungslaserspiegel dienen Kupfer, Silizium oder Molybdän. Molybdän ist eines der wenigen Materialien, die poliert ohne jede Beschichtung als Spiegel verwendet werden können. Wegen seiner harten, kratzunempfindlichen

Oberfläche ist es besonders dann interessant, wenn die Optik häufig gereinigt werden muss und nicht gleichzeitig äußerst hohe Reflektivität gefordert wird. Kupfer dagegen ist ein äußerst weiches Substratmaterial, das auch mit Beschichtungen leicht verkratzt.

Bei Belastung des Spiegels mit mehreren Kilowatt optischer Leistung im Laserstrahl kommt es durch **Restabsorption** zur Erwärmung des Substrates. Da die Krümmungsradien der Spiegel bei Lasern in der Regel im Bereich einiger Meter liegen, führt eine zentrale Erwärmung des Spiegels durch Längenausdehnung zu einer Veränderung der Spiegelkrümmung, die für den Laserbetrieb fatale Folgen hat. Im Falle der beiden Substratmaterialien Silizium und Kupfer ist es so, dass Kupfer zwar die höhere Wärmeleitfähigkeit hat (Tab. 5.2), dafür aber auch die höhere Längenausdehnung. Kupfer erwärmt sich daher weniger stark, da Abwärme besser abfließen kann, reagiert dafür aber stärker auf Temperaturänderungen. Bei Silizium ist es umgekehrt: die Wärmeleitung ist deutlich schlechter, dafür ist die Längenausdehnung deutlich niedriger. Bei gleicher Verformung kann der Spiegel also wesentlich heißer werden.

Tab. 5.2. Physikalische Daten von Silizium und Kupfer. Nach [Herrit 1991]

	Si	Cu
Spez. Wärme / J/(gK)	0,716	0,385
Wärmeleitfähigkeit / W/(cmK)	1,48	3,90
Längenausdehnung / 10^{-6}/K	2,56	16,6

Neben den Gläsern und kristallinen Werkstoffen kommen heute verstärkt Kunststoffe für optische Komponenten zum Einsatz. So hat **Polykarbonat** (Abb. 5.5) eine spektrale Nutzbarkeit von 400nm bis 1,6µm [Bauch 1988] und eignet sich damit für die Herstellung von Linsen, Fenstern und Prismen im Sichtbaren und nahen Infrarot. Ein weiteres Fenster liegt im Bereich von 1,75µm bis 2,1µm. Die Brechzahl im Sichtbaren beträgt ca. 1,58. **Polystyrol** (Abb. 5.6) ist ein weiterer in der Optik verwendeter Kunststoff. Seine spektralen Fenster liegen bei 500nm bis 1,55µm und 1,75µm bis 2,05µm. Die Vorteile von Kunststoffen sind das geringe Gewicht, die Bruchfestigkeit und die leichte Färbbarkeit. Nachteilig wirken sich die Kratzempfindlichkeit, die eingeschränkte chemische Beständigkeit sowie die hohe Wärmeausdehnung aus.

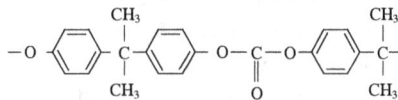

Abb. 5.5. Polykarbonat

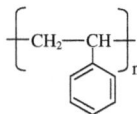

Abb. 5.6. Polystyrol

5.1.2   Spiegel und Prismen

Spiegel werden einerseits in ebener Ausführung zum **Umlenken von Lichtbündeln**, anderererseits in gekrümmter Ausführung als **Teil abbildender Systeme** verwendet. Eine weitere Anwendung sind **End–** bzw. **Auskoppelspiegel** in Lasern. Letztere gehören zu den teildurchlässigen Spiegeln, bei denen nicht die gesamte auftreffende Leistung reflektiert wird, sondern nur ein festgelegter Prozentsatz. Die restliche Strahlung dringt nach dem Brechungsgesetz in das Substrat ein und auf der Rückseite wieder aus. In diesem Fall ist es also wichtig, dass das Substratmaterial für die gewünschte Wellenlänge nicht absorbiert.

Als **Substratmaterial** hierfür kommen Gläser oder kristalline Stoffe in Frage. Das einfachste Material ist **Kronglas**. Es kommt immer dann zum Einsatz, wenn keine besonders geringe Längenausdehnung und keine Temperaturschockempfindlichkeit gefragt sind. Hitzebeständiges **Borosilikatglas** hat diesbezüglich bessere Eigenschaften, erste Wahl wäre aber **Quarzglas**. Für Anwendungen im Infraroten sind bei teildurchlässigen Spiegeln u.a. Silizium, Germanium oder **Zinkselenid** als Substratmaterial gebräuchlich. Neben den dielektrischen Beschichtungen, die in Kap. 5.1.5 detailliert beschrieben werden sollen, werden bei vollreflektierenden Spiegeln häufig metallische Beschichtungen verwendet.

Besondere Anforderungen an Spiegel werden in der Lasertechnik gestellt. Hier sind Oberflächenebenheiten von einem Zehntel der Wellenlängen („$\lambda/10$") üblich. Auch spielt in der Lasertechnik bei vielen Hochleistungsanwendungen die **Schadensschwelle** eine große Rolle. Besonders beim Impulsbetrieb können sehr hohe Spitzenintensitäten auftreten, die zur Zerstörung der Oberfläche führen können. Daher wird bei der Spezifikation des Spiegels eine Schadensschwelle angegeben, z.B. in der Form: „$50J/cm^2$ in 20ns–Impulsen". Das ermöglicht jedoch nur eine grobe Abschätzung, ob die Optik für die jeweilige Anwendung geeignet ist. Die Schadensschwellen hängen vom genauen zeitlichen Verlauf des Laserimpulses ab.

Bei Spiegeln werden die **Reflektionsgrade** für parallele und senkrechte Polarisation getrennt angegeben. Sie sind auch bei vollreflektierenden Spiegeln in der Regel verschieden, wenngleich sehr nahe bei 100%. Natürlich gilt die Spezifikation nur **für eine spezielle Wellenlänge** und **für einen bestimmten Einfallswinkel**.

Auch **Prismen** können zur einfachen Ablenkung von Licht, aber auch mit Hilfe von Mehrfachreflexionen zur Rechts–Links– oder Oben–Unten–Vertauschung verwendet werden. Im einfachsten Fall eines rechtwinkligen Prismas ist eine $90°$–Ablenkung des Strahls (Abb. 5.7) oder auch eine komplette Richtungsumkehr (Abb. 5.8) durch **Totalreflexion** möglich. Es ist zu beachten, dass die zwei eingezeichneten Buchstaben nicht als Gegenstand und Bild im optischen Sinne zu verstehen sind, denn das Prisma bildet selbst nicht ab. Ein reelles Bild entsteht nur durch eine abbildende Optik. Da der Lichtweg umkehrbar ist, kann jeder der beiden Buchstaben in den Abbildungen Gegenstand oder Bild sein.

Im Falle der Totalreflexion müssen die Prismen an der totalreflektierenden Fläche äußerst sauber gehalten werden, denn jede Verunreinigung führt zur Störung der Totalreflexion. Man mag sich fragen, warum man zur Richtungsablenkung nicht einfach einen Planspiegel verwendet. Bei vielen Anwendungen kann man das auch tun. Jedoch sind Prismen in der Regel

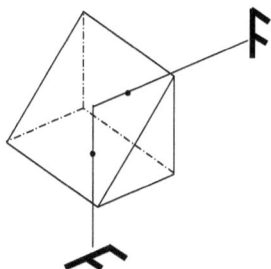

Abb. 5.7. Rechtwinkliges Prisma

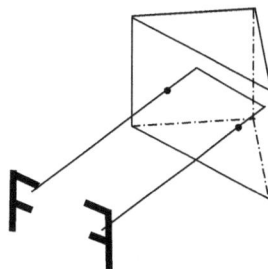

Abb. 5.8. Prisma als Retroreflektor

leichter zu haltern und sind unempfindlicher gegenüber Verformungen. Der Hauptvorteil liegt aber darin, dass man die reflektierende Oberfläche beim Prisma leicht vor Verunreinigungen schützen kann. Auch können sehr hohe Transmissionen erreicht werden, sofern man die Eintrittsflächen mit einer Antireflexbeschichtung versieht. Sofern die hohen Anforderungen bezüglich der Reinheit der totalreflektierenden Fläche nicht eingehalten werden können, ist es möglich, eine **Aluminiumbeschichtung** oder eine **Silberschicht** aufzubringen, so dass die Reflexion an einem Metallspiegel erfolgt. In der Regel schließt eine schwarze Schutzschicht das Metall nach außen hin ab.

Die **Prismenanordnung nach Porro** (Abb. 5.9) vertauscht rechts und links sowie oben und unten. Dabei wird das Lichtbündel nur parallel versetzt. Angewandt wird diese Anordnung häufig in Ferngläsern. Oft sind die beiden in Abb. 5.9 getrennt gezeichneten Prismen zusammengekittet, so dass das Lichtbündel zwischen den Prismen gar nicht an Luft austritt.

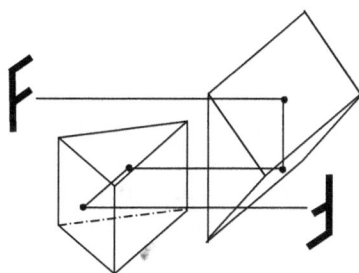

Abb. 5.9. Prismen in Porro–Anordnung

In Abb. 5.10 ist ein **Dove–Prisma** dargestellt. Das Bild ist in vertikaler Richtung invertiert (Vertauschung von oben und unten). Eine Drehung des Gegenstandes um den Winkel α führt zu einer Drehung des Bildes ebenfalls um den Winkel α, aber **in Gegenrichtung**. Oder anders ausgedrückt: würde man das Prisma um die optische Achse um den Winkel α drehen, würde sich das Bild eines feststehenden Gegenstandes um den Winkel 2α drehen.

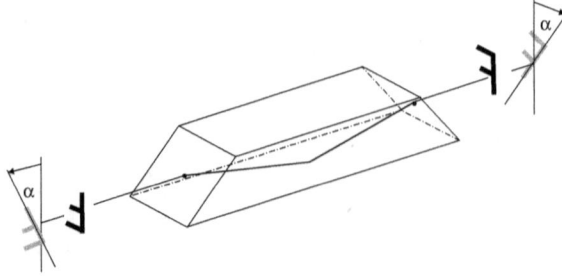

Abb. 5.10. Dove–Prisma

Das in Abb. 5.11 gezeigte **Dachkantprisma** bewirkt eine Invertierung sowohl in vertikaler als auch in horizontaler Richtung (Vertauschung von oben und unten sowie von rechts und links). Erreicht wird das dadurch, dass die Hypothenusenfläche eines 90°–Umlenkprismas durch ein 90°–Dach ersetzt wird. Nachteilig wirkt sich hier aus, dass im Gesichtsfeld die Dachkante erkennbar ist.

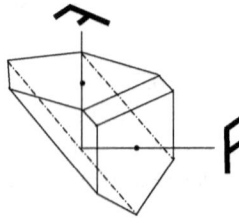

Abb. 5.11. Dachkantprisma

Ein Prisma, bei dem überhaupt keine Invertierung stattfindet, ist das **Pentaprisma** (Abb. 5.12). Es bewirkt dabei eine 90°–Ablenkung, die **unabhängig vom Einfallwinkel** ist. D.h., das Prisma lenkt von einem Gegenstand ausgehende Lichtstrahlen auch dann um 90° ab, wenn sie nicht senkrecht auf die Eintrittsfläche treffen. Es ist somit bei solchen Anwendungen ideal einsetzbar, wenn seine Position nicht stabil eingehalten werden kann.

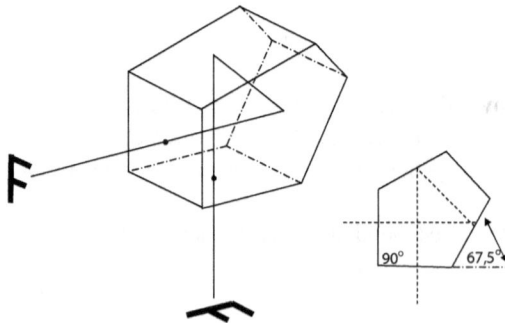

Abb. 5.12. Pentaprisma

5.1.3   Linsen

Bei hochwertigen abbildenden Systemen werden in der Regel Linsenkombinationen verwendet, um die Linsenfehler besser korrigieren zu können. Trotzdem ist die Verwendung von **Einzellinsen** – insbesondere bei Laboraufbauten – durchaus üblich. Wie in Kap. 4.4.4 schon dargelegt, lässt sich die gleiche Brennweite mit verschiedenen Linsenformen realisieren. Das eröffnet **Freiheitsgrade zur Korrektur von Linsenfehlern.** Es können hier nur einige allgemeine Bemerkungen zur Vermeidung von Linsenfehlern gemacht werden, da eine Optimierung stets von der konkreten Situation abhängt. So wird z.B. die **chromatische Aberration** in der Lasertechnik möglicherweise keine Rolle spielen, wenn der Laser nur monochromatisches Licht liefert. Lediglich bei Lasern mit mehreren Übergängen könnte sie von Bedeutung sein.

Bei den **Sammellinsen** werden zur Erzeugung reeller Bilder symmetrische, bikonvexe Linsen empfohlen, wenn der **Abbildungsmaßstab β'** bei der beabsichtigten Anwendung **zwischen 0,2 und 5,0** liegt. Außerhalb dieses Bereiches sind plankonvexe Linsen vorzuziehen. Standardmäßig sind diese beiden Linsentypen bei vielen Herstellern erhältlich. Spezifiziert wird bei Linsen neben dem Durchmesser natürlich die Brennweite, die auf eine bestimmte Wellenlänge bezogen ist, z.B. auf 546,1nm (Hg–Linie) oder auch 587,6nm (He–Linie). Es muss hier auch zwischen der **hauptebenenbezogenen Brennweite** und der **bildseitigen Brennpunkt–Schnittweite** unterschieden werden. Wichtig für die mechanische Halterung der Linse ist die Scheitel– und vor allem die Randdicke.

Neben den Sammellinsen werden auch **Zerstreuungslinsen** in plankonkaver sowie in symmetrischer, bikonkaver Form angeboten. **Meniskuslinsen**, also Linsen mit einer konvexen und einer konkaven Oberfläche, können verwendet werden, um die Brennweite eines optischen Systems zu verlängern oder zu verkürzen (Abb. 5.13). Besondere Bedeutung kommt dabei der in Kap. 4.4.1 schon besprochenen **aplanatischen Form** zu. Eine solche Linse bringt keine zusätzliche sphärische Aberration oder Koma ins System.

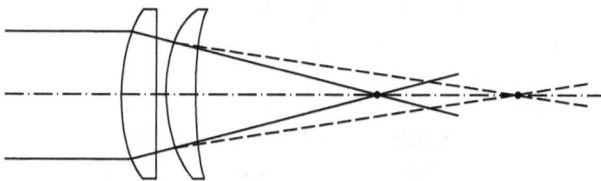

Abb. 5.13. Aplanatische Linse zur Brennweitenverkürzung

Will man die Ausdehnung eines erzeugten Bildes nur in einer Richtung verändern, ohne die andere zu beeinflussen, kann eine **Zylinderlinse** weiterhelfen (Abb. 5.14). Insbesondere können solche Linsen zur Ausleuchtung von Spalten oder von linearen Detektorarrays verwendet werden. Sie sind mit positiver und negativer Brennweite erhältlich, wobei sich die Brennweite natürlich nur auf eine Schnittebene senkrecht zur Zylinderachse bezieht. Es sei nebenbei erwähnt, dass man Zylinderanteile auch in sphärische Linsen schleifen kann. Dies wird bei Brillengläsern zur Korrektur von Sehfehlern angewandt.

Abb. 5.14. Zylinderlinse

Eine besonders preisgünstige Art von Linse stellt die **Fresnel–Linse** (Abb. 5.15) dar. Bei ihr wird die Kugeloberfläche einer Linse ersetzt durch eine Vielzahl konzentrischer, prismatischer Rillen, die in eine dicke Kunststofffolie eingeprägt sind. Die Vorteile sind billige Herstellung, geringes Gewicht und geringe Absorptionsverluste, da sie sehr dünn sind. Entscheidender Nachteil ist die geringe optische Qualität, so dass ihre Anwendung in der Regel auf Lichtführung in Beleuchtungssystemen beschränkt ist. Die optische Qualität der Fresnellinsen wird höher, wenn die Anzahl der Rillen vergrößert wird; die Lichtausbeute erhöht sich dagegen, wenn die Rillenzahl verringert wird. Bei einer Foliendicke von ca. 2mm sind Linsen in einer Größe von 1m lieferbar.

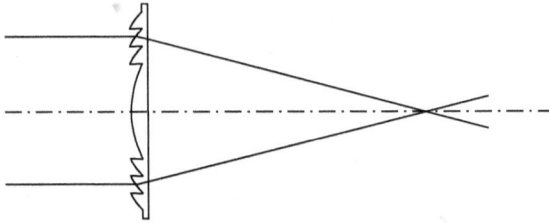

Abb. 5.15. Schematische Darstellung einer Fresnellinse. Eine reale Linse hat eine sehr viel größere Anzahl von Rillen.

Achromate werden – wie in Kap. 4.3.3 ausgeführt – verwendet, um die chromatische Aberration zu minimieren. Das gelingt nur für zwei festgelegte Wellenlängen, für andere Wellenlängen weicht die Brennweite etwas ab. Die Realisierung der Achromasiebedingung Gl. 4.227 führt im Falle einer Sammellinse zu der in Abb. 5.16 dargestellten Kombination aus einer **niedrigbrechenden Sammellinse** (häufig aus Kronglas) und einer **hochbrechenden Zerstreuungslinse** (häufig aus Flintglas). Die Linsen werden mit einem optischen Kitt zusammengekittet und haben damit eine gemeinsame brechende Kugelfläche.

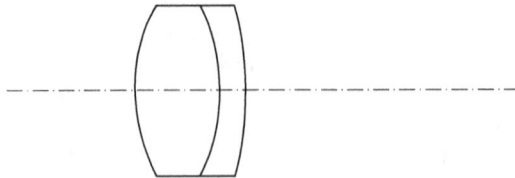

Abb. 5.16. Ein Achromat besteht aus einer niedrigbrechenden Sammel– und einer hochbrechenden Zerstreuungslinse, die eine gemeinsame Grenzfläche haben.

Die Korrektur des Farbfehlers kann auch bei drei Wellenlängen erfolgen. Das System, das dieses leistet, wird **Trichromat** genannt und besteht in aller Regel – aber nicht zwingend – aus drei Linsen. Ein aus drei Linsen bestehendes Objektiv ist das **Cooksche Triplett**. Es besteht aus zwei Sammellinsen, zwischen denen sich eine Zerstreuungslinse in nicht vernachlässigbaren Abständen befindet.

Wachsende Bedeutung haben in den letzten Jahren **asphärische Linsen** gewonnen. Das sind Linsen, bei denen eine oder beide Oberflächen von der sphärischen Form abweichen. Die Oberflächengeometrie kann nach Abb. 5.17 durch eine Funktion z(h) beschrieben werden. Die Größe z kann im Falle einer Kugeloberfläche mit

$$x^2 + h^2 = R^2 \qquad\qquad 5.5$$

dargestellt werden durch:

$$z = R - x = R - \sqrt{R^2 - h^2} \qquad\qquad 5.6$$

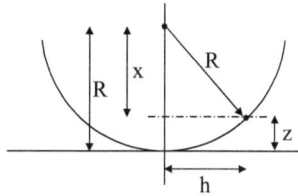

Abb. 5.17. Die Kugeloberfläche lässt sich durch eine Funktion z(h) beschreiben.

Die Funktion z(h) kann damit in die Form

$$z(h) = \frac{\left(R - \sqrt{R^2 - h^2}\right)\left(R + \sqrt{R^2 - h^2}\right)}{R + \sqrt{R^2 - h^2}} = \frac{h^2}{R + \sqrt{R^2 - h^2}} \qquad\qquad 5.7$$

gebracht werden. Ausgehend von dieser Gleichung lässt sich nun ein Faktor (1+k) vor dem h^2 unter der Wurzel einführen, durch den eine Abweichung von der Kugelform erzeugt wird. Natürlich behält die Oberfläche dabei Rotationssymmetrie:

$$z(h) = \frac{h^2}{R + \sqrt{R^2 - (1+k)h^2}} \qquad\qquad 5.8$$

k wird als **konische Konstante** bezeichnet. Mit k=0 erzeugt man die Gl. 5.7, also somit die **Kugelform**. Wählt man k=–1, so entfällt die h–Abhängigkeit unter der Wurzel und es entsteht der Ausdruck

$$z(h) = \frac{h^2}{2R}, \qquad\qquad 5.9$$

der sich unschwer als **Parabel** identifizieren lässt. Für $-1 < k < 0$ stellt Gl. 5.8 eine **Ellipse** dar, für $k < -1$ eine **Hyperbel**. Addiert man weitere Summanden höherer Ordnung, erhält man schließlich:

$$z(h) = \frac{h^2}{R + \sqrt{R^2 - (1+k)h^2}} + A_4 h^4 + A_6 h^6 + \dots \qquad\qquad 5.10$$

Mit einer derartigen Rotationsfläche ist es durch die zusätzlich eingeführten Freiheitsgrade möglich, Linsenfehler wie die sphärische Aberration zu korrigieren und damit sehr große relative Öffnungen bzw. sehr kleine Verhältnisse von Brennweite zu Linsendurchmesser (bis zu 0,6) zu realisieren. Die Korrektur ist aber stets nur für eine ganz konkrete Gegenstands– und Bildweite möglich. Eine häufige Anwendung asphärischer Linsen mit extremer Brennweite sind **Beleuchtungssysteme** von Projektionsgeräten. Diese sogenannten **Kondensorlinsen** werden häufig paarweise verwendet, wobei die asphärischen Oberflächen einander zugewandt sind (Abb. 5.18).

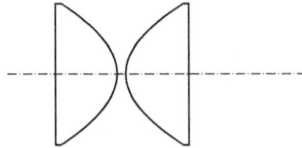

Abb. 5.18. Kondensorlinsen

5.1.4   Filter

Filter werden in der Optik verwendet, um aus einem Lichtbündel Strahlung bestimmter Wellenlängen herauszufiltern, d.h. zu absorbieren. Hierzu werden **dünne Metallschichten** und vor allem **Farbgläser** verwendet. Die Absorption erfolgt bei homogenen Substanzen nach dem **Beerschen Gesetz** (Gl. 1.130):

$$\psi(x,\lambda) = \psi_0 e^{-\alpha(\lambda)x} \qquad \text{bzw.} \qquad \boxed{\tau_i(x,\lambda) = \frac{\psi(x,\lambda)}{\psi_0} = e^{-\alpha(\lambda)x}} \qquad\qquad 5.11$$

τ_i ist dabei der **Reintransmissionsgrad** der Substanz. Der **Absorptionskoeffizient** α ist dabei wellenlängenabhängig und ermöglicht bei geeigneter Materialwahl das Herausfiltern bestimmter Wellenlängenbereiche. Stellt man einen Glasfilter in einen Strahlengang, ist zu berücksichtigen, dass die Ein– und Austrittsoberfläche gemäß den Fresnelschen Gleichungen einen Teil der Strahlung reflektiert. Bei einer nicht absorbierenden Glasplatte mit der Brechzahl n, die sich an Luft befindet und auf die das Licht senkrecht trifft, beträgt der Transmissionsgrad unter Berücksichtigung des Ein– und Austritts nach Gl. 4.387:

$$\tau = \left(\frac{4n}{(1+n)^2}\right)^2 = \frac{16n^2}{(1+n)^4} \qquad\qquad 5.12$$

Hierbei wurde vernachlässigt, dass der an der Austrittsfläche reflektierte Anteil an der gegenüberliegenden Fläche wieder teilweise reflektiert wird und damit ein zweites Mal auf die Austrittsfläche trifft. Bei stark absorbierenden Filtern ist dies eine sehr gute Näherung, denn Mehrfachreflexionen werden aufgrund der Absorption kaum zur Transmission beitragen. Berücksichtigt man die **Mehrfachreflexionen**, erhält man bei kleinem Reflexionsgrad der Oberfläche für den Transmissiongrad

$$\tau = \frac{2n}{n^2 + 1}$$
5.13

Für ein Glas mit der Brechzahl n=1,5 erhält man also ohne Berücksichtigung der Mehrfachreflexionen $\tau = 0{,}9216$ und mit Mehrfachreflexionen $\tau = 0{,}9231$. Die Mehrfachreflexionen führen also zu einer leichten Erhöhung der Transmission. Bei absorbierenden Gläsern ergibt sich also die Gesamttransmission zu

$$\tau_{ges} = \tau \tau_i$$
5.14

In den Katalogen der Filterhersteller wird in der Regel der **Reintransmissionsgrad** in logarithmischer Darstellung angegeben. Glasfilter können als **Grundgläser** angeboten werden, die farblos sind und vor allem UV–Licht absorbieren. **Farbgläser** werden hergestellt, indem man Ionen von Schwermetallen oder seltenen Erden beimengt. Bei **Anlaufgläsern** entsteht die Absorptionscharakteristik erst durch eine nachträgliche Wärmebehandlung. Im Glas entstehen dabei Mikrokristallite.

Beispiele für den Verlauf des Reintransmissionsgrades als Funktion der Wellenlänge zeigen Abb. 5.19 bis 5.21. **Kurzpassfilter** (Abb. 5.19) sind mit glockenförmiger Transmissionscharakteristik im Sichtbaren im Wesentlichen transparent und filtern besonders im UV– und IR–Bereich. Sie werden daher auch als **Wärmeschutzfilter** verwendet. **Langpassfilter** (Abb. 5.20) haben eine geringe Transmission bei niedrigen Wellenlängen und eine hohe bei hohen Wellenlängen. Zur Spezifikation wird eine **Kantenwellenlänge** angegeben, bei der der Reintransmissionsgrad auf die Hälfte des Maximalwertes gesunken ist. Langpassfilter weisen einen relativ scharfen Übergang zwischen dem kurzwelligen Absorptionsbereich und dem langwelligen Transmissionsbereich auf. **Neutralfilter** (Abb. 4.21) haben eine annähernd konstante Transmission in einem eingeschränkten Spektralbereich, z.B. im Bereich von 400nm bis 700nm.

Eine grundsätzlich andere Möglichkeit der Filterung besteht in der Zuhilfenahme der **Interferenz**. Hier lassen sich deutlich schmalbandigere Filter realisieren. Das Prinzip hat Ähnlichkeit mit der in Kap. 4.6.5 behandelten **Interferenz an dünnen Schichten**. Ausgehend von Abb. 4.72 kann man Interferenzen dadurch fördern, dass man die Oberflächen reflexionssteigernd beschichtet. Dann können **Mehrfachreflexionen** nicht vernachlässigt werden und müssen für die Berechnung der reflektierten und transmittierten Strahlung berücksichtigt werden. Abb. 5.22 zeigt die nach den mehrfachen Reflexionen auftretenden Feldstärken. Die inneren Oberflächen haben jeweils das Reflexionsverhältnis r und das Transmissionsverhältnis t, die äußeren Oberflächen seien antireflexbeschichtet und sollen damit näherungsweise

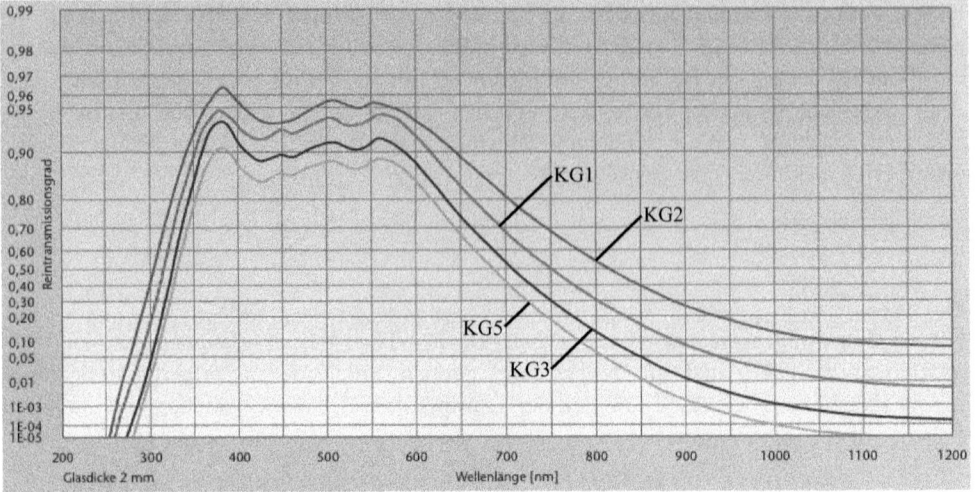

Abb. 5.19. Reintransmissionsgrad für Kurzpassfilter als Funktion der Wellenlänge.
Quelle: SCHOTT Advanced Optics, Optische Filter (www.schott.com/advanced_optics)

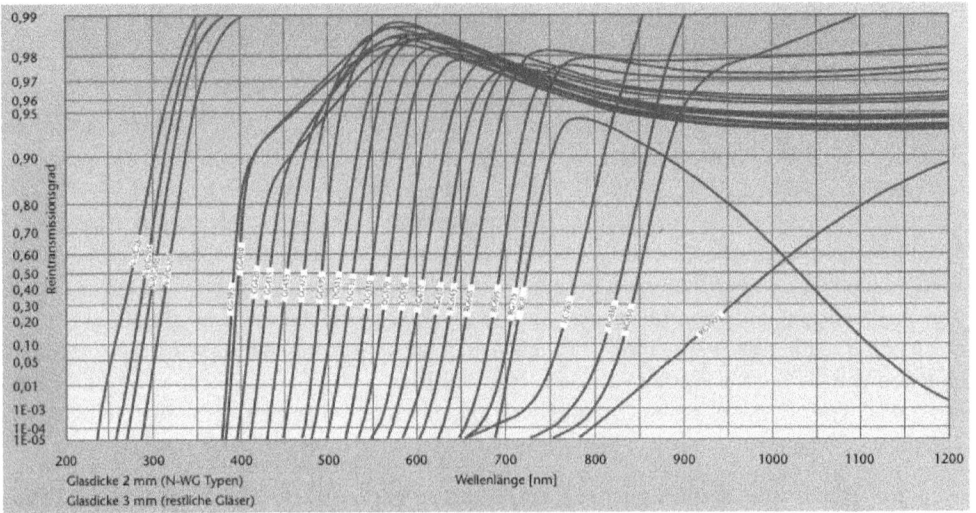

Abb. 5.20. Reintransmissionsgrad für Lang– und Bandpassfilter als Funktion der Wellenlänge.
Quelle: SCHOTT Advanced Optics, Optische Filter (www.schott.com/advanced_optics)

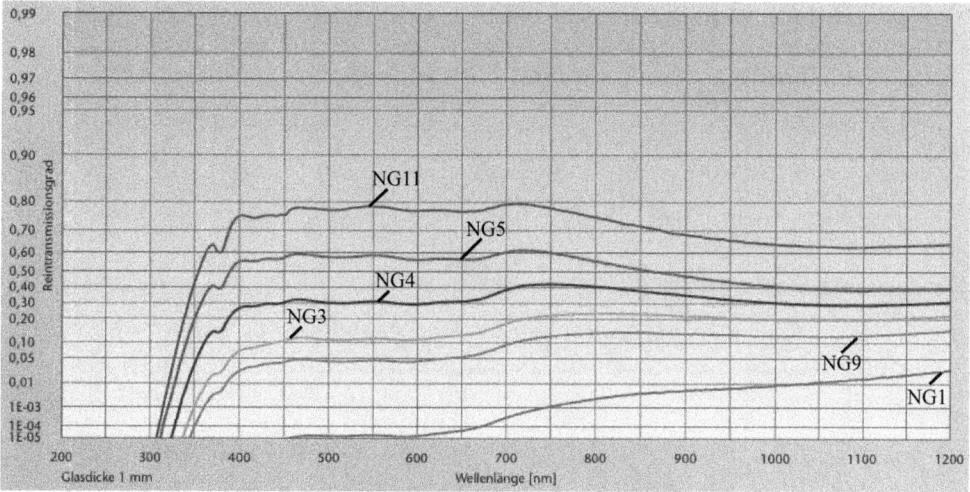

Abb. 5.21. Reintransmissionsgrad für Neutralfilter als Funktion der Wellenlänge.
Quelle: SCHOTT Advanced Optics, Optische Filter (www.schott.com/advanced_optics)

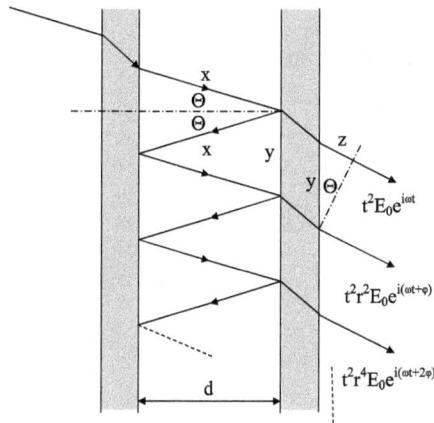

Abb. 5.22. Fabry–Perot–Interferometer

100% durchlässig sein. Die in Transmission beobachtete Feldstärke wird beschrieben durch die Summe:

$$E(t) = t^2 E_0 e^{i\omega t} + t^2 r^2 E_0 e^{i(\omega t + \varphi)} + t^2 r^4 E_0 e^{i(\omega t + 2\varphi)} + ...$$
$$... + t^2 r^{2(n-1)} E_0 e^{i(\omega t + (n-1)\varphi)}$$

5.15

bzw.

$$E(t) = t^2 E_0 e^{i\omega t} \left(1 + r^2 e^{i\varphi} + r^4 e^{2i\varphi} + r^6 e^{3i\varphi} + ... + r^{2(n-1)} e^{i(n-1)\varphi}\right)$$

5.16

Multipliziert man Gl. 5.16 mit $r^2e^{i\varphi}$

$$E(t)r^2e^{i\varphi} = t^2E_0e^{i\omega t}\left(r^2e^{i\varphi} + r^4e^{2i\varphi} + r^6e^{3i\varphi} + ... + r^{2n}e^{ni\varphi}\right) \qquad 5.17$$

und subtrahiert das Ergebnis von Gl. 5.16, so erhält man:

$$E(t)\left(1 - r^2e^{i\varphi}\right) = t^2E_0e^{i\omega t}\left(1 - r^{2n}e^{ni\varphi}\right) \qquad 5.18$$

Die Feldstärke $E(t)$ ist damit:

$$E(t) = \frac{t^2E_0e^{i\omega t}\left(1 - r^{2n}e^{ni\varphi}\right)}{1 - r^2e^{i\varphi}} = \frac{t^2E_0e^{i\omega t}\left(1 - (r^2e^{i\varphi})^n\right)}{1 - r^2e^{i\varphi}} \qquad 5.19$$

Da $\left|r^2e^{i\varphi}\right| < 1$ gilt, kann $(r^2e^{i\varphi})^n$ für $n \to \infty$ vernachlässigt werden. Wegen $\psi \propto E^2$ erhält man für die Strahlungsflussdichte:

$$\psi = t^4\psi_0\left(\frac{e^{i\omega t}}{1 - r^2e^{i\varphi}}\right)\cdot\left(\frac{e^{-i\omega t}}{1 - r^2e^{-i\varphi}}\right) = \frac{t^4\psi_0}{1 - r^2e^{-i\varphi} - r^2e^{i\varphi} + r^4} \qquad 5.20$$

Unter Verwendung der Eulerschen Formel wird daraus:

$$\psi = \frac{t^4\psi_0}{1 - r^2(\cos\varphi - i\sin\varphi + \cos\varphi + i\sin\varphi) + r^4} = \frac{t^4\psi_0}{1 - 2r^2\cos\varphi + r^4} \qquad 5.21$$

Berücksichtigt man $\tau = t^2$ und $\rho = r^2$, lässt sich das weiter umwandeln in:

$$\psi = \frac{\tau^2\psi_0}{1 - 2\rho + \rho^2 + 2\rho - 2\rho\cos\varphi} = \frac{\tau^2\psi_0}{(1 - \rho)^2 + 2\rho(1 - \cos\varphi)} \qquad 5.22$$

Unter Verwendung von $1 - \cos\varphi = 2\sin^2(\varphi/2)$ erhält man:

$$\boxed{\psi = \frac{\tau^2\psi_0}{(1 - \rho)^2 + 4\rho\sin^2(\varphi/2)}} \qquad 5.23$$

Diese Funktion wird **Airy–Funktion** genannt. Es stellt sich nun die Frage nach der Phasenverschiebung φ. Sie lässt sich aus der Wegdifferenz δ errechnen:

$$\delta = 2x - z \qquad 5.24$$

Mit den in Abb. 5.22 ablesbaren Zusammenhängen $d/x = \cos\Theta$ und $z/y = \sin\Theta$ erhält man:

$$\delta = 2\frac{d}{\cos\Theta} - y\sin\Theta \qquad 5.25$$

Mit

$$\frac{y/2}{x} = \sin\Theta \qquad bzw. \qquad y = 2x\sin\Theta \qquad\qquad 5.26$$

erhält man daraus:

$$\delta = \frac{2d}{\cos\Theta} - 2\frac{d}{\cos\Theta}\sin^2\Theta \qquad\qquad 5.27$$

bzw.:

$$\delta = \frac{2d}{\cos\Theta}\left(1 - \sin^2\Theta\right) \qquad\qquad 5.28$$

Vereinfacht, ergibt das:

$$\boxed{\delta = 2d\cos\Theta} \qquad\qquad 5.29$$

Mit dieser Wegdifferenz wird die Phasenverschiebung φ:

$$\boxed{\varphi = 2\pi\frac{\delta}{\lambda} = \frac{4\pi d\cos\Theta}{\lambda}} \qquad\qquad 5.30$$

Die Airy–Funktion Gl. 5.23 hat dann ein Maximum, wenn der Sinus im Nenner Null ist. Das ist genau dann der Fall, wenn gilt

$$\frac{\varphi}{2} = k\pi \quad mit \quad k=1; 2; 3; \ldots \quad bzw. \quad \frac{\varphi}{2} = \frac{2\pi d\cos\Theta}{\lambda} = k\pi \qquad\qquad 5.31$$

Maxima treten also auf, wenn $2d\cos\Theta/\lambda = k$ ist. Das zugehörige **Intensitätsmaximum** ist dann:

$$\boxed{\psi_{max} = \psi_0\left(\frac{\tau}{1-\rho}\right)^2} \qquad\qquad 5.32$$

Die Airy–Funktion hat ein Minimum, wenn der Sinus im Nenner 1 oder −1 ist, was der Fall ist für

$$\frac{\varphi}{2} = \frac{\pi}{2} \pm k\pi \quad mit \quad k=1; 2; 3; \quad bzw. \quad \frac{\varphi}{2} = \frac{2\pi d\cos\Theta}{\lambda} = \frac{\pi}{2} \pm k\pi \qquad\qquad 5.33$$

mit den **Intensitätsmimina**:

$$\psi_{min} = \psi_0\frac{\tau^2}{1 - 2\rho + \rho^2 + 4\rho} \qquad bzw. \qquad \boxed{\psi_{min} = \psi_0\left(\frac{\tau}{1+\rho}\right)^2} \qquad\qquad 5.34$$

Der **Kontrast**, also das Verhältnis ψ_{max} / ψ_{min}, ist damit gegeben durch:

$$\frac{\psi_{max}}{\psi_{min}} = \left(\frac{1+\rho}{1-\rho}\right)^2 \qquad\qquad 5.35$$

Verwendet man Glasplatten mit einem Reflexionsgrad von 0,04 pro (innerer) Oberfläche, wäre der Kontrast mit 1,17 gering (hierbei wird angenommen, dass die äußeren Oberflächen keinen Beitrag durch Reflexion leisten). Erhöht man den Reflexionsgrad auf 0,5, betrüge der Kontrast immerhin schon 9.

Die eigentlichen Variablen, von denen ψ in Gl. 5.23 abhängt, ist der Einfallswinkel Θ und die Wellenlänge λ. Sie bestimmen die Phasenverschiebung φ. Nimmt man ein festes Θ an, kann man die Intensitätsverteilung als Funktion der Wellenlänge angeben. Da in der Spektroskopie in der Regel die reziproke Wellenlänge, also die Wellenzahl $\nu=1/\lambda$ angegeben wird, soll hier ab jetzt die spektrale Intensitätsverteilung in der Form $\psi(\nu)$ verwendet werden. Der spektrale Abstand zweier Maxima für k und k+1 ist nach Gl. 5.31:

$$\nu = \frac{1}{\lambda} = \frac{k}{2d\cos\Theta} \quad \text{bzw.} \quad \Delta\nu = \frac{k+1}{2d\cos\Theta} - \frac{k}{2d\cos\Theta} = \frac{1}{2d\cos\Theta} \qquad 5.36$$

Die Phasenverschiebung φ (Gl. 5.30) lässt sich damit ausdrücken durch:

$$\varphi = 4\pi\nu d\cos\Theta = \frac{2\pi\nu}{\Delta\nu} \qquad\qquad 5.37$$

Unter Berücksichtigung von Gl. 5.23 und 5.32 ist dann die **spektrale Intensitätsverteilung** gegeben durch:

$$\psi(\nu) = \frac{\tau^2\psi_0}{(1-\rho)^2}\frac{1}{1+\dfrac{4\rho}{(1-\rho)^2}\sin^2\left(\dfrac{\pi\nu}{\Delta\nu}\right)} = \frac{\psi_{max}(1-\rho)^2}{(1-\rho)^2+4\rho\sin^2\left(\dfrac{\pi\nu}{\Delta\nu}\right)} \qquad 5.38$$

Abb. 5.23 zeigt den Verlauf von $\psi(\nu)$ für verschiedene Reflexionsgrade ρ bei gleichem $\Delta\nu$. Man erkennt deutlich die Verschlankung der Spitzen bei Erhöhung des Reflexionsgrades. Die Halbwertsbreite der Spitzen lässt sich errechnen, indem man die Halbwertspunkt ν_h bestimmt:

$$\frac{\psi_{max}}{2} = \frac{\psi_{max}}{1+\dfrac{4\rho}{(1-\rho)^2}\sin^2(\dfrac{\pi\nu_h}{\Delta\nu})} \quad \text{bzw.} \quad \frac{4\rho}{(1-\rho)^2}\sin^2\left(\frac{\pi\nu_h}{\Delta\nu}\right)=1 \qquad 5.39$$

Im Falle hoher ρ–Werte und demzufolge scharfer Maxima weichen die Halbwertsstellen nur wenig von den Maximalstellen der Intensitätsverteilung ab. Das kann man auch formulieren als $\dfrac{\nu_h}{\Delta\nu} \approx 0;1;2;...$, so dass im Bereich der Maxima $\sin\left(\dfrac{\pi\nu_h}{\Delta\nu}\right)\approx\dfrac{\pi\nu_h}{\Delta\nu}$ gilt:

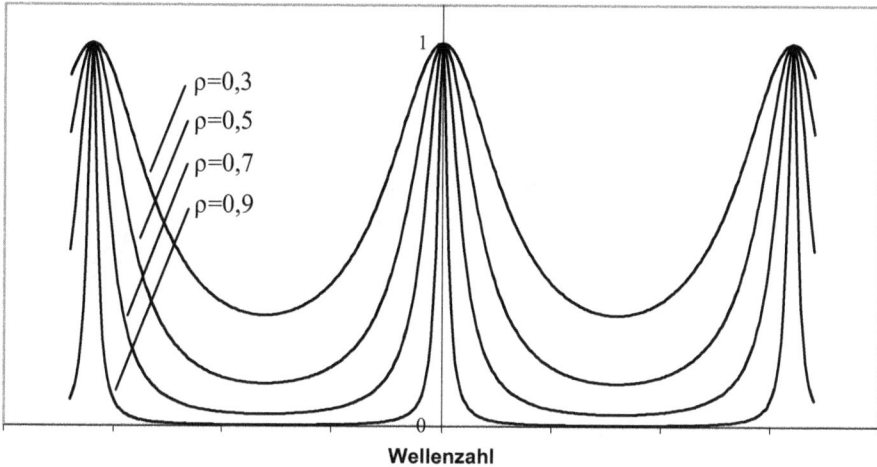

$\rho=0,3$

$\rho=0,5$

$\rho=0,7$

$\rho=0,9$

Wellenzahl

Abb. 5.23. Intensitätsverteilung eines Fabry–Perot–Interferometers bei senkrechtem Lichteinfall für die Reflexionsgrade 0,9; 0,7; 0,5 und 0,3.

$$\frac{4\rho}{(1-\rho)^2}\left(\frac{\pi v_h}{\Delta v}\right)^2 = 1 \qquad\qquad 5.40$$

Für v_h erhält man somit die beiden Lösungen:

$$v_{h,1/2} = \pm\frac{1-\rho}{2\sqrt{\rho}}\frac{\Delta v}{\pi} \qquad\qquad 5.41$$

und damit die **Halbwertsbreite** $\Delta v_h = v_{h,1} - v_{h,2}$ (volle Breite bei halbem Maximum):

$$\boxed{\Delta v_h = \frac{1-\rho}{\sqrt{\rho}}\frac{\Delta v}{\pi}} \qquad\qquad 5.42$$

Eine Größe, die bei Verwendung des Fabry–Perot–Interferometers als Spektrometer von Bedeutung sein wird, ist die **Finesse F**:

$$\boxed{F = \frac{\Delta v}{\Delta v_h} = \frac{\pi\sqrt{\rho}}{1-\rho}} \qquad\qquad 5.43$$

Die Finesse ist also das Verhältnis aus dem Abstand benachbarter Maxima und der Halbwertsbreite. Doch nun zum Auflösungsvermögen des Interferometers. Hier nimmt man an, dass zwei Spektrallinien dann noch zu trennen sind, wenn ihr spektraler Abstand mindestens Δv_h ist [Thorne 1974]. Die Überlagerung der Intensitäten führt zu einer Überhöhung der Maxima (Abb. 5.24). Die Intensität ψ_{Fl} der Spektrallinie im Abstand Δv_h, also in der Flanke der Linie, ist gemäß Gl. 5.38 gegeben durch:

$$\psi_{Fl} = \frac{\psi_{max}(1-\rho)^2}{(1-\rho)^2 + 4\rho\sin^2\left(\frac{\pi\Delta\nu_h}{\Delta\nu}\right)} \approx \frac{\psi_{max}(1-\rho)^2}{(1-\rho)^2 + 4\rho\left(\frac{\pi\Delta\nu_h}{\Delta\nu}\right)^2} \qquad 5.44$$

Hierbei wurde die Näherung $\sin^2\left(\frac{\pi\Delta\nu_h}{\Delta\nu}\right) \approx \left(\frac{\pi\Delta\nu_h}{\Delta\nu}\right)^2$ verwendet, die dadurch gerechtfertigt ist, dass die Halbwertsbreite $\Delta\nu_h$ deutlich kleiner ist als der Abstand benachbarter Maxima $\Delta\nu$. Unter Verwendung von Gl. 5.43 erhält man schließlich das einfache Resultat:

$$\psi_{Fl} = \frac{\psi_{max}}{1 + \frac{4\rho}{(1-\rho)^2}\left(\frac{\pi(1-\rho)}{\pi\sqrt{\rho}}\right)^2} = \frac{\psi_{max}}{5} \qquad 5.45$$

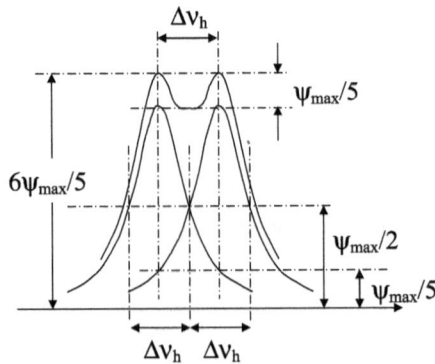

Abb. 5.24. Zum Auflösungsvermögen eines Fabry–Perot–Interferometers.

Das bedeutet, dass, wie in Abb. 5.24 dargestellt, die beiden Spitzen den Wert $6\psi_{max}/5$ haben. Die Einbuchtung zwischen den Spitzen hat – es addieren sich zweimal die halben Höhen – den Wert ψ_{max}. Die Intensität bricht also in der Einbuchtung auf 83% ein, ein Wert, der etwa auch beim **Rayleigh–Kriterium** auftritt. Das **Auflösungsvermögen des Fabry–Perot–Interferometers** entspricht also der Halbwertsbreite, so dass mit Gl. 5.43 sowie mit ν und $\Delta\nu$ aus Gl. 5.36 gilt:

$$\boxed{\frac{\nu}{\Delta\nu_h} = \frac{\nu F}{\Delta\nu} = kF} \qquad 5.46$$

Hohe Finesse bedeutet also hohe Auflösung. Interferenzfilter sind prinzipiell nichts anderes als Fabry–Perot–Interferometer. Allerdings werden sie in der Regel nicht aus zwei Glasplatten gefertigt, zwischen denen sich ein Luftspalt befindet. Vielmehr kann der Luftspalt durch ein Dielektrikum mit einer bestimmten Brechzahl ersetzt werden. Hinsichtlich des Reflexionsgrades kann man durch dielektrische Beschichtungen (siehe Kap. 5.1.5) die gewünschten Reflexionsgrade einstellen. Hierdurch können auch die **Bandbreite des Filters** sowie die genaue **Kurvenform der Transmissionkurve** eingestellt werden. Da ein Interferenzfilter grundsätzlich mehrere Ordnungen durchlässt, ist es bei Verwendung als Linienfilter nötig, die nicht erwünschten Ordnungen zu unterdrücken. Dies geschieht durch Absorptionsfilter oder durch weitere dielektrische Schichten. Da die Transmission stets vom Einfallswinkel Θ abhängt, ist die **winkelgenaue Positionierung** des Filters von Bedeutung.

5.1.5 Dielektrische Schichten

Unter **dielektrischen Schichten** versteht man auf ein Substratmaterial aufgedampfte Schichten aus einem transparenten, nichtmetallischen Material, deren Dicke in der Größenordnung der Wellenlänge der Nutzstrahlung liegt. Sie funktionieren nach dem in Kap. 4.6.5 dargestellten Prinzip der **Interferenz an dünnen Schichten** und können sowohl zur Beseitigung unerwünschter Reflexionen als auch zum Einstellen einer gewünschten Reflektivität dienen. Das erste, die **Antireflexschicht**, wird auf praktisch alle Linsen in abbildenden Systemen aufgebracht. Die Reflexionsverluste führen zum einen zu einer Verringerung der Lichtintensität, zum anderen zu unerwünschten Geisterbildern und Reflexen bei optischen Komponenten. Insbesondere bei Materialien mit sehr hoher Brechzahl sind die Reflexionsverluste gemäß den Fresnelschen Formeln sehr hoch.

Die einfachste Art einer „**Entspiegelung**" ist die einfache $\lambda/4$–Schicht. Ein Lichtstrahl falle senkrecht auf eine solche Schicht (Abb. 5.25). Der Brechungsindex n_b der Schicht mit der Dicke $n_b d = \lambda/4$ sei so gewählt, dass gilt $n_0 < n_b < n_g$. Dann kommt es an den zwei Grenzschichten jeweils zu Reflexionen, die durch die Fresnelschen Formeln beschrieben werden. Da es sich in beiden Fällen um Reflexionen an optisch dichteren Medien handelt, tritt in beiden Fällen ein Phasensprung um π ein. Bei der Interferenz spielt er also keine Rolle. Eine wirksame „Entspiegelung" der Oberfläche wird dann erreicht, wenn die an beiden Oberflächen reflektierten Strahlen 1 und 2 so interferieren, dass sie sich gegenseitig auslöschen. Sie tun dies bei einem optischen Wegunterschied von $\lambda/2$. Wegen des Hin– und Rückweges muss

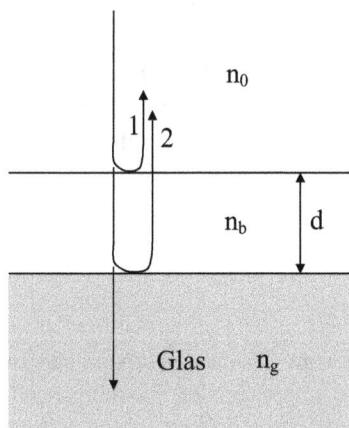

Abb. 5.25. Mit einer $\lambda/4$-Schicht lassen sich Reflexionen mindern.

die Schicht also eine optische Dicke von $\lambda/4$ haben. Die Strahlen löschen sich nur dann vollständig aus, wenn sie die gleichen Amplituden haben. Bei senkrechtem Einfall gilt für die beiden Grenzschichten nach Gl. 4.386:

$$\rho_1 = \left(\frac{n_b - n_0}{n_b + n_0}\right)^2 \quad \text{und} \quad \rho_2 = \left(\frac{n_g - n_b}{n_g + n_b}\right)^2 \qquad\qquad 5.47$$

Vernachlässigt man Mehrfachreflexionen, gilt in guter Näherung:

$$\left(\frac{n_b - n_0}{n_b + n_0}\right)^2 \approx \left(\frac{n_g - n_b}{n_g + n_b}\right)^2 \qquad\qquad 5.48$$

Durch Ausmultiplizieren folgt

$$(n_b - n_0)(n_g + n_b) = (n_b + n_0)(n_g - n_b) \qquad\qquad 5.49$$

und durch Vereinfachen und Auflösen nach n_b:

$$2n_b^2 = 2n_0 n_g \quad \text{bzw.} \quad \boxed{n_b = \sqrt{n_0 n_g}} \qquad\qquad 5.50$$

Befindet sich das Substrat an Luft, ist $n_0 = 1$ und es gilt damit $n_b = \sqrt{n_g}$. Da die Bedingung Gl. 5.50 in der Regel mit realen Materialien nicht exakt einzuhalten sein wird, bleibt eine gewisse **Restreflektivität**, die gegeben ist durch

$$\boxed{\rho = \left(\frac{n_0 n_g - n_b^2}{n_0 n_g + n_b^2}\right)^2} \qquad\qquad 5.51$$

Wie man leicht nachprüft, führt Einsetzen von n_b nach Gl. 5.50 zu einem Reflexionsgrad $\rho = 0$. Da man für ein Glas mit der Brechzahl von $n_g = 1,6$ für eine perfekte Entspiegelung ein Beschichtungsmaterial mit der bei beschichtungsgeeigneten Materialien praktisch nicht vorkommenden Brechzahl $n_b = \sqrt{1,6} \approx 1,26$ bräuchte, ist eine Antireflexbeschichtung mit einer Einfachschicht nur für höhere Brechzahlen möglich. Die Lösung sind **zwei $\lambda/4$–Schichten**, hier ist der Reflexionsgrad gegeben durch

$$\boxed{\rho = \left(\frac{n_2^2 n_0 - n_g n_1^2}{n_2^2 n_0 + n_g n_1^2}\right)^2} \qquad\qquad 5.52$$

Dabei ist n_1 die Brechzahl der vom Glas aus gesehen äußeren (niedrigbrechenden) Schicht, n_2 die Brechzahl der ans Glas angrenzenden (hochbrechenden) Schicht. Die Reflexionen verschwinden ganz, wenn gilt:

$$n_2^2 n_0 - n_g n_1^2 = 0 \quad \text{bzw.} \quad \boxed{\frac{n_2}{n_1} = \sqrt{\frac{n_g}{n_0}}} \qquad\qquad 5.53$$

Diese Bedingung ist mit einer Reihe von Beschichtungssubstanzen für viele Substratmaterialien erfüllbar. Tab. 5.3 gibt eine Auswahl von Beschichtungsmaterialien wieder. Neben der **Haltbarkeit** in Form von dünnen Schichten spielt in der Lasertechnik auch die Zerstörschwelle eine große Rolle. Hier kommen weitere Materialkombinationen ins Spiel (Tab. 5.4), wobei die **Leistungsverträglichkeit** nicht durch das einzelne Material bestimmt wird, sondern vielmehr durch die jeweilige Materialkombination.

Tab. 5.3. Brechzahlen verschiedener Aufdampfmaterialien (*) Ge–Wert bei 2μm)

Material	n_b bei 550nm
Kryolith, Na_3AlF_6	1,35
Magnesiumfluorid MgF_2	1,38
Thoriumfluorid ThF_2	1,45
Siliziumdioxid SiO_2	1,46
Cerfluorid CeF_3	1,63
Thoriumdioxid ThO_2	1,8
Zinksulfid ZnS	2,32
Cerdioxid CeO_2	2,35
Germanium Ge*)	4,12
Bleitellurid PbTe	5,2

Tab. 5.4. Aufdampfmaterialien für spezielle Laseranwendungen nach [Feierabend 1991].

Wellenlängenbereich	Niedrigbrechendes Material	Hochbrechendes Material
250–400nm	CaF_2, SiO_2, MgF_2, AlF_3	HfO_2, Sc_2O_3, Al_2O
VIS	SiO_2, NdF_3	Ta_2O_5, TiO_2, HfO_2, ZrO_2
700–1200nm	SiO_2	Ta_2O_5, TiO_2, HfO_2
IR	ThF_4,CaF_2, DyF_3,YF_3, YbF_3	ZnS, $ZnSe$, Ge

In der Lasertechnik benötigt man, besonders als Auskoppelspiegel in Resonatoren, Optiken mit genau eingestellter, oft hoher Reflektivität. Man kann dielektrische Schichten auch so anordnen, dass die Reflektivität erhöht statt erniedrigt wird. Dazu genügt im Minimum bereits wieder eine λ/4–Schicht. Allerdings muss der Brechungsindex n_b des Schichtmaterials größer als der des Glases n_g sein. Mehr Freiheitsgrade bietet ein aus mehreren hoch– und niedrig brechenden Schichten bestehender **Vielschichtenspiegel**. Die Schichtfolge beginnt von außen gesehen mit einer hochbrechenden Schicht (Abb. 5.26) und endet mit einer niedrigbrechenden Schicht auf der Glasoberfläche. Ist N die Zahl der hoch– und niedrigbrechenden Schichtpaare, dann ist der **Reflexionsgrad** einer solchen Beschichtung gegeben durch:

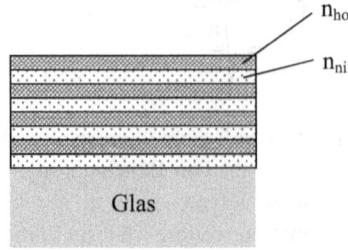

Abb. 5.26. Vielschichtenspiegel

$$\rho = \left(\frac{n_0 n_{ni}^{2N} - n_g n_{ho}^{2N}}{n_0 n_{ni}^{2N} + n_g n_{ho}^{2N}} \right)^2 \qquad\qquad 5.54$$

Ein Vielschichtenspiegel aus Glas mit $n_g = 1{,}5$, der abwechselnd mit Zinksulfid (ZnS, $n_{ho} = 2{,}32$) und Kryolith (Na_3AlF_6, $n_{ni} = 1{,}35$) beschichtet ist, hat bei einer Schichtzahl von $N=3$ an Luft den Reflexionsgrad $\rho = 0{,}90$.

Optische Komponenten werden praktisch immer beschichtet, sei es, um Reflexe zu mindern, die Geisterbilder und Intensitätsverluste verursachen, sei es, um die Reflektivität gezielt zu steigern. Es sei aber gesagt, dass die Schichten streng genommen stets nur für eine Wellenlänge und einen Einfallswinkel die gewünschten Eigenschaften haben. Da insbesondere bei abbildenden Systemen das Licht aber aus verschiedenen Wellenlängen besteht und die optischen Oberflächen in der Regel gekrümmt sind, stellt eine Beschichtung stets nur einen Kompromiss dar.

5.1.6 Polarisatoren

Grundlage hochwertiger Prismenpolarisatoren ist die in Kap. 4.6.8 behandelte **Doppelbrechung**. Sie wird im Zusammenwirken mit der Totalreflexion zur Erzeugung polarisierten Lichtes genutzt. Die Prismen werden in der Regel aus Calcit gefertigt, das einen nutzbaren Spektralbereich von 215nm bis 2300nm bietet. Die verschiedenen, im Handel befindlichen Typen unterscheiden sich durch die Schnittführungen im Kristall und die Lage der optischen Achse. Das **Glan–Taylor–Polarisationsprisma** (Abb. 5.27) ist in rechteckiger Form so geschnitten, dass die optische Achse parallel zur Zeichenebene und parallel zur Eintrittsebene verläuft. Der Quader wird dann diagonal so in zwei Hälften geschnitten, dass die Schnittfläche senkrecht auf der Zeichenebene steht. Die Schnittflächen werden poliert und die beiden Prismen mit einem Luftspalt zwischen den planparallelen Schnittflächen wieder zusammenmontiert. Weder der senkrecht noch der parallel zur Zeichenebene polarisierte Anteil des von links in den Quader eintretenden unpolarisierten Strahls wird an der Eintrittsfläche gebrochen. Anders bei der Schnittfläche mit Luftspalt: ist der Schnittwinkel geeignet gewählt worden, tritt Totalreflexion für eine Polarisationsrichtung ein. Nach dem Brechungsgesetz würde für die Grenzwinkel α_{ao} und α_o der Totalreflexion für den **ordentlichen** bzw. **außerordentlichen Strahl** gelten:

$$\sin(\alpha_{ao}) = \frac{1}{n_{ao}} \quad \text{bzw.} \quad \sin(\alpha_o) = \frac{1}{n_o} \qquad\qquad 5.55$$

Da für Kalkspat $n_{ao}=1{,}4864$ und $n_o=1{,}6584$ ist, ergibt sich ein Winkelbereich von

$$\frac{1}{n_{ao}} < \sin(\alpha) < \frac{1}{n_o} \quad \text{bzw.} \quad 37{,}08^\circ < \alpha < 42{,}28^\circ \qquad 5.56$$

für den der **ordentliche Strahl** bereits **totalreflektiert** wird, während der **außerordentliche** noch **in Luft austritt**. Damit ist ein Auslöschungsverhältnis realisierbar, das für den transmittierten Strahl unter 10^{-5} liegt. Für den totalreflektierten Strahl liegt es höher, da ein kleiner Anteil des außerordentlichen Strahls gemäß den Fresnelscher Formeln reflektiert wird. Insgesamt ist der Reflexionsverlust für den transmittierten Strahl aber verhältnismäßig gering, denn der Winkel α liegt in der Nähe des Brewsterwinkels.

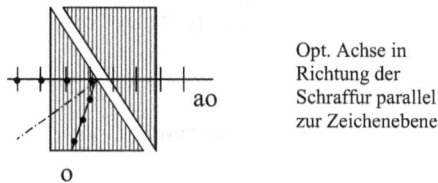

Opt. Achse in Richtung der Schraffur parallel zur Zeichenebene

Abb. 5.27. Glan–Taylor–Polarisationsprisma

Glan–Tayler–Polarisationsprismen sind in ihrem Eintrittswinkelbereich stark eingeschränkt. Ein größerer Winkelbereich ist beim **Glan–Thompson–Polarisationsprisma** möglich. Bei ihm sind die beiden Prismen nicht durch einen Luftspalt getrennt, sondern werden mit einem optischen Kitt zusammengefügt. Das schränkt allerdings die maximal mögliche optische Leistung ein, da der Kitt **keinen höheren Intensitäten** standhält. Außerdem ist, je nach verwendetem Kitt, der **nutzbare Spektralbereich eingeschränkt**. In der Regel beginnt die Transmission erst bei 350nm. Glan–Thompson–Polarisationsprismen (Abb. 5.28) sind anders geschnitten als Glan–Taylor–Prismen. Die optische Achse liegt hier senkrecht zur Zeichenebene. Der außerordentliche Strahl ist also jetzt der Strahl, dessen Feldstärkevektor senkrecht zur Zeichenebene schwingt. Er wird an der Kittschicht nicht reflektiert, sondern durchgelassen. Totalreflektiert wird wiederum der ordentliche Strahl. Wegen der durch den Kitt niedrigeren Grenzwinkel der Totalreflexion ist die Baulänge der Glan–Thompson–Prismen größer als die der Glan–Taylor–Prismen.

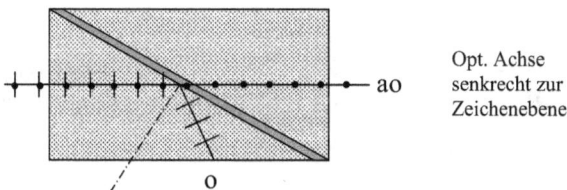

Opt. Achse senkrecht zur Zeichenebene

Abb. 5.28. Glan–Thompson–Polarisationsprisma

Bei den beiden genannten Polarisationsprismen wird die jeweils totalreflektierte Polarisationsrichtung an der Fassung absorbiert. Ein Polarisator, bei dem beide Polarisationen nutzbar sind, ist das **Wollaston–Polarisationsprisma** (Abb. 5.29). Hier wird keine Totalreflexion zur Trennung der beiden Polarisationen verwendet. Vielmehr stehen die optischen Achsen der beiden Prismen senkrecht aufeinander. In Abb. 5.29 liegt die optische Achse in der linken Hälfte parallel zur Zeichenebene, in der rechten Hälfte senkrecht zur Zeichenebene. Licht, dessen Feldstärkevektor parallel zur Zeichenebene orientiert ist, der für die linke Seite außerordentliche Strahl also, erfährt im Falle von **Kalkspat** eine niedrigere Brechzahl. Beim Übergang in die zweite Hälfte wird dieser Strahl dort zum ordentlichen Strahl und erfährt plötzlich eine höhere Brechzahl. Der Strahl wird also zum Lot hin gebrochen, was im Falle der Abb. 5.29 bedeutet, dass der Strahl nach oben abgelenkt wird. Licht, dessen Feldstärkevektor senkrecht zur Zeichenebene orientiert ist und damit den ordentlichen Strahl darstellt, tritt beim Übergang in die zweite Hälfte von einem Medium mit höherer Brechzahl in ein Medium mit niedrigerer Brechzahl ein und wird damit vom Lot weggebrochen. Im Falle der Abb. 5.29 heißt das, dass der Strahl nach unten abgelenkt wird. Die mit Calcit erzielbare Winkeltrennung der beiden Polarisationsrichtungen liegt zwischen $15°$ und $20°$ und ist wellenlängenabhängig.

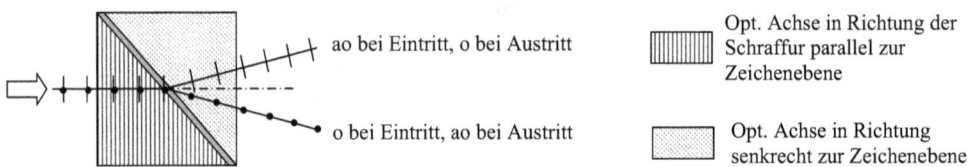

Abb. 5.29. Wollaston–Polarisationsprisma

Das **Rochon–Polarisationsprisma** (Abb. 5.30) unterscheidet sich vom Wollaston–Prisma durch die Lage der optischen Achse im linken Prisma. Sie ist hier parallel zum einfallenden Strahl. Dadurch bleibt der Teilstrahl, dessen Feldstärkevektor parallel zur Zeichenebene schwingt, in beiden Prismen der ordentliche Strahl und erfährt bis zum Austritt aus der Anordnung keinerlei Ablenkung. Der senkrecht zur Zeichenebene polarisierte Strahlungsanteil wird dagegen beim Übergang zwischen den Prismen vom ordentlichen zum außerordentlichen Strahl und wird damit gebrochen. Da der Strahl damit nicht mehr senkrecht auf die Austrittsfläche trifft, wird er auch hier noch einmal vom Lot weggebrochen und verlässt die Anordnung unter einem Winkel zum ordentlichen Strahl.

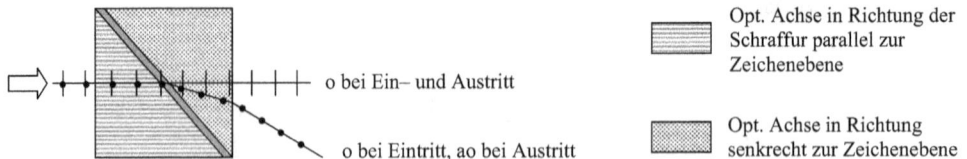

Abb. 5.30. Rochon–Polarisationsprisma

Eine einfachere, aber nicht ganz so gute Möglichkeit der Polarisation ist die Nutzung des in Kap. 4.6.10 behandelten **Dichroismus**. Hier sind größerflächige Polarisationsfolien realisierbar. Die für die Optik angebotenen Polarisatoren erreichen ein Löschungsverhältnis von 10^{-4} für weißes Licht im Falle „gekreuzter" Polarisatoren. Das bedeutet, dass zwei Polarisatoren, die übereinandergelegt werden und deren Polarisationsrichtungen einen 90°–Winkel zueinander bilden, einfallende Strahlung um den Faktor 10.000 schwächen.

5.1.7   Lichtwellenleiter

Koppelt man Licht in einen dünnen Glasstab an seiner Stirnseite ein, so kann das Licht im Stab durch **Totalreflexion** geführt werden. Einmal total reflektiertes Licht wird auch beim nächsten Auftreffen auf der Wand wieder total reflektiert. Verwendet man keinen Glasstab, sondern eine dünne **Glasfaser**, kann man Licht über sehr lange Strecken bis auf eine geringe Restabsorption fast verlustfrei transportieren. Aus der Forderung der Totalreflexion innerhalb der Faser ergibt sich bei der stirnseitigen Einkopplung nach Abb. 5.31 ein Kreiskegel, innerhalb dessen das Licht auftreffen muss, um nach der Brechung innerhalb der Faser total reflektiert werden zu können. Nimmt man einen exakt in der Fasermitte auftreffenden Lichtstrahl an, dann würde bei einem Einfallswinkel von σ_A das Licht innerhalb der Faser gerade im Grenzwinkel der Totalreflexion auf die Wandung treffen. Nach dem Snelliusschen Brechungsgesetz würde also gelten:

$$\frac{\sin \sigma_A}{\sin(90^0 - \varphi_g)} = \frac{n_2}{n_1} \qquad\qquad 5.57$$

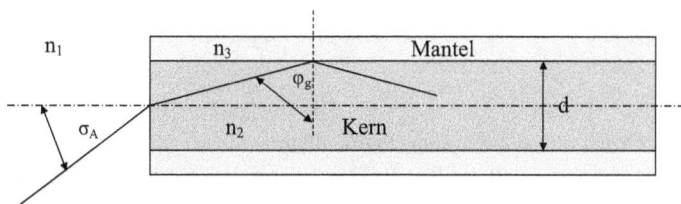

Abb. 5.31. Bei der Einkopplung von Licht in eine Glasfaser gibt es einen maximalen Einfallswinkel, bis zu dem das in die Faser gelangte Licht an der Kern–Mantel–Grenzfläche totalreflektiert wird.

Dabei ist n_1 die Brechzahl des umgebenden Mediums und n_2 die Brechzahl des **Faserkerns**. Für den Grenzwinkel der Totalreflexion φ_g an der Grenzschicht zum **Fasermantel** gilt andererseits die Bedingung:

$$\sin \varphi_g = \frac{n_3}{n_2} \qquad\qquad 5.58$$

n_3 ist die Brechzahl des Fasermantels. Wegen $\sin(90^0 - \varphi_g) = \cos \varphi_g = \sqrt{1 - \sin^2 \varphi_g}$ folgt mit Gl. 5.57:

$$n_1 \sin \sigma_A = n_2 \sqrt{1 - \sin^2 \varphi_g} = n_2 \sqrt{1 - \frac{n_3^2}{n_2^2}} \quad \text{bzw.} \quad \boxed{n_1 \sin \sigma_A = \sqrt{n_2^2 - n_3^2}} \quad 5.59$$

$n_1 \sin(\sigma_A)$ wird als **numerische Apertur** bezeichnet; es gilt $n_1=1$, wenn die Faser an Luft betrieben wird. Da beim Einkoppeln von Licht nicht alle Strahlen in der Fasermitte auftreffen, weist die in der Praxis ermittelte numerische Apertur einen etwas anderen Wert im Vergleich zu Gl. 5.59 auf. Nicht alles Licht, das innerhalb des durch den Winkel σ_A gebildeten Kreiskegels auftrifft, kann sich in der Faser ausbreiten. Es kommt zu **Interferenzen**, die zur Auslöschung unter bestimmten Winkeln führen. Diejenigen Wellen, die sich in der Faser ausbreiten können, werden als Moden bezeichnet. Je größer der Brechzahlunterschied zwischen n_2 und n_3 ist, desto kleiner ist der Grenzwinkel der Totalreflexion und desto mehr Moden können sich in der Faser ausbreiten (Abb. 5.32). Aber auch die Wellenlänge und der Durchmesser der Faser bestimmen die **Zahl N der möglichen Moden in einer zylindrischen Stufenindexfaser** [Pedrotti 2002],[Saleh 1991]:

$$\boxed{N = \frac{4d^2}{\lambda^2} \left(n_2^2 - n_3^2 \right)} \quad\quad\quad 5.60$$

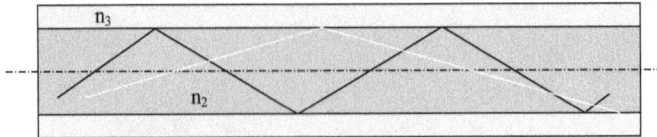

Abb. 5.32. Je kleiner der Grenzwinkel der Totalreflexion ist, desto steiler können Lichtstrahlen in der Faser auf die Grenzschicht treffen und desto länger werden mögliche Wege durch die Faser.

Eine Faser mit der Kernbrechzahl $n_2=1{,}52$, der Mantelbrechzahl $n_3=1{,}51$ und mit dem Durchmesser $d=50\mu m$ würde bei einer Wellenlänge von $\lambda=555nm$ die Modenanzahl 984 aufweisen. An diesem Beispiel wird auch klar, warum man nicht einfach auf den Mantel verzichten kann. Auf den ersten Blick müsste ja die Totalreflexion am besten funktionieren, wenn der Brechzahlunterschied zwischen „innen" und „außen" möglichst groß ist. Das tut es auch, allerdings wird damit nach Gl. 5.60 die Modenanzahl sehr groß, nämlich 73.046 für $n_3=1$.

Aber was ist schlecht an einer hohen Modenanzahl? Nichts, wenn man mit der Faser nichts anderes bezweckt, als nur einfach Licht für Beleuchtungszwecke darüberzuleiten. Problematisch wird die hohe Modenanzahl allerdings bei der **Nachrichtenübertragung**. Um hohe Datenmengen in kürzester Zeit übermitteln zu können, kommt es darauf an, kürzeste Impulse über die Faser zu leiten. Diese haben zwangsläufig eine kurze Anstiegs- und Abklingzeitkonstante, idealerweise haben sie einen zeitlich rechteckförmigen Verlauf. Koppelt man sie in eine Faser mit einer hohen Modenanzahl ein, so legen Lichtstrahlen, die steil auf die Wandung auftreffen nach Abb. 5.32 bei konstanter Faserlänge einen längeren Weg zurück als Lichtstrahlen, die sehr flach auftreffen und damit eine geringere Anzahl von Reflexionen erleiden. Das bedeutet, dass der ursprünglich rechteckförmige Impuls ausschmiert und zu einer zeitlich langen Verteilung auseinanderläuft. Kurz hintereinder übermittelte Impulse sind also nicht mehr zu unterscheiden, was die Übertragungsrate nachteilig beeinflusst, weil man nur noch weniger Daten pro Zeiteinheit übermitteln kann. Das beschriebene Phänomen wird **Modendispersion** genannt.

Um die Modendispersion gering zu halten, muss die Modenanzahl verringert werden. Aus diesem Grund scheidet eine Faser ohne Mantel aus, denn um eine einwellige Faser, eine **Monomodefaser** herzustellen, also eine Faser, in der sich nur noch eine Mode ausbreiten kann, bräuchte man nach obigem Beispiel bei einer mantellosen Faser einen Kerndurchmesser von190nm. Gegen die mantellose Faser spricht auch noch ihre Anfälligkeit gegen **Störungen der Totalreflexion** durch Beschädigung, Verschmutzung und Aufliegen auf anderen Materialien. Wie man an Gl. 5.60 erkennt, wird die Modenanzahl dann besonders gering, wenn die Brechzahlen von Kern und Mantel sehr nahe beeinander liegen.

Selbst bei einer Monomodefaser lassen sich aber nicht beliebig hohe Übertragungsraten realisieren. Der Grund ist die **Materialdispersion** (vgl. Kap. 4.3). Sie führt bei Gläsern dazu, dass hochfrequente (also kurzwellige) Lichtanteile langsamer übertragen werden als niederfrequente (also langwellige). Ist das zu übertragende Licht breitbandig, macht sich das sehr stark bemerkbar und führt – ähnlich der Modendispersion – zu einer Verbreiterung von übertragenen Impulsen und letztlich auch zu einer Begrenzung der Übertragungsrate.

Eine dritte Art der Dispersion tritt bei Wellenleitern auf, die sogenannte **Wellenleiterdispersion**. Sie wird hauptsächlich durch die **evaneszente Welle** im Mantel bestimmt und ist eine Folge der Tatsache, dass die sich ausbreitende Welle etwas in den Mantel eindringt. Dieses Eindringen ist wellenlängenabhängig und führt, wie die Materialdispersion, zu einem schnelleren Ausbreiten langwelligen Lichtes. Der Effekt ist allerdings schwach und macht sich nur in Monomodefasern bemerkbar.

Neben den Dispersionen ist die **Dämpfung** eine wichtige Kenngröße für einen Lichtwellenleiter. Leistungsverluste treten bei Fasern infolge von Absorption und Streuung ein. Beschrieben wird dies durch die Dämpfung D:

$$D = \frac{10dB}{L} \lg \frac{1}{\tau_i} \qquad\qquad\qquad 5.61$$

Dabei ist τ_i der **Reintransmissiongrad** der Faser und L ihre Länge. D ist wellenlängenabhängig. Bei Fasern aus Quarzglas wird bei einer Wellenlänge von 1550nm eine Dämpfung von 0,16dB/km erreicht. Nach Gl. 5.61 bedeutet das einen Reintransmissionsgrad von

$$\tau_i = 10^{-DL/10dB}, \qquad\qquad\qquad 5.62$$

also 0,964. Das Licht wird also auf einer Länge von 1km um weniger als 4% geschwächt. Ursache dieser Dämpfung ist neben Streuung des Lichts an Bläschen, Inhomogenitäten und Verunreinigungen eine gewisse Restabsorption im Material. Würde man diese Ursachen beseitigen, bliebe dennoch ein Verlustmechanismus übrig: die **Rayleigh–Streuung**. Sie ist proportional zu λ^{-4} und wirkt sich somit im kurzwelligen Spektralbereich deutlich stärker aus als im langwelligen. Oder anders ausgedrückt: blaues Licht wird wesentlich stärker gestreut als rotes. Daher erscheint übrigens auch der Himmel tagsüber blau. Ohne diese Streuung müsste der Himmel eigentlich schwarz sein (so wie bei den Photos der Mondastronauten, wo trotz hellstem Sonnenschein ein schwarzes Weltall zu sehen ist). Bei den Fasern bedeutet das, dass die Streuverluste im Infraroten geringer sind als im Sichtbaren. Bei dem oben beschriebenen Beispiel würde die durch unvermeidbare Rayleigh–Streuung definierte Grenze bei 0,11dB/km liegen.

Der Versuch, die Modendispersion zu minimieren, hat zur Entwicklung der **Gradientenindexfaser** geführt. Bei ihr erfolgt die Führung des Lichtes nicht durch Totalreflexion an den Wandungen, sondern durch einen **radial nach außen hin fallenden Brechungsindex**, der dazu führt, dass das Licht kontinuierlich vom Lot weggebrochen wird, wenn es sich radial nach außen bewegt, und kontinuierlich zum Lot hingebrochen wird, wenn es sich radial nach innen bewegt. Die Führung der Lichtstrahlen erfolgt also nicht durch Totalreflexion, sondern allein durch Brechung (Abb. 5.33). Moden mit einem längeren, weiter nach außen führenden Weg können sich schneller ausbreiten, da außen die Brechzahl kleiner ist. Dadurch benötigen die einzelnen Moden eine ähnlich lange Zeit. Häufig wird der radiale Verlauf der Brechzahl angegeben durch:

$$n(r) = n_2 \sqrt{1 - \left(\frac{r}{a}\right)^\alpha \left(1 - \left(\frac{n_3}{n_2}\right)^2\right)} \qquad\qquad 5.63$$

r ist der Abstand von der Faserachse, a der Außenradius des Kerns und α der Profilparameter. n_2 ist die Brechzahl des Kerns bei r=0, wie sich durch Nullsetzen von r in Gl. 5.63 zeigen lässt. n_3 ist der Brechungsindex des Mantels, wie man durch Einsetzen von r=a in Gl. 5.63 zeigt.

Günstig für gleiche Laufzeiten der verschiedenen Moden erweist sich ein parabolischer Verlauf des Brechungsindexes, also α=2 in Gl. 5.63:

$$n(r) = n_2 \sqrt{1 - \left(\frac{r}{a}\right)^2 \left(1 - \left(\frac{n_3}{n_2}\right)^2\right)} \approx n_2 \left(1 - \frac{1}{2}\left(\frac{r}{a}\right)^2 \left(1 - \left(\frac{n_3}{n_2}\right)^2\right)\right) \qquad 5.64$$

Die Potenzreihenentwicklung ist möglich, weil stets $r \leq a$ und $1 - (n_3/n_2)^2 \ll 1$ ist. Gl. 5.64 zeigt die parabolische Abhängigkeit der Brechzahl vom Radius r.

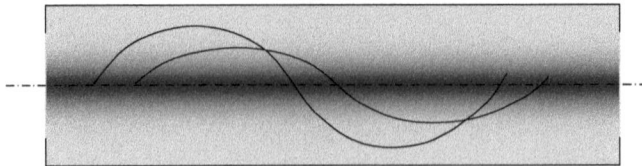

Abb. 5.33. Bei der Gradientenindexfaser wird der Lichtstrahl nicht durch Totalreflexion geführt, sondern durch Brechung.

5.2 Optische Geräte

5.2.1 Lupe

Dem menschlichen Sehvermögen sind im Hinblick auf kleine Objekte dahingehend Grenzen gesetzt, dass ein Objekt nicht näher als ca. 10cm ans Auge gebracht werden kann. Darunter erscheint es unscharf, da die Brechkraft des Auges nicht mehr ausreicht, um ein reelles Bild auf der Netzhaut entstehen zu lassen. Bei älteren Menschen steigt diese Entfernung deutlich an. Ein Maß, wie groß ein Gegenstand vom Auge wahrgenommen wird, ist der Sehwinkel, unter dem er ihm erscheint. Dieser hängt vom Abstand des Gegenstandes ab. Da man bei der Behandlung von vergrößernden optischen Geräten den Faktor angeben will, um den sich der Sehwinkel erhöht, muss man einen Vergleichswert festlegen. In der Regel wird der Sehwinkel ε_0 bei der sogenannten **Bezugssehweite** s_0=25cm nach Abb. 5.34a herangezogen. Letztere ist der typische Arbeitsabstand beim Nahsehen.

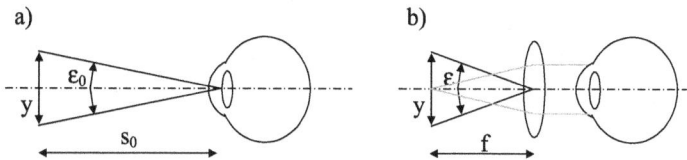

Abb. 5.34. Durch Benutzung einer Lupe wird der mögliche Sehwinkel vergrößert.

Durch Benutzung einer **Lupe**, die nichts anderes als eine Sammellinse ist, wird die Brechkraft des Gesamtsystems Lupe–Auge erhöht. Dadurch kann ein Objekt näher an die Lupe herangerückt werden und der Winkel, unter dem das Objekt erscheint, vergrößert sich (Abb. 5.34b). Der Gegenstand befindet sich in der Brennebene der Lupe, das Bild liegt somit im Unendlichen und wird mit entspanntem, also aufs Unendliche akkommodiertem Auge betrachtet. Für die beiden Winkel gilt

$$\tan\left(\frac{\varepsilon_0}{2}\right) \approx \frac{\varepsilon_0}{2} = \frac{y/2}{s_0} \qquad \text{bzw.} \qquad \tan\left(\frac{\varepsilon}{2}\right) \approx \frac{\varepsilon}{2} = \frac{y/2}{f} \qquad\qquad 5.65$$

Eliminiert man die Objektgröße y, erhält man für das Verhältnis $\varepsilon/\varepsilon_0$, also die Vergrößerung v_{Lupe}:

$$\boxed{v_{Lupe} = \frac{\varepsilon}{\varepsilon_0} = \frac{s_0}{f}} \qquad\qquad 5.66$$

Übliche Vergrößerungen für einlinsige Lupen sind 2–3. Bei einer Vergrößerung von 5 beträgt die Brennweite bei einem s_0 von 25cm f=5cm. Eine Linse mit dieser Brennweite hätte schon stark gekrümmte Oberflächen und Linsenfehler treten deutlich in Erscheinung. Deshalb werden Lupen für v_{Lupe}>5 in der Regel **mehrlinsig** ausgeführt. Die obere Grenze der Vergrößerung liegt bei der Lupe bei etwa 20.

5.2.2   Mikroskop

Um weiter in den Mikrokosmos vorzudringen, bedarf es eines komplizierteren Systems. Man erzeugt nach Abb. 5.35 von dem zu betrachtenden kleinen Objekt mit einem Objektiv ein reelles Zwischenbild, das dann mit einer Lupe, hier aufgrund seines komplizierten Baus **Okular** genannt, betrachtet wird. So kann der Gegenstand in zwei Stufen vergrößert werden. Die Vergrößerung v_{Ob} des **Objektives** ist gegeben als Quotient aus Bildweite und Gegenstandsweite. Die Bildweite a' ist beim **Mikroskop** so gewählt, dass sie sehr viel größer als die Gegenstandsweite ist. Genähert entspricht die Gegenstandsweite etwa der Brennweite f_{Ob} des Objektives. Damit gilt:

$$v_{Ob} \approx \frac{a'}{f_{Ob}} \qquad\qquad 5.67$$

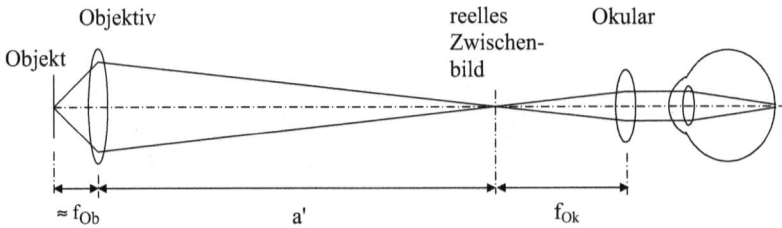

Abb. 5.35. Mikroskop

Das Okular wirkt grundsätzlich wie eine Lupe, daher kann die Vergrößerung der Lupe verwendet werden:

$$v_{Ok} = \frac{s_0}{f_{Ok}} \qquad\qquad 5.68$$

Die **Gesamtvergrößerung des Lichtmikroskops** erhält man aus dem Produkt von Okular– und Objektivvergrößerung:

$$\boxed{v = v_{Ok} v_{Ob} = \frac{a' s_0}{f_{Ob} f_{Ok}}} \qquad\qquad 5.69$$

Die Länge a' wird, da sie wegen der kurzen Brennweite des Okulars und damit wegen a'>>f_{Ok} etwa der Länge des Tubus entspricht, **Tubuslänge** genannt. Am Ort des reellen Zwischenbildes kann – z.B. auf Glas eingraviert – ein Messraster eingeblendet werden, das durch das Okular gleichermaßen scharf erscheint wie der Gegenstand. Die Gesamtvergrößerung des Mikroskops ist umso größer, je kleiner sowohl Objektiv– als auch Okularbrennweite sind.

Diese lassen sich aber nicht so einfach nach Belieben verkleinern, denn es treten dabei starke Krümmungen der Oberflächen und damit große Linsenfehler auf, die aufwendig korrigiert werden müssen. Aber selbst mit beliebig gut korrigierten Optiken ist es nicht möglich, beliebig kleine Strukturen aufzulösen. Der Grund ist die in Kap. 4.6.2 beschriebene Beugung. Dort wurde gezeigt, dass der **kleinste auflösbare Winkelabstand** bei einer kreisförmigen Lochblende mit Durchmesser d

$$\sin \eta_{min} = 1,220 \frac{\lambda}{D} \qquad\qquad 5.70$$

ist (Gl. 4.265). Beim Mikroskopobjektiv, bei dem die Gegenstandsweite etwa der Brennweite entspricht, bedeutet das nach Abb. 5.36 unter der Annahme eines kleinen Winkels η_{min} einen kleinsten, auflösbaren Abstand y_{min} von:

$$\tan\left(\frac{\eta_{min}}{2}\right) \approx \frac{\eta_{min}}{2} = \frac{y_{min}/2}{f} \qquad \text{bzw.} \qquad y_{min} = f\eta_{min} \qquad\qquad 5.71$$

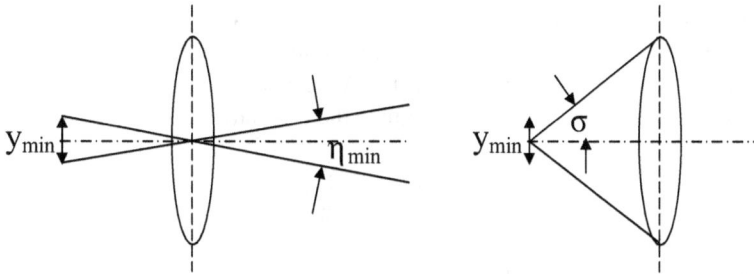

Abb. 5.36. Zum Auflösungsvermögen eines Mikroskops

Mit Gl. 5.70 erhält man also unter der Annahme von $\sin \eta_{min} \approx \eta_{min}$:

$$\boxed{y_{min} = 1,220 \frac{f\lambda}{D}} \qquad\qquad 5.72$$

Führt man die **numerische Apertur** $A_N = n \sin \sigma$ ein, wobei σ nach Abb. 5.36 der halbe Öffnungswinkel des maximal möglichen, vom Objektpunkt ausgehenden Lichtbündels und n die Brechzahl des Mediums zwischen Objekt und Objektiv ist, so folgt mit

$$\sin \sigma = \frac{D/2}{f} \qquad \text{bzw.} \qquad A_N = \frac{nD}{2f} \qquad\qquad 5.73$$

für den **kleinsten auflösbaren Abstand** durch Eliminieren von f/D:

$$\boxed{y_{min} = 1,220 \frac{n\lambda}{2A_N} = 0,610 \frac{n\lambda}{A_N} = 0,610 \frac{\lambda_0}{A_N}} \qquad\qquad 5.74$$

λ_0 ist dabei die Vakuumwellenlänge, λ die Wellenlänge in dem Medium mit der Brechzahl n zwischen Objekt und Objektiv. Hier zeigt sich, dass man mit einem hochbrechenden Medium die Auflösung um den Faktor der Brechzahl steigern kann. An Luft kann die numerische Apertur wegen n=1 und A_N=nsin(σ) **maximal den Wert 1** annehmen. Verwendet man ein **Immersionsöl** mit ca. n=1,5, verkleinert sich der kleinste auflösbare Abstand y_{min} um den Faktor 2/3. Die zweite Möglichkeit zur Steigerung der Auflösung ist die **Verkleinerung der Wellenlänge** des Lichts, mit dem das Objekt beleuchtet wird.

5.2.3   Fernrohre

Fernrohre dienen der Vergrößerung des Sehwinkels, unter dem ein weit entfernter Gegenstand erscheint. Gebräuchlich sind **Linsenfernrohre**, die meist bei der terrestrischen Beobachtung eingesetzt werden, sowie **Spiegelteleskope**, die meist in der Astronomie Anwendung finden. Da weit entfernte Objekte beobachtet werden sollen, gelangt das Licht quasi parallel ins Fernrohr und soll es auch parallel wieder verlassen. Zu den Linsenfernrohren zählt das **Keplersche** oder **astronomische Fernrohr** (Abb. 5.37). Es besteht aus einem **Objektiv**, das im Abstand seiner Brennweite f '$_{Obj}$ ein **reelles Zwischenbild** eines weit entfernten Gegenstandes entwirft. Dieses Bild befindet sich in der bildseitigen Brennebene eines **Okulars**, so dass es wiederum ins Unendliche abgebildet wird. Das Bild wird mit aufs Unendliche akkommodiertem Auge betrachtet. Die Vergrößerung ergibt sich aus dem Quotienten der Winkel σ und σ'. Aus Abb. 5.37 liest man die folgenden Zusammenhänge ab:

$$\tan\sigma \approx \sigma = \frac{y}{f_{Obj}} \qquad \text{bzw.} \qquad \tan\sigma' \approx \sigma' = \frac{y}{f_{Ok}} \qquad\qquad 5.75$$

Eliminiert man y, erhält man für die Vergrößerung:

$$\boxed{v = \frac{\sigma'}{\sigma} = \frac{f_{Obj}}{f_{Ok}}} \qquad\qquad 5.76$$

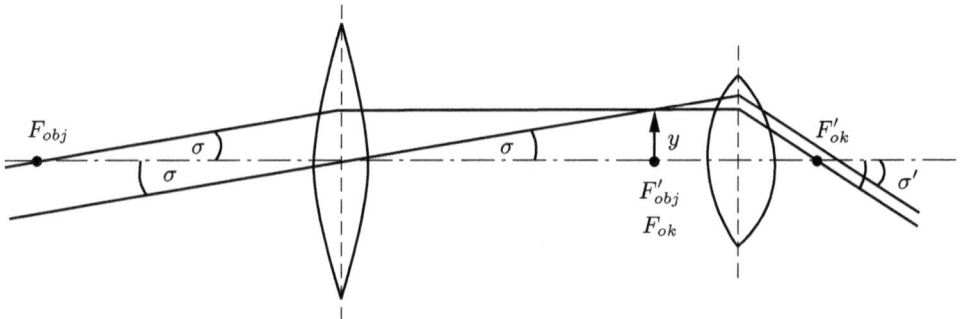

Abb. 5.37. *Strahlengang in einem Keplerschen Teleskop. Parallel eintretendes Licht verlässt das Teleskop auch wieder parallel. Die Beobachtung erfolgt – wie ohne Teleskop – mit entspanntem Auge.*

Eine hohe Vergrößerung wird also erzielt, wenn die Objektivbrennweite möglichst groß und die Okularbrennweite möglichst klein ist. Da die Baulänge durch die Summe der beiden Brennweiten bestimmt wird, ist das Fernrohr sehr lang. Außerdem hat es den Nachteil, dass das **Bild invertiert** ist. In der Astronomie ist das ohne Bedeutung, bei terrestrischen Beobachtungen ist das aber sehr störend.

Diese Nachteile lassen sich beheben, indem man als Okular keine Sammellinse, sondern eine Zerstreuungslinse verwendet, wie in Abb. 5.38 dargestellt. Bei diesem **Galileischen** oder auch **terrestrischen Fernrohr** besitzen Objektiv und Okular wiederum einen gemeinsamen Brennpunkt. Auch hier gelten die Gl. 5.75 und 5.76, allerdings mit dem Unterschied, dass f_{Ok} negativ ist, was zu einem negativen v führt. Das Bild des Galileischen Fernrohres ist **nicht invertiert**.

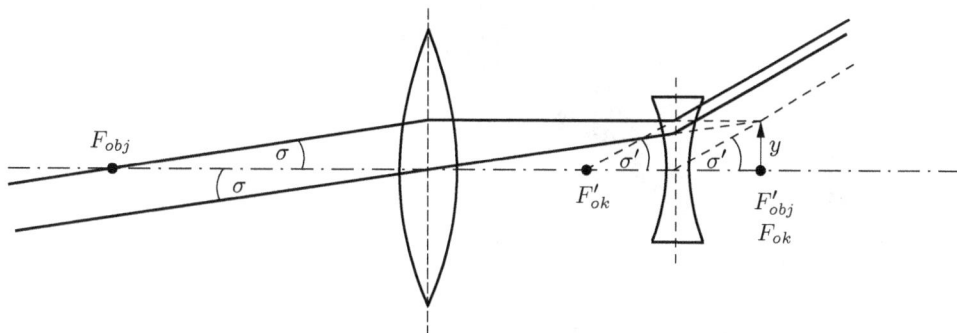

Abb. 5.38. Galileisches oder terrestrisches Fernrohr.

Die Bildinvertierung lässt sich beim Keplerschen Teleskop durch eine zusätzliche Linsenkombination zwischen Objektiv und Okular rückgängig machen. Allerdings vergrößert sich damit die Baulänge weiter, was zum Beispiel bei Zielfernrohren von untergeordneter Bedeutung ist. Abb. 5.39 zeigt den Aufbau eines modernen Fernrohrs mit integrierter Entfernungsmessung.

In der Regel sind Ferngläser für zweiäugige Beobachtung ausgelegt, um einen **räumlichen Eindruck** vom zu beobachtenden Gegenstand zu gewinnen. Die Baulänge des zugrundeliegenden Keplerschen Fernrohres wird reduziert, indem man zwei **Prismen in Porro–Anordnung** (siehe Abb. 5.9 in Kap. 5.1.2) zwischen Objektiv und Okular setzt. Es entsteht damit wieder ein seitenrichtiges und aufrechtes Bild des zu beobachtenden Gegenstandes. Außerdem kann durch die Anordnung der Prismen der Abstand der optischen Achsen der Objektive größer gemacht werden als der Abstand der Augen des Beobachters. Das verbessert die Qualität des **räumlichen Sehens**.

In aller Regel ist die Objektivöffnung beim Fernrohr die Aperturblende. Die Bilder der Aperturblende sind die Ein– und Austrittspupille. Die Eintrittspupille fällt hier mit der Aperturblende zusammen, während die Austrittspupille etwas außerhalb des Okulars liegt. Die Lage und Größe wird der Pupille des Auges angepasst. Ferngläser werden meist durch zwei Zahlen spezifiziert, die durch „×" getrennt sind. 10×50 bedeutet, dass die Vergrößerung zehnfach ist, während die Eintrittspupille den Durchmesser 50mm besitzt. Damit errechnet man einen Durchmesser der Austrittspupille von 50mm/10=5mm.

Abb. 5.39. Schnitt durch ein modernes Zielfernrohr mit integrierter Entfernungsmessung. Quelle: Carl Zeiss AG

Abb. 5.40. Modernes Hochleistungsfernglas mit Laserentfernungsmesser und Ballistik–Informationssystem BIS^{TM} für die Jagd. Quelle: Carl Zeiss AG

Heutige Ferngläser haben häufig noch die Möglichkeit der Entfernungsmessung. Ein solches Fernglas zeigt Abb. 5.40.

In der Astronomie werden meist sehr lichtschwache Objekte beobachtet. Zudem möchte man natürlich auch eng beieinander liegende Punkte auflösen können. Daher werden sehr lichtstarke Teleskope benötigt, die eine sehr **große Aperturblende** haben. Die Folge sind Objektivlinsen mit sehr großen Durchmessern. Sie aus Glas zu fertigen, ist sehr schwierig, da man homogene optische Eigenschaften über das ganze Linsenvolumen sicherstellen muss. Außerdem erreichen solche Linsen eine beachtliche Masse, so dass sie sich unter ihrem eigenen Gewicht verformen. Die Lösung besteht darin, zumindest die Eintrittslinse durch einen Spiegel zu ersetzen, der in weitaus größerem Durchmesser als eine Linse hergestellt werden kann. Ein weiterer Vorteil besteht darin, dass bei der Reflexion keine chromatische Aberration auftreten kann. Außerdem ist man nicht durch die spektrale Durchlässigkeit des Glases begrenzt. Die einfachste Konstruktion besteht darin, beim **Keplerschen Teleskop** (vgl. Abb. 5.37) die Eintrittslinse durch einen **parabolischen Spiegel** zu ersetzen. Aufgrund der Richtungsänderung durch die Reflexion würde allerdings der Beobachter mitsamt dem Okular das einfallende Licht abschatten. Daher wird das vom Objektivspiegel reflektierte Licht durch einen Planspiegel um $90°$ in Richtung des Okulars umgelenkt. Ein solches Teleskop wird **Newtonsches Teleskop** genannt (Abb. 5.41).

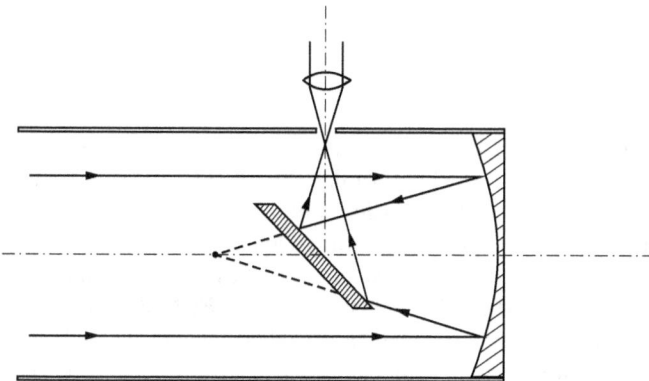

Abb. 5.41. Newtonsches Teleskop

Bei dem **Teleskop nach Gregory** wird der Planspiegel durch einen **elliptischen Konkavspiegel** ersetzt und das Licht nicht um $90°$ abgelenkt, sondern durch ein Loch im Primärspiegel beobachtet (Abb. 5.42). Das **Teleskop nach Cassegrain** schließlich benutzt anstelle des elliptischen Konkavspiegels einen **hyperbolischen, konvexen Spiegel** (Abb. 5.43).

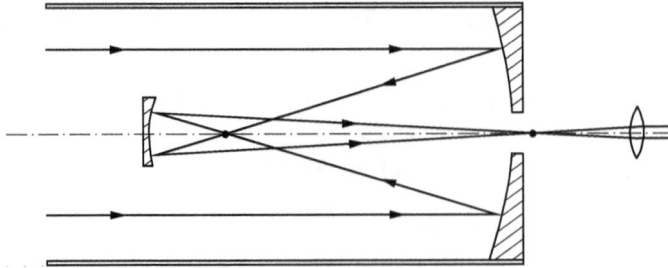

Abb. 5.42. Spiegelteleskop nach Gregory

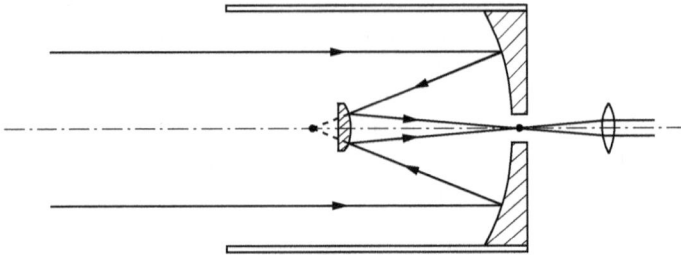

Abb. 5.43. Spiegelteleskop nach Cassegrain

5.2.4 Kamera, Objektive

Das neben dem Fernglas wohl bekannteste optische Gerät des Alltags ist die **Photokamera**. In Abb. 5.44 ist eine **Spiegelreflexkamera** dargestellt. Bei ihr kann das auf dem Film oder Bildsensor entworfene Bild vor dem Auslösen durch einen **Sucher** beobachtet werden. Ein Spiegel lenkt nämlich das vom auswechselbaren Objektiv kommende Licht nach oben ab. In einer waagrecht liegenden Bildebene entsteht ein reelles Bild des Objektes. In dieser Ebene können auch Hilfsmittel für die Schärfeeinstellung oder **Fadenkreuze** eingeblendet werden. Diese Bildebene wird mit einem Okular, hier Sucher genannt, betrachtet. Vorher wird das Licht mittels eines **Pentaprismas** wieder in die Waagrechte umgelenkt. Es entsteht im Sucher damit ein aufrechtes, seitenrichtiges Bild. Sein Bildausschnitt entspricht exakt dem, der auf dem Film abgebildet wird. Beim Auslösen klappt der Spiegel nach oben und gibt den Lichtweg zur Bildebene frei.

Bei digitalen Kameras, also solchen, bei denen das Bild mittels eines **CMOS–** oder **CCD– Sensors** erfasst wird, geht der Trend dahin, den Bildausschnitt nicht mehr nur optisch über einen Sucher, sondern zusätzlich über ein elektronisches **Display** zu beurteilen. Dies erweist sich konstruktionsbedingt als äußerst schwierig, da der Spiegel im Normalzustand den Weg zum Bildsensor versperrt. Außerdem muss der Bildsensor, soll er das Display mit Bildinformation versorgen, dauernd mit Strom versorgt werden. Dies führt zur Erwärmung und damit zum verstärkten Rauschen.

Pentaprisma

Sucher

Einstellscheibe

Objektiv

Filmebene

hochklappbarer
Spiegel

Schlitzverschluss

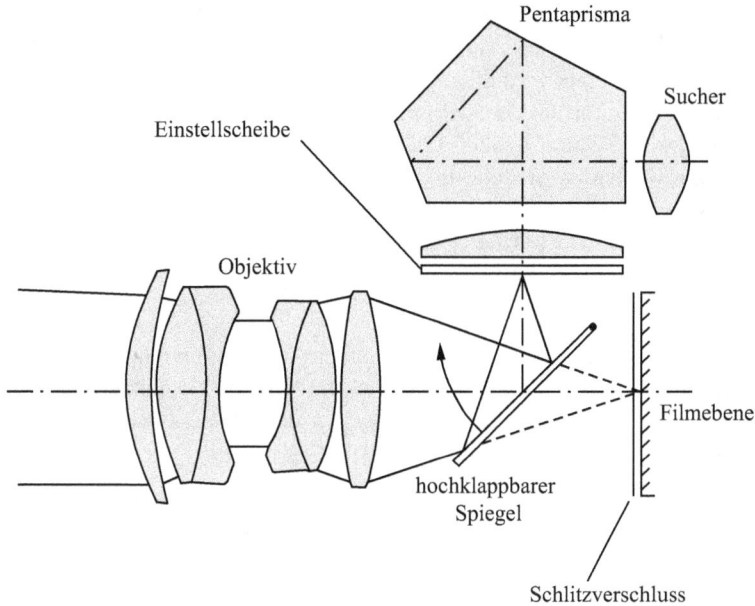

Abb. 5.44. Funktionsprinzip einer Spiegelreflexkamera

Oft wird ein zweiter Sensor für das Display verwendet, der eine geringere Auflösung hat als der eigentliche Bildsensor. Den optischen Sucher kann indes noch nichts ersetzen. Allerdings laufen starke Bestrebungen, die Qualität und Leistungsfähigkeit des Displays so zu verbessern, dass man auf den optischen Sucher ganz verzichten kann, denn Pentaprisma und Sucheroptik sind relativ teuer.

In der Analogphotographie, also der Photographie mit chemisch zu entwickelnden Filmen, war die Bildgröße standardisiert. Das klassische **Kleinbildformat** hatte die Größe 24×36mm. Dazu gehörte ein Objektiv mit der Brennweite von 50mm, das als **Normalobjektiv** bezeichnet wurde und den gebräuchlichsten Bildausschnitt lieferte.

Objektive mit Brennweiten unter 50mm führten zu einem größeren Bildausschnitt und wurden daher als **Weitwinkelobjektive** bezeichnet, Objektive mit Brennweiten über 50mm führten zu einem kleinen Bildausschnitt, also zu einem kleinen Öffnungswinkel und wurden daher als **Teleobjektive** bezeichnet. Leider ist mit Einführung der digitalen Spiegelreflexkameras der auswertbare Bildbereich, also die Sensorgröße kleiner geworden. Dadurch ist bei gleichen Brennweiten auch der erfasste Bildwinkel kleiner. Der Faktor, um den man die Brennweite verringern müsste, um den gleichen Bildwinkel zu erreichen, wird mißverständlich **Verlängerungsfaktor** genannt. Besser ist der Begriff **Formatfaktor**. Die Formatfaktoren verschiedener Hersteller liegen zwischen 1,7 und 2. Angenommen, ein 50mm–Objektiv einer klassischen Kleinbildkamera würde – soweit mechanisch überhaupt kompatibel – an einer digitalen Spiegelreflexkamera mit Formatfaktor 1,7 verwendet, so würde man den gleichen Bildausschnitt erhalten, als wenn man an der Kleinbildkamera ein Objektiv mit der Brennweite 85mm, also ein Teleobjektiv, verwenden würde.

Der Wunsch, eine Ansammlung von Objektiven für neu erworbene Kameras weiterverwenden zu können, wird verständlich, wenn man sich vergegenwärtigt, wie teuer Objektive guter Qualität sind. Der hohe Preis wird durch den immensen rechnerischen und technischen Aufwand gerechtfertigt, der für ihre Herstellung betrieben werden muss. Die Forderungen nach **hoher Lichtstärke** und damit **großer Öffnungen** einerseits und der Wunsch nach **hoher Abbildungsqualität** ohne sphärische und chromatische Fehler andererseits schließen sich gegenseitig aus. Abhilfe können nur mehrlinsige Systeme schaffen, möglicherweise unter Verwendung teurer **asphärischer Linsen**. Um bei mehrlinsigen Systeme die Reflexionen in Grenzen zu halten, muss viel Aufwand bei den Entspiegelungen der Oberflächen betrieben werden.

In Abb. 5.45 ist das optische System eines besonders lichtstarken Objektivs mit der Öffnung 1:2 der Brennweite 110,8mm für die Mittelformatfotographie abgebildet. Dieses Format mit einer Bildgröße von 55×55mm findet besonders in der professionellen Photographie Verwendung. Abb. 5.46 zeigt das Objektiv selbst.

Ein Beispiel eines 9–linsigen Teleobjektivs für die Mittelformatphotographie zeigen die Abb. 5.47 und 5.48. Das Teleobjektiv hat bei einem Öffnungsverhältnis von 1:2,8 eine Brennweite von 300mm.

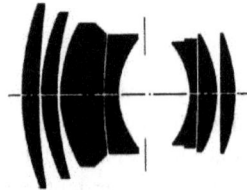

Abb. 5.45. Linsensystem des Objektivs Zeiss Planar® T* 2/110. Quelle: Carl Zeiss AG, Geschäftsbereich Photoobjektive

Abb. 5.46. Zeiss Planar® T* 2/110. Quelle: Carl Zeiss AG, Geschäftsbereich Photoobjektive

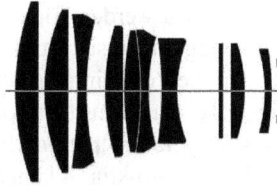

Abb. 5.47. Linsenanordnung des Objektivs Zeiss Tele–Superachromat T* 2,8/300. Quelle: Carl Zeiss AG, Geschäftsbereich Photoobjektive

Abb. 5.48. Zeiss Tele–Superachromat T* 2,8/300. Quelle: Carl Zeiss AG, Geschäftsbereich Photoobjektive

Objektive werden nicht nur in der Photographie benötigt. Das Wort „**Objektiv**" wird allgemein für jede Linse oder Linsengruppe verwendet, die ein reelles Bild erzeugt. Das ist in Photoapparaten der Fall, aber auch in den schon behandelten Mikroskopen und Fernrohren. Aber auch in anderen Disziplinen kommen Objektive zum Einsatz, z.T. mit außergewöhnlichen Abbildungsleistungen. Ein Beispiel ist die **optische Lithographie**, bei der z.B. in der Halbleiterindustrie feinste Strukturen eines Schaltungslayouts auf einen sogenannten **Wafer**, eine Halbleiterscheibe, übertragen werden. Durch Bestrahlung wird ein vorher aufgebrachter Photolack chemisch derart verändert, dass die bestrahlten (oder im Negativverfahren auch die unbestrahlten) Gebiete chemisch entfernt werden können. Im Zeitalter immer komplexer werdender Halbleiter ist die Unterbringung winzigster Strukturen auf engstem Raum wichtig. Das bedeutet, dass die abbildenden Optiken eine immer besser werdende Auflösung haben müssen. In Kap. 4.6.2 wurde gezeigt, dass der kleinste auflösbare Winkelabstand einer Linse **proportional zur Wellenlänge** und **umgekehrt proportional zur Aperturblende** ist. Je kürzer also die Wellenlänge, desto kleinere Strukturen können aufgelöst bzw., auf die Lithographie bezogen, abgebildet werden. Natürlich sind der Verkürzung der Wellenlänge durch die Verfügbarkeit von Lichtquellen und durch die Verfügbarkeit transparenter Linsenmaterialien Grenzen gesetzt.

Um diese Grenzen hinauszuschieben, wurde die **Immersionslithographie** erfunden. Wie schon beim Mikroskop wird hier eine Flüssigkeit, hier allerdings kein Öl, sondern Wasser mit hohem Reinheitsgrad, als **Immersionsflüssigkeit** verwendet. Das erhöht die numerische Apertur und damit das Auflösungsvermögen. Ein Objektiv, das bei einer Beleuchtungswellenlänge von 193nm arbeitet und Halbleiterstrukturen bis zu einer Größe von 45nm auflösen kann, zeigt Abb. 5.49. Die numerische Apertur von $A_N=1{,}2$ erhöht auch die Tiefenschärfe bei der Abbildung.

Abb. 5.49. Ein Spezialobjektiv für die Immersionslithographie: Starlith® 1700i der Firma Zeiss. Quelle: Carl Zeiss AG

5.2.5 Projektionsgeräte

Projektionsgeräte dienen dazu, eine Vorlage in eine Bildebene, meist eine Leinwand, in der Regel vergrößert abzubilden. Das Grundprinzip ist dabei stets ähnlich, es soll am Beispiel des Diaprojektors verdeutlicht werden. Beim Diaprojektor wird ein kleines Diapositiv durch ein Objektiv auf eine Projektionswand abgebildet. Das Dia wird in Durchsicht verwendet (Abb. 5.50). Würde das Dia lediglich von der Lampe ohne Kondensor beleuchtet, würde die Glühwendel der Projektionslampe vom Objektiv in den Raum zwischen Objektiv und Leinwand abgebildet, da sie vom Objektiv weiter entfernt ist als das Dia. Die Anordnung hätte zur Folge, dass nur zentrale Teile der Leinwand ein helles Bild zeigen würden und die Ausleuchtung insgesamt relativ schwach wäre. Abhilfe schafft ein **Kondensorsystem**. Dieses besteht aus zwei asphärischen Kondensorlinsen kurzer Brennweite. Um die Abbildungsfehler zu minimieren, werden zwei Linsen verwendet und so angeordnet, dass keine zu großen Einfallswinkel auf die Oberflächen entstehen. Das Kondensorsystem bildet die Lampe ins Objektiv ab. Eintrittspupille des Beleuchtungssystems ist die Lampe, Austrittspupille ist ihr Bild.

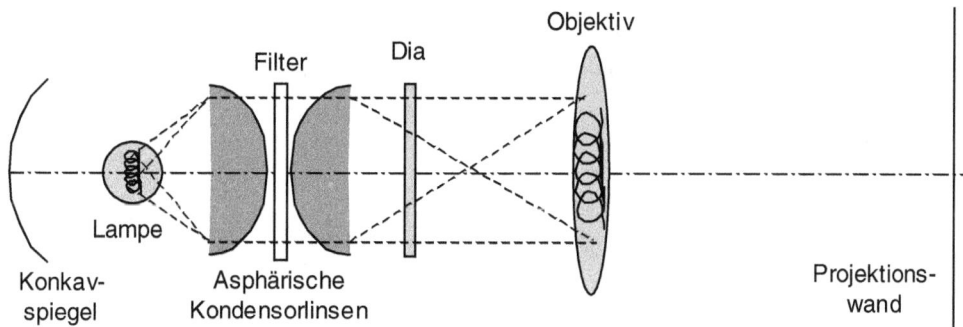

Abb. 5.50. Aufbau eines Diaprojektors

Damit auch nach hinten abgestrahltes Licht noch genutzt werden kann, wird ein Konkavspiegel verwendet. Er bildet die Lampenwendel theoretisch in sich selbst ab. Praktisch würde allerdings das Licht durch die Wendel selbst wieder abgeschattet. Deshalb wählt man entweder eine leichte Fehljustierung und bildet die Lampenwendel neben die reale Wendel ab oder man verwendet eine Wendel mit äquidistanten Zwischenräumen, so dass das Bild der Wendel mit der tatsächlichen Wendel „verzahnt".

Das Dia muss kopfstehend und seitenverkehrt positioniert werden, damit es richtig auf der Leinwand zu sehen ist. Zwischen den Kondensorlinsen befindet sich ein **Filter**, das infrarotes Licht absorbiert, damit das Dia nicht zu heiß wird. Es absorbiert ohnehin im Sichtbaren einige Strahlung, da es ja eben die Aufgabe hat, aus weißem Licht bestimmte Wellenlängen herauszunehmen, um ein farbiges Bild zu erzeugen. Nach einem ähnlichen Prinzip funktionieren auch Filmprojektoren und die heute üblichen **Beamer**. Letztere besitzen an der Stelle des Dias ein LCD–Display, mit dessen Hilfe sich auch bewegte Bilder darstellen lassen.

Etwas anders aufgebaut sind **Overheadprojektoren** (Abb. 5.51), wenngleich das Grundprinzip das gleiche ist. Da die Projektoren für gedämpftes Tageslicht ausgelegt sind, muss die Lampe sehr leistungsstark sein. Gebräuchlich sind luftgekühlte Lampen mit ca. 750W Leistung. Ein System bestehend aus einem **Kaltlichtspiegel** und einem **Kondensor** leuchtet eine relativ große, waagrecht liegende Fläche aus, auf der sich die transparente Vorlage – eine beschriebene oder bedruckte Folie – befindet. Da die Fläche zu groß ist, um in unmittelbarer Nähe des Kondensors voll ausgeleuchtet zu werden, trifft ein sehr divergenter Lichtkegel auf die Vorlagenfläche. Ohne weitere Maßnahme würde also nur ein geringer Teil des Lichtes durch das Objektiv treten. Um das stark divergente Licht wieder zu bündeln, findet eine **Fresnellinse** unter dem Vorlagenglas Anwendung. Sie bündelt das Licht und bildet zusammen mit dem Kondensor die Lampe wiederum ins Objektiv ab. Das Objektiv selbst bildet die Vorlagenebene auf die Leinwand ab, nachdem ein Umlenkspiegel das Bündel in die Waagrechte abgelenkt hat. Die Vorlage kann seitenrichtig aufgelegt werden, durch den Umlenkspiegel entsteht ein nicht invertiertes Bild. Hochwertige Geräte besitzen die Möglichkeit einer **Trapezkorrektur**. Trifft die optische Achse des Projektionssystems nicht senkrecht auf die Leinwandmitte, erscheint ein rechteckiges Bildformat trapezförmig. Am häufigsten tritt der Fall auf, dass der Projektor nicht auf die Höhe der Leinwandmitte gestellt werden kann, sondern tiefer steht. Dann wird die Leinwand gewissermaßen von unten beleuchtet. Die untere Bildkante ist dabei kürzer als die obere. Vermieden werden kann das, indem man das Objektiv nach oben oder unten verschiebt.

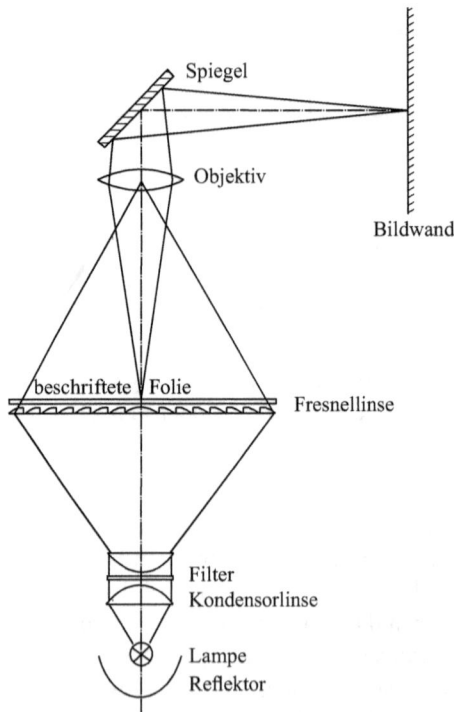

Abb. 5.51. Overheadprojektor in schematischer Darstellung.

5.2.6   Gittermonochromatoren

Gittermonochromatoren benutzen Beugungsgitter, um das Licht in seine spektralen Bestandteile zu zerlegen. Der Monochromator ist so aufgebaut, dass er von einer spektralen Verteilung nur einen sehr schmalen Wellenlängenbereich passieren lässt. Wohl am bekanntesten ist die **Anordnung nach Czerny–Turner**, die in Abb. 5.52 dargestellt ist. Das durch einen Spalt eintretende Licht wird durch einen planen Spiegel um $90°$ abgelenkt und auf einen Hohlspiegel geworfen. Da sich der Eintrittsspalt in der Brennebene des Spiegels befindet, wird das Lichtbündel durch den Hohlspiegel parallelisiert und fällt auf das Beugungsgitter, das als **Reflexionsgitter** ausgeführt ist. Je nach Wellenlänge verlässt das Licht das Gitter unter verschiedenen Winkeln. Ein weiterer Hohlspiegel bildet die Lichtbündel nach einer weiteren Umlenkung durch einen Planspiegel auf den Austrittsspalt ab, wobei die genaue Lage der Bildpunkte von der Wellenlänge abhängt. Nur für einen kleinen Teil der Strahlung stimmt die Wellenlänge und das Licht kann durch den Austrittsspalt den Monochromator verlassen. Man erhält also innerhalb gewisser Grenzen einfarbiges Licht, daher auch der Name Monochromator. Das Beugungsgitter ist um eine Achse senkrecht zur Zeichenebene drehbar. Aus seiner Winkelstellung und aus den Gitterparametern lässt sich die Wellenlänge bestimmen.

Würde man in einem Monochromator ein Beugungsgitter in Transmission verwenden, würde sich das einfallende Licht auf viele, jeweils paarweise (nach links und rechts) auftretende Beugungsordnungen verteilen. Jede Beugungsordnung wäre für sich also sehr lichtschwach. Das ist in der Spektroskopie, wo häufig nur wenig Licht zur Analyse zur Verfügung steht, sehr nachteilig. Daher verwendet man reflektierende **Echelette–Gitter**. Das sind Stufengitter mit sägezahnförmigem Profil, bei denen das Licht in eine bestimmte Beugungsordnung bevorzugt reflektiert wird. Durch den Neigungswinkel der Stufen kann erreicht werden, dass das Maximum der Intensitätsverteilung nicht bei der 0. Ordnung, sondern bei der ersten oder zweiten Ordnung auftritt (Abb. 5.53). Dies wird **Blaze–Technik** genannt. Die **Blazewellenlänge** ist diejenige Wellenlänge, bei der das Gitter seinen höchsten Wirkungsgrad hat.

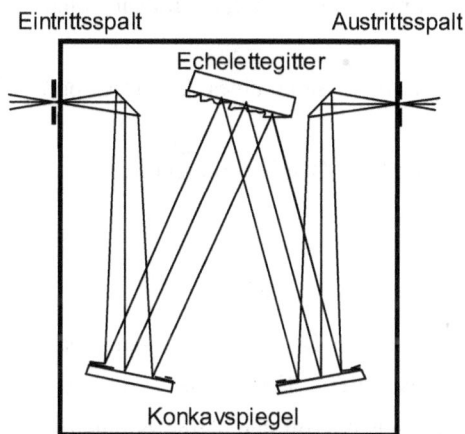

Abb. 5.52. Monochromator nach Czerny–Turner

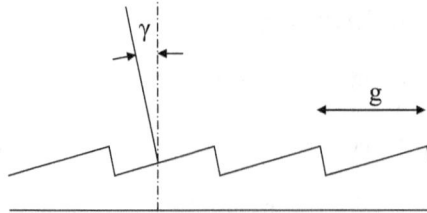

Abb. 5.53. Echelettegitter. Der Winkel zwischen der Normalen des gesamten Gitters und der Normalen zur Rillen-oberfläche wird Blazewinkel γ genannt.

Fragen

1. Was versteht man unter relativer Teildispersion?

2. Welche Materialien kommen als Substratmaterialien für Laserhochleistungsspiegel vorrangig in Frage?

3. Erläutern Sie anhand einer Skizze, warum ein Pentaprisma auch dann um $90°$ ablenkt, wenn der einfallende Strahl das Prisma nicht senkrecht trifft!

4. Welchen Vor– und welchen Nachteil hat es, wenn man die Rillenzahl von Fresnellinsen erhöht?

5. Wozu dient gewöhnlich eine Kondensorlinse?

6. Was versteht man unter Reintransmissionsgrad?

7. Welche Aufdampfmaterialien sind gebräuchlich?

8. Erläutern Sie die Funktionsweise eines Glan–Thompson–Polarisationsprismas!

9. Was versteht man unter Bezugssehweite und wie groß wird sie angenommen?

10. Um welchen Faktor kann man realistisch die Auflösung eines Mikroskops durch Immersionsöl verbessern?

11. Skizzieren Sie das optische System eines Diaprojektors? Was bewirken die Kondensorlinsen?

12. Wozu dient die Fresnellinse beim Overheadprojektor?

13. Was ist ein Echelettegitter?

Aufgaben

1. Eine planparallele Glasscheibe der Dicke d=5mm (siehe Skizze a) habe einen radial veränderlichen Brechungsindex der Form $n(r) = n_0 - n_1 r^2$, wobei n_0=1,5 und $n_1 = 1,25 \cdot 10^{-3} \, mm^{-2}$ ist. Die Scheibe soll durch eine symmetrische, bikonvexe Sammellinse (siehe Skizze b) mit Krümmungsradius $|R_1| = |R_2| = R$, Scheiteldicke d=5mm und Brechzahl

$n_0=1,5$ ersetzt werden. Wie groß müsste R (Annahme: R >> r) gewählt werden, damit Scheibe und Linse an Luft die gleiche optische Wirkung haben?

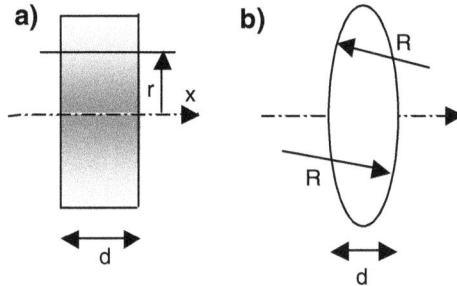

2. Das skizzierte Spiegelteleskop nach Gregory bestehe aus zwei Spiegeln S_1 und S_2 mit gleichem Radius R und einem einlinsigen Okular (dünne Linse) der Brennweite f=25mm. Die Scheitelabstände sind $S_1S_2 = 500mm$ und $S_2L = 525mm$.

a) Berechnen Sie den Radius R! (Hinweis: Das Teleskop bildet einen im Unendlichen gelegenen Gegenstand ins Unendliche ab. Daher gilt für die Brennweite f des Gesamtsystems

$$f \rightarrow \infty \quad bzw. \quad \frac{1}{f}=0)$$

b) Die Vergrößerung v eines Teleskops ist $v = f_{Objektiv}/f_{Okular}$. Das Objektiv wird hier durch die zwei Spiegel im Abstand S_1S_2 gebildet, die ein Zwischenbild B eines im Unendlichen gelegenen Gegenstandes entwerfen. Berechnen Sie $f_{Objektiv}$ und daraus dann v!

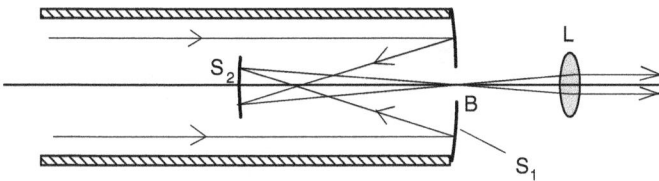

6 Laserlichtquellen

Die bisher betrachteten Lichtquellen lieferten inkohärente Strahlung. Wie in Kapitel 1.2.5 ausgeführt, hat das seine Ursache in der großen spektralen Breite der emittierten Strahlung. Geringe Kohärenzlängen sind allenfalls mit Spektrallampen realisierbar. Der Laser hat hier einen Durchbruch gebracht: mit seiner Hilfe konnte Strahlung großer Kohärenzlänge erzeugt werden. Natürlich geht die Lichterzeugung mit dem Laser letztendlich auf Übergänge zwischen Energieniveaus zurück. Allerdings sind die Vorgänge hier viel komplexer als bei den konventionellen Lichtquellen. Bevor die gängigsten Lasertypen besprochen werden, soll zunächst auf gemeinsame Grundlagen eingegangen werden.

6.1 Allgemeine Grundlagen

Laserlicht zeichnet sich durch drei Besonderheiten aus: die **starke Bündelung** und damit die hohe Intensität der Strahlung, ihre **hohe Kohärenzlänge** und ihre strenge **Monochromasie**, also ihre strenge Einfarbigkeit. Mit letzterem, also den spektralen Besonderheiten der Laserstrahlung soll hier der Anfang gemacht werden.

6.1.1 Axiale Moden

Es soll hier Bezug genommen werden auf den „eindimensionalen" Hohlraum aus Kapitel 1.5.2. Dieser Hohlraum lässt sich so aufbauen, dass sich zwei Spiegel parallel zueinander gegenüberstehen. Auf der Spiegeloberfläche werden – wie ausgeführt – Knotenstellen erzwungen. Eine stehende Welle verlangt die Bedingung von Gl. 1.177:

$$L = i\frac{\lambda}{2} \qquad\qquad 6.1$$

Im Hohlraum, dem **Resonator**, können nur solche „stehenden Lichtwellen" anschwingen, für die das ganzzahlige Vielfache von $\lambda/2$ genau dem Abstand der Spiegelflächen, also der **Resonatorlänge L** entspricht. Die natürliche Zahl i wird **Modenindex** genannt. Da die Lichtwellenlänge in der Regel sehr klein im Vergleich zur Resonatorlänge ist ($\lambda \ll L$), wird i sehr groß. Als Beispiel sei hier ein 30cm langer Resonator eines Helium–Neon–Gaslasers genannt, der bei der Wellenlänge von $\lambda=632,8$nm strahlt. Gemäß Gl. 6.1 ergibt sich

$$i = \frac{2L}{\lambda} \approx 948167 \qquad\qquad 6.2$$

Für den Modenindex i gibt es keine Einschränkungen, er kann gegen Unendlich gehen. Es gibt somit auch unendlich viele Eigenschwingungen und damit auch unendlich viele Wellenlängen, die im Resonator anschwingen können. Ihr Frequenzspektrum ist wegen c=λf gegeben durch

$$f_i = \frac{ic}{2L} \qquad\qquad 6.3$$

Die zum Modenindex i+1 gehörige Frequenz wäre dann

$$f_{i+1} = \frac{(i+1)c}{2L} \qquad\qquad 6.4$$

Der **Frequenzabstand zwischen diesen benachbarten Frequenzen**, man sagt **axialen Moden**, wäre dann

$$\Delta f = \frac{(i+1)c}{2L} - \frac{ic}{2L} \qquad \boxed{\Delta f = \frac{c}{2L}} \qquad 6.5$$

und ist damit unabhängig vom Modenindex i. Die möglichen axialen Moden sind also **äquidistant**, die zugehörigen Frequenzen haben gleiche Abstände. Δf kann wegen Gl. 6.3 formal auch als niedrigstmögliche Eigenfrequenz (i=1) des Resonators aufgefasst werden und wird daher auch **Resonatorgrundfrequenz** genannt. Im Falle des oben behandelten He–Ne–Lasers würde Δf etwa den Wert 500MHz annehmen.

Die Angabe einer konkreten Wellenlänge für die Laserstrahlung ist auf der Basis des bisher Gesagten noch nicht verständlich. Das Spektrum ist zwar diskret, d.h. es treten nur bestimmte Wellenlängen auf. Andererseits treten auch wieder unendlich viele Linien in vergleichsweise engsten Abständen auf. Die Lösung findet sich in der Tatsache, dass die axialen Moden des Resonators in irgendeiner Weise angeregt werden müssen. Es muss Strahlung im Resonator entstehen und bei der Ausbreitung der Welle im Resonator entstehende Verluste müssen ausgeglichen, der Resonator also entdämpft werden. Hier kommt der „Lichtverstärker" aus Kapitel 1.3.2 ins Spiel. Er besitzt eine endliche spektrale Breite, so dass er nur einen winzigen Bruchteil aller im Resonator möglichen axialen Moden unterstützt bzw. entdämpft. Die restlichen sind nur „theoretisch möglich". Abb. 6.1 zeigt, dass die Zahl der anschwingenden axialen Moden entscheidend von der spektralen Breite des verstärkenden Mediums abhängt.

Bei der praktischen Ausführung eines Laserresonators ist einer der beiden Spiegel **teildurchlässig**, denn man will dem Resonator ja Nutzstrahlung entziehen. Die stehende Welle wird also laufend geschwächt. Der Verstärker muss diese Verluste ausgleichen und deshalb eine Verstärkung deutlich über Eins haben. Es schwingen also nur solche Frequenzen an, bei denen der Verstärkungsfaktor über der Verlustgeraden liegt. In Abb. 6.1 sind das die vier fett gezeichneten Linien. Bei den meisten kommerziellen Lasersystemen schwingen mehrere axiale Moden an. Für die Mehrzahl der Anwendungen, besonders bei der Materialbearbeitung, ist das unerheblich. Bei der Spektroskopie kann es aber mitunter sehr störend sein.

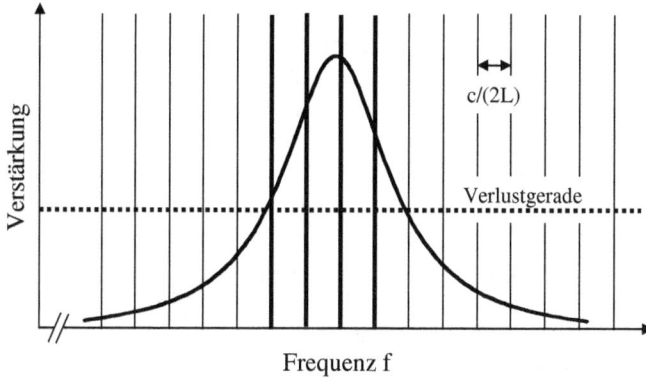

Abb. 6.1. Entstehung des Modenspektrums von Laseroszillatoren. Es schwingen im Resonator nur die vier fett gezeichneten Linien an. Nur bei ihnen ist die Verstärkung höher als die Resonatorverluste.

Theoretisch ist folgender Grenzfall denkbar: der sich nach Gl. 6.5 ergebende Modenabstand Δf wird aufgrund einer sehr kurzen Resonatorlänge sehr groß und die Linienbreite des verstärkenden Mediums ist sehr klein. Dann könnte es passieren, dass Δf ähnlich groß oder größer wird als die Linienbreite. Die Folge wäre, dass im Grenzfall nur eine (Abb. 6.2a) oder gar keine Linie (Abb. 6.2b) im Verstärkungsprofil liegt. In letzterem Fall würde der Laser keinerlei Strahlung liefern. In Tab 6.1 sind die Linienbreiten einiger gängiger Lasermaterialien angegeben.

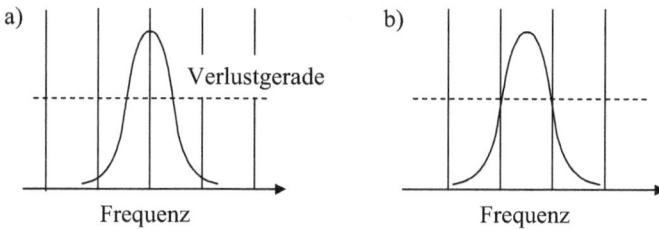

Abb. 6.2. Bei sehr kurzen Resonatoren kann es passieren, dass nur eine (a) oder gar keine (b) axiale Mode im Verstärkungsprofil liegt.

Tab. 6.1. Frequenzen und Linienbreiten der gängigsten Lasertypen.

Lasertyp	Bedingungen	Wellenlänge/ μm	Frequenz /THz	Linienbreite/ GHz	Quelle
He–Ne–Laser	Bei Ausgangsleistung 5 bis 50mW	0,6328	474	1,5	[Kneubühl 2006]
Ar–Ionen–Laser	Bei 2000K	0,488	614	4	[Eichler, 1991]
CO_2–Laser	Bei 400K	10,600	28,3	0,15	[Witteman, 1987]
Rubin–Laser	Bei 300K	0,6943	431,8	329	[Koechner 1976]
Nd–YAG–Laser		1,0641	281,7	120	[Koechner 1976]
Halbleiterlaser	Typ. Werte	0,9	≈ 330	≈ 4000	

Sehr kurze Resonatorlängen (ca. 0,3 bis 0,5mm) treten bei Halbleiterlasern auf. Bei dem sehr hohen Brechungsindex der Halbleitermaterialien von ca. 3,5 verlängert sich der optische Weg um den entsprechenden Faktor. Daraus resultiert ein Modenabstand Δf von ca. 0,09 bis 0,14THz. Bei einer Linienbreite in der Größenordnung von einigen THz liegen damit immer noch genügend axiale Moden im Verstärkungsprofil. Anders sieht es hier schon beim CO_2–Laser aus. Hier können bei einer Linienbreite von 0,15GHz bei kurzen Resonatorlängen schon Probleme auftreten.

6.1.2   Der Einfluss von Längenänderungen des Resonators

In der Regel entsteht beim Betrieb des Lasers Wärme, besonders im aktiven Medium. Das führt nach dem Kaltstart zu einer Erwärmung des Gehäuseinneren und in der Folge auch zu einer Erwärmung der mechanischen Komponenten, die den Abstand der Spiegel und damit die Resonatorlänge bestimmen. Ist α deren Ausdehnungskoeffizient und ändert sich die Temperatur um ΔT, so wird sich die Resonatorlänge um

$$\Delta L = \alpha L \Delta T \qquad\qquad\qquad 6.6$$

ändern. Angenommen, die Eigenschwingung mit dem Modenindex i befinde sich im kalten Zustand des Lasers genau im Zentrum des Verstärkungsprofils. Nach Gl. 6.3 muss sich die Frequenz nach Erwärmung entsprechend verändern:

$$f_i(L) = \frac{ic}{2L} \quad \rightarrow \quad f_i(L+\Delta L) = \frac{ic}{2(L+\Delta L)} \qquad\qquad 6.7$$

Die thermisch bedingte Verschiebung ist also

$$\Delta f_i = \frac{ic}{2L} - \frac{ic}{2(L+\Delta L)} = \frac{ic(L+\Delta L)-icL}{2L(L+\Delta L)} = \frac{ic\Delta L}{2L(L+\Delta L)} \qquad 6.8$$

Unter Verwendung von Gl. 6.3 und wegen c=λf erhält man daraus:

$$\Delta f_i = \frac{f_i \Delta L}{L + \Delta L} \qquad \boxed{\Delta f_i = \frac{c\Delta L}{\lambda_i(L+\Delta L)}} \qquad\qquad 6.9$$

Bei Erwärmung, also Verlängerung des Resonators, verringert sich die Frequenz der i-ten axialen Mode um Δf_i. Diese Verringerung führt dazu, dass sich die vertikalen Linien, die die Eigenfrequenzen des Resonators darstellen, in Abb. 6.3 nach links bewegen. Die strich–punktierten Linien sind die Frequenzen nach der Erwärmung bzw. Verschiebung. Im Falle der Abb. 6.3a liegen die axialen Moden noch eng genug, so dass sich stets mindestens eine Linie im Verstärkungsbereich befindet. Der Laser schwingt also in jedem Fall an. Während der Erwärmung kommt es aber zu einer **Modulation der Laserleistung**, während die einzelnen Linien über das Maximum der Verstärkungslinie wandern. Haben die axialen Moden einen großen Abstand wie in Abb. 6.3b, kann es dazu führen, dass die ursprünglich im Zentrum des Verstärkungsprofils liegende Linie ganz den Bereich der Verstärkung verlässt, bevor die nächste Mode in den Verstärkungsbereich eintritt. In diesem Falle würde der Laser verlöschen. Im Falle der Abb. 6.3c erlischt der Laser nicht, allerdings kommt es wegen der stark variierenden Verstärkung zu starken **Leistungsschwankungen**, während sich das System erwärmt. Die axialen Moden durchlaufen das Verstärkungsprofil, werden also an den Flanken des Profils weniger, im Zentrum mehr verstärkt. Die Laserleistung pendelt also während des Erwärmens zwischen einem Maximal– und einem Minimalwert. Ist die Temperatur stabil geworden, kann es sein, dass das Maximum des Verstärkungsprofils genau zwischen zwei axialen Moden liegt – der Laser würde dann nicht die maximal mögliche Leistung abgeben. In der Praxis lassen sich diese Schwankungen durch eine Längenstabilisierung zwar beseitigen, die Lösung ist praktisch aber relativ teuer.

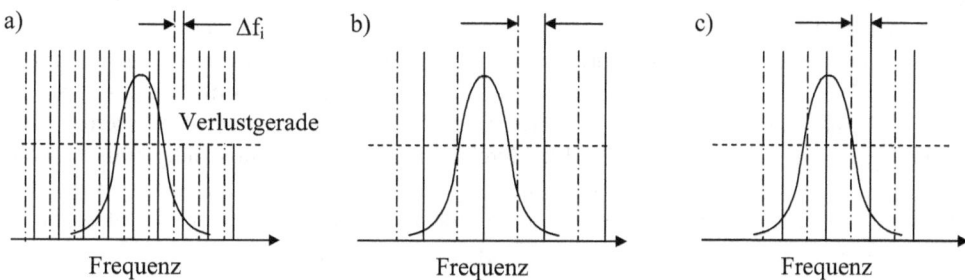

Abb. 6.3. Bei thermisch bedingter Verlängerung des Resonators verschieben sich die axialen Moden zu niedrigen Frequenzen (also nach links). Die durchgezogenen Linien sind die Positionen im kalten Zustand, die strich–punktierten Linien entsprechen dem warmen Zustand. Die Frequenzverschiebung Δf_i führt im Fall b) zu einem Verlöschen der Laserstrahlung, weil sich keine axiale Mode im Verstärkungsprofil befindet. Im Fall c) kommt es zu einer starken Modulation der Ausgangsleistung.

Bei einem 4m langen Resonator eines CO_2–Lasers (λ=10,6μm), dessen längenbestimmende Elemente aus **Invar–Stahl** (Längenausdehnungskoeffizient: $\alpha = 0,9 \cdot 10^{-6} 1/K$) gefertigt sind, hat eine Temperaturschwankung ΔT von 20K eine Frequenzverschiebung von Δf_i=509MHz zur Folge. Die Linienbreite unter Betriebsbedingungen beträgt nach Tab. 6.1 etwa 150MHz. Es wird klar, dass diese spezielle axiale Mode nicht mehr verstärkt wird, wenn der Laser warm ist. Nun ist es aber so, dass der axiale Modenabstand gemäß Gl. 6.5 etwa Δf=37MHz beträgt, so dass während der Erwärmung mehrere benachbarte axiale Moden durch das Verstärkungsprofil gerückt sind. Da Δf in diesem Beispiel deutlich kleiner ist als die Linienbreite, wird die Laserstrahlung nicht aussetzen, es sei denn, die Resonatorverluste wären so hoch, dass die Verlustgerade sehr hoch liegt.

6.1.3 Güteschaltung

Bei Lasern stehen inzwischen Leistungen bis zu einigen Zehntausend Watt zur Verfügung. Die Grenze setzt hier die **Materialfestigkeit**, denn optische Komponenten sind nur bis zu einer gewissen Intensität belastbar. Es gibt nun viele Anwendungen, bei denen zwar extreme Intensitäten benötigt werden, aber nur für kurze Zeit. Dies entspricht etwa den Blitzlampen bei den klassischen Lichtquellen. Bei der Photographie etwa leuchtet man den zu photographierenden Gegenstand mit einem Blitzlicht aus. Es wird nur für den Moment der Aufnahme eine relativ hohe Beleuchtungsstärke benötigt. Man würde sehr starke Lampen brauchen, wollte man die Szenerie mit einem Dauerlicht in der gleichen Beleuchtungsstärke ausleuchten. Ähnlich verhält es sich bei vielen Lasermaterialbearbeitungen. Ja es ist sogar in vielen Fällen so, dass Bearbeitungen überhaupt erst mit extrem kurzen, intensiven Laserimpulsen möglich sind.

Die einfachste Art, Laserimpulse zu erzeugen, ist natürlich, einfach die Pumpquelle ein- und auszuschalten. Wenn keine Besetzungsinversion vorhanden ist, kann auch keine Laserstrahlung emittiert werden. Das liefert aber im eingeschalteten Zustand keine wesentlich höheren Leistungen als die, die das System auch im Dauerstrahlbetrieb liefern würde. Eine Möglichkeit, tatsächlich für kurze Zeiten eine deutlich höhere als die Dauerstrichleistung zu erhalten, ist die **Güteschaltung**. Der Begriff „Güte" wird hier in dem Sinne angewandt, wie er auch bei Schwingkreisen in der Elektrotechnik verwendet wird. Der Laserresonator mit seiner stehenden Welle ist ein schwingfähiges System mit einer gewissen **Güte**, d.h. mit einer gewissen, vermeidbaren oder unvermeidbaren Dämpfung. Gedämpft wird der Laserresonator dadurch, dass einer der beiden Spiegel teildurchlässig ist, so dass ihm ständig optische Leistung entzogen wird. Je transparenter der Spiegel, desto höher sind die „**Auskoppelverluste**". Daneben wirken etwa optische Oberflächen mit etwaigen Restreflexionen oder Streuung im Resonator oder auch Restabsorptionen in Komponenten dämpfend.

Mit dem **Güteschalter** (engl. **Q-Switch**) greift man nun bewusst verschlechternd in die Güte des Resonators ein. Hält man etwa eine einfache, für die Strahlung undurchlässige Platte in den Resonator, unterbindet man damit die stimulierte Emission. Wird der Pumpvorgang kontinuierlich fortgesetzt, kann damit eine sehr hohe Besetzungsinversion „angehäuft" werden, da keine Photonen im Resonator umlaufen, die Übergänge induzieren. Gibt man den Resonator frei, löst das erste in Richtung der optischen Achse spontan emittierte Photon aufgrund der hohen Besetzungsinversion im aktiven Medium sehr viele weitere Photonen aus und es kommt zu einer hohen Verstärkung. Ein sehr intensiver Laserimpuls ist die Folge.

Vergleichen kann man den Vorgang mit einem Bach, bei dem eine gewisse, nicht allzu große Wassermenge pro Zeiteinheit talwärts strömt. Bringt man ein Brett in den Bachlauf, staut sich das Wasser. Auf der Talseite versiegt der Wasserstrom. Ist der „Staudamm" voll und wird das Brett schlagartig herausgezogen, schießt eine große Wassermasse zu Tal. Sie entspricht dem intensiven Laserimpuls. Übrigens ist kein Staudamm beliebig groß, irgendwann wird er überlaufen und das Wasser wird im Falle des Baches seitlich in die Wiese laufen und dort versickern. Bei der Güteschaltung verhält es sich genauso: in keinem Material kann eine beliebig große Besetzungsinversion angehäuft werden. Die theoretische Grenze wäre erreicht, wenn alle Teilchen die Energie des oberen Laserniveaus angenommen haben. In der Praxis ist das natürlich nicht möglich, es gibt stets weitere, besetzte Niveaus. Außerdem sind die entsprechenden Relaxationszeiten endlich, es kommt stets zu spontanen Übergängen, die dem Überlaufen des Staudammes entsprechen. Das bedeutet, dass die Besetzungsinversion einen **Sättigungswert erreicht**, der nicht mehr erhöht wird, selbst wenn man noch so lange wartet.

Die einfachste Realisierung eines Güteschalters ist die oben erwähnte undurchlässige Platte. Will man eine periodische Folge von Laserimpulsen haben, bietet sich eine **Chopperscheibe** an (Abb. 6.4). Dies ist eine rotierende Scheibe mit Öffnungen, die idealerweise schlitzförmig ausgeführt sind und deren Länge idealerweise noch variabel wäre. Über die Drehzahl lässt sich die Frequenz der Impulsfolge und über die Schlitzlänge das Tastverhältnis beeinflussen. Die Lochscheibe hat aber keine praktische Bedeutung erlangt. Um nämlich eine spürbare Intensitätsüberhöhung zu erhalten, muss die Öffnung des Resonators, also die Verbesserung der Güte, sehr schnell erfolgen. Die Abklingzeit des Resonators muss dagegen lang sein. Die **Abklingzeit** ist die Zeit, in der die Welle bedingt durch die Resonatorverluste (ohne Güteschalterverluste) auf den e–ten Teil ihrer Intensität abgeklungen ist. Da dies nur mit sehr schnell rotierenden Scheiben und stark fokussierter Laserstrahlung angenähert möglich ist, wurden schnell andere Wege gesucht und gefunden.

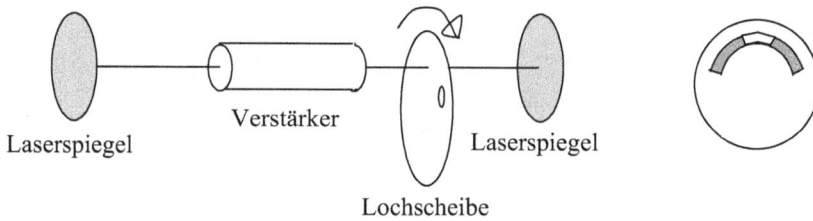

Abb. 6.4. Rotierende Lochscheibe als Güteschalter. Die Lochscheibe kann durch zwei übereinander liegende geschlitzte Scheiben gebildet werden, deren Schlitze gegeneinander verschoben werden können, so dass unterschiedliche Tastverhältnisse realisiert werden können.

Eine elegante Möglichkeit ist der **akustooptische Güteschalter**. Hier wird mit Hilfe einer **Ultraschallwelle** in einem transparenten Medium, im Sichtbaren häufig Quarz, über die Dichteschwankungen eine **Modulation der Brechzahl** bewirkt. Realisiert wird dies, indem man an das Medium seitlich einen piezoelektrischen Kristall anbringt und mit einer hochfrequenten Wechselspannung (10 bis 1000MHz) versorgt (Abb. 6.5a). Im Güteschalter entsteht damit eine Welle mit ebenen Phasenfronten. Der Abstand zweier Verdichtungszonen entspricht der Wellenlänge Λ_S der Schallwelle. Vergleicht man Abb. 6.5a mit Abb. 4.73 im Kapitel 4.6.6 (Bragg–Reflexion), so erkennt man, dass der Abstand zweier Verdichtungszonen dem Abstand d der Netzebenen bei der Bragg–Reflexion entspricht. Ersetzt man noch die Wellenlänge λ im Modulatormedium durch λ_0/n, wobei λ_0 die Vakuumwellenlänge und n die Brechzahl des Modulatormaterials ist, dann erhält man für Gl. 4.323:

$$2\Lambda_S \sin\varphi = \frac{i\lambda_0}{n} \quad \text{bzw.} \quad \boxed{\sin\varphi = \frac{i\lambda_0}{2\Lambda_S n}} \qquad\qquad 6.10$$

Die Gleichung zeigt, dass über die Schallwellenlänge und damit die Schallfrequenz der Ablenkwinkel beeinflusst werden kann. Da die Reflexion nicht an diskreten Netzebenen erfolgt, sondern an sinusförmigen Brechzahlschwankungen, kann man zeigen, dass **nur die Ordnungen i=1 und i=–1** (Abb. 6.5b) auftreten. Das Verhalten des Modulators kann in diesem Fall als eine Bragg–Reflexion aufgefasst werden, der Modulator arbeitet dann im **Bragg–Bereich**. Wird die seitliche Ausdehnung b des Modulators klein, wird also die Fläche der Phasenfronten klein, dann verhält sich der Modulator ähnlich einem Beugungsgitter und es können höhere Beugungsordnungen auftreten. Man sagt dann, der Modulator arbeitet im

Raman–Nath–Bereich. Als Kriterium, in welchem Bereich ein Modulator arbeitet, wurde die folgende Größe entwickelt [Higgins 1991]:

$$Q = \frac{2\pi\lambda b}{n\Lambda_S^2} \qquad\qquad 6.11$$

b ist die seitliche Ausdehnung der Schallwelle bzw. des Modulators. Ist **Q niedriger als 1**, arbeitet der Modulator im **Raman–Nath–Bereich**, ist **Q größer als 1**, arbeitet er im **Bragg–Bereich**.

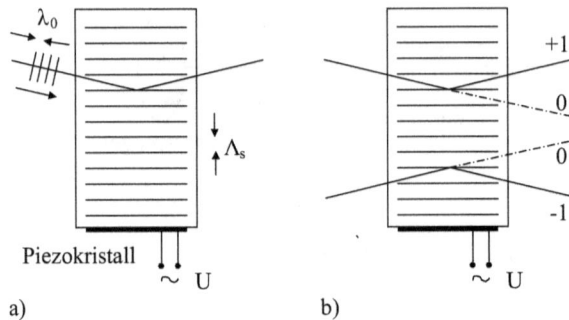

Abb. 6.5. Beim akustooptischen Modulator kommt es zur Beugung der Lichtwelle an den periodischen Dichte-schwankungen, die eine Ultraschallwelle verursacht (a). Ein im Bragg–Bereich arbeitender Modulator beugt nur in die Ordnungen +1 und –1 (b).

An dem durch die Schallwelle erzeugten Phasengitter findet eine Beugung des Lichtes statt, so dass ein Teil aus seiner ursprünglichen Richtung gebeugt wird. In den Resonator eines Lasers eingesetzt, verschlechtert das die Güte des Resonators und bringt ihn idealerweise unter die Laserschwelle, so dass er mit der Ultraschallwelle ein– bzw. ausgeschaltet werden kann. Die maximale Frequenz, mit der das geschehen kann, ist theoretisch durch die Zeit τ bestimmt, die die Schallwelle benötigt, um den Laserstrahl mit dem Durchmesser 2w zu durchqueren. Es gilt:

$$f_{max} = \frac{1}{\tau} = \frac{c_S}{2w} \qquad\qquad 6.12$$

Dabei ist c_S die Schallgeschwindigkeit im Modulatormaterial. Im Bragg–Bereich können theoretisch bis zu 100% der Strahlung in die erste Ordnung gebeugt werden [Das 1991]. Die optischen Verluste, die ein akustooptischer Modulator beim Einbringen in den Resonator verursacht, sind bei Verwendung von antireflexbeschichteten Oberflächen minimal.

Schneller und mit besserem Löschungsverhältnis lässt es sich mit **elektrooptischen Modulatoren** schalten. Sie beruhen darauf, dass bestimmte Kristalle beim Anlegen einer Hochspannung **doppelbrechend** werden. Bei geeignetem Zuschnitt des Kristalls und einer genau berechneten Länge und der dazu passenden Spannung kann damit eine definierte **Drehung der Polarisationsrichtung** des durchgehenden Lichtes bewirkt werden. Das setzt einen polarisierten Laserstrahl voraus. Der Kristall wird so bemessen, dass beim Einfachdurchlauf gemäß Abb. 6.6a die Polarisation im Resonator zunächst um $45°$ gedreht wird. Nach erfolgter Reflexion am Laserspiegel (Abb. 6.6b) kann beim Rücklauf die Polarisation um weitere $45°$ gedreht werden (Abb. 6.6c). Das Licht wird somit – da jetzt $90°$ in der Polarisation gedreht – durch den Polarisator blockiert. Die Güte des Resonators ist somit deutlich verschlechtert. Die elektrooptische Güteschaltung ist die teuerste, aber auch schnellste Art der Güteschaltung. Es sind damit **hohe Löschungsverhältnisse und Schaltzeiten unter 10ns** realisierbar.

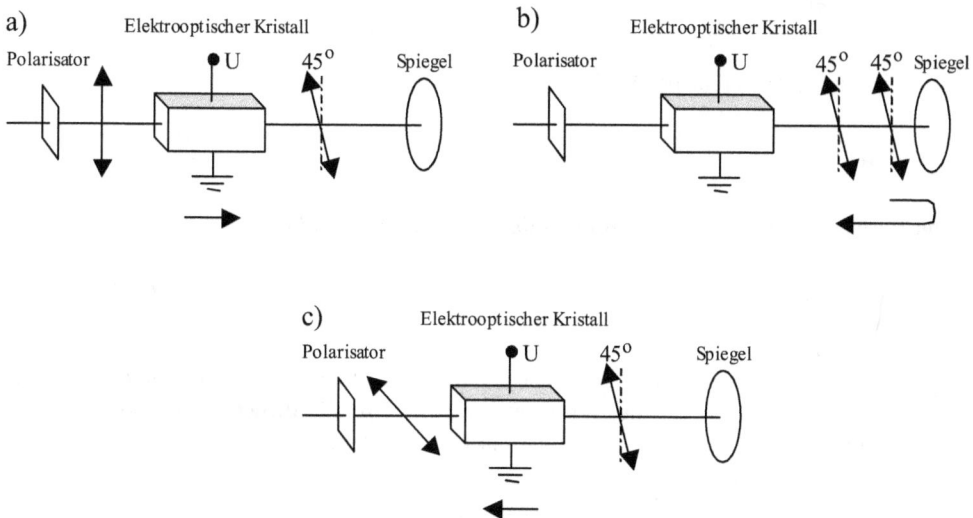

Abb. 6.6. *Güteschaltung mit dem elektrooptischen Modulator*

6.1.4 Modenkopplung

Das Güteschalten liefert kurze, intensive Laserimpulse. Wesentlich kürzere, intensivere Impulse sind mithilfe der **Modenkopplung** zu erzielen. Es soll hierzu noch einmal das Spektrum der **axialen Moden** in Augenschein genommen werden, wobei zunächst angenommen werden soll, dass sich nur zwei axiale Moden mit Modenindex i und i+1 innerhalb des Verstärkungsprofils befinden und eine Verstärkung oberhalb der Verlustgeraden erfahren. Angenommen, einer der beiden Laserspiegel ist – wie üblich – teildurchlässig, dann kann man unmittelbar hinter dem Spiegel eine zeitabhängige Feldstärke beobachten, die sich aus den beiden Feldstärken E_i und E_{i+1} der beiden axialen Moden

$$E_i(t) = E_0 \sin(\omega_i t + \varphi_i) \qquad\qquad 6.13$$

$$E_{i+1}(t) = E_0 \sin(\omega_{i+1} t + \varphi_{i+1}) \qquad\qquad 6.14$$

zusammensetzt:

$$E(t) = E_0 \sin(\omega_i t + \varphi_i) + E_0 \sin(\omega_{i+1} t + \varphi_{i+1}) \qquad\qquad 6.15$$

Es sei bei diesem vereinfachenden Modell angenommen, dass die Amplituden der beiden Wellen gleich sind. Durch eine trigonometrische Umformung gewinnt man:

$$E(t) = 2E_0 \sin\left(\frac{\omega_i t + \varphi_i + \omega_{i+1} t + \varphi_{i+1}}{2}\right) \cos\left(\frac{\omega_{i+1} t + \varphi_{i+1} - \omega_i t - \varphi_i}{2}\right) \qquad 6.16$$

Mit Gl. 6.3. erhält man:

$$\omega_i = 2\pi f_i = 2\pi \frac{ic}{2L} = i\frac{\pi c}{L} \quad \text{bzw.} \quad \omega_{i+1} = (i+1)\frac{\pi c}{L} \qquad 6.17$$

Damit gilt für die Differenz der Kreisfrequenzen:

$$\omega_{i+1} - \omega_i = \frac{\pi c}{L} \qquad 6.18$$

Unter Berücksichtigung der **Resonatorumlaufzeit** $T_u = 2L/c$ wird daraus:

$$\omega_{i+1} - \omega_i = \frac{2\pi}{T_u} = \Omega_u \qquad 6.19$$

T_u ist dabei die Zeit, die vergeht, bis Licht innerhalb des Resonators wieder an der gleichen Stelle vorbeikommt. $1/T_u$ ist die dazugehörige Frequenz, Ω_u die entsprechende Kreisfrequenz. Damit kann Gl. 6.16 wie folgt umgeschrieben werden:

$$E(t) = 2E_0 \sin\left(\frac{\omega_{i+1} + \omega_i}{2} t + \frac{\varphi_i + \varphi_{i+1}}{2}\right) \cos\left(\frac{\Omega_u}{2} t + \frac{\varphi_{i+1} - \varphi_i}{2}\right) \qquad 6.20$$

Die Feldstärke $E(t)$ wird also durch einen zeitlich schnell und einen langsam schwingenden Anteil dargestellt. Der Sinus oszilliert mit der Kreisfrequenz $(\omega_{i+1} + \omega_1)/2$. Es ist dies der Mittelwert der Kreisfrequenzen der beiden beteiligten axialen Moden und entspricht etwa der Frequenz des emittierten Lichtes; im Sichtbaren sind das etwa $5 \cdot 10^{14}\,\mathrm{Hz}$. Der Cosinus oszilliert langsamer, mit der Kreisfrequenz $\Omega_u/2$. Bei einem 1,5m langen Resonator beträgt die Resonatorumlaufzeit etwa 10ns, die entsprechende Frequenz wäre also ca. 100MHz, die Kreisfrequenz $\Omega_u = 0{,}63\,\mathrm{GHz}$. Dies sind viele Größenordnungen weniger als bei der Frequenz des Lichtes. Es resultiert eine „Schwebung", wie sie in der Abb. 6.7 für deutlich niedrigere Frequenzen und Frequenzdifferenzen dargestellt ist. Bei der Rechnung wurde E_0 willkürlich Eins gesetzt, so dass wegen $\psi(t) \propto E^2(t)$ und dem Faktor 2 in Gl. 6.20 der Maximalwert von $\psi(t)$ gleich vier ist.

Außerhalb des Resonators beobachtet man also eine Folge von Maxima im zeitlichen Abstand der Resonatorumlaufzeit T_u. Da die Amplituden der beiden beteiligten Wellen als gleich (nämlich eins) angenommen wurden, ist die Modulationstiefe 100%. Man beachte außerdem, dass die eingeführten Nullphasenwinkel φ_i und φ_{i+1} lediglich die Lage des Zeitnullpunktes beeinflussen, nicht aber die grundsätzliche Zeitabhängigkeit der Intensität. Eine Veränderung dieser Winkel würde lediglich den Nullpunkt verschieben.

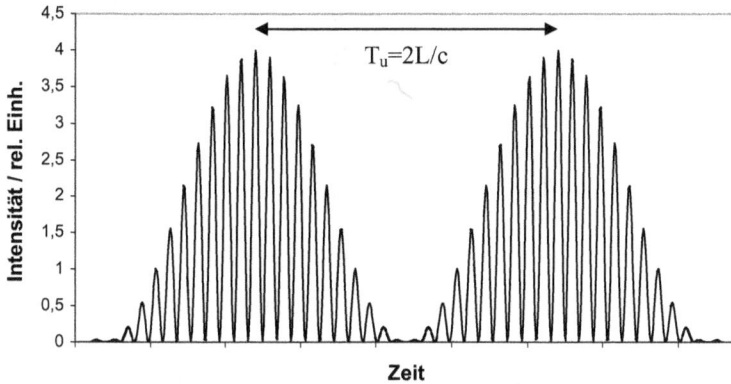

Abb. 6.7. Zeitlicher Verlauf der Intensität außerhalb des Resonators für zwei axiale Moden.

Was hier für zwei axiale Moden durchgeführt wurde, kann auch für drei oder mehr Moden gerechnet werden. Hier beeinflussen die Nullphasenwinkel der einzelnen Moden den zeitlichen Verlauf der Intensität dramatisch.

In Abb. 6.8 sind zehn axiale Moden mit willkürlich gewählten Nullphasenwinkeln überlagert. Es ergibt sich eine rein statistisch erscheinende Folge von Feldstärkespitzen, die jedoch ebenfalls die Periodizität T_u besitzen. Das Muster ändert sich, sobald auch nur einer der Nullphasenwinkel verändert wird. Natürlich könnte kein Detektor die schnellen Fluktuationen der Feldstärke auflösen; was gemessen wird, ist der **zeitliche Mittelwert**. Doch nun zum eigentlichen „Modenkoppeln". Angenommen, es würde gelingen, dass zu einem bestimmten Zeitpunkt an einem gegebenen Ort alle axialen Moden „in Phase" sind, also ihren Maximalwert haben. Natürlich würden sich dann alle Amplituden aufsummieren und eine hohe Intensität wäre die Folge. Abb. 6.9 zeigt diese Situation. Man erkennt, dass man im Maximum tatsächlich die relative Intensität 5^2, also 25 erhält. Die Impulse haben wieder den zeitlichen Abstand der Resonatorumlaufzeit T_u. Zwischen den Impulsen nimmt die Intensität sehr geringe Werte an.

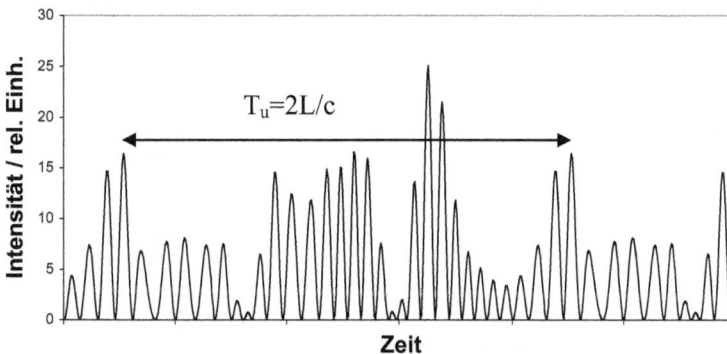

Abb. 6.8. Zeitlicher Verlauf der Intensität außerhalb des Resonators für zehn axiale Moden mit willkürlich gewählten Phasenbeziehungen.

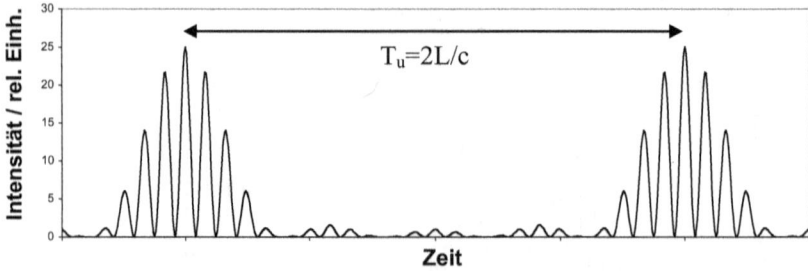

Abb. 6.9. Zeitlicher Verlauf der Intensität außerhalb des Resonators für fünf „gekoppelte" axiale Moden.

Noch kürzer und damit intensiver werden die Impuse, wenn man zehn axiale Moden mit gekoppelter Phase überlagert. Das Ergebnis zeigt Abb. 6.10. Die Amplitude nimmt hier in den Maxima den Wert 100 an. Man vergleiche dieses Ergebnis mit dem Resultat der zehn axialen Moden mit willkürlicher Phasenlage in Abb. 6.8, bei dem nur etwa die Intensität 25 erreicht wurde. Die Breite der Impulse hat sich deutlich verringert. Die schnelle Modulation innerhalb der Impulse entspricht der Lichtfrequenz.

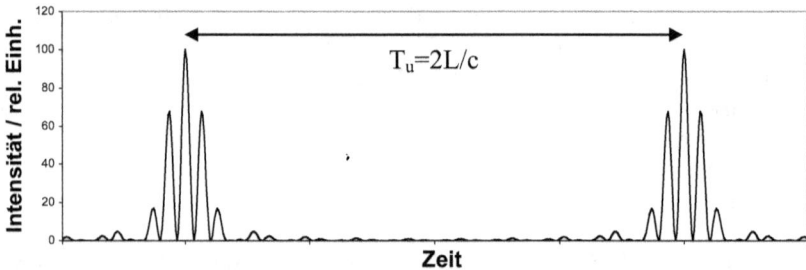

Abb. 6.10. Zeitlicher Verlauf der Intensität außerhalb des Resonators für zehn „gekoppelte" axiale Moden.

Dies alles zeigt, dass es möglich ist, die Energie im Resonator in zeitlich sehr kurzen und intensiven Impulsen, die im Resonator hin– und herlaufen, quasi zu bündeln. Nach außen gibt der Laser wegen des teildurchlässigen Spiegels eine Folge von Impulsen mit dem Abstand T_u ab.

Doch wie gelingt es nun, den Laser dazu zu bringen, axiale Moden zu „koppeln"? Würde man die Zahl der axialen Moden weiter erhöhen, würden die Impulse immer kürzer und während der zwischen ihnen liegenden Zeit wäre die Intensität quasi Null. Das würde aber bedeuten, dass man an einer gegebenen Stelle im Resonator eine undurchsichtige Platte einbringen könnte, während der Impuls gerade an einer anderen Stelle „unterwegs" ist. Man müsste sie nur schnell genug wieder herausziehen, wenn er zurückkommt. Hier kommt der Güteschalter ins Spiel. Bei der Güteschaltung war es nicht notwendig, dass der Schalter im Takt der Resonatorumlaufzeit schaltet. In der Regel wird er viel langsamer sein. Für die **Modenkopplung** muss er schnell genug sein, um während der Resonatorumlaufzeit T_u ein– und wieder auszuschalten. Hierfür kommt fast ausschließlich ein elektrooptischer Güteschalter in Frage. Setzt man ihn, wie in Abb. 6.11 gezeigt, in die Nähe eines Resonatorspiegels, muss er mit der Frequenz $1/T_u$ schalten; in der Mitte des Resonators müsste er pro Umlauf zweimal öffnen, er müsste also mit der Frequenz $2/T_u$ arbeiten.

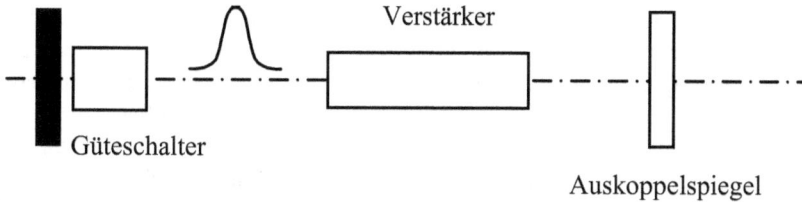

Abb. 6.11. Güteschalter im Resonator.

Man könnte also den Modulator im Wesentlichen undurchlässig schalten, solange man im Takt der Umlaufzeit T_u kurz öffnet, um den Impuls „durchzulassen". Genau das tut man beim **aktiven Modenkoppeln**. „Aktiv" deshalb, weil man von außen aktiv in die Güte eingreift. Es gibt auch noch eine passive Modenkopplung. Doch woher wissen die axialen Moden beim Start des Lasers, dass sie in Phase anschwingen sollen? Nun, der Güteschalter erzwingt dies. Wenn nach dem Einschalten die Besetzungsinversion aufgebaut ist, werden zunächst spontan Photonen in alle Richtungen mit statistischer Phasenverteilung emittiert. Einige davon werden in Richtung der Resonatorachse ausgesandt und könnten somit eine stehende Welle im Resonator aufbauen. Haben diese Photonen statistisch verteilte Nullphasenwinkel, entspricht ihr zeitlicher Verlauf etwa dem der Abb. 6.8. „Entspräche", müsste man eigentlich sagen, denn der die meiste Zeit geschlossene Güteschalter wird sie löschen. Erst wenn zufällig eine Anzahl emittierter Photonen in Phase ist und sich damit die Energie auf die kurze Öffnungszeit des Güteschalters bündelt, „überlebt" der Impuls nicht nur im Resonator, sondern er wird auch noch verstärkt. Da weiter keine axialen Moden außer den gekoppelten im Resonator vorhanden sind, steht diesen auch die ganze Besetzungsinversion des Verstärkers zur Verfügung. Sie wachsen daher zu sehr intensiven Impulsen heran.

Die Herausbildung eines Impulses lässt sich aber auch im Frequenzbild erklären: angenommen, es entsteht im Resonator eine einzelne, axiale Mode durch spontane Emission. Dann wird die Welle durch den Güteschalter in ihrer Intensität moduliert. Entspricht die Modulationsfrequenz genau Ω_u, wird also im Zeittakt der Resonatorumlaufzeit T_u geschaltet, erhält man wegen Gl. 6.19 genau die Differenzfrequenz zweier benachbarter axialer Moden. Man moduliert also – ähnlich wie bei Abb. 6.7 – die Strahlung und erzwingt damit das Auftreten weiterer axialer Moden. Plural deshalb, weil nämlich gleich zwei neue Moden entstehen, eine mit der um Ω_u verringerten und eine mit der um Ω_u erhöhten Frequenz. Diese neuen Moden werden gleichermaßen „geschaltet" und es entstehen weitere axiale Moden, die, wie alle vorherigen, in ihrer Phasenlage gekoppelt sind.

Die Modenkopplung lässt sich auch durch einen **sättigbaren Absorber** bewirken; man spricht dann von **passiver Modenkopplung**. Es wird ein Absorbermaterial verwendet, das eine gewisse **Kleinsignaltransmission** besitzt. Bei hohen Intensitäten werden Teilchen in hoher Zahl von einem Grundzustand in einen höheren Zustand versetzt (siehe hierzu auch

Abb. 1.19), bis die Besetzungsdifferenz zwischen dem oberen und unteren Zustand so klein wird, dass keine Strahlung mehr absorbiert wird. Das Material wird dadurch **transparent**, der Übergang ist **gesättigt**. Das Material wird auch **ausbleichbarer Absorber** genannt.

Angenommen, im Resonator entstünde wieder eine gewisse Anzahl axialer Moden mit willkürlicher Phasenbeziehung. Der zeitliche Verlauf entspräche dann etwa dem der Abb. 6.8. Zufällig entsteht hier eine Spitze (etwa in der Mitte der Abb.) mit der Höhe von 25 Einheiten. Erreicht diese Spitze den sättigbaren Absorber, werden die schwächeren Bereiche der Welle absorbiert, die Spitzenintensität (25 Einheiten) wird den Absorber aber sättigen bzw. ausbleichen und damit **weniger absorbiert**. Die höchste Spitze in den Fluktuationen wird also relativ zum Untergrund verstärkt. Über mehrere Umläufe betrachtet wird der Wellenberg zu einem intensiven Impuls herangewachsen sein, während der Untergrund völlig unterdrückt wurde.

Werden nur wenige intensive Impulse benötigt, kann man auch die **Pumpquelle** pulsen. Mit Blitzlampen erreicht man im Falle optisch gepumpter Laser für kurze Zeit hohe Besetzungsinversionen. Während dieser Zeit lässt sich durch passive Modenkopplung eine Folge intensiver Laserimpulse erzeugen. Das Ganze lässt sich auch noch mit der aktiven Modenkopplung unterstützen. Einen solchen Impulszug eines blitzlampengepumpten, **aktiv–passiv modengekoppelten Nd–YAG–Laser** zeigt Abb. 6.12. Die damit erzielbaren Impulse haben einen zeitlichen Abstand von 10ns, eine Einzelimpulsenergie (im Maximum) von ca. 2-3mJ und eine Dauer der Größenordnung 10ps.

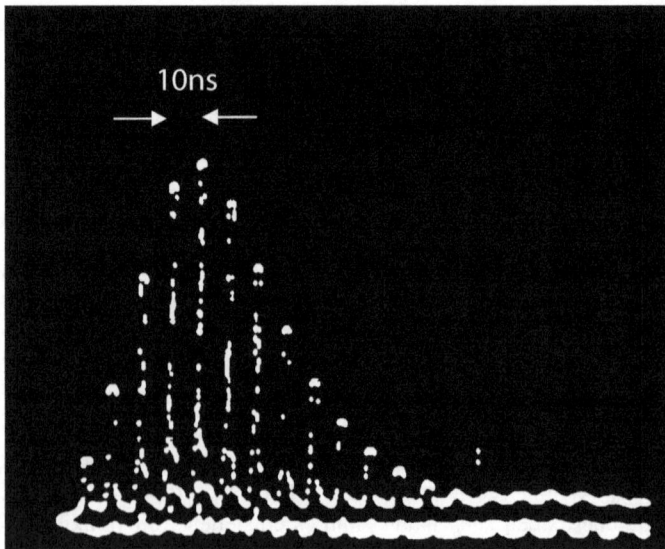

Abb. 6.12. Impulszug eines blitzlampengepumpten aktiv–passiv modengekoppelten Nd–YAG–Lasers [Dohlus 1987].

6.2   Optische Resonatoren und Gauß-Bündel

6.2.1   Transversale Moden

Typisches Kennzeichen eines Lasers ist neben der (vermeintlichen) Monochromasie der stark gebündelte Strahl, der emittiert wird. Betrachtet man die stimulierte Emission, so ist zunächst nicht einzusehen, warum der Strahl so stark gebündelt wird. Angenommen, in einem aktiven Medium, in dem Besetzungsinversion herrscht, wird ein einzelnes Photon durch spontane Relaxation des Laserübergangs erzeugt. Dieses löst durch induzierte Emission weitere Photonen gleicher Wellenlänge und gleicher Richtung aus (Abb. 6.13). Eine lasertypische Bündelung des Strahls wird hierbei nicht verständlich. Trotzdem lässt sich ein solcher „Laser" realisieren, z.B. auf einfache Art durch einen Funken im Stickstoff der Luft. Allerdings liegt die Emission im UV. Ob man tatsächlich gerichtete und intensive Strahlung erhält, hängt vom Verstärkungsfaktor des aktiven Materials ab. Ist sie hoch genug, wirkt das System als **Superstrahler**. Es genügt dann ein Photon, um eine Lawine loszutreten. Bei vielen laseraktiven Materialien ist allerdings die Verstärkung für die Realisierung eines solchen Superstrahlers nicht hoch genug. Es müssen dann Maßnahmen getroffen werden, um trotzdem kontinuierliche Laserstrahlung zu bekommen. Hier erweist sich der im Kapitel 6.1 eingeführte Resonator als hilfreich. Wählt man die Reflektivität der Laserspiegel geeignet, können resonatorintern sehr hohe Intensitäten auftreten, während die Resonatorverluste pro Umlauf durch Auskopplung von Nutzstrahlung klein gehalten werden können. Gleichzeitig kann – wie in den folgenden Abschnitten gezeigt werden soll – die Bündelung des Strahls in weiten Grenzen beeinflusst werden.

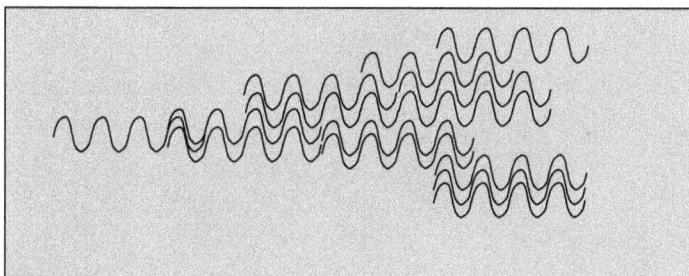

Abb. 6.13. Bei einem Superstrahler fehlt der Resonator vollständig, die Verstärkung ist so hoch, dass ein einfacher Durchlauf des verstärkenden Mediums reicht, um intensive Strahlung zu erzeugen.

Die Spiegel, die in Abschnitt 6.1 den Resonator gebildet haben, wurden dort hinsichtlich ihrer Krümmungsradien nicht weiter spezifiziert. Diese sind es jedoch, die darüber entscheiden, ob ein Laser überhaupt „anschwingen" kann. Angenommen, ein Resonator bestehe wie in Abb. 6.14 skizziert aus zwei Spiegeln mit den Krümmungsradien $R_1>0$ und $R_2<0$. Der Weg eines Lichtstrahls, der innerhalb dieses Resonators umläuft, kann simuliert werden, indem man den Strahlengang entfaltet und die Spiegel durch Linsen gleicher Brennweite ersetzt. Es entsteht damit der in Abb. 6.14 skizzierte Strahlengang. Es hängt nun offensichtlich sehr empfindlich von den Brennweiten der beiden Linsen ab, ob ein paraxialer Strahl, der in das System eintritt oder besser, der im System entsteht, auch bei sehr vielen Linsendurchtritten im System bleibt, d.h. nicht irgendwann die nächste Linse verfehlt und damit verloren ist. Im Beispiel der Abb. 6.14 ist sicher die Zerstreuungslinse von Nachteil, sie führt zur Divergenz und kann nur durch eine entsprechende Sammellinse mit sehr hoher Brechkraft kompensiert werden. Es kann gezeigt werden [Kogelnik 1966], dass die Bedingung für die Stabilität gegeben ist durch:

$$\boxed{0 < g_1 g_2 < 1} \quad \text{mit} \quad g_1 = 1 - \frac{L}{R_1} \quad \text{und} \quad g_2 = 1 - \frac{L}{R_2} \qquad\qquad 6.21$$

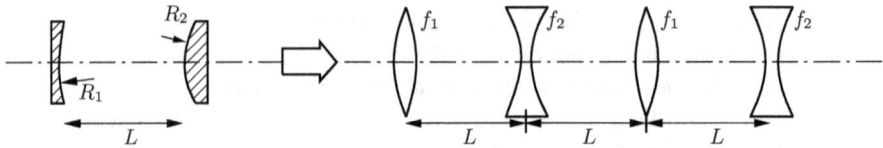

Abb. 6.14. Entfaltung des Resonators

Abb. 6.15 zeigt die Bereiche stabiler Resonatoren in graphischer Darstellung. Somit wäre ein Resonator der Länge L=0,75m mit den Spiegelradien R_1=1m und R_2=–0,5m stabil, denn für das Produkt $(1–L/R_1)(1–L/R_2)$ würde man den Wert 0,625 erhalten, was zwischen 0 und 1 liegt. Der in der Praxis am häufigsten verwendete Resonatortyp ist der **plan-konkave** Resonator. Für die **semikonfokale** Ausführung gilt neben $R_1 \rightarrow \infty$ für den zweiten Spiegel R_2=2L. In der Regel ist der Planspiegel der Auskoppelspiegel.

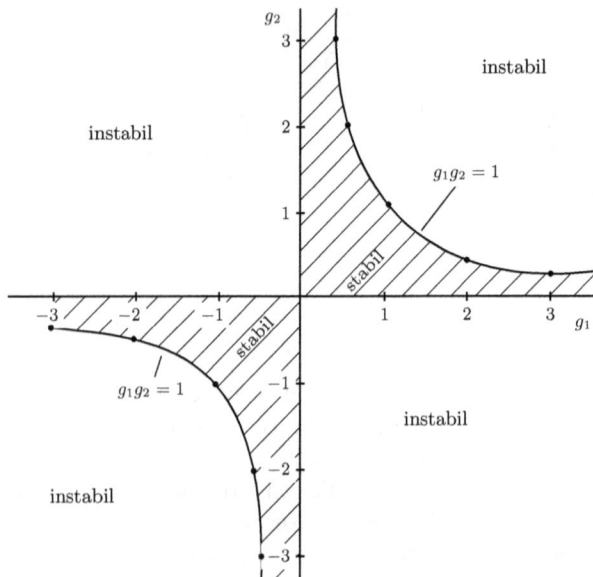

Abb. 6.15. Stabilitätsdiagramm

Ist ein Resonator stabil, beeinflussen die Radien der Spiegel die **Divergenz** des Laserstrahles. Die entstehende Intensitätsverteilung im Strahl selbst wird durch einen weiteren Faktor, nämlich die den strahlbegrenzende Blendenöffnung im Resonator, bestimmt. Wird die kleinstmögliche Blende gewählt, entsteht der **Grundmode**. Höhere Moden entstehen, wenn größere Blendenradien verwendet werden. Die entstehenden Schwingungsformen werden **transversale elektromagnetische Moden** genannt und mit „TEM„ abgekürzt. Abb. 6.16 und 6.17 zeigen Beispiele verschiedener möglicher transversaler Moden. Sie kommen durch Beugungseffekte an den begrenzenden Aperturen des Resonators zustande. Die beiden ganzen Zahlen, die zur Charakterisierung an das „TEM" angehängt werden, entspringen der theoretischen Ableitung der Intensitätsverteilung, bei der **Hermitesche Polynome** entstehen und die hier nicht wiedergegeben werden soll. Der Grundmode wird mit TEM$_{00}$ bezeichnet und bei fast allen Lasern angestrebt. In Abb. 6.16 sind Moden gezeigt, die bei Verwendung kreisförmiger Spiegel entstehen. Hier bedeutet die erste Ziffer die Zahl der Dunkelzonen, die man vom Zentrum radial nach außen gehend durchläuft. Die „0" als zweite Ziffer bedeutet, dass ein „heißes" Zentrum vorliegt, die „1*" steht für ein „kaltes" Zentrum. Ist die erste Ziffer die „0" und die zweite eine natürliche Zahl, bekommt man sternförmige Moden. Der zweite Index gibt die Zahl der geradlinigen Dunkelzonen an, die man sternförmig durch das Zentrum legen müsste, um das Modenbild aus einem hellen kreisrunden Fleck zu erzeugen. Bei der Rechtecksymmetrie (Abb. 6.17), also bei Verwendung rechteckiger Spiegel, geben die Indizes die Zahl der geradlinien Dunkelzonen in vertikaler bzw. horizontaler Richtung an.

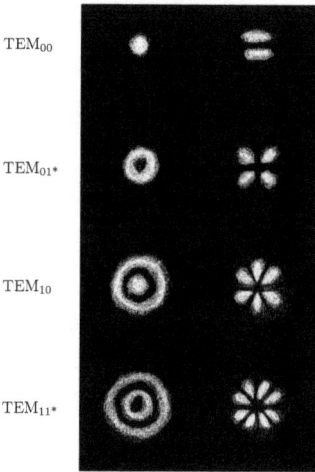

Abb. 6.16. Zylindersymmetrische transversale Moden

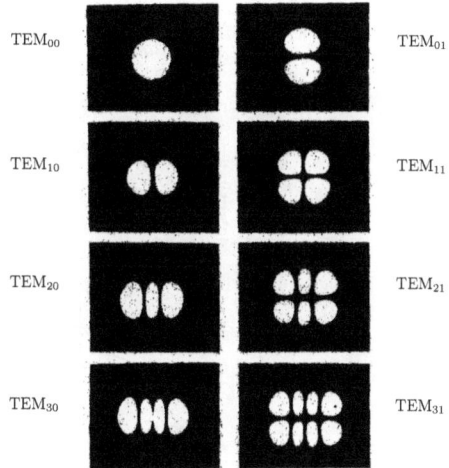

Abb. 6.17. Transversale Moden in Rechtecksymmetrie. Aus [Weber 1988]

Da der Grundmode bei den meisten Lasern verwendet wird, soll nur er detailliert besprochen werden. Die radiale Feldstärkeverteilung für diesen **TEM$_{00}$–Mode** entspricht einer **Gaußfunktion**:

$$E(r) = E_0 e^{-r^2/w^2}$$

$$6.22$$

w ist der Radius, bei dem in radialer Richtung die **Feldstärke auf den e–ten Teil ihrer Größe E$_0$** auf der Strahlachse gefallen ist. Bei der Ausbreitung des Laserstrahls bleibt die Gaußform erhalten, es verändert sich aber der Strahlradius w und der Spitzenwert E$_0$. Da die Intensität sich quadratisch zur Feldstärke verhält, lautet die entsprechende Gleichung für die Intensität

$$\psi(r) = \psi_0 e^{-2r^2/w^2} \qquad\qquad\qquad 6.23$$

Die letzten beiden Gleichungen setzen Zylindersymmetrie voraus, die im Folgenden stets angenommen werden soll. Wegen

$$\frac{\psi_0}{e^2} = \psi_0 e^{-2r^2/w^2} \quad \text{bzw.} \quad -2 = -\frac{2r^2}{w^2} \quad \text{bzw.} \quad r = w \qquad 6.24$$

ist der Strahlradius w der Radius, bei dem die Intensität auf $1/e^2$ abgeklungen ist. Der Laserstrahl behält diese radial gaußförmige Intensitätsverteilung, die in Abb. 6.18. dargestellt ist, auch nach Passieren optischer Komponenten wie Linsen oder Spiegel. Man beachte aber, dass in der Praxis häufig radiale Abhängigkeiten der Brechzahl in verstärkenden Medien entstehen, die zusätzlich fokussierend oder defokussierend wirken. Der Strahlradius kann sich auch hierbei verändern [Kogelnik 1965].

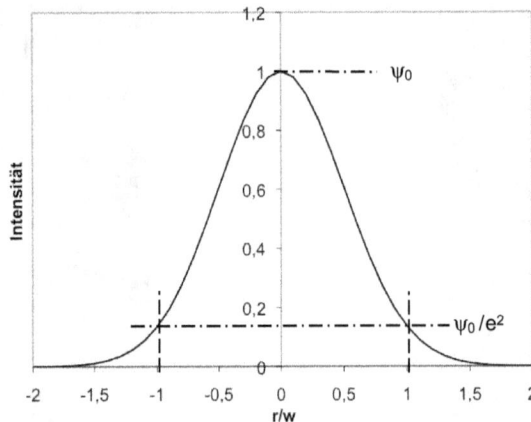

Abb. 6.18. Gauß–Profil des Grundmodes

6.2.2 Entstehung eines Gauß–Bündels im optischen Resonator

Es ist üblich, beim Strahlverlauf den Strahlradius w als Funktion des Ortes zu zeichnen. In Abb. 6.19 ist der Strahlverlauf in einem Laserresonator für den Grundmode dargestellt. Der Strahlradius hat einen kleinsten Wert w$_0$, den er an der engsten Stelle, der **Strahltaille** annimmt. Die Strahltaille kann auch virtuell sein, also außerhalb des Resonators liegen. Am Ort der Strahltaille ist die Phasenfläche eben, überall sonst ist es eine Kugelfläche mit einem bestimmten Radius R, der von der Position z abhängt. Die Radien der Phasenflächen müssen am Ort der Spiegel mit deren Krümmungsradien R_1 und R_2 übereinstimmen. Ist einer der beiden Spiegel plan, hat das eine ebene Phasenfront zur Folge und die Strahltaille liegt somit auf diesem Spiegel.

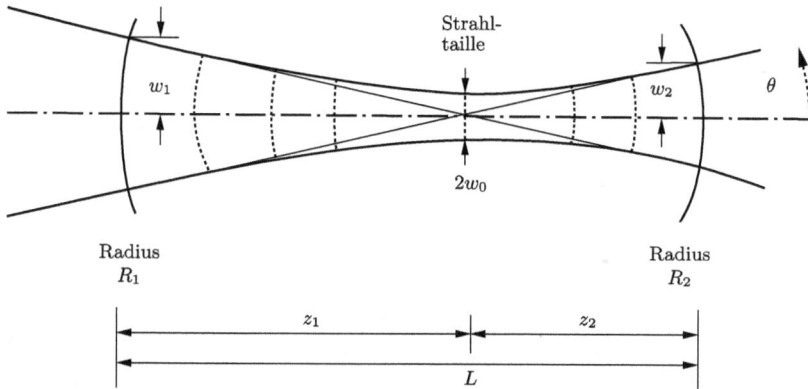

Abb. 6.19. Verlauf des Strahlradiuses w in einem Resonator der Länge L mit Spiegelradien R_1 und R_2.

Die **Strahlradien w_1 und w_2 auf den Spiegeln** sind gegeben durch [Kogelnik 1966]:

$$w_1 = \sqrt[4]{\left(\frac{\lambda R_1}{\pi}\right)^2 \frac{R_2 - L}{R_1 - L} \cdot \frac{L}{R_1 + R_2 - L}}$$

6.25

$$w_2 = \sqrt[4]{\left(\frac{\lambda R_2}{\pi}\right)^2 \frac{R_1 - L}{R_2 - L} \cdot \frac{L}{R_1 + R_2 - L}}$$

6.26

Hierbei ist zu beachten, dass ein aus Resonatorsicht **konkaver Spiegel mit positivem Radius in die Formel einzusetzen ist, während ein konvexer Spiegel einen „negativen Radius"** hat. Mit den Spiegelparametern aus Gl. 6.21 können diese beiden Gleichungen durch konsequentes Einsetzen von

$$R_1 = \frac{L}{1 - g_1} \quad \text{und} \quad R_2 = \frac{L}{1 - g_2}$$

6.27

umgewandelt werden in

$$w_1 = \sqrt[4]{\left(\frac{\lambda L}{\pi}\right)^2 \frac{g_2}{g_1} \cdot \frac{1}{1 - g_1 g_2}} \quad \text{und} \quad w_2 = \sqrt[4]{\left(\frac{\lambda L}{\pi}\right)^2 \frac{g_1}{g_2} \cdot \frac{1}{1 - g_1 g_2}}$$

6.28

Am Ort der Strahltaille ist der $1/e^2$–Radius der Intensität am kleinsten. Im Resonator gilt:

$$w_0 = \sqrt{\frac{\lambda L}{\pi}} \sqrt[4]{\frac{g_1 g_2 (1 - g_1 g_2)}{(g_1 + g_2 - 2 g_1 g_2)^2}} \qquad\qquad 6.29$$

Die Abstände z_1 und z_2 der Strahltaille von den Spiegeln mit Radius R_1 und R_2 sind [Kogelnik 1966]:

$$z_1 = L - z_2 = \frac{L(R_2 - L)}{R_1 + R_2 - 2L} \qquad\qquad 6.30$$

$$z_2 = L - z_1 = \frac{L(R_1 - L)}{R_1 + R_2 - 2L} \qquad\qquad 6.31$$

Die Anwendung der Formeln soll an einem Beispiel erläutert werden. Aus zwei Spiegeln mit den Krümmungsradien R_1=3m und $R_2 \to \infty$ soll ein Resonator der Länge L=1,5m gebildet werden. Zunächst muss die Stabilität überprüft werden. Man erhält für die Spiegelparameter die Werte g_1=0,5 und g_2=1. Der Resonator ist also stabil. Für die Spiegelradien auf den Spiegeln erhält man bei einer emittierten Wellenlänge λ von 1064nm nach Gl. 6.28 die Werte w_1=1,0mm und w_2=0,71mm. Da der zweite Spiegel ein Planspiegel ist, liegt die Strahltaille auf diesem Spiegel. Also ist w_0=w_2.

Für die Berechnung der Strahlradien und Phasenfrontkrümmungen existieren Simulationsprogramme, mit denen Resonatoren und auch resonatorexterne Strahlengänge berechnet werden können. Abb. 6.20 zeigt das Ergebnis einer solchen Simulation für die Strahltaille als Funktion von z für das eben besprochene Beispiel.

Für den Anwender eines Lasers ist in der Regel der Strahlverlauf innerhalb des Resonators weniger interessant, er interessiert sich eher für den Verlauf außerhalb sowie die Veränderung der Strahlparameter durch Linsen. Häufig hat der Auskoppelspiegel auf beiden Seiten unterschiedliche Krümmung, so dass er für den austretenden Strahl als Linse zu betrachten ist.

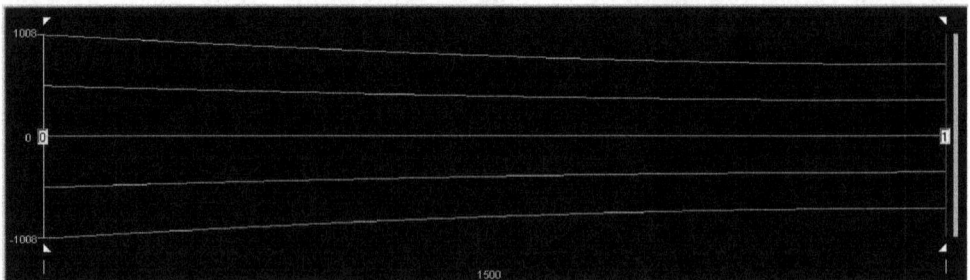

Abb. 6.20. Simulation des Strahlradiuses mit Hilfe von LASCAD. Die obere und untere Linie entsprechen dem $1/e^2$–Radius der Intensität, die beiden inneren Linien entsprechen dem halben $1/e^2$–Radius bzw. dem $1/\sqrt{e}$–Radius der Intensität.

6.2.3 Veränderung der Bündelparameter durch dünne Linsen und Spiegel

Die Beeinflussung des Strahls durch Linsen soll am Beispiel eines plan–konvexen Auskoppelspiegels gezeigt werden, der eine Zerstreuungslinse bildet (Abb. 6.21). Bei Sammellinsen bzw. bei weiteren Linsen im Strahlengang geht man in analoger Weise vor. Mit den Vorzeichen der Krümmungsradien wird es jetzt etwas schwierig, denn der Auskoppelspiegel ist für den Resonator ein Spiegel während er für den ausgekoppelten Strahl als Linse wirkt. **Es werden hier unterschiedliche Vorzeichenkonventionen** verwendet. Es ist also Vorsicht geboten. Während ein Konkavspiegel in die Gleichungen zur Berechnung der Strahlparameter (Gl. 6.21, 6.25, 6.26, 6.30, 6.31) mit positivem Radius einzusetzen ist, muss die gleiche Oberfläche in die Gleichung zur Berechnung der Brennweite mit negativem Radius eingesetzt werden, denn der Krümmungsmittelpunkt liegt links von der Linse. Mit Gl. 4.84, bei der r_1 und r_2 die Krümmungsradien darstellten, erhält man also im hier betrachteten Fall mit $r_1 = -R_2$ und $r_2 \rightarrow \infty$:

$$\frac{1}{f'} = (n-1)\left(\frac{1}{r_1} - \frac{1}{r_2}\right) = (n-1)\left(\frac{1}{-R_2} - 0\right) \qquad 6.32$$

n ist der Brechungsindex des Spiegel– bzw. Linsenmaterials. Zur Unterscheidung sollen die Strahlparameter nach Linsendurchtritt mit einem [*] gekennzeichnet werden. Um die Transformation eines Gauß–Strahls durch den Auskoppelspiegel bzw. eine Linse zu errechnen, müssen Strahlradius w und Krümmungsradius R der Phasenfront am Linsenort bekannt sein. Im Falle des Auskoppelspiegels ist das nicht schwer, denn die **Phasenfrontkrümmung stimmt mit der Spiegelkrümmung** überein, es gilt also $R=R_2$ und $w=w_2$ ist nach Gl. 6.28 auch bekannt. Im Fall einer Linse im resonatorexternen Strahlengang müssen beide Parameter erst errechnet werden. Dies geschieht nach den beiden Gleichungen [Kogelnik 1966]:

$$w(z) = w_0 \sqrt{1 + \left(\frac{\lambda z}{\pi w_0^2}\right)^2} \qquad 6.33$$

$$R(z) = z\left[1 + \left(\frac{\pi w_0^2}{\lambda z}\right)^2\right] \qquad 6.34$$

Diese beiden Gleichungen beschreiben die Ausbreitung eines Gauß–Bündels im freien Raum. Der Strahlradius nimmt seinen kleinsten Wert w_0 bei z=0, also in der Strahltaille, an. Ansonsten gilt stets $w > w_0$. Fasst man die z–Achse als Koordinatenachse auf, d.h. nimmt man links von der Strahltaille negative z–Werte an, verhält sich w(z) bezüglich der Strahltaille symmetrisch, d.h. positive und negative Werte von z liefern den gleichen Radius w. Für $z \rightarrow 0$ erhält man für die Phasenfrontkrümmung $R \rightarrow \infty$, d.h. in der Strahltaille ist die Phasenfront eben. R verhält sich bezüglich der Strahltaille spiegelbildlich, d.h. es gilt $-R(-z)=R(z)$. Ist R positiv, wölbt sich die Phasenfront in Ausbreitungsrichtung, ist R negativ, wölbt sie sich entgegengesetzt zur Ausbreitungsrichtung. Das Gauß–Bündel verhält sich im Resonator ebenfalls nach den Gl. 6.33 und 6.34.

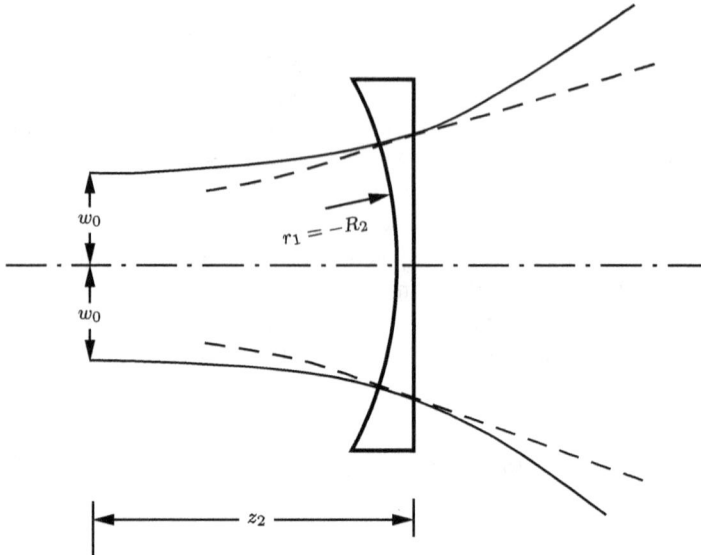

Abb. 6.21. Strahlverlauf beim Auskoppelspiegel bzw. bei einer Linse.

Beim Durchgang durch eine Linse verändert sich der **Krümmungsradius der Phasenfront** gemäß

$$\frac{1}{R^*} = \frac{1}{R} - \frac{1}{f}$$

6.35

R ist der Krümmungsradius am Ort der Linse; im Falle des betrachteten Resonators gilt $R=R(z_2)$. R^* ist der Krümmungsradius unmittelbar nach Linsendurchtritt. Die Linse wird hier als dünn betrachtet und verändert daher den Strahlradius bei Linsendurchtritt nicht. Es gilt also $w^*=w$. w ist der Strahlradius bei Linseneintritt, im Falle des Resonators gilt also $w=w(z_2)=w_2$.

Mit w^* und R^* sind zwei Parameter des transformierten Strahls bekannt. Der „neue" Strahl gehorcht wieder den Gl. 6.33 und 6.34. Allerdings hat sich w_0 zu w_0^* verändert und die Lage der Strahltaille hat sich verschoben. Die Linse befindet sich also nicht mehr an der Stelle z, sondern an der neuen Position z^*. Natürlich hat nicht die Linse die Position verändert, sondern der Bezugspunkt hat sich verschoben. z^* und w_0^* können nun berechnet werden, indem man Gl. 6.33 und 6.34 nach diesen Größen auflöst. Die umfangreiche Rechnung soll hier nicht wiedergegeben werden:

$$z^* = \frac{\pi^2 w^{*4} R^*}{\pi^2 w^{*4} + \lambda^2 R^{*2}} \qquad w_0^* = \frac{\lambda R^* w^*}{\sqrt{\pi^2 w^{*4} + \lambda^2 R^{*2}}}$$

6.36

Damit sind alle Größen des transformierten Strahls bekannt. Für die Abhängigkeit der Phasenfrontkrümmung und des Strahlradius vom jeweiligen Abstand von der (neuen) Strahltaille gelten die Gl. 6.33 und 6.34 unter Verwendung des neuen Parameters w_0^*. Der Abstand z ist auf die neue Strahltaille zu beziehen.

Es soll hierzu als Beispiel ein CO_2–Laserstrahl berechnet werden. Er soll erzeugt werden in einem 1m langen Resonator mit einem planen Endspiegel und einem plan–konkaven Auskoppelspiegel mit Radius 10m. Das Spiegelmaterial ist Zinkselenid und hat damit bei der Laserwellenlänge von 10,6μm eine Brechzahl von n=2,4. Die Spiegelparameter g_1 und g_2 errechnen sich nach Gl. 6.21 zu $g_1=1$ und $g_2=0,9$. Damit ist der Resonator stabil. Gl. 6.29 liefert mit diesen Werten am Ort der Strahltaille einen Strahlradius von $w_0=3,18$mm. Die Gl. 6.28 ergeben für den Strahlradius am Ort der Spiegel die Werte $w_1=3,18$mm und $w_2=3,35$mm. Es ist $w_1=w_0$, die Strahltaille liegt am Ort des Planspiegels. Gl. 6.30 und Gl. 6.31 liefern entsprechend $z_1=0$ und $z_2=1$m.

Der plan–konkave Auskoppelspiegel hat als Linse die Brennweite von f'=−7,14m, wie man aus Gl. 6.32 errechnet. In die Formel ist der Krümmungsradius der konkaven Spiegelfläche negativ einzusetzen. Der Auskoppelspiegel wirkt als Zerstreuungslinse. Die Phasenfrontkrümmung am Ort des Auskoppelspiegels ist gleich dem Krümmungsradius R_2 des Spiegels und der Strahlradius am gleichen Ort ist w_2. Mittels Gl. 6.35 transformiert man die Phasenfrontkrümmung und erhält einen Wert von $R^*=4,17$m. R^* bleibt also positiv, d.h. die Phasenfronten wölben sich in Ausbreitungsrichtung. Mit R^* und dem unveränderten Wert $w^*=w_2$ für die Strahltaille erhält man die „neue" Strahltaille $w_0^*=2,62$mm im Abstand $z^*=1,62$m vom neuen Bezugspunkt, also der neuen Strahltaille. Diese Strahltaille liegt auf der Resonatorseite des Endspiegels, ja sie liegt sogar außerhalb des Resonators und ist damit virtuell. Abb. 6.22 zeigt den Verlauf.

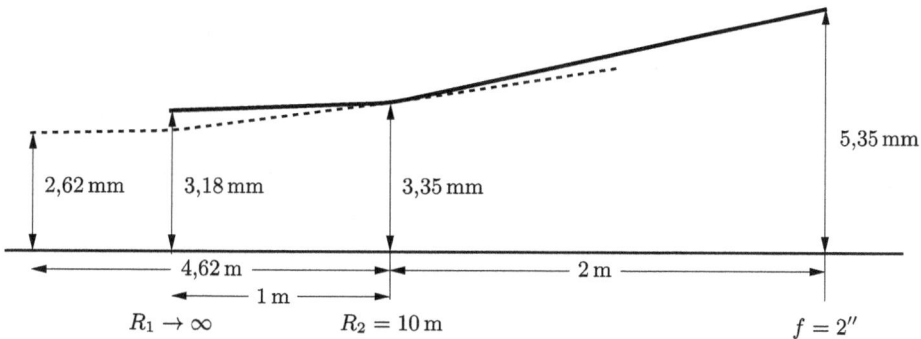

Abb. 6.22. Strahlverlauf für das gerechnete CO_2–Laser–Beispiel. Skalierungen für w und z sind unterschiedlich.

Das Beispiel soll noch weitergeführt werden. Angenommen, im Abstand von 2m vom Auskopelspiegel befinde sich die bikonvexe Zinkselenidlinse einer Materialbearbeitungsstation mit einem Krümmungsradius der Oberflächen von $r_1=-r_2=14,22$cm. Gemäß Gl. 6.32 erhält man mit dem Brechungsindex von 2,4 für Zinkselenid eine Brennweite der Linse von f=+5,08cm, also 2 Zoll. Um die Veränderung der Strahlparameter bei Linsendurchtritt zu berechnen, müssen die Parameter am Ort der Linse bekannt sein. Die Linse hat vom Auskoppelspiegel den Abstand 2m und der Auskoppelspiegel ist wiederum 1,62m von der Strahltaille entfernt. Die neue Linse sitzt also am Ort z=2m+1,62m=3,62m. Man beachte, dass die Strahlparameter vor Linsendurchtritt wieder ohne * geschrieben werden. Damit errechnet man gemäß Gl. 6.33 und 6.34 die Strahlparameter w=5,35mm und R=4,76m. Dem lag ein w_0 von 2,62mm zugrunde. R kann jetzt nach Gl. 6.35 transformiert werden: R^*=−0,051m. Der Wert ist negativ, d.h. die Phasenfronten wölben sich jetzt entgegen der Ausbreitungsrichtung aus. Das bedeutet, dass eine Strahltaille in Ausbreitungsrichtung des Strahls auftritt; sie ist also nicht virtuell wie oben, sondern tatsächlich vorhanden. Der Abstand dieser Strahltaille von der Linse ist 0,051m, aus Gl. 6.36 folgt nämlich z^*=−0,051m. Der Strahlradius am Ort der Strahltaille ist $w_0{}^*$=32μm.

Das eben beschriebene Beispiel ist in Abb. 6.23 mit einem Simulationsprogramm gerechnet. Nach dem Fokus der Zinkselenidlinse besitzt der Strahl eine starke Divergenz.

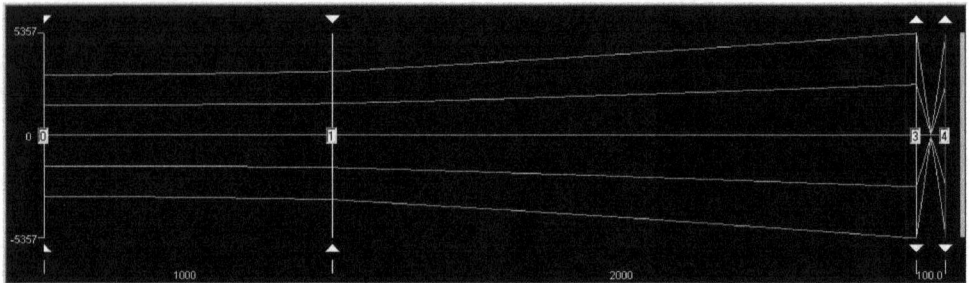

Abb. 6.23. Gesamter Strahlverlauf des Beispiels, gerechnet mit LASCAD.

Betrachtet man den Strahlradius als Funktion des Ortes (Gl. 6.33) in graphischer Darstellung (Abb. 6.19), so erkennt man, dass sich w(z) für $z \to \infty$ asymptotisch einer Geraden annähert. Der Winkel Θ zwischen Asymptote und z–Achse wird **Divergenzwinkel** genannt. Für ihn gilt:

$$\tan(\Theta) = \lim_{z \to \infty} \frac{w(z)}{z} = \lim_{z \to \infty} \frac{w_0}{z} \sqrt{1 + \left(\frac{\lambda z}{\pi w_0^2}\right)^2} = \lim_{z \to \infty} w_0 \sqrt{\frac{1}{z^2} + \left(\frac{\lambda}{\pi w_0^2}\right)^2} \qquad 6.37$$

Bildet man den Grenzwert, erhält man:

$$\boxed{\Theta \approx \frac{\lambda}{\pi w_0}} \qquad\qquad 6.38$$

Dieser **Divergenzwinkel** ist der kleinstmögliche Winkel, den eine begrenzte Lichtwelle annehmen kann. Der Divergenzwinkel des ersten dunklen Rings im Beugungsbild einer Lochblende ist deutlich größer. Das Gaußbündel stellt insofern einen Grenzfall dar und wird als **beugungsbegrenzt** bezeichnet. Gl. 6.38 zeigt außerdem, dass die Divergenz eines Gauß–Bündels umso größer wird, je kleiner der Strahlradius w_0 in der Strahltaille ist.

Bei der Fokussierung zu Zwecken der Materialbearbeitung sollen häufig hohe Intensitäten erzielt werden. Es ist also ein möglichst kleiner Strahlradius erforderlich. Dieser ließe sich theoretisch mit kurzbrennweitigen Linsen erzielen. Leider werden dabei die Krümmungsradien der Linsenoberflächen immer kleiner, die Linsen also immer dicker. Dabei erhöhen sich die Abbildungsfehler der Linse derart, dass oft kurze Brennweiten nicht mehr sinnvoll sind, da die Linsenfehler den Strahlradius wieder vergrößern. Darüber hinaus gibt es eine **theoretische Grenze** für den minimalen erzielbaren Strahlradius im Fokus. Sie hängt von der Linsenbrennweite, dem Linsendurchmesser sowie der Wellenlänge ab:

$$\boxed{w_{0min} > \frac{2f\lambda}{\pi D}}$$

6.39

f und D sind Brennweite und Durchmesser der Linse.

Manchmal werden in Strahlführungen auch Spiegel eingesetzt. Ihre Wirkung entspricht der von Linsen der Brennweite

$$\boxed{f = \frac{r_S}{2}}$$

6.40

r_S ist der **Krümmungsradius des Spiegels**. Ein Konkavspiegel ist mit positivem Radius einzusetzen, ein Konvexspiegel mit negativem. Der Einsatz von gekrümmten Spiegeln zur Strahlumlenkung ist allerdings kritisch, denn bei nichtsenkrechtem Einfall wird das Gauß–Bündel elliptisch. Der Strahlradius ist dann in der Meridionalebene ein anderer wie in der Sagittalebene.

6.2.4   Spitzenintensität und Leistung

Bei bekannter Strahlleistung kann bei einem Gauß–Bündel aus dem Strahlradius an jedem Ort die **Spitzenintensität** im Zentrum des Strahls ermittelt werden. Die Gesamtleistung des Strahls ergibt sich, wenn die Intensität über die gesamte Fläche des Strahls integriert wird:

$$P = \int_0^\infty \int_0^{2\pi} \psi_0 e^{-2r^2/w^2} r d\varphi dr$$

6.41

$r d\varphi dr$ ist das Flächenelement in Zylinderkoordinaten. Die φ–Integration ist leicht ausführbar:

$$P = \int_0^\infty 2\pi\psi_0 e^{-2r^2/w^2} r dr$$

6.42

Da $\dfrac{d}{dr} e^{-2r^2/w^2} = -\dfrac{4r}{w^2} e^{-2r^2/w^2}$ gilt, erhält man dafür:

$$P = \int\limits_0^\infty 2\pi\psi_0 \left(-\frac{w^2}{4r}\right)\left(-\frac{4r}{w^2}\right)e^{-2r^2/w^2}\,rdr = \left[2\pi\psi_0\left(-\frac{w^2}{4}\right)e^{-2r^2/w^2}\right]_0^\infty \quad 6.43$$

Daraus folgt der Zusammenhang zwischen Leistung und Spitzenintensität ψ_0 bei gegebenem Strahlradius w:

$$P = \left[0 - 2\pi\psi_0\left(-\frac{w^2}{4}\right)\right] \quad \text{bzw.} \quad \boxed{P = \frac{\pi\psi_0 w^2}{2}} \quad \text{oder} \quad \boxed{\psi_0 = \frac{2P}{\pi w^2}} \quad 6.44$$

Die **Intensität ψ_0** im Zentrum des Strahls ist also umgekehrt proportional zum Quadrat des Strahlradiuses, aber proportional zur **Leistung P** des Gesamtstrahls.

Auf eine Besonderheit des Strahls innerhalb des Resonators soll noch hingewiesen werden. Zwar gelten für den resonatorinternen Strahl die Gl. 6.33 und 6.34, jedoch treten hier durch das verstärkende Medium weitere Besonderheiten auf. Neben einer **thermischen Linse**, also einem Brechungsindexgradienten zwischen optischer Achse und achsfernen Punkten treten meist räumliche Inhomogenitäten bei der Besetzungsinversion und somit bei der Verstärkung auf. Oft ist die Verstärkung auf der optischen Achse höher als am Rand. Dies führt zu einer Veränderung des Strahlradiuses beim Durchlaufen des aktiven Mediums. Bei einer räumlich homogenen Verstärkung wäre das nicht der Fall, hier würden die äußeren Flanken des Gauß–Bündels um den gleichen Faktor erhöht wie das Zentrum des Profils. Der Strahlradius w bliebe dabei unverändert. Wird aber in der Mitte mehr verstärkt als am Rand, „wächst" die Mitte stärker als die Flanken. Nimmt man weiter ein Gauß–Profil an (was nicht unbedingt gegeben sein muss), dann würde das zu einer Verringerung des Strahlradiuses führen. Abb. 6.24 zeigt ein Beispiel einer solchen Einschnürung des Bündels. Das verstärkende Medium hat eine Länge von 1m und liegt zwischen den vertikalen Linien 1 und 2; zwischen Verstärker und Spiegeln ist jeweils noch ein Abstand von 0,1m. Die Verengung des Strahls beim Durchlaufen des Verstärkers im Hin– bzw. Rücklauf ist deutlich erkennbar. Natürlich müssen die Kurven beim Resonator in sich geschlossen sein.

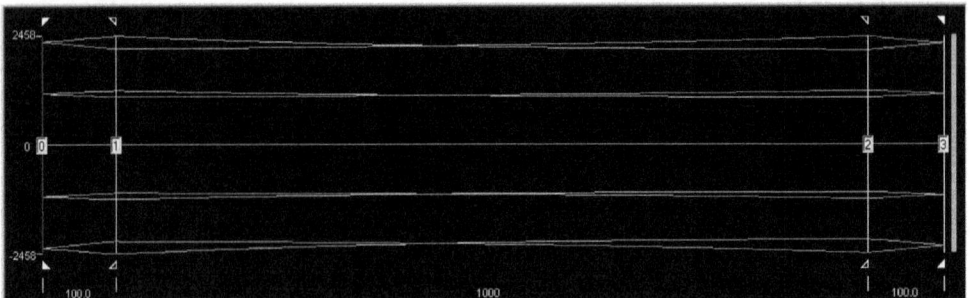

Abb. 6.24. Einschnürung des Strahls innerhalb des verstärkenden Mediums durch eine radial veränderliche Verstärkung.

6.3 Festkörperlaser

Bei der Besprechung der Laser soll mit dem Festkörperlaser begonnen werden. Dies entspricht auch der geschichtlichen Entwicklung, war doch der erste realisierte Laser ein Rubinlaser und damit ein Festkörperlaser [Maiman 1960a und 1960b]. Die eigentlichen Laseratome gehören meist zu den **Übergangsmetallen** oder den **seltenen Erden**. Mit ihnen werden Glas– oder Kristallmaterialien dotiert. In der Regel werden zylindrische Stäbe hergestellt, die optisch gepumpt werden. Besetzungsinversion wird also durch Bestrahlung mit Licht erzielt.

6.3.1 Dotierungen und Wirtsmaterialien

Lasertätigkeit zeigen Ionen der Metalle **Scandium**, **Yttrium** und **Lanthan** sowie eine ganze Reihe der Ionen der seltenen Erden (Abb. 6.25). Die in der Praxis meistverwendeten sind wohl **Neodym**, **Chrom**, **Titan**, **Holmium** und **Erbium**. Am beliebtesten ist das Nd^{3+}–Ion, denn es zeigt einige für die Lasertätigkeit günstige Eigenschaften: es hat eine **scharfe Fluoreszenzlinienbreite** und eine hinreichend **hohe Relaxationszeit** beim oberen Laserniveau. Außerdem liegt das untere Laserniveau hoch genug, um **keine thermische Besetzung** zu bekommen. Chrom wird als Lasermedium nicht nur im Rubinlaser verwendet, sondern auch im durchstimmbaren Alexandritlaser sowie in einigen weiteren Systemen. Titan hat Bedeutung erlangt wegen seines außerordentlich hohen Abstimmbereichs von ca. 400nm. Obwohl die Dotierung oft nur im Promillebereich liegt, erreicht man wegen der dichten Packung der Atome im Kristallgitter deutlich höhere Dichten (ca. $10^{25}m^{-3}$) als bei Gaslasern mit der Folge, dass hohe Verstärkungen und hohe Ausgangsleistungen möglich sind.

H																	He
Li	Be											B	C	N	O	F	Ne
Na	Mg											Al	Si	P	S	Cl	Ar
K	Ca	Sc	Ti	V	Cr	Mn	Fe	Co	Ni	Cu	Zn	Ga	Ge	As	Se	Br	Kr
Rb	Sr	Y	Zr	Nb	Mo	Tc	Ru	Rh	Pd	Ag	Cd	In	Sn	Sb	Te	I	Xe
Cs	Ba	La	Hf	Ta	W	Re	Os	Ir	Pt	Au	Hg	Tl	Pb	Bi	Po	At	Rn

Ce	Pr	Nd	Pm	Sm	Eu	Gd	Tb	Dy	Ho	Er	Tm	Yb	Lu

Fr	Ra	Ac	.	.

Th	Pa	U	Np	Pu	Am	Cm	Bk	Cf	Es	Fm	Md	No	Lr

Abb. 6.25. Elemente des Periodensystems, die in Festkörperlasern als aktives Material Anwendung finden.

Das einfachste Wirtsmaterial bei Festkörperlaser ist **Glas**. Obwohl bei den meisten Lasertypen Kristallmaterialien Verwendung finden, gibt es doch noch eine Reihe von Anwendungen, bei denen Glaslaser eingesetzt werden. Glas ist leicht in guter optischer Qualität und auch in großen Abmessungen herstellbar. Nachteilig wirkt sich die im Vergleich zu Kristallen **schlechtere Wärmeleitfähigkeit** sowie die **breitere Fluoreszenzlinienbreite** aus. Letztere führt zu einer höheren Laserschwelle. Bereits im Jahr 1961 wurde Lasertätigkeit an Nd–dotiertem Barium–Kronglas beobachtet [Snitzer 1961]. Nd–Glaslaser können aufgrund ihres niedrigen Wirkungsquerschnittes viel Energie speichern und sind daher besonders gut für die Erzeugung kurzer Laserimpulse geeignet. Die Dotierungskonzentration an Nd^{3+}–Ionen kann bis zu 8 Gewichtsprozent betragen, üblich sind etwa 3. Die Stäbe können in guter Homogenität und mit geringer Doppelbrechung hergestellt werden. Er–Glaslaser haben Bedeutung erlangt wegen ihrer Emissionslinie bei 1,54μm, einer für den Bau augensicherer Laser günstigen Wellenlänge.

Gegenüber Glas haben Kristalle als Wirtsmaterial einige Vorteile: **höhere Bruchfestigkeit**, **bessere Wärmeleitfähigkeit** und **niedrigere Laserschwellen**. Dem steht aber in der Regel ein aufwendiges Kristallzuchtverfahren mit einem entsprechend höheren Preis gegenüber. Der wohl bekannteste Wirtskristall ist das **Yttrium–Aluminium–Granat** (YAG, $Y_3Al_5O_{12}$), das sich nach langen Versuchen als geeignetstes Wirtsmaterial für Nd^{3+} erwiesen hat. YAG gehört zur umfangreichen Familie der **Granate**. Granate sind sehr hart, sind optisch isotrop und haben eine gute Wärmeleitfähigkeit, so dass weitere Vertreter dieser Familie in der Lasertechnik als Wirtsmaterial Anwendung finden, z.B. **Yttrium–Gallium–Granat** (YGAG, $Y_3Ga_5O_{12}$), **Gadolinium–Gallium–Granat** (GdGaG, $Gd_3Ga_5O_{12}$) und **Gadolinium–Scandium–Aluminium–Granat** (GdScAG, $Gd_3Sc_2Al_3O_{12}$).

Ein weiterer Kristall ist **Yttrium–Lithium–Fluorid** (YLF, $LiYF_4$). Neodym hat in diesem Kristall eine mehr als doppelt so hohe Lebensdauer des oberen Laserniveaus als im YAG–Kristall. Es kann eine deutlich höhere optische Energie gespeichert werden. Ein weiterer interessanter Wirtskristall für Neodym und Erbium ist **Ytterbium–Vanadat** (YVO_4). Zusammen mit Neodym als Lasermedium ist er für diodengepumpte Systeme einer der effizientesten verfügbaren Laserkristalle. Seine hohe Absorptionsbandbreite für die Pumpwellenlänge machen ihn zum geeigneten Kandidaten fürs Pumpen mit Laserdioden, da die auftretenden Wellenlängenschwankungen keine große Auswirkung auf die Ausgangsleistung des Gesamtsystems haben.

Die meisten Kristalle für den Laserbau werden mit der **Czochralski–Methode** gezogen. Ein an einer drehbaren Achse befestigter Saatkristall wird bis an die Oberfläche einer Schmelze (beim Nd:YAG etwa 2000°C heiß) bestehend aus den gewünschten Bestandteilen abgesenkt. In einem wochenlangen Verfahren wird er dann mit minimalster Vorschubgeschwindigkeit und unter ständiger Drehung nach oben bewegt. Im gleichen Maß wächst unten der Kristall. Temperatur und Ziehgeschwindigkeit bestimmen maßgeblich den Durchmesser des gezogenen Kristalls.

Die Konzentration der Dotierungssubstanz im Kristall ist nicht identisch mit der in der Schmelze. Ein großes Atom wie Neodym, das ein kleines Atom wie Yttrium im YAG ersetzen soll, wird sich nur widerwillig in das Gitter einfügen, so dass die Konzentration im entstehenden Kristall deutlich niedriger ist als in der Schmelze. Um eine vorgegebene Konzentration zu erreichen, muss die Schmelze entsprechend höher konzentriert werden. Im Falle des Nd:YAG beträgt das Verhältnis etwa 5:1. Beim GdGaG verhält es sich bei Dotierung mit Chromionen umgekehrt: Chromatome sind kleiner und können daher leicht den Platz des Galliums einnehmen. Die Schmelze muss also geringer dotiert sein, nämlich etwa 1:4.

Die optische Qualität des Kristalls, sein Polarisationsverhalten sowie seine Streu– und Absorptionsverluste hängen stark vom Ziehverfahren ab. Wenig beeinflusst werden dagegen die optischen Eigenschaften wie Emissions– und Absorptionsquerschnitte sowie Lebensdauern.

6.3.2   Pumpanordnungen

Festkörperlaser werden **optisch gepumpt**, d.h. das Licht einer geeigneten Lichtquelle muss möglichst verlustfrei in den Laserkristall eingekoppelt und dort homogen verteilt werden. Die klassische Anordnung hierfür sind **zylindrische Stäbe** und lineare Lichtquellen, deren Länge etwa der des Stabes entspricht. In der Anfangszeit waren das meist Langbogenlampen. Um möglichst das ganze erzeugte Licht in den Stab zu projizieren, wurde schon in den Sechziger Jahren des vorigen Jahrhunderts die **elliptische Pumpkammer** vorgeschlagen. Sie macht sich die Eigenschaft der Ellipse zunutze, dass Licht, welches im einen Brennpunkt erzeugt wird, an der Ellipse dergestalt reflektiert wird, dass es in den zweiten Brennpunkt fokussiert wird (Abb. 6.26). Das gleiche gilt sinngemäß auch für den elliptischen Zylinder, wobei die beiden Brennpunkte zu **Brennlinien** werden: bei einem unendlich langen elliptischen Zylinder wird Licht, welches auf einer der Brennlinien entsteht, an der Wandung so reflektiert, dass es die zweite Brennlinie trifft. Natürlich kann man keinen unendlich langen Zylinder bauen; jedoch lässt er sich durch verspiegelte, senkrecht zu den Brennlinien aufgebrachte Deck– und Bodenflächen simulieren.

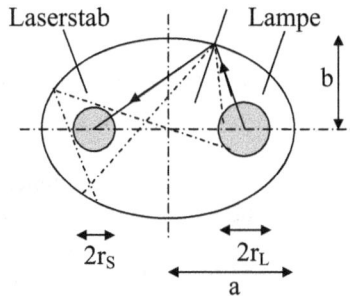

Abb. 6.26. Querschnitt durch eine elliptische Pumpkammer. Da die Lampe eine gewisse räumliche Ausdehnung hat, treffen nicht alle von ihr ausgehenden Strahlen auch den Stab.

Soweit die Theorie. Praktisch sieht das Ganze etwas anders aus, denn sowohl der Laserkristall als auch die Lampe haben einen gewissen Radius. Licht, welches nicht exakt auf der Brennlinie entsteht, kann den Stab also durchaus verfehlen. Welcher Anteil der von der Lichtquelle emittierten Strahlung den Laserstab trifft, hängt nicht nur von den Radien ab, sondern auch von der **Exzentrizität der Ellipse**. Bereits in der Anfangszeit der Festkörperlaser wurden hierzu umfangreiche Rechnungen durchgeführt. Man kann einen geometrischen

Übertragungskoeffizienten η errechnen, der angibt, welcher relative Anteil der von der Lampe emittierten Lichtstrahlen den Laserstab trifft; η ist also eine Art Wirkungsgrad für die Pumpkammer. Abb. 6.27 zeigt das Ergebnis für verschiedene numerische Exzentrizitäten

$$\varepsilon = \frac{\sqrt{a^2 - b^2}}{a}.$$ r_S ist der Radius des Laserkristalls und r_L der Lampenradius [Schuldt 1963].

Es wurde dabei vereinfachend angenommen, dass es sich bei der Lichtquelle um einen Lambertschen Strahler handelt und dass sich die Lichtquelle nicht selbst abschattet. Außerdem wurde nur eine einzige Reflexion an der Ellipsenwand berücksichtigt. η ist in Abb. 6.27 als Funktion des Quotienten r_S/r_L dargestellt. Man erkennt, dass der geometrische Übertragungskoffizient bei gleichem Verhältnis r_S/r_L mit steigender Exzentrizität sinkt. Oder anders ausgedrückt, η wird größer, wenn die Ellipse „kreisähnlicher" wird. Bei konstanter Exzentrizität steigt η mit wachsendem r_S/r_L an. Es ist also günstig, den Stab möglichst dick und die Lampe möglichst schlank zu machen. Dem sind natürlich technisch-konstruktive Grenzen gesetzt.

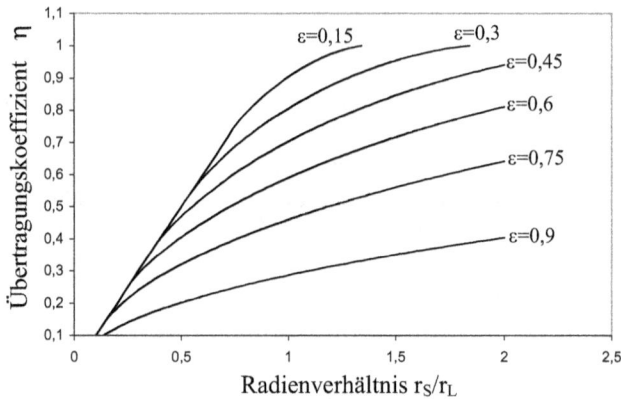

Abb. 6.27. *Geometrischer Übertragungskoeffizient als Funktion des Verhältnisses von Stab- zu Lampenradius r_S/r_L nach [Schuldt 1963]*

Ein Beispiel soll die Sache verdeutlichen. Eine Pumpkammer mit elliptischem Querschnitt habe die große Halbachse a=3cm und die kleine Halbachse b=1,98cm. Stab und Lampe liegen in den Brennlinien. Wie muss das Verhältnis r_S/r_L gewählt werden, damit der geometrische Übertragungskoeffizient η=0,6 erreicht wird? Man berechnet die Exzentrizität der Ellipse zu ε=0,75. Man wählt dann die entsprechende Kurve in Diagramm 6.27 und liest ein Verhältnis von ca. 1,7 ab.

Auf der Suche nach der idealen Pumpkammer sind theoretische Berechnungen zwar nützlich, können aber niemals die vielen Faktoren berücksichtigen, die eine Rolle spielen. Es wurde deshalb eine Vielzahl experimenteller Untersuchungen durchgeführt, aus denen sich ergibt, dass der Reflektor Stab und Lampe möglichst eng umschließen sollte und dass Stab und Lampe möglichst eng beieinander liegen sollten. Letzteres ergibt sich auch aus der Forderung kleiner Exzentrizitäten. Im Übergang zu einer kreisförmigen Ellipse fallen die beiden Brennlinien aufeinander. Zur Leistungssteigerung wurden besonders in der Anfangszeit

Doppel– und Mehrfachellipsen verwendet (Abb. 6.28). Sie haben ihre Rechtfertigung lediglich in der hohen, absoluten Leistung, die sich damit erzielen lässt. Man erhöht einfach die Zahl der Pumplampen. Ihr Wirkungsgrad ist aber schlecht, denn die jeweilige Ellipse ist angeschnitten und die Strahlen, die in den Raum der gegenüberliegenden Ellipse eindringen, werden in der Regel nicht mehr den Laserkristall erreichen.

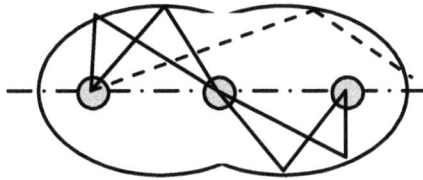

Abb. 6.28. Doppelellipse als Pumpkammer.

Neben der elliptischen Pumpkammer sind noch weitere Konstruktionen gebräuchlich. Zum Beispiel kann man auch ganz auf eine reflektierende Fläche verzichten und Lampe und Stab einfach in eine diffus reflektierende **Keramikkammer** setzen. Das Pumplicht wird an den Wänden gestreut und erreicht – möglicherweise erst nach mehreren Streuungen – den Laserstab. Diese Konstruktion ist besonders bei blitzlampengepumpten Systemen beliebt.

Besondere Bedeutung kommt beim Betrieb des Lasers der Kühlung der Lampe und des Laserkristalls zu. Insbesondere für die Langbogenlampen ist die Kühlung lebenswichtig. Hier muss ein gewisser Mindestdurchsatz an Wasser erreicht werden, wobei keine Totwasserbereiche entstehen dürfen, denn bei mehreren Kilowatt Lampenleistung würden sich sofort Dampfblasen bilden. Die einfachste Konstruktion ist hier, die gesamte Pumpkammer mit Kühlwasser zu durchspülen. Hier muss durch spezielle Konstruktion dafür Sorge getragen werden, dass eine hinreichende Strömungsgeschwindigkeit längs des Stabes und der Lampe erreicht wird. Der Vorteil dieser Konstruktion besteht darin, dass eine kompakte Bauweise der Pumpkammer möglich ist. Weniger kompakt aber dafür strömungstechnisch günstiger ist es, Stab und Lampe in Strömungsrohre zu setzen (Abb. 6.29). Der Stab kann hier unabhängig von der Lampe gekühlt werden. Außerdem ist es möglich, durch geeignete Additive im Kühlwasser unerwünschte Wellenlängen, die lediglich den Stab aufheizen würden, aber fürs Pumpen keinen Nutzen brächten, zu absorbieren. Die Strömungsrohre können auch eine selektiv reflektierende Schicht tragen, die unnütze Strahlung sofort in die Lampe zurückreflektiert.

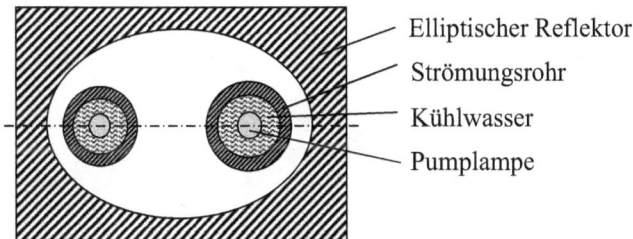

Elliptischer Reflektor
Strömungsrohr
Kühlwasser
Pumplampe

Abb. 6.29. Einfachelliptische Pumpkammer mit Strömungsrohren.

Die Kühlung des Stabes über seine Wandung führt in jedem Falle dazu, dass sich bei hohen Pumpleistungen ein Temperaturgradient zwischen Stabachse und Wandung ausbildet. Da der Brechungsindex temperaturabhängig ist, führt das dazu, dass der Stab wie eine Linse wirkt. Das wäre an sich noch nicht so schlimm, wenn die Brennweite dieser Linse konstant wäre. Bei den meisten Anwendungen jedoch wird die Pumpleistung und damit der Wärmeeintrag in gewissen Grenzen verändert. Das führt zu einer veränderlichen Brennweite dieser **thermischen Linse**. Für viele Anwendungen erweist sich dieser Effekt – obwohl anscheinend sehr schwach – als sehr störend. Wie in Kap. 6.2.2 gezeigt wurde, sind die verwendeten Krümmungsradien der Laserspiegel und damit ihre Brennweiten sehr gering. Eine auch nur geringe thermische Linse hat daher große Auswirkungen. Eine Konstruktion, die dem entgegen wirken soll, zeigt Abb. 6.30 und 6.31.

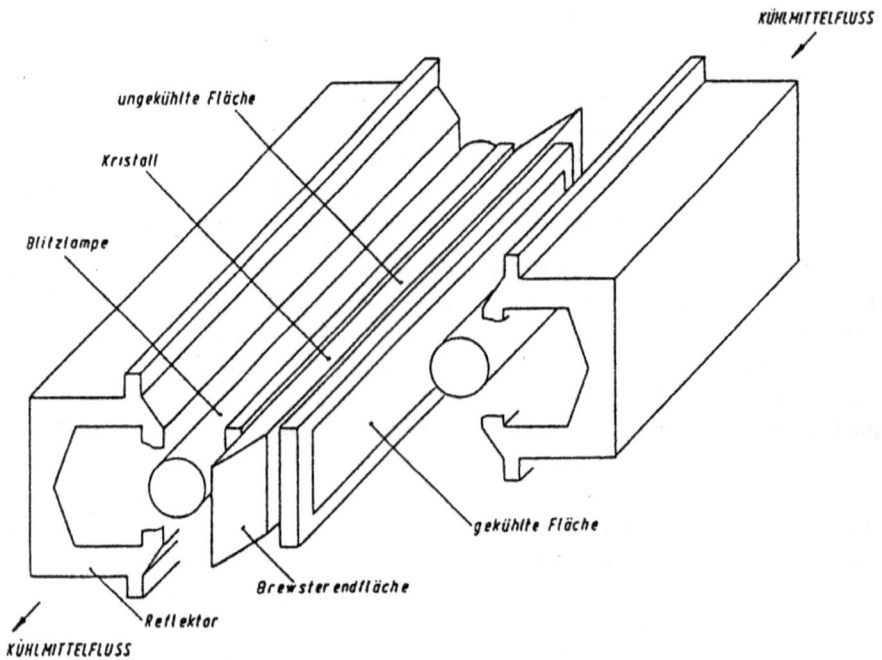

Abb. 6.30. *Scheiben–Laser: zwei Pumplampen sowie Kühlung der dünnen Scheibe von beiden Seiten sichern effizientes Pumpen ohne thermische Linse. Aus [Schürer 1989]*

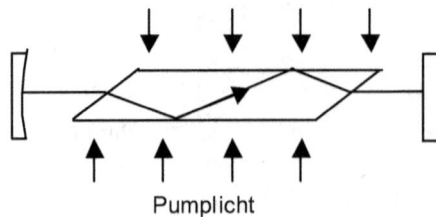

Abb. 6.31. *Resonator des Scheiben–Lasers*

Der Kristall liegt hier nicht in Stab– sondern in **Scheibenform** vor. Die Eintrittsfläche ist schräg geschnitten, zweckmäßigerweise unter dem Brewsterwinkel, so dass der Laser definiert polarisiertes Licht (in Abb. 6.31 parallel zur Zeichenebene) abgibt. Nach Eintritt in die Scheibe wird der Strahl an den Seitenflächen mehrmals total reflektiert. Der Vorteil der Anordnung besteht darin, dass die auftretenden Temperaturgradienten wegen der geringen Dicke der Scheibe kleiner sind als beim Stab. Außerdem durchläuft der gesamte Strahl warme und kalte Bereiche der Scheibe, so dass sich thermische Effekte nicht bemerkbar machen können. Der Schnitt im Brewsterwinkel erspart eine Antireflexbeschichtung der Oberflächen. Das Konzept des Scheibenlasers wird auch bei Gaslasern in abgewandelter Form verwandt.

Die Idee, das aktive Medium in Scheibenform auszuführen, wird auch bei den modernsten Festkörperlasern verwendet, den laserdiodengepumpten Systemen. Laserdioden als Pumpquelle besitzen den Vorteil, dass sie **exakt für die effizienteste Pumpwellenlänge** des aktiven Materials hergestellt werden können. Es wird also – anders als bei Langbogenlampen – deutlich weniger „nutzlose" Strahlung produziert. Das vermindert die thermische Belastung des Laserkristalls. Abb. 6.32 zeigt einen typischen Aufbau eines solchen Lasers. Der Laserkristall liegt in Form eines **dünnen Scheibchens** vor. Der Endspiegel des Resonators wird in Form eines auf das Scheibchen gedampften metallischen Spiegels realisiert. Die Vorderseite besitzt eine Antireflexschicht. Das Scheibchen wird mit der Seite des metallischen Spiegels mittels einer **Indiumschicht** auf eine Wärmesenke aufgebracht, so dass der entstehende Wärmegradient in Richtung der Strahlachse wirkt. Eine thermische Linse wird damit vermieden. Nicht jedes aktive Medium ist für diese Geometrie geeignet [Stewen 2000]. Da die Pumpstrahlung aufgrund der geringen Dicke der Scheibe (meist etwa 100–200μm) nur unzureichend absorbiert wird, ist man zu Mehrfachdurchläufen der Pumpstrahlung gezwungen.

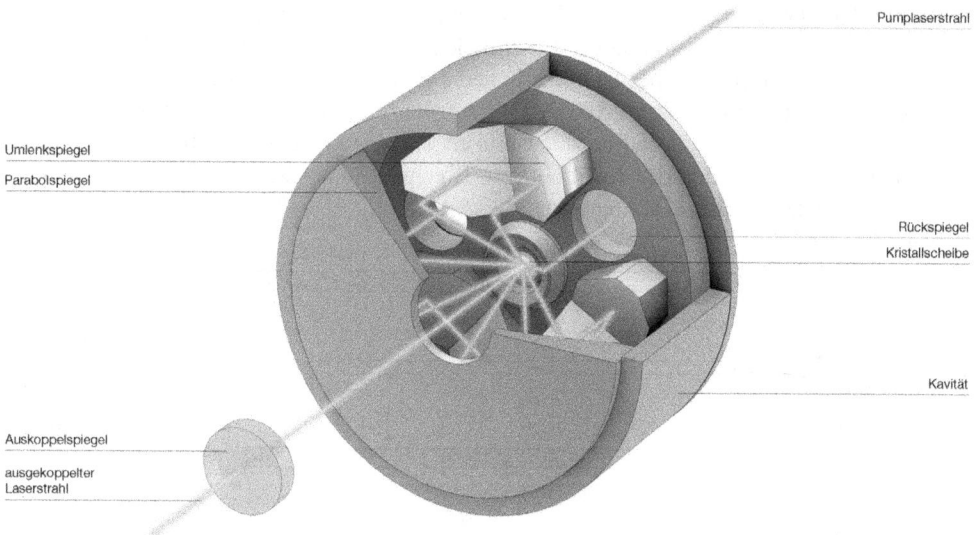

Abb. 6.32. Aufbau eines modernen Scheibenlasers. Der Pumpstrahl durchläuft das Kristallscheibchen mit Hilfe von Umlenk– und Parabolspiegeln mehrmals. Quelle: Trumpf

Ebenso wird auch die Laserstrahlung im Vergleich zum Laserstab pro Resonatorumlauf nur noch gering verstärkt, so dass man höher reflektierende Auskoppelspiegel verwenden muss, um die nötige Verstärkung zu erzielen.

Für den Bau eines Scheibenlasers ist daher ein aktives Medium wünschenswert, das einen hohen Wirkungsquerschnitt für die Absorption der Pumpstrahlung, die Möglichkeit einer hohen Dotierbarkeit sowie einen hohen Wirkungsquerschnitt der stimulierten Emission besitzt. Ein sehr gut geeignetes Material hierfür ist **Ytterbium-dotierter Yttrium–Aluminium–Granat (Yb:YAG)**.

Der Pumpstrahl der Laserdiode wird über einen parabolischen Spiegel dergestalt auf das Scheibchen reflektiert, dass der am metallischen Laserendspiegel reflektierte Pumpstrahl wieder auf den Parabolspiegel trifft, von dort auf eine **Retrooptik** geworfen wird und dann wieder zurück auf den Parabolspiegel und auf den Laserkristall und so fort. Der Parabolspiegel hat mittig ein Loch, so dass der optische Weg zum Auskoppelspiegel frei ist.

Eine weitere Möglichkeit, thermischen Effekten im aktiven Material entgegenzuwirken, ist der **Faserlaser**. Das verstärkende Material liegt hier in Form eines Lichtwellenleiters vor. Damit lassen sich große Längen realisieren, was die Nutzung gering absorbierender Materialien ermöglicht. Die Zerstörung der Strahlqualität durch eine thermische Linse kann beim Faserlaser vermieden werden, denn die Strahlqualität hängt allein vom **Brechungsindexprofil** der Faser ab. Ein **Monomode–Faserlaser** liefert unabhängig von der eingekoppelten Leistung ein beugungsbegrenztes Bündel. Zwei Grundprinzipien lassen sich realisieren [Zellmer 1997]: der einfache, **laseraktive Lichtwellenleiter** und der **Doppelkern–Faserlaser.**

Die erste, einfachere Lösung besteht einfach aus einer Lichtleitfaser aus Quarz–, Phosphat– oder Fluoridgläsern, die mit den laseraktiven Ionen dotiert werden. Die Wechselwirkung der Ionen mit der Glasmatrix bewirkt eine **Verbreiterung der Pumpbanden**, so dass die Anforderungen an die Frequenzstabilität der Laserdioden deutlich geringer sind als beim kristallinen Wirtsmaterial. Der Kern besitzt einen höheren Brechungsindex als der Mantel, der häufig aus reinem Quarzglas besteht (Abb. 6.33). Der Durchmesser des Kerns ist so gering, dass sich nur die transversale Grundmode ausbreiten kann. Als Schutzbeschichtung wird ein **Polymermantel** verwendet, der einen höheren Brechungsindex wie der Mantel hat, so dass sich im Mantel kein Licht ausbreiten kann.

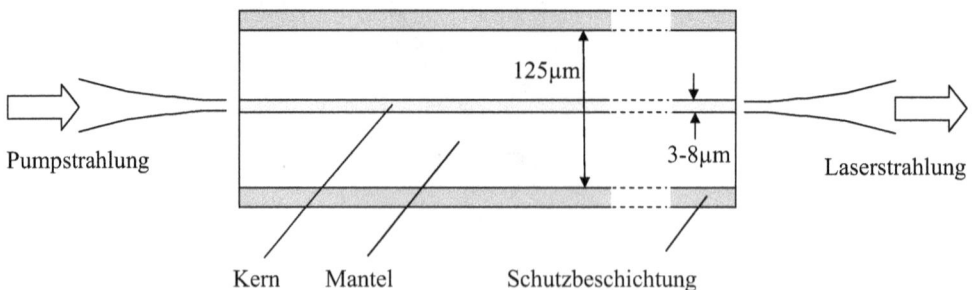

Abb. 6.33. Faserlaser mit Pumplichtführung im Kern

Im Falle des **Doppelkern–Faserlasers** wird Lichtausbreitung im Mantel ausdrücklich gewünscht, denn das Pumplicht wird in den Mantel eingekoppelt. Dieser muss daher einen höheren Brechungsindex haben wie die Schutzbeschichtung. Sie besteht daher entweder aus einem niedrigbrechenden **Polymer** oder aus **fluordotiertem Quarzglas**. Da für die Einkopplung der Pumpstrahlung ein größerer Durchmesser zur Verfügung steht, lässt sich auch die Multimodestrahlung leistungsstarker Laserdioden als Pumplicht nutzen. Ein Problem dagegen ist die Effizienz, mit der die Pumpstrahlung in den Kern vordringt. Bei rotationssymmetrischen Geometrien erreicht nur etwa 10% des Lichtes den laseraktiven Kern. Der größte Teil der Strahlung verlässt die Faser am Ende. Daher werden asymmetrische Kern–Mantel–Anordnungen verwendet, zum Teil wird auch vom kreisförmigen Querschnitt abgewichen.

6.3.3 Einige Festkörper–Lasermaterialien im Detail

Rubin

Der **Rubinlaser** war zwar der erste realisierte Laser, hat heute aber keine praktische Bedeutung mehr. Der Wirtskristall ist hier **Saphir**, also Al_2O_3, bei dem etwa 0,05 Gewichtsprozent der Al^{3+}–Ionen durch Cr^{3+}–Ionen ersetzt sind. Die Kristalle werden nach der oben beschriebenen **Czochralski–Methode** aus einer Schmelze von hochreinem Al_2O_3 gezogen, der eine kleine Menge Cr_2O_3 zugegeben wird. Es sind Rubinkristalle in sehr hoher Qualität darstellbar; sie sind chemisch stabil und haben eine gute Wärmeleitfähigkeit (Tab. 6.2). Die Pumpbanden($^4F_1$ und $^4F_2$) haben eine Breite von etwa 100nm (Abb. 6.34). Die Relaxation aus diesen Niveaus in das obere Laserniveau ist mit 10^{-7}s außerordentlich kurz. Das obere Laserniveau selbst ist in zwei Unterniveaus mit einem Abstand von 29cm^{-1} geteilt. Im Normalfall schwingt die Linie bei **694,3nm** an; erst wenn diese durch dispersive Elemente im Resonator unterdrückt wird, schwingt die **692,9nm–Linie** an. Das untere Laserniveau ist der Grundzustand und damit sehr stark besetzt: der Rubinlaser ist also ein **Drei–Nivau–Laser** mit einem entsprechend schlechten Wirkungsgrad. Die nötigen Pumpenergien lassen sich optisch nur für kurze Zeit bereitstellen, so dass der Rubinlaser in der Regel mit Blitzlampen gepumpt und damit gepulst betrieben wird. Ein Dauerstrichbetrieb ist aber bei niedrigen Ausgangsleistungen (1mW) möglich. Blitzlampen sind in der Regel mit Xenon, Krypton oder Quecksilberdampf befüllt. Die Quecksilberlinien (siehe Abb. 3.28) bei 404,7nm (24710cm^{-1}) und 546,1nm (18.312cm^{-1}) passen gut zu den Pumpbanden.

Tab. 6.2. Physikalische Eigenschaften des Rubin

Dichte:	3,98kgdm^{-3}
Schmelzpunkt:	2311K
Wärmeleitfähigkeit bei 300K:	42Wm^{-1}K^{-1}
Brechzahl senkrecht zur opt. Achse:	1,763
Brechzahl parallel zur opt. Achse:	1,755
Fluoreszenzlebensdauer:	3ms
Linienbreite:	0,53nm
Wirkungsquerschnitt f. stim. Emission:	$2,5 \cdot 10^{-24}$ m^2
Laserwellenlängen:	692,9nm und 694,3nm

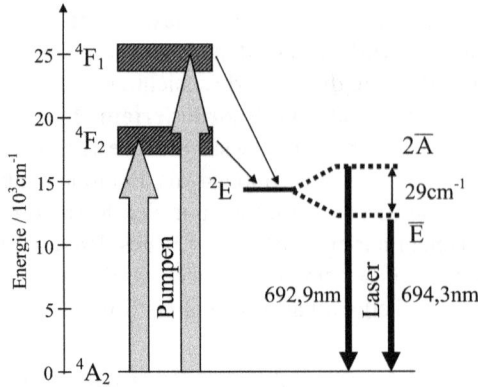

Abb. 6.34. Energieniveauschema des Rubin. Die gepunktete Aufsplittung der Energieniveaus ist nicht maßstäblich.

Nd–Glas–Laser

Nd–dotiertes Glas hat eine Reihe von Vorzügen: es ist im Vergleich zu Kristallen billig in der Herstellung, lässt sich hoch dotieren, ist optisch isotrop und es lassen sich viele Geometrien herstellen: meterlange Stäbe sind ebenso herstellbar wie Lichtwellenleiter für Faserlaser. Nachteil der Gläser ist die geringe Wärmeleitfähigkeit: sie liegt bei etwa $1 Wm^{-1}K^{-1}$ und ist damit deutlich schlechter als die der Kristalle (Tab. 6.3). Außerdem ist die Linienbreite der Nd^{3+}–Fluoreszenz im Glas mit ca. $300 cm^{-1}$ deutlich größer als bei der Einbettung in Kristallen. Nach einer Schwellenbedingung, die schon vor der Realisierung des ersten Lasers aufgestellt wurde [Schawlow 1958], benötigt man mit wachsender Linienbreite eine höhere Besetzungsinversion, um die Laserschwelle zu erreichen. Allerdings lässt sich mehr Energie im Übergang speichern. Besonders geeignet ist der Nd–Glas–Laser für die Erzeugung kurzer Laserimpulse. Über **Modenkopplung** lassen sich Laserimpulse mit Impulsdauern von 6ps erzeugen [Laubereau 1974]. Beim Nd–Glas–Laser handelt es sich um ein Vier–Niveau–System (Abb. 6.35). Das untere Laserniveau ist vom energetischen Grundzustand soweit entfernt, dass eine thermische Besetzung auch bei höheren Temperaturen ausgeschlossen ist. Die Dotierungen können im Prozentbereich liegen, üblich sind etwa 3%. Bei höheren Werten sinkt leider die Fluoreszenzlebensdauer, so dass sich Besetzungsinversion schwerer erreichen

Tab. 6.3. Physikalische Eigenschaften von Nd–Glas. Die große Streubreite der Werte resultiert von den verschiedenen Glassorten. [Koechner 1976, Eichler 1991]

Dichte:	$2,5 \ldots 3 \, kgdm^{-3}$
Wärmeleitfähigkeit bei 300K:	$0,9 \ldots 1,3 \, Wm^{-1}K^{-1}$
Brechzahl:	$1,51 \ldots 1,55$
Fluoreszenzlebensdauer:	$300 \mu s$
Linienbreite:	$180 \ldots 300 cm^{-1}$
Wirkungsquerschnitt f. stim. Emission:	ca. $3 \cdot 10^{-24} m^2$
Laserwellenlängen:	$1053 \ldots 1062 nm; 1370 nm$
Dotierung:	bis ca. 5%

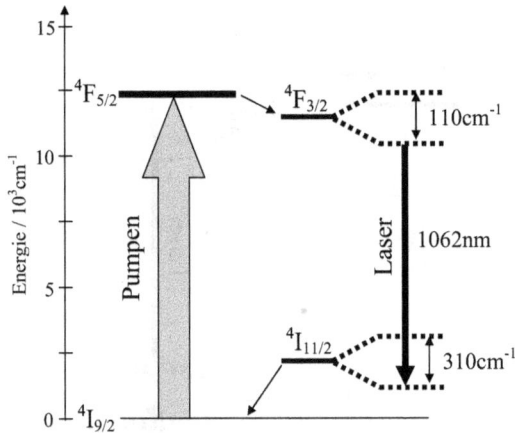

Abb. 6.35. Vereinfachtes Energie–Niveau–Schema des Nd–Glas. Die Aufsplittung der Niveaus (gepunktete Linien) ist nicht maßstäblich.

lässt. Der Laserübergang liegt zwischen 1053 und 1062 nm, je nach Glassorte. Ein Laserübergang bei 1370nm schwingt an, wenn die Verluste für den anderen Übergang erhöht werden. Nd–Glas–Laser werden mit Xenon–gefüllten Blitzlampen gepumpt. Dauerstrichbetrieb ist nur mit ganz speziellen Gläsern in gewissem Umfang möglich.

Nd–YAG–Laser

Dieser Lasertyp ist der wohl am weitesten verbreitetste Festkörperlaser. Im Gegensatz zum Nd–Glas–Laser ist mit dem Nd–YAG–Laser **Dauerstrichbetrieb hoher Leistung** bzw. **Impulsbetrieb mit hoher Impulsfolgefrequenz** möglich. Grenzen sind hier bei zylindrischen Laserstäben nur durch das Auftreten einer **thermischen Linse** sowie durch **Doppelbrechung** bedingt durch Erwärmung durch das Pumplicht gesetzt. Beim Nd–YAG lassen sich keine so hohen Dotierungen realisieren als beim Nd–Glas–Laser. Die Radien des Nd^{3+} und des Y^{3+} differieren um etwa 3%, so dass bei höheren Konzentrationen das Kristallgitter zu stark gestört wird (Tab. 6.4). Die intensivsten Pumpbanden des Nd–YAG sind die $^4F_{5/2}$– und $^2H_{9/2}$–Niveaus (0,81μm) und die $^4S_{3/2}$– und $^4F_{7/2}$–Niveaus (0,75μm) (Abb. 6.36). Das

Tab. 6.4. Physikalische Eigenschaften von Nd–YAG.

Dichte:	4,56 kgdm^{-3} [Koechner 1976]
Wärmeleitfähigkeit:	10 ... 13 Wm^{-1}K^{-1} [Struve 1988]
Brechzahl bei 1,0μm:	1,82 [Koechner 1976]
Fluoreszenzlebensdauer:	240μs [Kneubühl 2005]
Linienbreite:	4,0cm^{-1} (0,45nm bzw. 120GHz) [Herrmann 1984]
Wirkungsqu. f. stim. Emission:	ca. $4,8 \cdot 10^{-23}$ m^2 [Laser components 2007]
Laserwellenlängen:	Übergänge von 0,94μm bis 1,4μm, Hauptlinie 1064,1nm;
Dotierung:	bis ca. 3%

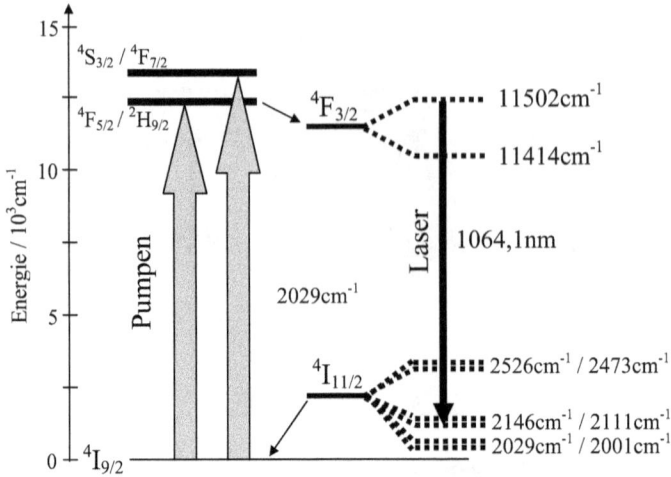

Abb. 6.36. Vereinfachtes Energie–Niveau–Schema des Nd–YAG. Die Aufsplittung der Niveaus (gepunktete Linien) ist nicht maßstäblich.

obere Laserniveau $^4F_{3/2}$ spaltet in zwei Nivaus auf. Gemäß Boltzmannverteilung befinden sich 40% der $^4F_{3/2}$–Atome im oberen und 60% im unteren Niveau. Stimulierte Emission findet aus dem oberen Niveau statt, wobei die Besetzung aus dem unteren Niveau nachgefüllt wird. Der Energiefehlbetrag von 88cm^{-1}, also etwa 0,011eV, wird aus dem thermischen Energievorrat des Kristalls entnommen. Besetzungsinversion ist leicht aufzubauen, da das untere Laserniveau energetisch so weit vom Grundzustand entfernt ist, dass es thermisch kaum besetzt ist.

Abb. 6.37 zeigt das Absorptionsspektrum von Nd:YAG. Die zwei effizientesten Pumpbanden bei 0,75μm und 0,81μm sind deutlich erkennbar. Speziell die Linie um 0,81μm findet sich auch im Emissionsspektrum von **Krypton–Langbogenlampen** (siehe Kap. 3.6.3, Abb. 3.71), so dass dieser Lampentyp beim Pumpen leistungsstarker Laser Verwendung findet.

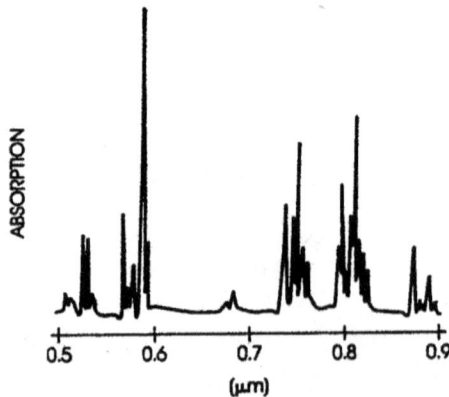

Abb. 6.37. Absorptionsspektrum des Nd:YAG im Sichtbaren und nahen Infrarot. Aus: [Ziegs 1988]

Nachteilig sind hierbei die hohen Kosten der Lampen sowie ihre geringe Lebensdauer von einigen hundert Stunden. Auch liegen nur ungefähr 5% der Strahlungsleistung der Lampe innerhalb der Nd:YAG–Absorptionsbänder, so dass ein relativ geringer Wirkungsgrad die Folge ist. Im Multimode–Betrieb, d.h. beim Zulassen höherer transversaler Moden, liegt er bei lediglich 2%, im Grundmode–Betrieb bei 0,5%. Ein höherer Wirkungsgrad ist durch Pumpen mit Diodenlasern zu erzielen. Hier macht sich allerdings die relativ geringe Absorptionsbandbreite des Nd:YAG–Kristalls nachteilig bemerkbar, die im Zusammenwirken mit der Temperaturabhängigkeit der Emissionswellenlänge der Diode von Nachteil ist.

Yb–YAG–Laser

Dieser Nachteil kann vermieden werden, indem man ein neues, vielversprechendes Material verwendet: **Yb:YAG**. Hier sind Yb^{3+}–Dotierung bis 20 Atom–% möglich. Die sehr große Absorptionsbandbreite von 8nm macht das Material gegenüber Wellenlängenschwankungen der Laserdiode unempfindlich. Die **ungewöhnlich hohe Fluoreszenzlebensdauer von 1,2ms** und sein **hoher quantenoptischer Wirkungsgrad** sind ein weiterer Vorteil gegenüber Nd:YAG. Er kommt durch einen geringen Abstand des Pumpniveaus vom oberen Laserniveau sowie einen geringen Abstand vom unteren Laserniveau zum Grundniveau zustande [Ostermeyer 2007]. Letzteres führt allerdings leicht zu einer thermischen Besetzung des unteren Laserniveaus und damit zu einer Verringerung der Besetzunginversion. Gute Kühlung ist also notwendig.

Diese Eigenschaften des Yb:YAG führen zum Konzept des **Scheibenlasers**. Wie im vorigen Kapitel bereits ausgeführt, kann die Kühlung eines in Form einer dünnen Scheibe vorliegenden Lasermediums sehr effizient erfolgen. Das minimiert thermooptische Effekte und führt zu einer exzellenten Strahlqualität. Gepumpt wird ausschließlich mit Laserdioden bei verschiedenen Wellenlängen um 935nm. Die Emission liegt bei einer Wellenlänge von 1029nm. Industriell realisiert sind Laser mit einer cw–Leistung von 8kW. Die theoretischen Leistungsgrenzen sind damit noch nicht erreicht. Für eine Scheibe der Dicke 200µm mit einer Dotierung von 9 Atom–% wird die Leistungsgrenze mit 50kW angegeben [Giesen 2005]. Auch 100kW werden mit Slab–Geometrien für möglich gehalten [Rutherford 2001].

Nd:YVO$_4$

Ein Material, das wegen seines einachsigen kristallinen Aufbaus nur linear polarisiertes Licht liefert, ist **Neodym–Ytterbium–Vanadat**. Seine Fluoreszenzlebensdauer beträgt 90µs und sein Wirkungsquerschnitt der stimulierten Emission ist mit $25 \cdot 10^{-23}\,m^2$ bei der Emissionslinie von 1064nm deutlich höher als beim Nd:YAG. Mit ca. 5W/(mK) ist die Wärmeleitfähigkeit aber deutlich niedriger. Trotzdem sind seine Eigenschaften im Dauerstrichbetrieb denen des Nd–YAG vergleichbar, denn die Temperaturabhängigkeit des Nd:YVO$_4$ ist niedriger, so dass die Neigung zur Ausbildung einer thermischen Linse nicht größer ist.

Titan–Saphir–Laser

Beim Titan–Saphir–Laser werden die Al^{3+}–Ionen eines Saphirkristalls zu etwa 0,1 Gewichtsprozent durch Ti^{3+}–Ionen ersetzt. Besonderes Merkmal dieses Lasers ist seine **Durchstimmbarkeit** über einen weiten Wellenlängenbereich, nämlich **von 660nm bis 1050nm** mit einem Maximum bei etwa 795nm. Dies wird durch eine Aufspaltung der Energieniveaus durch Gitterschwingungen erreicht. Gepumpt wird er durch ein breites Absorptionsband um 500nm. Als Pumpquelle werden zumeist Laser verwendet, da die kurze Fluoreszenzlebensdauer von 3,2μs zu hohen Pumpleistungen führt. Dauerstrichbetrieb mit konventionellen Bogenlampen ist nicht möglich, allenfalls Impulsbetrieb mit Blitzlampen. Besondere Bedeutung hat der Titan–Saphir–Laser bei der Erzeugung von **kurzen Laserimpulsen im Femtosekundenbereich.**

Erbium

Eine häufig für Laseremission verwendete Linie des Erbiums liegt bei den meisten Wirtskristallen bei etwa 1,6μm – ein Bereich, der (fälschlicherweise) als „augensicher" gilt. Damit ist gemeint, dass diese Wellenlänge vom Kammerwasser des Auges absorbiert wird, so dass weniger bis gar keine Strahlung die Netzhaut erreicht. Selbstverständlich kann man mit diesem Laser die vorderen Augenpartien wie Hornhaut oder vordere Augenkammer schädigen, wenn die Intensität einen gewissen Schwellwert überschreitet. Dieser liegt natürlich höher als der Wert für die Schädigung der Retina. Der Wirkungsgrad des Erbiumlasers ist relativ schlecht.

6.4   Gaslaser

6.4.1   Klassifizierung

Wie der Name schon sagt, liegt das laseraktive Medium beim Gaslaser im gasförmigen Aggregatzustand vor. Obwohl ein optisches Pumpen hier zunächst genauso möglich schiene wie beim Festkörperlaser, eröffnet doch der Aggregatzustand neue Möglichkeiten: das Pumpen über eine elektrisch betriebene Gasentladung. Diese wurde in Kap. 1.4 bereits eingehend besprochen. Bei Lasern kommt meist die Niederdruckentladung mit geringen Stromdichten unter 0,1 A/cm^2 zur Anwendung, in einigen Fällen auch die Niederdruckbogenentladung mit Stromdichten von mehr als 10A/cm^2. Aufgrund der Ionisierung werden die freien Elektronen im elektrischen Feld beschleunigt. Wie in Gasentladungslampen kommt es durch Stöße zur Besetzung angeregter Zustände in Ionen oder neutralen Atomen oder Molekülen. Dabei sind zwei Mechanismen möglich: bei der **direkten Anregung** durch den Elektronenstoß gibt ein Elektron seine kinetische Energie an den Stoßpartner ab, der dadurch einen höheren energetischen Zustand annimmt. Diese Art der Anregung wird **Stoß erster Art** genannt. Die **Anregung** kann auch **indirekt** erfolgen. Hierfür sind wenigstens zwei verschiedene Arten von Atomen oder Molekülen nötig. Nachdem eine Spezies durch Stöße erster Art angeregt wurde, kommt es zwischen den verschiedenen Atom– oder Molekülarten zu **Stößen zweiter Art**, bei denen die Stoßpartner ihre Anregungsenergie austauschen. Wie in Abb. 6.38 gezeigt, müssen hierbei energetisch benachbarte Energieniveaus existieren. Ihr energetischer Abstand darf nur so groß sein, dass die Energiedifferenz im Falle höher liegender Zielniveaus aus der thermischen Energie bezogen werden kann. Ist das der Fall, kann Atom X seine Anregungsenergie mittels Stoßes an das Atom Y abgeben.

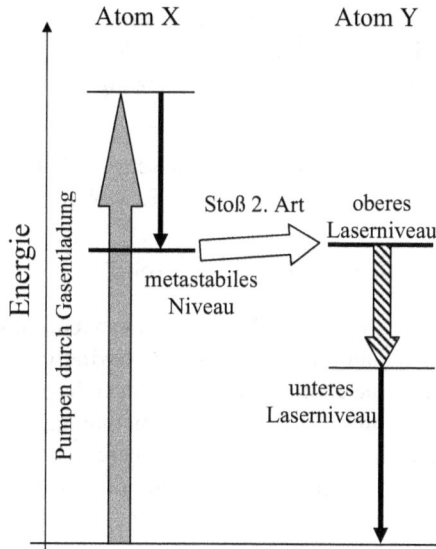

Abb. 6.38. Besetzung des oberen Laserniveaus durch einen Stoß zweiter Art.

Diese zweite Variante scheint auf den ersten Blick umständlich, wird aber bei den gängigsten Gaslasern durchweg realisiert. Das hat seinen Grund darin, dass man die Atomart X so wählen kann, dass geeignete metastabile Zustände vorhanden sind, Zustände also, die optisch verboten und daher sehr **langlebig** sind. Sie wirken als Energiespeicher für das obere Laserniveau und verbessern damit den Wirkungsgrad des Lasers. Außerdem hat man mit der Wahl der Partialdrücke der Gase einen weiteren Freiheitsgrad, mit dem man die Anregung des oberen Laserniveaus begünstigen kann. Die Erzeugung von Besetzungsinversion durch einen Stoß erster Art erscheint in diesem Zusammenhang eher schwierig. Das ist es auch, es ist aber nicht unmöglich. Hierzu müssen aber die Stoßquerschnitte in einem günstigen Verhältnis stehen.

Die Zustände, die bei Gaslasern angeregt werden, können einfache **elektronische Niveaus** neutraler Atome sein wie beim Helium–Neon–Laser. Es kann sich aber auch um **angeregte Zustände von Ionen** handeln. Die hierbei erzielten Wirkungsgrade sind, wenn der Laser im sichtbaren Spektralbereich strahlt, gering. Das liegt am ungünstigen quantenoptischen Wirkungsgrad und an der breiten Elektronenenergieverteilung. Nur die Elektronen im hochenergetischen Ende der Maxwellschen Verteilung können zur Besetzungsinversion beitragen. Günstiger ist hier der Wirkungsgrad des CO_2–Lasers, der im Infraroten strahlt. Die Laserniveaus sind hier **vibronische Zustände**. Die Verluste an Besetzungsinversion durch spontane Emission sind wegen der hohen Wellenlänge gering.

Eine Sonderstellung nehmen die Excimer–Laser ein. Excimer ist ein Kunstwort, das „**exci**ted di**mer**" bedeuten soll. Wörtlich übersetzt heißt das „angeregtes zweiatomiges Molekül"; gemeint sind zweiatomige Moleküle, die nur im angeregten Zustand überhaupt existieren können. In der Lasertechnik bezieht sich das auf eine **instabile Edelgas–Halogenverbindung**, die durch eine gepulste elektrische Entladung erzeugt wird und nur sehr kurzlebig ist. Da das Molekül im Grundzustand gar nicht existieren kann, ist dieser als Lasergrundzustand stets leer. D.h., genaugenommen entspricht im Falle eines stimulierten oder spontanen Übergangs eines Moleküls die Lebensdauer des Grundzustandes der Zerfallszeit des Moleküls, das ja nur angeregt existieren kann. Der Zustand der Besetzungsinversion lässt sich damit leicht erzielen.

Die detaillierte Betrachtung einiger wichtiger Gaslaser soll mit dem CO_2–Laser begonnen werden, dem Arbeitspferd unter den Gaslasern hoher Leistung.

6.4.2   Grundlegendes zum CO_2–Laser

Der **CO_2–Laser** wird elektrisch über eine **Niederdruckgasentladung** gepumpt. Die Laserübergänge des Kohlendioxids sind **Rotations- und Schwingungsübergänge** innerhalb des elektronischen Grundzustandes, die emittierten Wellenlängen liegen folglich im Infraroten. Das CO_2–Molekül ist linear gebaut und besitzt zwei Doppelbindungen. Es kann zu den drei in Abb. 6.39 dargestellten Fundamentalschwingungen angeregt werden. Jede noch so komplizierte Schwingungsbewegung des Moleküls kann aus diesen drei Eigenschwingungen zusammengesetzt werden.

Wie in Kapitel 1.1.4 ausgeführt, ist die Energie einer Schwingung quantisiert:

$$E_{vib} = \left(n_{vib} + \frac{1}{2} \right) hf \qquad\qquad 6.45$$

n_{vib} ist die Schwingungsquantenzahl. Bei einem Übergang gilt für sie die Auswahlregel $\Delta n_{vib} = \pm 1$. Die Quantenzahl darf sich also bei Absorption von Licht nur um eins nach oben und bei Emission nur um eins nach unten verändern. Daraus folgt für einen Übergang zwischen beliebigen „benachbarten" Niveaus $n_{vib} + 1$ und n_{vib} die Energiedifferenz ΔE_{vib}

$$\Delta E_{vib} = \left((n_{vib} + 1) + \frac{1}{2} \right) hf - \left(n_{vib} + \frac{1}{2} \right) hf = hf \qquad\qquad 6.46$$

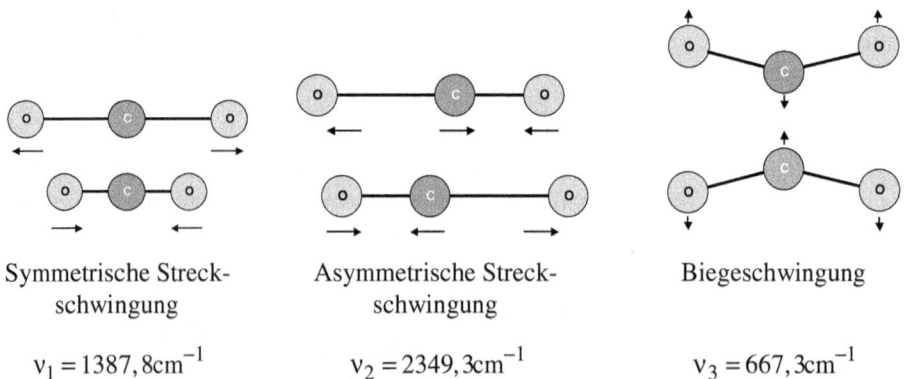

Symmetrische Streck- schwingung	Asymmetrische Streck- schwingung	Biegeschwingung
$v_1 = 1387,8 cm^{-1}$	$v_2 = 2349,3 cm^{-1}$	$v_3 = 667,3 cm^{-1}$

Abb. 6.39. Die drei möglichen Eigenschwingungen des Kohlendioxidmoleküls

Die **symmetrische Streckschwingung** hat die Energie $\Delta E_{vib1} = 0,172 eV$ ($v_1 = 1387,8 cm^{-1}$). Die energiereichste Eigenschwingung ist die **asymmetrische Streckschwingung** ($\Delta E_{vib2} = 0,291 eV$; $v_2 = 2349,3 cm^{-1}$). Die **Biegeschwingung** hat die geringste Energie ($\Delta E_{vib3} = 0,083 eV$; $v_3 = 667,3 cm^{-1}$). Die Energieniveaus sind im Termschema (Abb. 6.40) wiedergegeben. Der am häufigsten verwendete Laserübergang mit einer Wellenlänge von 10,6μm ist der vom ersten angeregten Niveau der asymmetrischen Streckschwingung zum ersten angeregten Niveau der symmetrischen Streckschwingung. Ein weiterer Übergang führt zum zweiten angeregten Niveau der Biegeschwingung und liefert eine Wellenlänge von 9,6μm.

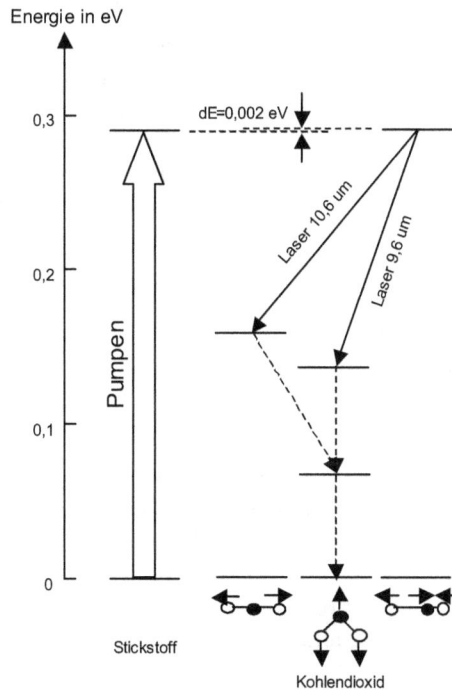

Abb. 6.40. Vereinfachtes Termschema des CO_2-Lasers. Das obere Laserniveau wird durch Stöße zweiter Art mit einem angeregten Stickstoffmolekül besetzt.

Um ein Laserphoton der Energie 0,12 eV zu erzeugen, müssen nur etwa 0,3 eV Pumpenergie aufgewendet werden. Daraus resultiert der **sehr günstige quantenoptische Wirkungsgrad** des CO_2-Lasers von ca. 40 %. Experimentell erreicht werden etwa 25 bis 30 %. Kommerziell erhältliche Systeme liegen bei einem elektrooptischen Wirkungsgrad von etwa 20 %. Bezieht man die ganzen Versorgungseinheiten, Vakuumpumpen, Gasumwälzpumpen sowie Steuereinheiten mit ein, erreicht man einen Gasamtwirkungsgrad von etwa 10 %.

Praktisch alle kommerziell erhältlichen CO_2-Laser benutzen **Stickstoff als Hilfsgas** zum effizienteren Pumpen des oberen Laserniveaus. Als zweiatomiges Molekül besitzt N_2 nur **eine Fundamentalschwingung**. N_2 ist ein symmetrisch gebautes Molekül, das seine Schwingungsenergie nicht durch Emission eines Photons abgeben kann. Sie kann vielmehr nur durch Stöße auf die Gefäßwand oder auf andere Moleküle oder Atome übertragen werden. Das führt zu einer ungewöhnlich langen Lebensdauer ($\tau > 0,1s$) des angeregten Schwingungszustandes und damit zu einer starken Besetzung des vibronischen Niveaus.

Wegen des geringen Energieunterschieds zwischen dem ersten angeregten Schwingungszustand des N_2 – Moleküls und dem ersten angeregten Zustand der asymmetrischen Streckschwingung des CO_2 – Moleküls ist eine Übergabe der Schwingungsenergie durch Stöße sehr leicht möglich. Infolge der langen Lebensdauer der N_2 – Schwingung steht damit ein großer, monoenergetischer Energiespeicher als Pumpquelle für das CO_2 zur Verfügung. Die oben genannten hohen Wirkungsgrade sind nur zusammen mit N_2 möglich.

Nachteilig wirkt sich der Stickstoff aus, wenn der Laser schnell geschaltet werden soll. CO_2-Laser können – im Gegensatz zu Festkörperlasern – keine schnellen Impulsfolgen liefern. Das liegt daran, dass man sie nur über die Gasentladung selbst schalten kann. Güteschalter oder Modenkoppler für CO_2-Laser sind mangels geeigneter Materialien für die Wellenlänge 10,6 μm nicht oder nur für geringe Leistungen erhältlich. Die Gasentladung lässt sich wegen der hohen Spannungen von ca. 20 kV nur langsam schalten. Aber selbst wenn Hochfrequenz-Anregung oder eine schnelle Regelröhre verwendet werden, lassen sich mit dem CO_2-Laser nur Impulsfolgefrequenzen von etwa 20 kHz bei einigermaßen hoher Impulsenergie erreichen. Dies liegt an den Relaxationsmechanismen des CO_2 bzw. des N_2. Letzterer hält wegen seiner außergewöhnlich langen Relaxationszeit die Besetzungsinversion sehr lange aufrecht, auch wenn die Entladung längst abgeschaltet wurde. Der Laser liefert also auch nach Abschalten noch relativ lange Strahlung. Schnelles Schalten ist nur mit reduziertem N_2-Gehalt bzw. N_2-losem Gemisch bei sehr reduziertem Wirkungsgrad möglich.

In der Regel enthält das Gasgemisch eines CO_2-Lasers neben CO_2 und N_2 noch **Helium**. Dieses besitzt im Vergleich zu den beiden anderen Gasen eine etwa sechsfach höhere Wärmeleitfähigkeit und fördert damit die Ableitung der in der Gasentladung entstehenden Verlustwärme. Üblicherweise bestehen daher 60 bis 80% des Lasergases aus Helium. Die Wärmeleitfähigkeit des Gemisches wird also vom Helium bestimmt. Praktisch bedeutet eine bessere Wärmeableitung, dass der Entladestrom der Gasentladung höher sein kann und somit die emittierte Strahlung höher ist.

Eine zu starke Erwärmung des Lasergases wirkt sich beim CO_2-Laser leistungsmindernd aus. Da das untere Laserniveau nach Abb. 6.40 mit einer Energie von 0,172 eV sehr niedrig liegt, ist es gemäß Boltzmann-Verteilung bereits bei mäßigen Temperaturen stark besetzt. Wegen

$$\frac{n_1}{n_0} = e^{-\frac{E_1 - E_0}{kT}} \qquad\qquad 6.47$$

liegt das Verhältnis der Besetzungsdichten n_1/n_0 bei einer Temperatur von 200 °C bei etwa 1,7%. Das bedeutet, dass bei höheren Temperaturen das untere Laserniveau merklich besetzt wird, was das Erzeugen einer Besetzungsinversion erschwert.

Bei den meisten CO_2-Lasern werden als Auskoppelspiegel **Zinkselenidspiegel** verwendet. Das Material hat auch in Transmission eine hohe Leistungsverträglichkeit. Da es im gelb – roten Spektralbereich noch transparent ist, gestattet es die Verwendung eines sichtbaren

Pilotlasers. Als Substratmaterial für Endspiegel kommen **Germanium** oder **Silizium** in Frage. Germanium hat den Vorteil, dass es bei einer Wellenlänge von 10,6μm noch transparent ist. Da die aufgedampften Spiegelschichten in der Regel keine 100%ige Reflektivität besitzen, besteht die Möglichkeit, hinter dem Endspiegel die resonatorinterne Leistung zu messen.

6.4.3 Bauformen des CO_2-Lasers

CO_2–Laser niederer Leistung (bis ca. 300 W) sind in der Regel **abgeschmolzene Systeme**. Hier befindet sich ein vorgemischtes Lasergas in einer hermetisch dichten Glasröhre, vergleichbar einer Leuchtstofflampe. Einen sinkenden Marktanteil haben die sogenannten **langsam geströmten CO_2–Laser**. Bei ihnen strömt das Lasergasgemisch mit einer Geschwindigkeit von der Größenordnung 1 m/s durch das Entladerohr. Bei den beiden genannten Typen spricht man von **diffusionsgekühlten Systemen**, denn die Wärmeabfuhr erfolgt über die Glaswandung.

Bei **konvektionsgekühlten Lasern** wird das Lasergas mittels Wälzkolbenpumpen oder Turboradialgebläsen mit hoher Geschwindigkeit (ca. 250 m/s) durch das Entladerohr gepumpt. Wegen der kurzen Verweildauer des Gases in der Entladezone findet praktisch keine Kühlung über die Entladerohrwand statt. Man spricht in diesem Fall von **schnell geströmten Lasern**.

Abgeschmolzene Systeme

Dieser Lasertyp besitzt den Vorteil, dass auf teuere Gasumwälz– und Vakuumsysteme verzichtet werden kann. Dafür ist das Mischungsverhältnis der Lasergase nicht veränderlich, so dass bestimmte Eigenschaften der Laserstrahlung, z.B. die Eigenschaften im Impulsbetrieb, nicht beeinflusst werden können. Beim abgeschmolzenen System wird häufig ein Gasgemisch von 20% CO_2, 20% N_2 und 60% He verwendet. Der Fülldruck beträgt etwa 10 bis 25 mbar. Es lassen sich Laserleistungen von mehr als 60 W pro Meter Entladungslänge erzielen.

In Abb. 6.41 ist ein typischer abgeschmolzener CO_2–Laser dargestellt. Gepumpt wird das System durch eine Gleichstrom–Gasentladung. Die Entladerohrlängen liegen bei 1m bis 1,5m. Größere Rohrlängen werden nicht gebaut, da sehr hohe Zündspannungen benötigt würden. Werden höhere Leistungen gebraucht, werden mehrere Entladerohre hintereinander angeordnet.

Meist bilden die Laserspiegel gleichzeitig den Vakuumabschluss des Laserrohres. Sie werden aufgeklebt und gleichzeitig senkrecht zur Rohrachse ausgerichtet, so dass eine Nachjustierung der Spiegel beim Anwender nicht nötig und nicht möglich ist.

Bei abgeschmolzenen CO_2-Lasern spielt das Problem der Gaszersetzung eine besondere Rolle, da hier nur ein begrenzter Gasvorrat für die ganze Lebensdauer zur Verfügung steht. Der bei dem Zerfall

$$CO_2 \rightarrow CO^- + O^+ \qquad\qquad 6.48$$

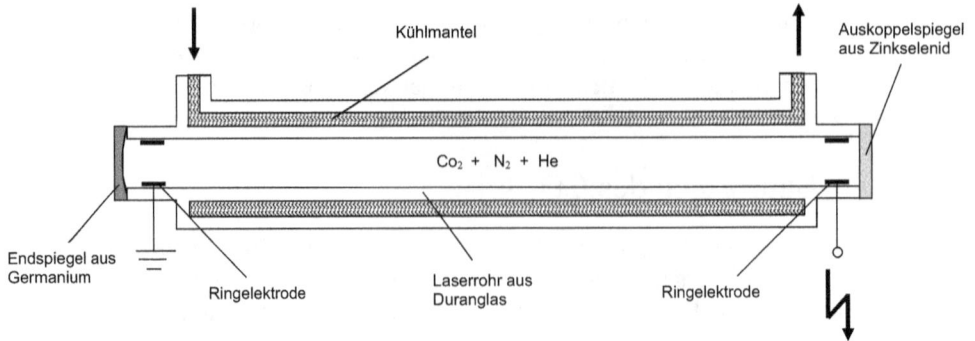

Abb. 6.41. Abgeschmolzener CO₂–Laser

entstehende **radikale Sauerstoff** kann dabei weitere Reaktionen ausführen und mit N_2 weitere, unangenehme Reaktionsprodukte bilden. Um einen frühen Leistungsabfall des Laserrohres zu vermeiden, finden **Katalysatoren** Anwendung. Durch Zugabe von H_2O, H_2 oder O_2 können Reaktionsprodukte der Gaszersetzung wieder in CO_2 umgewandelt werden:

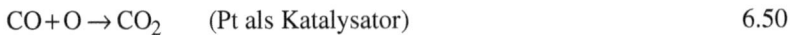

$$CO^* + OH \rightarrow CO_2^* + H \qquad\qquad\qquad\qquad 6.49$$

$$CO + O \rightarrow CO_2 \qquad \text{(Pt als Katalysator)} \qquad\qquad 6.50$$

Die mit * bezeichneten Moleküle befinden sich in einem vibronisch angeregten Zustand. Für die zweite Reaktion wird ein Katalysator (Platin, Gold oder Nickel) benötigt, der in der Regel auch gleichzeitig als **Ringelektrode** für die Entladung verwendet wird. Durch den Betrieb der Entladung wird der Katalysator auf Betriebstemperatur gebracht.

Ein CO_2–Lasertyp, der häufig in abgeschmolzener Form gebaut wird, ist der **Waveguide-Laser** (Wellenleiter-Laser). Hier wird als Laserrohr eine Kapillare aus BeO oder Al_2O_3 verwendet. Sie wirkt als dielektrischer Wellenleiter, bei dem die Strahlung an den Wandflächen reflektiert wird. Es bilden sich wie bei Mikrowellen in Hohlleitern stehende Wellenformen aus. Die Anregung kann über eine Gleichstromgasentladung erfolgen, meist wird jedoch eine **Hochfrequenzanregung** verwendet. Sie bietet den Vorteil, dass keine Elektroden im Lasergas liegen. Die Hochfrequenz wird kapazitiv über die Rohrwand eingekoppelt.

Langsam geströmte CO₂–Laser

Bei diesen Systemen wird eine langsame Gasströmung von ca. 1 bis 2 m/s in der Gasentladung aufrechterhalten. In der Regel lässt man das Gas in der Richtung fließen, in der sich auch die Ionen der Gasentladung bewegen, also von der Anode zur Kathode. Das Laserrohr wird mitsamt des angeschmolzenen Kühlmantels aus **Duranglas** gefertigt. Die Elektroden müssen hier nicht aus Platin bestehen, denn eine Verunreinigung des Gases ist hier weniger kritisch. Es werden aus Wärmeleitungsgründen meist Kupferelektroden verwendet, da wegen des permanenten Gasaustausches kein Katalysator nötig ist. Sie werden häufig als zylindrische Rundelektroden in die Spiegelhalterungen eingebaut.

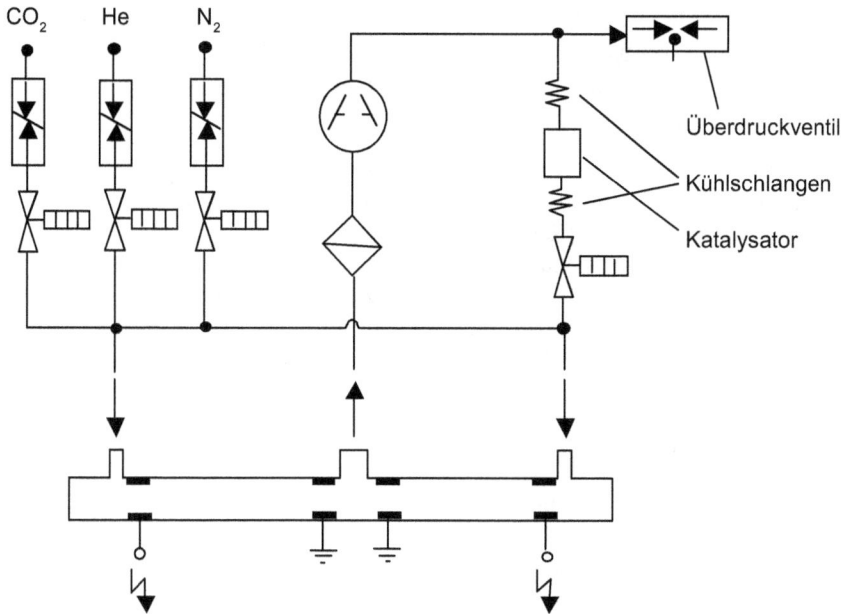

Abb. 6.42. Resonatoraufbau und Gasversorgung eines langsam geströmten CO₂–Lasers mit zwei Entladestrecken und Katalysator.

Abb. 6.42 zeigt schematisch einen langsam geströmten CO_2–Laser mit zwei Entladestrecken. CO_2–Laserresonatoren wurden früher bis zu einer Länge von etwa 20 m angeboten. Bei dieser Baulänge werden die Resonatoren dann mehrfach gefaltet und in 1 bis 1,5 m lange Entladestrecken unterteilt. Das System in Abb. 6.42 besitzt einen **Katalysator** in der Abgasleitung, der wie bei den abgeschmolzenen Systemen die Zersetzung des Gases rückgängig machen soll. Das Lasergas kann dann der Entladung wiederum über ein Nadelventil zugeführt werden. Dadurch wird Frischgas gespart und es sinkt der Gasverbrauch. Das teuerste der drei Gase ist Helium, der Preis für CO_2 und N_2 ist dagegen vernachlässigbar. Ein 450W–CO_2–Laser ohne Katalysator verbraucht etwa 150 Nl/h He, 30 Nl/h N_2 und 6 Nl/h CO_2.

Die Entladerohre haben beim langsam geströmten CO_2–Laser einen Innendurchmesser von 6 bis 26 mm. Es wird ein Entladestrom von maximal 40 bis 50 mA eingestellt. Kritisch für die Strahlqualität ist die **Durchbiegung der Rohre**: ein Durchhängen des Rohrs um **mehr als 0,1 mm** ist nicht mehr tolerierbar, denn Reflexionen an der Rohrwand zerstören die Strahlqualität. Aus diesem Grund werden die Rohre meist aus Duranglas hergestellt. Es hat zwar eine vergleichsweise schlechte Wärmeleitung, lässt sich aber mit hinreichender Genauigkeit fertigen. Der Wirkungsgrad eines langsam geströmten CO_2–Lasers liegt bei etwa 10 % und ist damit sehr hoch.

Es liegt **Diffusionkühlung** vor, d.h. die meiste Verlustwärme wird über die Laserrohrwand an das Wasser im Kühlmantel abgegeben. Bereits wenige Zentimeter nach dem Einströmen ins Laserrohr erreicht das Gas ein **Temperaturgleichgewicht** zwischen entstehender

Abwärme und Kühlung durch die Rohrwand. Durch Vorkühlen des Gases lässt sich der Bereich kalten Gases etwas verlängern und damit die Ausgangsleistung geringfügig erhöhen. Dies ist aber keine rentable Maßnahme zur Steigerung der Ausgangsleistung. In der Regel ist es billiger, die Entladestrecke zu verlängern.

Der Marktanteil der langsam geströmten CO_2–Laser ist rückläufig bis verschwindend. Mit fortschreitender Verbesserung der abgeschmolzenen Systeme und ständiger Leistungssteigerung ist ein langsam geströmter Laser mit 60 bis 120 W Ausgangsleistung nicht mehr rentabel zu bauen und damit nicht mehr konkurrenzfähig. Nach oben hin ist der langsam geströmte CO_2–Laser auf eine Ausgangsleistung von etwa 600 bis 800 W begrenzt, darüber sind schnell geströmte Laser in der Anschaffung billiger. Eine günstige Wahl kann ein langsam geströmter CO_2–Laser sein, wenn nur geringe Betriebszeiten anfallen. Dann fällt der hohe Gasverbrauch kostenmäßig nicht ins Gewicht.

Schnell geströmte CO_2–Laser

Bei den schnell geströmten Systemen wird die Entladestrecke sehr kurz gehalten (ca. 20–30cm) und ohne Kühlmantel betrieben. Das **Lasergasgemisch strömt mit etwa 200–250 m/s** durch das Laserrohr. Die Verweildauer in der Entladestrecke beträgt also nur etwa 1,5 ms. Obwohl sehr hohe Leistungen eingekoppelt werden, verlässt das Lasergas die Entladestrecke schon wieder, bevor das untere Laserniveau nach der Boltzmannverteilung nennenswert thermisch besetzt ist und die Besetzungsinversion abnimmt. Das Gas wird in einem Gas-Wasser-Wärmetauscher gekühlt und, gegebenenfalls nach Durchlaufen eines Katalysators, der Gasentladung wieder zugeführt. Da auch hier eine gewisse Gaszersetzung stattfindet, muss ein geringer Frischgasanteil zugesetzt werden. Der Gasverbrauch ist gering. Typische Werte sind 42 Nl/h Helium, 13,5 Nl/h N_2 und 3 Nl/h CO_2 für einen Fast-Flow-Laser der Leistung 1200 W.

Mit diesen **konvektionsgekühlten Lasersystemen** ist man nicht mehr auf die schlechte Kühlung des Lasergases durch Diffusion zur Rohrwand angewiesen. Die eingekoppelten Leistungsdichten sind daher wesentlich höher, so dass die erzielbare Laserleistung pro Meter Entladelänge bei kommerziellen Systemen bei ca. 400 W/m liegt (Slow-Flow-Systeme: ca. 50–80 W/m). Kompaktere bzw. stärkere Systeme sind die Folge.

Eine Leistungssteigerung durch weitere Erhöhung der Gasströmung im Laserrohr ist nicht möglich, da die Strömung **turbulent** wird. Das Aufrechterhalten der schnellen Gasströmung geschieht bei älteren Systemen über **Roots-Gebläse**, bei neueren Systemen über **Turboradialgebläse**. Abb. 6.43 zeigt schematisch den Aufbau eines schnell geströmten CO_2–Lasers mit vier Entladestrecken. Nachdem das heiße Gas die Gasentladung verlassen hat, gelangt es in einen Lamellenkühler. Dort wird das ca. 250°C heiße Gas heruntergekühlt, bevor es in das Turboradialgebläse gelangt. Dieses Gebläse hat ein hohes Fördervolumen bei geringem Differenzdruck. Der zweite, kleinere Wärmetauscher dient dem Abführen der (geringen) Kompressionswärme des Gebläses.

Mit einer DC-Entladung betriebene, schnell geströmte Systeme können mit höheren Strömen gefahren werden als langsam geströmte Laser. Die Gasversorgungseinheit sowie die Vakuumpumpe (in Abb. 6.43 nicht gezeichnet) entspricht in etwa der des langsam geströmten Lasers, nur sind die Durchflussraten wegen des niedrigeren Gasverbrauchs geringer.

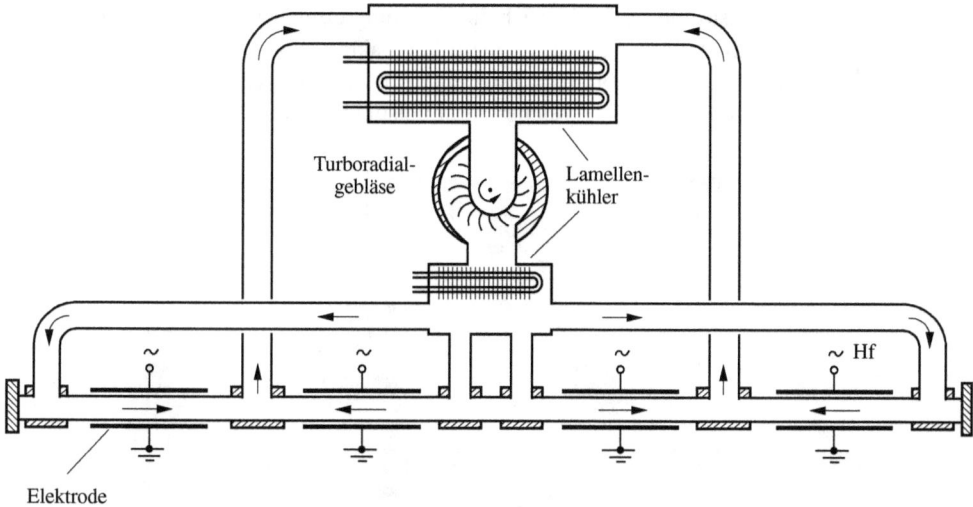

Abb. 6.43. Schematische Darstellung eines schnellgeströmten CO_2–Lasers mit vier Entladestrecken. Die Pumpenergie wird kapazitiv ins Lasergas eingekoppelt. Die schnelle Gasströmung wird durch ein Turboradialgebläse aufrechterhalten. Nicht gezeichnet sind Vakuumpumpe und Gasversorgung bzw. Gasabfuhr.

Ein schnell geströmter CO_2–Laser kann DC–angeregt sein und besitzt dann, wie ein langsam geströmter Laser, Ringelektroden im Lasergas. In Abb. 6.43 ist eine **HF–Anregung** angedeutet, sie hat sich inzwischen etablieren können. Sie besitzt viele Vorteile:

- die Hochfrequenzsender sind robuster als die Hochspannungsnetzteile zur Versorgung der DC-Entladung
- es sind keine Elektroden im Lasergas, somit tritt kein Materialabtrag an den Elektroden auf. Es kondensiert also kein Elektrodenmaterial auf den Spiegeln.
- die Homogenität der Entladung ist höher als bei der DC-Entladung

Eine gewisse Schwierigkeit bereitet allerdings die Einkopplung der Energie ins Plasma. Um eine Entladung im Plasma zu erzeugen, muss eine bestimmte Mindestspannung an den Elektroden liegen. Nach dem Zünden muss dann die **Impedanz der Entladestrecke an die Impedanz des Zuleitungskabels** angepasst sein. Dies geschieht durch einen Parallelschwingkreis in der Nähe der Entladestrecke, wobei die Elektroden einen Teil der Kapazität des Schwingkreises darstellen. Man verwendet in der Regel Frequenzen um 13,56 MHz bzw. 27,12 MHz.

Zum Umwälzen des Lasergases werden Wälzkolbenpumpen oder Turboradialgebläse verwendet. Sie sind die teuerste Einzelkomponente eines schnell geströmten Lasers. Bei einem 600 W Laser benötigt man eine Pumpe mit einem Fördervolumen von ca. 600 m^3/h. Da das Lasergas nach dem Durchlaufen der Pumpe wieder in den Entladeraum gelangt, sind Öldämpfe aus dem Schöpfraum der Pumpe ein großes Problem. Neuere Turboradialgebläse bieten den Vorteil niedrigeren Preises, geringeren Gewichts und geringerer Baugröße. Außerdem wird über eine Motorraumabsaugung das Eindringen von Öl in den Schöpfraum verhindert.

Resonatoren schnell geströmter CO_2–Laser hoher Leistung erreichen trotz der kurzen Entladestrecken eine beachtliche Länge. Um trotzdem kompakte Geräte zu realisieren, wird der Resonator in der Regel gefaltet. Abb. 6.44 zeigt einen zu zwei Ringen in zwei Ebenen gefalteten Resonator. Laser dieser Bauart erreichen Strahlleistungen von 20.000W.

Abb. 6.44. Moderner Resonatoraufbau eines schnell geströmten CO_2–Lasers. Quelle: Trumpf

Zum Schluss des Kapitels soll noch auf das Problem der Resonatorlängenänderung bei Erwärmung eingegangen werden. Ein 1 m langer Resonator, eine für einen abgeschmolzenen CO_2–Laser typische Baulänge, hat einen axialen Modenabstand von 150 MHz. Die Verstärkungslinienbreite ist ähnlich groß. Damit entsteht das Problem, dass wegen des „Durchlaufens" der axialen Moden durch das Verstärkungsprofil selbst bei geringen Temperaturschwankungen große Leistungsschwankungen des Lasers auftreten. Sie sind wegen der Temperatur- und Druckabhängigkeit der Linienbreite nicht bei allen Systemen gleich groß, sondern hängen von den Betriebsparametern ab. Die Schwankungen werden mit wachsender Resonatorlänge immer kleiner. Waveguidesysteme haben wegen der Vielzahl der möglichen Wandreflexionen keine definierte optische Resonatorlänge. Das Problem tritt bei ihnen folglich nicht auf. Da leistungsstarke Systeme auch einen langen Resonator haben, tritt der Effekt bei starken CO_2–Lasern weniger in Erscheinung. Hier ist das Problem der Dejustierung der Laserspiegel kritischer – bereits eine geringfügige Verkippung der Spiegelnormale zur Strahlachse führt zu einer Verringerung der Laserleistung. Resonatoraufbauten müssen daher sehr stabil ausgeführt werden. Häufig werden drei Invarstangen verwendet, die den Abstand der Spiegel festlegen und gleichzeitig den Laserrohraufbau tragen. Mitunter wird auch der ganze Resonator auf einer massiven Granitbasis aufgebaut.

6.4.4   Ionenlaser

In krassem Gegensatz zum CO_2–Laser, zumindest was den Wirkungsgrad betrifft, stehen die **Ionenlaser**. Ihr Wirkungsgrad ist vergleichsweise schlecht, denn der Laserübergang findet zwischen **hochangeregten Zuständen von Ionen** statt. Die Pumpleistung ist somit sehr hoch, denn es müssen zunächst Atome ionisiert werden und schließlich die Ionen noch in hochenergetische Niveaus angeregt werden. In Abb. 6.45 ist ein vereinfachtes Energieniveauschema mit dem Laserübergang des **Argons** dargestellt. Der **Argonionenlaser** ist der am weitesten verbreitete Ionenlaser, wenn auch sein Marktanteil in den letzten Jahren rückläufig war. Der Wellenlängenbereich des Argonlasers lässt sich nämlich inzwischen durch **frequenzverdoppelte Festkörperlaser** günstiger darstellen.

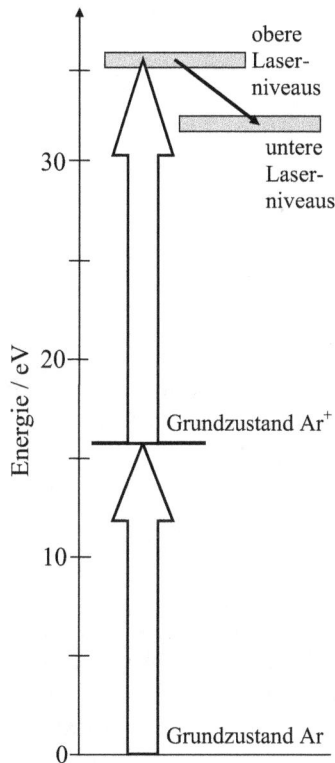

Abb. 6.45. Vereinfachtes Energieniveauschema des einfach ionisierten Argon

Die **Ionisierungsenergie der Edelgase** ist wegen der abgeschlossenen Elektronenschalen **sehr hoch**, beim Argon liegt sie bei $15{,}76\,eV$. Von diesem Zustand ausgehend liegen die oberen Laserniveaus um weitere $20\,eV$ höher. Es sind also knapp $36\,eV$ nötig, um ein Atom in eines der oberen Laserniveaus zu bringen. Es gibt beim Argon eine ganze Reihe von Laserübergängen zwischen $454{,}5\,nm$ und $528{,}7\,nm$. Werden keine wellenlängenselektiven Elemente in den Resonator eingebaut, schwingen im Resonator bei einem $1\,W$–Laser bei höheren Pumpleistungen die in Tab. 6.5 angegebenen zehn Linien gleichzeitig an, man spricht dann von **Multi–Line–Betrieb**. Bei schwächeren Systemen sind es weniger. Selektiert man etwa durch ein Prisma im Resonator einzelne Wellenlängen, dann arbeitet das System im **Single–Line–Betrieb**. Tab. 6.5 gibt die Leistung für **einzelne Linien im Single–Line–Betrieb** für ein System an, das im **Multi–Line–Betrieb** eine Ausgangsleistung von ca. 1W liefert. Die intensivsten Linien haben die Wellenlängen von 488nm und 514,5nm.

Tab. 6.5. Typische Single–Line–Leistungen im Grundmodebetrieb für einen Argon–Ionenlaser mit 1W Leistung [Lexel Laser]. Für die mit *) bezeichneten Linien müssen spezielle Spiegel eingesetzt werden. Die Summe der Leistung ergibt mehr als 1W. Das liegt daran, dass eine einzelne Linie mehr Besetzungsinversion aufbauen kann, wenn keine konkurrierenden stimulierten Emissionen von Nachbarlinien zur Entleerung höher gelegener Niveaus führen.

Wellenlänge / nm	Leistung / mW
457,9	45
465,8 *)	10
472,7 *)	20
476,5	100
488,0	350
496,5	100
501,7	45
514,5	400
528,7 *)	130

Um die für die Besetzung der oberen Laserniveaus nötigen Energien aufzubringen, sind sehr **hohe Entladestromdichten j** erforderlich. Dabei ist die zeitliche Änderung der Besetzungsdichte des oberen Laserniveaus proportional zum Quadrat der Stromdichte:

$$\frac{dn_2}{dt} \propto j^2 \qquad\qquad\qquad 6.51$$

Für den Bau eines Ionenlasers heißt das, dass der Querschnitt der Gasentladung mit einem Durchmesser von 1–4mm sehr klein gehalten werden muss, um den nötigen Gesamtstrom in Grenzen zu halten. Die für das Erreichen der Laserschwelle nötigen Stromdichten gehen bis in die Größenordnung von 1000A/cm^2. Das führt zu einer Bogenentladung, die bei einem sehr niedrigen Druck (0,01 bis 1mbar) betrieben wird und die eine gute Kühlung des Entladerohres (Abb. 6.46) erforderlich macht. Durch ein **axiales Magnetfeld** werden Ladungsträger, Elektronen oder Ionen, die radial nach außen unterwegs sind und somit auf die Rohrwand treffen würden, bedingt durch die **Lorentzkraft** auf eine Kreisbahn gezwungen (Abb. 6.47). Besitzen die Teilchen auch eine axiale Geschwindigkeitskomponente, so resultiert eine **Spiralbahn**. Dies führt in der Summe zu einer Einschnürung der Entladung längs der Achse mit zwei erwünschten Wirkungen: zum einen wird die Stoßwahrscheinlichkeit der Elektronen und damit die **Anregungswahrscheinlichkeit erhöht** und zum anderen wird die **Rohrwandung geschont**.

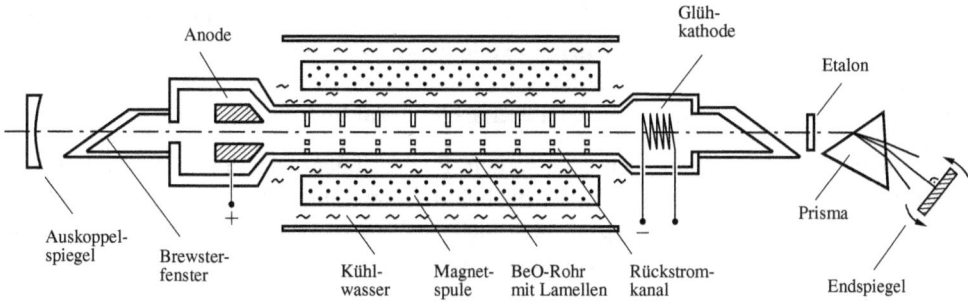

Abb. 6.46. *Ionenlaser in schematischer Darstellung.*

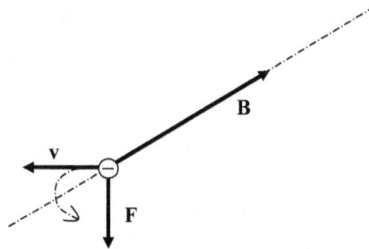

Abb. 6.47. *Ein Elektron wird durch ein senkrecht auf seiner Bewegungsrichtung stehendes Magnetfeld auf eine Kreisbahn gezwungen.*

Das Entladerohr wird wegen der hohen Wärmeleitfähigkeit aus **Berylliumoxid** gefertigt. Die Entladung wird durch BeO– oder Wolfram–Lochscheiben geführt, die die Wärme an die Rohrwandung abführen. Die nicht auf der Achse liegenden Bohrungen dienen dazu, einen Rückfluss des Gases zu ermöglichen; dies ist nötig, weil durch die hohen Stromdichten merklich Ionen zur Kathode wandern und einen Druckgradienten im Rohr aufbauen. Um das verfügbare Gasvolumen zu erhöhen, ist das Entladerohr in der Regel mit einem größeren Vorratsgefäß aus Edelstahl verbunden. Das System benötigt damit keine Gaszufuhr und kann **abgeschmolzen** geliefert werden. Der Gasvorrat gleicht geringe Gasverluste aus; sie entstehen dadurch, dass Gasatome durch das Rohrwandmaterial aufgenommen werden. Anders als bei abgeschmolzenen CO_2–Lasern wird das Entladerohr durch Fenster abgeschlossen, die im **Brewsterwinkel** stehen. Das führt dazu, dass der Laser linear polarisiertes Licht liefert. In Abb. 6.46 ist außerdem ein kleines Prisma vor dem Endspiegel des Resonators eingezeichnet. Licht unterschiedlicher Wellenlängen wird am Prisma unter verschiedenen Winkeln gebrochen. Durch geringfügiges Verdrehen des Endspiegels kann der Laserresonator somit **auf unterschiedliche Wellenlängen abgestimmt werden** (Singlelinebetrieb). Ersetzt man die Prismen–Endspiegelkombination durch einen zur optischen Achse senkrecht stehenden Endspiegel, schwingen je nach Leistungsklasse des Lasers mehr oder weniger viele Laserlinien gleichzeitig an.

Die Verstärkungsbandbreite des Argon–Ionen–Lasers liegt bei etwa 5GHz. Bei einem 1m langen Resonator ist der Abstand der axialen Moden nach Kap. 6.1.1 gemäß $c/2L$ etwa 150MHz. Es ist somit klar, dass auch im Singlelinebetrieb eine größere Anzahl axialer Moden innerhalb der Verstärkungsbandbreite des Lasers liegt. Durch ein **Etalon im Resonator** lässt sich diese Anzahl auf eine **einzige axiale Mode** reduzieren, die dann etwa die Frequenzbreite von **weniger als 3MHz** besitzt. Das entspricht nach Gl. 1.121 einer Kohärenzlänge von 100m, was den Argon–Ionen–Laser als **holographietauglich** ausweist.

Neben dem Argonion zeigen auch noch weitere Edelgasionen nach dem oben dargestellten Prinzip Lasertätigkeit [Kneubühl 2005]. So liefert **Neon** Linien im UV–Bereich zwischen 332,4nm und 371,3nm. Mit **Krypton** lässt sich eine ganze Anzahl von Wellenlängen im Bereich von 350,7nm bis 799,3nm darstellen. Dabei ist zum Teil zweifache Ionisierung nötig. Die Linien von **Xenon** liegen zwischen 460,3nm und 969,9nm.

Die Hauptanwendungen der Ionenlaser liegen nicht bei der Materialbearbeitung, sondern auf den Gebieten der **Spektroskopie**, **Photochemie** und **Holographie**. Argon–Ionen–Laser sind bis zu einer Dauerstrichleistung von 100W erhältlich, Krypton–Ionen–Laser bis etwa 50W.

6.4.5   Helium-Neon-Laser

Ein Klassiker unter den Gaslasern geringer Leistung, der in keiner Schullehrmittelsammlung fehlen durfte, war der **Helium–Neon–Laser**. Die Vergangenheitsform deshalb, weil dieser Laser durch die Laserdioden bei den meisten Anwendungen abgelöst worden ist. Er hat aber noch Bedeutung, wenn **gute Kohärenzeigenschaften** und **gute Strahlqualität** gefordert werden. Hier ist er den Laserdioden weit überlegen.

Beim Helium–Neon–Laser liegt das Lasergas nicht in ionisierter Form, sondern in neutralem Zustand vor. Bei den Laserübergängen handelt es sich um elektronische Übergänge im Neon. Als Pumpgas findet Helium Anwendung, denn wie Abb. 6.48 zeigt, besitzt es eng benachbarte Energieniveaus, über die durch resonante Stoßprozesse eine effiziente Besetzung der oberen Laserniveaus möglich ist. Die drei wichtigsten Laserlinien liegen bei 632,8nm, 1152,3nm und 3391,3nm. Insgesamt sind mehr als zehn Laserübergänge möglich. Die höchste Verstärkung besitzt die Linie bei 3391,3nm. Mit etwa 25dB/m [Weber 1978] ist die Verstärkung so groß, dass der Laser als **Superstrahler** arbeiten kann, sofern die Entladelänge groß genug ist. Will man mit anderen Wellenlängen arbeiten, kann das zum Problem werden.

Das langlebige untere Laserniveau kann nicht durch strahlende Übergänge entleert werden und führt zu einer konstruktiven Besonderheit des Helium–Neon–Lasers: die Entleerung kann nur über **Wandstöße** erfolgen, so dass eine enge Kapillare notwendige Voraussetzung für eine hohe Besetzungsinversion ist. Die Verstärkung sinkt mit zunehmendem Innendurchmesser der Gefäßwand. Ein typischer Wert in der Praxis ist 1mm. Die Ausgangsleistung ließe sich also nur über die Länge der Entladestrecke erhöhen. Da die gaußschen Bündel aber mit wachsender Länge der Entladung einen immer größer werdenden Durchmesser vorschreiben, sind der Baulänge Grenzen gesetzt. Ein realistischer Wert hierfür ist etwa 1m. Die Strahlleistung dieses Lasertyps ist folglich vergleichsweise gering, kommerzielle Systeme erreichen maximal einige 10mW. Standardtypen liegen im Bereich von 1mW. Materialbearbeitung ist mit diesem System also nicht möglich. Trotzdem ist mit He–Ne–Lasern auch schon eine resonatorinterne Frequenzverdopplung mit einem Lithiumjodat–Kristall gelungen [Kühling 1989].

3,39 µm

Stoß 2. Art

0,63 µm

1,15 µm

Elektronenstoß

Spontane
Emission

Rekombination mit
der Rohrwand

Helium   Neon

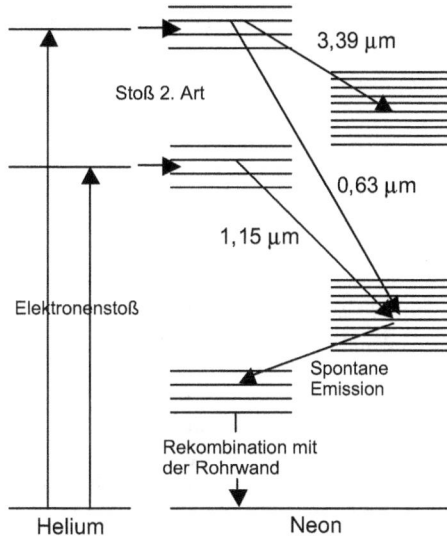

Abb. 6.48. Vereinfachtes Energieniveauschema des Helium–Neon–Lasers

Der Betriebsdruck liegt in der Größenordnung von 10mbar, wobei optimale Leistung erreicht wird, wenn das Produkt aus Gesamtdruck und Rohrdurchmesser $4,8-5,3$mbar · mm beträgt [Kneubühl 2005]. Das Mischungsverhältnis He:Ne liegt bei 5:1 für die Wellenlänge 632,8nm. Der Helium–Neon–Laser wird nur als abgeschmolzenes System geliefert (Abb. 6.49), wobei die Laserspiegel den Abschluss des Entladerohres bilden. Typische Helium–Neon–Laser arbeiten bei einer Brennspannung von etwa 2kV und einem Entladestrom von 5–10mA. Die Niederdruckentladung selbst ist technisch anspruchslos und stellt wegen der chemisch inerten Edelgasfüllung außer in punkto Reinheit keine hohen Ansprüche. Die Lebensdauer ist sehr hoch und beträgt etwa **20.000 Betriebsstunden**.

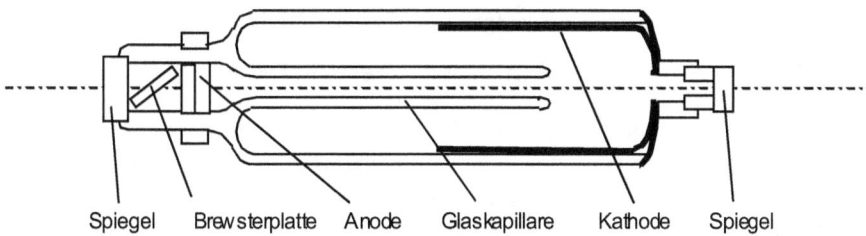

Spiegel   Brewsterplatte   Anode   Glaskapillare   Kathode   Spiegel

Abb. 6.49. Schematische Darstellung eines Helium–Neon–Lasers

Da der Gasvorrat in einer dünnen Kapillare zu gering wäre, wird diese einseitig offen in einen größeren Glaszylinder eingesetzt, so dass ein größerer Gasvorrat zur Verfügung steht. Ein **Brewsterfenster** ist in der Regel **optional**, in diesem Falle wäre die emittierte Strahlung definiert polarisiert. Die Verstärkungslinienbreite des Helium–Neon–Lasers ist mit 1,5GHz relativ gering, so dass bei einer Resonatorlänge von etwa L=10cm und einem axialen Modenabstand von c/2L=1,5GHz nur eine einzige axiale Mode anschwingt. Die Ausgangsleistung wäre aber aufgrund der geringen Baulänge sehr klein. Andererseits kann man den 1–Modenbetrieb für den Bau frequenzstabilisierter Strahlungsquellen nutzen [Dickmann 1990].

6.4.6   Excimer-Laser

Genau genommen bedeutet „**excited dimer**" ein nur im angeregten Zustand existierendes, **homonukleares Molekül**; ein Molekül also, das aus zwei gleichartigen Atomen besteht. Heute wird der Begriff – etwas schlampig – auch auf die heteronuklearen **Edelgas–Halogenide** angewandt. Sie gehören eigentlich zu den „**Exciplexen**", was „excited state complex" bedeutet und angeregte, aus verschiedenartigen Atomen aufgebaute Komplexe beschreibt.

Der Begriff „**Excimer–Laser**" bezieht sich also auch auf die inzwischen weit verbreiteten **Edelgas–Halogen–Excimerlaser**. Wie oben bereits ausgeführt, sind Excimere nur im angeregten Zustand überhaupt existenzfähig und zerfallen mit einer mittleren Lebensdauer von etwa 1ps. Damit ist das untere Lasernivau praktisch immer leer, denn es existiert gar nicht. Doch wie bildet man nun Excimere? Sie können durch **Hochspannungsentladung** oder durch **Elektronenstrahlbeschuss** erzeugt werden. Bei der Hochspannungsentladung, die bei kommerziellen Systemen bevorzugt wird, entstehen die Excimere, indem man Edelgasatome R in den angeregten Zustand (R*) bringt und mit dem Halogen X_2 reagieren lässt:

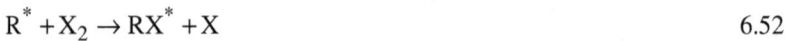

$$R^* + X_2 \rightarrow RX^* + X \qquad\qquad\qquad 6.52$$

Beim Elektronenstrahlbeschuß reagiert ein R^+–Ion mit einem X^-–Ion unter Mithilfe eines Stoßpartners M:

$$R^+ + X^- + M \rightarrow RX^* + M \qquad\qquad\qquad 6.53$$

Die Potentialkurven eines RX^*–Moleküls zeigt Abb. 6.50. Die oberen Niveaus ähneln vibronischen Zuständen. Die Symbole $X^2 \Sigma$, $A^2 \pi$ etc. bezeichnen unterschiedliche Arten der Elektronenbindung. Der obere Laserzustand hat infolge von Stoßdeaktivierung und spontaner Relaxation eine Lebensdauer von wenigen ns, was die Bildung extrem vieler Excimere ($\approx 10^{23} \frac{1}{cm^3 s}$) voraussetzt, um Lasertätigkeit zu erreichen. Das erfordert einen hohen Gasdruck, bei dem keine kontinuierliche Entladung aufrechterhalten werden kann. Wegen der kurzen Entladungsdauer im gepulsten Betrieb erhält man Impulse mit einer Dauer von 10–25ns. Bedenkt man, dass Licht in 10ns ca. 30cm zurücklegt, so erkennt man, dass bei den üblichen Resonatorlängen nur wenige Resonatorumläufe zustande kommen. Das führt dazu, dass das im Kap. 6.2 Gesagte hier nicht gilt und die **Divergenz** der Laser **relativ hoch** ist.

Tab. 6.6. gibt einen Überblick über die Emissionswellenlängen verschiedener Excimere. Die Impulsenergien kommerzieller Excimerlaser liegen bei einigen 100mJ bei einer Repetitionsfrequenz von ca. 100Hz. Die Gasfüllung besteht zum größten Teil aus einem Puffergas (z.B. Helium), zu etwa 0,1–0,5% aus dem Halogen und zu 5–10% aus dem Edelgas [Pummer 1985] bei einem Gesamtdruck von 1,5 bis 4bar. Das Puffergas hat die Funktion des

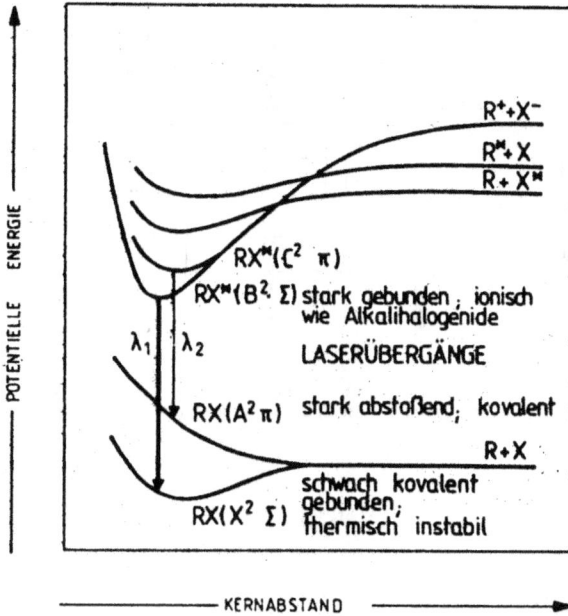

Abb. 6.50. Potentialkurven eines zweiatomigen Edelgas–Halogenid–Excimers. Aus: [Pummer 1985]

Tab. 6.6. Excimere und ihre Laserwellenlängen

Molekül	Wellenlänge
ArF*	193nm
KrF*	248nm
XeBr*	282nm
XeCl*	308nm
XeF*	351nm

Elementes M in Gl. 6.53. Abb. 6.51 zeigt den Aufbau eines Excimerlasers mit elektronenstrahl–stabilisierter Entladung in schematischer Darstellung. Wegen des hohen Druckes kommen nur kurze Entladestrecken in Frage, weshalb der Excimerlaser im Gegensatz zum CO_2–Laser nicht axial, sondern transversal gepumpt wird. Zum leichteren Zünden kann auch eine UV–Vorionisation erfolgen.

Die Anwendungen des Excimerlasers erschließen sich aus der Kürze der verfügbaren Impulse und aus seiner kurzen Wellenlänge. Die intensiven Impulse ermöglichen elektronische Anregung, Ionisierung oder auch Zerstörung chemischer Bindungen unter **nichtthermischen Bedingungen,** d.h. ohne das Material aufzuheizen. Aufgrund der kurzen Wellenlänge lassen sich sehr **kleine Fokusdurchmesser** erreichen. Auch ist die Auflösung bei Belichtungssystemen in der Halbleiterindustrie für kurze Wellenlängen höher. Eine wichtige Anwendung hat der Excimerlaser bei **Augenoperationen** (LASIK) gefunden.

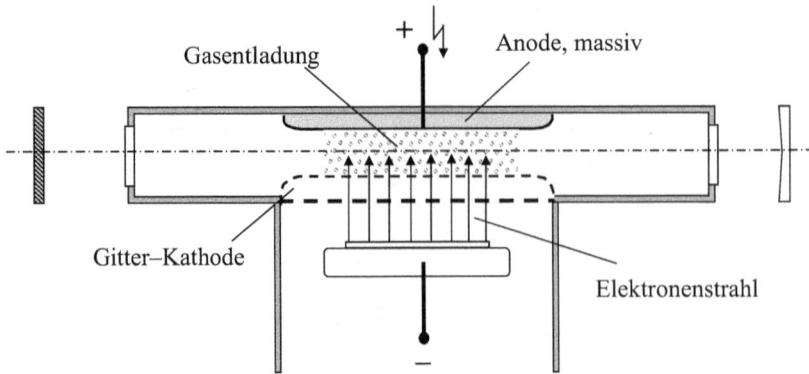

Abb. 6.51. Schematischer Aufbau eines Excimerlasers, der mit einer elektrischen Entladung gepumpt wird.

6.5   Weitere Lasertypen

6.5.1   Farbstofflaser

Farbstofflaser haben den Vorteil einer für Laser breitbandigen Durchstimmbarkeit, in der Regel liegt sie bei einigen 10nm. Sie kommt dadurch zustande, dass das aktive Medium, also die Farbstoffmoleküle, keine scharfen Energieniveaus besitzen, sondern breite Banden. Ihr molekularer Aufbau ist sehr komplex, sie bestehen in der Regel aus 50 bis 100 Atomen und werden für den Laserbetrieb in ein Lösungsmittel gegeben. Das ermöglicht eine Anpassung der Konzentration sowie eine schnelle Veränderung derselben. Als Lösungsmittel wird häufig **Ethanol** oder **Ethylenglykol** verwendet. Ihren Namen haben die Farbstoffe durch ihre Eigenschaft, bei Einstrahlung bestimmter Wellenlängen zu **fluoreszieren**, also in hellen Farben zu leuchten. Der Mechanismus entspricht in etwa der in Kap. 3.2.1 behandelten Frequenzumwandlung bei Phosphoren in Leuchtstofflampen (Abb. 3.29). Gepumpt wird wie bei der Frequenzkonversion bei Leuchtstofflampen oft mit UV–Licht oder mit kurzwelligem sichtbaren Licht, während die Farbstoffe bei 300nm bis 1200nm emittieren. Natürlich ist die Pumpwellenlänge stets merklich kürzer als die Laserwellenlänge. Abb. 6.52 zeigt beispielhaft den Aufbau des Farbstoffmoleküls Na–Fluoreszin, der im Wellenlängenbereich 530nm–560nm emittiert. Tab. 6.7. gibt den Wellenlängenbereich für einige Laserfarbstoffe an.

Die breiten Banden der Farbstoffe machen sich bei der Laserschwelle nachteilig bemerkbar: die Laserschwelle liegt in der Regel sehr hoch und es sind somit **hohe Pumpleistungen** erforderlich. Häufig verwendete Pumplaser sind **Excimerlaser** sowie der **Stickstofflaser** (wichtigste Linie: 337,1nm). Auch **gütegeschaltete Festkörperlaser** finden Verwendung. Bei den blitzlampengepumpten Farbstofflasern wird die Farbstofflösung in eine lange, zylindrische Küvette gefüllt und in eine elliptische Pumpkammer, wie sie vom Festkörperlaser her bekannt ist, gebracht und optisch über eine Blitzlampe gepumpt. Zwei mögliche Pumpanordnungen für lasergepumpte, gepulste Farbstofflaser zeigen Abb. 6.53 und 6.54. In Abb. 6.53 wird der Laser **axial gepumpt**. Hier muss für den linken Spiegel ein spezieller, dielektrisch

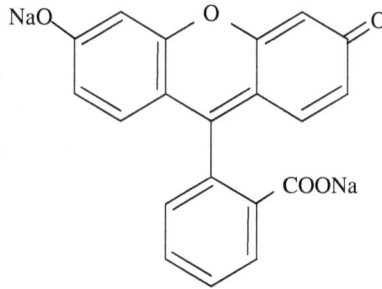

Abb. 6.52. Aufbau des Farbstoffmoleküls Na–Fluoreszin

Tab. 6.7. Einige Farbstoffe für Laser. Man beachte, dass die Werte lösungsmittel– und konzentrationsabhängig sind und daher nur als Anhaltswerte zu verstehen sind.

Farbstoff	Abstimmbereich/nm
p–Terphenyl	335–355
Coumarin 102	460–510
Na–Fluoreszin	530–560
Rhodamin 6G	569–608
Rhodamin B	600–645
Oxazin 1	700–765
Rhodamin 800	776–823

beschichteter Spiegel verwendet werden, der für die Pumpwellenlänge volle Transmission gewährleistet, während er für die Strahlung des Farbstofflasers zu 100% reflektiert. Dies wird bei der Anordnung der Abb. 6.54 vermieden, denn hier bilden Pumpstrahl und Resonatorachse einen spitzen Winkel.

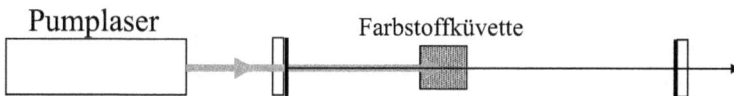

Abb. 6.53. Axial gepumpter Farbstofflaser

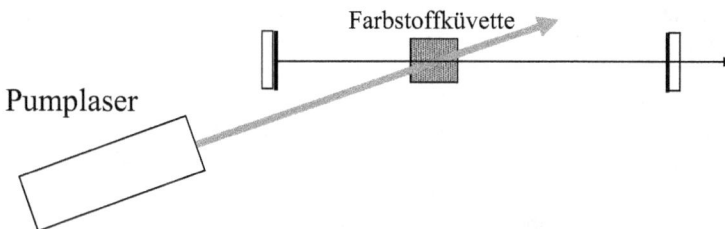

Abb. 6.54. Farbstofflaser, bei dem die Pumpstrahlung schräg in die Farbstoffküvette eingekoppelt wird.

Wegen der sehr langen Lebensdauer bestimmter, bei realen Farbstoffen auftretender Zustände und der daraus resultierenden Nichtverfügbarkeit der Moleküle für den Laserprozess, können die meisten Farbstoffe nur im gepulsten Betrieb verwendet werden. Einige Farbstoffe, z.B. Rhodamin, sind aber auch für kontinuierlichen Betrieb geeignet. Abb. 6.55 zeigt einen kontinuierlich gepumpten Farbstofflaser. Der Pumpstrahl wird unter einem Winkel zur Resonatorachse eingekoppelt. Die Farbstofflösung kann als freier Strahl einen Flüssigkeitsvorhang bilden, der im Brewsterwinkel im Resonator „steht". Das Rechteck „frequenzselektive Elemente" beinhaltet je nach Anforderung ein oder mehr Elemente, die das Spektrum das Lasers einengen. Das können **Etalons** oder auch **Lyotfilter** sein. Letzteres ist ein Filter, der die Dispersion der Drehung der Polarisationsebene in doppelbrechenden Kristallen ausnutzt. Farbstofflaser finden besonders in der Spektroskopie wegen ihrer Durchstimmbarkeit Anwendung. Auch spielen sie im Zusammenhang mit der Erzeugung ultrakurzer Laserimpulse bis in den Bereich weniger Femtosekunden eine Rolle.

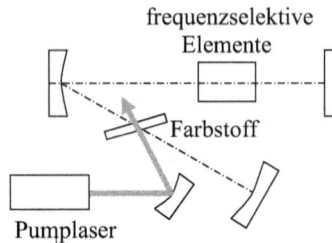

Abb. 6.55. Beim gefalteten Farbstofflaser wird die durch die Schrägstellung der Farbstoffküvette verursachte, astigmatische Verzerrung durch den resonatorinternen Umlenkspiegel kompensiert.

6.5.2   Halbleiterlaser

Homo– und Heterostrukturlaser

In Kap. 1.6.3 wurde das Bändermodell einer Laserdiode behandelt und gezeigt, dass in einem pn–Übergang Besetzungsinversion erzeugt werden kann. Somit kann in diesem Bereich Licht verstärkt werden. Die Resonatorspiegel werden bei der Laserdiode durch die Begrenzungsflächen des Halbleiterkristalls gebildet (Abb. 6.56). Da Halbleiter üblicherweise einen hohen Brechungindex haben, ist der Reflexionsgrad an den Oberflächen relativ hoch. Für GaAs beträgt er bei einer Brechzahl von n=3,6 etwa 0,32. Man muss in der Regel nur die beiden Stirnflächen polieren. In seitlicher Ausdehnung werden die Flächen rauh gehalten.

Schwieriger ist dagegen die Erzeugung von hinreichend Besetzungsinversion. Die in Kap. 1.6.3 behandelte Laserdiode ist ein **Homostruktur–Laser**, d.h. die p–leitenden und die n–leitenden Gebiete der Diode bestehen aus dem gleichen Material. Nur die Dotierung ist unterschiedlich. Beim Betrieb einer solchen Laserdiode stellt man fest, dass sich Lasertätigkeit nur bei sehr tiefen Temperaturen und nur im gepulsten Betrieb einstellt. Der Grund hierfür sind die große Diffusionslänge der Elektronen sowie die hohen Verluste durch nichtstrahlende Rekombination. Abhilfe schaffen **Heterostrukturen**, mit denen, wie in Abb. 6.57

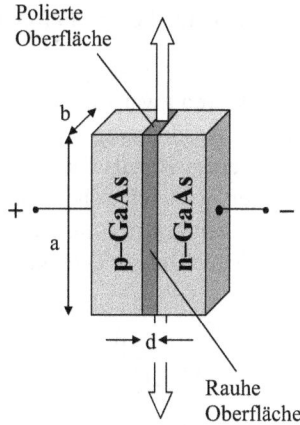

Abb. 6.56. Homostruktur–Laserdiode

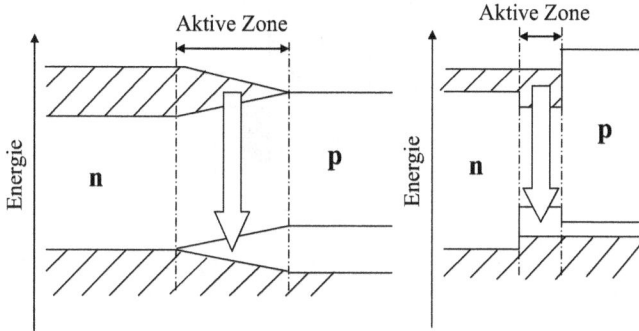

Abb. 6.57. Mit Hilfe von Heterostrukturen lässt sich die Ausdehnung des aktiven Bereichs verkleinern.

dargestellt, Potentialbarrieren erzeugt werden können, die die Diffusion der Elektronen hemmen. Hierzu werden im Falle der Abb. 6.56 zwischen p–GaAs bzw. n–GaAs und aktiver Schicht zwei Schichten aus **p–Ga$_{1-x}$Al$_x$As** und **n–Ga$_{1-y}$Al$_y$As** gebracht. Damit lässt sich die Ausdehnung des aktiven Bereiches verringern. Da der Verstärkungsfaktor umgekehrt proportional zu dieser Ausdehnung ist, sinkt bei Heterostrukturen die Schwellstromdichte beträchtlich, bei GaAs von typisch 1kA/mm^2 um einen Faktor 100 auf etwa 10A/mm^2. Die Ausdehnung des aktiven Bereichs kann auf etwa 0,1μm begrenzt werden. Im Extremfall können durch Quantenfilmstrukturen sogar Ausdehnungen von ca. 10nm realisiert werden. Die dabei auftretenden Phänomene gehen aber über die Reduzierung der Ausdehnung hinaus.

Die Heterostruktur führt zu einem weiteren Vorteil: während bei der Homostruktur das Licht nicht auf den aktiven Bereich beschränkt ist, da ja das Material bis auf die Dotierungen vom Brechungindex her homogen ist, wird das Licht bei der Heterostruktur **wie bei einem Wellenleiter geführt**. Der Brechungsindex in der aktiven Zone ist deutlich höher als in den angrenzenden Schichten. Die Ladungsträgerdichte im Material hat außerdem ebenfalls einen

Einfluss auf die Brechzahl, man spricht in diesem Fall von einer **Gewinn–Führung** des Strahls.

Das Licht wird bei diesen Heterostrukturen zwar innerhalb der Dicke d der aktiven Schicht geführt, nicht jedoch in Richtung der Ausdehnung b in Abb. 6.56. Eine Führung auch in dieser Richtung, d.h. die Ausbildung eines Kanals für den Laser, kann erreicht werden, indem man durch seitliches Anwachsen weiterer Schichten den Pumpstrom und damit die aktive Zone auf einen schmalen Kanal konzentriert und damit auch gleichzeitig seitlich eine Wellenleiterstruktur durch veränderte Brechzahlen erzeugt (Abb. 6.58).

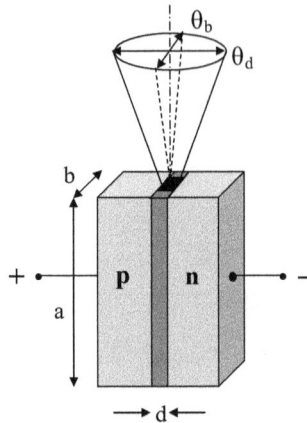

Abb. 6.58. Durch das Anwachsen weiterer Schichten senkrecht zur Stromrichtung lässt sich die aktive Zone auf einen schmalen Kanal konzentrieren.

Spektrale und räumliche Eigenschaften des Laserstrahls

Die axialen Moden betreffend ist zu sagen, dass die Resonatorlänge a (siehe Abb. 6.58) bei einer Laserdiode im Vergleich zu den bisher behandelten Lasern extrem kurz ist. Damit ist der Abstand der axialen Moden, der mit $c/2a = c_0/2na$ gegeben ist, sehr groß. Bei einer Länge von $a < 1mm$ und einer Brechzahl von $n = 3{,}6$ beträgt er über 42GHz. Es bedarf also einer großen Verstärkungsbandbreite, damit im Resonator überhaupt wenigstens eine axiale Mode anschwingt. Glücklicherweise liegen bei Halbleitern keine scharfen Energieniveaus vor, sondern es überwiegen die Bandstrukturen mit einer Breite in der Größenordnung von 10nm bzw. einigen 10^{12}Hz. Somit liegen noch genügend axiale Moden im Verstärkungsprofil, damit Lasertätigkeit einsetzt.

Leider wird nicht immer eine Vielzahl von Longitudinalmoden gewünscht. Wegen der chromatischen Dispersion der Glasfasern sind bei Verwendung in der Kommunikationstechnik einmodige Laserdioden wünschenswert. Es muss also eine weitere Selektion der Wellenlängen vorgenommen werden. Dies geschieht häufig über **Braggreflexion** (Kap. 4.6.6). Der naheliegendste Schritt besteht darin, dass man die reflektierenden Endflächen, also die Resonatorspiegel, durch **Braggreflektoren** ersetzt (Abb. 6.59a). Bei senkrechtem Einfall wirkt ein solcher Reflektor für einen Gitterabstand d_B gemäß $2d_B = i\lambda$ (Gl. 4.323) **reflektierend** und damit **wellenlängenselektiv**. Der Braggreflektor wird mikrolithographisch zusammen mit der Halbleiterstruktur hergestellt. Man spricht von einem **DBR–Laser** (**d**istributed **B**ragg **R**eflector).

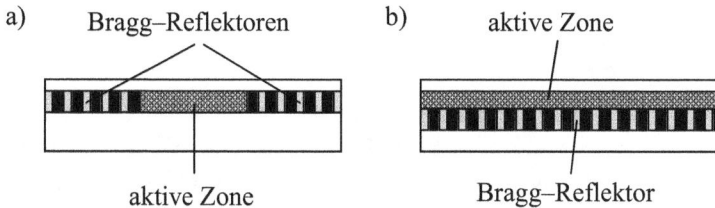

Abb. 6.59. DBR–Laser (a) und DFB–Laser (b)

Ein weiterer Entwicklungsschritt besteht darin, aktive Zone und Bragg–Gitter zusammenzuführen und in einem Element zu integrieren (Abb. 6.59b). Man spricht dann von einem **DFB–Laser** (**d**istributed **f**eed **b**ack). Dieser Typ hat sich heute gegenüber dem DBR–Laser durchgesetzt (Abb. 6.60).

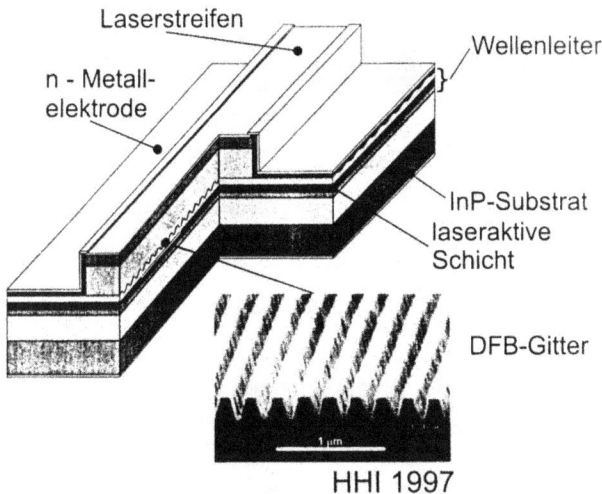

Abb. 6.60. DFB–Laser mit einer Rasterelektronenmikroskopaufnahme eines Ausschnitts aus dem Bragg–Gitter. Die Gitterperiode beträgt 256nm. Aus [Döldissen 1999]

Die Frequenz einer Laserdiode ist in gewissen Grenzen abhängig von der Temperatur und der Ladungsträgerdichte in der Heterostruktur. Das ermöglicht in sehr engen Grenzen eine Abstimmbarkeit, die allerdings auch zu „toten Bereichen" führt, denn die axialen Moden und das Verstärkungsprofil zeigen unterschiedliche Temperaturcharakteristik.

Laserdioden liefern kein rotationssymmetrisches Strahlprofil. Wegen der geringen Abmessung d der aktiven Zone treten Beugungserscheinungen auf, die zu einer elliptischen Verzerrung des transversalen Modenprofils führen. Im Fernfeld tritt das in Abb. 6.58 angedeutete Strahlprofil auf. Die Divergenzwinkel (Vollwinkel) betragen **etwa 20–40° auf der großen Halbachse und 7–16° auf der kleinen**. Die elliptische Form des Strahls lässt sich über Zylinderlinsen korrigieren. Trotzdem erreichen Laserdioden nicht die Strahlqualität eines Helium–Neon–Lasers.

Bauformen

Die bisher beschriebenen Dioden werden **Kantenstrahler** genannt. Daneben haben sich ihrer besseren Strahlqualität wegen die sog. **VCSEL**s durchgesetzt. VCSEL bedeutet vertical cavity surface emitting laser. Die Laseremission erfolgt hier in Richtung des pn–Übergangs (Abb. 6.61). Die Bragg–Reflektoren befinden sich über bzw. unter der aktiven Zone. Der Nachteil der Anordnung ist, dass der Weg durch die aktive Schicht sehr kurz und damit die Verstärkung pro Umlauf sehr klein wird.

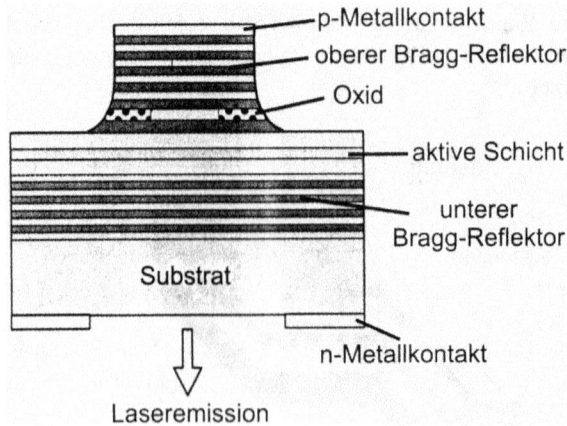

Abb. 6.61. VCSEL. Aus [Döldissen 1999]

Dadurch werden Reflektivitäten der Bragg-Reflektoren von über 99% nötig. Der Vorteil der VSCEL ist, dass ein rotationssymmetrisches Strahlprofil möglich wird und dass der **Astigmatismus fehlt**. Es sind Strahldivergenzen um 10° (Vollwinkel) möglich.

Die klassische Bauform der Laserdiode einschließlich Gehäuse zeigt Abb. 6.62. Im gleichen Gehäuse ist eine **Photodiode** (Monitordiode) untergebracht, mit deren Hilfe der Diodenstrom geregelt werden kann. Die Laserdiode hat also in der Regel drei Anschlüsse. Wichtig ist eine gute Wärmeableitung. Das Halbleitersubstrat wird daher auf eine metallische Unterlage aufgebracht, die zur besseren Wärmeabfuhr mit dem Gehäuse verbunden ist.

Die genannten Bauformen, die oft **Kollimationsoptiken** oder **Fasereinkopplungen** enthalten, werden bis zu Leistungen von einigen Watt geliefert. Reicht die Leistung solcher Einzelemitter nicht aus, ordnet man auf einem streifenförmigen Chip mehrere Einzelemitter nebeneinander an, die elektrisch parallel geschaltet werden. Solche als „**Barren**" (engl. bar) bezeichnete Anordnungen liefern Leistungen bis 80W. Ihr Strahl ist elliptisch. Zur weiteren

Leistungssteigerung können die Barren zu Stapeln zusammengefasst werden. Aufgrund der hohen Leistungen bis zu 1kW ist hier eine Wasserkühlung nötig.

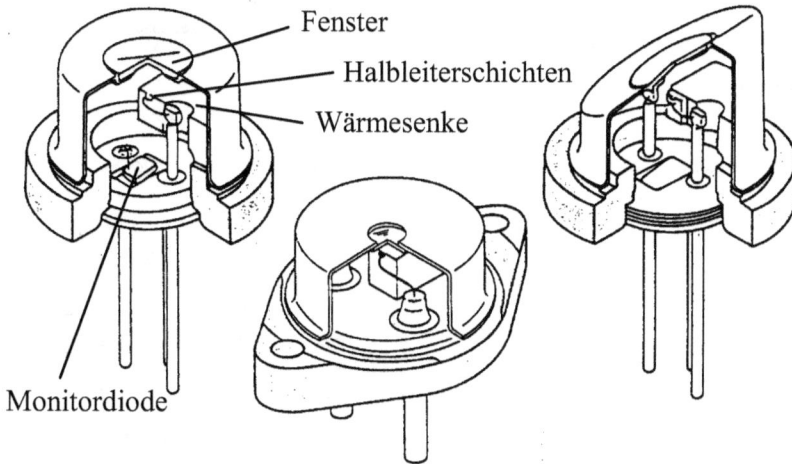

Abb. 6.62. Bei Laserdioden übliche Gehäuseformen: links ein modifiziertes TO5–Gehäuse, in der Mitte ein TO3–Gehäuse und rechts eine Bauform mit schräg stehendem Fenster zum Ausgleich des Astigmatismus. Aus: [Franz 1988].

Die Abb. 6.63 bis 6.65 zeigen Bauformen moderner Diodenlaser. Die Einzelemitter in Abb. 6.63 haben eine maximale Leistung von 8W und kommen z.B. beim Pumpen von Festkörperlasern und bei Druckanwendungen zum Einsatz. Abb. 6.64 zeigt einen horizontalen Diodenlaserstack mit gleichen Anwendungsgebieten, aber einer Leistung von 310W. Eine Leistung von 1440W liefert das vertikale, gehauste Diodenlaserstack in Abb. 6.65.

Verfügbare Wellenlängen und Anwendungen

Die Herstellung von Laserdioden begann mit im roten bzw. nahen infraroten Spektralbereich emittierenden Dioden. Laser basierend auf der **Halbleiterverbindung GaAlAs** emittieren im Bereich von 670nm bis etwa 1000nm. Mit der **quaternären Verbindung InGaAsP** lässt sich der für die optische Nachrichtentechnik wichtige Spektralbereich von 1,1μm bis 1,7μm [Döldissen 1999] abdecken. Die Verbindung $In_{0,73}Ga_{0,27}As_{0,58}P_{0,42}$ liefert die Wellenlänge 1,31μm, bei der die **chromatische Dispersion der Glasfasern minimal** ist. Bei 1,55μm ist die **Dämpfung der Faser minimal**; diese Wellenlänge lässt sich mit $In_{0,58}Ga_{0,42}As_{0,9}P_{0,1}$ darstellen.

Die Leistungen der Laserdioden haben sich so entwickelt, dass das Pumpen von Festkörperlasern damit möglich und üblich ist. Die Pumpwellenlängen liegen ebenfalls im roten bis nahen infraroten Spektralbereich. Hierfür werden höhere Leistungen benötigt. Eine weitere Anwendung dieser Dioden liegt im Bereich der Laserdrucker. Der grüne Spektralbereich wird von Laserdioden derzeit noch nicht erreicht, wohl aber der Bereich von 390nm bis 440nm, der mit Halbleitern auf der Basis von **GaN** abgedeckt werden kann. Hier ist im Bereich der DVDs mit hoher Speicherdichte (**blue ray**) ein neuer Markt entstanden.

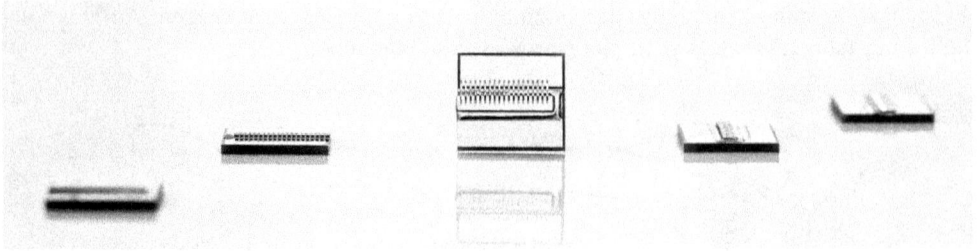

Abb. 6.63. Einzelemitter auf Substrat JOLD–8–BAS–1E. Quelle: © JENOPTIK Laserdiode GmbH

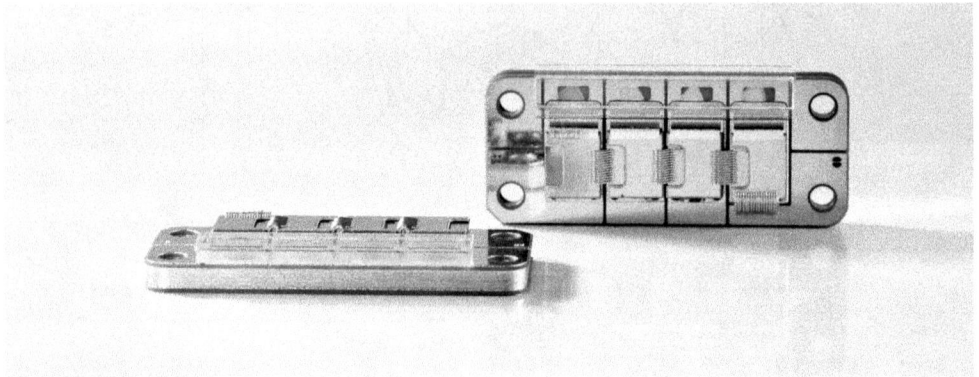

Abb. 6.64. Horizontaler Diodenlaserstack JOLD–310–HS–4L. Quelle: © JENOPTIK Laserdiode GmbH

Abb. 6.65. Vertikaler, gehäuster Diodenlaserstack JOLD–1440–CANN–12A. Quelle: © JENOPTIK Laserdiode GmbH

In der Medizin hat sich der Diodenlaser eine ganze Reihe von Anwendungen erschlossen: so z.B. in der Zahnheilkunde bei der **Parodontalbehandlung** und der **Implantatvorbereitung** oder in der Dermatologie bei der **Laserepilation**, der **Versiegelung von Teleangiektasien** und der **Varizenverödung**. Auch ist der Laser in Leistungsklassen vorgedrungen, die eine eigenständige Materialbearbeitung ermöglichen. So ist inzwischen die 10kW–Grenze für Diodenlaser gefallen.

Aufgaben

1. Ein Resonator der Länge L=2m habe einen konvexen Spiegel mit Radius R_1=–6m. Wie müsste der Radius R_2 des zweiten, konkaven Spiegels gewählt werden, damit der Resonator stabil ist?

2. Ein Nd-YAG-Laser bestehe aus zwei gleichen Konkavspiegeln mit Radius R. Die Strahltaille liegt somit in der Mitte des 1,5m langen Resonators. Wie groß ist der Radius R, wenn der Strahlradius in der Strahltaille w_0=0,6633mm ist?

3. Ein Laserresonator besteht aus zwei konkaven Spiegeln mit unterschiedlichen Krümmungsradien R_1 und R_2. Die Strahltaille liegt asymmetrisch im Resonator, wobei die Resonatorlänge – wie skizziert – im Verhältnis 2:1 geteilt wird. Für die Spiegelparameter $g_1 = 1 - L/R_1$ und $g_2 = 1 - L/R_2$ gilt der Zusammenhang $g_1 g_2$=0,5. Berechnen Sie die Radien R_1 und R_2 in Abhängigkeit von L!

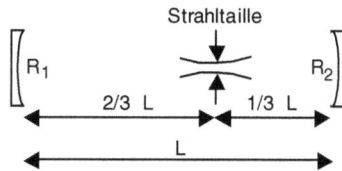

4. Ein symmetrischer Resonator habe die Spiegelradien $R_1 = R_2 = R = 3L/2$, wobei L die Länge des Resonators ist. Werden die Spiegelradien auf den Wert R' = kL geändert, vergrößert sich der Strahlradius auf den Spiegeln um den Faktor $\sqrt{2}$. Wie groß ist k?

5. Gegeben sei der nebenstehend skizzierte Resonator der Länge L. Der Endspiegel sei konkav mit Radius R_{11}, der Auskoppelspiegel sei plan. Auf welchen Wert R_{12} müsste der Krümmungsradius des Endspiegels geändert werden, damit sich bei einer Halbierung der Betriebswellenlänge von λ_1 auf $\lambda_2=\lambda_1/2$ die Strahldivergenz außerhalb des Resonators nicht ändert?

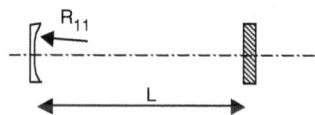

6. Gegeben sei ein plan–konkaver Auskoppelspiegel eines Lasers. Die konkave Seite sei teilreflektierend und zur Resonatorinnenseite gewandt. Welchen Brechungsindex müsste das Spiegelmaterial haben, damit sich bei Strahlaustritt der Krümmungsradius der Phasenfronten genau halbiert?

7. Ein CO_2–Laser besitze einen plan–konkaven Resonator der Länge 2m mit einem planen Auskoppelspiegel. Der Laserstrahl hat außerhalb des Resonators die Divergenz Θ von 0,916 mrad. Wie groß ist der Krümmungsradius des Endspiegels?

8. Ein Konkavspiegel mit Krümmungsradius R=20m reflektiere einen auftreffenden Laserstrahl exakt identisch in sich zurück. Die Strahltaille sei w_0=5,406mm und liege im Abstand von 5m vor dem Spiegel. Wie groß ist die Wellenlänge des Lasers?

9. Ein CO_2–Laser (λ=10,6μm) besitze einen planparallelen Auskoppelspiegel. Der Strahlradius w_0 am Ort dieses Spiegels betrage 2,3mm. Um welchen Faktor muss dieser Wert durch ein Teleskop unmittelbar beim Auskoppelspiegel reduziert werden, damit in einer Entfernung von 2,5m vom Auskoppelspiegel der Strahlradius 84,2mm beträgt?

10. Bei einem gaußschen Bündel gelte an einem Ort z der Zusammenhang $z/R(z)=3/4$, d.h. der Abstand zur Strahltaille verhält sich zum Krümmungsradius der Phasenfronten wie 3:4. Wie groß ist $w(z)/w_0$, d.h. wie verhält sich der Strahlradius an diesem Ort zum Strahlradius in der Strahltaille?

11. Ein Laserstrahl der Wellenlänge λ=10,6μm und der Strahltaille von w_0=80μm falle im Abstand z_1=1m von der Strahltaille auf eine Sammellinse. Nach der Linse habe sich die Strahltaille verdoppelt (siehe Skizze). Berechnen Sie:

a) den Abstand z_2 der Linse von der Strahltaille und

b) die Brennweite f der Linse!

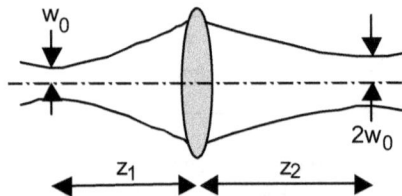

12. Welches a muss in nachstehendem Teleskop eingestellt werden, damit sich die Strahlradien w_a und w_e eines Nd–YAG–Lasers (λ=1,064μm) wie 2:1 verhalten?

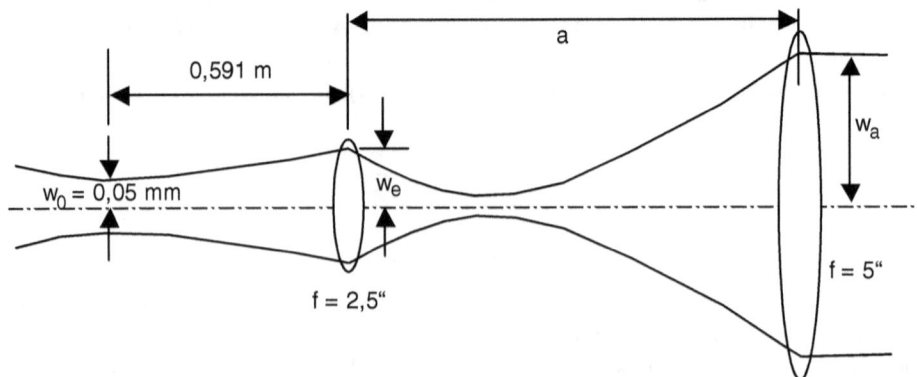

13. Sie haben einen CO_2-Laser ($\lambda=10,6\mu m$) der Leistung P = 60 W erworben. Der Hersteller verrät Ihnen die Spiegelbestückung sowie die Resonatorlänge nicht. Sie wissen aber, dass die Strahltaille auf dem plan-planen Auskoppelspiegel liegt. Sie messen folglich unmittelbar hinter dem Auskoppelspiegel den Strahlradius und erhalten $w_0=3,18mm$. 2m vom Auskoppelspiegel entfernt soll eine optische Komponente geringer Belastbarkeit eingesetzt werden. Wie hoch ist dort die Spitzenintensität I_0?

14. Ein Laserstrahl habe in der Entfernung z=1,5m von der Strahltaille den Strahlradius w=1,524 mm und den Krümmungsradius der Phasenfronten von R=1,526 m.

a) Wie groß ist die Strahlradius w_0 in der Strahltaille?

b) Welche Wellenlänge λ hat der Strahl?

15. Der nachstehend skizzierte plan-konkave Nd-YAG-Laser hat eine Resonatorlänge von 1,5 m und einen Auskoppelspiegel aus BK7 mit Radius 3m (auf der dem Resonator zugewandten Seite). Die Phasenfrontkrümmung des Laserstrahls unmittelbar nach Austritt aus dem Resonator beträgt 2,494m. Welche Krümmung R_2^* hat der Spiegel auf der dem Resonator abgewandten Seite?

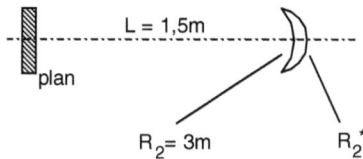

16. Ein Resonator habe die Länge L=1,5m und zwei Konkavspiegel mit R_1=3m und R_2=2m. Die Wellenlänge des Lasers sei 1064,1nm.

a) Zeigen Sie, dass der Resonator stabil ist!

b) Berechnen Sie die Strahlradien am Ort der Spiegel!

c) Berechnen Sie den Strahlradius am Ort der Strahltaille!

d) Wo liegt die Strahltaille im Resonator?

e) Wie groß ist die Divergenz des externen Strahls unter der Annahme, dass R_2 der Auskoppelspiegel ist und auf der Außenseite plan ist!

17. Ein Konkav–Konvex–Resonator (siehe Skizze) eines Nd–YAG-Lasers ($\lambda=1064,1nm$) habe die Länge 3m. Der Konkavspiegel habe den Radius 4m, der Konvexspiegel einen solchen von 1,5m.

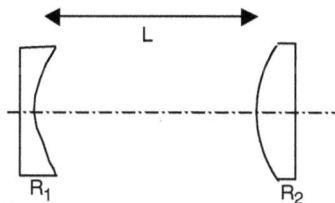

a) Ist der Resonator stabil?

b) Wo liegt (theoretisch) die Strahltaille?

c) Skizzieren Sie grob (nicht maßstäblich) die Lage der Strahltaille!

d) Berechnen Sie die Strahlradien auf den Spiegeln!

e) Angenommen, R_2 sei der Auskoppelspiegel und plan-konvex. Sein Brechungsindex sei n=1,5. Wo liegt der Ort der Strahltaille?

f) Wie groß ist der Strahlradius am Ort der Strahltaille?

g) Wie groß ist der Divergenzwinkel Θ in diesem Fall? Welche Besonderheit liegt hier vor?

18. Der Resonator eines CO_2–Lasers bestehe wie skizziert aus einem Endspiegel mit Radius R_1=20m und einem Auskoppelspiegel mit inneren Radius R_2=10m und dem äußeren Radius R_3=15m. Die Krümmungsrichtung ist der Skizze zu entnehmen. Die Länge des Resonators ist L=2m. Die Brechzahl des Spiegelmaterials ist n=2.4.

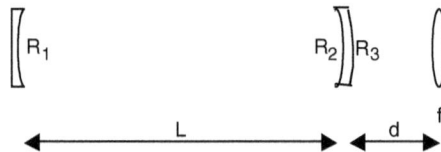

a) Zeigen Sie, dass der Resonator stabil ist!

b) Wo liegt die Strahltaille des Resonators?

c) Wie groß ist der Strahlradius w_0 in dieser Strahltaille?

d) Wie groß sind die Strahlradien auf den Spiegeln?

e) Wie groß ist der Krümmungsradius der Phasenfront unmittelbar nach dem Auskoppelspiegel?

f) Wie groß ist die Strahldivergenz des Lasers außerhalb des Resonators?

g) Im Abstand d=0,1m vom Auskoppelspiegel tritt der Laserstrahl durch eine Linse mit der Brennweite f=0,5m. In welchem Abstand zur Linse liegt die erzeugte Strahltaille?

h) Wie groß ist der Strahlradius in der Strahltaille?

19. Der plan–konkave Resonator eines Nd–YAG–Lasers habe die Länge 1,2m. Der Konkavspiegel habe einen Krümmungsradius von R_1=3m.

a) Ist der Resonator stabil? Begründung!

b) Im Abstand z=0,2m vom Spiegel R_2 soll ein Frequenzverdopplerkristall in den Resonator eingesetzt werden. Welche Spitzenintensität ψ_0 muss das Material aushalten, wenn die resonatorinterne Leistung P=140W beträgt?

c) Wie groß ist die Divergenz des Laserstrahls außerhalb des Resonators, wenn die Linsenwirkung des plan–konkaven Auskoppelspiegels R_1 berücksichtigt wird (Brechungsindex des Spiegelmaterials: n=1,52)?

d) 25cm hinter dem Auskoppelspiegel wird der Strahl mit einem Konkavspiegel mit Radius 0,5m umgelenkt. Wie groß ist die neue Divergenz?

20. Der 0,75m lange Resonator eines Argon–Ionen–Lasers (λ=514,5nm) bestehe aus einem planen Endspiegel und einem konkaven Auskoppelspiegel (n=1,52049) mit Radius 1,5m.

a) Berechnen Sie die Strahlradien auf den Spiegeln!

b) Wie groß ist die Strahldivergenz außerhalb des Resonators, wenn der Auskoppelspiegel außen plan ist?

c) Im Abstand von 1,205m vom Auskoppelspiegel soll ein Spiegel Verwendung finden. Wie groß ist der Krümmungsradius der Phasenfronten am Ort des Spiegels?

d) Welchen Radius muss der Spiegel haben, wenn sich der Radius der Phasenfronten nach Reflexion am Spiegel verdoppeln soll?

21. Ein CO_2–Laser habe einen konkaven Endspiegel mit Radius R=20m und einen planen Auskoppelspiegel. Die Resonatorlänge ist L=4m. Der Strahl wird 5,8m nach dem Auskoppelspiegel durch einen Planspiegel um $90°$ umgelenkt und nach 0,2m durch eine bikonvexe ZnSe–Linse mit Krümmungsradius der Oberflächen von r=10cm fokussiert. Die Lage des Laserstrahls wird durch einen He–Ne–Laser markiert, der in der skizzierten Weise über den Planspiegel in den Strahlengang eingekoppelt wird. Welche Divergenz Θ müsste der He–Ne–Laserstrahl haben, damit die Strahltaillen beider Laser nach der Linse an der exakt gleichen Stelle liegen und der He–Ne–Laser in dieser Strahltaille den Radius 10μm hat? Die Brechungsindizes der Linse für die beiden Wellenlängen sind n_{He-Ne} =2,594 und n_{CO2}=2,40272.

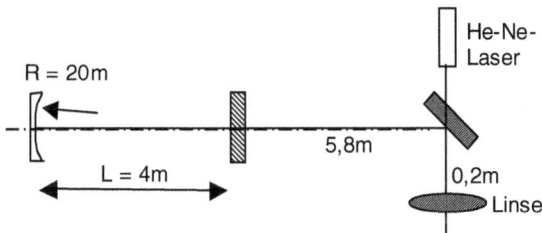

22. Ein Laserstrahl der Wellenlänge λ=632,8nm treffe mit einer Phasenfrontkrümmung von R=50cm und einem Strahlradius von w_L=300μm auf einen gekrümmten Spiegel.

a) Wie groß muss der Krümmungsradius R_s des Spiegels sein, damit sich die Phasenfrontkrümmung nach der Reflexion halbiert? Muss der Spiegel konkav oder konvex sein?

b) Welchen Abstand z_1 hatte die Strahltaille des auftreffenden Strahls vom Spiegel?

c) Welchen Strahlradius w_{02} hat der reflektierte Strahl in der Strahltaille?

23. Ein Laserstrahl der Wellenlänge $\lambda=10,6\mu m$ mit einem Strahlradius $w_0=3,3mm$ in der Strahltaille trifft 2m hinter der Strahltaille auf eine Sammellinse ($f' > 0$).

a) Angenommen, der Strahl hätte eine Leistung von 1000W. Welche Spitzenintensität herrscht am Ort der Linse im Strahlzentrum?

b) Wie groß müssen im Falle einer symmetrisch gebauten, bikonvexen Linse die Krümmungsradien gewählt werden ($n=2,4$), damit die Linse gerade eben den Strahl fokussiert?

24. Ein Laserstrahl der Wellenlänge $10,6\mu m$ und der Leistung 52,1W habe die Divergenz 1,12mrad.

a) Wie groß ist der Strahlradius w_0 in der Strahltaillle?

b) Im Abstand $z=4,373$ m von der Strahltaille soll ein Konkavspiegel derart aufgestellt werden, dass der Strahl identisch in sich zurückreflektiert wird, d.h. die Strahltaille des reflektierten Strahls liegt genau am Ort der ursprünglichen Strahltaille. Welchen Krümmungsradius muss der Konkavspiegel haben?

c) Wie groß ist die maximal auf dem Spiegel auftretende Intensität?

25. Beim Nd–YAG–Laser kann durch einen speziellen Kristall im Resonator eine Verdopplung der Frequenz erreicht werden. Um welchen Faktor erhöht sich die Spitzenintensität auf den Spiegeln gegenüber der ursprünglichen Wellenlänge unter der (praktisch nicht realisierbaren) worst–case–Annahme einer 100%igen Konversion?

7   Einige Anwendungsbeispiele für Laser

Laser haben sich heute auf vielen Gebieten als geeignetes Werkzeug etabliert. Es würde den Rahmen dieses Buches sprengen, wollte man lückenlos alle möglichen Anwendungen besprechen. Es soll hier eine Auswahl getroffen werden, die die Bandbreite der möglichen Anwendungen aufzeigt. So sollen Anwendungen herausgegriffen werden, bei denen laserspezifische Strahlungseigenschaften eine Rolle spielen: die starke räumliche und zeitliche Bündelbarkeit des Laserlichtes sowie seine guten Kohärenzeigenschaften.

7.1   Nutzung der starken räumlichen Bündelung

7.1.1   Laserschneiden

Das **Laserschneiden** hat in der industriellen Materialbearbeitung seinen festen Stellenwert. Der Laser bearbeitet das Werkstück berührungslos und verschleißfrei. Es ist insbesondere das Herausarbeiten dünner Stege, was mit konventionellen Werkzeugen wegen der Verformung des Werkstücks schwer oder gar nicht zu realisieren ist, möglich. Unschlagbar ist der Laser in der Einzelteil– oder Kleinserienfertigung, bei der eine häufige Änderung der Geometrie gefordert wird.

Die beim Laserschneiden nötigen hohen Intensitäten werden durch **kurzbrennweitige Linsen** erzeugt, die den Strahl bündeln. Er wird zusammen mit einem Schneidgas durch eine **Schneiddüse** geführt, bevor er auf das Werkstück trifft. Durch die hohe Strahlungsflussdichte wird das Material geschmolzen und schließlich verdampft. Je nach Verfahren tritt auch eine chemische Reaktion, z.B. eine Oxidation, ein. Beim Schneidprozess treten also die drei Phasen – fest, flüssig und gasförmig – in der Schneidfuge auf (Abb. 7.1). Je nach Material und Prozessführung unterscheidet man verschiedene Schneidverfahren [Steen 1998]:

Schmelzschneiden

Hier wird mit dem Laserstrahl das Material, z.B. Gläser, Kunststoffe oder bestimmte Metalle (z.B. Titan) aufgeschmolzen und zu einem kleinen Teil verdampft. Das Gasstrahl bläst die Schmelze aus der Schnittfuge. Um Oxidation zu verhindern, wird in der Regel ein Inertgas verwendet. Nachteilig bei diesem Verfahren sind die hohe benötigte Energie sowie die große Erwärmungszone.

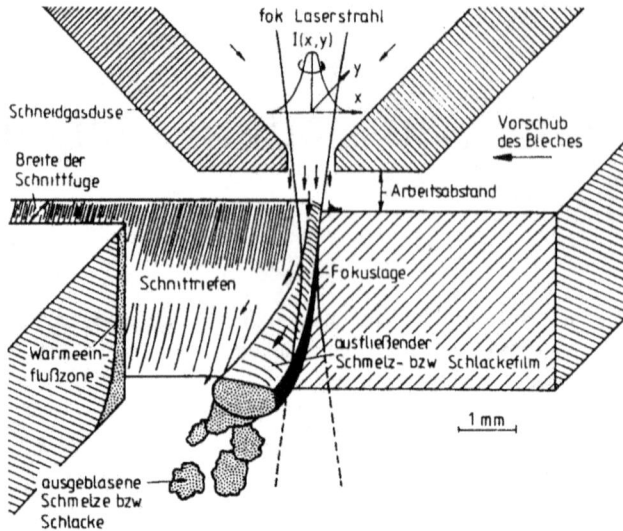

Abb. 7.1. Schnitt längs der Schneidfuge bei einem Laserschnitt. Aus: [Laser 1992]

Brennschneiden

Wird das Inertgas beim Schmelzschneiden durch Sauerstoff oder ein sauerstoffhaltiges Gemisch ersetzt, kommt es zu einer exotherm verlaufenden Reaktion in der Schnittfuge. Aufgrund der zusätzlich freigesetzten Wärme ist die Bearbeitung größerer Materialdicken bei gleicher Laserleistung möglich. Die Oxidationsprodukte werden durch den Gasstrahl ausgetrieben. Allerdings bildet sich eine Oxidschicht auf der Schnittfläche.

Sublimationsschneiden

Hier wird mittels des Laserstrahls das Material der Schneidfuge verdampft. Gearbeitet wird mit einem Inertgas. Das Verfahren erfordert von den bisher genannten Verfahren den höchsten Energieeinsatz, da das Material der Fuge zunächst geschmolzen und dann noch verdampft werden muss. Bei Metallen sind daher nur langsame Bearbeitungsgeschwindigkeiten zu erzielen. Geeignete Materialien sind Kunststoffe, Holz, Papier und Keramik.

Bruch durch Thermoschock

Manche Materialien, z.B. manche Gläser, lassen sich trennen, indem man mit dem Laser eine Wärmespur auf die Oberfläche des Materials legt. Durch die Längenausdehnung des Materials kommt es zu Spannungen und zur Rissbildung. In gewissen Grenzen lässt sich der Riss durch die Spur des Lasers „führen".

Perforierung

Hier wird eine dünne Rinne oder eine Reihe von Löchern ins Material geschossen. In der Regel werden Laserimpulse hoher Energiedichte verwendet. Das Material wird zumeist verdampft. Anschließend kann das Material längst der Perforierung zerbrochen werden.

Alle diese Verfahren verwenden einen Gasstrahl, der durch eine **Schneiddüse** auf das Werkstück geführt wird. Abb. 7.2. zeigt eine solche Düse im Querschnitt. Die Laserstrahlen leistungsstarker Materialbearbeitungslaser werden in aller Regel durch Umlenkspiegel vom Laser zur Bearbeitungsstation geführt. Von Spiegel zu Spiegel verläuft der Strahl in Rohren, um ein unbeabsichtigtes Hineingreifen oder Hineinblicken des Personals in den Strahl zu verhindern. Am Ende des letzten Rohres sitzt die **Schneidlinse**. Bei CO_2–Lasern sind kurzbrennweitige Linsen bis etwa 1,5 Zoll in Gebrauch. Hinter der Linse wird seitlich das **Schneidgas** eingekoppelt. Da die dünne Scheiddüse die einzige Öffnung ist, strömt das Gas dort mit hoher Geschwindigkeit aus. Der mögliche Druck vor der Düse hängt von der Beschaffenheit der Linse ab. Es sind spezielle **Hochdrucklinsen** erhältlich, die Drücken bis 15bar standhalten. Damit lassen sich sehr hohe Ausströmgeschwindigkeiten des Schneidgases realisieren.

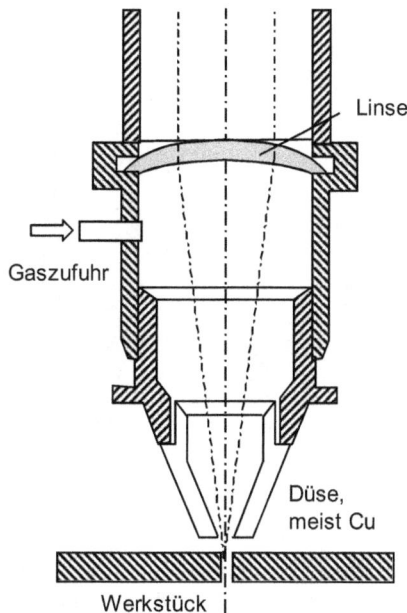

Abb. 7.2. Schnitt durch eine Laserschneiddüse

Die eigentliche Schneiddüse ist aus einem anderen Material als das restliche Rohr. Meist wird **Kupfer** verwendet, da es eine **gute Wärmeleitfähigkeit** besitzt und selbst schwer durch Laser zu schneiden ist. Eine leichte Fehljustierung des Strahls innerhalb der Düse führt zu starkem Abbrand derselben. Auch bei perfekter Justierung muss die Düse von Zeit zu Zeit erneuert werden.

Über die Verstellung des Tubus wird der Abstand der Linse von der Werkstückoberfläche eingestellt. Zur Fokussierung des Strahls werden in der Regel **Einzellinsen** verwendet, seltener Linsensysteme. Über eine Feinverstellung des Bearbeitungskopfes kann der Abstand der Düsenöffnung von der Werkstückoberfläche verändert werden. Das beeinflusst die Geschwindigkeit des Gases in der Fuge und damit entscheidend die Schnittgüte. Die Schnitt-kanten werden nämlich durch den Strahl gekühlt und Schmelze sowie Schlacken werden aus der Fuge getrieben. Eine weitere wichtige Funktion des Arbeitsgases ist der Schutz der Linse vor den in der Schneidfuge entstehenden Dämpfen.

Der **Düsenmündung** kommt besondere Bedeutung zu [VDI–Technologiezentrum 1993]. Sie bestimmt den **Gasverbrauch**, den **minimalen Abstand Düse–Werkstück** und die **maxi-male Effizienz des Schmelzaustriebs**. In der Praxis verwendet man konisch konvergente, zylindrische oder auch konisch divergente Düsenaustrittsgeometrien [Edler 1991]. Besonders aufwändig zu fertigen ist die **Lavaldüse** (Abb. 7.3.). Eine Homogenisierung der Strömung sowie eine Erhöhung der Gasgeschwindigkeit durch die Expansion werden durch eine **koni-sche Erweiterung der Düsenöffnung** erreicht. Hierbei müssen aber Düsenvordruck, Durchmesser des engsten Querschnitts sowie Mündungsdurchmesser aufeinander abge-stimmt werden. Häufig wird statt einer Lavaldüse die **konisch divergente Düsengeometrie** verwendet. Wichtig für das Schneidergebnis ist bei allen Düsen die exakte Ausrichtung des Laserstrahls koaxial zum Gasstrahl.

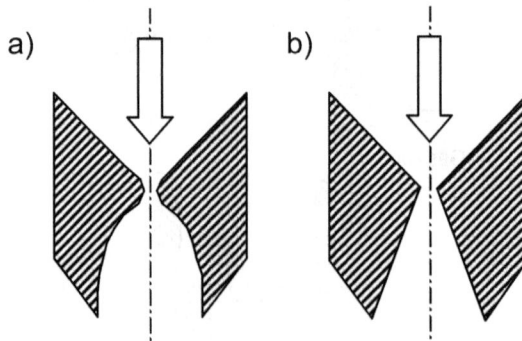

Abb. 7.3. Lavaldüse und – als leicht zu fertigende Ersatzdüse – eine konisch divergente Düsengeometrie.

Die Bearbeitung von Metall mittels Laserstrahlung stößt zunächst auf ein grundsätzliches Problem: nach den Fresnelschen Formeln haben Metalle einen **hohen Reflexionsgrad** (Kap. 4.7.4). Das bedeutet, dass ein Schneiden mit einem gebündelten Lichtstrahl sehr schwierig sein dürfte, denn der größte Teil der eingetragenen Strahlungsenergie wird einfach an der Oberfläche reflektiert, ohne diese zu erwärmen. Nun ist es aber so, dass **bei den hohen Leis-tungsdichten** eines fokussierten Laserstrahls eine Reihe **nichtlinearer Prozesse** ablaufen, die zu einer **Erhöhung des Absorptionsgrades** (anomale Absorption) führen. Zum Beispiel steigt die Phononendichte im Metall, wenn man die Temperatur erhöht. Die Zahl der Stöße von Elektronen, die sich mit dem elektrischen Feld bewegen und die Reflexionseigenschaf-ten des Metalls bestimmen, mit Phononen wird damit größer und dadurch auch der Absorp-tionsgrad des Materials [Beyer 1998].

Ein Beispiel für die erzielbare Schneidgeschwindigkeit als Funktion der Blechdicke mit Hilfe des Brennschneidens an niedriglegiertem Stahl zeigt Abb. 7.4. Geschnitten wurde mit konti-nuierlicher CO_2–Laserstrahlung der Leistung 1000W. Der Laserstrahl war **zirkular polari-**

siert. Bei metallischen Werkstoffen hängt die Absorption der Laserstrahlung gemäß den Fresnelschen Formeln bei großen Einfallswinkeln stark von der Polarisation ab. Zum Beispiel beträgt der Reflexionsgrad von Molybdän bei einem Einfallswinkel von $70°$ nach Abb. 4.95 für senkrechte Polarisation etwa 82%, während er nach Abb. 4.96 für parallele Polarisation nur bei ca. 23% liegt. Dies hat Konsequenzen, wenn mit linear polarisiertem Strahl gearbeitet wird [Nuss 1987]. Da sich nach Abb. 7.5 zwischen der Richtung des Laserstrahls und der absorbierenden Fläche innerhalb der Schnittfuge ein Winkel β einstellt, der u.a. von der Vorschubgeschwindigkeit abhängt, ist die Absorption höher, wenn die Vorschubrichtung in der Schwingungsebene des Feldstärkevektors liegt, d.h. wenn der Vektor der elektrischen Feldstärke gegen oder in Schneidrichtung zeigt. Damit bei wechselnden Schneidrichtungen keine richtungsabhängigen Qualitätsunterschiede entstehen, wählt man daher zirkulare Polarisation.

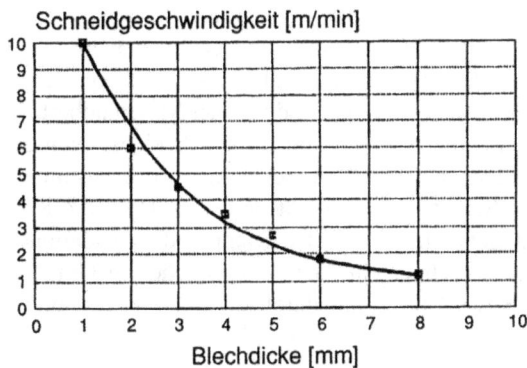

Abb. 7.4. *Schneidgeschwindigkeit als Funktion der Blechdicke beim Brennschneiden für den Werkstoff St 37–2. Die Laserleistung betrug 1000W, das Laserlicht war zirkular polarisiert. Aus: [VDI 1993]*

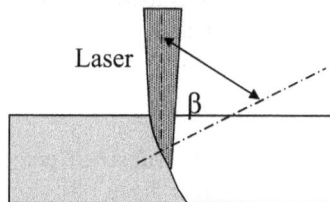

Abb. 7.5. *Zwischen der Richtung des Laserstrahls und der Auftreffstelle in der Schnittfuge stellt sich ein Einfallswinkel β ein.*

Unlegierte Stähle lassen sich leichter schneiden als legierte und hochlegierte, chemisch beständige Stähle. Bei den Nichteisenmetallen hat Aluminium ein gegenüber Stahl wesentlich höheres Reflexionsvermögen, besonders im Infrarotbereich. Aufgrund der gleichzeitig hohen Wärmeleitfähigkeit wird die in die Schnittfuge eingebrachte Wärme sehr schnell ins Werkstückinnere abgeleitet und fehlt für den Schneidprozess. Die erzielbaren Schneidgeschwindigkeiten sind daher geringer als beim unlegierten Stahl und liegen, wenn man optimale Schneidqualität fordert, in einem sehr engen Bereich. Das Schneiden von Kupfer erfordert aus dem gleichen Grund eine hohe Mindestleistung, um den Schneidprozess überhaupt in Gang zu bringen.

Thermoplaste wie z.B. **Polypropylen, Plolystyrol** oder **Polyamid** lassen sich **gut schmelzschneiden**. Die Schnittflächen zeigen kaum Verkohlung und haben eine gute Oberflächenqualität. Etwas höhere Verkohlung bei gleichzeitig glatter Schnittfläche zeigen die Duroplaste (Polyurethan, Phenol, Epoxidharze). **Größere Probleme machen die Verbundwerkstoffe**: die Erweichungstemperatur der Fasern – bei Glasfasern z.B. $1200\,°C$ – liegt viel höher als die Zersetzungstemperatur des Kunststoffs, in den sie eingebettet sind. Daher ragen nach dem Schnitt Faserenden aus der Schnittfläche. Außerdem kann die durch die Faser ins Material geleitete Wärme zu weiterer Schädigung führen [König 1989].

Die Qualität eines Laserschnittes hängt von sehr vielen Parametern ab. Meist ist es nötig, für die vorliegenden Materialien und Materialdicken die Schneidparameter durch Versuchsreihen zu bestimmen. Zu den qualitätsbeeinflussenden Parametern zählen Druck und Art des Schneidgases, die Form der Schneiddüse und ihr Abstand von der Materialoberfläche, die Brennweite der Schneidlinse und ihr Abstand von der Materialoberfläche sowie die Schneidgeschwindigkeit. Beim Schmelz– und Sublimationsschneiden spielt die Art des verwendeten Inertgases eine entscheidende Rolle. Der Schneidgasdruck bestimmt die Geschwindigkeit, mit der das Gas in die Schnittfuge gedrückt wird und damit die Kühlung der Schnittkante und den Austrieb von Schmelze, Schlacke, Dampf oder Oxidationsprodukten. Ungünstigstenfalls bildet sich an der Unterseite der Schnittfläche ein Grat. Die maximal erzielbare Schneidgeschwindigkeit wird bestimmt durch die Wärmeleitfähigkeit des Materials, seine Reflektivität sowie durch die verfügbare Laserleistung.

Früher war das Laserschneiden ganz Domäne des CO_2–Lasers. Inzwischen haben sich die **diodengepumpten Festkörperlaser** etablieren könnnen. Neben ihrem einfacheren und störungsunempfindlicheren Aufbau sowie ihrem höheren Wirkungsgrad hat die Wellenlänge im nahen Infrarot den Vorteil, dass die Reflexionskoeffizienten vieler Metalle in diesem Bereich höher sind und sich viele Metalle besser schneiden lassen.

7.1.2   Laserschweißen

Das **Laserschweißen** wurde deutlich später industriell eingeführt als das Laserschneiden. Der Durchbruch kam erst Ende der achtziger Jahre des vorigen Jahrhunderts. In der BRD wurden die ersten Laserschweißanlagen zum Schweißen von Tassenstößeln für den hydraulischen Ventilspielausgleich in Benzinmotoren eingesetzt [Schanz, 1987]. Das Laserschweißen zeichnet sich durch eine minimale Wärmeeinwirkzone aus. Der Einsatz an Primärenergie ist vergleichbar mit anderen Schweißverfahren, jedoch wird beim Laser die Abwärme nicht ans Werkstück abgegeben, sondern vorher schon durch Kühlung der Laseranlage abgeführt. Andere Verfahren heizen das Werkstück in weiten Bereichen auf.

Beim Laserschweißen unterscheidet man zwei Methoden. Beim **Wärmeleitungsschweißen** (Abb. 7.6) wird die Schweißnaht oberflächlich erwärmt, wobei die eingebrachte Intensität nicht ausreicht, um den Siedepunkt des Materials zu erreichen. Das Material wird vielmehr nur oberflächlich angeschmolzen und die Wärme gelangt durch **Wärmeleitung** ins Materialinnere. Die Schmelzzone ist in der Regel größer als der Laserstrahldurchmesser. Beim **Tief-schweißen** (Abb. 7.7) ist die Intensität der Strahlung so hoch, dass die Schmelze verdampft. Die Dampfzone reicht bis weit ins Material. Als Kapillare wird sie längs der zu erzeugenden Schweißnaht geführt, ist von Schmelze umgeben und wird durch den sich entwickelnden Dampfdruck stabilisiert. Ein kleiner Teil des Laserlichtes wird bereits im laserinduzierten Plasma absorbiert, der größte Teil verschwindet in dieser Kapillare und wird innerhalb mehrfach reflektiert. Nur wenig Strahlung verlässt sie wieder. Das erklärt die hohe Absorption von Strahlung und macht das Tiefschweißen überhaupt erst möglich. Bewegt man den Laserstrahl über die Naht, strömt zum Teil die Schmelze um die Kapillare herum. Nach dem Abkühlen der Schmelze in der Naht sind die Teile miteinander verschweißt.

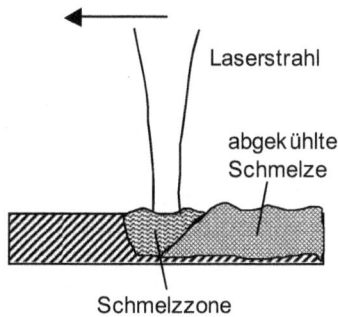

Abb. 7.6. Wärmeleitungsschweißen

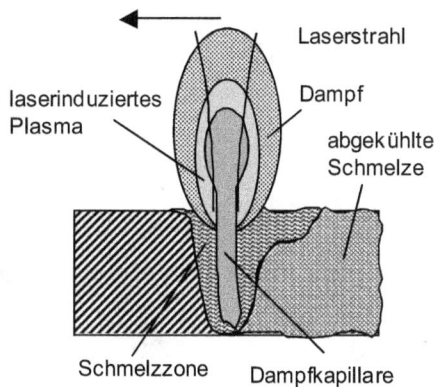

Abb. 7.7. Tiefschweißen

Für die Wahl der **Wellenlänge** gilt zunächst, dass beim Wärmeleitungsschweißen die Oberflächenabsorption mit der Wellenlänge wächst. Das würde für den CO_2–Laser sprechen und weniger für die Festkörperlaser. Beim Tiefschweißen allerdings, bei dem ein kleiner Teil der Strahlung durch das laserinduzierte Plasma absorbiert wird, zeigt sich wiederum ein kleiner Vorteil kürzerer Wellenlängen, denn die Absorption im Plasma sinkt mit der Wellenlänge.

Beim Tiefschweißen, für das etwa eine Intensität von $3 \cdot 10^5 \mathrm{W/cm^2}$ nötig ist [Miller 1987], sinkt die maximale Eindringtiefe mit steigendem Strahlradius w_0, mit der zum Verdampfen einer Volumeneinheit nötigen Gesamtenergie und mit der Vorschubgeschwindigkeit. Mit einem CO_2–Laser der Leistung 45kW werden Eindringtiefen von 40mm erreicht [Beyer 1995]. Auf der anderen Seite lassen sich bereits mit wenigen hundert Watt Schweißnähte mit geringer Eindringtiefe erzeugen. Abb. 7.8 zeigt die Einschweißtiefe als Funktion der Schweißgeschwindigkeit für drei Materialien, die mit einem Single–Mode–Faserlaser der Leistung 200W verschweißt wurden. Aluminium lässt sich hier noch mit über 200m/min verschweißen. Zu beachten ist, dass beim Edelstahl über 70m/min der sogenannte **Humping–Effekt** auftritt: die Naht wird durch lokal veränderliche Schmelzfilmdicken und Schmelztropfen (humps) an der Oberseite unsauber.

Die **Schweißeignung** eines Materials wird nicht nur durch dessen **Absorptionsgrad** bestimmt, sondern auch durch seine **Wärmeleitfähigkeit**. Ist diese gering, fördert ein Wärmestau im Fokuspunkt das Schmelzen des Materials. Des Weiteren beeinflusst die **Viskosität** des flüssigen Metalls das Schweißergebnis. Bei hoher Viskosität können Gaseinschlüsse nicht entweichen und führen zu einer Porösität der Schweißnaht. Der **Schmelzpunkt** der Metalle beeinflusst die Schweißfähigkeit zwar nicht direkt, jedoch muss während der Initialabsorption der Laserstrahlung der Schmelzpunkt erreicht werden. Deshalb sind Metalle mit niedrigem Schmelzpunkt in der Regel leichter zu Schweißen als solche mit hohem Schmelzpunkt. Schwierigkeiten können u.U. bei Legierungen entstehen. So können beim Messing durch Ausgasen von Zink schlechte Nähte auftreten.

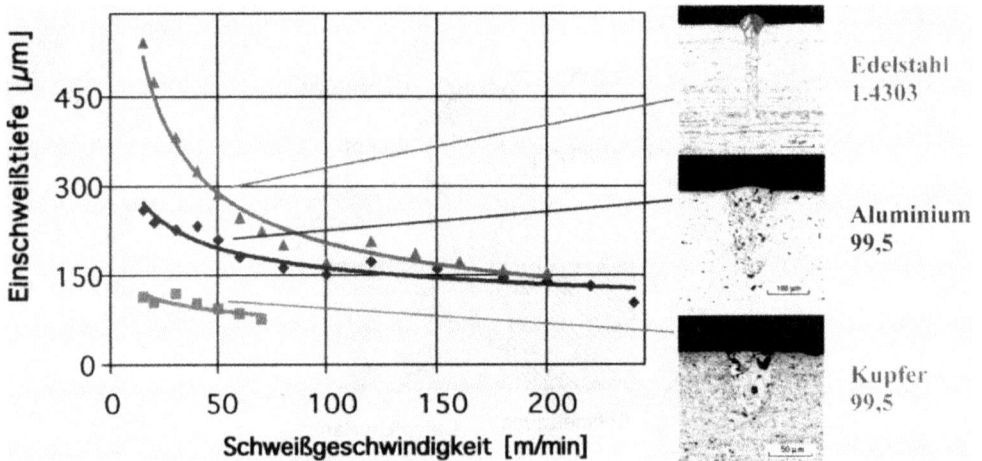

Abb. 7.8. Einschweißtiefe als Funktion der Schweißgeschwindigkeit für drei Materialien. Gearbeitet wurde mit einem 200W–Faserlaser. Aus: [Bias 2005]

7.2   Ultrakurze Laserimpulse

Eine Anwendung, die durch den Laser erst erschlossen werden konnte, ist die Bearbeitung von Stoffen mittels **ultrakurzer Laserimpulse**. Neben der räumlichen Bündelung von Licht findet hier –häufig durch Modenkopplung – auch noch eine zeitliche statt, so dass Impulse bis in den **Femtosekundenbereich** von beträchtlicher Intensität möglich sind. Bei der Wechselwirkung mit Materie gelangt man dabei in Bereiche, in denen infolge der kurzen Einwirkdauer keine Erwärmung des Stoffs mehr möglich ist, sondern in denen die Laserstrahlung die Bindungen zwischen den Atomen des Stoffes aufbricht, ohne dass eine Erwärmung der Umgebung erfolgt. Die Zeitdauer des Vorgangs ist dafür viel zu kurz. Zwei Anwendungen, bei denen man sich diesen Effekt zu Nutze macht, seien hier herausgegriffen. Der eine wird zur **Mikrojustierung von Komponenten** benutzt, der andere, medizinische, zur **Korrektur von Fehlsichtigkeit**. Schließlich ist noch ein Beispiel aus dem Bereich der **Ultrakurzzeitspektroskopie** angeführt.

7.2.1   Mikrojustierung

Im Zeitalter der Miniaturisierung steigt die Zahl der Anwendungen, bei denen Komponenten in ihrer Position relativ zueinander feinjustiert werden müssen. Biegewinkel von 0,1mrad, das sind ca. $0,006°$, sind bei Halterungen keine Seltenheit. Genannt sei in diesem Zusammenhang die Feinjustierung von Schreib– und Leseköpfen von Computerfestplatten. Solche **Feinjustierungen** können nicht mehr mit mechanischen Verstellungen verwirklicht werden.

Begonnen hat das Umformen mittels Laserstrahlen mit dem **Temperaturgradienten–Mechanismus**. Hier werden noch thermische Effekte benutzt, um eine Justierung zu ermöglichen. Das Verfahren ist aus der Makrotechnik in die Mikrotechnik übertragen worden. Ein kleiner Bereich des zu verformenden Werkstücks (Abb. 7.9) wird erwärmt. Durch die einseitige Erwärmung der Oberfläche verbiegt sich das Werkstück zunächst infolge der Längenausdehnung dachförmig (Abb. 7.9b). Bei weiterer Bestrahlung bzw. Wärmezufuhr wird die bestrahlte Stelle plastisch verformt (Abb. 7.9c). Nach Beendigung der Wärmezufuhr kommt es zum Temperaturausgleich: der bestrahlte Bereich kühlt ab und zieht sich zusammen, wäh-

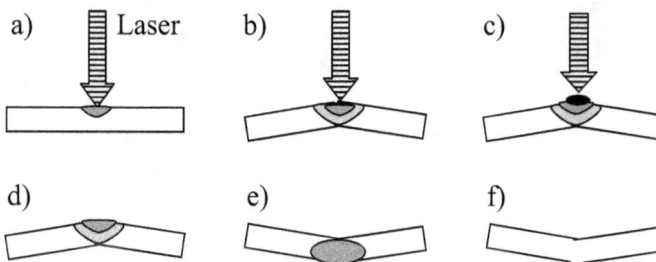

Abb. 7.9. Die einzelnen Phasen des Temperaturgradienten–Mechanismus: a) Beginn der Erwärmung; b) Thermische Expansion der oberen Schicht; c) Plastische Verformung des obersten bestrahlten Bereichs (schwarz); d) Nach Abschalten des Lasers Temperaturausgleich zwischen oberen und tieferen Schichten; e) V–Form entsteht durch Dehnung der unteren und Zusammenziehen der oberen Schicht; f) Nach Abkühlung bleibt die V–Form erhalten.

rend der darunterliegende Bereich durch Wärmeleitung langsam warm wird und sich aus-
dehnt. Das führt zunächst zu einer Begradigung und dann zu einer V–förmigen Verformung
des Werkstückes (Abb. 7.9e), die auch nach völliger Auskühlung erhalten bleibt (Abb. 7.9f).

Obwohl mit dem Verfahren eine Genauigkeit von ca. ±1μm erreicht werden kann, besitzt es
doch den Nachteil einer **langen Prozessdauer**, da das Ergebnis der Justierung erst nach der
Abkühlung beurteilt werden kann. Trotzdem ist es inzwischen ein Standardverfahren geworden, z.B. bei der Justierung von Relaiskontakten oder bei der Justierung von Leseköpfen in
CD–Spielern. Ein erst kürzlich entwickeltes Verfahren, das eine Genauigkeit des Biegewin-
kels von ±1nrad ermöglicht, ist die **Mikro–Schockwellenumformung** [Bechtold 2007].
Hier werden Impulse mit einer Dauer von ca. 100fs verwendet, die auf das Werkstück fokussiert werden. Ist die Intensität auf der Werkstückoberfläche hoch genug ($>10^{14}$W/cm^2), wird
der die Strahlung absorbierende Bereich in den Plasmazustand überführt (Abb. 7.10). Bei der
Expansion dieses Plasmas entsteht eine Schockwelle, die das Material räumlich begrenzt
plastisch verformt. Abb. 7.11 zeigt das Schliffbild für zwei derart behandelte Materialien,
nämlich Silizium und Stahl. Beim Stahl erscheint der Bereich der Gefügeumwandlung durch
Anätzung hell. Aufgrund der kurzen Prozessdauer kommt es kaum zu einer Wärmebelastung
des Materials.

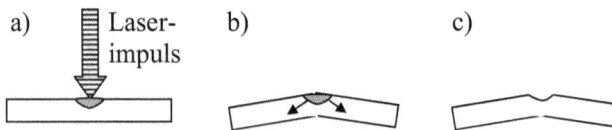

Abb. 7.10. Mikro–Schockwellenumformung: a) Ein ultrakurzer Laserimpuls wird an der Oberfläche absorbiert und
bildet ein Plasma; b) Die Expansion des Plasmas führt zu einer Schockwelle, die das Material verformt; c) Zurück
bleibt nach Abkühlung eine dauerhafte Verformung.

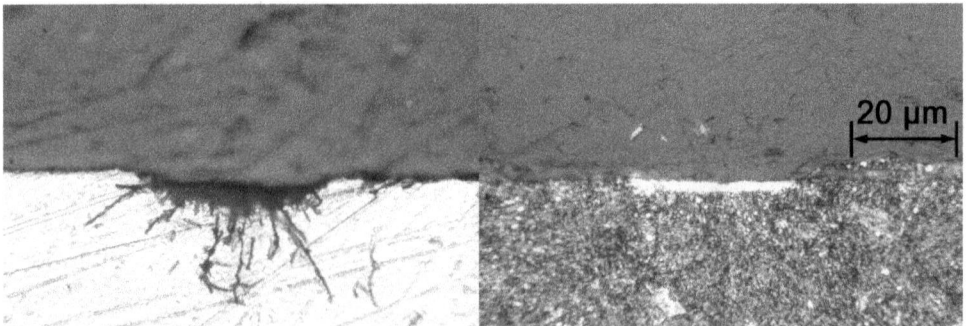

Abb. 7.11. Schliffbilder von bestrahlten Oberflächen, links Silizium und rechts Stahl. Quelle: BLZ Erlangen, [Bech-
told 2007]

Da mit einer festen Impulsfolgefrequenz von 1kHz und einer festen Impulsenergie von 920μJ
gearbeitet wird, bedeuten hohe Vorschubgeschwindigkeiten bei der Bestrahlung geringe
Impulsanzahl auf der Probe, geringe Vorschubgeschwindigkeiten ergeben hohe Impulsanzahl
und damit höhere Biegewinkel. Das Ergebnis zeigt Abb. 7.12. für Silizium, Kupfer und

Stahl. Kupfer zeigt dabei infolge der guten plastischen Verformbarkeit die höchsten Biegewinkel.

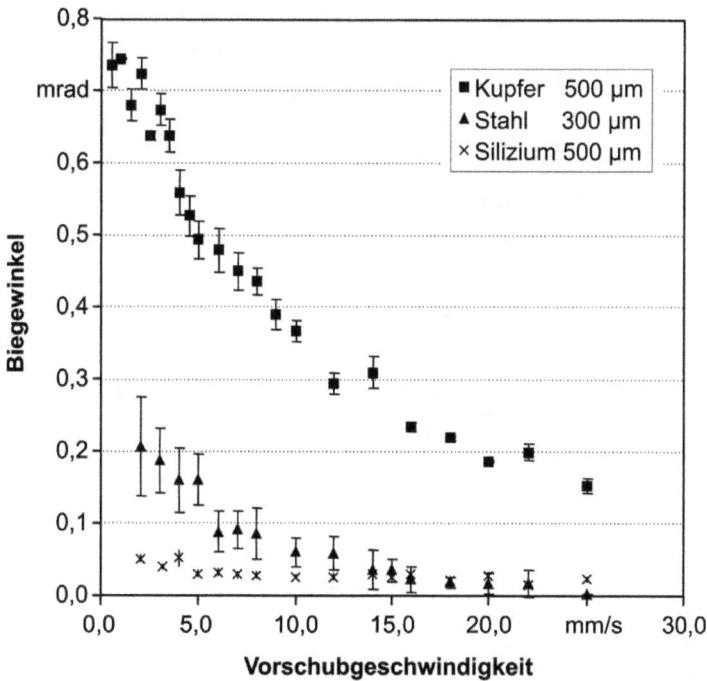

*Abb. 7.12. Erzielter Biegewinkel für Kupfer, Stahl und Silizium als Funktion der Vorschubgeschwindigkeit. Behan-
delt wurde mit einer Wellenlänge von 800nm, Einzelimpulsenergie 900µJ und einer Impulsfolgefrequenz von 1kHz
bei einem Fokaldurchmesser von 30µm. Quelle: BLZ Erlangen, [Bechtold 2007]*

7.2.2   Laser in-situ Keratomileusis (LASIK)

Hinter diesem Wortungetüm verbirgt sich die derzeit am häufigsten angewandte Methode zur
Korrektur von Fehlsichtigkeit. Sie sei am Beispiel der **Kurzsichtigkeit**, der **Myopie**, erläutert. Diese entsteht, wenn die Brechkraft des optischen Systems des Auges zu groß ist. Das
Bild sehr weit entfernter Gegenstände liegt damit vor der Netzhaut. Theoretisch kann das
daran liegen, dass die Hornhautkrümmung oder die Linsenkrümmung zu groß oder das Auge
zu lang gebaut ist. Betrachtet der Kurzsichtige nahe gelegene Gegenstände, sieht er sie
scharf. Kommt die Akkommodation der Augenlinse hinzu, können Kurzsichtige sehr nahe
vor dem Auge liegende Gegenstände noch scharf sehen. Zur Korrektur dieser Fehlsichtigkeit
werden **Brillengläser mit negativer Brennweite** benötigt. Die Idee einer chirurgischen
Korrektur der Myopie zielt darauf ab, die Hornhautkrümmung abzuflachen. Nachdem Versuche, die Hornhaut durch kleine Einschnitte abzuflachen, wenig erfolgreich waren, kam mit
der **photorefraktiven Keratektomie** erstmals der Laser ins Spiel und es wurde zum ersten
Mal in der optischen Zone des Auges **Gewebe ablatiert**, also abgetragen. Hierzu wurde die
dünne **Epithelschicht** (Abb. 7.13) der Hornhaut mechanisch oder chemisch entfernt. Dann

wurde das **Stroma** durch Laserimpulse abgetragen und dadurch die Hornhaut abgeflacht. Die Epithelschicht bildet sich – unter großen Schmerzen – innerhalb von zwei bis drei Tagen neu.

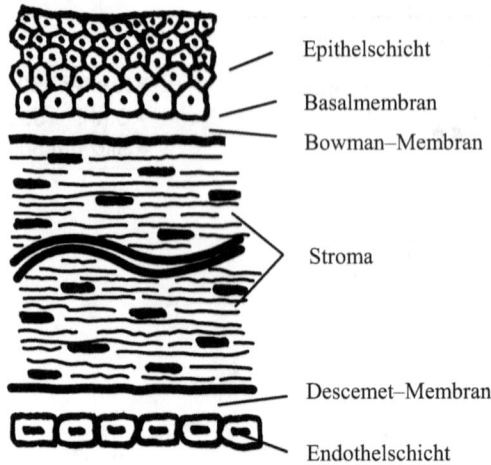

Abb. 7.13. Aufbau der Augenhornhaut (nicht maßstäblich, das Stroma macht etwa 90% der Hornhautdicke aus).

Einige Nachteile des Verfahrens – z.B. **reduziertes Kontrastsehen** aufgrund entstandener Oberflächenrauhigkeit – führten zu einer verbesserten Version des Verfahrens, der **Laser in– situ Keratomileusis**, kurz **LASIK**. Hier wird das Epithel nicht entfernt, sondern mit einem mikromechanischen Präzisionsmesser wird eine dünnes Scheibchen der Hornhaut ange- schnitten und auf die Seite geklappt (Abb. 7.14). Die Behandlung mit dem Laser erfolgt und nach Abschluss wird das Scheibchen wieder zurückgeklappt. Es wächst am Rand in wenigen Tagen, in der Mitte in einigen Wochen, wieder an. Die schmerzempfindliche Epithelschicht wird dadurch nicht flächig beschädigt, so dass das Verfahren schmerzfreier ist als die photo- refraktive Keratektomie.

Gearbeitet wird bei LASIK mit einem **ArF–Excimerlaser**, der bei der Wellenlänge von 193nm arbeitet. Wichtig ist dabei, dass bei dieser Wellenlänge die Hornhaut gut absorbiert, damit eine Schädigung hinterer Augenpartien ausgeschlossen ist. Die Dauer der verwendeten Impulse liegt bei ca. 10ns, einer Zeit, die zu kurz ist, um das Gewebe thermisch zu schädi- gen.

Die abzutragenden Materialstärken als Funktion des Ortes werden über einen Computer berechnet. Ausgangspunkt hierbei ist die genaue Vermessung der Hornhaut sowie des zu korrigierenden Sehfehlers. Je nach Dicke der Hornhaut können mehr oder weniger große Korrekturen durchgeführt werden. Anhaltswerte sind etwa der Ausgleich von −10dpt bei Kurzsichtigkeit bzw. +4dpt bei Weitsichtigkeit. Auch Astigmatismus kann in gewissen Grenzen korrigiert werden. Die Korrektur ist nur insoweit möglich, als noch eine **Restdicke** der Hornhaut nach der Ablation **von ca. 250µm** vorhanden ist. Bei der Ablation selbst wer- den die Laserimpulse über Scannerspiegel in genau festgelegter Anzahl und Energie entspre- chend der Brechkraftkorrektur auf das Stroma gelenkt.

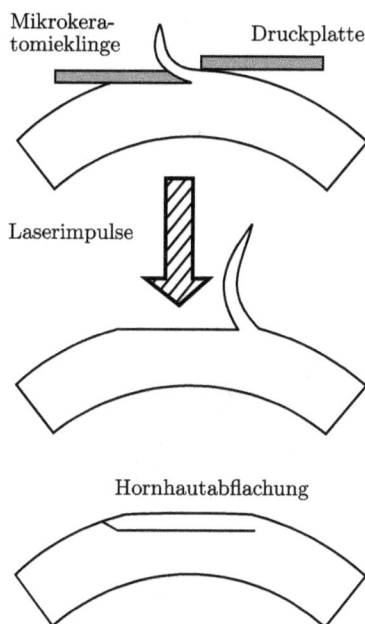

Abb. 7.14. Beim LASIK–Verfahren wird mit einer feinen Klinge die Ephithelschicht abgehoben und dann durch Laserimpulse die Hornhaut abgeflacht.

7.2.3 Ultrakurzzeitspektroskopie

Bei der **Ultrakurzzeitspektroskopie** geht es darum, das Abklingverhalten der Besetzung schnell veränderlicher angeregter Zustände zu untersuchen und die entsprechende **Relaxationszeit** anzugeben. Dabei kann z.B. das Abklingverhalten elektronischer oder vibronischer Zustände eines Moleküls beobachtet werden. Das Prinzip besteht darin, dass ein bestimmter Zustand mit Hilfe eines sehr kurzen Laserimpulses geeigneter Frequenz angeregt wird. Dabei ist wesentlich, dass der anregende Impuls deutlich kürzer ist als die zu beobachtende Relaxationszeit. Heute können Impulse mit einer Dauer von **wenigen Femtosekunden** erzeugt werden. Man beachte, dass ein 10fs–Impuls an Luft gerade einmal die Länge von 3μm hat! Zur Bestimmung der Relaxationszeiten sind unterschiedliche Abfragetechniken möglich. Durch die beträchtliche Intensität des Anregeimpulses kann nach Abb. 7.15 z.B. eine hohe Besetzungsdichte im Niveau mit der Energie E_1 erzeugt werden. Dadurch erhöht sich nach dem verallgemeinerten Beerschen Gesetz (Gl. 1.158) die Transmission, denn der Wert von $n_1 - n_0$ verändert sich. Wird im einfachsten Fall ein Abfrageimpuls der gleichen Frequenz zeitverzögert hinterhergeschickt, kann über die wieder auf den stationären Wert absinkende Transmission die Relaxationszeit der Besetzung des Niveaus der Energie E_1 beobachtet werden. Eine andere Möglichkeit ist, einen zweiten, ultrakurzen Laserimpuls mit der Frequenz $\Delta E/h = (E_2 - E_1)/h$ hinterherzuschicken. Dann kann, bedingt durch die Besetzung im Niveau E_1, Absorption durch Übergänge ins Niveau E_2 beobachtet werden. Würde vorher kein Anregungsimpuls durch die Probe geschickt, wäre die Besetzung des Niveaus E_1 null und es würde keinerlei Absorption beobachtet. Die Probe wäre für den Abfrageimpuls transparent.

Fragt man zu verschiedenen Zeiten ab, kann das **Abklingen der Besetzung** des Niveaus E_1 beobachtet werden.

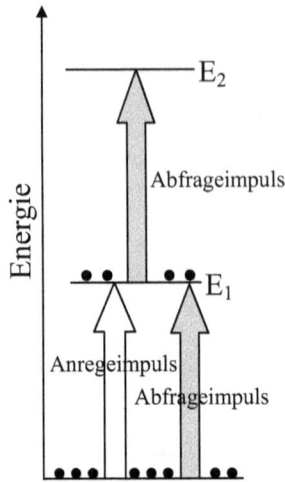

Abb. 7.15. Durch Messung der Absorption mittels eines gegen den Anregeimpuls zeitverzögerten Abfrageimpulses kann das Abklingen der Besetzung in Energieniveaus gemessen werden.

Abb. 7.16 zeigt ein typisches Ergebnis einer Messung an dem Farbstoff Phenoxazone 9 im Lösungsmittel Dioxan. Das exponentielle Abklingen führt in logarithmischer Darstellung zu einem linearen Verlauf der Abklingkurve.

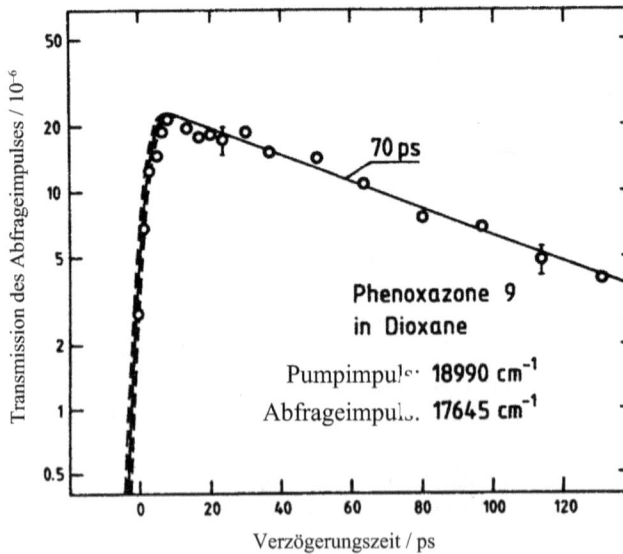

Abb. 7.16. Abfragetransmission als Funktion der Verzögerungszeit für Phenoxazon 9 in Dioxan. Aus: [Reiser 1982]

Die zeitliche Synchronisation zwischen dem Anrege– und Abfrageimpuls ist auf diesen kurzen Zeitskalen nicht mehr mit zwei getrennten Lasern möglich. Vielmehr wird der in der
Regel schwächere Abfrageimpuls durch einen Strahlteiler vom Anregeimpuls abgeleitet. Die
zum Anregeimpuls meist unterschiedliche Frequenz wird beim Abfrageimpuls durch Frequenzkonversion mittels nichtlinearer Prozesse erzeugt. Durch variable geometrische Um-
wegleitungen wird der Abfrageimpuls definiert verzögert.

7.3 Nutzung der Kohärenzeigenschaften

Zu den herausragenden Eigenschaften der Laserstrahlung gehört ihre hohe Kohärenz. Sie
ermöglicht Interferenzexperimente, die mit klassischen Lichtquellen nicht möglich waren.
Das erschließt eine ganze Reihe von Anwendungsmöglichkeiten, von denen hier zwei herausgegriffen werden sollen: die **Holographie** und die **Laser–Doppler–Anemometrie**.

7.3.1 Holographie

Ziel der **Holographie** ist es, in einem zweidimensionalen Bildspeicher die vollständige optische Information über ein dreidimensionales Objekt zu speichern. Mittels der konventionellen Photographie gelingt dies nicht, da hier nur Intensitäten des vom Objekt emittierten Wel-
lenfeldes gespeichert werden. Zwar wurden schon Mitte des vorigen Jahrhunderts Postkarten
und Bilder hergestellt, die einen gewissen 3d–Effekt erzielten. Diese „Wackelbilder" ermöglichen über Linsenrasterfolien je nach Blickrichtung die Wahrnehmung von Bildern dreidimensionaler Objekte aus unterschiedlichen Perspektiven [Schubert 2000]. Doch erst mit der
Holographie wurde ein halbwegs befriedigendes Verfahren zur Speicherung und Wiedergabe
dreidimensionaler Bildinformationen gefunden. Mit der zusätzlichen Registrierung und Speicherung der Phasen ist die spätere Rekonstruktion eines dreidimensionalen Abbilds des
Gegenstandes möglich. Unabdingbar ist hierfür eine hinreichend kohärente Lichtquelle.

In Abb. 7.17 ist ein dem Michelson–Interferometer ähnlicher Aufbau mit gleich langen Äs-
ten angegeben. Das kohärente Licht eines Lasers wird mittels eines Strahlteilers in zwei
Teile zerlegt. Ein Teil trifft senkrecht auf einen Spiegel und wird in sich selbst zurückreflektiert. Der andere Teil trifft auf ein relativ einfaches, **dreidimensionales Objekt**: ein gerader
Kreiskegel mit geringster Höhe, also sehr stumpfem Winkel β an der Spitze, der auf einer
Ebene steht. Vom Objekt wird Licht in Richtung des Strahlteilers zurückgestreut. Dort überlagert es mit dem vom Spiegel kommenden Licht und beleuchtet einen Schirm. Es entsteht
dort das in Abb. 7.17 gezeigte Interferenzbild. Dieses Bild beinhaltet alle Oberflächeninfor-
mationen des dreidimensionalen Objekts: die Höhe h des Kreiskegels steckt in der **Zahl der
Interferenzringe** und der Winkel $\alpha=180°-\beta$ steckt im **radialen Abstand der Interferenzringe.**

Mittels eines ungestörten Anteils der elektromagnetischen Welle, der **Referenzwelle**, ist ein
Interferenzbild entstanden. Bei bekannter Wellenlänge und Beschaffenheit der Referenzwelle
kann das dreidimensionale Objekt daraus jederzeit wieder rekonstruiert werden. Wird das

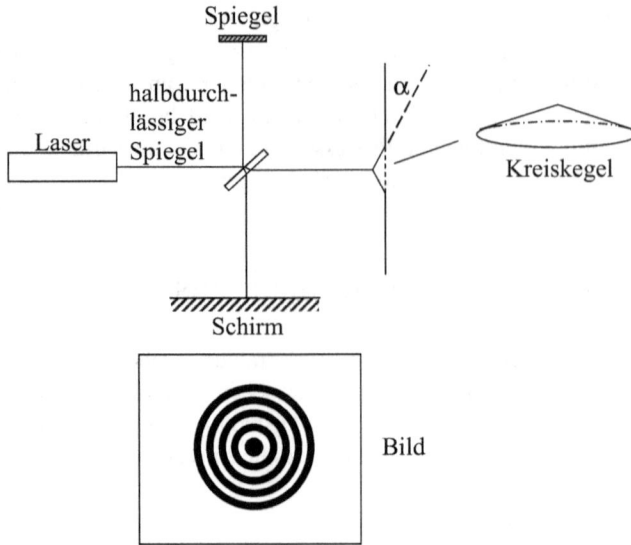

Abb. 7.17. Die am Spiegel reflektierte Strahlhälfte wirkt als Referenzwelle und ergibt zusammen mit dem am Objekt gestreuten Licht auf dem Schirm eine Art Hologramm.

entstandene Bild auf einer Photoplatte festgehalten, besitzt man schon ein einfaches Hologramm. Allerdings ist das Experiment hier sehr idealisiert dargestellt. Um das beschriebene Interferenzmuster zu erhalten, bräuchte man eine exakte ebene Welle. Aus Kap. 6.2.2 ist bekannt, dass ebene Phasenfronten bei einem Laserstrahl lediglich in der Strahltaille auftreten. Eine ausgedehnte ebene Welle ist also nicht möglich, die Phasenfronten besitzen außerhalb der Taille stets einen, wenn auch großen, Krümmungsradius. Insofern würden sich **bei unterschiedlichen Weglängen** der beiden überlagerten Teilstrahlen auch ohne Kreiskegel bereits Interferenzringe bilden.

Um das Vorgehen bei der Rekonstruktion des dreidimensionalen Bildes zu verdeutlichen, soll zunächst das **Hologramm einer kohärenten Punktlichtquelle** erzeugt und daraus die Quelle wieder rekonstruiert werden [Weber 1978]. Die von der Punktquelle ausgehende Welle wird mit einer ebenen, gleichfalls kohärenten Referenzwelle gleicher Frequenz überlagert (Abb. 7.18). Auf dem photographischen Film entsteht ein Muster, das als **Fresnelsche Zonenplatte** bekannt ist. Wird die Zonenplatte mit einer ebenen Welle gleicher Wellenlänge wie die Referenzwelle beleuchtet (Abb. 7.19), entsteht durch Beugung an den Hell–Dunkel–Zonen der Platte ein Punkt hoher Intensität am ehemaligen Ort der Lichtquelle. Ein Beobachter kann etwa auf einem Viertelkreis um die scheinbare Lichtquelle herumgehen und hat den Eindruck, als gäbe es tatsächlich eine Punktquelle. Natürlich ist für ihn die Quelle nur zu sehen, wenn er in den Lichtkegel blickt. Das Hologramm kann an beliebigen Stellen auch nur teilweise beleuchtet werden, es entstehen immer dieselben Bildpunkte. **Beschädigungen gehen zu Lasten der Bildschärfe**, beeinflussen aber das Ergebnis nicht prinzipiell.

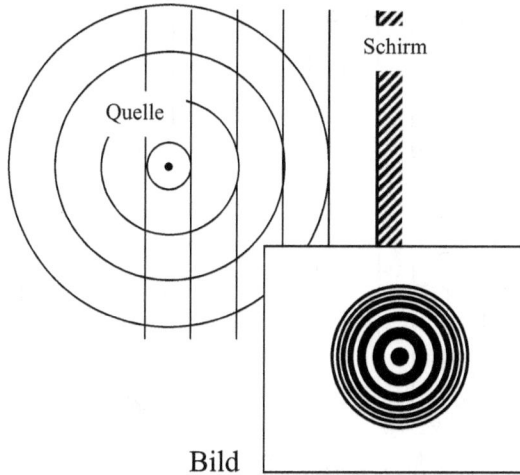

Abb. 7.18. Aufnahme eines Hologramms einer Punktlichtquelle

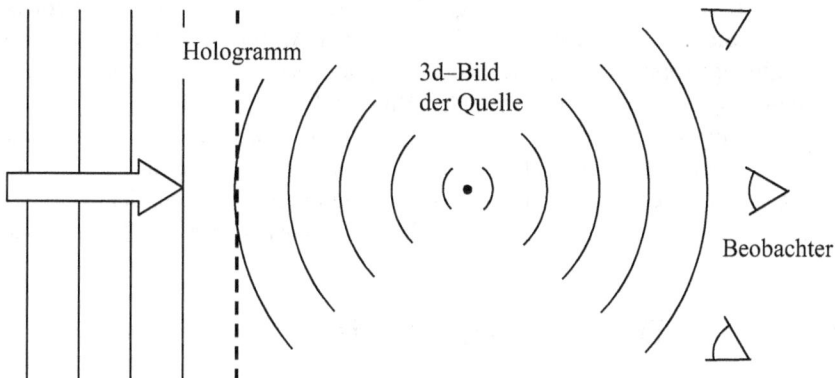

Abb. 7.19. Reproduktion des Hologramms

Das Hologramm beliebiger Objekte kann man sich nun aus der Überlagerung der Holo-gramme der einzelnen Objektpunkte entstanden denken. Es ist sehr kompliziert und kann im Gegensatz zu den bisher betrachteten Hologrammen nicht mehr einfach durch Überlegung erschlossen werden. Mit einfachem, inkohärentem weißem Licht ist in der Regel die Bild-information nicht erkennbar. Nur die hohe Speicherkapazität einer photographischen Schicht (bis ca. 10^8 bit/cm^2) kann Hologramme beliebig geformter Körper speichern. Für die Auf-nahme gibt es eine Vielzahl von Aufbauten, einen davon zeigt Abb. 7.20.

Die Holographie hat in der Technik eine Reihe von Anwendungen. Beispielsweise lassen sich mittels Holographie Höhenreliefs komplizierter Objekte anfertigen und mittels Compu-ter Maßzeichnungen erstellen. In der Qualitätssicherung können Vergleiche von Werkstü-cken mit dem Hologramm eines Musterstücks erstellt werden. Ebenso lassen sich auf die gleiche Weise Bauteilverformungen diagnostizieren.

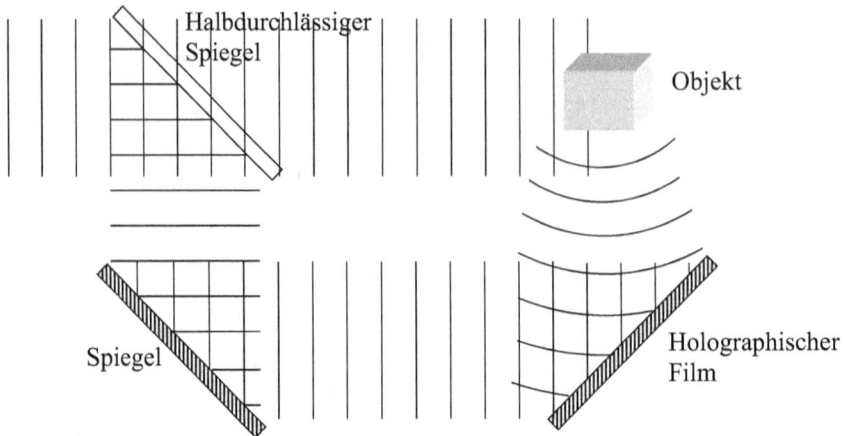

Abb. 7.20. Aufbau zur Aufnahme eines Hologramms

Für die Aufnahme von Hologrammen kommen nur Laser in Frage, die eine hohe Kohärenz-länge besitzen. Es sind dies vor allem **Single–Mode–Helium–Neon–Laser**, **Ionenlaser** oder **spezielle Laserdioden**. Neben den hier besprochenen **Amplitudenhologrammen** gibt es noch **Phasenhologramme**. Die Fresnelsche Zonenplatte besteht aus transparenten und nicht-transparenten Ringen. Die nichttransparenten Ringe schlucken Strahlung, so dass im Falle der Zonenplatte die Gesamtenergie auf etwa die Hälfte sinkt. Um diese Abdunklung des Bildes zu vermeiden, kann statt mit Hell–Dunkel–Zonen auch mit Zonen unterschiedlicher Brechzahl gearbeitet werden. Es findet dann Beugung durch Änderung der optischen Weg-längen statt. Auch Änderungen der geometrischen Weglängen durch eine Reliefstruktur sind möglich.

7.3.2   Laser-Doppler-Anemometrie

Die **Laser–Doppler–Anemometrie** dient der Bestimmung von Strömungsgeschwindigkei-ten in Gasen und Flüssigkeiten. In der Praxis wird meist das **Zweistrahl–** oder **Kreuzungs-verfahren** verwendet. Grundsätzlich sind bei der Laser–Doppler–Anemometrie **Staubteil-chen** oder Bläschen im Fluid nötig, an denen Licht gestreut werden kann.

Ein Laserstrahl wird mittels eines Strahlteilers in zwei parallele Teilstrahlen gleicher Leis-tung zerlegt. Beide Teilstrahlen werden im Messvolumen zum Schnitt gebracht (Abb. 7.21). Unter der Annahme, dass die Partikel die gleiche Geschwindigkeit haben wie die sie mitfüh-rende Strömung, ist die **Dopplerverschiebung des Streulichtes** der beiden Wellen **ein Maß für die Strömungsgeschwindigkeit**. Zerlegt man die Teilchengeschwindigkeit v in Anteile senkrecht zu den Laserstrahlen und in Anteile v_1 und v_2 parallel zu den Strahlen, so stellt man fest, dass v_1 in Richtung des Laserstrahls zeigt und damit eine positive Frequenzver-schiebung Δf_1 im Streulicht erzeugt. v_2 dagegen zeigt gegen die Strahlrichtung, so dass das Streulicht eine negative Frequenzverschiebung $\Delta f_2 < 0$ erfährt. Die beiden Frequenzverschie-bungen sind betragsmäßig gleich groß: $\Delta f_1 = -\Delta f_2$.

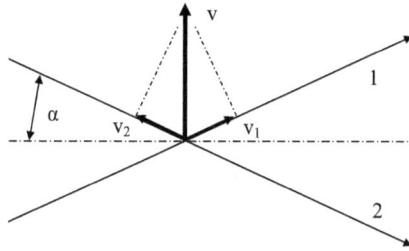

Abb. 7.21. Kreuzungspunkt der beiden Laserstrahlen bei der Doppler–Anemometrie

Nach Abb. 7.21 gilt:

$$v_1 = v \sin \alpha \quad \text{und} \quad v_2 = -v \sin \alpha \qquad\qquad 7.1$$

Für die **Dopplerverschiebung** gilt

$$\Delta f = f \frac{v_0}{c} \qquad\qquad 7.2$$

v_0 ist die Relativgeschwindigkeit zwischen Sender und Empfänger. Mit den beiden Gleichungen 7.1 erhält man:

$$\Delta f_1 = f \frac{v_1}{c} = f \frac{v \sin \alpha}{c} \quad \text{bzw.} \quad \Delta f_2 = f \frac{v_2}{c} = -f \frac{v \sin \alpha}{c} \qquad 7.3$$

Die Frequenzen des Streulichts von Strahl 1 und 2 sind also:

$$f_1 = f + \Delta f_1 = f \left(1 + \frac{v \sin \alpha}{c} \right) \quad \text{bzw.} \quad f_2 = f + \Delta f_2 = f \left(1 - \frac{v \sin \alpha}{c} \right) \qquad 7.4$$

Nimmt man Sinuswellen an und lässt beide Streulichtwellen interferieren, erhält man:

$$E(t) = E_0 \sin \left(2\pi f \left(1 + \frac{v \sin \alpha}{c} \right) t \right) + E_0 \sin \left(2\pi f \left(1 - \frac{v \sin \alpha}{c} \right) t \right) \qquad 7.5$$

Daraus wird unter Anwendung eines Additionstheorems für den Sinus:

$$E(t) = 2E_0 \sin \left(2\pi \frac{f \left(1 + \frac{v \sin \alpha}{c} \right) + f \left(1 - \frac{v \sin \alpha}{c} \right)}{2} t \right) \times$$

$$\times \cos \left(2\pi \frac{f \left(1 + \frac{v \sin \alpha}{c} \right) - f \left(1 - \frac{v \sin \alpha}{c} \right)}{2} t \right) \qquad 7.6$$

Vereinfacht wird daraus:

$$E(t) = 2E_0 \sin(2\pi ft) \cdot \cos\left(2\pi f \frac{v \sin \alpha}{c} t\right) \qquad\qquad 7.7$$

Das Streulichtsignal oszilliert also außer mit der elektronisch nicht nachweisbaren Lichtfrequenz f noch mit der langsameren Frequenz

$$\boxed{f_S = 2f \frac{v \sin \alpha}{c}} . \qquad\qquad 7.8$$

Der Faktor 2 bei der Frequenz f_S entsteht dadurch, dass bei der Messung positive und negative Halbwellen des Cosinus einen nicht unterscheidbaren Beitrag leisten. Die gemessene Schwebungsfrequenz f_S verdoppelt sich also gegenüber Gl. 7.7. f_S ist bei den üblichen zu messenden Geschwindigkeiten elektronisch messbar, es liegt in der Größenordnung von 10MHz.

Abb. 7.22 zeigt ein typisches **Laser–Doppler–Anemometer**, das nach dem Prinzip der **Rückstreuung** arbeitet. Der Vorteil liegt darin, dass Laserquelle und Auswertung in einem Gehäuse untergebracht werden können. Abb. 7.23. zeigt das Oszillographenbild einer Messung.

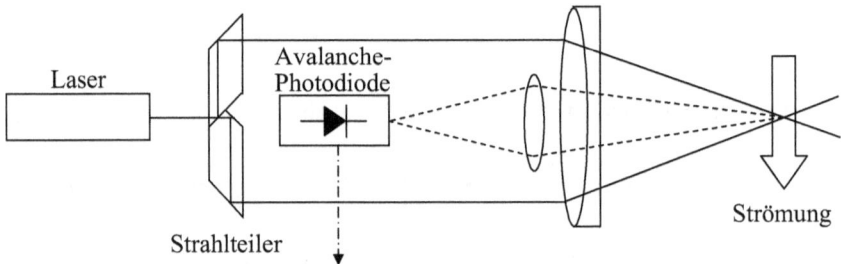

Abb. 7.22. Zweistrahl–Doppler–Anemometer in Rückstreuung

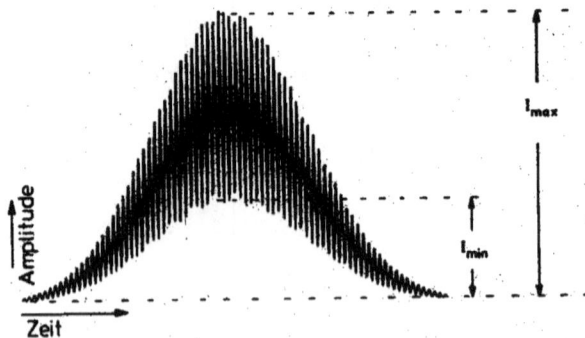

Abb. 7.23. Typisches Anemometriesignal. Aus: [Köpp 1988]

Da der Laserstrahl eine radial gaußförmige Intensitätsverteilung hat, entsprechen die Einhüllenden etwa einer Gaußfunktion. Die schnelle Modulation würde zur glatten Gaußfunktion, wenn man einen der beiden Laserstrahlen abdecken würde. Die Modulationstiefe hängt von der Größe der Teilchen ab. Teilchen, deren Abmessung deutlich unter der Wellenlänge des Laserlichtes liegen, erzeugen die höchsten Amplituden. Teilchen, deren Abmessungen ein Vielfaches der Wellenlänge des verwendeten Laserlichtes sind, liefern nur eine geringe Modulationstiefe. Die Genauigkeit des Verfahrens ist so lange nicht beeinflusst, wie die Einzelimpulse noch gezählt werden können. Man kann zeigen, dass das Ergebnis auch dann nicht beeinflusst wird, wenn sich mehr als ein Teilchen im Messvolumen befindet [Ruck 1985].

Die Anwendbarkeit des Verfahrens steht und fällt mit den **Partikeln** im Fluid. Sind nicht genug Staubteilchen vorhanden, können künstlich **Aerosole** zugeführt werden, sofern eine Verunreinigung des Fluids hingenommen werden kann. Es gibt inzwischen Anemometer zu kaufen, die mit mehr als zwei Strahlen messen. Dies erlaubt bei entsprechender Auswertelogik auch eine Aussage über die Richtung der Strömung bzw. die exakte Angabe eines **Geschwindigkeitsvektors**.

7.4 Bei allen Anwendungen unabdingbar: Lasersicherheit

7.4.1 Gefahrensituation

Von den spezifischen Eigenschaften der Laserstrahlung, der **starken Bündelung**, der **Einfarbigkeit** des Lichtes sowie der **hohen Kohärenzlänge** ist es vor allem die starke Bündelung des Laserstrahls, die zu einer hohen Gefährdung führt. Die geringe Strahldivergenz, typisch einige mrad, führt zu sehr hohen Intensitäten selbst bei kleinsten Leistungen. Der Strahldurchmesser ändert sich nur wenig über große Distanzen, so dass auch in größeren Entfernungen von der Strahlquelle noch eine hohe Gefährdung vorliegt. Die Eigenschaft der Einfarbigkeit des Lichts trägt dagegen nur wenig zur Gefährdung bei. Spezielle Schädigungen durch die hohe Kohärenzlänge sind nicht zu erwarten.

Die Wechselwirkung der Laserstrahlung mit dem Gewebe ist **thermischer** oder **photochemischer Natur**. Die Strahlung muss in jedem Fall vom Gewebe absorbiert werden, damit eine Schädigung eintritt. Diese kann reversibel oder irreversibel sein. Das wohl gefährdetste Organ im Umgang mit Laserstrahlung ist das **Auge**. Der Aufbau des Auges wurde in Kap. 2.1.1 eingehend besprochen. Trifft ein Laserstrahl auf das Auge, können je nach Wellenlänge des Lichtes unterschiedliche Partien des Auges geschädigt werden. Die Grenzen des Sehvermögens von 380nm bis 780nm sind hier weniger von Bedeutung, denn es kann auch Strahlung die Netzhaut treffen, die von den Sinneszellen nicht in elektrische Signale umgewandelt werden kann. Oder anders ausgedrückt: eine Schädigung kann auch eintreten, wenn gar keine Strahlung wahrgenommen wird.

Abb. 7.24 zeigt die spektrale Transmission des Auges als Funktion der Wellenlänge. Man erkennt, dass Strahlung je nach Wellenlänge durchaus mehr oder weniger weit ins Auge vordringen kann. Im nahen Infrarot erreicht Strahlung in einem weiten Wellenlängenbereich die Netzhaut. Hier lauern deshalb besondere Gefahren.

Wegen der starken Bündelung des Laserstrahls führen schon relativ geringe Leistungen zu Schäden auf der Netzhaut. Erschwerend kommt hinzu, dass der Laserstrahl durch die gekrümmte Hornhaut sowie durch die Augenlinse auf die Netzhaut fokussiert wird und die Intensität dadurch drastisch erhöht wird. **Schäden auf der Netzhaut sind in aller Regel nicht ausheilbar.** Es entstehen blinde Stellen. Lag die verursachende Laserstrahlung im nahen Infraroten und liegt die betroffene Stelle in der Netzhautperipherie oder traf unvermutete Streustrahlung das Auge, kann es sein, dass die betroffene Person den Schaden subjektiv zunächst gar nicht bemerkt. Trotzdem liegt natürlich ein Informationsverlust beim Sehen vor und das periphere Sehen ist beeinträchtigt. Eine schwere Störung der zentralen Sehschärfe ist die Folge, wenn der Strahl die Stelle schärfsten Sehens trifft. Völlige Erblindung tritt ein, wenn der Strahl die Eintrittsstelle des Sehnervs ins Auge schädigt. Zusätzlich zu den Netzhautschäden können auch noch Schäden an den anderen Teilen des Auges auftreten.

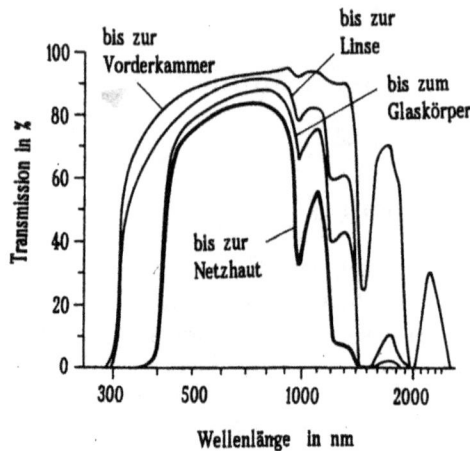

Abb. 7.24. Transmission der unterschiedlichen Augenpartien bis zu den jeweiligen Messpunkten. Aus: [Eichler 1992]

Im ultravioletten und ferneren infraroten Spektralbereich wird die Strahlung von Hornhaut, vorderer Augenkammer, Linse und Glaskörper absorbiert. Dies kann zur Schädigung der entsprechenden Augenpartien führen. Als Schäden können u.a. entstehen: **Entzündung der Bindehaut und der Hornhaut, Augenlinsentrübung (Katarakt** oder **grauer Star), Zellschädigungen** und **Verbrennungen.** Sehr hohe Intensitäten können zum **Verkochen des Gewebes** führen. Der entstehende Dampf kann Zellen sprengen sowie gefährliche **Druckwellen** hervorrufen.

Neben dem Auge kann vor allem auch die **Haut** durch Laserstrahlung gefährdet sein. Allerdings verträgt die Haut wesentlich höhere Strahlungsintensitäten als die Netzhaut, dazu fällt die fokussierende Wirkung der Augenlinse weg. Wegen der großen Körperoberfläche ist eine Schädigung aber wahrscheinlicher, besonders an den Händen. Je nach Wellenlänge können verschiedene Schädigungen wie etwa vorzeitige **Alterung der Haut, Hautkrebs** (als Spät-folge) oder **Verbrennungen** auftreten. Bei Temperaturerhöhung auf der Haut treten bei 60°C Proteindenaturierung und Koagulation, bei 80°C Kollagendenaturierung und Membrande-fekte sowie bei 150°C Karbonisierung des Gewebes auf. Bei 300°C kommt es zur Verdamp-fung und Vergasung des Gewebes.

Neben diesen **laserspezifischen Gefahren** treten im Zusammenhang mit dem Betrieb von Laseranlagen auch noch **laserunspezifische Gefahren** auf. Bei vielen Laseranlagen werden beim Betrieb von Blitzlampen, Entladungslampen oder beim Betrieb der Gasentladung an der Laserröhre selbst sehr **hohe Spannungen** verwendet. 30 bis 35kV sind keine Seltenheit. Bei Arbeiten am Laser sind daher alle in der Hochspannungstechnik üblichen Sicherheits-maßnahmen zu beachten.

Neben der Gefahr der Hochspannung gehen von Blitz– und Entladungslampen noch weitere Gefahren aus: da sie in aller Regel sehr hohe Lichtströme abgeben sollen, sind sie meist so hell, dass ein Blick in die Lampe ohne Augenschutz ähnlich wie der Laser zu Schädigungen am Auge und insbesondere zu **Verbrennungen der Netzhaut** führen. Glücklicherweise sind solche Unfälle selten, da die meisten Lampen nur im Gehäuse mit Wasserkühlung betrieben werden können. Trotzdem ist Vorsicht bei offenem Gehäuse und austretendem Licht gebo-ten. Eine weitere Gefahr bei Lampen ist die **Explosionsgefahr**. Wie im Kapitel 3.6.3 ausge-führt wurde, entwickeln die meisten Lampen beim Betrieb Überdruck. Die Gefahr der Ex-plosion besteht auch bei Lasern. Z.B. werden Excimerlaser in der Regel bei höheren Drücken betrieben. Bei anderen Lasern wiederum, z.B. dem CO_2–Laser, besteht die Gefahr der **Im-plosion**, da sie bei Unterdruck betrieben werden.

Bei Verwendung von Hochspannung kann ungewollt **Röntgenstrahlung** emittiert werden. Sind vom Hersteller keine Angaben gemacht worden oder handelt es sich gar um einen selbst erstellten Versuchsaufbau, müssen entsprechende Messungen durchgeführt und gegebenen-falls Abschirmmaßnahmen ergriffen werden.

Befinden sich im Arbeitsbereich des Lasers brennbare oder gar leicht entflammbare Stoffe, besteht je nach Strahlleistung des Systems **Brand–** oder **Explosionsgefahr**. Z.B. lässt sich Holz unter ungünstigen Voraussetzungen schon mit CO_2–Lasern niedrigster Leistungen in Brand setzen.

Man mag es nicht glauben, aber auch **Giftstoffe** treten im Zusammenhang mit Lasern reichlich auf. Es beginnt damit, dass bei Gasentladungen durch die emittierte UV–Strahlung an Luft **Ozon** entstehen kann. In höheren Konzentrationen ist Ozon stark giftig. Bei Konstruktionen sollte schon aus Gründen der **Korrosion** durch Wahl geeigneter Glassorten bzw. durch Ab-schirmmaßnahmen darauf geachtet werden, dass das UV–Licht nicht an die Luft gelangt. Bei Kühlkreisläufen werden manchmal giftige oder gesundheitsschädliche **Kühlmittel** oder auch giftige oder gesundheitsschädliche **Additive im Kühlwasser** verwendet. Fast jede Material-bearbeitung, besonders die Bearbeitung von organischen Substanzen wie Kunststoffen, führt zum Verdampfen von Material und zur Bildung kleinster, in der Luft „gelöster" Partikel, sogenannter **Aerosole**. Es ist daher stets darauf zu achten, dass durch eine starke Absaugvor-richtung die häufig toxischen Gase und Aerosole abtransportiert werden und nicht in die Raumluft gelangen.

7.4.2　　Die Laserklassen

Um die Beurteilung einer von einer Lasereinrichtung ausgehenden Gefährdung durch den Benutzer zu erleichtern, teilt man Laser in **Klassen** ein. Nach [DIN EN 60825] gibt es **sieben Klassen**. Die Klassen sind, da die Einteilung historisch gewachsen ist, nicht einfach durchnummeriert. Verwendet wird vielmehr eine Ziffer–Buchstabenkombination. Die Einstufung in eine Klasse ist durch den Hersteller der Einrichtung vorzunehmen. Da die möglichen Schädigungen je nach Wellenlänge und Einwirkzeit sehr unterschiedliche Schadensschwellen haben, ist eine Einstufung nach einer einzelnen Größe nicht möglich. Der **sogenannte Grenzwert der zugänglichen Strahlung (GZS)** hängt von der Wellenlänge und der Emissionsdauer der Lasereinrichtung ab. Er wird je nach Bereich als Energiewert, als Leistung oder als Intensität angegeben. Tab. 7.1 zeigt die sieben Klassen mit Wellenlängenbereich und einer groben Beschreibung der Gefährdung.

Tab. 7.1. Die nach DIN EN 60825–1 (Mai 2008) festgelegten Laserklassen.

Klasse	Definiert für Wellenlängen-bereich / nm	Gefährdungsbeschreibung	Zusammenhang zur alten Norm
1	180–1.000.000	„augensicher", allerdings macht DIN EN 60825–1 die Einschränkung: „unter vernünftigerweise vorhersehbaren Betriebsbedingungen"	Entspricht der alten Klasse 1
1M	302,5–4.000	Unter vernünftigerweise vorhersehbaren Bedingungen augensicher, sofern keine den Strahlquerschnitt verkleinernden Instrumente verwendet werden.	Neue Klasse
2	400–700	Ungefährlich bei kurzer Einwirkungsdauer (<0,25s); vom Vorhandensein eines Lidschlußreflexes zum Schutz des Auges darf in der Regel nicht ausgegangen werden, bewußtes Abwenden ist nötig (BGV B2 2007)	Entspricht der alten Klasse 2
2M	400–700	Solange der Strahlquerschnitt nicht durch optische Instrument wie Linsen, oder Teleskope verkleinert wird, ist die Strahlung bei kurzer Einwirkungsdauer (<0,25s) für das Auge ungefährlich. Zum Lidschlußreflex siehe Klasse 2	Neue Klasse
3R	302,5–1.000.000	Potentiell gefährlich, das Risiko des Augenschadens wird dadurch verringert, dass der GZS im sichtbaren Wellenlängenbereich auf das Fünffache des GZS für Klasse 2, in den übrigen Wellenlängenbereichen auf das Fünffache des GZS für Klasse 1 beschränkt ist. Die Klasse ist problematisch, unter ungünstigen Voraussetzungen sind Schäden möglich [Sutter 2008]	Neue Klasse
3B	180–1.000.000	Gefährlich für das Auge, häufig auch für die Haut. Unter bestimmten Umständen ist ein Betrachten des Strahlbündels über einen geeigneten diffusen Reflektor möglich. Brandgefahr bei leicht entzündlichen Stoffen	Alte Klasse 3B, wobei einige Systeme jetzt in Klasse 3R fallen
4	180–1.000.000	Sehr gefährlich für das Auge und gefährlich für die Haut; Brand– und Explosionsgefahr	Entspricht der alten Klasse 4

Viele der in Betrieb befindlichen Laseranlagen sind noch nach der alten Norm DIN EN 60825–1 vom März 1994 klassifiziert. Hier gab es nur die fünf Klassen 1, 2, 3A, 3B und 4. Mit der Norm DIN EN 60825–1 vom Oktober 2003 wurde die Klasse 3A ganz aufgelöst und mit einem Teil der Klasse 3B in die drei neuen Klassen 1M, 2M und 3R überführt. Für die in Deutschland zuständigen Berufsgenossenschaften entstand dabei das Problem, dass die auf DIN EN 60825–1 aufbauende Unfallverhütungsvorschrift Laserstrahlung angepasst hätte werden müssen. Das ist bisher nicht durch Änderung der Vorschrift selbst, sondern durch Änderung der Durchführungsverordnung geschehen.

7.4.3   Schutzmaßnahmen

Die erforderlichen **Schutzmaßnahmen** sind je nach Laserklasse, Anwendungsgebiet und genauer Beschaffenheit der Lasereinrichtung sehr unterschiedlich. Es kann hier nur ein Überblick über die üblicherweise nötigen Schutzvorkehrungen gegeben werden, der die genaue Prüfung der Erfordernisse nicht ersetzt. Das dafür heranzuziehende Regelwerk ist sehr umfangreich.

Lasersysteme der Klassen 3B und 4 müssen einen **schlüsselbetätigten Hauptschalter** besitzen, der eine unbefugte Inbetriebnahme verhindert. Im System selbst muss ein **Strahlfänger** vorhanden sein, der die gesamte optische Leistung aufnehmen kann. In der Regel ist das ein **Strahlverschluss**, der meist so ausgeführt wird, dass er etwa durch Schwerkrafteinwirkung oder durch Federkraft automatisch geschlossen wird, wenn in Teilen der Anlage oder in der ganzen Anlage der Strom ausfällt. Eine Warnleuchte am Gerät muss bei Klasse 3R und höher im eingeschalteten Zustand leuchten oder ein akustisches Signal muss auf den eingeschalteten Laser hinweisen. Weitere Anforderungen sind in DIN EN 60825–1, Abschnitt 4 niedergelegt.

Mit Ausnahme der zur Klasse 1 und 1M gehörigen, müssen alle Lasereinrichtungen das in Abb. 7.25 abgebildete **allgemeine Laserwarnschild** tragen. Seine **Grundfarbe** ist grundsätzlich **gelb**. Zusätzlich ist bei allen Klassen ein rechteckiges **Hinweisschild** vorgeschrieben, das je nach Klasse weitere Angaben zu den maximalen Ausgangswerten der emittierten Laserstrahlung, der Impulsdauer und der ausgesandten Wellenlängen in der jeweiligen Landessprache enthält. Weiterhin ist die **Laserklasse einschließlich der Norm mitsamt Veröffentlichungsdatum** anzugeben, nach der die Klassifizierung erfolgte. Je nach Klasse sind hierzu noch weitere Angaben erforderlich. Ein Beispiel zeigt Abb. 7.26.

Ein Unternehmer muss den Betrieb von Lasereinrichtungen der Klassen 3R und höher der Berufsgenossenschaft und der für den Arbeitschutz zuständigen Behörde vor der ersten Inbetriebnahme melden. Außerdem muss er einen sogenannten **Laserschutzbeauftragten** schriftlich bestellen. Dieser muss die erforderliche Sachkunde besitzen, empfohlen wird die Teilnahme an einem speziellen Kurs zur Erlangung der Sachkunde für Laserschutzbeauftragte. Die Unfallversicherungsträger haben dafür spezielle Anforderungen aufgestellt. Aufgaben des Laserschutzbeauftragten sind u.a. die Beratung des Unternehmers in Sachen Laserschutz, die Auswahl der Schutzmaßnahmen und –ausrüstungen, die Überwachung der Einhaltung von Schutzvorschriften sowie die Mängel– und Störungsmeldung an Vorgesetzte.

Laserstrahlung
Nicht dem Strahl aussetzen

Laser Klasse 3B
nach DIN EN 60825-1:2003-10

$P_0 =$ _____ W

$\lambda =$ _____ nm

Abb. 7.25. Allgemeines Laserwarnschild   *Abb. 7.26. Hinweisschilder zur Kennzeichnung von Lasern*

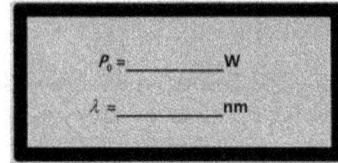

Für Laser der Klasse 3R und höher sind mehr oder weniger starke **Zugangsbeschränkungen** zur den Lasereinrichtungen bis hin zu eigenen **Laserbereichen** vorgeschrieben. Ein Laserbereich muss – z.B. durch Zugangsbeschränkungen wie durch von außen nicht zu öffnende Türknäufe – so gesichert werden, dass Unbefugte nicht in den Strahlungsbereich des Lasers gelangen können. Gleichzeitig muss durch eine **Warnleuchte** auf den eingeschalteten Laser hingewiesen werden.

Die Berufsgenossenschaft schreibt vor, dass Versicherte, die Lasereinrichtungen einschließlich Klasse 2 und höher benutzen oder sich in Laserbereichen mit Lasern der Klasse 3B und 4 aufhalten, im zu beachtenden Verhalten zu unterweisen sind. Die Unterweisung soll u.a. auf die Gefahren der Laserstrahlung für das Auge, auf Schutzvorschriften, Schutzeinrichtungen und auf den Gebrauch von Körperschutzmitteln hinweisen. Die Unterweisung muss **dokumentiert** und **mindestens einmal jährlich wiederholt** werden.

Neben der in Laserbereichen unter Umständen nötigen Schutzkleidung und den Schutzhandschuhen ist die **Laserschutzbrille** das wohl wichtigste persönliche Schutzmittel. Das Tragen kann lästig sein, denn eng anliegende Korbbrillen schließen den gesamten Augenbereich hermetisch ab, so dass Schwitzen und Beschlagen der Gläser die Folge sind. Für Brillenträger kommt erschwerend hinzu, dass die Schutzbrillen zwar so groß bemessen sind, dass die eigene Brille unter der Schutzbrille getragen werden kann. Die Sache wird dadurch aber noch etwas unangenehmer. Möglicherweise hilft hier eine individuell angefertigte Schutzbrille mit korrigierenden Gläsern.

Schutzbrillen werden nach [DIN EN 207] spezifiziert. Wichtigste Kriterien bei der Auswahl einer Schutzbrille sind die **Betriebsart**, die **Wellenlänge** und die **Schutzstufe**. Ein Aufdruck auf einer Schutzbrille kann z.B. lauten:

D 455–515 L8 X ZZ

Der erste Buchstabe steht für die Betriebsart: **D**auerstrichlaser, **I**mpulslaser, **R**iesenimpulslaser oder **M**odengekoppelter Impulslaser. Die Zahlen bezeichnen den **Wellenlängenbereich**, für die der Schutz gewährleistet wird, hier ist es also der Bereich von 455 bis 515nm. Es kann auch nur eine einzelne Wellenlänge für einen bestimmten Laser angegeben sein. Die dritte Angabe gibt die **Schutzstufe** an. Die einzelne Ziffer hinter dem „L", hier im Beispiel also die „8", steht als negative Zahl im Exponenten von 10 und gibt so den maximalen spektralen Transmissiongrad der Brille für den angegebenen Wellenlängenbereich an. Im Beispiel beträgt er also 10^{-8}. Die Brille schwächt also in diesem Bereich um den Faktor 10^8 ab. Die beiden Angaben X und ZZ sind Identifikationszeichen des Herstellers und Prüfzeichen.

Bei Schutzbrillen für Laser, die im sichtbaren Spektralbereich strahlen, entsteht das Problem, dass bei 100%igem Schutz der Laserstrahl überhaupt nicht mehr erkannt werden kann. Dies ist für **Justierarbeiten** nicht akzeptabel. Es gibt daher neben den Laserschutzbrillen mit Vollschutz auch Schutzbrillen mit **Justierfunktion**. Sie werden nach [DIN EN 208] spezifiziert.

Bei Schutzbrillen soll das Laserlicht absorbiert werden, nicht dagegen das Tageslicht. Das ist etwa bei Schutzbrillen für CO_2–Laser kein Problem, da man die Wellenlänge von 10,6µm ausblenden kann, ohne eine Absorption im sichtbaren Spektrum zu erzeugen. Grundsätzlich unmöglich ist das bei Schutzbrillen für Laser, die im Sichtbaren emittieren. Man muss dann mit der Laserwellenlänge zwangsläufig einen Bereich des sichtbaren Spektrums ausblenden, so dass die Gläser farbig werden. Das kann bei längerem Tragen unangenehm werden.

Neben den genannten Schutzvorkehrungen und Einrichtungen ist Vorsicht immer noch der beste Schutz vor Laserstrahlung. Die größte Gefahr liegt in der **Gewöhnung an die Gefahr**. So werden Warnleuchten und Warnzeichen nach einiger Zeit wegen des Gewöhnungseffektes nicht mehr wahrgenommen und zunehmend weniger beachtet. Eine besondere Gefahr geht von **experimentellen** Aufbauten aus. Während kommerzielle Materialbearbeitungsstationen in der Regel gut abgesichert bzw. ganz gekapselt sind, haben experimentelle Aufbauten grundsätzlich etwas „Unfertiges" an sich und sind oft nicht auf Dauer angelegt, so dass die Sicherheit oft zu kurz kommt.

Hier zum Abschluss noch einige Hinweise für das Arbeiten in Laserlabors:

- Trotz des Tragens von Schutzbrillen sollten nach Möglichkeit keine Strahlen in Augenhöhe geführt werden. Doppelte Sicherheit ist hier besser.
- Optische Komponenten müssen immer gut im Strahlengang fixiert werden, um vagabundierende Laserstrahlen infolge umgestoßener Spiegel oder Strahlfänger zu vermeiden.
- Bei Lichtwellenleitern darf der Strahlaustritt am anderen Ende der Faser nicht unkontrolliert erfolgen. Beim Abschrauben der Faser einen möglichen unkontrollierten Strahlaustritt beachten!
- keine brennbaren Materialien in Strahlnähe aufbewahren
- arbeiten mehrere Personen an einer Anlage, muss beim Einschalten des Lasers darauf geachtet werden, dass alle Anwesenden Schutzausrüstung tragen und wissen, dass der Laser jetzt eingeschaltet wird.
- Reflexionen an Uhren und Schmuckgegenständen vermeiden, eventuelle Reflexe vagabundieren unkontrolliert im Raum

Fragen

1. Was versteht man unter anomaler Absorption?

2. Welche Verfahren werden beim Laserschneiden angewandt?

3. Unter welchen Umständen kann die Schnittqualität beim Laserschneiden von der Schneidrichtung abhängen?

4. Wozu dient die Gasströmung beim Laserschneiden?

5. Erläutern Sie die beiden möglichen Verfahren beim Laserschweißen!

6. Welchen Vorteil hat das Laserschweißen gegenüber den konventionellen Schweißverfahren?

7. Warum kann eine hohe Viskosität der Schmelze beim Laserschweißen zu einer Verschlechterung der Schweißnaht führen?

8. Was würde sich am projizierten Bild ändern, wenn man zur Wiedergabe des in Abb. 7.17 aufgenommenen Hologramms eine andere Wellenlänge verwenden würde als zur Aufnahme?

9. Warum liefern große Teilchen bei der Laser–Doppler–Anemometrie nur eine geringe Modulationstiefe?

10. Warum sind die Laserschutzklassen 2 und 2M nur für das sichtbare Licht definiert?

11. Ab welcher Laserklasse sind Schutzbrillen als Schutzmaßnahme vorgeschrieben?

12. Was bedeutet die Beschriftung D 1064 L6 X S auf einer Laserschutzbrille?

A   Anhang

A.1   Lösungen zu den Aufgaben

A.1.1   Zum Kapitel 1

Aufgabe 1

$$\frac{n_1}{n_0} = \exp\left(-\frac{E_1 - E_0}{kT}\right) \qquad E_1 - E_0 = hf = hc\frac{1}{\lambda} = hc\nu = 2,16\cdot10^{-20}\,J \qquad \boxed{\frac{n_1}{n_0} = 0,02}$$

Aufgabe 2

$$\frac{n_1}{n_0} = \exp\left(-\frac{E_1 - E_0}{kT}\right)$$

a) $\boxed{\dfrac{n_1}{n_0} = 9,9\cdot10^{-6}}$

b) $\dfrac{n_1}{n_0} = 0,2$

$$n_1 + n_0 = 3,35\cdot10^{28}\,\frac{1}{m^3} \qquad 0,2n_0 + n_0 = 3,35\cdot10^{28}\,\frac{1}{m^3} \qquad n_0 = 2,79\cdot10^{28}\,\frac{1}{m^3}$$

$$n_1 = 6,7\cdot10^{27}\,\frac{1}{m^3} \qquad \frac{I}{I_0} = e^{(n_1-n_0)\sigma x} \qquad \boxed{\frac{I}{I_0} = 0,52}$$

Aufgabe 3

$$\frac{I}{I_0} = e^{-\alpha d} \qquad -\alpha d = \ln\frac{I}{I_0} \qquad d = -\frac{1}{\alpha}\ln\frac{I}{I_0} \qquad \boxed{d = 1,19\,mm}$$

Aufgabe 4

$$\frac{I}{I_0} = e^{-\sigma n_0 x} \qquad x = -\frac{1}{\sigma n_0}\ln\frac{I}{I_0} \qquad \boxed{x = 13,96\,cm}$$

Aufgabe 5

$$I(x) = I_0 e^{-n_0 \sigma_{01} x} \qquad \sigma_{01} = \sigma_{10} = \frac{1}{x n_0} \ln \frac{I_0}{I} \qquad \boxed{\sigma_{10} = 2{,}5 \cdot 10^{-24}\, m^2}$$

Aufgabe 6

$$I(x) = I_0 e^{-n_0 \sigma_{01} x} \qquad n_0 = +\frac{1}{x \sigma_{01}} \ln \frac{I_0}{I} \qquad \boxed{n_0 = 1{,}3 \cdot 10^{19} \frac{1}{cm^3}}$$

Aufgabe 7

a) $\Delta E = hf = hc \dfrac{1}{\lambda} = hc\nu = 1{,}959 \cdot 10^{-20}\, J \qquad \dfrac{n_1}{n_0} = \exp\left(-\dfrac{E_1 - E_0}{kT}\right) \qquad T = -\dfrac{E_1 - E_0}{k \ln\left(\dfrac{n_1}{n_0}\right)}$

$$\boxed{T = 616\, K}$$

b) $I(x) = I_0 e^{(n_1 - n_0)\sigma_{01} x} \qquad n_1 - n_0 = +\dfrac{1}{\sigma x} \ln\left(\dfrac{I}{I_0}\right) \qquad n_1 - n_0 = -1{,}3 \cdot 10^{25} \dfrac{1}{m^3}$

$$\frac{n_1}{n_0} = 0{,}1 \qquad\qquad 0{,}1 n_0 - n_0 = -1{,}3 \cdot 10^{25} \frac{1}{m^3} \qquad \boxed{n_0 = 1{,}44 \cdot 10^{25} \frac{1}{m^3}}$$

A.1.2   Zum Kapitel 2

Aufgabe 1

Nötige Strahlungsflussdichte am Ort des Beobachters: $\psi = \dfrac{5hf}{t r_p^2 \pi}$; Strahlungsflussdichte der

Kerze im Abstand r (Punktquelle): $\psi_{Kerze} = \dfrac{1}{683} \dfrac{W}{sr} 4\pi \dfrac{1}{4\pi r^2}$;

Aus $\dfrac{5hf}{t r_p^2 \pi} = \dfrac{1}{683} \dfrac{W}{sr} \dfrac{1}{r^2}$ folgt mit $\lambda = 555nm$ ($f = 5{,}40 \cdot 10^{14}\, Hz$):

$$\boxed{r = \sqrt{\frac{1}{683} \frac{W}{sr} \frac{t r_p^2 \pi}{5hf}} \approx 6{,}4 km}$$

Aufgabe 2

a) Aus $\Phi_v = I_v \Omega = I_v 4\pi [sr]$ und $\Phi_v = E_v A$ folgt $4\pi I_v = E_v A$ mit $A = 4\pi r^2$.

$$I_v = \frac{E_v r^2}{[sr]} = 250 \frac{lx}{sr} \cdot (2{,}5m)^2 = 250 \frac{cd \cdot sr}{sr \cdot m^2} \cdot (2{,}5m)^2 \qquad \boxed{I_v = 1563 cd}$$

b) $I_v = \dfrac{E_v r^2}{[sr]} = 250 \dfrac{lx}{sr} \cdot (0,4m)^2$ $\boxed{I_v = 40cd}$

Aufgabe 3

a) Mit der Lichtausbeute $\eta = \dfrac{\Phi_v}{P_{el}} = 40 lm/W$ und mit $\eta_{refl}\Phi_v = I_v\Omega$ folgt:

$I_v = \dfrac{\eta_{refl}\Phi_v}{\Omega} = \dfrac{\eta_{refl}\eta P_{el}}{\Omega}$ Also: $I_v = \dfrac{0,68 \cdot 40 lm/W \cdot 125W}{2\pi \cdot sr}$ $\boxed{I_v = 541\ lm/sr = 541\ cd}$

b) $\Phi_v = E_v A = E_v 2\pi h^2$ bzw. $h = \sqrt{\dfrac{\Phi_v}{2\pi E_v}}$ $h = \sqrt{\dfrac{40 lm/W \cdot 125W \cdot 0,68}{2\pi \cdot 30 lm/m^2}}$ $\boxed{h = 4,25\ m}$

c) Der Abstand des Auftreffpunktes von der Lampe ist nach untenstehender Skizze $\sqrt{r^2 + h^2}$. Die Beleuchtungsstärke am Auftreffpunkt ist $E_v = \dfrac{\Phi_v}{2\pi\left(\sqrt{r^2+h^2}\right)^2}\cos\vartheta_e$. Mit

$\cos\vartheta_e = \dfrac{h}{\sqrt{r^2+h^2}}$ folgt $E_v = \dfrac{\Phi_v h}{2\pi\left(\sqrt{r^2+h^2}\right)^3}$

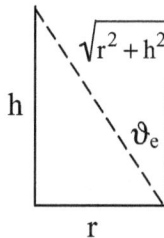

Nach r aufgelöst, erhält man: $r = \sqrt{\left(\dfrac{\Phi_v h}{2\pi E_v}\right)^{2/3} - h^2}$ bzw.

$r = \sqrt{\left(\dfrac{40 lm/W \cdot 125W \cdot 0,68 \cdot 4,25m}{2\pi \cdot 5 lx}\right)^{2/3} - \left(4,25m\right)^2}$ $\boxed{r = 6,44m}$

Aufgabe 4

a) Genähert ergibt sich der Raumwinkel aus dem Verhältnis der Oberfläche einer Kugel um die Lampe mit Radius h und der Kreisfläche auf dem Boden mit Radius r, multipliziert mit

4π: $\Omega = 4\pi \dfrac{\pi r^2}{4\pi h^2} = \dfrac{\pi r^2}{h^2}$ $\boxed{\Omega = 0,5 sr}$

b) Die Lampe strahlt in den Raumwinkel Ω. Am Rande des auszuleuchtenden Kreises beträgt der Abstand von der Lampe $\sqrt{r^2 + h^2}$ (siehe Skizze zu Aufgabe 3). Der ausgeleuchtete Kugelausschnitt hat also die Oberfläche $\dfrac{\Omega}{4\pi[\text{sr}]} 4\pi \left(\sqrt{r^2 + h^2}\right)^2 = \Omega \dfrac{\Omega}{[\text{sr}]}(r^2 + h^2)$. Damit gilt

$$E_v = \frac{\Phi_v}{\Omega(r^2 + h^2)}\cos\vartheta_e = \frac{\Phi_v}{\Omega(r^2 + h^2)}\frac{h}{\sqrt{r^2 + h^2}} \quad \text{bzw.} \quad \Phi_v = \frac{E_v \Omega}{h}(r^2 + h^2)^{3/2} \quad \boxed{\Phi_v = 50\,\text{lm}}$$

c) $\Phi_v = I_v \Omega \qquad I_v = \dfrac{\Phi_v}{\Omega} \qquad \boxed{I_v = 100\,\text{cd}}$

Aufgabe 5

a) Es gilt der Zusammenhang zwischen dem Raumwinkel Ω und dem zugehörigen Flächenstück A auf einer Kugel mit Radius r:

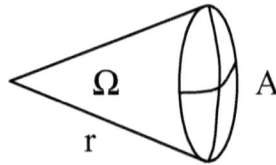

$A = \dfrac{\Omega}{4\pi[\text{sr}]} 4\pi r^2 = \dfrac{\Omega r^2}{[\text{sr}]}$ bzw. $\dfrac{\Omega}{A} = \dfrac{[\text{sr}]}{r^2}$. $E_{v,u}$ sei die Beleuchtungsstärke im Bereich der unteren Ecken. Dafür gilt: $E_{v,u} = I_v \dfrac{\Omega}{A}\cos\vartheta_{e,u} = I_v \dfrac{[\text{sr}]}{r_u^2}\cos\vartheta_{e,u}$. Für den Abstand r_u der Leuchte bis zur unteren Ecke gilt: $r_u = \sqrt{(b/2)^2 + h^2 + d^2}$ Für den Einfallswinkel $\vartheta_{e,u}$ dort:

$$\cos\vartheta_{e,u} = \frac{d}{\sqrt{(b/2)^2 + h^2 + d^2}}$$

Also: $E_{v,u} = \dfrac{I_v d [\text{sr}]}{\left(b^2/4 + h^2 + d^2\right)^{3/2}} \qquad I_v = \dfrac{E_{v,u}}{d[\text{sr}]}\left(b^2/4 + h^2 + d^2\right)^{3/2} \qquad \boxed{I_v = 50\,\text{cd}}$

b) Für die oberen Bildecken gilt analog: $E_{v,o} = \dfrac{I_v[\text{sr}]\cos\vartheta_{e,o}}{r_o^2}$ mit $\cos\vartheta_{e,o} = \dfrac{d}{\sqrt{(b/2)^2 + d^2}}$

und $r_o = \sqrt{(b/2)^2 + d^2}$ Also folglich: $E_{v,o} = \dfrac{I_v[\text{sr}]d}{\left((b/2)^2 + d^2\right)^{3/2}} \qquad \boxed{E_{v,o} = 17{,}678\,\text{lx}}$

c) $\Omega = 4\pi[\text{sr}]\dfrac{\pi r^2}{4\pi a^2} = \pi[\text{sr}]\left(\dfrac{r}{a}\right)^2 \qquad \Phi_v = I_v \Omega = I_v \pi[\text{sr}]\left(\dfrac{r}{a}\right)^2 = 50\,\text{cd}\cdot\pi\left(\dfrac{1{,}5}{2{,}43}\right)^2 \quad \boxed{\Phi_v = 60\,\text{lm}}$

Aufgabe 6

a) Es gilt: $E_v = \dfrac{\Phi_v}{A}$ bzw. $\Phi_v = E_v A = E_v 4\pi r_L$ $\boxed{\Phi_v = 6283\,\mathrm{lm}}$

b) Nach Aufgabe 5c: $E_v = I_v \dfrac{\Omega}{A}\cos\vartheta_e = I_v \dfrac{[\mathrm{sr}]}{r_t^2}\cos\vartheta_e$ $\quad r_t = \sqrt{I_v \dfrac{[\mathrm{sr}]}{E_v}\cos\vartheta_e}$ $\boxed{r_t = 4,25\,\mathrm{m}}$

c) Erfaßter Raumwinkel: $\Omega = 4\pi[\mathrm{sr}]\dfrac{\pi R^2}{4\pi r_t^2} = \pi[\mathrm{sr}]\dfrac{R^2}{r_t^2}$; $\quad \Phi_v = I_v \Omega = I_v \pi[\mathrm{sr}]\dfrac{R^2}{r_t^2}$

$\boxed{\Phi_v = 15,0\,\mathrm{lm}}$

Aufgabe 7

a) Mit $\eta_L = 0,57$ gilt: $E_v = \dfrac{\Phi_v}{A}\eta_L \cos\vartheta_e$, dabei ist ϑ_e der Einfallwinkel in der Schildmitte.

Hierfür gilt: $\cos\vartheta_e = \dfrac{d}{\sqrt{h^2 + d^2}}$.

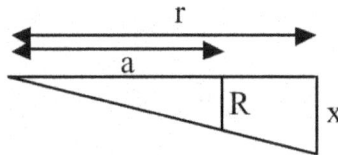

Aus obenstehender Skizze folgt: $\dfrac{x}{r} = \dfrac{R}{a}$ bzw. $x = \dfrac{Rr}{a}$

Damit gilt: $E_v = \dfrac{\Phi_v \eta_L}{\pi(Rr/a)^2}\cdot\dfrac{d}{\sqrt{h^2 + d^2}}$. Mit $r = \sqrt{h^2 + d^2}$ erhält man:

$E_v = \dfrac{\Phi_v \eta_L a^2}{\pi R^2}\cdot\dfrac{d}{\left(\sqrt{h^2 + d^2}\right)^3}$

Aufgelöst nach Φ_v: $\Phi_v = \dfrac{E_v \pi R^2}{\eta_L a^2 d}\left(\sqrt{h^2 + d^2}\right)^3$ $\boxed{\Phi_v = 250\,\mathrm{lm}}$

b) Es gilt gemäß untenstehender Skizze:

$r_u = \sqrt{d^2 + (h - H/2)^2}$ und $r_o = \sqrt{d^2 + (h + H/2)^2}$

$\cos\varphi_u = \dfrac{d}{\sqrt{d^2 + (h - H/2)^2}}$ und $\cos\varphi_o = \dfrac{d}{\sqrt{d^2 + (h + H/2)^2}}$

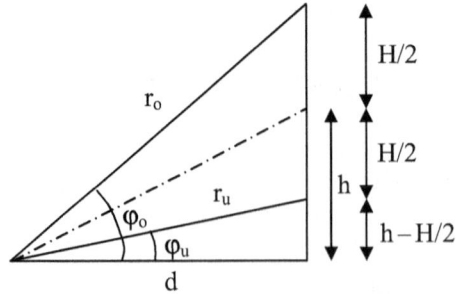

Analog zu Teil a) gewinnt man daraus: $E_{v,u} = \dfrac{\Phi_v \eta_L a^2}{\pi R^2} \cdot \dfrac{d}{\left(\sqrt{d^2 + (h - H/2)^2}\right)^3}$ und

$E_{v,o} = \dfrac{\Phi_v \eta_L a^2}{\pi R^2} \cdot \dfrac{d}{\left(\sqrt{d^2 + (h + H/2)^2}\right)^3}$ $\boxed{E_{v,u} = 33,7\text{lx}}$ $\boxed{E_{v,o} = 24,5\text{lx}}$

A.1.3   Zum Kapitel 4.1

Aufgabe 1

$\dfrac{\sin\alpha}{\sin\beta} = \dfrac{1/\sqrt{2}}{\sin\beta} = n$ $\dfrac{d}{2t} = \tan\beta = \dfrac{\sin\beta}{\sqrt{1 - \sin^2\beta}}.$

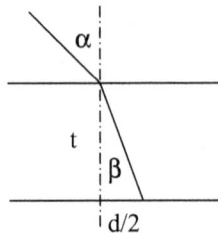

Eliminieren von $\sin\beta$ ergibt: $\dfrac{d}{2t} = \dfrac{1/n\sqrt{2}}{\sqrt{1 - 1/(2n^2)}}$ Nach n aufgelöst: $\boxed{n = \sqrt{\dfrac{1}{2}\left(\dfrac{4t^2}{d^2} + 1\right)}}$

Aufgabe 2

$\dfrac{\sin\alpha}{\sin\beta} = n$ $\dfrac{h}{\sqrt{h^2 + a^2/4}} = \sin(\alpha - \beta)$

$\dfrac{h}{\sqrt{h^2 + a^2/4}} = \sin(\alpha - \beta) = \sin\alpha\cos\beta - \cos\alpha\sin\beta = \sin\alpha\sqrt{1 - \dfrac{\sin^2\alpha}{n^2}} - \cos\alpha\dfrac{\sin\alpha}{n}$

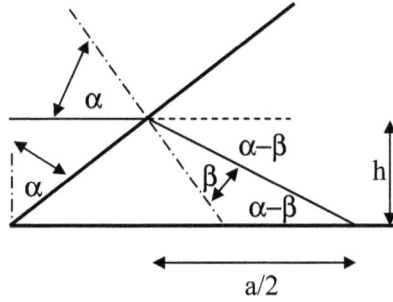

Nach a aufgelöst, erhält man:

$$a = 2h \sqrt{\dfrac{n^2}{\sin^2\alpha \left(\sqrt{n^2 - \sin^2\alpha} - \cos\alpha\right)^2} - 1} = 5{,}0\,\text{cm}$$

Aufgabe 3

Es gilt: $\dfrac{d}{x} = \cos\beta$ $\dfrac{y}{x} = \sin(\alpha - \beta)$.

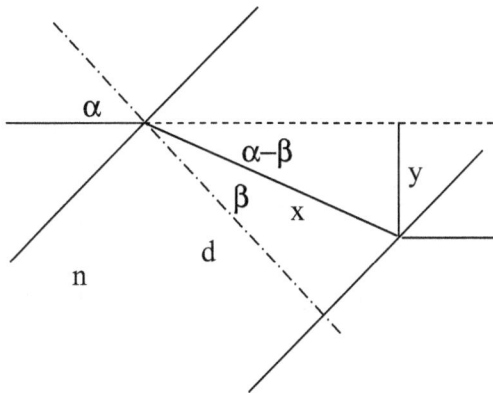

Eliminieren von x liefert: $\dfrac{d}{\cos\beta} = \dfrac{y}{\sin(\alpha - \beta)}$ bzw. $y = \dfrac{d\sin(\alpha - \beta)}{\cos\beta}$

$$y = \frac{d(\sin\alpha\cos\beta - \cos\alpha\sin\beta)}{\cos\beta} = d\sin\alpha - d\cos\alpha\frac{\sin\beta}{\cos\beta}$$

Mit $\dfrac{\sin\alpha}{\sin\beta} = n$ bzw. $\sin\beta = \dfrac{\sin\alpha}{n}$ folgt: $\boxed{y = d\sin\alpha - \dfrac{d\sin\alpha\cos\alpha}{\sqrt{n^2 - \sin^2\alpha}}}$

Aufgabe 4

Für die Glashalbkugel in Luft gilt: $\dfrac{r_1}{R} = \sin\alpha_1$ $\dfrac{\sin\alpha_1}{\sin 90^\circ} = \dfrac{1}{n_{gl}}$.

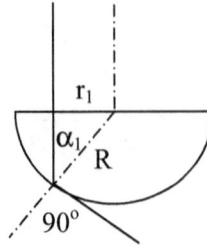

Eliminieren von $\sin\alpha_1$ liefert: $r_1 = \dfrac{R}{n_{gl}}$.

Analog für Wasser: $\dfrac{r_2}{R} = \sin\alpha_2$ $\qquad \dfrac{\sin\alpha_2}{\sin 90°} = \dfrac{n_w}{n_{gl}} \qquad r_2 = \dfrac{R n_w}{n_{gl}}$

Damit gilt: $r_2 - r_1 = R\dfrac{n_w}{n_{gl}} - R\dfrac{1}{n_{gl}}$ $\qquad \boxed{R = n_{gl}\dfrac{r_2 - r_1}{n_w - 1} = 5cm}$

Aufgabe 5

Wenn n_{kalt} und $n_{heiß}$ die Brechungsindizes der kalten und der heißen Luft sind, gilt:

$\sin\alpha_{tot} = \dfrac{n_{heiss}}{n_{kalt}}$. Es gilt die Zustandgleichung des idealen Gases: $\dfrac{p}{\rho} = \dfrac{RT}{m_A}$, wobei wegen

p=konst. ρT = konst. gilt. Ist T_0=273K, T_1=303,15K und T_2 die Temperatur der heißen Luft,

gilt $\dfrac{n_0 - 1}{n_{kalt} - 1} = \dfrac{\rho_0}{\rho_1} = \dfrac{T_1}{T_0}$ bzw. $\dfrac{n_0 - 1}{n_{heiss} - 1} = \dfrac{\rho_0}{\rho_2} = \dfrac{T_2}{T_0}$. Daraus wird: $n_{kalt} = \dfrac{T_0}{T_1}(n_0 - 1) + 1$ und

$n_{heiss} = \dfrac{T_0}{T_2}(n_0 - 1) + 1$. Eingesetzt: $\sin\alpha_{tot} = \dfrac{\dfrac{T_0}{T_1}(n_0 - 1) + 1}{\dfrac{T_0}{T_2}(n_0 - 1) + 1}$. Nach T_2 aufgelöst erhält man:

$\boxed{T_2 = \dfrac{T_0(n_0 - 1)}{\left(\dfrac{T_0}{T_1}(n_0 - 1) + 1\right)\sin\alpha_{tot} - 1} = 333K}$ (ca. $60°C$)

Aufgabe 6

Wegen der Winkelsumme im Dreieck gilt: $(90° + \beta) + \varphi + (90° - \gamma) = 180°$ bzw. $\beta + \varphi = \gamma$

Für die Brechungen gilt: $\dfrac{\sin\alpha}{\sin\beta} = \dfrac{n_g}{1}$ und $\dfrac{\sin\gamma}{\sin\delta} = \dfrac{n_w}{n_g}$ bzw. $\dfrac{\sin(\beta + \varphi)}{\sin\delta} = \dfrac{n_w}{n_g}$ oder

$\dfrac{n_w}{n_g} = \dfrac{\sin\beta\cos\varphi + \sin\varphi\cos\beta}{\sin\delta} = \dfrac{\sin\beta\cos\varphi + \sin\varphi\sqrt{1 - \sin^2\beta}}{\sin\delta}$; mit $\sin\beta = \dfrac{\sin\alpha}{n_g}$ erhält man:

$$\frac{n_w}{n_g} = \frac{\frac{1}{n_g}\sin\alpha\cos\varphi + \sin\varphi\sqrt{1 - \frac{\sin^2\alpha}{n_g^2}}}{\sin\delta} \; ; \quad \boxed{\delta = \arcsin\left[\frac{\sin\alpha\cos\varphi + \sin\varphi\sqrt{n_g^2 - \sin^2\alpha}}{n_w}\right] = 50^\circ}$$

Aufgabe 7

Es gilt die Abbildungsgleichung $\frac{1}{g} + \frac{1}{b} = \frac{1}{f}$ mit $f = r/2$ und $b = g$. Es folgt: $\boxed{r = g}$

Aufgabe 8

I. $\frac{1}{f} = \frac{1}{b} + \frac{1}{g}$ (Abbildungsgleichung) II. $b + g = d$ III. $\frac{b}{g} = \beta$ (Vergrößerung)

Aus II. und III. folgt: $\beta g + g = d$ $\boxed{g = \dfrac{d}{\beta + 1}}$ daher auch: $\boxed{b = \dfrac{\beta d}{\beta + 1}}$ Eingesetzt in I.:

$$\frac{1}{f} = \frac{\beta + 1}{\beta d} + \frac{\beta + 1}{d} = \frac{\beta + 1 + \beta^2 + \beta}{\beta d} = \frac{\beta^2 + 2\beta + 1}{\beta d} \quad \text{bzw.:} \quad \boxed{f = \frac{\beta d}{\beta^2 + 2\beta + 1}}$$

Mit $\beta = 4$ und $d = 50$ cm erhalten wir: $\boxed{g = 10 \text{ cm}}$ $\boxed{b = 40 \text{ cm}}$ $\boxed{f = 8 \text{ cm}}$

Aufgabe 9

a) Es gilt die Abbildungsgl. $\frac{1}{f} = \frac{1}{b} + \frac{1}{g}$ mit $b + g = l$ bzw. $b = l - g$: $\frac{1}{f} = \frac{1}{l - g} + \frac{1}{g}$

Nach g aufgelöst $g = \dfrac{1 \pm \sqrt{l^2 - 4lf}}{2}$ Reelle Lösung nur für $l^2 - 4lf \geq 0$, also $\boxed{f \leq \dfrac{1}{4}}$ $\boxed{f \leq 0,25\text{m}}$

b) $\frac{n_1}{b} + \frac{n_2}{g} = \frac{n_2 - n_1}{r_1} + \frac{n_3 - n_2}{r_2}$ mit $r_1 = -r_2 = r$ und $n_1 = n_3 = 1$ wird daraus: $\frac{1}{b} + \frac{1}{g} = 2\frac{n - 1}{r} = \frac{1}{f}$

Also $\boxed{r = 2f(n-1) = 0,26\text{m}}$ $\boxed{r_1 = +0,26\text{m}}$ $\boxed{r_2 = -0,26\text{m}}$

Aufgabe 10

a) $\varnothing$/Sonne: $D_{\text{Sonne}} = 1393 \cdot 10^6$ m, Entfernung: $g = 149,6 \cdot 10^9$ m; damit: $\beta = \dfrac{b}{g} = \dfrac{D_{\text{Bild}}}{D_{\text{Sonne}}}$.

Wegen $b \approx f$ gilt für die Bildgröße D_{Bild}: $\boxed{D_{\text{Bild}} = D_{\text{Sonne}}\dfrac{f}{g} = 0,93\text{mm}}$

b) Solarkonstante: $1,37\dfrac{kW}{m^2}$ Die durch die Linse tretende Lichtenergie wird im Bild der

Sonne gebündelt: Intensität: $\psi = 1,37\dfrac{kW}{m^2}\dfrac{\pi r^2}{\left(\dfrac{D_{Bild}}{2}\right)^2 \pi}$ Mit r=4cm folgt: $\boxed{\psi = 10,1\dfrac{MW}{m^2}}$

Aufgabe 11

a) $\dfrac{1}{f} = \dfrac{1}{b} + \dfrac{1}{g}$ $\boxed{f{=}0,05m}$

b) Für dünne Linse an Luft: $\dfrac{1}{g} + \dfrac{1}{b} = (n-1)\left(\dfrac{1}{r_1} - \dfrac{1}{r_2}\right)$ mit $r_1{=}{-}r_2{=}r$ wird daraus:

$\dfrac{1}{b} + \dfrac{1}{g} = 2\dfrac{n-1}{r} = \dfrac{1}{f}$ $\boxed{r{=}2f(n-1){=}0,05m}$

c) Mit $\dfrac{n_1}{g} + \dfrac{n_3}{b} = \dfrac{n_2 - n_1}{r_1} + \dfrac{n_3 - n_2}{r_2}$ gilt wegen $r_1{=}{-}r_2$ und $n_3{=}1$: $\dfrac{n_1}{g} + \dfrac{n_3}{b} = \dfrac{n_2 - n_1}{r_1} - \dfrac{1 - n_2}{r_1}$

$n_1{=}1,33299$, $n_2{=}1,5$ und $n_3{=}1$ gilt: $\boxed{r_1 = -r_2 = bg\dfrac{2n_2 - n_1 - 1}{bn_1 + gn_3} = 0,033m}$

$f_b = \dfrac{-r}{-(n_2 - n_1) + (1 - n_2)}$ $\boxed{f_b = \dfrac{r}{2n_2 - n_1 - 1} = 0,0492m}$

d) Brennweite an Luft nach a): $f = \dfrac{r}{2(n-1)} = 3,28cm$; aus $\dfrac{1}{f} = \dfrac{1}{b} + \dfrac{1}{g}$ folgt:

$\boxed{b = \dfrac{fg}{g-f} = 3,39cm}$

Aufgabe 12

Bildseitige Brennweite: $\dfrac{n_3}{f_b} = \dfrac{n_2 - n_1}{r_1} + \dfrac{n_3 - n_2}{r_2}$ Mit $r_1{=}{-}r_2{=}r$, $n_1{=}1$, $n_2{=}n$ (Brechzahl des Linsenmaterials), $n_3{=}1$ bzw. $n_3{=}n_w{=}1,33299$, $f_b{=}10cm$ und $f_{bw}{=}20cm$ gilt:

$\dfrac{1}{f_b} = \dfrac{n-1}{r} + \dfrac{1-n}{-r}$ $r = 2f_b(n-1)$ bzw. $\dfrac{n_w}{f_{bw}} = \dfrac{n-1}{r} + \dfrac{n_w - n}{-r}$ $r = f_{bw}\dfrac{2n - n_w - 1}{n_w}$

Gleichsetzen liefert: $2f_b(n-1) = f_{bw}\dfrac{2n - n_w - 1}{n_w}$ Daraus:

$$n = \frac{2f_b n_w - n_w f_{bw} - f_{bw}}{2(f_b n_w - f_{bw})} = 1,50$$

$$r = 2f_b \left(\frac{2f_b n_w - n_w f_{bw} - f_{bw}}{2(f_b n_w - f_{bw})} - 1 \right) = 10,0 \text{cm}$$

Aufgabe 13

Im Falle eines einheitlichen Einbettungsmediums gilt: $\frac{n_0}{g} + \frac{n_0}{b} = (n - n_0)\left(\frac{1}{r_1} - \frac{1}{r_2} \right)$

Im Falle von Luft ($r_2 \to \infty$) und Wasser gelten die beiden Gleichungen:

$$\frac{1}{g} + \frac{1}{b} = (n-1)\frac{1}{r_1} \qquad \frac{n_w}{g} + \frac{n_w}{b} = n_w \left(\frac{1}{g} + \frac{1}{b} \right) = (n - n_w)\left(\frac{1}{r_1} - \frac{1}{r_3} \right)$$

Die erste Gl. eingesetzt: $n_w \left((n-1)\frac{1}{r_1} \right) = (n - n_w)\left(\frac{1}{r_1} - \frac{1}{r_3} \right)$ $\quad r_3 = \frac{n_w - n}{n(n_w - 1)} r_1 = -5,70 \text{cm}$

Aufgabe 14

Betrachte entfalteten Strahlengang für Reflexion: $f_1 = -\frac{r_1}{2}$ mit $r_1 < 0$ $\quad r_1 = -2f_1$

Für Brechung: $\dfrac{n-1}{r_1} + \dfrac{1-n}{r_2} = \dfrac{1}{f_2}$

r_1 eingesetzt: $\dfrac{n-1}{-2f_1} + \dfrac{1-n}{r_2} = \dfrac{1}{f_2}$ Nach f_1 aufgelöst:

$$f_1 = \frac{r_2 f_2 (1-n)}{2(r_2 + f_2(n-1))} = 10,0 \text{cm}$$

$$r_1 = \frac{r_2 f_2 (n-1)}{(r_2 + f_2(n-1))} = -20,0 \text{cm}$$

Aufgabe 15

a) $\boxed{f_1 = \dfrac{b_1 g_1}{g_1 + b_1} = 25 \text{mm}}$

b) Vergrößerung d. 1. Linse: $\beta_1 = \dfrac{b_1}{g_1} = \dfrac{B_1}{G_1}$ mit $g_1 = 37,5$mm, $b_1 = 75$mm, $B_1 = 20$mm gilt:

$$G_1 = \frac{B_1 g_1}{b_1} = 10 \text{mm}$$

c) Vergrößerung der 2. Linse: $\beta_2 = \dfrac{b_2}{g_2} = \dfrac{B_2}{G_2}$ mit g_2=60mm, G_2=20mm, B_2=30mm:

$$b_2 = \frac{g_2 B_2}{G_2} = 90\text{mm}$$

d) $\boxed{f_2 = \dfrac{b_2 g_2}{g_2 + b_2} = 36\text{mm}}$

Aufgabe 16

a)

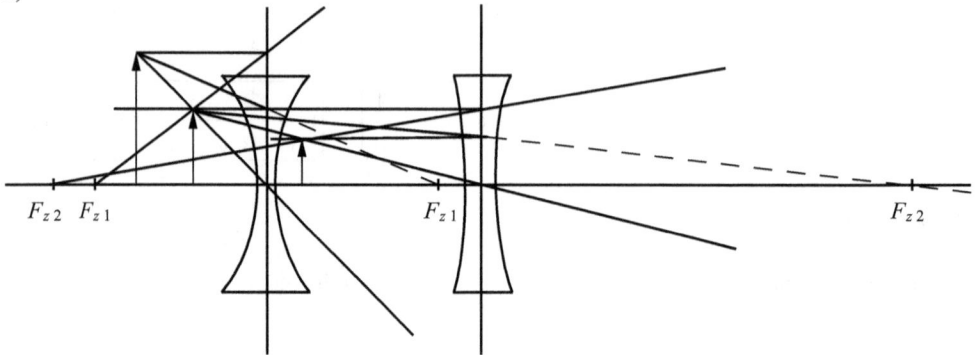

b) I. $\dfrac{1}{f_1} = \dfrac{1}{g_1} + \dfrac{1}{b_1}$ II. $\dfrac{1}{f_2} = \dfrac{1}{g_2} + \dfrac{1}{b_2}$ III. $g_2 = d - b_1$ Aus I.: $b_1 = \dfrac{g_1 f_1}{g_1 - f_1}$ Damit wird aus

III.: $g_2 = d - \dfrac{g_1 f_1}{g_1 - f_1}$ In II. eingesetzt und nach b_2 aufgelöst:

$$\frac{1}{f_2} = \left(d - \frac{g_1 f_1}{g_1 - f_1}\right)^{-1} + \frac{1}{b_2} \qquad \boxed{b_2 = \frac{f_2 d(g_1 - f_1) - g_1 f_1 f_2}{(g_1 - f_1)(d - f_2) - g_1 f_1} = -4,02\text{cm}}$$

c) Für die Vergrößerung gilt: $\beta = \dfrac{b_1}{g_1} \cdot \dfrac{b_2}{g_2} = \dfrac{B_2}{G_1}$

Mit $b_1 = \dfrac{g_1 f_1}{g_1 - f_1} = -1,71\text{cm}$ und $g_2 = d - b_1 = 6,71\text{cm}$ folgt: $\boxed{B_2 = G_1 \dfrac{b_1 b_2}{g_1 g_2} = 1,02\text{cm}}$

Aufgabe 17

a) Brechkraft: $\dfrac{n_2 - n_1}{r} = 43\dfrac{1}{m} = 43\text{dpt.}$

b) $\dfrac{1}{f} = \dfrac{n-1}{r_1} + \dfrac{1-n}{r_2}$, mit n_G=1,358, r_1=10mm und r_2=–6mm erhält man:

$$f = \left((n-1) \left(\frac{1}{r_1} - \frac{1}{r_2} \right) \right)^{-1} = 1,05\,cm$$

c) Es gilt: $\dfrac{n_1}{g} + \dfrac{n_2}{b} = \dfrac{n_2 - n_1}{r}$, wobei die Brechkraft $\dfrac{n_2 - n_1}{r}$ nach Aufgabe a) 43dpt. beträgt.

Man erhält mit g=50cm: $\boxed{b = \dfrac{n_2 g}{Dg - n_1} = 3,11\,cm}$

d) Es gilt: I. $\dfrac{1}{g_1} + \dfrac{1}{b_1} = D_{Br}$ \quad II. $d - b_1 = g_2$ \quad III. $\dfrac{1}{g_2} + \dfrac{n_G}{b_2} = \dfrac{n_G - 1}{r_H}$

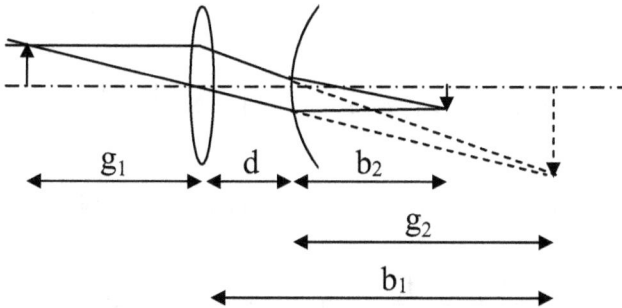

II. in III. eingesetzt: $\dfrac{1}{d - b_1} + \dfrac{n_G}{b_2} = \dfrac{n_G - 1}{r_H}$ Nach b_1 aufgelöst: $b_1 = d - \dfrac{b_2 r_H}{b_2(n_G - 1) - r_H n_G}$

Eingesetzt in I. mit g_1=50cm, b_2=2,8cm, r_H=0,7829cm, d=2cm, n_G=1,3365 :

$$\boxed{D_{Br} = \frac{1}{g_1} + \frac{b_2(n_G - 1) - r_H n_G}{b_2 d(n_G - 1) - r_H n_G d - b_2 r_H} = 6,34\,dpt.}$$

e) Es gilt: I. $\dfrac{1}{g_1} + \dfrac{n_G}{b_1} = \dfrac{n_G - 1}{r_H}$ \quad II. $d - b_1 = g_2$, also $b_1 = d - g_2$

III. $\dfrac{n_G}{g_2} + \dfrac{n_G}{b_2} = \dfrac{n_L - n_G}{r_1} + \dfrac{n_G - n_L}{r_2}$

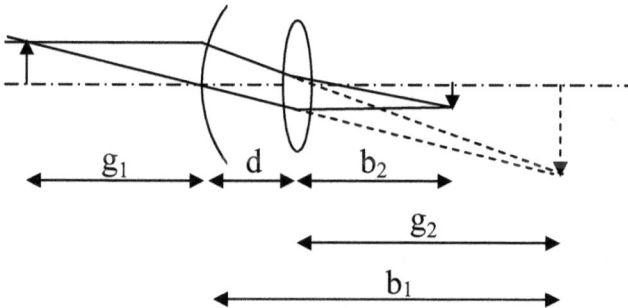

Gl. II. in I. eingesetzt, liefert: $\dfrac{1}{g_1} + \dfrac{n_G}{d - g_2} = \dfrac{n_G - 1}{r_H}$ Nach g_2 aufgelöst:

$$g_2 = d - \frac{n_G r_H g_1}{g_1(n_G - 1) - r_H}$$ In III. eingesetzt und nach r_1 aufgelöst:

$$r_1 = (n_L - n_G)\left[-\frac{n_G\left(g_1(n_G - 1) - r_H\right)}{n_G r_H g_1 - d g_1(n_G - 1) + r_H d} + \frac{n_G}{b_2} - \frac{n_G - n_L}{r_2} \right]^{-1}$$

Mit $r_2 = -0{,}6$cm, $g_1 = 50$cm, $r_H = 0{,}7829$cm, $b_2 = 2$cm, $d = 1$cm, $n_G = 1{,}3365$, $n_L = 1{,}358$ erhält man: $\boxed{r_1 = 0{,}520\text{cm}}$

Aufgabe 18

Es gilt: $f_1 = 3$ cm, $g_1 = 10$ cm, $a = 1{,}177914$ cm,   I. $\dfrac{1}{f_1} = \dfrac{1}{b_1} + \dfrac{1}{g_1}$ II. $g_2 = -(b_1 - a)$

III. $\dfrac{1}{f_2} = \dfrac{1}{b_2} + \dfrac{1}{g_2}$ IV. $b_2 = b - a$ V. $\beta = \dfrac{b_1}{g_1}\dfrac{b_2}{g_2}$,   unbekannt: b_1, g_2, f_2, b_2, b

Aus I. $\dfrac{1}{b_1} = \dfrac{1}{f_1} - \dfrac{1}{g_1}$ $\dfrac{1}{b_1} = \dfrac{g_1 - f_1}{f_1 g_1}$ $b_1 = \dfrac{f_1 g_1}{g_1 - f_1}$ I., II. und IV. in III. eingesetzt:

III. $\dfrac{1}{f_2} = \dfrac{1}{b - a} + \dfrac{1}{a - \dfrac{f_1 g_1}{g_1 - f_1}}$ I., II. und IV. in V. eingesetzt:

V. $\beta = \dfrac{\dfrac{f_1 g_1}{g_1 - f_1}}{g_1}\dfrac{b - a}{a - b_1}$ Letztere Gleichung nach $b-a$ aufgelöst und in III. eingesetzt:

$$\frac{1}{f_2} = \frac{\dfrac{f_1 g_1}{g_1 - f_1}}{\beta g_1\left(a - \dfrac{f_1 g_1}{g_1 - f_1}\right)} + \frac{1}{a - \dfrac{f_1 g_1}{g_1 - f_1}} \qquad \frac{1}{f_2} = \frac{\dfrac{f_1 g_1}{g_1 - f_1} + \beta g_1}{\beta g_1\left(a - \dfrac{f_1 g_1}{g_1 - f_1}\right)} = \frac{f_1 g_1 + \beta g_1(g_1 - f_1)}{\beta g_1\left(a(g_1 - f_1) - f_1 g_1\right)}$$

$$\boxed{f_2 = \frac{\beta g_1\left(a(g_1 - f_1) - f_1 g_1\right)}{f_1 g_1 + \beta g_1(g_1 - f_1)} = 18{,}9\text{cm}}$$

$$b_2 = \left(\frac{1}{f_2} - \frac{1}{a - \dfrac{f_1 g_1}{g_1 - f_1}} \right)^{-1}$$

$b_2 = 2{,}67\,\text{cm}$

$$\boxed{b = 3{,}85\,\text{cm}}$$

Aufgabe 19

Entfaltung des Strahlengangs, mit 2. Linse im Abstand 2e:

I. $\dfrac{1}{f} = \dfrac{1}{g_1} + \dfrac{1}{b_1}$ II. $\dfrac{1}{f} = \dfrac{1}{g_2} + \dfrac{1}{b_2}$ III. $g_2 = 2e - b_1$ IV. $\beta = \dfrac{b_1 b_2}{g_1 g_2}$

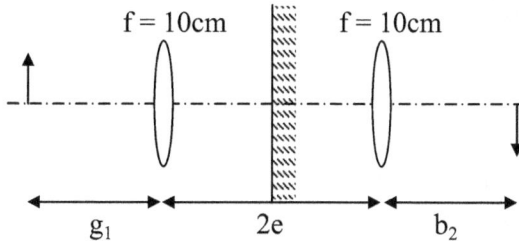

Unbekannt sind e, g_2, b_1 und b_2. Aus I.: $b_1 = \dfrac{f g_1}{g_1 - f}$ Aus II.: $g_2 = \dfrac{f b_2}{b_2 - f}$ In IV. eingesetzt:

$\beta = \dfrac{(b_2 - f)}{(g_1 - f)}$ bzw.: $\boxed{b_2 = \beta(g_1 - f) + f = 40\,\text{cm}}$ mit $\beta = 2$, f=10cm und g_1=25cm. b_1, b_2 und g_2

eingesetzt in III: $\dfrac{f\beta(g_1 - f) + f^2}{\beta(g_1 - f)} = 2e - \dfrac{f g_1}{g_1 - f}$ bzw.: $\boxed{e = \dfrac{2f\beta g_1 - f^2(\beta - 1)}{2\beta(g_1 - f)}}$ Mit $\beta = 2$ gilt:

$e = \dfrac{4f g_1 - f^2}{4(g_1 - f)}$ $\boxed{e = 15\,\text{cm}}$

A.1.4 Zum Kapitel 4.2.

Aufgabe 1

a) Anwendung der Brechungsmatrix mit $r \to \infty$, dazu die Translation um die Strecke d:

$$M = \begin{pmatrix} 1 & 0 \\ 0 & n \end{pmatrix} \cdot \begin{pmatrix} 1 & -d \\ 0 & 1 \end{pmatrix} \cdot \begin{pmatrix} 1 & 0 \\ 0 & 1/n \end{pmatrix} = \begin{pmatrix} 1 & -d \\ 0 & n \end{pmatrix} \cdot \begin{pmatrix} 1 & 0 \\ 0 & 1/n \end{pmatrix} \quad \boxed{M = \begin{pmatrix} 1 & -d/n \\ 0 & 1 \end{pmatrix}}$$

b) Matrix der dicken Linse mit $r_1 \to \infty$ und $r_2 \to \infty$:

$$M_{Ld} = \begin{pmatrix} 1 - \left(1 - \dfrac{1}{n}\right)\dfrac{d}{r_1} & -\dfrac{d}{n} \\[2mm] (n-1)\left(\dfrac{1}{r_1} - \dfrac{1}{r_2} + \dfrac{d}{n r_1 r_2}(n-1)\right) & (n-1)\dfrac{d}{n r_2} + 1 \end{pmatrix} \qquad \boxed{\to M = \begin{pmatrix} 1 & -d/n \\ 0 & 1 \end{pmatrix}}$$

Aufgabe 2

Vergleich mit Systemmatrix der dicken Linse liefert:

$$\begin{pmatrix} 1-\left(1-\dfrac{1}{n}\right)\dfrac{d}{r_1} & -\dfrac{d}{n} \\[2mm] (n-1)\left(\dfrac{1}{r_1}-\dfrac{1}{r_2}+\dfrac{d}{nr_1r_2}(n-1)\right) & (n-1)\dfrac{d}{nr_2}+1 \end{pmatrix} = \begin{pmatrix} 0,961866 & -5,909316 \\ C & 0,978209 \end{pmatrix}$$

a) Element B: $n=-\dfrac{d}{5,909316}$ $\boxed{n=1,51625}$ (BK7 bei 589,3 nm)

b) $A=1-\dfrac{d}{r_1}\left(1-\dfrac{1}{n}\right)=0,961866$ $r_1=\dfrac{d}{1-A}\left(1-\dfrac{1}{n}\right)=\dfrac{d(n-1)}{n(1-A)}$ $\boxed{r_1=80\text{mm}}$

c) $D=\dfrac{d}{r_2}\left(1-\dfrac{1}{n}\right)+1=0,978209$ $r_2=\dfrac{d}{D-1}\left(1-\dfrac{1}{n}\right)=\dfrac{d(n-1)}{n(D-1)}$ $\boxed{r_2=-140\text{mm}}$

d) $C=\dfrac{1}{f}=(1-n)\left(\dfrac{1}{r_2}-\dfrac{1}{r_1}-\dfrac{d}{r_1r_2}\left(1-\dfrac{1}{n}\right)\right)$ $\boxed{f=100\text{mm}}$

Aufgabe 3

a) $M=\begin{pmatrix} 1 & 0 \\ 6,2375\cdot10^{-3}\text{mm}^{-1} & 1,0374 \end{pmatrix}\begin{pmatrix} 1 & -3,6\text{mm} \\ 0 & 1 \end{pmatrix}\begin{pmatrix} 1 & 0 \\ 3,6075\cdot10^{-3}\text{mm}^{-1} & 0,9639 \end{pmatrix}\cdot$

$\cdot\begin{pmatrix} 1 & -3,6\text{mm} \\ 0 & 1 \end{pmatrix}\cdot\begin{pmatrix} 1 & 0 \\ 3,2243\cdot10^{-2}\text{mm}^{-1} & 0,7485 \end{pmatrix}$ $\boxed{M=\begin{pmatrix} 0,7606 & -5,2569\text{mm} \\ 4,0293\cdot10^{-2}\text{mm}^{-1} & 0,7056 \end{pmatrix}}$

b) $h_1=7,305\text{mm}$; $h_2=-5,942\text{mm}$; $f=24,82\text{mm}$;

Abstand: $\boxed{2\cdot3,6\text{mm}-5,942\text{mm}+24,817\text{mm}=26,075\text{mm}}$

Aufgabe 4

a) Mit neuem Krümmungsradius r_{2n} gilt müssen die C-Elemente der Systemmatrizen gleich

sein: $(n-1)\left(\dfrac{1}{r_1}-\dfrac{1}{r_2}+\dfrac{d}{nr_1r_2}(n-1)\right)=(n-1)\left(-\dfrac{1}{r_{2n}}\right)$ $\boxed{r_{2n}=\dfrac{-nr_1r_2}{nr_2-nr_1+d(n-1)}=-5,034\text{cm}}$

b) $M_{Ld}=\begin{pmatrix} 1 & -\dfrac{d}{n} \\[2mm] (n-1)\left(-\dfrac{1}{r_{2n}}\right) & (n-1)\dfrac{d}{nr_{2n}}+1 \end{pmatrix}$ $\boxed{h_1=\dfrac{1-D}{C}=\dfrac{d}{n}=0,267\text{cm}}$ $\boxed{h_2=0\text{cm}}$

c) $a = -25{,}267\,\text{cm}$; Mit $f' = -\dfrac{r_{2n}}{n-1} = 10{,}0671\,\text{cm}$ gilt: $\boxed{a' = \dfrac{af'}{f'+a} = 16{,}74\,\text{cm} = s'}$ ($h_2 = 0$!)

Aufgabe 5

$$M = \begin{pmatrix} 1 & 0 \\ 0 & n_g \end{pmatrix} \cdot \begin{pmatrix} 1 & -d \\ 0 & 1 \end{pmatrix} \cdot \begin{pmatrix} 1 & 0 \\ \dfrac{1}{R}\left(1 - \dfrac{n_f}{n_g}\right) & \dfrac{n_f}{n_g} \end{pmatrix} \cdot \begin{pmatrix} 1 & -t \\ 0 & 1 \end{pmatrix} \cdot \begin{pmatrix} 1 & 0 \\ 0 & \dfrac{1}{n_f} \end{pmatrix}$$

$$M = \begin{pmatrix} 1 - \dfrac{d}{R}\left(1 - \dfrac{n_f}{n_g}\right) & -\dfrac{t}{n_f} + \dfrac{dt}{Rn_f}\left(1 - \dfrac{n_f}{n_g}\right) - \dfrac{d}{n_g} \\[3mm] \dfrac{n_g}{R}\left(1 - \dfrac{n_f}{n_g}\right) & -\dfrac{tn_g}{Rn_f}\left(1 - \dfrac{n_f}{n_g}\right) + 1 \end{pmatrix}$$

a) $C = \dfrac{1}{f} = \dfrac{n_g}{R}\left(1 - \dfrac{n_f}{n_g}\right)$ $\qquad \boxed{n_f = n_g - \dfrac{R}{f} = 1{,}333}$

b) $\boxed{h_1 = \dfrac{t}{n_f} = 0{,}75\,\text{cm}}$ $\qquad \boxed{h_2 = -\dfrac{d}{n_g} = -0{,}198\,\text{cm}}$

Aufgabe 6

a) $M = \begin{pmatrix} A & B \\ C & D \end{pmatrix} = \begin{pmatrix} 1 & 0 \\ 0 & \dfrac{n}{1} \end{pmatrix} \cdot \begin{pmatrix} 1 & -d \\ 0 & 1 \end{pmatrix} \cdot \begin{pmatrix} 1 & 0 \\ \dfrac{1}{r}\left(1 - \dfrac{1}{n}\right) & \dfrac{1}{n} \end{pmatrix} \cdot \begin{pmatrix} 1 & 0 \\ -\dfrac{1}{r}\left(1 - \dfrac{n}{1}\right) & \dfrac{n}{1} \end{pmatrix} \cdot \begin{pmatrix} 1 & -d \\ 0 & 1 \end{pmatrix} \cdot \begin{pmatrix} 1 & 0 \\ 0 & \dfrac{1}{n} \end{pmatrix}$

$$M = \begin{pmatrix} 1 - \dfrac{2d}{r}\left(1 - \dfrac{1}{n}\right) & \dfrac{2d^2}{rn}\left(1 - \dfrac{1}{n}\right) - \dfrac{2d}{n} \\[3mm] \dfrac{2}{r}(n-1) & 1 - \dfrac{2d}{rn}(n-1) \end{pmatrix}$$

$\boxed{\begin{aligned} h_1 &= \dfrac{1-D}{C} = \dfrac{d}{n} \\[2mm] h_2 &= -\dfrac{1-A}{C} = -\dfrac{d}{n} \end{aligned}}$ $\qquad \boxed{f = \dfrac{1}{C} = \dfrac{r}{2(n-1)}}$

b) $M = \begin{pmatrix} 0{,}8864 & -6{,}218\,\text{mm} \\ 0{,}03445\,\text{mm}^{-1} & 0{,}8864 \end{pmatrix}$ $\qquad \boxed{\begin{aligned} f &= 29{,}02\,\text{mm} \\ h_1 &= 3{,}296\,\text{mm} \\ h_2 &= -3{,}296\,\text{mm} \end{aligned}}$

$\boxed{\begin{aligned} s &= 32\,\text{mm} & a &= 35{,}296\,\text{mm} \\ a' &= 163{,}21\,\text{mm} & s' &= 159{,}91\,\text{mm} \end{aligned}}$

Aufgabe 7

Aus M_{Ld} der dicken Linse folgt mit $C=1/f$: $h_1 = \dfrac{1-D}{C} = -\dfrac{fd}{nr_2}(n-1) \rightarrow r_2 = -\dfrac{fd}{nh_1}(n-1)$

$h_2 = -\dfrac{fd}{nr_1}(n-1) \rightarrow r_1 = -\dfrac{fd}{nh_2}(n-1)$ $\qquad \dfrac{1}{f} = (n-1)\left(\dfrac{1}{r_1} - \dfrac{1}{r_2} + \dfrac{d}{nr_1r_2}(n-1)\right)$

$\dfrac{1}{f} = (n-1)\left(-\dfrac{nh_2}{fd(n-1)} + \dfrac{nh_1}{fd(n-1)} + \dfrac{dn^2h_1h_2}{nf^2d^2(n-1)^2}(n-1)\right)$

Nach d aufgelöst: $\boxed{d = n\left(h_1 - h_2 + \dfrac{h_1h_2}{f}\right) = 10mm}$ Eingesetzt in obige Gl.:

$\boxed{r_1 = f(1-n)\left(\dfrac{h_1}{h_2} - 1 + \dfrac{h_1}{f}\right) = 100mm}$ $\qquad \boxed{r_2 = f(1-n)\left(1 - \dfrac{h_2}{h_1} + \dfrac{h_2}{f}\right) = -80,0mm}$

Aufgabe 8

Dicke Linse für $r_1 \rightarrow \infty$: $M = \begin{pmatrix} 1 & -\dfrac{d}{n} \\ (n-1)\left(-\dfrac{1}{r_2}\right) & 1 + \dfrac{d}{r_2}\left(1 - \dfrac{1}{n}\right) \end{pmatrix}$

Und damit gilt: $h_1 = \dfrac{1 - 1 - \dfrac{d}{r_2}\left(1 - \dfrac{1}{n}\right)}{(n-1)\left(-\dfrac{1}{r_2}\right)}$ $\qquad h_2 = \dfrac{1-1}{(n-1)\left(-\dfrac{1}{r_2}\right)} = 0$ $\qquad \boxed{h_1 = \dfrac{d}{n}} \quad \boxed{h_2 = 0}$

b) $k = \dfrac{h_1}{h_2} = \dfrac{(1-D)}{C}\dfrac{C}{(A-1)} = \dfrac{1-D}{A-1} = \dfrac{1 - 1 - \dfrac{d}{r_2}\left(1 - \dfrac{1}{n}\right)}{1 - \dfrac{d}{r_1}\left(1 - \dfrac{1}{n}\right) - 1} = \dfrac{-\dfrac{d}{r_2}\left(1 - \dfrac{1}{n}\right)}{-\dfrac{d}{r_1}\left(1 - \dfrac{1}{n}\right)}$ $\qquad \boxed{k = \dfrac{h_1}{h_2} = \dfrac{r_1}{r_2}}$

Aufgabe 9

C–Element der Strahlmatrix: $C = \dfrac{1}{f} = (n-1)\left(\dfrac{1}{r_1} - \dfrac{1}{r_2} + \dfrac{d}{nr_1r_2}(n-1)\right)$ Für $f \rightarrow \infty$ ist C=0.

Nach r_2 aufgelöst, folgt: $\boxed{r_2 = r_1 - \dfrac{d}{n}(n-1)}$

Aufgabe 10

Mit $r_i > 0$, $r_a > 0$ folgt die Systemmatrix:

$$M = \begin{pmatrix} 1 & 0 \\ \dfrac{1}{-r_a}\left(1-\dfrac{n_g}{1}\right) & \dfrac{n_g}{1} \end{pmatrix} \cdot \begin{pmatrix} 1 & -(r_a-r_i) \\ 0 & 1 \end{pmatrix} \cdot \begin{pmatrix} 1 & 0 \\ \dfrac{1}{-r_i}\left(1-\dfrac{n_w}{n_g}\right) & \dfrac{n_w}{n_g} \end{pmatrix} \cdot \begin{pmatrix} 1 & -2r_i \\ 0 & 1 \end{pmatrix} \times$$

$$\times \begin{pmatrix} 1 & 0 \\ \dfrac{1}{r_i}\left(1-\dfrac{n_g}{n_w}\right) & \dfrac{n_g}{n_w} \end{pmatrix} \cdot \begin{pmatrix} 1 & -(r_a-r_i) \\ 0 & 1 \end{pmatrix} \cdot \begin{pmatrix} 1 & 0 \\ \dfrac{1}{r_a}\left(1-\dfrac{1}{n_g}\right) & \dfrac{1}{n_g} \end{pmatrix}$$

Zahlenwerte eingesetzt (Einheit cm weggelassen) und ausmultipliziert:

$$M = \begin{pmatrix} 1 & 0 \\ \frac{1}{20} & \frac{3}{2} \end{pmatrix}\begin{pmatrix} 1 & -5 \\ 0 & 1 \end{pmatrix}\begin{pmatrix} 1 & 0 \\ -\frac{1}{45} & \frac{8}{9} \end{pmatrix}\begin{pmatrix} 1 & -10 \\ 0 & 1 \end{pmatrix}\begin{pmatrix} 1 & 0 \\ -\frac{1}{40} & \frac{9}{8} \end{pmatrix}\begin{pmatrix} 1 & -5 \\ 0 & 1 \end{pmatrix}\begin{pmatrix} 1 & 0 \\ \frac{1}{30} & \frac{2}{3} \end{pmatrix} = \begin{pmatrix} \frac{2}{3} & -\frac{50}{3} \\ \frac{1}{30} & \frac{2}{3} \end{pmatrix}$$

$$\boxed{f = \dfrac{1}{C} = 30\,\text{cm}} \qquad \boxed{h_1 = \dfrac{1-D}{C} = 10\,\text{cm}} \qquad \boxed{h_2 = \dfrac{A-1}{C} = -10\,\text{cm}}$$

Aufgabe 11

a) $$M = \begin{pmatrix} 1 & 0 \\ \dfrac{1}{-|R_1|}\left(1-\dfrac{n}{1}\right) & \dfrac{n}{1} \end{pmatrix} \cdot \begin{pmatrix} 1 & -d \\ 0 & 1 \end{pmatrix} \cdot \begin{pmatrix} 1 & 0 \\ \dfrac{2}{|R_2|} & 1 \end{pmatrix} \cdot \begin{pmatrix} 1 & -d \\ 0 & 1 \end{pmatrix} \cdot \begin{pmatrix} 1 & 0 \\ \dfrac{1}{|R_1|}\left(1-\dfrac{1}{n}\right) & \dfrac{1}{n} \end{pmatrix}$$

$$M = \begin{pmatrix} 1 & 0 \\ 0{,}05168 & 1{,}5168 \end{pmatrix} \cdot \begin{pmatrix} 1 & -0{,}4 \\ 0 & 1 \end{pmatrix} \cdot \begin{pmatrix} 1 & 0 \\ 0{,}1 & 1 \end{pmatrix} \cdot \begin{pmatrix} 1 & -0{,}4 \\ 0 & 1 \end{pmatrix} \cdot \begin{pmatrix} 1 & 0 \\ 0{,}034072 & 0{,}6593 \end{pmatrix}$$

$$M = \begin{pmatrix} 0{,}9333 & -0{,}5169\,\text{cm} \\ 0{,}2495\,\text{cm}^{-1} & 0{,}9333 \end{pmatrix} \qquad \boxed{h_1 = 0{,}267\,\text{cm} \qquad h_2 = -0{,}267\,\text{cm}} \text{ (entfaltet)}$$

b) $\boxed{f = -4{,}01\,\text{cm}}$

Aufgabe 12

a) Systemmatrix mit $r > 0$: $$M = \begin{pmatrix} 1 & 0 \\ 0 & \dfrac{n_2}{1} \end{pmatrix}\begin{pmatrix} 1 & -\dfrac{d}{4} \\ 0 & 1 \end{pmatrix}\begin{pmatrix} 1 & 0 \\ \dfrac{1}{-r}\left(1-\dfrac{n_1}{n_2}\right) & \dfrac{n_1}{n_2} \end{pmatrix}\begin{pmatrix} 1 & -\dfrac{3d}{4} \\ 0 & 1 \end{pmatrix}\begin{pmatrix} 1 & 0 \\ 0 & \dfrac{1}{n_1} \end{pmatrix}$$

$$M = \begin{pmatrix} 1+\dfrac{d}{4r}\left(1-\dfrac{n_1}{n_2}\right) & -\dfrac{3d}{4n_1}-\dfrac{d}{4}\left(\dfrac{3d}{4r}\left(\dfrac{1}{n_1}-\dfrac{1}{n_2}\right)+\dfrac{1}{n_2}\right) \\[3mm] -\dfrac{1}{r}(n_2-n_1) & n_2\left(\dfrac{3d}{4r}\left(\dfrac{1}{n_1}-\dfrac{1}{n_2}\right)+\dfrac{1}{n_2}\right) \end{pmatrix}$$

$$\boxed{f=\dfrac{1}{C}=\dfrac{r}{n_1-n_2}} \text{ mit } r>0!$$

b) $\quad h_1 = \dfrac{1-n_2\left(\dfrac{3d}{4r}\left(\dfrac{1}{n_1}-\dfrac{1}{n_2}\right)+\dfrac{1}{n_2}\right)}{-\dfrac{n_2-n_1}{r}}$

$$\boxed{h_1=\dfrac{3d}{4n_1}}$$

$$h_2 = \dfrac{1+\dfrac{d}{4r}\left(1-\dfrac{n_1}{n_2}\right)-1}{-\dfrac{n_2-n_1}{r}} \qquad \boxed{h_2=-\dfrac{d}{4n_2}}$$

Aufgabe 13

Systemmatrix der dicken Linse mit $r_1=-r_2=r$ und $n=3/2$: $\quad M = \begin{pmatrix} 1-\dfrac{d}{3r} & -d\dfrac{2}{3} \\[3mm] \dfrac{1}{r}-\dfrac{d}{6r^2} & 1-\dfrac{d}{3r} \end{pmatrix}$

Daraus erhält man die folgenden Gleichungen:

I. $1-\dfrac{d}{3r}=\dfrac{29}{30}$ II. $-d\dfrac{2}{3}=-\dfrac{2}{3}\text{cm}$ III. $\dfrac{1}{r}-\dfrac{d}{6r^2}=\dfrac{59}{600}$ IV. (siehe I.)

Aus II.: $\boxed{d=1\text{cm}}$ Aus I.: $\dfrac{d}{3r}=1-\dfrac{29}{30}=\dfrac{1}{30}$ $3r=30d$ $\boxed{r=10d=10\text{cm}}$

(Gl. III. ist ebenfalls erfüllt: $\dfrac{1}{10\text{cm}}-\dfrac{1\text{cm}}{600\text{cm}^2}=\dfrac{59}{600\text{cm}}$ $\dfrac{60}{600\text{cm}}-\dfrac{1\text{cm}}{600\text{cm}^2}=\dfrac{59}{600\text{cm}}$)

Aufgabe 14

$$M = \begin{pmatrix} 1 & 0 \\ \dfrac{1}{R_3}\left(1-\dfrac{n_2}{1}\right) & \dfrac{n_2}{1} \end{pmatrix}\cdot\begin{pmatrix} 1 & -d_2 \\ 0 & 1 \end{pmatrix}\cdot\begin{pmatrix} 1 & 0 \\ \dfrac{1}{R_2}\left(1-\dfrac{n_1}{n_2}\right) & \dfrac{n_1}{n_2} \end{pmatrix}\cdot\begin{pmatrix} 1 & -d_1 \\ 0 & 1 \end{pmatrix}\cdot\begin{pmatrix} 1 & 0 \\ \dfrac{1}{R_1}\left(1-\dfrac{1}{n_1}\right) & \dfrac{1}{n_1} \end{pmatrix}$$

$$M = \begin{pmatrix} 1 & 0 \\ 0,254833 & 1,6116 \end{pmatrix}\cdot\begin{pmatrix} 1 & -0,396 \\ 0 & 1 \end{pmatrix}\cdot\begin{pmatrix} 1 & 0 \\ 0,032092 & 0,938384 \end{pmatrix}\cdot\begin{pmatrix} 1 & -0,217 \\ 0 & 1 \end{pmatrix}\cdot\begin{pmatrix} 1 & 0 \\ 0 & 0,661244 \end{pmatrix}$$

$$M = \begin{pmatrix} 0,987292 & -0,387385\text{cm} \\ 0,303314\text{cm}^{-1} & 0,893859 \end{pmatrix}$$

a) Es gilt f = 1/C, also $\boxed{f = 3,2969 \text{ cm}}$.

b) Für die Hauptebenen gilt: $\boxed{h_1 = 0,3499\text{cm}}$ und $\boxed{h_2 = -0,04190\text{cm}}$

c) Es gilt die Abbildungsgleichung: $\dfrac{1}{a'} - \dfrac{1}{a} = \dfrac{1}{f'}$ bzw.

$a' = \dfrac{af'}{a+f} = \dfrac{-(5+0,3499)\cdot 3,2969}{-(5+0,3499)+3,2969} = 8,5914\text{cm}.$ $\boxed{s'=8,5495\text{cm}}$

d) Für Wasser verändert sich die Systemmatrix wie folgt:

$$M = \begin{pmatrix} 1 & 0 \\ 0,254833 & 1,6116 \end{pmatrix} \cdot \begin{pmatrix} 1 & -0,396 \\ 0 & 1 \end{pmatrix} \begin{pmatrix} 1 & 0 \\ 0,032092 & 0,938384 \end{pmatrix} \cdot \begin{pmatrix} 1 & -0,217 \\ 0 & 1 \end{pmatrix} \begin{pmatrix} 1 & 0 \\ 0 & 0,881373 \end{pmatrix}$$

$$M = \begin{pmatrix} 0,987292 & -0,516345\text{cm} \\ 0,303314\text{cm}^{-1} & 1,191426 \end{pmatrix}$$

Es gilt f = 1/C, also $\boxed{f = 3,2969 \text{ cm}}$. Die Brennweite bleibt unverändert, da die Eintrittsfläche den Radius unendlich hat. Sie hat unabhängig vom umgebenden Medium keine Brechkraft.

e) Für die Hauptebenen gilt: $\boxed{h_1 = -0,63111\text{cm}}$ und $\boxed{h_2 = -0,041897\text{cm}}$

Es gilt die Abbildungsgleichung: $\dfrac{1}{a'} - \dfrac{1}{a} = \dfrac{1}{f'}$ bzw.

$a' = \dfrac{af'}{a+f'} = \dfrac{-(5-0,63111)\cdot 3,2969}{-(5-0,63111)+3,2969} = 13,43650\text{cm}.$ $\boxed{s'=13,3946 \text{ cm}}$

Aufgabe 15

Mit r=−R für die Reflexionsmatrix erhält man für das Gesamtsystem die Matrix:

$$M = \begin{pmatrix} 1 & 0 \\ \dfrac{1}{f} & 1 \end{pmatrix}\begin{pmatrix} 1 & -d \\ 0 & 1 \end{pmatrix}\begin{pmatrix} 1 & 0 \\ \dfrac{2}{R} & 1 \end{pmatrix}\begin{pmatrix} 1 & -d \\ 0 & 1 \end{pmatrix}\begin{pmatrix} 1 & 0 \\ \dfrac{1}{f} & 1 \end{pmatrix} =$$

$$= \begin{pmatrix} \left(1-\dfrac{2d}{R}\right)\left(1-\dfrac{d}{f}\right)-\dfrac{d}{f} & -d\left(1-\dfrac{2d}{R}\right)-d \\[2mm] \left(\dfrac{1}{f}+\dfrac{2}{R}\left(1-\dfrac{d}{f}\right)\right)\left(1-\dfrac{d}{f}\right)+\left(1-\dfrac{d}{f}\right)\dfrac{1}{f} & -d\left(\dfrac{1}{f}+\dfrac{2}{R}\left(1-\dfrac{d}{f}\right)\right)+\left(1-\dfrac{d}{f}\right) \end{pmatrix}$$

a) Gesamtbrennweite: $f_{ges} = \dfrac{1}{C} = \left[\left(\dfrac{1}{f}+\dfrac{2}{R}\left(1-\dfrac{d}{f}\right)\right)\left(1-\dfrac{d}{f}\right)+\dfrac{1}{f}\left(1-\dfrac{d}{f}\right)\right]^{-1}$

$$\frac{1}{f_{ges}} = \frac{2}{R} - \frac{2}{f} \quad \text{bzw.} \quad \boxed{R = \frac{2ff_{ges}}{f + 2f_{ges}}}$$

b) $h_1 = \dfrac{1-D}{C} = f_{ges}\left(1 + d\left(\dfrac{1}{f} + \dfrac{2}{R}\left(1 - \dfrac{d}{f}\right)\right) - \left(1 - \dfrac{d}{f}\right)\right)$ $\qquad \boxed{h_1 = \dfrac{Rf}{f - R}}$

$h_2 = \dfrac{A-1}{C} = \left(\left(1 - \dfrac{2d}{R}\right)\left(1 - \dfrac{d}{f}\right) - \dfrac{d}{f} - 1\right)f_{ges}$ $\qquad \boxed{h_2 = \dfrac{-Rf}{f - R}}$

Aufgabe 16

$$M = \begin{pmatrix} 1 & 0 \\ \dfrac{1}{-r}(1-n_2) & n_2 \end{pmatrix}\begin{pmatrix} 1 & -d \\ 0 & 1 \end{pmatrix}\begin{pmatrix} 1 & 0 \\ 0 & \dfrac{n_1}{n_2} \end{pmatrix}\begin{pmatrix} 1 & -d \\ \dfrac{1}{r}\left(1 - \dfrac{1}{n_1}\right) & \dfrac{1}{n_1} \end{pmatrix}$$

$$M = \begin{pmatrix} 1 - \dfrac{d}{r}\left(1 - \dfrac{1}{n_1}\right) - d\dfrac{n_1}{n_2}\dfrac{1}{r}\left(1 - \dfrac{1}{n_1}\right) & -\dfrac{d}{n_1} - \dfrac{d}{n_2} \\ \dfrac{1}{-r}(1-n_2)\left(1 - \dfrac{d}{r}\left(1 - \dfrac{1}{n_1}\right)\right) + \left(\dfrac{dn_1}{rn_2}(1-n_2) + n_1\right)\dfrac{1}{r}\left(1 - \dfrac{1}{n_1}\right) & \dfrac{d}{rn_1}(1-n_2) + \left(\dfrac{d}{rn_2}(1-n_2) + 1\right) \end{pmatrix}$$

a) $\dfrac{1}{f} = C = \dfrac{1}{-r}(1-n_2)\left(1 - \dfrac{d}{r}\left(1 - \dfrac{1}{n_1}\right)\right) + \left(\dfrac{dn_1}{rn_2}(1-n_2) + n_1\right)\dfrac{1}{r}\left(1 - \dfrac{1}{n_1}\right)$

Nach r aufgelöst: $\dfrac{r^2}{f} - (n_1 + n_2 - 2)r + d\left(\dfrac{1}{n_1} + \dfrac{1}{n_2}\right)(n_1 - 1)(n_2 - 1) = 0$

$$r_{1/2} = \frac{(n_1 + n_2 - 2) \pm \sqrt{(n_1 + n_2 - 2)^2 - 4\dfrac{1}{f}d\left(\dfrac{1}{n_1} + \dfrac{1}{n_2}\right)(n_1 - 1)(n_2 - 1)}}{2/f}$$

$\boxed{r_1 = 128,22\,\text{mm}}$
$\boxed{r_2 = 1,1469\,\text{mm}}$

b) $h_1 = f(1 - D) = f\left(1 - \dfrac{d}{rn_1}(1-n_2) - \left(\dfrac{d}{rn_2}(1-n_2) + 1\right)\right) = \dfrac{df}{r}(n_2 - 1)\left(\dfrac{1}{n_1} + \dfrac{1}{n_2}\right)$

$\boxed{h_1 = 2,2267\,\text{mm}} \; ; \quad \boxed{h_1' = 248,9345\,\text{mm}}$

$h_2 = f(A - 1) = f\left(1 - \dfrac{d}{r}(1 - \dfrac{1}{n_1}) - d\dfrac{n_1}{n_2 r}(1 - \dfrac{1}{n_1}) - 1\right) = (1 - n_1)\dfrac{df}{r}\left(\dfrac{1}{n_1} + \dfrac{1}{n_2}\right)$

$\boxed{h_2 = -1,473\,\text{mm}} \; ; \quad \boxed{h_2' = -164,68\,\text{mm}}$

Aufgabe 17

a) Strahlmatrix der dicken Linse: $M = \begin{pmatrix} 0,9678 & -0,6164\text{cm} \\ 0,1156\text{cm}^{-1} & 0,9597 \end{pmatrix}$ Damit erhält man:

$h_1=0,3487\text{cm}$ $h_2=-0,2790\text{cm}$

b) $f=8,6534\text{cm}$

c) $s=15,0705\text{cm}$ $a=-15,419\text{cm}$ $a'=19,721\text{cm}$ $s'=19,442\text{cm}$

d) Die Systemmatrix aus a) wird um zwei Brechungen an ebenen Flächen sowie um zwei Translationen erweitert:

$$M_p = \begin{pmatrix} 1 & 0 \\ 0 & 1,51673 \end{pmatrix} \cdot \begin{pmatrix} 1 & -1\text{cm} \\ 0 & 1 \end{pmatrix} \cdot \begin{pmatrix} 1 & 0 \\ 0 & \dfrac{1}{1,51673} \end{pmatrix} \cdot \begin{pmatrix} 1 & -0,5\text{cm} \\ 0 & 1 \end{pmatrix} \cdot \begin{pmatrix} 0,9678 & -0,6164\text{cm} \\ 0,1156\text{cm}^{-1} & 0,9597 \end{pmatrix}$$

$$M_p = \begin{pmatrix} 0,8338 & -1,7290\text{cm} \\ 0,1156\text{cm}^{-1} & 0,9597 \end{pmatrix}$$

Brennweite unverändert: $f=8,6534\text{cm}$, ebenso $h_1=0,3487\text{cm}$. $h_2=-1,43828\text{cm}$ Das Bild liegt weiterhin bei $a'=19,721\text{cm}$, es ist aber $s'=18,283\text{cm}$ bzw. $s''=s'+1,5\text{cm}=19,783\text{cm}$.

Aufgabe 18

Der Strahlengang läßt sich wie skizziert entfalten. Da der Strahl unter dem gleichen Winkel und auf gleicher Höhe hinten wieder herauskommen muß, muß die Strahlmatrix des Systems die Einheitsmatrix sein:

$$\begin{pmatrix} 1 & -e \\ 0 & 1 \end{pmatrix} \left[\begin{pmatrix} 1 & 0 \\ -\dfrac{2}{r} & 1 \end{pmatrix} \cdot \begin{pmatrix} 1 & -2e \\ 0 & 1 \end{pmatrix} \right]^3 \cdot \begin{pmatrix} 1 & 0 \\ -\dfrac{2}{r} & 1 \end{pmatrix} \cdot \begin{pmatrix} 1 & -e \\ 0 & 1 \end{pmatrix} = \begin{pmatrix} 1 & 0 \\ 0 & 1 \end{pmatrix}$$

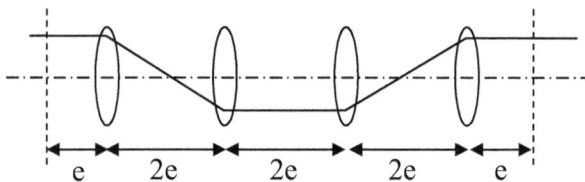

Ausmultipliziert:

$$\begin{pmatrix} \dfrac{128e^4}{r^4} + \dfrac{256e^3}{r^3} + \dfrac{160e^2}{r^2} + \dfrac{32e}{r} + 1 & -\dfrac{128e^5}{r^4} - \dfrac{320e^4}{r^3} - \dfrac{272e^3}{r^2} - \dfrac{88e^2}{r} - 8e \\ -\dfrac{128e^3}{r^4} - \dfrac{192e^2}{r^3} - \dfrac{80e}{r^2} - \dfrac{8}{r} & \dfrac{128e^4}{r^4} + \dfrac{256e^3}{r^3} + \dfrac{160e^2}{r^2} + \dfrac{32e}{r} + 1 \end{pmatrix} = \begin{pmatrix} 1 & 0 \\ 0 & 1 \end{pmatrix}$$

Da $e \neq 0$ und $r \neq 0$ angenommen werden kann, resultieren mit $x=e/r$ die vier Gleichungen:

I. $4x^4 + 8x^3 + 5x^2 + x = 0$ \qquad II. $16x^4 + 40x^3 + 34x^2 + 11x + 1 = 0$

III. $16x^3 + 24x^2 + 10x + 1 = 0$ \qquad\qquad IV. $128x^4 + 256x^3 + 160x^2 + 32x = 0$

Man löst am einfachsten Gl. III., die Lösungen lauten $x_1 = -0,5$; $x_2 = -0,146447$; $x_3 = -0,853553$.

Lediglich die erste Lösung erfüllt alle vier Gleichungen. Daher ist $e/r = -0,5$ bzw. $\boxed{e = -\dfrac{r}{2}}$

Man beachte, daß bei dem skizzierten Konkavspiegel $r<0$ gilt!

A.1.5 \quad Zum Kapitel 4.3

Aufgabe 1

Annahme dünner Linsen, Addition der Brechkräfte, für beide Wellenlängen gilt:

$$\frac{1}{f'} = \frac{n_{e2} - n_{e1}}{r_1} + \frac{n_{e3} - n_{e2}}{r_2} + \frac{n_{e4} - n_{e3}}{r_3} \quad \text{und} \quad \frac{1}{f'} = \frac{n_{D2} - n_{D1}}{r_1} + \frac{n_{D3} - n_{D2}}{r_2} + \frac{n_{D4} - n_{D3}}{r_3}$$

Division der Gleichungen durch $(n_{e2} - n_{e1})$ bzw. $(n_{D2} - n_{D1})$, Berücksichtigung von $n_{e1} = n_{e4} \approx n_{D1} = n_{D4} \approx 1$ und Subtraktion der entstandenen Gleichungen eliminiert r_1:

$$\frac{1}{f'(n_{e2} - 1)} - \frac{1}{f'(n_{D2} - 1)} = \frac{n_{e3} - n_{e2}}{r_2(n_{e2} - 1)} + \frac{1 - n_{e3}}{r_3(n_{e2} - 1)} - \frac{n_{D3} - n_{D2}}{r_2(n_{D2} - 1)} - \frac{1 - n_{D3}}{r_3(n_{D2} - 1)}$$

Nach r_3 aufgelöst und f gemäß $\dfrac{1}{f'} = \dfrac{1}{a'} - \dfrac{1}{a}$ bzw. $f' = \dfrac{aa'}{a - a'} = 50\text{cm}$ eingesetzt, erhält man:

$$\boxed{r_3 = \frac{\dfrac{1 - n_{D3}}{(n_{D2} - 1)} - \dfrac{1 - n_{e3}}{(n_{e2} - 1)}}{\dfrac{n_{e3} - n_{e2}}{r_2(n_{e2} - 1)} - \dfrac{n_{D3} - n_{D2}}{r_2(n_{D2} - 1)} - \dfrac{1}{f'(n_{e2} - 1)} + \dfrac{1}{f'(n_{D2} - 1)}} = -17,460\text{cm}}$$

Division der Gleichungen durch $(n_{e4} - n_{e3})$ bzw. $(n_{D4} - n_{D3})$, Berücksichtigung von $n_{e1} = n_{e4} \approx n_{D1} = n_{D4} \approx 1$ und Subtraktion der entstandenen Gleichungen eliminiert r_3:

$$\frac{1}{f'(1 - n_{e3})} - \frac{1}{f'(1 - n_{D3})} = \frac{n_{e3} - n_{e2}}{r_2(1 - n_{e3})} + \frac{n_{e2} - 1}{r_1(1 - n_{e3})} - \frac{n_{D3} - n_{D2}}{r_2(1 - n_{D3})} - \frac{n_{D2} - 1}{r_1(1 - n_{D3})}$$

$$\boxed{r_1 = \frac{\dfrac{n_{e2} - 1}{1 - n_{e3}} - \dfrac{n_{D2} - 1}{1 - n_{D3}}}{\dfrac{1}{f'(1 - n_{e3})} - \dfrac{1}{f'(1 - n_{D3})} - \dfrac{n_{e3} - n_{e2}}{r_2(1 - n_{e3})} + \dfrac{n_{D3} - n_{D2}}{r_2(1 - n_{D3})}} = -99,61\text{cm}}$$

A.1.6   Zum Kapitel 4.6

Aufgabe 1

Erste Ordnung an Luft: $\sin(\alpha) = \dfrac{\lambda}{g}$, in der Flüssigkeit wegen Verkürzung der Wellenlänge

um Faktor n: $\sin\left(\dfrac{\alpha}{2}\right) = \dfrac{\lambda}{ng}$.   Mit $\sin\alpha = 2\sin\dfrac{\alpha}{2}\cos\dfrac{\alpha}{2}$ folgt: $\dfrac{\lambda}{g} = 2\dfrac{\lambda}{ng}\cos\dfrac{\alpha}{2}$.

$$\boxed{n = 2\cos\dfrac{\alpha}{2} = 1{,}9}$$

Aufgabe 2

Konstruktive Interferenz: $a - b = n\lambda$ Außerdem gilt: $a = g\sin\alpha$ und $b = g\sin\beta$. Also: $g\sin\alpha - g\sin\beta = n\lambda$. Für die beiden Wellenlängen gilt somit: $\sin\alpha - \sin\beta_1 = \dfrac{n\lambda_1}{g}$ und $\sin\alpha - \sin\beta_2 = \dfrac{n\lambda_2}{g}$. Wegen $\beta_1 = \arcsin\left[\sin\alpha - \dfrac{n\lambda_1}{g}\right]$ und $\beta_2 = \arcsin\left[\sin\alpha - \dfrac{n\lambda_2}{g}\right]$ folgt:

$$\boxed{\Delta\beta = \arcsin\left[\sin\alpha - \dfrac{n\lambda_2}{g}\right] - \arcsin\left[\sin\alpha - \dfrac{n\lambda_1}{g}\right]}$$

Für n=+1: $\boxed{\Delta\beta = 5{,}77°}$ Für n=–1: $\boxed{\Delta\beta = -6{,}35°}$

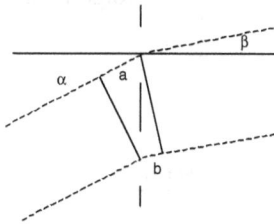

Aufgabe 3

a) Es gilt: $\dfrac{x_1}{g} = \sin\alpha_1$ und $\dfrac{x_2}{g} = \sin\alpha_2$ außerdem: $x_1 + x_2 = n\lambda$. Es folgt:

$$\boxed{\sin\alpha_1 + \sin\alpha_2 = \dfrac{n\lambda}{g}}$$

b) Mit $\sin\alpha_2 = \dfrac{n\lambda}{g} - \sin\alpha_1$ gilt: $\alpha_2 = \arcsin\left(\dfrac{n\lambda}{g} - \sin\alpha_1\right)$

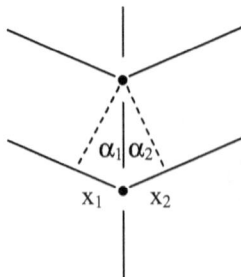

Damit: $\alpha = \alpha_1 + \arcsin\left(\dfrac{n\lambda}{g} - \sin\alpha_1\right)$. Ableitung $\dfrac{d\alpha}{d\alpha_1}$ der Funktion $\alpha(\alpha_1)$ Null setzen:

$$\frac{d\alpha}{d\alpha_1} = 1 + \frac{1}{\sqrt{1 - \left(\dfrac{n\lambda}{g} - \sin\alpha_1\right)^2}}(-\cos\alpha_1) = 0 \ \text{ oder } \ \sqrt{1 - \left(\dfrac{n\lambda}{g} - \sin\alpha_1\right)^2} = \cos\alpha_1$$

$$1 - \left(\frac{n\lambda}{g}\right)^2 + \frac{2n\lambda}{g}\sin\alpha_1 - \sin^2\alpha_1 = \cos^2\alpha_1 \qquad \boxed{\sin\alpha_1 = \frac{n\lambda}{2g}}$$

Aufgabe 4

a) Nach Abb. zu Aufg. 2: $\sin\alpha - \sin\beta = \dfrac{n\lambda}{g}$. Es folgt mit n=1:

$$\boxed{\beta = \arcsin\left(\sin\alpha - \frac{\lambda}{g}\right) = 15,00^\circ}$$

b) Die Wellenlänge verkürzt sich im Wasser um den Faktor der Brechzahl n, der neue Winkel ist β':

$$\boxed{\beta' = \arcsin\left(\sin\alpha - \frac{\lambda}{ng}\right) = 16,63^\circ}$$

Aufgabe 5

a) Konstr. Interferenz tritt ein für: $\dfrac{\lambda}{2} + 2\sqrt{\left(\dfrac{x}{2}\right)^2 + q^2} - x = n\lambda$ (Phasensprung $\lambda/2$ wegen Reflexion am optisch dichten Medium). Aufgelöst nach x erhält man:

$$\boxed{x = \frac{4q^2 - \lambda^2\left(n - \dfrac{1}{2}\right)^2}{2\lambda\left(n - \dfrac{1}{2}\right)}}$$

b) Mit x=0 folgt der einfache Zusammenhang: $\boxed{q = n\dfrac{\lambda}{2} - \dfrac{\lambda}{4}}$

Aufgabe 6

Es gilt: $2dn = \dfrac{\lambda}{2}$ und damit $\boxed{d = \dfrac{\lambda}{4n_d} = 119\,nm}$

(Ein Phasensprung um $\lambda/2$ findet an **beiden** Oberflächen statt!)

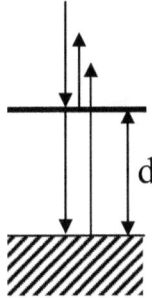

Aufgabe 7

Während des Evakuierens verkürzt sich die optische Weglänge um $2(n_{Luft}-1)L$ (Faktor 2 wegen Hin– und Rücklauf!). Dieser Weg muß ein k–faches der Wellenlänge λ sein: $2(n_{Luft}-1)L = k\lambda$

Die Brechzahl ergibt sich also zu: $\boxed{n_{Luft} = \dfrac{k\lambda}{2L} + 1 = 1,00029}$

A.1.7   Zum Kapitel 4.7

Aufgabe 1

Wegen $r_s = \dfrac{\cos\alpha - \sqrt{(n_2/n_1)^2 - \sin^2\alpha}}{\cos\alpha + \sqrt{(n_2/n_1)^2 - \sin^2\alpha}}$, $n_1=1$, $n_2=n$, $\sin(30°)=1/2$ und $\cos(30°) = \sqrt{3}/2$:

$-\dfrac{1}{4} = \dfrac{\sqrt{3}/2 - \sqrt{n^2 - 1/4}}{\sqrt{3}/2 + \sqrt{n^2 - 1/4}}$. Daraus: $\sqrt{n^2 - 1/4} = \dfrac{5}{2\sqrt{3}}$ $\boxed{n=1,5275}$

Aufgabe 2

a) Brewsterwinkel: $\tan\alpha_p = n_2 / n_1$. Damit gilt: $\boxed{\alpha_p = \arctan(1,78446) = 60,73°}$

b) Strahl wird unter dem Winkel $\beta=29,26°$ gebrochen. Es folgt für den Eintritt ins Glas:

$\rho_s = \left(-\dfrac{\sin(\alpha_p - \beta)}{\sin(\alpha_p + \beta)}\right)^2 = 0,2724$ $\tau_s = \dfrac{\sin 2\alpha_p \sin 2\beta}{\sin^2(\alpha_p + \beta)} = 0,7276$ $\rho_p = 0$ $\tau_p = 1$

Für den Austritt gilt (α_p und β sind vertauscht):

$$\rho_s = \left(-\frac{\sin(\beta-\alpha_p)}{\sin(\beta+\alpha_p)}\right)^2 = 0,2724 \qquad \tau_s = \frac{\sin 2\beta \sin 2\alpha_p}{\sin^2(\beta+\alpha_p)} = 0,7276 \qquad \rho_p = 0 \quad \tau_p = 1$$

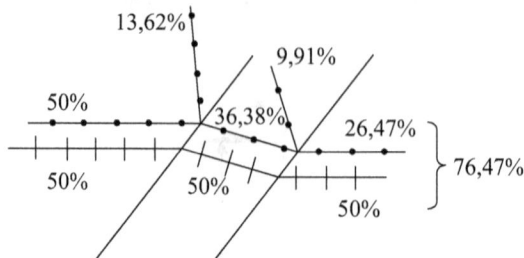

Aufgabe 3

Brechungswinkel: Wasser: $22,03°$; Glas: $19,25°$; Luft: $30°$. Mittels der Formeln

$$\rho_s = \left(-\frac{\sin(\alpha-\beta)}{\sin(\alpha+\beta)}\right)^2 \qquad \tau_s = \frac{\sin 2\alpha \sin 2\beta}{\sin^2(\alpha+\beta)}$$

$$\rho_p = \left(\frac{\tan(\alpha-\beta)}{\tan(\alpha+\beta)}\right)^2 \qquad \tau_p = \frac{4\sin 2\alpha \sin 2\beta}{\left(\sin 2\alpha + \sin 2\beta\right)^2}$$

erhält man für die Übergänge folgende Reflexions– und Transmissionsgrade:

	Luft–H_2O	H_2O–Glas	Glas–Luft	Insgesamt:
ρ_s	0,03093	0,00539	0,06057	$\tau_{sges} = 0,96907 \cdot 0,99461 \cdot 0,93943 \cdot 0,5$ $\boxed{\tau_{sges} = 0,4527}$
τ_s	0,96907	0,99461	0,93943	$\tau_{pges} = 0,98806 \cdot 0,99695 \cdot 0,97327 \cdot 0,5$
ρ_p	0,01194	0,00305	0,02673	$\boxed{\tau_{pges} = 0,4794}$
τ_p	0,98806	0,99695	0,97327	

Es werden also 93,21% der Strahlung durchgelassen.

Aufgabe 4

a) Es gilt: $r_p = \dfrac{\tan(\alpha-\beta)}{\tan(\alpha+\beta)} = \dfrac{\tan\left(\dfrac{3\eta}{2}-\dfrac{\eta}{2}\right)}{\tan\left(\dfrac{3\eta}{2}+\dfrac{\eta}{2}\right)} = \dfrac{\tan(\eta)}{\tan(2\eta)} = \dfrac{\tan(\eta)(1-\tan^2(\eta))}{2\tan(\eta)} = \dfrac{1}{2}(1-\tan^2(\eta))$

Nach η aufgelöst: $\boxed{\eta = \arctan\sqrt{1-2\rho_p} = 32,31°}$

b) Aus a) folgt: $\alpha = 48,47^{\circ}$ und $\beta = 16,16^{\circ}$. $\boxed{n = \dfrac{\sin\alpha}{\sin\beta} = 2,69}$

Aufgabe 5

a) Mit $\sin(60^{\circ}) = \sqrt{3}/2$, $n_1 = 3/2$ und $n_2 = 1$ gilt:

$$\tan\left(\frac{\Delta\varphi}{2}\right) = \frac{\sqrt{n_1^2 \sin^2\alpha - n_2^2}\sqrt{1-\sin^2\alpha}}{n_1 \sin^2\alpha} = \frac{\sqrt{3/4 - 4/9}\sqrt{1-3/4}}{3/4} = \frac{\sqrt{11}}{9} = 0,3685 \; ; \; \boxed{\Delta\varphi = 40,46^{\circ}}$$

b) $\dfrac{\sqrt{\sin^2\alpha - 4/9}\sqrt{1-\sin^2\alpha}}{\sin^2\alpha} = \dfrac{\sqrt{11}}{9}$ Daraus: $\dfrac{92}{81}\sin^4\alpha - \dfrac{13}{9}\sin^2\alpha + \dfrac{4}{9} = 0$

Zwei Lösungen für $\sin^2\alpha$: $\sin^2\alpha_1 = 3/4$ und $\sin^2\alpha_2 = 0,5217$

Daraus sind nur zwei Werte sinnvoll: $\boxed{\alpha_1 = 60^{\circ}}$ und $\boxed{\alpha_2 = 46,25^{\circ}}$

Aufgabe 6

$$\tan\left(\frac{\Delta\varphi}{2}\right) = \frac{\sqrt{n_1^2 \sin^2\alpha - n_2^2}\sqrt{1-\sin^2\alpha}}{n_1 \sin^2\alpha} = \tan(22,5^{\circ}) = \sqrt{2}-1$$

$$n_1^2(1+(\sqrt{2}-1)^2)\sin^4\alpha - (n_1^2+1)\sin^2\alpha + 1 = 0$$

Mit $n_1 = 1,78446$ und $n_2 = 1$ erhält man für $\sin^2\alpha$ die beiden Lösungen $\sin^2\alpha_1 = 0,7763$ und $\sin^2\alpha_2 = 0,3453$. Beschränkt man sich jeweils auf die positiven Werte, erhält man $\boxed{\alpha_1 = 61,77^{\circ}}$ und $\boxed{\alpha_2 = 35,99^{\circ}}$.

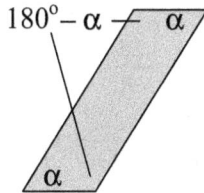

Aufgabe 7

Es gilt: $\rho_p = \dfrac{(n\cos\alpha - 1)^2 + n^2\kappa^2\cos^2\alpha}{(n\cos\alpha + 1)^2 + n^2\kappa^2\cos^2\alpha}$. Für $\rho_p = 9/10$, $n = 2/\sqrt{2}$ und $\cos(45^{\circ}) = \sqrt{2}/2$

folgt: $\rho_p = \dfrac{(\frac{2}{\sqrt{2}}\frac{\sqrt{2}}{2} - 1)^2 + 2\kappa^2\frac{1}{2}}{(\frac{2}{\sqrt{2}}\frac{\sqrt{2}}{2} + 1)^2 + 2\kappa^2\frac{1}{2}} = \dfrac{\kappa^2}{4+\kappa^2}$ $4\rho_p + (\rho_p - 1)\kappa^2 = 0$ $\boxed{\kappa = \sqrt{\dfrac{4\rho_p}{1-\rho_p}} = 6}$

A.1.8   Zum Kapitel 5

Aufgabe 1

Die optischen Wege müssen gleich sein: $(d - 2\Delta)n_0 + 2\Delta = (n_0 - n_1 r^2)d$

Außerdem gilt: $x^2 + r^2 = R^2$ und $\Delta = R - x$. Daraus:

$$\left(d - 2(R - \sqrt{R^2 - r^2})\right)n_0 + 2(R - \sqrt{R^2 - r^2}) = (n_0 - n_1 r^2)d$$

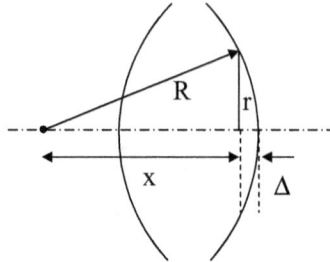

Unter Benutzung der Näherung $\sqrt{1 - \dfrac{r^2}{R^2}} \approx 1 - \dfrac{r^2}{2R^2}$ erhält man: $\boxed{R = \dfrac{n_0 - 1}{n_1 d} = 80\text{mm}}$

Aufgabe 2

a) Die Systemmatrix lautet:

$$M = \begin{pmatrix} 1 & 0 \\ \dfrac{1}{f} & 1 \end{pmatrix}\begin{pmatrix} 1 & -d_2 \\ 0 & 1 \end{pmatrix}\begin{pmatrix} 1 & 0 \\ \dfrac{2}{R} & 1 \end{pmatrix}\begin{pmatrix} 1 & -d_1 \\ 0 & 1 \end{pmatrix}\begin{pmatrix} 1 & 0 \\ \dfrac{2}{R} & 1 \end{pmatrix} = \begin{pmatrix} 1 & -d_2 \\ \dfrac{1}{f} & -\dfrac{d_2}{f}+1 \end{pmatrix}\begin{pmatrix} 1 & -d_1 \\ \dfrac{2}{R} & -\dfrac{2d_1}{R}+1 \end{pmatrix}\begin{pmatrix} 1 & 0 \\ \dfrac{2}{R} & 1 \end{pmatrix}$$

$$M = \begin{pmatrix} 1 - \dfrac{2d_1}{R} - \dfrac{2d_2}{R} + \dfrac{4d_1d_2}{R^2} - \dfrac{2d_2}{R} & -d_1 + \dfrac{2d_1d_2}{R} - d_2 \\ \dfrac{1}{f}\left(1 - \dfrac{2d_1}{R}\right) + \left(\dfrac{2}{R} - \dfrac{4d_1}{R^2} + \dfrac{2}{R}\right)\left(-\dfrac{d_2}{f} + 1\right) & \dfrac{1}{f}(-d_1) + \left(-\dfrac{d_2}{f} + 1\right) - \dfrac{2d_1}{R} + 1 \end{pmatrix}$$

Für die Gesamtbrennweite gilt:

$$\dfrac{1}{f_{ges}} = 0 = \dfrac{1}{f} - \dfrac{2d_1}{Rf} - \dfrac{2d_2}{Rf} + \dfrac{2}{R} + \dfrac{4d_1d_2}{R^2 f} - \dfrac{4d_1}{R^2} - \dfrac{2d_2}{Rf} + \dfrac{2}{R} \quad \text{Daraus folgt die quadr. Gl.:}$$

$$\dfrac{1}{f}R^2 + \left(4 - \dfrac{4d_2}{f} - \dfrac{2d_2}{f}\right)R + \left(\dfrac{4d_1d_2}{f} - 4d_1\right) = 0 \quad \boxed{R_1 = 2618{,}034\text{mm}} \quad \boxed{R_2 = 381{,}966\text{mm}}$$

b) Die Systemmatrix für das Objektiv lautet:

$$M = \begin{pmatrix} 1 & 0 \\ \dfrac{2}{R} & 1 \end{pmatrix} \begin{pmatrix} 1 & -d_1 \\ 0 & 1 \end{pmatrix} \begin{pmatrix} 1 & 0 \\ \dfrac{2}{R} & 1 \end{pmatrix} = \begin{pmatrix} 1 & -d_1 \\ \dfrac{2}{R} & -\dfrac{2d_1}{R}+1 \end{pmatrix} \begin{pmatrix} 1 & 0 \\ \dfrac{2}{R} & 1 \end{pmatrix} = \begin{pmatrix} 1-\dfrac{2d_1}{R} & -d_1 \\ \dfrac{2}{R}-\dfrac{4d_1}{R^2}+\dfrac{2}{R} & -\dfrac{2d_1}{R}+1 \end{pmatrix}$$

Damit erhält man für die Brennweite:

$$C = \frac{1}{f_{obj}} = \frac{2}{R} - \frac{4d_1}{R^2} + \frac{2}{R} \text{ oder } \boxed{f_{obj1} = 809{,}020\text{cm}} \left[f_{obj2} = -0{,}19137\text{cm} \right]$$

Der Vergrößerungsfaktor ist damit: $\boxed{v = \dfrac{809{,}020}{25} = 32{,}36}$

A.1.9   Zum Kapitel 6

Aufgabe 1

Es gilt: $0 < g_1 g_2 < 1$ und damit: $0 < \dfrac{4}{3} \cdot \left(1 - \dfrac{L}{R_2} \right) < 1$. Aus den beiden Ungleichungen folgt

$L < R_2$ und $\dfrac{1}{4} < \dfrac{L}{R_2}$. Für den Spiegelradius gilt $\boxed{L < R_2 < 4L}$ oder $\boxed{2m < R_2 < 8m}$

Aufgabe 2

Da der Radius der Phasenfronten R mit der Spiegelkrümmung übereinstimmen muß, erhält

man aus $R(z) = z \left[1 + \left(\dfrac{\pi w_0^2}{\lambda z} \right)^2 \right]$ mit z=0,75m und $w_0 = 0{,}6633 \cdot 10^{-3}$ m sofort: $\boxed{R=3{,}0m}$

Aufgabe 3

Es gelten die Bedingungen $z_1 = \dfrac{L(R_2 - L)}{R_1 + R_2 - 2L} = \dfrac{2L}{3}$ und $\left(1 - \dfrac{L}{R_1} \right) \left(1 - \dfrac{L}{R_2} \right) = \dfrac{1}{2}$

Vereinfacht: $R_2 - 2R_1 + L = 0$ und $R_1 R_2 - 2L R_1 - 2L R_2 + 2L^2 = 0$ Eliminiert man hieraus

R_2, erhält man $2R_1^2 - 7R_1 L + 4L^2 = 0$ und hieraus: $R_1 = \dfrac{7 \pm \sqrt{17}}{4} L$. Damit: $\boxed{R_1 = 2{,}781L}$

$\boxed{R_1' = 0{,}719L}$ Aus $R_2 = 2R_1 - L$ folgt: $\boxed{R_2 = 4{,}562L}$ und $\boxed{R_2' = 0{,}438L}$

Aufgabe 4

Es ist $g = 1 - \dfrac{L}{R} = 1 - \dfrac{L2}{3L} = \dfrac{1}{3}$ und $g' = 1 - \dfrac{L}{R'} = 1 - \dfrac{L}{kL} = 1 - \dfrac{1}{k}$. Man erhält für die Strahlradien w_1 und w_2:

$$\sqrt[4]{\left(\frac{\lambda L}{\pi}\right)^2 \frac{1}{1-g^2}} \cdot \sqrt{2} = \sqrt[4]{\left(\frac{\lambda L}{\pi}\right)^2 \frac{1}{1-g'^2}} \quad \text{bzw.} \quad 2k^2 - 18k + 9 = 0$$

Als Lösung erhält man: $\boxed{k_1 = 8{,}4686}$ $\qquad$ $\boxed{k_2 = 0{,}5314}$

Aufgabe 5

Mit $w_0 = \dfrac{2\lambda}{\pi\Theta}$ bedeutet Halbierung von λ auch Halbierung von w_0. Es gilt also: $w_{02} = w_{01}/2$.

Mit $g_{11} = 1 - \dfrac{L}{R_{11}}$, $g_{12} = 1 - \dfrac{L}{R_{12}}$ und $g_2 = 1$ folgt: $\sqrt{\dfrac{L\lambda_2}{\pi}} \sqrt[4]{\dfrac{g_{12}}{1-g_{12}}} = \dfrac{1}{2}\sqrt{\dfrac{L\lambda_1}{\pi}} \sqrt[4]{\dfrac{g_{11}}{1-g_{11}}}$.

Vereinfacht und g_{11}, g_{12} und g_2 eingesetzt liefert das: $\boxed{R_{12} = \dfrac{R_{11} + 3L}{4}}$

Aufgabe 6

Ist R der Krümmungsradius der Phasenfronten (R>0), so gilt für die Brennweite des Auskoppelspiegels mit $r_1 = -R$ und $r_2 \to \infty$: $f = -\dfrac{R}{n-1}$. Es gilt andererseits: $\dfrac{1}{R/2} = \dfrac{1}{R} - \dfrac{1}{f}$ bzw. $\dfrac{1}{f} = -\dfrac{1}{R}$. Es folgt also für n: $-R = -\dfrac{R}{n-1}$ bzw. $n - 1 = 1$ oder $\boxed{n=2}$

Aufgabe 7

Für w_0 gilt: $w_0 = \dfrac{\lambda}{\pi\Theta} = 3{,}68\,\text{mm}$. Setzt man das in $R(z) = z\left[1 + \left(\dfrac{\pi w_0^2}{\lambda z}\right)^2\right]$ ein, erhält man mit $z = 2\,\text{m}$ für R: $\boxed{R = 10\,\text{m}}$

Aufgabe 8

$R(z) = z\left[1 + \left(\dfrac{\pi w_0^2}{\lambda z}\right)^2\right]$ nach λ aufgelöst ergibt: $\boxed{\lambda = \dfrac{\pi w_0^2}{z\sqrt{(R/z)-1}}}$ bzw. $\boxed{\lambda = 10{,}6\,\mu\text{m}}$

Aufgabe 9

Aus der Zeichnung folgt: $\tan\Theta = \dfrac{0,0842\,\text{m}}{2,5\,\text{m}}$ $\Theta = 0,0337\,\text{rad}$

$w_0 = \dfrac{\lambda}{\pi\Theta}$ $w_0 = 0,1\,\text{mm}$, also $\boxed{\text{Verringerung um Faktor 23}}$.

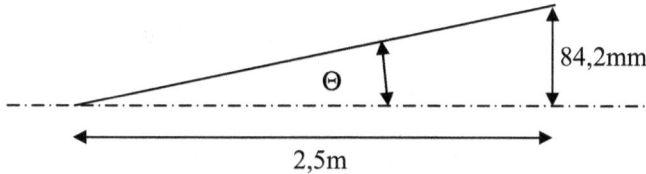

Aufgabe 10

Aus $w(z) = w_0\sqrt{1+\left(\dfrac{\lambda z}{\pi w_0^2}\right)^2}$ und $R(z) = z\left[1+\left(\dfrac{\pi w_0^2}{\lambda z}\right)^2\right]$ folgt jeweils:

$\left(\dfrac{w}{w_0}\right)^2 = 1 + \left(\dfrac{\lambda z}{\pi w_0^2}\right)^2$ $\dfrac{R(z)}{z} = 1+\left(\dfrac{\pi w_0^2}{\lambda z}\right)^2$ bzw. $\left(\dfrac{\lambda z}{\pi w_0^2}\right)^2 = \dfrac{1}{\dfrac{R(z)}{z}-1}$

Damit: $\left(\dfrac{w}{w_0}\right)^2 = 1 + \dfrac{1}{\dfrac{R}{z}-1} = 1+\dfrac{1}{\dfrac{4}{3}-1} = 4$ bzw. $\boxed{\dfrac{w}{w_0} = 2}$

Aufgabe 11

a) Der Strahlradius am Ort der Linse muß für einfallenden und gebrochenen Strahl gleich

sein. Mit $w(z) = w_0\sqrt{1+\left(\dfrac{\lambda z}{\pi w_0^2}\right)^2}$ gilt also: $w_0\sqrt{1+\left(\dfrac{\lambda z_1}{\pi w_0^2}\right)^2} = (2w_0)\sqrt{1+\left(\dfrac{\lambda z_2}{\pi(2w_0)^2}\right)^2}$

Nach z_2 aufgelöst, folgt: $\boxed{z_2 = \sqrt{4z_1^2 - \dfrac{3}{4}\left(\dfrac{4\pi w_0^2}{\lambda}\right)^2}}$ $\boxed{z_2 = 2\,\text{m}}$

b) Nach Gl. $R(z) = z\left[1+\left(\dfrac{\pi w_0^2}{\lambda z}\right)^2\right]$ gilt für den Radius der Phasenfrontkrümmung vor der

Linse: $R_1 = z_1\left(1+\left(\dfrac{\pi w_0^2}{\lambda z_1}\right)^2\right)$ u. wg. $z_2 = 2z_1$ danach: $R_2 = 2z_1\left(1+\left(\dfrac{\pi(2w_0)^2}{\lambda(2z_1)}\right)^2\right)$

Man errechnet $R_1=1m$ und $R_2=2m$. Mit $\dfrac{1}{(-R_2)}=\dfrac{1}{R_1}-\dfrac{1}{f}$ folgt: $\boxed{f=\dfrac{R_1R_2}{R_1+R_2}=0,67m}$

Aufgabe 12

Man errechnet $w_e=4,0mm$. Der Radius der Phasenfrontkrümmung ist unmittelbar vor der 2,5″–Linse $R_{v\,2,5″}=0,591m$. Transformation liefert Radius nach der 2,5″–Linse:

$R_{n\,2,5″}=-0,0711m$. Radius in der neuen Strahltaille: $w_{0\,2,5″}=6,02\mu m$.

Um den nötigen Abstand $z_{5″}$ der Taille von der zweiten Linse auszurechnen, löst man

$$w(z)=w_0\sqrt{1+\left(\frac{\lambda z}{\pi w_0^2}\right)^2}\quad\text{mit } w_0=w_{0\,2,5″}\text{ und } w=2w_e=8,0mm \text{ nach } z_{5″}\text{ auf:}$$

$$z_{5″}=\frac{\pi w_{0\,2,5″}^2}{\lambda}\sqrt{\left(\frac{w}{w_{0\,2,5″}}\right)^2-1}\qquad z_{5″}=0,142m\;\boxed{a=\left|z_{2,5″}\right|+z_{5″}=21,3cm}$$

Aufgabe 13

Mit $z=2m$ gilt: $w(t)=w_0\sqrt{1+\left(\dfrac{\lambda z}{\pi w_0^2}\right)^2}=3,82mm$; es folgt: $\boxed{I_0=\dfrac{2P}{\pi w^2}=2,61\dfrac{MW}{m^2}}$

Aufgabe 14

a) Aus $R(z)=z\left[1+\left(\dfrac{\pi w_0^2}{\lambda z}\right)^2\right]$ folgt: $\left(\dfrac{\pi w_0^2}{\lambda z}\right)^2=\dfrac{R}{z}-1$. Eingesetzt in $w(z)=w_0\sqrt{1+\left(\dfrac{\lambda z}{\pi w_0^2}\right)^2}$

liefert: $w(z)=w_0\sqrt{1+\dfrac{1}{R/z-1}}$ Nach w_0 aufgelöst folgt: $\boxed{w_0=w\sqrt{1-z/R}=0,20mm}$

b) Aus a) folgt: $\sqrt{\dfrac{R}{z}-1}=\dfrac{\pi w_0^2}{\lambda z}$ $\boxed{\lambda=\dfrac{\pi w_0^2}{z}\dfrac{1}{\sqrt{R/z-1}}=632,8nm}$

Aufgabe 15

$\dfrac{1}{f'}=(n-1)\dfrac{1}{r_1}-\dfrac{1}{r_2}$ mit $r_1=-3m$, $n=1,50669$ und $r_2=R_2^{*}$ und $\dfrac{1}{R^{*}}=\dfrac{1}{R}-\dfrac{1}{f'}$ mit $R=R_2=3m$ und

$R^{*}=2,494m$ folgt durch Eliminieren von f: $\dfrac{1}{R^{*}}=\dfrac{1}{R_2}-(n-1)\left(\dfrac{1}{r_1}-\dfrac{1}{R_2^{*}}\right)$

Aufgelöst nach R_2^* erhält man: $\boxed{R_2^* = \dfrac{(n-1)R^* R_2 r_1}{r_1 R_2 - R^* r_1 + R^* R_2 (n-1)}}$ $\boxed{R_2^* = -5,0\,\text{m}}$

Aufgabe 16

a) $\boxed{g_1 = 0,5}$ und $\boxed{g_2 = 0,25}$, Resonator stabil.

b) $\boxed{w_1 = 0,620\text{mm}}$ und $\boxed{w_2 = 0,876\text{mm}}$.

c) $\boxed{w_0 = 0,580\text{mm}}$

d) $\boxed{z_1 = 0,375\text{m}}$ und $\boxed{z_2 = 1,125\text{m}}$.

e) Brennweite des Auskoppelspiegels f'=–4m; Parameter nach Linsendurchgang: $R_0^* = 1,33\text{m}$ und $w_0^* = 0,44\text{mm}$; Divergenzwinkel $\boxed{\Theta = 0,76\text{mrad}}$.

Aufgabe 17

a) $\boxed{g_1 = 0,25}$ und $\boxed{g_2 = 3}$ $g_1 g_2 = 0,75$, der Resonator ist stabil.

b) $\boxed{z_1 = 3,857\text{m}}$ und $\boxed{z_2 = -0,857\text{m}}$ (also außerhalb des Resonators)

c) $\boxed{w_0 = 0,501\text{mm}}$ (siehe Skizze).

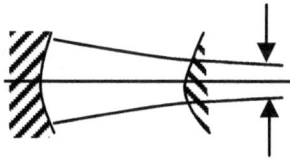

d) $\boxed{w_1 = 2,65\text{mm}}$ und $\boxed{w_2 = 0,77\text{mm}}$

e) Brennweite: f'=3m. Transformation der Phasenfrontkrümmung liefert: $R^* = -1\text{m}$. Es folgt $\boxed{z^* = -0,75\text{m}}$

f) $\boxed{w_0^* = 0,383\text{mm}}$

g) $\boxed{\Theta = 0,88\text{mrad}}$; der Laser liefert einen Fokus

Aufgabe 18

a) $\boxed{g_1 = 0,9}$ und $\boxed{g_2 = 0,8}$ $\boxed{g_1 g_2 = 0,72}$ (stabil)

b) $\boxed{z_1 = 0,615\text{m}}$ $\boxed{z_2 = 1,385\text{m}}$

c) $\boxed{w_0 = 3,41\text{mm}}$

d) $\boxed{w_1 = 3,47\text{mm}}$ $\boxed{w_2 = 3,68\text{mm}}$

e) $\boxed{R^* = 6,818\text{m}}$

f) $\boxed{\Theta=1,06\text{mrad}}$

g) $\boxed{z^*=-0,53\text{m}}$ (Strahltaille hinter der Linse)

h) $\boxed{w_0^*=0,485\text{mm}}$

Aufgabe 19

a) $\boxed{g_1=0,6}$ und $\boxed{g_2=1}$

b) Verdopplung der Frequenz heißt Halbierung der Wellenlänge, also $\lambda=532\text{nm}$. (Man beachte aber, daß die hier angenommene 100%ige Konversion praktisch nicht zu realisieren ist). Damit $w_1=0,644\text{mm}$ und $w_2=w_0=0,499\text{mm}$. $w(0,2\text{m})=0,504\text{mm}$ Damit liefert die Gl.

$$\psi_0 = \frac{2P}{\pi w^2} : \boxed{\psi_0=352\text{MW/m}^2}.$$

c) Brennweite $f=-5,77\text{m}$ $z^*=1,197\text{m}$ und $w_0^*=0,404\text{mm}$. Divergenzwinkel $\boxed{\Theta=0,418\text{mrad}}$

d) Spiegel wirkt wie Linse mit Brennweite $f=0,25\text{m}$ am Ort $z=1,197\text{m}+0,25\text{m}=1,447\text{m}$. $w(1,447\text{m})=0,729\text{mm}$ und $R(1,447\text{m})=2,09\text{m}$. Nach Transformation $w_0^*=0,0657\text{mm}$ und $R^*=-0,2840\text{m}$ $\boxed{\Theta=2,57\text{mrad}}$

Aufgabe 20

a) $\boxed{w_1=0,350\text{mm}}$ und $\boxed{w_2=0,496\text{mm}}$

b) Brennweite des Auskoppelspiegels: $f=-2,88\text{m}$ Phasenfrontkrümmung nach dem Spiegel: $R^*=0,987\text{m}$, $z^*=0,689\text{m}$. Divergenzwinkel: $\boxed{\Theta=0,6\text{mrad}}$.

c) $\boxed{R(0,689\text{m}+1,205\text{m})=2,0\text{m}}$.

d) Konversion der Phasenfrontkrümmung: $\dfrac{1}{2R}=\dfrac{1}{R}-\dfrac{1}{f}=\dfrac{1}{R}-\dfrac{2}{R_s}$ (R_2 ist der Spiegelradius).

Nach R aufgelöst: $\boxed{R_s=4R=8,0\text{m}}$

Aufgabe 21

Der CO_2–Laser hat ein w_0 von $5,20\text{mm}$. $w(6\text{m})=6,50\text{mm}$ und $R(6\text{m})=16,67\text{m}$. Die Brennweiten der Linse für die beiden Wellenlängen sind $f_{CO2}=0,0356\text{m}$ und $f_{HeNe}=0,0314\text{m}$. Transformation für den CO_2–Laser: $R^*=-0,0357\text{m}$ und $z^*=-0,0357\text{m}$. „Rückwärtsrechung" für den HeNe–Laser mit $\lambda=632,8\text{nm}$ und t^*: $w(z^*)=0,720\text{mm}$ und $R(z^*)=-3,573\text{cm}$. Transformation der Phasenfrontkrümmung: $R^*=-0,257\text{m}$. Daraus neues w_0^*: $71,6\mu\text{m}$ und $\boxed{\Theta=5,6\text{mrad}}$.

Aufgabe 22

a) $\dfrac{1}{R/2}=\dfrac{1}{R}-\dfrac{1}{R_s/2}$ $\qquad$ $\dfrac{2}{R_s}=\dfrac{1}{R}-\dfrac{2}{R}=-\dfrac{1}{R}$; $\qquad$ $\boxed{R_s=-2R=-1\text{m}}$

b) $z^* = \dfrac{\pi^2 w^{*4} R^*}{\pi^2 w^{*4} + \lambda^2 R^{*2}}$ liefert mit $w^* = 300\mu m$ und $R^* = 50cm$: $\boxed{z_1 = 0,222m}$

c) $w_0^* = \dfrac{\lambda R^* w^*}{\sqrt{\pi^2 w^{*4} + \lambda^2 R^{*2}}}$ liefert mit $w^* = 300mm$ und $R^* = 50cm/2 = 25cm$: $\boxed{w_{02} = 146,5mm}$

Aufgabe 23

a) w am Ort der Linse nach: $w = 3,88mm$; nach $\psi_0 = \dfrac{2P}{\pi w^2}$: $\boxed{\psi_0 = 42,2MW/m^2}$

b) Für $R^* \to \infty$: $0 = \dfrac{1}{R} - \dfrac{1}{f'}$ bzw. $R = f'$ Man erhält: $R(2m) = 7,21m$. Also $f' = 7,21m$. Es folgt

mit $r_2 = -r_1$: $\dfrac{1}{f'} = (n-1)\dfrac{2}{r_1}$ bzw. $\boxed{r_1 = 2(n-1)f' = 20,2m}$

Aufgabe 24

a) $\boxed{w_0 = 3,0mm}$

b) Identische Rückreflexion, wenn Spiegelradius mit Phasenfrontkrümmung übereinstimmt:
$\boxed{R(4,373m) = 6,0m = R_S}$

c) $w(4,373m) = 5,76mm$ $\boxed{\psi_0 = 1MW/m^2}$

Aufgabe 25

Bei 100% Konversion bleibt P konstant, aus $\psi_0 = \dfrac{2P}{\pi w^2}$ folgt: $\psi_{0,1064} w^2_{1064} = \psi_{0,532} w^2_{532}$. Beim

Strahlradius gilt: $w \propto \sqrt{\lambda}$ Damit gilt: $\psi_{0,1064} \cdot 1064nm = \psi_{0,532} \cdot 532nm$ woraus folgt:

$\boxed{\dfrac{\psi_{0,532}}{\psi_{0,1064}} = 2}$

Lexikon

deutsch–englisch

A

Abbesche Zahl	abbe number
Abbildungsgleichung der dünnen Linse	lensmaker's formula
abgeschmolzener CO_2–Laser	sealed–off CO_2–Laser
Ablenkung	deviation
Achromasiebedingung	achromatism condition
Achromat	achromatic lens, achromatic system
additive Farbmischung	additive coloration
ähnlichste Farbtemperatur	correlated colour temperature
Airysches Beugungsscheibchen	Airy disk
Akkommodation	accommodation
Aktivatorion	activator ion
aktive Modenkopplung	active mode locking
aktive Schicht	active layer
akustooptischer Güteschalter	acoustooptic Q–switch
Akzeptor	acceptor
Allgebrauchsglühlampe	general lighting service lamp
altrosa (als R_a Testfarbe)	light grayish red
Amalgam	amalgam
Ammoniumparawolframat	ammonium paratungstate
Amplitude	amplitude
angulare Vergrösserung	angular magnification
Anlaufglas (b. Filtern)	colloidally coloured glass
Anodenfall	anode fall
anomale Dispersion	anomalous dispersion
anomale Glimmentladung	anomalous glow discharge
Anregung	excitation
Antireflexbeschichtung	antireflection coating
Aperturblende	aperture stop
Aplanat	aplanatic lens
Argon–Ionen–Laser	argon ion laser
asphärische Oberfläche	aspherical surface
asterviolett (als R_a Testfarbe)	light violet
astigmatische Differenz	astigmatic difference
Astigmatismus	astigmatism
Astonscher Dunkelraum	Aston dark space
astronomisches Fernrohr	astronomical telescope

asymmetrische Streckschwingung	asymmetric stretch mode of vibration
Auflösung	resolution
Auflösungsgrenze	limit of resolution
Auflösungsvermögen	resolving power
Auge	eye
außerordentlicher Strahl	extraordinary ray
Austrittsarbeit	work function
Austrittspupille	exit pupil
Auswahlregel	selection rule
Autoscheinwerfer	automotive headlight
axiale Mode	axial mode

B

Bandlücke	energy gap
Bandpassfilter	band pass filter
Barren (b. Laserdioden)	bar
bedingt gleiche Farben	metameric colours
Beersches Gesetz	Lambert–Beer law
Beleuchtungsstärke	illuminance
Besetzungsinversion	population inversion
Bestrahlungsstärke	irradiance
Beugungsgitter	diffraction grating
Bezugslichtart	reference illuminant
Biegeschwingung	bending mode of vibration
Bildfeldwölbung	field curvature
Bildraum	image space
bildseitige Brennweite	image focal length, second focal length
bildseitiger Brennpunkt	image focus, second focus
Bildweite	image distance
Bleiglas	lead glass
Blende	aperture
Blendenzahl	f–number
Blinken (bei Na–Hochdrucklampen)	cycling
Blitzlampe	flash–lamp
Bogenentladung	arc discharge
Bohrsches Atommodel	Bohr model
Boltzmannverteilung	Boltzmann distribution
Boosterschaltung	booster circuit
Borsilikatglas	borosilicate glass
Brechkraft	refracting power
Brechung	refraction
Brechungsgesetz	law of refraction
Brechungsindex	refractive index
Brechungswinkel	angle of refraction
Brechzahl	refractive index
Brennerrohr	arc tube
Brennpunkt	focal point
brennpunktsbezogene Abbildungsgleichung	Newtonian form of the lens equation
Brennschneiden	reactive fusion cutting

Brennweite	focal length
Brewsterwinkel	Brewster's angle
Brillenglas	lens
Brom	bromine

C

Chlor	chlorine
Chrom	chromium
chromatische Aberration	chromatic aberration
CIE Normalbeobachter	CIE standard colourimetric observer
convex	convex
Crookesscher Dunkelraum	Crookes dark space

D

Dachkantprisma	roof prism
Dampfdruck	vapour pressure
Dampfkapillare (beim Laserschweißen)	keyhole
Defekthalbleiter	p–type semiconductor
Dichroismus	dichroism
dicke Linse	thick lens
dielektrische Schichten	dielectric layer
dielektrischer Mehrschichtenspiegel	multilayer dielectric mirror
Dielektrizitätskonstante	dielectric constant
diffusionsgekühlter Laser	diffusion cooled laser
Diodenlaser	diode laser
Dioptrie	diopter
dioptrisch	dioptric
Dipolmoment	dipole moment
Dispersion	dispersion
Dispersionsformel	dispersion formula
Dissoziationsenergie	dissociation energy
Dissoziationsgrad	degree of dissociation
Divergenzwinkel	divergence angle
Donator	donor
Doppelbild	double image
Doppelbrechung	birefringence
Doppelkernfaser	double–clad fibre
Dopplerverbreiterung	Doppler broadening
Dosis	dose
Dove–Prisma	dove prism
Drehimpulsquantenzahl	orbital quantum number
Drehvermögen	rotatory power
Dreifarbenstrahler	three colour radiator
Drei–Niveau–System	three–level–system
Drossel	choke
Druckverbreiterung	pressure broadening
dünne Linse	thin lens
Durchhang des Glühfadens	filament sag
Düse (Laserschneiden)	nozzle

E

Edelgas	rare gas, noble gas
Eigenschwingung (eines Moleküls)	normal mode of vibration
Einfallsebene	plane of incidence
Einfallswinkel	angle of incidence
Einfarbigkeit	monochromacity
Einstein–Koeffizient	Einstein coefficient
Eintrittspupille	entrance pupil
Einwirkungsdauer	exposure time
elektrisches Feld	electric field
Elektrodenverlust	electrode loss
elektromagnetische Welle	electromagnetic wave
elektrooptischer Güteschalter	electrooptic Q–switch
elliptische Polarisation	elliptical polarization
elliptischer Spiegel	elliptical mirror
Emissionsgrad	emissivity
Emitter	emitter
Energiesparlampe	energy saving light bulb
Entladung	discharge
Entladungslampe	discharge lamp
Epithel	epithelial layer
Erbium	erbium
Etalon	etalon
evaneszente Welle	evanescent wave
externe Quanteneffizienz	external quantum efficiency

F

Fabry–Perot–Interferometer	Fabry–Perot interferometer
Fadenkreuz	reticule
Faradayscher Dunkelraum	Faraday dark space
Farbmetrik	colourimetry
Farbreiz	colour stimulus
Farbstofflaser	dye laser
Farbtafel	chromaticity diagram
Farbtemperatur	colour temperature
Farbvalenz	colour stimulus
Farbwiedergabeindex	colour rendering index
Faserlaser	fibre laser
Feldemission	field emission, auto–electronic emission
Feldstecher	binocular
Fermatsches Prinzip	Fermat's Principle
Fermi–Dirac–Verteilung	Fermi–Dirac distribution
Fermienergie	Fermi energy
Ferminiveau	Fermi level
Fernrohr	telescope
Festkörperlaser	solid–state laser
Finesse	finesse
Fleck	blur
fliederviolett (als R_a Testfarbe)	light reddish purple

Fluchtkegel	escape cone
Fluor	fluorine
Fluoreszenzlebensdauer	fluorescent lifetime
Frank–Condon Prinzip	Frank–Condon principle
Fraunhofersche Beugung	Fraunhofer diffraction
Fresnel–Linse	Fresnel lens
Fresnelsche Beugung	Fresnel diffraction
Fresnelsche Formeln	Fresnel equations

G

Galileisches Fernrohr	Galilean telescope
Gasentladungslampe	gas discharge lamp
Gasfüllung	gas filling
Gasgemisch	gas mixture
Gaszusammensetzung	gas composition
Gaußbündel	Gaussian beam
Gauß–Profil (einer Spektrallinie)	Gaussian lineshape
Gegenstandsraum	object space
gegenstandsseitige Brennweite	first focal length, object focal length
gegenstandsseitiger Brennpunkt	object focus, first focus
Gegenstandsweite	object distance
gelber Fleck	macula
gelbgrün (als R_a Testfarbe)	strong yellow–green
Germanium	germanium
Gesetz von Malus	Malus's Law
Gewinnführung	gain guiding
Glan–Taylor Polarisationsprisma	Glan–Taylor polarizing prism
Glan–Thompson Polarisationsprisma	Glan–Thompson polarizing prism
Glas	glass
Glasfaser	glass fibre
Glaskolben	glass bulb
Glaskörper	vitreous humo(u)r
Glaslot	glass solder
Glasröhre	glass tube
Glasversiegelung (bei Lampen)	seal glass
Glimmentladung	glow discharge
Glühbirne	electric bulb, incandescent bulb
Glühemission	thermoionic emission
Glühfaden	filament
Glühlampe	incandescent lamp
Gradientenindexfaser	graded index fibre
Granat	garnet
Graßmannsche Gesetze	Grassmann's laws
grauer Star	cataract
grauer Strahler	grey body
Grenzwinkel der Totalreflexion	critical angle
grün (als R_a Testfarbe)	moderate yellowish green
Grundglas (b. Filtern)	base glass
Grundmode	fundamental mode

Güteschalter	Q-switch

H

halbe Halbwertsbreite	half width at half maximum HWHM
Halbleiterlaser	semiconductor laser
Halogen	halogen
Halogenid	halide
Halogenlampe	tungsten halogen lamp
Halophosphat	halophosphate
Hauptebene	principal plane
Hauptpunkt	principal point
Hauptquantenzahl	principal quantum number
Hauptstrahl	chief ray
Helium	helium
Helium–Neon–Laser	helium–neon laser
hellblau (als R_a Testfarbe)	light blue
Heterostrukturlaser	heterojunction laser
Hilfselektrode	auxiliary electrode
hintere Brennweite	second focal length, image focal length
Hittorfscher Dunkelraum	Hittorf dark space
Hochvolt–Halogenlampe	high volt halogen lamp
Hohlraum	cavity
Hohlspiegel	concave mirror
Holmium	holmium
Holographie	holography
homogene Linienverbreiterung	homogeneous broadening
Homostrukturlaser	homojunction laser
Hornhaut	cornea
Hüllkolben (bei Lampen)	outer envelope
Huygens–Fresnelsches Prinzip	Huygens–Fresnel principle
Huygenssches Prinzip	Huygens's principle

I

Immersionsöl	immersion oil
Induktionslampe	induction lamp
inhomogene Linienverbreiterung	inhomogeneous broadening
Interferenz	interference
interne Quanteneffizienz	internal quantum efficiency
Ionen–Laser	ion laser
Ionisierung	ionization
Ionisierungsenergie	ionization energy
Iris	iris

J

Jod	iodine

K

Kalknatronglas	soda–lime glass
Kalkspat	calcite

Kaltkathodenfluoreszenzlampe	cold cathode fluorescent lamp
Kaltkathodenlampe	cold cathode lamp
Kaltlichtspiegel	cold light mirror
Katalysator	catalyst
Kathodendunkelraum	cathode dark space
Kathodenfall	cathode fall
Katoptrik	catoptrics
Keplersches Fernrohr	Keplerian astronomical telescope
Keramikbrenner	ceramic arc tube
Kern (b. Glasfasern)	core
Kirchhoffsches Gesetz	Kirchhoff's law
kissenförmige Verzeichnung	pincushion distortion
Kohärenzlänge	coherence length
Kohlefaden	carbon filament
Kohlendioxid	carbon dioxide
Kolbenschwärzung	bulb blackening
Koma (Abbildungsfehler)	coma, comatic aberration
Kompaktleuchtstofflampe	compact fluorescent lamp
Komplementärfarbe	complementary colour
Komplementärwellenlänge	complementary wavelength
komplexer Brechungsindex	complex index of refraction
Kondensorlinse	condenser lens
konjugierte Ebenen	conjugate planes
konjugierte Punkte	conjugate points
konkav	concave
kontinuierlicher Betrieb	cw (continuous wave)
konvektionsgekühlter Laser	convection cooled laser
konventionelles Vorschaltgerät	conventional ballast
Konvexspiegel	convex mirror
kovalente Bindung	covalent bond
Kreis der kleinsten Konfusion	circle of least confusion
Kronglas	crown glass
Krümmungsradius	radius of curvature
Krypton	krypton
Kurzpassfilter	short pass filter

L

Lambda–Halbe–Plättchen	half–wave plate
Lambda–Viertel–Plättchen	quarter–wave–plate
Lambda–Viertel–Schicht	quarter–wavelength coating
Lambertsches Gesetz	Lambert's law
Langmuir-Schicht	Langmuir sheath
Langpassfilter	long pass filter
langsam geströmter (CO_2–)Laser	slow flow (CO_2–)laser
Lanthan	lanthanum
Laserdiode	laser diode
Laser–Doppler–Anemometrie	laser Doppler anemometry
Laserschneiden	laser cutting
Laserschutzbeauftragter	laser safety officer

Laserschweißen	laser welding
Laserschwelle	laser threshold
Laserstab	laser rod
Laserübergang	laser transition
Lateralvergrößerung	lateral magnification, transverse magnification
Lebensdauer	life (bei Geräten)
Lehre von der Lichtbrechung	dioptrics
Lehre von der Spiegelreflexion	catoptrics
Leitungsband	conduction band
Leuchtdichte	luminance
Leuchtdiode (LED)	light emitting diode (LED)
Leuchtstoff	phosphor
Leuchtstofflampe	fluorescent lamp
Lichtausbeute	efficacy
lichtdurchlässig	translucent
Lichtgeschwindigkeit	speed of light, velocity of light
Lichtstärke	luminous intensity
Lichtstrahl	ray
Lichtstrom	luminous flux
Lidschlußreflex	blink reflex
linear polarisiert	linearly polarized, plane–polarized
Linienbreite	linewidth
linksdrehend (bei d. opt. Aktivität)	levorotatory
linkszirkular polarisiert	left–circularly polarized
Linse	lens
Lithiumniobat	lithium niobate
Lochblende	diaphragm
Löcherhalbleiter	p–type semiconductor
lokales thermisches Gleichgewicht (LTG)	local thermodynamic equilibrium
longitudinale sphärische Aberration	longitudinal spherical aberration
Lorentz–Profil (einer Spektrallinie)	Lorentzian lineshape
Luke	field stop
Lupe	magnifier, magnifying glass

M

Magnesiumwolframat $MgWO_4$	magnesium tungstate
magnetische Quantenzahl	magnetic quantum number
magnetisches Feld	magnetic field
Mangelhalbleiter	p–type semiconductor
Mantel (b. Glasfasern)	cladding
Materialdispersion	material dispersion
Maxwellsche Geschwindigkeitsverteilung	Maxwell velocity distribution
Mehrfachreflexion	multiple reflection
Meniskuslinse	meniscus lens
Meridionalebene	meridional plane
Metallhalogen–Dampflampe	metal halide (vapour) lamp
Metalljodid	metal iodide
metamere Farben	metameric colours
Mikroskop	microscope

mittlere freie Weglänge	mean free path
Modendispersion	modal dispersion, intermodal dispersion
Modenkopplung	mode locking
Molybdän–Folie	molybdenum foil

N

Natrium(dampf)–Hochdrucklampe	high pressure sodium (vapour) lamp
Natrium(dampf)–Niederdrucklampe	low pressure sodium (vapour) lamp
Natrium-D-Linien	sodium-D-lines
natürliche Linienbreite	natural linewidth, intrinsic linewidth
negatives Glimmlicht	negative glow
Neodym	neodymium
Neon	neon
Neonröhre	neon tube
Netzhaut	retina
Neutralfilter	neutral density filter
neutralweiß	coolwhite
Newtonsche Abbildungsgleichung	Newtonian form of the lens equation
Niedervolt–Halogenlampe	low volt halogen lamp
Niob	niobium
n–leitend	n–type
normale Dispersion	normal dispersion
normale Glimmentladung	normal glow discharge
Nullpunktsenergie	zero point energy
numerische Apertur	numerical aperture

O

Öffnungsfehler	spherical aberration
Okular	eyepiece, ocular
optische Achse	optical axis
optische Aktivität	optical activity
optische Weglänge	optical pathlength
ordentlicher Strahl	ordinary ray
organische Leuchtdiode	organic light–emitting device
Osmium	osmium
Oszillatorenstärke	oscillator strength

P

Parabolspiegel	parabolic mirror
paraxialer Strahl	paraxial ray
passive Modenkopplung	passive mode locking
Penning–Effekt	penning effect
Penning–Gemisch	penning mixture
Pentaprisma	penta–prism
Phasenverschiebung	phase shift
Photoeffekt	photoelectric effect
photopisches Sehen	photopic vision
Plancksche Konstante	Planck's constant
Plancksches Strahlungsgesetz	Planck radiation law
Plasma	plasma

p–leitend	p–type
pn–Übergang	p–n junction
Polarisation (elektrisch u. optisch)	polarization
Polarisationswinkel	polarization angle
Polarisator	polarizer
Polykarbonat	polycarbonate
polymere organische Leuchtdiode	polimere organic light–emitting device
Polystyrol	polystyrene
porenfrei	pore–free
positive Säule	positive column
Primärfarbe	primary colour
Primärvalenz	primary valence
Prisma	prism
Puffergas	buffer gas
Pumpbanden	pump band
Pumpkammer	pump cavity
Pumplichtquelle	pump source
Pumprate	pumping rate
Pumprohr	exhaust tube
Punktquelle	point source
Pupille	pupil
Purpurlinie	purple line

Q

Quantenausbeute	quantum efficiency
Quantenbedingung	quantum condition
Quantenoptik	quantum optics
Quantenzahl	quantum number
Quarz	quartz
Quecksilber	mercury
Quecksilber(dampf)–Hochdrucklampe	high pressure mercury (vapour) lamp
Quecksilberdampf	mercury vapour
Quecksilbertröpfchen	liquid mercury droplet
Quetschung (beim Glas)	pinch

R

Ratengleichung	rate equation
Raumladung	space charge
Rayleigh–Kriterium	Rayleigh's criterion
Rayleigh–Streuung	Rayleigh scattering
rechtsdrehend (bei d.opt. Aktivität)	dextrorotatory
rechtszirkular polarisiert	right–circularly polarized
rechtwinkliges Prisma	right–angle prism
reduzierte Masse	reduced mass
reelles Bild	real image
Reflektorlampe	reflector lamp
Reflexion	reflection
Reflexionsgesetz	law of reflection
Reflexionsgitter	reflection grating

Reflexionsgrad	reflectance
Reflexionsverhältnis (Fresnelsche Gl.)	amplitude reflection coefficient
Reflexionswinkel	angle of reflection
Regenbogenhaut	iris
Reintransmissionsgrad	internal transmittance
Rekombinationsstrahlung	recombination radiation
Rekristallisation	recrystallization
relative Öffnung	relative aperture
relative Teildispersion	relative partial dispersion
Resonanzverbreiterung	resonance broadening
Resonator	resonator
Richardson–Dushman'sche Gleichung	Richardson–Dushman equation
Richardson–Schottky Gleichung	Richardson–Schottky equation
Richtungsumkehr (opt.)	retroreflection
Riefung	striation
Roots–Gebläse	roots blower
Rotationsdispersion	rotatory dispersion
Rotationsfreiheitsgrad	rotational degree of freedom
Rotationsübergang	rotational transition
Rubinlaser	ruby laser

S

Sagittalebene	sagittal plane
Sammellinse	converging lens
Saphir	sapphire
sättigbarer Absorber	saturable absorber
Sättigung	saturation
Scandium	scandium
Scheelite ($CaWO_4$)	scheelite
Scheibenlaser	disk laser
Scheitelpunkt	vertex
Schmelzschneiden	fusion cutting
Schneidgeschwindigkeit	cutting speed
schnell geströmter (CO_2–)Laser	fast flow (CO_2–)laser
Schottky–Effekt	Schottky effect
Schrödingergleichung	Schrödinger equation
Schutzbrille	goggles
Schutzschicht	protection layer
schwarzer Strahler	black body
Schweißgeschwindigkeit	welding speed
Schwingungsebene	plane of vibration
Schwingungsfreiheitsgrad	vibrational degree of freedom
Schwingungsübergang	vibrational transition
Sehpurpur	visual purple
Sekundärelektronenemission	secondary emission
selbständige Enladung	self–sustaining discharge
selektiver Strahler	selective emitter
seltene Erden	rare earth metals
senfgelb (als R_a Testfarbe)	dark grayish yellow

Sicherung	fuse
Silizium	silicon
skotopisches Sehen	scotopic vision
Snelliussches (Brechungs–)Gesetz	Snell's law
Sockel (bei der Lampe)	cap
Spalt	slit
spektrale Tageslichtverteilungen	reconstituted daylight (RD)
spektraler Emissionsgrad	spectral emittance
spektraler Hellempfindlichkeitsgrad (V(λ))	luminous efficiency
Spektralwertkurve	colour–matching function
spezifische Ausstrahlung	radiant exitance
spezifisches Drehvermögen	specific rotatory power
sphärische Aberration	spherical aberration
sphärische Längsabweichung	longitudinal spherical aberration
sphärische Querabweichung	transverse spherical aberration
sphärischer Hohlspiegel	concave spherical mirror
sphärischer Spiegel	spherical mirror
Spiegel	mirror
Spiegelreflexkamera	single–lens reflex camera
Spiegelteleskop	reflecting telescope
Spinquantenzahl	spin quantum number
Spirale	coil
spontane Emission	spontaneous emission
Stab	rod
Stäbchenzelle	rod receptor
Stapel (b. Laserdioden)	stack
Starter (Leuchtstofflampe)	starter switch
Stefan–Boltzmann–Gesetz	Stefan–Boltzmann law
Stickstoff	nitrogen
stimulierte Emission	stimulated emission
Stoßverbreiterung	collision broadening
Strahl (Licht–)	ray
Strahldichte	radiance
Strahlquerschnitt	beam cross section
Strahlradius	spot size, beam radius
Strahlstärke	radiant intensity
Strahltaille	beam waist
Strahlung	radiation
Strahlungsfluß	radiant flux
Strahlungsleistung	radiant flux
Streifenbildung	striation
Streustrahlung	scattered radiation
Stroma	stroma
Strömungsrohr	flow tube
Stufenindexfaser	step index fibre
Sublimationsschneiden	vaporisation cutting
subtraktive Farbmischung	subtractive coloration
Superstrahlung	superradiant emission
symmetrische Streckschwingung	symmetric stretch mode of vibration

T

Tageslicht	daylight
tageslichtweiß	daylight
Tantal	tantalum
Teildispersion	partial dispersion
Teleobjektiv	telephoto lens
Teleskop	telescope
Tiefenmaßstab	longitudinal magnification
Tiefenvergrößerung	longitudinal magnification
Tiefschweißen	"keyhole" welding
tonnenförmige Verzeichnung	barrel distortion
Totalreflexion	total internal reflection
Townsend–Entladung	Townsend–discharge
Transmissionsgrad	transmittance
Transmissionsverhältnis (Fresnelsche Gl.)	amplitude transmission coefficient
transversale Mode	transverse mode
transversale sphärische Aberration	transverse spherical aberration
türkisblau (als R_a Testfarbe)	light bluish green

U

Überschußhalbleiter	n–type semiconductor

V

Vakuum–Lichtgeschwindigkeit	speed of light in vacuum, velocity of light in vacuum
Valenzband	valence band
Verarmungsgebiet	depletion region
Verbindungshalbleiter	compound semiconductor
Verdampfungsrate	evaporation rate
verteilte Rückkopplung	distributed feedback
Vertiefung	dimple (bei Na–Dampflampen)
verwischte Stelle	blur
Verzeichnung	distortion
Vier–Niveau–System	four–level system
virtuelles Bild	virtual image
volle Halbwertsbreite	full width at half maximum FWHM
vordere Brennweite	first focal length, object focal length
Vorschaltgerät	ballast

W

wandstabilisierte Entladung	wall–stabilized discharge
Wärmeleitfähigkeit	thermal conductivity
Wärmeleitungsschweißen	conduction limited welding
warmweiß	warmwhite
Weglänge	pathlength
Weißpunkt	white point
Weitwinkelobjektiv	wide–angle lens
Wellenfrontkrümmung	curvature of wavefront
Wellenleiter	waveguide
Wellenleiter–Laser	waveguide laser

Wellenvektor	wave vector
Wicklung	coil
Wiensches Verschiebungsgesetz	Wien displacement law
Windung	coil
Winkeldispersion	angular dispersion
Winkelvergrößerung	angular magnification
Winkelverhältnis	angular magnification
Wirkungsquerschnitt	cross section
Wolfram	tungsten
Wolfram–Halogen–Kreisprozeß	tungsten halogen cycle
Wolframit ((Fe,Mn)WO$_4$)	wolframite
Wollaston–Polarisationsprisma	wollaston polarizing prism

X

Xenon	xenon

Y

Ytterbium	ytterbium
Yttrium	yttrium

Z

Zapfenzelle	cone receptor
Zerstreuungslinse	diverging lens
Ziliarmuskel	ciliary muscle
Zinkselenid	zinc selenide
Zinn	tin
Zirkon	zirconium
zirkulare Polarisation	circular polarization
Zonenplatte	zone plate
Zündschaltung	starter circuit
Zündspannung	ignition potential
Zündung	ignition
Zylinderlinse	cylindrical lens

englisch–deutsch

A

abbe number	Abbesche Zahl
acceptor	Akzeptor
accommodation	Akkommodation
achromatic lens	Achromat
achromatic system	Achromat
achromatism condition	Achromasiebedingung
acoustooptic Q–switch	akustooptischer Güteschalter
activator ion	Aktivatorion
active layer	aktive Schicht
active mode locking	aktive Modenkopplung
additive coloration	additive Farbmischung
Airy disk	Airysches Beugungsscheibchen
amalgam	Amalgam
ammonium paratungstate	Ammoniumparawolframat
amplitude	Amplitude
amplitude reflection coefficient	Reflexionsverhältnis (Fresnelsche Gl.)
amplitude transmission coefficient	Transmissionsverhältnis (Fresnelsche Gl.)
angle of incidence	Einfallswinkel
angle of reflection	Reflexionswinkel
angle of refraction	Brechungswinkel
angular dispersion	Winkeldispersion
angular magnification	angulare Vergrößerung, Winkelvergrößerung, Winkelverhältnis
anode fall	Anodenfall
anomalous dispersion	anomale Dispersion
anomalous glow discharge	anomale Glimmentladung
antireflection coating	Antireflexbeschichtung
aperture	Blende
aperture stop	Aperturblende
aplanatic lens	Aplanat
arc discharge	Bogenentladung
arc tube	Brennerrohr
argon ion laser	Argon–Ionen–Laser
aspherical surface	asphärische Oberfläche
astigmatic difference	astigmatische Differenz
astigmatism	Astigmatismus
Aston dark space	Astonscher Dunkelraum
astronomical telescope	astronomisches Fernrohr
asymmetric stretch mode of vibration	asymmetrische Streckschwingung
auto–electronic emission	Feldemission
automotive headlight	Autoscheinwerfer
auxiliary electrode	Hilfselektrode
axial mode	axiale Mode

B

ballast	Vorschaltgerät
band pass filter	Bandpassfilter
bar (b. Laserdioden)	Barren
barrel distortion	tonnenförmige Verzeichnung
base glass (b. Filtern)	Grundglas
beam cross section	Strahlquerschnitt
beam radius	Strahlradius
beam waist	Strahltaille
bending mode of vibration	Biegeschwingung
binocular	Feldstecher
birefringence	Doppelbrechung
black body	schwarzer Strahler
blaze angle	Blazewinkel
blink reflex	Lidschlußreflex
blur	Fleck, verwischte Stelle
Bohr model	Bohrsches Atommodell
Boltzmann distribution	Boltzmannverteilung
booster circuit	Boosterschaltung
borosilicate glass	Borsilikatglas
Brewster's angle	Brewsterwinkel
bromine	Brom
buffer gas	Puffergas
bulb blackening	Kolbenschwärzung

C

calcite	Kalkspat
cap (bei der Lampe)	Sockel
carbon dioxide	Kohlendioxid
carbon filament	Kohlefaden
catalyst	Katalysator
cataract	grauer Star
cathode dark space	Kathodendunkelraum
cathode fall	Kathodenfall
catoptrics	Katoptrik, Lehre von der Spiegelreflexion
cavity	Hohlraum
ceramic arc tube	Keramikbrenner
chief ray	Hauptstrahl
chlorine	Chlor
choke	Drossel
chromatic aberration	chromatische Aberration
chromaticity diagram	Farbtafel
chromium	Chrom
CIE standard colourimetric observer	CIE Normalbeobachter
ciliary muscle	Ziliarmuskel
circle of least confusion	Kreis der kleinsten Konfusion
circular polarization	zirkulare Polarisation
cladding (b. Glasfasern)	Mantel
coherence length	Kohärenzlänge

coil	Spirale, Windung, Wicklung
cold cathode fluorescent lamp	Kaltkathodenfluoreszenzlampe
cold cathode lamp	Kaltkathodenlampe
cold light mirror	Kaltlichtspiegel
collision broadening	Stoßverbreiterung
colloidally coloured glass (b. Filtern)	Anlaufglas
colour rendering index	Farbwiedergabeindex
colour stimulus	Farbreiz, Farbvalenz
colour temperature	Farbtemperatur
colourimetry	Farbmetrik
colour–matching function	Spektralwertkurve
coma	Koma
comatic aberration	Koma
compact fluorescent lamp	Kompaktleuchtstofflampe
complementary colour	Komplementärfarbe
complementary wavelength	Komplementärwellenlänge
complex index of refraction	komplexer Brechungsindex
compound semiconductor	Verbindungshalbleiter
concave	konkav
concave mirror	Hohlspiegel
concave spherical mirror	sphärischer Hohlspiegel
condenser lens	Kondensorlinse
conduction band	Leitungsband
conduction limited welding	Wärmeleitungsschweißen
cone receptor	Zapfenzelle
conjugate planes	konjugierte Ebenen
conjugate points	konjugierte Punkte
convection cooled laser	konvektionsgekühlter Laser
conventional ballast	konventionelles Vorschaltgerät
converging lens	Sammellinse
convex	convex
convex mirror	Konvexspiegel
coolwhite	neutralweiß
core (b. Glasfasern)	Kern
cornea	Hornhaut
correlated colour temperature	ähnlichste Farbtemperatur
covalent bond	kovalente Bindung
critical angle	Grenzwinkel der Totalreflexion
Crookes dark space	Crookesscher Dunkelraum
cross section	Wirkungsquerschnitt
crown glass	Kronglas
curvature of wavefront	Wellenfrontkrümmung
cutting speed	Schneidgeschwindigkeit
cw (continuous wave)	kontinuierlicher Betrieb
cycling	Blinken (bei Na–Hochdrucklampen)
cylindrical lens	Zylinderlinse

D

dark grayish yellow	senfgelb (als R_a Testfarbe)
daylight	tageslichtweiß, Tageslicht
degree of dissociation	Dissoziationsgrad
depletion region	Verarmungsgebiet
deviation	Ablenkung
dextrorotatory	rechtsdrehend (bei d. opt. Aktivität)
diaphragm	(Loch–)Blende
dichroism	Dichroismus
dielectric constant	Dielektrizitätskonstante
dielectric layer	dielektrische Schichten
diffraction grating	Beugungsgitter
diffusion cooled laser	diffusionsgekühlter Laser
dimple (bei Na–Dampflampen)	Vertiefung
diode laser	Diodenlaser
diopter	Dioptrie
dioptric	dioptrisch
dioptrics	Lehre von der Lichtbrechung
dipole moment	Dipolmoment
discharge	Entladung
discharge lamp	Entladungslampe
disk laser	Scheibenlaser
dispersion	Dispersion
dispersion formula	Dispersionsformel
dissociation energy	Dissoziationsenergie
distortion	Verzeichnung
distributed feedback	verteilte Rückkopplung
divergence angle	Divergenzwinkel
diverging lens	Zerstreuungslinse
donor	Donator
Doppler broadening	Dopplerverbreiterung
dose	Dosis
double image	Doppelbild
double–clad fibre	Doppelkernfaser
dove prism	Dove–Prisma
dye laser	Farbstofflaser

E

efficacy	Lichtausbeute
Einstein coefficient	Einstein–Koeffizient
electric bulb	Glühbirne
electric field	elektrisches Feld
electrode loss	Elektrodenverlust
electromagnetic wave	elektromagnetische Welle
electrooptic Q–switch	elektrooptischer Güteschalter
elliptical mirror	elliptischer Spiegel
elliptical polarization	elliptische Polarisation
emissivity	Emissionsgrad
emitter	Emitter

energy gap	Bandlücke
energy saving light bulb	Energiesparlampe
entrance pupil	Eintrittspupille
epithelial layer	Epithel
erbium	Erbium
escape cone	Fluchtkegel
etalon	Etalon
evanescent wave	evaneszente Welle
evaporation rate	Verdampfungsrate
excitation	Anregung
exhaust tube	Pumprohr
exit pupil	Austrittspupille
exposure time	Einwirkungsdauer
external quantum efficiency	externe Quanteneffizienz
extraordinary ray	außerordentlicher Strahl
eye	Auge
eyepiece	Okular

F

Fabry–Perot interferometer	Fabry–Perot–Interferometer
Faraday dark space	Faradayscher Dunkelraum
fast flow (CO_2–)laser	schnell geströmter (CO_2–)Laser
Fermat's Principle	Fermatsches Prinzip
Fermi energy	Fermienergie
Fermi level	Ferminiveau
Fermi–Dirac distribution	Fermi–Dirac–Verteilung
fibre laser	Faserlaser
field curvature	Bildfeldwölbung
field emission	Feldemission
field stop	Luke
filament	Glühfaden
filament sag	Durchhang des Glühfadens
finesse	Finesse
first focal length	gegenstandsseitige Brennweite, vordere Brennweite
first focus	gegenstandsseitiger Brennpunkt
flash–lamp	Blitzlampe
flow tube	Strömungsrohr
Fluor	Fluorine
fluorescent lamp	Leuchtstofflampe
fluorescent lifetime	Fluoreszenzlebensdauer
f–number	Blendenzahl
focal length	Brennweite
focal point	Brennpunkt
four-level system	Vier-Niveau-System
Frank–Condon principle	Frank–Condon Prinzip
Fraunhofer diffraction	Fraunhofersche Beugung
Fresnel diffraction	Fresnelsche Beugung
Fresnel equations	Fresnelsche Formeln
Fresnel lens	Fresnel–Linse

full width at half maximum FWHM   volle Halbwertsbreite
fundamental mode   Grundmode
fuse   Sicherung
fusion cutting   Schmelzschneiden

G

gain guiding   Gewinnführung
Galilean telescope   Galileisches Fernrohr
garnet   Granat
gas composition   Gaszusammensetzung
gas discharge lamp   Gasentladungslampe
gas filling   Gasfüllung
gas mixture   Gasgemisch
Gaussian beam   Gaußbündel
Gaussian lineshape   Gauß–Profil (einer Spektrallinie)
general lighting service lamp   Allgebrauchsglühlampe
germanium   Germanium
Glan–Taylor polarizing prism   Glan–Taylor Polarisationsprisma
Glan–Thompson polarizing prism   Glan–Thompson Polarisationsprisma
glass   Glas
glass bulb   Glaskolben
glass fibre   Glasfaser
glass solder   Glaslot
glass tube   Glasröhre
glow discharge   Glimmentladung
goggles   Schutzbrille
graded index fibre   Gradientenindexfaser
Grassmann's laws   Graßmannsche Gesetze
grey body   grauer Strahler

H

half width at half maximum HWHM   halbe Halbwertsbreite
half–wave plate   Lambda–Halbe–Plättchen
halide   Halogenid
halogen   Halogen
halophosphate   Halophosphat
helium   Helium
helium–neon laser   Helium–Neon–Laser
heterojunction laser   Heterostrukturlaser
high pressure mercury (vapour) lamp   Quecksilber(dampf)–Hochdrucklampe
high pressure sodium (vapour) lamp   Natrium(dampf)–Hochdrucklampe
high volt halogen lamp   Hochvolt–Halogenlampe
Hittorf dark space   Hittorfscher Dunkelraum
holmium   Holmium
holography   Holographie
homogeneous broadening   homogene Linienverbreiterung
homojunction laser   Homostrukturlaser
Huygens's principle   Huygenssches Prinzip
Huygens–Fresnel principle   Huygens–Fresnelsches Prinzip

I

ignition	Zündung
ignition potential	Zündspannung
illuminance	Beleuchtungsstärke
image distance	Bildweite
image focal length	bildseitige Brennweite, hintere Brennweite
image focus	bildseitiger Brennpunkt
image space	Bildraum
immersion oil	Immersionsöl
incandescent bulb	Glühbirne
incandescent lamp	Glühlampe
induction lamp	Induktionslampe
inhomogeneous broadening	inhomogene Linienverbreiterung
interference	Interferenz
intermodal dispersion	Modendispersion
internal quantum efficiency	interne Quanteneffizienz
internal transmittance	Reintransmissionsgrad
intrinsic linewidth	natürliche Linienbreite
iodine	Jod
ion laser	Ionen–Laser
ionization	Ionisierung
ionization energy	Ionisierungsenergie
iris	Iris, Regenbogenhaut
irradiance	Bestrahlungsstärke

K

Keplerian astronomical telescope	Keplersches Fernrohr
keyhole (beim Laserschweißen)	Dampfkapillare
"keyhole" welding	Tiefschweißen
Kirchhoff's law	Kirchhoffsches Gesetz
krypton	Krypton

L

Lambert–Beer law	(Lambert)–Beersches Gesetz (Absorptionsgesetz)
Lambert's law	Lambertsches Gesetz
Langmuir sheath	Langmuir-Schicht
lanthanum	Lanthan
laser cutting	Laserschneiden
laser diode	Laserdiode
laser Doppler anemometry	Laser–Doppler–Anemometrie
laser rod	Laserstab
laser safety officer	Laserschutzbeauftragter
laser threshold	Laserschwelle
laser transition	Laserübergang
laser welding	Laserschweißen
lateral magnification	Lateralvergrößerung
law of reflection	Reflexionsgesetz
law of refraction	Brechungsgesetz
lead glass	Bleiglas

left–circularly polarized	linkszirkular polarisiert
lens	Linse, Brillenglas
lensmaker's formula	Abbildungsgleichung der dünnen Linse
levorotatory	linksdrehend (bei d. opt. Aktivität)
life (bei Geräten)	Lebensdauer
light blue	hellblau (als R_a Testfarbe)
light bluish green	türkisblau (als R_a Testfarbe)
light emitting diode (LED)	Leuchtdiode (LED)
light grayish red	altrosa (als R_a Testfarbe)
light reddish purple	fliederviolett (als R_a Testfarbe)
light violet	asterviolett (als R_a Testfarbe)
limit of resolution	Auflösungsgrenze
linearly polarized	linear polarisiert
linewidth	Linienbreite
liquid mercury droplet	Quecksilbertröpfchen
lithium niobate	Lithiumniobat
local thermodynamic equilibrium (LTE)	lokales thermisches Gleichgewicht
long pass filter	Langpassfilter
longitudinal magnification	Tiefenmaßstab, Tiefenvergrößerung
longitudinal spherical aberration	longitudinale sphärische Aberration, sphärische Längsabweichung
Lorentzian lineshape	Lorentz–Profil (einer Spektrallinie)
low pressure sodium (vapour) lamp	Natrium(dampf)– Niederdrucklampe
low volt halogen lamp	Niedervolt–Halogenlampe
luminance	Leuchtdichte
luminous efficiency	spektraler Hellempfindlichkeitsgrad $(V(\lambda))$
luminous flux	Lichtstrom
luminous intensity	Lichtstärke

M

macula	gelber Fleck
magnesium tungstate	Magnesiumwolframat $MgWO_4$
magnetic field	magnetisches Feld
magnetic quantum number	magnetische Quantenzahl
magnifier	Lupe
magnifying glass	Lupe
Malus's Law	Gesetz von Malus
material dispersion	Materialdispersion
Maxwell velocity distribution	Maxwellsche Geschwindigkeitsverteilung
mean free path	mittlere freie Weglänge
meniscus lens	Meniskuslinse
mercury	Quecksilber
mercury vapour	Quecksilberdampf
meridional plane	Meridionalebene
metal halide (vapour) lamp	Metallhalogen–Dampflampe
metal iodide	Metalljodid
metameric colours	metamere Farben, bedingt gleiche Farben
microscope	Mikroskop
mirror	Spiegel

modal dispersion	Modendispersion
mode locking	Modenkopplung
moderate yellowish green	grün (als R_a Testfarbe)
molybdenum foil	Molybdän–Folie
monochromacity	Einfarbigkeit
multilayer dielectric mirror	dielektrischer Mehrschichtenspiegel
multiple reflection	Mehrfachreflexion

N

natural linewidth	natürliche Linienbreite
negative glow	negatives Glimmlicht
neodymium	Neodym
neon	Neon
neon tube	Neonröhre
neutral density filter	Neutralfilter
Newtonian form of the lens equation	Newtonsche Abbildungsgleichung, brennpunktsbezogene Abbildungsgleichung
niobium	Niob
nitrogen	Stickstoff
noble gas	Edelgas
normal dispersion	normale Dispersion
normal glow discharge	normale Glimmentladung
normal mode of vibration	Eigenschwingung (eines Moleküls)
nozzle (Laserschneiden)	Düse
n–type	n–leitend
n–type semiconductor	Überschußhalbleiter
numerical aperture	numerische Apertur

O

object distance	Gegenstandsweite
object focal length	gegenstandsseitige Brennweite, vordere Brennweite
object focus	gegenstandsseitiger Brennpunkt
object space	Gegenstandsraum
ocular	Okular
optical activity	optische Aktivität
optical axis	optische Achse
optical pathlength	optische Weglänge
orbital quantum number	Drehimpulsquantenzahl
ordinary ray	ordentlicher Strahl
organic light–emitting device	organische Leuchtdiode
oscillator strength	Oszillatorenstärke
osmium	Osmium
outer envelope (bei Lampen)	Hüllkolben

P

parabolic mirror	Parabolspiegel
paraxial ray	paraxialer Strahl
partial dispersion	Teildispersion
passive mode locking	passive Modenkopplung

pathlength	Weglänge
penning effect	Penning-Effekt
penning mixture	Penning-Gemisch
penta–prism	Pentaprisma
phase shift	Phasenverschiebung
phosphor	Leuchtstoff
photoelectric effect	Photoeffekt
photopic vision	photopisches Sehen
pinch (beim Glas)	Quetschung
pincushion distortion	kissenförmige Verzeichnung
Planck radiation law	Plancksches Strahlungsgesetz
Planck's constant	Plancksche Konstante
plane of incidence	Einfallsebene
plane of vibration	Schwingungsebene
plane–polarized	linear polarisiert
plasma	Plasma
p–n junction	pn–Übergang
point source	Punktquelle
polarization (elektrisch u. optisch)	Polarisation
polarization angle	Polarisationswinkel
polarizer	Polarisator
polimere organic light–emitting device	polymere organische Leuchtdiode
polycarbonate	Polykarbonat
polystyrene	Polystyrol
population inversion	Besetzungsinversion
pore–free	porenfrei
positive column	positive Säule
pressure broadening	Druckverbreiterung
primary colour	Primärfarbe
primary valence	Primärvalenz
principal plane	Hauptebene
principal point	Hauptpunkt
principal quantum number	Hauptquantenzahl
prism	Prisma
protection layer	Schutzschicht
p–type	p–leitend
p–type semiconductor	Löcherhalbleiter, Defekthalbleiter, Mangelhalbleiter
pump band	Pumpbande
pump cavity	Pumpkammer
pump source	Pumplichtquelle
pumping rate	Pumprate
pupil	Pupille
purple line	Purpurlinie

Q

Q-switch	Güteschalter
quantum condition	Quantenbedingung
quantum efficiency	Quantenausbeute
quantum number	Quantenzahl

quantum optics   Quantenoptik
quarter–wave plate   Lambda–Viertel–Plättchen
quarter–wavelength coating   Lambda–Viertel–Schicht
quartz   Quarz

R

radiance   Strahldichte
radiant exitance   spezifische Ausstrahlung
radiant flux   Strahlungsfluß, Strahlungsleistung
radiant intensity   Strahlstärke
radiation   Strahlung
radius of curvature   Krümmungsradius
rare earth metals   seltene Erden
rare gas   Edelgas
rate equation   Ratengleichung
ray   Strahl
ray tracing   Nachzeichnen des Strahlverlaufs
Rayleigh scattering   Rayleigh–Streuung
Rayleigh's criterion   Rayleigh–Kriterium
reactive fusion cutting   Brennschneiden
real image   reelles Bild
recombination radiation   Rekombinationsstrahlung
reconstituted daylight (RD)   spektrale Tageslichtverteilungen
recrystallization   Rekristallisation
reduced mass   reduzierte Masse
reference illuminant   Bezugslichtart
reflectance   Reflexionsgrad
reflecting telescope   Spiegelteleskop
reflection   Reflexion
reflection grating   Reflexionsgitter
reflector lamp   Reflektorlampe
refracting power   Brechkraft
refraction   Brechung
refractive index   Brechungsindex, Brechzahl
relative aperture   relative Öffnung
relative partial dispersion   relative Teildispersion
resolution   Auflösung
resolving power   Auflösungsvermögen
resonance broadening   Resonanzverbreiterung
resonator   Resonator
reticule   Fadenkreuz
retina   Netzhaut
retroreflection (opt.)   Richtungsumkehr
Richardson–Dushman equation   Richardson–Dushman'sche Gleichung
Richardson–Schottky equation   Richardson–Schottky Gleichung
right–angle prism   rechtwinkliges Prisma
right–circularly polarized   rechtszirkular polarisiert
rod   Stab
rod receptor   Stäbchenzelle

roof prism	Dachkantprisma
roots blower	Roots–Gebläse
rotational degree of freedom	Rotationsfreiheitsgrad
rotational transition	Rotationsübergang
rotatory dispersion	Rotationsdispersion
rotatory power	Drehvermögen
ruby laser	Rubinlaser

S

sagittal plane	Sagittalebene
sapphire	Saphir
saturable absorber	sättigbarer Absorber
saturation	Sättigung
scandium	Scandium
scattered radiation	Streustrahlung
scheelite ($CaWO_4$)	Scheelite
Schottky effect	Schottky–Effekt
Schrödinger equation	Schrödingergleichung
scotopic vision	skotopisches Sehen
seal glass	Glasversiegelung (bei Lampen)
sealed–off CO_2–Laser	abgeschmolzener CO_2–Laser
second focal length	bildseitige Brennweite, hintere Brennweite
second focus	bildseitiger Brennpunkt
secondary emission	Sekundärelektronenemission
selection rule	Auswahlregel
selective emitter	selektiver Strahler
self–sustaining discharge	selbständige Enladung
semiconductor laser	Halbleiterlaser
short pass filter	Kurzpassfilter
silicon	Silizium
single–lens reflex camera	Spiegelreflexkamera
slit	Spalt
slow flow (CO_2–)laser	langsam geströmter (CO_2–)Laser
Snell's law	Snelliussches (Brechungs–)Gesetz
soda–lime glass	Kalknatronglas
sodium–D–lines	Natrium–D–Linien
solid–state laser	Festkörperlaser
space charge	Raumladung
specific rotatory power	spezifisches Drehvermögen
spectral emittance	spektraler Emissionsgrad
speed of light	Lichtgeschwindigkeit
speed of light in vacuum	Vakuum–Lichtgeschwindigkeit
spherical aberration	sphärische Aberration, Öffnungsfehler
spherical mirror	sphärischer Spiegel
spin quantum number	Spinquantenzahl
spontaneous emission	spontane Emission
spot size	Strahlradius
stack (b. Laserdioden)	Stapel
starter circuit	Zündschaltung

starter switch (Leuchtstofflampe)	Starter
Stefan–Boltzmann law	Stefan–Boltzmann–Gesetz
step index fibre	Stufenindexfaser
stimulated emission	stimulierte Emission
striation	Streifenbildung, Riefung
stroma	Stroma
strong yellow-green	gelbgrün (als R_a Testfarbe)
subtractive coloration	subtraktive Farbmischung
superradiant emission	Superstrahlung
symmetric stretch mode of vibration	symmetrische Streckschwingung

T

tantalum	Tantal
telephoto lens	Teleobjektiv
telescope	Teleskop, Fernrohr
thermal conductivity	Wärmeleitfähigkeit
thermoionic emission	Glühemission
thick lens	dicke Linse
thin lens	dünne Linse
three colour radiator	Dreifarbenstrahler
three-level system	Drei–Niveau–System
tin	Zinn
total internal reflection	Totalreflexion
Townsend–discharge	Townsend–Entladung
translucent	lichtdurchlässig
transmittance	Transmissionsgrad
transverse magnification	Lateralvergrößerung
transverse mode	transversale Mode
transverse spherical aberration	sphärische Querabweichung, transversale sphärische Aberration
tungsten	Wolfram
tungsten halogen cycle	Wolfram–Halogen–Kreisprozess
tungsten halogen lamp	(Wolfram–)Halogenlampe

V

valence band	Valenzband
vaporisation cutting	Sublimationsschneiden
vapour pressure	Dampfdruck
velocity of light	Lichtgeschwindigkeit
velocity of light in vacuum	Vakuumlichtgeschwindigkeit
vertex	Scheitelpunkt
vibrational degree of freedom	Schwingungsfreiheitsgrad
vibrational transition	Schwingungsübergang
virtual image	virtuelles Bild
visual purple	Sehpurpur
vitreous humo(u)r	Glaskörper

W

wall–stabilized discharge	wandstabilisierte Entladung
warmwhite	warmweiß
wave vector	Wellenvektor
waveguide	Wellenleiter
waveguide laser	Wellenleiter–Laser
welding speed	Schweißgeschwindigkeit
white point	Weißpunkt
wide–angle lens	Weitwinkelobjektiv
Wien displacement law	Wiensches Verschiebungsgesetz
wolframite ((Fe,Mn)WO$_4$)	Wolframit
wollaston polarizing prism	Wollaston–Polarisationsprisma
work function	Austrittsarbeit

X

xenon	Xenon

Y

ytterbium	Ytterbium
yttrium	Yttrium

Z

zero point energy	Nullpunktsenergie
zinc selenide	Zinkselenid
zirconium	Zirkon
zone plate	Zonenplatte

Literatur

Zitierte Buchtitel sind **fett** gedruckt.

Alcock, C.B., Itkin, V.P., and Horrigan, M.K., Canadian Metallurgical Quaterly, 23(3), 309, 1984

Barrow, G.M., Introduction to Molecular Spectroscopy, McGraw–Hill Book Company, 1962

Bauch, H.H., Auf die Optik kommt es an, Laser, 4, 40–48, 1988

Bechtold, P., Dirscherl, M., Nicht–thermische Mikrojustierung mit Ultrakurzpulslasern in: Laser in der Elektronikproduktion & Feinwerktechnik, Tagungsband: LEF 2007, Hrsg. Geiger, M., Schmidt, M., Meisenbach Bamberg, 2007

Bergmann–Schaefer, Lehrbuch der Experimentalphysik, Band III, Optik, 7. Auflage, Walter de Gruyter, Berlin 1978

Beyer, E., Schweißen mit Laser – Grundlagen, Springer Verlag, Berlin, 1995

Beyer, E., Wissenbach, K., Oberflächenbehandlung mit Laserstrahlung, Springer Verlag, Berlin, 1998

BGV B2, Durchführungsanweisungen zur BG–Vorschrift Laserstrahlung in der Fassung vom 1. Januar 1993, aktualisierte Nachdruckfassung April 2007

Bias bulletin, Bremer Institut für angewandte Strahltechnik, 3, 2, 2005

Bliedtner, J., Gräfe, G., Optiktechnologie – Grundlagen – Verfahren – Anwendungen – Beispiele, Fachbuchverlag Leipzig, 2008

Bouma, P.J., Farbe und Wahrnehmung, N.V. Philips' Gloeilampenfabrieken, Eindhoven, 1951

Chalmers, A.G., Wharmby, D.O., Whittaker, F.L., Comparison of high-pressure discharges in mercury and the halides of aluminium, tin and lead, Lighting Research and Technology, 7(1), 11–18, 1975

CIE, Huitième Session Cambridge – Septembre 1931, Cambridge at the University Press, S. 19–24, 1932

CIE, Publication No. 13 (E–1.3.2), Method of Measuring and Specifying Colour Rendering Properties of Light Sources, 1965

CIE Technical Report, Method of Measuring and Specifying Colour Rendering Properties of Light Sources, (CIE 13.3), 1995

Coaton, J.R., The optimum operating gas pressure for incandescent tungsten filament lamps, Lighting Research and Technology 1, 98–103, 1969

Coaton, J.R., Some aspects of the design of incandescent GLS lamps, Lighting Research and Technology, 10(4), 225, 1978

Coaton, J.R., Marsden, A.M., 4. Aufl., Lamps and Lighting, Butterworth Heinemann, Oxford, 2001

Covington, E.J., The Langmuir sheath model in incandescent lamps, Illuminating Engineering 64(1), 134–42, 1968

CRC Handbook of Chemistry and Physics, 87. ed., 2006

Das, P., Lasers and Optical Engineering, Springer-Verlag, New York, 1991

Derra, G., et.al., J. Phys. D: Appl. Phys. 38, 2995-3010, 2005

Dickmann, K., Luhs, W., Frequenzstabilisierung von He–Ne–Lasern, Laser Magazin, 2, 16–21, 1990

DIN 5031, Strahlungsphysik im optischen Bereich und Lichttechnik

DIN 5033–2, Farbmessung, Teil 2, Normvalenz–Systeme, 1992–5

DIN 1335, Geometrische Optik, 2003–12

DIN EN 207, Persönlicher Augenschutz – Filter und Augenschutz gegen Laserstrahlung (Laserschutzbrillen), 2008

DIN EN 208, Persönlicher Augenschutz – Augenschutzgeräte für Justierarbeiten an Lasern und Laseraufbauten (Laserjustierbrillen), 2008

DIN EN 60825–1, Sicherheit von Lasereinrichtungen – Teil 1: Klassifizierung von Anlagen und Anforderungen, Mai 2008

Dohlus, R., Infrarote Doppel–Resonanzspektroskopie in Flüssigkeiten mit ultrakurzen Laserimpulsen, Diss., Universität Bayreuth, 1987

Döldissen, W., Halbleiterlaser für die optische Nachrichtentechnik, Laser Magazin, 3, 8–18, 1999

Edler, R., Berger, P., Vorstellung eines neuen Düsenkonzeptes zum Lasertrennen, Laser und Optoelektronik, 23(5), 54–61, 1991

Eichler, J., Laser und Strahlenschutz, Vieweg Verlag, Braunschweig, 1992

Eichler, J., Eichler, H.-J., Laser – Grundlagen, Systeme, Anwendungen, Springer, Berlin, 1991

Einstein, A., Phys. Z. 18, 121, 1917

Elenbaas, W., De Ingenieur, 50, E83, 1935

Elenbaas, W., High pressure mercury vapour lamps and their applications, Philips Technical Library, Eindhoven, 1965

Elenbaas, W., et.al., Leuchtstofflampen und ihre Anwendung, Philips Technische Bibliothek, 1962

Elenbaas, W., Light Sources, Macmillan, Eindhoven, 1972

Feierabend, S., Neue Materialien für optische dünne Schichten, Magazin für neue Werkstoffe, 4, 2, 1991

Flesch, P., Light and Light Sources – High–Intensity Discharge Lamps, Springer-Verlag, Berlin, 2006

Franz, B., Steigerungsfähig – Technische Fortschritte bei Laserdioden und deren Applikation, Elektronikpraxis, 4, 150–152, 1988

Gasiorowicz, S., Quantenphysik, 9. Aufl., Oldenbourg, München, 2005

Giesen, A., Thin Disk Lasers – Power scalability and beam quality, LTJ, June 2005, S: 42–45

Groot, J.J. de, van Vliet, J.A.J.M., The high-pressure sodium lamp, Kluwer Technische boeken B.V., Deventer, 1986

Haferkorn, H., Optik – Physikalisch–technische Grundlagen und Anwendungen, VEB Deutscher Verlag der Wissenschaften, Berlin, 1980

Hecht, E., Optics, 3. Auflage, Addison–Wesley, Reading, 1998

Heinz, R., Grundlagen der Lichterzeugung, 2. Aufl., Highlight Verlagsges. mbH Rüthen, 2006

Herrit, G.L., Scatena, D.J., Choose the right mirror for industrial CO_2–Lasers, Laser Focus World, S. 107, July 1991

Herrmann, J., Wilhelmi, B., Laser für ultrakurze Lichtimpulse, Akademie–Verlag Berlin, 1984

Higgings, T.V., There is a lot more to an A–O modulator than meets the eye, Laser Focus World, S: 133, July 1991

Höfling, S., Bestimmung der Abstrahlcharakteristik und Studie üer die Möglichkeiten deren Simulation bei InGaN-Leuchtdioden, Diplomarbeit, Fraunhofer Institut für Angewandte Festkörperphysik, Freiburg, 2002

Horn, D.D. van, Mathematical and Physical Bases for Incandescent Lamp Exponents, Illuminating Engineering, 60(4), 196–202, 1965

Ishler, W.E., Smialek, L.J., Metallic mercury vapour: Design parameters and improved lamp performance. North American Illuminating Engineering Society: National Technical Conference Paper No. 10., 1966

Keeffe, W.M., Recent progress in metal halide discharge-lamp research. IEE Proceedings 127A(3), 181–9, 1980

Keller, M., DuMont's Handbuch Bühnenbeleuchtung, 3. Aufl., DuMont Buchverlag, Köln, 1991

Kneubühl, F.K., Sigrist, M.W., Laser, 6. Auflage, Teubner Verlag, 2005

Koechner, W., Solid–State–Laser Engineering, Springer Verlag, New York, 1976

Kogelnik, H., On the Propagation of Gaussian Beams of Light Through Lenslike Media Including those with a Loss or Gain Variation, Applied Optics, 4(12), 1562–1569, 1965

Kogelnik, H., Li, T., Laser Beams and Resonators, Applied Optics, 5(10), 1550–1567, 1966

König, W., Trasser, Fr.–J., Laserstrahlschneiden von Verbundwerkstoffen mit duro– und thermoplastischer Matrix, Laser und Optoelektronik, 21(3), 98–104, 1989

Köpp, F., Laser–Doppler–Anemometer zur berührungslosen Windmessung über große Entfernungen, Laser und Optoelektronik, 20(3), 74–83, 1988

Krefft, H., Z. Tech. Phys. 11, 345, 1938

Kühling, F.H., Wellegehausen, B., Resonatorinterne Frequenzverdopplung eines Helium–Neon–Lasers, Laser und Optoelektronik, 21(6), 46–49, 1989

Langmuir, I., Phys. Rev. 34, 40, 1912

Langmuir, I., The Vapor Pressure of Metallic Tungsten, Physical Review, 2(5), 329, 1913

Laser components, Applikationsreport, 2007

Laser extra, Laserschneiden mit CO_2–Lasern, LASER, 4, 30–34, 1992

Laubereau, A., Kaiser, W., Generation and applications of passively mode–locked picosecond light pulses, Opto–electronics, 6, 1-24, 1974

Lexel Laser, Inc., Datenblatt cw Ionen Laser

Litfin, Gerd (Hrsg.), Technische Optik in der Praxis, Springer Verlag, Berlin, 1997

Maiman, T.H., Optical Maser Action in Ruby, Brit. Comm. Electr., 7, 674–675, 1960a

Maiman, T.H., Stimulated Optical Radiation of Ruby, Nature, 187, 493–494, 1960b

Melles Griot, Optics Guide 5, 1990

Meschede, D., (Hrsg.), Gerthsen Physik, 22. Auflage, Springer Verlag, Berlin, 2006

Meyer, C., Nienhuis, H., Discharge Lamps, Philips Technical Library, Deventer–Antwerpen, 1988

Miller, C., Schweissen mit Licht, Laser und Optoelektronik, 4, 382–388, 1987

Moore, W.J., Hummel, D.O., Physikalische Chemie, 2. Aufl., Walter de Gruyter, Berlin, 1976

Münch, W., Schultz, U., Farbwiedergabe-Eigenschaften von Leuchtstofflampen, Berechnungen nach dem Testfarbenverfahren der CIE, aus: Technisch-wissenschaftliche Abhandlungen der Osram-Gesellschaft, 9. Band, Springer-Verlag, 1967

Nuss, R., Biermann, S., Auswirkungen der Polarisation beim Laserstrahlschneiden, Laser und Optoelektronik, 4, 389–392, 1987

Ohara, Optische Gläser, Technische Informationen, 10/2008

Ostermeyer, M., Straesser, A., Theoretical investigation of feasibility of Yb:YAG as laser material for nano– second pulse emission with large energies in the Joule range, Optics Communications, 274, 422–428, 2007

Penning, F.M., Naturw. 15, 818, 1927

Penning, F.M., Z. Phys. 46, 335, 1928

Pedrotti, F., Pedrotti, L., Bausch, W., Schmidt, H., Optik für Ingenieure – Grundlagen, 2. Auflage, Springer Berlin 2002

Pirani, M., Rüttenauer, A., Lichterzeugung durch Strahlungsumwandlung, Licht 5, 93–98, 1935

Pummer, H., Sowada, U., Oesterlin, P., Rebhan, U., Basting, D., Kommerzielle Excimerlaser, Laser und Optoelektronik, 2, 141–148, 1985

Reif, F., Physikalische Statistik und Physik der Wärme, Walter de Gruyter, Berlin, 1976

Reiser, D., Ultraschnelle Polarisationsspektroskopie an Farbstoffmolekülen mit Pikosekunden–Laserimpulsen, Diss., Universität Bayreuth, 1982

Richter, M., Einführung in die Farbmetrik, Walter de Gruyter, Berlin, 1976

Ruck, Bodo, Laser–Doppler–Anemometrie, Laser und Optoelektronik, 4, 362–375, 1985

Rutherford, T.S., Tulloch, W.M., Sinha, S., Byer, R.L., Yb:YAG and Nd:YAG edge–pumped slab lasers, Optics Letters, 26(13), 986–988, 2001

Saha, M.N., Phil. Mag. 40, 472, 1920

Saha, M.N., Z. Phys. 4, 40, 1921

Saleh, B.E.A., Teich, M.C., Fundamentals of Photonics, Wiley, New York 1991

Schanda, J. (Hrsg.), Colorimetry – Understanding the CIE System, Wiley, Hoboken, New Jersey 2007

Schanz, K., Strahlschweißen mit CO_2–Lasern – Industrietauglich, Industrie–Anzeiger, 82, 36–40, 1987

Schawlow, A.L., Townes, C.H., Infrared and optical masers, Phys. Rev., 112(6), 1940–1949, 1958

Schott, Optisches Glas – Datenblätter, 2009 bzw. Schott, Datenblatt / Exceldatei vom 17.03.2009

Schubert, R., Wackelbilder, c't, 15, 190–191, 2000

Schuldt, S.B., Aagard, R.L., An Analysis of Radiation Transfer By Means of Elliptical Cylinder Reflectors, Applied Optics, 2(5), 509–513, 1963

Schürer, H., Arb, H., Industriereif: Slab–Laser, LASER, 46–50, Juni 1989

Shinar, J., Organic Light–Emitting Devices – A survey, Springer Verlag, New York, 2004

Siegman, A.E., Lasers, University Science Books, Mill Valley, California, 1986

Smith, W.J., Modern Lens Design – A Resource Manual, Genesee Optics Software, Inc., McGrawHill, Boston, 1992

Snitzer, E., Optical Maser Action of Nd^{3+} in a Barium Crown Glass, Phys. Rev. Lett., 7(12), 444–446, 1961

Steen, W.M., Laser Material Processing, 2. Aufl., Springer Verlag, London, 1998

Stewen, Chr., Scheibenlaser mit Kilowatt–Dauerstrichleistung, Forschungsberichte des IFSW, Herbert Utz Verlag Wissenschaft, München, 2000

Struve, B., Fuhrberg, P., Luhs, W., Litfin, G., Neuer, hocheffizienter Festkörperlaser mit Chrom–Neodym– Granat als aktivem Material, Laser und Optoelektronik, 20(3), 68–73, 1988

Sutter, E., Schutz vor optischer Strahlung, 3. Auflage, VDE–Schriftenreihe Normen verständlich 104, VDE Verlag, Berlin, 2008

Thorne, A.P., Spectrophysics, Chapman and Hall & Science Paperbacks, London, 1974

Tipler, P.A., Llewellyn, R.A., Moderne Physik, Oldenbourg, München, 2003

VDI–Technologiezentrum Physikalische Technologien, Schneiden mit CO_2–Lasern, VDI–Verlag, Düsseldorf, 1993

Vos, J.C. de, The Emissivity of Tungsten Ribbon, Doktorarbeit, Amsterdam, 1953

Waymouth, J.F., Analysis of cathode-spot behaviour in high-pressure discharge lamps, J. Light & Vis. Env., 6(2), 5–16, 1982

Waymouth, J.F., Electric discharge lamps, The M.I.T. Press, Cambridge, Massachusetts, 1971

Weber, H., Herziger, G., Laser – Grundlagen und Anwendungen, Physik Verlag, Weinheim, 1978

Weber, H., Laserresonatoren und Strahlqualität, Laser und Optoelektronik, 2, 60–66, 1988

Wharmby, D.O., Molecular Spectral Intensities in LTE Plasmas, in: Proud, J.M., L.H. Luessen (Hrsg.), Radiative Processes in Discharge Plasmas, Plenum, New York, 1986

Wiese, W.L., Smith, M.W., Miles, B.M., Atomic transition probabilities. National Stand. Ref. Data Ser., Nat. Bur. Stand. (USA), 22, vol. 2, 2–8, 1969

Witteman, W.J., The CO_2–Laser, Springer, Berlin, 1987

Zellmer, H., Tünnermann, A., Welling, H., Faserlaser – kompakte Strahlquellen im nahinfraroten Spektralbereich, Laser und Optoelektronik, 29(4), 53–59, 1997

Ziegs, W., Konzept eines glasfasergekoppelten, diodengepumpten Festkörper–Lasersystems, Laser und Optoelektronik, 20(3), 61–67, 1988

Zinth, W., Zinth, U., Optik – Lichtstrahlen–Wellen–Photonen, 2. Auflage, Oldenbourg Wissenschaftsverlag, München, 2009

Zukauskas, A., Shur, M.S., Caska, R., Introduction to solid-state Lighting, John Wiley & Sons Inc., New York, 2002

Index